규 토
라이트
N 제

CONTENTS

규토 라이트 N제

오리엔테이션

개념, 유형, 기출을 한 권으로 Compact하게

규토 라이트 N제는 기출문제와 개념 간의 격차를 최소화하고 1등급으로 도약하기 위한 탄탄한 base를 만들어 주기 위해 기획한 교재입니다. 학생들이 처음 개념을 학습한 뒤 막상 기출문제를 풀면 그 방대한 양과 난이도에 압도당하기 쉽습니다. 이를 최소화하기 위해 4단계로 구성하였고 책에 적혀 있는 규토 라이트 N제 100% 공부법으로 꾸준히 학습하다 보면 역으로 기출문제를 압도하실 수 있습니다.

Gyu To Math (규토 수학)에서 첫 글자를 따서 총 4단계로 구성하였습니다.

---

1. Guide step (개념 익히기편)

교과 개념, 실전 개념, 예제, 개념 확인문제, '규토의 Tip'을 모두 담았습니다.
단순히 문제만 푸는 것이 아니라 개념도 함께 복습하실 수 있습니다.
교과서에 직접적인 서술이 없더라도 수능에서 자주 출제되는 포인트들을 녹여내려고 노력하였습니다.

---

2. Training – 1 step (필수 유형편)

기출문제를 풀기 전의 Warming up 단계로 수능에서 자주 출제되는 유형들을 분석하여
수능최적화 자작으로 구성하였습니다.
기초적인 문제뿐만 아니라 학생들이 어렵게 느낄 수 있는 문제들도 다수 수록하였습니다.
단시간 내에 최신 빈출 테마들을 Compact하게 정리하실 수 있습니다.

---

3. Training – 2 step (기출 적용편)

사관, 교육청, 수능, 평가원에서 3~4점 문제를 선별하여 구성하였습니다.
필수 유형편에서 배운 내용을 바탕으로 실제 기출문제를 풀어보면서 사고력과 논리력을 증진시킬 수 있습니다.
실제 기출 적용연습을 위하여 유형 순이 아니라 전반적으로 난이도 순으로 배열했습니다.

---

4. Master step (심화 문제편)

사관, 교육청, 수능, 평가원에서 난이도 있는 문제를 선별하여 준킬러 자작문제와 함께 구성하였습니다.
과하게 어려운 킬러문제는 최대한 지양하였고 킬러 또는 준킬러 문제 중에서도
1등급을 목표로 하는 학생이 반드시 정복해야 하는 문제들로 구성하였습니다.

교과서 개념유제부터 어려운 기출 4점까지 모두 수록

단순히 유형서가 아니라 생기초부터 점점 살을 붙여가며 기출킬러까지 다루는 올인원 교재입니다.
즉, 교과서 개념유제부터 수능에서 킬러로 출제된 문제까지 모두 수록하였습니다.
규토 라이트 N제 미적분의 경우 총 906제이고
문제집의 취지에 맞게 중 ~ 중상 난이도 문제들이 제일 많이 분포되어 있습니다.

규토 라이트 N제의 추천 대상

1. 개념강의와 병행할 교재를 찾는 학생
2. 개념을 끝내고 본격적으로 기출문제를 들어가기 전인 학생
3. 해당 과목을 compact하게 정리하고 싶은 학생
4. 무엇을 해야 할지 갈피를 못 잡는 3~4등급 학생
5. 기출문제가 너무 어렵게 느껴지는 학생
6. 아무리 공부해도 수학성적이 잘 오르지 않는 학생

정지영 / 울산대학교 의학과

안녕하세요, 검토자 정지영입니다. 올해에는 이른 겨울에 규토를 만나게 됐네요. 아직 입시도 끝나지 않아, 새 시작의 열기가 아직까지는 오지 않은 것 같습니다.

규토 라이트 미적분은 결코 라이트하지 않습니다. 가벼운 마음으로 풀고 넘길 교재가 아니라 여러 차례 시간들여 풀어볼만한 완성도 높고 구성이 훌륭한 문제집이라고 생각합니다. 수능 수학 공부가 문항을 "어떤" 방법을 쓰고, "왜" 그런 방법을 쓰는지 익히는 과정이라면, 규토 라이트에는 "어떻게"와 "왜"가 모두 담겨 있습니다. 천천히 집중해서 풀어보면서 둘 중 모자란 것을 채워가기에 충분한 퀄리티를 갖추었으며, 난이도 역시 어떤 학생에게도 만만치는 않게끔 잘 구성되었습니다. 수1과 수2를 거쳐, 수능 수학을 완성하기에 적합한 교재라고 생각합니다.

수능은, 단연코 아주 중요한 일들 중 하나입니다. 하지만 수능 그 자체가 목표인 것이 아니라, 수능 역시 여러분의 목표를 위한 하나의 수단일 뿐임을 기억하면 좋겠습니다. 목표보다 중요한 수단은 없듯이, 힘든 시간이겠지만 여러분의 목표를 지킬 수 있는 시간을 보내시길 바라겠습니다. 과정과 시간에 너무 매몰되지 않고 여러분의 꿈으로 나아가실 수 있기를, 그리고 그 과정에 규토가 도움이 될 수 있기를 바라겠습니다.

감사합니다.

윤승하 / 울산대학교 의예과

작년에 이어 올해도 규토 라이트 N제 검토를 맡게 되었습니다. 규토 라이트 N제의 가장 큰 장점은 문제편과 해설편 곳곳에 있는 Tip이라고 생각합니다. 개념부터 처음 공부하는 학생들은 시행착오를 겪어가며 실력을 쌓아올릴 수밖에 없습니다. 문제를 계속 풀고, 틀리고 실수해야만 자신이 약한 부분을 알게 되고, 문제를 조금 더 쉽게 풀 수 있는 요령 등을 익힐 수밖에 없기 때문입니다. 규토 라이트 N제는 학생들이 자주 놓치고 실수하는 부분, 더 쉽고 간단하게 풀 수 있는 방법, 헷갈리는 개념들을 tip을 통해 알려줌으로써 이러한 시행착오를 줄여준다고 생각합니다. 또한 기본적인 문제부터 시작해 고난도 문제까지 다루기 때문에, 해당과목을 처음 시작하지만 목표 등급이 높은 학생들에게 적합한 교재라고 생각합니다.

문지유 / 울산대학교 의학과

안녕하세요. 규토 라이트 N제 검토진 문지유입니다. 규토 라이트 N제는 N제임에도 개념이 탄탄하고 실전용 Tip이 많이 들어있어 아주 유용하게 쓰실 수 있는 문제집이라 생각합니다. 해가 바뀔 때마다 개정 되는 문제들을 보며 고심 끝에 세상에 나오는 문제집이라는 것을 실감합니다. 수험생 여러분이 여러 번 풀어보며 자신의 약점을 채워나갈 수 있을 것이라 생각합니다. 모두 파이팅, 응원합니다!

조윤환 / 대성여자고등학교 교사

규토 라이트 N제는 개념 설명 + 기출 문제 + 자작 N제로 구성되어 있어 세 마리 토끼를 한 번에 잡을 수 있는 독학서입니다. 특히 수능 대비에 알맞은 컴팩트한 볼륨의 Guide step(개념 익히기편)에서 수능에 자주 출제되는 중요한 개념을 빠르게 훑고 문제 풀이로 넘어갈 수 있습니다. Guide step에서는 실전에서 사용할 수 있는 유용한 테크닉과 학생들이 개념을 공부하면서 궁금할 수 있는 포인트까지 따로 자세하게 설명해주어서 교과서나 시중 개념서에서 해결할 수 없는 의문점까지 해결할 수 있습니다.

기출 문제에 추가로 자작 문제가 포함되어 있어서 기출 문제가 부족한 삼각함수의 그래프, 삼각함수의 활용 단원에서 트렌디한 평가원 스타일의 문제를 다양하게 풀어볼 수 있다는 것은 규토 라이트 N제 만의 큰 장점이라고 생각합니다.

저자의 TIP이 문제집과 해설집 곳곳에서 여러분들을 도와줄 것입니다. 규토 시리즈 특유의 유쾌한 해설이 무척 상세해서 규토 라이트 N제로 공부하다 보면 친절한 과외선생님이 옆에서 설명해주는 듯한 느낌을 받을 수 있을 것입니다. 특히 책 안에 나와있는 규토 시리즈의 100% 공부법을 참고하면 수학 공부 방법에 고민이 많은 학생들에게 큰 도움이 될 것이라고 생각합니다.

박도현 / 성균관대학교 수학과

안녕하세요~ 규토 N제 시리즈 검토자 박도현입니다. 규토 N제 시리즈의 검토가 벌써 5년차에 들어가고 있습니다. 저를 믿어주시고 검토를 맡겨주신 저자 유성민 선생님께 감사를 표합니다. ㅎㅎ

올해 개정판은 최신 기출 트랜드에 따라 문제 배치가 크게 바뀌었습니다. 특히 Master Step에는 라이트 N제의 전작 고득점 N제의 우수한 자작 문제들이 추가되었습니다. Guide Step, Training 1step과 2step에서 배운 문제 풀이 스킬들을 가지고 Master Step을 도전하시면 한 단계 더 도약하실 수 있습니다.

규토 라이트 N제가 수학 영역 고득점으로의 길을 만들어줄 것입니다. 끝까지 포기하지 마시고, 올해 수험생 여러분 모두 건승을 기원합니다!

3등급에서 수능 미적분 원점수 96점(백분위 99%)으로, 규토 라이트 N제 추천사

안녕하세요. 규토의 도움으로 현역 수능 3등급에서 6, 9, 수능 전부 다 1등급으로 성적을 올리게 되어서 추천사를 적게 되었습니다. 저는 고3 수능 때 수학 과목에서 평소보다 좋지 않은 성적을 얻게 되었습니다. 그래서 이번 수능 수학 공부를 시작할 때 현역 당시 평소보다 부진한 성적을 얻게 된 원인을 분석하고 그 점을 보안하는 것을 우선으로 했습니다. 공부량이 원인이라기에는 그 당시에도 수학 공부에 대부분의 시간을 투자했었고 그럼에도 성적이 쉽사리 오르지 않았던 것이었습니다. 그래서 저는 공부하는 방법 자체가 잘못되었던 것이라고 생각했습니다.

저는 2,3점짜리 문제나 쉬운 4점은 항상 다 맞고 준킬러~킬러 4점짜리만 틀려서 심화 문제만 못 푼다는 자만한 생각을 갖고 심화 문제를 푸는 데만 집중했었습니다. 하지만 이런 방식으로 공부를 해도 심화 문제는 전혀 풀릴 기미가 안 보였고 결국 매번 답지에 의존하게 되었습니다. 다시 수능을 준비할 때는 이런 공부 방식이 시간 낭비에 불과하다는 것을 깨닫고 개념을 다시 제대로 익혀서 수학 개념에 빈틈을 없애야겠다고 생각했습니다.

개념서로 규토 라이트 N 제를 고르게 된 이유는 규토 고난도 N 제를 먼저 접해봤는데 문제의 질도 좋고 무엇보다 풀이가 자세하게 써져 있어서 혼자 개념을 익힐 때 도움이 될 것 같다고 생각했기 때문입니다. 저는 평소에 다른 시중의 개념서를 풀 때 풀이가 자세하지 않아서 불편함을 느낀 적이 많았습니다. 풀이에서 이런 식이 어떤 과정에서 도출되었고 왜 이 식이 필요한지에 대한 설명이 일절 없이 바로 식만 나열하는 풀이에서는 별 도움을 느끼지 못했습니다. 하지만 규토 라이트의 풀이는 단계별로 정리가 잘 되어있어서 가독성도 좋았고 이 식이 도출된 과정을 세세히 설명해 줘서 혼자서 공부하는데 정말 편했습니다. 또한 여러 풀이 방법도 써져있고 팁 박스에 필요로 하는 기본 개념이 친절하게 설명되어 있어서 다양한 방법으로 정확하게 사고하는 능력을 기르는 데 도움 되었습니다.

문제집의 구성도 정말 훌륭하다고 생각했습니다. 1스텝에서 기본 개념을 제대로 익히고 2스텝에서 응용하는 방식을 익히고 그 모든 것을 종합해야 풀 수 있는 마스터 스텝 단계로 넘어가는 구성이 완벽하다고 생각했습니다. 이 구성이 완벽하다고 생각하는 이유는 제대로 단계별로 학습하면 마스터 스텝 문제를 푸는 방법이 눈에 보이기 시작하기 때문입니다. 현역 당시에 심화 문제를 못 풀었던 이유는 1,2 스텝을 건너뛰고 무작정 마스터 스텝 문제에 손을 대려고 했기 때문입니다. 하지만 이번에는 스텝을 단계별로 익히고 내가 학습한 내용들을 이용해서 문제를 풀려고 노력했기 때문에 심화 문제들을 풀어나갈 수 있었습니다.

수학 문제는 사용되는 개념은 다 똑같고 그 개념을 풀어내는 방식에 따라 난이도가 달라진다고 생각합니다. 그래서 문제를 보고 이 문제가 어떤 개념을 필요로 하는지 분석하면 익힌 개념들로 충분히 풀 수 있을 것이기에 스스로 생각해서 문제를 분석하는 힘을 기르는 것이 수학 공부에서 가장 중요한 부분이라 생각합니다. 이 과정에서 규토 라이트는 정말 큰 도움이 될 것입니다. 제가 규토 라이트를 1년 내내 열심히 복습한 결과 도저히 안 풀리던 심화 문제들도 풀린다는 느낌을 확실히 받았기 때문입니다. 아마도 1,2 스텝 학습 후 마스터 스텝을 푸는데 어려움을 겪는 경우가 많을 것이라 생각합니다. 저도 마스터 스텝을 처음 풀 때는 계속 답지를 보고 싶다는 생각을 했습니다. 하지만 최대한 규토에서 배운 개념을 사용해서 혼자 힘으로 풀이를 도출해나가는 과정을 생각해 내면 문제 풀이의 실마리를 찾아나가게 될 것이고 심화 문제를 풀어나갈 수 있게 될 것입니다. 이 책은 배운 개념을 응용하기에 좋은 구성을 가졌기에 다른 개념서들로 공부하는 것보다 효율적으로 이 과정을 체화하는 데 도움 될 것이라고 생각합니다.

처음에 수학 공부하는 법의 갈피를 못 잡아서 책의 서두에 있는 100% 공부법을 정독하고 그것의 80% 정도 비슷하게 했습니다. 이 책은 정말 친절하게 공부법도 세세히 써져있기 때문에 제대로 활용하겠다는 의지만 있다면 수학 성적을 무조건 올릴 수 있을 것이라고 장담합니다. 저는 현역 시절 수학 때문에 목표보다 아주 이하의 대학을 갔습니다. 하지만 규토 라이트로 제대로 수학 공부를 시작한 후 이번에는 수학 덕분에 목표 대학을 노릴 수 있게 되었습니다. 여러분들도 규토 라이트를 이용해서 수학이라는 과목이 나의 적이 아닌 무기가 될 수 있기를 바라겠습니다.

정시로 인서울 의대 합격 후기, 규토 라이트 N제 추천사 (윤종원)

안녕하세요. 저는 규토의 도움으로 이번에 인서울 의대에 정시로 합격하게 된 학생입니다. 저는 총 세 번의 수능을 치르면서 규토 라이트 N제의 효과를 몸소 느끼게 되어서 이번 추천서를 작성하게 되었습니다.

우선 저는 22, 23, 24, 총 세 차례의 수능을 겪은 삼수생입니다. 첫 수능에서는 간신히 2등급 컷트라인을 맞췄고, 두 번째 수능에서는 1등급 컷 점수를, 마지막 수능에는 원점수 96점을 받으며 성공적으로 입시를 마칠 수 있었습니다. 제가 이렇게 성적을 향상한 데에는 규토 라이트 N 제가 정말 큰 도움을 주었습니다.

제가 고등학교 3학년일 때, 저는 오르지 않는 수학 성적을 두고 정말 많이 고민했는데요, 사실 그때는 제가 정확히 어느 부분이 부족한지, 또 어느 부분을 잘하는지 잘 알지도 못했습니다. 그저 최고난도 문항(킬러문항)이 풀리지 않으니 그저 어려운 문제만 끊임없이 반복해서 풀었었죠. 그렇게 실망스러운 22 수능 성적을 받고, 재수를 결심한 이후로는 아예 개념부터 다지기로 생각했고, 그때 제가 개념을 다질 때 도움을 받은 책이 규토 라이트 N제였습니다.

이 책은 정말 낮은 난도의 문제부터, 최고난도라고 해도 손색이 없을 정도의 문제들까지 다양하게 수록이 되어있습니다. 특히 규토님이 직접 만드신 문제들이 정말 높은 퀄리티를 보여주며 문제를 풀수록 감탄하게 만들죠. 문제에 대한 평가는 여러분이 직접 풀면서 몸으로, 손으로 느끼는 것이 가장 정확하니 말을 아끼지만, 여타 시중의 다른 문제집들과 비교했을 때 절대 뒤지지 않는, 오히려 압도하는 품질을 보여준다는 것만은 명백합니다.

하지만, 문제의 퀄리티가 아무리 좋다 하더라도 본인이 체화하지 못한다면 소용이 없을겁니다. 그러나 규토 라이트 N제는 그럴 걱정이 없습니다. 문제집보다 훨씬 두꺼운 해설지를 보시면 아시겠지만, 마치 과외선생님이 옆에서 하시는 말씀을 그대로 옮겨적은 것만 같은 해설지는 문제의 해설보다도 학생의 이해를 최우선으로 두고 작성되었습니다. 헷갈릴 만한 포인트들은 옆에 다른 문제들을 이용해서 추가로 설명을 해준다거나 하는 식으로 구성된 해설은 마치 수준이 높은 과외선생님이 옆에 있다는 착각마저 들게 합니다.

그렇다 보니 이 규토 라이트N제를 완벽하게 습득하기 위해서는 답지를 어떻게 이용하는지가 굉장히 중요합니다. 규토의 100% 공부법을 읽어보시면 아시겠지만, 문제를 맞히더라도 내가 어떻게 맞추었는지 그 풀이법을 나 자신이 인지하고 있는 것이 굉장히 중요합니다. 내가 푼 방법에 논리적 비약이 있지는 않았는지, 내가 정확한 방법으로 푼 건지 끊임없이 점검해야 하죠. 이럴 때 답지가 정말 유용하게 사용됩니다. 정확하고 세심한 풀이를 통해, 빠뜨린 부분은 없는지, 넘겨짚은 부분은 없는지 끊임없이 옆에서 점검해 줍니다. 위에서 서술한 바와 같이, 과외를 받는 기분이 들 정도로요.

그렇다면 여기서 궁금한 점이 생기실 겁니다. 과연 규토 라이트 N제는 나에게 맞는 문제집일까? 너무 어렵지는 않을까? 혹은 너무 쉽지는 않을까? 위 질문에 대한 답은, 여러분의 실력에 따라 달라지게 됩니다. 냉정히 말해서 규토 라이트 N제는 이름과는 다르게 라이트하기만 한 문제집은 아닙니다. 아무것도 모르는 상태에서, 즉 기초가 다져지지 않은 상태에서 하기에는 쉽지 않죠. 하지만, 개념을 한 번이라도 봤다면 얼마든지 도전할 수 있는 난이도입니다. 문제집의 구조상 난이도별로 파트가 나누어지기도 하고, 답지와 함께 풀면 조금 어렵더라도 이해하기에 어렵지는 않을 겁니다. 그렇다면 최상위수험생들에게는 필요가 없는 문제집일까요? 그렇지도 않습니다. 최상위수험생이더라도 틀리는 문제가 있다면 어딘가 불안정한 부분이 있다는 뜻입니다. 규토 라이트N제는 흔들리는 기초를 단단하게 굳힐 수 있는 교재입니다. 혹시라도 내가 불안한 부분은 없는지, 나의 약점은 없는지 등을 알 수 있는, 그러한 교재입니다. 내가 지금껏 쌓아온 기초에 불안한 부분은 없는지, 내가 안다고 생각했던 부분에 허점은 없는지 점검할 때에도 규토 라이트 N제는 최고의 파트너가 되어줄겁니다.

내가 가야 할 길이 멀게만 느껴질 때, 내가 지금 하고 있는 방법이 옳은 방법인지 알 수 없을 때, 규토 라이트 N제는 여러분의 곁에서 충실히 길잡이 역할을 해줄겁니다. 그렇게 규토와 함께, 문제 하나하나를 곱씹으며 나아가다 보면 그 길의 끝에는 여러분이 목표하고 있던 수학 성적이 여러분을 기다리고 있을 것입니다.

규토와 함께하게 된 여러분을 진심으로 응원하며, 이만 글을 줄이겠습니다. 감사합니다.

규토 라이트 N제와 함께 1년 내내 수학 모의고사 1등급!! (김준한)

– 4등급부터 시작해서 현재 수학 백분위 99%까지 달성 후기 –

안녕하세요~ 저는 작년 고1 때는 모의고사 성적이 3,4등급에 머물러 있다가 올해 규토 라이트 N제 수1,2로 공부하면서 2022년에 시행된 고2 6,9,11월 모의고사에서 모두 1등급을 쟁취하게 되어 추천사를 작성하게 되었습니다. 제가 이 책을 처음 접했을 때 책의 구성도 물론 좋았지만 가장 눈에 들어온 것은 공부법이었습니다. 성적대가 낮은 학생들이 공부해도 큰 효과를 볼 수 있는 책이지만 평소에 수학 공부법에 회의감을 가지고 있는 학생들도 공부하면 더 큰 효과를 볼 수 있을 거라고 생각합니다!

고등학교 1학년 때의 저는 수학을 아주 잘하지도 못 하지도 않는 학생이었습니다. 단지 다다익선이라는 말처럼 시중에 나와 있는 문제집을 다 풀어 보며 성적이 잘 나오겠지하며 기대하는 학생에 불과했습니다. 그랬던 성적이 3등급이었고 저는 심각한 고민에 빠졌습니다. 그러던 도중에 한 커뮤니티 사이트에서 '규토 라이트 N제' 후기를 보았습니다. 후기를 읽어보며 나도 저런 드라마틱한 성장을 이뤄낼 수 것 같다는 느낌을 받았고 그 중심인 '100% 공부법'을 알게 되어 바로 책을 구입하게 되었습니다.

규토 라이트 N제를 보면서 구성이 참 놀라웠습니다. 현 교육과정에 따른 개념이 모두 수록되어 있을 뿐만 아니라 규토님 특유의 테크니컬한 팁들이 다 들어 있어서 자작문제 (t1)에 적용하여 체화를 시키고 이에 따라 배운 것들을 기출문제 (t2)에 또 적용할 수 있어 개념-기출의 괴리감을 최소화 시켜준다는 장점이 있습니다. 그리고 규토 라이트 N제의 고난도 문제의 집합이라고 할 수 있는 마스터 스텝 (mt) 인데 저는 개인적으로 푸는 데 너무 재밌었습니다. 저는 문제를 풀면서 규토쌤이 괜히 문제 배치를 마지막에 하신 게 아니구나라는 것을 느꼈습니다. 이 문제들은 약간 방금 전에 언급한 t1,t2 문제들을 믹스 시킨 문제, 즉 기본 예제 들의 집합이라고 느꼈습니다. 마스터 스텝 문제까지 책의 공부법으로 완전히 흡수시켜야 비로소 책의 취지에 맞게 안정적인 1등급에 도달한다고 느끼게 되었습니다.

이제 공부법에 대해 얘기해보려 합니다. 사실 제가 제일 강조하고 싶은 부분입니다!! 제 성적향상의 근원이기도 합니다ㅎ 올해 3월달... 저의 수학 성경책을 받은 날이었죠..저는 책과 물아일체가 되겠다는 마음가짐으로 임했습니다. 규토 선생님께서 강조하시는 수학 공부법이 처음에는 어색했지만 계속 적용해보니까 수능 수학에 가장 이상적이고 적합한 방법이라는 것을 깨달았습니다. 제가 세 번의 모의고사에서 1등급을 받은 그 공부법! 100% 공부법의 핵심은 "누군가에게 설명할 수 있다"입니다. 사실 혹자께서는 문제를 잘 푸는 거랑 어떤 차이냐고 물으실 수 있는데 사실은 엄청난 차이가 있다고 생각합니다. 문제를 완벽하게 설명하려면 풀이를 써 내려갈 때 개념 간의 논리를 정확하게 이해하고 남을 이해시킨다는 마음으로 문제를 정확히 자기것으로 만들어야 합니다. 저는 이 과정이 정말 힘들었습니다. 하지만, 계속 거듭하고 묵묵히 하다보니 가속도가 붙더라고요! 내년에 공부하실 2024 규토 수험생 분들도 이 부분을 강조하며 공부하시면 충분히 좋은 결과 있으실 거라고 믿습니다!!

마지막으로 규토 선생님! 제 수학 성적을 눈부시게 끌어올려 주셔서 감사합니다! ㅎㅎ

수능 수학의 시작과 마무리, 규토 라이트 N제 (오세욱)

– 규토 N제 수1,수2,미적분 풀커리(라이트~고득점)로 수능 미적분 백분위 98% 달성 후기 –

저는 현역 때 운 좋게 대학입시에 성공해 인서울 대학에 합격했지만 수능에 미련이 남아있는 학생 중 한명이었습니다. 수학을 잘한다고 생각했고 자부심을 가지고 있었지만 막상 수능에서는 3등급 백분위 78을 받았습니다. 수능 시험장에서 문제를 풀면서 '나는 개념을 놓치고 있고 조건을 해석할 줄 모르는구나'를 깨달았습니다.

그렇게 대학에 진학했다는 생각으로 놀며 2020년을 보냈고 2021년이 되자 이대로 끝내면 후회가 남을 것 같다는 생각에 다시 한번 입시 속으로 뛰어들었습니다. 대학을 병행하며 진행하고 싶었기에 과외나 학원을 다니기에는 시간이 촉박하다고 판단하여 구매하게 된 책이 바로 과외식 해설을 담은 '규토 라이트 N제'입니다.

규토 라이트 N제를 만나게 되면서 앞에 적힌 공부방법에 따라 개념 부분과 개념형 유제부터 자세히 읽고 풀어보며 사소하지만 실전 문제풀이에 도움이 되는 팁을 얻었습니다. 또한 함께 실린 자작문제와 기출문제에 개념을 적용해 풀며 답안지와 내 풀이의 차이점을 비교하였고 잘못되게 풀이한 부분이 있다면 다시 한번 적어보며 틀린문제는 풀이의 길을 외울 정도로 반복해서 풀었습니다. 솔직히 이러한 과정이 빠르고 쉽다 한다면 거짓말입니다. 처음 시작할 때는 막막할 정도로 문제가 벽으로 느껴졌고 모르면 아직도 모르는게 많다는 것에 화가 나기도 했습니다. 하지만 한 문제, 한 단원 넘어갈 때마다 확실하게 개념이 탄탄해지고 새로운 문제를 만나도 개념을 중심으로 풀이가 진행되는 경우가 많아 자신감과 재미를 느끼게 되었습니다. 이렇게 수1, 수2부터 미적분까지 3권을 모두 마무리하고 반복하여 풀이하다 보니 평가원 시험에서 고정적으로 1등급을 받게 되었습니다.

규토 라이트 N제는 이름과 달리 절대 '라이트' 하지만은 않습니다. 선택과목 체재에서 규토 라이트 N제는 시작이며 마무리인 단계입니다. 기출을 이미 많이 접해본 N수나 고3분들 중 컴팩트하고 완전하게 개념과 기출을 정리하고 싶은 분들부터 수능 수학을 처음으로 공부해 개념을 탄탄하게 쌓고 싶은 분들까지 규토 라이트 N제를 자신있게 추천드립니다.

[중요] 만약 책을 구매하게 된다면, 규토 선생님의 방법으로 공부하세요.

추신) 여담으로 타 문제집(쎈)과 규토 라이트N제를 비교하는 글이 많아 두 문제집 모두 풀어본 입장에서 남긴다면 해설의 자세함, 친절도. 수능 수학을 할 때 필요한 문제의 질, 개념의 자세함 모두 규토 라이트 N제가 좋다고 생각합니다. 그리고 N제라는 이름 때문에 그런지 몰라도 두 책의 목적은 완전하게 다른데 비교하는 경우가 많은 것 같습니다. 이 책은 자세한 개념부터 심화문제(30번)까지 모두 다룹니다. 과장없이 미적분2022평가원문제 모두 이 책에 있는 문제를 규토 선생님의 방식으로 다뤘다면 모두 맞출 수 있었다고 생각합니다.

나는 수능에서 처음으로 수학 1등급을 받았다. (이나현)

안녕하세요! 9월 백분위 89에서 수능 백분위 96으로 오르는 데 있어 규토 라이트의 도움을 크게 받아 작성하게 되었습니다. 핵심은 규토라이트를 통해 개념과 기출의 중요성을 깨닫게 되었다는 점입니다. 규토라이트는 1-4등급 모두에게 좋은 책이지만, 저는 특히 2-3등급에 머무르는 학생들에게 추천하고 싶습니다.

백분위 89에서 1등급은 드라마틱한 성적 변화가 아니라고 생각하실 수도 있습니다. 하지만 저는 고등학교와 재수 생활을 통틀어 평가원 모의고사에서 1등급은 맞아본 적도 없고 2등급 후반 ~ 3등급 초반을 진동했습니다. 저는 수학을 일주일에 적어도 40시간 이상 투자했고, 유명한 강의와 문제집을 다양하게 접해봤음에도 1등급을 맞지 못하는 원인을 파악하지 못했었는데요. 9월부터 규토 라이트로 두 달동안 공부하며 제 약점을 파악했고 결국 수능에서 처음으로 1등급을 맞았습니다. 규토 라이트를 처음 접하게 된 건 9월 모의고사에서 2등급을 간신히 걸친 후였는데요. 저는 1등급을 맞게 된 원인이 크게 두 가지라고 생각합니다.

첫 번째로 규토 라이트의 구성입니다. 기출과 N제 그리고 ebs까지 적절하게 섞인 구성이 너무 좋았습니다. 또한 가이드 스텝을 스킵하지 마시고 꼭 정독하시는 것을 추천드립니다. 규토님의 농축된 팁까지 얻어갈 수 있습니다. 마스터 스텝에서도 배워갈 점이 많으니 겁먹지 말고 몇 번이고 풀어보시는 것을 추천드립니다. 저는 규토 라이트를 접하기 전까진 왜 수학에서 개념과 기출을 강조하는지 이해가 가지 않았습니다. 기출은 지겹기만 했고 개념은 다 아는 것만 같았습니다. 하지만 규토 라이트를 통해 제대로 된 기출 학습과 약점훈련을 할 수 있었습니다.

두 번째는 규토님입니다. 일단 규토님은 등급에 따라 커리큘럼과 학습법을 알려주시는데 이대로만 하면 100점도 가능하다고 생각합니다. 가장 도움되었던 학습법은 복습입니다. 뻔한 것 같지만, 알면서도 꺼려지는 게 복습입니다. 그리고 틀린 문제를 생각 없이 계속 푸는 것이 아니라, 제대로 된 복습 가이드를 정해주셔서 이대로만 하면 된다는 점이 좋았습니다. 저는 비록 9월 중순부터 시작해서 전체적으로는 3회독밖에 못했지만... 설명할 수 있을 때까지 계속 풀고 또 풀었습니다. 또한 이메일로 직접 질문을 받아주시는데요, 질문하는 문제에 따라서 가끔 제게 필요한 보충문제나 영상 덕분에 빠르게 이해할 수 있었습니다. 그리고 똑같은 문제를 계속 틀리거나, 사설 모의고사에서 안 좋은 점수를 받는 등 막막할 때가 많았는데요, 그 때마다 실질적인 말씀을 많이 해주셨습니다. 'theme 안의 문제들은 서로 다른 문제들이지만 이 문제들이 똑같게 느껴질 때 비로소 이해한 것' 이라는 말이 아직도 기억에 남네요. 전 이 말을 듣고 깨달음이 크게 왔고 그 뒤로 수학에 대한 감을 제대로 잡았던 것 같아서 써봅니다. 이외에, 6월 9월 보충프린트도 너무 감사했습니다.

저는 비록 9월 중순부터 규토 라이트를 시작했지만 재수 초기로 돌아간다면 규토 라이트로 시작해서 규토 고득점으로 끝내지 않았을까 싶습니다. 제대로 된 기출 학습을 원하시는 분들은 규토 라이트하세요 !!

9월 수학 3등급에서 수능 수학 1등급으로! (노유정)

규토 라이트 수1, 수2로 학습하여 짧은 기간 동안 9월 3 → 수능 1의 성적향상을 이루었습니다. 저는 8월에 수시 지원 계획이 바뀌며 급하게 수능 준비를 하게 되었습니다. 수능은 100일 정도 밖에 남지 않았는데 개념은 거의 다 까먹었고, 원래 수학을 못하는 학생이었기 때문에 (1,2 학년 학평은 대부분 3등급) 수학이 가장 걱정되는 과목이었습니다. 그래서 짧은 기간 동안 개념 숙지와 문제 풀이를 할 수 있는 교재를 찾다가 규토 라이트를 접하게 되었습니다.

개념 인강을 들으면서 해당되는 단원의 문제를 하루에 약 60문제 정도 풀어서 10월 말 정도에 규토 1회독을 끝냈습니다. 그 후에는 시간이 부족해서 1회독 후 틀린 문제와 기출 위주로만 반복적으로 보았습니다.

규토라이트는 효율적인 학습을 가능하게 하는 책입니다. 기존의 기출 문제집을 풀 때는 난이도별로 구분이 되어있지 않아 제 수준에 맞지 않는 문제를 풀면서 시간을 낭비했던 적이 많습니다. 그러나 규토 라이트를 통해 공부할 때는 개념 숙지에서 고난도 문제 풀이로 넘어가는 과정이 효율적이었습니다. 특히, 지나치게 어려운 문제도 쉬운 문제도 없기 때문에 실력 향상에 큰 도움이 되었습니다. 가이드에 적혀있는 대로 충분히 고민을 하고, 안 풀릴 경우에는 다음 날 다시 풀거나 2회독 때 풀기로 표시를 해두었습니다. 마스터 스텝을 제외하고는 이렇게 하면 대부분 해결할 수 있었던 것 같습니다.

이러한 교재 특성 때문에 수학을 잘 못하는 학생이었음에도 원하는 성적을 얻을 수 있었습니다. 제 사례와 같이 급하게 수능 준비를 하거나, 스스로 수학머리가 없다고 생각하는 수험생들에게 규토를 추천해주고 싶습니다.

[수2 공부법] 수포자에서 수능 수학 백분위 92%!

규토 라이트 n제 수2 리뷰를 할 수 있어서 정말 영광입니다. 먼저 전 나형 수포자였습니다. 현역시절 맨 앞장에 4문제정도 풀고 운이 좋으면 7~8번까지도 풀리더라구요. 그리고 주관식 앞에 쉬운 2문제 정도 풀고 다 찍었습니다. 항상 6~7등급 찍은게 몇 개 맞으면 5등급까지 갔습니다. 생각해보면 수학을 제대로 공부해본 적이 없었고 주위에서 수학은 절대 단기간에 할 수 없다. 그냥 그 시간에 영어나 탐구를 더하라는 말에 현역시절 수학을 제대로 집중해서 문제를 푼 적이 없었습니다. 현역시절 제가 받은 성적은 6등급 타과목도 잘치지 못한 탓에 재수를 결정했고 불현듯 수학공부를 해봐야겠다는 생각을 했습니다. 어쩌면 내 일생에 단 한 번뿐인데 수학공부 한 번 해보자라고 마음먹었습니다. 다른 과목보다 수2가 문제였습니다. 확통이나 수1에 비해 분명히 해야 할 부분이 저에게 많았기 때문이었습니다. 2월에 본격적으로 수2과목을 빠르게 개념정리를 했습니다. 수2만은 전년도와 교육과정이 크게 바뀌지 않은 탓에 빠르게 개념인강과 교과서로 정독했습니다. 아주 쉬운 기초부터 시작한 셈이죠. 교과서와 개념인강을 3회독정도 해보니 아주 쉬운 유형들은 풀 수 있게 되었습니다. (이를테면 함수의 극한에서 그래프를 주고 좌극한과 우극한의 합차 유형이나 간단한 미분 적분 계산문제 함수의 극한꼴 정적분의 활용 중 속도 가속도문제등) 교과서 유제에도 그리고 평가원 기출에도 매번 나오는 유형들은 교과서만으로도 풀 수 있었습니다. 하지만 처음 보는 낯선 유형과 함수의 추론등 기초가 부족한 저에게 이런 문제들은 거대한 벽과 다름없었습니다. 과연 1년 안에 내가 이런 문제를 극복가능한 것일까.교과서와 개념인강만으로는 해결할 수 없었습니다. 충분히 고민한 뒤에 제가 내린 결론은 문제의 양을 늘려야한다는 것이었습니다. 소위 수포자는 당연하게도 수학경험치가 현저히 낮습니다. 특히 함수 나오고 그래프 나오면 정말 무너지기 쉽죠. 그렇다고 1년도 안 남은 시점에서 중학수학과 고1수학을 체계적으로 본다는 것은 너무 어려운 일입니다. 1년안에 승부를 봐야하는 제 입장에선 현명한 선택이 아니었습니다. 그러다 우연히 커뮤니티에서 규토라이트n제를 알게 됐고 많은 리뷰와 블로그 내용을 꼼꼼히 보고 선택하기로 결정했습니다. 제가 규토 라이트 수2 n제를 택했던 근본적 이유는 충분한 문제양과 더불어 제 기본기를 탄탄하게 보완시켜줄 문제들이 다수 실려있었기 때문입니다.

개념익히기와 〈1 step〉 필수유형편에서 기초적인 문제와 더불어 조금 심화된 문제까지 정말 질 좋은 문제들을 많이 풀었습니다. 양과 질을 동시에 확보한 셈이죠. 수능은 이차함수나 일차함수등 중학수학을 대놓고 물어보진 않습니다. 문제에서 가볍게 쓰이는 정도이죠. 수2를 공부하시면 많은 다항함수를 접하시게 될텐데 라이트n제 필수유형편으로 충분히 커버됩니다.

다음으로는 제가 가장 애정했던 〈2 step〉 기출적용편입니다. 시중에는 정말 많은 기출문제집이 있지만 규토n제 수2만이 갖는 특별함은 바로 최신경향을 반영한 교육청 사관학교 평가원 기출들만으로 공부할 수 있다는 점입니다. 일부 기출문제집은 최근 트렌드에 맞지않는 문제들도 있고 또한 교육과정이 변했음에도 이전 교육과정의 문제들도 있는 반면 라이트n제 수2는 규토님의 꼼꼼한 안목으로 꼭 필요한 기출만을 선별했고 따로 다른 기출을 살 필요없이 실린 문제들만 잘 소화해도 기출을 잘 풀었다는 느낌을 받을 수 있을 겁니다. 저도 성적향상에 가장 도움이 됐던 step이었습니다. 하지만 이 단계부턴 문제가 어렵습니다. 특히나 수포자나 수학이 약하시분들은 정말 힘들 수 있습니다. 하지만 저는 포기하지 않고 끝까지 풀었습니다. 심지어 위에 빈칸에 체크가 7개가 되는 문제도 있었습니다. 시간차를 두고 보고 또봤습니다. 서두에서 규토님께서 제시한 수학 학습법에 의거해 복습날짜도 정확히 지키며 공부했습니다. 수학이 어려운 학생부터 조금 부족한 학생까지 〈2 step〉만큼은 꼭 공을 들여서라도 여러 번 회독하셨으면 좋겠습니다. 수능은 어찌 보면 기출의 진화라고 할 만큼 기출에서 크게 벗어나지 않습니다. 꼭 여러 번 회독하셔서 시험장에서 비슷한 유형은 빠른 시간 안에 처리하실 수 있을 만큼 두고두고 보셨으면 좋겠습니다. 〈2 step〉를 잘소화했더니 6월과 9월을 응시했을때 어?! 이거 규토라이트 n제 수2에서 풀었던 느낌을 다수문제에서 받았습니다. (다항함수에서의 실근의 개수 정적분의 넓이 미분계수의 정의등 단골로 나오는 유형이있습니다.) 역시나 기출의 반복이었습니다. 규토라이트 n제 수2를 통해 최신 트렌드 경향에 맞는 유형을 여러 문제를 통해 접하다 보니 정말 신기하게 풀렸고 어렵지 않게 풀 수 있었습니다. 규토 라이트n제는 해설이 정말 좋습니다. 제가 기본기가 부족했던 시기에도 규토해설만큼은 이해될 만큼 자세히 해설되어있고 현장에서 사용할 수 있을만큼 완벽한 해설지라고 생각합니다. 제 풀이와 규토님 풀이를 비교해보면서 좀 더 현실적인 풀이를 찾는 과정에서 제 실력도 많이 향상되었습니다.

마지막 마스터 스텝은 굉장한 난이도의 기출과 규토님의 자작문제들이 실려있습니다. 제가 굉장히 고생한 스텝이었고 실제로 수능 전날까지 정말 안되는 문제들도 몇 개 있었습니다. 1등급을 원하시는 분들은 꼭 넘어야할 산이라고 생각합니다. 1등급이 목표가 아니더라도 마스터 스텝에 문제는 꼭 풀어보실만한 가치가 있습니다. 문제가 풀리지 않더라도 그 속에서 수학적 사고력이 향상되는 경우가 있고 저도 올해 수능 20번을 맞출만큼 실력이 올라온 것도 마스터스텝 문제를 여러 번 심도 있게 고민해본 결과가 아닐까 싶습니다. 시간이 조금만 남았더라면 30번도 풀 수 있을 만큼 제 수학실력이 많이 올라와 있었습니다. 라이트 n제 수2를 구매하시는 분들은 1문제도 거르지 마시고 완벽하게 다 풀어보는 것을 목표로 삼고 공부하시면 좋은 성과가 꼭 나올거라 생각합니다.

끝으로 저는 수포자였지만 결국 이번 수능에서 2등급을 쟁취하였고 목표한 대학에 붙을 점수가 나온 것 같습니다. ㅎㅎㅎ 수학이 힘드신 문과생들! 수학에서 가장 중요한 것은 제가 생각하기에 정확한 개념과 많은 문제양을 풀어 수학에 대한 자신감을 키우는 것 이라고 생각합니다. 특히나 수2는 절대적인 양 확보가 정말 중요합니다. 하지만 교과서와 쉬운 개념서로는 한계가 있고 다른 기출문제집을 보자니 너무 두껍고 양이 많습니다. 라이트n제 수2 각유형별로 기본부터 심화까지 한 권으로서 문제풀이의 시작과 마무리를 다할 수 있는 교재라고 자부합니다. 올해만 하더라도 규토라이트 n제 수2교재로 다항함수 특히 3차함수 개형 그리기만도 수백번이 넘었던 것 같습니다. 시중 문제집과 컨텐츠가 난무하는 시기에 규토 라이트n제를 우연히 알게 되고 끝까지 믿고 풀었던 것에 감사하며 수포자도 노력하면 할 수 있다는 말씀드립니다. 규토 라이트n제 수2 강추합니다!! 끝으로 규토님께도 감사드립니다 :)

수학에 자신이 없었지만 수능 수학 100점! (김은주)

저는 유독 수학에 자신이 없었던, 2등급만 나오면 대박이라고 여겼던 학생이었습니다. 그랬던 제가 규토 라이트 N제를 공부하고 수능에서 100점을 받을 수 있었습니다.

코로나 19와 개인적인 사정으로 인해 학원에 다닐 수 없었던 저는 시중에 출판된 여러 문제집을 비교하며 독학에 적합한 교재를 찾는 중에 규토 라이트를 고르게 되었습니다.

많은 장점 중 제가 꼽은 이 책의 가장 큰 장점은 바로, "이 책을 공부하는 방법(?)"이 마치 과외를 받는 기분이 들도록 수험생의 입장을 고려해서 세세하게 서술되어있기 때문이었습니다.

규토 N제를 만나기 전의 저는 나쁜 습관이 가득한 학생이었고, 그것이 제 성적을 갉아먹는 요인이었습니다. (찍어서 우연히 맞은 문제, 알고 보니 풀이 과정에서 오류가 있었는데 답만 맞은 문제도 그저 답이 맞으면 동그라미표시를 하고 다시 보지 않았고, 조금 복잡하거나 어려워보이는 문제는 지레 겁을 먹고 풀기를 꺼리는 등) 그래서인지 처음 책을 접했을 때는 문제를 풀고 풀이과정을 해설지와 일일이 대조해보고 백지에 다시 풀이과정을 써보느라 한 문제를 푸는데도 시간이 오래 걸렸고, 생각보다 쉽게 풀리지 않는 문제들이 많아서 충격을 받기도 했습니다. 그럴 때마다 앞부분에 실려있는, 과거 이 책으로 공부했던 다른 분들의 후기를 읽으며 잘 하고 있는거라고 스스로를 다독였습니다. 그러다보니 뒤로 갈수록 문제가 조금씩 풀리기 시작했고, 처음 풀어서 완벽히 맞는 문제가 나오면 (책 앞부분에 선생님께서 언급하신) 희열을 느끼기도 했습니다. 그렇게 1회독을 하고 나니 다른 모의고사를 볼 때에도 규토를 풀며 체계적으로 훈련했던 감각들이 되살아나서 예전이라면 손도 못 대었을 문제도 풀 수 있게 되었습니다.

책 제목인 라이트와 다르게, 문제들이 분명 쉽지만은 않은 것은 사실입니다. 그렇지만 시간이 오래 걸리더라도 책에 실린 방법대로 끈질기게 물고 늘어지고 스스로에게 엄격해진다면 분명 이 책이 끝날 시점에는 실력 향상이 있을거라고 자신합니다.

늘 고민을 안겨주는 과목이었던 수학을 하면 되는 과목으로 생각할 수 있도록 좋은 책 집필해주신 규토선생님께 진심으로 감사드리고 내년 수능을 준비하시는 분들에게도 이 책을 추천합니다. (규토 고득점 N제도 추천합니다.!)

참고로 모든 추천사는 라이트 N제 구매 인증과 성적표 인증 후 수록하였습니다.
자세한 인증내역은 네이버 카페 (규토의 가능세계)에서 확인하실 수 있습니다.

1 충분한 시간을 갖고 푼다. 자신이 가지고 있는 사고의 벽을 깬다고 생각하면서 머리에 쥐가 날 정도로 사고해본다.

2 **문제를 풀고 나서** 바로 다음 문제로 넘어가지 말고 백지에 논리적 흐름을 느끼면서 다시 풀어본다.

자기풀이가 논리적으로 맞는지 체계화를 해본다. (1번 문제를 풀고 바로 2번 문제로 넘어가지 말고 1번 문제를 정리해본 후 넘어가라는 의미)
☆ **굉장히 중요합니다!**

3 각 Step이 끝나면 해설지를 본다. **해설지를 보고나서** 내가 생각하지 못했던 풀이들과 skill을 모조리 흡수한다.

해설지를 보지 않고 해설지에 적힌 풀이를 체화시킨다는 느낌으로 백지에 논리적 흐름을 느끼면서 다시 풀어본다.
☆ **굉장히 중요합니다!**

4 추천 학습 순서

① 전 범위를 학습한 학생 또는 총정리 목적으로 푸는 학생

　　Guide step → Training - 1step → Training - 2step → Master step

② 전 범위를 학습하지 못한 학생 또는 등급대가 낮은 학생

　　Guide step → Training - 1step → Training - 2step → (책 전체 한 바퀴 돌고 난 뒤) → Master step

(Master step은 단원 통합형 문제도 수록되어 있기 때문에 위와 같이 학습하시는 것을 추천 드립니다.)

③ 찐노베 학생 (목표 : 우선 큰 틀을 잡고 세부적으로 들어가기)

　　Guide step → Training - 1step (각 theme당 3문제씩) → Training - 2step (3점) → (책 전체 한 바퀴 돌고 난 뒤)
　　→ Training - 1step (나머지 문제) → Training - 2step (4점) → (책 전체 한 바퀴 돌고 난 뒤)
　　→ Master step (하루에 조금씩 진도 나가면서 나머지 파트 복습)

5 6~7일 후에 다시 푼다. (자세한 방법은 「수능 수학영역에 대한 고찰」을 참고)

☆ 굉장히 중요합니다!

〈수능 수학영역에 대한 고찰 中 made by 규토〉블로그에서 전문 확인 가능합니다.

학원에서 강의 할 때나 과외를 할 때 첫 시간에 꼭 설명하는 것이 있습니다. 바로 수학 공부법입니다.
저도 이렇게 했었고 제 학생들도 성적 향상이 되는 것을 보아왔습니다.
문제를 풀고 채점할 때 X 와 O 로 나눌 수 있습니다. 가끔씩 세모를 치는 학생들도 있는데 세모를 친다는 것은 자기 자신에 대한 관대한 행위입니다.
수학은 자신에게 엄격할수록 수학 성적이 는다고 생각합니다. 정말 확실히 알고 누구에게 설명할 수 있는 정도일 때 O 를 합니다.
만약 문제 ㄱ ㄴ ㄷ 중에서 ㄱ이 반드시 맞는데 ㄱ이 들어간 것이 한 개만 있다고 해서 그 문제의 답을 체크하고 맞다고 하면 절대로 안 됩니다.
X 유형은 크게 4가지로 분류할 수 있습니다.

1. 계산 실수
2. 이게 뭐지 ?
3. 완전 모르겠다.
4. 스스로 엄밀히 진단했을 때 "다시 풀어봐야겠다"고 느낀 문제

1번의 경우는 흔히 하는 계산 실수입니다. 항상 하던 실수를 반복하기 쉽기 때문에 계산 실수라도 과감히 X표를 칩니다. 저 같은 경우에도
2X3 을 매일 5라고 써서 실수를 많이 했었는데 이제는 항상 2X3만 나오면 실수 하지 말아야지 라는 생각을 하게 됩니다. 2번의 경우가 중요할
수 있습니다. 자기가 분명히 맞다고 생각하는 풀이가 답이 아닐 경우 거기에는 논리의 비약과 오류가 있을 수 있습니다. 그것들을 조언자나
풀이를 통해 교정합니다. 물론 과감히 X 표를 칩니다.
3번의 경우는 X표를 치고 충분한 고민과 생각 끝에 답이 나오지 않으면 풀이나 조언을 통해 해결합니다.
마지막 4번의 경우는 비록 맞았지만 논리 없이 찍어서 맞았거나 스스로 엄밀히 진단했을 때 다시 풀어 봐야할 것 같은 문항을 의미합니다.
역시나 과감히 X표를 칩니다.

여기서 중요합니다!!!!

틀린 문제는 6~7일 뒤에 다시 봅니다. 다시 봤을 때 맞았다면 문제 오른쪽 위에 있는 네모 BOX칸에 O를 칩니다.
(단, 연속 동그라미가 많이 되어있는 문제라면 기간을 늘려 2주 ~ 3주 후에 다시 봐도 됩니다.)
그렇게 왼쪽 끝부터 연속해서 O가 4개 될 때까지 풀면 그 문제는 다시 안 봐도 됩니다. 만약 다시 봤을 때 못 풀면 X를 칩니다. 연속해서 O가
4개 될 때까지 이므로 X이후에서부터 다시 연속해서 4개 될 때까지 풀면 됩니다. (이걸 학생들한테 가르쳐줬더니 O를 할 때 아래에 날짜를
써놓고 푸는 아이도 있었습니다.)
처음에는 30분 걸리던 문제가 10분으로 10분이 5분으로 5분이 3분 안에 논리적으로 설명 할 수 있을 정도의 수준으로 바뀔 것입니다. 이렇게
계속하다보면 자신도 모르는 사이에 강해질 것입니다. 이 훈련의 핵심은 틀린 문제를 완전히 자기 것으로 만드는데 있습니다. 대부분 학생들은
틀린 문제를 또 다시 틀리는 경우가 다반사입니다. 그러면 아무것도 늘지 않기 때문에 틀린 문제를 완벽히 정복하는 것만이 질적인 성적향상으
로 가는 지름길이라고 생각합니다. 책을 고를 때도 조금 밖에 틀리지 않는 교재는 자신에게 맞지 않다고 생각합니다.

문제를 다시 풀 때 항상 새 문제처럼 느껴지는 것이 훨씬 더 도움이 됩니다. 사람 심리상 ㄱㄴㄷ의 문제를 풀 때 ㄱ에 빨간 동그라미가 되어있으면 다시 풀어도 ㄱ에 동그라미를 칠 수 밖에 없습니다. 이 방법을 실천하기란 정말 어렵지만 했을 때의 효과는 보장합니다.

6 **마지막 화룡점정은 누구에게 직접 설명해주는 것이다!** 정확한 논리 구조로 알려줄 때 진정한 자기 것이 된다!

설명을 계속 강조하는 이유는 누구에게 설명해주기 위해서는 풀이가 머릿속에 체계적이고 논리적으로 그려지는 단계에 왔을 때 비로소 가능하기 때문이다.
(개인 여건상 설명하기 힘든 경우는 백지에 자신의 사고를 정리하는 연습으로 대체해도 됩니다.)

솔직히 이렇게 하는 사람은 1% 정도겠지만 만약 한다고 하면 난 그 사람을 지지한다.

그냥 풀고 넘어가는 것은 딱히 도움이 안 된다. 이건 Fact 다!

이렇게 하면 실력이 안 늘래야 안 늘 수가 없다!

★ 필 독 ★

아래 계획표에는 일주일 혹은 하루에 대단원 한 개씩이라고 되어있지만

이는 학생에 따라서는 매우 큰 부담감으로 작용할 수 있습니다.

도리어 '빨리 풀어야한다'는 압박감에 정작 가장 중요한 100% 공부법을

제대로 이행하지 못하는 부작용이 생길 수 있습니다.

따라서 대단원이 부담되시면 대단원을 쪼개서

중단원을 기준으로 하셔도 됩니다.

저는 큰 틀을 제시한 것이고 각자의 상황에 맞게

조금씩 변화를 주시면 됩니다.

건투를 빌겠습니다.

화이팅입니다~!

선택 ① 개념강의 + 개념부교재(워크북) + 규토 라이트 N제 병행 (1~2등급 학생)

선택 ② 개념강의 + 개념부교재(워크북) + 규토 라이트 N제 병행 (3등급 학생)

선택 ③ 개념강의 + 규토 라이트 N제 병행 (찐노베 학생)
(개념부교재까지 보는 것은 학습에 부담을 줄 수 있기 때문에 라이트 N제로 단권화 / 100%공부법에 적힌 찐노베추천 순서대로 학습
개념부교재를 추가할 수는 있으나 만약 추가한다면 학습에 부담을 주지 않는 선에서 계산연습용으로 쉬운 문제집 선택 권장)

선택 ④ 개념강좌 완강 후 규토 라이트 N제 (1~2등급 학생)

선택 ⑤ 개념강좌 완강 후 규토 라이트 N제 (3등급 학생)

선택 ⑥ 개념강좌 완강 후 규토 라이트 N제 (찐노베 학생)

선택 ⑦ 수1+수2 병행 (①~⑥을 참고하여 개별 맞춤 진행)

선택 ⑧ 수1+수2+선택과목 병행 (①~⑥을 참고하여 개별 맞춤 진행)

선택 ① 개념강의 + 개념부교재(워크북) + 규토 라이트 N제 병행 (1~2등급 학생)

전체 1회독 기준 4주 완성 커리큘럼

월	화	수	목	금	토	일
* 1단원 개념강의 수강 (수강 후 10분이 지나기 전에 복습) * 개념부교재	* 1단원 개념강의 수강 (수강 후 10분이 지나기전에 복습) * 개념부교재	* 1단원 개념강의 수강 (수강 후 10분이 지나기 전에 복습) * 개념부교재	* 1단원에 수록된 규토 라이트 N제 (Guide step ~ Training – 2step)	* 1단원에 수록된 규토 라이트 N제 (Guide step ~ Training – 2step)	* 1단원에 수록된 규토 라이트 N제 (Guide step ~ Training – 2step)	* 새로운 문제 금지 * 복습의 날 (일주일동안 했던 것 복습 및 누적 복습) * 동그라미 커리큘럼 이행하기 (전주, 전전주 틀린 문제 다시 풀기)
* 2단원 개념강의 수강 (수강 후 10분이 지나기 전에 복습) * 개념부교재	* 2단원 개념강의 수강 (수강 후 10분이 지나기 전에 복습) * 개념부교재	* 2단원 개념강의 수강 (수강 후 10분이 지나기 전에 복습) * 개념부교재	* 2단원에 수록된 규토 라이트 N제 (Guide step ~ Training – 2step)	* 2단원에 수록된 규토 라이트 N제 (Guide step ~ Training – 2step)	* 2단원에 수록된 규토 라이트 N제 (Guide step ~ Training – 2step)	* 새로운 문제 금지 * 복습의 날 (일주일동안 했던 것 복습 및 누적 복습) * 동그라미 커리큘럼 이행하기 (전주, 전전주 틀린 문제 다시 풀기)
* 3단원 개념강의 수강 (수강 후 10분이 지나기 전에 복습) * 개념부교재	* 3단원 개념강의 수강 (수강 후 10분이 지나기 전에 복습) * 개념부교재	* 3단원 개념강의 수강 (수강 후 10분이 지나기 전에 복습) * 개념부교재	* 3단원에 수록된 규토 라이트 N제 (Guide step ~ Training – 2step)	* 3단원에 수록된 규토 라이트 N제 (Guide step ~ Training – 2step)	* 3단원에 수록된 규토 라이트 N제 (Guide step ~ Training – 2step)	* 새로운 문제 금지 * 복습의 날 (일주일동안 했던 것 복습 및 누적 복습) * 동그라미 커리큘럼 이행하기 (전주, 전전주 틀린 문제 다시 풀기)
* 1단원 Guide step 복습 *1단원 Guide step ~Training – 2step 틀린 문제 다시보기 * 1단원에 수록된 규토 라이트 N제 (Master step)	* 1단원 Guide step 복습 *1단원 Guide step ~Training – 2step 틀린 문제 다시보기 * 1단원에 수록된 규토 라이트 N제 (Master step)	* 2단원 Guide step 복습 *2단원 Guide step ~Training – 2step 틀린 문제 다시보기 * 2단원에 수록된 규토 라이트 N제 (Master step)	* 2단원 Guide step 복습 *2단원 Guide step ~Training – 2step 틀린 문제 다시보기 * 2단원에 수록된 규토 라이트 N제 (Master step)	* 3단원 Guide step 복습 *3단원 Guide step ~Training – 2step 틀린 문제 다시보기 * 3단원에 수록된 규토 라이트 N제 (Master step)	* 3단원 Guide step 복습 *3단원 Guide step ~Training – 2step 틀린 문제 다시보기 * 3단원에 수록된 규토 라이트 N제 (Master step)	* 새로운 문제 금지 * 복습의 날 (일주일동안 했던 것 복습 및 누적 복습) * 동그라미 커리큘럼 이행하기 (전주, 전전주 틀린 문제 다시 풀기)

* 추후에 계속 틀린 문제 복습해야 함 (동그라미 커리큘럼, 최대한 책에 적힌 100%공부법으로 학습할 것!) / 개념도 반드시 누적 복습할 것
* 각 Step이 끝날 때마다 해설보기 (해설지로 공부한다고 생각)
  ex) Training – 1step 문제 풀고 → 해설보기 → Training – 2step 문제 풀고 → 해설보기
* 실전개념강좌는 도구정리 느낌으로 라이트 N제 체화 후 볼 것 (라이트 N제에도 저자가 쓰는 실전개념 모두 수록 / 해설지에도 수록)
* 복습량이 많아 일요일로 벅차다면 다른 요일에 학습량 일부를 복습에 투자해도 된다.

전체 1회독 기준 5주 완성 커리큘럼

월	화	수	목	금	토	일
* 1단원에 수록된 규토 라이트 N제 (Guide step) 정독 후 해당 중단원 개념강의 수강 (수강 후 10분이 지나기 전에 복습) * 개념부교재	* 1단원에 수록된 규토 라이트 N제 (Guide step) 정독 후 해당 중단원 개념강의 수강 (수강 후 10분이 지나기 전에 복습) * 개념부교재	* 1단원에 수록된 규토 라이트 N제 (Guide step) 정독 후 해당 중단원 개념강의 수강 (수강 후 10분이 지나기 전에 복습) * 개념부교재	* 1단원에 수록된 규토 라이트 N제 (Guide step ~ Training – 2step)	* 1단원에 수록된 규토 라이트 N제 (Guide step ~ Training – 2step)	* 1단원에 수록된 규토 라이트 N제 (Guide step ~ Training – 2step)	* 새로운 문제 금지 * 복습의 날 (일주일동안 했던 것 복습 및 누적 복습) * 동그라미 커리큘럼 이행하기 (전주, 전전주 틀린 문제 다시 풀기)
* 2단원에 수록된 규토 라이트 N제 (Guide step) 정독 후 해당 중단원 개념강의 수강 (수강 후 10분이 지나기 전에 복습) * 개념부교재	* 2단원에 수록된 규토 라이트 N제 (Guide step) 정독 후 해당 중단원 개념강의 수강 (수강 후 10분이 지나기 전에 복습) * 개념부교재	* 2단원에 수록된 규토 라이트 N제 (Guide step) 정독 후 해당 중단원 개념강의 수강 (수강 후 10분이 지나기 전에 복습) * 개념부교재	* 2단원에 수록된 규토 라이트 N제 (Guide step ~ Training – 2step)	* 2단원에 수록된 규토 라이트 N제 (Guide step ~ Training – 2step)	* 2단원에 수록된 규토 라이트 N제 (Guide step ~ Training – 2step)	* 새로운 문제 금지 * 복습의 날 (일주일동안 했던 것 복습 및 누적 복습) * 동그라미 커리큘럼 이행하기 (전주, 전전주 틀린 문제 다시 풀기)
* 3단원에 수록된 규토 라이트 N제 (Guide step) 정독 후 해당 중단원 개념강의 수강 (수강 후 10분이 지나기 전에 복습) * 개념부교재	* 3단원에 수록된 규토 라이트 N제 (Guide step) 정독 후 해당 중단원 개념강의 수강 (수강 후 10분이 지나기 전에 복습) * 개념부교재	* 3단원에 수록된 규토 라이트 N제 (Guide step) 정독 후 해당 중단원 개념강의 수강 (수강 후 10분이 지나기 전에 복습) * 개념부교재	* 3단원에 수록된 규토 라이트 N제 (Guide step ~ Training – 2step)	* 3단원에 수록된 규토 라이트 N제 (Guide step ~ Training – 2step)	* 3단원에 수록된 규토 라이트 N제 (Guide step ~ Training – 2step)	* 새로운 문제 금지 * 복습의 날 (일주일동안 했던 것 복습 및 누적 복습) * 동그라미 커리큘럼 이행하기 (전주, 전전주 틀린 문제 다시 풀기)
* 1단원 Guide step 복습 *1단원 Guide step ~Training – 2step 틀린 문제 다시보기 * 1단원에 수록된 규토 라이트 N제 (Master step)	* 1단원 Guide step 복습 *1단원 Guide step ~Training – 2step 틀린 문제 다시보기 * 1단원에 수록된 규토 라이트 N제 (Master step)	* 1단원 Guide step 복습 *1단원 Guide step ~Training – 2step 틀린 문제 다시보기 * 1단원에 수록된 규토 라이트 N제 (Master step)	* 2단원 Guide step 복습 *2단원 Guide step ~Training – 2step 틀린 문제 다시보기 * 2단원에 수록된 규토 라이트 N제 (Master step)	* 2단원 Guide step 복습 *2단원 Guide step ~Training – 2step 틀린 문제 다시보기 * 2단원에 수록된 규토 라이트 N제 (Master step)	* 2단원 Guide step 복습 *2단원 Guide step ~Training – 2step 틀린 문제 다시보기 * 2단원에 수록된 규토 라이트 N제 (Master step)	* 새로운 문제 금지 * 복습의 날 (일주일동안 했던 것 복습 및 누적 복습) * 동그라미 커리큘럼 이행하기 (전주, 전전주 틀린 문제 다시 풀기)
* 3단원 Guide step 복습 *3단원 Guide step ~Training – 2step 틀린 문제 다시보기 * 3단원에 수록된 규토 라이트 N제 (Master step)	* 3단원 Guide step 복습 *3단원 Guide step ~Training – 2step 틀린 문제 다시보기 * 3단원에 수록된 규토 라이트 N제 (Master step)	* 3단원 Guide step 복습 *3단원 Guide step ~Training – 2step 틀린 문제 다시보기 * 3단원에 수록된 규토 라이트 N제 (Master step)	보충	보충	보충	* 새로운 문제 금지 * 복습의 날 (일주일동안 했던 것 복습 및 누적 복습) * 동그라미 커리큘럼 이행하기 (전주, 전전주 틀린 문제 다시 풀기)

* 추후에 계속 틀린 문제 복습해야 함 (동그라미 커리큘럼, 최대한 책에 적힌 100%공부법으로 학습할 것!) / 개념도 반드시 누적 복습할 것
* 각 Step이 끝날 때마다 해설보기 (해설지로 공부한다고 생각)
   ex) Training – 1step 문제 풀고 → 해설보기 → Training – 2step 문제 풀고 → 해설보기
* 실전개념강좌는 도구정리 느낌으로 라이트 N제 체화 후 볼 것 (라이트 N제에도 저자가 쓰는 실전개념 모두 수록 / 해설지에도 수록)
* 복습량이 많아 일요일로 벅차다면 다른 요일에 학습량 일부를 복습에 투자해도 된다.

선택 ③ 개념강의 + 규토 라이트 N제 병행 (찐노베 학생)

training-2step까지 1회독 기준 5주 완성 커리큘럼 (Master step은 추후 학습)

월	화	수	목	금	토	일
* 1단원에 수록된 규토 라이트 N제 (Guide step) 정독 후 해당 중단원 개념강의 수강 (수강 후 10분이 지나기 전에 복습)	* 1단원에 수록된 규토 라이트 N제 (Guide step) 정독 후 해당 중단원 개념강의 수강 (수강 후 10분이 지나기 전에 복습)	* 1단원에 수록된 규토 라이트 N제 (Guide step) 정독 후 해당 중단원 개념강의 수강 (수강 후 10분이 지나기 전에 복습)	* 1단원에 수록된 규토 라이트 N제 (Guide step ~ Training - 2step) t1 theme당 3문제씩 t2 3점	* 1단원에 수록된 규토 라이트 N제 (Guide step ~ Training - 2step) t1 theme당 3문제씩 t2 3점	* 1단원에 수록된 규토 라이트 N제 (Guide step ~ Training - 2step) t1 theme당 3문제씩 t2 3점	* 새로운 문제 금지 * 복습의 날 (일주일동안 했던 것 복습 및 누적 복습) * 동그라미 커리큘럼 이행하기 (전주, 전전주 틀린 문제 다시 풀기)
* 2단원에 수록된 규토 라이트 N제 (Guide step) 정독 후 해당 중단원 개념강의 수강 (수강 후 10분이 지나기 전에 복습)	* 2단원에 수록된 규토 라이트 N제 (Guide step) 정독 후 해당 중단원 개념강의 수강 (수강 후 10분이 지나기 전에 복습)	* 2단원에 수록된 규토 라이트 N제 (Guide step) 정독 후 해당 중단원 개념강의 수강 (수강 후 10분이 지나기 전에 복습)	* 2단원에 수록된 규토 라이트 N제 (Guide step ~ Training - 2step) t1 theme당 3문제씩 t2 3점	* 2단원에 수록된 규토 라이트 N제 (Guide step ~ Training - 2step) t1 theme당 3문제씩 t2 3점	* 2단원에 수록된 규토 라이트 N제 (Guide step ~ Training - 2step) t1 theme당 3문제씩 t2 3점	* 새로운 문제 금지 * 복습의 날 (일주일동안 했던 것 복습 및 누적 복습) * 동그라미 커리큘럼 이행하기 (전주, 전전주 틀린 문제 다시 풀기)
* 3단원에 수록된 규토 라이트 N제 (Guide step) 정독 후 해당 중단원 개념강의 수강 (수강 후 10분이 지나기 전에 복습)	* 3단원에 수록된 규토 라이트 N제 (Guide step) 정독 후 해당 중단원 개념강의 수강 (수강 후 10분이 지나기 전에 복습)	* 3단원에 수록된 규토 라이트 N제 (Guide step) 정독 후 해당 중단원 개념강의 수강 (수강 후 10분이 지나기 전에 복습)	* 3단원에 수록된 규토 라이트 N제 (Guide step ~ Training - 2step) t1 theme당 3문제씩 t2 3점	* 3단원에 수록된 규토 라이트 N제 (Guide step ~ Training - 2step) t1 theme당 3문제씩 t2 3점	* 3단원에 수록된 규토 라이트 N제 (Guide step ~ Training - 2step) t1 theme당 3문제씩 t2 3점	* 새로운 문제 금지 * 복습의 날 (일주일동안 했던 것 복습 및 누적 복습) * 동그라미 커리큘럼 이행하기 (전주, 전전주 틀린 문제 다시 풀기)
* 1단원에 수록된 규토 라이트 N제 (Guide step ~ Training - 2step) t1 남은 문제 t2 4점	* 1단원에 수록된 규토 라이트 N제 (Guide step ~ Training - 2step) t1 남은 문제 t2 4점	* 1단원에 수록된 규토 라이트 N제 (Guide step ~ Training - 2step) t1 남은 문제 t2 4점	* 1단원에 수록된 규토 라이트 N제 (Guide step ~ Training - 2step) t1 남은 문제 t2 4점	* 2단원에 수록된 규토 라이트 N제 (Guide step ~ Training - 2step) t1 남은 문제 t2 4점	* 2단원에 수록된 규토 라이트 N제 (Guide step ~ Training - 2step) t1 남은 문제 t2 4점	* 새로운 문제 금지 * 복습의 날 (일주일동안 했던 것 복습 및 누적 복습) * 동그라미 커리큘럼 이행하기 (전주, 전전주 틀린 문제 다시 풀기)
* 2단원에 수록된 규토 라이트 N제 (Guide step ~ Training - 2step) t1 남은 문제 t2 4점	* 2단원에 수록된 규토 라이트 N제 (Guide step ~ Training - 2step) t1 남은 문제 t2 4점	* 3단원에 수록된 규토 라이트 N제 (Guide step ~ Training - 2step) t1 남은 문제 t2 4점	* 3단원에 수록된 규토 라이트 N제 (Guide step ~ Training - 2step) t1 남은 문제 t2 4점	* 3단원에 수록된 규토 라이트 N제 (Guide step ~ Training - 2step) t1 남은 문제 t2 4점	* 3단원에 수록된 규토 라이트 N제 (Guide step ~ Training - 2step) t1 남은 문제 t2 4점	* 새로운 문제 금지 * 복습의 날 (일주일동안 했던 것 복습 및 누적 복습) * 동그라미 커리큘럼 이행하기 (전주, 전전주 틀린 문제 다시 풀기)

* 100% 공부법에 적힌 찐노베 추천순서대로 학습할 것 / 개념부교재까지 보는 것은 부담이 될 수 있기 때문에 라이트 N제로 단권화하도록 하자.
  개념부교재를 추가할 수는 있으나 만약 추가한다면 학습에 부담을 주지 않는 선에서 계산연습용으로 쉬운 문제집 선택 권장
* 추후에 계속 틀린 문제 복습해야 함 (동그라미 커리큘럼, 최대한 책에 적힌 100%공부법으로 학습할 것!) / 개념도 반드시 누적 복습할 것
* 각 Step이 끝날 때마다 해설보기 (해설지로 공부한다고 생각)
  ex) Training - 1step 문제 풀고 → 해설보기 → Training - 2step 문제 풀고 → 해설보기
* 실전개념강좌는 도구정리 느낌으로 라이트 N제 체화 후 볼 것 (라이트 N제에도 저자가 쓰는 실전개념 모두 수록 / 해설지에도 수록)
* 복습량이 많아 일요일로 벅차다면 다른 요일에 학습량 일부를 복습에 투자해도 된다.

선택 ④ 개념강좌 완강 후 규토 라이트 N제 (1~2등급 학생)

전체 1회독 기준 2주 완성 커리큘럼

월	화	수	목	금	토	일
* 1단원에 수록된 규토 라이트 N제 (Guide step ~ Training − 2step)	* 1단원에 수록된 규토 라이트 N제 (Guide step ~ Training − 2step)	* 2단원에 수록된 규토 라이트 N제 (Guide step ~ Training − 2step)	* 2단원에 수록된 규토 라이트 N제 (Guide step ~ Training − 2step)	* 3단원에 수록된 규토 라이트 N제 (Guide step ~ Training − 2step)	* 3단원에 수록된 규토 라이트 N제 (Guide step ~ Training − 2step)	* 새로운 문제 금지 * 복습의 날 (일주일동안 했던 것 복습 및 누적 복습) * 동그라미 커리큘럼 이행하기 (전주, 전전주 틀린 문제 다시 풀기)
* 1단원 Guide step 복습 *1단원 Guide step ~Training − 2step 틀린 문제 다시보기 * 1단원에 수록된 규토 라이트 N제 (Master step)	* 1단원 Guide step 복습 *1단원 Guide step ~Training − 2step 틀린 문제 다시보기 * 1단원에 수록된 규토 라이트 N제 (Master step)	* 2단원 Guide step 복습 *2단원 Guide step ~Training − 2step 틀린 문제 다시보기 * 2단원에 수록된 규토 라이트 N제 (Master step)	* 2단원 Guide step 복습 *2단원 Guide step ~Training − 2step 틀린 문제 다시보기 * 2단원에 수록된 규토 라이트 N제 (Master step)	* 3단원 Guide step 복습 *3단원 Guide step ~Training − 2step 틀린 문제 다시보기 * 3단원에 수록된 규토 라이트 N제 (Master step)	* 3단원 Guide step 복습 *3단원 Guide step ~Training − 2step 틀린 문제 다시보기 * 3단원에 수록된 규토 라이트 N제 (Master step)	* 새로운 문제 금지 * 복습의 날 (일주일동안 했던 것 복습 및 누적 복습) * 동그라미 커리큘럼 이행하기 (전주, 전전주 틀린 문제 다시 풀기)

* 추후에 계속 틀린 문제 복습해야 함 (동그라미 커리큘럼, 최대한 책에 적힌 100%공부법으로 학습할 것!) / 개념도 반드시 누적 복습할 것
* 각 Step이 끝날 때마다 해설보기 (해설지로 공부한다고 생각)
  ex) Training ‐ 1step 문제 풀고 → 해설보기 → Training ‐ 2step 문제 풀고 → 해설보기
* 실전개념강좌는 도구정리 느낌으로 라이트 N제 체화 후 볼 것 (라이트 N제에도 저자가 쓰는 실전개념 모두 수록 / 해설지에도 수록)
* 복습량이 많아 일요일로 벅차다면 다른 요일에 학습량 일부를 복습에 투자해도 된다.

선택 ⑤ 개념강좌 완강 후 규토 라이트 N제 (3등급 학생)

전체 1회독 기준 3주 완성 커리큘럼

월	화	수	목	금	토	일
* 1단원에 수록된 규토 라이트 N제 (Guide step ~ Training – 2step)	* 1단원에 수록된 규토 라이트 N제 (Guide step ~ Training – 2step)	* 1단원에 수록된 규토 라이트 N제 (Guide step ~ Training – 2step)	* 2단원에 수록된 규토 라이트 N제 (Guide step ~ Training – 2step)	* 2단원에 수록된 규토 라이트 N제 (Guide step ~ Training – 2step)	* 2단원에 수록된 규토 라이트 N제 (Guide step ~ Training – 2step)	* 새로운 문제 금지 * 복습의 날 (일주일동안 했던 것 복습 및 누적 복습) * 동그라미 커리큘럼 이행하기 (전주, 전전주 틀린 문제 다시 풀기)
* 3단원에 수록된 규토 라이트 N제 (Guide step ~ Training – 2step)	* 3단원에 수록된 규토 라이트 N제 (Guide step ~ Training – 2step)	* 3단원에 수록된 규토 라이트 N제 (Guide step ~ Training – 2step)	* 1단원 Guide step 복습 *1단원 Guide step ~Training – 2step 틀린 문제 다시보기 * 1단원에 수록된 규토 라이트 N제 (Master step)	* 1단원 Guide step 복습 *1단원 Guide step ~Training – 2step 틀린 문제 다시보기 * 1단원에 수록된 규토 라이트 N제 (Master step)	* 1단원 Guide step 복습 *1단원 Guide step ~Training – 2step 틀린 문제 다시보기 * 1단원에 수록된 규토 라이트 N제 (Master step)	* 새로운 문제 금지 * 복습의 날 (일주일동안 했던 것 복습 및 누적 복습) * 동그라미 커리큘럼 이행하기 (전주, 전전주 틀린 문제 다시 풀기)
* 2단원 Guide step 복습 *2단원 Guide step ~Training – 2step 틀린 문제 다시보기 * 2단원에 수록된 규토 라이트 N제 (Master step)	* 2단원 Guide step 복습 *2단원 Guide step ~Training – 2step 틀린 문제 다시보기 * 2단원에 수록된 규토 라이트 N제 (Master step)	* 2단원 Guide step 복습 *2단원 Guide step ~Training – 2step 틀린 문제 다시보기 * 2단원에 수록된 규토 라이트 N제 (Master step)	* 3단원 Guide step 복습 *3단원 Guide step ~Training – 2step 틀린 문제 다시보기 * 3단원에 수록된 규토 라이트 N제 (Master step)	* 3단원 Guide step 복습 *3단원 Guide step ~Training – 2step 틀린 문제 다시보기 * 3단원에 수록된 규토 라이트 N제 (Master step)	* 3단원 Guide step 복습 *3단원 Guide step ~Training – 2step 틀린 문제 다시보기 * 3단원에 수록된 규토 라이트 N제 (Master step)	* 새로운 문제 금지 * 복습의 날 (일주일동안 했던 것 복습 및 누적 복습) * 동그라미 커리큘럼 이행하기 (전주, 전전주 틀린 문제 다시 풀기)

* 추후에 계속 틀린 문제 복습해야함 (동그라미 커리큘럼, 최대한 책에 적힌 100%공부법으로 학습할 것!) / 개념도 반드시 누적 복습할 것
* 각 Step이 끝날 때마다 해설보기 (해설지로 공부한다고 생각)
  ex) Training – 1step 문제 풀고 → 해설보기 → Training – 2step 문제 풀고 → 해설보기
* 실전개념강좌는 도구정리 느낌으로 라이트 N제 체화 후 볼 것 (라이트 N제에도 저자가 쓰는 실전개념 모두 수록 / 해설지에도 수록)
* 복습량이 많아 일요일로 벅차다면 다른 요일에 학습량 일부를 복습에 투자해도 된다.

선택 ⑥ 개념강좌 완강 후 규토 라이트 N제 (찐노베 학생)

training−2step까지 1회독 기준 4주 완성 커리큘럼 (Master step은 추후 학습)

월	화	수	목	금	토	일
* 1단원에 수록된 규토 라이트 N제 (Guide step ~ Training − 2step) t1 theme당 3문제씩 t2 3점	* 1단원에 수록된 규토 라이트 N제 (Guide step ~ Training − 2step) t1 theme당 3문제씩 t2 3점	* 1단원에 수록된 규토 라이트 N제 (Guide step ~ Training − 2step) t1 theme당 3문제씩 t2 3점	* 2단원에 수록된 규토 라이트 N제 (Guide step ~ Training − 2step) t1 theme당 3문제씩 t2 3점	* 2단원에 수록된 규토 라이트 N제 (Guide step ~ Training − 2step) t1 theme당 3문제씩 t2 3점	* 2단원에 수록된 규토 라이트 N제 (Guide step ~ Training − 2step) t1 theme당 3문제씩 t2 3점	* 새로운 문제 금지 * 복습의 날 (일주일동안 했던 것 복습 및 누적 복습) * 동그라미 커리큘럼 이행하기 (전주, 전전주 틀린 문제 다시 풀기)
* 3단원에 수록된 규토 라이트 N제 (Guide step ~ Training − 2step) t1 theme당 3문제씩 t2 3점	* 3단원에 수록된 규토 라이트 N제 (Guide step ~ Training − 2step) t1 theme당 3문제씩 t2 3점	* 3단원에 수록된 규토 라이트 N제 (Guide step ~ Training − 2step) t1 theme당 3문제씩 t2 3점	* 1단원에 수록된 규토 라이트 N제 (Guide step ~ Training − 2step) t1 남은 문제 t2 4점	* 1단원에 수록된 규토 라이트 N제 (Guide step ~ Training − 2step) t1 남은 문제 t2 4점	* 1단원에 수록된 규토 라이트 N제 (Guide step ~ Training − 2step) t1 남은 문제 t2 4점	* 새로운 문제 금지 * 복습의 날 (일주일동안 했던 것 복습 및 누적 복습) * 동그라미 커리큘럼 이행하기 (전주, 전전주 틀린 문제 다시 풀기)
* 1단원에 수록된 규토 라이트 N제 (Guide step ~ Training − 2step) t1 남은 문제 t2 4점	* 2단원에 수록된 규토 라이트 N제 (Guide step ~ Training − 2step) t1 남은 문제 t2 4점	* 2단원에 수록된 규토 라이트 N제 (Guide step ~ Training − 2step) t1 남은 문제 t2 4점	* 2단원에 수록된 규토 라이트 N제 (Guide step ~ Training − 2step) t1 남은 문제 t2 4점	* 2단원에 수록된 규토 라이트 N제 (Guide step ~ Training − 2step) t1 남은 문제 t2 4점	* 3단원에 수록된 규토 라이트 N제 (Guide step ~ Training − 2step) t1 남은 문제 t2 4점	* 새로운 문제 금지 * 복습의 날 (일주일동안 했던 것 복습 및 누적 복습) * 동그라미 커리큘럼 이행하기 (전주, 전전주 틀린 문제 다시 풀기)
* 3단원에 수록된 규토 라이트 N제 (Guide step ~ Training − 2step) t1 남은 문제 t2 4점	* 3단원에 수록된 규토 라이트 N제 (Guide step ~ Training − 2step) t1 남은 문제 t2 4점	* 3단원에 수록된 규토 라이트 N제 (Guide step ~ Training − 2step) t1 남은 문제 t2 4점	보충	보충	보충	* 새로운 문제 금지 * 복습의 날 (일주일동안 했던 것 복습 및 누적 복습) * 동그라미 커리큘럼 이행하기 (전주, 전전주 틀린 문제 다시 풀기)

* 100% 공부법에 적힌 찐노베 추천순서대로 학습할 것
* 추후에 계속 틀린 문제 복습해야 함 (동그라미 커리큘럼, 최대한 책에 적힌 100%공부법으로 학습할 것!) / 개념도 반드시 누적 복습할 것
* 각 Step이 끝날 때마다 해설보기 (해설지로 공부한다고 생각)
  ex) Training − 1step 문제 풀고 → 해설보기 → Training − 2step 문제 풀고 → 해설보기
* 실전개념강좌는 도구정리 느낌으로 라이트 N제 체화 후 볼 것 (라이트 N제에도 저자가 쓰는 실전개념 모두 수록 / 해설지에도 수록)
* 복습량이 많아 일요일로 벅차다면 다른 요일에 학습량 일부를 복습에 투자해도 된다.

선택 ⑦ 수1+수2 병행 (①~⑥을 참고하여 개별 맞춤 진행)

월화수(수1) 목금토(수2) 일(복습)

월	화	수	목	금	토	일
수1	수1	수1	수2	수2	수2	* 새로운 문제 금지 * 복습의 날 (일주일동안 했던 것 복습 및 누적 복습) * 동그라미 커리큘럼 이행하기 (전주, 전전주 틀린 문제 다시 풀기)

* ①~⑥를 참고하여 각자의 상황에 맞춰 진행 / 기존 6일 분량을 3일 분량으로 줄여서 일주일 진행
* 추후에 계속 틀린 문제 복습해야함 (동그라미 커리큘럼, 최대한 책에 적힌 100%공부법으로 학습할 것!) / 개념도 반드시 누적 복습할 것
* 각 Step이 끝날 때마다 해설보기 (해설지로 공부한다고 생각)
  ex) Training‑1step 문제 풀고 → 해설보기 → Training‑2step 문제 풀고 → 해설보기
* 실전개념강좌는 도구정리 느낌으로 라이트 N제 체화 후 볼 것 (라이트 N제에도 저자가 쓰는 실전개념 모두 수록 / 해설지에도 수록)
* 복습량이 많아 일요일로 벅차다면 다른 요일에 학습량 일부를 복습에 투자해도 된다.

선택 ⑧ 수1+수2+선택과목 병행 (①~⑥을 참고하여 개별 맞춤 진행)

월화수(수1) 목금토(수2) 일(복습) 월~토(꾸준히 조금씩 선택과목)

월	화	수	목	금	토	일
수1 + 선택과목	수1 + 선택과목	수1 + 선택과목	수2 + 선택과목	수2 + 선택과목	수2 + 선택과목	* 새로운 문제 금지 * 복습의 날 (일주일동안 했던 것 복습 및 누적 복습) * 동그라미 커리큘럼 이행하기 (전주, 전전주 틀린 문제 다시 풀기)

* ①~⑥를 참고하여 각자의 상황에 맞춰 진행 / 기존 6일 분량을 3일 분량으로 줄여서 일주일 진행
* 추후에 계속 틀린 문제 복습해야함 (동그라미 커리큘럼, 최대한 책에 적힌 100%공부법으로 학습할 것!) / 개념도 반드시 누적 복습할 것
* 각 Step이 끝날 때마다 해설보기 (해설지로 공부한다고 생각)
  ex) Training‑1step 문제 풀고 → 해설보기 → Training‑2step 문제 풀고 → 해설보기
* 실전개념강좌는 도구정리 느낌으로 라이트 N제 체화 후 볼 것 (라이트 N제에도 저자가 쓰는 실전개념 모두 수록 / 해설지에도 수록)
* 복습량이 많아 일요일로 벅차다면 다른 요일에 학습량 일부를 복습에 투자해도 된다.

1. **무조건 책에 적혀있는 100%공부법으로 학습한다.**

그냥 문제만 풀면 딱히 도움 안 된다. 이건 Fact다.

보통 학생들은 주어 담을 생각만 하지 정작 빠져나가고 있는 것은 생각하지 않는다. 진짜다.
근데 혹시 그거 아나? 빠져나가는 것이 훨씬 더 많다는 것을....
규토 라이트 N제를 푸는 자랑스러운 학생으로서 **절대 해서는 안 될 짓**이다.
100% 공부법으로 학습하면 아주 효율적으로 3~4회독 할 수 있다.

제발 책에다 풀지 말고 노트에 풀도록 하자. (답, 풀이, 힌트 금지 / 틀린 이유를 쓰려면 별도의 노트를 만들어라.)
(단, Guide step에 답을 제외한 필기는 가능)
팁을 주자면 문제는 노트에 풀고 답은 포스트잇에다 적어 놓으면 나중에 채점하기 편하다.
가끔 문제 질문할 때 책에 풀려 있는 거 보면 마음이 아프다; ; ;
(속으로 하..ㅠㅠ 이분은 과연 100%공부법을 지키시는 중일까? 읽어는 봤을까?...하는 생각에 근심걱정 한가득하게 된다.)

다시 풀 때 항상 새 문제처럼 느껴지는 것이 훨씬 더 도움 되기 때문이니 반드시 지키도록 하자.

즉, 오로지 책에 표시되는 것은 아래와 같이 문제번호에 OX와 box표에 OX뿐이다.

ex) 

100% 공부법 2번을 잘 지키도록 하자. 문제를 풀고 나서 바로 다음 문제로 넘어가지 말고
백지에 깔끔하게 다시 풀어본다. 어떤 개념이 쓰였고 여기서 왜 이런 생각을 해야 하는 것인지
A에서 B로 갈 때 어떤 논리적 근거가 있는지 등등 생각하면서 다시 풀도록 하자.
반드시 백지에 다시 풀면서 자신의 풀이가 논리적으로 맞는지 체계화를 해본다.

동그라미 커리큘럼은 틀린 문제만 하는 것이 원칙이지만 1달 정도 지난 뒤에 전체를 다시 풀어준다.
분명히 맞았던 것도 틀리는 경우가 생길 것이다.
이때 틀린 문제들은 마찬가지로 동그라미 커리큘럼으로 처리하도록 하자.

2. 규토 라이트 N제 추천 계획표를 기본 틀로 하여 자신에게 맞는 계획표를 짠다.

계획이 있어야 체계적이고 효율적으로 학습할 수 있다.

3. 각 스텝이 끝난 후 해설지를 본다. (100%공부법에도 명시되어 있음)

ex) Training – 1step 문제 풀기 → 해설지 보기 → Training – 2step 문제 풀기 → 해설지 보기

4. 가져야할 마인드

① Training – 1step은 "문제를 풀어야지"라는 생각보다는 "**공부한다.**"는 생각을 갖도록 하자.
    진정한 실전 적용연습은 Training –2step부터라고 생각하자.
    (더욱이 실전연습에 적합하도록 Training –2step부터는 유형별이 아니라 난이도순으로 배치하였다.)
    즉, Training – 1step에 있는 문항들을 학습한 후 **도전!** 이라는 마음가짐으로 Training –2step에 임하도록 하자.

만약 Training – 1step에서 특정한 유형을 전부 못 풀었다면?
Training – 1step을 끝내고 해설지를 볼 때, 그 특정 유형에서 제일 첫 번째 문제에 대한 해설을 보고 확실히 이해한 뒤 같은 유형에서 그 다음에 수록된 문제를 도전해본다. (이 경우 풀릴 가능성이 높다.)

② Training – 1step이 Training – 2step 보다 반드시 쉬운 것은 아니다. 단원마다 난이도가 다르기도 하고
    쉬운문제도 있고 어려운 문제도 있으니 틀리는 문제가 많다고 괴로워할 필요 전~혀 없다.
    문제를 보자마자 어떻게 해야겠다는 기본값이 있는데 특히 노베 학생의 경우에는 이러한 기본값이
    전무하기 때문에 당연히 어려울 수밖에 없다. 처음부터 잘하는 사람은 아무도 없다.
    어차피 나중에 100% 공부법으로 계속 공부하다보면 다 아무것도 아니게 되니 걱정하지 않아도 된다.
    즉, 동그라미 커리큘럼을 통해 계속 주기적으로 반복하여 자기 것으로 만들면 그만이다.

5. 고민하는 시간에 대한 가이드라인

Training – 1step : 10~15분 / T1은 공부용이므로 해설지를 본다는 것에 너무 부담을 갖지 말도록 하자.
Training – 2step : 15~20분
Master step : 20~30분
(치열하게 고민해야 질적 성장이 가능하다.)

6. 약점 노트 만들기

수능 당일 1교시가 끝나면 대략 15~20분 정도 시간이 난다. 이때 볼 약점 노트를 만들자. 수학공식, 자신이 매번 실수하는 유형들, 조건을 보고 떠올려야 하는 발상들, 자신만의 약점 등을 노트에 정리해보자. 자기가 직접 만들었기 때문에 5분 안에 충분히 다 볼 수 있고 수능만이 아니라 모의고사 응시 10분 전에 자신이 직접 만든 약점 노트를 보고 시험에 응시하도록 하자.

7. 해설보기 (feat.실전개념)

모든 문항은 해설을 봐야 한다. 가이드 스텝에 모든 것을 설명하지 않고 문제를 통해 배울 수 있도록 해설지에 실전개념을 설명해 놓은 것도 있다. 상담을 하다 보면 정말 많은 학생들이 질문하는 것 중에 하나가 바로 실전개념강의이다. 남들은 다 실전개념강의를 듣고 있는데 자기만 뒤쳐져 있다고 느껴져 걱정된다는 글이 대다수이다. 수학은 단계라는 것이 있다. 자기는 A단계인데 남들 한다고 C단계부터 학습하면 나중에 실전에서 무너질 확률이 매우 높다. 안타깝게도 14년동안 수능판에 있으면서 이러한 케이스를 너무도 많이 보아왔다. 라이트 N제에도 저자가 실전에서 사용하는 실전개념이 모두 수록되어있다. 저자가 아는 것을 모두 나열한 것이 아니라 정말 실전에서 사용하는 것들만 수록하였다. 그렇니 너무 걱정하지 말도록 하자. 다만 보통 실전개념 강의와 달리 Theme별로 실전개념을 다루기보다는 쌩기초부터 점점 살을 붙여가며 기출킬러까지 다루는 올인원 성격의 교재라는 점에서 차이가 있다. 따라서 해설지를 최대한 꼼꼼히 보고 자신의 풀이와 다르면 다~ 흡수하여 자기 것으로 만들도록 하자. 개인적으로 실전개념강의는 필수유형과 기출이 어느 정도 되어 있는 상태에서 보는 것이 좋다. 그래야 더 많은 것이 보이기 때문이다. 실전개념강의를 듣고 싶다면 라이트 N제를 체화한 후에 도구 정리 느낌으로 보는 것을 추천한다. 그리고 킬러문제가 안 풀리는 이유는 실전개념이 부족하기보다는 문제해결력이 부족하기 때문이다.

8. 만약 라이트 수1 수2를 병행한다면?

라이트 수1 수2를 병행한다면 라이트 수1 지수함수와 로그함수 가이드스텝 (평행이동, 대칭이동, 절댓값 함수 그리기)부터 먼저 학습하고 수2를 들어가도록 하자.

9. 규토 라이트 N제 무료개념강의 활용하기

규토의 가능세계(규토 N제 네이버 질문카페)에서 수1,수2,미적분의 경우 전 범위 개념강의를 무료로 들을 수 있다. 단순히 개념설명뿐만 아니라 t1~t2 대표유형도 풀어주기 때문에 초반 접근이 쉬워질 수 있어 노베학생들의 경우 무료개념강의를 적극 활용하도록 하자.

10. 진심 및 최종목표

제가 괜히 라이트 N제를 씹어먹으라고 한 게 아닙니다. 그냥 단순히 1회독? 2회독? 그 정도로는 턱도 없습니다. 제가 분명히 단언합니다. 얼마 지나면 다 까먹을 거예요. 기억도 안 날 겁니다. 진짜입니다. 실제로 변별력 있는 문제들은 온갖 요소들이 복합적으로 결합되어 출제됩니다. 이런 문제들을 현장에서 타파하기 위해서는 배운 내용들이 확실하게 체화되어 있어야 합니다. 그래야 비로소 실전에서 배운 것이 발휘됩니다. 그냥 단순히 강의 좀 듣고 문제 몇 번 풀고 해설지 몇 번 읽어 본다고 해서 체화되는 게 아니거든요. 정말 치열하게 고민해 보고 진짜 보고 또 보고 또 보고 해야 합니다. 그러면 결국 됩니다. 이건 진짜입니다. 라이트 N제로 공부하시는 분들은 반드시! 학습법 가이드를 기초로 학습하시길 바랍니다. 처음에는 정말 힘들 거예요. 제가 괜히 1% 지지자라고 쓴 게 아닙니다. 하지만 효과는 보장합니다. 원래 질적 성장에는 당연히 고통이 수반되거든요. 당연한 고통이니 즐기시기 바랍니다. 반복하면 반복할수록 속도는 빨라질 겁니다. 틀리면 될 때까지 반복하면 되는 겁니다. 그리고 모든 문제가 손쉽게 풀리면 그게 무슨 도움이 되겠습니까? 오직 틀린 문제만이 당신을 강하게 만들어 줄겁니다.

기준은 "라이트 N제에 있는 모든 문제를 설명할 수 있다"입니다. 이외에 그 어떤 것도 기준이 될 수 없습니다.

요약 : 치열하게 고민하고! 반복해서 체화하자! 라이트 N제에 있는 모든 문제를 누구에게 설명할 수 있을 때까지!

유일하게 부족한 것은 노력뿐!

맺음말

지금으로부터 21년 전 중학교 2학년이었던 규토는 "버킷리스트"라는 것을 작성하게 됩니다.
많은 항목들이 있었지만 그 중에서 가장 기억에 남는 것은 바로 저 만의 책을 만드는 것이었습니다.
그로부터 12년 후 규토 수학 고득점 N제를 발간하게 됩니다.
첫 책을 받았을 때의 감동... 아직도 잊을 수가 없네요..ㅠㅠ

벌써 8년이라는 세월이 흘렀네요.

규토 수학 고득점 n제 2017 ⇒ 규토 수학 고득점 n제 2019 ⇒ 규토 수학 고득점 n제 2020 (가/나)
⇒ 규토 수학 라이트 N제 2021 (수1/ 수2) + 고득점 N제 2021 (가/나)
⇒ 규토 라이트 N제 2022 (수1/수2/확통/미적), 고득점 N제 2022 (수1+수2/미적)
⇒ 규토 라이트 N제 2023 (수1/수2/확통/미적/기하), 고득점 N제 2023 (수1+수2/미적)
⇒ 규토 라이트 N제 2024 (수1/수2/확통/미적/기하), 고득점 N제 2024 (수1+수2/미적)
⇒ 규토 라이트 N제 2025 (수1/수2/확통/미적/기하)

올해 나오게 될 규토 라이트 N제 2026 (수1/수2/확통/미적)까지 아주 감개무량하네요. ㅎㅎ

규토 라이트 N제는 16년간 수능판에 있으면서 쌓아왔던 저자의 데이터를 바탕으로 기출문제와 개념 간의 격차를 최소화하고
고정 1등급으로 도약하기 위한 탄탄한 base를 만들어 주기 위해 기획한 교재입니다.
규토 라이트 N제로 더 많은 학생들과 만날 수 있게 되어 진심으로 기쁩니다.
규토 라이트 N제로 폭풍 성장한 여러분들이 벌써부터 눈에 아른거리는 군요. ㅎㅎ

계속해서 발전해 나가는 규토 N제가 되겠습니다! 내년 개정판은 더 더욱 좋아지겠죠?-_-;;
2021년부터 네이버 카페 (규토의 가능세계)를 통해 질문을 받고 있습니다~
https://cafe.naver.com/gyutomath

많은 가입부탁드립니다 :D

질문뿐만 아니라 각종 자료도 업로드하면서 차츰차츰 업그레이드 해나가겠습니다~ㅎㅎ
(수1,수2,미적분의 경우 전 범위무료 개념강의도 들으실 수 있습니다.)

규토 N제를 푸시는 모든 분들께 감사의 인사를 전하면서 저는 해설로 찾아뵐게요~ :D

> 참고로
> ① 네이버 블로그 (규토의 특별한 수학) 이웃추가
> ② 오르비에서 (닉네임 : 규토) 팔로우
> ③ 네이버 카페 (규토의 가능세계) 가입
> 하시면 규토 N제에 대한 최신 소식(정오표 or 보충자료 등)을 누구보다 빠르게 받아 보실 수 있습니다~

규토 라이트 N제
수열의 극한

Guide step

개념 익히기편

1. 수열의 극한

01 수열의 수렴과 발산

성취 기준 – 수열의 수렴, 발산의 뜻을 알고, 이를 판별할 수 있다.

개념 파악하기 **(1) 수열의 수렴과 발산이란 무엇일까?**

수열의 수렴

수열 $\{a_n\}$: $1,\ \dfrac{3}{2},\ \dfrac{5}{3},\ \dfrac{7}{4},\ \cdots,\ \dfrac{2n-1}{n},\ \cdots$

에서 n의 값이 한없이 커질 때, 수열 $\{a_n\}$을 그래프로 나타내면 다음 그림과 같다.

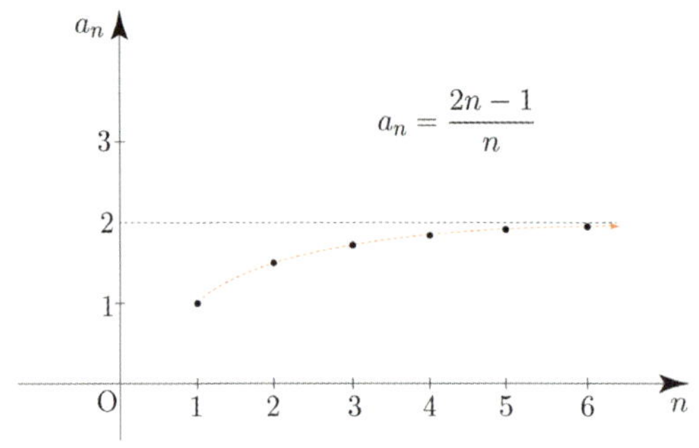

위 그래프에서 n의 값이 한없이 커질 때, 수열 $\{a_n\}$의 일반항 $\dfrac{2n-1}{n}$의 값은
2에 한없이 가까워짐을 알 수 있다.

한편 수열 $\{b_n\}$: $1,\ -\dfrac{1}{2},\ \dfrac{1}{4},\ -\dfrac{1}{8},\ \cdots,\ \left(-\dfrac{1}{2}\right)^{n-1},\ \cdots$

에서 n의 값이 한없이 커질 때, 수열 $\{b_n\}$을 그래프로 나타내면 다음 그림과 같다.

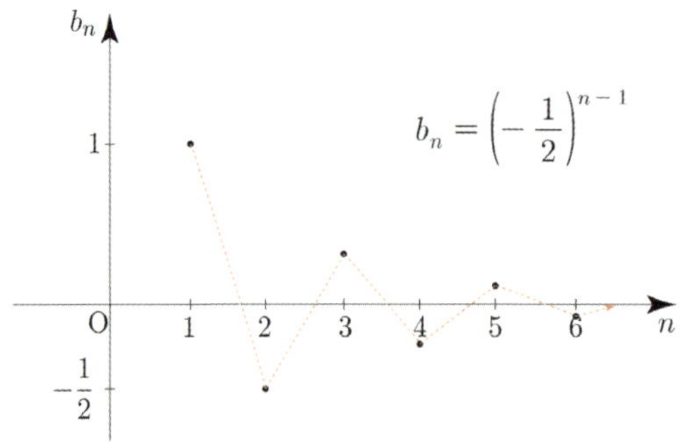

위 그래프에서 n의 값이 한없이 커질 때, 수열 $\{b_n\}$의 일반항 $\left(-\dfrac{1}{2}\right)^{n-1}$의 값은
0에 한없이 가까워짐을 알 수 있다.

일반적으로 수열 $\{a_n\}$에서 n의 값이 한없이 커질 때, 일반항 a_n의 값이 일정한 값 α에
한없이 가까워지면 수열 $\{a_n\}$은 α에 **수렴**한다고 한다.
이때 α를 수열 $\{a_n\}$의 **극한값** 또는 **극한**이라고 하고, 기호로
$\displaystyle\lim_{n \to \infty} a_n = \alpha$ 또는 $n \to \infty$일 때 $a_n \to \alpha$ 와 같이 나타낸다.

ex $\displaystyle\lim_{n \to \infty}\dfrac{2n-1}{n}=2,\ \lim_{n \to \infty}\left(-\dfrac{1}{2}\right)^{n-1}=0$

특히, 수열 $\{a_n\}$에서 모든 자연수 n에 대하여 $a_n = c$ (c는 상수)인 경우

즉, $c, c, c, \cdots, c, \cdots$ 인 수열 $\{a_n\}$은 c에 수렴한다고 하고, 기호로

$\lim\limits_{n \to \infty} a_n = \lim\limits_{n \to \infty} c = c$ 와 같이 나타낸다.

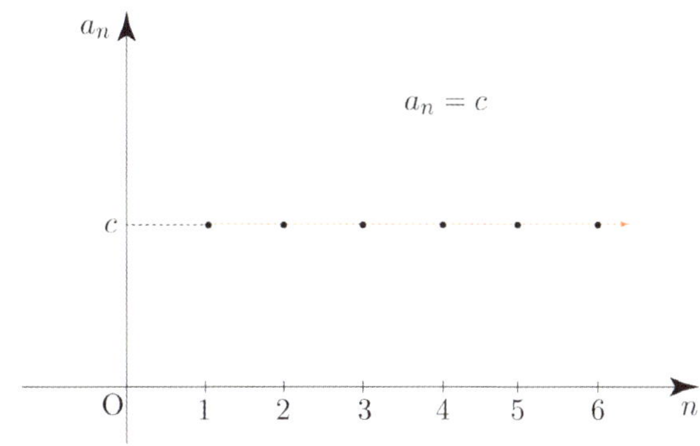

Tip 1 수열의 극한은 구체적인 예시로 직관적으로 이해하면 되고
수열의 극한은 정의역이 자연수이고 양의 무한대로 가는 함수의 극한과 같다.
즉, 수2에서 배운 함수의 극한과 큰 차이가 없으니 쉬어가는 타임이라고 생각해도 좋다.

Tip 2 ∞는 하나의 수를 나타내는 기호가 아니고, 수가 무한히 커지는 상태를 나타내는 기호이다.
수열의 극한에서는 초반의 항(a_1, a_2, a_3)이 아니라 아주 뒤에 있는 항들에 집중하고 싶은 것이다.

Tip 3 수열의 극한은 크게 2가지로 분류할 수 있다.
① α로 점점 가까이 가서 점근선의 개념으로 수렴하는 경우
 (이때 a_n의 값이 α인 것이 아니라 α에 한없이 가까워진다는 의미이다.)
② 모든 자연수 n에 대하여 a_n 자체가 하나의 상수여서 그 상수로 수렴하는 경우

개념 확인문제 1 다음 수열의 극한값을 구하시오.

(1) $1, \dfrac{1}{2}, \dfrac{1}{3}, \cdots, \dfrac{1}{n}, \cdots$

(2) $3-1, 3-\dfrac{1}{2}, 3-\dfrac{1}{3}, \cdots, 3-\dfrac{1}{n}, \cdots$

(3) $\left\{ 1 + \dfrac{(-1)^n}{n} \right\}$

(4) $4, 4, 4, \cdots, 4, \cdots$

수열의 발산

이번에는 수열이 수렴하지 않는 경우에 대해 알아보자.

$$\{a_n\} \ : \ 1, \ 4, \ 9, \ \cdots, \ n^2, \ \cdots$$

$$\{b_n\} \ : \ -2, \ -4, \ -6, \ \cdots, \ -2n, \ \cdots$$

두 수열 $\{a_n\}$, $\{b_n\}$ 을 그래프로 나타내면 다음과 같다.

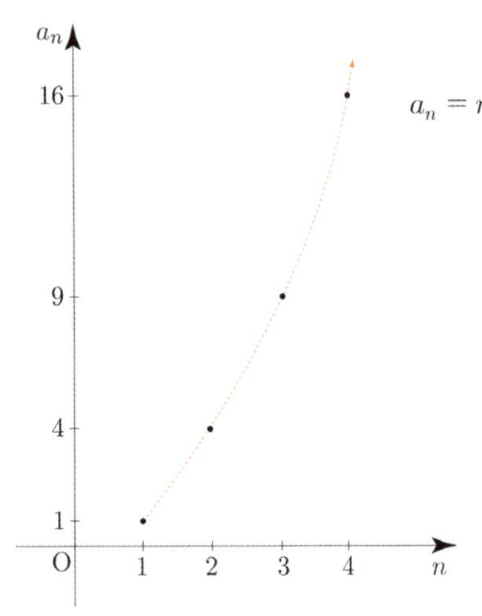

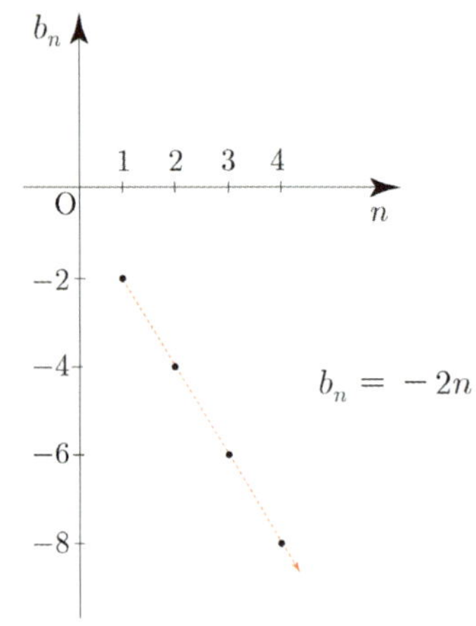

위 그래프에서 n 의 값이 한없이 커질 때, 수열 $\{a_n\}$ 의 일반항 n^2 의 값은 한없이 커지고,
수열 $\{b_n\}$ 의 일반항 $-2n$ 의 값은 음수이면서 그 절댓값이 한없이 커짐을 알 수 있다.
따라서 두 수열 $\{a_n\}$, $\{b_n\}$ 은 수렴하지 않는다. 이처럼 어떤 수열이 수렴하지 않을 때, 그 수열은 발산한다고 한다.

일반적으로 $\{a_n\}$ 에서 n 의 값이 한없이 커질 때, 일반항 a_n 의 값이 한없이 커지면
수열 $\{a_n\}$ 은 양의 무한대로 발산한다고 하고, 이것을 기호로
$\displaystyle\lim_{n \to \infty} a_n = \infty$ 또는 $n \to \infty$ 일 때, $a_n \to \infty$ 와 같이 나타낸다.

또한 수열 $\{a_n\}$ 에서 n 의 값이 한없이 커질 때, 일반항 a_n 의 값이 음수이면서 그 절댓값이
한없이 커지면 수열 $\{a_n\}$ 은 음의 무한대로 발산한다고 하고, 이것을 기호로
$\displaystyle\lim_{n \to \infty} a_n = -\infty$ 또는 $n \to \infty$ 일 때, $a_n \to -\infty$ 와 같이 나타낸다.

ex $\displaystyle\lim_{n \to \infty} n^2 = \infty$, $\displaystyle\lim_{n \to \infty} (-2n) = -\infty$

개념 확인문제 2 다음 수열의 수렴, 발산을 조사하시오.

(1) $-3, \ -6, \ -9, \ \cdots, \ -3n, \ \cdots$

(2) $2, \ 2^2, \ 2^3, \ \cdots, \ 2^n \ \cdots$

한편 발산하는 수열 중에서 양의 무한대나 음의 무한대로 발산하지 않는 경우에 대해 알아보자.

$\{a_n\}$: $-1,\ 1,\ -1,\ 1,\ \cdots,\ (-1)^n,\ \cdots$

$\{b_n\}$: $-1,\ 2,\ -3,\ 4,\ \cdots,\ (-1)^n \times n,\ \cdots$

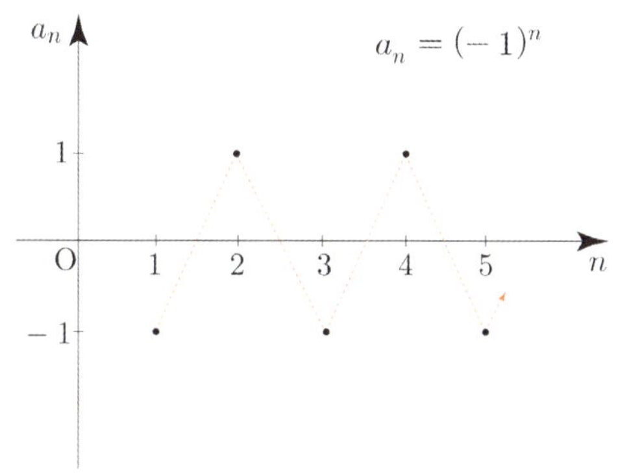

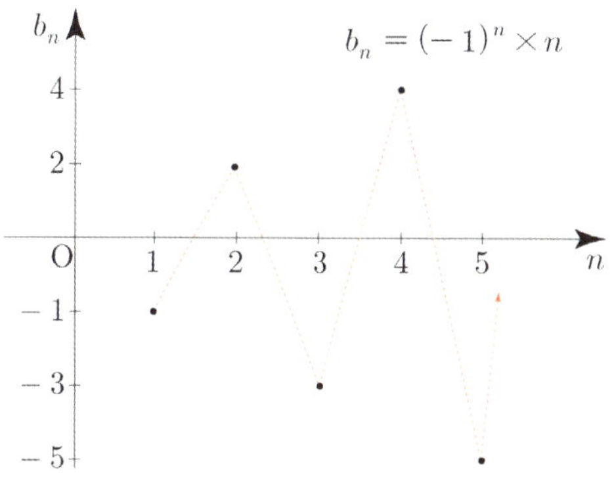

위 그래프에서 n의 값이 한없이 커질 때, 수열 $\{a_n\}$의 일반항 $(-1)^n$의 값은 교대로 -1과 1이 되고,
수열 $\{b_n\}$의 일반항 $(-1)^n \times n$의 값은 교대로 음수와 양수가 되면서 그 절댓값이 한없이 커짐을 알 수 있다.
이처럼 어떤 수열이 수렴하지도 않고 양의 무한대나 음의 무한대로 발산하지도 않으면
그 수열은 **진동**한다고 한다.

수열 $\{a_n\}$의 수렴과 발산

① 수렴 : $\displaystyle\lim_{n \to \infty} a_n = \alpha$ (단, α는 실수)

② 발산 : $\begin{cases} \displaystyle\lim_{n \to \infty} a_n = \infty & \text{(양의 무한대로 발산)} \\[2mm] \displaystyle\lim_{n \to \infty} a_n = -\infty & \text{(음의 무한대로 발산)} \\[2mm] \text{진동} \end{cases}$

Tip 1   수열의 발산의 개념은 그래프를 통해 직관적으로 이해하면 된다.

Tip 2 $\displaystyle\lim_{n \to \infty}(-1)^n = \pm 1$로 나타내거나 $\displaystyle\lim_{n \to \infty}(-1)^n \times n = \pm\infty$와 같이 나타내지 않도록 유의한다.

Tip 3   수렴하지 않는 모든 수열을 발산한다고 하고. 발산하는 수열은 양의 무한대로 발산,
음의 무한대로 발산, 진동 이렇게 세 가지로 분류할 수 있다.
즉, 진동도 발산의 일종임을 기억하자.

Tip 4   〈진동하는 수열〉
수열 $\{(-1)^n\}$과 같이 항의 번호가 커짐에 따라 특정한 값(-1 or 1)으로 반복되는 경우도 있고
수열 $\{(-1)^n \times n\}$과 같이 항의 번호가 커짐에 따라 항의 부호가 번갈아 바뀌고 절댓값은
한없이 커지는 경우도 있다.
진동하는 수열이 수렴하지 않음을 보이고 싶을 때는 다음 정리를 이용할 수 있다.
"수열 $\{a_n\}$이 α에 수렴하면 수열 $\{a_n\}$의 모든 부분수열도 α에 수렴한다."
(부분수열 : 수열 $\{a_n\}$에서 일부 항들만 가지고 늘어놓은 새로운 수열)

$\boxed{\text{ex1}}$ 수열 $\{(-1)^n\}$ 에서 홀수항들만을 늘어놓은 부분수열 $\{(-1)^{2n-1}\}$ 은 모든 항이 -1 이므로 극한값이 -1 이고, 짝수항들만을 늘어놓은 부분수열 $\{(-1)^{2n}\}$ 은 모든 항이 1 이므로 극한값이 1 이다. 두 부분수열의 극한이 다르므로 수열 $\{(-1)^n\}$ 은 수렴하지 않는다.

$\boxed{\text{ex2}}$ 수열 $\{(-1)^n \times n\}$ 에서 홀수항들만을 늘어놓은 부분수열 $\{(-1)^{2n-1} \times (2n-1)\}$ 은 음의 무한대로 발산하고, 짝수항들만을 늘어놓은 부분수열 $\{(-1)^{2n} \times 2n\}$ 은 양의 무한대로 발산한다. 두 부분수열의 극한이 다르므로 수열 $\{(-1)^n \times n\}$ 은 수렴하지 않는다.

예제 1

다음 수열의 수렴, 발산을 조사하시오.

(1) $\{1 + \sin n\pi\}$　　　　　　　　　(2) $\{3 + (-1)^n\}$

풀이

(1) 일반항을 $a_n = 1 + \sin n\pi$ 라고 하면 수열 $\{a_n\}$ 은 $1,\ 1,\ 1,\ \cdots$ 이므로 1 에 수렴한다.

(2) 일반항을 $b_n = 3 + (-1)^n$ 이라고 하면 수열 $\{b_n\}$ 은 $2,\ 4,\ 2,\ 4,\ 2,\ 4,\ \cdots$ 이므로 발산한다. (진동)

개념 확인문제　3　다음 수열의 수렴, 발산을 조사하시오.

(1) $\{-n^2\}$　　　　　　　　　(2) $\{(-3)^{n-1}\}$

(3) $\{\cos n\pi\}$　　　　　　　　　(4) $\left\{\left(-\dfrac{1}{3}\right)^{n-1}\right\}$

02 극한값의 계산

수열의 극한

성취 기준 – 수열의 극한에 대한 기본 성질을 이해하고, 이를 이용하여 극한값을 구할 수 있다.

개념 파악하기 ─ (2) 수열의 극한에는 어떤 성질이 있을까?

수열의 극한에 대한 기본 성질

수렴하는 수열의 극한에 대한 기본 성질을 알아보자.

두 수열

$\{a_n\}$: $1.1,\ 1.01,\ 1.001,\ 1.0001,\ \cdots,\ 1+(0.1)^n,\ \cdots$

$\{b_n\}$: $2.1,\ 2.01,\ 2.001,\ 2.0001,\ \cdots,\ 2+(0.1)^n,\ \cdots$

의 극한값은 각각 $\lim\limits_{n\to\infty} a_n=1,\quad \lim\limits_{n\to\infty} b_n=2$ 이므로

$$\lim_{n\to\infty} a_n + \lim_{n\to\infty} b_n = 1+2=3 \ \cdots \ \text{㉠}$$

$$\lim_{n\to\infty} a_n \times \lim_{n\to\infty} b_n = 1\times 2=2 \ \cdots \ \text{㉡}$$

이다.

이때 두 수열의 각 항을 더하여 만든 수열 $\{a_n+b_n\}$ 은 $3.2,\ 3.02,\ 3.002,\ 3.0002,\ \cdots$ 이고 극한값은 $\lim\limits_{n\to\infty}(a_n+b_n)=3 \ \cdots \ \text{㉢}$

이다.

㉠, ㉢으로부터 $\lim\limits_{n\to\infty}(a_n+b_n)=\lim\limits_{n\to\infty} a_n+\lim\limits_{n\to\infty} b_n$ 이 성립함을 알 수 있다.

또한 두 수열의 각 항을 곱하여 만든 수열 $\{a_n b_n\}$ 은 $2.31,\ 2.0301,\ 2.003001,\ 2.00030001,\ \cdots$ 이고 극한값은 $\lim\limits_{n\to\infty} a_n b_n=2 \ \cdots \ \text{㉣}$

이다.

㉡, ㉣로부터 $\lim\limits_{n\to\infty} a_n b_n=\lim\limits_{n\to\infty} a_n \times \lim\limits_{n\to\infty} b_n$ 이 성립함을 알 수 있다.

수열의 극한에 대한 기본 성질 요약

수렴하는 두 수열 $\{a_n\}$, $\{b_n\}$ 에 대하여 $\lim\limits_{n\to\infty}a_n=\alpha$, $\lim\limits_{n\to\infty}b_n=\beta$ (단, α, β는 실수)일 때

① $\lim\limits_{n\to\infty}ca_n=c\lim\limits_{n\to\infty}a_n=c\alpha$ (단, c는 상수)

② $\lim\limits_{n\to\infty}(a_n+b_n)=\lim\limits_{n\to\infty}a_n+\lim\limits_{n\to\infty}b_n=\alpha+\beta$

③ $\lim\limits_{n\to\infty}(a_n-b_n)=\lim\limits_{n\to\infty}a_n-\lim\limits_{n\to\infty}b_n=\alpha-\beta$

④ $\lim\limits_{n\to\infty}a_nb_n=\lim\limits_{n\to\infty}a_n\times\lim\limits_{n\to\infty}b_n=\alpha\beta$

⑤ $\lim\limits_{n\to\infty}\dfrac{a_n}{b_n}=\dfrac{\lim\limits_{n\to\infty}a_n}{\lim\limits_{n\to\infty}b_n}=\dfrac{\alpha}{\beta}$ (단, $b_n\neq0$, $\beta\neq0$)

$\lim\limits_{n\to\infty}\dfrac{1}{n}=0$ 이므로 수열의 극한에 대한 기본 성질에 의하여 다음이 성립한다.

ex1 $\lim\limits_{n\to\infty}\dfrac{1}{2n}=\lim\limits_{n\to\infty}\left(\dfrac{1}{2}\times\dfrac{1}{n}\right)=\dfrac{1}{2}\lim\limits_{n\to\infty}\dfrac{1}{n}=\dfrac{1}{2}\times0=0$

ex2 $\lim\limits_{n\to\infty}\left(4-\dfrac{3}{n}\right)=\lim\limits_{n\to\infty}4-3\lim\limits_{n\to\infty}\dfrac{1}{n}=4-3\times0=4$

Tip 1 수열의 극한에 대한 기본 성질은 구체적인 예를 통해 직관적으로 이해하면 된다.

Tip 2 수열의 극한에 대한 기본 성질은 **두 수열 $\{a_n\}$, $\{b_n\}$ 이 각각 수렴한다는 가정이 꼭 필요하다.**

Tip 3 $\lim\limits_{n\to\infty}a_n=\alpha$ (α는 실수)이고 $\lim\limits_{n\to\infty}b_n=\infty$ 일 때,

1) $\alpha>0$이면 $\lim\limits_{n\to\infty}a_nb_n=\infty$

2) $\alpha<0$이면 $\lim\limits_{n\to\infty}a_nb_n=-\infty$

Tip 4 함수의 극한에 대한 기본 성질과 큰 차이가 없다. 그냥 쉬어가는 타임이라고 생각하자.

수열의 극한에 대한 기본 성질을 이용하여 복잡한 수열을 간단한 수열의 합, 차, 곱, 몫으로 고쳐서 수열의 극한값을 구할 수 있다.

개념 확인문제 4 다음 극한값을 구하시오.

(1) $\lim\limits_{n\to\infty}\left(2+\dfrac{5}{n}\right)$

(2) $\lim\limits_{n\to\infty}\left(2-\dfrac{1}{n}\right)\left(3+\dfrac{5}{n}\right)$

(3) $\lim\limits_{n\to\infty}\dfrac{1}{n}\left(10-\dfrac{1}{n}\right)$

(4) $\lim\limits_{n\to\infty}\dfrac{9+\dfrac{2}{n}}{3-\dfrac{1}{n}}$

예제 2

다음 극한값을 구하시오.

(1) $\displaystyle\lim_{n\to\infty} \dfrac{2n^2+4n+5}{n^2+n+1}$

(2) $\displaystyle\lim_{n\to\infty} \left(\sqrt{n^2+4n}-n\right)$

풀이

(1) 풀이1) 정석적 방법

분자와 분모를 각각 분모의 최고차항인 n^2으로 나눈 후 극한값을 구하면

$$\lim_{n\to\infty}\frac{2n^2+4n+5}{n^2+n+1}=\lim_{n\to\infty}\frac{2+\dfrac{4}{n}+\dfrac{5}{n^2}}{1+\dfrac{1}{n}+\dfrac{1}{n^2}}=\frac{2+\displaystyle\lim_{n\to\infty}\dfrac{4}{n}+\displaystyle\lim_{n\to\infty}\dfrac{5}{n^2}}{1+\displaystyle\lim_{n\to\infty}\dfrac{1}{n}+\displaystyle\lim_{n\to\infty}\dfrac{1}{n^2}}=\frac{2+0+0}{1+0+0}=2$$

풀이2) 실전적 방법

실전에서는 분자, 분모에서 제일 큰 차수들의 계수만 비교하면 된다.

$n\to\infty$일 때, $2n^2+4n+5$는 $2n^2$으로 봐도 된다.

n이 무한대로 가는 상황에서 $4n+5$는 $2n^2$과 비교했을 때 "새 발의 피"이기 때문이다.

이를 이용하면 분자와 분모의 최고차항은 각각 $2n^2$, n^2이므로 $\displaystyle\lim_{n\to\infty}\frac{2n^2+4n+5}{n^2+n+1}=\lim_{n\to\infty}\frac{2n^2}{n^2}=2$이다.

(2) 분모를 1로 생각하고 분모, 분자에 각각 $\sqrt{n^2+4n}+n$을 곱하여 분자를 유리화하면

$$\lim_{n\to\infty}\left(\sqrt{n^2+4n}-n\right)=\lim_{n\to\infty}\frac{\left(\sqrt{n^2+4n}-n\right)\left(\sqrt{n^2+4n}+n\right)}{\sqrt{n^2+4n}+n}=\lim_{n\to\infty}\frac{(n^2+4n)-n^2}{\sqrt{n^2+4n}+n}$$

$$=\lim_{n\to\infty}\frac{4n}{\sqrt{n^2+4n}+n}=\lim_{n\to\infty}\frac{4}{\sqrt{1+\dfrac{4}{n}}+1}=\frac{4}{1+1}=2$$

마지막 과정을 실전적 방법으로 계산하면 $\displaystyle\lim_{n\to\infty}\frac{4n}{\sqrt{n^2+4n}+n}=\lim_{n\to\infty}\frac{4n}{\sqrt{n^2}+n}=\lim_{n\to\infty}\frac{4n}{n+n}=\lim_{n\to\infty}\frac{4n}{2n}=2$이다.

Tip 1 $\infty-\infty$꼴의 극한값을 계산할 때 무리식이 있으면 분모를 1로 생각하고 분자를 유리화하여 계산한다.

Tip 2   조심해야 할 포인트는 (2)번과 같이 유리화를 필요로 하는 $\infty-\infty$꼴의 극한값을 계산하려면 반드시 전자, 후자의 최고차항의 차수와 계수가 모두 같은지 확인해줘야 한다는 것이다. 즉, 최고차항의 차수와 계수가 같지 않다면 굳이 유리화를 할 필요가 없고 직관적으로 처리하거나 $\dfrac{\infty}{\infty}$로 처리하면 된다.

ex1 $\displaystyle\lim_{n\to\infty}\left(\sqrt{n^4+n}-n\right)=\infty$

$n\to\infty$일 때, $\sqrt{n^4+n}\cong n^2$이므로 $\sqrt{n^4+n}$의 차수가 n의 차수보다 더 크다. 따라서 이 경우 양의 무한대로 발산한다.

ex2 $\displaystyle\lim_{n\to\infty}\frac{n}{\sqrt{4n^2+n}-n}=\lim_{n\to\infty}\frac{n}{\sqrt{4n^2}-n}=\lim_{n\to\infty}\frac{n}{2n-n}=\lim_{n\to\infty}\frac{n}{n}=1$

분모에서 전자, 후자의 최고차항의 계수가 다르기 때문에 유리화하지 말고 $\dfrac{\infty}{\infty}$꼴로 처리해주면 된다.

ex3 $\displaystyle\lim_{n\to\infty}\frac{4n}{\sqrt{n^2+n}+n}=\lim_{n\to\infty}\frac{4n}{\sqrt{n^2}+n}=\lim_{n\to\infty}\frac{4n}{n+n}=\lim_{n\to\infty}\frac{4n}{2n}=2$

$\infty-\infty$꼴이 아니므로 $\dfrac{\infty}{\infty}$꼴로 처리해주면 된다.

(1) $\displaystyle\lim_{n\to\infty}\dfrac{8n-1}{4n^2+2}$

(2) $\displaystyle\lim_{n\to\infty}\dfrac{6n^2+2}{-3n^2+4n+1}$

(3) $\displaystyle\lim_{n\to\infty}\left(\sqrt{n+1}-\sqrt{n-1}\right)$

(4) $\displaystyle\lim_{n\to\infty}\dfrac{1}{\sqrt{n^2+6n}-n}$

(5) $\displaystyle\lim_{n\to\infty}\sqrt{n}\left(\sqrt{n+3}-\sqrt{n}\right)$

예제 3

다음 수열의 수렴, 발산을 조사하시오.

(1) $\{n^2-n+1\}$

(2) $\left\{\dfrac{-3n^3+2n^2+5n+1}{n^2-1}\right\}$

풀이

(1) n^2-n+1 에서 n^2 을 괄호 밖으로 묶어 내면

$$\lim_{n\to\infty}(n^2-n+1)=\lim_{n\to\infty}n^2\left(1-\dfrac{1}{n}+\dfrac{1}{n^2}\right)=\infty$$

따라서 주어진 수열은 양의 무한대로 발산한다.

Tip 1 (괄호)안을 빠져나와 분리되려면 수렴한다는 조건이 필요하지만
(괄호)안에서의 변형은 자유롭다.

Tip 2 실전적으로 접근하면 $n\to\infty$ 일 때, $n^2-n+1\cong n^2$ 이므로 $\displaystyle\lim_{n\to\infty}(n^2-n+1)=\lim_{n\to\infty}n^2=\infty$ 이다.

(2) $\dfrac{-3n^3+2n^2+5n+1}{n^2-1}$ 의 분자와 분모를 n^2 으로 나누면

$$\lim_{n\to\infty}\dfrac{-3n^3+2n^2+5n+1}{n^2-1}=\lim_{n\to\infty}\dfrac{-3n+2+\dfrac{5}{n}+\dfrac{1}{n^2}}{1-\dfrac{1}{n^2}}=-\infty$$ 이다.

따라서 주어진 수열은 음의 무한대로 발산한다.

Tip 실전적으로 접근하면 $n\to\infty$ 일 때, $n^2-1\cong n^2$, $-3n^3+2n^2+5n+1\cong-3n^3$ 이므로
$$\lim_{n\to\infty}\dfrac{-3n^3+2n^2+5n+1}{n^2-1}=\lim_{n\to\infty}\dfrac{-3n^3}{n^2}=\lim_{n\to\infty}(-3n)=-\infty$$ 이다.

개념 확인문제 6 다음 수열의 수렴, 발산을 조사하시오.

(1) $\{-n^2+10n\}$

(2) $\left\{\dfrac{2n^2-4n}{n+1}\right\}$

예제 4

$\displaystyle\lim_{n\to\infty}(5n-1)a_n=1$ 일 때, $\displaystyle\lim_{n\to\infty}10na_n$ 의 값을 구하시오.

> **풀이**
>
> **풀이1) 치환을 이용하는 방법**
>
> $(5n-1)a_n=b_n$ 이라 하면 $\displaystyle\lim_{n\to\infty}b_n=1$ 이고, $a_n=\dfrac{b_n}{5n-1}$ 이므로
>
> $\displaystyle\lim_{n\to\infty}10na_n=\lim_{n\to\infty}10n\left(\dfrac{b_n}{5n-1}\right)=\lim_{n\to\infty}\left(\dfrac{10n}{5n-1}\times b_n\right)=\lim_{n\to\infty}\dfrac{10n}{5n-1}\times\lim_{n\to\infty}b_n=2\times1=2$ 이다.
>
> **Tip 1** $\displaystyle\lim_{n\to\infty}\left(\dfrac{10n}{5n-1}\times b_n\right)=\lim_{n\to\infty}\dfrac{10n}{5n-1}\times\lim_{n\to\infty}b_n$ 이 성립하는 이유는 $\displaystyle\lim_{n\to\infty}\dfrac{10n}{5n-1}=2,\ \lim_{n\to\infty}b_n=1$ 으로 각각 수렴하기 때문이다.
>
> **Tip 2** $\displaystyle\lim_{n\to\infty}a_nb_n=\alpha$ (단, α 는 실수) 이고 $\displaystyle\lim_{n\to\infty}a_n=\infty$ 이면 $\displaystyle\lim_{n\to\infty}b_n=0$ 이다.
>
> 증명) $a_nb_n=c_n$ 이라 하면 $\displaystyle\lim_{n\to\infty}c_n=\alpha$ 이므로 $\displaystyle\lim_{n\to\infty}b_n=\lim_{n\to\infty}\dfrac{c_n}{a_n}=0$ 이다.
>
> **Tip 3** 2025 규토 라이트 N제 수2 함수의 극한 t1 15번 문제와 맥이 같다.
>
> **풀이2) 실전적인 방법**
>
> $\displaystyle\lim_{n\to\infty}(5n-1)a_n=1$ 을 만족시키는 a_n 중 가장 간단한 수열은 $(5n-1)a_n$ 자체가 1 이 되도록 하는 수열이다.
>
> 즉, $a_n=\dfrac{1}{5n-1}$ 로 가정하면 $\displaystyle\lim_{n\to\infty}\dfrac{10n}{5n-1}=2$ 이다.

개념 확인문제 7 $\displaystyle\lim_{n\to\infty}\dfrac{6n+2}{a_n}=2$ 일 때, $\displaystyle\lim_{n\to\infty}\dfrac{a_n}{n}$ 의 값을 구하시오.

수열의 극한의 대소 관계

수렴하는 수열의 극한에서는 다음과 같은 대소 관계가 성립한다.

수렴하는 두 수열 $\{a_n\}$, $\{b_n\}$에 대하여 $\displaystyle\lim_{n\to\infty} a_n = \alpha$, $\displaystyle\lim_{n\to\infty} b_n = \beta$ (단, α, β는 실수)일 때

① 모든 자연수 n에 대하여 $a_n \le b_n$이면 $\alpha \le \beta$이다.

② 수열 $\{c_n\}$이 모든 자연수 n에 대하여 $a_n \le c_n \le b_n$이고 $\alpha = \beta$이면 수열 $\{c_n\}$은 수렴하고 $\displaystyle\lim_{n\to\infty} c_n = \alpha$이다.

Tip 1 수열의 극한의 대소 관계는 구체적인 예를 통해 직관적으로 이해하면 된다.

Tip 2 c_n의 극한값을 직접적으로 구할 수 없을 때, 대소 관계$(a_n \le c_n \le b_n)$를 이용하여 c_n의 극한값을 간접적으로 구할 수 있다.

Tip 3 ①에서 모든 자연수 n에 대하여 $a_n < b_n$이지만 $\displaystyle\lim_{n\to\infty} a_n = \lim_{n\to\infty} b_n$인 경우도 있다.

예를 들어 $a_n = \dfrac{1}{n}$, $b_n = \dfrac{2}{n}$이면 모든 자연수 n에 대하여 $a_n < b_n$이지만 $\displaystyle\lim_{n\to\infty} a_n = \lim_{n\to\infty} b_n = 0$이다.

마찬가지로 ②에서도 $a_n = \dfrac{1}{n}$, $b_n = \dfrac{3}{n}$, $c_n = \dfrac{2}{n}$이면 모든 자연수 n에 대하여

$a_n < c_n < b_n$이지만 $\displaystyle\lim_{n\to\infty} a_n = \lim_{n\to\infty} b_n = \lim_{n\to\infty} c_n = 0$이다.

Tip 4 ②를 수열의 샌드위치 정리라고도 부른다.

예제 5

수열 $\{a_n\}$이 모든 자연수 n에 대하여 $\dfrac{2n-2}{n+1} \le a_n \le \dfrac{2n+3}{n+1}$를 만족시킬 때, $\displaystyle\lim_{n\to\infty} a_n$의 값을 구하시오.

풀이

모든 자연수 n에 대하여 $\dfrac{2n-2}{n+1} \le a_n \le \dfrac{2n+3}{n+1}$이고 $\displaystyle\lim_{n\to\infty} \dfrac{2n-2}{n+1} = 2$, $\displaystyle\lim_{n\to\infty} \dfrac{2n+3}{n+1} = 2$이므로

수열의 극한의 대소 관계에 의하여 $\displaystyle\lim_{n\to\infty} a_n = 2$이다.

개념 확인문제 8 수열 $\{a_n\}$이 모든 자연수 n에 대하여 $\dfrac{5n^2-5}{n+1} \le a_n \le \dfrac{5n^2+4}{n+1}$를 만족시킬 때,

$\displaystyle\lim_{n\to\infty} \dfrac{a_n}{n}$의 값을 구하시오.

03 등비수열의 극한

수열의 극한

성취 기준 – 등비수열의 극한값을 구할 수 있다.

개념 파악하기 | (4) 등비수열의 극한값은 어떻게 구할까?

등비수열의 수렴과 발산

두 등비수열 $\{2^n\}$, $\left\{\left(\dfrac{1}{2}\right)^n\right\}$ 에 대하여

$\{2^n\} : 2,\ 2^2,\ 2^3,\ \cdots,\ 2^n,\ \cdots$

$\left\{\left(\dfrac{1}{2}\right)^n\right\} : \dfrac{1}{2},\ \left(\dfrac{1}{2}\right)^2,\ \left(\dfrac{1}{2}\right)^3,\ \cdots,\ \left(\dfrac{1}{2}\right)^n,\ \cdots$

이므로 수열 $\{2^n\}$ 은 발산하고, 수열 $\left\{\left(\dfrac{1}{2}\right)^n\right\}$ 은 0 으로 수렴한다.

이번에는 등비수열 $\{r^n\}$ 의 수렴, 발산을 공비 r 의 값에 따라 알아보자.

① $r > 1$ 일 때

　$r = 1 + h\,(h > 0)$ 라고 하면 $r^n = (1+h)^n > 1 + nh\ (n \geq 2)$ 이다.

　이때 $\lim\limits_{n \to \infty}(1+nh) = \infty$ 이므로 $\lim\limits_{n \to \infty} r^n = \infty$ 이다. 즉, 수열 $\{r^n\}$ 은 양의 무한대로 **발산**한다.

> **Tip**　$h > 0$ 일 때, $n \geq 2$ 인 모든 자연수 n 에 대하여 부등식 $(1+h)^n > 1 + nh$ 가 성립함은
> 수학적 귀납법으로 증명할 수 있다. (2025규토 라이트 N제 수1 수학적 귀납법 [예제 2] 참고)

② $r = 1$ 일 때

　모든 자연수 n 에 대하여 $r^n = 1$ 이므로 $\lim\limits_{n \to \infty} r^n = \lim\limits_{n \to \infty} 1 = 1$ 이다. 즉, 수열 $\{r^n\}$ 은 1 에 **수렴**한다.

③ $-1 < r < 1$ 일 때

　i) $r = 0$ 이면, 수열의 모든 항이 0 이므로 $\lim\limits_{n \to \infty} r^n = 0$ 이다.

　ii) $r \neq 0$ 이면, $\dfrac{1}{|r|} > 1$ 이므로 ①에 의하여 $\lim\limits_{n \to \infty} \dfrac{1}{|r^n|} = \lim\limits_{n \to \infty} \left(\dfrac{1}{|r|}\right)^n = \infty$ 이다.

　　따라서 $\lim\limits_{n \to \infty} |r^n| = 0$ 이므로 $\lim\limits_{n \to \infty} r^n = 0$ 이다.

　즉, 수열 $\{r^n\}$ 은 0 에 **수렴**한다.

> **Tip**　$a_n > 0$ 일 때, $\lim\limits_{n \to \infty} \dfrac{1}{a_n} = \infty \Leftrightarrow \lim\limits_{n \to \infty} a_n = 0$

④ $r \leq -1$ 일 때

　i) $r = -1$ 이면, 수열 $\{r^n\}$ 은 $-1,\ 1,\ -1,\ 1,\ \cdots$ 이므로 진동한다. (발산)

　ii) $r < -1$ 이면, $|r| > 1$ 이므로 ①에 의하여 $\lim\limits_{n \to \infty} |r^n| = \lim\limits_{n \to \infty} |r|^n = \infty$ 이다.

　　이때 r^n 의 값은 n 의 값이 한없이 커질 때, 교대로 음수와 양수가 되면서

　　그 절댓값이 한없이 커지므로 수열 $\{r^n\}$ 은 **진동**한다. (발산)

등비수열 $\{r^n\}$ 의 수렴과 발산

① $r>1$ 일 때, $\displaystyle\lim_{n\to\infty} r^n=\infty$ (발산)

② $r=1$ 일 때, $\displaystyle\lim_{n\to\infty} r^n=1$ (수렴)

③ $-1<r<1$ 일 때, $\displaystyle\lim_{n\to\infty} r^n=0$ (수렴)

④ $r\le -1$ 일 때, 수열 $\{r^n\}$ 은 진동한다. (발산)

ex1 등비수열 $\left\{\left(-\dfrac{1}{3}\right)^n\right\}$ 은 공비가 $-\dfrac{1}{3}$ 이고, $-1<-\dfrac{1}{3}<1$ 이므로 0 에 수렴한다.

ex2 등비수열 $\{3^n\}$ 은 공비가 3 이고, $3>1$ 이므로 발산한다.

Tip 등비수열 $\{r^n\}$ 이 수렴할 필요충분조건은 $-1<r\le 1$ 이다.
이때 r 은 단순히 문자가 아니라 공비라고 해석해야 한다.

ex 등비수열 $\{r^{2n}\}$ 이 수렴하도록 하는 실수 r 의 값의 범위를 구하시오.
공비는 r^2 이므로 $-1<r^2\le 1$ 이다.
이때 $-1<r^2\le 1$ 은 $-1<r^2$ 와 $r^2\le 1$ 의 교집합으로 해석할 수 있다.
$-1<r^2 \Rightarrow$ 실수 전체
$r^2\le 1 \Rightarrow r^2-1\le 0 \Rightarrow (r-1)(r+1)\le 0 \Rightarrow -1\le r\le 1$
이므로 $-1<r^2\le 1 \Rightarrow -1\le r\le 1$ 이다.

개념 확인문제 9 다음 수열의 수렴, 발산을 조사하시오.

(1) $\left\{\left(\dfrac{2}{5}\right)^n\right\}$
(2) $\left\{(-\sqrt{2})^n\right\}$

개념 확인문제 10 다음 수열이 수렴하도록 하는 실수 x 의 값의 범위를 구하시오.

(1) $\{(3x-1)^n\}$
(2) $\left\{\left(\dfrac{x-4}{2}\right)^n\right\}$

(3) $\{x^{2n+1}\}$
(4) $\{x^{3n}\}$

예제 6

수열 $\left\{\dfrac{3^{n+1}}{3^n+2^{n+2}}\right\}$ 의 수렴, 발산을 조사하고, 수렴하면 그 극한값을 구하시오.

풀이

풀이1) 정석적 방법

$\dfrac{\infty}{\infty}$ 꼴에서는 분모에서 **공비의 절댓값**이 가장 큰 항으로 분모, 분자를 각각 나누어 계산하면 된다.

분자와 분모를 각각 3^n 으로 나누면

$$\lim_{n\to\infty}\frac{3^{n+1}}{3^n+2^{n+2}}=\lim_{n\to\infty}\frac{3}{1+4\left(\dfrac{2}{3}\right)^n}=\frac{3}{1+0}=3$$

따라서 수열 $\left\{\dfrac{3^{n+1}}{3^n+2^{n+2}}\right\}$ 은 수렴하고, 그 극한값은 3 이다.

Tip 분모에서 그냥 공비가 아니고 **공비의 절댓값**이 가장 큰 항으로 분모, 분자를 각각 나누어 주는 것에 유의하자.

풀이2) 실전적 방법

분모와 분자 중 절댓값이 가장 큰 항끼리 비교하면 된다.

$3^n+2^{n+3}\cong 3^n$ 이므로 $\quad\lim_{n\to\infty}\dfrac{3^{n+1}}{3^n+2^{n+2}}=\lim_{n\to\infty}\dfrac{3^{n+1}}{3^n}=\lim_{n\to\infty}\dfrac{3\times3^n}{3^n}=3$

개념 확인문제 11 다음 수열의 수렴, 발산을 조사하고, 수렴하면 그 극한값을 구하시오.

(1) $\left\{\dfrac{2^{2n}-1}{4^n+2}\right\}$

(2) $\left\{\dfrac{(-5)^{n+2}+3^{n+1}}{(-5)^n+3^n}\right\}$

(3) $\left\{\dfrac{2-\left(\dfrac{1}{2}\right)^n}{1+\left(\dfrac{1}{2}\right)^n}\right\}$

(4) $\left\{5^n-2^n\right\}$

$r>0$일 때, 수열 $\left\{\dfrac{2+r^n}{1+r^n}\right\}$의 수렴, 발산을 조사하고, 수렴하면 그 극한값을 구하시오.

풀이

공비 r의 범위에 따라 case분류하면 다음과 같다.

① $0<r<1$일 때, $\displaystyle\lim_{n\to\infty}r^n=0$이므로 $\displaystyle\lim_{n\to\infty}\dfrac{2+r^n}{1+r^n}=\dfrac{2+0}{1+0}=2$ (수렴)

② $r=1$일 때, $\displaystyle\lim_{n\to\infty}r^n=1$이므로 $\displaystyle\lim_{n\to\infty}\dfrac{2+r^n}{1+r^n}=\dfrac{2+1}{1+1}=\dfrac{3}{2}$ (수렴)

③ $r>1$일 때, $\displaystyle\lim_{n\to\infty}r^n=\infty\ \Rightarrow\ \lim_{n\to\infty}\dfrac{1}{r^n}=0$이므로 $\displaystyle\lim_{n\to\infty}\dfrac{2+r^n}{1+r^n}=\lim_{n\to\infty}\dfrac{\dfrac{2}{r^n}+1}{\dfrac{1}{r^n}+1}=\dfrac{0+1}{0+1}=1$ (수렴)

물론 마지막 계산을 $\displaystyle\lim_{n\to\infty}\dfrac{2+r^n}{1+r^n}=\lim_{n\to\infty}\dfrac{r^n}{r^n}=1$이라고 판단해도 된다. (실전적 풀이)

Tip 보통 수열 $\left\{\dfrac{2+r^n}{1+r^n}\right\}$의 수렴, 발산 여부를 물을 때, $\displaystyle\lim_{n\to\infty}\dfrac{2+r^n}{1+r^n}=1$이라고 대답하기 쉽다.

이는 $|r|>1\,(r<-1\ \text{or}\ r>1)$인 경우만 생각했기 때문이다.

r에 따라 $\displaystyle\lim_{n\to\infty}r^n$의 값이 달라질 수 있으니 반드시 r의 범위에 따라 case분류해줘야 한다.

[예제 7]에서는 $r=-1$인 경우 진동하기 때문에 전제조건을 $r>0$일 때로 주어
① $0<r<1$ ② $r=1$ ③ $r>1$ 이렇게 3가지로 분류하였지만
보통은 공비 r에 따라 다음과 같이 분류하는 것이 일반적이다.

ⅰ) $|r|<1 \Rightarrow -1<r<1$ ($\displaystyle\lim_{n\to\infty}r^n=0$ 을 이용하여 구한다.)

ⅱ) $|r|>1 \Rightarrow r<-1$ or $r>1$ (분모와 분자 중 절댓값이 가장 큰 항끼리 비교하여 구한다.)

ⅲ) $|r|=1 \Rightarrow r=1$ or $r=-1$ (r에 직접 대입하여 구한다.)

[개념 확인문제 12] 풀고 해설 꼭 볼 것!

개념 확인문제 12 수열 $\left\{\dfrac{r^{2n+1}+r}{r^{2n}+2}\right\}$의 수렴, 발산을 조사하고, 수렴하면 그 극한값을 구하시오.

001

두 수열 $\{a_n\}$, $\{b_n\}$에 대하여
$$\lim_{n \to \infty} a_n = 4, \quad \lim_{n \to \infty} b_n = -2$$
일 때, $\displaystyle \lim_{n \to \infty} \frac{3a_n - b_n}{a_n + b_n}$ 의 값을 구하시오.

002

두 수열 $\{a_n\}$, $\{b_n\}$에 대하여
$$\lim_{n \to \infty} (a_n - 2b_n) = 8, \quad \lim_{n \to \infty} (2a_n + b_n) = 1$$
일 때, $\displaystyle \lim_{n \to \infty} a_n (2 - b_n)$ 의 값을 구하시오.

003

모든 항이 양수인 수열 $\{a_n\}$에 대하여 $\displaystyle \lim_{n \to \infty} \frac{1}{a_n} = 0$ 일 때,
$\displaystyle \lim_{n \to \infty} \frac{-4a_n - 5}{-a_n + 2}$ 의 값을 구하시오.

004

수열 $\{a_n\}$에 대하여 $\displaystyle \lim_{n \to \infty} \frac{a_n}{n + 2} = \frac{1}{5}$ 일 때,
$\displaystyle \lim_{n \to \infty} \frac{3n^3 + 10n^2 + 2}{n^2 a_n}$ 의 값을 구하시오.

005

두 수열 $\{a_n\}$, $\{b_n\}$에 대하여
$$\lim_{n \to \infty} \frac{a_n}{n} = 2, \quad \lim_{n \to \infty} (n^2 + n) b_n = k$$
이다. $\displaystyle \lim_{n \to \infty} a_n \left(n b_n + \frac{3}{n} \right) = 24$ 일 때, 상수 k의 값을 구하시오.

006

두 수열 $\{a_n\}$, $\{b_n\}$은 다음 조건을 만족시킨다.

> (가) $\displaystyle \lim_{n \to \infty} a_n = \infty$
>
> (나) $\displaystyle \lim_{n \to \infty} (a_n - 4b_n) = 2$

$\displaystyle \lim_{n \to \infty} \frac{a_n + 3b_n}{a_n - b_n} = k$ 이다. $60k$의 값을 구하시오.

(단, k는 상수이다.)

Theme 2 $\dfrac{\infty}{\infty}$ 꼴의 극한

0007 ⬜⬜⬜⬜⬜

$\displaystyle\lim_{n\to\infty}\dfrac{9n^2+2}{3n^2+5n}$ 의 값을 구하시오.

0008 ⬜⬜⬜⬜⬜

$\displaystyle\lim_{n\to\infty}\dfrac{\sqrt{16n^2+5n-1}}{n+2}$ 의 값을 구하시오.

0009 ⬜⬜⬜⬜⬜

$\displaystyle\lim_{n\to\infty}\dfrac{\sqrt{400n-1}}{\sqrt{4n+1}+\sqrt{4n-1}}$ 의 값을 구하시오.

0010 ⬜⬜⬜⬜⬜

$\displaystyle\lim_{n\to\infty}\dfrac{\sqrt{4n^2+5}}{\sqrt{9n^2+2}-n}$ 의 값을 구하시오.

0011 ⬜⬜⬜⬜⬜

두 상수 a, b에 대하여

$$\lim_{n\to\infty}\dfrac{an^2+bn+6}{2n+4}=8$$

일 때, $a+b$의 값을 구하시오.

0012 ⬜⬜⬜⬜⬜

두 상수 a, b에 대하여

$$\lim_{n\to\infty}\dfrac{(a-3)n^2+bn+6}{-n-2}=10$$

일 때, $a-b$의 값을 구하시오.

Theme 3 — $\infty - \infty$ 꼴의 극한

013

$\displaystyle\lim_{n \to \infty}\left(\sqrt{n^2 + 14n} - n\right)$ 의 값을 구하시오.

014

상수 a에 대하여

$$\lim_{n \to \infty}\frac{a}{\sqrt{n^2 + 4n} - \sqrt{n^2 - 4n}} = 25$$

일 때, a의 값을 구하시오.

015

$\displaystyle\lim_{n \to \infty}\frac{\sqrt{n+4} - \sqrt{n}}{\sqrt{n+1} - \sqrt{n}}$ 의 값을 구하시오.

016

$\displaystyle\lim_{n \to \infty} n\left(\sqrt{n^2 + 2} - n\right)$ 의 값을 구하시오.

017

두 실수 a, b에 대하여

$$\lim_{n \to \infty}\left(\sqrt{n^2 + an - 2} - \sqrt{n^2 + bn + 1}\right) = 10$$

일 때, $a - b$의 값을 구하시오.

018

상수 a에 대하여

$$\lim_{n \to \infty}\frac{n\left(\sqrt{n+2} - \sqrt{n-2}\right)}{\sqrt{an+3}} = \frac{1}{3}$$

일 때, a의 값을 구하시오.

019

두 상수 $a\,(a > 0)$, b에 대하여

$$\lim_{n \to \infty}\left(\sqrt{an^2 + 8n} - an\right) = b$$

일 때, $a + b$의 값을 구하시오.

Theme 4 — 일반항이 포함된 수열의 극한

020 □□□□□

수열 $\{a_n\}$ 에 대하여

$$\sum_{k=1}^{n} \frac{a_k}{k} = n^2 - n$$

일 때, $\displaystyle\lim_{n\to\infty} \frac{a_n}{n^2}$ 의 값을 구하시오.

021 □□□□□

수열 $\{a_n\}$ 이 모든 자연수 n 에 대하여

$$(a_n)^2 - 4na_n - n = 0, \qquad a_n > 0$$

을 만족시킬 때, $\displaystyle\lim_{n\to\infty}(a_n - 4n) = k$ 이다.

$60k$ 의 값을 구하시오.

022 □□□□□

수열 $\{a_n\}$ 에 대하여

$$a_n = \sum_{k=1}^{2n}(2k+6)$$

일 때, $\displaystyle\lim_{n\to\infty} \frac{\sqrt{a_n}+5n}{\sqrt{a_n}-n}$ 의 값을 구하시오.

023 □□□□□

첫째항과 공차가 모두 $k\,(k \neq 0)$ 인 등차수열 $\{a_n\}$ 에 대하여 첫째항부터 제 n 항까지의 합을 S_n 이라 할 때,

$\displaystyle\lim_{n\to\infty} \frac{a_n a_{n+1}}{S_n} = k^2$ 이다. $\displaystyle\lim_{n\to\infty} \sqrt{n}\left(\sqrt{a_{n+1}} - \sqrt{a_n}\right)$ 의 값은?

① $\dfrac{1}{2}$ ② $\dfrac{1}{\sqrt{2}}$ ③ $\dfrac{1}{2\sqrt{2}}$

④ 1 ⑤ $\sqrt{2}$

Theme 5 — 수열의 극한의 대소 관계

024 □□□□□

수열 $\{a_n\}$ 이 모든 자연수 n 에 대하여 부등식

$$\frac{3n^2+n}{6} < a_n < \frac{3n^2+4n}{6}$$

을 만족시킬 때, $\displaystyle\lim_{n\to\infty} \frac{10a_n}{n^2}$ 의 값을 구하시오.

025 □□□□□

두 수열 $\{a_n\}$, $\{b_n\}$ 은 다음 조건을 만족시킨다.

> (가) $\displaystyle\lim_{n\to\infty} \frac{a_n}{n} = 3$
>
> (나) 모든 자연수 n 에 대하여
> $$4n^2 - 3 < a_n b_n < 4n^2 + 3 \text{ 이다.}$$

$\displaystyle\lim_{n\to\infty} \frac{b_n}{a_n} = \frac{q}{p}$ 이다. $p+q$ 의 값을 구하시오. (단, p 와 q 는 서로소인 자연수이다.)

026

수열 $\{a_n\}$이 모든 자연수 n에 대하여

$$n < a_n < n+2$$

을 만족시킬 때, $\displaystyle\lim_{n\to\infty}\dfrac{10n^2}{\displaystyle\sum_{k=1}^{n}a_k}$ 의 값을 구하시오.

027

수열 $\{a_n\}$이 모든 자연수 n에 대하여

$$\left|(n+1)a_n - 3n^2\right| < 2n+1$$

을 만족시킬 때, $\displaystyle\lim_{n\to\infty}\dfrac{a_n}{n}$ 의 값을 구하시오.

028

수열 $\{a_n\}$이 $a_1 = 2$이고, 모든 자연수 n에 대하여

$$a_n + 2n - 1 < a_{n+1} < a_n + 2n + 1$$

을 만족시킬 때, $\displaystyle\lim_{n\to\infty}\dfrac{a_n}{n^2+n}$ 의 값은?

Theme 6 등비수열의 극한

029

$\displaystyle\lim_{n\to\infty}\dfrac{k+\left(-\dfrac{1}{2}\right)^n}{4+\left(\dfrac{1}{3}\right)^n}=20$ 일 때, 상수 k의 값을 구하시오.

030

$\displaystyle\lim_{n\to\infty}\dfrac{3\times 2^{n+2}-1}{2^n+3}$ 의 값을 구하시오.

031

$\displaystyle\lim_{n\to\infty}\dfrac{2^{n+1}\times 5^{n-1}+7^{n+1}}{10^{n-1}+7^n}$ 의 값을 구하시오.

032

$\displaystyle\lim_{n\to\infty}\dfrac{\left(\dfrac{1}{12}\right)^n+\left(\dfrac{1}{3}\right)^{n-1}}{3\times\left(\dfrac{1}{4}\right)^{n+1}+\left(\dfrac{1}{3}\right)^{n+2}}$ 의 값을 구하시오.

033 ☐☐☐☐☐

$\displaystyle\lim_{n\to\infty}\dfrac{4^{n+1}+3^{n+2}}{(2^{n-1}-1)(2^{n-1}+1)}$ 의 값을 구하시오.

034 ☐☐☐☐☐

공비가 5 인 등비수열 $\{a_n\}$ 이

$$\lim_{n\to\infty}\frac{a_n+5^{n+1}}{2a_n-6\times5^{n-1}}=\frac{5}{2}$$

을 만족시킬 때, 첫째항 a_1 의 값을 구하시오.

035 ☐☐☐☐☐

첫째항이 2 이고 공비가 $r\,(r>1)$ 인 등비수열 $\{a_n\}$ 에서 첫째항부터 제 n 항까지의 합을 S_n 이라 할 때, $\displaystyle\lim_{n\to\infty}\dfrac{a_n+a_{n+1}}{S_n}=\dfrac{8}{3}$ 이다. r 의 값을 구하시오.

Theme 7 — 등비수열의 수렴 조건

036 ☐☐☐☐☐

등비수열 $\left\{\left(\dfrac{2x-4}{7}\right)^n\right\}$ 이 수렴하도록 하는 모든 정수 x 의 합을 구하시오.

037 ☐☐☐☐☐

등비수열 $\left\{\left(\dfrac{|x-1|-3}{2}\right)^n\right\}$ 이 수렴하도록 하는 모든 정수 x 의 개수를 구하시오.

038 ☐☐☐☐☐

수열 $\left\{\dfrac{4^n+2^{-n}\times x^n}{2^{2n+1}+(-5)^n}\right\}$ 이 수렴하도록 하는 모든 정수 x 의 개수를 구하시오.

039

$$\lim_{n \to \infty} \frac{\left(\dfrac{k}{3}\right)^{n+1} + 4}{\left(\dfrac{k}{3}\right)^{n-1} + 1} = 4$$ 가 되도록 하는 모든 정수 k의

개수를 구하시오.

040

함수 $f(x) = \lim\limits_{n \to \infty} \dfrac{x^{2n+1} + 5}{x^{2n} + 1}$ 에 대하여

$f(-2) + f(-1) + f\left(-\dfrac{1}{2}\right) + f\left(\dfrac{1}{2}\right) + f(1) + f(2)$ 의 값은?

① 13   ② 14   ③ 15

④ 16   ⑤ 17

041

정의역이 양수인 함수 $f(x) = \lim\limits_{n \to \infty} \dfrac{x^{n+1} + 4x}{x^n + 1}$ 에 대하여

$\sum\limits_{k=1}^{11} f\left(\dfrac{k}{4}\right)$ 의 값은?

① $\dfrac{45}{2}$ ② 23   ③ $\dfrac{47}{2}$

④ 24   ⑤ $\dfrac{49}{2}$

042

함수

$$f(x) = \lim_{n \to \infty} \frac{2 \times \left(\dfrac{x}{5}\right)^{2n+1} - 1}{\left(\dfrac{x}{5}\right)^{2n} + 2}$$

에 대하여 $\{f(k) + 4\} \times \left\{f(k) + \dfrac{1}{2}\right\} < 0$ 을 만족시키는

모든 정수 k의 개수를 구하시오.

043

함수 $f(x) = -2|x-1| + 2$ 에 대하여
함수 $g(x)$ 는

$$g(x) = \lim_{n \to \infty} \frac{\{1 + f(x)\}^{2n} - 2}{\{1 + f(x)\}^{2n} + 2}$$

이다. 실수 $k(k \geq 0)$ 에 대하여 방정식 $f(x) = kx^2 - 1$ 의
서로 다른 두 실근을 각각 α, β $(\alpha < \beta)$ 라 할 때,
옳은 것만을 〈보기〉에서 있는 대로 고르시오.

〈보기〉

ㄱ. $k=0$ 이면 $\beta - \alpha + g(\alpha) + g(\beta) = 1$ 이다.

ㄴ. $k>0$ 이면 $-1 < f(\alpha) < 0$ 이다.

ㄷ. $k=\dfrac{1}{4}$ 이면 $\beta + g(\beta) = 3$ 이다.

ㄹ. $\dfrac{1}{4} < k < 1$ 이면 $g(\alpha) + g(\beta) = 0$ 이다.

ㅁ. $0 < k < \dfrac{1}{4}$ 이면 $g(\alpha) + g(\beta) = -2$ 이다.

<table><tr><td>Theme
9</td><td>**수열의 극한의 활용**</td></tr></table>

0**44** ☐☐☐☐☐

그림과 같이 자연수 n에 대하여 곡선 $y=3x^2$ 위의
점 $P(n,\ 3n^2)$을 지나고 선분 OP에 수직인 직선 l이
x축과 만나는 점을 Q라고 하자.
두 상수 $a,\ b\ (b\neq 0)$에 대하여

$$\lim_{n\to\infty}\frac{\overline{OQ}}{n^a\times\overline{OP}}=b$$

일 때, $a+b$의 값을 구하시오. (단, O는 원점이다.)

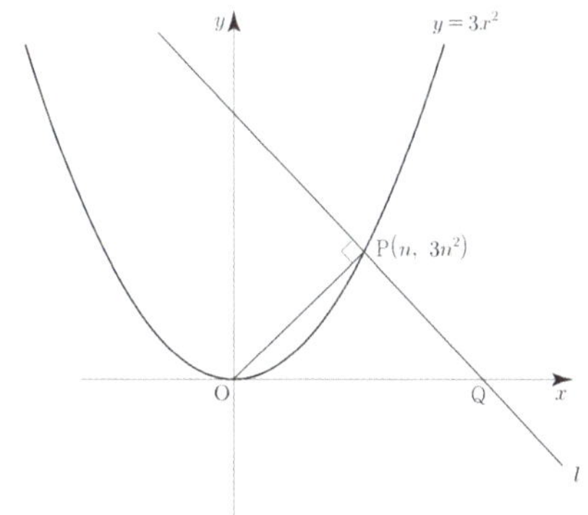

0**45** ☐☐☐☐☐

그림과 같이 좌표평면에서 기울기가 $-n$이고 y절편이
음수인 직선이 원 $x^2+y^2=n^2$에 접할 때, 이 직선이 x축,
y축과 만나는 점을 P_n, Q_n이라 하자. 삼각형 OP_nQ_n의
넓이를 S_n이라 하고, 선분 P_nQ_n의 길이를 l_n이라 할 때,

$$\lim_{n\to\infty}\frac{n\times l_n+4n^3}{S_n}$$의 값을 구하시오.

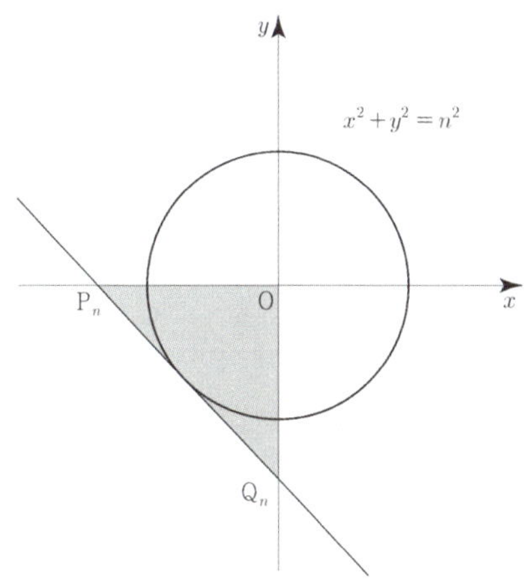

0**46** ☐☐☐☐☐

자연수 n에 대하여 두 직선 $x+2y=2^{2n}$, $2x-y=2^n$의
교점의 좌표를 $(p_n,\ q_n)$이라 할 때, $\lim_{n\to\infty}\dfrac{p_n}{q_n}=k$이다.
$100k$의 값을 구하시오.

0**47** ☐☐☐☐☐

n이 자연수일 때, 원 $x^2+y^2=5n^2+n$ 위를 움직이는
점 P와 점 $A_n(n,\ 2n)$에 대하여 선분 PA_n의 길이의
최솟값을 a_n이라 하자. $\lim_{n\to\infty}\dfrac{1}{a_n}=k$일 때,
k^2의 값을 구하시오.

0**48** ☐☐☐☐☐

그림과 같이 2 이상인 자연수 n에 대하여 직선 $y=n$이
곡선 $y=\sqrt{|x|}$와 만나는 점을 각각 P_n, Q_n이라 하고,
직선 $x=\dfrac{n^2}{2}$이 곡선 $y=\sqrt{|x|}$와 만나는 점을 R_n이라
하자. 삼각형 $P_nQ_nR_n$의 넓이를 S_n이라 하고,
삼각형 OP_nQ_n의 둘레의 길이를 l_n이라 할 때,
$$\lim_{n\to\infty}\frac{n\times l_n}{S_n}=a+b\sqrt{2}$$이다. ab의 값을 구하시오.
(단, 점 P_n의 x좌표는 점 Q_n의 x좌표보다 크고,
O는 원점이다.)

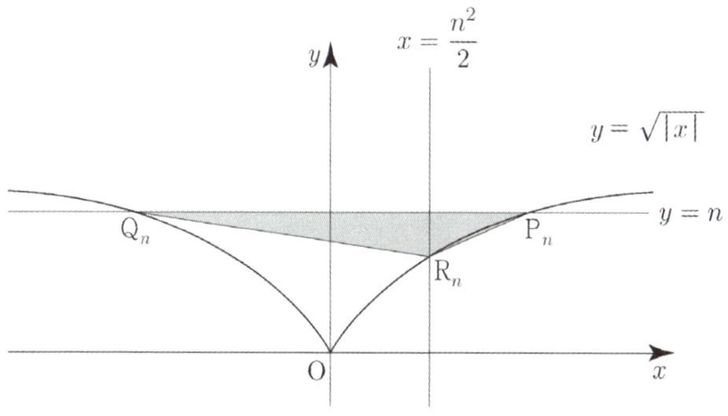

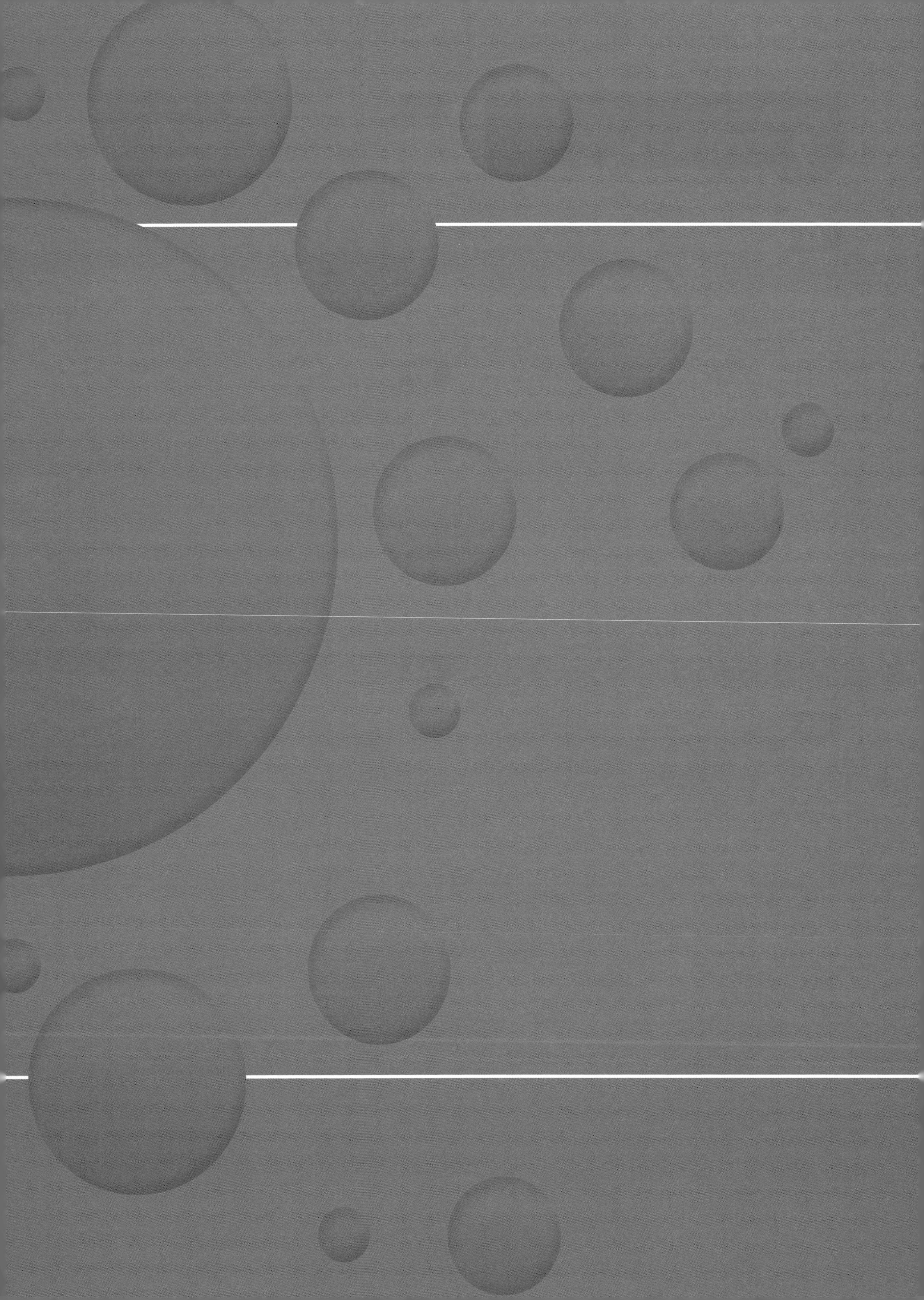

Training - 2 step

기출 적용편

1. 수열의 극한

049 2025학년도 고3 6월 평가원 미적분 ☐☐☐☐☐

$$\lim_{n \to \infty} \frac{\left(\frac{1}{2}\right)^n + \left(\frac{1}{3}\right)^{n+1}}{\left(\frac{1}{2}\right)^{n+1} + \left(\frac{1}{3}\right)^n}$$ 의 값은? [2점]

① 1 ② 2 ③ 3

④ 4 ⑤ 5

---

050 2025학년도 고3 9월 평가원 미적분 ☐☐☐☐☐

등비수열 $\{a_n\}$ 에 대하여 $\lim_{n \to \infty} \dfrac{4^n \times a_n - 1}{3 \times 2^{n+1}} = 1$ 일 때,

$a_1 + a_2$ 의 값은? [3점]

① $\dfrac{3}{2}$ ② $\dfrac{5}{2}$ ③ $\dfrac{7}{2}$

④ $\dfrac{9}{2}$ ⑤ $\dfrac{11}{2}$

---

051 2025학년도 수능 미적분 ☐☐☐☐☐

수열 $\{a_n\}$ 에 대하여 $\lim_{n \to \infty} \dfrac{na_n}{n^2 + 3} = 1$ 일 때,

$\lim_{n \to \infty} \left(\sqrt{a_n^2 + n} - a_n\right)$ 의 값은? [3점]

① $\dfrac{1}{3}$ ② $\dfrac{1}{2}$ ③ 1

④ 2 ⑤ 3

---

052 2024년 고3 3월 교육청 미적분 ☐☐☐☐☐

수열 $\{a_n\}$ 이 모든 자연수 n 에 대하여

$a_{n+1} - a_n = a_1 + 2$ 를 만족시킨다. $\lim_{n \to \infty} \dfrac{2a_n + n}{a_n - n + 1} = 3$ 일 때,

a_{10} 의 값은? (단, $a_1 > 0$) [3점]

① 35 ② 36 ③ 37

④ 38 ⑤ 39

---

053 2021학년도 고3 6월 평가원 가형 ☐☐☐☐☐

$\lim_{n \to \infty} \left(\sqrt{9n^2 + 12n} - 3n\right)$ 의 값은? [2점]

① 1 ② 2 ③ 3

④ 4 ⑤ 5

---

054 2021학년도 수능 가형 ☐☐☐☐☐

$\lim_{n \to \infty} \dfrac{1}{\sqrt{4n^2 + 2n + 1} - 2n}$ 의 값은? [2점]

① 1 ② 2 ③ 3

④ 4 ⑤ 5

---

055 2024년 고3 3월 교육청 미적분 ☐☐☐☐☐

$a_1 = 3$, $a_2 = 6$ 인 등차수열 $\{a_n\}$ 과 모든 항이 양수인 수열 $\{b_n\}$ 이 모든 자연수 n 에 대하여

$$\sum_{k=1}^{n} a_k (b_k)^2 = n^3 - n + 3$$

을 만족시킬 때, $\lim_{n \to \infty} \dfrac{a_n}{b_n b_{2n}}$ 의 값은? [3점]

① $\dfrac{3}{2}$ ② $\dfrac{3\sqrt{2}}{2}$ ③ 3

④ $3\sqrt{2}$ ⑤ 6

056 2011년 고3 3월 교육청 나형

$\displaystyle\lim_{n\to\infty}\dfrac{n(n+\cos n\pi)}{n^2+1}$ 의 값은? [3점]

① 1   ② 2   ③ 3

④ 4   ⑤ 5

057 2020학년도 사관학교 나형

$\displaystyle\lim_{n\to\infty}\dfrac{a\times 3^{n+2}-2^n}{3^n-3\times 2^n}=207$ 일 때,

상수 a의 값을 구하시오. [3점]

058 2017학년도 고3 6월 평가원 나형

$\displaystyle\lim_{n\to\infty}\left(2+\dfrac{1}{3^n}\right)\left(a+\dfrac{1}{2^n}\right)=10$ 일 때, 상수 a의 값은? [3점]

① 1   ② 2   ③ 3

④ 4   ⑤ 5

059 2002학년도 수능 나형

$f(x)=\displaystyle\lim_{n\to\infty}\dfrac{x^{2n+4}+2x}{x^{2n}+1}$ 일 때,

$f\left(\dfrac{1}{2}\right)+f(2)$ 의 값을 구하시오. [3점]

060 2014학년도 고3 6월 평가원 A형

수열 $\{a_n\}$이 모든 자연수 n에 대하여 부등식

$$3n^2+2n < a_n < 3n^2+3n$$

을 만족시킬 때, $\displaystyle\lim_{n\to\infty}\dfrac{5a_n}{n^2+2n}$ 의 값을 구하시오. [3점]

061 2016년 고3 10월 교육청 나형

모든 항이 양수인 수열 $\{a_n\}$에 대하여 $\dfrac{1+a_n}{a_n}=n^2+2$ 가

성립할 때, $\displaystyle\lim_{n\to\infty}n^2a_n$ 의 값은? [3점]

① 1   ② 2   ③ 3

④ 4   ⑤ 5

062 2008학년도 고3 9월 평가원 나형

수열 $\{a_n\}$의 첫째항부터 제 n항까지의 합 S_n이

$$S_n=2^n+3^n$$

일 때, $\displaystyle\lim_{n\to\infty}\dfrac{a_n}{S_n}$ 의 값은? [3점]

① $\dfrac{1}{6}$ ② $\dfrac{1}{3}$ ③ $\dfrac{1}{2}$

④ $\dfrac{2}{3}$ ⑤ $\dfrac{5}{6}$

063 2010학년도 고3 6월 평가원 나형

수열 $\{a_n\}$에서 $a_n = \log\dfrac{n+1}{n}$ 일 때,

$\displaystyle\lim_{n\to\infty}\dfrac{n}{10^{a_1+a_2+\cdots+a_n}}$ 의 값은? [3점]

① 1 ② 2 ③ 3

④ 4 ⑤ 5

---

064 2024년 고3 10월 교육청 미적분

수열 $a_n = \left(\dfrac{k}{2}\right)^n$ 이 수렴하도록 하는 모든 자연수 k에 대하여

$$\lim_{n\to\infty}\dfrac{a\times a_n+\left(\dfrac{1}{2}\right)^n}{a_n+b\times\left(\dfrac{1}{2}\right)^n}=\dfrac{k}{2}$$

일 때, $a+b$의 값은? (단, a와 b는 상수이다.) [3점]

① 1 ② 2 ③ 3

④ 4 ⑤ 5

---

065 2006학년도 수능 나형

수열 $\{a_n\}$이 모든 자연수 n에 대하여 $n<a_n<n+1$을 만족시킬 때, $\displaystyle\lim_{n\to\infty}\dfrac{n^2}{a_1+a_2+\cdots+a_n}$ 의 값은? [3점]

① 1 ② 2 ③ 3

④ 4 ⑤ 5

---

066 2019년 고3 10월 교육청 나형

두 수열 $\{a_n\}$, $\{b_n\}$에 대하여 이차방정식

$a_n x^2+2a_{n+1}x+a_{n+2}=0$의 두 근이 -1, b_n일 때,

$\displaystyle\lim_{n\to\infty}b_n$의 값은? [3점]

① -2 ② $-\sqrt{3}$ ③ -1

④ $\sqrt{3}$ ⑤ 2

---

067 2016학년도 고3 6월 평가원 B형

공비가 3인 등비수열 $\{a_n\}$의 첫째항부터 제 n항까지의 합 S_n이

$$\lim_{n\to\infty}\dfrac{S_n}{3^n}=5$$

를 만족시킬 때, 첫째항 a_1의 값은? [3점]

① 8 ② 10 ③ 12

④ 14 ⑤ 16

---

068 2020년 고3 3월 교육청 가형

두 수열 $\{a_n\}$, $\{b_n\}$이

$$\lim_{n\to\infty}n^2 a_n=3, \quad \lim_{n\to\infty}\dfrac{b_n}{n}=5$$

를 만족시킬 때, $\displaystyle\lim_{n\to\infty}na_n(b_n+2n)$ 의 값을 구하시오. [3점]

069 2013년 고3 3월 교육청 A형 ⬡⬡⬡⬡⬡

등비수열 $\left\{\left(\dfrac{2x-3}{5}\right)^n\right\}$ 이 수렴하도록 하는 모든 정수 x 의

합을 구하시오. [3점]

072 2020년 고3 4월 교육청 가형 ⬡⬡⬡⬡⬡

수열 $\left\{\dfrac{(4x-1)^n}{2^{3n}+3^{2n}}\right\}$ 이 수렴하도록 하는 모든 정수 x 의

개수는? [3점]

① 2 　　　② 4 　　　③ 6

④ 8 　　　⑤ 10

---

070 2011년 고3 4월 교육청 가형 ⬡⬡⬡⬡⬡

자연수 n 에 대하여 $f(n) = \dfrac{1^2+2^2+3^2+\cdots+n^2}{3+5+7+\cdots+(2n+1)}$ 일 때,

$\displaystyle\lim_{n\to\infty}\dfrac{f(n)}{n}$ 의 값은? [3점]

① $\dfrac{1}{4}$ 　　　② $\dfrac{1}{3}$ 　　　③ $\dfrac{5}{12}$

④ $\dfrac{1}{2}$ 　　　⑤ $\dfrac{7}{12}$

073 2012학년도 고3 9월 평가원 가형 ⬡⬡⬡⬡⬡

수열 $\{a_n\}$ 과 $\{b_n\}$ 이

$$\lim_{n\to\infty}(n+1)a_n=2,\quad \lim_{n\to\infty}(n^2+1)b_n=7$$

을 만족시킬 때, $\displaystyle\lim_{n\to\infty}\dfrac{(10n+1)b_n}{a_n}$ 의 값을 구하시오.

(단, $a_n\neq 0$) [3점]

071 2016학년도 고3 9월 평가원 B형 ⬡⬡⬡⬡⬡

자연수 n 에 대하여 x 에 대한 이차방정식

$$x^2+2nx-4n=0$$

의 양의 실근을 a_n 이라 하자.

$\displaystyle\lim_{n\to\infty}a_n$ 의 값을 구하시오. [3점]

074 2016학년도 수능 B형 ⬡⬡⬡⬡⬡

첫째항이 1 이고 공비가 $r\,(r>1)$ 인 등비수열 $\{a_n\}$ 에

대하여 $S_n=\displaystyle\sum_{k=1}^{n}a_k$ 일 때, $\displaystyle\lim_{n\to\infty}\dfrac{a_n}{S_n}=\dfrac{3}{4}$ 이다.

r 의 값을 구하시오. [3점]

075 2020학년도 고3 9월 평가원 나형

모든 항이 양수인 수열 $\{a_n\}$이 모든 자연수 n에 대하여 부등식

$$\sqrt{9n^2+4} < \sqrt{na_n} < 3n+2$$

를 만족시킬 때, $\lim\limits_{n\to\infty}\dfrac{a_n}{n}$ 의 값은? [3점]

① 6　　　② 7　　　③ 8

④ 9　　　⑤ 10

---

076 2016학년도 수능 A형

수열 $\{a_n\}$에 대하여 곡선 $y=x^2-(n+1)x+a_n$은 x축과 만나고, 곡선 $y=x^2-nx+a_n$은 x축과 만나지 않는다.

$\lim\limits_{n\to\infty}\dfrac{a_n}{n^2}$은 값은? [3점]

① $\dfrac{1}{20}$　　　② $\dfrac{1}{10}$　　　③ $\dfrac{3}{20}$

④ $\dfrac{1}{5}$　　　⑤ $\dfrac{1}{4}$

---

077 2017년 고3 10월 교육청 나형

등차수열 $\{a_n\}$이 $a_3=5$, $a_6=11$ 일 때, $\lim\limits_{n\to\infty}\sqrt{n}\left(\sqrt{a_{n+1}}-\sqrt{a_n}\right)$ 의 값은? [3점]

① $\dfrac{1}{2}$　　　② $\dfrac{\sqrt{2}}{2}$　　　③ 1

④ $\sqrt{2}$　　　⑤ 2

---

078 2022학년도 수능예비시행 미적분

정수 k에 대하여 수열 $\{a_n\}$의 일반항을

$$a_n=\left(\dfrac{|k|}{3}-2\right)^n$$

이라 하자. 수열 $\{a_n\}$이 수렴하도록 하는 모든 정수 k의 개수는? [3점]

① 4　　　② 8　　　③ 12

④ 16　　　⑤ 20

---

079 2010학년도 고3 6월 평가원 나형

두 수열 $\{a_n\}$, $\{b_n\}$이 모든 자연수 n에 대하여 다음 조건을 만족시킬 때, $\lim\limits_{n\to\infty}b_n$의 값은? [3점]

> (가) $20-\dfrac{1}{n} < a_n+b_n < 20+\dfrac{1}{n}$
>
> (나) $10-\dfrac{1}{n} < a_n-b_n < 10+\dfrac{1}{n}$

① 3　　　② 4　　　③ 5

④ 6　　　⑤ 7

---

080 2019년 고3 3월 교육청 나형

$\lim\limits_{n\to\infty}\dfrac{\left(\dfrac{m}{5}\right)^{n+1}+2}{\left(\dfrac{m}{5}\right)^{n}+1}=2$ 가 되도록 하는 자연수 m 의 개수는? [3점]

① 5　　　② 6　　　③ 7

④ 8　　　⑤ 9

081

함수

$$f(x) = \lim_{n \to \infty} \frac{2 \times \left(\dfrac{x}{4}\right)^{2n+1} - 1}{\left(\dfrac{x}{4}\right)^{2n} + 3}$$

에 대하여 $f(k) = -\dfrac{1}{3}$ 을 만족시키는 정수 k의 개수는? [3점]

① 5　　　　② 7　　　　③ 9

④ 11　　　　⑤ 13

082

좌표평면에서 자연수 n에 대하여 원 $x^2 + y^2 = n^2$과 직선 $y = \dfrac{1}{n}x$가 제 1사분면에서 만나는 점을 중심으로 하고 x축에 접하는 원의 넓이를 S_n이라 할 때, $\lim_{n \to \infty} S_n$의 값은? [3점]

① $\dfrac{\pi}{4}$　　　　② $\dfrac{\pi}{2}$　　　　③ $\dfrac{3}{4}\pi$

④ π　　　　⑤ $\dfrac{5}{4}\pi$

083

등차수열 $\{a_n\}$에서

$$a_1 = 4, \quad a_1 - a_2 + a_3 - a_4 + a_5 = 28$$

일 때, $\lim_{n \to \infty} \dfrac{a_n}{n}$의 값을 구하시오. [4점]

084

2 이상인 모든 자연수 n에 대하여 두 수열 $\{S_n\}$, $\{P_n\}$을

$$S_n = 1 + 2 + 3 + \cdots + n$$

$$P_n = \frac{S_2}{S_2 - 1} \times \frac{S_3}{S_3 - 1} \times \frac{S_4}{S_4 - 1} \times \cdots \times \frac{S_n}{S_n - 1}$$

이라 할 때, $\lim_{n \to \infty} P_n$의 값은? [3점]

① 2　　　　② $\dfrac{5}{2}$　　　　③ 3

④ $\dfrac{7}{2}$　　　　⑤ 4

085

그림과 같이 곡선 $y = f(x)$와 직선 $y = g(x)$가 원점과 점 $(3, 3)$에서 만난다.

$$h(x) = \lim_{n \to \infty} \frac{\{f(x)\}^{n+1} + 5\{g(x)\}^n}{\{f(x)\}^n + \{g(x)\}^n}$$

일 때, $h(2) + h(3)$의 값은? [3점]

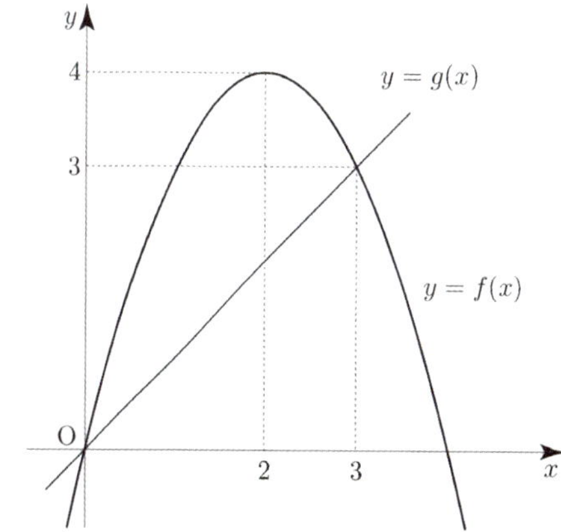

① 6　　　　② 7　　　　③ 8

④ 9　　　　⑤ 10

함수 $f(x)$ 가 $f(x) = (x-3)^2$ 이고, 자연수 n 에 대하여 방정식 $f(x) = n$ 의 두 근이 α, β 일 때, $h(n) = |\alpha - \beta|$ 라 하자. $\displaystyle\lim_{n\to\infty} \sqrt{n}\,\{h(n+1) - h(n)\}$ 의 값은? [4점]

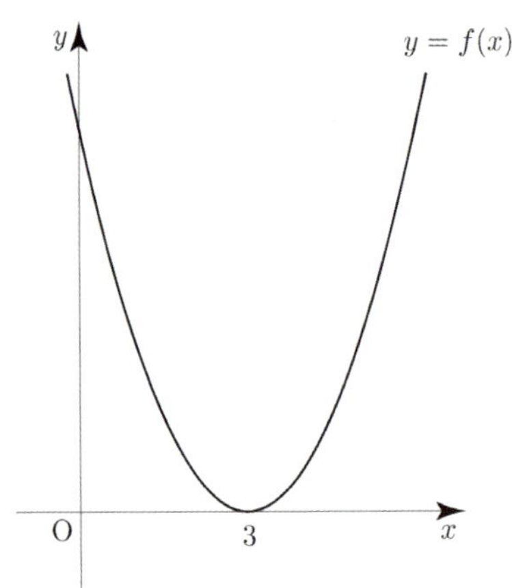

① $\dfrac{1}{2}$ ② 1 ③ $\dfrac{3}{2}$

④ 2 ⑤ $\dfrac{5}{2}$

자연수 n 에 대하여 좌표가 $(0,\ 2n+1)$ 인 점을 P 라 하고, 함수 $f(x) = nx^2$ 의 그래프 위의 점 중 y 좌표가 1 이고 제 1 사분면에 있는 점을 Q 라 하자.

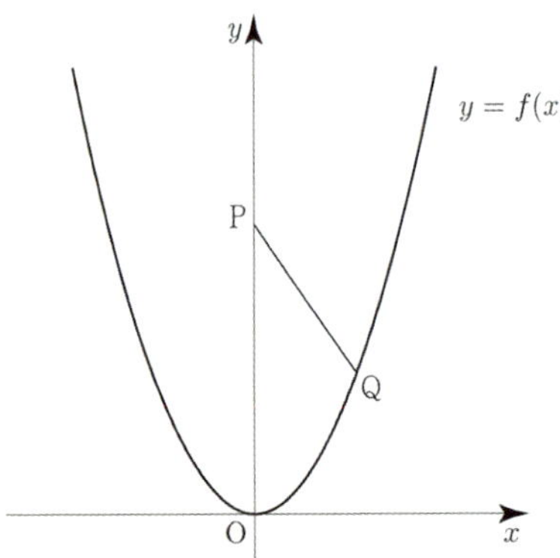

점 $R(0,\ 1)$ 에 대하여 삼각형 PRQ 의 넓이를 S_n, 선분 PQ 의 길이를 l_n 이라 할 때, $\displaystyle\lim_{n\to\infty} \dfrac{S_n^{\,2}}{l_n}$ 의 값은? [4점]

① $\dfrac{3}{2}$ ② $\dfrac{5}{4}$ ③ 1

④ $\dfrac{3}{4}$ ⑤ $\dfrac{1}{2}$

그림과 같이 자연수 n 에 대하여 직선 $x = n$ 이 두 곡선 $y = \sqrt{5x+4}$, $y = \sqrt{2x-1}$ 과 만나는 점을 각각 A_n, B_n 이라 하자. 선분 OA_n 의 길이를 a_n, 선분 OB_n 의 길이를 b_n 이라 할 때, $\displaystyle\lim_{n\to\infty} \dfrac{12}{a_n - b_n}$ 의 값은? (단, O 는 원점이다.) [4점]

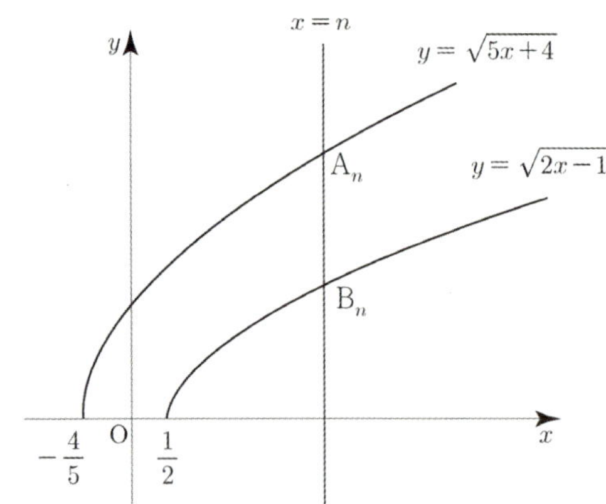

① 4 ② 6 ③ 8

④ 10 ⑤ 12

그림과 같이 자연수 n 에 대하여 직선 $y = \dfrac{1}{n}$ 과 원 $x^2 + (y-1)^2 = 1$ 의 두 교점을 각각 A_n, B_n 이라 하자. 선분 A_nB_n 의 길이를 l_n 이라 할 때, $\displaystyle\lim_{n\to\infty} n(l_n)^2$ 의 값은? [4점]

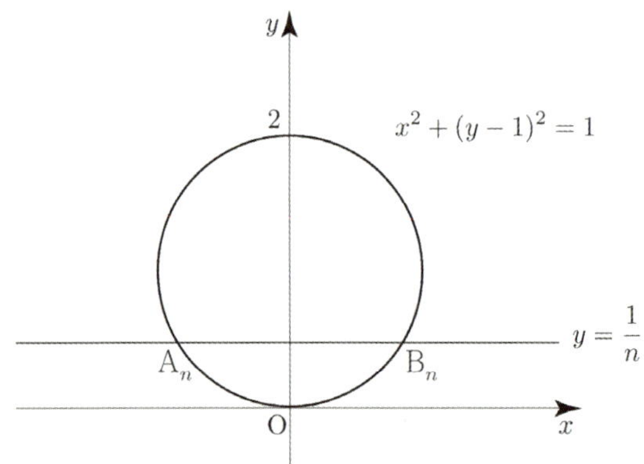

① 2 ② 4 ③ 6

④ 8 ⑤ 10

090 2016학년도 고3 9월 평가원 A형

양수 a와 실수 b에 대하여

$$\lim_{n \to \infty}\left(\sqrt{an^2+4n}-bn\right)=\frac{1}{5}$$

일 때, $a+b$의 값을 구하시오. [4점]

091 2015학년도 수능 A형

자연수 k에 대하여

$$a_k = \lim_{n \to \infty}\frac{\left(\dfrac{6}{k}\right)^{n+1}}{\left(\dfrac{6}{k}\right)^{n}+1}$$

이라 할 때, $\displaystyle\sum_{k=1}^{10} ka_k$의 값을 구하시오. [4점]

092 2020년 고3 10월 교육청 가형

자연수 n에 대하여 좌표평면 위에 두 점 $A_n(n, 0)$, $B_n(n, 3)$이 있다. 점 $P(1, 0)$을 지나고 x축에 수직인 직선이 직선 OB_n과 만나는 점을 C_n이라 할 때,

$$\lim_{n \to \infty}\frac{\overline{PC_n}}{\overline{OB_n}-\overline{OA_n}}=\frac{q}{p}$$

이다. $p+q$의 값을 구하시오.

(단, O는 원점이고, p와 q는 서로소인 자연수이다.) [4점]

093 2020년 고3 4월 교육청 가형

자연수 n에 대하여 점 $(1, 0)$을 지나고 점 (n, n)에서 직선 $y=x$와 접하는 원의 중심의 좌표를 (a_n, b_n)이라 할 때, $\displaystyle\lim_{n \to \infty}\frac{a_n-b_n}{n^2}$의 값을 구하시오. [4점]

094 2017학년도 수능 나형

자연수 n에 대하여 직선 $x=4^n$이 곡선 $y=\sqrt{x}$와 만나는 점을 P_n이라 하자. 선분 P_nP_{n+1}의 길이를 L_n이라 할 때, $\displaystyle\lim_{n \to \infty}\left(\frac{L_{n+1}}{L_n}\right)^2$의 값을 구하시오. [4점]

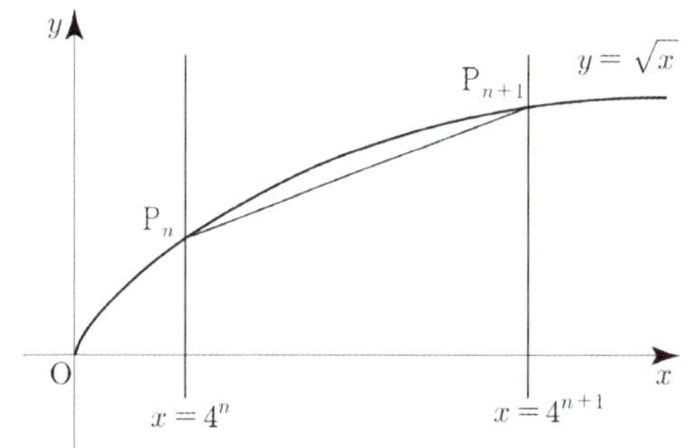

095 2014년 고3 3월 교육청 A형

두 수열 $\{a_n\}$, $\{b_n\}$이 모든 자연수 n에 대하여 다음 조건을 만족시킨다.

(가) $4^n < a_n < 4^n+1$

(나) $2+2^2+\cdots+2^n < b_n < 2^{n+1}$

$\displaystyle\lim_{n \to \infty}\frac{4a_n+b_n}{2a_n+2^n b_n}$의 값은? [4점]

① $\dfrac{1}{4}$ ② $\dfrac{1}{2}$ ③ 1

④ 2 ⑤ 4

자연수 n에 대하여 점 $(3n,\ 4n)$을 중심으로 하고 y축에 접하는 원 O_n이 있다. 원 O_n 위를 움직이는 점과 점 $(0,\ -1)$ 사이의 거리의 최댓값을 a_n, 최솟값을 b_n이라 할 때, $\lim\limits_{n \to \infty} \dfrac{a_n}{b_n}$ 의 값을 구하시오. [4점]

자연수 n에 대하여 이차함수 $f(x) = \sum\limits_{k=1}^{n} \left(x - \dfrac{k}{n} \right)^2$ 의 최솟값을 a_n이라 할 때, $\lim\limits_{n \to \infty} \dfrac{a_n}{n}$ 의 값은? [4점]

① $\dfrac{1}{12}$ ② $\dfrac{1}{6}$ ③ $\dfrac{1}{3}$

④ $\dfrac{1}{2}$ ⑤ 1

그림과 같이 직선 $x = 1$이 두 곡선 $y = \dfrac{4}{x}$, $y = -\dfrac{6}{x}$ 과 만나는 점을 각각 A, B 라 하자. 자연수 n에 대하여 직선 $x = n+1$이 두 곡선 $y = \dfrac{4}{x}$, $y = -\dfrac{6}{x}$ 과 만나는 점을 각각 P_n, Q_n이라 할 때, 사다리꼴 ABQ_nP_n의 넓이를 S_n이라 하자. $\lim\limits_{n \to \infty} \dfrac{S_n}{n}$ 의 값을 구하시오. [4점]

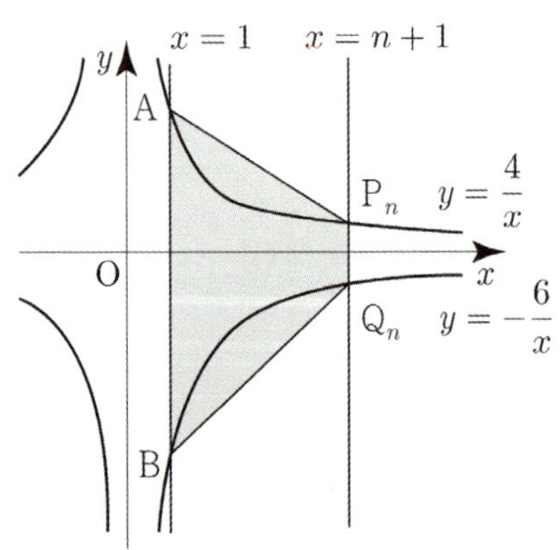

자연수 n에 대하여 직선 $y = n$과 함수 $y = \tan x$의 그래프가 제 1사분면에서 만나는 점의 x좌표를 작은 수부터 크기순으로 나열할 때, n번째 수를 a_n이라 하자. $\lim\limits_{n \to \infty} \dfrac{a_n}{n}$ 의 값은? [4점]

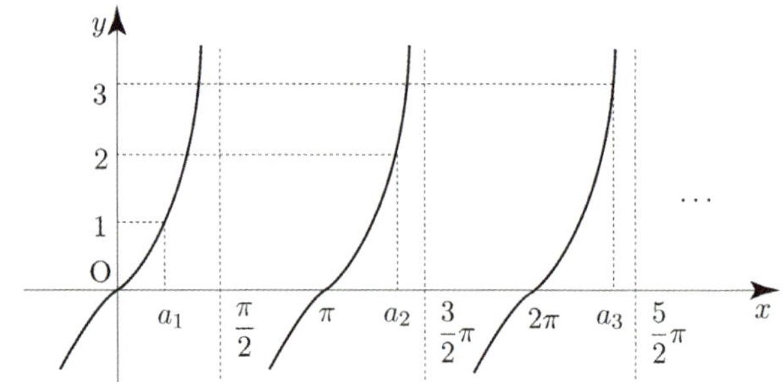

① $\dfrac{\pi}{4}$ ② $\dfrac{\pi}{2}$ ③ $\dfrac{3}{4}\pi$

④ π ⑤ $\dfrac{5}{4}\pi$

좌표평면에서 자연수 n에 대하여 두 직선 $y = \dfrac{1}{n}x$와 $x = n$이 만나는 점을 A_n, 직선 $x = n$과 x축이 만나는 점을 B_n이라 하자. 삼각형 A_nOB_n에 내접하는 원의 중심을 C_n이라 하고, 삼각형 A_nOC_n의 넓이를 S_n이라 하자. $\lim\limits_{n \to \infty} \dfrac{S_n}{n}$ 의 값은? [4점]

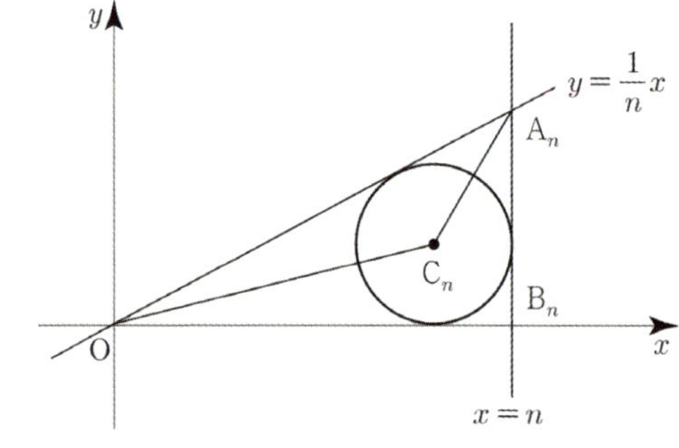

① $\dfrac{1}{12}$ ② $\dfrac{1}{6}$ ③ $\dfrac{1}{4}$

④ $\dfrac{1}{3}$ ⑤ $\dfrac{5}{12}$

101 2013학년도 고3 6월 평가원 나형 ○○○○○

닫힌구간 $[-2, 5]$에서 정의된 함수 $y=f(x)$의 그래프가 그림과 같다.

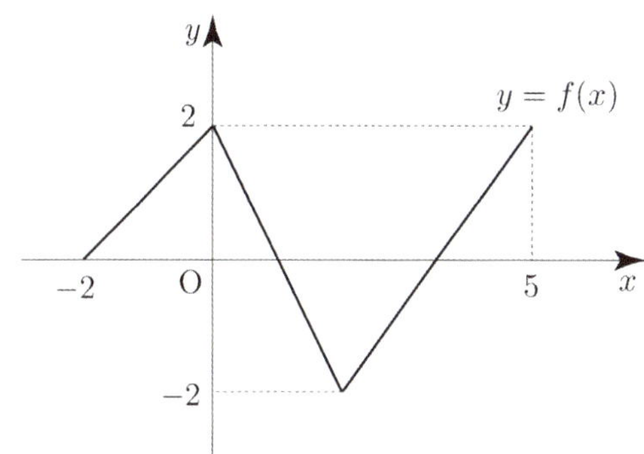

$\displaystyle\lim_{n\to\infty}\dfrac{|nf(a)-1|-nf(a)}{2n+3}=1$ 을 만족시키는 상수 a의 개수는? [4점]

① 1 　　　② 2 　　　③ 3

④ 4 　　　⑤ 5

102 2021학년도 수능 가형 ○○○○○

실수 a에 대하여 함수 $f(x)$를
$$f(x)=\lim_{n\to\infty}\dfrac{(a-2)x^{2n+1}+2x}{3x^{2n}+1}$$
라 하자. $(f\circ f)(1)=\dfrac{5}{4}$가 되도록 하는 모든 a의 값의 합은? [4점]

① $\dfrac{11}{2}$ 　　　② $\dfrac{13}{2}$ 　　　③ $\dfrac{15}{2}$

④ $\dfrac{17}{2}$ 　　　⑤ $\dfrac{19}{2}$

103 2024학년도 고3 9월 평가원 미적분 ○○○○○

두 실수 a, b $(a>1,\ b>1)$이
$$\lim_{n\to\infty}\dfrac{3^n+a^{n+1}}{3^{n+1}+a^n}=a,\quad \lim_{n\to\infty}\dfrac{a^n+b^{n+1}}{a^{n+1}+b^n}=\dfrac{9}{a}$$
를 만족시킬 때, $a+b$의 값을 구하시오. [4점]

104 2024년 고3 5월 교육청 미적분 ○○○○○

열린구간 $(0,\ \infty)$에서 정의된 함수
$$f(x)=\lim_{n\to\infty}\dfrac{x^{n+1}+\left(\dfrac{4}{x}\right)^n}{x^n+\left(\dfrac{4}{x}\right)^{n+1}}$$
이 있다. $x>0$일 때, 방정식 $f(x)=2x-3$의 모든 실근의 합은? [3점]

① $\dfrac{41}{7}$ 　　　② $\dfrac{43}{7}$ 　　　③ $\dfrac{45}{7}$

④ $\dfrac{47}{7}$ 　　　⑤ 7

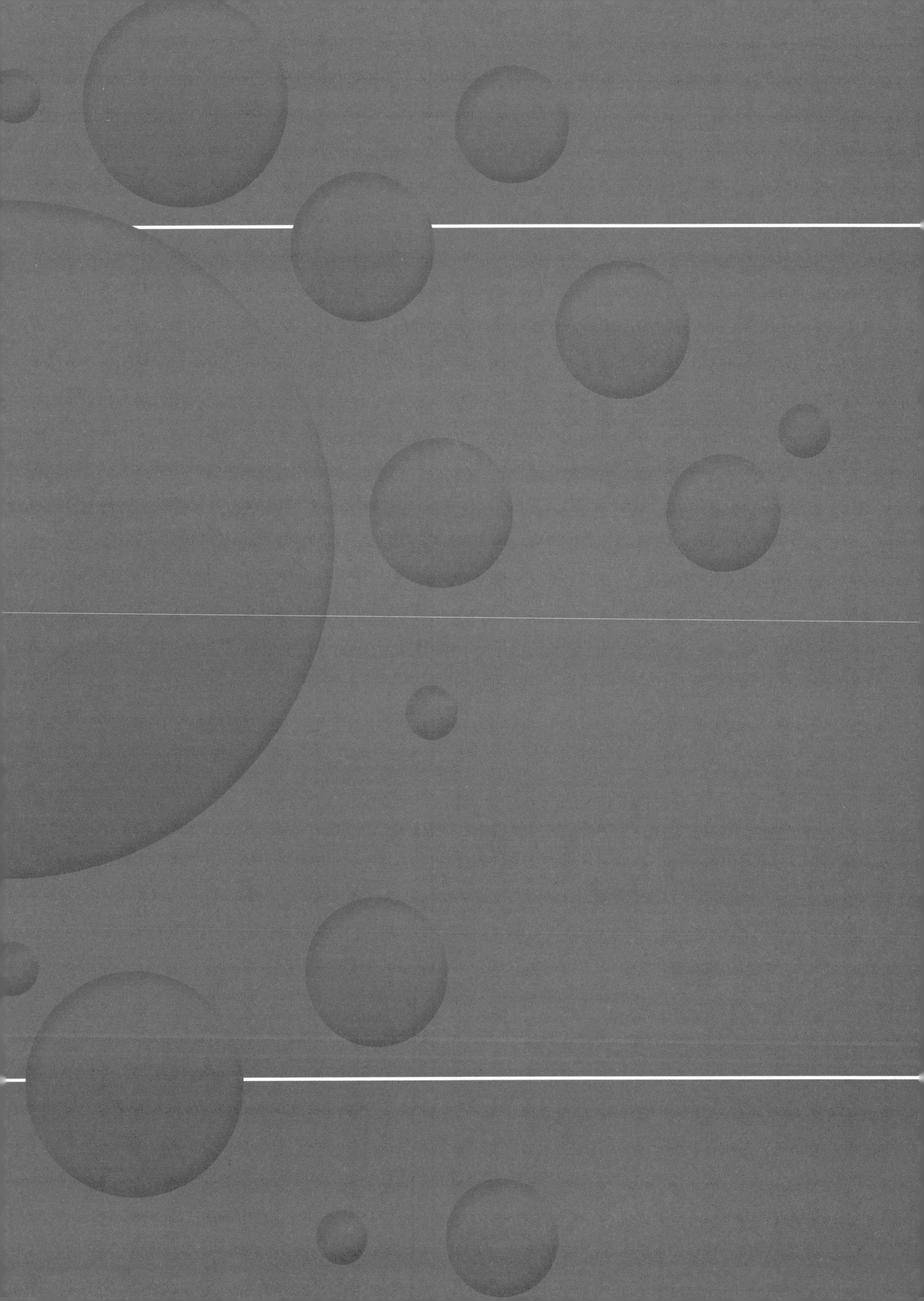

자연수 a 에 대하여 함수 $f(x)$ 를

$$f(x) = \lim_{n \to \infty} \frac{3|x-a|^n + 1}{|x-a|^n + 1}$$

라 하자. $\displaystyle\sum_{k=11}^{15} f(k) \leq 12$ 가 되도록 하는 모든 a 의 값의

합을 구하시오.

그림과 같이 자연수 n 에 대하여 점 $A(2n,\ n+3)$ 을 지나는 기울기가 양수인 직선이 점 $B(n,\ 0)$ 을 중심으로 하고 반지름의 길이가 n 인 원에 접할 때, 이 직선이 원과 만나는 점을 C, y축과 만나는 점을 D 라 하자. 사각형 $OBCD$ 의 둘레의 길이와 넓이를 각각 l_n, S_n 이라 할 때,

$\displaystyle\lim_{n \to \infty} \frac{l_n \times S_n}{n^3}$ 의 값을 구하시오. (단, O 는 원점이다.) [4점]

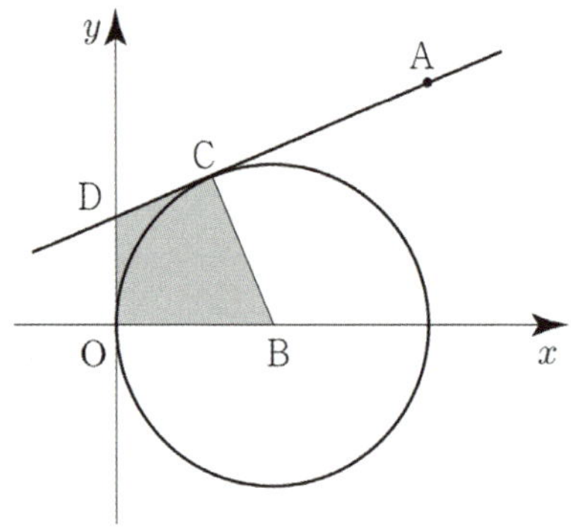

그림과 같이 자연수 n 에 대하여 곡선 $y = x^2$ 위의 점 $P_n(n,\ n^2)$ 에서의 접선을 l_n 이라 하고, 직선 l_n 이 y축과 만나는 점을 Y_n 이라 하자. x축에 접하고 점 P_n 에서 직선 l_n 에 접하는 원을 C_n, y축에 접하고 점 P_n 에서 직선 l_n 에 접하는 원을 $C_n{}'$ 이라 할 때, 원 C_n 과 x축과의 교점을 Q_n, 원 $C_n{}'$ 과 y축과의 교점을 R_n 이라 하자.

$\displaystyle\lim_{n \to \infty} \frac{\overline{OQ_n}}{\overline{Y_n R_n}} = \alpha$ 라 할 때, 100α 의 값을 구하시오.

(단, O 는 원점이고, 점 Q_n 의 x좌표와 점 R_n 의 y좌표는 양수이다.) [4점]

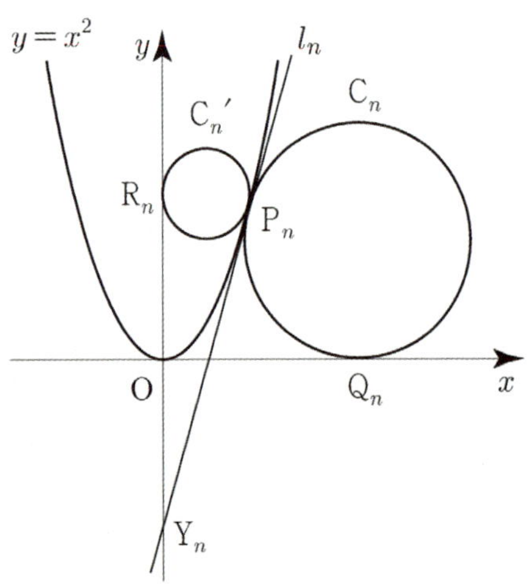

두 함수 $f(x) = \displaystyle\lim_{n \to \infty} \frac{x^{2n+1}}{1 + x^{2n}}$, $g(x) = -x(x^2 - a^2)$ 에 대하여

방정식 $f(x) - g(x) = 0$ 이 단 하나의 실근을 갖는 a 의 최댓값은? [4점]

① 1　　　　② $\sqrt{2}$　　　　③ 2

④ $2\sqrt{2}$　　　　⑤ 3

109

함수 $f(x)=\sin 4\pi x$ 에 대하여 함수 $g(x)$ 를

$$g(x)=\lim_{n\to\infty}\frac{\{f(x)\}^{2n+1}+1}{\{f(x)\}^{2n}+1}$$

라 하자. 두 함수 $f(x)$, $g(x)$ 에 대하여 집합 S 는

$$S=\left\{a\mid \lim_{x\to a}g(x)\neq g(a),\ 0<a<10\right\}$$

이다. S 의 모든 원소의 합은?

① $\dfrac{201}{2}$ ② $\dfrac{203}{2}$ ③ $\dfrac{205}{2}$

④ $\dfrac{207}{2}$ ⑤ $\dfrac{209}{2}$

110 2025학년도 사관학교 미적분

양수 k 와 이차함수 $f(x)$ 에 대하여 함수

$$g(x)=\begin{cases}\displaystyle\lim_{n\to\infty}\frac{|x-2|^{2n+1}+f(x)}{|x-2|^{2n}+k} & (|x-2|\neq 1)\\[4mm]\dfrac{|f(x+1)|}{k+1} & (|x-2|=1)\end{cases}$$

이 실수 전체의 집합에서 연속이다. 닫힌구간 $[1,\ 3]$ 에서 함수 $f(g(x))$ 의 최댓값과 최솟값을 각각 M, m 이라 할 때, $10(M+m)$ 의 값을 구하시오. [4점]

111 2025학년도 고3 6월 평가원 미적분

함수 $y=\dfrac{\sqrt{x}}{10}$ 의 그래프와 함수 $y=\tan x$ 의 그래프가 만나는 모든 점의 x 좌표를 작은 수부터 크기순으로 나열할 때, n 번째 수를 a_n 이라 하자.

$$\frac{1}{\pi^2}\times\lim_{n\to\infty}a_n^3\tan^2(a_{n+1}-a_n)$$

의 값을 구하시오. [4점]

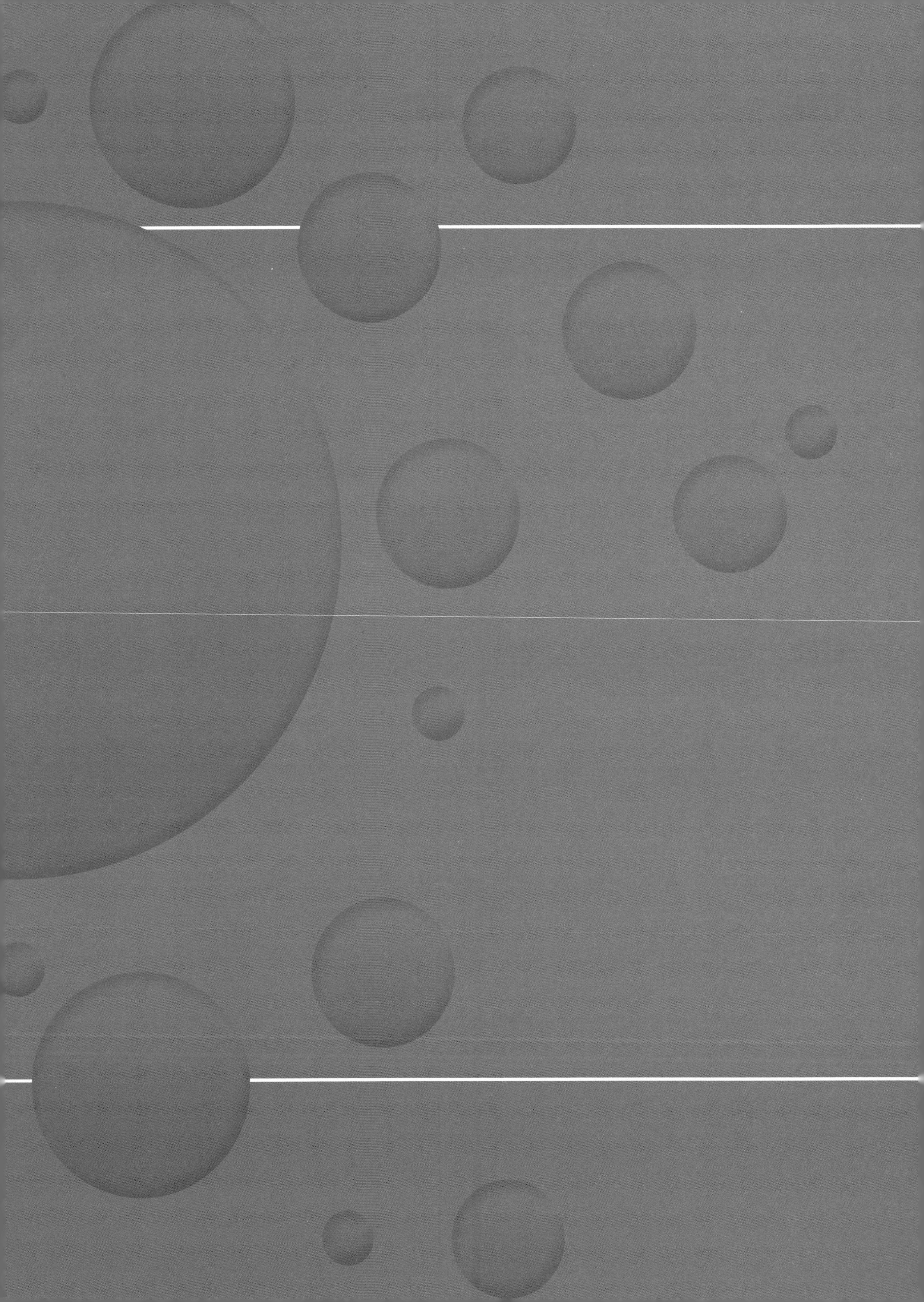

규토 라이트 N제

수열의 극한

Guide step

개념 익히기편

2. 급수

01 급수의 수렴과 발산

성취 기준 – 급수의 수렴, 발산의 뜻을 알고, 이를 판별할 수 있다.

개념 파악하기 **(1) 급수의 수렴과 발산이란 무엇일까?**

급수의 수렴과 발산

수열 $\{a_n\}$ 의 각 항을 덧셈 기호 $+$ 로 연결한 식 $a_1+a_2+a_3+\cdots+a_n+\cdots$ 을 급수라 하고,

기호 $\sum$ 를 사용하여 $\displaystyle\sum_{n=1}^{\infty} a_n$ 과 같이 나타낸다. 또 급수 $\displaystyle\sum_{n=1}^{\infty} a_n$ 에서 첫째항부터 제 n 항까지의 합 S_n,

즉 $S_n = a_1+a_2+a_3+\cdots+a_n = \displaystyle\sum_{k=1}^{n} a_k$ 를 이 급수의 제 n 항까지의 부분합이라 한다.

급수 $\displaystyle\sum_{n=1}^{\infty} a_n$ 의 부분합으로 이루어진 수열 $\{S_n\}$ 이 일정한 값 S 에 수렴할 때,

즉 $\displaystyle\lim_{n\to\infty} S_n = \lim_{n\to\infty} \sum_{k=1}^{n} a_k = S$ 일 때, 이 급수는 S 에 수렴한다고 한다.

이때 S 를 이 급수의 합이라 하고, 이것을 $a_1+a_2+a_3+\cdots+a_n+\cdots = S$ 또는 $\displaystyle\sum_{n=1}^{\infty} a_n = S$ 와 같이 나타낸다.

한편 급수 $\displaystyle\sum_{n=1}^{\infty} a_n$ 의 부분합으로 이루어진 수열 $\{S_n\}$ 이 발산할 때, 이 급수는 발산한다고 한다.

Tip 1 $\displaystyle\sum_{k=1}^{n} a_k = S_n$ 이라 하면 $\displaystyle\sum_{n=1}^{\infty} a_n = \lim_{n\to\infty} \sum_{k=1}^{n} a_k = \lim_{n\to\infty} S_n$ 이다.

Tip 2 급수의 합은 부분합으로 이루어진 수열 S_1, S_2, S_3, $\cdots$, S_n, $\cdots$ 의 극한으로 정의한다.

ex1 급수 $1+3+5+\cdots+(2n-1)+\cdots$ 의 제 n 항까지의 부분합을 S_n 이라고 하면

$S_n = \dfrac{n(1+2n-1)}{2} = n^2$ 이다. 이때 $\displaystyle\lim_{n\to\infty} S_n = \lim_{n\to\infty} n^2 = \infty$ 이므로 주어진 급수는 발산한다.

ex2 급수 $\dfrac{1}{3}+\left(\dfrac{1}{3}\right)^2+\left(\dfrac{1}{3}\right)^3+\cdots+\left(\dfrac{1}{3}\right)^n+\cdots$ 의 제 n 항까지의 부분합을 S_n 이라고 하면

$S_n = \dfrac{\dfrac{1}{3}\left\{1-\left(\dfrac{1}{3}\right)^n\right\}}{1-\dfrac{1}{3}} = \dfrac{1}{2}\left\{1-\left(\dfrac{1}{3}\right)^n\right\}$ 이다. 이때 $\displaystyle\lim_{n\to\infty} S_n = \lim_{n\to\infty} \dfrac{1}{2}\left\{1-\left(\dfrac{1}{3}\right)^n\right\} = \dfrac{1}{2}$ 이므로

주어진 급수는 $\dfrac{1}{2}$ 에 수렴한다.

Tip 3 수열 $\{a_n\}$ 의 수렴과 급수 $\displaystyle\sum_{n=1}^{\infty} a_n$ 의 수렴을 혼동하지 않도록 유의해야 한다.

수열 $\{a_n\}$ 의 수렴, 발산은 $\displaystyle\lim_{n\to\infty} a_n$ 을 조사하는 것이고, 급수 $\displaystyle\sum_{n=1}^{\infty} a_n$ 의 수렴, 발산은 $\displaystyle\lim_{n\to\infty} S_n$ 을 조사하는 것이다.

분수 꼴로 된 수열의 합 (규토 라이트 N제 수학1 내용 복습)

$$\frac{1}{AB} = \frac{1}{B-A}\left(\frac{1}{A} - \frac{1}{B}\right) \text{ (단, } A \neq B)$$

Tip 위의 공식을 무턱대고 외우는 것보다 아래와 같은 사고과정으로 기억하는 것을 추천한다.

예를 들어 $\dfrac{1}{(2k-1)(2k+1)}$ 를 분리할 때, $\dfrac{1}{\triangle}\left(\dfrac{1}{2k-1} - \dfrac{1}{2k+1}\right)$ 라고 쓰고

(기왕이면 양수가 편하니 $\dfrac{1}{\triangle}$ 의 오른쪽 괄호 부분이 양수가 되도록 분모가 작은 것부터 먼저 쓴다.)

오른쪽 괄호를 통분하면 $\dfrac{1}{\triangle}\left(\dfrac{2}{(2k-1)(2k+1)}\right)$ 가 되니 없던 2가 분자에 생겼다.

분자의 2를 없애주려면 $\triangle = 2$ 가 되어야 한다. 따라서 $\dfrac{1}{(2k-1)(2k+1)} = \dfrac{1}{2}\left(\dfrac{1}{2k-1} - \dfrac{1}{2k+1}\right)$ 이다.

부분 분수의 합에는 크게 ① 초말 유형과 ② 초초말말 유형이 있다.

① 초말 유형

명명하기를 $\dfrac{1}{p_n q_n}$ 꼴일 때, 왼쪽의 p_n 에 n 대신 $n+1$ 을 대입하여 오른쪽의 q_n 이 나온다면 **한끗차**라고 정의한다.

ex $\dfrac{1}{a_n a_{n+1}}$, $\dfrac{1}{n(n+1)}$

조심해야할 점은 $n+1-n$ 이 1이 돼서 한끗차가 아니라는 점이다. 즉, $\dfrac{1}{(2n-1)(2n+1)}$ 도 **한끗차**이다.

한끗차에 시그마를 취하면 첫째항의 초항과 마지막항의 말항만 남는다.

ex $\displaystyle\sum_{k=1}^{n} \frac{1}{k(k+1)} = \sum_{k=1}^{n}\left(\frac{1}{k} - \frac{1}{k+1}\right) = \frac{1}{1} - \frac{1}{n+1}$

첫째항 $\left(\dfrac{1}{1} - \dfrac{1}{2}\right)$ 중 초항 $\dfrac{1}{1}$

마지막항 $\left(\dfrac{1}{n} - \dfrac{1}{n+1}\right)$ 중 말항 $\dfrac{1}{n+1}$

따라서 한끗차의 경우는 초말이 된다.

ex $\displaystyle\sum_{k=1}^{10} \frac{1}{(k+1)(k+2)} = \sum_{k=1}^{10}\left(\frac{1}{k+1} - \frac{1}{k+2}\right)$ 의 경우도 한끗차이니까 초말이 된다.

$$\therefore \frac{1}{2} - \frac{1}{12} = \frac{5}{12}$$

명명하기를 $\dfrac{1}{p_n q_n}$ 꼴일 때, 왼쪽의 p_n 에 n 대신 $n+2$를 대입하여 오른쪽의 q_n 이 나온다면 **두끗차**라고 정의한다.

> **ex** $\dfrac{1}{a_n a_{n+2}}$, $\dfrac{1}{n(n+2)}$

두끗차에 시그마를 취하면 첫째항의 초항, 둘째항의 초항, 마지막 바로 전의 항의 말항, 마지막항의 말항만 남는다.

> **ex** $\displaystyle\sum_{k=1}^{n} \dfrac{1}{k(k+2)} = \sum_{k=1}^{n} \dfrac{1}{2}\left(\dfrac{1}{k} - \dfrac{1}{k+2}\right) = \dfrac{1}{2}\left(\dfrac{1}{1} + \dfrac{1}{2} - \dfrac{1}{n+1} - \dfrac{1}{n+2}\right)$

첫째항 $\left(\dfrac{1}{1} - \dfrac{1}{3}\right)$ 중 초항 $\dfrac{1}{1}$

둘째항 $\left(\dfrac{1}{2} - \dfrac{1}{4}\right)$ 중 초항 $\dfrac{1}{2}$

마지막 바로 전의 항 $\left(\dfrac{1}{n-1} - \dfrac{1}{n+1}\right)$ 중 말항 $\dfrac{1}{n+1}$

마지막항 $\left(\dfrac{1}{n} - \dfrac{1}{n+2}\right)$ 중 말항 $\dfrac{1}{n+2}$

따라서 두끗차의 경우는 초초말말이 된다.

> **ex** $\displaystyle\sum_{k=1}^{10} \dfrac{1}{(k+1)(k+3)} = \sum_{k=1}^{10} \dfrac{1}{2}\left(\dfrac{1}{k+1} - \dfrac{1}{k+3}\right)$ 의 경우도 두끗차이니까 초초말말이 된다.

$$\therefore \dfrac{1}{2}\left(\dfrac{1}{2} + \dfrac{1}{3} - \dfrac{1}{12} - \dfrac{1}{13}\right)$$

> **Tip** 일일이 나열한 뒤, 항을 연쇄적으로 소거하면서 풀 수도 있지만 시간단축을 위해 알아두는 것을 추천한다.

예제 1

다음 급수의 수렴, 발산을 조사하고, 수렴하면 그 합을 구하시오.

(1) $\displaystyle\sum_{n=1}^{\infty} \frac{1}{n(n+1)}$

(2) $\displaystyle\sum_{n=1}^{\infty} \left(\sqrt{n+1} - \sqrt{n} \right)$

풀이

(1) 주어진 급수의 제 n 항까지의 부분합을 S_n 이라고 하면

$$S_n = \sum_{k=1}^{n} \frac{1}{k(k+1)} = \sum_{k=1}^{n} \left(\frac{1}{k} - \frac{1}{k+1} \right)$$

$$= \left(1 - \frac{1}{2} \right) + \left(\frac{1}{2} - \frac{1}{3} \right) + \left(\frac{1}{3} - \frac{1}{4} \right) + \cdots + \left(\frac{1}{n} - \frac{1}{n+1} \right) = 1 - \frac{1}{n+1}$$

이므로 $\displaystyle\lim_{n \to \infty} S_n = \lim_{n \to \infty} \left(1 - \frac{1}{n+1} \right) = 1$

따라서 주어진 급수는 1 에 수렴한다.

Tip 규토 라이트 N제 수학1에서 배운 내용을 적용해보자.

S_n 은 한끗차이므로 초말유형인 것을 바로 알 수 있다. 즉, $S_n = 1 - \dfrac{1}{n+1}$ 이다.

(2) 주어진 급수의 제 n 항까지의 부분합을 S_n 이라고 하면

$$S_n = \sum_{k=1}^{n} \left(\sqrt{k+1} - \sqrt{k} \right) = \left(\sqrt{2} - \sqrt{1} \right) + \left(\sqrt{3} - \sqrt{2} \right) + \cdots + \left(\sqrt{n+1} - \sqrt{n} \right) = \sqrt{n+1} - 1$$

이므로 $\displaystyle\lim_{n \to \infty} S_n = \lim_{n \to \infty} \left(\sqrt{n+1} - 1 \right) = \infty$

따라서 주어진 급수는 발산한다.

개념 확인문제 1 다음 급수의 수렴, 발산을 조사하고, 수렴하면 그 합을 구하시오.

(1) $\displaystyle\sum_{n=1}^{\infty} \frac{4}{(n+1)(n+2)}$

(2) $\displaystyle\sum_{n=1}^{\infty} \frac{2}{\sqrt{2n+1} + \sqrt{2n-1}}$

급수와 수열의 극한값 사이의 관계

급수 $\displaystyle\sum_{n=1}^{\infty} a_n$ 의 수렴, 발산과 수열의 극한값 $\displaystyle\lim_{n\to\infty} a_n$ 사이의 관계를 알아보자.

급수 $\displaystyle\sum_{n=1}^{\infty} a_n$ 이 S에 수렴할 때, 제 n 항까지의 부분합을 S_n 이라 하면

$\displaystyle\lim_{n\to\infty} S_n = S,\ \lim_{n\to\infty} S_{n-1} = S$ 이다. 이때 $a_n = S_n - S_{n-1}\,(n \geq 2)$ 이므로

$\displaystyle\lim_{n\to\infty} a_n = \lim_{n\to\infty}(S_n - S_{n-1}) = \lim_{n\to\infty} S_n - \lim_{n\to\infty} S_{n-1} = S - S = 0$ 이다.

따라서 급수 $\displaystyle\sum_{n=1}^{\infty} a_n$ 이 수렴하면 $\displaystyle\lim_{n\to\infty} a_n = 0$ 이다.

또 이 명제의 대우 '$\displaystyle\lim_{n\to\infty} a_n \neq 0$ 이면 급수 $\displaystyle\sum_{n=1}^{\infty} a_n$ 은 발산한다.'도 성립한다.

급수와 수열의 극한값 사이의 관계 요약

① 급수 $\displaystyle\sum_{n=1}^{\infty} a_n$ 이 수렴하면 $\displaystyle\lim_{n\to\infty} a_n = 0$ 이다.　　　② $\displaystyle\lim_{n\to\infty} a_n \neq 0$ 이면 급수 $\displaystyle\sum_{n=1}^{\infty} a_n$ 은 발산한다.

Tip 1　①번을 기억하고는 있지만 막상 문제를 풀 때 ①번을 적용할 시도조차 하지 않는 경우가 많은데

이는 보통 문제에서 $\displaystyle\sum_{n=1}^{\infty} a_n$ 이 수렴한다고 직접적으로 명시하지 않고 $\displaystyle\sum_{n=1}^{\infty} a_n = a$ 또는

$\displaystyle\sum_{n=1}^{\infty} a_n = 2$ 와 같이 특정한 문자나 숫자를 통해 간접적으로 수렴한다는 사실을 제시하기 때문이다.

Tip 2　〈①번의 역은 성립할까?〉
답은 "성립하지 않는다."이다.

ex　$\displaystyle\lim_{n\to\infty}\left(\sqrt{n+1} - \sqrt{n}\right) = 0$ 이지만 $\displaystyle\sum_{n=1}^{\infty}\left(\sqrt{n+1} - \sqrt{n}\right) = \infty$ 이다.

제 n 항까지의 부분합을 S_n 이라 할 때,

$\displaystyle S_n = \sum_{k=1}^{n}\left(\sqrt{k+1} - \sqrt{k}\right) = \sqrt{n+1} - 1$ 이므로 $\displaystyle\lim_{n\to\infty} S_n = \lim_{n\to\infty}\left(\sqrt{n+1} - 1\right) = \infty$ 이다.

즉, $\displaystyle\lim_{n\to\infty} a_n = 0$ 이라고 해서 급수 $\displaystyle\sum_{n=1}^{\infty} a_n$ 이 반드시 수렴하는 것은 아니다.

cf　$\displaystyle\lim_{n\to\infty}\frac{1}{n} = 0$ 이지만 $\displaystyle\sum_{n=1}^{\infty}\frac{1}{n} = \infty$ 이다. (유명한 반례)

$\displaystyle\sum_{n=1}^{\infty}\frac{1}{n} = \frac{1}{1} + \frac{1}{2} + \left(\frac{1}{3} + \frac{1}{4}\right) + \left(\frac{1}{5} + \frac{1}{6} + \frac{1}{7} + \frac{1}{8}\right) + \cdots$

$\displaystyle > \frac{1}{2} + \frac{1}{2} + \left(\frac{1}{4} + \frac{1}{4}\right) + \left(\frac{1}{8} + \frac{1}{8} + \frac{1}{8} + \frac{1}{8}\right) + \cdots = \frac{1}{2} + \frac{1}{2} + \frac{1}{2} + \frac{1}{2} + \cdots = \infty$

Tip 3　②번을 이용하면 $\displaystyle\lim_{n\to\infty} S_n$ 을 구하지 않고도 급수의 발산을 쉽게 판정할 수 있다.

예제 2

급수 $\displaystyle\sum_{n=1}^{\infty}\frac{2n}{n+1}$ 이 발산함을 보이시오.

풀이

$\displaystyle\sum_{n=1}^{\infty}\frac{2n}{n+1}$ 에서 $a_n=\dfrac{2n}{n+1}$ 이라 하면

$$\lim_{n\to\infty}a_n=\lim_{n\to\infty}\frac{2n}{n+1}=2$$

따라서 $\displaystyle\lim_{n\to\infty}a_n\neq0$ 이므로 주어진 급수는 발산한다.

개념 확인문제 2 다음 급수가 발산함을 보이시오.

(1) $\displaystyle\sum_{n=1}^{\infty}\frac{n-1}{5n+1}$

(2) $\displaystyle\sum_{n=1}^{\infty}\frac{n^3}{2n^2+1}$

급수의 성질

수열의 극한에 대한 기본 성질로부터 급수에서도 다음과 같은 성질이 성립함을 알 수 있다.

두 급수 $\displaystyle\sum_{n=1}^{\infty} a_n$, $\displaystyle\sum_{n=1}^{\infty} b_n$ 이 수렴하고, 그 합을 각각 S, T라 할 때

① $\displaystyle\sum_{n=1}^{\infty} ca_n = c\sum_{n=1}^{\infty} a_n = cS$ (단, c 는 상수)

② $\displaystyle\sum_{n=1}^{\infty} (a_n + b_n) = \sum_{n=1}^{\infty} a_n + \sum_{n=1}^{\infty} b_n = S + T$

③ $\displaystyle\sum_{n=1}^{\infty} (a_n - b_n) = \sum_{n=1}^{\infty} a_n - \sum_{n=1}^{\infty} b_n = S - T$

> **Tip**　$\displaystyle\sum_{n=1}^{\infty} a_n b_n \neq \sum_{n=1}^{\infty} a_n \times \sum_{n=1}^{\infty} b_n$ 이고 $\displaystyle\sum_{n=1}^{\infty} \frac{a_n}{b_n} \neq \frac{\sum_{n=1}^{\infty} a_n}{\sum_{n=1}^{\infty} b_n}$ 임을 유의하자.

예제 3

$\displaystyle\sum_{n=1}^{\infty} a_n = 3$, $\displaystyle\sum_{n=1}^{\infty} b_n = 5$ 일 때, 급수 $\displaystyle\sum_{n=1}^{\infty} (2a_n - b_n)$ 의 합을 구하시오.

풀이

$$\sum_{n=1}^{\infty} (2a_n - b_n) = 2\sum_{n=1}^{\infty} a_n - \sum_{n=1}^{\infty} b_n = 6 - 5 = 1$$

개념 확인문제　**3**　$\displaystyle\sum_{n=1}^{\infty} a_n = 4$, $\displaystyle\sum_{n=1}^{\infty} b_n = -2$ 일 때, 다음 급수의 합을 구하시오.

(1) $\displaystyle\sum_{n=1}^{\infty} (5a_n + 2b_n)$

(2) $\displaystyle\sum_{n=1}^{\infty} \left(\frac{a_n}{4} - \frac{b_n}{2} \right)$

02 등비급수

수열의 극한

성취 기준 - 등비급수의 뜻을 알고, 그 합을 구할 수 있다.
　　　　　- 등비급수를 활용하여 여러 가지 문제를 해결할 수 있다.

개념 파악하기 　(4) 등비급수의 합은 어떻게 구할까?

등비급수의 뜻과 수렴, 발산

첫째항이 a, 공비가 r인 등비수열 $\{ar^{n-1}\}$에서 얻은 급수

$$\sum_{n=1}^{\infty} ar^{n-1} = a + ar + ar^2 + \cdots + ar^{n-1} + \cdots$$ 을 첫째항이 a, 공비가 r인 **등비급수**라 한다.

등비급수 $\displaystyle\sum_{n=1}^{\infty} ar^{n-1} \, (a \neq 0)$ 의 수렴, 발산을 알아보자.

등비급수 $\displaystyle\sum_{n=1}^{\infty} ar^{n-1} \, (a \neq 0)$ 의 제 n항까지의 부분합 S_n 은

$$S_n = a + ar + ar^2 + \cdots + ar^{n-1} \text{ 에서}$$

i) $r \neq 1$ 일 때, $S_n = \dfrac{a(1-r^n)}{1-r}$

ii) $r = 1$ 일 때, $S_n = a + a + a + \cdots + a = na$

　이므로 수열 $\{S_n\}$ 의 수렴과 발산, 즉 등비급수 $\displaystyle\sum_{n=1}^{\infty} ar^{n-1} \, (a \neq 0)$ 의 수렴과 발산은

　r 의 값에 따라 다음과 같다.

① $|r| < 1$ 일 때

　　$\displaystyle\lim_{n \to \infty} r^n = 0$ 이므로 $\displaystyle\sum_{n=1}^{\infty} ar^{n-1} = \lim_{n \to \infty} S_n = \lim_{n \to \infty} \dfrac{a(1-r^n)}{1-r} = \dfrac{a}{1-r}$

　　따라서 등비급수 $\displaystyle\sum_{n=1}^{\infty} ar^{n-1}$ 은 수렴하고, 그 합은 $\dfrac{a}{1-r}$ 이다.

② $|r| \geq 1$ 일 때

　　$\displaystyle\lim_{n \to \infty} ar^{n-1} \neq 0$ 이므로 등비급수 $\displaystyle\sum_{n=1}^{\infty} ar^{n-1}$ 은 발산한다.

Tip 　$a = 0$ 이면 $\displaystyle\sum_{n=1}^{\infty} ar^{n-1} = 0 + 0 + 0 + \cdots$ 이므로 급수 $\displaystyle\sum_{n=1}^{\infty} ar^{n-1}$ 은 0에 수렴한다.

등비급수의 수렴, 발산 요약

등비급수 $\displaystyle\sum_{n=1}^{\infty} ar^{n-1} = a + ar + ar^2 + \cdots + ar^{n-1} + \cdots \ (a \neq 0)$ 은

① $|r| < 1$ 일 때 수렴하고, 그 합은 $\dfrac{a}{1-r}$ 이다.

② $|r| \geq 1$ 일 때 발산한다.

Tip 1   등비급수 $\displaystyle\sum_{n=1}^{\infty} ar^{n-1}$ 이 수렴할 필요충분조건은 $a = 0$ 또는 $-1 < r < 1$ 이다.

Tip 2   〈등비수열의 수렴 조건과 등비급수의 수렴 조건의 차이〉

특히, $r = 1$ 인 경우에 등비수열은 수렴하지만 등비급수는 발산함에 유의하자.

등비수열 $\{ar^{n-1}\}$ 에서는 $r = 1$ 이면 $\displaystyle\lim_{n \to \infty} ar^{n-1} = a$ 이므로 수렴하지만

등비급수 $\displaystyle\sum_{n=1}^{\infty} ar^{n-1} \, (a \neq 0)$ 에서는 $r = 1$ 이면 발산한다.

1) 등비수열의 수렴 조건 : $-1 < r \leq 1$

2) 등비급수의 수렴 조건 : $-1 < r < 1$

예제 4

다음 등비급수의 수렴, 발산을 조사하고, 수렴하면 그 합을 구하시오.

(1) $1 + \dfrac{1}{2} + \dfrac{1}{2^2} + \dfrac{1}{2^3} + \cdots$

(2) $2 - 6 + 18 - 54 + \cdots$

풀이

(1) 주어진 등비급수는 첫째항이 1, 공비가 $\dfrac{1}{2}$ 이다.

이때 $\left| \dfrac{1}{2} \right| < 1$ 이므로 이 등비급수는 수렴하고, 그 합은 $\dfrac{1}{1 - \dfrac{1}{2}} = 2$ 이다.

(2) 주어진 등비급수는 첫째항이 2, 공비가 -3 이다.

이때 $|-3| \geq 1$ 이므로 이 등비급수는 발산한다.

개념 확인문제 4   다음 등비급수의 수렴, 발산을 조사하고, 수렴하면 그 합을 구하시오.

(1) $1 - \dfrac{1}{3} + \dfrac{1}{9} - \dfrac{1}{27} + \cdots$

(2) $\sqrt{2} - 2 + 2\sqrt{2} - 4 + \cdots$

(3) $\displaystyle\sum_{n=1}^{\infty} 3^{2-n}$

(4) $\displaystyle\sum_{n=1}^{\infty} (\sqrt{2} - 1)^{n-1}$

개념 확인문제 5 다음 등비급수가 수렴하도록 하는 실수 x의 값의 범위를 구하시오.

(1) $1 - 2x + 4x^2 - 8x^3 + \cdots$

(2) $x + x(x-1) + x(x-1)^2 + x(x-1)^3 + \cdots$

예제 5

급수 $\displaystyle\sum_{n=1}^{\infty} \frac{3^n + 4^n}{5^n}$ 의 합을 구하시오.

풀이

두 등비급수 $\displaystyle\sum_{n=1}^{\infty} \left(\frac{3}{5}\right)^n$, $\displaystyle\sum_{n=1}^{\infty} \left(\frac{4}{5}\right)^n$ 은 수렴하므로

$$\sum_{n=1}^{\infty} \frac{3^n + 4^n}{5^n} = \sum_{n=1}^{\infty} \left\{ \left(\frac{3}{5}\right)^n + \left(\frac{4}{5}\right)^n \right\} = \sum_{n=1}^{\infty} \left(\frac{3}{5}\right)^n + \sum_{n=1}^{\infty} \left(\frac{4}{5}\right)^n$$

$$= \frac{\dfrac{3}{5}}{1 - \dfrac{3}{5}} + \frac{\dfrac{4}{5}}{1 - \dfrac{4}{5}} = \frac{3}{2} + 4 = \frac{11}{2}$$

개념 확인문제 6 다음 급수의 합을 구하시오.

(1) $\displaystyle\sum_{n=1}^{\infty} \frac{1 - 2^n}{3^n}$

(2) $\displaystyle\sum_{n=1}^{\infty} \frac{2^{2-n} + (-1)^n}{4^n}$

등비급수의 도형에서의 활용 ① 길이

등비급수 도형문제는 정해진 메커니즘에 따라 풀면 된다.
닮은 도형들의 길이의 합을 l_n 이라 하자.

1단계) 첫 번째항 l_1을 구한다.

2단계) 첫 번째 도형과 두 번째 도형의 길이의 비 $a:b$를 구하고 이를 이용하여 공비 $r = \dfrac{b}{a}$를 구한다.

3단계) $\displaystyle\lim_{n\to\infty} l_n = \dfrac{l_1}{1-r} = \dfrac{l_1}{1-\dfrac{b}{a}}$ 를 계산한다.

등비급수의 도형에서의 활용 ② 넓이 (빈출)

닮은 도형들의 넓이의 합을 S_n 이라 하자.

1단계) 첫 번째항 S_1을 구한다.

2단계) 첫 번째 도형과 두 번째 도형의 길이의 비가 $a:b$일 때, 넓이의 비 $a^2 : b^2$를 구하고 이를 이용하여

공비 $r = \dfrac{b^2}{a^2}$를 구한다.

3단계) $\displaystyle\lim_{n\to\infty} S_n = \dfrac{S_1}{1-r} = \dfrac{S_1}{1-\dfrac{b^2}{a^2}}$ 를 계산한다.

Tip 1 반복되는 도형 중 무엇으로 공비를 구할 것인지 선택하면 된다.
예를 들어 첫 번째 사각형 – 첫 번째 원 – 두 번째 사각형 – 두 번째 원 – …
이 반복되는 구조라면 첫 번째 사각형과 두 번째 사각형의 길이의 비를 구해도 되고
첫 번째 원과 두 번째 원의 길이의 비를 구해도 된다.

Tip 2 등비급수 도형문제는 크게 2가지 case로 분류할 수 있다.
① 초항을 구하기 어려운 경우
② 공비를 구하기 어려운 경우

Tip 3 상황에 따라 도형으로 접근하지 않고 좌표를 잡아 길이를 구할 수도 있다.

Tip 4 수1에서 배운 사인법칙과 코사인법칙, 추후 미분법 단원에서 배울 삼각함수의 덧셈정리 등이
복합적으로 결합하여 문제가 출제될 수도 있다는 생각을 반드시 해야 한다. (요즘 트렌드)

Tip 5 결국은 평면도형의 해석이다. 이는 그냥 책에 있는 공식을 기억하거나 선생님이 가르쳐준다고 해서
느는 것이 아니라 직접 문제를 많이 풀어보고 시행착오를 거치면서 스스로 체득해야 한다.
Training-1step, Training-2step, Master step에 있는 문제들을 반복해서 풀어보면서
체화시키도록 하자. 충분히 정복할 수 있다!

등비급수의 도형에서의 활용 ③ 개수가 늘어나는 등비급수의 활용

닮은 도형들이 일정한 개수비로 늘어나는 경우 다음과 같은 메커니즘으로 풀면 된다.
닮은 도형들의 길이의 합을 l_n 이라 하고 넓이의 합을 S_n 이라 하자.

1단계) 첫 번째항 l_1, S_1 을 구한다.

2단계) 첫 번째 도형과 두 번째 도형의 길이의 비가 $a : b$ 이고 도형의 개수가 k 배씩 늘어날 때, 공비는 다음과 같다.

$$\text{길이를 구할 때 공비 } r = k \times \frac{b}{a} \text{ 이고, 넓이를 구할 때 공비 } r = k \times \frac{b^2}{a^2} \text{ 이다.}$$

3단계) $\lim\limits_{n \to \infty} l_n = \dfrac{l_1}{1-r} = \dfrac{l_1}{1 - k \times \dfrac{b}{a}}$, $\lim\limits_{n \to \infty} S_n = \dfrac{S_1}{1-r} = \dfrac{S_1}{1 - k \times \dfrac{b^2}{a^2}}$ 를 계산한다.

> **Tip** 두 등비수열 $\{a_n\}$, $\{b_n\}$ 의 공비가 각각 r_1, r_2 일 때, 수열 $\{a_n b_n\}$ 은 공비가 $r_1 r_2$ 인 등비수열이다.
>
> $a_n = a_1 (r_1)^{n-1}$, $b = b_1 (r_2)^{n-1} \Rightarrow a_n b_n = a_1 b_1 (r_1 r_2)^{n-1}$
>
> 이러한 사실을 바탕으로 2단계)의 공비를 증명할 수 있다.

이번에는 직접 기출문제들을 풀어보면서 앞에서 배운 것들을 적용해보자.

예제 6

(2014학년도 수능 B형)

직사각형 $A_1B_1C_1D_1$ 에서 $\overline{A_1B_1}=1$, $\overline{A_1D_1}=2$ 이다. 그림과 같이 선분 A_1D_1 과 선분 B_1C_1 의 중점을 각각 M_1, N_1 이라 하자. 중심이 N_1, 반지름의 길이가 $\overline{B_1N_1}$ 이고 중심각의 크기가 $\dfrac{\pi}{2}$ 인 부채꼴 $N_1M_1B_1$ 을 그리고, 중심이 D_1, 반지름의 길이가 $\overline{C_1D_1}$ 이고 중심각의 크기가 $\dfrac{\pi}{2}$ 인 부채꼴 $D_1M_1C_1$ 을 그린다. 부채꼴 $N_1M_1B_1$ 의 호 M_1B_1 과 선분 M_1B_1 로 둘러싸인 부분과 부채꼴 $D_1M_1C_1$ 의 호 M_1C_1 과 선분 M_1C_1 로 둘러싸인 부분인 ⌒⌒모양에 색칠하여 얻은 그림을 R_1 이라 하자. 그림 R_1 에 선분 M_1B_1 위의 점 A_2, 호 M_1C_1 위의 점 D_2 와 변 B_1C_1 위의 두 점 B_2, C_2 를 꼭짓점으로 하고 $\overline{A_2B_2} : \overline{A_2D_2} = 1 : 2$ 인 직사각형 $A_2B_2C_2D_2$ 를 그리고, 직사각형 $A_2B_2C_2D_2$ 에서 그림 R_1 을 얻는 것과 같은 방법으로 만들어지는 ⌒⌒모양에 색칠하여 얻은 그림을 R_2 라 하자. 이와 같은 과정을 계속하여 n 번째 얻은 그림 R_n 에 색칠되어 있는 부분의 넓이를 S_n 이라 할 때, $\lim\limits_{n \to \infty} S_n$ 의 값을 구하시오. [4점]

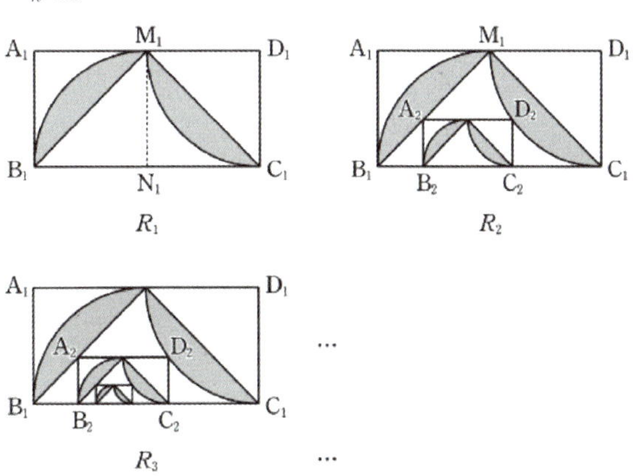

풀이

1단계) 첫 번째항 S_1 을 구한다.

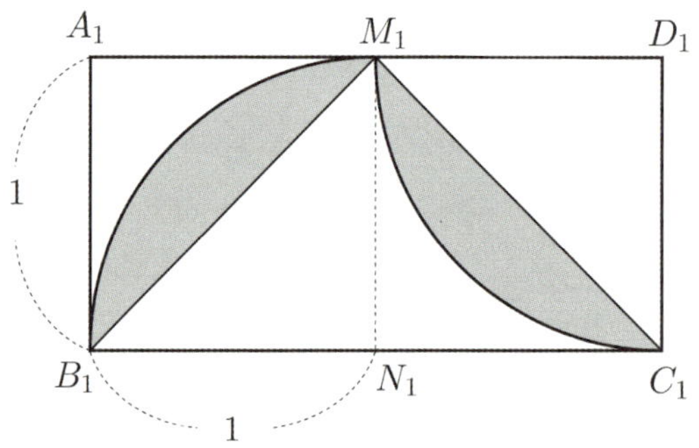

색칠한 부분의 넓이는 부채꼴에서 직각삼각형을 뺀 후
2를 곱하여 구하면 된다.

$$S_1 = 2\left(\frac{\pi}{4} - \frac{1}{2}\right) = \frac{\pi}{2} - 1$$

2단계) 첫 번째 도형과 두 번째 도형의 길이의 비가 $a:b$ 일 때, 넓이의 비 $a^2:b^2$ 를 구하고 이를 이용하여

공비 $r = \dfrac{b^2}{a^2}$ 를 구한다.

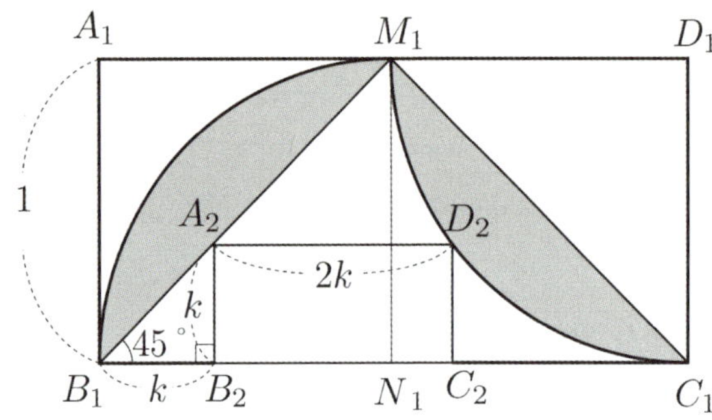

$\overline{A_2B_2} = k$ 라 하면 $\overline{A_2D_2} = 2k$ 이다.

첫 번째 도형의 세로길이 1와 두 번째 도형의 세로길이 k 를 이용하면 길이의 비는 $1:k$ 이므로
넓이비는 $1:k^2$ 이므로 공비 $r = k^2$ 이다. 즉, k 만 구하면 된다.

> **Tip**   Tip : 미지수 놓기를 주저하지 말자.

삼각형 $A_2B_2B_1$ 는 직각이등변삼각형이므로 $\overline{A_2B_2} = \overline{B_1B_2} = k$ 이다.
D_2 에서 선분 C_1D_1 에 내린 수선의 발을 E 라 하자.

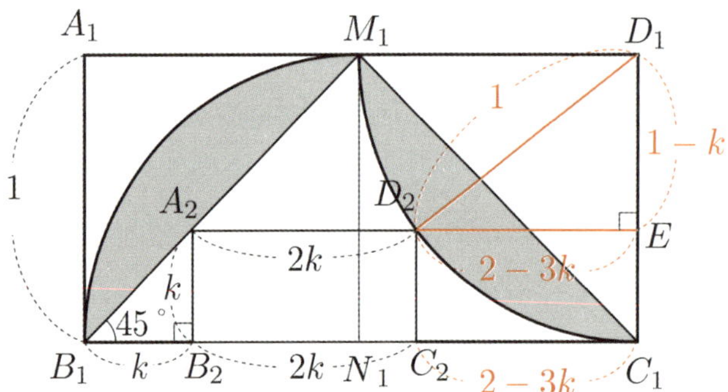

$\overline{D_2E} = \overline{C_2C_1} = \overline{B_1C_1} - \left(\overline{B_1B_2} + \overline{B_2C_2}\right) = 2 - 3k$

D_2 는 원 위의 점이므로 선분 D_1D_2 의 길이는 반지름의 길이와 같으므로 $\overline{D_1D_2} = 1$

> **Tip**   원 위의 점과 중심을 잇는 보조선은 문제를 해결하는 실마리가 될 확률이 아주 높다.

삼각형 D_1D_2E 에서 피타고라스의 정리를 이용해보자.

$$\left(\overline{D_1D_2}\right)^2 = \left(\overline{D_2E}\right)^2 + \left(\overline{D_1E}\right)^2 \Rightarrow 1 = (2-3k)^2 + (1-k)^2 \Rightarrow (5k-2)(k-1)=0$$

$$\Rightarrow k = \frac{2}{5} \ (\because \ 0 < k < 1)$$

따라서 공비 $r = \dfrac{4}{25}$ 이다.

3단계) $\displaystyle\lim_{n \to \infty} S_n = \dfrac{S_1}{1-r} = \dfrac{S_1}{1 - \dfrac{b^2}{a^2}}$ 를 계산한다.

$S_1 = \dfrac{\pi}{2} - 1$, $r = \dfrac{4}{25}$ 이므로 $\displaystyle\lim_{n \to \infty} S_n = \dfrac{S_1}{1-r} = \dfrac{\dfrac{\pi}{2}-1}{1-\dfrac{4}{25}} = \dfrac{25}{21}\left(\dfrac{\pi}{2}-1\right)$ 이다.

예제 7

(2013학년도 고3 9월 평가원 나형)

그림과 같이 길이가 2인 선분 AB를 지름으로 하는 원 O가 있다. A, B를 각각 중심으로 하고 원 O와 반지름의 길이가

같은 두 원의 외부와 원 O의 내부의 공통부분인 ⧖ 모양의 도형에 색칠하여 얻은 그림을 R_1 이라 하자.

그림 R_1에 선분 AB를 2등분한 선분을 각각 지름으로 하는 두 원을 그리고, 이 두 원 안에 각각 그림 R_1을

얻는 것과 같은 방법으로 만들어지는 ⧖ 모양의 두 도형에 색칠하여 얻은 그림을 R_2라 하자.

그림 R_2에 선분 AB를 4등분한 선분을 각각 지름으로 하는 네 원을 그리고, 이 네 원 안에 각각 그림 R_1을 얻는

것과 같은 방법으로 만들어지는 ⧖ 모양의 네 도형에 색칠하여 얻은 그림을 R_3이라 하자.

이와 같은 과정을 계속하여 n번째 얻은 그림 R_n에 색칠되어 있는 ⧖ 모양의 모든 도형의 넓이의 합을 S_n이라

할 때, $\displaystyle\lim_{n \to \infty} S_n$ 의 값을 구하시오. [3점]

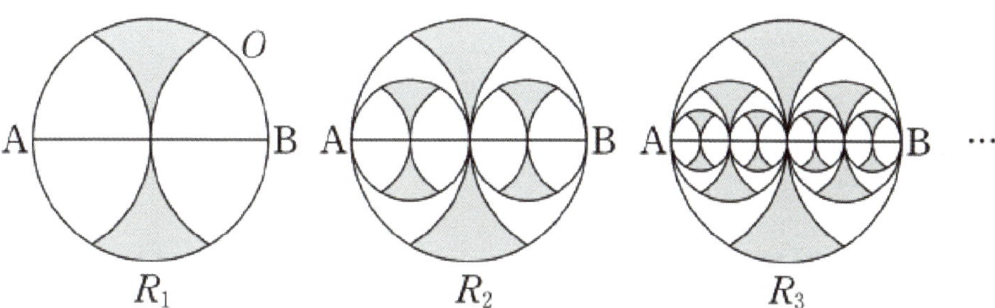

1단계) 첫 번째항 S_1을 구한다.

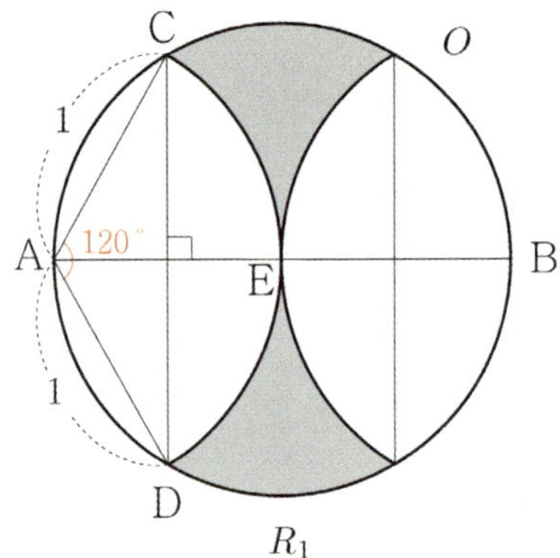

점 C는 점 A를 중심으로 하는 원 위에 있으므로 $\overline{AC} = \overline{AE} = \overline{CE} = 1$

즉, 삼각형 ACE는 정삼각형이다. 이에 따라 $\angle CAE = 60^\circ \Rightarrow \angle CAD = 2 \times 60^\circ = 120^\circ = \dfrac{2}{3}\pi$

호 CD와 선분 CD로 둘러싸인 부분의 넓이를 T라 하자.

$$T = 부채꼴\ ADC의\ 넓이\ -\ 삼각형\ ADC의\ 넓이 = \frac{1}{2} \times 1^2 \times \frac{2}{3}\pi - \frac{1}{2} \times 1^2 \times \sin\frac{2}{3}\pi = \frac{\pi}{3} - \frac{\sqrt{3}}{4}$$

색칠한 부분의 넓이는 원 O의 넓이에서 $4T$를 빼서 구하면 된다.

$$S_1 = \pi - 4\left(\frac{\pi}{3} - \frac{\sqrt{3}}{4}\right) = \sqrt{3} - \frac{\pi}{3}$$

2단계) 첫 번째 도형과 두 번째 도형의 길이의 비가 $a : b$이고 도형의 개수가 k배씩 늘어날 때,
넓이의 공비 $r = k \times \dfrac{b^2}{a^2}$ 이다.

첫 번째 도형(원 O)의 반지름의 길이 1과 두 번째 도형의 반지름의 길이 $\dfrac{1}{2}$를 이용하면

길이의 비는 $1 : \dfrac{1}{2}$ 이다. 이때 [예제 6]과 달리 [예제 7]에서는 도형의 개수가 2배씩 늘어나므로

공비 $r = 2 \times \dfrac{1}{2^2} = \dfrac{1}{2}$ 이다.

3단계) $\displaystyle\lim_{n \to \infty} S_n = \dfrac{S_1}{1-r} = \dfrac{S_1}{1 - k \times \dfrac{b^2}{a^2}}$ 를 계산한다.

$S_1 = \sqrt{3} - \dfrac{\pi}{3}$, $r = \dfrac{1}{2}$ 이므로 $\displaystyle\lim_{n \to \infty} S_n = \dfrac{S_1}{1-r} = \dfrac{\sqrt{3} - \dfrac{\pi}{3}}{1 - \dfrac{1}{2}} = 2\sqrt{3} - \dfrac{2}{3}\pi$ 이다.

급수 $\displaystyle\sum_{n=1}^{\infty} a_n$ 과 $\displaystyle\lim_{n \to \infty} a_n$ 사이의 관계

001

수열 $\{a_n\}$에 대하여

$$\sum_{n=1}^{\infty}\left(3a_n - 24\right) = 2022$$

일 때, $\displaystyle\lim_{n \to \infty} a_n$의 값을 구하시오.

002

수열 $\{a_n\}$에 대하여

$$\sum_{n=1}^{\infty}\left(a_n - \frac{3n^2}{n^2+1}\right) = 10$$

일 때, $\displaystyle\lim_{n \to \infty} a_n$의 값을 구하시오.

003

수열 $\{a_n\}$에 대하여

$$\sum_{n=1}^{\infty}\left(2a_n - \frac{6n}{n+1}\right) = 1$$

일 때, $\displaystyle\lim_{n \to \infty} \frac{a_n + 5}{a_n - 1}$의 값을 구하시오.

004

수열 $\{a_n\}$에 대하여

$$\sum_{n=1}^{\infty}\left(\frac{a_n}{n^2} - 4\right) = 5$$

일 때, $\displaystyle\lim_{n \to \infty} \frac{10a_n - n}{n^2 + a_n}$의 값을 구하시오.

005

수열 $\{a_n\}$에 대하여

$$\sum_{n=1}^{\infty}\left(\frac{n^2 a_n - 3n^2 + n + 1}{n^2 + n - 1}\right) = 7$$

일 때, $\displaystyle\lim_{n \to \infty} a_n$의 값을 구하시오.

006

수열 $\{a_n\}$에 대하여

$$\sum_{n=1}^{\infty}\left(3 - \frac{a_n}{2^{2n-1}}\right) = 5$$

일 때, $\displaystyle\lim_{n \to \infty} \frac{4^{n+2}}{a_n + 2}$의 값은?

① 10 ② $\dfrac{32}{3}$ ③ $\dfrac{34}{3}$

④ 12 ⑤ $\dfrac{38}{3}$

0007

수열 $\{a_n\}$에 대하여 $S_n = 2n + \sum_{k=1}^{n} a_k$ 이라 하자.

수열 $\{S_n\}$이 수렴할 때, $\lim\limits_{n \to \infty} \dfrac{6n-5}{\sqrt{16n^2+n}+na_n}$ 의 값은?

① 1   ② 2   ③ 3

④ 4   ⑤ 5

0008

두 수열 $\{a_n\}$, $\{b_n\}$이 다음 조건을 만족시킬 때, $\lim\limits_{n \to \infty} na_n$ 의 값을 구하시오.

> (가) $\dfrac{4n+1}{2+3+4+\cdots(n+1)} < a_n < 8b_n$
>
> $(n=1, 2, 3, \cdots)$
>
> (나) $\sum\limits_{n=1}^{\infty} (nb_n - 1) = 5$

Theme 2 — 급수의 성질

0009

두 수열 $\{a_n\}$, $\{b_n\}$에 대하여

$$\sum_{n=1}^{\infty} a_n = 4, \quad \sum_{n=1}^{\infty} b_n = -2$$

일 때, $\sum\limits_{n=1}^{\infty} (a_n - 3b_n)$ 의 값을 구하시오.

0010

수열 $\{a_n\}$에 대하여

$$\sum_{n=1}^{\infty} (a_n - 3) = 5, \quad S_n = \frac{2n}{n+1} + \sum_{k=1}^{n} (a_k - 3)$$

일 때, $\lim\limits_{n \to \infty} (3S_n + 2a_n - 1)$ 의 값을 구하시오.

0011

두 수열 $\{a_n\}$, $\{b_n\}$에 대하여 $\sum\limits_{n=1}^{\infty} a_n = 5$ 이고

모든 자연수 n에 대하여 $\sum\limits_{k=1}^{n} \left(b_k - \dfrac{k^2}{n^3} \right) = \dfrac{n^2-1}{n^2+1}$ 일 때,

$\sum\limits_{n=1}^{\infty} (2a_n + 3b_n)$ 의 값을 구하시오.

012

$\displaystyle\sum_{n=1}^{\infty} \frac{30}{(2n-1)(2n+1)}$ 의 값을 구하시오.

013

$\displaystyle\sum_{n=1}^{\infty} \frac{120}{n^2+4n+3}$ 의 값을 구하시오.

014

수열 $\{a_n\}$ 에 대하여 다항식 $a_n x^2 + a_n x + 3$ 를 $x-n$ 으로 나눈 나머지가 21 일 때, $\displaystyle\sum_{n=1}^{\infty} a_n$ 의 값을 구하시오.

015

첫째항이 4 이고, 공차가 3 인 등차수열 $\{a_n\}$ 에 대하여

$\displaystyle\sum_{n=1}^{\infty} \frac{60}{a_n a_{n+1}}$ 의 값을 구하시오.

016

자연수 n 에 대하여 x 에 관한 이차방정식

$$(4n^2+4n-3)x^2 - (4n+2)x + 1 = 0$$

의 두 근이 $a_n,\ b_n\,(a_n > b_n)$ 일 때, $\displaystyle\sum_{n=1}^{\infty}(a_n - b_n)$ 의 값은?

① $\dfrac{4}{3}$ ② $\dfrac{5}{3}$ ③ 2

④ $\dfrac{7}{3}$ ⑤ $\dfrac{8}{3}$

017

수열 $\{a_n\}$ 에 대하여

$$\sum_{k=1}^{n} \frac{a_k}{k} = n^2 + 3n$$

일 때, $\displaystyle\sum_{n=1}^{\infty} \frac{10}{a_n}$ 의 값을 구하시오.

Theme **4** 등비급수의 계산

018

공비가 $\dfrac{1}{3}$ 인 등비수열 $\{a_n\}$ 에 대하여

$$\sum_{n=1}^{\infty} a_n = 30$$

일 때, 첫째항 a_1 의 값을 구하시오.

019

$\displaystyle\sum_{n=1}^{\infty} \dfrac{4^{n-1}+3^{n+1}}{6^n}$ 의 값은?

① $\dfrac{1}{2}$ ② $\dfrac{3}{2}$ ③ $\dfrac{5}{2}$

④ $\dfrac{7}{2}$ ⑤ $\dfrac{9}{2}$

020

$\displaystyle\sum_{n=1}^{\infty} \dfrac{4^{-n}-25^{-n+1}}{2^{-n}+5^{-n+1}}$ 의 값은?

① $-\dfrac{1}{4}$ ② $-\dfrac{1}{8}$ ③ 0

④ $\dfrac{1}{8}$ ⑤ $\dfrac{1}{4}$

021

등비수열 $\{a_n\}$ 이 $a_3=\dfrac{1}{3}$, $a_6=\dfrac{1}{24}$ 를 만족시킨다.

$\displaystyle\sum_{n=1}^{\infty} a_n a_{n+1} a_{n+2}=\dfrac{q}{p}$ 일 때, $p+q$의 값을 구하시오.

(단, p와 q는 서로소인 자연수이다.)

022

첫째항이 2인 등비수열 $\{a_n\}$ 에 대하여

$$\sum_{n=1}^{\infty} a_n = 3$$

일 때, $\displaystyle\sum_{n=1}^{\infty}\left(a_{2n+1}-a_{2n+2}\right)$ 의 값은?

① $\dfrac{1}{6}$ ② $\dfrac{1}{3}$ ③ $\dfrac{1}{2}$

④ $\dfrac{2}{3}$ ⑤ $\dfrac{5}{6}$

023

등비수열 $\{a_n\}$ 이 $a_4=3^7$, $a_7=3^4$ 을 만족시킬 때,

$\displaystyle\sum_{n=8}^{\infty} 2a_n$ 의 값을 구하시오.

024

수열 $\{a_n\}$ 에 대하여

$$a_n = 3^{-n}\cos\left(\dfrac{n\pi}{2}\right)$$

일 때, $\displaystyle\sum_{n=1}^{\infty} a_n$ 의 값은?

① $-\dfrac{1}{25}$ ② $-\dfrac{1}{20}$ ③ $-\dfrac{1}{15}$

④ $-\dfrac{1}{10}$ ⑤ $-\dfrac{1}{5}$

025

수열 $\{a_n\}$ 이

$$5a_1 + 5^2 a_2 + 5^3 a_3 + \cdots + 5^n a_n = 2^n$$

을 만족시킬 때, $\displaystyle\sum_{n=1}^{\infty} 2^{n-1} a_n$ 의 값은?

① $\dfrac{4}{5}$ ② 1 ③ $\dfrac{6}{5}$

④ $\dfrac{7}{5}$ ⑤ $\dfrac{8}{5}$

026

수열 $\{a_n\}$ 에서 $a_1 = 1$ 이고 모든 자연수 n 에 대하여

$$a_n a_{n+1} = 7^n$$

를 만족시킬 때, $\displaystyle\sum_{n=1}^{\infty} \dfrac{1}{a_{2n-1}} = \dfrac{q}{p}$ 이다. $p+q$ 의 값을 구하시오.

(단, p 와 q 는 서로소인 자연수이다.)

Theme 5   등비급수의 수렴 조건

027

급수 $\displaystyle\sum_{n=1}^{\infty} \left(\dfrac{x-2}{5} \right)^n$ 이 수렴하도록 하는 모든 정수 x 의 값의 합을 구하시오.

028

급수 $\displaystyle\sum_{n=1}^{\infty} (x-3)\left(\dfrac{2x-1}{5} \right)^n$ 이 수렴하도록 하는 모든 정수 x 의 값의 합을 구하시오.

029

급수 $\displaystyle\sum_{n=1}^{\infty} \dfrac{5^{-2n-1}}{\left(2^x + 1 \right)^{-n}}$ 이 수렴하도록 하는 모든 자연수 x 의 값의 합을 구하시오.

Theme 6 — 등비급수의 도형에서의 활용 – 길이

030

그림과 같이 반지름의 길이가 2이고 중심각의 크기가 $\dfrac{\pi}{4}$ 인 부채꼴 $A_0A_1B_1$이 있다. 점 A_1에서 선분 A_0B_1에 내린 수선의 발을 B_2라 하고, 선분 A_0A_1 위의 $\overline{A_1B_2}=\overline{A_1A_2}$인 점 A_2에 대하여 중심각의 크기가 $\dfrac{\pi}{4}$ 인 부채꼴 $A_1A_2B_2$를 그린다. 점 A_2에서 선분 A_1B_2에 내린 수선의 발을 B_3이라 하고, 선분 A_1A_2 위의 $\overline{A_2B_3}=\overline{A_2A_3}$인 점 A_3에 대하여 중심각의 크기가 $\dfrac{\pi}{4}$ 인 부채꼴 $A_2A_3B_3$을 그린다.

이와 같은 과정을 계속하여 점 A_n에서 선분 $A_{n-1}B_n$에 내린 수선의 발을 B_{n+1}이라 하고, 선분 $A_{n-1}A_n$ 위의 $\overline{A_nB_{n+1}}=\overline{A_nA_{n+1}}$인 점 A_{n+1}에 대하여 중심각의 크기가 $\dfrac{\pi}{4}$ 인 부채꼴 $A_nA_{n+1}B_{n+1}$을 그린다.

부채꼴 $A_{n-1}A_nB_n$의 둘레의 길이를 l_n이라 할 때, $\displaystyle\sum_{n=1}^{\infty} l_n$ 의 값은?

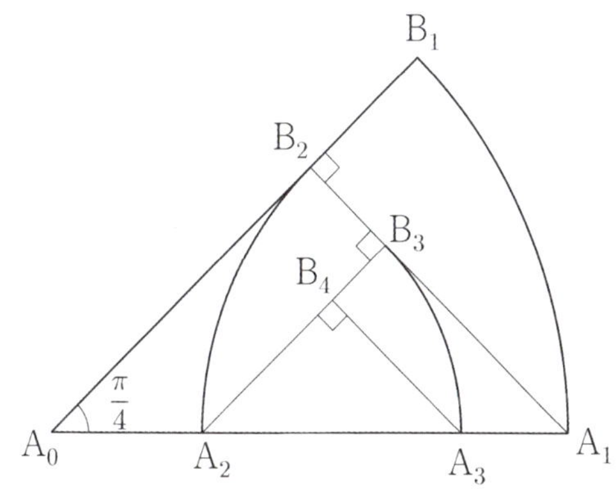

① $\dfrac{4+\pi}{2-\sqrt{2}}$　　② $\dfrac{4+\pi}{\sqrt{2}}$　　③ $\dfrac{8+\pi}{2-\sqrt{2}}$

④ $\dfrac{4+\pi}{2+\sqrt{2}}$　　⑤ $\dfrac{8+\pi}{2+\sqrt{2}}$

031

그림과 같이 한 변의 길이가 4인 정사각형 $A_1B_1C_1D_1$의 내부에 중심이 점 A_1, C_1이고 반지름의 길이가 $\dfrac{1}{2}\overline{A_1B_1}$ 인 두 개의 사분원의 호를 그려 얻은 그림을 R_1이라 하자.

그림 R_1에서 정사각형 $A_1B_1C_1D_1$의 내부에 있는 두 사분원의 호에 대하여 외접하고 각 변이 정사각형 $A_1B_1C_1D_1$의 네 변에 평행한 정사각형 $A_2B_2C_2D_2$를 그리고, 그 내부에 중심이 점 A_2, C_2이고 반지름의 길이가 $\dfrac{1}{2}\overline{A_2B_2}$ 인 두 개의 사분원의 호를 그려 얻은 그림을 R_2라 하자.

이와 같은 과정을 계속하여 n번째 얻은 그림 R_n에 있는 모든 사분원의 호의 길이의 합을 l_n이라 할 때, $\displaystyle\lim_{n\to\infty} l_n$ 의 값은? (단, 모든 자연수 n에 대하여 정사각형 $A_nB_nC_nD_n$의 무게중심은 모두 동일하다.)

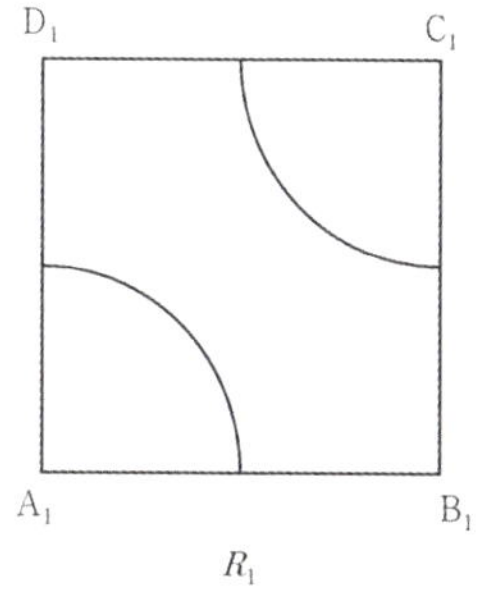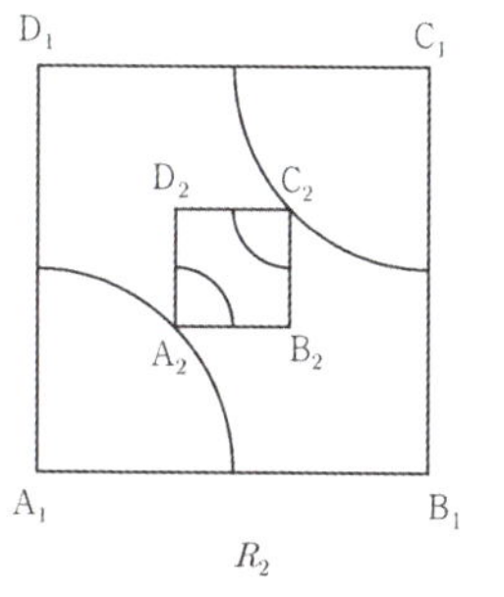

① $\sqrt{2}\,\pi$　　② $2\sqrt{2}\,\pi$　　③ $3\sqrt{2}\,\pi$

④ $4\sqrt{2}\,\pi$　　⑤ $5\sqrt{2}\,\pi$

032 □□□□□

그림과 같이 한 변의 길이가 2인 정사각형 ABCD가 있다. 중심이 B이고 반지름의 길이가 $\overline{BC}$인 원이 선분 BD와 만나는 점을 E라 하자. 두 선분 CD, DE와 호 CE로 둘러싸인 영역을 색칠하여 얻은 그림을 R_1이라 하자.

그림 R_1에서 부채꼴 BCE에 내접하는 정사각형 FGHI을 그린다. 중심이 G이고 반지름의 길이가 $\overline{GH}$인 원이 선분 GI와 만나는 점을 J라 하자. 두 선분 HI, IJ와 호 HJ로 둘러싸인 영역을 색칠하여 얻은 그림을 R_2라 하자.

이와 같은 과정을 계속하여 n번째 얻은 그림 R_n에 색칠되어 있는 부분의 넓이를 S_n이라 할 때, $\lim\limits_{n\to\infty} S_n$의 값은?

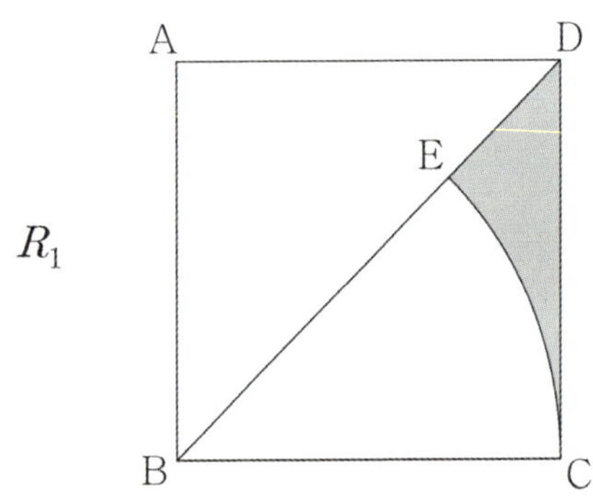

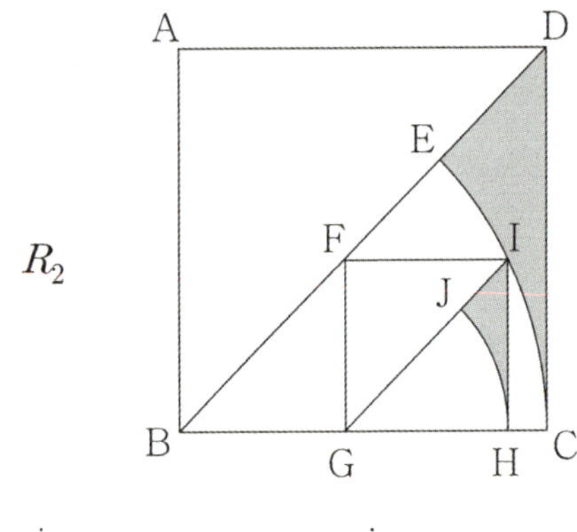

① $\dfrac{1}{8}(4-\pi)$ ② $\dfrac{1}{4}(4-\pi)$ ③ $\dfrac{3}{8}(4-\pi)$

④ $\dfrac{1}{2}(4-\pi)$ ⑤ $\dfrac{5}{8}(4-\pi)$

033 □□□□□

그림과 같이 한 변의 길이가 4인 정사각형 $A_1B_1C_1D_1$이 있다. 선분 A_1B_1과 선분 B_1C_1의 중점을 각각 M_1, N_1이라 하고, 두 삼각형 $A_1D_1M_1$, $C_1D_1N_1$의 내부에 색칠하여 얻은 그림을 R_1이라 하자.

그림 R_1에서 네 선분 B_1M_1, B_1N_1, D_1N_1, D_1M_1 위의 네 점 A_2, B_2, C_2, D_2를 꼭짓점으로 하는 정사각형 $A_2B_2C_2D_2$를 그리고, 정사각형 $A_1B_1C_1D_1$에서 그림 R_1을 얻은 것과 같은 방법으로 만들어지는 두 삼각형의 내부에 색칠하여 얻은 그림을 R_2라 하자.

이와 같은 과정을 계속하여 n번째 얻은 그림 R_n에 색칠되어 있는 부분의 넓이를 S_n이라 할 때, $\lim\limits_{n\to\infty} S_n$의 값은?

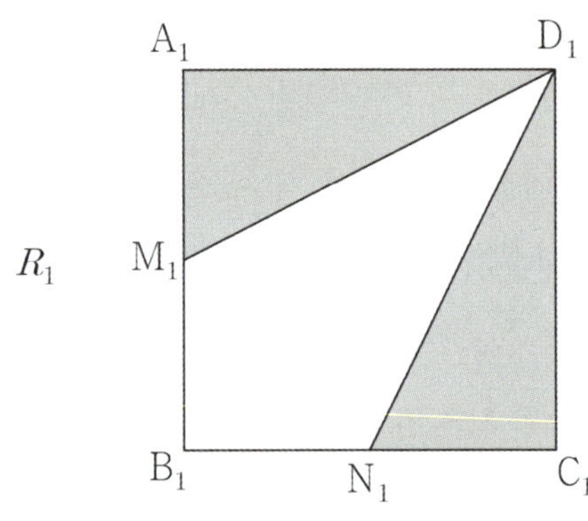

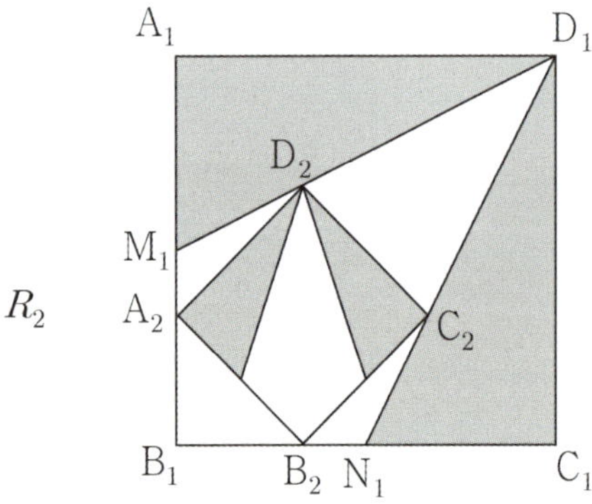

① 10 ② $\dfrac{72}{7}$ ③ $\dfrac{74}{7}$

④ $\dfrac{76}{7}$ ⑤ $\dfrac{78}{7}$

034

그림과 같이 $\overline{A_1B_1}=4$인 선분 A_1B_1을 지름으로 하는 반원이 있다. 호 A_1B_1 위에 $\overset{\frown}{A_1C_1} : \overset{\frown}{C_1B_1}=1 : 2$인 점을 C_1이라 하고 두 선분 A_1B_1, B_1C_1과 호 A_1C_1로 둘러싸인 부분을 색칠하여 얻은 그림을 R_1이라 하자.

그림 R_1에 지름은 선분 C_1B_1 위에 있고 호 B_1C_1에 접하는 가장 큰 반원을 그린다. 이 반원의 지름의 양 끝점을 A_2, B_2라 하고 그림 R_1을 얻은 것과 같은 방법으로 색칠하여 얻은 그림을 R_2라 하자.

이와 같은 과정을 계속하여 n번째 얻은 그림 R_n에 색칠되어 있는 부분의 넓이를 S_n이라 할 때, $\lim\limits_{n \to \infty} S_n$의 값은?

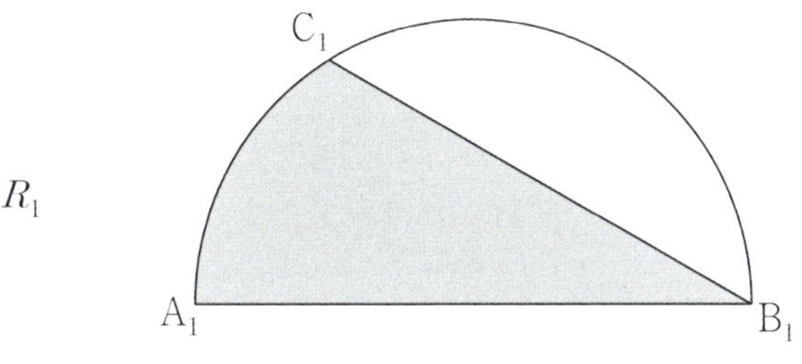

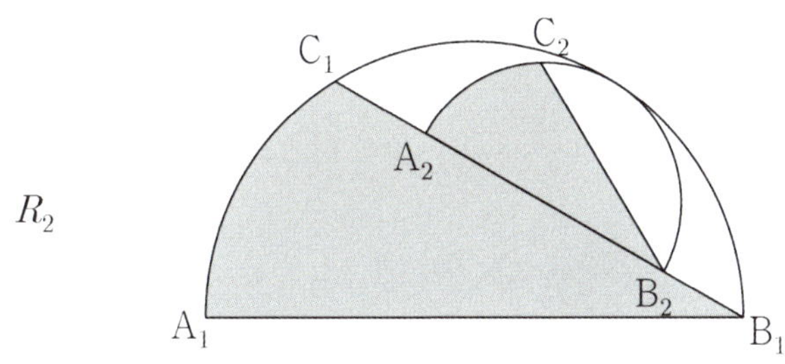

① $\dfrac{4}{9}\pi + \dfrac{2}{3}\sqrt{3}$ ② $\dfrac{4}{9}\pi + \dfrac{4}{3}\sqrt{3}$ ③ $\dfrac{8}{9}\pi + \dfrac{4}{3}\sqrt{3}$

④ $\dfrac{4}{3}\pi + 2\sqrt{3}$ ⑤ $\dfrac{4}{3}\pi + \dfrac{2}{3}\sqrt{3}$

035

그림과 같이 반지름의 길이가 2인 원 O_1 위의 세 점 A_1, B_1, C_1에 대하여 중심이 A_1, 반지름의 길이가 $\overline{A_1B_1}$이고 중심각의 크기가 $\dfrac{\pi}{3}$인 부채꼴 $A_1B_1C_1$을 그린다. 부채꼴 $A_1B_1C_1$의 호 B_1C_1과 원 O_1의 호 B_1C_1로 둘러싸인 부분인 ⌣ 모양에 색칠하여 얻은 그림을 R_1이라 하자.

그림 R_1의 부채꼴 $A_1B_1C_1$에 내접하는 원 O_2를 그리고 원 O_2에서 그림 R_1을 얻는 것과 같은 방법으로 만들어지는 ⌣ 모양에 색칠하여 얻은 그림을 R_2라 하자.

이와 같은 과정을 계속하여 n번째 얻은 그림 R_n에 색칠되어 있는 부분의 넓이를 S_n이라 할 때, $\lim\limits_{n \to \infty} S_n$의 값은?

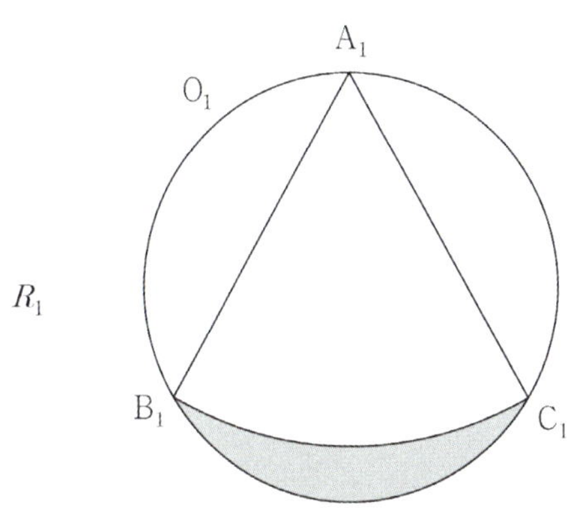

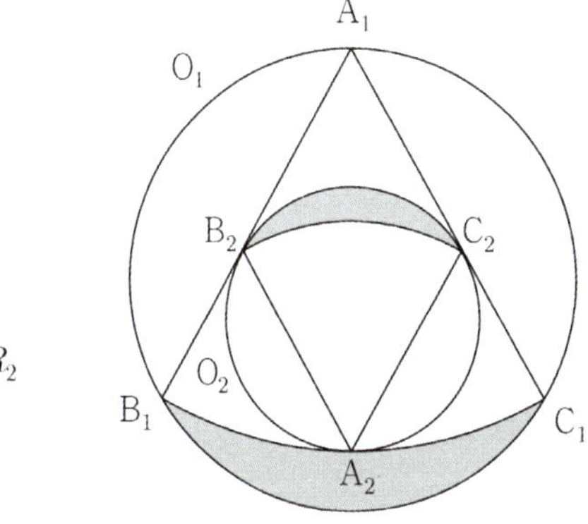

① $3\sqrt{3} - \dfrac{3}{2}\pi$ ② $3\sqrt{3} - \dfrac{\pi}{2}$ ③ $3\sqrt{3} - \pi$

④ $2\sqrt{3} - \dfrac{\pi}{2}$ ⑤ $2\sqrt{3} - \pi$

그림과 같이 $\angle B_1 A_1 C_1 = \dfrac{\pi}{3}$ 이고 $\overline{A_1 B_1} : \overline{A_1 C_1} = 1 : 2$ 인 삼각형 $A_1 B_1 C_1$ 에 외접하고 반지름의 길이가 2인 원 O_1 이 있다. 호 $B_1 C_1$ 와 선분 $B_1 C_1$ 로 둘러싸인 부분과 호 $A_1 B_1$ 과 선분 $A_1 B_1$ 로 둘러싸인 부분에 색칠하여 얻은 그림을 R_1 이라 하자. 삼각형 $A_1 B_1 C_1$ 에 내접하는 원 O_2 를 그리고, 원 O_2 에 내접하고 각 변이 삼각형 $A_1 B_1 C_1$ 의 세 변에 평행한 삼각형 $A_2 B_2 C_2$ 를 그린다. 이때 그림 R_1 을 얻은 것과 같은 방법으로 색칠하여 얻은 그림을 R_2 라 하자.

이와 같은 과정을 계속하여 n 번째 얻은 그림 R_n 에 색칠되어 있는 부분의 넓이를 S_n 이라 할 때, $\displaystyle\lim_{n\to\infty} S_n$ 의 값은?

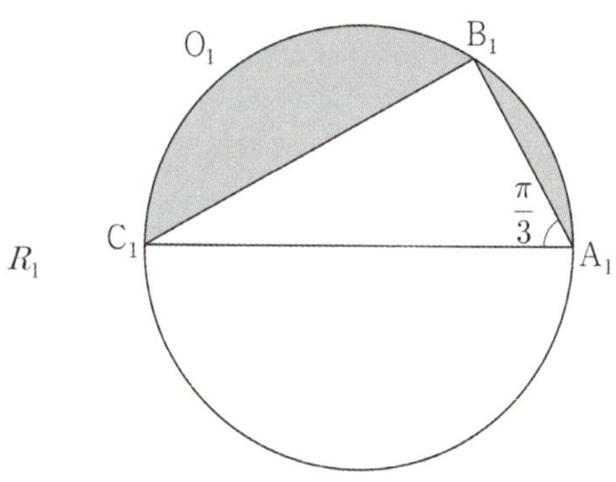

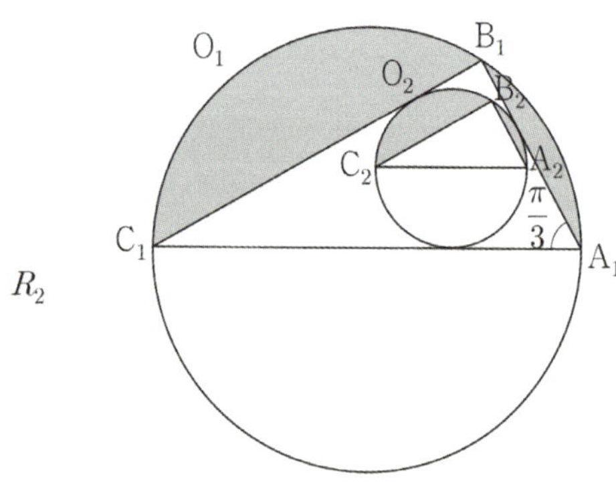

① $\dfrac{4\sqrt{3}}{3}\pi - 4$ ② $\dfrac{4\sqrt{3}}{3}\pi - 2$ ③ $\dfrac{5\sqrt{3}}{3}\pi - 4$

④ $\dfrac{5\sqrt{3}}{3}\pi - 2$ ⑤ $2\sqrt{3}\pi - 4$

반지름의 길이가 1인 원이 있다. 그림과 같이 가로의 길이와 세로의 길이의 비가 $3 : 1$ 인 직사각형을 이 원에 내접하도록 그리고, 직사각형의 내부를 색칠하여 얻은 그림을 R_1 이라 하자. 그림 R_1 에서 직사각형과 원에 접하도록 원 2개를 그린다. 새로 그려진 각 원에 그림 R_1 을 얻는 것과 같은 방법으로 직사각형을 그리고 색칠하여 얻은 그림을 R_2 라 하자.

이와 같은 과정을 계속하여 n 번째 얻은 그림 R_n 에 색칠되어 있는 부분의 넓이를 S_n 이라 할 때, $\displaystyle\lim_{n\to\infty} S_n$ 의 값은?

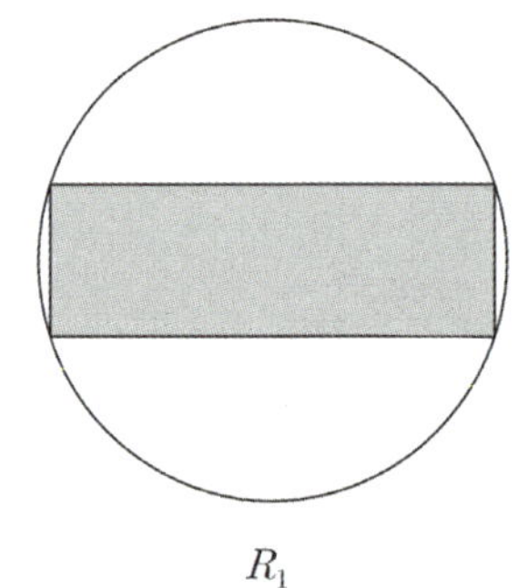

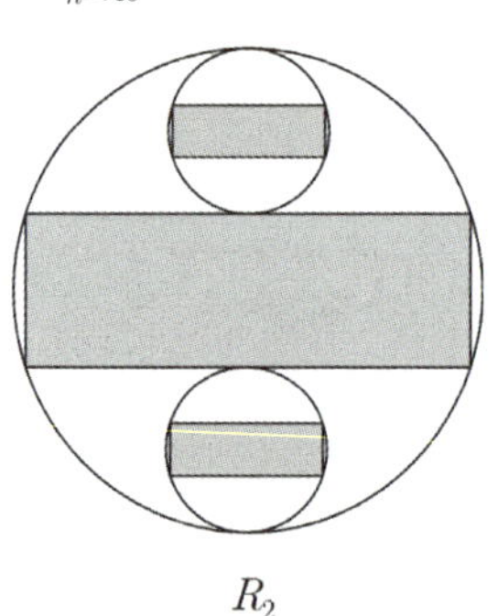

R_1 R_2

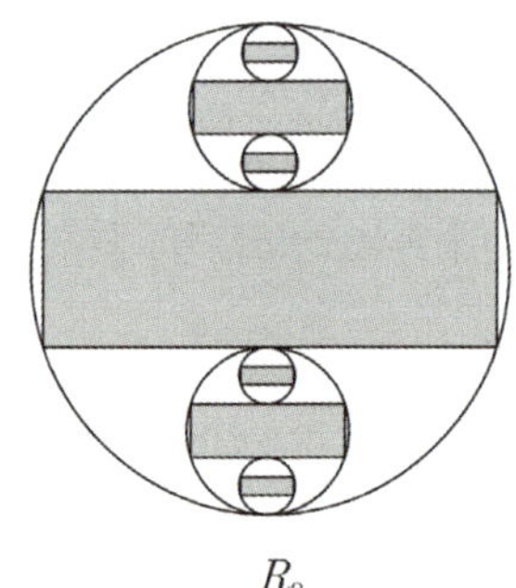

R_3

① $\dfrac{16}{41}(9 - 2\sqrt{10})$ ② $\dfrac{18}{41}(9 - 2\sqrt{10})$

③ $\dfrac{20}{41}(9 - 2\sqrt{10})$ ④ $\dfrac{22}{41}(9 - 2\sqrt{10})$

⑤ $\dfrac{24}{41}(9 - 2\sqrt{10})$

038

그림과 같이 한 변의 길이가 4인 정사각형 ABCD 가 있다. 선분 AB를 3:1로 내분하는 점을 E, 선분 BC를 1:3으로 내분하는 점을 F, 선분 CD를 3:1로 내분하는 점을 G, 선분 AD를 3:1로 내분하는 점을 H라 하고, 두 선분 EH, FG와 정사각형 ABCD로 둘러싸인 부분에 색칠하여 얻은 그림을 R_1 이라 하자.

그림 R_1 에서 정사각형 안에 있는 각 직각삼각형에 내접하는 가장 큰 정사각형을 각각 그리고, 새로 그려진 각 정사각형에 그림 R_1 을 얻은 것과 같은 방법으로 둘러싸인 부분에 색칠하여 얻은 그림을 R_2 라 하자.

이와 같은 과정을 계속하여 n 번째 얻은 그림 R_n 에 색칠되어 있는 부분의 넓이를 S_n 이라 할 때, $\lim\limits_{n\to\infty} S_n$ 의 값은?

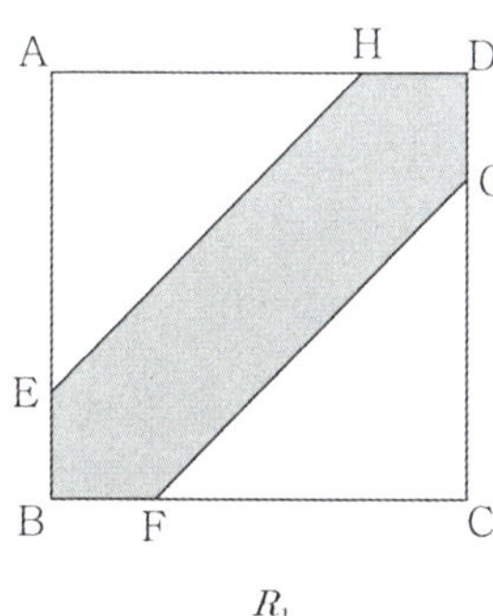

R_1

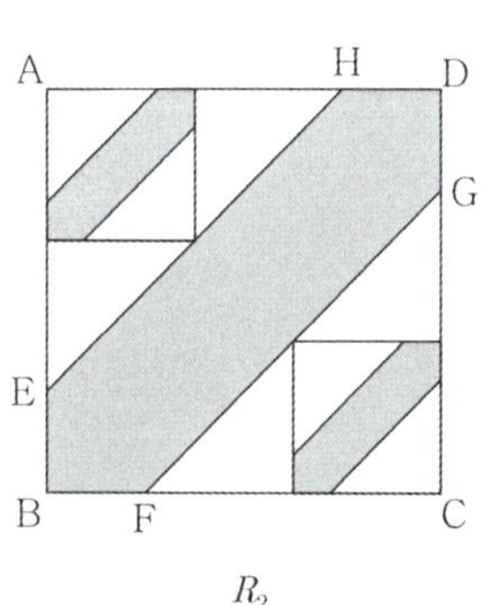

R_2

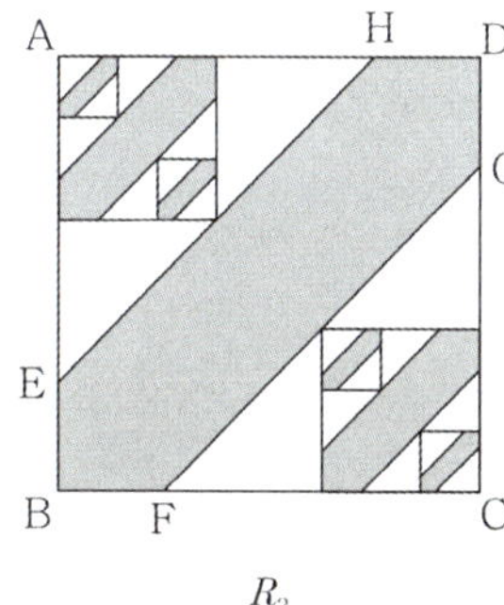

R_3

① $\dfrac{224}{23}$　　② $\dfrac{231}{23}$　　③ $\dfrac{238}{23}$

④ $\dfrac{245}{23}$　　⑤ $\dfrac{252}{23}$

039

그림과 같이 한 변의 길이가 4인 정삼각형 ABC 가 있다. 선분 BC와 두 선분 AB, AC에 각각 모두 접하고 서로 접해 있는 원 2개를 그린다. 직선 BC와 평행하고 두 원과 모두 접하는 직선이 두 선분 AB, AC와 만나는 점을 각각 D, E 라 하고, 삼각형 ADE 내부에 색칠하여 얻은 그림을 R_1 이라 하자.

그림 R_1 에서 각 원 안에 내접하는 정삼각형을 각각 그리고, 새로 그려진 각 정삼각형에 그림 R_1 을 얻은 것과 같은 방법으로 삼각형을 그리고 색칠하여 얻은 그림을 R_2 라 하자.

이와 같은 과정을 계속하여 n 번째 얻은 그림 R_n 에 색칠되어 있는 부분의 넓이를 S_n 이라 할 때, $\lim\limits_{n\to\infty} S_n$ 의 값은?

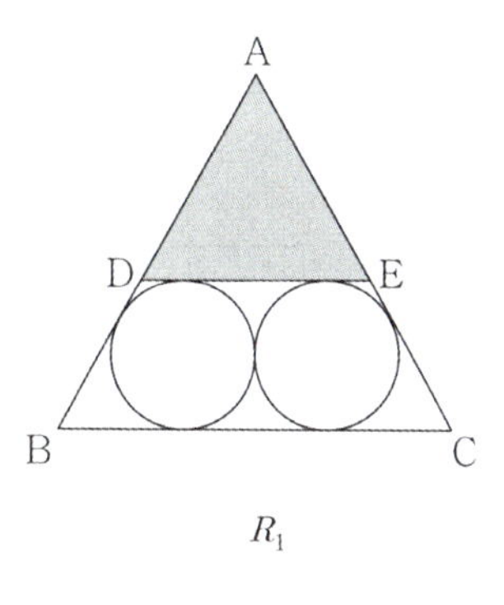

R_1

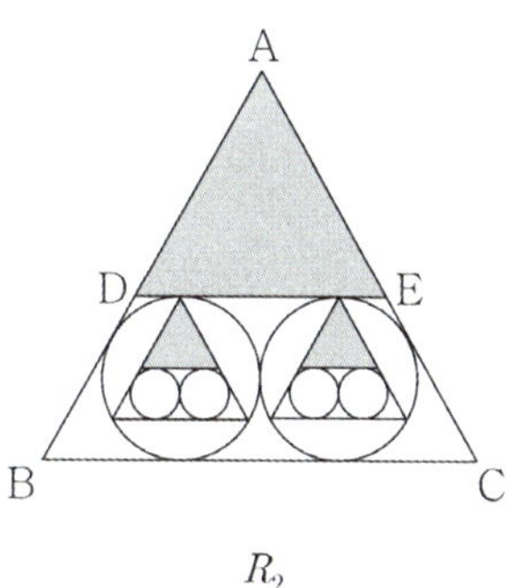

R_2

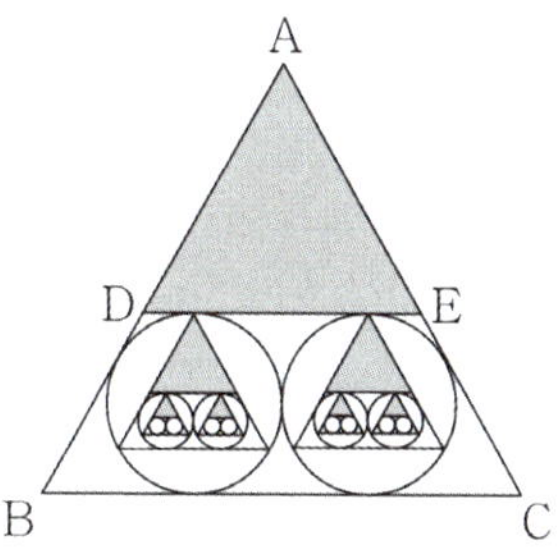

R_3

① $\dfrac{144+28\sqrt{3}}{69}$　　② $\dfrac{144+32\sqrt{3}}{69}$

③ $\dfrac{48+12\sqrt{3}}{23}$　　④ $\dfrac{144+40\sqrt{3}}{69}$

⑤ $\dfrac{144+44\sqrt{3}}{69}$

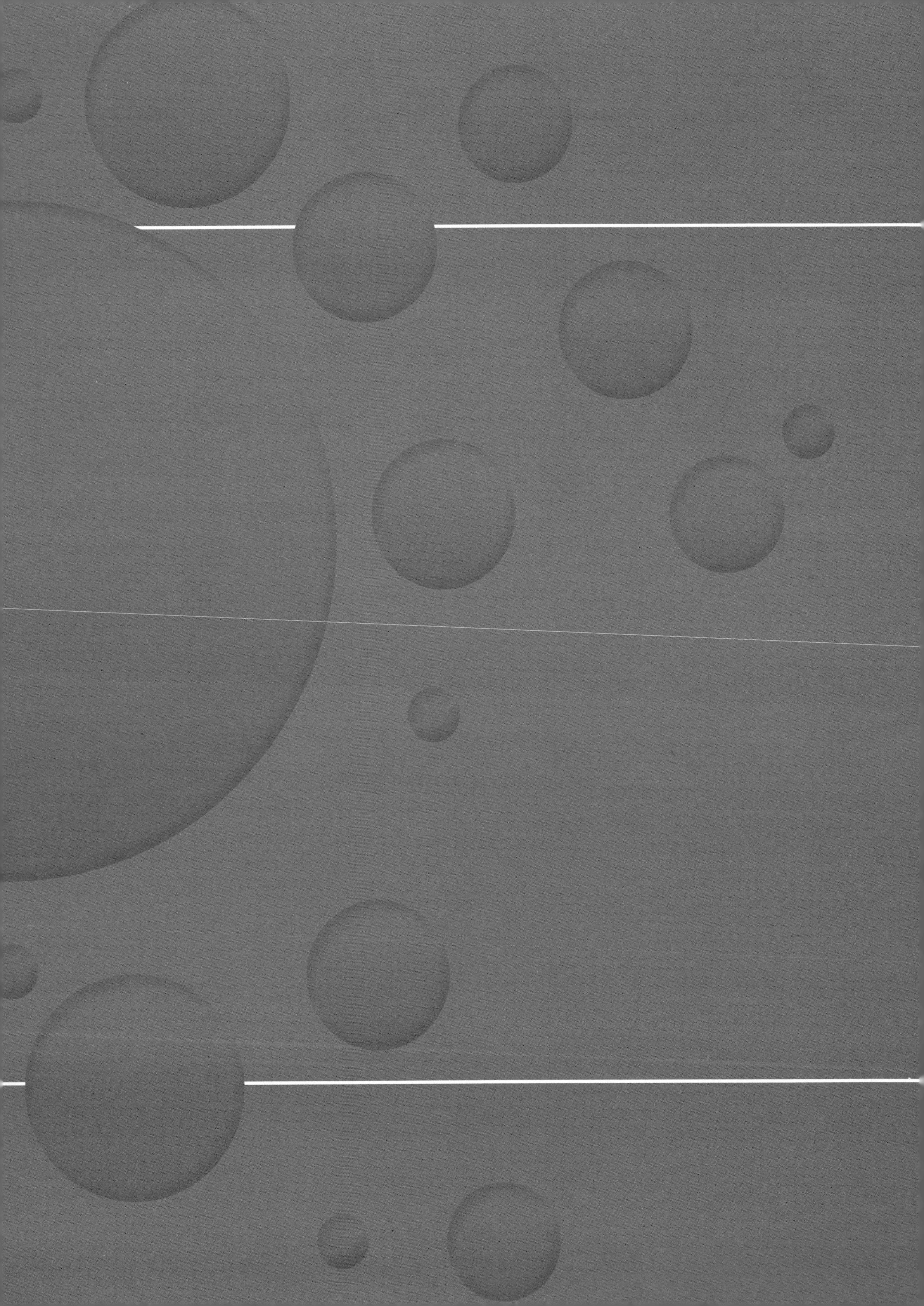

Training - 2 step

기출 적용편

2. 급수

$\displaystyle\sum_{n=1}^{\infty}\dfrac{2}{n(n+2)}$ 의 값은? [3점]

① 1   ② $\dfrac{3}{2}$ ③ 2

④ $\dfrac{5}{2}$ ⑤ 3

두 수열 $\{a_n\}$, $\{b_n\}$ 에 대하여 $\displaystyle\lim_{n\to\infty}a_n=3$ 이고

급수 $\displaystyle\sum_{n=1}^{\infty}(a_n+2b_n-7)$ 이 수렴할 때, $\displaystyle\lim_{n\to\infty}b_n$ 의 값은? [3점]

① 1   ② 2   ③ 3

④ 4   ⑤ 5

급수 $\displaystyle\sum_{n=1}^{\infty}\dfrac{1+(-1)^n}{3^n}$ 의 값은? [3점]

① $\dfrac{1}{8}$ ② $\dfrac{1}{4}$ ③ $\dfrac{3}{8}$

④ $\dfrac{1}{2}$ ⑤ $\dfrac{5}{8}$

등차수열 $\{a_n\}$ 에 대하여 $a_1=4$, $a_4-a_2=4$ 일 때,

$\displaystyle\sum_{n=1}^{\infty}\dfrac{2}{n\,a_n}$ 의 값은? [3점]

① 1   ② $\dfrac{3}{2}$ ③ 2

④ $\dfrac{5}{2}$ ⑤ 3

자연수 n 에 대하여 $3^n\cdot5^{n+1}$ 의 모든 양의 약수의 개수를

a_n 이라 할 때, $\displaystyle\sum_{n=1}^{\infty}\dfrac{1}{a_n}$ 의 값은? [3점]

① $\dfrac{1}{2}$ ② $\dfrac{7}{12}$ ③ $\dfrac{2}{3}$

④ $\dfrac{3}{4}$ ⑤ $\dfrac{5}{6}$

수열 $\{a_n\}$ 에 대하여 $\displaystyle\sum_{n=1}^{\infty}\dfrac{a_n}{n}=10$ 일 때,

$\displaystyle\lim_{n\to\infty}\dfrac{a_n+2a_n^2+3n^2}{a_n^2+n^2}$ 의 값은? [3점]

① 3   ② $\dfrac{7}{2}$ ③ 4

④ $\dfrac{9}{2}$ ⑤ 5

수열 $\{a_n\}$ 의 첫째항부터 제n항까지의 합을 S_n 이라 하자.
$\displaystyle\lim_{n\to\infty}S_n=7$ 일 때, $\displaystyle\lim_{n\to\infty}(2a_n+3S_n)$ 의 값을 구하시오. [3점]

수열 $\{a_n\}$ 이 $\displaystyle\sum_{n=1}^{\infty}(2a_n-3)=2$ 를 만족시킨다.

$\displaystyle\lim_{n\to\infty}a_n=r$ 일 때, $\displaystyle\lim_{n\to\infty}\dfrac{r^{n+2}-1}{r^n+1}$ 의 값은? [3점]

① $\dfrac{7}{4}$ ② 2   ③ $\dfrac{9}{4}$

④ $\dfrac{5}{2}$ ⑤ $\dfrac{11}{4}$

048  2011학년도 고3 9월 평가원 나형

두 수열 $\{a_n\}$, $\{b_n\}$에 대하여

급수 $\displaystyle\sum_{n=1}^{\infty}\left(a_n-\dfrac{3n}{n+1}\right)$ 과 $\displaystyle\sum_{n=1}^{\infty}(a_n+b_n)$ 이 모두 수렴할 때,

$\displaystyle\lim_{n\to\infty}\dfrac{3-b_n}{a_n}$ 의 값은? (단, $a_n\neq 0$) [3점]

① 1 　　　② 2 　　　③ 3

④ 4 　　　⑤ 5

049 2015학년도 수능 B형

등비수열 $\{a_n\}$에 대하여 $a_1=3$, $a_2=1$ 일 때,

$\displaystyle\sum_{n=1}^{\infty}(a_n)^2$ 의 값은? [3점]

① $\dfrac{81}{8}$ 　　　② $\dfrac{83}{8}$ 　　　③ $\dfrac{85}{8}$

④ $\dfrac{87}{8}$ 　　　⑤ $\dfrac{89}{8}$

050 2021학년도 고3 9월 평가원 가형

등비수열 $\{a_n\}$에 대하여 $\displaystyle\lim_{n\to\infty}\dfrac{3^n}{a_n+2^n}=6$ 일 때,

$\displaystyle\sum_{n=1}^{\infty}\dfrac{1}{a_n}$ 의 값은? [3점]

① 1 　　　② 2 　　　③ 3

④ 4 　　　⑤ 5

051  2012년 고2 9월 교육청 B형

등비급수 $\displaystyle\sum_{n=1}^{\infty}\left(\dfrac{2x-5}{7}\right)^n$ 이 수렴하기 위한 모든 정수 x 의

값의 합을 구하시오. [3점]

052 2024년 고3 5월 교육청 공통

첫째항이 1이고 공차가 $d\,(d>0)$ 인 등차수열 $\{a_n\}$에

대하여 $\displaystyle\sum_{n=1}^{\infty}\left(\dfrac{n}{a_n}-\dfrac{n+1}{a_{n+1}}\right)=\dfrac{2}{3}$ 일 때, d 의 값은? [3점]

① 1 　　　② 2 　　　③ 3

④ 4 　　　⑤ 5

053 2015학년도 고3 6월 평가원 B형

공비가 양수인 등비수열 $\{a_n\}$ 이

$$a_1+a_2=20,\quad \sum_{n=3}^{\infty}a_n=\dfrac{4}{3}$$

를 만족시킬 때, a_1 의 값을 구하시오. [3점]

수열 $\{a_n\}$ 에 대하여 $\displaystyle\sum_{n=1}^{\infty}\left(7-\dfrac{a_n}{2^n}\right)=19$ 일 때,

$\displaystyle\lim_{n\to\infty}\dfrac{a_n}{2^{n+1}}$ 의 값은? [3점]

① 2 ② $\dfrac{5}{2}$ ③ 3

④ $\dfrac{7}{2}$ ⑤ 4

모든 항이 양수인 수열 $\{a_n\}$ 에 대하여 $\displaystyle\sum_{n=1}^{\infty}\left(3^n a_n - 2\right)$ 가

수렴할 때, $\displaystyle\lim_{n\to\infty}\dfrac{6a_n + 5\times 4^{-n}}{a_n + 3^{-n}}$ 의 값을 구하시오. [3점]

수열 $\{a_n\}$ 에 대하여

$$\sum_{n=1}^{\infty}\left(na_n - \dfrac{n^2+1}{2n+1}\right)=3$$

일 때, $\displaystyle\lim_{n\to\infty}\left(a_n^2 + 2a_n + 2\right)$ 의 값은? [4점]

① $\dfrac{9}{4}$ ② $\dfrac{5}{2}$ ③ $\dfrac{11}{4}$

④ 3 ⑤ $\dfrac{13}{4}$

수열 $\{a_n\}$ 의 첫째항부터 제m 항까지의 합을 S_m 이라 하자. 모든 자연수 m 에 대하여

$$S_m = \sum_{n=1}^{\infty}\dfrac{m+1}{n(n+m+1)}$$

일 때, $a_1 + a_{10} = \dfrac{q}{p}$ 이다. $p+q$ 의 값을 구하시오.

(단, p 와 q 는 서로소인 자연수이다.) [4점]

첫째항과 공차가 같은 등차수열 $\{a_n\}$ 에 대하여

$S_n = \displaystyle\sum_{k=1}^{n} a_k$ 라 할 때, 옳은 것만을 〈보기〉에서 있는 대로

고른 것은? (단, $a_1 > 0$) [3점]

〈보기〉

ㄱ. 수열 $\{S_n\}$ 이 수렴한다.

ㄴ. 급수 $\displaystyle\sum_{n=1}^{\infty}\dfrac{1}{S_n}$ 이 수렴한다.

ㄷ. $\displaystyle\lim_{n\to\infty}\left(\sqrt{S_{n+1}}-\sqrt{S_n}\right)$ 이 존재한다.

---

① ㄴ   ② ㄷ   ③ ㄱ, ㄴ

④ ㄱ, ㄷ   ⑤ ㄴ, ㄷ

059  2014년 고3 3월 교육청 B형

두 수열 $\{a_n\}$, $\{b_n\}$이 모든 자연수 n에 대하여

$$1+2+2^2+\cdots+2^{n-1} < a_n < 2^n$$

$$\frac{3n-1}{n+1} < \sum_{k=1}^{n} b_k < \frac{3n+1}{n}$$

을 만족시킬 때, $\displaystyle\lim_{n\to\infty}\dfrac{8^n-1}{4^{n-1}a_n+8^{n+1}b_n}$ 의 값은? [3점]

① 1   ② 2   ③ 4

④ 8   ⑤ 16

060 2009학년도 수능 나형

공비가 같은 두 등비수열 $\{a_n\}$, $\{b_n\}$에 대하여

$a_1-b_1=1$ 이고 $\displaystyle\sum_{n=1}^{\infty} a_n=8$, $\displaystyle\sum_{n=1}^{\infty} b_n=6$ 일 때,

$\displaystyle\sum_{n=1}^{\infty} a_n b_n$ 의 값을 구하시오. [3점]

061 2022학년도 수능 미적분

등비수열 $\{a_n\}$에 대하여

$$\sum_{n=1}^{\infty}(a_{2n-1}-a_{2n})=3, \quad \sum_{n=1}^{\infty} a_n^2=6$$

일 때, $\displaystyle\sum_{n=1}^{\infty} a_n$의 값은? [3점]

① 1   ② 2   ③ 3

④ 4   ⑤ 5

062  2023학년도 고3 6월 평가원 미적분

첫째항이 4인 등차수열 $\{a_n\}$에 대하여 급수

$$\sum_{n=1}^{\infty}\left(\frac{a_n}{n}-\frac{3n+7}{n+2}\right)$$

이 실수 S에 수렴할 때, S의 값은? [3점]

① $\dfrac{1}{2}$ ② 1   ③ $\dfrac{3}{2}$

④ 2   ⑤ $\dfrac{5}{2}$

공차가 양수인 등차수열 $\{a_n\}$과 등비수열 $\{b_n\}$에 대하여

$a_1 = b_1 = 1,\ a_2 b_2 = 1$ 이고

$$\sum_{n=1}^{\infty}\left(\frac{1}{a_n a_{n+1}} + b_n\right) = 2$$

일 때, $\displaystyle\sum_{n=1}^{\infty} b_n$ 의 값은? [3점]

① $\dfrac{7}{6}$ ② $\dfrac{6}{5}$ ③ $\dfrac{5}{4}$

④ $\dfrac{4}{3}$ ⑤ $\dfrac{3}{2}$

모든 항이 자연수인 등비수열 $\{a_n\}$에 대하여

$$\sum_{n=1}^{\infty} \frac{a_n}{3^n} = 4$$

이고 급수 $\displaystyle\sum_{n=1}^{\infty} \frac{1}{a_{2n}}$ 이 실수 S에 수렴할 때, S의 값은? [3점]

① $\dfrac{1}{6}$ ② $\dfrac{1}{5}$ ③ $\dfrac{1}{4}$

④ $\dfrac{1}{3}$ ⑤ $\dfrac{1}{2}$

수열 $\{a_n\}$이

$$7a_1 + 7^2 a_2 + \cdots + 7^n a_n = 3^n - 1$$

을 만족시킬 때, $\displaystyle\sum_{n=1}^{\infty} \frac{a_n}{3^{n-1}}$ 의 값은? [4점]

① $\dfrac{1}{3}$ ② $\dfrac{4}{9}$ ③ $\dfrac{5}{9}$

④ $\dfrac{2}{3}$ ⑤ $\dfrac{7}{9}$

좌표평면에서 자연수 n에 대하여 점 P_n의 좌표를 $(n,\ 3^n)$, 점 Q_n의 좌표를 $(n,\ 0)$이라 하자.

사각형 $P_n Q_{n+1} Q_{n+2} P_{n+1}$의 넓이를 a_n이라 할 때,

$\displaystyle\sum_{n=1}^{\infty} \frac{1}{a_n} = \frac{q}{p}$ 이다. $p^2 + q^2$ 의 값을 구하시오. (단, p와 q는 서로소인 자연수이다.) [4점]

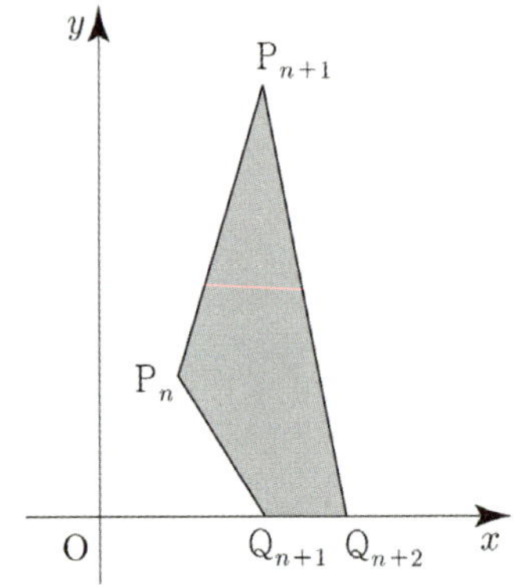

067 2020년 고3 4월 교육청 가형

첫째항이 양수이고 공차가 3인 등차수열 $\{a_n\}$과 모든 항이 양수인 수열 $\{b_n\}$이 다음 조건을 만족시킬 때, a_1의 값은? [4점]

> (가) 모든 자연수 n에 대하여
> $$\log a_n + \log a_{n+1} + \log b_n = 0 \text{ 이다.}$$
> (나) $\displaystyle\sum_{n=1}^{\infty} b_n = \frac{1}{12}$

① 2 ② $\dfrac{5}{2}$ ③ 3

④ $\dfrac{7}{2}$ ⑤ 4

068 2013학년도 고3 6월 평가원 가형

2보다 큰 자연수 n에 대하여 $(-3)^{n-1}$의 n제곱근 중 실수인 것의 개수를 a_n이라 할 때, $\displaystyle\sum_{n=3}^{\infty} \frac{a_n}{2^n}$의 값은? [4점]

① $\dfrac{1}{6}$ ② $\dfrac{1}{4}$ ③ $\dfrac{1}{3}$

④ $\dfrac{5}{12}$ ⑤ $\dfrac{1}{2}$

069 2005학년도 수능예비시행 가형

실수 전체에서 정의된 함수 $f(x) = \displaystyle\sum_{k=1}^{\infty} \frac{x^m}{(1+x^4)^{k-1}}$ 가 $x=0$에서 연속이 되기 위한 자연수 m의 최솟값은? [4점]

① 1 ② 2 ③ 3

④ 4 ⑤ 5

070 2012년 고3 3월 교육청 나형

좌표평면에서 자연수 n에 대하여 네 직선 $x=1$, $x=n+1$, $y=x$, $y=2x$로 둘러싸인 사각형의 넓이를 S_n이라 할 때, $\displaystyle\sum_{n=1}^{\infty} \frac{1}{S_n}$의 값은? [4점]

① $\dfrac{1}{2}$ ② 1 ③ $\dfrac{3}{2}$

④ 2 ⑤ $\dfrac{5}{2}$

자연수 n에 대하여 직선 $y=\left(\dfrac{1}{2}\right)^{n-1}(x-1)$과 이차함수 $y=3x(x-1)$의 그래프가 만나는 두 점을 $A(1,\ 0)$과 P_n 이라 하자. 점 P_n에서 x축에 내린 수선의 발을 H_n이라 할 때, $\displaystyle\sum_{n=1}^{\infty}\overline{P_nH_n}$ 의 값은? [4점]

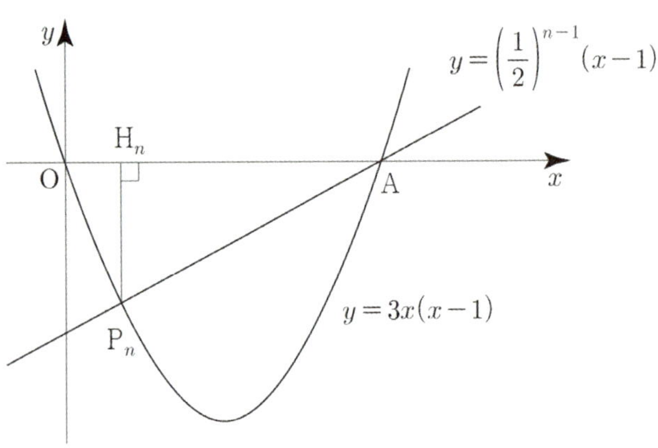

① $\dfrac{3}{2}$
② $\dfrac{14}{9}$
③ $\dfrac{29}{18}$

④ $\dfrac{5}{3}$
⑤ $\dfrac{31}{18}$

그림과 같이 $\overline{OA_1}=\sqrt{3}$, $\overline{OC_1}=1$인 직사각형 $OA_1B_1C_1$이 있다. 선분 B_1C_1 위의 $\overline{B_1D_1}=2\overline{C_1D_1}$인 점 D_1에 대하여 중심이 B_1이고 반지름의 길이가 $\overline{B_1D_1}$인 원과 선분 OA_1의 교점을 E_1, 중심이 C_1이고 반지름의 길이가 $\overline{C_1D_1}$인 원과 선분 OC_1의 교점을 C_2라 하자. 부채꼴 $B_1D_1E_1$의 내부와 부채꼴 $C_1C_2D_1$의 내부로 이루어진 ⊰ 모양의 도형에 색칠하여 얻은 그림을 R_1이라 하자.

그림 R_1에서 선분 OA_1 위의 점 A_2, 호 D_1E_1 위의 점 B_2와 점 C_2, 점 O를 꼭짓점으로 하는 직사각형 $OA_2B_2C_2$를 그리고, 그림 R_1을 얻은 것과 같은 방법으로 직사각형 $OA_2B_2C_2$에 ⊰ 모양의 도형을 그리고 색칠하여 얻은 그림을 R_2라 하자.

이와 같은 과정을 계속하여 n번째 얻은 그림 R_n에 색칠되어 있는 부분의 넓이를 S_n이라 할 때, $\displaystyle\lim_{n\to\infty}S_n$의 값은? [3점]

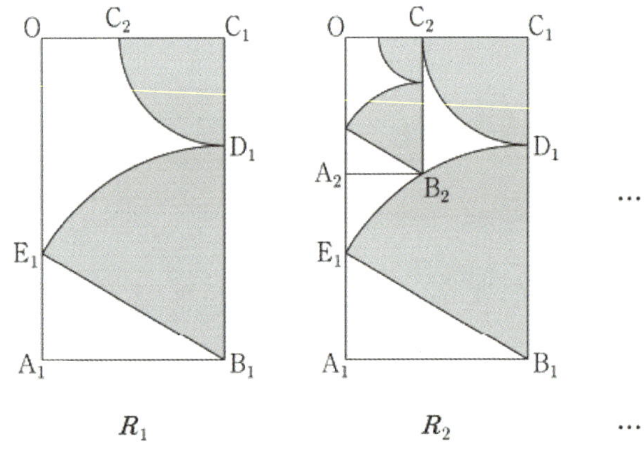

① $\dfrac{5+2\sqrt{3}}{12}\pi$
② $\dfrac{2+\sqrt{3}}{6}\pi$
③ $\dfrac{3+2\sqrt{3}}{12}\pi$

④ $\dfrac{1+\sqrt{3}}{6}\pi$
⑤ $\dfrac{1+2\sqrt{3}}{12}\pi$

073   2022학년도 고3 6월 평가원 미적분

그림과 같이 중심이 O_1, 반지름의 길이가 1이고 중심각의 크기가 $\dfrac{5\pi}{12}$ 인 부채꼴 $O_1A_1O_2$ 가 있다. 호 A_1O_2 위에 점 B_1 을 $\angle A_1O_1B_1 = \dfrac{\pi}{4}$ 가 되도록 잡고, 부채꼴 $O_1A_1B_1$ 에 색칠하여 얻은 그림을 R_1 이라 하자.

그림 R_1 에서 점 O_2 를 지나고 선분 O_1A_1 에 평행한 직선이 직선 O_1B_1 과 만나는 점을 A_2 라 하자. 중심이 O_2 이고 중심각의 크기가 $\dfrac{5\pi}{12}$ 인 부채꼴 $O_2A_2O_3$ 을 부채꼴 $O_1A_1B_1$ 과 겹치지 않도록 그린다. 호 A_2O_3 위에 점 B_2 를 $\angle A_2O_2B_2 = \dfrac{\pi}{4}$ 가 되도록 잡고, 부채꼴 $O_2A_2B_2$ 에 색칠하여 얻은 그림을 R_2 라 하자.

이와 같은 과정을 계속하여 n 번째 얻은 그림 R_n 에 색칠되어 있는 부분의 넓이를 S_n 이라 할 때, $\displaystyle\lim_{n \to \infty} S_n$ 의 값은? [3점]

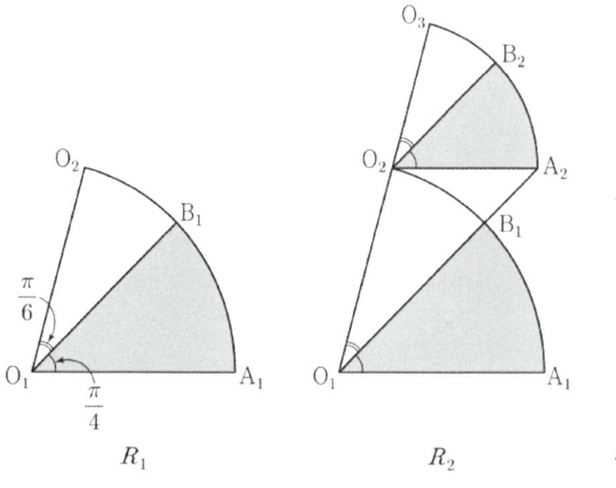

R_1 R_2 ...

① $\dfrac{3\pi}{16}$ ② $\dfrac{7\pi}{32}$ ③ $\dfrac{\pi}{4}$

④ $\dfrac{9\pi}{32}$ ⑤ $\dfrac{5\pi}{16}$

074   2022학년도 사관학교 미적분

그림과 같이 $\overline{AB_1}=2$, $\overline{AD_1}=\sqrt{5}$ 인 직사각형 $AB_1C_1D_1$ 이 있다. 중심이 A 이고 반지름의 길이가 $\overline{AD_1}$ 인 원과 선분 B_1C_1 의 교점을 E_1, 중심이 C_1 이고 반지름의 길이가 $\overline{C_1D_1}$ 인 원과 선분 B_1C_1 의 교점을 F_1 이라 하자. 호 D_1F_1 과 두 선분 D_1E_1, F_1E_1 로 둘러싸인 부분에 색칠하여 얻은 그림을 R_1 이라 하자.

그림 R_1 에서 선분 AB_1 위의 점 B_2, 호 D_1F_1 위의 점 C_2, 선분 AD_1 위의 점 D_2 와 점 A 를 꼭짓점으로 하고 $\overline{AB_2} : \overline{AD_2} = 2 : \sqrt{5}$ 인 직사각형 $AB_2C_2D_2$ 를 그린다.

중심이 A 이고 반지름의 길이가 $\overline{AD_2}$ 인 원과 선분 B_2C_2 의 교점을 E_2, 중심이 C_2 이고 반지름의 길이가 $\overline{C_2D_2}$ 인 원과 선분 B_2C_2 의 교점을 F_2 라 하자. 호 D_2F_2 와 두 선분 D_2E_2, F_2E_2 로 둘러싸인 부분에 색칠하여 얻은 그림을 R_2 라 하자.

이와 같은 과정을 계속하여 n 번째 얻은 그림 R_n 에 색칠되어 있는 부분의 넓이를 S_n 이라 할 때, $\displaystyle\lim_{n \to \infty} S_n$ 의 값은? [3점]

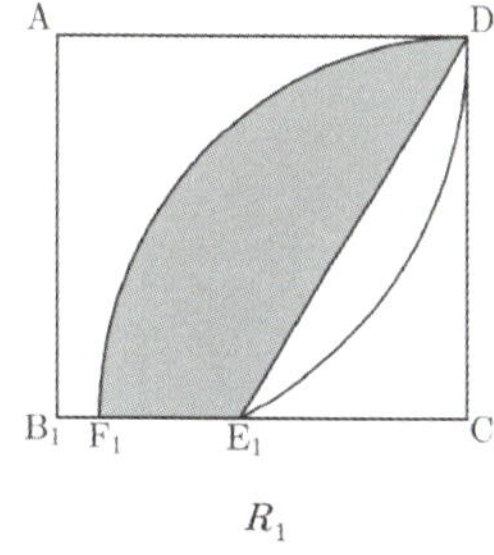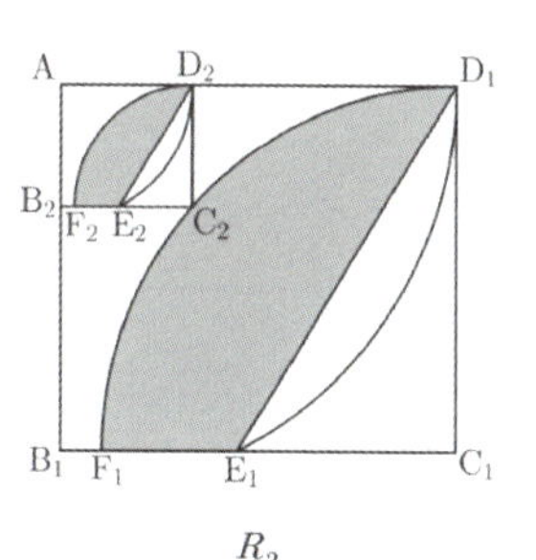

R_1 R_2 ...

① $\dfrac{8\pi+8-8\sqrt{5}}{7}$ ② $\dfrac{8\pi+8-7\sqrt{5}}{7}$

③ $\dfrac{9\pi+9-9\sqrt{5}}{8}$ ④ $\dfrac{9\pi+9-8\sqrt{5}}{8}$

⑤ $\dfrac{10\pi+10-10\sqrt{5}}{8}$

그림과 같이 $\overline{AB_1}=1$, $\overline{B_1C_1}=2$ 인 직사각형 $AB_1C_1D_1$이 있다. $\angle AD_1C_1$을 삼등분하는 두 직선이 선분 B_1C_1과 만나는 점 중 점 B_1에 가까운 점을 E_1, 점 C_1에 가까운 점을 F_1이라 하자. $\overline{E_1F_1}=\overline{F_1G_1}$, $\angle E_1F_1G_1=\dfrac{\pi}{2}$ 이고 선분 AD_1과 선분 F_1G_1이 만나도록 점 G_1을 잡아 삼각형 $E_1F_1G_1$을 그린다.

선분 E_1D_1과 선분 F_1G_1이 만나는 점을 H_1이라 할 때, 두 삼각형 $G_1E_1H_1$, $H_1F_1D_1$로 만들어진 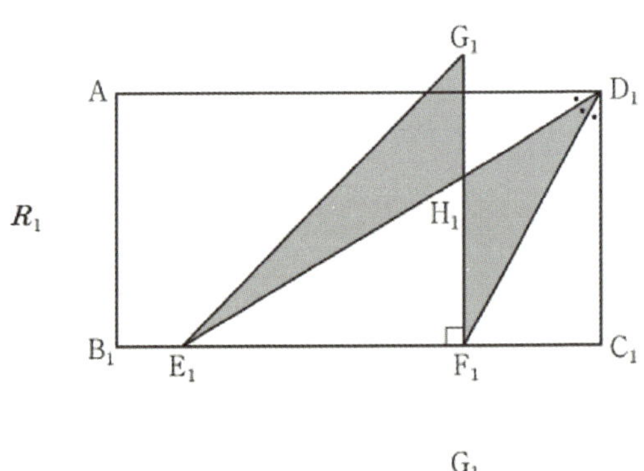 모양의 도형에 색칠하여 얻은 그림을 R_1이라 하자.

그림 R_1에 선분 AB_1 위의 점 B_2, 선분 E_1G_1 위의 점 C_2, 선분 AD_1 위의 점 D_2와 점 A를 꼭짓점으로 하고 $\overline{AB_2}:\overline{B_2C_2}=1:2$인 직사각형 $AB_2C_2D_2$를 그린다. 직사각형 $AB_2C_2D_2$에 그림 R_1을 얻은 것과 같은 방법으로 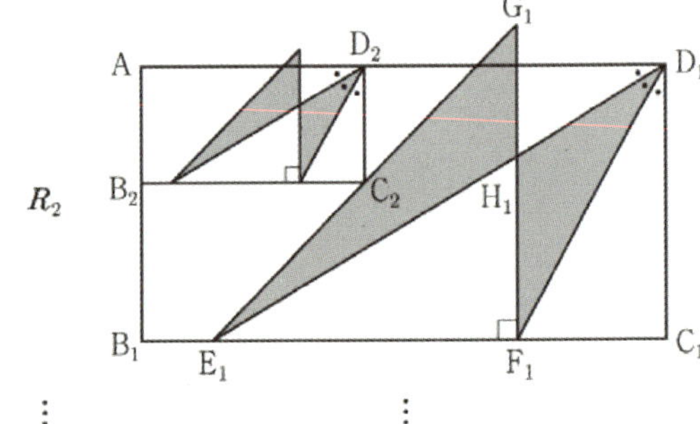 모양의 도형을 그리고 색칠하여 얻은 그림을 R_2라 하자.

이와 같은 과정을 계속하여 n번째 얻은 그림 R_n에 색칠되어 있는 부분의 넓이를 S_n이라 할 때, $\displaystyle\lim_{n\to\infty}S_n$의 값은? [3점]

① $\dfrac{2\sqrt{3}}{9}$ ② $\dfrac{5\sqrt{3}}{18}$ ③ $\dfrac{\sqrt{3}}{3}$

④ $\dfrac{7\sqrt{3}}{18}$ ⑤ $\dfrac{4\sqrt{3}}{9}$

그림과 같이 $\overline{A_1B_1}=2$, $\overline{B_1A_2}=3$ 이고 $\angle A_1B_1A_2=\dfrac{\pi}{3}$ 인 삼각형 $A_1A_2B_1$과 이 삼각형의 외접원 O_1이 있다. 점 A_2를 지나고 직선 A_1B_1에 평행한 직선이 원 O_1과 만나는 점 중 A_2가 아닌 점을 B_2라 하자. 두 선분 A_1B_2, B_1A_2가 만나는 점을 C_1이라 할 때, 두 삼각형 $A_1A_2C_1$, $B_1C_1B_2$로 만들어진 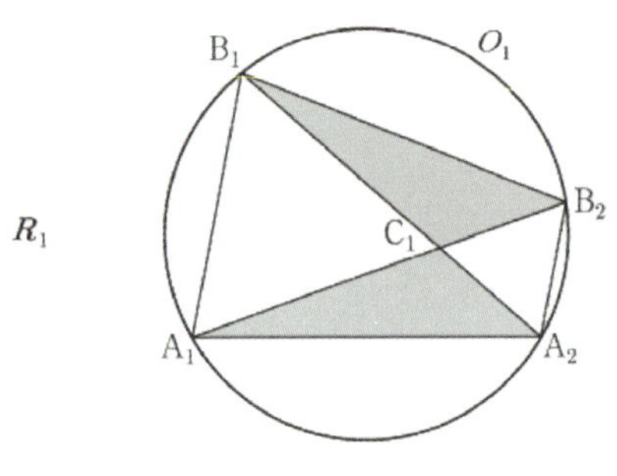 모양의 도형에 색칠하여 얻은 그림을 R_1이라 하자.

그림 R_1에서 점 B_2를 지나고 직선 B_1A_2에 평행한 직선이 직선 A_1A_2와 만나는 점을 A_3이라 할 때, 삼각형 $A_2A_3B_2$의 외접원을 O_2라 하자. 그림 R_1을 얻은 것과 같은 방법으로 두 점 B_3, C_2를 잡아 원 O_2에 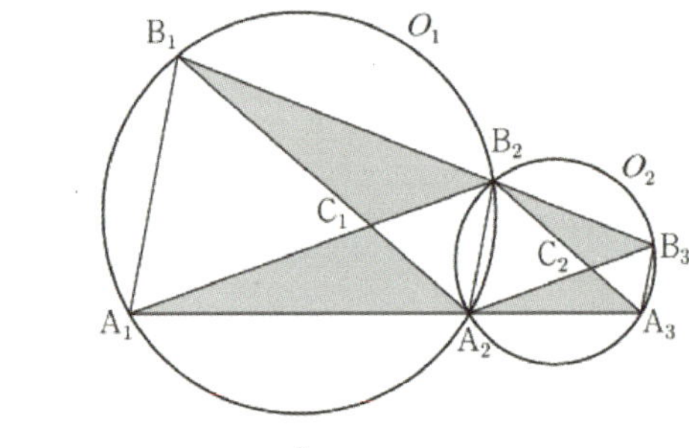 모양의 도형을 그리고 색칠하여 얻은 그림을 R_2라 하자.

이와 같은 과정을 계속하여 n번째 얻은 그림 R_n에 색칠되어 있는 부분의 넓이를 S_n이라 할 때, $\displaystyle\lim_{n\to\infty}S_n$의 값은? [3점]

① $\dfrac{11\sqrt{3}}{9}$ ② $\dfrac{4\sqrt{3}}{3}$ ③ $\dfrac{13\sqrt{3}}{9}$

④ $\dfrac{14\sqrt{3}}{9}$ ⑤ $\dfrac{5\sqrt{3}}{3}$

077 2023학년도 고3 9월 평가원 미적분

그림과 같이 $\overline{A_1B_1}=4$, $\overline{A_1D_1}=1$인 직사각형 $A_1B_1C_1D_1$에서 두 대각선의 교점을 E_1이라 하자.

$\overline{A_2D_1}=\overline{D_1E_1}$, $\angle A_2D_1E_1=\dfrac{\pi}{2}$이고 선분 D_1C_1과 선분 A_2E_1이 만나도록 점 A_2를 잡고,

$\overline{B_2C_1}=\overline{C_1E_1}$, $\angle B_2C_1E_1=\dfrac{\pi}{2}$이고 선분 D_1C_1과 선분 B_2E_1이 만나도록 점 B_2를 잡는다.

두 삼각형 $A_2D_1E_1$, $B_2C_1E_1$을 그린 후 ⋀⋀ 모양의 도형에 색칠하여 얻은 그림을 R_1이라 하자.

그림 R_1에서 $\overline{A_2B_2}:\overline{A_2D_2}=4:1$이고 선분 D_2C_2가 두 선분 A_2E_1, B_2E_1과 만나지 않도록 직사각형 $A_2B_2C_2D_2$를 그린다. 그림 R_1을 얻은 것과 같은 방법으로 세 점 E_2, A_3, B_3을 잡고 두 삼각형 $A_3D_2E_2$, $B_3C_2E_2$를 그린 후 ⋀⋀ 모양의 도형에 색칠하여 얻은 그림을 R_2라 하자.

이와 같은 과정을 계속하여 n번째 얻은 그림 R_n에 색칠되어 있는 부분의 넓이를 S_n이라 할 때, $\displaystyle\lim_{n\to\infty}S_n$의 값은? [3점]

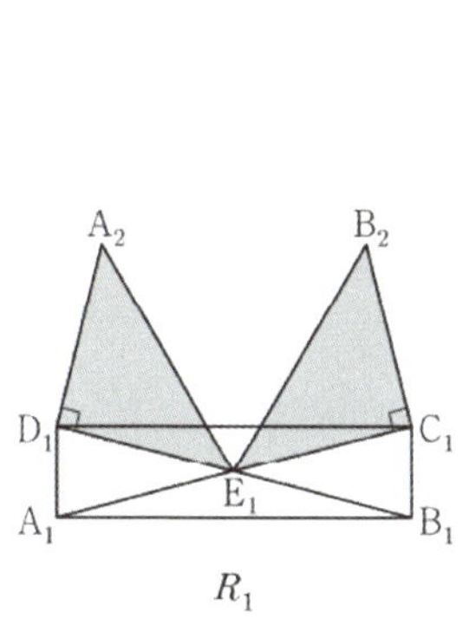

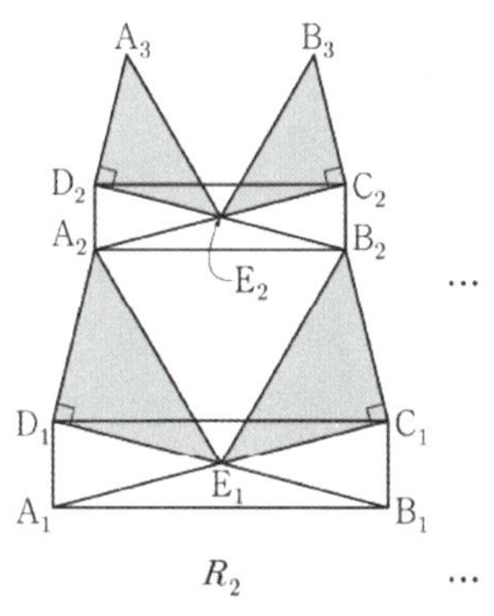

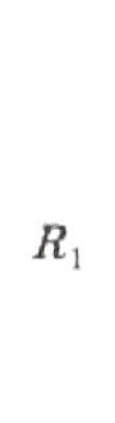

① $\dfrac{68}{5}$ ② $\dfrac{34}{3}$ ③ $\dfrac{68}{7}$

④ $\dfrac{17}{2}$ ⑤ $\dfrac{68}{9}$

---

078 2023학년도 수능 미적분

그림과 같이 중심이 O, 반지름의 길이가 1이고 중심각의 크기가 $\dfrac{\pi}{2}$인 부채꼴 OA_1B_1이 있다. 호 A_1B_1 위에 점 P_1, 선분 OA_1 위에 점 C_1, 선분 OB_1 위에 점 D_1을 사각형 $OC_1P_1D_1$이 $\overline{OC_1}:\overline{OD_1}=3:4$인 직사각형이 되도록 잡는다. 부채꼴 OA_1B_1의 내부에 점 Q_1을 $\overline{P_1Q_1}=\overline{A_1Q_1}$, $\angle P_1Q_1A_1=\dfrac{\pi}{2}$가 되도록 잡고, 이등변삼각형 $P_1Q_1A_1$에 색칠하여 얻은 그림을 R_1이라 하자.

그림 R_1에서 선분 OA_1 위의 점 A_2와 선분 OB_1 위의 점 B_2를 $\overline{OQ_1}=\overline{OA_2}=\overline{OB_2}$가 되도록 잡고, 중심이 O, 반지름의 길이가 $\overline{OQ_1}$, 중심각의 크기가 $\dfrac{\pi}{2}$인 부채꼴 OA_2B_2를 그린다. 그림 R_1을 얻은 것과 같은 방법으로 네 점 P_2, C_2, D_2, Q_2를 잡고, 이등변삼각형 $P_2Q_2A_2$에 색칠하여 얻은 그림을 R_2라 하자.

이와 같은 과정을 계속하여 n번째 얻은 그림 R_n에 색칠되어 있는 부분의 넓이를 S_n이라 할 때, $\displaystyle\lim_{n\to\infty}S_n$의 값은? [3점]

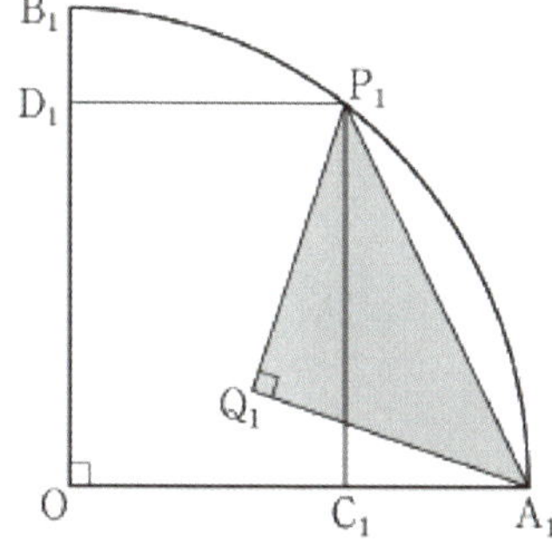

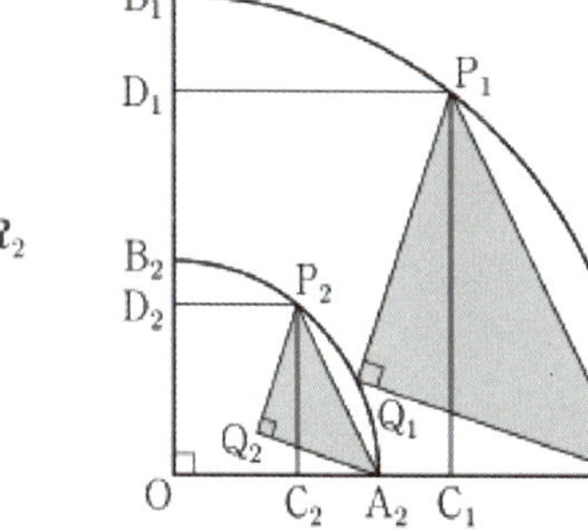

① $\dfrac{9}{40}$ ② $\dfrac{1}{4}$ ③ $\dfrac{11}{40}$

④ $\dfrac{3}{10}$ ⑤ $\dfrac{13}{40}$

첫째항과 공비가 각각 0이 아닌 두 등비수열

$\{a_n\}$, $\{b_n\}$에 대하여 두 급수 $\displaystyle\sum_{n=1}^{\infty} a_n$, $\displaystyle\sum_{n=1}^{\infty} b_n$이 각각

수렴하고

$$\sum_{n=1}^{\infty} a_n b_n = \left(\sum_{n=1}^{\infty} a_n\right) \times \left(\sum_{n=1}^{\infty} b_n\right), \quad 3\times\sum_{n=1}^{\infty}|a_{2n}| = 7\times\sum_{n=1}^{\infty}|a_{3n}|$$

이 성립한다. $\displaystyle\sum_{n=1}^{\infty} \frac{b_{2n-1}+b_{3n+1}}{b_n} = S$일 때, $120S$의 값을

구하시오. [4점]

첫째항이 1이고 공비가 0이 아닌 등비수열 $\{a_n\}$에 대하여

급수 $\displaystyle\sum_{n=1}^{\infty} a_n$이 수렴하고

$$\sum_{n=1}^{\infty} \left(20a_{2n} + 21|a_{3n-1}|\right) = 0$$

이다. 첫째항이 0이 아닌 등비수열 $\{b_n\}$에 대하여

급수 $\displaystyle\sum_{n=1}^{\infty} \frac{3|a_n|+b_n}{a_n}$이 수렴할 때, $b_1 \times \displaystyle\sum_{n=1}^{\infty} b_n$의 값을

구하시오. [4점]

등비수열 $\{a_n\}$이

$$\sum_{n=1}^{\infty} (|a_n|+a_n) = \frac{40}{3}, \quad \sum_{n=1}^{\infty} (|a_n|-a_n) = \frac{20}{3}$$

을 만족시킨다. 부등식

$$\lim_{n\to\infty} \sum_{k=1}^{2n} \left((-1)^{\frac{k(k+1)}{2}} \times a_{m+k} \right) > \frac{1}{700}$$

을 만족시키는 모든 자연수 m의 값의 합을 구하시오. [4점]

082   2021학년도 수능 가형

그림과 같이 $\overline{AB_1}=2$, $\overline{AD_1}=4$ 인 직사각형 $AB_1C_1D_1$ 이 있다. 선분 AD_1 을 $3:1$ 로 내분하는 점을 E_1 이라 하고, 직사각형 $AB_1C_1D_1$ 의 내부에 점 F_1 을 $\overline{F_1E_1}=\overline{F_1C_1}$,

$\angle E_1F_1C_1=\dfrac{\pi}{2}$ 가 되도록 잡고 삼각형 $E_1F_1C_1$ 을 그린다.

사각형 $E_1F_1C_1D_1$ 을 색칠하여 얻은 그림을 R_1 이라 하자.

그림 R_1 에서 선분 AB_1 위의 점 B_2, 선분 E_1F_1 위의 점 C_2, 선분 AE_1 위의 점 D_2 와 점 A 를 꼭짓점으로 하고 $\overline{AB_2}:\overline{AD_2}=1:2$ 인 직사각형 $AB_2C_2D_2$ 를 그린다.

그림 R_1 을 얻는 것과 같은 방법으로 직사각형 $AB_2C_2D_2$ 에 삼각형 $E_2F_2C_2$ 를 그리고 사각형 $E_2F_2C_2D_2$ 를 색칠하여 얻은 그림을 R_2 라 하자.

이와 같은 과정을 계속하여 n 번째 얻은 그림 R_n 에 색칠되어 있는 부분의 넓이를 S_n 이라 할 때, $\lim_{n \to \infty} S_n$ 의 값은? [4점]

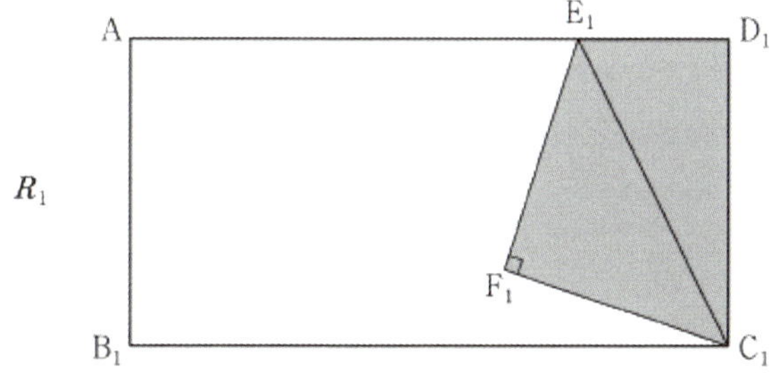

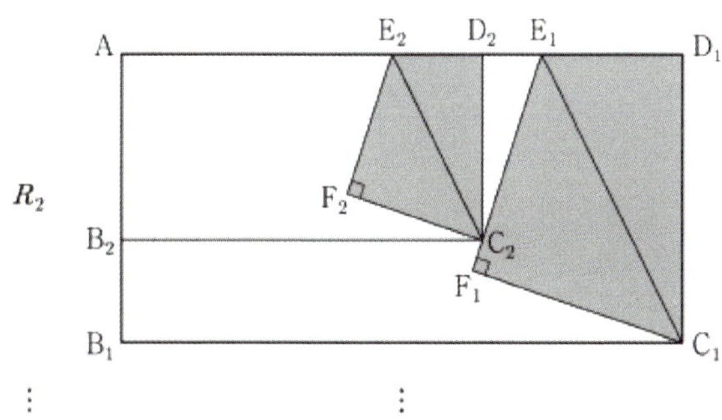

① $\dfrac{441}{103}$ ② $\dfrac{441}{109}$ ③ $\dfrac{441}{115}$

④ $\dfrac{441}{121}$ ⑤ $\dfrac{441}{127}$

083   2012학년도 사관학교 나형

함수 $f(x)=\displaystyle\sum_{n=1}^{\infty}\dfrac{9^n x^{18}}{(9+x^{2p})^n}$ 에 대하여 $f(x)$ 가 실수 전체의 집합에서 연속이기 위한 자연수 p 의 개수는? [4점]

① 2   ② 4   ③ 6

④ 8   ⑤ 10

084   2024학년도 고3 6월 평가원 미적분

수열 $\{a_n\}$ 은 등비수열이고, 수열 $\{b_n\}$ 을 모든 자연수 n 에 대하여

$$b_n=\begin{cases} -1 & (a_n \le -1) \\ a_n & (a_n > -1) \end{cases}$$

이라 할 때, 수열 $\{b_n\}$ 은 다음 조건을 만족시킨다.

> (가) 급수 $\displaystyle\sum_{n=1}^{\infty} b_{2n-1}$ 은 수렴하고 그 합은 -3 이다.
>
> (나) 급수 $\displaystyle\sum_{n=1}^{\infty} b_{2n}$ 은 수렴하고 그 합은 8 이다.

$b_3=-1$ 일 때, $\displaystyle\sum_{n=1}^{\infty} |a_n|$ 의 값을 구하시오. [4점]

그림과 같이 $\overline{A_1B_1}=2\sqrt{2}$, $\overline{B_1C_1}=\sqrt{2}$ 인 직사각형 $A_1B_1C_1D_1$이 있다. 선분 C_1D_1의 중점을 E_1이라 할 때, 선분 B_1E_1을 지름으로 하는 원과 선분 A_1B_1의 교점 중 B_1이 아닌 점을 F_1이라 하자. 중심이 D_1이고 호 E_1F_1에 접하는 원과 두 선분 C_1D_1, A_1D_1의 교점을 각각 G_1, H_1이라 하자.

직사각형 $A_1B_1C_1D_1$에 두 호 E_1F_1, G_1H_1과 세 선분 A_1F_1, A_1H_1, E_1G_1로 둘러싸인 ⌐ 모양의 도형을 그리고 색칠하여 얻은 그림을 R_1이라 하자.

그림 R_1에 선분 F_1B_1 위의 점 B_2, 선분 B_1C_1 위의 점 C_2, 선분 E_1C_1 위의 점 D_2를 선분 C_2D_2가 선분 B_1E_1과 평행하고 $\overline{B_2C_2} : \overline{C_2D_2} = 1 : 2$이 되도록 잡아 직사각형 $A_2B_2C_2D_2$를 그리고, 그림 R_1을 얻은 것과 같은 방법으로 직사각형 $A_2B_2C_2D_2$에 ⌐ 모양을 그리고 색칠하여 얻은 그림을 R_2라 하자.

이와 같은 과정을 계속하여 n번째 얻은 그림 R_n에 색칠되어 있는 부분의 넓이를 S_n이라 할 때, $\lim\limits_{n \to \infty} S_n$의 값은?

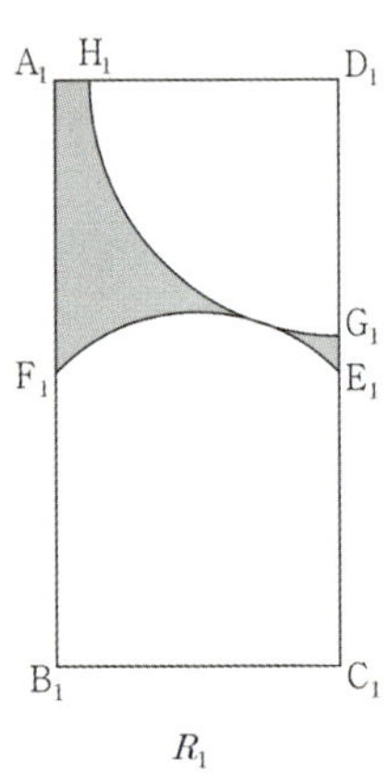
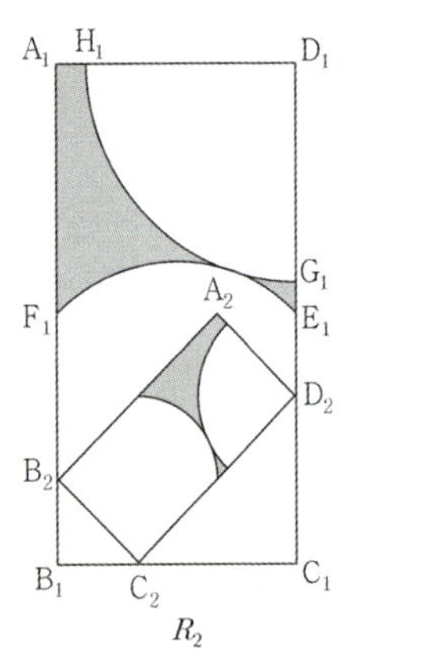

① $\dfrac{45}{14} - \dfrac{9}{28}(7-2\sqrt{5})\pi$

② $\dfrac{45}{14} - \dfrac{1}{4}(7-\sqrt{5})\pi$

③ $\dfrac{45}{14} - \dfrac{5}{28}(7-3\sqrt{5})\pi$

④ $\dfrac{50}{14} - \dfrac{5}{28}(7-2\sqrt{5})\pi$

⑤ $\dfrac{50}{14} - \dfrac{3}{28}(7-2\sqrt{5})\pi$

그림과 같이 $\overline{AB_1}=3$, $\overline{AC_1}=2$이고 $\angle B_1AC_1 = \dfrac{\pi}{3}$ 인 삼각형 AB_1C_1이 있다. $\angle B_1AC_1$의 이등분선이 선분 B_1C_1과 만나는 점을 D_1, 세 점 A, D_1, C_1을 지나는 원이 선분 AB_1과 만나는 점 중 A가 아닌 점을 B_2라 할 때, 두 선분 B_1B_2, B_1D_1과 호 B_2D_1로 둘러싸인 부분과 선분 C_1D_1과 호 C_1D_1로 둘러싸인 부분인 ⌐ 모양의 도형에 색칠하여 얻은 그림을 R_1이라 하자.

그림 R_1에서 점 B_2를 지나고 직선 B_1C_1에 평행한 직선이 두 선분 AD_1, AC_1과 만나는 점을 각각 D_2, C_2라 하자. 세 점 A, D_2, C_2를 지나는 원이 선분 AB_2와 만나는 점 중 A가 아닌 점을 B_3이라 할 때, 두 선분 B_2B_3, B_2D_2와 호 B_3D_2로 둘러싸인 부분과 선분 C_2D_2와 호 C_2D_2로 둘러싸인 부분인 ⌐ 모양의 도형에 색칠하여 얻은 그림을 R_2라 하자.

이와 같은 과정을 계속하여 n번째 얻은 그림 R_n에 색칠되어 있는 부분의 넓이를 S_n이라 할 때, $\lim\limits_{n \to \infty} S_n$의 값은? [4점]

R_1
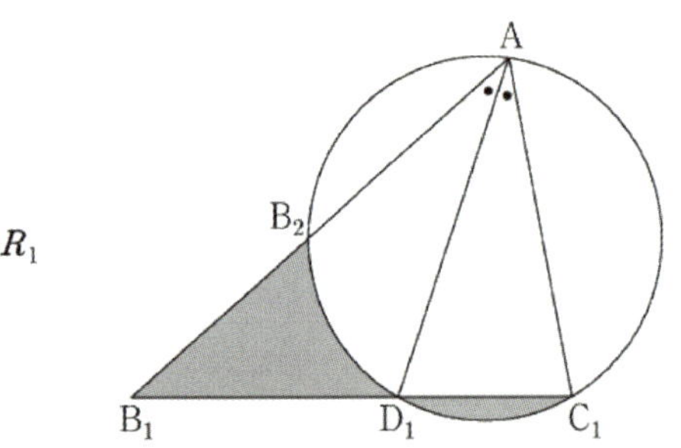

R_2
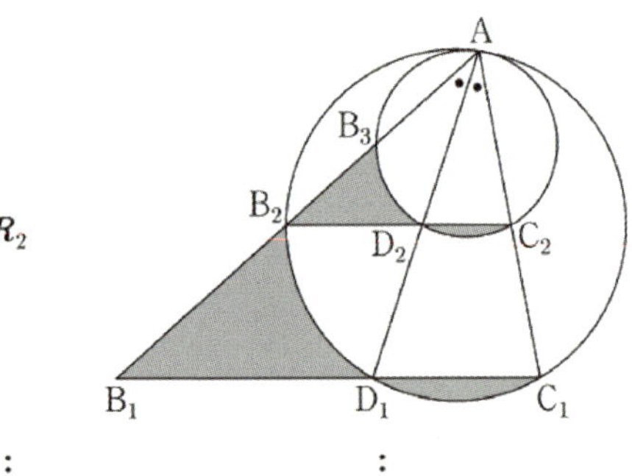

① $\dfrac{27\sqrt{3}}{46}$

② $\dfrac{15\sqrt{3}}{23}$

③ $\dfrac{33\sqrt{3}}{46}$

④ $\dfrac{18\sqrt{3}}{23}$

⑤ $\dfrac{39\sqrt{3}}{46}$

규토 라이트 N제

미분법

1. 여러 가지 함수의 미분

01 지수함수와 로그함수의 극한

성취 기준 – 지수함수와 로그함수의 극한을 구할 수 있다.

개념 파악하기 **(1) 지수함수와 로그함수의 극한은 어떻게 구할까?**

지수함수의 극한

지수함수 $y = a^x \,(a > 0, \ a \neq 1)$ 의 그래프를 이용하여 $y = a^x$ 의 극한에 대하여 알아보자.

① $a > 1$

② $0 < a < 1$

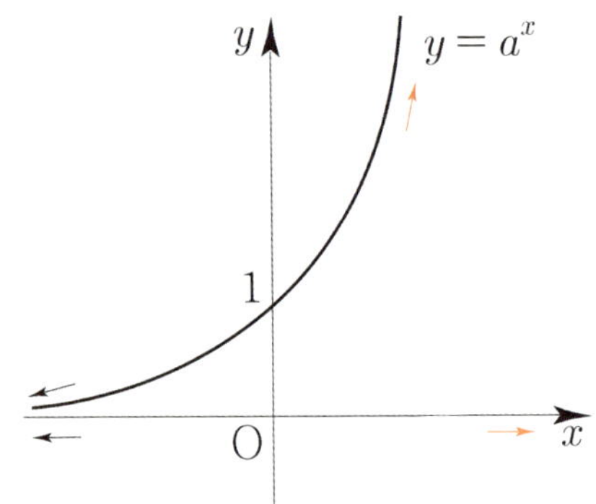
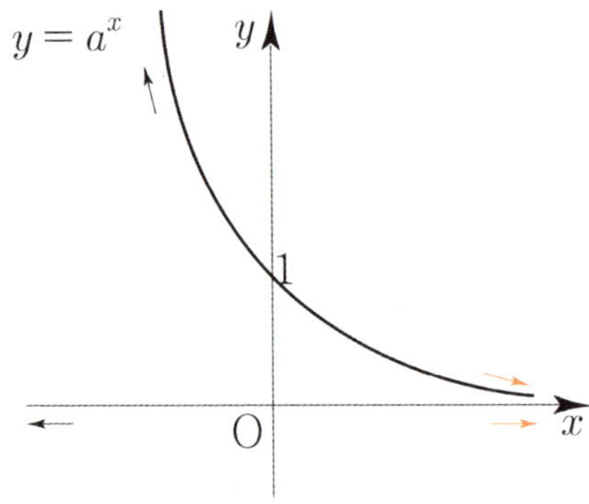

위 그래프에서 알 수 있듯이 $x \to \infty$ 또는 $x \to -\infty$ 일 때, 지수함수 $y = a^x$ 의 극한은 다음과 같다.

① $a > 1$ 일 때 $\quad \lim\limits_{x \to \infty} a^x = \infty, \ \lim\limits_{x \to -\infty} a^x = 0$

② $0 < a < 1$ 일 때 $\quad \lim\limits_{x \to \infty} a^x = 0, \ \lim\limits_{x \to -\infty} a^x = \infty$

ex $\lim\limits_{x \to \infty} 3^x = \infty, \ \lim\limits_{x \to \infty}\left(\dfrac{1}{3}\right)^x = 0, \ \lim\limits_{x \to \infty}\left(\dfrac{4}{5}\right)^x = 0, \ \lim\limits_{x \to 2} 5^x = 25$

Tip 1 지수함수의 극한은 그래프를 이용하여 직관적으로 이해하면 된다.
즉, 지수함수의 양의 무한대 또는 음의 무한대에서의 극한은 그래프와 점근선을 통해 이해하면 된다.

Tip 2 지수함수 $y = a^x \,(a > 0, \ a \neq 1)$ 은 실수 전체의 집합에서 연속이므로
임의의 실수 k 에 대하여 $\lim\limits_{x \to k} a^x = a^k$ 이다.
즉, 지수함수의 임의의 점에서의 극한값은 그 점에서의 함숫값과 같다.

개념 확인문제 **1** 다음 극한을 조사하시오.

(1) $\lim\limits_{x \to \infty} 4^x$

(2) $\lim\limits_{x \to \infty}\left(\dfrac{1}{2}\right)^x$

(3) $\lim\limits_{x \to -2} 5^{-x}$

예제 **1**

극한값 $\displaystyle\lim_{x \to \infty} \frac{5^x + 2^x}{5^x - 3^x}$ 을 구하시오.

풀이

분자, 분모를 각각 5^x 로 나누면 $\displaystyle\lim_{x \to \infty} \frac{5^x + 2^x}{5^x - 3^x} = \lim_{x \to \infty} \frac{1 + \left(\dfrac{2}{5}\right)^x}{1 - \left(\dfrac{3}{5}\right)^x} = \frac{1+0}{1-0} = 1$

물론 수열의 극한에서 배운 것처럼 $x \to \infty$ 에서 $5^x + 2^x \simeq 5^x$, $5^x - 3^x \simeq 5^x$ 라 보고

$\displaystyle\lim_{x \to \infty} \frac{5^x + 2^x}{5^x - 3^x} = \lim_{x \to \infty} \frac{5^x}{5^x} = 1$ 로 판단해도 된다.

개념 확인문제 **2** 다음 극한값을 구하시오.

(1) $\displaystyle\lim_{x \to \infty} \frac{3^{x+1} + 2^x}{3^x - 2^x}$

(2) $\displaystyle\lim_{x \to -\infty} \frac{2^x + 5}{2^x + 1}$

로그함수의 극한

로그함수 $y = \log_a x \, (a > 0,\ a \neq 1)$ 의 그래프를 이용하여 $y = \log_a x$ 의 극한에 대하여 알아보자.

① $a > 1$

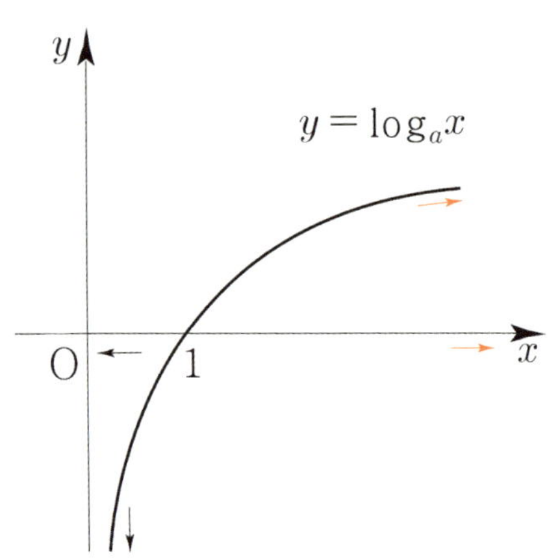

② $0 < a < 1$

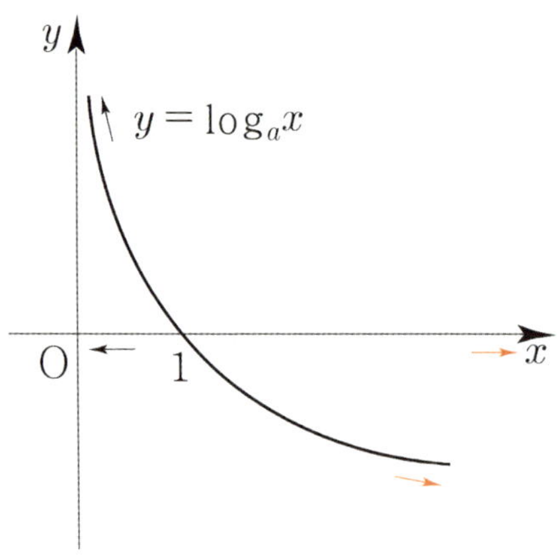

위 그래프에서 알 수 있듯이 $x \to 0+$ 또는 $x \to \infty$ 일 때, 로그함수 $y = \log_a x$ 의 극한은 다음과 같다.

① $a > 1$ 일 때 $\quad \lim_{x \to 0+} \log_a x = -\infty, \quad \lim_{x \to \infty} \log_a x = \infty$

② $0 < a < 1$ 일 때 $\quad \lim_{x \to 0+} \log_a x = \infty, \quad \lim_{x \to \infty} \log_a x = -\infty$

> **ex** $\quad \lim_{x \to 0+} \log_3 x = -\infty, \quad \lim_{x \to \infty} \log_3 x = \infty, \quad \lim_{x \to 9} \log_3 x = 2$

Tip 1 로그함수의 극한은 그래프를 이용하여 직관적으로 이해하면 된다.
즉, 로그함수의 0 에서의 우극한과 양의 무한대에서의 극한을 그래프와 점근선을 통해 이해하면 된다.

Tip 2 로그함수 $y = \log_a x \, (a > 0,\ a \neq 1)$ 는 양의 실수 전체의 집합에서 연속이므로
임의의 양수 k 에 대하여 $\lim_{x \to k} \log_a x = \log_a k$ 이다.
즉, 로그함수의 $x > 0$ 인 임의의 점에서의 극한값은 그 점에서의 함숫값과 같다.

Tip 3 함수 $f(x)$ 에 대하여 $f(x) > 0$ 이고 a 가 1 이 아닌 양수, c 가 실수일 때, 다음이 성립한다.
(1) $\lim_{x \to c} f(x) = M \,(M > 0)$ 이면 $\lim_{x \to c} \{\log_a f(x)\} = \log_a \left\{ \lim_{x \to c} f(x) \right\} = \log_a M$ 이다.
(2) $\lim_{x \to \infty} f(x) = N \,(N > 0)$ 이면 $\lim_{x \to \infty} \{\log_a f(x)\} = \log_a \left\{ \lim_{x \to \infty} f(x) \right\} = \log_a N$ 이다.

개념 확인문제 3 다음 극한을 조사하시오.

(1) $\lim_{x \to \infty} \log_2 x$

(2) $\lim_{x \to 0+} \log_{\frac{1}{5}} x$

(3) $\lim_{x \to 4} \log_{\frac{1}{2}} x$

예제 2

다음 극한값을 구하시오.

(1) $\displaystyle\lim_{x \to 3} \log_2 \frac{2x+2}{x-1}$

(2) $\displaystyle\lim_{x \to \infty} \{\log_2(2x+3) - \log_2 x\}$

풀이

(1) $\displaystyle\lim_{x \to 3} \log_2 \frac{2x+2}{x-1} = \log_2 \frac{8}{2} = \log_2 4 = 2$

(2) 로그의 성질에 의하여

$$\lim_{x \to \infty} \{\log_2(2x+3) - \log_2 x\} = \lim_{x \to \infty} \log_2 \frac{2x+3}{x} = \log_2 2 = 1$$

개념 확인문제 4 다음 극한값을 구하시오.

(1) $\displaystyle\lim_{x \to -2} \log_9 \frac{-5x+8}{-x+4}$

(2) $\displaystyle\lim_{x \to \infty} \left\{ \log_{\frac{1}{4}}(8x+3) - \log_{\frac{1}{4}}(2x+1) \right\}$

무리수 e

x 의 값이 0 에 한없이 가까워질 때, 함수 $f(x) = (1+x)^{\frac{1}{x}}$ 의 값은 2 와 3 사이의 어떤 일정한 값에 가까워진다.

실제로 극한값 $\lim\limits_{x \to 0}(1+x)^{\frac{1}{x}}$ 의 값이 존재함이 알려져 있고, 이 극한값을 e 로 나타낸다.

즉, $\lim\limits_{x \to 0}(1+x)^{\frac{1}{x}} = e$ 이다.

이때 e 는 무리수이고, 그 값은 $e = 2.718281828459045 \cdots$ 임이 알려져 있다.

한편, $\lim\limits_{x \to 0}(1+x)^{\frac{1}{x}} = e$ 에서 $\dfrac{1}{x} = t$ 라 하면 $x \to 0+$ 일 때 $t \to \infty$ 이므로 $\lim\limits_{t \to \infty}\left(1 + \dfrac{1}{t}\right)^{t} = e$ 이다.

Tip 1 1^{∞} 꼴은 e 라고 기억하면 편하다.

Tip 2 $\lim\limits_{x \to k} f(x) = 0$ 이면 $\lim\limits_{x \to k}(1 + f(x))^{\frac{1}{f(x)}} = e$ 이다.

x 가 어디로 가느냐가 중요한 것이 아니라 $f(x)$ 가 0 으로 가는 것이 포인트이다.

예제 3

다음 극한값을 구하시오.

(1) $\lim\limits_{x \to 0}(1+2x)^{\frac{1}{x}}$

(2) $\lim\limits_{x \to \infty}\left(1 + \dfrac{3}{x}\right)^{x}$

(3) $\lim\limits_{x \to 1}(2-x)^{\frac{2}{x-1}}$

(4) $\lim\limits_{x \to \infty}\left(\dfrac{x}{x+1}\right)^{x}$

풀이

(1) 1^{∞} 꼴인 것을 확인하였으니 $(1 + f(x))^{\frac{1}{f(x)}}$ 꼴로 변형하면 $\lim\limits_{x \to 0}(1+2x)^{\frac{1}{x}} = \lim\limits_{x \to 0}(1+2x)^{\frac{1}{2x} \times 2} = e^{2}$

(2) 1^{∞} 꼴인 것을 확인하였으니 $(1 + f(x))^{\frac{1}{f(x)}}$ 꼴로 변형하면 $\lim\limits_{x \to \infty}\left(1 + \dfrac{3}{x}\right)^{x} = \lim\limits_{x \to \infty}\left(1 + \dfrac{3}{x}\right)^{\frac{x}{3} \times 3} = e^{3}$

(3) 1^{∞} 꼴인 것을 확인하였으니 $(1 + f(x))^{\frac{1}{f(x)}}$ 꼴로 변형하면 $\lim\limits_{x \to 1}(2-x)^{\frac{2}{x-1}} = \lim\limits_{x \to 1}(1 + (1-x))^{\frac{1}{1-x} \times (-2)} = e^{-2}$

(4) 1^{∞} 꼴인 것을 확인하였으니 $(1 + f(x))^{\frac{1}{f(x)}}$ 꼴로 변형하면 $\lim\limits_{x \to \infty}\left(\dfrac{x}{x+1}\right)^{x} = \lim\limits_{x \to \infty}\left(1 + \left(-\dfrac{1}{x+1}\right)\right)^{-(x+1) \times \frac{x}{-(x+1)}}$

$$= e^{-1}$$

개념 확인문제 5   다음 극한값을 구하시오.

(1) $\displaystyle\lim_{x \to 0}(1+3x)^{\frac{2}{x}}$

(2) $\displaystyle\lim_{x \to \infty}\left(1+\frac{1}{2x}\right)^{4x}$

(3) $\displaystyle\lim_{x \to \infty}\left(1-\frac{1}{5x}\right)^{2x}$

(4) $\displaystyle\lim_{x \to 0}(1-3x)^{\frac{1}{x}}$

(5) $\displaystyle\lim_{x \to \infty}\left(\frac{x+3}{x+2}\right)^{3x}$

(6) $\displaystyle\lim_{x \to -1}(2+x)^{\frac{x}{x+1}}$

자연로그

무리수 e를 밑으로 하는 로그 $\log_e x$를 **자연로그**라 하고, 이것을 간단히 $\ln x$와 같이 나타낸다.

자연로그는 밑이 e인 로그이므로 로그의 성질이 모두 성립한다.

ex1 $\ln 1 = \log_e 1 = 0$

ex2 $\ln e = \log_e e = 1$

ex3 $\ln e^2 = \log_e e^2 = 2$

ex4 $\ln 2 + \ln 5 = \ln 10$

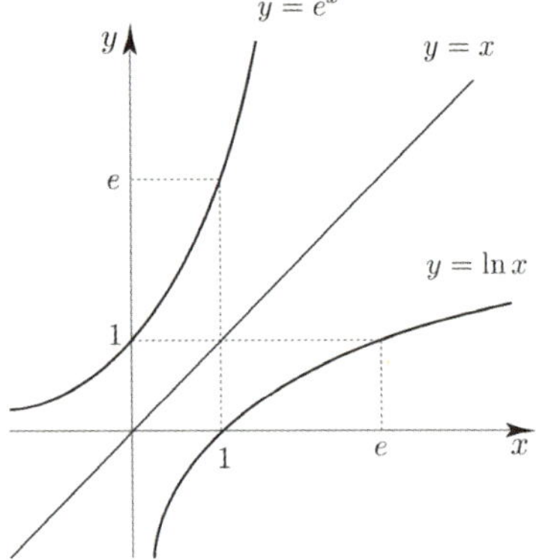

한편 자연로그는 e를 밑으로 하는 로그이므로 함수 $y = \ln x$의
역함수는 e를 밑으로 하는 지수함수 $y = e^x$이다.

즉, 로그함수 $y = \ln x$와 지수함수 $y = e^x$은 서로 역함수의 관계에 있으므로
두 함수의 그래프는 직선 $y = x$에 대칭이다.

여러 가지 함수의 극한

$\lim\limits_{x \to 0}(1+x)^{\frac{1}{x}} = e$ 임을 이용하여 여러 가지 함수의 극한값을 구해 보자.

① $\lim\limits_{x \to 0}\dfrac{\ln(1+x)}{x}$

$$\lim_{x \to 0}\frac{\ln(1+x)}{x} = \lim_{x \to 0}\frac{1}{x}\ln(1+x) = \lim_{x \to 0}\ln(1+x)^{\frac{1}{x}} = \ln e = 1$$

② $\lim\limits_{x \to 0}\dfrac{e^x - 1}{x}$

$e^x - 1 = t$라 하면 $e^x = 1+t$이므로 $x = \ln(1+t)$

$x \to 0$일 때 $t \to 0$이므로

$$\lim_{x \to 0}\frac{e^x - 1}{x} = \lim_{t \to 0}\frac{t}{\ln(1+t)} = \lim_{t \to 0}\frac{1}{\dfrac{\ln(1+t)}{t}} = \frac{1}{1} = 1$$

Tip 1 $\lim\limits_{x \to k}f(x) = 0$이면 $\lim\limits_{x \to k}\dfrac{\ln\{1+f(x)\}}{f(x)} = 1,\ \lim\limits_{x \to k}\dfrac{e^{f(x)}-1}{f(x)} = 1$이다.

x가 어디로 가느냐가 중요한 것이 아니라 $f(x)$가 0으로 가는 것이 포인트이다.

Tip 2   규토 라이트 수2에서 로피탈을 학습한 바 있다. 수2에서와 마찬가지로 간단한 극한값 계산은 로피탈로
처리해도 무방하지만 지수함수와 로그함수의 극한값을 구할 때는 정석적 방법으로 푸는 것이
로피탈보다 더 빠르고 효율적이다. (익숙해지면 무척 쉽다.)
따라서 지수함수와 로그함수의 극한만큼은 되도록 정석적 방법을 이용하여 풀도록 하자.

다음 극한값을 구하시오.

(1) $\displaystyle\lim_{x \to 0} \frac{\ln(1+3x)}{x}$

(2) $\displaystyle\lim_{x \to 0} \frac{e^{4x}-1}{3x}$

풀이

(1) $\displaystyle\lim_{x \to 0} \frac{\ln(1+3x)}{x} = \lim_{x \to 0} \frac{\ln(1+3x)}{3x} \times 3 = 1 \times 3 = 3$

(2) $\displaystyle\lim_{x \to 0} \frac{e^{4x}-1}{3x} = \lim_{x \to 0} \frac{e^{4x}-1}{4x} \times \frac{4}{3} = 1 \times \frac{4}{3} = \frac{4}{3}$

개념 확인문제 6 다음 극한값을 구하시오.

(1) $\displaystyle\lim_{x \to \infty} x\ln\left(1+\frac{2}{x}\right)$

(2) $\displaystyle\lim_{x \to 0} \frac{e^{5x}-1}{x}$

(3) $\displaystyle\lim_{x \to 0} \frac{\log_2(1+x)}{x}$

(4) $\displaystyle\lim_{x \to 0} \frac{\ln(1+x)}{e^{4x}-1}$

개념 확인문제 7 $a > 0$, $a \neq 1$ 일 때, $\displaystyle\lim_{x \to 0} \frac{a^x-1}{x} = \ln a$ 가 성립함을 보이시오.

02 지수함수와 로그함수의 도함수

성취 기준 - 지수함수와 로그함수를 미분할 수 있다.

개념 파악하기 | (3) 지수함수의 도함수는 어떻게 구할까?

지수함수의 도함수

도함수의 정의를 이용하여 지수함수 $f(x) = e^x$ 의 $x = 2$ 에서의 미분계수를 구하여 보자.

$$f'(2) = \lim_{h \to 0} \frac{f(2+h) - f(2)}{h} = \lim_{h \to 0} \frac{e^{2+h} - e^2}{h}$$

$$= \lim_{h \to 0} \frac{e^2(e^h - 1)}{h} = e^2 \lim_{h \to 0} \frac{e^h - 1}{h} = e^2 \times 1 = e^2$$

따라서 지수함수 $f(x) = e^x$ 의 $x = 2$ 에서의 미분계수는 e^2 이다.

이번에는 지수함수의 도함수를 구하여 보자.

지수함수 $y = a^x (a > 0, \ a \neq 1)$ 에서 도함수의 정의에 의하여

$$y' = \lim_{h \to 0} \frac{a^{x+h} - a^x}{h} = \lim_{h \to 0} \frac{a^x(a^h - 1)}{h} = a^x \lim_{h \to 0} \frac{a^h - 1}{h} = a^x \ln a \text{ 이다.}$$

따라서 지수함수 $y = a^x$ 의 도함수는 $y' = a^x \ln a$ 이다.

특히, $a = e$ 이면 $\ln e = 1$ 이므로
지수함수 $y = e^x$ 의 도함수는 $y' = e^x \ln e = e^x$ 이다.

> **Tip 1**
> 〈수2 복습〉
> 미분가능한 함수 $f(x)$ 의 도함수 $f'(x)$ 는
> $$f'(x) = \lim_{h \to 0} \frac{f(x+h) - f(x)}{h}$$

> **Tip 2** $\lim_{x \to 0} \dfrac{a^x - 1}{x} = \ln a$ (단, $a > 0$, $a \neq 1$) (개념 확인문제 7번 해설참고)

지수함수의 도함수 요약

① $y = a^x (a > 0, \ a \neq 1)$ 이면 $y' = a^x \ln a$
② $y = e^x$ 이면 $y' = e^x$

예제 5

다음 함수를 미분하시오.

(1) $y = 3^{x+1}$

(2) $y = xe^x$

풀이

(1) $3^{x+1} = 3 \times 3^x$ 이므로

$$y' = 3 \times 3^x \ln 3 = 3^{x+1} \ln 3$$

(2) 곱의 미분법에 의하여

$$y' = e^x + xe^x = (1+x)e^x$$

Tip 〈수2 복습〉

두 함수 $f(x)$, $g(x)$ 가 미분가능할 때 다음이 성립한다.

① $\{cf(x)\}' = cf'(x)$ (단, c 는 상수)
② $\{f(x)g(x)\}' = f'(x)g(x) + f(x)g'(x)$

개념 확인문제 8 다음 함수를 미분하시오.

(1) $y = e^x + 2^x$

(2) $y = (x+2)e^x$

개념 확인문제 9 함수 $f(x) = (x^2 + x)e^x$ 에 대하여 다음 값을 구하시오.

(1) $f'(-1)$

(2) $\displaystyle \lim_{h \to 0} \frac{f(1+2h) - f(1)}{h}$

로그함수의 도함수

로그함수의 도함수를 구하여 보자.

로그함수 $y = \ln x$ 에서 도함수의 정의에 의하여

$$y' = \lim_{h \to 0} \frac{\ln(x+h) - \ln x}{h} = \lim_{h \to 0} \frac{1}{h} \ln \frac{x+h}{x} = \lim_{h \to 0} \left\{ \frac{1}{x} \times \frac{x}{h} \ln\left(1 + \frac{h}{x}\right) \right\} = \frac{1}{x} \lim_{h \to 0} \ln\left(1 + \frac{h}{x}\right)^{\frac{x}{h}} \ \text{이다.}$$

여기서 $\dfrac{h}{x} = t$ 라 하면 $h \to 0$ 일 때 $t \to 0$ 이므로 $y' = \dfrac{1}{x} \lim_{t \to 0} \ln(1+t)^{\frac{1}{t}} = \dfrac{1}{x} \ln e = \dfrac{1}{x}$ 이다.

한편 $a > 0$, $a \neq 1$ 일 때, $\log_a x = \dfrac{\log_e x}{\log_e a} = \dfrac{\ln x}{\ln a}$ 이므로 로그함수 $y = \log_a x$ 의 도함수는

$$y' = (\log_a x)' = \frac{1}{\ln a} \times (\ln x)' = \frac{1}{\ln a} \times \frac{1}{x} = \frac{1}{x \ln a} \ \text{이다.}$$

로그함수의 도함수 요약

① $y = \ln x$ 이면 $y' = \dfrac{1}{x}$

② $y = \log_a x \, (a > 0, \ a \neq 1)$ 이면 $y' = \dfrac{1}{x \ln a}$

예제 6

다음 함수를 미분하시오.

(1) $y = (2x+1)\ln x$　　　　(2) $y = 4x \log_3 x$　　　　(3) $y = \log_2 3x$

풀이

(1) 곱의 미분법에 의하여 $y' = 2\ln x + (2x+1)\dfrac{1}{x} = 2\ln x + 2 + \dfrac{1}{x}$

(2) 곱의 미분법에 의하여 $y' = 4\log_3 x + 4x \times \dfrac{1}{x \ln 3} = 4\log_3 x + \dfrac{4}{\ln 3}$

(3) $y = \log_2 3x = \log_2 3 + \log_2 x$ 이므로 $y' = \dfrac{1}{x \ln 2}$

개념 확인문제　10　　다음 함수를 미분하시오.

(1) $y = x^4 + \log_5 x$　　　　(2) $y = \ln x^3$　　　　(3) $y = e^x \log_2 x$

03 미분법 삼각함수의 덧셈정리 

성취 기준 – 삼각함수의 덧셈정리를 이해한다.

개념 파악하기 (5) 코시컨트함수, 시컨트함수, 코탄젠트함수란 무엇일까?

코시컨트함수, 시컨트함수, 코탄젠트함수

좌표평면의 원점 O 에서 x 축의 양의 방향으로 놓인 반직선을 시초선으로 잡을 때, 동경 OP 가 나타내는 한 각의 크기를 θ 라고 하자. 중심이 원점 O 이고 반지름의 길이가 r 인 원과 동경 OP 의 교점을 $P(x,\ y)$ 라고 하면

$$\sin\theta = \frac{y}{r},\ \cos\theta = \frac{x}{r},\ \tan\theta = \frac{y}{x}\ (x \neq 0)$$

로 정의되는 사인함수, 코사인함수, 탄젠트함수에 대해서는 수학1에서 배웠다.

이때 $\sin\theta,\ \cos\theta,\ \tan\theta$ 각각의 역수 $\dfrac{r}{y},\ \dfrac{r}{x},\ \dfrac{x}{y}$ 에 대하여

$$\theta \to \frac{r}{y}\,(y \neq 0), \quad \theta \to \frac{r}{x}\,(x \neq 0), \quad \theta \to \frac{x}{y}\,(y \neq 0)$$ 와 같은 대응도 각각 θ 의 함수이다.

이와 같은 함수를 차례로 θ 의 코시컨트함수, 시컨트함수, 코탄젠트함수라고 하고,

기호로 각각 $\csc\theta = \dfrac{r}{y}\,(y \neq 0)$, $\sec\theta = \dfrac{r}{x}\,(x \neq 0)$, $\cot\theta = \dfrac{x}{y}\,(y \neq 0)$ 와 같이 나타낸다.

코시컨트함수, 시컨트함수, 코탄젠트함수의 정의

동경 OP 가 나타내는 각의 크기를 θ 라고 할 때,

$$\csc\theta = \frac{1}{\sin\theta} = \frac{r}{y}\,(y \neq 0),\ \sec\theta = \frac{1}{\cos\theta} = \frac{r}{x}\,(x \neq 0),\ \cot\theta = \frac{1}{\tan\theta} = \frac{x}{y}\,(y \neq 0)$$

Tip 이미 수학1에서 사인함수, 코사인함수, 탄젠트함수의 정의를 배웠기 때문에

$$\csc\theta = \frac{1}{\sin\theta},\ \sec\theta = \frac{1}{\cos\theta},\ \cot\theta = \frac{1}{\tan\theta}$$ 라고만 기억해두면 된다.

즉, $\sin\theta,\ \cos\theta,\ \tan\theta$ 를 구한 후 역수만 취해주면 된다.

ex $\csc\dfrac{\pi}{6} = \dfrac{1}{\sin\dfrac{\pi}{6}} = 2$, $\sec\dfrac{2}{3}\pi = \dfrac{1}{\cos\dfrac{2}{3}\pi} = -2$, $\cot\left(-\dfrac{\pi}{3}\right) = \dfrac{1}{\tan\left(-\dfrac{\pi}{3}\right)} = -\dfrac{1}{\sqrt{3}}$

예제 7

원점 O 와 점 $P(3,\ -4)$ 를 지나는 동경 OP 가 나타내는 각을 θ 라 할 때, $\csc\theta,\ \sec\theta,\ \cot\theta$ 의 값을 구하시오.

풀이

$\overline{OP} = \sqrt{3^2 + (-4)^2} = 5$ 이므로 $r = 5$ 삼각함수의 정의에 의해 $\sin\theta = \dfrac{y}{r} = \dfrac{-4}{5}$, $\cos\theta = \dfrac{x}{r} = \dfrac{3}{5}$, $\tan\theta = \dfrac{-4}{3}$ 이다.

따라서 $\csc\theta = \dfrac{1}{\sin\theta} = -\dfrac{5}{4}$, $\sec\theta = \dfrac{1}{\cos\theta} = \dfrac{5}{3}$, $\cot\theta = \dfrac{1}{\tan\theta} = -\dfrac{3}{4}$ 이다.

삼각함수 사이의 관계

삼각함수 사이에 $\sin^2\theta + \cos^2\theta = 1$ 이 성립한다.

이 등식의 양변을 $\cos^2\theta \, (\cos\theta \neq 0)$ 와 $\sin^2\theta \, (\sin\theta \neq 0)$ 로 각각 나누면 다음과 같다.

$$\frac{\sin^2\theta}{\cos^2\theta} + 1 = \frac{1}{\cos^2\theta} \Rightarrow \tan^2\theta + 1 = \sec^2\theta, \qquad 1 + \frac{\cos^2\theta}{\sin^2\theta} = \frac{1}{\sin^2\theta} \Rightarrow 1 + \cot^2\theta = \csc^2\theta$$

삼각함수 사이의 관계 요약

① $\tan^2\theta + 1 = \sec^2\theta$

② $1 + \cot^2\theta = \csc^2\theta$

> **Tip** 무턱대고 외우지 말고 증명과정을 통해 기억하도록 하자.
> ①번은 꽤 빈출되기 때문에 외워두는 것이 좋다.

예제 8

각 θ가 제 3 사분면의 각이고 $\sec\theta = -\dfrac{5}{4}$ 일 때, $\tan\theta$ 의 값을 구하시오.

풀이

풀이1) $\tan^2\theta + 1 = \sec^2\theta$ 를 이용하기

$\sec^2\theta = \dfrac{25}{16} \Rightarrow \tan^2\theta = \dfrac{9}{16} \Rightarrow \tan\theta = \dfrac{3}{4}$ (제 3 사분면의 각이므로 $\tan\theta > 0$)

풀이2) 라이트 N제 수학1에서 배운 core 해석법(실전용) 이용하기

$\sec\theta = -\dfrac{5}{4}$ 이므로 $\cos\theta = -\dfrac{4}{5}$ 이다.

① 부호를 지우고 $\cos = \dfrac{4}{5}$ 라는 것을 바탕으로 직각삼각형을 그리고, 중학교 때 배웠던 삼각비를 떠올린다.

$\cos$ 으로 빗변과 밑변을 알 수 있고, 높이는 피타고라스의 정리로 구해준다.

$\sin = \dfrac{높이}{빗변}, \ \cos = \dfrac{밑변}{빗변}, \ \tan = \dfrac{높이}{밑변}$

$\tan = \dfrac{3}{4}$

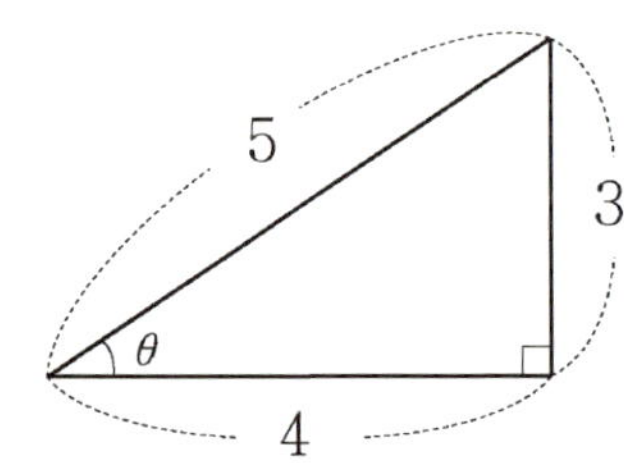

② 올싸탄코를 생각하며 부호를 결정해준다.

제 3 사분면의 각이므로 $\tan\theta > 0 \Rightarrow \tan\theta = \dfrac{3}{4}$

사인함수와 코사인함수의 덧셈정리

두 각 α, β에 대하여 $\alpha+\beta$, $\alpha-\beta$의 삼각함수를 α, β의 삼각함수로 나타내 보자.

[1단계] 동경과 단위원의 교점의 좌표를 나타낸다.

오른쪽 그림과 같이 두 각 α, β를 나타내는 동경이 단위원과 만나는 점을
각각 P, Q라 하면 $P(\cos\alpha,\ \sin\alpha)$, $Q(\cos\beta,\ \sin\beta)$ 이다.

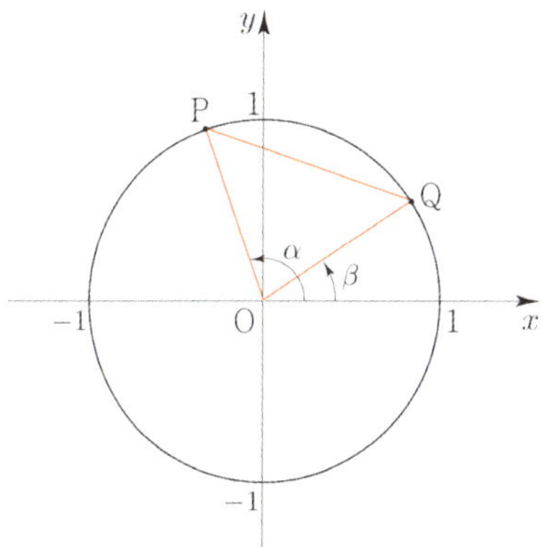

[2단계] 두 점 사이의 거리를 이용하여 $\overline{PQ}^2$를 구한다.

두 점 P, Q 사이의 거리 $\overline{PQ}=\sqrt{(\cos\alpha-\cos\beta)^2+(\sin\alpha-\sin\beta)^2}$ 이므로
$$\overline{PQ}^2=(\cos\alpha-\cos\beta)^2+(\sin\alpha-\sin\beta)^2=2-2(\cos\alpha\cos\beta+\sin\alpha\sin\beta) \ \cdots \ \text{㉠}$$

[3단계] 코사인법칙을 이용하여 $\overline{PQ}^2$를 구한다.

삼각형 OPQ에서 코사인법칙에 의하여
$$\cos(\angle POQ)=\frac{(\overline{OP})^2+(\overline{OQ})^2-(\overline{PQ})^2}{2\times\overline{OP}\times\overline{OQ}} \ \text{이고, } \ \overline{OP}=\overline{OQ}=1,\ \angle POQ=\alpha-\beta\text{이므로}$$
$$\cos(\alpha-\beta)=\frac{1+1-(\overline{PQ})^2}{2\times1\times1} \Rightarrow (\overline{PQ})^2=2-2\cos(\alpha-\beta) \ \cdots \ \text{㉡}$$

[4단계] 식을 정리한다.

㉠, ㉡에서 $2-2\cos(\alpha-\beta)=2-2(\cos\alpha\cos\beta+\sin\alpha\sin\beta)$ 이므로
$$\cos(\alpha-\beta)=\cos\alpha\cos\beta+\sin\alpha\sin\beta \ \cdots \ \text{㉢}$$

㉢에서 β에 $-\beta$를 대입하면
$$\cos\{\alpha-(-\beta)\}=\cos\alpha\cos(-\beta)+\sin\alpha\sin(-\beta) \ \text{이므로}$$
$$\cos(\alpha+\beta)=\cos\alpha\cos\beta-\sin\alpha\sin\beta$$

한편 ㉢에서 α에 $\dfrac{\pi}{2}-\alpha$를 대입하면
$$\cos\left(\frac{\pi}{2}-\alpha-\beta\right)=\cos\left(\frac{\pi}{2}-\alpha\right)\cos\beta+\sin\left(\frac{\pi}{2}-\alpha\right)\sin\beta \text{이므로}$$
$$\sin(\alpha+\beta)=\sin\alpha\cos\beta+\cos\alpha\sin\beta \ \cdots \ \text{㉣}$$

또한 ㉣에서 β에 $-\beta$를 대입하면
$$\sin(\alpha-\beta)=\sin\alpha\cos(-\beta)+\cos\alpha\sin(-\beta) \ \text{이므로}$$
$$\sin(\alpha-\beta)=\sin\alpha\cos\beta-\cos\alpha\sin\beta$$

사인함수와 코사인함수의 덧셈정리 요약

① $\sin(\alpha+\beta)=\sin\alpha\cos\beta+\cos\alpha\sin\beta$

$\sin(\alpha-\beta)=\sin\alpha\cos\beta-\cos\alpha\sin\beta$

② $\cos(\alpha+\beta)=\cos\alpha\cos\beta-\sin\alpha\sin\beta$

$\cos(\alpha-\beta)=\cos\alpha\cos\beta+\sin\alpha\sin\beta$

Tip 1 삼각함수의 덧셈정리를 이용하여 특수각 이외의 각에 대한 삼각함수의 값을 구할 수 있다.
이미 알고 있는 특수각의 합 또는 차의 꼴로 바꾸어 생각하면 된다.

ex $15°=45°-30°, \quad 75°=30°+45°, \quad 105°=45°+60°, \quad \dfrac{7}{12}\pi=\dfrac{\pi}{4}+\dfrac{\pi}{3}$

Tip 2 $\sin(\alpha+\beta)\neq\sin\alpha+\sin\beta$ 임에 유의하자.

Tip 3 〈외우는 방법〉
사인함수의 덧셈정리는 신코코신
코사인함수의 덧셈정리는 코코신신

사인함수의 덧셈정리는 색칠한 부호가 서로 같다.
$\sin(\alpha+\beta)=\sin\alpha\cos\beta+\cos\alpha\sin\beta$

코사인함수의 덧셈정리는 색칠한 부호가 서로 **반대**이다. (★조심★)
$\cos(\alpha+\beta)=\cos\alpha\cos\beta-\sin\alpha\sin\beta$

Tip 4 $\sin\alpha\cos\beta+\cos\alpha\sin\beta$ 에서 $\sin(\alpha+\beta)$ 로 가는 역방향으로도 생각할 수 있어야 한다.
즉, 풀어 해치기뿐만 아니라 묶어 쓰기도 할 수 있어야 한다.

Tip 5 직접적으로 덧셈정리를 사용하는 문제가 출제될 수도 있지만 문제를 풀어나가는 도구로써
간접적으로 덧셈정리가 쓰일 수도 있다. 특히 후자를 조심해야 한다.

개념 확인문제 11 다음 삼각함수의 값을 구하시오.

(1) $\sin15°$

(2) $\cos105°$

(3) $\cos\dfrac{\pi}{12}$

예제 9

$\sin\alpha = \dfrac{4}{5}$, $\cos\beta = -\dfrac{5}{13}$ 일 때, $\sin(\alpha+\beta)$ 의 값을 구하시오. (단, $0 < \alpha < \dfrac{\pi}{2}$, $\dfrac{\pi}{2} < \beta < \pi$)

풀이

$0 < \alpha < \dfrac{\pi}{2}$ 일 때, $\cos\alpha > 0$ 이므로

$$\cos\alpha = \sqrt{1 - \sin^2\alpha} = \sqrt{1 - \left(\dfrac{4}{5}\right)^2} = \dfrac{3}{5}$$

(물론 수1에서 배운 core 해석법으로 구해도 된다.)

$\dfrac{\pi}{2} < \beta < \pi$ 일 때, $\sin\beta > 0$ 이므로

$$\sin\beta = \sqrt{1 - \cos^2\beta} = \sqrt{1 - \left(-\dfrac{5}{13}\right)^2} = \dfrac{12}{13}$$

사인함수의 덧셈정리에 의하여
$$\sin(\alpha+\beta) = \sin\alpha\cos\beta + \cos\alpha\sin\beta$$
$$= \dfrac{4}{5} \times \left(-\dfrac{5}{13}\right) + \dfrac{3}{5} \times \dfrac{12}{13} = \dfrac{16}{65}$$

개념 확인문제 **12** $\sin\alpha = \dfrac{1}{3}$, $\cos\beta = -\dfrac{1}{\sqrt{5}}$ 일 때, 다음 값을 구하시오. (단, $\dfrac{\pi}{2} < \alpha < \pi$, $\dfrac{\pi}{2} < \beta < \pi$)

(1) $\sin(\alpha-\beta)$ (2) $\cos(\alpha-\beta)$

탄젠트함수의 덧셈정리

사인함수와 코사인함수의 덧셈정리에 의하여

$$\tan(\alpha+\beta)=\frac{\sin(\alpha+\beta)}{\cos(\alpha+\beta)}=\frac{\sin\alpha\cos\beta+\cos\alpha\sin\beta}{\cos\alpha\cos\beta-\sin\alpha\sin\beta}$$ 이다.

이때 분자와 분모를 각각 $\cos\alpha\cos\beta\,(\cos\alpha\cos\beta\neq0)$ 로 나누면 다음과 같다.

$$\tan(\alpha+\beta)=\frac{\dfrac{\sin\alpha}{\cos\alpha}+\dfrac{\sin\beta}{\cos\beta}}{1-\dfrac{\sin\alpha}{\cos\alpha}\times\dfrac{\sin\beta}{\cos\beta}}=\frac{\tan\alpha+\tan\beta}{1-\tan\alpha\tan\beta}\quad\cdots\ \text{㉠}$$

㉠에서 β에 $-\beta$를 대입하여 정리하면

$$\tan(\alpha-\beta)=\frac{\tan\alpha+\tan(-\beta)}{1-\tan\alpha\tan(-\beta)}=\frac{\tan\alpha-\tan\beta}{1+\tan\alpha\tan\beta}$$ 가 성립한다.

탄젠트함수의 덧셈정리 요약

① $\tan(\alpha+\beta)=\dfrac{\tan\alpha+\tan\beta}{1-\tan\alpha\tan\beta}$

② $\tan(\alpha-\beta)=\dfrac{\tan\alpha-\tan\beta}{1+\tan\alpha\tan\beta}$

> **Tip 1** 〈외우는 방법〉
> 탄젠트함수의 덧셈정리 $\tan(\alpha\pm\beta)$ 에서 색칠한 부호는
> 분자의 합과 차를 결정하고, 이때 분자와 분모의 부호는 서로 반대이다.
>
> $\tan(\alpha+\beta)$ 이면 분자는 $\tan\alpha+\tan\beta$이고, 분모는 $1-\tan\alpha\tan\beta$이다.

> **Tip 2** $\dfrac{\tan\alpha-\tan\beta}{1+\tan\alpha\tan\beta}$ 에서 $\tan(\alpha-\beta)$ 로 가는 역방향으로도 생각할 수 있어야 한다.
> 즉, 풀어 해치기뿐만 아니라 묶어 쓰기도 할 수 있어야 한다.

> **Tip 3** 직접적으로 덧셈정리를 사용하는 문제가 출제될 수도 있지만 문제를 풀어나가는 도구로써
> 간접적으로 덧셈정리가 쓰일 수도 있다. 특히 후자를 조심해야 한다.

개념 확인문제 13 다음 삼각함수의 값을 구하시오.

(1) $\tan105^\circ$

(2) $\tan\left(\dfrac{\pi}{12}\right)$

예제 10

두 직선 $y = 3x - 3$, $y = \dfrac{1}{2}x + 1$ 가 이루는 예각의 크기를 구하시오.

풀이

직선 $y = ax + b$ 가 x 축의 양의 방향과 이루는 각의 크기를 θ 라 하면 $\tan\theta$ 는 직선의 기울기 a 와 같다.

두 직선의 x 축의 양의 방향과 이루는 각의 크기를 각각 α, β 라 하면

$$\tan\alpha = 3, \ \tan\beta = \frac{1}{2}$$

두 직선이 이루는 예각의 크기는 $\alpha - \beta$ 이므로

$$\tan(\alpha - \beta) = \frac{\tan\alpha - \tan\beta}{1 + \tan\alpha\tan\beta} = \frac{3 - \dfrac{1}{2}}{1 + 3 \times \dfrac{1}{2}} = 1 \ \Rightarrow \ \alpha - \beta = \frac{\pi}{4}$$

따라서 두 직선이 이루는 예각의 크기는 $\dfrac{\pi}{4}$ 이다.

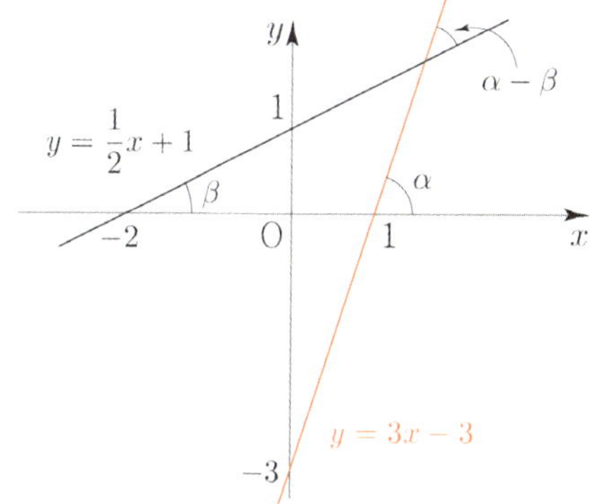

Tip 두 직선이 이루는 각은 예각도 존재하지만 둔각도 존재한다.

두 직선이 이루는 예각의 크기를 θ 라 하면 둔각은 $\pi - \theta$ 이므로 $\tan(\pi - \theta) = -\tan\theta$ 이다.

즉, 예각과 둔각에 대한 탄젠트함수의 값의 차이는 단지 부호차이뿐이므로

절댓값을 이용하면 예각에 대한 탄젠트함수의 값을 구할 수 있다.

따라서 기울기가 m, $n \ (m \neq n)$ 인 두 직선이 이루는 예각의 크기를 θ 라 하면 다음이 성립한다.

$$\tan\theta = \left| \frac{m - n}{1 + mn} \right|$$

ex 기울기가 1, 2인 두 직선이 이루는 예각의 크기를 θ 라 하면 $\tan\theta = \left| \dfrac{1 - 2}{1 + 2} \right| = \dfrac{1}{3}$ 이다.

개념 확인문제 14 두 직선 $y = 2x + 3$, $y = \dfrac{1}{3}x - 1$ 이 이루는 예각의 크기를 구하시오.

개념 확인문제 15 삼각함수의 덧셈정리를 이용하여 다음이 성립함을 보이시오.

(1) $\sin 2x = 2\sin x \cos x$

(2) $\cos 2x = \cos^2 x - \sin^2 x = 2\cos^2 x - 1$

(3) $\tan 2x = \dfrac{2\tan x}{1 - \tan^2 x}$

04 삼각함수의 극한

성취 기준 – 삼각함수의 극한을 구할 수 있다.

개념 파악하기 | **(8) 삼각함수의 극한은 어떻게 구할까?**

삼각함수의 극한

삼각함수의 그래프를 이용하여 삼각함수의 극한에 대하여 알아보자.

$y = \sin x$, $y = \cos x$, $y = \tan x$ 의 그래프는
각각 오른쪽 그림과 같으므로

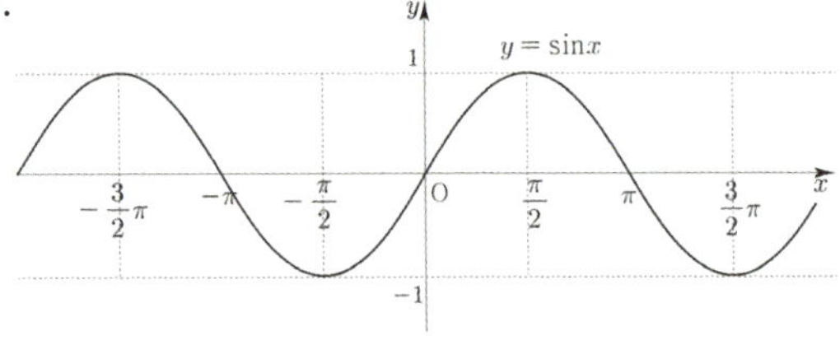

$$\lim_{x \to 0} \sin x = 0, \quad \lim_{x \to \frac{\pi}{2}} \sin x = 1$$

$$\lim_{x \to 0} \cos x = 1, \quad \lim_{x \to \frac{\pi}{2}} \cos x = 0$$

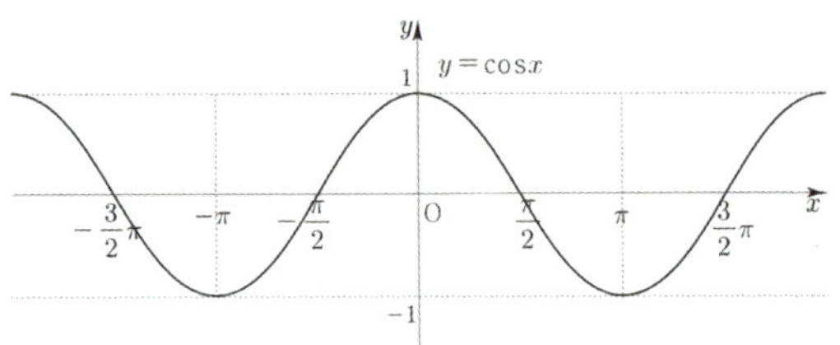

$$\lim_{x \to 0} \tan x = 0$$

임을 알 수 있다.

한편, 그래프에서 $\displaystyle\lim_{x \to \infty} \sin x$, $\displaystyle\lim_{x \to \infty} \cos x$, $\displaystyle\lim_{x \to \infty} \tan x$ 의 값은
존재하지 않음을 알 수 있다.

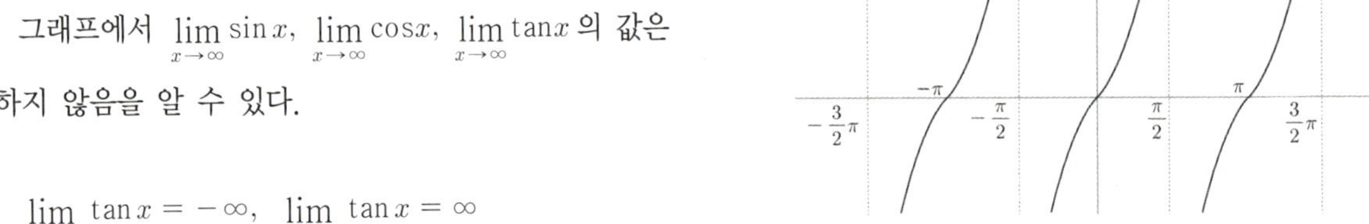

cf $\displaystyle\lim_{x \to \frac{\pi}{2}+} \tan x = -\infty, \quad \lim_{x \to \frac{\pi}{2}-} \tan x = \infty$

Tip 1 사인함수와 코사인함수는 실수 전체의 집합에서 연속이므로
임의의 실수 k에 대하여 $\displaystyle\lim_{x \to k} \sin x = \sin k$, $\displaystyle\lim_{x \to k} \cos x = \cos k$ 이다.

즉, 사인함수와 코사인함수의 임의의 점에서의 극한값은 그 점에서의 함숫값과 같다.

Tip 2 탄젠트함수는 점근선 $x = n\pi + \dfrac{\pi}{2}$ (n은 정수)를 제외한 실수 전체의 집합에서 연속이므로

$k = n\pi + \dfrac{\pi}{2}$ (n은 정수)이 아닌 임의의 실수 k에 대하여 $\displaystyle\lim_{x \to k} \tan x = \tan k$ 이다.

즉, 탄젠트함수에서 점근선을 제외한 임의의 점에서의 극한값은 그 점에서의 함숫값과 같다.

개념 확인문제 **16** 다음 극한값을 구하시오.

(1) $\displaystyle\lim_{x \to \frac{\pi}{4}} \tan x$

(2) $\displaystyle\lim_{x \to \frac{\pi}{6}} \sin 2x$

(3) $\displaystyle\lim_{x \to \frac{2}{3}\pi} 3\cos x$

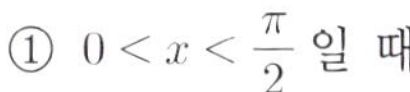

$\displaystyle\lim_{x \to 0} \frac{\sin x}{x}$ 의 값

함수의 극한에 대한 성질을 이용하여 $\displaystyle\lim_{x \to 0} \frac{\sin x}{x}$ 의 값을 구하여 보자.

x 의 범위에 따라 case분류하면 다음과 같다.

① $0 < x < \dfrac{\pi}{2}$ 일 때

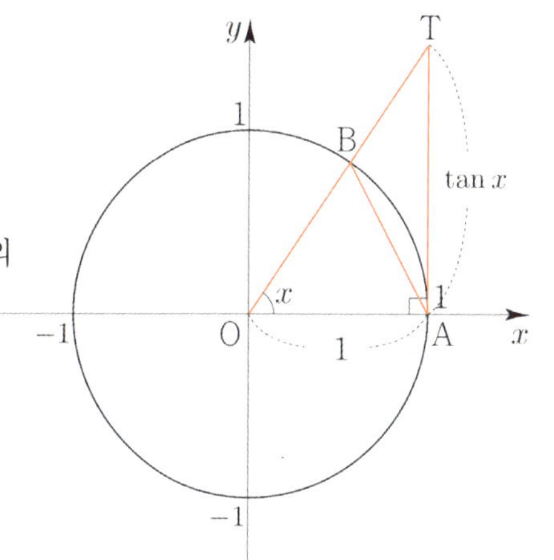

오른쪽 그림과 같이 중심이 O 이고 반지름의 길이가 1 인 원에서 $\angle \mathrm{AOB}$ 의 크기를 x 라디안이라 하고, 점 A 에서의 접선과 반직선 OB 의 교점을 T 라 하자.

이때 삼각형 OAB, 부채꼴 OAB, 삼각형 OAT 의 넓이 사이에는

$\triangle \mathrm{AOB}$ 의 넓이 $<$ 부채꼴 AOB 의 넓이 $<$ $\triangle \mathrm{AOT}$ 의 넓이

인 관계가 성립하고, $\overline{\mathrm{AT}} = \tan x$ 이므로 $\dfrac{1}{2}\sin x < \dfrac{1}{2}x < \dfrac{1}{2}\tan x$

즉, $\sin x < x < \tan x$ $\cdots$ ㉠

$0 < x < \dfrac{\pi}{2}$ 일 때, $\sin x > 0$ 이므로 ㉠의 각 변을 $\sin x$ 로 나누면 $1 < \dfrac{x}{\sin x} < \dfrac{1}{\cos x}$

즉, $\cos x < \dfrac{\sin x}{x} < 1$

그런데 $\displaystyle\lim_{x \to 0+} \cos x = 1$ 이므로 함수의 극한의 대소 관계에 의하여 $\displaystyle\lim_{x \to 0+} \frac{\sin x}{x} = 1$ 이다.

② $-\dfrac{\pi}{2} < x < 0$ 일 때

$x = -t$ 라 하면 $0 < t < \dfrac{\pi}{2}$ 이고, $x \to 0-$ 일 때 $t \to 0+$ 이므로

$$\lim_{x \to 0-} \frac{\sin x}{x} = \lim_{t \to 0+} \frac{\sin(-t)}{-t} = \lim_{t \to 0+} \frac{-\sin t}{-t} = \lim_{t \to 0+} \frac{\sin t}{t} = 1$$

따라서 ①, ②에 의하여 $\displaystyle\lim_{x \to 0} \frac{\sin x}{x} = 1$ 이다.

$\displaystyle\lim_{x \to 0} \frac{1-\cos x}{x^2}$ 의 값

$\displaystyle\lim_{x \to 0} \frac{\sin x}{x} = 1$ 을 이용하여 $\displaystyle\lim_{x \to 0} \frac{1-\cos x}{x^2}$ 의 값을 구하여 보자.

$$\lim_{x \to 0} \frac{1-\cos x}{x^2} = \lim_{x \to 0} \frac{1-\cos^2 x}{x^2(1+\cos x)} = \lim_{x \to 0} \frac{\sin^2 x}{x^2(1+\cos x)}$$

$$= \lim_{x \to 0} \frac{\sin x}{x} \times \lim_{x \to 0} \frac{\sin x}{x} \times \lim_{x \to 0} \frac{1}{1+\cos x}$$

$$= 1 \times 1 \times \frac{1}{2} = \frac{1}{2}$$

$\displaystyle \lim_{x \to 0} \frac{\tan x}{x}$ 의 값

$\displaystyle \lim_{x \to 0} \frac{\sin x}{x} = 1$ 을 이용하여 $\displaystyle \lim_{x \to 0} \frac{\tan x}{x}$ 의 값을 구하여 보자.

$$\lim_{x \to 0} \frac{\tan x}{x} = \lim_{x \to 0} \frac{\dfrac{\sin x}{\cos x}}{x} = \lim_{x \to 0} \frac{\sin x}{x} \times \lim_{x \to 0} \frac{1}{\cos x}$$
$$= 1 \times 1 = 1$$

$\displaystyle \lim_{x \to 0} \frac{\sin x}{x}$, $\displaystyle \lim_{x \to 0} \frac{1-\cos x}{x^2}$, $\displaystyle \lim_{x \to 0} \frac{\tan x}{x}$ 의 값 요약

① $\displaystyle \lim_{x \to 0} \frac{\sin x}{x} = 1$

② $\displaystyle \lim_{x \to 0} \frac{1-\cos x}{x^2} = \frac{1}{2}$

③ $\displaystyle \lim_{x \to 0} \frac{\tan x}{x} = 1$

Tip 1 삼각함수의 극한을 구할 때, x 의 단위가 라디안임에 유의한다.

Tip 2 $\displaystyle \lim_{x \to k} f(x) = 0$ 이면 $\displaystyle \lim_{x \to k} \frac{\sin f(x)}{f(x)} = 1$, $\displaystyle \lim_{x \to k} \frac{1-\cos f(x)}{\{f(x)\}^2} = \frac{1}{2}$, $\displaystyle \lim_{x \to k} \frac{\tan f(x)}{f(x)} = 1$

x 가 어디로 가느냐가 중요한 것이 아니라 $f(x)$ 가 0 으로 가는 것이 포인트이다.

Tip 3 단짝 친구처럼 $1-\cos x$ 가 보이면 x^2 를 찾고, $\sin x$ 와 $\tan x$ 가 보이면 x 를 찾는다.

예제 11

다음 극한값을 구하시오.

(1) $\displaystyle\lim_{x \to 0} \frac{\sin 4x}{2x}$

(2) $\displaystyle\lim_{x \to 0} \frac{\tan 2x}{\sin 3x}$

(3) $\displaystyle\lim_{x \to 0} \frac{x \sin x}{1 - \cos x}$

(4) $\displaystyle\lim_{x \to 0} \frac{1 - \cos 2x}{x^2}$

풀이

(1) $\displaystyle\lim_{x \to 0} \frac{\sin 4x}{2x} = \lim_{x \to 0} \frac{\sin 4x}{4x} \times 2 = 1 \times 2 = 2$

(2) $\displaystyle\lim_{x \to 0} \frac{\tan 2x}{\sin 3x} = \lim_{x \to 0} \left(\frac{\tan 2x}{2x} \times \frac{3x}{\sin 3x} \times \frac{2}{3} \right) = \lim_{x \to 0} \left(\frac{\tan 2x}{2x} \times \frac{1}{\dfrac{\sin 3x}{3x}} \times \frac{2}{3} \right) = 1 \times 1 \times \frac{2}{3}$

(3) $\displaystyle\lim_{x \to 0} \frac{x \sin x}{1 - \cos x} = \lim_{x \to 0} \left(\frac{x^2}{1 - \cos x} \times \frac{\sin x}{x} \right) = \lim_{x \to 0} \left(\frac{1}{\dfrac{1 - \cos x}{x^2}} \times \frac{\sin x}{x} \right) = \frac{1}{\dfrac{1}{2}} \times 1 = 2$

(4) $\displaystyle\lim_{x \to 0} \frac{1 - \cos 2x}{x^2} = \lim_{x \to 0} \frac{1 - \cos 2x}{(2x)^2} \times 4 = \frac{1}{2} \times 4 = 2$

Tip 1

$$\lim_{x \to 0} \frac{\sin ax}{bx} = \lim_{x \to 0} \frac{ax}{\sin bx} = \lim_{x \to 0} \frac{ax}{\tan bx} = \lim_{x \to 0} \frac{\tan ax}{bx} = \frac{a}{b}$$

$$\lim_{x \to 0} \frac{\sin ax}{\tan bx} = \lim_{x \to 0} \frac{\tan ax}{\sin bx} = \lim_{x \to 0} \frac{\sin ax}{\sin bx} = \lim_{x \to 0} \frac{\tan ax}{\tan bx} = \frac{a}{b}$$

인 것을 기억하고 있으면 조금 더 빨리 극한값을 구할 수 있다.

(증명은 분모, 분자를 x로 나누면 손쉽게 할 수 있다.)

물론 외우지 않아도 많이 풀다 보면 저절로 외워지니 억지로 외울 필요는 없다.

Tip 2

(3)을 계산하기 전에 단짝친구처럼 $1 - \cos x$는 x^2을 함축하고 $\sin x$는 x를 함축하고 있으므로

분모, 분자의 x의 차수가 모두 동일한 것을 파악할 수 있다. $\left(\dfrac{x \sin x}{1 - \cos x} \Rightarrow \dfrac{x^2}{x^2} \right)$

즉, (3)을 계산하기 전부터 극한값이 존재할 것이라고 예측할 수 있다.

Tip 3

규토 라이트 수2에서 로피탈을 학습한 바 있다.

수2에서와 마찬가지로 간단한 극한값 계산은 로피탈로 처리해도 무방하지만 삼각함수의 극한값을
구할 때는 정석적 방법으로 푸는 것이 로피탈보다 더 빠르고 효율적이다. (익숙해지면 무척 쉽다.)
따라서 삼각함수의 극한만큼은 되도록 정석적 방법을 이용하여 풀도록 하자.

개념 확인문제 17 다음 극한값을 구하시오.

(1) $\displaystyle\lim_{x \to 0} \frac{\sin 5x}{3x}$

(2) $\displaystyle\lim_{x \to 0} \frac{x \tan 2x}{\sin^2 x}$

(3) $\displaystyle\lim_{x \to 0} \frac{1 - \cos 3x}{x \tan 2x}$

(4) $\displaystyle\lim_{x \to \pi} \frac{\sin x}{x - \pi}$

(5) $\displaystyle\lim_{x \to \frac{\pi}{2}} \frac{\cos x}{x - \dfrac{\pi}{2}}$

(6) $\displaystyle\lim_{x \to 0} \frac{\tan^2 x}{x}$

(7) $\displaystyle\lim_{x \to 0} \frac{\sin 2x + \tan 4x}{x + \sin x}$

05 사인함수와 코사인함수의 도함수

성취 기준 – 사인함수와 코사인함수를 미분할 수 있다.

개념 파악하기 | **(9) 사인함수와 코사인함수의 도함수는 어떻게 구할까?**

사인함수와 코사인함수의 도함수

삼각함수의 덧셈정리와 삼각함수의 극한을 이용하여 두 함수 $y=\sin x$, $y=\cos x$ 의 도함수를 구하여 보자.

함수 $y=\sin x$ 에서 도함수의 정의에 의하여

$$y' = \lim_{h \to 0} \frac{\sin(x+h)-\sin x}{h} = \lim_{h \to 0} \frac{\sin x \cos h + \cos x \sin h - \sin x}{h}$$

$$= \lim_{h \to 0} \frac{\cos x \sin h - \sin x(1-\cos h)}{h} = \lim_{h \to 0} \frac{\cos x \sin h}{h} - \lim_{h \to 0} \frac{\sin x(1-\cos h)}{h}$$

$$= \cos x \lim_{h \to 0} \frac{\sin h}{h} - \sin x \lim_{h \to 0} \frac{1-\cos h}{h} = \cos x \lim_{h \to 0} \frac{\sin h}{h} - \sin x \lim_{h \to 0} \left(\frac{1-\cos h}{h^2} \times h \right)$$

$$= \cos x \times 1 - \sin x \times \frac{1}{2} \times 0 = \cos x$$

함수 $y=\cos x$ 에서 도함수의 정의에 의하여

$$y' = \lim_{h \to 0} \frac{\cos(x+h)-\cos x}{h} = \lim_{h \to 0} \frac{\cos x \cos h - \sin x \sin h - \cos x}{h}$$

$$= \lim_{h \to 0} \frac{-\cos x(1-\cos h) - \sin x \sin h}{h} = -\lim_{h \to 0} \frac{\cos x(1-\cos h)}{h} - \lim_{h \to 0} \frac{\sin x \sin h}{h}$$

$$= -\cos x \lim_{h \to 0} \frac{1-\cos h}{h} - \sin x \lim_{h \to 0} \frac{\sin h}{h} = -\cos x \lim_{h \to 0} \left(\frac{1-\cos h}{h^2} \times h \right) - \sin x \lim_{h \to 0} \frac{\sin h}{h}$$

$$= -\cos x \times \frac{1}{2} \times 0 - \sin x \times 1 = -\sin x$$

사인함수와 코사인함수의 도함수 요약

① $y=\sin x$ 이면 $y'=\cos x$
② $y=\cos x$ 이면 $y'=-\sin x$

예제 12

다음 함수를 미분하시오.

(1) $y = \sin x + 3\cos x$

(2) $y = (2x+1)\sin x$

(3) $y = e^x \cos x$

풀이

(1) $y' = \cos x + 3(-\sin x) = \cos x - 3\sin x$

(2) 곱의 미분법에 의하여
$$y' = 2\sin x + (2x+1)\cos x$$

(3) 곱의 미분법에 의하여
$$y' = e^x \cos x + e^x(-\sin x) = e^x(\cos x - \sin x)$$

개념 확인문제 18 다음 함수를 미분하시오.

(1) $y = x^2 \cos x$

(2) $y = \sin x \cos x$

(3) $y = (e^x + 1)\sin x$

(4) $y = x\sin x - \ln x$

개념 확인문제 19 곡선 $y = \cos^2 x$ 위의 점 $\left(\dfrac{\pi}{4}, \dfrac{1}{2}\right)$ 에서의 접선의 기울기를 구하시오.

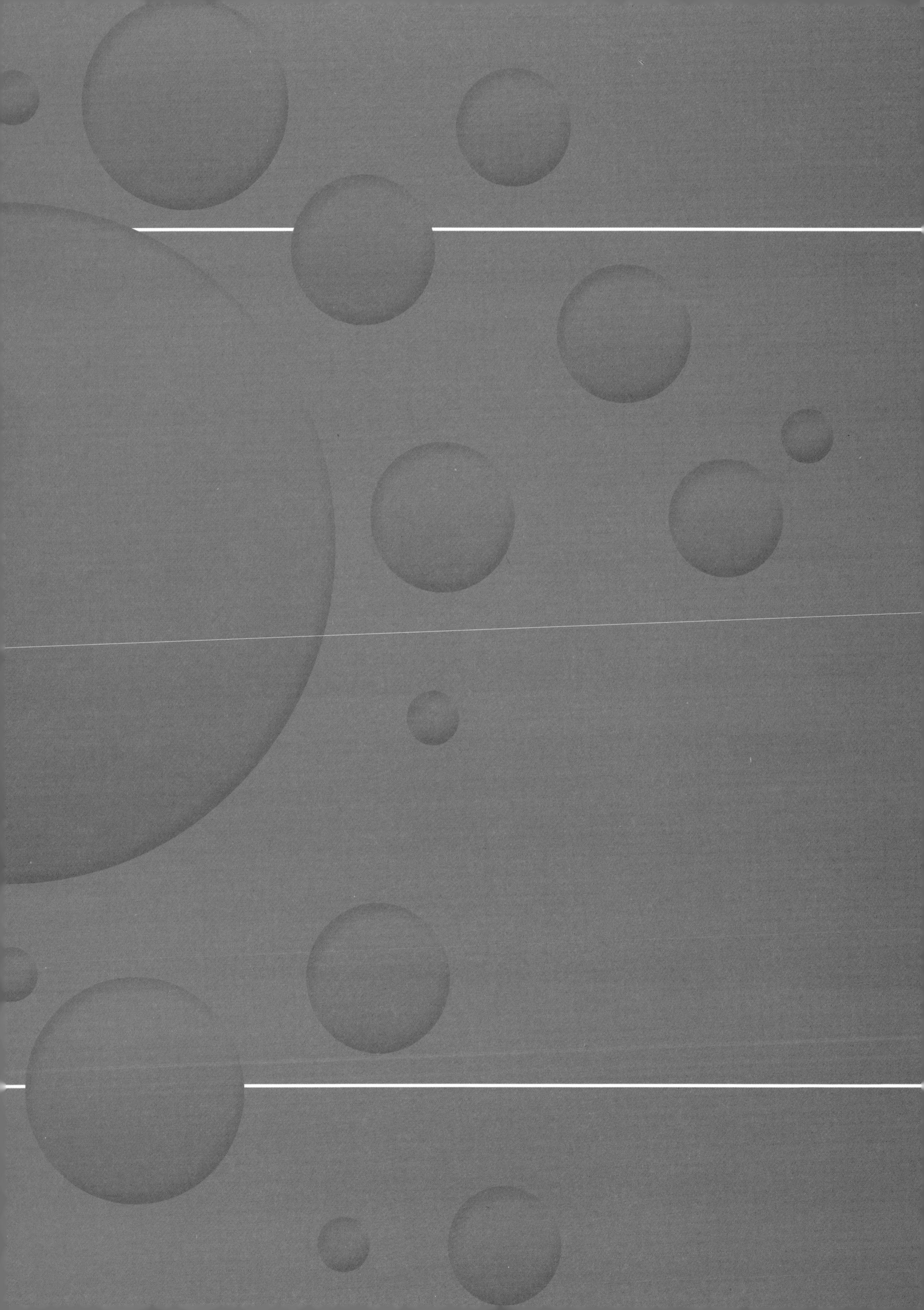

Training – 1 step
필수 유형편

1. 여러 가지 함수의 미분

001

$\lim\limits_{x \to 0}(1+5x)^{\frac{1}{10x}}$ 의 값은?

① $\dfrac{1}{e^2}$　　② $\dfrac{1}{e}$　　③ $\sqrt{e}$

④ e　　⑤ e^2

002

$\lim\limits_{x \to \infty}\left(1+\dfrac{2}{x}\right)^{-x}$ 의 값은?

① $\dfrac{1}{e^2}$　　② $\dfrac{1}{e}$　　③ $\sqrt{e}$

④ e　　⑤ e^2

003

$\lim\limits_{x \to \infty}\left(\dfrac{x}{x+3}\right)^{\frac{x}{3}}$ 의 값은?

① $\dfrac{1}{e^2}$　　② $\dfrac{1}{e}$　　③ $\sqrt{e}$

④ e　　⑤ e^2

004

$\lim\limits_{x \to 0}\dfrac{\ln(1+9x)}{3x}$ 의 값은?

① 1　　② 2　　③ 3　　④ 4　　⑤ 5

005

$\lim\limits_{x \to 0}\dfrac{\ln(1+4x)+\ln(1+6x)}{2x}$ 의 값은?

① 1　　② 2　　③ 3　　④ 4　　⑤ 5

006

$\lim\limits_{x \to 0}\dfrac{\ln(1+5x)}{x^2+3x}$ 의 값은?

① 1　　② $\dfrac{4}{3}$　　③ $\dfrac{5}{3}$　　④ 2　　⑤ $\dfrac{7}{3}$

007

$\lim\limits_{x \to 0}\dfrac{e^{6x}-1}{\ln(1+2x)}$ 의 값은?

① 1　　② 2　　③ 3　　④ 4　　⑤ 5

008 8

$$\lim_{x \to 0} \frac{e^{3x} + e^{5x} - 2}{2x}$$ 의 값은?

① 1   ② 2   ③ 3

④ 4   ⑤ 5

009 9

$$\lim_{x \to 0} \frac{e^{3x} - e^{-x}}{2x}$$ 의 값은?

① 1   ② 2   ③ 3

④ 4   ⑤ 5

010

연속함수 $f(x)$ 에 대하여

$$\lim_{x \to 0} \frac{\ln\{1 + f(x)\}}{2x} = 12$$

일 때, $\lim_{x \to 0} \dfrac{e^{4x} - 1}{f(x)}$ 의 값은?

① $\dfrac{1}{6}$ ② $\dfrac{1}{3}$ ③ $\dfrac{1}{2}$

④ $\dfrac{2}{3}$ ⑤ $\dfrac{5}{6}$

011

$$\lim_{x \to 0} \frac{\ln(x^2 + 4x + 1)}{2x^2 + 3x}$$ 의 값은?

① 1   ② $\dfrac{4}{3}$ ③ $\dfrac{5}{3}$

④ 2   ⑤ $\dfrac{7}{3}$

012

연속함수 $f(x)$ 에 대하여

$$\lim_{x \to \infty} \left\{ f(x) \ln\left(1 + \frac{1}{3x^2}\right) \right\} = 9$$

일 때, $\lim_{x \to \infty} \dfrac{f(x)}{x^2 + 2x}$ 의 값을 구하시오.

013

두 상수 a, b 에 대하여

$$\lim_{x \to 0} \frac{a^x + b}{\ln(2x + 1)} = \ln 5 \quad (a > 0, \ a \neq 1)$$

을 만족시킬 때, 상수 $a + b$ 의 값을 구하시오.

014

함수 $f(x) = \log_2(x + 4)$ 에 대하여 함수 $f(x)$ 의 역함수를

$g(x)$ 라 할 때, $\lim_{x \to 0} \dfrac{g(x) + 3}{f(x - 3)}$ 의 값은?

① $\dfrac{1}{(\ln 2)^2}$ ② $\dfrac{1}{(\ln 2)}$ ③ 1

④ $\ln 2$ ⑤ $(\ln 2)^2$

015

함수

$$f(x) = \begin{cases} \dfrac{e^{3x}-a}{x(e^x+1)} & (x \neq 0) \\[2mm] b & (x=0) \end{cases}$$

이 $x=0$ 에서 연속이 되도록 두 상수 a, b의 값을 정할 때, $10(a+b)$ 의 값을 구하시오.

016

함수

$$f(x) = \begin{cases} \dfrac{e^{2x-4}-1}{x-2} & (x \neq 2) \\[2mm] a & (x=2) \end{cases}$$

가 $x=2$ 에서 연속일 때, 상수 a의 값을 구하시오.

017

함수

$$f(x) = \begin{cases} \dfrac{e^{ax}-1}{\ln(1+3x)} & (x < 0) \\[2mm] x^2+2x+4 & (x \geq 0) \end{cases}$$

가 $x=0$ 에서 연속일 때, 상수 a의 값을 구하시오.

018

함수 $f(x) = (x^2+3x+5)e^x$ 에 대하여 $f'(0)$ 의 값을 구하시오.

019

함수 $f(x) = (x^2+x)\ln x$ 일 때, $f'(e^2) = ae^2+b$ 이다. $a \times b$의 값을 구하시오. (단, a, b는 상수이다.)

020

함수 $f(x) = x\ln\sqrt{x}$ 에 대하여 $\displaystyle\lim_{h \to 0}\dfrac{f(e+4h)-f(e)}{h}$ 의 값을 구하시오.

021

곡선 $y = \ln x - x$ 위의 점 $\left(\dfrac{1}{10}, \ln\left(\dfrac{1}{10}\right)-\dfrac{1}{10}\right)$ 에서의 접선의 기울기를 구하시오.

022

$\displaystyle\lim_{x \to 1} \frac{x^2 \ln x}{x^2 - 1}$ 의 값은?

① $\dfrac{1}{6}$ 　② $\dfrac{1}{3}$ 　③ $\dfrac{1}{2}$

④ $\dfrac{2}{3}$ 　⑤ $\dfrac{5}{6}$

023

함수 $f(x) = e^x$ 에 대하여

$$\lim_{h \to 0} \frac{f(k^2 - k + h) - f(k^2 - k)}{h} = f'(-3) \times f'(3k)$$

를 만족시키는 모든 상수 k의 합을 a라 하고,
모든 상수 k의 곱을 b라 할 때, $a+b$의 값을 구하시오.

024

상수 a와 대칭축이 직선 $x = 0$이고 최고차항의 계수가 1인
이차함수 $f(x)$에 대하여 함수

$$g(x) = \begin{cases} (ax+1)e^x & (x \le 0) \\ f(x) & (x > 0) \end{cases}$$

이 $x = 0$에서 미분가능할 때, $f(a+10)$의 값을 구하시오.

025

이차함수 $f(x)$에 대하여 $g(x) = f(x)e^x$이 다음 조건을
만족시킨다.

> (가) $\displaystyle\lim_{x \to 1} \frac{g(x)}{x-1} = 0$
>
> (나) $\displaystyle\lim_{x \to 0} \frac{g(3x) - f(3x)}{x} = 3$

$\displaystyle\sum_{n=2}^{20} \ln \frac{g'(n)}{g(n)} = \ln a$일 때, 상수 a의 값을 구하시오.

Theme 5　지수함수와 로그함수의 극한의 활용

026

좌표평면에 양수 t에 대하여 두 곡선 $y = e^x$, $y = e^{x - \frac{t}{2}}$ 과
직선 $x = t$가 만나는 점을 각각 A, B라 하고, 점 A를
지나고 y축에 수직인 직선이 곡선 $y = e^{x - \frac{t}{2}}$과 만나는 점을
C라 하자. 직선 BC의 기울기를 $f(t)$라 할 때,
$\displaystyle\lim_{t \to 0+} f(t)$의 값을 구하시오.

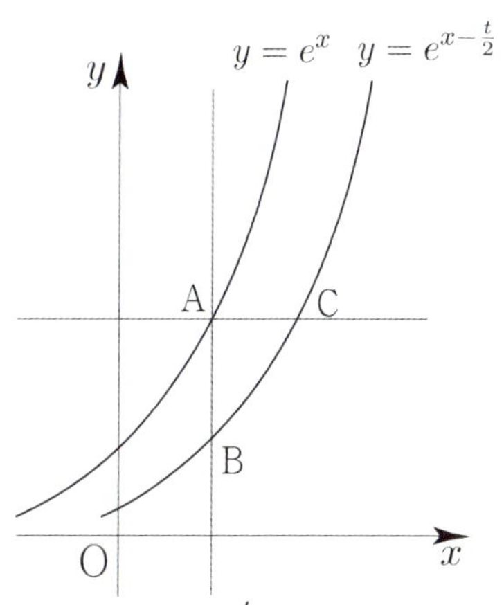

27

좌표평면에 두 곡선 $y=e^{3x}$, $y=e^x$ 과 직선 $x=t\,(t>0)$ 가 만나는 점을 각각 A, B라 하고, 곡선 $y=e^{3x}$ 와 곡선 $y=e^x$ 이 만나는 점을 P라 하자. 점 A를 지나고 x축에 평행한 직선이 곡선 $y=e^x$ 와 만나는 점을 Q라 할 때, 사각형 APBQ의 넓이를 $S(t)$ 라 하자.

$\displaystyle\lim_{t\to 0+}\dfrac{S(t)}{t^2}$ 의 값을 구하시오.

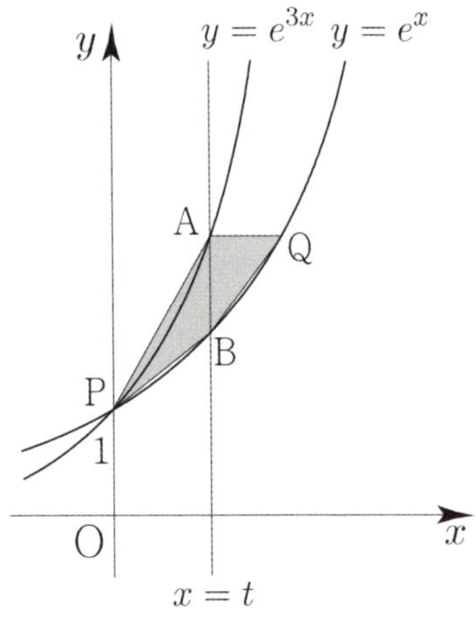

28

그림과 같이 두 곡선 $y=\ln x$, $y=4\ln x$ 가 있다. 양수 t 에 대하여 직선 $y=t$ 와 두 곡선 $y=4\ln x$, $y=\ln x$ 가 만나는 점을 각각 A, B라 하고, 직선 $y=4t$ 와 두 곡선 $y=4\ln x$, $y=\ln x$ 가 만나는 점을 각각 C, D라 하자.
사각형 ABDC의 넓이를 $f(t)$ 라 하고, 삼각형 OAB의 넓이를 $g(t)$ 라 할 때, $\displaystyle\lim_{t\to 0+}\dfrac{f(t)}{g(t)}$ 의 값을 구하시오.
(단, O는 원점이다.)

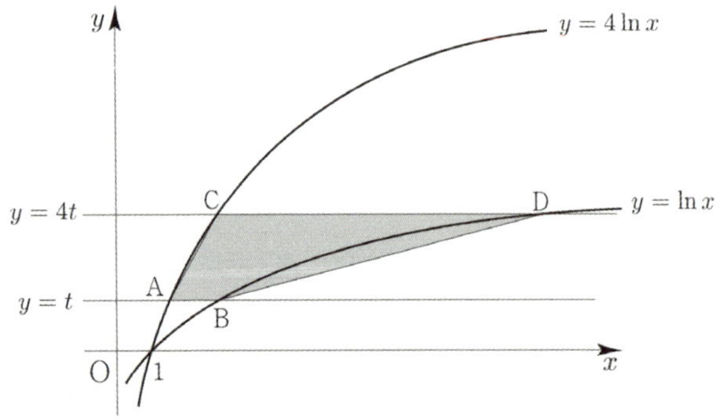

29

$\sin\theta=\dfrac{1}{9}$ 일 때, $\sec\theta\times\cot\theta$ 의 값을 구하시오.

30

$\pi<\theta<\dfrac{3}{2}\pi$ 인 θ 에 대하여 $\sin\theta=-\dfrac{5}{13}$ 일 때, $\cot\theta-\sec(\pi-\theta)$ 의 값은?

① $\dfrac{71}{60}$ ② $\dfrac{73}{60}$ ③ $\dfrac{75}{60}$ ④ $\dfrac{77}{60}$ ⑤ $\dfrac{79}{60}$

31

$\sin\theta-\cos\theta=\dfrac{\sqrt{3}}{2}$ 일 때, $\csc\theta\sec\theta$ 의 값을 구하시오.

32

$\dfrac{\pi}{2}<\theta<\pi$ 인 θ 에 대하여 $3\sec^2\theta-\sec\theta-10=0$ 일 때, $\sqrt{1+\tan^2\theta}$ 의 값은?

① 1 ② $\dfrac{4}{3}$ ③ $\dfrac{5}{3}$ ④ 2 ⑤ $\dfrac{7}{3}$

Theme 7

삼각함수의 덧셈정리

033

$\cos\theta = \dfrac{1}{3}$ 일 때, $\cos\left(\theta - \dfrac{\pi}{4}\right) + \sin\left(\theta - \dfrac{\pi}{6}\right)$ 의 값은?

(단, $0 < \theta < \dfrac{\pi}{2}$)

① $\dfrac{\sqrt{2} + 2\sqrt{6} + 2}{6}$ ② $\dfrac{\sqrt{2} + 2\sqrt{6} + 3}{6}$

③ $\dfrac{\sqrt{2} + 3\sqrt{6} + 3}{6}$ ④ $\dfrac{\sqrt{2} + 3\sqrt{6} + 4}{6}$

⑤ $\dfrac{2\sqrt{2} + 3\sqrt{6} + 2}{6}$

034

$\tan(\theta_1 - \theta_2) = \dfrac{7}{6}$, $\tan\theta_2 = \dfrac{1}{2}$ 일 때, $\tan\theta_1$ 의 값을 구하시오.

035

$0 < \alpha < \beta < 2\pi$ 에서 $\cos\alpha = \cos\beta = -\dfrac{3}{5}$ 일 때,

$\dfrac{1}{\cos(\alpha + \beta) + \sin(\alpha - \beta)}$ 의 값을 구하시오.

036

$\tan\theta = -\sqrt{5}$ 일 때, $2\cos\theta\tan2\theta$ 의 값은?

(단, $\dfrac{\pi}{2} < \theta < \pi$)

① $-\dfrac{5\sqrt{30}}{6}$ ② $-\dfrac{2\sqrt{30}}{3}$ ③ $-\dfrac{\sqrt{30}}{2}$

④ $-\dfrac{\sqrt{30}}{3}$ ⑤ $-\dfrac{\sqrt{30}}{6}$

037

두 실수 x, y 에 대하여

$$\sin x - \sin y = 1, \quad \cos x + \cos y = \dfrac{1}{2}$$

일 때, $-40\cos(x + y)$ 의 값을 구하시오.

038

삼각형 ABC 에서

$$\cos A = -\dfrac{1}{4}, \quad \sin B = \dfrac{3\sqrt{15}}{16}$$

일 때, $\sin C$의 값을 구하시오.

① $\dfrac{\sqrt{15}}{16}$ ② $\dfrac{\sqrt{15}}{8}$ ③ $\dfrac{3\sqrt{15}}{16}$

④ $\dfrac{\sqrt{15}}{4}$ ⑤ $\dfrac{5\sqrt{15}}{16}$

039

좌표평면에서 두 직선 $y=2x$, $y=-5x$ 가 이루는 예각의 크기를 θ 라 할 때, $\tan\theta$ 의 값은?

① $\dfrac{1}{3}$　　② $\dfrac{5}{9}$　　③ $\dfrac{7}{9}$

④ 1　　⑤ $\dfrac{11}{9}$

040

그림과 같이 $\angle\mathrm{ABC}=\dfrac{\pi}{2}$, $\overline{\mathrm{AB}}=4$, $\overline{\mathrm{BC}}=3$ 인 직각삼각형 ABC와 한 변의 길이가 2 인 정사각형 BDEF가 있다. 점 F는 선분 BC 위에 있고, 점 B는 선분 AD 위에 있다. $\angle\mathrm{CAE}=\theta$ 라 할 때, $\sin\theta$ 의 값은?

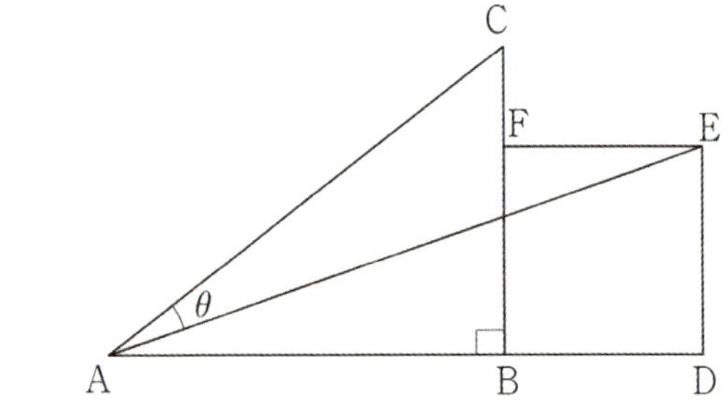

① $\dfrac{\sqrt{10}}{10}$　　② $\dfrac{\sqrt{10}}{5}$　　③ $\dfrac{3\sqrt{10}}{10}$

④ $\dfrac{2\sqrt{10}}{5}$　　⑤ $\dfrac{\sqrt{10}}{2}$

041

그림과 같이 $\overline{\mathrm{AB}}=2$, $\overline{\mathrm{AD}}=3$ 인 직사각형 ABCD가 있다. 선분 AD를 $2:1$ 로 내분하는 점을 E, 두 선분 AB, BC 의 중점을 각각 F, G 라 하자. $\angle\mathrm{EFG}=\theta$ 라 할 때, $\tan\theta$ 의 값은?

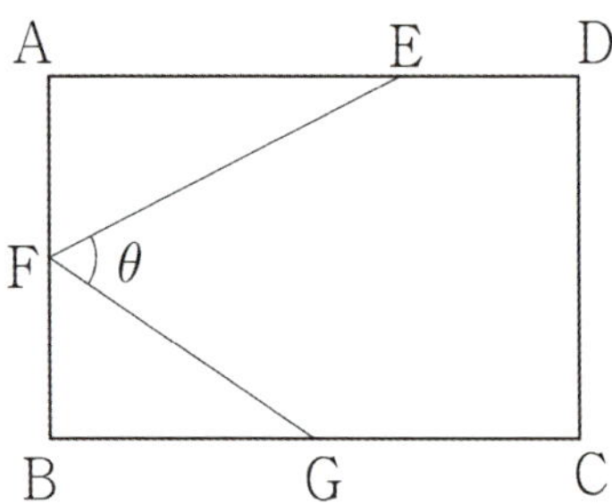

① $\dfrac{1}{4}$　　② $\dfrac{3}{4}$　　③ $\dfrac{5}{4}$

④ $\dfrac{7}{4}$　　⑤ $\dfrac{9}{4}$

042

그림과 같이 한 변의 길이가 2 인 정사각형 ABCD가 있다. 선분 AB의 중점을 E라 할 때, 선분 CE를 지름으로 하는 반원을 그린다. 정사각형 ABCD의 내부에 있고 호 CE 위의 점 F를 $\overline{\mathrm{FE}}=\overline{\mathrm{FC}}$ 가 되도록 잡고, 반원이 선분 CD와 만나는 점 중 C가 아닌 점을 G라 하자. $\angle\mathrm{FBG}=\theta$ 라 할 때, $60\tan\theta$ 의 값을 구하시오.

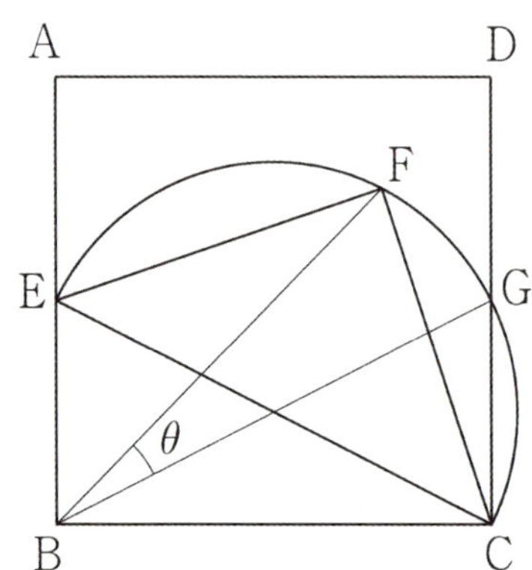

Theme 9

삼각함수의 극한

043 ⬜⬜⬜⬜⬜

$\displaystyle\lim_{x \to 0} \frac{1-\cos 2x}{x\sin 5x}$ 의 값은?

① $\dfrac{1}{5}$ ② $\dfrac{2}{5}$ ③ $\dfrac{3}{5}$ ④ $\dfrac{4}{5}$ ⑤ 1

044 ⬜⬜⬜⬜⬜

$\displaystyle\lim_{x \to 0} \frac{x-1+\cos x}{3x+\sin 2x}$ 의 값은?

① $\dfrac{1}{5}$ ② $\dfrac{2}{5}$ ③ $\dfrac{3}{5}$ ④ $\dfrac{4}{5}$ ⑤ 1

045 ⬜⬜⬜⬜⬜

$\displaystyle\lim_{x \to 0} \frac{\tan x-\sin x}{x^2(e^{2x}-1)}$ 의 값은?

① $\dfrac{1}{8}$ ② $\dfrac{1}{4}$ ③ $\dfrac{3}{8}$ ④ $\dfrac{1}{2}$ ⑤ $\dfrac{5}{8}$

046 ⬜⬜⬜⬜⬜

$\displaystyle\lim_{x \to 0} \frac{\sec x-\cos x}{3x^2}$ 의 값은?

① $\dfrac{1}{6}$ ② $\dfrac{1}{3}$ ③ $\dfrac{1}{2}$ ④ $\dfrac{2}{3}$ ⑤ $\dfrac{5}{6}$

047 ⬜⬜⬜⬜⬜

$\displaystyle\lim_{x \to 0+} \frac{\sqrt{1-\cos x}}{2x}=a$ 이고 $\displaystyle\lim_{x \to 0-} \frac{\sqrt{1-\cos x}}{2x}=b$ 일 때, $a-b$ 의 값은?

① $-\dfrac{\sqrt{2}}{2}$ ② $-\dfrac{\sqrt{2}}{4}$ ③ 0

④ $\dfrac{\sqrt{2}}{4}$ ⑤ $\dfrac{\sqrt{2}}{2}$

048 ⬜⬜⬜⬜⬜

$\displaystyle\lim_{x \to \frac{\pi}{4}} \frac{\sin x-\cos x}{\tan^2 x-1}$ 의 값은?

① $\dfrac{\sqrt{2}}{8}$ ② $\dfrac{\sqrt{2}}{4}$ ③ $\dfrac{3\sqrt{2}}{8}$

④ $\dfrac{\sqrt{2}}{2}$ ⑤ $\dfrac{5\sqrt{2}}{8}$

049 ⬜⬜⬜⬜⬜

$\displaystyle\lim_{x \to 0} \frac{\tan\left(\dfrac{\pi}{4}+x\right)-1}{\sin ax}=\dfrac{1}{5}$ 일 때, 상수 a 의 값을 구하시오.

050

연속함수 $f(x)$ 가

$$\lim_{x \to 0} \frac{f(x)}{1 - \cos(x^2)} = 6$$

를 만족시킬 때, $\lim_{x \to 0} \dfrac{f(x)}{x^a} = b$ 이다. $a+b$ 의 값은?

(단, $a > 0$, $b > 0$)

① 4   ② 5   ③ 6   ④ 7   ⑤ 8

051

두 상수 a, b $(b > 0)$ 에 대하여

$$\lim_{x \to 0} \frac{\sin 2x}{3^{x+1} - a} = \frac{b}{\ln 3}$$

를 만족시킬 때, $12(a+b)$ 의 값을 구하시오.

052

자연수 n 에 대하여 $f(n) = \lim\limits_{x \to 0} \dfrac{1 - \cos nx}{\sin^2 x}$ 일 때,

$\displaystyle\sum_{n=1}^{11} f(n)$ 의 값을 구하시오.

Theme 10 삼각함수의 연속

053

두 상수 a, b 에 대하여 함수

$$f(x) = \begin{cases} \dfrac{\sin x + a}{\left(x - \dfrac{\pi}{2}\right)^2} & \left(x \neq \dfrac{\pi}{2}\right) \\[2em] b & \left(x = \dfrac{\pi}{2}\right) \end{cases}$$

가 $x = \dfrac{\pi}{2}$ 에서 연속일 때, $100(b-a)$ 의 값을 구하시오.

054

두 상수 a, b 에 대하여 함수

$$f(x) = \begin{cases} \dfrac{e^x - \sin 3x - a}{4x} & (x \neq 0) \\[1.5em] b & (x = 0) \end{cases}$$

가 $x = 0$ 에서 연속일 때, $a - 4b$ 의 값을 구하시오.

Theme 11 — 사인함수와 코사인함수의 도함수

055

함수 $f(x) = 2\sqrt{3}\sin x - 2\cos x$ 에 대하여 $f'\left(\dfrac{\pi}{6}\right)$ 의 값을 구하시오.

056

함수 $f(x) = \cos x + 4\sin x$ 에 대하여 $\displaystyle\lim_{h \to 0} \dfrac{f(\pi - 2h) - f(\pi)}{h}$ 의 값을 구하시오.

057

함수 $f(x) = x\sin x + k\cos x$ 에 대하여

$$\lim_{x \to \frac{\pi}{2}} \dfrac{f(x) - \dfrac{\pi}{2}}{x - \dfrac{\pi}{2}} = \sqrt{3}$$ 일 때, $f'\left(\dfrac{\pi}{3}\right) = \dfrac{a + b\pi}{6}$ 이다.

$a + b$ 의 값을 구하시오. (단, a, b는 자연수이다.)

058

실수 a 에 대하여 함수 $f(x) = \sin x - \cos x$ 가

$$\lim_{x \to a} \dfrac{\{f(x)\}^2 - \{f(a)\}^2}{x - a} = 1$$

를 만족시킬 때, $60\sin^2 a$ 의 값을 구하시오.

Theme 12 — 삼각함수의 극한의 활용

059

그림과 같이 $\overline{AB} = \overline{BC} = 2$ 인 이등변삼각형 ABC 에서 선분 AB 의 중점을 D 라 하자. 점 D 에서 선분 AC 에 내린 수선의 발을 E 라 하자. $\angle BAC = \theta$ 일 때, 삼각형 BCE 의 넓이를 $f(\theta)$ 라 하고, 삼각형 BDE 의 넓이를 $g(\theta)$ 라 하자.

$\displaystyle\lim_{\theta \to 0+} \dfrac{f(\theta)g(\theta)}{\theta^2}$ 의 값은? (단, $0 < \theta < \dfrac{\pi}{4}$)

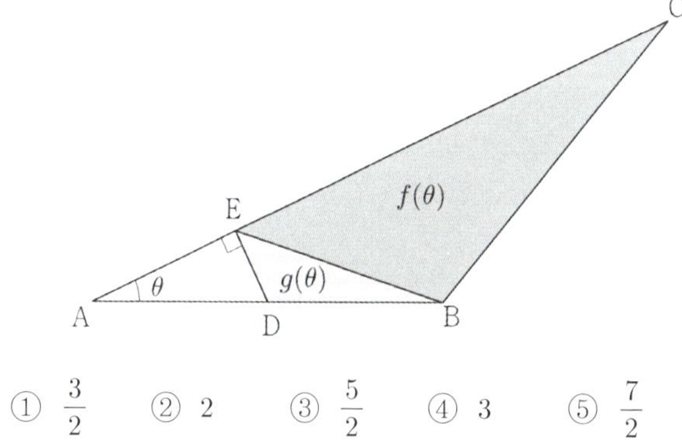

① $\dfrac{3}{2}$ ② 2 ③ $\dfrac{5}{2}$ ④ 3 ⑤ $\dfrac{7}{2}$

060

그림과 같이 길이가 4 인 선분 AB 를 지름으로 하는 반원 위의 점 C 를 $\overline{AC} = \overline{BC}$ 가 되도록 잡는다. 호 BC 위를 움직이는 점 D 에 대하여 선분 AD 와 선분 BC 가 만나는 점을 E 라 하자. $\angle DAB = \theta$ 일 때, 삼각형 BDE 의 넓이를 $S(\theta)$ 라 하자. $\displaystyle\lim_{\theta \to 0+} \dfrac{S(\theta)}{\theta^2}$ 의 값을 구하시오. (단, $0 < \theta < \dfrac{\pi}{4}$)

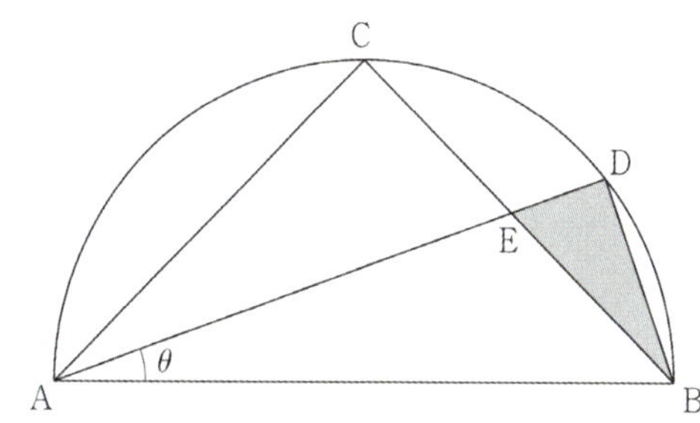

그림과 같이 $\overline{AB}=1$, $\angle ACB=\dfrac{\pi}{2}$ 인 삼각형 ABC 가 있다.

선분 BC 위의 점 D 에 대하여 선분 CD 를 지름으로 하는 원은 선분 AB 에 접하고, 이때 접점을 E 라 하자.

$\angle CAB=\theta$ 일 때, 삼각형 BDE 의 넓이를 $S(\theta)$ 라 하자.

$\displaystyle\lim_{\theta\to 0+}\dfrac{S(\theta)}{\theta^5}=a$ 일 때, $80a$ 의 값을 구하시오. (단,

$0<\theta<\dfrac{\pi}{2}$)

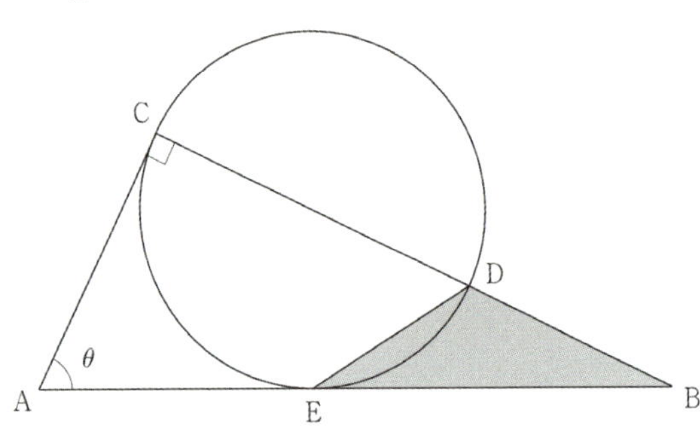

그림과 같이 길이가 2인 선분 AB 를 지름으로 하는 반원이 있다. $\overline{AB}=\overline{AC}$, $\angle CAB=\theta$ 인 점 C 를 잡고, 반원과 선분 AC 가 만나는 점 중 A 가 아닌 점을 D 라 하고, 호 BD 의 길이를 이등분하는 점을 E 라 하자. 두 선분 CD, CE 와 호 DE 로 둘러싸인 부분의 넓이를 $f(\theta)$, 선분 EB 와 호 EB 로 둘러싸인 부분의 넓이를 $g(\theta)$ 라 할 때,

$$\lim_{\theta\to 0+}\dfrac{f(\theta)+g(\theta)}{\theta^3}=a$$ 이다. $60a$ 의 값을 구하시오.

(단, $0<\theta<\dfrac{\pi}{4}$)

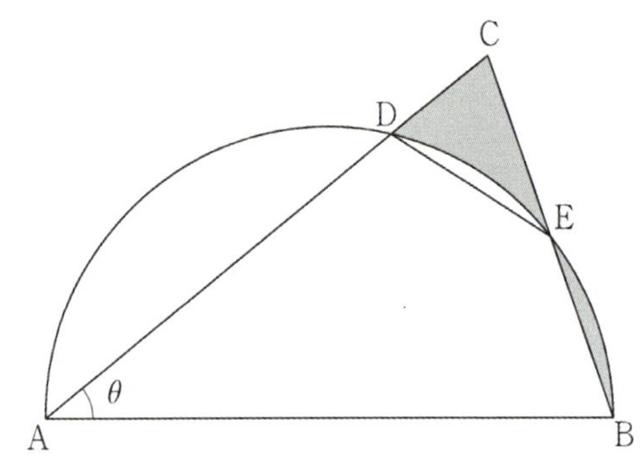

그림과 같이 길이가 2인 선분 AB 를 한 변으로 하고, $\overline{AC}=\overline{BC}$, $\angle ACB=\theta$ 인 이등변삼각형 ABC 가 있다. 선분 AB 의 연장선 위에 $\overline{AC}=\overline{AD}$ 인 점 D 를 잡고, $\overline{AC}=\overline{AE}$ 이고 $\angle EAD=3\theta$ 인 점 E 를 잡는다. 삼각형 BDE 의 넓이를 $S(\theta)$ 라 할 때, $\displaystyle\lim_{\theta\to 0+}\{\theta\times S(\theta)\}$ 의

값을 구하시오. (단, $0<\theta<\dfrac{\pi}{7}$)

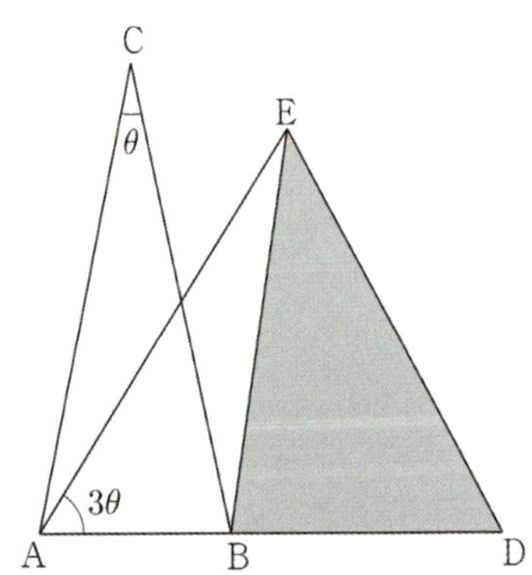

그림과 같이 길이가 2인 선분 AC 를 빗변으로 하고 $\angle CAB=\theta$ 인 직각삼각형 ABC 에 대하여 점 D 를 $\angle ABD=\dfrac{5}{6}\pi$, $\angle BAD=2\theta$ 가 되도록 잡는다.

삼각형 BCD 의 넓이를 $S(\theta)$ 라 할 때, $\displaystyle\lim_{\theta\to 0+}\dfrac{S(\theta)}{\theta^2}=a$ 이다.

a^2 의 값을 구하시오. (단, $0<\theta<\dfrac{\pi}{12}$)

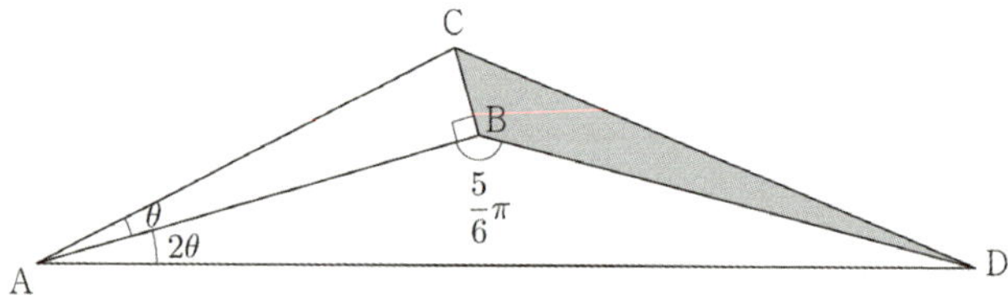

065

그림과 같이 사다리꼴 ABCD에서 변 AD와 변 BC가 평행하고

$$\angle ABC = \theta, \quad \angle DCB = 2\theta, \quad \overline{BC} = 3\sin\theta, \quad \overline{AD} = \sin\theta$$

이다. 사다리꼴 ABCD의 넓이를 $S(\theta)$라 할 때,

$$\lim_{\theta \to 0+} \frac{S(\theta)}{\theta^3} = a$$

이다. $60a$의 값을 구하시오. (단, $0 < \theta < \dfrac{\pi}{4}$)

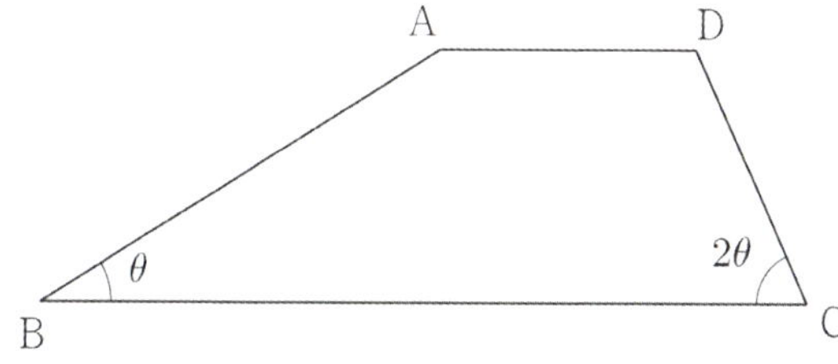

066

그림과 같이 길이가 4인 선분 AB를 지름으로 하고 중심이 O인 반원이 있다. 선분 AB 위를 움직이는 점 C에 대하여 $\angle CAB = \theta$일 때, 삼각형 AOC에 내접하는 원의 넓이를 $f(\theta)$, 부채꼴 OBC에 내접하는 원의 넓이를 $g(\theta)$라 하자. $\displaystyle\lim_{\theta \to 0+} \frac{f(\theta)}{g(\theta)} = \frac{q}{p}$일 때, $p^2 + q^2$의 값을 구하시오.

(단, $0 < \theta < \dfrac{\pi}{4}$이고, p, q는 서로소인 자연수이다.)

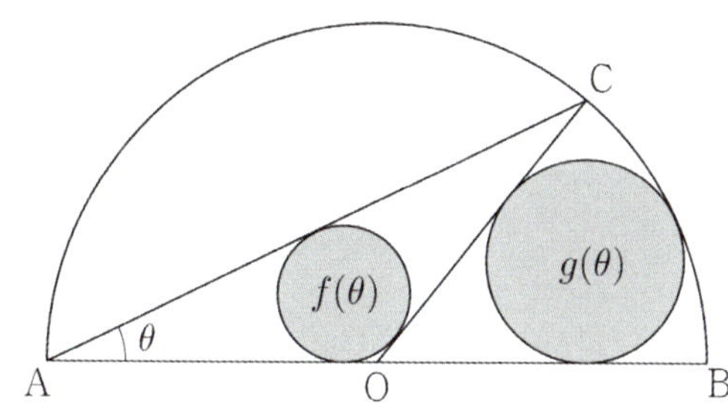

067

그림과 같이 길이가 4인 선분 AB를 지름으로 하는 반원의 호 AB 위에 $\angle CBA = \theta$인 점 C가 있다. $\angle BCD = 3\theta$가 되도록 선분 AB 위의 점 D를 잡을 때, 두 선분 CD, AD와 호 AC로 둘러싸인 부분의 넓이를 $f(\theta)$, 둘레의 길이를 $g(\theta)$라 하자. $\displaystyle\lim_{\theta \to 0+} \frac{f(\theta)}{g(\theta) - 2} = a$일 때, $100a$의 값을 구하시오. (단, $0 < \theta < \dfrac{\pi}{6}$)

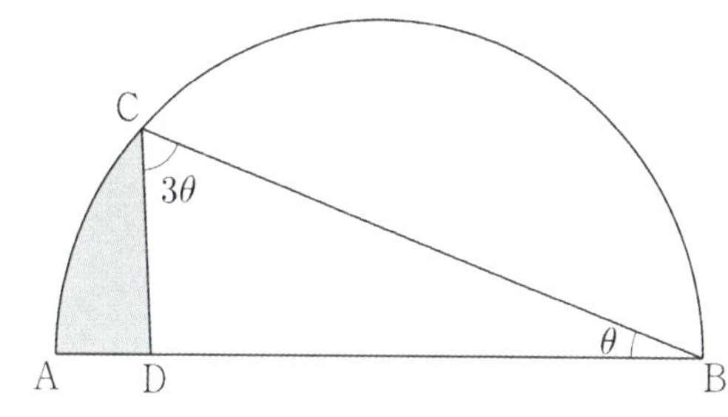

068

그림과 같이 반지름의 길이가 2이고 중심각의 크기가 $\dfrac{\pi}{2}$인 부채꼴 OAB와 선분 OA를 지름으로 하는 반원이 있다. 호 AB 위의 점 C에 대하여 점 C에서 선분 OA에 내린 수선의 발을 D, 선분 OC와 반원의 교점 중 O가 아닌 점을 E, 선분 CD와 호 AE의 교점을 F라 하자. $\angle COA = \theta$일 때, 두 선분 CE, CF와 호 EF로 둘러싸인 부분의 넓이를 $f(\theta)$, 두 선분 DF, DA와 호 AF로 둘러싸인 부분의 넓이를 $g(\theta)$라 하자.

$$\lim_{\theta \to 0+} \frac{\overline{CD}}{3\theta + f(\theta) - g(\theta)} = \frac{q}{p}$$

일 때, $p^2 + q^2$의 값을 구하시오.

(단, $0 < \theta < \dfrac{\pi}{4}$이고, p, q는 서로소인 자연수이다.)

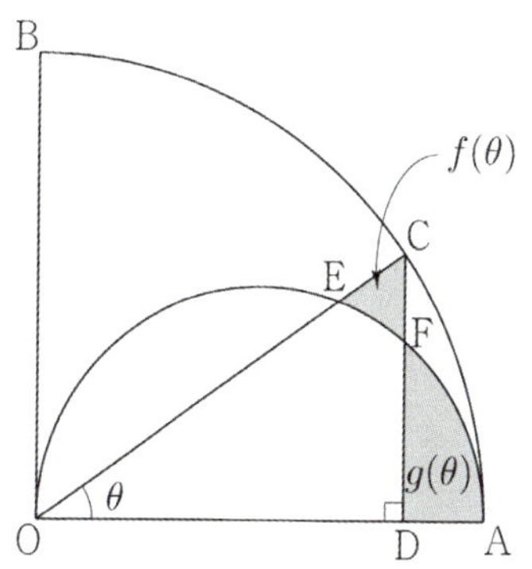

069 · 2012학년도 고3 6월 평가원 가형

$\displaystyle\lim_{x \to 0} (1+3x)^{\frac{1}{6x}}$ 의 값은? [2점]

① $\dfrac{1}{e^2}$ ② $\dfrac{1}{e}$ ③ $\sqrt{e}$

④ e ⑤ e^2

070 · 2019학년도 고3 9월 평가원 가형

$\displaystyle\lim_{x \to 0} \dfrac{e^x - 1}{x(x^2+2)}$ 의 값은? [2점]

① 1 ② $\dfrac{1}{2}$ ③ $\dfrac{1}{3}$

④ $\dfrac{1}{4}$ ⑤ $\dfrac{1}{5}$

071 · 2019학년도 수능 가형

$\displaystyle\lim_{x \to 0} \dfrac{x^2 + 5x}{\ln(1+3x)}$ 의 값은? [2점]

① $\dfrac{7}{3}$ ② 2 ③ $\dfrac{5}{3}$

④ $\dfrac{4}{3}$ ⑤ 1

072 · 2016학년도 수능 B형

$\displaystyle\lim_{x \to 0} \dfrac{\ln(1+5x)}{\sin 3x}$ 의 값은? [2점]

① 1 ② $\dfrac{4}{3}$ ③ $\dfrac{5}{3}$

④ 2 ⑤ $\dfrac{7}{3}$

073 · 2020학년도 수능 가형

$\displaystyle\lim_{x \to 0} \dfrac{6x}{e^{4x} - e^{2x}}$ 의 값은? [2점]

① 1 ② 2 ③ 3

④ 4 ⑤ 5

074 · 2014학년도 예비시행 B형

함수

$$f(x) = \begin{cases} \dfrac{e^{2x} + a}{x} & (x \neq 0) \\[2mm] b & (x = 0) \end{cases}$$

이 $x = 0$에서 연속이 되도록 두 상수 a, b의 값을 정할 때, $a+b$의 값은? [2점]

① 1 ② $e-1$ ③ 2 ④ e ⑤ 3

075 · 2020학년도 사관학교 가형

$\displaystyle\lim_{x \to 0} \dfrac{2x \sin x}{1 - \cos x}$ 의 값은? [2점]

① 1 ② 2 ③ 3

④ 4 ⑤ 5

076 · 2019년 고3 3월 교육청 가형

함수 $f(x) = \dfrac{x}{2} + \sin x$ 에 대하여 $\displaystyle\lim_{x \to \pi} \dfrac{f(x) - f(\pi)}{x - \pi}$ 의 값은? [3점]

① $-\dfrac{5}{2}$ ② -2 ③ $-\dfrac{3}{2}$

④ -1 ⑤ $-\dfrac{1}{2}$

077 2011학년도 고3 6월 평가원 가형

$\displaystyle \lim_{x \to 0} \frac{e^{2x^2}-1}{\tan x \sin 2x}$ 의 값은? [3점]

① $\dfrac{1}{4}$　　② $\dfrac{1}{2}$　　③ 1

④ 2　　⑤ 4

078 2019학년도 수능 가형

$\tan\theta = 5$ 일 때, $\sec^2\theta$ 의 값을 구하시오. [3점]

079 2018학년도 고3 6월 평가원 가형

함수 $f(x) = e^x(2x+1)$ 에 대하여 $f'(1)$ 의 값은? [3점]

① $4e$　　② $5e$　　③ $6e$

④ $7e$　　⑤ $8e$

080 2017학년도 사관학교 가형

$\displaystyle \lim_{x \to \frac{\pi}{2}} (1-\cos x)^{\sec x}$ 의 값은? [3점]

① $\dfrac{1}{e^2}$　　② $\dfrac{1}{e}$　　③ 1

④ e　　⑤ e^2

081 2015년 고3 4월 교육청 B형

함수 $f(x)$ 에 대하여 $\displaystyle \lim_{x \to 0} f(x)\left(1-\cos\frac{x}{2}\right)=1$ 일 때,

$\displaystyle \lim_{x \to 0} x^2 f(x)$ 의 값을 구하시오. [3점]

082 2020년 고3 7월 교육청 가형

$\displaystyle \lim_{x \to 0} \frac{x^2+4x}{\ln(x^2+x+1)}$ 의 값은? [3점]

① 3　　② 4　　③ 5

④ 6　　⑤ 7

083 2007학년도 수능 가형

$\displaystyle \lim_{x \to a} \frac{2^x-1}{3\sin(x-a)}=b\ln 2$ 를 만족시키는 두 상수 a, b 에

대하여 $a+b$ 의 값은? [3점]

① $\dfrac{1}{6}$　　② $\dfrac{1}{5}$　　③ $\dfrac{1}{4}$

④ $\dfrac{1}{3}$　　⑤ $\dfrac{1}{2}$

084 2017학년도 고3 9월 평가원 가형

$\cos(\alpha+\beta)=\dfrac{5}{7}$, $\cos\alpha\cos\beta=\dfrac{4}{7}$ 일 때, $\sin\alpha\sin\beta$ 의 값은? [3점]

① $-\dfrac{1}{7}$　　② $-\dfrac{2}{7}$　　③ $-\dfrac{3}{7}$

④ $-\dfrac{4}{7}$　　⑤ $-\dfrac{5}{7}$

085 2016년 고3 7월 교육청 가형

$\sin\theta - \cos\theta = \dfrac{\sqrt{3}}{2}$ 일 때, $\tan\theta + \cot\theta$ 의 값은? [3점]

① 6　　② 7　　③ 8

④ 9　　⑤ 10

$\tan\left(\alpha+\dfrac{\pi}{4}\right)=2$ 일 때, $\tan\alpha$ 의 값은? [3점]

① $\dfrac{1}{3}$ ② $\dfrac{4}{9}$ ③ $\dfrac{5}{9}$

④ $\dfrac{2}{3}$ ⑤ $\dfrac{7}{9}$

함수 $f(x)$ 가

$$f(x)=\begin{cases}\dfrac{\sin2(x-1)}{x-1} & (x\ne1)\\[2mm] a & (x=1)\end{cases}$$

이다. $f(x)$ 가 $x=1$ 에서 연속일 때, 상수 a 의 값은? [3점]

① 0 ② 1 ③ 2

④ $\dfrac{1}{2}$ ⑤ $\dfrac{3}{2}$

$\displaystyle\lim_{x\to0}\dfrac{2^{ax+b}-8}{2^{bx}-1}=16$ 일 때, $a+b$ 의 값은?

(단, a 와 b 는 0이 아닌 상수이다.) [3점]

① 9 ② 10 ③ 11

④ 12 ⑤ 13

그림과 같이 직선 $3x+4y-2=0$ 이 x 축의 양의 방향과 이루는 각의 크기를 θ 라 할 때, $\tan\left(\dfrac{\pi}{4}+\theta\right)$ 의 값은? [3점]

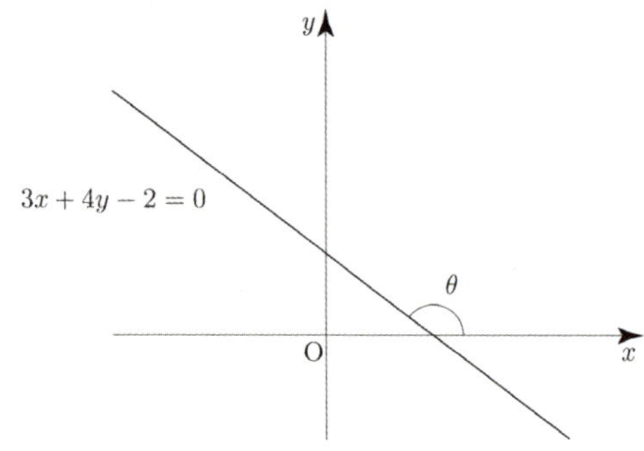

① $\dfrac{1}{14}$ ② $\dfrac{1}{7}$ ③ $\dfrac{3}{14}$

④ $\dfrac{2}{7}$ ⑤ $\dfrac{5}{14}$

함수 $f(x)=\sin x+a\cos x$ 에 대하여

$$\lim_{x\to\frac{\pi}{2}}\dfrac{f(x)-1}{x-\dfrac{\pi}{2}}=3$$ 일 때,

$f\left(\dfrac{\pi}{4}\right)$ 의 값은? (단, a 는 상수이다.) [3점]

① $-2\sqrt{2}$ ② $-\sqrt{2}$ ③ 0

④ $\sqrt{2}$ ⑤ $2\sqrt{2}$

함수 $f(x)=x^3\ln x$ 에 대하여 $\dfrac{f'(e)}{e^2}$ 의 값을 구하시오. [3점]

092 2020학년도 고3 9월 평가원 가형

$\dfrac{\pi}{2}<\theta<\pi$인 θ에 대하여 $\cos\theta=-\dfrac{3}{5}$일 때,

$\csc(\pi+\theta)$의 값은? [3점]

① $-\dfrac{5}{2}$　　　② $-\dfrac{5}{3}$　　　③ $-\dfrac{5}{4}$

④ $\dfrac{5}{4}$　　　⑤ $\dfrac{5}{3}$

093 2019년 고3 3월 교육청 가형

함수 $f(x)=\ln(ax+b)$에 대하여 $\displaystyle\lim_{x\to0}\dfrac{f(x)}{x}=2$일 때,

$f(2)$의 값은? (단, a, b는 상수이다.) [3점]

① $\ln3$　　　② $2\ln2$　　　③ $\ln5$

④ $\ln6$　　　⑤ $\ln7$

094 2024학년도 6월 평가원 미적분

실수 $t\,(0<t<\pi)$에 대하여 곡선 $y=\sin x$ 위의 점
$\mathrm{P}(t,\ \sin t)$에서의 접선과 점 P를 지나고 기울기가 -1인
직선이 이루는 예각의 크기를 θ라 할 때,

$\displaystyle\lim_{t\to\pi-}\dfrac{\tan\theta}{(\pi-t)^2}$의 값은? [3점]

① $\dfrac{1}{16}$　　　② $\dfrac{1}{8}$　　　③ $\dfrac{1}{4}$

④ $\dfrac{1}{2}$　　　⑤ 1

095 2013학년도 고3 6월 평가원 가형

함수 $f(x)$가 $x>-1$인 모든 실수 x에 대하여 부등식

$$\ln(1+x)\le f(x)\le\dfrac{1}{2}(e^{2x}-1)$$

을 만족시킬 때, $\displaystyle\lim_{x\to0}\dfrac{f(3x)}{x}$의 값은? [3점]

① 1　　　② e　　　③ 3

④ 4　　　⑤ $2e$

096 2012학년도 고3 9월 평가원 가형

함수 $f(x)$가

$$f(x)=\begin{cases}\dfrac{e^{3x}-1}{x(e^x+1)} & (x\ne0)\\[2mm] a & (x=0)\end{cases}$$

이다. $f(x)$가 $x=0$에서 연속일 때, 상수 a의 값은? [3점]

① 1　　　② $\dfrac{3}{2}$　　　③ 2

④ $\dfrac{5}{2}$　　　⑤ 3

097 2023년 고3 4월 교육청 미적분

두 함수 $f(x)=a^x$, $g(x)=2\log_b x$에 대하여

$$\lim_{x\to e}\dfrac{f(x)-g(x)}{x-e}=0$$

일 때, $a\times b$의 값은? (단, a와 b는 1보다 큰 상수이다.)
[3점]

① $e^{\frac{1}{e}}$　　　② $e^{\frac{2}{e}}$　　　③ $e^{\frac{3}{e}}$

④ $e^{\frac{4}{e}}$　　　⑤ $e^{\frac{5}{e}}$

$2\cos\alpha = 3\sin\alpha$ 이고 $\tan(\alpha+\beta)=1$ 일 때, $\tan\beta$ 의 값은?

[3점]

① $\dfrac{1}{6}$　　　② $\dfrac{1}{5}$　　　③ $\dfrac{1}{4}$

④ $\dfrac{1}{3}$　　　⑤ $\dfrac{1}{2}$

$\overline{AB}=\overline{AC}$ 인 이등변삼각형 ABC 에서 $\angle A = \alpha$, $\angle B = \beta$ 라 하자. $\tan(\alpha+\beta)= -\dfrac{3}{2}$ 일 때, $\tan\alpha$ 의 값은? [3점]

① $\dfrac{21}{10}$　　　② $\dfrac{11}{5}$　　　③ $\dfrac{23}{10}$

④ $\dfrac{12}{5}$　　　⑤ $\dfrac{5}{2}$

실수 전체의 집합에서 연속인 함수 $f(x)$ 가 모든 실수 x 에 대하여

$$(e^{2x}-1)^2 f(x) = a - 4\cos\frac{\pi}{2}x$$

를 만족시킬 때, $a \times f(0)$ 의 값은? (단, a 는 상수이다.) [3점]

① $\dfrac{\pi^2}{6}$　　　② $\dfrac{\pi^2}{5}$　　　③ $\dfrac{\pi^2}{4}$

④ $\dfrac{\pi^2}{3}$　　　⑤ $\dfrac{\pi^2}{2}$

좌표평면에서 두 직선 $x-y-1=0$, $ax-y+1=0$ 이 이루는 예각의 크기를 θ 라 하자. $\tan\theta = \dfrac{1}{6}$ 일 때, 상수 a 의 값은? (단, $a > 1$) [3점]

① $\dfrac{11}{10}$　　　② $\dfrac{6}{5}$　　　③ $\dfrac{13}{10}$

④ $\dfrac{7}{5}$　　　⑤ $\dfrac{3}{2}$

함수

$$f(x) = \begin{cases} -14x+a & (x \le 1) \\ \dfrac{5\ln x}{x-1} & (x > 1) \end{cases}$$

이 실수 전체의 집합에서 연속일 때, 상수 a 의 값을 구하시오. [3점]

이차항의 계수가 1 인 이차함수 $f(x)$ 와 함수

$$g(x) = \begin{cases} \dfrac{1}{\ln(x+1)} & (x \ne 0) \\ 8 & (x = 0) \end{cases}$$

에 대하여 함수 $f(x)g(x)$ 가 구간 $(-1,\ \infty)$ 에서 연속일 때, $f(3)$ 의 값은? [3점]

① 6　　　② 9　　　③ 12

④ 15　　　⑤ 18

104 2020학년도 고3 6월 평가원 가형 ○○○○○

함수 $f(x) = \sin(x+\alpha) + 2\cos(x+\alpha)$ 에 대하여
$f'\left(\dfrac{\pi}{4}\right) = 0$ 일 때, $\tan\alpha$ 의 값은? (단, α 는 상수이다.) [3점]

① $-\dfrac{5}{6}$ ② $-\dfrac{2}{3}$ ③ $-\dfrac{1}{2}$

④ $-\dfrac{1}{3}$ ⑤ $-\dfrac{1}{6}$

105 2022학년도 고3 6월 평가원 미적분 ○○○○○

원점에서 곡선 $y = e^{|x|}$ 에 그은 두 접선이 이루는 예각의
크기를 θ 라 할 때, $\tan\theta$ 의 값은? [3점]

① $\dfrac{e}{e^2+1}$ ② $\dfrac{e}{e^2-1}$ ③ $\dfrac{2e}{e^2+1}$

④ $\dfrac{2e}{e^2-1}$ ⑤ 1

106 2019년 고3 3월 교육청 가형 ○○○○○

$0 \le x \le \pi$ 에서 정의된 함수

$$f(x) = \begin{cases} 2\cos x \tan x + a & \left(x \ne \dfrac{\pi}{2}\right) \\ 3a & \left(x = \dfrac{\pi}{2}\right) \end{cases}$$

가 $x = \dfrac{\pi}{2}$ 에서 연속일 때, 함수 $f(x)$ 의 최댓값과 최솟값의
합은? (단, a 는 상수이다.) [3점]

① $\dfrac{5}{2}$ ② 3 ③ $\dfrac{7}{2}$

④ 4 ⑤ $\dfrac{9}{2}$

107 2017년 고3 3월 교육청 가형 ○○○○○

원 O를 중심으로 하고 반지름의 길이가 각각 1, $\sqrt{2}$ 인
두 원 C_1, C_2가 있다. 원 C_1 위의 두 점 P, Q와 원 C_2
위의 점 R에 대하여 $\angle QOP = \alpha$, $\angle ROQ = \beta$ 라 하자.
$\overline{OQ} \perp \overline{QR}$ 이고 $\sin\alpha = \dfrac{4}{5}$ 일 때, $\cos(\alpha+\beta)$ 의 값은?

(단, $0 < \alpha < \dfrac{\pi}{2}$, $0 < \beta < \dfrac{\pi}{2}$) [3점]

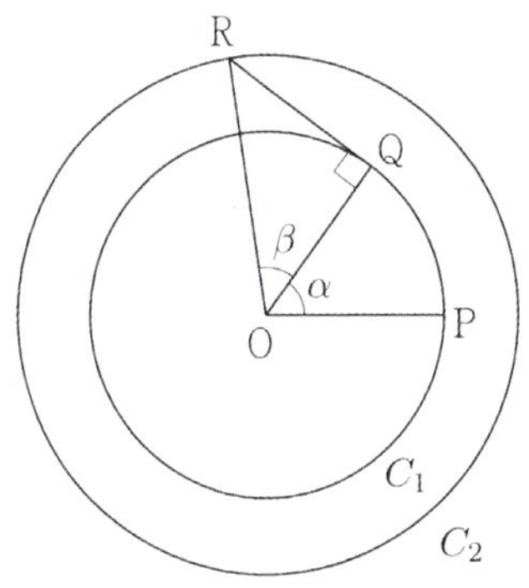

① $-\dfrac{\sqrt{6}}{10}$ ② $-\dfrac{\sqrt{5}}{10}$ ③ $-\dfrac{1}{5}$

④ $-\dfrac{\sqrt{3}}{10}$ ⑤ $-\dfrac{\sqrt{2}}{10}$

108 2012년 고2 11월 교육청 B형 ○○○○○

이차방정식 $25x^2 - 25x + 4 = 0$ 의 두 근이 $\sin(a+b)$,
$\sin(a-b)$ 일 때, $\dfrac{\tan a}{\tan b}$ 의 값은? (단, $0 < b < a < \dfrac{\pi}{4}$) [4점]

① $\dfrac{3}{5}$ ② $\dfrac{3}{4}$ ③ $\dfrac{4}{5}$

④ $\dfrac{4}{3}$ ⑤ $\dfrac{5}{3}$

좌표평면에서 곡선 $y=\sin x$ 위의 점 $\mathrm{P}(t,\,\sin t)\ (0<t<\pi)$ 를 중심으로 하고 x축에 접하는 원을 C 라 하자. 원 C 가 x축에 접하는 점을 Q, 선분 OP 와 만나는 점을 R 라 하자.

$\displaystyle\lim_{t\to 0+}\frac{\overline{\mathrm{OQ}}}{\overline{\mathrm{OR}}}=a+b\sqrt{2}$ 일 때, $a+b$ 의 값을 구하시오.

(단, O 는 원점이고, a, b는 정수이다.) [3점]

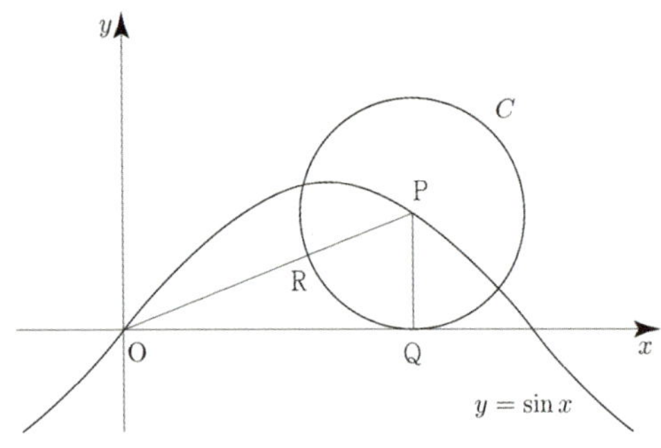

$\displaystyle\lim_{x\to 0}\frac{e^{1-\sin x}-e^{1-\tan x}}{\tan x-\sin x}$ 의 값은? [3점]

① $\dfrac{1}{e}$ ② $\dfrac{2}{e}$ ③ 1

④ e ⑤ $2e$

$0<\alpha<\beta<\dfrac{\pi}{2}$ 인 두 수 α, β가

$$\sin\alpha\sin\beta=\frac{\sqrt{3}+1}{4},\ \cos\alpha\cos\beta=\frac{\sqrt{3}-1}{4}$$

을 만족시킬 때, $\cos(3\alpha+\beta)$ 의 값은? [3점]

① -1 ② $-\dfrac{\sqrt{3}}{2}$ ③ $-\dfrac{\sqrt{2}}{2}$

④ $-\dfrac{1}{2}$ ⑤ 0

세 양수 a, b, c에 대하여

$$\lim_{x\to\infty}x^a\ln\left(b+\frac{c}{x^2}\right)=2$$

일 때, $a+b+c$의 값은? [4점]

① 5 ② 6 ③ 7

④ 8 ⑤ 9

좌표평면 위의 한 점 $\mathrm{P}(t,\,0)$ 을 지나는 직선 $x=t$와 두 곡선 $y=\ln x$, $y=-\ln x$ 가 만나는 점을 각각 A, B 라 하자. 삼각형 AQB의 넓이가 1이 되도록 하는 x축 위의 점을 Q 라 할 때, 선분 PQ 의 길이를 $f(t)$ 라 하자. $\displaystyle\lim_{t\to 1+}(t-1)f(t)$ 의 값은? (단, 점 Q 의 x좌표는 t 보다 작다.) [3점]

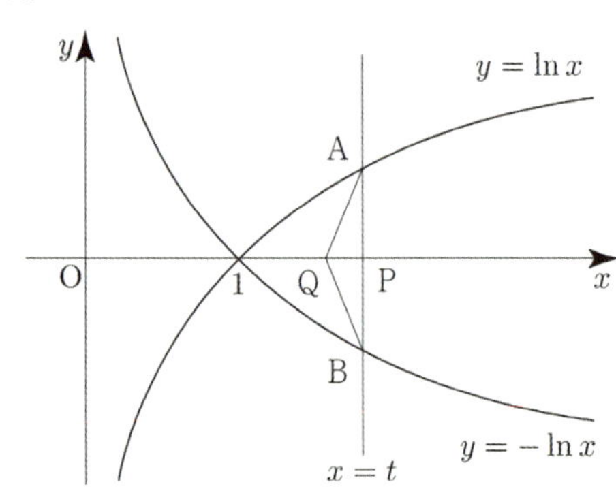

① $\dfrac{1}{2}$ ② 1 ③ $\dfrac{3}{2}$

④ 2 ⑤ $\dfrac{5}{2}$

114 2011학년도 고3 6월 평가원 가형

좌표평면에서 원점 O를 중심으로 하고 반지름의 길이가 각각 1, $\sqrt{2}$ 인 두 원 C_1, C_2가 있다. 직선 $y = \dfrac{1}{2}$ 이 원 C_1, C_2와 제 1사분면에서 만나는 점을 각각 P, Q라고 하자. 점 $A(\sqrt{2},\ 0)$에 대하여 $\angle QOP = \alpha$, $\angle AOQ = \beta$라고 할 때, $\sin(\alpha - \beta)$의 값은? [3점]

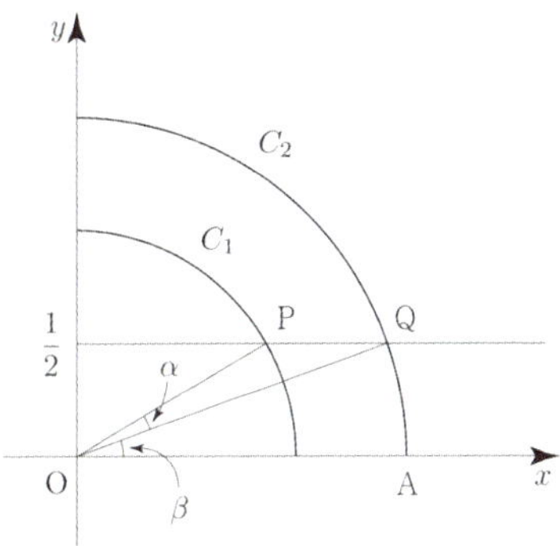

① $\dfrac{3 - \sqrt{14}}{8}$ ② $\dfrac{\sqrt{7} - \sqrt{14}}{8}$ ③ $\dfrac{\sqrt{6} - \sqrt{14}}{8}$

④ $\dfrac{3 - \sqrt{21}}{8}$ ⑤ $\dfrac{\sqrt{7} - \sqrt{21}}{8}$

115 2024년 고3 5월 교육청 미적분

곡선 $y = e^{2x} - 1$ 위의 점 $P(t,\ e^{2t} - 1)\ (t > 0)$에 대하여 $\overline{PQ} = \overline{OQ}$ 를 만족시키는 x축 위의 점 Q의 x좌표를 $f(t)$라 할 때, $\displaystyle\lim_{t \to 0+} \dfrac{f(t)}{t}$ 의 값은? (단, O 는 원점이다.) [3점]

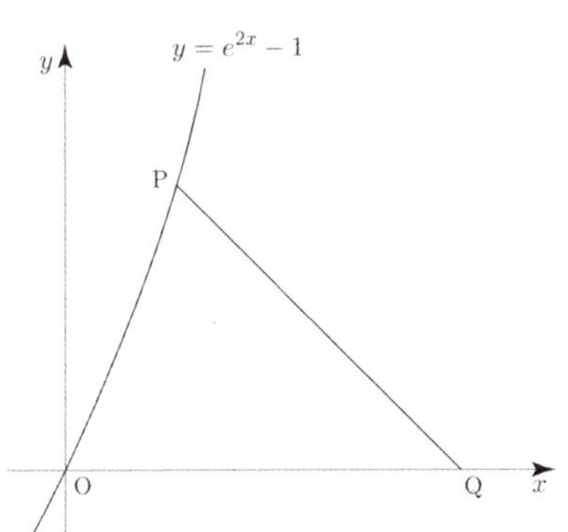

① 1 ② $\dfrac{3}{2}$ ③ 2

④ $\dfrac{5}{2}$ ⑤ 3

116 2016학년도 사관학교 B형

이차함수 $f(x)$ 가

$$f(1) = 2, \quad f'(1) = \lim_{x \to 0} \dfrac{\ln f(x)}{x} + \dfrac{1}{2}$$

을 만족시킬 때, $f(8)$ 의 값을 구하시오. [4점]

117 2016년 고3 3월 교육청 가형

좌표평면에 두 함수 $f(x) = 2^x$ 의 그래프와 $g(x) = \left(\dfrac{1}{2}\right)^x$ 의 그래프가 있다. 두 곡선 $y = f(x)$, $y = g(x)$ 가 직선 $x = t\ (t > 0)$과 만나는 점을 각각 A, B 라 하자.

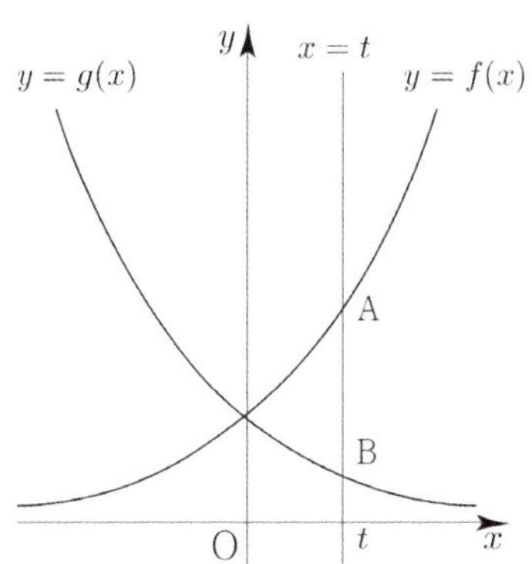

점 A 에서 y축에 내린 수선의 발을 H 라 할 때, $\displaystyle\lim_{t \to 0+} \dfrac{\overline{AB}}{\overline{AH}}$ 의 값은? [4점]

① $2\ln 2$ ② $\dfrac{7}{4}\ln 2$ ③ $\dfrac{3}{2}\ln 2$

④ $\dfrac{5}{4}\ln 2$ ⑤ $\ln 2$

삼각형 ABC에 대하여 $\angle A = \alpha$, $\angle B = \beta$, $\angle C = \gamma$라 할 때, α, β, γ가 이 순서대로 등차수열을 이루고 $\cos\alpha$, $2\cos\beta$, $8\cos\gamma$가 이 순서대로 등비수열을 이룰 때, $\tan\alpha \tan\gamma$의 값을 구하시오. (단, $\alpha < \beta < \gamma$) [4점]

그림과 같이 $\overline{AB} = 5$, $\overline{AC} = 2\sqrt{5}$인 삼각형 ABC의 꼭짓점 A에서 선분 BC에 내린 수선의 발을 D라 하자. 선분 AD를 $3 : 1$로 내분하는 점 E에 대하여 $\overline{EC} = \sqrt{5}$이다. $\angle ABD = \alpha$, $\angle DCE = \beta$라 할 때, $\cos(\alpha - \beta)$의 값은? [4점]

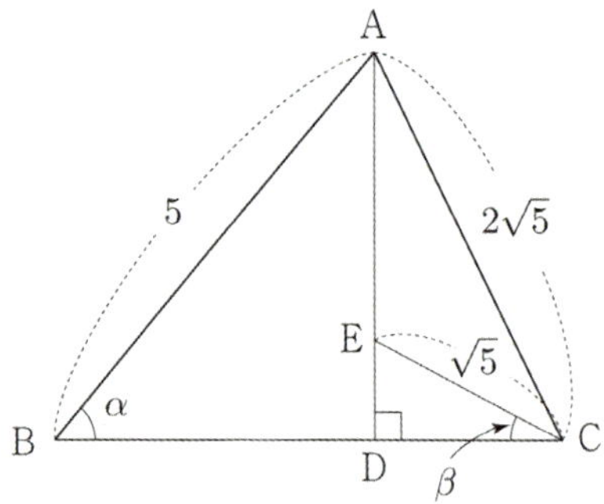

① $\dfrac{\sqrt{5}}{5}$ ② $\dfrac{\sqrt{5}}{4}$ ③ $\dfrac{3\sqrt{5}}{10}$

④ $\dfrac{7\sqrt{5}}{20}$ ⑤ $\dfrac{2\sqrt{5}}{5}$

그림과 같이 기울기가 $-\dfrac{1}{3}$인 직선 l이 원 $x^2 + y^2 = 1$과 점 A에서 접하고, 기울기가 1인 직선 m이 원 $x^2 + y^2 = 1$과 점 B에서 접한다. $100\cos^2(\angle AOB)$의 값을 구하시오. (단, O는 원점이다.) [4점]

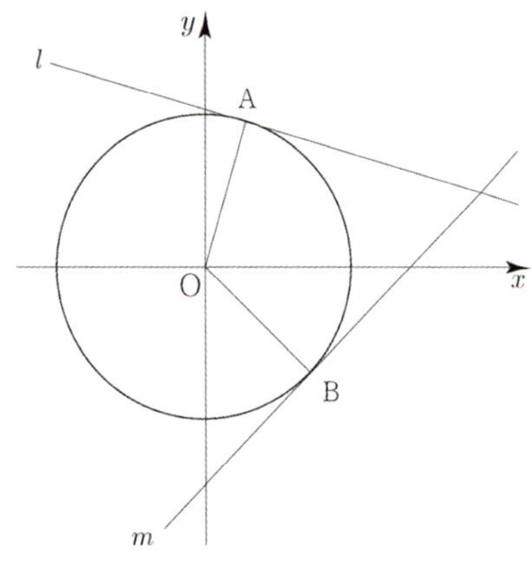

$\tan\alpha = -\dfrac{5}{12}$ $\left(\dfrac{3}{2}\pi < \alpha < 2\pi\right)$이고 $0 \le x < \dfrac{\pi}{2}$일 때, 부등식

$$\cos x \le \sin(x + \alpha) \le 2\cos x$$

를 만족시키는 x에 대하여 $\tan x$의 최댓값과 최솟값의 합은? [4점]

① $\dfrac{31}{12}$ ② $\dfrac{37}{12}$ ③ $\dfrac{43}{12}$

④ $\dfrac{49}{12}$ ⑤ $\dfrac{55}{12}$

122 2014학년도 예비시행 B형

그림과 같이 직선 $y=1$ 위의 점 P에서 원 $x^2+y^2=1$에 그은 접선이 x축과 만나는 점을 A라 하고, $\angle AOP=\theta$라 하자. $\overline{OA}=\dfrac{5}{4}$일 때, $\tan 3\theta$의 값은? (단, $0<\theta<\dfrac{\pi}{4}$) [4점]

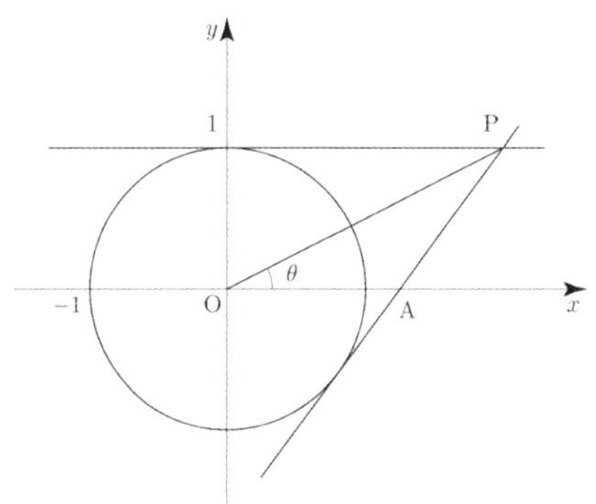

① 4 ② $\dfrac{9}{2}$ ③ 5

④ $\dfrac{11}{2}$ ⑤ 6

123 2025학년도 고3 6월 평가원 미적분

양수 t에 대하여 곡선 $y=e^{x^2}-1$ $(x\geq 0)$이 두 직선 $y=t$, $y=5t$와 만나는 점을 각각 A, B라 하고, 점 B에서 x축에 내린 수선의 발을 C라 하자. 삼각형 ABC의 넓이를 $S(t)$라 할 때, $\displaystyle\lim_{t\to 0+}\dfrac{S(t)}{t\sqrt{t}}$의 값은? [3점]

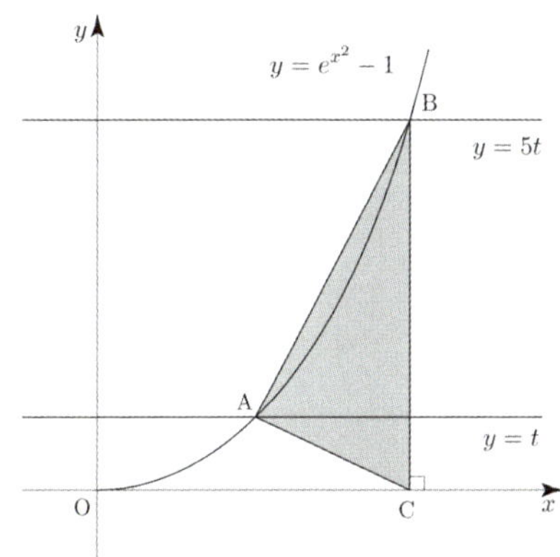

① $\dfrac{5}{4}(\sqrt{5}-1)$ ② $\dfrac{5}{2}(\sqrt{5}-1)$ ③ $5(\sqrt{5}-1)$

④ $\dfrac{5}{4}(\sqrt{5}+1)$ ⑤ $\dfrac{5}{2}(\sqrt{5}+1)$

124 2024년 고3 7월 교육청 미적분

그림과 같이 $\overline{AB}=\overline{BC}=1$이고 $\angle ABC=\dfrac{\pi}{2}$인 삼각형 ABC가 있다. 선분 AB 위의 점 D와 선분 BC 위의 점 E가 $\overline{AD}=2\overline{BE}$ $(0<\overline{AD}<1)$을 만족시킬 때, 두 선분 AE, CD가 만나는 점을 F라 하자. $\tan(\angle CFE)=\dfrac{16}{15}$일 때, $\tan(\angle CDB)$의 값은?

(단, $\dfrac{\pi}{4}<\angle CDB<\dfrac{\pi}{2}$) [3점]

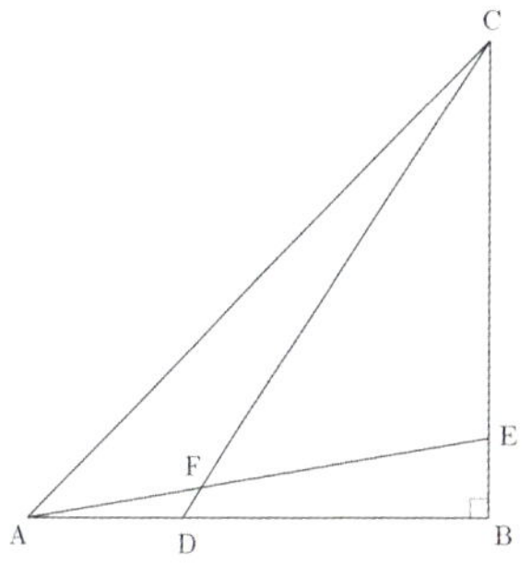

① $\dfrac{9}{7}$ ② $\dfrac{4}{3}$ ③ $\dfrac{7}{5}$

④ $\dfrac{3}{2}$ ⑤ $\dfrac{5}{3}$

125 2021년 고3 4월 교육청 미적분

그림과 같이 $\angle BAC=\dfrac{2}{3}\pi$이고 $\overline{AB}>\overline{AC}$인 삼각형 ABC가 있다. $\overline{BD}=\overline{CD}$인 선분 AB 위의 점 D에 대하여 $\angle CBD=\alpha$, $\angle ACD=\beta$라 하자. $\cos^2\alpha=\dfrac{7+\sqrt{21}}{14}$일 때, $54\sqrt{3}\times\tan\beta$의 값을 구하시오. [4점]

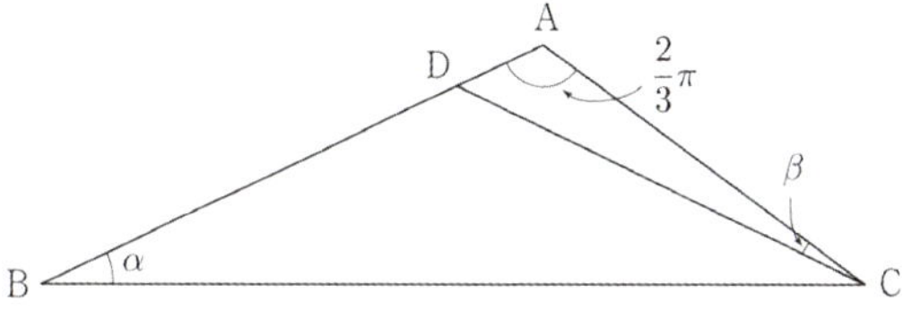

양수 t에 대하여 다음 조건을 만족시키는 실수 k의 값을 $f(t)$라 하자.

> 직선 $x=k$와 두 곡선 $y=e^{\frac{x}{2}}$, $y=e^{\frac{x}{2}+3t}$이 만나는 점을 각각 P, Q라 하고, 점 Q를 지나고 y축에 수직인 직선이 곡선 $y=e^{\frac{x}{2}}$과 만나는 점을 R라 할 때, $\overline{PQ}=\overline{QR}$이다.

함수 $f(t)$에 대하여 $\displaystyle\lim_{t\to 0+} f(t)$의 값은? [4점]

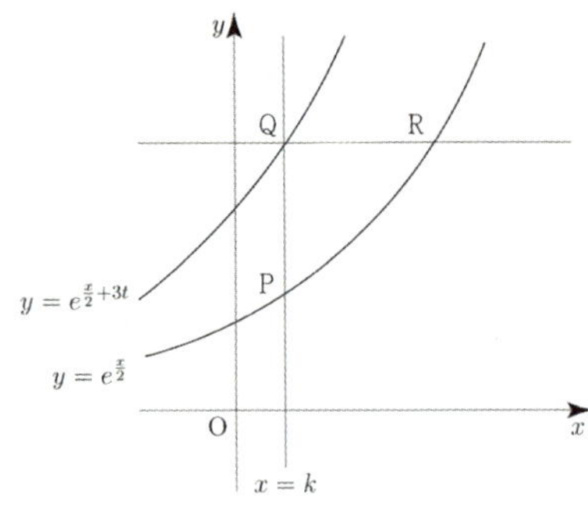

① $\ln 2$ ② $\ln 3$ ③ $\ln 4$

④ $\ln 5$ ⑤ $\ln 6$

$a>e$인 실수 a에 대하여 두 곡선 $y=e^{x-1}$과 $y=a^x$이 만나는 점의 x좌표를 $f(a)$라 할 때, $\displaystyle\lim_{a\to e+}\frac{1}{(e-a)f(a)}$의 값은? [4점]

① $\dfrac{1}{e^2}$ ② $\dfrac{1}{e}$ ③ 1

④ e ⑤ e^2

그림과 같이 양수 θ에 대하여 $\angle \text{AOB}=\theta$, $\angle \text{OAB}=\dfrac{\pi}{2}$, $\overline{\text{OA}}=10$인 직각삼각형 OAB가 있다. 변 OB 위에 있는 $\overline{\text{OC}}=10$인 점 C에 대하여 삼각형 ABC의 둘레의 길이를 $f(\theta)$라 하자. $\displaystyle\lim_{\theta\to 0+}\frac{f(\theta)}{\theta}$의 값을 구하시오. [4점]

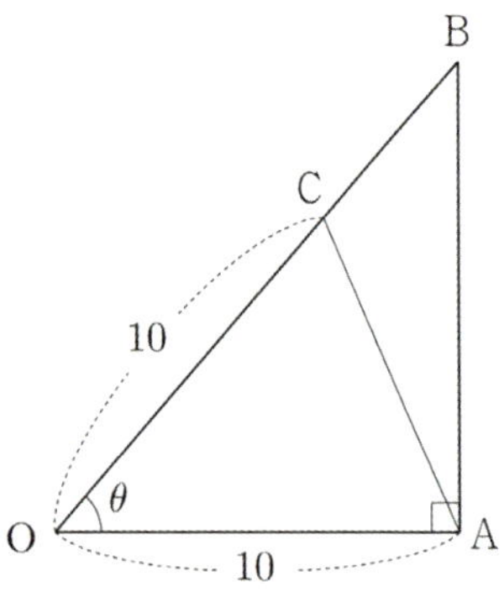

자연수 n에 대하여 중심이 원점 O이고 점 $\text{P}(2^n,\ 0)$을 지나는 원 C가 있다. 원 C 위에 점 Q를 호 PQ의 길이가 π가 되도록 잡는다. 점 Q에서 x축에 내린 수선의 발을 H라 할 때, $\displaystyle\lim_{n\to\infty}\left(\overline{\text{OQ}}\times\overline{\text{HP}}\right)$의 값은? [4점]

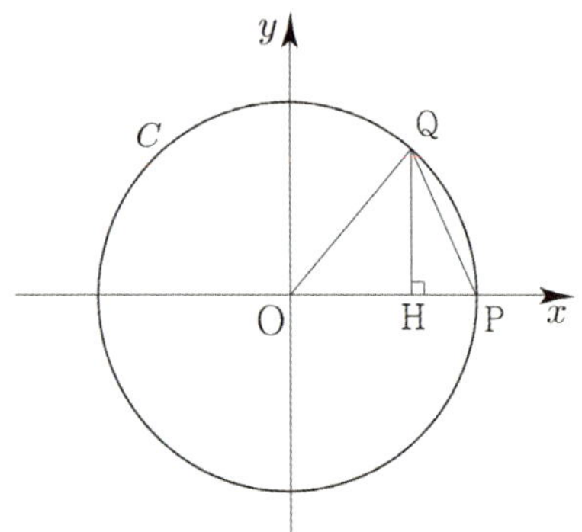

① $\dfrac{\pi^2}{2}$ ② $\dfrac{3}{4}\pi^2$ ③ π^2

④ $\dfrac{5}{4}\pi^2$ ⑤ $\dfrac{3}{2}\pi^2$

반지름의 길이가 1인 원 S 위에 점 A가 있다. 그림과 같이 양수 θ에 대하여 원 S 위의 두 점 B, C를 $\angle \mathrm{BAC} = \theta$이고 $\overline{\mathrm{AB}} = \overline{\mathrm{AC}}$가 되도록 잡는다. 삼각형 ABC의 내접원의 반지름의 길이를 $r(\theta)$라 할 때,

$$\lim_{\theta \to \pi-} \frac{r(\theta)}{(\pi-\theta)^2} = \frac{q}{p}$$ 이다. $p^2 + q^2$의 값을 구하시오.

(단, p, q는 서로소인 자연수이다.) [4점]

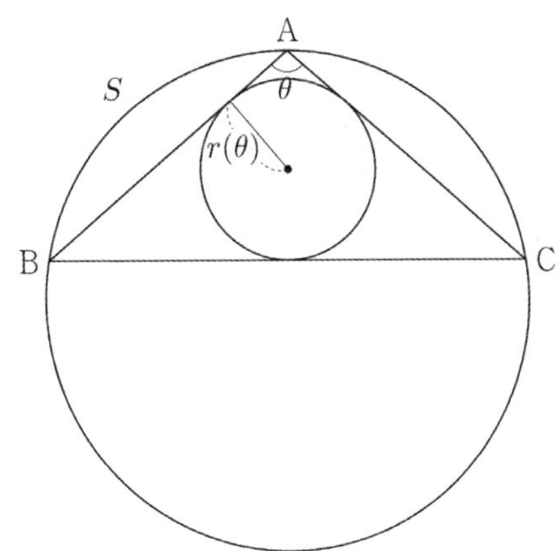

그림과 같이 반지름의 길이가 각각 1이고 중심이 각각 O, O'인 두 원 C_1, C_2가 외접하고 있다. 원 C_1 위의 점 A에서 원 C_2에 그은 두 접선의 접점을 각각 P, Q라 하자. $\angle \mathrm{AOO'} = \theta$라 할 때, $\displaystyle\lim_{\theta \to 0+} \frac{\overline{\mathrm{PQ}}}{\theta}$의 값은?

(단, $0 < \theta < \dfrac{\pi}{2}$) [4점]

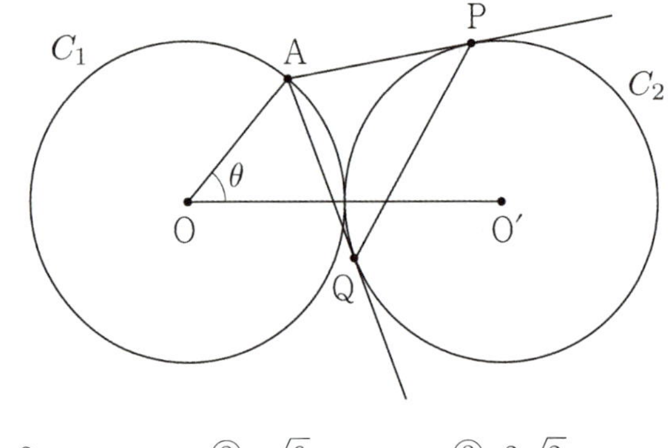

① 2   ② $\sqrt{6}$ ③ $2\sqrt{2}$

④ $\sqrt{10}$ ⑤ $2\sqrt{3}$

그림과 같이 길이가 2인 선분 AB를 지름으로 하는 반원 위에 두 점 P, Q를 $\angle \mathrm{ABP} = \angle \mathrm{BAQ} = \theta \left(0 < \theta < \dfrac{\pi}{4}\right)$가 되도록 잡는다. 두 선분 AQ, BP와 호 PQ에 내접하는 원의 반지름의 길이를 $r(\theta)$라 할 때,

$$\lim_{\theta \to \frac{\pi}{4}-} \frac{r(\theta)}{\frac{\pi}{4} - \theta} = p\sqrt{2} + q$$ 이다. $p^2 + q^2$의 값을 구하시오.

(단, p와 q는 유리수이다.) [4점]

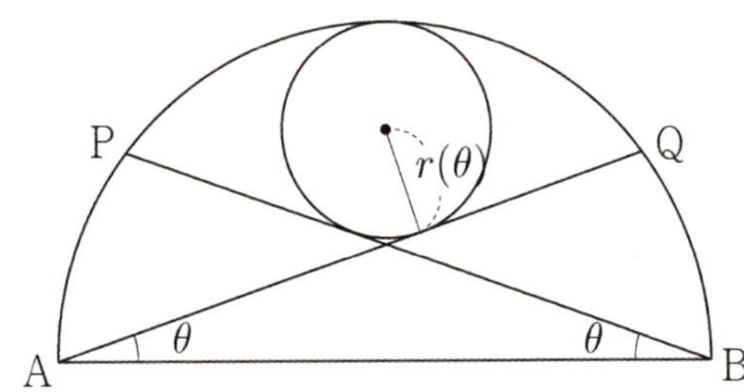

그림과 같이 길이가 1인 선분 AB를 지름으로 하는 반원 위에 점 C를 잡고 $\angle \mathrm{BAC} = \theta$라 하자. 호 BC와 두 선분 AB, AC에 동시에 접하는 원의 반지름의 길이를 $f(\theta)$라 할 때, $\displaystyle\lim_{\theta \to 0+} \frac{\tan\dfrac{\theta}{2} - f(\theta)}{\theta^2} = a$이다. $100a$의 값을 구하시오.

(단, $0 < \theta < \dfrac{\pi}{4}$) [4점]

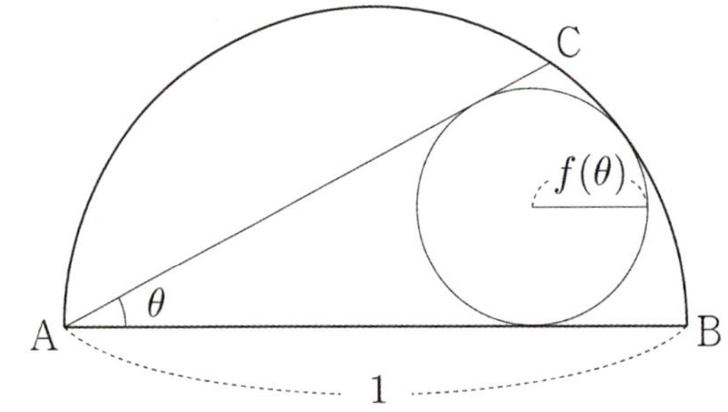

규토 라이트 N제

미분법

Guide step

개념 익히기편

2. 여러 가지 미분법

01 함수의 몫의 미분법

성취 기준 – 함수의 몫을 미분할 수 있다.

개념 파악하기 | **(1) 함수의 몫은 어떻게 미분할까?**

함수의 몫의 미분법

함수 $g(x)$ 가 미분가능할 때, 함수 $y = \dfrac{1}{g(x)}$ $(g(x) \neq 0)$ 의 도함수는 다음과 같이 구할 수 있다.

$$y' = \left\{ \frac{1}{g(x)} \right\}' = \lim_{h \to 0} \frac{\dfrac{1}{g(x+h)} - \dfrac{1}{g(x)}}{h} = \lim_{h \to 0} \frac{-\dfrac{g(x+h) - g(x)}{g(x+h)g(x)}}{h}$$

$$= -\lim_{h \to 0} \left\{ \frac{g(x+h) - g(x)}{h} \times \frac{1}{g(x+h)g(x)} \right\}$$

$$= -\lim_{h \to 0} \frac{g(x+h) - g(x)}{h} \times \lim_{h \to 0} \frac{1}{g(x+h)g(x)}$$

$$= -\frac{g'(x)}{\{g(x)\}^2}$$

한편 두 함수 $f(x)$, $g(x)$ 가 미분가능할 때, $\dfrac{f(x)}{g(x)} = f(x) \times \dfrac{1}{g(x)}$ 이므로 함수 $y = \dfrac{f(x)}{g(x)}$ $(g(x) \neq 0)$ 의 도함수는 함수의 곱의 미분법을 이용하여 다음과 같이 구할 수 있다.

$$y' = \left\{ \frac{f(x)}{g(x)} \right\}' = \left\{ f(x) \times \frac{1}{g(x)} \right\}' = f'(x) \times \frac{1}{g(x)} + f(x) \times \left\{ \frac{1}{g(x)} \right\}'$$

$$= \frac{f'(x)}{g(x)} - f(x) \times \frac{g'(x)}{\{g(x)\}^2} = \frac{f'(x)g(x) - f(x)g'(x)}{\{g(x)\}^2}$$

Tip 1 미분가능한 함수 $g(x)$ 는 연속이므로 $\displaystyle\lim_{h \to 0} g(x+h) = g(x)$

Tip 2 두 함수 $f(x)$, $g(x)$ 가 미분가능할 때, $\{f(x)g(x)\}' = f'(x)g(x) + f(x)g'(x)$

Tip 3 $\left\{ \dfrac{f(x)}{g(x)} \right\}' = \dfrac{f'(x)}{g'(x)}$ 로 판단하지 않도록 유의하자.

함수의 몫의 미분법 요약

두 함수 $f(x)$, $g(x)$ $(g(x) \neq 0)$ 가 미분가능할 때

① $y = \dfrac{1}{g(x)}$ 이면 $y' = -\dfrac{g'(x)}{\{g(x)\}^2}$

② $y = \dfrac{f(x)}{g(x)}$ 이면 $y' = \dfrac{f'(x)g(x) - f(x)g'(x)}{\{g(x)\}^2}$

예제 1

다음 함수를 미분하시오.

(1) $y = \dfrac{1}{x}$

(2) $y = \dfrac{1}{2x+1}$

(3) $y = \dfrac{x}{x^2+1}$

(4) $y = \dfrac{2x+4}{x+1}$

풀이

(1) $y' = -\dfrac{(x)'}{x^2} = -\dfrac{1}{x^2}$

(2) $y' = -\dfrac{(2x+1)'}{(2x+1)^2} = -\dfrac{2}{(2x+1)^2}$

(3) $y' = \dfrac{(x)'(x^2+1)-x(x^2+1)'}{(x^2+1)^2} = \dfrac{1\times(x^2+1)-x\times 2x}{(x^2+1)^2} = \dfrac{-x^2+1}{(x^2+1)^2}$

(4) $y = \dfrac{2x+4}{x+1} = 2 + \dfrac{2}{x+1}$ 이므로 $y' = \dfrac{-2(x+1)'}{(x+1)^2} = \dfrac{-2}{(x+1)^2}$

Tip 1 $y = \dfrac{1}{x}$, $y' = -\dfrac{1}{x^2}$ 은 정말 자주 나오니 기억하도록 하자.

Tip 2 〈유리함수 미분〉

분자의 차수가 분모의 차수보다 같거나 클 때는 (4) 풀이와 같이 꼴을 변형한 뒤 미분하면 계산할 때 편하다.

개념 확인문제 **1** 다음 함수를 미분하시오.

(1) $y = \dfrac{1}{x^2-x+1}$

(2) $y = \dfrac{x}{e^x+1}$

(3) $y = \dfrac{1-\cos x}{1+\sin x}$

함수 $y = x^n$ (n은 정수)의 도함수

n이 양의 정수일 때, 함수 $y = x^n$의 도함수는 $y' = nx^{n-1}$라고 수학2에서 배웠다.
이번에는 n이 0 또는 음의 정수일 때, 함수 $y = x^n$의 도함수를 구하여 보자.

① n이 음의 정수일 때,

$n = -m$ (m은 양의 정수)으로 놓으면

$y = x^n = x^{-m} = \dfrac{1}{x^m}$ 이므로 함수의 몫의 미분법을 이용하면 다음이 성립한다.

$$y' = \left(x^n\right)' = \left(\dfrac{1}{x^m}\right)' = -\dfrac{\left(x^m\right)'}{\left(x^m\right)^2}$$

$$= -\dfrac{mx^{m-1}}{x^{2m}} = -mx^{-m-1}$$

$$= nx^{n-1}$$

② $n = 0$일 때,

$y = x^n$에서 $y = x^0 = 1$로 정의하면 $y' = 0$이므로 $y' = nx^{n-1}$이 성립한다.

따라서 모든 정수 n에 대하여 함수 $y = x^n$이면 $y' = nx^{n-1}$이 성립한다.

함수 $y = x^n$ (n은 정수)의 도함수 요약

$y = x^n$ (n은 정수)이면 $y' = nx^{n-1}$

ex1 $y = x^{-1}$이면 $y' = \left(x^{-1}\right)' = -x^{-1-1} = -x^{-2} = -\dfrac{1}{x^2}$

ex2 $y = \dfrac{2}{x^3}$이면 $y = 2x^{-3}$이므로

$$y' = \left(2x^{-3}\right)' = -6x^{-3-1} = -6x^{-4} = -\dfrac{6}{x^4}$$

개념 확인문제 2   다음 함수를 미분하시오.

(1) $y = 3x^{-5}$

(2) $y = \dfrac{x^3 - 3}{x^2}$

 (3) 탄젠트함수의 도함수는 어떻게 구할까?

탄젠트함수의 도함수

$\tan x = \dfrac{\sin x}{\cos x}$ 이므로 함수의 몫의 미분법을 이용하여 함수 $y = \tan x$ 의 도함수를 구하여 보자.

$$y' = \left(\frac{\sin x}{\cos x}\right)' = \frac{(\sin x)' \cos x - \sin x (\cos x)'}{\cos^2 x} = \frac{\cos^2 x + \sin^2 x}{\cos^2 x} = \frac{1}{\cos^2 x} = \sec^2 x$$

탄젠트함수의 도함수 요약

$y = \tan x$ 이면 $y' = \sec^2 x$

Tip 1   삼각함수의 덧셈정리, 극한의 성질, 미분계수의 정의를 이용하여
함수 $y = \tan x$ 의 도함수를 구할 수도 있다.

$$\tan(x+h) - \tan x = \frac{\tan x + \tan h}{1 - \tan x \tan h} - \tan x = \frac{\tan h(1 + \tan^2 x)}{1 - \tan x \tan h} \text{ 이므로}$$

$$y' = (\tan x)' = \lim_{h \to 0} \frac{\tan(x+h) - \tan x}{h} = \lim_{h \to 0} \frac{\tan h(1 + \tan^2 x)}{h(1 - \tan x \tan h)} = \lim_{h \to 0} \frac{\tan h}{h} \times \lim_{h \to 0} \frac{1 + \tan^2 x}{1 - \tan x \tan h}$$

$$= 1 \times (1 + \tan^2 x) = 1 \times \sec^2 x = \sec^2 x$$

Tip 2   함수 $y = \tan x$ 는 $x = n\pi + \dfrac{\pi}{2}$ (n 은 정수)를 제외한 모든 실수에서 미분가능하다.

예제 2

함수 $y = \sec x$ 의 도함수가 $y' = \sec x \tan x$ 임을 보이시오.

풀이

$$y' = (\sec x)' = \left(\frac{1}{\cos x}\right)' = -\frac{(\cos x)'}{\cos^2 x} = \frac{\sin x}{\cos^2 x} = \frac{1}{\cos x} \times \frac{\sin x}{\cos x} = \sec x \tan x$$

개념 확인문제   **3**

(1) 함수 $y = \csc x$ 의 도함수가 $y' = -\csc x \cot x$ 임을 보이시오.

(2) 함수 $y = \cot x$ 의 도함수가 $y' = -\csc^2 x$ 임을 보이시오.

개념 파악하기   **(4) 합성함수는 어떻게 미분할까?**

합성함수의 미분법

미분가능한 두 함수 $y=f(u)$, $u=g(x)$ 에 대하여 합성함수 $y=f(g(x))$ 의 도함수를 구하여 보자.

$u=g(x)$ 에서 x 의 증분 $\varDelta x$ 에 대한 u 의 증분을 $\varDelta u$ 라 하고, $y=f(u)$ 에서 u 의 증분 $\varDelta u$ 에 대한 y 의 증분을 $\varDelta y$ 라 하면 $\dfrac{\varDelta y}{\varDelta x}=\dfrac{\varDelta y}{\varDelta u}\times\dfrac{\varDelta u}{\varDelta x}$ $(\varDelta u\neq 0)$ 이다.

이때 $y=f(u)$, $u=g(x)$ 는 미분가능하므로 $\displaystyle\lim_{\varDelta u\to 0}\dfrac{\varDelta y}{\varDelta u}=\dfrac{dy}{du}$, $\displaystyle\lim_{\varDelta x\to 0}\dfrac{\varDelta u}{\varDelta x}=\dfrac{du}{dx}$ 이다.

그런데 미분가능한 함수 $u=g(x)$ 는 연속이므로 $\varDelta x\to 0$ 일 때 $\varDelta u\to 0$ 이다.
따라서 다음이 성립한다.

$$\dfrac{dy}{dx}=\lim_{\varDelta x\to 0}\dfrac{\varDelta y}{\varDelta x}=\lim_{\varDelta x\to 0}\left(\dfrac{\varDelta y}{\varDelta u}\times\dfrac{\varDelta u}{\varDelta x}\right)$$

$$=\lim_{\varDelta u\to 0}\dfrac{\varDelta y}{\varDelta u}\times\lim_{\varDelta x\to 0}\dfrac{\varDelta u}{\varDelta x}=\dfrac{dy}{du}\times\dfrac{du}{dx}$$

여기서 $\dfrac{dy}{du}=f'(u)=f'(g(x))$ 이고 $\dfrac{du}{dx}=g'(x)$ 이므로

$y'=\{f(g(x))\}'=f'(g(x))g'(x)=g'(x)f'(g(x))$ 임을 알 수 있다.

> **Tip 1** $\varDelta u=g(x+\varDelta x)-g(x), \quad \varDelta y=f(u+\varDelta u)-f(u)$

> **Tip 2**   함수 $u=g(x)$ 가 연속이면 $\displaystyle\lim_{\varDelta x\to 0}g(x+\varDelta x)=g(x)$ 이므로 $\displaystyle\lim_{\varDelta x\to 0}\varDelta u=\lim_{\varDelta x\to 0}\{g(x+\varDelta x)-g(x)\}=0$

합성함수의 미분법 요약

미분가능한 두 함수 $y=f(u)$, $u=g(x)$ 에 대하여 합성함수 $y=f(g(x))$ 의 도함수는

$$\dfrac{dy}{dx}=\dfrac{dy}{du}\times\dfrac{du}{dx} \quad \text{또는} \quad y'=g'(x)f'(g(x))$$

다음 함수를 미분하시오.

(1) $y = (3x-1)^4$

(2) $y = \sin(x^2 + x)$

(3) $y = e^{5x-1}$

(4) $y = \sin^2 x$

풀이

(1) $f(x) = x^4,\ g(x) = 3x-1$ 라 하면 $f'(x) = 4x^3,\ g'(x) = 3$ 이므로
$$y' = g'(x)f'(g(x)) = 3 \times 4(3x-1)^3 = 12(3x-1)^3$$

Tip $\dfrac{dy}{dx} = \dfrac{dy}{du} \times \dfrac{du}{dx}$ 을 이용하여 풀면 다음과 같다.

$u = 3x-1$ 라 하면 $y = u^4$ 이므로 $\dfrac{dy}{du} = 4u^3,\ \dfrac{du}{dx} = 3$

따라서 $y' = \dfrac{dy}{dx} = \dfrac{dy}{du} \times \dfrac{du}{dx} = 4u^3 \times 3 = 12u^3 = 12(3x-1)^3$ 이다.

(2) $f(x) = \sin x,\ g(x) = x^2 + x$ 라 하면 $f'(x) = \cos x,\ g'(x) = 2x+1$ 이므로
$$y' = g'(x)f'(g(x)) = (2x+1)\cos(x^2+x)$$

(3) $f(x) = e^x,\ g(x) = 5x-1$ 라 하면 $f'(x) = e^x,\ g'(x) = 5$ 이므로
$$y' = g'(x)f'(g(x)) = 5e^{5x-1}$$

(4) $y = \sin^2 x = (\sin x)^2$
$f(x) = x^2,\ g(x) = \sin x$ 라 하면 $f'(x) = 2x,\ g'(x) = \cos x$ 이므로
$$y' = g'(x)f'(g(x)) = \cos x \times 2\sin x = 2\sin x \cos x$$

Tip 속에 있는 것을 미분해준 뒤 앞으로 나온다는 느낌을 가지면 된다.
익숙해지면 위 풀이와 같이 굳이 $f(x),\ g(x)$ 를 설정하지 않아도 자연스럽게 미분할 수 있다.
ex $y = e^{x^2+x}$ 이면 $y' = (2x+1)e^{x^2+x}$

 다음 함수를 미분하시오.

(1) $y = \dfrac{1}{(-2x+1)^3}$

(2) $y = \tan(x^2 + 2)$

(3) $y = (4x^3 - x^2 + 1)^5$

(4) $y = 2^{\cos x}$

(5) $y = e^{\sin \frac{x}{2}}$

 미분가능한 함수 $f(x)$ 에 대하여 다음이 성립함을 보이시오.

(1) 함수 $y = f(ax+b)$ 의 도함수는 $y' = a f'(ax+b)$ (단, a, b 는 상수이다.)

(2) 함수 $y = \{f(x)\}^n$ 의 도함수는 $y' = f'(x) \times n \{f(x)\}^{n-1}$ (단, n 은 정수이다.)

개념 파악하기 (5) 함수 $y=\ln|x|$ 의 도함수는 어떻게 구할까?

함수 $y=\ln|x|$ 의 도함수

함수 $y=\ln|x|$ 의 도함수를 구하여 보자.

(i) $x>0$ 일 때, $y=\ln|x|=\ln x$ 이므로 $y'=\dfrac{1}{x}$

(ii) $x<0$ 일 때, $y=\ln|x|=\ln(-x)$ 이므로 합성함수의 미분법을 이용하면

$$y'=\frac{1}{-x}\times(-x)'=\frac{1}{-x}\times(-1)=\frac{1}{x}$$

(i), (ii)에 의하여 $(\ln|x|)'=\dfrac{1}{x}$ 이다.

이번에는 함수 $y=\log_a|x|$ $(a>0,\ a\neq1)$ 의 도함수를 구하여 보자.

$$y'=(\log_a|x|)'=\left(\frac{\ln|x|}{\ln a}\right)'=\frac{(\ln|x|)'}{\ln a}=\frac{1}{x\ln a}$$

ex $y=\log_2|x|=\dfrac{\ln|x|}{\ln2}$ 이면 $y'=\dfrac{1}{x\ln2}$

함수 $y=\ln|f(x)|$ 의 도함수

함수 $f(x)$ 가 미분가능하고 $f(x)\neq0$ 일 때, 로그함수의 도함수와 합성함수의 미분법을 이용하여
함수 $y=\ln|f(x)|$ 의 도함수를 구하여 보자.

$$y'=(\ln|f(x)|)'=f'(x)\times\frac{1}{f(x)}=\frac{f'(x)}{f(x)}$$

ex $y=\ln|x^2-1|$ 이면 $y'=\dfrac{2x}{x^2-1}$

이번에는 함수 $y=\log_a|f(x)|$ $(a>0,\ a\neq1)$ 의 도함수를 구하여 보자.

$$y'=(\log_a|f(x)|)'=\left(\frac{\ln|f(x)|}{\ln a}\right)'=\frac{1}{\ln a}(\ln|f(x)|)'=\frac{f'(x)}{f(x)\ln a}$$

ex $y=\log_2|3x+1|$ 이면 $y'=\left(\dfrac{\ln|3x+1|}{\ln2}\right)'=\dfrac{3}{(3x+1)\ln2}$

로그함수의 도함수 요약

① $y = \ln|x|$ 이면 $y' = \dfrac{1}{x}$

② $y = \log_a|x| \ \ (a > 0, \ a \neq 1)$ 이면 $y' = \dfrac{1}{x\ln a}$

③ $y = \ln|f(x)|$ 이면 $y' = \dfrac{f'(x)}{f(x)}$

④ $y = \log_a|f(x)| \ \ (a > 0, \ a \neq 1)$ 이면 $y' = \dfrac{f'(x)}{f(x)\ln a}$

Tip 1 로그함수의 도함수를 구할 때는 특히 밑을 주의해야 한다.

만약 밑이 e 일 때는 $(\ln|f(x)|)' = \dfrac{f'(x)}{f(x)}$ 임을 이용하여 미분하고, 밑이 e 가 아닐 때는

먼저 로그의 밑 변환 공식 $\log_a b = \dfrac{\log_e b}{\log_e a} = \dfrac{\ln b}{\ln a}$ (단, $a > 0, \ a \neq 1, \ b > 0$)을 이용하여 밑을

e 로 바꾸어 미분한다. 즉, 밑이 e 가 아닌 로그함수의 도함수를 굳이 억지로 외울 필요는 없다.
밑이 e 가 아닌 로그함수의 도함수를 구해야 한다면 로그의 밑 변환 공식을 이용하여 밑을 e 로
바꾸고 미분하면 그만이다.

Tip 2 진수에 절댓값 기호가 있는 로그함수의 도함수는 절댓값 기호 안의 함숫값이 양수일 때나
음수일 때나 도함수가 같다.

즉, $y = \ln|f(x)|$ 에서

(ⅰ) $f(x) > 0$ 일 때,

$$y = \ln|f(x)| = \ln f(x) \text{ 이므로 } y' = \dfrac{f'(x)}{f(x)}$$

(ⅱ) $f(x) < 0$ 일 때,

$$y = \ln|f(x)| = \ln\{-f(x)\} \text{ 이므로 } y' = \dfrac{-f'(x)}{-f(x)} = \dfrac{f'(x)}{f(x)}$$

(ⅰ), (ⅱ)에 의하여 $(\ln|f(x)|)' = \dfrac{f'(x)}{f(x)}$

개념 확인문제 **6** 다음 함수를 미분하시오.

(1) $y = \ln|4x - 3|$

(2) $y = \ln|\cos x|$

(3) $y = \log_5|2x|$

(4) $y = \ln|e^x + e^{-x}|$

미분법

03 매개변수로 나타낸 함수의 미분법

성취 기준 – 매개변수로 나타낸 함수를 미분할 수 있다.

개념 파악하기 (6) 매개변수로 나타낸 함수는 어떻게 미분할까?

매개변수로 나타낸 함수

좌표평면 위를 움직이는 점 P 의 좌표 $(x,\ y)$ 가 변수 t 의 함수 $\begin{cases} x = f(t) \\ y = g(t) \end{cases}$ 로 나타내어질 때,

변수 t 를 매개변수라 하며 이 함수를 매개변수로 나타낸 함수라 한다.

매개변수 t 로 나타낸 함수 $\begin{cases} x = f(t) \\ y = g(t) \end{cases}$ 에 대하여 점 $(f(t),\ g(t))$ 를 좌표평면 위에 나타내면 곡선이 된다.

ex1 매개변수 t 로 나타낸 함수 $\begin{cases} x = t+1 \\ y = 2t-2 \end{cases}$ 에서 t 를 소거하고, $x,\ y$ 사이의 관계식으로 나타내면

$y = 2x - 4$ 이다. 즉, 직선 $y = 2x - 4$ 를 매개변수 t 를 이용하여 $\begin{cases} x = t+1 \\ y = 2t-2 \end{cases}$ 로 나타낼 수 있다.

ex2 원 $x^2 + y^2 = 1$ 을 매개변수 θ 를 이용하여 나타내면 $\begin{cases} x = \cos\theta \\ y = \sin\theta \end{cases}$ 이다.

ex3 원 $x^2 + y^2 = 9$ 를 변형하면 $\left(\dfrac{x}{3}\right)^2 + \left(\dfrac{y}{3}\right)^2 = 1$ 이므로 $\dfrac{x}{3} = \cos\theta,\ \dfrac{y}{3} = \sin\theta$ 로 나타낼 수 있다.

따라서 원 $x^2 + y^2 = 9$ 를 매개변수 θ 을 이용하여 나타내면 $\begin{cases} x = 3\cos\theta \\ y = 3\sin\theta \end{cases}$ 이다.

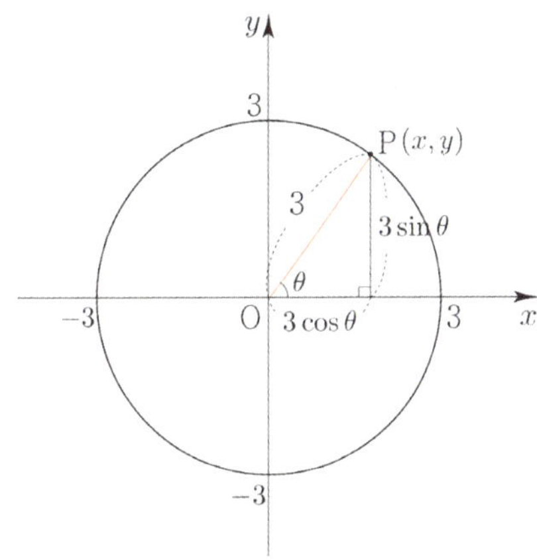

매개변수로 나타낸 함수의 미분법

두 함수 $f(t)$, $g(t)$ 가 t 에 대하여 미분가능하고 $f'(t) \neq 0$ 일 때,

매개변수로 나타낸 함수 $\begin{cases} x = f(t) \\ y = g(t) \end{cases}$ 의 도함수 $\dfrac{dy}{dx}$ 를 구하여 보자.

매개변수 t 의 증분 $\varDelta t$ 에 대한 x 의 증분을 $\varDelta x$, y 의 증분을 $\varDelta y$ 라고 하면 $\dfrac{\varDelta y}{\varDelta x} = \dfrac{\dfrac{\varDelta y}{\varDelta t}}{\dfrac{\varDelta x}{\varDelta t}}$ 이다.

함수 $x = f(t)$ 가 미분가능하고 $f'(t) \neq 0$ 일 때, 역함수가 존재하며 역함수는 연속임이 알려져 있다.
따라서 $\varDelta x \to 0$ 일 때 $\varDelta t \to 0$ 이므로 다음을 알 수 있다.

$$\frac{dy}{dx} = \lim_{\varDelta x \to 0} \frac{\varDelta y}{\varDelta x} = \lim_{\varDelta t \to 0} \frac{\dfrac{\varDelta y}{\varDelta t}}{\dfrac{\varDelta x}{\varDelta t}} = \frac{\displaystyle\lim_{\varDelta t \to 0} \frac{\varDelta y}{\varDelta t}}{\displaystyle\lim_{\varDelta t \to 0} \frac{\varDelta x}{\varDelta t}} = \frac{\dfrac{dy}{dt}}{\dfrac{dx}{dt}} = \frac{g'(t)}{f'(t)}$$

매개변수로 나타낸 함수의 미분법 요약

$x = f(t)$, $y = g(t)$ 가 t 에 대하여 미분가능하고 $f'(t) \neq 0$ 이면

$$\frac{dy}{dx} = \frac{\dfrac{dy}{dt}}{\dfrac{dx}{dt}} = \frac{g'(t)}{f'(t)}$$

Tip 1　$\varDelta x = f(t + \varDelta t) - f(t)$, $\varDelta y = g(t + \varDelta t) - g(t)$

Tip 2　t 를 매개변수로 하는 함수 $x = f(t)$, $y = g(t)$ 가 주어졌을 때, 매개변수 t 를 소거하여 x 와 y 사이의 관계식을 구하지 않고서도 $\dfrac{dy}{dx}$ 를 구하는 방법이 매개변수로 나타내어진 함수의 미분법이다.

Tip 3　매개변수 t 로 나타낸 함수 $x = 1 - t$, $y = t^2 - t$ 에서 매개변수 t 를 소거하여 $y = h(x)$ 꼴로 나타내면 $t = 1 - x \Rightarrow y = (1-x)^2 - (1-x) = x^2 - x$ 이므로 $\dfrac{dy}{dx} = 2x - 1$ 이다.

매개변수 미분법으로 구한 $\dfrac{dy}{dx}$ 와 같은지 비교해보자.

$$\frac{dy}{dx} = \frac{\dfrac{dy}{dt}}{\dfrac{dx}{dt}} = \frac{2t - 1}{-1} = -2t + 1 = -2(1-x) + 1 = 2x - 1 \text{ 이므로 서로 같은 것을 확인할 수 있다.}$$

Tip 4　$x = f(t)$, $y = g(t)$ 와 같이 매개변수로 나타내어진 함수를 미분할 때 매개변수를 소거하여 $y = h(x)$ 꼴로 나타내기 힘든 경우에는 매개변수를 소거하여 구하는 것보다 매개변수 미분법인

$$\frac{dy}{dx} = \frac{\dfrac{dy}{dt}}{\dfrac{dx}{dt}} = \frac{g'(t)}{f'(t)}$$ 를 이용하는 것이 더 간단하다.

예제 4

매개변수로 나타낸 함수 $\begin{cases} x = 2 - \cos t \\ y = \sin t + 3 \end{cases}$ $(0 < t < \pi)$ 에서 $\dfrac{dy}{dx}$ 를 구하시오.

풀이

$\dfrac{dx}{dt} = \sin t, \ \dfrac{dy}{dt} = \cos t$ 이므로 $\dfrac{dy}{dx} = \dfrac{\dfrac{dy}{dt}}{\dfrac{dx}{dt}} = \dfrac{\cos t}{\sin t} = \cot t$

개념 확인문제 7 매개변수 t 로 나타낸 다음 함수에서 $\dfrac{dy}{dx}$ 를 구하시오.

(1) $\begin{cases} x = 1 - 3t \\ y = 4t^3 \end{cases}$

(2) $\begin{cases} x = t^3 + 2t \\ y = 2t^2 \end{cases}$

(3) $\begin{cases} x = e^{2t} \\ y = \dfrac{1}{t} \end{cases}$

(4) $\begin{cases} x = \dfrac{2t}{1+t^2} \\ y = \dfrac{t-1}{1+t^2} \end{cases}$

04 음함수와 역함수의 미분법

성취 기준 – 음함수와 역함수를 미분할 수 있다.

개념 파악하기 **(7) 음함수는 어떻게 미분할까?**

음함수

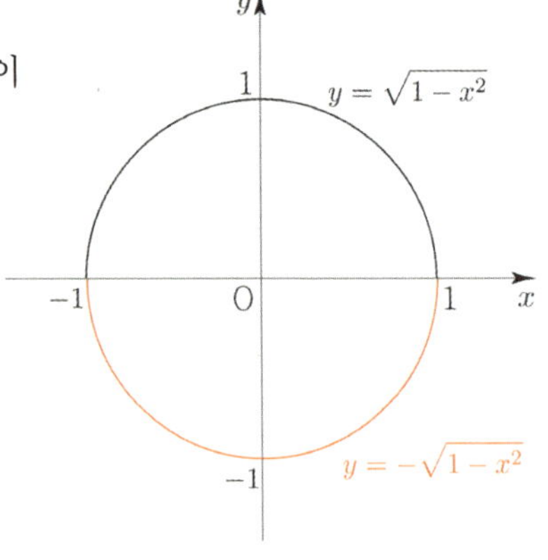

원의 방정식 $x^2+y^2=1$은 $-1<x<1$에서 하나의 x의 값에 대응하는 y의 값이 두 개이므로 y는 x의 함수가 아니다. 그러나 $x^2+y^2=1$에서 y의 값의 범위를 $y\geq 0$ 또는 $y\leq 0$으로 나누어 y를 x에 대한 식으로 나타내면

(ⅰ) $y\geq 0$일 때, $y=\sqrt{1-x^2}$

(ⅱ) $y\leq 0$일 때, $y=-\sqrt{1-x^2}$

이고, 이때 y는 x의 함수가 된다.

일반적으로 방정식 $f(x,\,y)=0$에서 x와 y의 값의 범위를 적당히 정하면 y는 x의 함수가 된다. 이와 같이 x의 함수 y가 $f(x,\,y)=0$ 꼴로 주어지면 y를 x의 **음함수**라고 한다. 즉, $f(x,\,y)=0$은 y를 x의 음함수로 표현한 식이다. 또한 방정식 $f(x,\,y)=0$을 만족시키는 점 $(x,\,y)$를 좌표평면 위에 나타내면 곡선이 된다.

ex $x^2+y^2-1=0$, $xy-3x+y=0$, $2x+y-5=0$은 모두 음함수 표현이다.

Tip 1 원의 방정식은 함수가 아니지만 y의 값의 범위를 정하면 두 개의 함수로 분리할 수 있다.

Tip 2 〈양함수 표현과 음함수 표현〉
y가 x의 함수일 때, $y=f(x)$ 꼴로 나타낸 것을 y의 x에 대한 **양함수 표현**이라 하고, $f(x,\,y)=0$ 꼴로 나타낸 것을 y의 x에 대한 **음함수 표현**이라고 한다.

양함수 표현	음함수 표현
$y=\dfrac{3}{x}$	$xy-3=0$

Tip 2 양함수의 양은 한자로 양지의 양(陽)이고, 음함수의 음은 한자로 음지의 음(陰)이다.
양함수는 영어로 explicit function이고, 음함수는 영어로 implicit function이다.
cf explicit : 분명한, 명쾌한, 노골적인 implicit : 암시된, 내포된

음함수의 미분법

방정식 $x^2 + y^2 - 1 = 0$ 에서 $\dfrac{dy}{dx}$ 를 구하여 보자.

y 를 x 의 함수로 보고, 각 항을 x 에 대하여 미분하면 $\dfrac{d}{dx}(x^2) + \dfrac{d}{dx}(y^2) - \dfrac{d}{dx}(1) = \dfrac{d}{dx}(0)$ 이고,

합성함수의 미분법에 의하여 $\dfrac{d}{dx}(y^2) = \dfrac{dy}{dx} \times \dfrac{d}{dy}(y^2) = \dfrac{dy}{dx} \times 2y = 2y\dfrac{dy}{dx}$ 이므로 $2x + 2y\dfrac{dy}{dx} = 0$ 이다.

따라서 $\dfrac{dy}{dx} = -\dfrac{x}{y} \ (y \neq 0)$ 이다.

음함수의 미분법 요약

방정식 $f(x,\ y) = 0$ 에서 y 를 x 의 함수로 보고, 각 항을 x 에 대하여 미분하여 $\dfrac{dy}{dx}$ 를 구한다.

Tip 1 음함수의 미분법은 $f(x,\ y) = 0$ 을 $y = g(x)$ 꼴로 고치기 어려운 함수를 미분할 때 편리하다.

Tip 2 $\dfrac{dy}{dx}$ 대신 y' 를 사용해도 좋다.

예제 5

방정식 $3x^2 + xy + y = 0$ 에서 $\dfrac{dy}{dx}$ 를 구하시오.

풀이

y 를 x 의 함수로 보고 각 항을 x 에 대하여 미분하면

$$\dfrac{d}{dx}(3x^2) + \dfrac{d}{dx}(xy) + \dfrac{d}{dx}(y) = \dfrac{d}{dx}(0)$$

$$6x + \left(\dfrac{d}{dx}x\right)y + x\left(\dfrac{d}{dx}y\right) + \dfrac{dy}{dx} = 0$$

$$6x + y + x\dfrac{dy}{dx} + \dfrac{dy}{dx} = 0$$

따라서 $\dfrac{dy}{dx} = -\dfrac{6x+y}{x+1}$ (단, $x \neq -1$)이다.

Tip 음함수의 미분법에서 $(xy)' = y$ 로 판단하지 않도록 유의하자.

개념 확인문제 8 다음 방정식에서 $\dfrac{dy}{dx}$ 를 구하시오.

(1) $y^2 - 5x + 4 = 0$

(2) $x^3 - y^3 = 1$

(3) $x^2 - xy + y^2 = 2$

음함수의 미분법 응용 (로그함수의 미분법)

① 함수 $y = \dfrac{(x-2)(x+1)}{x+2}$ 의 도함수

함수 $y = \dfrac{(x-2)(x+1)}{x+2}$ 의 도함수를 어떻게 구할 수 있을까?

물론 앞서 배운 몫의 미분법을 이용하여 다음과 같이 구할 수 있다.

$$y = \frac{(x-2)(x+1)}{x+2} = \frac{x^2 - x - 2}{x+2}$$

$$y' = \frac{(2x-1)(x+2) - (x^2 - x - 2)}{(x+2)^2} = \frac{x^2 + 4x}{(x+2)^2}$$

이번에는 다른 방식으로 구해보자.

양변의 절댓값에 자연로그를 취하면

$$\ln|y| = \ln\left|\frac{(x-2)(x+1)}{x+2}\right| = \ln|x-2| + \ln|x+1| - \ln|x+2|$$

음함수 미분법을 이용하여 양변을 x에 대하여 미분하면

$$\frac{y'}{y} = \frac{1}{x-2} + \frac{1}{x+1} - \frac{1}{x+2} = \frac{x^2 + 4x}{(x-2)(x+1)(x+2)}$$

따라서 $y' = \dfrac{(x-2)(x+1)}{x+2} \times \dfrac{x^2 + 4x}{(x-2)(x+1)(x+2)} = \dfrac{x^2 + 4x}{(x+2)^2}$ 이다.

② 함수 $y = x^{\ln x}$ 의 도함수

함수 $y = x^{\ln x}$ 의 도함수도 비슷한 방식으로 구할 수 있다.

진수 조건에 의하여 $x > 0$ 이므로 $x^{\ln x}$ 은 항상 양수이다.
(항상 양수인 것이 자명한 경우에는 굳이 절댓값을 취하지 않아도 무방하다.)
양변에 바로 자연로그를 취하면

$$\ln y = \ln x^{\ln x} = \ln x \times \ln x = (\ln x)^2$$

음함수 미분법을 이용하여 양변을 x에 대하여 미분하면

$$\frac{y'}{y} = \frac{2\ln x}{x}$$

따라서 $y' = x^{\ln x} \times \dfrac{2\ln x}{x}$ 이다.

개념 파악하기 — (8) 함수 $y = x^n$ (n 은 실수)의 도함수는 어떻게 구할까?

함수 $y = x^n$ (n 은 실수)의 도함수

n 이 실수일 때, 함수 $y = x^n$ 의 도함수를 구하여 보자.

$y = x^n$ 의 양변의 절댓값에 자연로그를 취하면 다음과 같다.

$$\ln |y| = \ln |x^n|$$
$$\ln |y| = n \ln |x|$$

이때 음함수의 미분법을 이용하여 양변을 x 에 대하여 미분하면 다음과 같다.

$$\frac{1}{y} \times \frac{dy}{dx} = \frac{n}{x}$$

$$\frac{dy}{dx} = y \times \frac{n}{x} = x^n \times \frac{n}{x} = n x^{n-1}$$

함수 $y = x^n$ (n 은 실수)의 도함수 요약

$y = x^n$ (n 은 실수)이면 $y' = n x^{n-1}$

예제 6

다음 함수를 미분하시오.

(1) $y = \sqrt{x}$

(2) $y = \dfrac{1}{\sqrt{2x-1}}$

풀이

(1) $y = \sqrt{x} = x^{\frac{1}{2}}$ 이므로 $y' = \dfrac{1}{2} x^{\frac{1}{2}-1} = \dfrac{1}{2} x^{-\frac{1}{2}} = \dfrac{1}{2} \times \dfrac{1}{\sqrt{x}} = \dfrac{1}{2\sqrt{x}}$

(2) $y = \dfrac{1}{\sqrt{2x-1}} = (2x-1)^{-\frac{1}{2}}$ 이므로

$$y' = -\frac{1}{2}(2x-1)^{-\frac{1}{2}-1} \times (2x-1)' = -\frac{1}{2}(2x-1)^{-\frac{3}{2}} \times 2 = -(2x-1)^{-\frac{3}{2}} = -\frac{1}{(2x-1)\sqrt{2x-1}}$$

개념 확인문제 9

다음 함수를 미분하시오.

(1) $y = x\sqrt{x}$

(2) $y = (4x+1)^{\sqrt{2}}$

역함수의 미분법

미분가능한 함수 $f(x)$ 의 역함수 $f^{-1}(x)$ 가 존재하고 미분가능할 때, $y = f^{-1}(x)$ 의 도함수를 구하여 보자.

역함수의 정의에 의하여 $f\big(f^{-1}(x)\big) = x$ 이므로 양변을 x 에 대하여 미분하면
$(f^{-1})'(x)\, f'\big(f^{-1}(x)\big) = 1$ 이므로

$$(f^{-1})'(x) = \frac{1}{f'\big(f^{-1}(x)\big)} = \frac{1}{f'(y)} \quad \cdots \quad ㉠$$

이다. 한편 $y = f^{-1}(x)$ 에서 $x = f(y)$ 이므로

$$\frac{dy}{dx} = (f^{-1})'(x), \quad \frac{dx}{dy} = f'(y) \ \text{이다.}$$

따라서 ㉠을 이용하여 다음을 얻을 수 있다.

$$\frac{dy}{dx} = (f^{-1})'(x) = \frac{1}{f'(y)} = \frac{1}{\dfrac{dx}{dy}}$$

역함수의 미분법 요약

미분가능한 함수 $f(x)$ 의 역함수 $f^{-1}(x)$ 가 존재하고 미분가능할 때, $y = f^{-1}(x)$ 의 도함수는

$$\frac{dy}{dx} = \frac{1}{\dfrac{dx}{dy}} \quad \text{또는} \quad (f^{-1})'(x) = \frac{1}{f'(y)}$$

ex 역함수의 미분법을 이용하여 함수 $y = \log_2 x$ 의 도함수를 구하시오.

함수 $y = \log_2 x$ 에서 $x = 2^y$ 이다. $x = 2^y$ 에서 x 는 y 의 함수이므로 양변을 y 에 대하여 미분하면
$\dfrac{dx}{dy} = 2^y \ln 2$ 이고, 역함수의 미분법을 이용하면 $\dfrac{dy}{dx} = \dfrac{1}{\dfrac{dx}{dy}} = \dfrac{1}{2^y \ln 2} = \dfrac{1}{x \ln 2}$ 이다.

따라서 $y' = \dfrac{1}{x \ln 2}$ 이다.

Tip　$(f^{-1})'(x) = \dfrac{1}{f'(x)}$ 이 아님에 주의하도록 하자.

예제 7

역함수의 미분법을 이용하여 함수 $y = \sqrt[3]{x+1}$ 에서 $\dfrac{dy}{dx}$ 를 구하시오.

풀이

$y = \sqrt[3]{x+1}$ 에서 $y^3 = x+1$ 이므로 $x = y^3 - 1$ 양변을 y 에 대하여 미분하면 $\dfrac{dx}{dy} = 3y^2$ 이다.

따라서 $\dfrac{dy}{dx} = \dfrac{1}{\dfrac{dx}{dy}} = \dfrac{1}{3y^2} = \dfrac{1}{3(\sqrt[3]{x+1})^2} = \dfrac{1}{3\sqrt[3]{(x+1)^2}}$ 이다.

Tip 물론 음함수의 미분법을 이용하여 구할 수도 있다.

$y^3 = x+1$ 에서 y 를 x 의 함수로 보고 각 항을 x 에 대하여 미분하면

$3y^2 \dfrac{dy}{dx} = 1$ 이므로 $\dfrac{dy}{dx} = \dfrac{1}{3y^2} = \dfrac{1}{3\sqrt[3]{(x+1)^2}}$ 이다.

개념 확인문제 10 역함수의 미분법을 이용하여 다음 함수에서 $\dfrac{dy}{dx}$ 를 구하시오.

(1) $y = \sqrt[5]{x-3}$

(2) $y = \sqrt[3]{2x-5}$

예제 8

함수 $f(x) = x^3 + x$ 의 역함수 $g(x)$ 에 대하여 $g'(2)$ 의 값을 구하시오.

풀이

함수 $g(x)$ 는 함수 $f(x)$ 의 역함수이므로 $f(g(x)) = x$ 양변을 x 에 대하여 미분하면 $g'(x)f'(g(x)) = 1$

$g'(x) = \dfrac{1}{f'(g(x))}$ 의 양변에 $x = 2$ 를 대입하면 $g'(2) = \dfrac{1}{f'(g(2))}$

$f(g(x)) = x$ 의 양변에 $x = 2$ 를 대입하면 $f(g(2)) = 2$ 이고, $x^3 + x = 2 \Rightarrow x = 1$ 이므로 $g(2) = 1$

$f'(x) = 3x^2 + 1$ 이므로 $f'(1) = 4$ 따라서 $g'(2) = \dfrac{1}{f'(g(2))} = \dfrac{1}{f'(1)} = \dfrac{1}{3+1} = \dfrac{1}{4}$

Tip 1 함수 $f(x)$ 의 역함수를 $g(x)$ 라 하면 $g'(a) = \dfrac{1}{f'(g(a))}$ 이므로 $g(a) = b$. 즉 $f(b) = a$ 를 만족시키는 b 의 값을 구하면 역함수를 직접 구하지 않고도 역함수의 미분계수를 구할 수 있다.

Tip 2 실전에서 역함수의 미분법은 위 풀이의 메커니즘만 기억하면 아주 손쉽게 풀 수 있다. (★중요★)

개념 확인문제 11

(1) 함수 $f(x) = x^3 + x^2 + x$ 의 역함수 $g(x)$ 에 대하여 $g'(3)$ 의 값을 구하시오.

(2) 함수 $f(x) = x^3 + 2x + 5$ 의 역함수 $g(x)$ 에 대하여 $g'(5)$ 의 값을 구하시오.

05 이계도함수

성취 기준 – 이계도함수를 구할 수 있다.

개념 파악하기 (10) 이계도함수는 어떻게 구할까?

이계도함수

함수 $y = f(x)$ 의 도함수 $f'(x)$ 가 미분가능할 때,

함수 $f'(x)$ 의 도함수 $\displaystyle\lim_{h \to 0}\frac{f'(x+h)-f'(x)}{h}$ 를 함수 $y = f(x)$ 의 **이계도함수**라 하고,

이것을 기호로 $f''(x)$, y'', $\dfrac{d^2y}{dx^2}$, $\dfrac{d^2}{dx^2}f(x)$ 와 같이 나타낸다.

ex $y = x^4 - 3x^2 + x$ 의 도함수는 $y' = 4x^3 - 6x + 1$ 이고, 이계도함수는 $y'' = 12x^2 - 6$ 이다.

예제 9

다음 함수의 이계도함수를 구하시오.

(1) $y = xe^x$
(2) $y = \dfrac{1}{x+1}$

풀이

(1) $y' = e^x + xe^x = (x+1)e^x$ 이므로
$$y'' = e^x + (x+1)e^x = (x+2)e^x$$

(2) $y' = -\dfrac{(x+1)'}{(x+1)^2} = -\dfrac{1}{(x+1)^2}$ 이므로
$$y'' = -\frac{-\{(x+1)^2\}'}{(x+1)^4} = \frac{2(x+1)}{(x+1)^4} = \frac{2}{(x+1)^3}$$

개념 확인문제 12 다음 함수의 이계도함수를 구하시오.

(1) $y = x\ln x$
(2) $y = x^2 e^{-x}$

(3) $y = \cos 2x$
(4) $y = e^x + e^{-x}$

(5) $y = \dfrac{\ln x}{x}$

001

함수 $f(x) = \dfrac{e^x}{x+1}$ 에 대하여 $f'(3)$ 의 값은?

① $\dfrac{e^3}{16}$ ② $\dfrac{e^3}{8}$ ③ $\dfrac{3e^3}{16}$

④ $\dfrac{e^3}{4}$ ⑤ $\dfrac{5e^3}{16}$

002

함수 $f(x) = \dfrac{x^2 - 3x + 5}{x+1}$ 에 대하여 $f'(0)$ 의 값은?

① -8 ② -7 ③ -6

④ -5 ⑤ -4

003

함수 $f(x) = \dfrac{x + \ln x}{x^2}$ 에 대하여 $\displaystyle\lim_{h \to 0} \dfrac{f(e+h) - f(e-2h)}{h}$ 의 값은?

① $\dfrac{-3e - 3}{e^3}$ ② $\dfrac{-3}{e^2}$ ③ $\dfrac{-3e + 3}{e^3}$

④ $\dfrac{-3e + 6}{e^3}$ ⑤ $\dfrac{-3e + 9}{e^2}$

004

함수 $f(x) = \tan x$ 에 대하여 $0 < x < 3\pi$ 일 때,

방정식 $f'(x) - f(x) - 1 = 0$ 의 모든 실근의 합은 $a\pi$ 이다.

$20a$ 의 값을 구하시오.

005

실수 전체의 집합에서 미분가능한 함수 $f(x)$ 에 대하여

함수 $g(x)$ 를

$$g(x) = \dfrac{f(x)}{e^{x-1}}$$

라 하자. $g(3) = g'(3) = 1$ 일 때, $\dfrac{1}{f(3)} + \dfrac{1}{f'(3)}$ 의 값은?

① $\dfrac{1}{2e^2}$ ② $\dfrac{1}{e^2}$ ③ $\dfrac{3}{2e^2}$

④ $\dfrac{2}{e^2}$ ⑤ $\dfrac{5}{2e^2}$

006

그림과 같이 반지름의 길이가 1 인 원이 있다.

원 밖의 점 A 에서 원에 접하도록 두 접선을 그었을 때,

만나는 접점을 각각 B, C 라 하자. $\angle CAB = 2\theta$ 일 때,

두 선분 AB, AC 와 호 BC 로 둘러싸인 부분의 넓이를

$f(\theta)$ 라 하자. $f'\left(\dfrac{\pi}{6}\right)$ 의 값은? (단, $0 < \theta < \dfrac{\pi}{4}$)

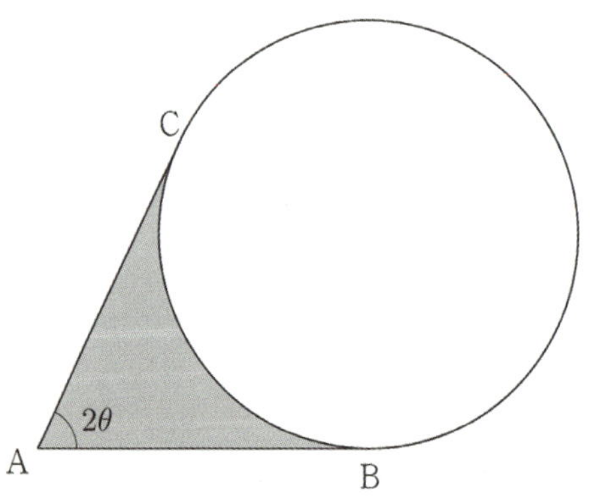

① -7 ② -6 ③ -5

④ -4 ⑤ -3

Theme 2 합성함수의 미분법

007

함수 $f(x)=e^{x^2+2x-3}$ 에 대하여 $f'(1)$ 의 값은?

① 1   ② 2   ③ 3

④ 4   ⑤ 5

008

함수 $f(x)=x^3\ln(3x-2)$ 에 대하여 $f'(1)$ 의 값은?

① 1   ② 2   ③ 3

④ 4   ⑤ 5

009

실수 전체의 집합에서 미분가능한 함수 $f(x)$ 가
모든 실수 x 에 대하여

$$f(3x-1)=2^{x^2-1}$$

을 만족시킬 때, $f'(2)$ 의 값은?

① $\dfrac{\ln 2}{3}$ ② $\dfrac{2\ln 2}{3}$ ③ $\ln 2$

④ $\dfrac{4\ln 2}{3}$ ⑤ $\dfrac{5\ln 2}{3}$

010

두 함수 $f(x)=4x^2+3x$, $g(x)=e^{2x}-1$ 에 대하여
함수 $h(x)$ 를

$$h(x)=(f \circ g)(x)$$

라 할 때, $h'(0)$ 의 값을 구하시오.

011

두 함수 $f(x)=\cos^2 x$, $g(x)=e^{ax-a}+\dfrac{\pi}{4}-1$ 에 대하여
함수 $h(x)$ 를

$$h(x)=(f \circ g)(x)$$

라 하자. $h'(1)=-2$ 일 때, 상수 a 의 값을 구하시오.

012

실수 전체의 집합에서 미분가능한 함수 $f(x)$ 가 다음 조건을
만족시킨다.

> (가) $\displaystyle\lim_{x \to 2}\frac{x^2-4}{f(x)-3}=12$
>
> (나) $\displaystyle\lim_{x \to 3}\frac{f(x)-f(3)}{x^2-4x+3}=\frac{15}{2}$

$\displaystyle\lim_{x \to 2}\frac{f(f(x))-4}{x-2}=a$ 일 때, $f(3)+a$ 의 값을 구하시오.
(단, a 는 상수이다.)

013

함수 $f(x)=\sin(x^2+a)-3\cos(x^2+a)$ 에 대하여
$f'\left(\dfrac{\sqrt{\pi}}{2}\right)=0$ 일 때, $\tan a$ 의 값은? (단, a 는 상수이다.)

① $-\dfrac{5}{2}$ ② -2 ③ $-\dfrac{3}{2}$

④ -1 ⑤ $-\dfrac{1}{2}$

014

실수 t에 대하여 곡선 $y=x^3+x$와 직선 $y=t$가 만나는 점의 좌표를 $(f(t),\ t)$라 할 때, $\dfrac{1}{f'(10)}$ 의 값을 구하시오.

015

함수 $f(x)=\dfrac{\ln\sqrt{x}}{x}$ 에 대하여 함수 $g(x)$를

$$g(x)=(f\circ f)(x)$$

라 할 때, $g'(e^2)$의 값은?

① $-\dfrac{5}{4}$ ② -1 ③ $-\dfrac{3}{4}$

④ $-\dfrac{1}{2}$ ⑤ $-\dfrac{1}{4}$

016

함수 $f(x)=\dfrac{4^x}{\ln 2}$ 과 실수 전체의 집합에서 미분가능한 함수 $g(x)$가 다음 조건을 만족시킨다.

> (가) $\displaystyle\lim_{x\to 1}\dfrac{x^3-1}{g(x)-g(1)}=6$
>
> (나) 곡선 $y=f(g(x))$ 위의 점 $(1,\ f(g(1)))$에서의 접선의 기울기는 $\dfrac{16}{2^{g(1)}}$ 이다.

$60\times g(1)$ 의 값을 구하시오.

Theme 3 — 함수 $y=x^n$ (n 는 실수)의 도함수

017

함수 $f(x)=x\sqrt{x}+x^2$ 에 대하여 $f'(4)$ 의 값을 구하시오.

018

함수 $f(x)=\sqrt[3]{x^2+4}$ 에 대하여 $\dfrac{1}{f'(2)}$ 의 값을 구하시오.

019

곡선 $y=(x+1)^{\frac{5}{2}}$ 위의 점 $(3,\ 32)$에서의 접선의 기울기를 구하시오.

Theme 4 — 매개변수로 나타낸 함수의 미분법

020

매개변수 $t\,(t>0)$ 로 나타내어진 함수

$$x=t-\dfrac{1}{t},\quad y=t^2+\dfrac{1}{t^2}$$

에서 $t=2$ 일 때, $\dfrac{dy}{dx}$ 의 값은?

① 1 ② $\dfrac{3}{2}$ ③ 2 ④ $\dfrac{5}{2}$ ⑤ 3

021

매개변수 $t\,(t>0)$ 로 나타내어진 함수

$$x=e^{3t-3}, \quad y=t\sqrt{t}+\ln\sqrt{t}$$

에서 $t=1$ 일 때, $\dfrac{dy}{dx}$ 의 값은?

① $\dfrac{1}{3}$　　　② $\dfrac{2}{3}$　　　③ 1

④ $\dfrac{4}{3}$　　　⑤ $\dfrac{5}{3}$

022

매개변수 $\theta\left(0<\theta<\dfrac{\pi}{2}\right)$ 로 나타내어진 함수

$$x=\sin^2\theta, \quad y=\tan\theta$$

에서 $\theta=\dfrac{\pi}{6}$ 일 때, $\dfrac{dy}{dx}$ 의 값은?

① $\dfrac{2\sqrt{3}}{9}$　　　② $\dfrac{4\sqrt{3}}{9}$　　　③ $\dfrac{2\sqrt{3}}{3}$

④ $\dfrac{8\sqrt{3}}{9}$　　　⑤ $\dfrac{10\sqrt{3}}{9}$

023

매개변수 $t\,(t>0)$ 로 나타내어진 함수

$$x=\log_3 t, \quad y=3t+\sqrt{3t}$$

의 그래프 위의 점 $(1,\ a)$ 에서의 접선의 기울기는 b 이다. $\dfrac{ab}{\ln 3}$ 의 값을 구하시오.

Theme 5 음함수의 미분법

024

곡선 $x^3+xy+y^3-27=0$ 과 x 축이 만나는 점에서의 접선의 기울기는?

① -9　　　② -8　　　③ -7

④ -6　　　⑤ -5

025

곡선 $e^x\ln y=2$ 위의 점 $(0,\ e^2)$ 에서의 접선의 기울기는?

① $-3e^2$　　　② $-2e^2$　　　③ $-e^2$

④ $-\dfrac{2}{e^2}$　　　⑤ $-\dfrac{1}{e^2}$

026

곡선 $y^3-3=\ln(9-x^3)+x^3y$ 위의 점 $(2,\ 3)$ 에서의 접선의 기울기는?

① $\dfrac{21}{19}$　　　② $\dfrac{22}{19}$　　　③ $\dfrac{23}{19}$

④ $\dfrac{24}{19}$　　　⑤ $\dfrac{25}{19}$

027

곡선 $e^{x^2+xy}=x^3+y^3+1$ 위의 점 $(1,\ -1)$ 에서의 접선의 기울기는?

① $-\dfrac{5}{4}$　　　② -1　　　③ $-\dfrac{3}{4}$

④ $-\dfrac{1}{2}$　　　⑤ $-\dfrac{1}{4}$

곡선 $\sin(x+y)+x-y=0$ 위의 점 $\left(\dfrac{\pi}{2},\ \dfrac{\pi}{2}\right)$ 에서의 접선의 기울기는?

① -2　　② -1　　③ 0

④ 1　　⑤ 2

Theme 6 역함수의 미분법

029

정의역이 $\{x\,|\,x>0\}$ 인 함수 $f(x)=\dfrac{x^2-4}{x}$ 의 역함수를 $g(x)$ 라 할 때, $100\times g'(0)$ 의 값을 구하시오.

030

함수 $f(x)=e^{x^3+3x-6}$ 의 역함수를 $g(x)$ 라 할 때, $g'\left(\dfrac{1}{e^2}\right)$ 의 값은?

① $\dfrac{e^2}{2}$　　② $\dfrac{e^2}{3}$　　③ $\dfrac{e^2}{4}$

④ $\dfrac{e^2}{5}$　　⑤ $\dfrac{e^2}{6}$

031

정의역이 $\left\{x\,\middle|\,0<x<\dfrac{\pi}{2}\right\}$ 인 함수 $f(x)=\cos 2x$ 의 역함수를 $g(x)$ 라 할 때, $g'\left(-\dfrac{1}{2}\right)$ 의 값은?

① $-\dfrac{\sqrt{3}}{6}$　　② $-\dfrac{\sqrt{3}}{3}$　　③ $-\dfrac{\sqrt{3}}{2}$

④ $-\dfrac{2\sqrt{3}}{3}$　　⑤ $-\dfrac{5\sqrt{3}}{6}$

032

$x\geq 0$ 에서 정의된 함수 $f(x)=x^2e^x$ 의 역함수를 $g(2x)$ 라 할 때, $g'(2e)$ 의 값은?

① $\dfrac{1}{6e}$　　② $\dfrac{1}{3e}$　　③ $\dfrac{1}{2e}$

④ $\dfrac{2}{3e}$　　⑤ $\dfrac{5}{6e}$

033

실수 전체의 집합에서 미분가능하고 역함수가 존재하는 함수 $f(x)$ 가 다음 조건을 만족시킨다.

> (가) $\displaystyle\lim_{x\to 0}\dfrac{f(x)-1}{x}=2$
>
> (나) $\displaystyle\lim_{x\to 1}\dfrac{f(x)-2}{x^2-1}=3$

함수 $f(x)$ 의 역함수를 $g(x)$ 라 할 때, $\displaystyle\lim_{x\to 2}\dfrac{g(g(x))}{x-2}$ 의 값은?

① $\dfrac{1}{4}$　　② $\dfrac{1}{6}$　　③ $\dfrac{1}{8}$

④ $\dfrac{1}{10}$　　⑤ $\dfrac{1}{12}$

Theme 7 이계도함수

034

함수 $f(x) = (x^2+1)e^{4x-4}$ 에 대하여 $f''(1)$ 의 값을 구하시오.

035

함수 $f(x) = x^4 + 2x - ax\ln x$ 에 대하여 $f''(2) = 0$ 일 때, 상수 a 의 값을 구하시오.

036

$x > 0$ 에서 정의된 함수 $f(x) = \ln(x^2+x)$ 에 대하여 $\displaystyle\lim_{h \to 0} \frac{f'(1+2h)-f'(1)}{h}$ 의 값을 구하시오.

① $-\dfrac{5}{2}$ ② -2 ③ $-\dfrac{3}{2}$

④ -1 ⑤ $-\dfrac{1}{2}$

037

최고차항의 계수가 1 인 이차함수 $f(x)$ 에 대하여 함수 $g(x) = f(x)e^x$ 는 다음 조건을 만족시킨다.

$$g'(1) = -e, \quad g''(1) = 2e$$

$f(4)$ 의 값을 구하시오.

038

열린구간 $\left(0, \dfrac{\pi}{4}\right)$ 에서 정의된 미분가능한 함수 $f(x)$ 가 다음 조건을 만족시킨다.

(가) $\dfrac{f'(x)}{2} = 1 + \{f(x)\}^2$

(나) $f\left(\dfrac{\pi}{8}\right) = 1$

함수 $g(x) = e^{f'(x)f(x)}$ 에 대하여 $g'\left(\dfrac{\pi}{8}\right) = ae^b$ 일 때, $a+b$ 의 값을 구하시오. (단, a, b 는 자연수이다.)

039

다항함수 $f(x)$ 에 대하여 함수 $g(x) = f(x)\sin 2x$ 가 다음 조건을 만족시킨다.

(가) $\displaystyle\lim_{x \to \infty} \frac{g(x)}{x^2} = 0$

(나) $\displaystyle\lim_{x \to 0} \frac{g'(x)}{x} = 8$

함수 $h(x) = \ln|g(x)|$ 에 대하여 $h'\left(\dfrac{\pi}{4}\right)$ 의 값은?

① $\dfrac{2}{\pi}$ ② $\dfrac{4}{\pi}$ ③ $\dfrac{6}{\pi}$

④ $\dfrac{8}{\pi}$ ⑤ $\dfrac{10}{\pi}$

Training - 2 step
기출 적용편

2. 여러 가지 미분법

함수 $f(x) = x\ln(2x-1)$ 에 대하여 $f'(1)$ 의 값을 구하시오.
[3점]

함수 $f(x) = \dfrac{x^2-2x-6}{x-1}$ 에 대하여 $f'(0)$ 의 값을 구하시오.
[3점]

함수 $f(x) = \sqrt{x^3+1}$ 에 대하여 $f'(2)$ 의 값을 구하시오.
[3점]

함수 $f(x) = \left(2e^x+1\right)^3$ 에 대하여 $f'(0)$ 의 값은? [3점]

① 48　　　　② 51　　　　③ 54

④ 57　　　　⑤ 60

함수 $f(x) = \tan 2x + 3\sin x$ 에 대하여
$\displaystyle\lim_{h \to 0} \dfrac{f(\pi+h) - f(\pi-h)}{h}$ 의 값은? [3점]

① -2　　　　② -4　　　　③ -6

④ -8　　　　⑤ -10

곡선 $e^x - xe^y = y$ 위의 점 $(0,\ 1)$ 에서의 접선의 기울기는?
[3점]

① $3-e$　　　　② $2-e$　　　　③ $1-e$

④ $-e$　　　　⑤ $-1-e$

함수 $f(x) = -\cos^2 x$ 에 대하여 $f'\!\left(\dfrac{\pi}{4}\right)$ 의 값을 구하시오.
[3점]

곡선 $x\sin 2y + 3x = 3$ 위의 점 $\left(1,\ \dfrac{\pi}{2}\right)$ 에서의 접선의

기울기는? [3점]

① $\dfrac{1}{2}$　　　　② 1　　　　③ $\dfrac{3}{2}$

④ 2　　　　⑤ $\dfrac{5}{2}$

매개변수 $t\,(t>0)$ 으로 나타내어진 함수
$$x = \ln t + t, \quad y = -t^3 + 3t$$
에 대하여 $\dfrac{dy}{dx}$ 가 $t=a$ 에서 최댓값을 가질 때, a 의 값은?
[3점]

① $\dfrac{1}{6}$　　　　② $\dfrac{1}{5}$　　　　③ $\dfrac{1}{4}$

④ $\dfrac{1}{3}$　　　　⑤ $\dfrac{1}{2}$

049 2020학년도 고3 9월 평가원 가형

곡선 $\pi x = \cos y + x \sin y$ 위의 점 $\left(0, \dfrac{\pi}{2}\right)$ 에서의 접선의 기울기는? [3점]

① $1 - \dfrac{5}{2}\pi$　　② $1 - 2\pi$　　③ $1 - \dfrac{3}{2}\pi$

④ $1 - \pi$　　⑤ $1 - \dfrac{\pi}{2}$

050 2020학년도 고3 9월 평가원 가형

함수 $f(x) = \dfrac{\ln x}{x^2}$ 에 대하여 $\displaystyle\lim_{h \to 0} \dfrac{f(e+h) - f(e-2h)}{h}$ 의 값은? [3점]

① $-\dfrac{2}{e}$　　② $-\dfrac{3}{e^2}$　　③ $-\dfrac{1}{e}$

④ $-\dfrac{2}{e^2}$　　⑤ $-\dfrac{3}{e^3}$

051 2019학년도 고3 6월 평가원 가형

곡선 $e^x - e^y = y$ 위의 점 $(a,\ b)$ 에서의 접선의 기울기가 1일 때, $a+b$ 의 값은? [3점]

① $1 + \ln(e+1)$　　② $2 + \ln(e^2+2)$

③ $3 + \ln(e^3+3)$　　④ $4 + \ln(e^4+4)$

⑤ $5 + \ln(e^5+5)$

052 2020년 고3 10월 교육청 가형

함수 $f(x) = \dfrac{1}{e^x + 2}$ 의 역함수 $g(x)$ 에 대하여 $g'\left(\dfrac{1}{4}\right)$ 의 값은? [3점]

① -5　　② -6　　③ -7

④ -8　　⑤ -9

053 2021학년도 고3 6월 평가원 가형

곡선 $x^3 - y^3 = e^{xy}$ 위의 점 $(a,\ 0)$ 에서의 접선의 기울기가 b 일 때, $a+b$ 의 값을 구하시오. [3점]

054 2019학년도 수능 가형

함수 $f(x) = \dfrac{1}{1 + e^{-x}}$ 의 역함수를 $g(x)$ 라 할 때, $g'(f(-1))$ 의 값은? [3점]

① $\dfrac{1}{(1+e)^2}$　　② $\dfrac{e}{1+e}$　　③ $\left(\dfrac{1+e}{e}\right)^2$

④ $\dfrac{e^2}{1+e}$　　⑤ $\dfrac{(1+e)^2}{e}$

055 2017학년도 고3 9월 평가원 가형

실수 전체의 집합에서 미분가능한 함수 $f(x)$ 가 모든 실수 x 에 대하여

$$f(2x+1) = (x^2+1)^2$$

을 만족시킬 때, $f'(3)$ 의 값은? [3점]

① 1　　② 2　　③ 3

④ 4　　⑤ 5

056 2022학년도 수능 미적분

실수 전체의 집합에서 미분가능한 함수 $f(x)$가 모든 실수 x에 대하여

$$f(x^3+x)=e^x$$

을 만족시킬 때, $f'(2)$의 값은? [3점]

① e ② $\dfrac{e}{2}$ ③ $\dfrac{e}{3}$

④ $\dfrac{e}{4}$ ⑤ $\dfrac{e}{5}$

057 2019년 고3 4월 교육청 가형

실수 전체의 집합에서 미분가능한 함수 $f(x)$가 모든 실수 x에 대하여

$$f(5x-1)=e^{x^2-1}$$

을 만족시킬 때, $f'(4)$의 값은? [3점]

① $\dfrac{1}{10}$ ② $\dfrac{1}{5}$ ③ $\dfrac{3}{10}$

④ $\dfrac{2}{5}$ ⑤ $\dfrac{1}{2}$

058 2022학년도 사관학교 미적분

양의 실수 t에 대하여 곡선 $y=\ln(2x^2+2x+1)\ (x>0)$과 직선 $y=t$가 만나는 점의 x좌표를 $f(t)$라 할 때, $f'(2\ln5)$의 값은? [3점]

① $\dfrac{25}{14}$ ② $\dfrac{13}{7}$ ③ $\dfrac{27}{14}$

④ 2 ⑤ $\dfrac{29}{14}$

059 2020학년도 고3 9월 평가원 가형

정의역이 $\left\{x \mid -\dfrac{\pi}{4}<x<\dfrac{\pi}{4}\right\}$인 함수 $f(x)=\tan 2x$의 역함수를 $g(x)$라 할 때, $100\times g'(1)$의 값을 구하시오. [3점]

060 2018학년도 수능 가형

실수 전체의 집합에서 미분가능한 함수 $f(x)$에 대하여 함수 $g(x)$를

$$g(x)=\dfrac{f(x)}{e^{x-2}}$$

라 하자. $\displaystyle\lim_{x\to 2}\dfrac{f(x)-3}{x-2}=5$일 때, $g'(2)$의 값은? [3점]

① 1 ② 2 ③ 3

④ 4 ⑤ 5

061 2019학년도 고3 9월 평가원 가형

$x \geq \dfrac{1}{e}$에서 정의된 함수 $f(x)=3x\ln x$의 그래프가 점 $(e,\ 3e)$를 지난다. 함수 $f(x)$의 역함수를 $g(x)$라고 할 때, $\displaystyle\lim_{h\to 0}\dfrac{g(3e+h)-g(3e-h)}{h}$의 값은? [3점]

① $\dfrac{1}{3}$ ② $\dfrac{1}{2}$ ③ $\dfrac{2}{3}$

④ $\dfrac{5}{6}$ ⑤ 1

062 2018학년도 고3 6월 평가원 가형

함수 $f(x) = \dfrac{1}{x+3}$ 에 대하여 $\displaystyle\lim_{h \to 0} \dfrac{f'(a+h)-f'(a)}{h} = 2$ 를 만족시키는 실수 a 의 값은? [3점]

① -2 ② -1 ③ 0

④ 1 ⑤ 2

063 2013년 고3 3월 교육청 B형

실수 전체의 집합에서 미분가능한 함수 $y=f(x)$ 의 그래프 위의 점 $(2, f(2))$ 에서의 접선의 기울기가 2 이다. 양의 실수 전체의 집합에서 정의된 함수 $y=f(\sqrt{x})$ 의 $x=4$ 에서의 미분계수는? [3점]

① $\dfrac{1}{2}$ ② $\dfrac{\sqrt{2}}{2}$ ③ 1

④ $\sqrt{2}$ ⑤ 2

064 2018년 고3 4월 교육청 가형

함수 $f(x) = \dfrac{x}{2} + 2\sin x$ 에 대하여 함수 $g(x)$ 를 $g(x) = (f \circ f)(x)$ 라 할 때, $g'(\pi)$ 의 값은? [3점]

① -1 ② $-\dfrac{7}{8}$ ③ $-\dfrac{3}{4}$

④ $-\dfrac{5}{8}$ ⑤ $-\dfrac{1}{2}$

065 2014학년도 고3 6월 평가원 B형

점 $A(1, 0)$ 을 지나고 기울기가 양수인 직선 l 이 곡선 $y = 2\sqrt{x}$ 와 만나는 점을 B, 점 B 에서 x 축에 내린 수선의 발을 C, 직선 l 이 y 축과 만나는 점을 D 라 하자.

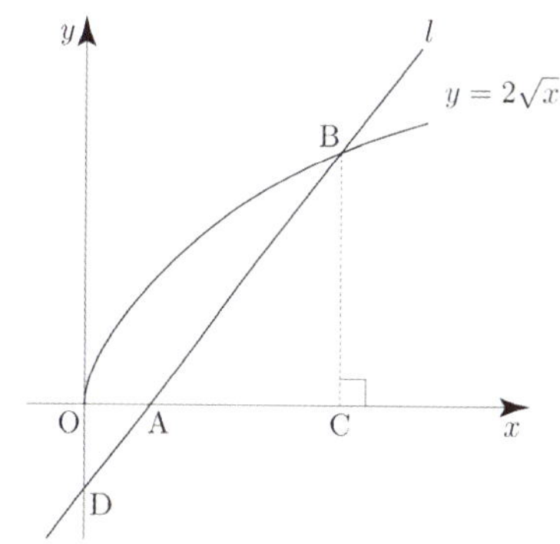

점 $B(t, 2\sqrt{t})$ 에 대하여 삼각형 BAC 의 넓이를 $f(t)$ 라 할 때, $f'(9)$ 의 값은? [3점]

① 3 ② $\dfrac{10}{3}$ ③ $\dfrac{11}{3}$

④ 4 ⑤ $\dfrac{13}{3}$

066 2021학년도 고3 6월 평가원 가형

실수 전체의 집합에서 미분가능한 함수 $f(x)$ 에 대하여 함수 $g(x)$ 를

$$g(x) = \dfrac{f(x)}{(e^x + 1)^2}$$

라 하자. $f'(0) - f(0) = 2$ 일 때, $g'(0)$ 의 값은? [3점]

① $\dfrac{1}{4}$ ② $\dfrac{3}{8}$ ③ $\dfrac{1}{2}$

④ $\dfrac{5}{8}$ ⑤ $\dfrac{3}{4}$

067 2017년 고3 7월 교육청 가형 

두 함수 $f(x) = kx^2 - 2x$, $g(x) = e^{3x} + 1$ 이 있다.
함수 $h(x) = (f \circ g)(x)$ 에 대하여 $h'(0) = 42$ 일 때,
상수 k의 값을 구하시오. [3점]

---

068 2023년 고3 10월 교육청 미적분 

함수 $f(x) = e^{2x} + e^x - 1$ 의 역함수를 $g(x)$ 라 할 때,
함수 $g(5f(x))$ 의 $x = 0$ 에서의 미분계수는? [3점]

① $\dfrac{1}{2}$ ② $\dfrac{3}{4}$ ③ 1

④ $\dfrac{5}{4}$ ⑤ $\dfrac{3}{2}$

---

069 2017학년도 사관학교 가형

매개변수 $t(t > 0)$ 으로 나타내어진 함수
$$x = t^3, \quad y = 2t - \sqrt{2t}$$
의 그래프 위의 점 $(8, a)$ 에서의 접선의 기울기는 b 이다.
$100ab$ 의 값을 구하시오. [3점]

---

070 2024학년도 고3 9월 평가원 미적분 

매개변수 t 로 나타내어진 곡선
$$x = t + \cos 2t, \quad y = \sin^2 t$$
에서 $t = \dfrac{\pi}{4}$ 일 때, $\dfrac{dy}{dx}$ 의 값은? [3점]

① -2 ② -1 ③ 0

④ 1 ⑤ 2

---

071 2024년 고3 5월 교육청 미적분

함수 $f(x) = x^3 + x + 1$ 의 역함수를 $g(x)$ 라 하자.
매개변수 t 로 나타내어진 곡선
$$x = g(t) + t, \quad y = g(t) - t$$
에서 $t = 3$ 일 때, $\dfrac{dy}{dx}$ 의 값은? [3점]

① $-\dfrac{1}{5}$ ② $-\dfrac{3}{10}$ ③ $-\dfrac{2}{5}$

④ $-\dfrac{1}{2}$ ⑤ $-\dfrac{3}{5}$

---

072 2017학년도 고3 9월 평가원 가형

매개변수 $t(t > 0)$ 으로 나타내어진 함수
$$x = t - \dfrac{2}{t}, \quad y = t^2 + \dfrac{2}{t^2}$$
에서 $t = 1$ 일 때, $\dfrac{dy}{dx}$ 의 값은? [4점]

① $-\dfrac{2}{3}$ ② -1 ③ $-\dfrac{4}{3}$

④ $-\dfrac{5}{3}$ ⑤ -2

---

073 2020학년도 고3 6월 평가원 가형

함수 $f(x) = \dfrac{2^x}{\ln 2}$ 과 실수 전체의 집합에서 미분가능한 함수 $g(x)$ 가 다음 조건을 만족시킬 때, $g(2)$ 의 값은? [3점]

> (가) $\displaystyle\lim_{h \to 0} \dfrac{g(2+4h) - g(2)}{h} = 8$
>
> (나) 함수 $(f \circ g)(x)$ 의 $x = 2$ 에서의 미분계수는 10 이다.

① 1 ② $\log_2 3$ ③ 2

④ $\log_2 5$ ⑤ $\log_2 6$

---

074 2017년 고3 10월 교육청 가형

그림과 같이 $\overline{BC} = 1$, $\angle ABC = \dfrac{\pi}{3}$, $\angle ACB = 2\theta$ 인 삼각형 ABC 에 내접하는 원의 반지름의 길이를 $r(\theta)$ 라 하자. $h(\theta) = \dfrac{r(\theta)}{\tan\theta}$ 일 때, $h'\left(\dfrac{\pi}{6}\right)$ 의 값은? (단, $0 < \theta < \dfrac{\pi}{3}$) [3점]

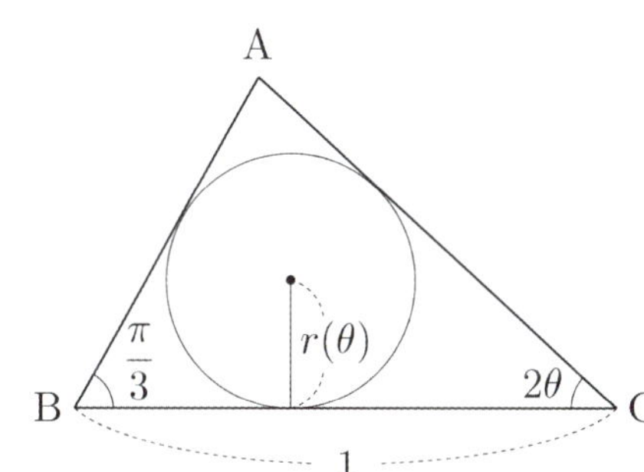

① $-\sqrt{3}$ ② $-\dfrac{\sqrt{3}}{3}$ ③ $\dfrac{\sqrt{3}}{6}$

④ $\dfrac{\sqrt{3}}{3}$ ⑤ $\sqrt{3}$

---

075 2025학년도 고3 9월 평가원 미적분

실수 전체의 집합에서 미분가능한 함수 $f(x)$ 가 모든 실수 x 에 대하여

$$f(x) + f\left(\dfrac{1}{2}\sin x\right) = \sin x$$

를 만족시킬 때, $f'(\pi)$ 의 값은? [3점]

① $-\dfrac{5}{6}$ ② $-\dfrac{2}{3}$ ③ $-\dfrac{1}{2}$

④ $-\dfrac{1}{3}$ ⑤ $-\dfrac{1}{6}$

---

076 2019학년도 고3 6월 평가원 가형

함수 $f(x) = 3e^{5x} + x + \sin x$ 의 역함수를 $g(x)$ 라 할 때, 곡선 $y = g(x)$ 는 점 $(3,\ 0)$ 을 지난다. $\displaystyle\lim_{x \to 3} \dfrac{x-3}{g(x) - g(3)}$ 의 값을 구하시오. [3점]

---

077 2025학년도 사관학교 미적분

함수 $f(x) = \ln(e^x + 2)$ 의 역함수를 $g(x)$ 라 하자. 함수 $h(x) = \{g(x)\}^2$ 에 대하여 $h'(\ln 4)$ 의 값은? [3점]

① $2\ln 2$ ② $3\ln 2$ ③ $4\ln 2$

④ $5\ln 2$ ⑤ $6\ln 2$

실수 전체의 집합에서 미분가능한 두 함수 $f(x)$, $g(x)$ 가 있다. $f(x)$ 가 $g(x)$ 의 역함수이고 $f(1)=2$, $f'(1)=3$ 이다. 함수 $h(x)=xg(x)$ 라 할 때, $h'(2)$ 의 값은? [3점]

① 1　　　　② $\dfrac{4}{3}$　　　　③ $\dfrac{5}{3}$

④ 2　　　　⑤ $\dfrac{7}{3}$

함수 $f(x)=(x+1)^{\frac{3}{2}}$ 과 실수 전체의 집합에서 미분가능한 함수 $g(x)$ 에 대하여 함수 $h(x)$ 를 $h(x)=(g\circ f)(x)$ 라 하자. $h'(0)=15$ 일 때, $g'(1)$ 의 값을 구하시오. [4점]

1 보다 큰 실수 t 에 대하여 그림과 같이 점 $\mathrm{P}\left(t+\dfrac{1}{t},\,0\right)$ 에서 원 $x^2+y^2=\dfrac{1}{2t^2}$ 에 접선을 그었을 때, 원과 접선이 제 1 사분면에서 만나는 점을 Q 라 하자.

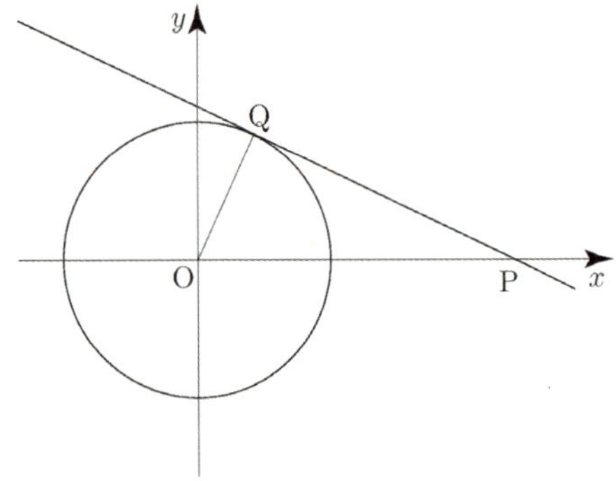

$\overline{\mathrm{OP}}\times\overline{\mathrm{OQ}}$ 를 $f(t)$ 라 할 때, $f'(\sqrt{2})$ 의 값은? [3점]

① -1　　　　② $-\dfrac{1}{2}$　　　　③ $-\dfrac{1}{4}$

④ $-\dfrac{1}{8}$　　　　⑤ $-\dfrac{1}{16}$

함수 $f(x)=2x+\sin x$ 의 역함수를 $g(x)$ 라 할 때, 곡선 $y=g(x)$ 위의 점 $(4\pi,\,2\pi)$ 에서의 접선의 기울기는 $\dfrac{q}{p}$ 이다. $p+q$ 의 값을 구하시오. (단, p 와 q 는 서로소인 자연수이다.) [4점]

두 함수 $f(x)=\sin^2 x$, $g(x)=e^x$ 에 대하여
$$\lim_{x\to\frac{\pi}{4}}\frac{g(f(x))-\sqrt{e}}{x-\dfrac{\pi}{4}}$$
의 값은? [4점]

① $\dfrac{1}{e}$　　　　② $\dfrac{1}{\sqrt{e}}$　　　　③ 1

④ $\sqrt{e}$　　　　⑤ e

함수 $f(x)=\dfrac{e^x}{\sin x+\cos x}$ 에 대하여 $-\dfrac{\pi}{4}<x<\dfrac{3}{4}\pi$ 에서 방정식 $f(x)-f'(x)=0$ 의 실근은? [3점]

① $-\dfrac{\pi}{6}$　　　　② $\dfrac{\pi}{6}$　　　　③ $\dfrac{\pi}{4}$

④ $\dfrac{\pi}{3}$　　　　⑤ $\dfrac{\pi}{2}$

084 2013학년도 고3 6월 평가원 가형 〇〇〇〇〇

실수 전체의 집합에서 증가하고 미분가능한 함수 $f(x)$ 가 있다. 곡선 $y = f(x)$ 위의 점 $(2,\ 1)$ 에서의 접선의 기울기는 1 이다. 함수 $f(2x)$ 의 역함수를 $g(x)$ 라 할 때, 곡선 $y = g(x)$ 위의 점 $(1,\ a)$ 에서의 접선의 기울기는 b 이다. $10(a+b)$ 의 값을 구하시오. [4점]

085 2020학년도 고3 6월 평가원 가형 〇〇〇〇〇

실수 전체의 집합에서 미분가능한 함수 $f(x)$ 에 대하여 함수 $g(x)$ 를

$$g(x) = \frac{f(x)\cos x}{e^x}$$

라 하자. $g'(\pi) = e^\pi g(\pi)$ 일 때, $\dfrac{f'(\pi)}{f(\pi)}$ 의 값은?

(단, $f(\pi) \neq 0$) [4점]

① $e^{-2\pi}$ 　　② 1 　　③ $e^{-\pi}+1$

④ $e^\pi+1$ 　　⑤ $e^{2\pi}$

086 2018년 고3 3월 교육청 가형 〇〇〇〇〇

실수 전체의 집합에서 미분가능한 함수 $f(x)$ 에 대하여 곡선 $y = f(x)$ 위의 점 $(4,\ f(4))$ 에서의 접선 l 이 다음 조건을 만족시킨다.

> (가) 직선 l 은 제 2사분면을 지나지 않는다.
> (나) 직선 l 과 x 축 및 y 축으로 둘러싸인 도형은 넓이가 2 인 직각이등변삼각형이다.

함수 $g(x) = xf(2x)$ 에 대하여 $g'(2)$ 의 값은? [4점]

① 3 　　② 4 　　③ 5

④ 6 　　⑤ 7

087 2017년 고3 7월 교육청 가형 〇〇〇〇〇

함수 $f(x) = \tan^3 x \left(-\dfrac{\pi}{2} < x < \dfrac{\pi}{2}\right)$ 의 역함수를 $g(x)$ 라 할 때, 곡선 $y = g(x)$ 위의 점 $(1,\ g(1))$ 에서의 접선의 기울기는? [4점]

① $\dfrac{1}{6}$ 　　② $\dfrac{1}{3}$ 　　③ $\dfrac{1}{2}$

④ $\dfrac{2}{3}$ 　　⑤ $\dfrac{5}{6}$

088 2020학년도 수능 가형 〇〇〇〇〇

함수 $f(x) = (x^2+2)e^{-x}$ 에 대하여 함수 $g(x)$ 가 미분가능하고

$$g\left(\frac{x+8}{10}\right) = f^{-1}(x), \quad g(1) = 0$$

을 만족시킬 때, $|g'(1)|$ 의 값을 구하시오. [4점]

089 2021학년도 고3 9월 평가원 가형 〇〇〇〇〇

열린구간 $\left(-\dfrac{\pi}{2},\ \dfrac{\pi}{2}\right)$ 에서 정의된 함수

$$f(x) = \ln\left(\frac{\sec x + \tan x}{a}\right)$$

의 역함수를 $g(x)$ 라 하자. $\displaystyle \lim_{x \to -2} \frac{g(x)}{x+2} = b$ 일 때, 두 상수 $a,\ b$ 의 곱 ab 의 값은? (단, $a > 0$) [4점]

① $\dfrac{e^2}{4}$ 　　② $\dfrac{e^2}{2}$ 　　③ e^2

④ $2e^2$ 　　⑤ $4e^2$

함수 $f(x) = \ln(\tan x) \left(0 < x < \dfrac{\pi}{2}\right)$ 의 역함수 $g(x)$ 에 대하여

$\displaystyle\lim_{h \to 0} \dfrac{4g(8h) - \pi}{h}$ 의 값을 구하시오. [4점]

$t > 2e$ 인 실수 t 에 대하여 함수 $f(x) = t(\ln x)^2 - x^2$ 이

$x = k$ 에서 극대일 때, 실수 k 의 값을 $g(t)$ 라 하면 $g(t)$ 는

미분가능한 함수이다. $g(\alpha) = e^2$ 인 실수 α 에 대하여

$\alpha \times \{g'(\alpha)\}^2 = \dfrac{q}{p}$ 일 때, $p + q$ 의 값을 구하시오.

(단, p 와 q 는 서로소인 자연수이다.) [4점]

함수 $f(x) = x^3 - x$ 와 실수 전체의 집합에서 미분가능한

역함수가 존재하는 삼차함수 $g(x) = ax^3 + x^2 + bx + 1$ 이

있다. 함수 $g(x)$ 의 역함수 $g^{-1}(x)$ 에 대하여 함수 $h(x)$ 를

$$h(x) = \begin{cases} (f \circ g^{-1})(x) & (x < 0 \text{ 또는 } x > 1) \\[2mm] \dfrac{1}{\pi}\sin \pi x & (0 \le x \le 1) \end{cases}$$

이라 하자. 함수 $h(x)$ 가 실수 전체의 집합에서 미분가능할

때, $g(a+b)$ 의 값을 구하시오. (단, a, b 는 상수이다.) [4점]

함수 $f(x) = e^x + x$ 가 있다. 양수 t 에 대하여 점 $(t, 0)$ 과

점 $(x, f(x))$ 사이의 거리가 $x = s$ 에서 최소일 때,

실수 $f(s)$ 의 값을 $g(t)$ 라 하자. 함수 $g(t)$ 의 역함수를

$h(t)$ 라 할 때, $h'(1)$ 의 값을 구하시오. [4점]

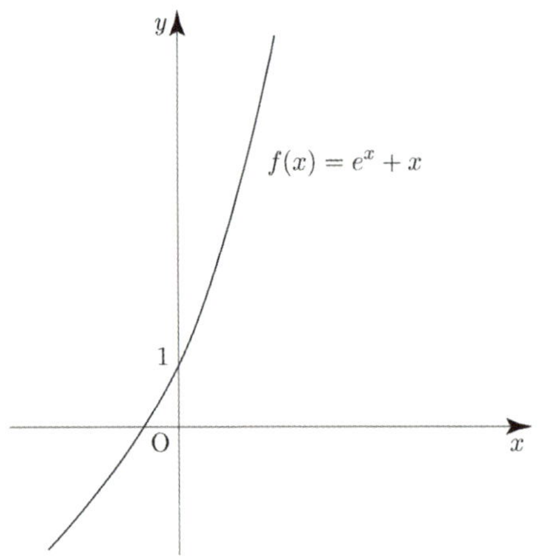

점 $(0, 1)$ 을 지나고 기울기가 양수인 직선 l 과

곡선 $y = e^{\frac{x}{a}} - 1 \ (a > 0)$ 이 있다. 직선 l 이 x 축의

양의 방향과 이루는 각의 크기가 θ 일 때, 직선 l 이

곡선 $y = e^{\frac{x}{a}} - 1 \ (a > 0)$ 과 제1사분면에서 만나는 점의

x 좌표를 $f(\theta)$ 라 하자. $f\left(\dfrac{\pi}{4}\right) = a$ 일 때,

$\sqrt{f'\left(\dfrac{\pi}{4}\right)} = pe + q$ 이다. $p^2 + q^2$ 의 값을 구하시오.

(단, a 는 상수이고 p, q 는 정수이다.) [4점]

Master step

심화 문제편

2. 여러 가지 미분법

1보다 작은 양의 실수 t에 대하여 좌표평면에서 원 $(x-1)^2+y^2=1$과 직선 $y=tx$와 만나는 점 중 원점이 아닌 점을 P라 하자. 선분 OP와 호 OP로 둘러싸인 부분의 넓이를 $f(t)$라 할 때, $f'\left(\dfrac{1}{2}\right)$의 값을 구하시오.

(단, 호 OP는 제4사분면을 지나지 않는다.)

① $-\dfrac{28}{25}$ ② $-\dfrac{6}{5}$ ③ $-\dfrac{32}{25}$

④ $-\dfrac{34}{25}$ ⑤ $-\dfrac{36}{25}$

양의 실수 t에 대하여 곡선 $y=|\ln x|$와 직선 $y=t$가 만나는 두 점의 x좌표를 각각 x_1, x_2라 할 때, 함수 $f(t)$를 $f(t)=\sqrt{|x_1-x_2|}$라 하자. 미분가능한 함수 $f(t)$에 대하여 양수 a가 $f(a)=\dfrac{\sqrt{e^4-1}}{e}$을 만족시킬 때, $f'(a)f(a)$의 값은?

① $\dfrac{e^4-1}{4e^2}$ ② $\dfrac{e^4-1}{2e^2}$ ③ $\dfrac{e^4+1}{4e}$

④ $\dfrac{e^4+1}{4e^2}$ ⑤ $\dfrac{e^4+1}{2e^2}$

$0<t<41$인 실수 t에 대하여 곡선 $y=x^3+2x^2-15x+5$와 직선 $y=t$가 만나는 세 점 중에서 x좌표가 가장 큰 점의 좌표를 $(f(t),\,t)$, x좌표가 가장 작은 점의 좌표를 $(g(t),\,t)$라 하자. $h(t)=t\times\{f(t)-g(t)\}$라 할 때, $h'(5)$의 값은? [4점]

① $\dfrac{79}{12}$ ② $\dfrac{85}{12}$ ③ $\dfrac{91}{12}$

④ $\dfrac{97}{12}$ ⑤ $\dfrac{103}{12}$

최고차항의 계수가 1인 삼차함수 $f(x)$의 역함수를 $g(x)$라 할 때, $g(x)$가 다음 조건을 만족시킨다.

(가) $g(x)$는 실수 전체의 집합에서 미분가능하고 $g'(x)\le\dfrac{1}{3}$이다.

(나) $\displaystyle\lim_{x\to3}\dfrac{f(x)-g(x)}{(x-3)g(x)}=\dfrac{8}{9}$

$f(1)$의 값은? [4점]

① -11 ② -9 ③ -7

④ -5 ⑤ -3

099   2022학년도 고3 6월 평가원 미적분

$t > \dfrac{1}{2}\ln 2$ 인 실수 t 에 대하여 곡선 $y = \ln\left(1 + e^{2x} - e^{-2t}\right)$ 과

직선 $y = x + t$ 가 만나는 서로 다른 두 점 사이의 거리를

$f(t)$ 라 할 때, $f'(\ln 2) = \dfrac{q}{p}\sqrt{2}$ 이다. $p + q$ 의 값을 구하시오.

(단, p 와 q 는 서로소인 자연수이다.) [4점]

100   2024학년도 고3 6월 평가원 미적분

세 실수 a, b, k 에 대하여 두 점 $A(a,\ a+k)$, $B(b,\ b+k)$ 가

곡선 $C : x^2 - 2xy + 2y^2 = 15$ 위에 있다. 곡선 C 위의

점 A 에서의 접선과 곡선 C 위의 점 B 에서의 접선이

서로 수직일 때, k^2 의 값을 구하시오.

(단, $a + 2k \neq 0,\ b + 2k \neq 0$) [4점]

101

$t > 1$ 인 실수 t 에 대하여 y 축 위의 점 $(0,\ t)$ 에서

반원 $(x-1)^2 + y^2 = 1\ (y \geq 0)$ 에 그은 접선의 접점을 A 라

하고, 접선이 x 축과 만나는 점을 B 라 하자.

점 $C(2,\ 0)$ 에 대하여 호 AC 와 두 선분 AB, BC 로

둘러싸인 부분의 넓이를 $f(t)$ 라 할 때, $f'(2)$ 의 값은?

(단, 점 A 의 x 좌표는 양수이다.)

① $-\dfrac{14}{45}$ ② $-\dfrac{1}{3}$ ③ $-\dfrac{16}{45}$

④ $-\dfrac{17}{45}$ ⑤ $-\dfrac{6}{15}$

102

함수 $f(x) = |\ln x|$ 에 대하여 $g(0) = h(0) = 1$ 인 두 함수

$g(x)$, $h(x)$ 가 다음 조건을 만족시킨다.

> (가) 양의 실수 t 에 대하여 방정식 $f(x) = t$ 의
> 두 실근은 $g(t)$, $h(t)$ 이고 $g(t) < h(t)$ 이다.
> (나) $F(x) = af(x+b) - 10\sqrt{h(x^2) - g(x^2)}$
> (단, a 와 b 는 상수이다.)

함수 $F(x)$ 가 $x = 0$ 에서 미분가능할 때, $(ab)^2$ 의 값을

구하시오.

양의 실수 t에 대하여 곡선 $y=(2\ln x)^2$ 와 직선 $y=t$가 만나는 두 점의 x좌표를 각각 x_1, x_2라 할 때, 함수 $f(t)$를 $f(t)=|x_1-x_2|$ 라 하자. 미분가능한 함수 $f(t)$에 대하여 양수 a 가 $f(a)=\dfrac{e^2-1}{e}$ 을 만족시킨다. $f'(a)$ 의 값은?

① $\dfrac{1}{8}\left(e+\dfrac{1}{e}\right)$ ② $\dfrac{1}{6}\left(e+\dfrac{1}{e}\right)$ ③ $\dfrac{1}{4}\left(e+\dfrac{1}{e}\right)$

④ $\dfrac{1}{2}\left(e+\dfrac{1}{e}\right)$ ⑤ $e+\dfrac{1}{e}$

$l+m+n \le 10$ 를 만족시키는 세 자연수 $l,\ m,\ n$ 에 대하여 실수 전체의 집합에서 연속인 함수 $f(x)$ 가 $x=\pi$ 에서 미분가능하고

$$x^n f(x) = \left| (x-\pi)\sin^m \dfrac{l}{2}x \right|$$

를 만족시킬 때, 모든 순서쌍 $(l,\ m,\ n)$ 의 개수를 구하시오.

길이가 10인 선분 AB를 지름으로 하는 원과 선분 AB 위에 $\overline{AC}=4$인 점 C가 있다. 이 원 위의 점 P를 $\angle PCB=\theta$ 가 되도록 잡고, 점 P를 지나고 선분 AB에 수직인 직선이 이 원과 만나는 점 중 P가 아닌 점을 Q라 하자. 삼각형 PCQ의 넓이를 $S(\theta)$ 라 할 때, $-7\times S'\left(\dfrac{\pi}{4}\right)$ 의 값을 구하시오. (단, $0<\theta<\dfrac{\pi}{2}$) [4점]

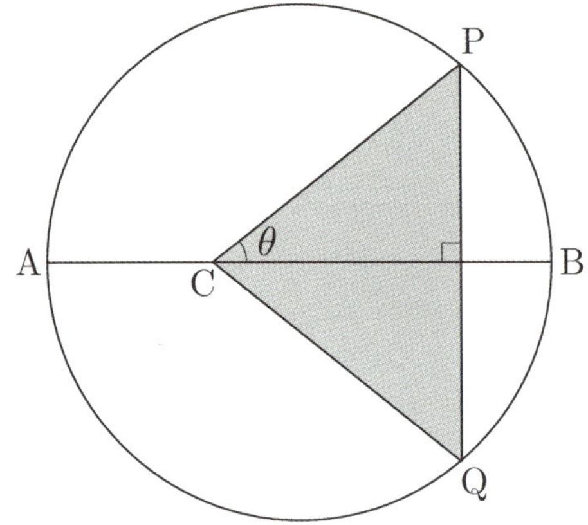

최고차항의 계수가 1인 사차함수 $f(x)$ 에 대하여

$$F(x)=\ln|f(x)|$$

라 하고, 최고차항의 계수가 1인 삼차함수 $g(x)$ 에 대하여

$$G(x)=\ln|g(x)\sin x|$$

라 하자.

$$\lim_{x\to 1}(x-1)F'(x)=3, \qquad \lim_{x\to 0}\dfrac{F'(x)}{G'(x)}=\dfrac{1}{4}$$

일 때, $f(3)+g(3)$ 의 값은? [4점]

① 57   ② 55   ③ 53

④ 51   ⑤ 49

규토 라이트 N제

미분법

Guide step

개념 익히기편

3. 도함수의 활용

01 접선의 방정식

성취 기준 – 접선의 방정식을 구할 수 있다.

개념 파악하기 (1) 접선의 방정식은 어떻게 구할까?

접선의 방정식 유형 ① 곡선 위의 점에서의 접선의 방정식

함수 $f(x)$ 가 $x=t$ 에서 미분가능할 때, 곡선 $y=f(x)$ 위의 점 $(t,\ f(t))$ 에서의
접선의 기울기는 $x=t$ 에서의 미분계수 $f'(t)$ 와 같다.

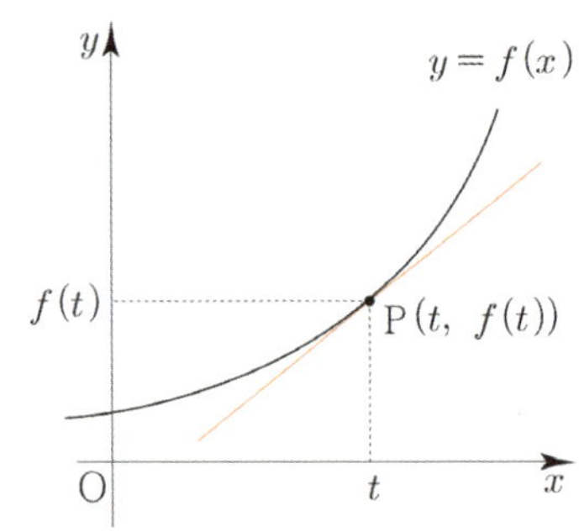

따라서 곡선 $y=f(x)$ 위의 점 $(t,\ f(t))$ 에서 접하는 접선은
점 $(t,\ f(t))$ 를 지나고 기울기가 $f'(t)$ 인 직선이므로
접선의 방정식은 $y=f'(t)(x-t)+f(t)$ 이다.

> **Tip 1** 점 $(a,\ b)$ 를 지나고 기울기가 m 인 직선의 방정식은
> $y=m(x-a)+b$ 이다.

> **Tip 2** 수직인 두 직선의 기울기의 곱은 -1 이므로
> 곡선 $y=f(x)$ 위의 점 $\mathrm{P}(t,\ f(t))$ 를 지나고
> 이 점에서의 접선에 수직인 직선 l 의 방정식은
> $y=-\dfrac{1}{f'(t)}(x-t)+f(t)$ (단, $f'(t)\neq 0$) 이다.

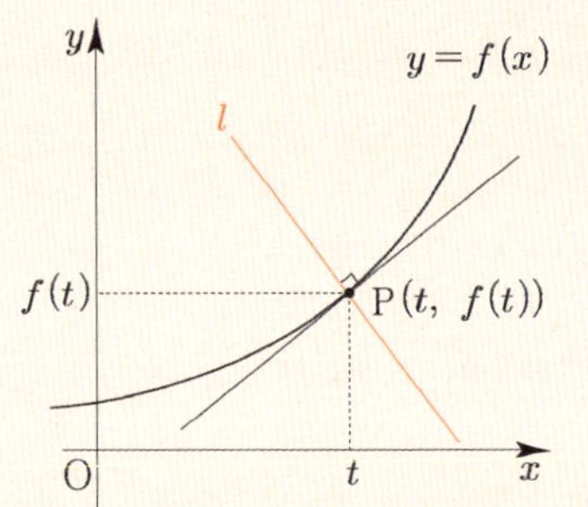

예제 1

다음 물음에 답하시오.

(1) 곡선 $y=e^{2x}$ 위의 점 $(0,\ 1)$ 에서의 접선의 방정식을 구하시오.

(2) 곡선 $y=\sin x$ 위의 점 $(\pi,\ 0)$ 을 지나고 이 점에서의 접선에 수직인 직선의 방정식을 구하시오.

> **풀이**
>
> (1) $f(x)=e^{2x}$ 라 하면 $f'(x)=2e^{2x}$
> 점 $(0,\ 1)$ 에서 접하는 접선의 기울기는 $f'(0)=2$ 이다.
> 따라서 구하는 접선의 방정식은 $y=2(x-0)+1$ 이므로 $y=2x+1$ 이다.
>
> (2) $f(x)=\sin x$ 라 하면 $f'(x)=\cos x$
> 점 $(\pi,\ 0)$ 에서 접하는 접선의 기울기는 $f'(\pi)=-1$
> 이 점에서의 접선에 수직인 직선의 기울기를 m 이라 하면 $f'(\pi)\times m=-1$ 이므로 $m=-\dfrac{1}{f'(\pi)}=1$
> 따라서 구하는 직선의 방정식은 $y=1\times(x-\pi)+0$ 이므로 $y=x-\pi$ 이다.

개념 확인문제 1 다음 물음에 답하시오.

(1) 곡선 $y = \sqrt{x-2}$ 위의 점 $(3, 1)$에서의 접선의 방정식을 구하시오.

(2) 곡선 $y = e^{-3x} + 1$ 위의 점 $(0, 2)$를 지나고 이 점에서의 접선에 수직인 직선의 방정식을 구하시오.

접선의 방정식 유형 ② 기울기가 주어진 접선의 방정식

함수 $f(x)$가 미분가능할 때, 기울기가 m이고 곡선 $y = f(x)$에 접하는 직선의 방정식은 다음과 같은 방법으로 구한다.

① 접점의 좌표를 $(t, f(t))$라 한다.
② $f'(t) = m$임을 바탕으로 t의 값을 구한다.
③ t의 값을 $y = m(x-t) + f(t)$에 대입하여 직선의 방정식을 구한다.

Tip 접점의 x좌표를 모르니 미지수를 도입하자!

예제 2

곡선 $y = \ln \sqrt{x}$에 접하고 기울기가 $\dfrac{1}{2}$인 접선의 방정식을 구하시오.

풀이

$f(x) = \ln \sqrt{x} = \dfrac{1}{2}\ln x$라 하면 $f'(x) = \dfrac{1}{2x}$

접점의 좌표를 $\left(t, \dfrac{1}{2}\ln t\right)$라 하면 이 점에서의 접선의 기울기가 $\dfrac{1}{2}$이므로

$f'(t) = \dfrac{1}{2t} = \dfrac{1}{2}$이므로 $t = 1$

즉, 기울기가 $\dfrac{1}{2}$인 접선의 접점의 좌표는 $(1, 0)$이다.

따라서 구하는 접선의 방정식은 $y = \dfrac{1}{2}(x-1)$이므로 $y = \dfrac{1}{2}x - \dfrac{1}{2}$이다.

개념 확인문제 2 다음 곡선에 접하고 기울기가 -2인 접선의 방정식을 구하시오.

(1) $y = \cos 2x \ \left(0 < x < \dfrac{\pi}{2}\right)$

(2) $y = \dfrac{2}{x} \ (x > 0)$

접선의 방정식 유형 ③ 곡선 위에 있지 않은 점에서 곡선에 그은 접선의 방정식

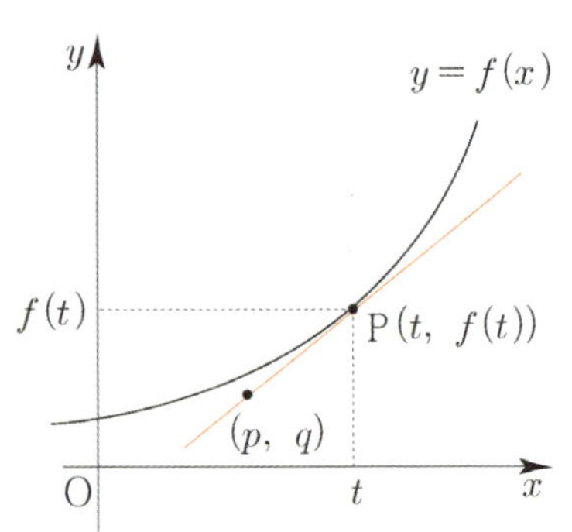

함수 $f(x)$ 가 미분가능할 때, 곡선 위에 있지 않은 점 $(p,\ q)$ 에서
곡선 $y = f(x)$ 에 그은 접선의 방정식은 다음과 같은 방법으로 구한다.

① 접점의 좌표를 $(t,\ f(t))$ 라 한다.
② 점 $(t,\ f(t))$ 에서의 접선의 방정식 $y = f'(t)(x-t) + f(t)$ 를 구한다.
③ 점 $(p,\ q)$ 는 접선 위의 점이므로 ②에서 구한 접선의 방정식에 대입하여
   실수 t 의 값을 구한다.
④ ③에서 구한 t 의 값을 $y = f'(t)(x-t) + f(t)$ 에 대입하여 접선의 방정식을 구한다.

> **Tip**   자주 틀리는 유형이니 메커니즘을 완벽히 숙지하도록 하자!

예제 3

점 $(0,\ 0)$ 에서 곡선 $y = e^x$ 에 그은 접선의 방정식을 구하시오.

풀이

$f(x) = e^x$ 라 하면 $f'(x) = e^x$

접점의 좌표를 $(t,\ e^t)$ 라 하면 이 점에서의 접선의 기울기가 e^t 이므로

접선의 방정식은 $y = e^t(x-t) + e^t \Rightarrow y = e^t x - te^t + e^t$

이 직선이 $(0,\ 0)$ 을 지나므로 $0 = -te^t + e^t \Rightarrow e^t(1-t) = 0 \Rightarrow t = 1$

따라서 구하는 접선의 방정식은 $t = 1$ 일 때, $y = ex$ 이다.

개념 확인문제 3   다음 점에서 곡선에 그은 접선의 방정식을 구하시오.

(1) $y = \ln x,\ \ (0,\ 2)$ (2) $y = \sqrt{x},\ \ (-1,\ 0)$

접선의 방정식 유형 ④ 두 곡선에 동시에 접하는 접선

두 곡선 $y=f(x)$, $y=g(x)$ 에 동시에 접하는 직선은 다음과 같이 case분류할 수 있다.

(1) 접점의 x좌표가 동일한 경우

두 함수 $f(x)$, $g(x)$ 가 미분가능할 때, $x=t$ 에서 두 곡선 $y=f(x)$, $y=g(x)$ 에 동시에
접하는 직선의 방정식은 곡선 $y=f(x)$ 위의 점 $(t,\,f(t))$ 에서의
접선과 곡선 $y=g(x)$ 위의 점 $(t,\,g(t))$ 에서의 접선이 서로 일치하므로
다음과 같은 방법으로 구한다.

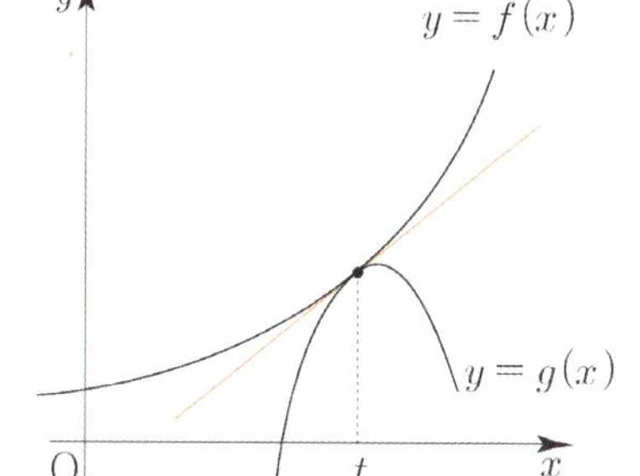

① $x=t$ 에서의 함숫값이 같다. $\Rightarrow$ $f(t)=g(t)$
② $x=t$ 에서의 접선의 기울기가 같다. $\Rightarrow$ $f'(t)=g'(t)$

(2) 접점의 x좌표가 동일하지 않은 경우

두 함수 $f(x)$, $g(x)$ 가 미분가능할 때, 두 곡선 $y=f(x)$, $y=g(x)$ 에 동시에
접하는 직선의 방정식은 곡선 $y=f(x)$ 위의 점 $(a,\,f(a))$ 에서의 접선과
곡선 $y=g(x)$ 위의 점 $(b,\,g(b))$ 에서의 접선이 서로 일치한다.
$y=f(x)$ 의 $x=a$ 에서의 미분계수, $y=g(x)$ 의 $x=b$ 에서의 미분계수,
두 점 $(a,f(a))$ 와 $(b,\,g(b))$ 를 지나는 직선의 기울기가 모두 같으므로
다음과 같은 방법으로 구한다. (단, $a \neq b$)

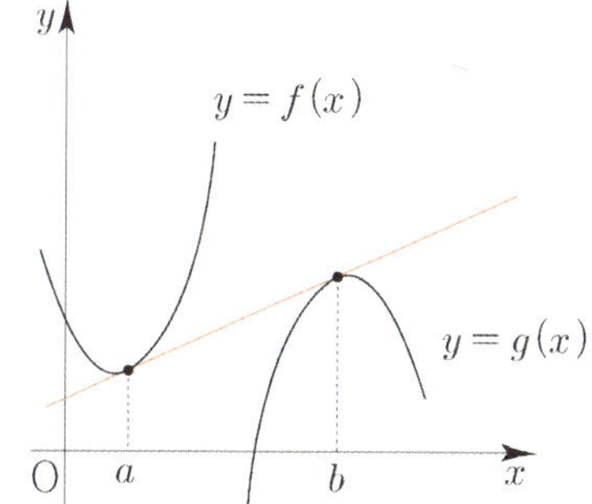

$$f'(a)=g'(b)=\frac{g(b)-f(a)}{b-a}$$

Tip　$y=f'(a)(x-a)+f(a)=f'(a)x-af'(a)+f(a)$ 와
$y=g'(b)(x-b)+g(b)=g'(b)x-bg'(b)+g(b)$ 가 같아야 하므로
① 기울기가 같다. $\Rightarrow$ $f'(a)=g'(b)$
② y절편이 같다. $\Rightarrow$ $-af'(a)+f(a)=-bg'(b)+g(b)$

$\Rightarrow -af'(a)+f(a)=-bf'(a)+g(b)\ (\because f'(a)=g'(b))$

$\Rightarrow f'(a)=\dfrac{g(b)-f(a)}{b-a}\ (\because a \neq b)$

따라서 $f'(a)=g'(b)=\dfrac{g(b)-f(a)}{b-a}$ 이다.

두 곡선 $y = 2e^{x-1} + 1$, $y = -x^2 + 4x$ 가 $x = t$ 에서 동시에 접할 때, 접선의 방정식을 구하시오.

풀이

$f(x) = 2e^{x-1} + 1$, $g(x) = -x^2 + 4x$ 라 하면 $f'(x) = 2e^{x-1}$, $g'(x) = -2x + 4$

두 곡선 $y = f(x)$, $y = g(x)$ 가 $x = t$ 에서 접하면 $f(t) = g(t)$ 이고 $f'(t) = g'(t)$ 이므로

① $f(t) = g(t) \ \Rightarrow \ 2e^{t-1} + 1 = -t^2 + 4t \Rightarrow 2e^{t-1} = -t^2 + 4t - 1$

② $f'(t) = g'(t) \ \Rightarrow \ 2e^{t-1} = -2t + 4$

①, ②를 연립하면 $-2t + 4 = -t^2 + 4t - 1 \Rightarrow t^2 - 6t + 5 = 0 \Rightarrow (t-5)(t-1) = 0$

$t = 5$ 일 때, $f'(5) \neq g'(5) \ \Rightarrow \ 2e^4 \neq -6$ 이므로 모순이다.

즉, $t = 1$ 이므로 $f'(1) = g'(1) = 2$ 이고 $f(1) = g(1) = 3$ 이다.

따라서 구하는 접선의 방정식은 $y = 2(x-1) + 3$ 이므로 $y = 2x + 1$ 이다.

개념 확인문제 4 두 곡선 $y = ae^{x-1}$, $y = 6x$ 가 $x = b$ 에서 동시에 접할 때, $a + b$의 값을 구하시오.

02 함수의 그래프

미분법

성취 기준 – 함수의 그래프의 개형을 그릴 수 있다.

개념 파악하기 | (2) 곡선의 오목과 볼록은 어떻게 알 수 있을까?

곡선의 오목과 볼록

이계도함수를 이용하여 곡선의 오목과 볼록을 조사해 보자.
어떤 구간에서 곡선 $y = f(x)$ 위의 임의의 서로 다른 두 점 P, Q에 대하여

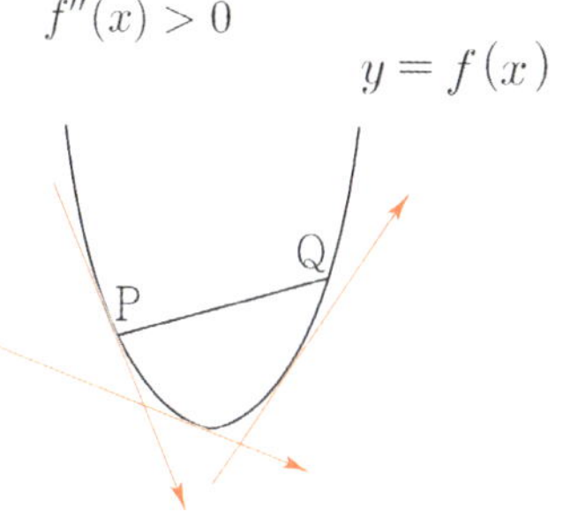

① 두 점 P, Q를 잇는 곡선 부분이 선분 PQ보다 아래쪽에 있으면
곡선 $y = f(x)$는 이 구간에서 아래로 볼록하다고 한다.
함수 $f(x)$가 어떤 구간에서 항상 $f''(x) > 0$이면 곡선 $y = f(x)$의
접선의 기울기인 $f'(x)$는 증가하므로 이 구간에서 곡선 $y = f(x)$는
아래로 볼록하다.

> **ex** $f(x) = x^2 \Rightarrow f'(x) = 2x \Rightarrow f''(x) = 2 > 0$

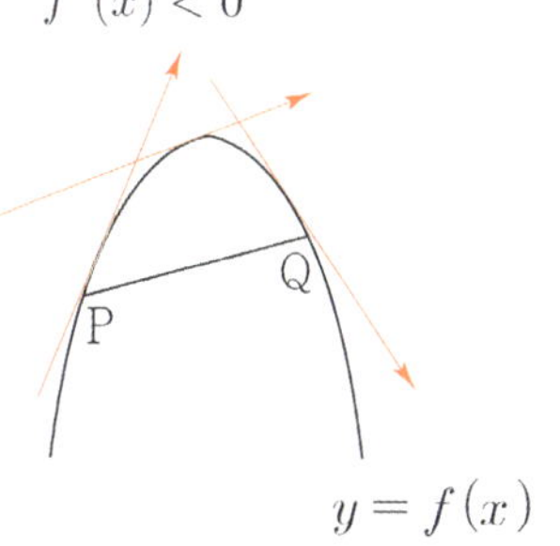

② 두 점 P, Q를 잇는 곡선 부분이 선분 PQ보다 위쪽에 있으면
곡선 $y = f(x)$는 이 구간에서 위로 볼록하다고 한다.
함수 $f(x)$가 어떤 구간에서 항상 $f''(x) < 0$이면 곡선 $y = f(x)$의
접선의 기울기인 $f'(x)$는 감소하므로 이 구간에서 곡선 $y = f(x)$는
위로 볼록하다.

> **ex** $f(x) = -x^2 \Rightarrow f'(x) = -2x \Rightarrow f''(x) = -2 < 0$

Tip $f''(x)$는 $f'(x)$의 도함수이므로 $f''(x)$의 부호로 $f'(x)$의 증감을 파악할 수 있다.
즉, $f''(x)$의 부호는 접선의 기울기의 증감에 관련되어 있다.

곡선의 오목과 볼록 요약

함수 $f(x)$가 어떤 구간에서

① $f''(x) > 0$이면 곡선 $y = f(x)$는 이 구간에서 아래로 볼록하다.
② $f''(x) < 0$이면 곡선 $y = f(x)$는 이 구간에서 위로 볼록하다.

곡선 $y = x^3 - 3x$ 의 오목과 볼록을 조사하시오.

풀이

$f(x) = x^3 - 3x$ 라 하면 $f'(x) = 3x^2 - 3$, $f''(x) = 6x$

$f''(x)$ 의 부호를 조사하면

$x < 0$ 일 때, $f''(x) < 0$

$x > 0$ 일 때, $f''(x) > 0$

따라서 열린구간 $(-\infty, \ 0)$ 에서 위로 볼록하고,

열린구간 $(0, \ \infty)$ 에서 아래로 볼록하다.

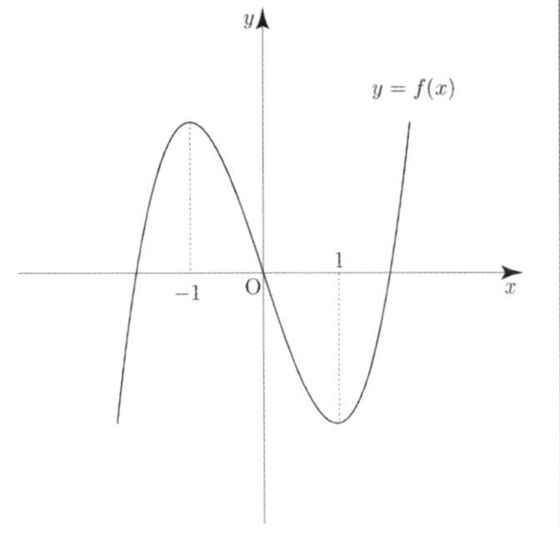

개념 확인문제 5   다음 곡선의 오목과 볼록을 조사하시오.

(1) $y = \ln x$

(2) $y = \sin \dfrac{x}{2} \ (0 < x < 4\pi)$

변곡점

곡선의 모양이 곡선 $y=f(x)$ 위의 점 $P(a, f(a))$를 경계로 하여 위로 볼록에서 아래로 볼록으로 바뀌거나
아래로 볼록에서 위로 볼록으로 바뀔 때, 점 P를 곡선 $y=f(x)$의 **변곡점**이라 한다.
즉, 함수 $f(x)$에서 $f''(a)=0$이고, $x=a$의 좌우에서 $f''(x)$의 **부호가 바뀌면**
점 $(a, f(a))$는 곡선 $y=f(x)$의 변곡점이다.

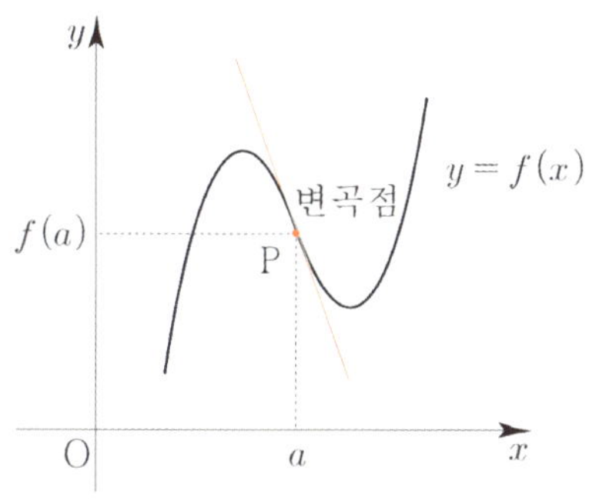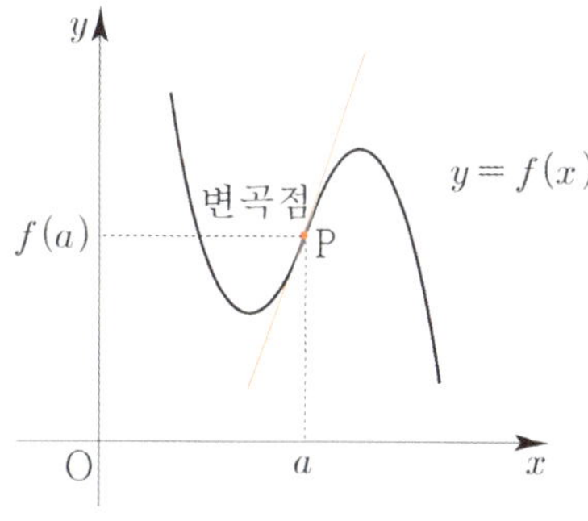

Tip 1 $f''(a)=0$이면 항상 변곡점일까? 답은 "아니다." 이다. 예를 들어 $f(x)=x^4$는 $f''(0)=0$이지만
$x=0$의 좌우에서 $f''(x)>0$이므로 점 $(0, 0)$은 곡선 $y=f(x)$의 변곡점이 아니다.
따라서 $f''(a)=0$인 것뿐만 아니라 $x=a$의 좌우에서 $f''(x)$의 부호가 바뀌는지 확인해줘야 한다.

Tip 2 특별히 변곡점에서의 접선을 **변곡접선**이라 부른다. 곡선이 변곡점에서 접선을 가지면 곡선은
그 점에서 접선과 교차한다. 즉, 뚫접(뚫는 접선)이 그려진다.

특히 삼차함수에서의 변곡접선은 접선들 중 기울기가 $f(x)$의 최고차항의 계수의 부호에 따라
제일 작거나 제일 크기 때문에 출제하기 아주 좋은 포인트이다.
(곡선 $y=f(x)$ 위의 점 $(a, f(a))$에서 접하는 접선의 기울기는 $f'(a)$와 같다.)

① $f(x)$의 최고차항의 계수가 양수   ② $f(x)$의 최고차항의 계수가 음수

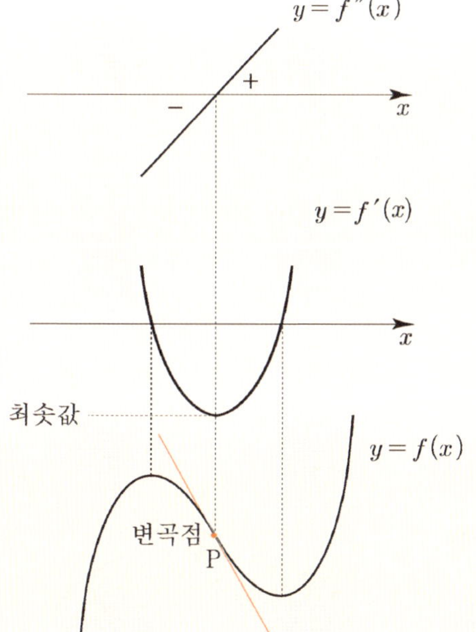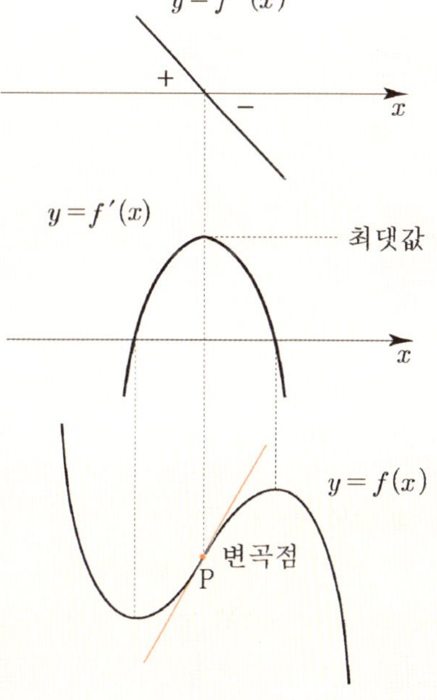

곡선 $y = (x-1)e^x$ 의 변곡점의 좌표를 구하시오.

풀이

$f(x) = (x-1)e^x$ 이라 하면 $f'(x) = e^x + (x-1)e^x = xe^x$, $f''(x) = e^x + xe^x = (x+1)e^x$

$f''(x) = 0$ 에서 $x = -1$ 이고

$x < -1$ 일 때, $f''(x) < 0$

$x > -1$ 일 때, $f''(x) > 0$

따라서 변곡점의 좌표는 $(-1, \ -2e^{-1})$ 이다.

개념 확인문제 6 다음 곡선의 변곡점의 좌표를 구하시오.

(1) $y = x^4 - 6x^2 + 2$

(2) $y = \dfrac{\ln x}{x}$

개념 파악하기 **(3) 함수의 그래프의 개형은 어떻게 그릴까?**

함수의 그래프

수학2에서 삼차함수와 사차함수의 개형을 그리는 방법에 대하여 배웠다.
이번에는 다항함수에 국한된 것이 아닌 일반적인 함수의 그래프의 개형을 그리는 방법에 대해 알아보자.

함수 $y = f(x)$ 의 그래프의 개형은 다음을 조사한 후, 이를 종합하여 그릴 수 있다.

① 함수의 정의역과 치역

② 곡선의 대칭성과 주기

③ 곡선과 좌표축의 교점 (x 절편과 y 절편)

④ 함수의 증가와 감소, 극대와 극소

⑤ 곡선의 오목과 볼록, 변곡점

⑥ $\lim\limits_{x \to \infty} f(x)$, $\lim\limits_{x \to -\infty} f(x)$, 점근선

> **Tip 1** ② 곡선의 대칭성에서
> $f(-x) = -f(x) \Rightarrow$ 원점에 대하여 대칭 (기함수)
> $f(-x) = f(x) \Rightarrow y$ 축에 대하여 대칭 (우함수)
> 곡선의 대칭성을 적극 이용하면 그래프를 그릴 때, 큰 도움을 받을 수 있으니
> 꼭 대칭성을 체크하도록 하자.

Tip 2

④ 함수의 증가와 감소에서

$f'(x)$의 부호를 판단하여 증감을 고려한 대략적인 $f(x)$를 그릴 때,

$f'(x)$의 부호만 판단하면 되므로 $f'(x)$에서 항상 양수인 부분은 고려하지 않아도 된다.

ex1 $f'(x) = x(x-1)e^x$ 이라면 $f'(x) = x(x-1)$ 라 두고 판단해도 된다.

ex2 $f'(x) = \dfrac{1-\ln x}{x^2}$ 이라면 $f'(x) = 1 - \ln x$ 라 두고 판단해도 된다.

이때 두 번째 $f'(x)$를 **Semi 도함수**라고 하자. (소통을 위한 필자와의 약속)

Tip 3

$a,\ b$가 실수일 때, 곡선 $y = f(x)$의 점근선은 다음과 같이 극한값을 이용하여 구한다.

(ⅰ) $\displaystyle\lim_{x \to \infty} f(x) = a$ 또는 $\displaystyle\lim_{x \to -\infty} f(x) = a$ 이면

직선 $y = a$는 곡선 $y = f(x)$의 점근선이다.

ex $f(x) = 1 + \dfrac{1}{x} \Rightarrow \displaystyle\lim_{x \to \infty} f(x) = 1$ 이므로

직선 $y = 1$은 곡선 $y = f(x)$의 점근선이다.

(ⅱ) $\displaystyle\lim_{x \to b+} f(x) = \pm\infty$ 또는 $\displaystyle\lim_{x \to b-} f(x) = \pm\infty$ 이면

직선 $x = b$는 곡선 $y = f(x)$의 점근선이다.

ex $f(x) = \ln(x-1) \Rightarrow \displaystyle\lim_{x \to 1+} f(x) = -\infty$ 이므로

직선 $x = 1$은 곡선 $y = f(x)$의 점근선이다.

(ⅲ) $\displaystyle\lim_{x \to \infty}\{f(x) - (ax+b)\} = 0$ 또는 $\displaystyle\lim_{x \to -\infty}\{f(x) - (ax+b)\} = 0$ 이면

직선 $y = ax + b$가 곡선 $y = f(x)$의 점근선이다.

ex $f(x) = x + \dfrac{1}{x^2+1} \Rightarrow \displaystyle\lim_{x \to \infty}\{f(x) - x\} = 0$ 이므로

직선 $y = x$는 곡선 $y = f(x)$의 점근선이다.

함수 $f(x) = \dfrac{2x}{x^2+1}$ 의 그래프의 개형을 그리시오.

풀이

① 분모 $x^2+1 \neq 0$ 이므로 함수 $f(x)$ 의 정의역은 실수 전체의 집합이다.

② $f(-x) = -f(x)$ 이므로 함수 $f(x)$ 의 그래프는 원점에 대하여 대칭이다. (기함수)

③ $f(0) = 0$ 이므로 점 $(0,\ 0)$ 을 지난다.

④ $f'(x) = -\dfrac{2(x+1)(x-1)}{(x^2+1)^2}$ 이므로 Semi 도함수 $f'(x) = -(x+1)(x-1)$

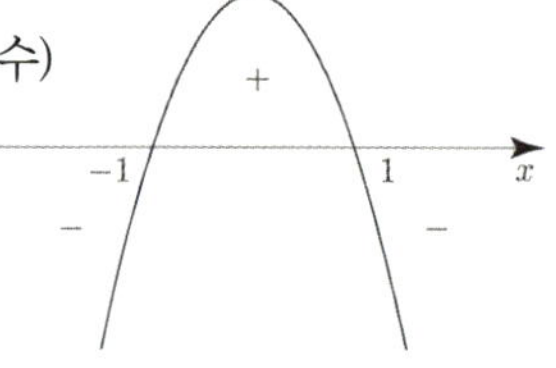

$f(1) = 1,\ f(-1) = -1$ ($x = 1$ 에서 극대, $x = -1$ 에서 극소)

⑤ $f''(x) = \dfrac{4x(x+\sqrt{3})(x-\sqrt{3})}{(x^2+1)^3}$ 이므로

Semi 이계도함수 $f''(x) = x(x+\sqrt{3})(x-\sqrt{3})$

변곡점은 $\left(-\sqrt{3},\ -\dfrac{\sqrt{3}}{2}\right),\ (0,\ 0),\ \left(\sqrt{3},\ \dfrac{\sqrt{3}}{2}\right)$

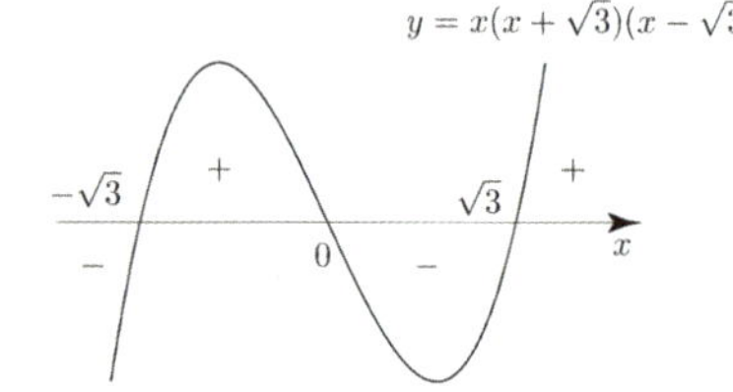

⑥ $\displaystyle\lim_{x \to \infty} f(x) = 0,\ \lim_{x \to -\infty} f(x) = 0$ 이므로

주어진 함수의 그래프의 점근선은 x 축이다.

따라서 함수 $y = f(x)$ 의 그래프의 개형은 오른쪽 그림과 같다.

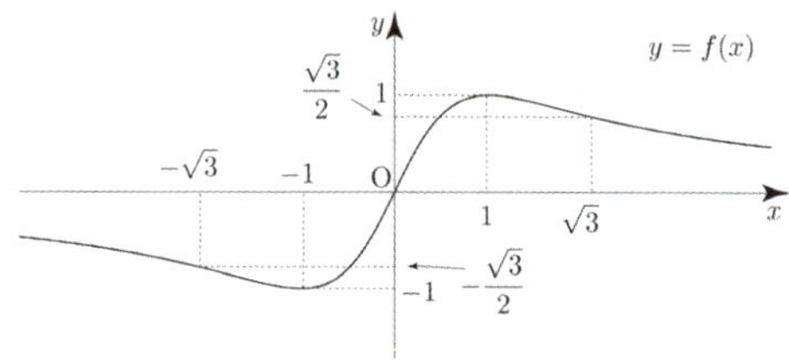

Tip 1   굳이 증감표를 그릴 필요 없이 Semi 도함수 $f'(x)$ 를 바탕으로 도함수의 부호를 판별하면 된다.
대략적인 개형을 그린 후 점근선과 이계도함수를 종합하여 조금 더 디테일하게 그려주면 된다.

Tip 2   〈실수하기 좋은 point〉
Semi 도함수 $f'(x)$ 를 미분하여 $f''(x)$ 를 구하면 안 된다.
Semi 도함수 $f'(x)$ 는 증감을 쉽게 따지기 위해서 도입한 새로운 함수이므로
$f''(x)$ 를 구하기 위해서는 원래 $f'(x)$ 를 미분해서 구해야 한다.

Tip 3   기함수이므로 $x > 0$ 인 부분만 그린 뒤 원점 대칭하여 전체의 그래프의 개형을 그릴 수 있다.

이때 분모 분자를 x 로 나누면 $\dfrac{2x}{x^2+1} = \dfrac{2}{x + \frac{1}{x}}$ 이므로 분모에서 산술기하평균을 사용하면

$x + \dfrac{1}{x} \geq 2\sqrt{x \times \dfrac{1}{x}} = 2$ 이고 등호조건은 $x = \dfrac{1}{x} \Rightarrow x = 1$ $(\because x > 0)$ 이므로 분모의 최솟값은 2 이다.

따라서 $f(x)$ 는 $x = 1$ 에서 최댓값 1 을 갖는다.

Tip 4   모든 문제를 풀 때 반드시 이계도함수를 구해야 하는 것은 아니다.
따라서 무조건 이계도함수를 조사하기보다는 문제에 따라 조사 여부를 탄력적으로 판단하면 된다.
판단의 기준은 경험이다.

Tip 5   곡선 $y = \dfrac{ax}{x^2+1}$ 의 그래프는 매우 잘 나오므로 개형을 기억해 두자.

개념 확인문제 7 다음 함수의 그래프의 개형을 그리시오.

(1) $f(x) = xe^{-x}$

(2) $f(x) = \ln(x^2 + 1)$

(3) $f(x) = \dfrac{3}{x^2 + 3}$

(4) $f(x) = e^x + e^{-x}$

(5) $f(x) = x^2 e^x$

(6) $f(x) = \dfrac{\ln x}{x}$ (단, $\lim\limits_{x \to \infty} f(x) = 0$)

(7) $f(x) = (\ln x)^2$

이계도함수를 이용한 함수의 극대, 극소의 판정

$f'(a)=0$ 일 때, 이계도함수를 이용하여 함수의 극대와 극소를 판정하는 방법을 알아보자.

① $f''(a)<0$ 일 때

    a 를 포함한 열린구간에서 $f'(x)$ 가 감소하고
    $f'(a)=0$ 이므로 $x=a$ 의 좌우에서 $f'(x)$ 의 부호가
    양에서 음으로 바뀐다.
    따라서 함수 $f(x)$ 는 $x=a$ 에서 극대이다.

② $f''(a)>0$ 일 때

    a 를 포함한 열린구간에서 $f'(x)$ 가 증가하고
    $f'(a)=0$ 이므로 $x=a$ 의 좌우에서 $f'(x)$ 의 부호가
    음에서 양으로 바뀐다.
    따라서 함수 $f(x)$ 는 $x=a$ 에서 극소이다.

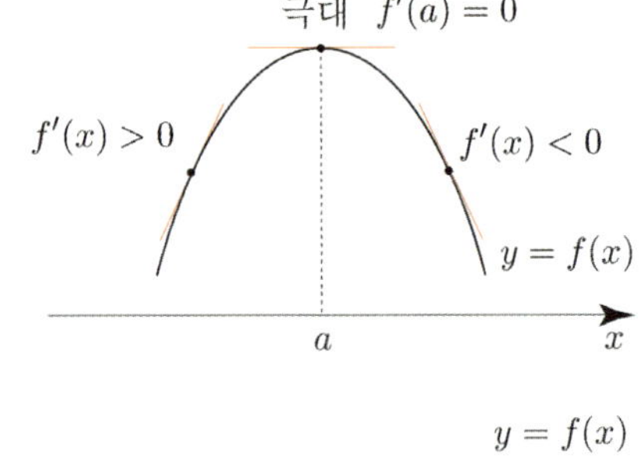

이계도함수를 이용한 함수의 극대, 극소의 판정 요약

연속인 이계도함수를 갖는 함수 $f(x)$ 에 대하여 $f'(a)=0$ 일 때

① $f''(a)<0$ 이면 $f(x)$ 는 $x=a$ 에서 극대이고, 극댓값 $f(a)$ 를 갖는다.
② $f''(a)>0$ 이면 $f(x)$ 는 $x=a$ 에서 극소이고, 극솟값 $f(a)$ 를 갖는다.

Tip   연속인 이계도함수 $f''(x)$ 를 갖는 함수 $f(x)$ 에 대하여 $f'(a)=0$ 일 때, $x=a$ 의 좌우에서
$f'(x)$ 의 부호를 따지지 않고도 $f''(a)$ 의 부호를 이용하면 극대, 극소를 쉽게 판정할 수 있다.

ex 이계도함수를 이용하여 함수 $f(x)=2x^3-3x^2+5$ 의 극값을 구하시오.

$$f'(x)=6x^2-6x=6x(x-1) \Rightarrow f'(0)=0,\ f'(1)=0$$
$$f''(x)=12x-6 \Rightarrow f''(0)<0,\ f''(1)>0$$

따라서 $f(x)$ 는 $x=0$ 에서 극대이고, 극댓값 $f(0)=5$ 를 갖고
$x=1$ 에서 극소이고, 극솟값 $f(1)=4$ 를 갖는다.

미분법

03 방정식과 부등식에의 활용

성취 기준 – 방정식과 부등식에 대한 문제를 해결할 수 있다.

개념 파악하기 (4) 방정식의 실근의 개수는 어떻게 구할까?

방정식 $f(x)=0$ 의 실근의 개수

방정식 $f(x)=0$ 의 실근은 함수 $y=f(x)$ 의 그래프와 x 축의 교점의 x 좌표와 같다.
따라서 방정식 $f(x)=0$ 의 서로 다른 실근의 개수는 함수 $y=f(x)$ 의 그래프와 x 축의 교점의 개수와 같다.

> **Tip** 방정식 $f(x)=0$ 의 실근의 개수를 구하라고 해서 반드시 $f(x)=0$ 형태로 접근하지 않아도 된다.
> 예를 들어 방정식 $e^x-1=0$ 의 서로 다른 실근의 개수를 구할 때, $e^x=1$ 으로 보고
> 두 함수 $y=e^x$, $y=1$ 의 그래프의 교점의 개수로 비교할 수 있다.

방정식 $f(x)=g(x)$ 의 실근의 개수

방정식 $f(x)=g(x)$ 의 실근은 두 함수 $y=f(x)$, $y=g(x)$ 의 그래프의 교점의 x 좌표와 같다.
따라서 방정식 $f(x)=g(x)$ 의 서로 다른 실근의 개수는 두 함수 $y=f(x)$, $y=g(x)$ 의 그래프의 교점의 개수와 같다.

예제 8

방정식 $e^x=x+3$ 의 서로 다른 실근의 개수를 구하시오.

풀이

방정식 $e^x=x+3$ 의 서로 다른 실근의 개수는 두 함수 $y=e^x$, $y=x+3$ 의
그래프의 교점의 개수와 같다.
두 곡선을 그리면 오른쪽 그림과 같다.
두 함수의 그래프의 교점의 개수가 2 이므로 방정식의 서로 다른 실근의 개수는 2 이다.

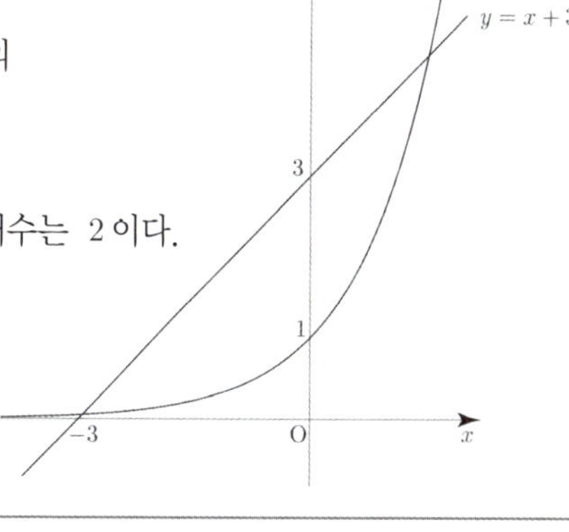

개념 확인문제 8 다음 방정식의 서로 다른 실근의 개수를 구하시오.

(1) $\sin x - x = 0$

(2) $xe^{-x} - \dfrac{1}{2e} = 0$

방정식 $x-\ln x-k=0$ 의 서로 다른 실근의 개수를 실수 k 의 값에 따라 구하시오.

풀이

$x-\ln x-k=0 \Rightarrow x-\ln x=k$ 이므로 주어진 방정식의 실근의 개수는
함수 $y=x-\ln x$ 의 그래프와 직선 $y=k$ 의 교점의 개수와 같다.

$f(x)=x-\ln x$ 라 하면

$f'(x)=1-\dfrac{1}{x}=\dfrac{x-1}{x}$ 이고 진수조건에 의하여 $x>0$ 이므로

Semi 도함수 $f'(x)=x-1$

$f(1)=1$ ($x=1$ 에서 극소)

$\displaystyle\lim_{x\to0+}f(x)=\infty,\ \lim_{x\to\infty}f(x)=\infty$

이를 바탕으로 $f(x)$ 를 그리면 오른쪽 그림과 같다.

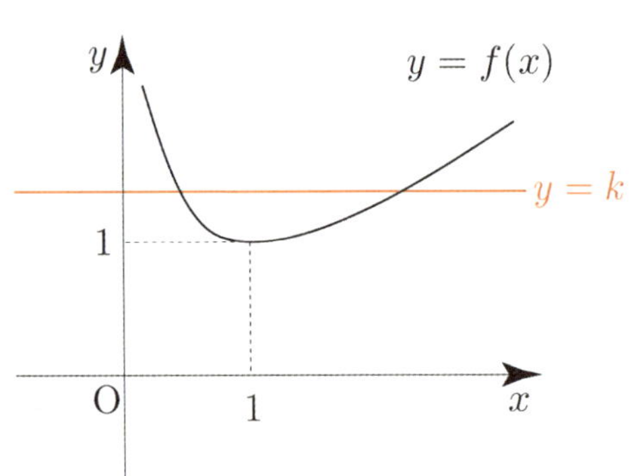

따라서 주어진 방정식에서

$k<1$ 일 때, 서로 다른 실근의 개수는 0 이다.

$k=1$ 일 때, 서로 다른 실근의 개수는 1 이다.

$k>1$ 일 때, 서로 다른 실근의 개수는 2 이다.

개념 확인문제 9 다음 방정식 $\ln x=kx$ 의 서로 다른 실근의 개수를 실수 k 의 값에 따라 구하시오.

개념 파악하기   (5) 부등식은 어떻게 증명할까?

부등식의 증명

어떤 구간에서 부등식 $f(x) \geq 0$ 이 성립하는 것을 증명할 때는 그 구간에서 함수 $f(x)$ 의
최솟값이 0 보다 크거나 같음을 보이면 된다.
또 어떤 구간에서 부등식 $f(x) \geq g(x)$ 가 성립하는 것을 증명할 때는 함수 $h(x) = f(x) - g(x)$ 로 놓고,
그 구간에서 $h(x)$ 의 최솟값이 0 보다 크거나 같음을 보이면 된다.

Tip 1 무조건 $f(x) \geq 0$ 와 같은 형태로 풀기보다는 문제에 따라서는 오히려
$f(x) \geq k$ 와 같은 형태로 푸는 것이 더 편할 수 있다.
예를 들어 $f(x) = x^2$, $g(x) = x + k$ 라 하고 주어진 구간에서 부등식 $f(x) \geq g(x)$ 가 성립하는 것을
보일 때, $x^2 - x - k \geq 0$ 와 같은 형태보다는 오히려 $x^2 - x \geq k$ 와 같은 형태로 접근하여
"주어진 구간에서 $y = x^2 - x$ 가 $y = k$ 보다 위에 있도록 하려면 k 의 범위를 어떻게 설정해야 할까?"
라는 사고과정으로 푸는 것을 추천한다.

Tip 2 함수만 바뀌었을 뿐 수학2에서 배운 것과 똑같으므로 어려울게 전혀 없다.

예제 10

$x > 0$ 일 때, 부등식 $\dfrac{x^3 + 16}{4x} \geq 3$ 이 성립함을 보이시오.

풀이

함수 $f(x) = \dfrac{x^3 + 16}{4x} = \dfrac{x^2}{4} + \dfrac{4}{x}$ 라 하면

$f'(x) = \dfrac{(x-2)(x^2 + 2x + 4)}{2x^2}$ 이므로 Semi 도함수 $f'(x) = x - 2$

$f'(2) = 0$, $f(2) = 3$ ($x = 2$ 에서 극소)

$\displaystyle \lim_{x \to 0+} f(x) = \infty$ 이므로 주어진 함수의 그래프의 점근선은 y 축이다.

이를 바탕으로 $f(x)$ 를 그리면 오른쪽 그림과 같다.

따라서 $x > 0$ 일 때, 부등식 $\dfrac{x^3 + 16}{4x} \geq 3$ 이 성립한다.

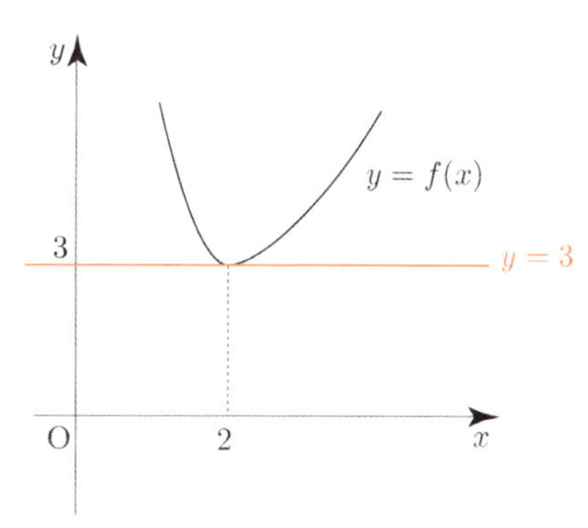

개념 확인문제   10   모든 실수 x 에 대하여 $(1-x)e^x \leq 1$ 이 성립함을 보이시오.

성취 기준 – 속도와 가속도에 대한 문제를 해결할 수 있다.

개념 파악하기 (6) 평면 운동에서 속도의 크기와 가속도의 크기는 어떻게 구할까?

평면 운동에서 속도의 크기와 가속도의 크기

좌표평면 위를 움직이는 점 P의 시각 t에서의 위치를 (x, y)라 하면 x, y는 모두 t에 대한 함수이므로 $x = f(t)$, $y = g(t)$와 같이 나타낼 수 있다.

이때 점 P에서 x축과 y축에 내린 수선의 발을 각각 Q, R라 하면 점 P가 움직일 때 점 Q는 x축에서 시각 t에서의 위치가 $x = f(t)$로 나타나는 직선 운동을 하고, 점 R는 y축에서 시각 t에서의 위치가 $y = g(t)$로 나타나는 직선 운동을 한다.

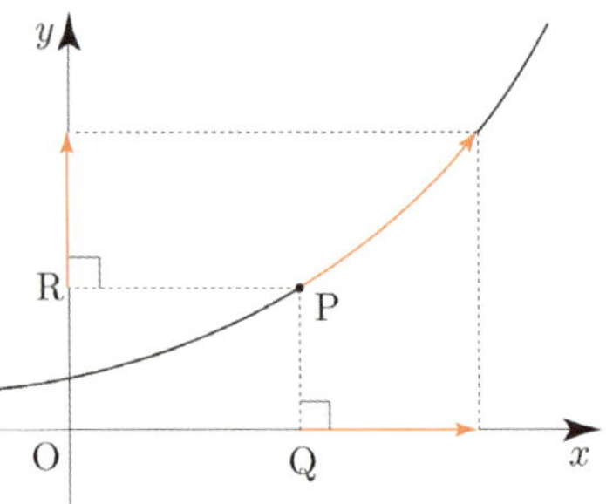

따라서 시각 t에서 점 Q의 속도를 v_x, 점 R의 속도를 v_y라 하면

$v_x = \dfrac{dx}{dt} = f'(t)$, $v_y = \dfrac{dy}{dt} = g'(t)$ 이다. 이때 (v_x, v_y)를 시각 t에서 점 P의 속도라 하고,

$$\sqrt{(v_x)^2 + (v_y)^2} = \sqrt{\left(\dfrac{dx}{dt}\right)^2 + \left(\dfrac{dy}{dt}\right)^2} = \sqrt{\{f'(t)\}^2 + \{g'(t)\}^2}$$

을 시각 t에서 점 P의 속도의 크기 또는 속력이라 한다.

한편 시각 t에서 점 Q의 가속도를 a_x, 점 R의 가속도를 a_y라 하면

$a_x = \dfrac{dv_x}{dt} = \dfrac{d^2x}{dt^2} = f''(t)$, $a_y = \dfrac{dv_y}{dt} = \dfrac{d^2y}{dt^2} = g''(t)$ 이다.

이때 (a_x, a_y)를 시각 t에서 점 P의 가속도라 하고,

$$\sqrt{(a_x)^2 + (a_y)^2} = \sqrt{\left(\dfrac{d^2x}{dt^2}\right)^2 + \left(\dfrac{d^2y}{dt^2}\right)^2} = \sqrt{\{f''(t)\}^2 + \{g''(t)\}^2}$$ 을 시각 t에서 점 P의 가속도의 크기라 한다.

평면 운동에서 속도의 크기와 가속도의 크기 요약

좌표평면 위를 움직이는 점 P의 시각 t에서의 위치 (x, y)가 $x = f(t)$, $y = g(t)$일 때, 시각 t에서의 점 P의 속도, 속력, 가속도, 가속도의 크기는 다음과 같다.

① 속도 : $(v_x, v_y) = \left(\dfrac{dx}{dt}, \dfrac{dy}{dt}\right) = (f'(t), g'(t))$

② 속력 : $\sqrt{(v_x)^2 + (v_y)^2} = \sqrt{\left(\dfrac{dx}{dt}\right)^2 + \left(\dfrac{dy}{dt}\right)^2} = \sqrt{\{f'(t)\}^2 + \{g'(t)\}^2}$

③ 가속도 : $(a_x, a_y) = \left(\dfrac{d^2x}{dt^2}, \dfrac{d^2y}{dt^2}\right) = (f''(t), g''(t))$

④ 가속도의 크기 : $\sqrt{(a_x)^2 + (a_y)^2} = \sqrt{\left(\dfrac{d^2x}{dt^2}\right)^2 + \left(\dfrac{d^2y}{dt^2}\right)^2} = \sqrt{\{f''(t)\}^2 + \{g''(t)\}^2}$

예제 11

좌표평면 위를 움직이는 점 P 의 시각 t 에서의 위치 $(x,\ y)$ 가

$$x = 2t - 2, \quad y = t^2$$

일 때, 시각 t 에서 점 P 의 속도의 크기와 가속도의 크기를 구하시오.

풀이

$\dfrac{dx}{dt} = 2,\ \dfrac{dy}{dt} = 2t$ 이므로 속도의 크기는 $\sqrt{\left(\dfrac{dx}{dt}\right)^2 + \left(\dfrac{dy}{dt}\right)^2} = \sqrt{2^2 + (2t)^2} = 2\sqrt{1 + t^2}$

또한 $\dfrac{d^2x}{dt^2} = 0,\ \dfrac{d^2y}{dt^2} = 2$ 이므로 가속도의 크기는 $\sqrt{\left(\dfrac{d^2x}{dt^2}\right)^2 + \left(\dfrac{d^2y}{dt^2}\right)^2} = \sqrt{0^2 + 2^2} = 2$

개념 확인문제 11 좌표평면 위를 움직이는 점 P 의 시각 t 에서의 위치 $(x,\ y)$ 가

$$x = t + e^{2t-2}, \quad y = t^4$$

일 때, $t = 1$ 에서 점 P 의 속도의 크기와 가속도의 크기를 구하시오.

개념 확인문제 12 좌표평면 위를 움직이는 점 P 의 시각 t 에서의 위치 $(x,\ y)$ 가

$$x = e^t\cos t, \quad y = e^t\sin t$$

일 때, 점 P 의 속도의 크기가 $\sqrt{2}\,e^4$ 일 때의 시각을 구하시오.

05 다항함수×지수함수 형태의 그래프 (심화 특강)

성취 기준 − x절편을 이용하여 다항함수×지수함수 형태의 그래프의 개형을 빨리 그릴 수 있다.

개념 파악하기 **(7) 다항함수×지수함수 그래프의 개형을 빨리 그릴 수 있는 방법은 없을까?**

다항함수×지수함수 그래프의 개형 빨리 그리기

이때까지는 도함수와 이계도함수를 바탕으로 여러 가지 함수의 그래프의 개형을 그리는 방법에 대하여 배웠다.
실전에서 문제를 접근할 때, 대략적인 개형을 알고 난 뒤 문제를 접근하면 훨씬 더 용이한 경우가 존재한다.
따라서 이번에는 빈출 소재인 다항함수×지수함수 그래프의 개형을 빨리 그리는 방법에 대하여 알아보자.

[1단계] 다항함수 그래프의 개형을 그린다. (x절편이 핵심)

[2단계] $\lim\limits_{x \to \infty} f(x)$, $\lim\limits_{x \to -\infty} f(x)$ 를 조사한다. (점근선 체크)

[3단계] 다항함수 그래프의 개형에서 점근선이 그려지려면 어떤 모양이 되어야 하는지 생각해본다.

ex1 $y = x e^{-x}$

$y = x$를 그린 후 $\lim\limits_{x \to \infty} f(x) = 0$, $\lim\limits_{x \to -\infty} f(x) = -\infty$ 이 반영되도록 그래프의 개형을 그려주면 된다.

$\lim\limits_{x \to \infty} f(x) = 0$ 이므로 x축이 점근선이다. 즉, $x \to \infty$ 일 때, 아래로 볼록하면서 x축으로 한없이 가까이 가야 한다.

$y = x$가 위로 올라가는 힘보다 $y = e^{-x}$가 아래로 내려가는 힘이 더 크기 때문에 x축으로 한없이 가까이
간다라고 생각하면 된다. 이를 반영하여 그래프를 그려주면 다음과 같다.

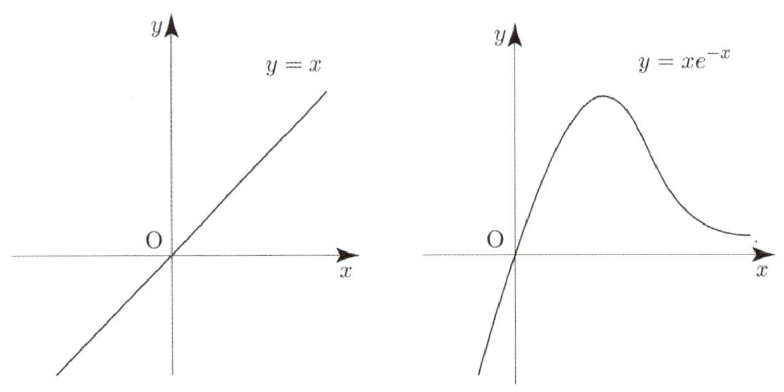

Tip 이때 극값을 갖는 x를 구하려면 도함수를 구하여 조사하면 된다.
지금 우리가 궁금한 것은 대략적인 그래프의 개형이다.

ex2 $y = (1-x)e^x$

$1-x$를 그리고 $\lim\limits_{x \to \infty} f(x) = -\infty$, $\lim\limits_{x \to -\infty} f(x) = 0$ 이
반영되도록 그래프의 개형을 그려주면 된다.
이를 반영하여 그래프를 그려주면 다음과 같다.

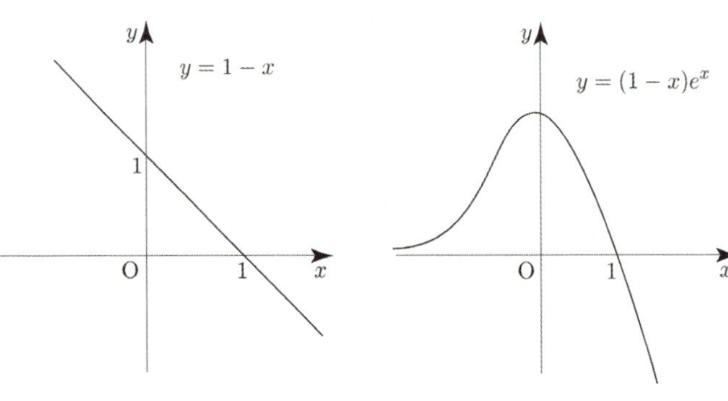

ex3 $y = x^2 e^{-x}$

$y = x^2$를 그린 후 $\displaystyle\lim_{x \to \infty} f(x) = 0$, $\displaystyle\lim_{x \to -\infty} f(x) = \infty$ 이 반영되도록 그래프의 개형을 그려주면 된다.

이를 반영하여 그래프를 그려주면 다음과 같다.

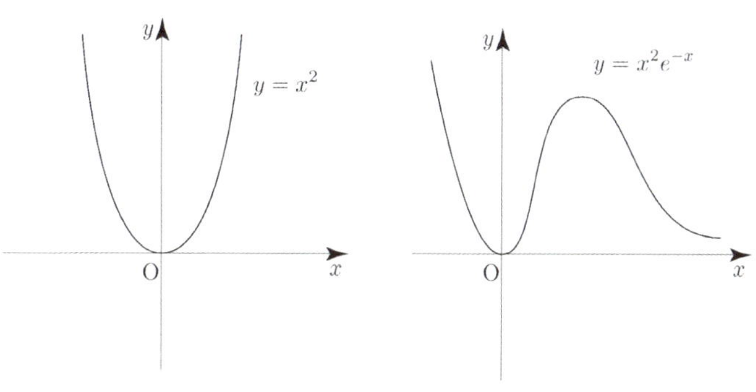

Tip $x = 0$ 에서 스치는 접선을 갖는데 실제로 그런지 확인해보자.

$f(x) = x^2 e^{-x} \Rightarrow f'(x) = (2x - x^2)e^{-x} \Rightarrow f'(0) = 0$ 이므로

$x = 0$ 에서 극값을 갖고 스치는 접선을 갖는다.

곱의 미분법을 하더라도 인수 x 가 제거되지 않기 때문에 $f'(0) = 0$ 인 것이 자명하다.

ex4 $y = x(x-1)e^x$

$y = x(x-1)$ 를 그리고 $\displaystyle\lim_{x \to \infty} f(x) = \infty$, $\displaystyle\lim_{x \to -\infty} f(x) = 0$ 이 반영되도록 그래프의 개형을 그려주면 된다.

이를 반영하여 그래프를 그려주면 다음과 같다.

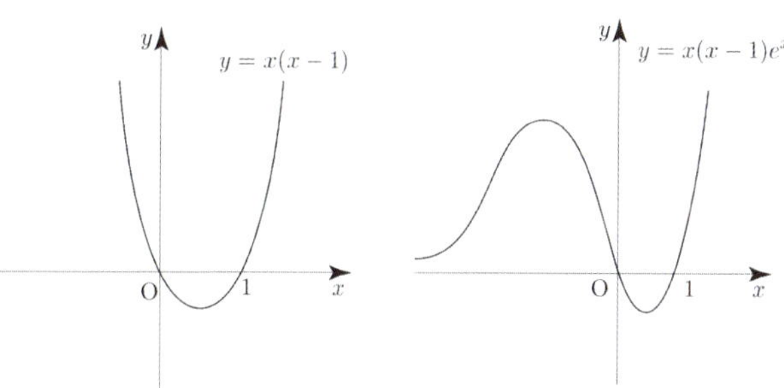

ex5 $y = x(x-1)^2 e^x$

$y = x(x-1)^2$ 를 그리고 $\displaystyle\lim_{x \to \infty} f(x) = \infty$, $\displaystyle\lim_{x \to -\infty} f(x) = 0$ 이 반영되도록 그래프의 개형을 그려주면 된다.

이를 반영하여 그래프를 그려주면 다음과 같다.

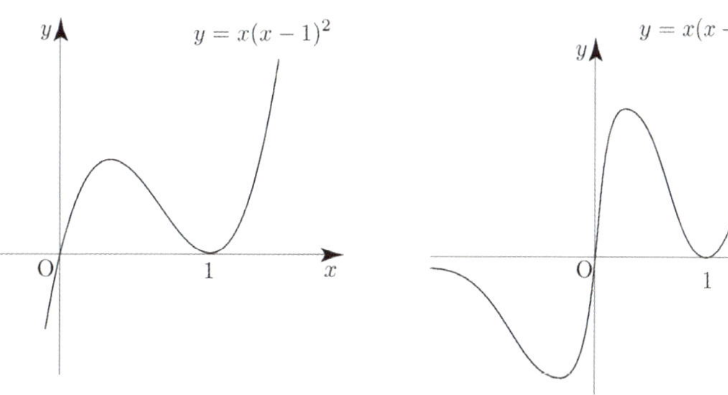

정말 위와 같은 그래프가 나오는지 확인해보자.

$f(x) = (x^3 - 2x^2 + x)e^x \Rightarrow f'(x) = (x-1)\{x - (-1 + \sqrt{2})\}\{x - (-1 - \sqrt{2})\}e^x$ 이므로 위와 같은 그림이 그려진다.

곱의 미분법을 하더라도 인수 $(x-1)$ 이 제거되지 않기 때문에 $f'(1) = 0$ 인 것이 자명하다.

ex6 $y = x^3 e^{-x}$

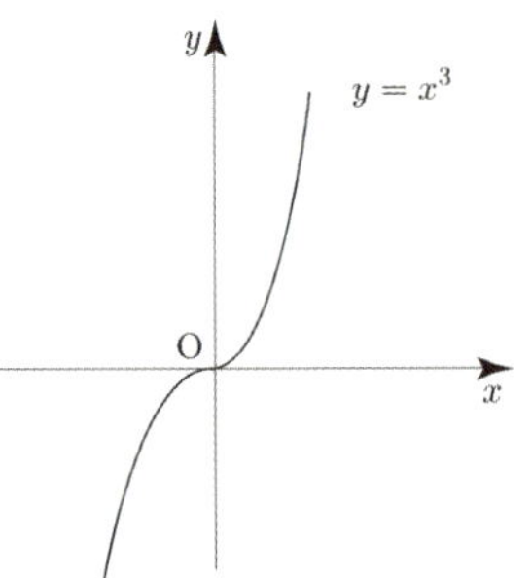
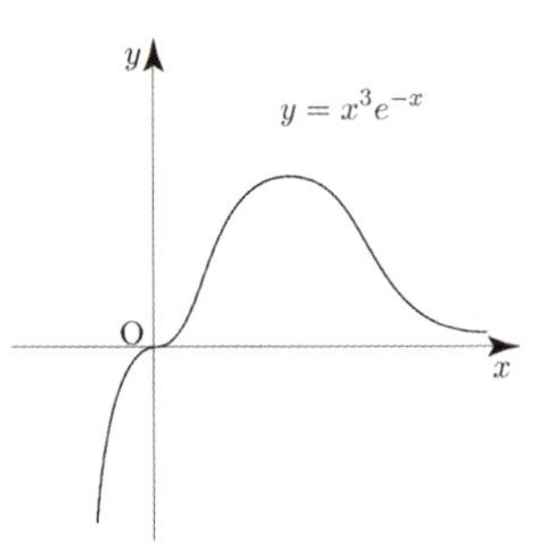

$y = x^3$를 그린 후 $\lim\limits_{x \to \infty} f(x) = 0$, $\lim\limits_{x \to -\infty} f(x) = -\infty$ 이

반영되도록 그래프의 개형을 그려주면 된다.
이를 반영하여 그래프를 그려주면 다음과 같다.

$x = 0$에서 뚫는 접선을 갖는데 실제로 그런지 확인해보자.

$f(x) = x^3 e^{-x} \Rightarrow f'(x) = (3x^2 - x^3)e^{-x} = x^2(3-x)e^{-x} \Rightarrow f''(x) = x(x^2 - 6x + 6)e^{-x}$ 이므로

$x = 0$의 좌우에서 $f'(x)$의 부호 변화가 없으므로

극값을 갖지 않고 뚫는 접선을 갖는다.

또한 $x = 0$의 좌우에서 $f''(x)$의 부호 변화가 있으므로

$f(x)$는 변곡점 $(0,\, 0)$을 갖는다.

즉, 함수 $y = |f(x)|$는 $x = 0$에서 뚫는 접선을 가지므로

$f(x)$가 음수인 부분을 x축위로 접어 올렸을 때,

스무스(smooth)하므로 실수 전체의 집합에서 미분가능하다.

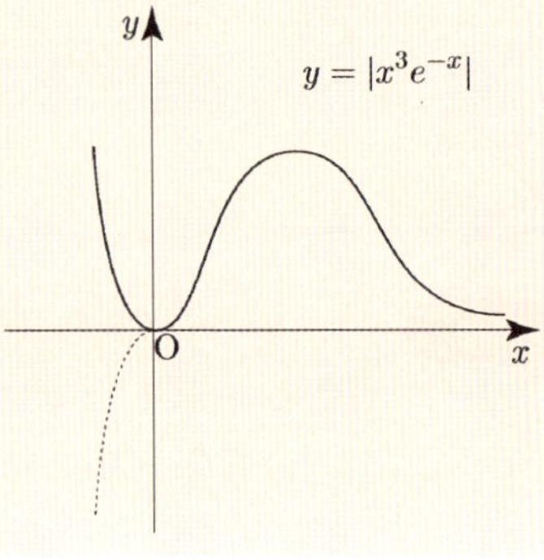

ex7 $y = (x^2 + 1)e^x$

$y = x^2 + 1$를 그린 후 $\lim\limits_{x \to \infty} f(x) = \infty$, $\lim\limits_{x \to -\infty} f(x) = 0$이 반영되도록 그래프의 개형을 그려주면 된다.

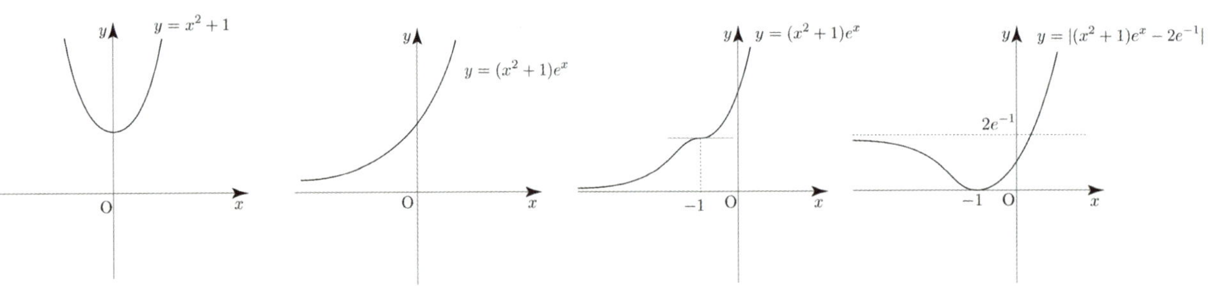

대략적인 개형을 그렸을 때는 두 번째 그림처럼 그려질 것 같은데 실제로 그런지 확인해보자.

$f'(x) = (x+1)^2 e^x$ 이므로 $f(x)$가 증가함수인 것은 맞지만 세 번째 그림처럼 $x = -1$에서 뚫는 접선을 갖는다.

즉, 대략적인 개형만 판단가능하지 디테일한 것은 도함수와 이계도함수를 조사해 보아야 한다.

$f(x) = (x^2 + 1)e^x$ 는 $x = -1$에서 뚫는 접선을 가지므로 함수 $y = |f(x) - f(-1)|$는 실수 전체의 집합에서 미분가능하다.

x절편이 모두 존재하지 않는(only 실근이 아닌) 다항함수의 경우 도함수를 구하여 판단하도록 하자.

사실 필자도 **ex1** ~ **ex6**과 같이 x절편이 모두 존재하는 꼴(only 실근)만 빨리 그리기를 사용하고

그렇지 않은 꼴은 직접 도함수를 구하여 판단한다. 그 편이 더 안전하기도 하고 출제자 입장에서도

뚫는 접선과 같은 특수한 포인트를 물어보도록 문제를 설계했을 확률이 높기 때문이다.

오히려 **ex7**에서 대략적인 두 번째 그림으로 섣불리 판단했다면 오답으로 이어질 수 있다.

(오히려 독이 됨)

06 합성함수의 그래프 그리기 (심화 특강)

성취 기준 – 합성함수의 그래프의 개형을 빨리 그릴 수 있다.

개념 파악하기 (8) 합성함수의 그래프의 개형을 빨리 그릴 수 있는 방법은 없을까?

합성함수의 그래프의 개형 빨리 그리기

함수 $f(g(x))$ 의 그래프를 그린다고 가정해보자. $f(g(x))$ 를 미분하여 도함수 $g'(x)f'(g(x))$ 를 구한 후 $g'(x)f'(g(x))$ 의 부호변화를 바탕으로 증감을 파악하여 합성함수의 그래프를 그릴 수 있다.
허나 문제에 따라서는 도함수 $g'(x)f'(g(x))$ 의 부호변화를 파악하기 힘든 경우가 존재할 수 있다.
따라서 이번에는 도함수를 구하지 않고 $f(x)$ 와 $g(x)$ 의 각각의 증감만을 이용하여 함수 $f(g(x))$ 의 그래프의 대략적인 개형을 빨리 그리는 방법에 대하여 알아보자.

이해를 돕기 위해 오른쪽 그림과 같이 닫힌구간 $[0, 3]$ 에서 정의된 두 함수 $y = f(x)$, $y = g(x)$ 의 그래프를 바탕으로 함수 $y = f(g(x))$ 의 그래프를 그려보자.

함수 $y = g(x)$ 의 그래프는 $x = 2$ 를 경계로 $0 < x < 2$ 에서 증가하고 $2 < x < 3$ 에서 감소한다.

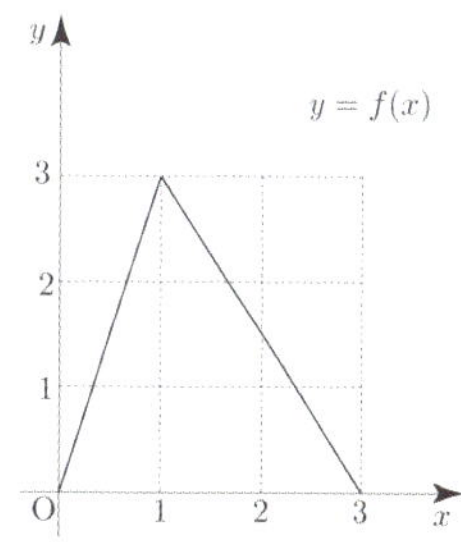

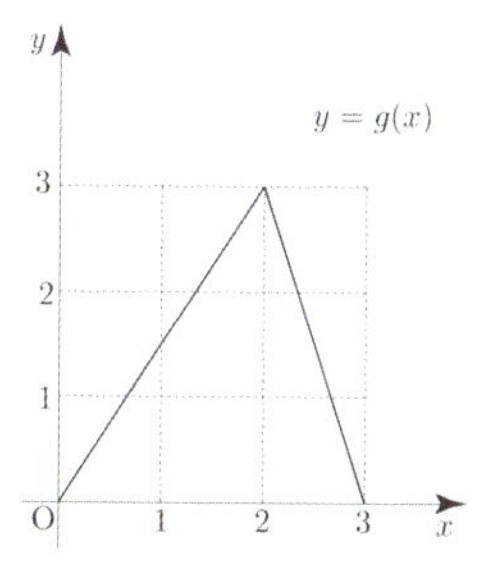

$g(x) = t$ 라 하면 x 가 $0 \to 2$ 일 때, t 는 $0 \to 3$ 이므로 함수 $y = f(t)$ 에서 $0 < t < 3$ 의 범위의 그래프를 복사하여 정의역 $0 < x < 2$ 에 들어가도록 확대 및 축소한 뒤 붙여넣어 그리면 된다.

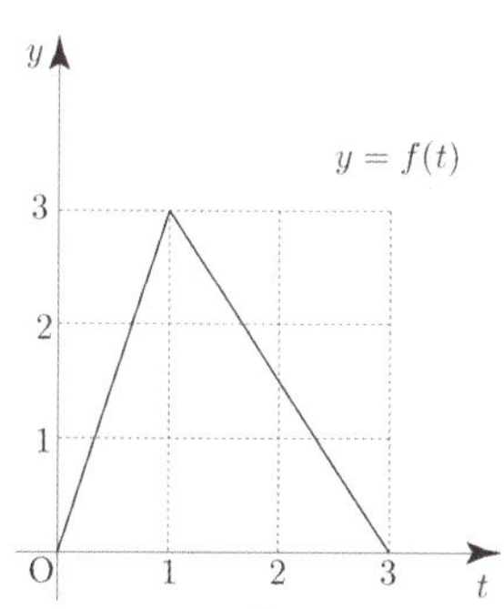

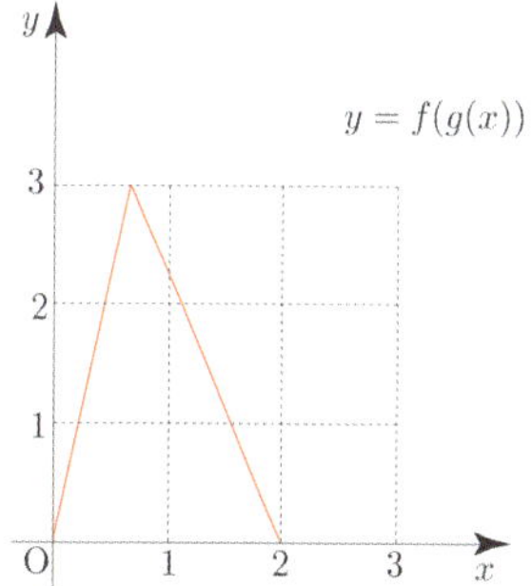

x 가 $2 \to 3$ 일 때, t 는 $3 \to 0$ 이므로 함수 $y = f(t)$ 에서 $0 < t < 3$ 의 범위의 그래프를 좌우 반전시킨 후 복사하여 정의역 $2 < x < 3$ 에 들어가도록 확대 및 축소한 뒤 붙여넣어 그리면 된다.

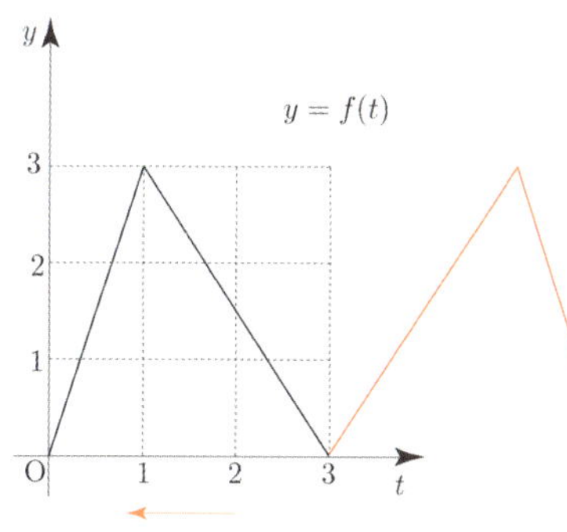

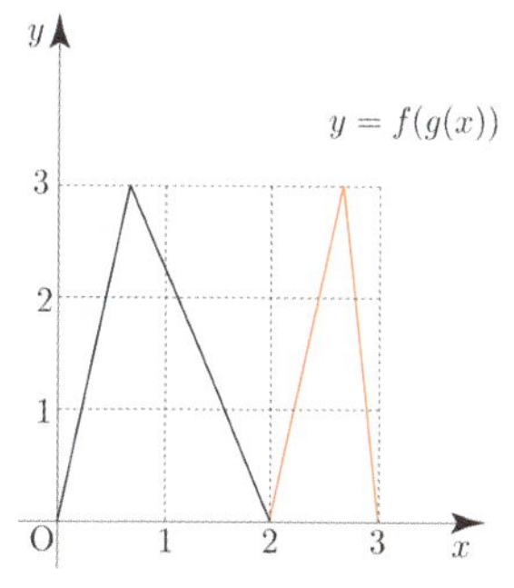

함수 $y = f(g(x))$ 의 그래프를 그리는 순서를 정리하면 다음과 같다.

[1단계] 함수 $y = g(x)$ 의 그래프의 증가하는 구간과 감소하는 구간을 파악한다.
(함수 $f(g(x))$ 의 정의역 x 의 범위 파악)
증가 또는 감소하는 정의역 x 범위가 $a < x < b$ 라 하자.

[2단계] ① $a < x < b$ 에서 함수 $g(x)$ 가 증가하는 경우
$g(x) = t$ 라 하면 x 가 $a \to b$ 일 때, t 는 $g(a) \to g(b)$ 이므로 함수 $y = f(t)$ 에서 $g(a) < t < g(b)$ 의 범위의 그래프를 복사하여 정의역 $a < x < b$ 에 들어가도록 확대 및 축소한 뒤 붙여넣어 그린다.

② $a < x < b$ 에서 함수 $g(x)$ 가 감소하는 경우
$g(x) = t$ 라 하면 x 가 $a \to b$ 일 때, t 는 $g(a) \to g(b)$ 이므로 함수 $y = f(t)$ 에서 $g(b) < t < g(a)$ 의 범위의 그래프를 좌우 반전시킨 후 복사하여 정의역 $a < x < b$ 에 들어가도록 확대 및 축소한 뒤 붙여넣어 그린다.

[3단계] 함수 $y = g(x)$ 의 그래프의 증가 또는 감소하는 구간에 대하여 **[1단계]**, **[2단계]**를 적용하여 함수 $y = f(g(x))$ 의 그래프를 그린다.

닫힌구간 $[0, 3]$ 에서 정의된 세 함수 $y = f(x)$, $y = g(x)$, $y = h(x)$ 의 그래프가 다음과 같을 때, **ex1** ~ **ex3** 에 해당하는 합성함수를 그려보자.

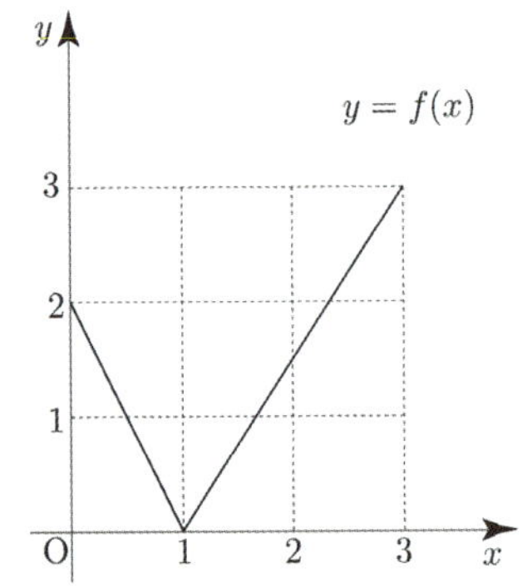
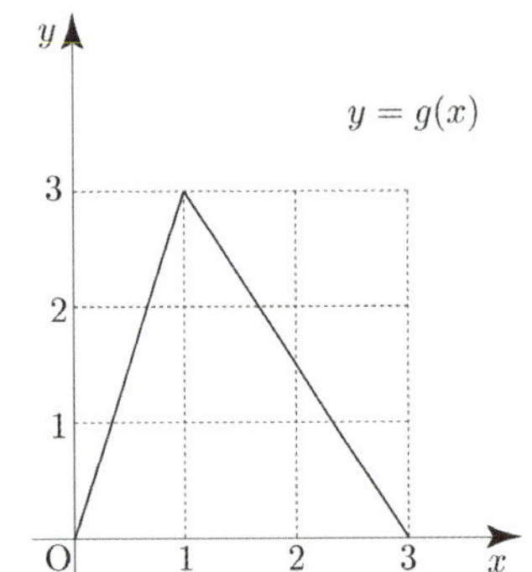
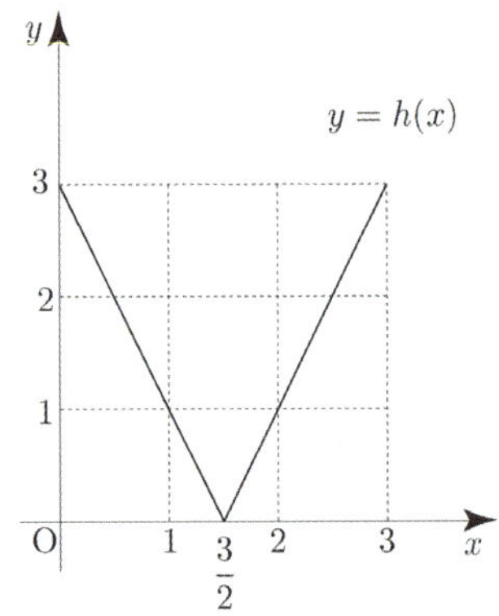

ex1 $y = f(g(x))$

함수 $y = g(x)$ 의 그래프는 $x = 1$ 을 경계로 $0 < x < 1$ 에서 증가하고 $1 < x < 3$ 에서 감소한다. $g(x) = t$ 라 하면 x 가 $0 \to 1$ 일 때, t 는 $0 \to 3$ 이므로 함수 $y = f(t)$ 에서 $0 < t < 3$ 의 범위의 그래프를 복사하여 정의역 $0 < x < 1$ 에 들어가도록 확대 및 축소한 뒤 붙여넣어 그리면 된다. x 가 $1 \to 3$ 일 때, t 는 $3 \to 0$ 이므로 함수 $y = f(t)$ 에서 $0 < t < 3$ 의 범위의 그래프를 좌우 반전시킨 후 복사하여 정의역 $1 < x < 3$ 에 들어가도록 확대 및 축소한 뒤 붙여넣어 그리면 된다.

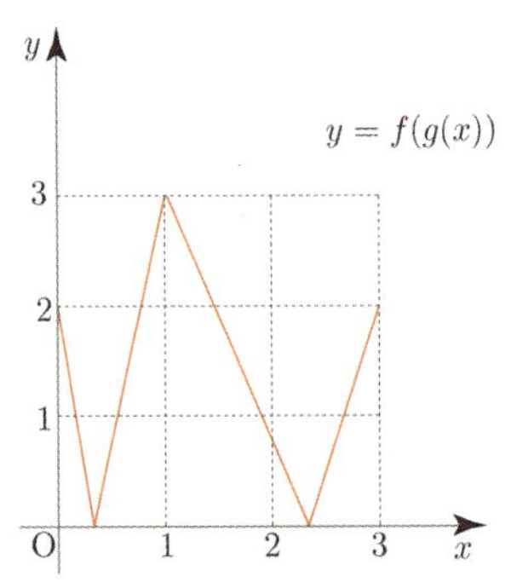

ex2 $y = f(f(x))$

함수 $y = f(x)$ 의 그래프는 $x = 1$ 를 경계로 $0 < x < 1$ 에서 감소하고
$1 < x < 3$ 에서 증가한다. $f(x) = t$ 라 하면 x 가 $0 \to 1$ 일 때, t 는 $2 \to 0$ 이므로
함수 $y = f(t)$ 에서 $0 < t < 2$ 의 범위의 그래프를 좌우 반전시킨 후
복사하여 정의역 $0 < x < 1$ 에 들어가도록 확대 및 축소한 뒤 붙여넣어 그리면 된다.
x 가 $1 \to 3$ 일 때, t 는 $0 \to 3$ 이므로 함수 $y = f(t)$ 에서 $0 < t < 3$ 의
범위의 그래프를 복사하여 정의역 $1 < x < 3$ 에 들어가도록 확대 및 축소한 뒤
붙여넣어 그리면 된다.

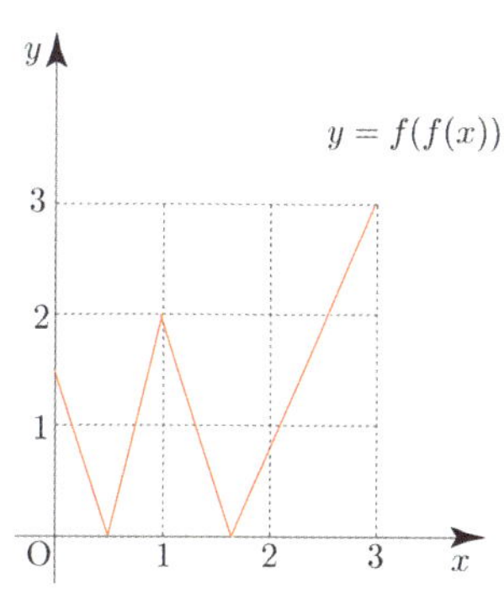

ex3 $y = h(h(x))$

함수 $y = h(x)$ 의 그래프는 $x = \dfrac{3}{2}$ 을 경계로 $0 < x < \dfrac{3}{2}$ 에서 감소하고

$\dfrac{3}{2} < x < 3$ 에서 증가한다. $h(x) = t$ 라 하면 x 가 $0 \to \dfrac{3}{2}$ 일 때, t 는 $3 \to 0$ 이므로

함수 $y = h(t)$ 에서 $0 < t < 3$ 의 범위의 그래프를 좌우 반전시킨 후

복사하여 정의역 $0 < x < \dfrac{3}{2}$ 에 들어가도록 확대 및 축소한 뒤 붙여넣어 그리면 된다.

x 가 $\dfrac{3}{2} \to 3$ 일 때, t 는 $0 \to 3$ 이므로 함수 $y = h(t)$ 에서 $0 < t < 3$ 의

범위의 그래프를 복사하여 정의역 $\dfrac{3}{2} < x < 3$ 에 들어가도록 확대 및 축소한 뒤

붙여넣어 그리면 된다.

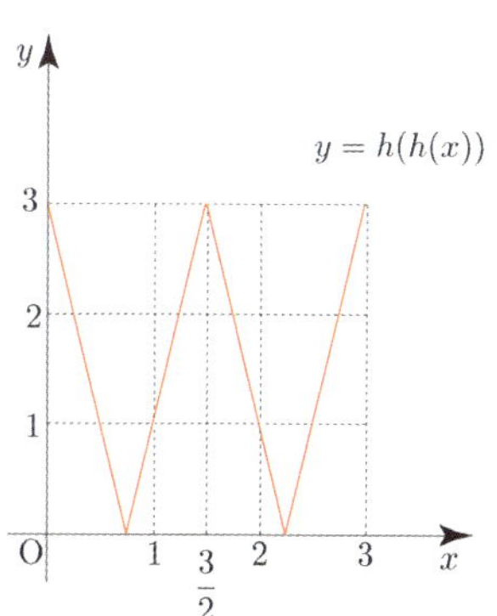

ex4 두 함수 $f(x) = |x|$, $g(x) = \dfrac{1}{2} x^2 (x-3)$ 에 대하여 함수 $y = f(g(x))$ 의 그래프를 그려보자.

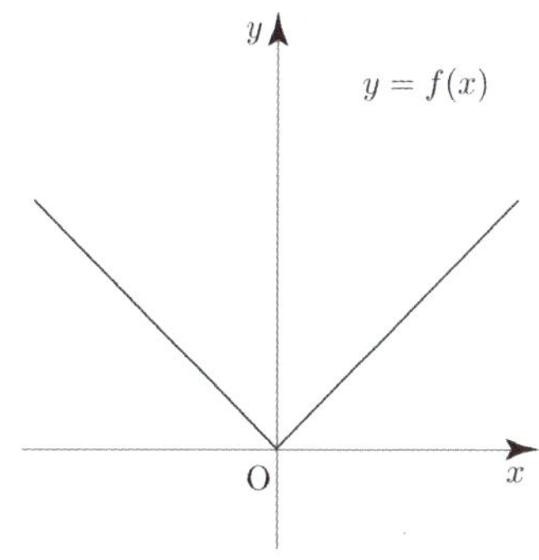

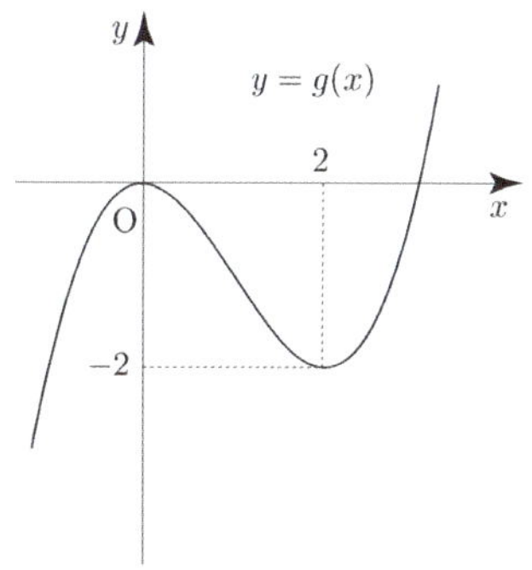

함수 $y = g(x)$ 의 그래프는 $x = 0$ 과 $x = 2$ 를 경계로 $x < 0$, $x > 2$ 에서 증가하고
$0 < x < 2$ 에서 감소한다. $g(x) = t$ 라 하면 x 가 $-\infty \to 0$ 일 때,
t 는 $-\infty \to 0$ 이므로 함수 $y = f(t)$ 에서 $t < 0$ 의 범위의 그래프를 복사하여
정의역 $x < 0$ 에 들어가도록 확대 및 축소한 뒤 붙여넣어 그리면 된다.
x 가 $0 \to 2$ 일 때, t 는 $0 \to -2$ 이므로 함수 $y = f(t)$ 에서 $-2 < t < 0$ 의 범위의
그래프를 좌우 반전시킨 후 복사하여 정의역 $0 < x < 2$ 에 들어가도록
확대 및 축소한 뒤 붙여넣어 그리면 된다. x 가 $2 \to \infty$ 일 때,
t 는 $-2 \to \infty$ 이므로 함수 $y = f(t)$ 에서 $t > -2$ 의 범위의 그래프를 복사하여
정의역 $x > 2$ 에 들어가도록 확대 및 축소한 뒤 붙여넣어 그리면 된다.

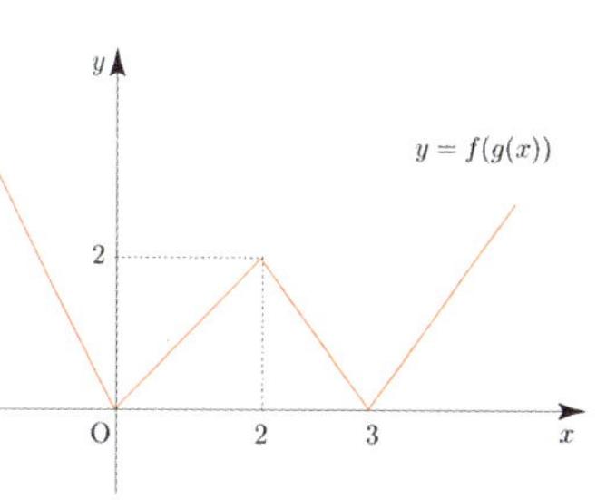

여기서 한 가지 의문점이 든다.

함수 $y=f(g(x))$ 의 그래프를 그려보니 첨점이 3개 존재하므로 $x=0$, $x=2$, $x=3$ 에서 모두 미분가능하지 않을까?

답은 "아니다."이다. 이는 실수하기 좋은 point 중 하나인데

실제로 $f(x)=|x|$, $g(x)=\dfrac{1}{2}x^2(x-3)$ 를 바탕으로

합성함수를 구하면 $f(g(x))=\left|\dfrac{1}{2}x^2(x-3)\right|$ 이므로

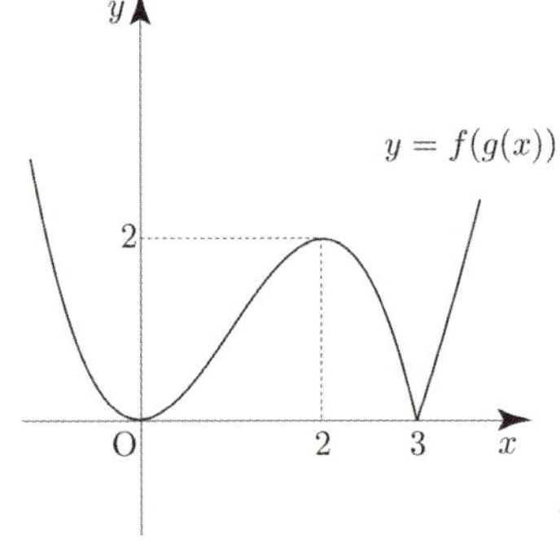

함수 $y=f(g(x))$ 의 그래프를 그리면 오른쪽 그림과 같다.
$x=0$ 과 $x=2$ 에서 smooth하고, $x=3$ 에서 첨점을 가지므로
$x=3$ 에서만 미분가능하지 않다.

일차함수와 삼차함수를 합성하면 삼차함수이므로 실제 그래프를 그려주면 증감으로 나누어진 각 구간은
앞서 그렸던 것처럼 일차함수가 아니라 오른쪽 그림과 같이 삼차함수로 표현된다.

따라서 증감을 기초로 그린 합성함수의 그래프의 개형을 통해 미분가능성을 함부로 판단하지 않도록 유의하자.

이번에는 조금 더 실전적인 예시들을 살펴보자.

ex5 $y=e^{x^2}$

$g(x)=x^2$ 라 보고 $f(x)=e^x$ 라 하면 $y=e^{x^2}$ 는 $y=f(g(x))$ 와 같다.

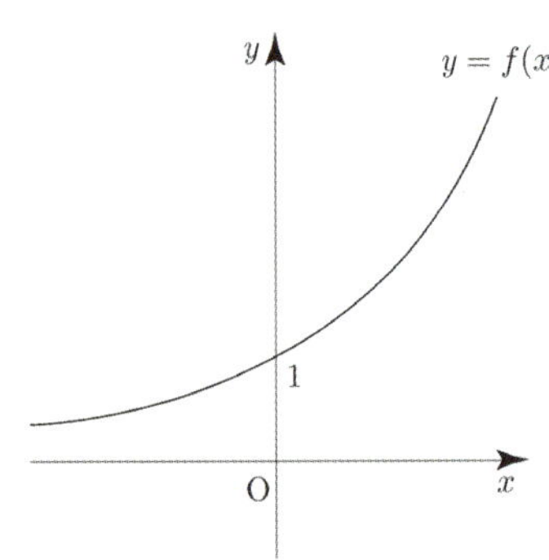

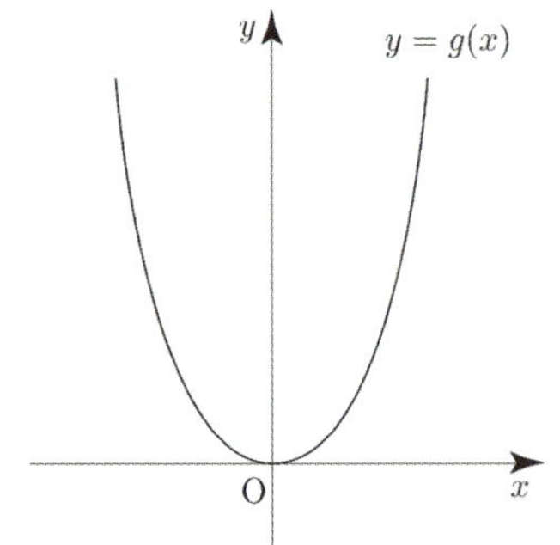

함수 $y=g(x)$ 의 그래프는 $x=0$ 을 경계로 $x<0$ 에서 감소하고
$x>0$ 에서 증가한다. $g(x)=t$ 라 하면 x 가 $0 \to \infty$ 일 때,
t 는 $0 \to \infty$ 이므로 함수 $y=f(t)$ 에서 $t>0$ 의 범위의 그래프를
복사하여 정의역 $x>0$ 에 들어가도록 확대 및 축소한 뒤 붙여넣어 그리면 된다.

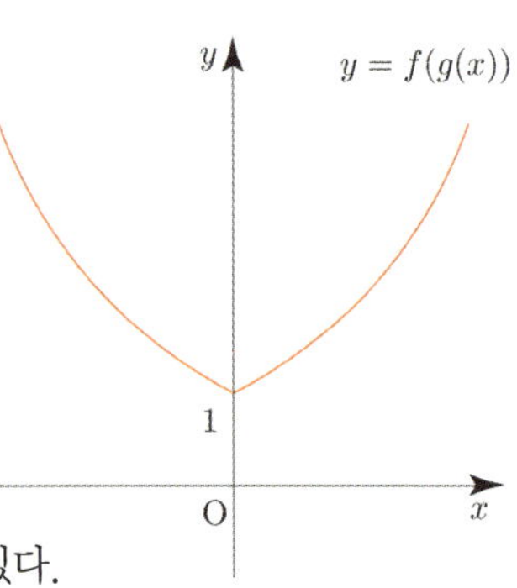

$y=e^{x^2}$ 은 y 축에 대하여 대칭이므로 대칭성을 이용하여 정의역 $x<0$ 에 해당하는
그래프를 마저 그려주면 된다.
이를 바탕으로 함수 $f(g(x))$ 는 $x=0$ 에서 최솟값을 갖는다는 사실을 쉽게 파악할 수 있다.

그림처럼 $x=0$ 에서 첨점이 생겨 미분가능하지 않을 것 같지만 $y'=2xe^{x^2}$ 이므로
실제 $x=0$ 에서의 접선의 기울기는 0 이다. 즉, $x=0$ 에서 미분가능하다.
ex4 에서 언급했던 것과 같은 맥락이다.

> **Tip** 무조건 $f(x)$, $g(x)$ 의 증감만을 이용하는 것이 아니라 대칭성과 주기성을 같이 고려해서 그려주면 조금 더 쉽게 합성함수의 그래프를 그릴 수 있다.

ex6 $y = \sin(\pi x^2)$

$g(x) = x^2$ 라 보고 $f(x) = \sin \pi x$ 라 하면 $y = \sin(\pi x^2)$ 는 $y = f(g(x))$ 와 같다.

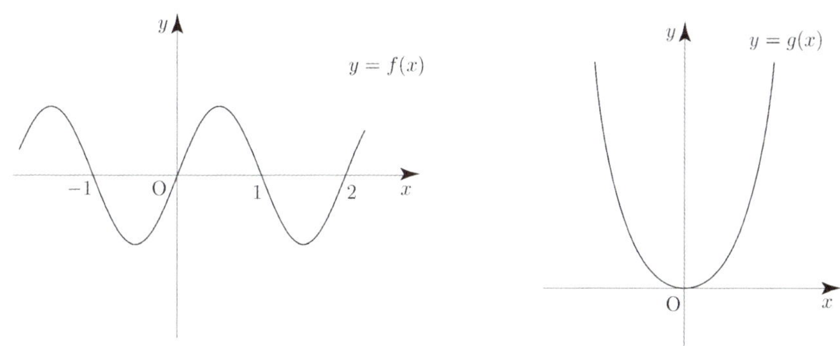

함수 $y = g(x)$ 의 그래프는 $x = 0$ 을 경계로 $x < 0$ 에서 감소하고 $x > 0$ 에서 증가한다.

$g(x) = t$ 라 하면 x 가 $0 \to \infty$ 일 때, t 는 $0 \to \infty$ 이므로 함수 $y = f(t)$ 에서 $t > 0$ 의 범위의 그래프를 복사하여 정의역 $x > 0$ 에 들어가도록 확대 및 축소한 뒤 붙여넣어 그리면 된다.

$y = \sin(\pi x^2)$ 은 y축에 대하여 대칭이므로 대칭성을 이용하여 정의역 $x < 0$에 해당하는 그래프를 마저 그려주면 된다.

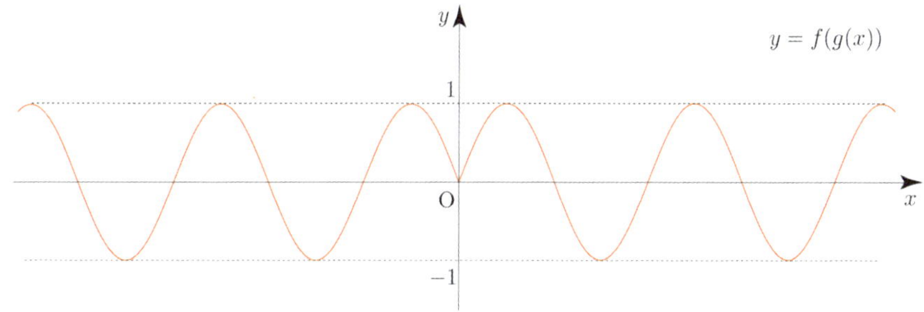

그림처럼 $x = 0$ 에서 첨점이 생겨 미분가능하지 않을 것 같지만 $y' = 2\pi x \cos(\pi x^2)$ 이므로 실제 $x = 0$ 에서의 접선의 기울기는 0 이다. 즉, $x = 0$ 에서 미분가능하다.

ex4 에서 언급했던 것과 같은 맥락이다.

참고로 실제 $y = f(g(x))$ 를 그리면 다음 그림과 같다.

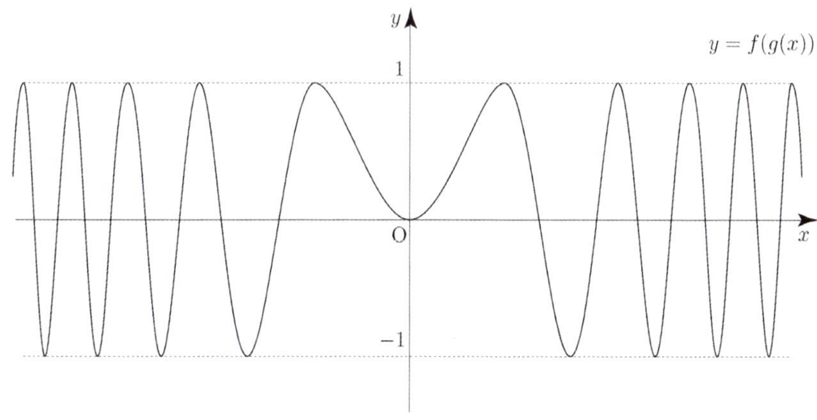

이번에는 실전문제를 통해 합성함수의 그래프 그리기가 어떻게 적용될 수 있는지 알아보자.

ex7 방정식 $\sin(\pi x^2) = \dfrac{2}{3}$ $(-2 < x < 2)$ 의 서로 다른 실근의 개수를 구하시오.

$g(x) = x^2$ 라 보고 $f(x) = \sin \pi x$ 라 하면 $y = \sin(\pi x^2)$ 는 $y = f(g(x))$ 와 같다.

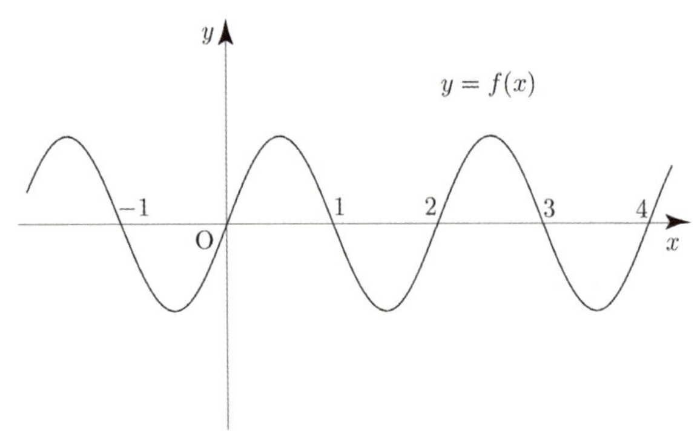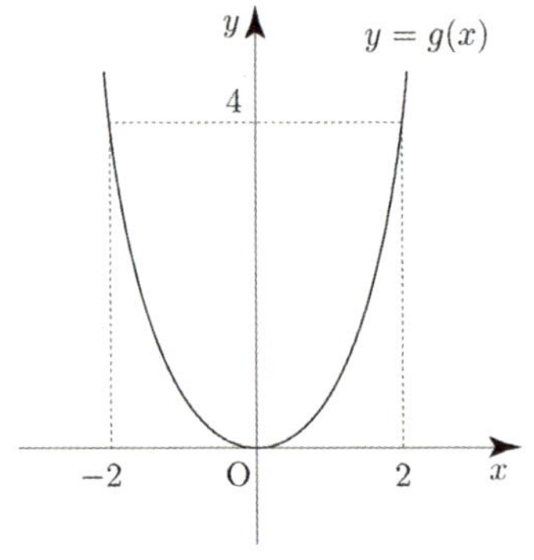

함수 $y = g(x)\,(-2 < x < 2)$ 의 그래프는 $x = 0$ 을 경계로 $-2 < x < 0$ 에서 감소하고 $0 < x < 2$ 에서 증가한다.
$g(x) = t$ 라 하면 x 가 $0 \to 2$ 일 때, t 는 $0 \to 4$ 이므로 함수 $y = f(t)$ 에서 $0 < t < 4$ 의 범위의 그래프를
복사하여 정의역 $0 < x < 2$ 에 들어가도록 확대 및 축소한 뒤 붙여넣어 그리면 된다.
$y = \sin(\pi x^2)$ 은 y 축에 대하여 대칭이므로 대칭성을 이용하여 정의역 $-2 < x < 0$ 에 해당하는 그래프를
마저 그려주면 된다.

$-2 < x < 2$ 에서 함수 $y = f(g(x))$ 의 그래프와 직선 $y = \dfrac{2}{3}$ 의 교점의 개수가 8 이므로

방정식 $\sin(\pi x^2) = \dfrac{2}{3}$ $(-2 < x < 2)$ 의 서로 다른 실근의 개수는 8 이다.

ex8 $-2 < x < 2$ 에서 함수 $h(x) = \displaystyle\int_0^x \sin(\pi t^2)\,dt$ 가 극대가 되는 x 의 개수를 구하시오.

$h'(x) = \sin(\pi x^2)$ 이므로 $g(x) = x^2$ 라 보고 $f(x) = \sin \pi x$ 라 하면 $y = h'(x)$ 는 $y = f(g(x))$ 와 같다.
ex6 에서 그렸던 그래프로 해석해보자.

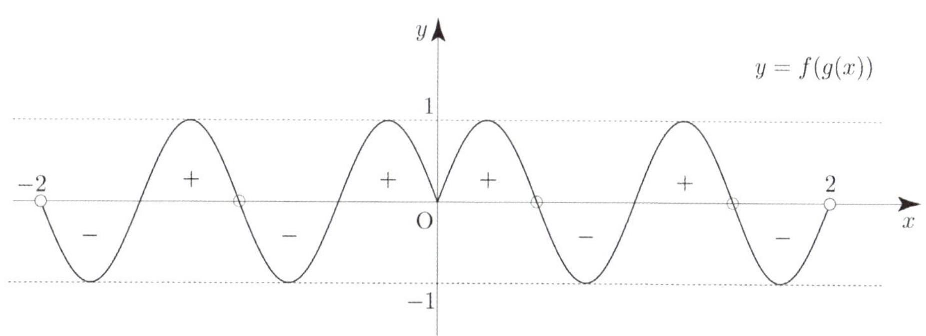

$x = a$ $(-2 < a < 2)$ 의 좌우에서 $h'(x) = f(g(x))$ 의 부호가 $+ \,-$ 로 변하는 a 의 개수는 3 이므로
$-2 < x < 2$ 에서 함수 $h(x) = \displaystyle\int_0^x \sin(\pi t^2)\,dt$ 가 극대가 되는 x 의 개수는 3 이다.

위 문제와 별개로 함수 $h(x)$ 가 극대가 되는 x 를 직접 구해보자.

방정식 $\sin(\pi x^2) = 0 \ (-2 < x < 2)$ 의 서로 다른 실근은
$x = -\sqrt{3}$ or $x = -\sqrt{2}$, $x = -1$, $x = 0$, $x = 1$, $x = \sqrt{2}$, $x = \sqrt{3}$ 이므로 x 절편을
넣어서 그려주면 다음과 같다.

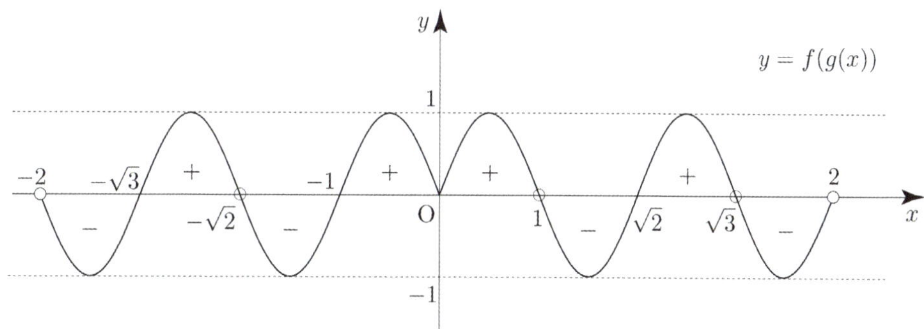

따라서 함수 $h(x)$ 는 $x = -\sqrt{2}$, $x = 1$, $x = \sqrt{3}$ 에서 극대이다.

Tip 증감을 기초로 한 합성함수의 그래프 그리기가 만능은 아니다. 적절한 상황에 맞춰 탄력적으로
사용해야지 무분별하게 사용하다가 오히려 독이 될 수도 있다. 합성함수의 그래프 그리기를 사용하면
오히려 시간이 더 걸리는 경우도 있고, 상황이 더욱 복잡해지는 경우도 더러 있기 때문이다.

실전에서 합성함수의 그래프 그리기를 사용할지 말지 판단하거나 실전에서 사용했다가
'이건 아니다 처음으로 다시 돌아가자'라고 판단하는 기준은 사실상 경험이다.

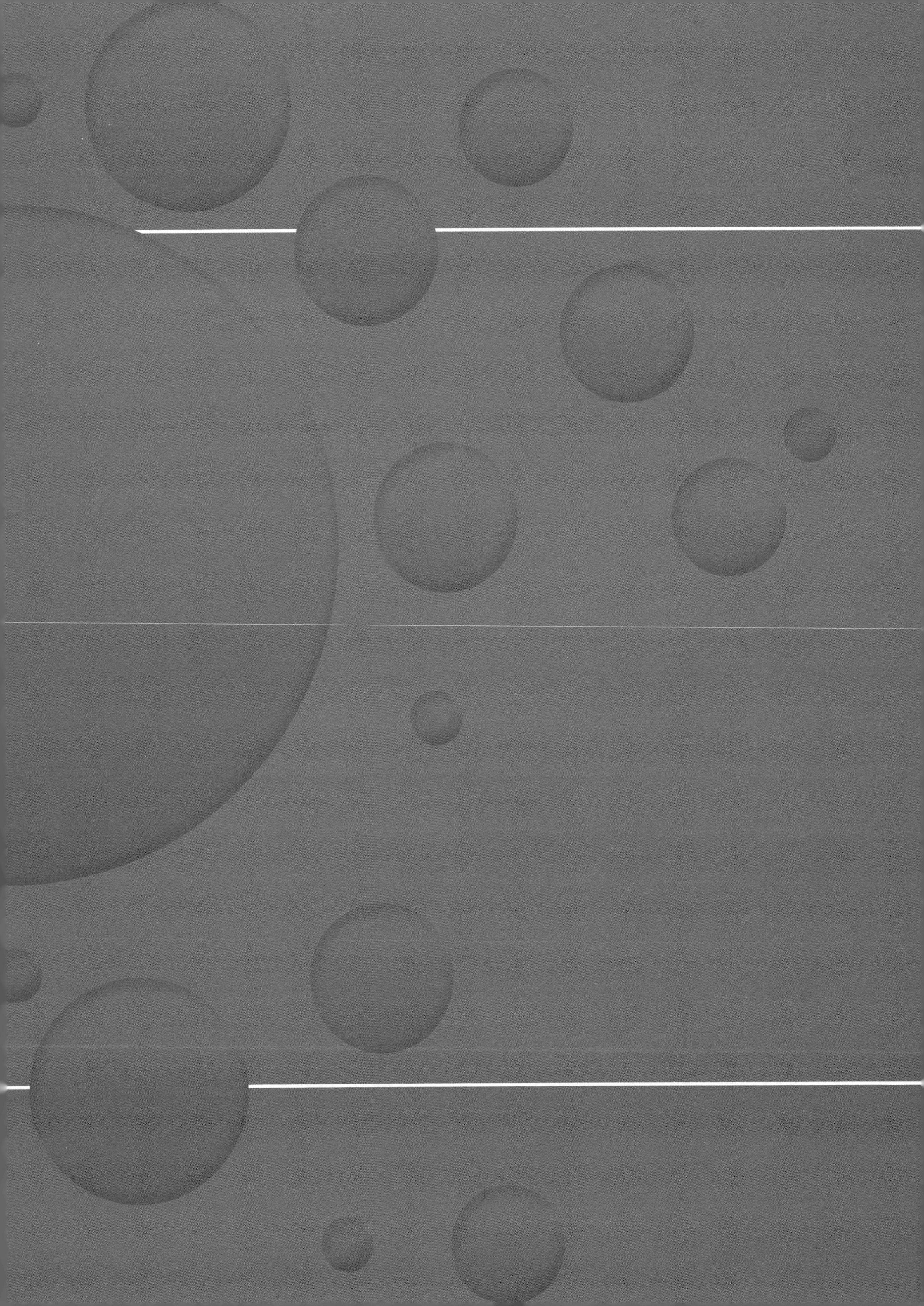

규토 라이트 N제

미분법

Training – 1 step

필수 유형편

3. 도함수의 활용

Theme 1 — 접선의 방정식 (접점이 주어질 때)

001

곡선 $y = \ln(x-2) + 4$ 위의 점 $(3, 4)$ 에서의 접선의 방정식을 $y = ax + b$ 라 할 때, $a + b$ 의 값은? (단, a, b는 상수이다.)

① 1 ② 2 ③ 3 ④ 4 ⑤ 5

002

곡선 $y = \dfrac{1}{x-3}$ 위의 점 $\left(5, \dfrac{1}{2}\right)$ 에서의 접선과 x 축 및 y 축으로 둘러싸인 부분의 넓이는 $\dfrac{q}{p}$ 이다. $p + q$ 의 값을 구하시오. (단, p 와 q 는 서로소인 자연수이다.)

003

곡선 $x^2 + e^{xy} - y^2 = 0$ 위의 점 $(0, 1)$ 에서의 접선과 원점 사이의 거리는?

① $\dfrac{\sqrt{5}}{5}$ ② $\dfrac{2\sqrt{5}}{5}$ ③ $\dfrac{3\sqrt{5}}{5}$

④ $\dfrac{4\sqrt{5}}{5}$ ⑤ $\sqrt{5}$

004

함수 $f(x) = 3x + \cos\dfrac{x}{2}$ 의 역함수를 $g(x)$ 라 할 때, 곡선 $y = g(x)$ 위의 점 $(3\pi, \pi)$ 에서의 접선이 점 $(2\pi, a)$ 를 지난다. 상수 a 의 값은?

① $\dfrac{1}{5}\pi$ ② $\dfrac{2}{5}\pi$ ③ $\dfrac{3}{5}\pi$

④ $\dfrac{4}{5}\pi$ ⑤ π

005

함수 $f(x) = \dfrac{3x}{x-1}$ 의 그래프 위의 두 점 $(-2, 2)$, $\left(\dfrac{1}{2}, -3\right)$ 에서의 접선을 각각 l, m 이라 하자. 두 직선 l, m 이 이루는 예각의 크기를 θ 라 할 때, $30\tan\theta$ 의 값을 구하시오.

006

매개변수 $t\,(t > \sqrt{3})$ 로 나타낸 곡선
$$x = \ln(t^2 - 3), \quad y = e^{-2t+4} + t^2$$
에 대하여 $t = 2$ 에 대응하는 점에서의 접선의 방정식을 $y = ax + b$ 라 할 때, $10(a+b)$ 의 값을 구하시오.

007

곡선 $y = e^{\sin 2x}$ 위의 점 $(\pi, 1)$ 를 지나고 이 점에서의 접선에 수직인 직선의 방정식이 $\left(a, \dfrac{\pi}{2}\right)$ 를 지날 때, 상수 a 의 값을 구하시오.

008

$0 < x < \dfrac{\pi}{2}$ 에서 정의된 함수 $f(x) = \ln(1 + \sin 3x)$ 의 그래프와 x 축이 만나는 점을 A 라 하자. 곡선 $y = f(x)$ 위의 점 A 에서의 접선의 y 절편은?

① $\dfrac{\pi}{3}$ ② $\dfrac{2}{3}\pi$ ③ π

④ 4 ⑤ 5

009

곡선 $2x = y\sqrt{y+1}$ 위의 점 $\left(\dfrac{\sqrt{2}}{2}, 1\right)$ 에서의 접선의 방정식을 $y = ax + b$ 라 할 때, $\dfrac{a}{b}$ 의 값은? (단, a, b는 상수이다.)

① $2\sqrt{2}$ ② $3\sqrt{2}$ ③ $4\sqrt{2}$

④ $5\sqrt{2}$ ⑤ $6\sqrt{2}$

Theme 2

접선의 방정식 (접점이 주어지지 않을 때)

010

곡선 $y=\ln(3-x)$ 에서 접하고 기울기가 -1 인 직선과 x 축 및 y 축으로 둘러싸인 부분의 넓이를 구하시오.

011

점 $A\left(-\dfrac{1}{2},\,0\right)$ 에서 곡선 $y=xe^{-x}\ (x>0)$ 에 그은 접선의 접점을 B라 할 때, 삼각형 OAB의 넓이는?
(단, O는 원점이다.)

① $\dfrac{1}{8\sqrt{e}}$ 　　② $\dfrac{1}{4\sqrt{e}}$ 　　③ $\dfrac{3}{8\sqrt{e}}$

④ $\dfrac{1}{2\sqrt{e}}$ 　　⑤ $\dfrac{5}{8\sqrt{e}}$

012

곡선 $y=3\ln(x^2+2)$ 에 접하고 기울기가 2 인 서로 다른 두 직선의 y 절편을 각각 $y_1,\ y_2$ 라 할 때, y_1+y_2 의 값은?

① $3\ln18-8$ 　② $3\ln18-6$ 　③ $3\ln18$

④ $3\ln18+6$ 　⑤ $3\ln18+8$

013

x 절편이 $-\dfrac{2}{3}$ 인 직선 $y=h(x)$ 가 두 곡선

$y=e^{-3x-3},\ y=-x^3+a$ 의 그래프와 동시에 접할 때,

$h(a)$ 의 값을 구하시오. (단, $a<0$)

014

곡선 $y=e^{2x}$ 위의 점 $(0,\,1)$ 에서의 접선이
곡선 $y=\sqrt{2x-a}$ 에 접할 때, 상수 a 의 값은?

① $-\dfrac{7}{4}$ 　　② $-\dfrac{3}{2}$ 　　③ $-\dfrac{5}{4}$

④ -1 　　　⑤ $-\dfrac{3}{4}$

015

점 $\left(\dfrac{1}{2},\,0\right)$ 에서 곡선 $y=\left|\dfrac{1-x}{x}\right|\ (x>0)$ 에 그은 서로 다른 두 접선의 접점을 각각 A, B라 할 때, 선분 AB의 길이는?

① $\sqrt{6}$ 　　② $\sqrt{7}$ 　　③ $2\sqrt{2}$

④ 3 　　　⑤ $\sqrt{10}$

016

$0 < t < 1$ 인 실수 t에 대하여 직선 $y = t$ 와

함수 $f(x) = \cos x \left(0 < x < \dfrac{\pi}{2}\right)$ 의 그래프가 만나는 점을 A 라

할 때, 곡선 $y = f(x)$ 위의 점 A 에서 그은 접선의 y 절편을

$g(t)$ 라 하자. $g'\left(\dfrac{\sqrt{3}}{2}\right)$ 의 값은?

① $-\dfrac{\sqrt{3}}{12}\pi$　　② $-\dfrac{\sqrt{3}}{6}\pi$　　③ $-\dfrac{\sqrt{3}}{4}\pi$

④ $-\dfrac{\sqrt{3}}{3}\pi$　　⑤ $-\dfrac{5\sqrt{3}}{12}\pi$

017

함수 $f(x) = e^x + x$ 와 양의 실수 t에 대하여 기울기가

t 인 직선이 곡선 $y = f(x)$ 에 접할 때 접점의 x좌표를

$g(t)$ 라 하자. 점 $(1,\ 1)$ 에서 곡선 $y = f(x)$ 에 그은 접선의

기울기가 m 일 때, 미분가능한 함수 $g(t)$ 에 대하여

$\dfrac{m}{g'(m)}$ 의 값은?

① $e^4 - e^2$　　② $e^4 - e$　　③ e^4

④ $e^4 + e$　　⑤ $e^4 + e^2$

018

실수 전체의 집합에서 함수 $f(x) = (x^2 + ax + 2)e^x$ 이

증가하도록 하는 정수 a의 개수를 구하시오.

019

함수 $f(x) = -\ln(\cos x) - ax^2$ 가 열린구간 $\left(0,\ \dfrac{\pi}{2}\right)$ 에서

증가할 때, 실수 a의 최댓값은?

① $\dfrac{1}{4}$　　② $\dfrac{1}{2}$　　③ $\dfrac{3}{4}$

④ 1　　⑤ $\dfrac{5}{4}$

020

실수 전체의 집합에서 함수 $f(x) = a\ln(x^2 + 1) - 2bx$ 가

감소하도록 하는 10 이하의 두 자연수 a, b의 순서쌍 $(a,\ b)$

의 개수를 구하시오.

021

실수 k에 대하여 함수 $f(x) = \dfrac{(\ln x)^2 + k}{x}$ $(x > 0)$ 의 역함수가 존재하도록 하는 실수 k의 최솟값을 구하시오.

022

함수 $f(x) = \dfrac{k}{x} - e^{-x}$ 이 $0 < x_1 < x_2$ 인 임의의 두 실수 x_1, x_2 에 대하여 $f(x_1) > f(x_2)$ 를 만족시킬 때, 실수 k의 최솟값은 $\dfrac{b}{e^a}$ 이다. $a+b$ 의 값을 구하시오. (단, a, b는 자연수이다.)

Theme 5 — 함수의 극대와 극소

023

함수 $f(x) = (x^2 - 15)e^{-x}$ 의 극솟값과 극댓값을 각각 a, b라 할 때, $a \times b$ 의 값은?

① $-60e^2$ ② $-60e$ ③ $-\dfrac{60}{e}$

④ $-\dfrac{60}{e^2}$ ⑤ $-\dfrac{60}{e^3}$

024

정의역이 양의 실수인 함수 $f(x) = x^2 - k\ln x$ $(k > 0)$ 의 극솟값이 0일 때, 상수 k의 값은?

① $\dfrac{1}{e}$ ② $\dfrac{2}{e}$ ③ $\sqrt{e}$

④ e ⑤ $2e$

025

함수 $f(x) = xe^{-2x} - (4x+a)e^{-x}$ 이 $x = \dfrac{1}{2}$ 에서 극솟값을 가질 때, $f(x)$ 는 극댓값 b 를 갖는다. $a+b$ 의 값은? (단, a는 상수이다.)

① $-1 + 2\ln 2$ ② $-2 + 4\ln 2$ ③ $-3 + 6\ln 2$

④ $-4 + 8\ln 2$ ⑤ $-5 + 10\ln 2$

026

$0 < x < 2\pi$ 에서 정의된 함수 $f(x) = \dfrac{\sin x}{e^{3x}}$ 는 $x = a$ 에서

극댓값을 갖고, $x = b$ 에서 극솟값을 갖는다.

두 상수 a, b 에 대하여 $\cos(a+b)$ 의 값은?

① -1 ② $-\dfrac{9}{10}$ ③ $-\dfrac{4}{5}$

④ $-\dfrac{7}{10}$ ⑤ $-\dfrac{3}{5}$

$f(x) = x - k\cos\dfrac{x}{4}$ 가 극값을 갖지 않도록 하는 정수 k의

개수를 구하시오.

함수 $f(x) = \dfrac{10}{n}x - \ln(2x^2 + n)$ 이 극값을 갖도록 하는

자연수 n 의 최솟값을 구하시오.

자연수 n에 대하여 함수 $f(x)$ 는

$$f(x) = \begin{cases} n\,x^2 e^{-2x+2} & (x \geq 0) \\[2mm] x^2 & (x < 0) \end{cases}$$

이다. 함수 $f(f(x)-n)$ 가 극소가 되는 모든 x 의 값의 합이

-3 이상 -2 이하가 되도록 하는 모든 자연수 n 의 값의

합을 구하시오.

Theme 6 변곡점

030

$0 < x < \dfrac{\pi}{2}$ 에서 정의된 함수 $f(x) = \sin 4x + 3x$ 에 대하여

곡선 $y = f(x)$ 의 변곡점의 좌표가 $(a,\ b)$ 일 때,

$\dfrac{b}{a}$ 의 값을 구하시오.

곡선 $y = (\ln x)^2 - 2x$ 의 변곡점에서의 접선의 y 절편은?

① $-e$ ② -1 ③ 1

④ e ⑤ $2e$

032

곡선 $y = \cos^2 x \ (0 \leq x \leq \pi)$ 의 두 변곡점을 각각 A, B라 할 때, 삼각형 OAB의 넓이는? (단, 점 O는 원점이다.)

① $\dfrac{\pi}{8}$ ② $\dfrac{\pi}{4}$ ③ $\dfrac{3}{8}\pi$

④ $\dfrac{\pi}{2}$ ⑤ $\dfrac{5}{8}\pi$

033

곡선 $y = xe^{-3x}$ 의 변곡점을 A라 하자. 곡선 $y = xe^{-3x}$ 위의 점 A에서의 접선이 x축과 만나는 점을 B라 할 때, 삼각형 OAB의 넓이는 $\dfrac{q}{p}e^{-2}$ 이다. $p+q$의 값을 구하시오. (단, 점 O는 원점이고, p와 q는 서로소인 자연수이다.)

034

양의 상수 k에 대하여 곡선 $y = \dfrac{kx}{x^2+1} \ (x > 0)$ 의 변곡점에서의 접선의 기울기가 -2 이하가 되도록 하는 k의 최솟값을 구하시오.

035

곡선 $y = ax^2 + \cos 4x$ 가 변곡점을 갖도록 하는 정수 a의 개수를 구하시오.

036

함수 $f(x) = e^{-2x} + k\ln x \ (x > 0)$ 의 그래프가 변곡점을 갖지 않도록 하는 양수 k의 최솟값은?

① $\dfrac{1}{e^2}$ ② $\dfrac{2}{e^2}$ ③ $\dfrac{3}{e^2}$

④ $\dfrac{4}{e^2}$ ⑤ $\dfrac{5}{e^2}$

037

상수 $a \, (a > 0)$ 에 대하여 함수 $f(x) = a\ln(x^2+1)$ 은 다음 조건을 만족시킨다.

> (가) 곡선 $y = f(x)$ 의 두 변곡점에서의 접선은 서로 수직이다.
>
> (나) 자연수 n에 대하여 곡선 $y = f(x) - \dfrac{n}{4}x^2$ 이 오직 $x = b$ 에서만 극값을 갖도록 하는 자연수 n의 최솟값은 c이다. (단, b, c는 상수이다.)

$a+b+c$의 값을 구하시오.

함수 $f(x) = 2\ln(3-x) + \dfrac{1}{2}x^2 \ (x < 3)$ 에 대하여 〈보기〉에서

옳은 것만을 있는 대로 고르시오.

〈보기〉

ㄱ. 함수 $f(x)$는 $x = 1$에서 극솟값을 갖는다.
ㄴ. 곡선 $y = f(x)$는 $x = 3$을 점근선으로 갖는다.
ㄷ. $x_1 < x_2 < 2$인 임의의 두 실수 x_1, x_2에 대하여
   $f(x_2) < f(x_1)$ 이다.
ㄹ. 곡선 $y = f(x)$의 변곡점의 개수는 2이다.
ㅁ. 곡선 $y = f(x)$가 열린구간 $(-\infty, \ k)$에서 아래로
   볼록하도록 하는 실수 k의 최댓값은 $3 - \sqrt{2}$ 이다.
ㅂ. 방정식 $f(x) = 3$은 서로 다른 실근의 개수는 2이다.
ㅅ. 방정식 $f(x) = f(a)$가 서로 다른 두 실근을 갖도록
   하는 실수 a의 개수는 2이다.
ㅇ. $\displaystyle\lim_{x \to b+} \dfrac{|f(x)| - |f(b)|}{x - b} \neq \lim_{x \to b-} \dfrac{|f(x)| - |f(b)|}{x - b}$ 를
   만족시키는 실수 b는 오직 하나 존재한다.
ㅈ. $x_1 < 3 - \sqrt{2} < x_2 < 3$를 만족시키는 모든 실수
   x_1, x_2에 대하여 $f''(x_1)f''(x_2) < 0$ 이다.

닫힌구간 $[0, \ 4]$에서 함수 $f(x) = (x^2 - 3)e^{-x+3}$의

최댓값을 M, 최솟값을 m이라 할 때, $M \times m$의 값은?

① $-12e^3$ ② $-14e^3$ ③ $-16e^3$

④ $-18e^3$ ⑤ $-20e^3$

닫힌구간 $[0, \ 2\pi]$에서 정의된 함수 $f(x) = \dfrac{\cos x}{2 + \sin x}$ 는

$x = a$에서 최솟값 m, $x = b$에서 최댓값 M을 갖는다.

$\dfrac{b}{a} + M + m$의 값은?

① $\dfrac{11}{7}$ ② $\dfrac{12}{7}$ ③ $\dfrac{13}{7}$

④ 2 ⑤ $\dfrac{15}{7}$

두 함수 $f(x) = -\dfrac{\ln \sqrt{x}}{x}$, $\ g(x) = kxe^{-x+2}$ 에 대하여

정의역이 $\{x \,|\, x > 0\}$인 함수 $h(x) = (f \circ g)(x)$의 최솟값이

$-\dfrac{1}{2e}$ 이 되도록 하는 양의 실수 k의 최솟값을 구하시오.

042

$0 \leq x \leq \dfrac{\pi}{2}$ 에서 함수 $f(x) = \dfrac{\cos x \sin x}{2} + \dfrac{x}{4}$ 가 $x = a$ 에서 최댓값을 가지고, $x = b$ 에서 최솟값을 갖는다. $\cos(a+b)$ 의 값은?

① $-\dfrac{\sqrt{3}}{2}$ ② $-\dfrac{1}{2}$ ③ 0

④ $\dfrac{1}{2}$ ⑤ $\dfrac{\sqrt{3}}{2}$

043

곡선 $y = (\ln x)^2$ 위의 점 $A\left(t, (\ln t)^2\right)$ $(t > 0)$ 에서의 접선의 y 절편은 $t = a$ 에서 최솟값 m 을 갖는다. $a + m$ 의 값은?

① $e - 1$ ② e ③ $e + 1$

④ $2e - 1$ ⑤ $2e$

044

자연수 n 에 대하여 함수 $f(x) = x^n \ln \dfrac{1}{x}$ 의 최댓값을 $g(n)$ 라 할 때, $g(n) \geq \dfrac{1}{8e}$ 을 만족시키는 모든 n 의 값의 합을 구하시오.

Theme 8 — 방정식의 실근의 개수

045

방정식 $x^2 + \dfrac{16}{x} = k$ 의 서로 다른 실근의 개수가 2 가 되도록 하는 상수 k 의 값을 구하시오.

046

정의역이 $\{\, x \mid x > 0 \,\}$ 인 두 함수 $f(x) = e^{-x+2}$, $g(x) = \dfrac{k}{x^2}$ 에 대하여 방정식 $f(x) = g(x)$ 의 실근이 존재하도록 하는 모든 정수 k 의 개수를 구하시오.

047

방정식 $(|x|-2)e^{-|x|+3} = \dfrac{n}{10}$ 의 서로 다른 실근의 개수가 4 가 되도록 하는 모든 정수 n 의 값의 합을 구하시오.

048

함수 $f(x) = \begin{cases} -\dfrac{2(x-1)}{(x-1)^2+1} & (x<1) \\ k(1-x)e^{-x} & (x \geq 1) \end{cases}$ 에 대하여

방정식 $|f(x)|=1$ 의 서로 다른 실근의 개수가 2 가 되도록 하는 상수 k 의 값은? (단, $k>0$)

① e ② $2e$ ③ e^2

④ $2e^2$ ⑤ e^3

두 함수 $f(x) = 2\ln x + \ln(6-x)$, $g(x) = x^2 e^{-x+2}$ 에 대하여 함수 $h(x)$ 를

$$h(x) = (f \circ g)(x)$$

라 할 때, 방정식 $h(x) = n\ln 2$ 의 서로 다른 실근의 개수가 4 가 되도록 하는 모든 자연수 n 의 값의 합을 구하시오.

정의역이 $\{\, x \mid -2\pi \leq x \leq 2\pi \,\}$ 인 함수

$$f(x) = \cos x + x \sin x$$

에 대하여 〈보기〉에서 옳은 것만을 있는 대로 고르시오.

〈보기〉

ㄱ. $-2\pi \leq x \leq 2\pi$ 인 모든 실수 x 에 대하여 $f(-x) = f(x)$ 이다.

ㄴ. 함수 $f(x)$ 는 $x = -\dfrac{3}{2}\pi$ 에서 극솟값을 갖는다.

ㄷ. 방정식 $f(x) = 1$ 의 서로 다른 실근의 개수는 3 이다.

ㄹ. 방정식 $f(f(x)) = \dfrac{\pi}{2}$ 의 서로 다른 실근의 개수는 6 이다.

ㅁ. 함수 $g(x) = e^{f'(x)}$ $\left(0 < x < \dfrac{\pi}{2}\right)$ 에 대하여 $g'(a) = 0$ 이면 $\dfrac{1}{a} = \tan a$ 이다.

ㅂ. 함수 $g(x) = e^{f'(x)}$ $\left(0 < x < \dfrac{\pi}{2}\right)$ 가 $x = a$ 에서 극솟값을 가지는 a 가 구간 $\left(0, \dfrac{\pi}{2}\right)$ 에 존재한다.

Theme 9 부등식의 활용

51

$0 \le x < \dfrac{\pi}{8}$ 인 모든 실수 x에 대하여 부등식

$$nx - \tan 4x \le 0$$

가 성립하도록 하는 모든 자연수 n의 값의 합을 구하시오.

52

$x > 0$인 모든 실수 x에 대하여 부등식

$$k - x^2 \ln \sqrt{x} \le 0$$

가 성립하도록 하는 실수 k의 최댓값은?

① $-4e$ ② $-2e$ ③ $-\dfrac{1}{e}$

④ $-\dfrac{1}{2e}$ ⑤ $-\dfrac{1}{4e}$

53

모든 실수 x에 대하여 부등식

$$2x + 1 + ke^{x^2} \ge 0$$

가 성립하도록 하는 실수 k의 최솟값은?

① $\dfrac{1}{e}$ ② $\dfrac{2}{e}$ ③ $\dfrac{3}{e}$

④ $\dfrac{4}{e}$ ⑤ $\dfrac{5}{e}$

Theme 10 속도와 가속도

54

좌표평면 위를 움직이는 점 P의 시각 $t\,(t>0)$에서의 위치 $(x,\,y)$가

$$x = \frac{1}{2}\cos 2t, \quad y = t - \frac{1}{2}\sin 2t$$

이다. 점 P의 가속도가 $(1,\,a)$일 때, 점 P의 속력은 b이다. $a^2 + b^2$의 값을 구하시오.

55

좌표평면 위를 움직이는 점 P의 시각 $t\,(t \ge 0)$에서의 위치 $(x,\,y)$가

$$x = 2t + \cos t, \quad y = 1 + \sin t$$

이다. 점 P의 속력의 최댓값을 M, 최솟값을 m이라 할 때, $M + m$의 값을 구하시오.

56

좌표평면 위를 움직이는 점 P의 시각 $t\,(t \ge 0)$에서의 위치 $(x,\,y)$가

$$x = t - \frac{1}{2t}, \quad y = t + \frac{2}{t}$$

이다. 시각 $t = 2$에서 점 P의 가속도의 크기는?

① $\dfrac{\sqrt{14}}{8}$ ② $\dfrac{\sqrt{15}}{8}$ ③ $\dfrac{1}{2}$

④ $\dfrac{\sqrt{17}}{8}$ ⑤ $\dfrac{3\sqrt{2}}{8}$

Training – 2 step

기출 적용편

3. 도함수의 활용

057 2016학년도 수능 B형

곡선 $y = 3e^{x-1}$ 위의 점 A에서의 접선이 원점 O를 지날 때, 선분 OA의 길이는? [3점]

① $\sqrt{6}$ ② $\sqrt{7}$ ③ $2\sqrt{2}$

④ 3 ⑤ $\sqrt{10}$

058 2021학년도 수능 가형

함수 $f(x) = (x^2 - 2x - 7)e^x$ 의 극댓값과 극솟값을 각각 a, b라 할 때, $a \times b$의 값은? [3점]

① -32 ② -30 ③ -28

④ -26 ⑤ -24

059 2018년 고3 3월 교육청 가형

함수 $f(x) = \dfrac{x-1}{x^2 - x + 1}$ 의 극댓값과 극솟값의 합은? [3점]

① -1 ② $-\dfrac{5}{6}$ ③ $-\dfrac{2}{3}$

④ $-\dfrac{1}{2}$ ⑤ $-\dfrac{1}{3}$

060 2019학년도 고3 9월 평가원 가형

곡선 $e^y \ln x = 2y + 1$ 위의 점 $(e, 0)$에서의 접선의 방정식을 $y = ax + b$라 할 때, ab의 값은? (단, a, b는 상수이다.) [3점]

① $-2e$ ② $-e$ ③ -1

④ $-\dfrac{2}{e}$ ⑤ $-\dfrac{1}{e}$

061 2020학년도 고3 6월 평가원 가형

함수 $f(x) = xe^x$ 에 대하여 곡선 $y = f(x)$ 의 변곡점의 좌표가 (a, b) 일 때, 두 수 a, b의 곱 ab의 값은? [3점]

① $4e^2$ ② e ③ $\dfrac{1}{e}$

④ $\dfrac{4}{e^2}$ ⑤ $\dfrac{9}{e^3}$

062 2013년 고3 4월 교육청 B형

열린구간 $(0, 2\pi)$ 에서 정의된 함수 $f(x) = e^x(\sin x + \cos x)$ 의 극댓값을 M, 극솟값을 m 이라 할 때, Mm 의 값은? [3점]

① $-e^{2\pi}$ ② $-e^{\pi}$ ③ $\dfrac{1}{e^{3\pi}}$

④ $\dfrac{1}{e^{2\pi}}$ ⑤ $\dfrac{1}{e^{\pi}}$

063 2020학년도 수능 가형

좌표평면 위를 움직이는 점 P의 시각 $t\left(0 < t < \dfrac{\pi}{2}\right)$에서의 위치 (x, y) 가

$$x = t + \sin t \cos t, \quad y = \tan t$$

이다. $0 < t < \dfrac{\pi}{2}$ 에서 점 P의 속력의 최솟값은? [3점]

① 1 ② $\sqrt{3}$ ③ 2

④ $2\sqrt{2}$ ⑤ $2\sqrt{3}$

064 2019년 고3 3월 교육청 가형 

함수 $f(x) = \tan(\pi x^2 + ax)$ 가 $x = \dfrac{1}{2}$ 에서 극솟값 k를 가질 때, k의 값은? (단, a는 상수이다.) [3점]

① $-\sqrt{3}$ 　　② -1 　　③ $-\dfrac{\sqrt{3}}{3}$

④ 0 　　⑤ $\dfrac{\sqrt{3}}{3}$

065 2020학년도 고3 9월 평가원 가형 

양수 k에 대하여 두 곡선 $y = ke^x + 1$, $y = x^2 - 3x + 4$ 가 점 P에서 만나고, 점 P에서 두 곡선에 접하는 두 직선이 서로 수직일 때, k의 값은? [3점]

① $\dfrac{1}{e}$ 　　② $\dfrac{1}{e^2}$ 　　③ $\dfrac{2}{e^2}$

④ $\dfrac{2}{e^3}$ 　　⑤ $\dfrac{3}{e^3}$

066 2011학년도 고3 9월 평가원 가형 

곡선 $y = \left(\ln \dfrac{1}{ax}\right)^2$ 의 변곡점이 직선 $y = 2x$ 위에 있을 때, 양수 a의 값은? [3점]

① e 　　② $\dfrac{5}{4}e$ 　　③ $\dfrac{3}{2}e$

④ $\dfrac{7}{4}e$ 　　⑤ $2e$

067 2016년 고3 10월 교육청 가형 

함수 $f(x) = e^{x+1}(x^2 + 3x + 1)$ 이 구간 (a, b) 에서 감소할 때, $b - a$의 최댓값은? [3점]

① 1 　　② 2 　　③ 3

④ 4 　　⑤ 5

068 2020학년도 수능 가형 

곡선 $y = ax^2 - 2\sin 2x$ 가 변곡점을 갖도록 하는 정수 a의 개수는? [3점]

① 4 　　② 5 　　③ 6

④ 7 　　⑤ 8

069 2018년 고3 3월 교육청 가형 

$0 < x < \dfrac{\pi}{2}$ 에서 정의된 함수 $f(x) = \ln(\tan x)$ 의 그래프와 x축이 만나는 점을 P라 하자. 곡선 $y = f(x)$ 위의 점 P에서의 접선의 y절편은? [3점]

① $-\pi$ 　　② $-\dfrac{5}{6}\pi$ 　　③ $-\dfrac{2}{3}\pi$

④ $-\dfrac{\pi}{2}$ 　　⑤ $-\dfrac{\pi}{3}$

070 2022학년도 수능예비시행 미적분 

매개변수 t로 나타낸 곡선

$$x = e^t + 2t, \quad y = e^{-t} + 3t$$

에 대하여 $t = 0$에 대응하는 점에서의 접선이 점 $(10, a)$를 지날 때, a의 값은? [3점]

① 6 　　② 7 　　③ 8

④ 9 　　⑤ 10

071 2020학년도 고3 9월 평가원 가형

좌표평면 위를 움직이는 점 P의 시각 $t\,(t>0)$에서의 위치 $(x,\ y)$가

$$x=\frac{1}{2}e^{2(t-1)}-at,\quad y=be^{t-1}$$

이다. 시각 $t=1$에서의 점 P의 속도가 $(-1,\ 2)$일 때, $a+b$의 값을 구하시오. (단, a와 b는 상수이다.) [3점]

072 2020년 고3 7월 교육청 가형

좌표평면 위를 움직이는 점 P의 시각 $t\,(t>0)$에서의 위치 $(x,\ y)$가

$$x=3t-\frac{2}{\pi}\cos\pi t,\quad y=6\ln t-\frac{2}{\pi}\sin\pi t$$

이다. 시각 $t=\frac{1}{2}$에서 점 P의 속력을 구하시오. [3점]

073 2022학년도 고3 6월 평가원 미적분

두 함수

$$f(x)=e^x,\quad g(x)=k\sin x$$

에 대하여 방정식 $f(x)=g(x)$의 서로 다른 양의 실근의 개수가 3일 때, 양수 k의 값은? [3점]

① $\sqrt{2}\,e^{\frac{3\pi}{2}}$ ② $\sqrt{2}\,e^{\frac{7\pi}{4}}$ ③ $\sqrt{2}\,e^{2\pi}$

④ $\sqrt{2}\,e^{\frac{9\pi}{4}}$ ⑤ $\sqrt{2}\,e^{\frac{5\pi}{2}}$

074 2024학년도 고3 6월 평가원 미적분

x에 대한 방정식 $x^2-5x+2\ln x=t$의 서로 다른 실근의 개수가 2가 되도록 하는 모든 실수 t의 값의 합은? [3점]

① $-\dfrac{17}{2}$ ② $-\dfrac{33}{4}$ ③ -8

④ $-\dfrac{31}{4}$ ⑤ $-\dfrac{15}{2}$

075 2024학년도 수능 미적분

실수 t에 대하여 원점을 지나고 곡선 $y=\dfrac{1}{e^x}+e^t$에 접하는 직선의 기울기를 $f(t)$라 하자. $f(a)=-e\sqrt{e}$를 만족시키는 상수 a에 대하여 $f'(a)$의 값은? [3점]

① $-\dfrac{1}{3}e\sqrt{e}$ ② $-\dfrac{1}{2}e\sqrt{e}$ ③ $-\dfrac{2}{3}e\sqrt{e}$

④ $-\dfrac{5}{6}e\sqrt{e}$ ⑤ $-e\sqrt{e}$

076 2019학년도 고3 9월 평가원 가형

미분가능한 함수 $f(x)$와 함수 $g(x)=\sin x$에 대하여 합성함수 $y=(g\circ f)(x)$의 그래프 위의 점 $(1,\ (g\circ f)(1))$에서의 접선이 원점을 지난다.

$$\lim_{x\to 1}\frac{f(x)-\dfrac{\pi}{6}}{x-1}=k$$

일 때, 상수 k에 대하여 $30k^2$의 값을 구하시오. [4점]

077 2020학년도 고3 6월 평가원 가형

좌표평면 위를 움직이는 점 P의 시각 $t\,(t>0)$에서의 위치 $(x,\,y)$가
$$x=2\sqrt{t+1}\,,\quad y=t-\ln(t+1)$$
이다. 점 P의 속력의 최솟값은? [4점]

① $\dfrac{\sqrt{3}}{8}$ 　　② $\dfrac{\sqrt{6}}{8}$ 　　③ $\dfrac{\sqrt{3}}{4}$

④ $\dfrac{\sqrt{6}}{4}$ 　　⑤ $\dfrac{\sqrt{3}}{2}$

078 2019학년도 고3 6월 평가원 가형

좌표평면에서 점 $(2,\,a)$가 곡선 $y=\dfrac{2}{x^2+b}\,(b>0)$의 변곡점일 때, $\dfrac{b}{a}$의 값을 구하시오. (단, $a,\,b$는 상수이다.) [4점]

079 2020학년도 고3 9월 평가원 가형

함수 $f(x)=3\sin kx+4x^3$의 그래프가 오직 하나의 변곡점을 가지도록 하는 실수 k의 최댓값을 구하시오. [4점]

080 2018년 고3 7월 교육청 가형

원 $x^2+y^2=1$ 위의 임의의 점 P와 곡선 $y=\sqrt{x}-3$ 위의 임의의 점 Q에 대하여 $\overline{PQ}$의 최솟값은 $\sqrt{a}-b$이다. 자연수 $a,\,b$에 대하여 a^2+b^2의 값을 구하시오. [4점]

081 2018학년도 고3 6월 평가원 가형

그림과 같이 좌표평면에 점 $A(1,\,0)$을 중심으로 하고 반지름의 길이가 1인 원이 있다. 원 위의 점 Q에 대하여 $\angle AOQ=\theta\left(0<\theta<\dfrac{\pi}{3}\right)$라 할 때, 선분 OQ 위에 $\overline{PQ}=1$인 점 P를 정한다. 점 P의 y좌표가 최대가 될 때 $\cos\theta=\dfrac{a+\sqrt{b}}{8}$이다. $a+b$의 값을 구하시오.

(단, O는 원점이고, a와 b는 자연수이다.) [4점]

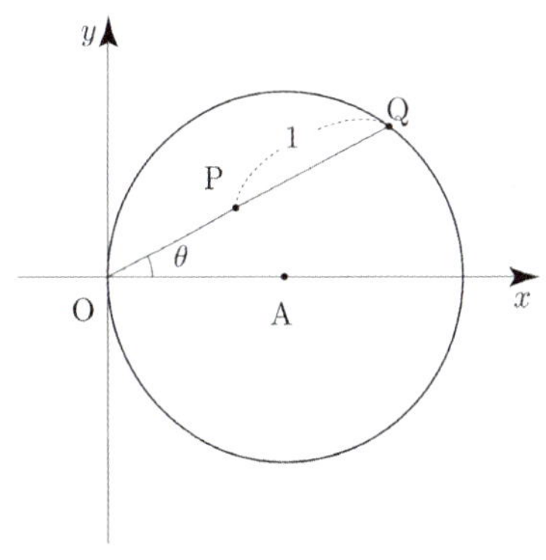

닫힌구간 $[0, 4]$에서 정의된 함수 $f(x) = 2\sqrt{2}\sin\dfrac{\pi}{4}x$ 의

그래프가 그림과 같고, 직선 $y = g(x)$ 가 $y = f(x)$ 의 그래프 위의 점 $A(1, 2)$ 를 지난다. 일차함수 $g(x)$ 가 닫힌구간 $[0, 4]$에서 $f(x) \le g(x)$ 를 만족시킬 때, $g(3)$ 의 값은? [4점]

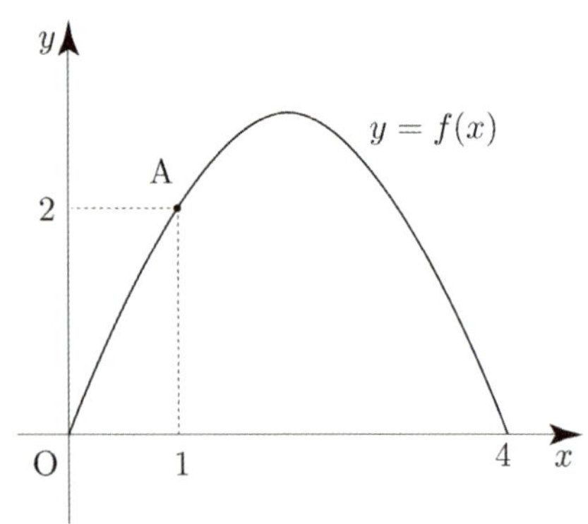

① π　　　② $\pi+1$　　　③ $\pi+2$

④ $\pi+3$　　　⑤ $\pi+4$

두 함수 $f(x)$, $g(x)$ 가 실수 전체의 집합에서 이계도함수를 갖고 $g(x)$ 가 증가함수일 때, 함수 $h(x)$ 를

$$h(x) = (f \circ g)(x)$$

라 하자. 점 $(2, 2)$ 가 곡선 $y = g(x)$ 의 변곡점이고 $\dfrac{h''(2)}{f''(2)} = 4$ 이다. $f'(2) = 4$ 일 때, $h'(2)$ 의 값은? [4점]

① 8　　　② 10　　　③ 12

④ 14　　　⑤ 16

함수 $f(x) = \dfrac{1}{2}x^2 - 3x - \dfrac{k}{x}$ 가 열린구간 $(0, \infty)$ 에서 증가할 때, 실수 k의 최솟값은? [4점]

① 3　　　② $\dfrac{7}{2}$　　　③ 4

④ $\dfrac{9}{2}$　　　⑤ 5

닫힌구간 $[0, 2\pi]$에서 x 에 대한 방정식 $\sin x - x\cos x - k = 0$ 의 서로 다른 실근의 개수가 2가 되도록 하는 모든 정수 k의 값의 합은? [4점]

① -6　　　② -3　　　③ 0

④ 3　　　⑤ 6

086 2017학년도 수능 가형

곡선 $y = 2e^{-x}$ 위의 점 $P(t,\ 2e^{-t})\ (t > 0)$ 에서 y축에 내린 수선의 발을 A라 하고, 점 P에서의 접선이 y축과 만나는 점을 B라 하자. 삼각형 APB의 넓이가 최대가 되도록 하는 t의 값은? [4점]

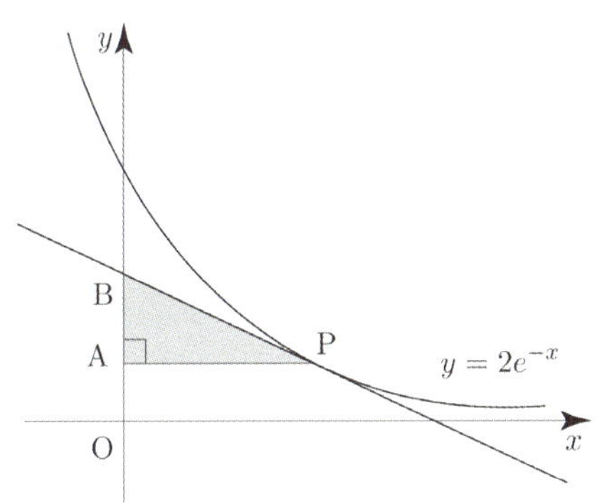

① 1 ② $\dfrac{e}{2}$ ③ $\sqrt{2}$

④ 2 ⑤ e

087 2018학년도 고3 6월 평가원 가형

실수 k에 대하여 함수 $f(x)$는
$$f(x) = \begin{cases} x^2 + k & (x \le 2) \\ \ln(x-2) & (x > 2) \end{cases}$$
이다. 실수 t에 대하여 직선 $y = x + t$와 함수 $y = f(x)$의 그래프가 만나는 점의 개수를 $g(t)$라 하자. 함수 $g(t)$가 $t = a$에서 불연속인 a의 값이 한 개일 때, k의 값은? [4점]

① -2 ② $-\dfrac{9}{4}$ ③ $-\dfrac{5}{2}$

④ $-\dfrac{11}{4}$ ⑤ -3

088 2017년 고3 3월 교육청 가형

그림은 함수 $f(x) = x^2 e^{-x+2}$ 의 그래프이다.

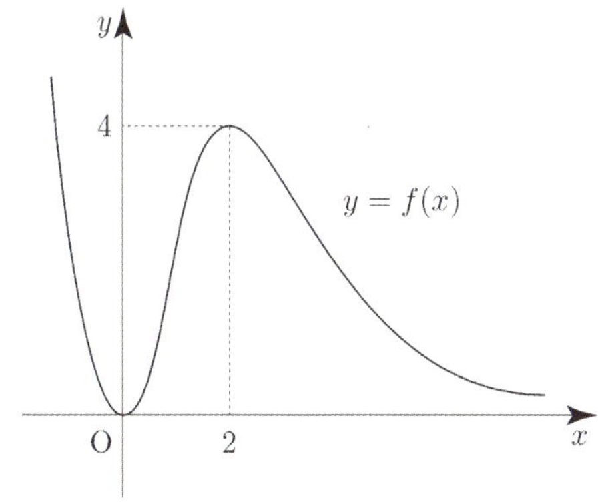

함수 $y = (f \circ f)(x)$ 의 그래프와 직선 $y = \dfrac{15}{e^2}$ 의 교점의 개수는? (단, $\displaystyle\lim_{x \to \infty} f(x) = 0$) [4점]

① 2 ② 3 ③ 4

④ 5 ⑤ 6

089 2016년 고3 4월 교육청 가형

양의 실수 t에 대하여 곡선 $y = \ln x$ 위의 두 점 $P(t,\ \ln t)$, $Q(2t,\ \ln 2t)$ 에서의 접선이 x축과 만나는 점을 각각 $R(r(t),\ 0)$, $S(s(t),\ 0)$ 이라 하자. 함수 $f(t)$를 $f(t) = r(t) - s(t)$ 라 할 때, 함수 $f(t)$의 극솟값은? [4점]

① $-\dfrac{1}{2}$ ② $-\dfrac{1}{3}$ ③ $-\dfrac{1}{4}$

④ $-\dfrac{1}{5}$ ⑤ $-\dfrac{1}{6}$

두 함수 $f(x)=\dfrac{1}{x}$, $g(x)=\dfrac{k}{x}\,(k>1)$ 에 대하여

좌표평면에서 직선 $x=2$ 가 두 곡선 $y=f(x)$, $y=g(x)$ 와 만나는 점을 각각 P, Q 라 하자. 곡선 $y=f(x)$ 에 대하여 점 P 에서의 접선을 l, 곡선 $y=g(x)$ 에 대하여 점 Q 에서의 접선을 m 이라 하자. 두 직선 l, m 이 이루는 예각의 크기가 $\dfrac{\pi}{4}$ 일 때, 상수 k 에 대하여 $3k$ 의 값을 구하시오. [4점]

$0<t<1$ 인 실수 t 에 대하여 직선 $y=t$ 와 함수 $f(x)=\sin x\left(0<x<\dfrac{\pi}{2}\right)$ 의 그래프가 만나는 점을 P 라 할 때, 곡선 $y=f(x)$ 위의 점 P 에서 그은 접선의 x 절편을 $g(t)$ 라 하자. $g'\left(\dfrac{2\sqrt{2}}{3}\right)$ 의 값은? [4점]

① -28　　② -24　　③ -20

④ -16　　⑤ -12

함수 $f(x)=e^{3x}-ax$ (a 는 상수)와 상수 k 에 대하여 함수

$$g(x)=\begin{cases} f(x) & (x \geq k) \\ -f(x) & (x < k) \end{cases}$$

가 실수 전체의 집합에서 연속이고 역함수를 가질 때, $a\times k$ 의 값은? [3점]

① e　　② $e^{\frac{3}{2}}$　　③ e^2

④ $e^{\frac{5}{2}}$　　⑤ e^3

양수 a 와 실수 b 에 대하여 함수 $f(x)=ae^{3x}+be^{x}$ 이 다음 조건을 만족시킬 때, $f(0)$ 의 값은? [4점]

> (가) $x_1<\ln\dfrac{2}{3}<x_2$ 를 만족시키는 모든 실수 x_1, x_2 에 대하여 $f''(x_1)f''(x_2)<0$ 이다.
> (나) 구간 $[k,\ \infty)$ 에서 함수 $f(x)$ 의 역함수가 존재하도록 하는 실수 k 의 최솟값을 m 이라 할 때, $f(2m)=-\dfrac{80}{9}$ 이다.

① -15　　② -12　　③ -9

④ -6　　⑤ -3

094 2019년 고3 3월 교육청 가형

함수 $f(x) = x^2 + ax + b \left(0 < b < \dfrac{\pi}{2}\right)$ 에 대하여 함수

$g(x) = \sin(f(x))$ 가 다음 조건을 만족시킨다.

> (가) 모든 실수 x 에 대하여 $g'(-x) = -g'(x)$ 이다.
> (나) 점 $(k,\ g(k))$ 는 곡선 $y = g(x)$ 의 변곡점이고,
> $2kg(k) = \sqrt{3}\,g'(k)$ 이다.

두 상수 $a,\ b$ 에 대하여 $a + b$ 의 값은? [4점]

① $\dfrac{\pi}{3} - \dfrac{\sqrt{3}}{2}$ ② $\dfrac{\pi}{3} - \dfrac{\sqrt{3}}{3}$ ③ $\dfrac{\pi}{3} - \dfrac{\sqrt{3}}{6}$

④ $\dfrac{\pi}{2} - \dfrac{\sqrt{3}}{3}$ ⑤ $\dfrac{\pi}{2} - \dfrac{\sqrt{3}}{6}$

095 2020학년도 고3 6월 평가원 가형

함수 $f(x) = \dfrac{\ln x}{x}$ 와 양의 실수 t 에 대하여 기울기가 t 인

직선이 곡선 $y = f(x)$ 에 접할 때 접점의 x 좌표를 $g(t)$ 라

하자. 원점에서 곡선 $y = f(x)$ 에 그은 접선의 기울기가 a

일 때, 미분가능한 함수 $g(t)$ 에 대하여 $a \times g'(a)$ 의 값은?

[4점]

① $-\dfrac{\sqrt{e}}{3}$ ② $-\dfrac{\sqrt{e}}{4}$ ③ $-\dfrac{\sqrt{e}}{5}$

④ $-\dfrac{\sqrt{e}}{6}$ ⑤ $-\dfrac{\sqrt{e}}{7}$

096 2006학년도 수능 가형

양수 a 에 대하여 닫힌구간 $[-a,\ a]$ 에서 함수

$$f(x) = \frac{x - 5}{(x-5)^2 + 36}$$

의 최댓값을 M, 최솟값을 m 이라 할 때, $M + m = 0$ 이

되도록 하는 a 의 최솟값을 구하시오. [4점]

097 2024학년도 사관학교 미적분

양의 실수 t 와 상수 $k\,(k > 0)$ 에 대하여 곡선

$y = (ax + b)e^{x-k}$ 이 직선 $y = tx$ 와 점 $(t,\ t^2)$ 에서 접하도록

하는 두 실수 $a,\ b$ 의 값을 각각 $f(t),\ g(t)$ 라 하자.

$f(k) = -6$ 일 때, $g'(k)$ 의 값은? [4점]

① -2 ② -1 ③ 0

④ 1 ⑤ 2

상수 $a\,(a>1)$ 과 실수 $t\,(t>0)$ 에 대하여 곡선 $y=a^x$ 위의 점 $\mathrm{A}(t,\ a^t)$ 에서의 접선을 l 이라 하자. 점 A 를 지나고 직선 l 에 수직인 직선이 x 축과 만나는 점을 B, y 축과 만나는 점을 C 라 하자. $\dfrac{\overline{\mathrm{AC}}}{\overline{\mathrm{AB}}}$ 의 값이 $t=1$ 에서 최대일 때, a 의 값은? [3점]

① $\sqrt{2}$ ② $\sqrt{e}$ ③ 2

④ $\sqrt{2e}$ ⑤ e

정의역이 $\{x\,|\,0\le x\le \pi\}$ 인 함수 $f(x)=2x\cos x$ 에 대하여 옳은 것만을 〈보기〉에서 있는 대로 고른 것은? [4점]

〈보기〉

ㄱ. $f'(a)=0$ 이면 $\tan a=\dfrac{1}{a}$ 이다.

ㄴ. 함수 $f(x)$ 가 $x=a$ 에서 극댓값을 가지는 a 가 구간 $\left(\dfrac{\pi}{4},\ \dfrac{\pi}{3}\right)$ 에 있다.

ㄷ. 구간 $\left[0,\ \dfrac{\pi}{2}\right]$ 에서 방정식 $f(x)=1$ 의 서로 다른 실근의 개수는 2 이다.

---

① ㄱ   ② ㄷ   ③ ㄱ, ㄴ

④ ㄴ, ㄷ   ⑤ ㄱ, ㄴ, ㄷ

함수 $f(x)=x\sin x$ 에 대하여 옳은 것만을 〈보기〉에서 있는 대로 고른 것은? [4점]

〈보기〉

ㄱ. 함수 $f(x)$ 는 $x=0$ 에서 극솟값을 갖는다.

ㄴ. 직선 $y=x$ 는 곡선 $y=f(x)$ 에 접한다.

ㄷ. 함수 $f(x)$ 가 $x=a$ 에서 극댓값을 갖는 a 가 구간 $\left(\dfrac{\pi}{2},\ \dfrac{3}{4}\pi\right)$ 에 존재한다.

---

① ㄱ   ② ㄱ, ㄴ   ③ ㄱ, ㄷ

④ ㄴ, ㄷ   ⑤ ㄱ, ㄴ, ㄷ

최고차항의 계수가 1 인 삼차함수 $f(x)$ 에 대하여 함수 $g(x)$ 를

$$g(x)=f(e^x)+e^x$$

이라 하자. 곡선 $y=g(x)$ 위의 점 $(0,\ g(0))$ 에서의 접선이 x 축이고 함수 $g(x)$ 가 역함수 $h(x)$ 를 가질 때, $h'(8)$ 의 값은? [3점]

① $\dfrac{1}{36}$ ② $\dfrac{1}{18}$ ③ $\dfrac{1}{12}$

④ $\dfrac{1}{9}$ ⑤ $\dfrac{5}{36}$

102  2019학년도 고3 9월 평가원 가형 ☐☐☐☐☐

열린구간 $(0,\ 2\pi)$에서 정의된 함수 $f(x)=\cos x+2x\sin x$ 가 $x=\alpha$와 $x=\beta$에서 극값을 가진다. 〈보기〉에서 옳은 것만을 있는 대로 고른 것은? (단, $\alpha<\beta$) [4점]

〈보기〉
ㄱ. $\tan(\alpha+\pi)=-2\alpha$
ㄴ. $g(x)=\tan x$라 할 때, $g'(\alpha+\pi)<g'(\beta)$이다.
ㄷ. $\dfrac{2(\beta-\alpha)}{\alpha+\pi-\beta}<\sec^2\alpha$

---

① ㄱ   ② ㄷ   ③ ㄱ, ㄴ

④ ㄴ, ㄷ   ⑤ ㄱ, ㄴ, ㄷ

103  2016학년도 고3 6월 평가원 B형 ☐☐☐☐☐

2 이상의 자연수 n에 대하여 실수 전체의 집합에서 정의된 함수
$$f(x)=e^{x+1}\{x^2+(n-2)x-n+3\}+ax$$
가 역함수를 갖도록 하는 실수 a의 최솟값을 $g(n)$이라 하자. $1\le g(n)\le 8$을 만족시키는 모든 n의 값의 합은? [4점]

① 43   ② 46   ③ 49

④ 52   ⑤ 55

104  2022학년도 고3 9월 평가원 미적분 ☐☐☐☐☐

이차함수 $f(x)$에 대하여 함수 $g(x)=\{f(x)+2\}e^{f(x)}$이 다음 조건을 만족시킨다.

(가) $f(a)=6$인 a에 대하여 $g(x)$는 $x=a$에서 최댓값을 갖는다.
(나) $g(x)$는 $x=b$, $x=b+6$에서 최솟값을 갖는다.

방정식 $f(x)=0$의 서로 다른 두 실근을 α, β라 할 때, $(\alpha-\beta)^2$의 값을 구하시오. (단, a, b는 실수이다.) [4점]

105 2022학년도 수능 미적분 ☐☐☐☐☐

함수 $f(x)=6\pi(x-1)^2$에 대하여 함수 $g(x)$를
$$g(x)=3f(x)+4\cos f(x)$$
라 하자. $0<x<2$에서 함수 $g(x)$가 극소가 되는 x의 개수는? [4점]

① 6   ② 7   ③ 8

④ 9   ⑤ 10

함수 $f(x) = \dfrac{1}{3}x^3 - x^2 + \ln(1+x^2) + a$ (a는 상수)와

두 양수 b, c에 대하여 함수

$$g(x) = \begin{cases} f(x) & (x \geq b) \\ -f(x-c) & (x < b) \end{cases}$$

는 실수 전체의 집합에서 미분가능하다.

$a+b+c = p + q\ln 2$ 일 때, $30(p+q)$ 의 값을 구하시오.

(단, p, q는 유리수이고, $\ln 2$는 무리수이다.) [4점]

점 $\left(-\dfrac{\pi}{2}, 0\right)$ 에서 곡선 $y = \sin x \, (x>0)$ 에 접선을 그어

접점의 x좌표를 작은 수부터 크기순으로 모두 나열할 때,

n번째 수를 a_n 이라 하자. 모든 자연수 n에 대하여

〈보기〉에서 옳은 것만을 있는 대로 고른 것은? [4점]

〈보기〉

ㄱ. $\tan a_n = a_n + \dfrac{\pi}{2}$

ㄴ. $\tan a_{n+2} - \tan a_n > 2\pi$

ㄷ. $a_{n+1} + a_{n+2} > a_n + a_{n+3}$

---

① ㄱ ② ㄱ, ㄴ ③ ㄱ, ㄷ

④ ㄴ, ㄷ ⑤ ㄱ, ㄴ, ㄷ

최고차항의 계수가 $\dfrac{1}{2}$ 인 삼차함수 $f(x)$ 에 대하여

함수 $g(x)$ 가

$$g(x) = \begin{cases} \ln|f(x)| & (f(x) \neq 0) \\ 1 & (f(x) = 0) \end{cases}$$

이고 다음 조건을 만족시킬 때, 함수 $g(x)$ 의 극솟값은?

[4점]

(가) 함수 $g(x)$ 는 $x \neq 1$ 인 모든 실수 x 에서
   연속이다.

(나) 함수 $g(x)$ 는 $x = 2$ 에서 극대이고,
   함수 $|g(x)|$ 는 $x = 2$ 에서 극소이다.

(다) 방정식 $g(x) = 0$ 의 서로 다른 실근의 개수는
   3이다.

---

① $\ln\dfrac{13}{27}$ ② $\ln\dfrac{16}{27}$ ③ $\ln\dfrac{19}{27}$

④ $\ln\dfrac{22}{27}$ ⑤ $\ln\dfrac{25}{27}$

규토 라이트 N제

미분법

Master step

심화 문제편

3. 도함수의 활용

양수 t에 대하여 함수 $f(x)$는

$$f(x) = \begin{cases} xe^{-tx} & (x \geq 0) \\ xe^{tx} & (x < 0) \end{cases}$$

이다. 점 $(1,\ 0)$에서 곡선 $y = f(x)$에 그은 접선의 접점을 A라 하고, 점 $(-1,\ 0)$에서 곡선 $y = f(x)$에 그은 접선의 접점을 B라 할 때, 직선 AB의 기울기를 $g(t)$라 하자. $\left\{\dfrac{g'(2)}{g(2)}\right\}^2 = a + b\sqrt{3}$ 일 때, $60(a+b)$의 값을 구하시오. (단, $a,\ b$는 유리수이다.)

양의 실수 전체의 집합을 정의역으로 하는 함수

$$f(x) = \frac{1}{27}(x^4 - 6x^3 + 12x^2 + 19x)$$

에 대하여 $f(x)$의 역함수를 $g(x)$라 하자. 〈보기〉에서 옳은 것만을 있는 대로 고른 것은? [4점]

〈보기〉

ㄱ. 점 $(2,\ 2)$는 곡선 $y = f(x)$의 변곡점이다.
ㄴ. 방정식 $f(x) = x$의 실근 중 양수인 것은 $x = 2$ 하나뿐이다.
ㄷ. 함수 $|f(x) - g(x)|$는 $x = 2$에서 미분가능하다.

---

① ㄱ　　　　② ㄴ　　　　③ ㄱ, ㄴ

④ ㄱ, ㄷ　　　⑤ ㄱ, ㄴ, ㄷ

함수 $f(x) = (x^3 - a)e^x$과 실수 t에 대하여 방정식 $f(x) = t$의 실근의 개수를 $g(t)$라 하자. 함수 $g(t)$가 불연속인 점의 개수가 2가 되도록 하는 10 이하의 모든 자연수 a의 값의 합을 구하시오. (단, $\displaystyle\lim_{x \to -\infty} f(x) = 0$) [4점]

함수 $f(x) = kx^2 e^{-x}\ (k > 0)$과 실수 t에 대하여 곡선 $y = f(x)$ 위의 점 $(t,\ f(t))$에서 x축까지의 거리와 y축까지의 거리 중 크지 않은 값을 $g(t)$라 하자. 함수 $g(t)$가 한 점에서만 미분가능하지 않도록 하는 k의 최댓값은? [4점]

① $\dfrac{1}{e}$　　　　② $\dfrac{1}{\sqrt{e}}$　　　　③ $\dfrac{e}{2}$

④ $\sqrt{e}$　　　　⑤ e

113   2024학년도 고3 6월 평가원 미적분

두 상수 $a\,(a>0)$, b 에 대하여 실수 전체의 집합에서 연속인 함수 $f(x)$ 가 다음 조건을 만족시킬 때, $a\times b$ 의 값은? [4점]

> (가) 모든 실수 x 에 대하여
> $$\{f(x)\}^2+2f(x)=a\cos^3\pi x\times e^{\sin^2\pi x}+b$$
> 이다.
> (나) $f(0)=f(2)+1$

① $-\dfrac{1}{16}$ ② $-\dfrac{7}{64}$ ③ $-\dfrac{5}{32}$

④ $-\dfrac{13}{64}$ ⑤ $-\dfrac{1}{4}$

114   2014학년도 수능 B형

이차함수 $f(x)$ 에 대하여 함수 $g(x)=f(x)e^{-x}$ 이 다음 조건을 만족시킨다.

> (가) 점 $(1,\ g(1))$ 과 점 $(4,\ g(4))$ 는 곡선 $y=g(x)$ 의 변곡점이다.
> (나) 점 $(0,\ k)$ 에서 곡선 $y=g(x)$ 에 그은 접선의 개수가 3 인 k 의 값의 범위는 $-1<k<0$ 이다.

$g(-2)\times g(4)$ 의 값을 구하시오. [4점]

115   2016학년도 고3 9월 평가원 B형

양수 a 와 두 실수 b, c 에 대하여 함수

$$f(x)=(ax^2+bx+c)e^x$$ 은 다음 조건을 만족시킨다.

> (가) $f(x)$ 는 $x=-\sqrt{3}$ 과 $x=\sqrt{3}$ 에서 극값을 갖는다.
> (나) $0\le x_1<x_2$ 인 임의의 두 실수 x_1, x_2 에 대하여
> $$f(x_2)-f(x_1)+x_2-x_1\ge 0$$ 이다.

세 수 a, b, c 의 곱 abc 의 최댓값을 $\dfrac{k}{e^3}$ 라 할 때, $60k$ 의 값을 구하시오. [4점]

116   2020학년도 수능 가형

양의 실수 t 에 대하여 곡선 $y=t^3\ln(x-t)$ 가 곡선 $y=2e^{x-a}$ 과 오직 한 점에서 만나도록 하는 실수 a 의 값을 $f(t)$ 라 하자. $\left\{f'\!\left(\dfrac{1}{3}\right)\right\}^2$ 의 값을 구하시오. [4점]

117 2016년 고3 3월 교육청 가형 ⬡⬡⬡⬡⬡

함수 $f(x) = x^2 e^{ax}\,(a<0)$ 에 대하여 부등식 $f(x) \geq t\,(t>0)$ 을 만족시키는 x 의 최댓값을 $g(t)$ 라 정의하자.

함수 $g(t)$ 가 $t = \dfrac{16}{e^2}$ 에서 불연속일 때, $100a^2$ 의 값을 구하시오. (단, $\displaystyle\lim_{x\to\infty} f(x) = 0$) [4점]

---

118 2022학년도 사관학교 미적분 ⬡⬡⬡⬡⬡

최고차항의 계수가 1 인 삼차함수 $f(x)$ 에 대하여 함수

$$g(x) = \begin{cases} f(x) & (0 \leq x \leq 2) \\[2mm] \dfrac{f(x)}{x-1} & (x < 0 \text{ 또는 } x > 2) \end{cases}$$

가 다음 조건을 만족시킨다.

> (가) 함수 $g(x)$ 는 실수 전체의 집합에서 연속이고, $g(2) \neq 0$ 이다.
> (나) 함수 $g(x)$ 가 $x = a$ 에서 미분가능하지 않은 실수 a 의 개수는 1 이다.
> (다) $g(k) = 0$, $g'(k) = \dfrac{16}{3}$ 인 실수 k 가 존재한다.

함수 $g(x)$ 의 극솟값이 p 일 때, p^2 의 값을 구하시오. [4점]

---

119 2021학년도 수능 가형 ⬡⬡⬡⬡⬡

두 상수 $a,\,b\,(a<b)$ 에 대하여 함수 $f(x)$ 를

$$f(x) = (x-a)(x-b)^2$$

이라 하자. 함수 $g(x) = x^3 + x + 1$ 의 역함수 $g^{-1}(x)$ 에 대하여 합성함수 $h(x) = (f \circ g^{-1})(x)$ 가 다음 조건을 만족시킬 때, $f(8)$ 의 값을 구하시오. [4점]

> (가) 함수 $(x-1)\,|h(x)|$ 가 실수 전체의 집합에서 미분가능하다.
> (나) $h'(3) = 2$

---

120 ⬡⬡⬡⬡⬡

상수 a 와 두 함수 $f(x) = x^3 + ax$, $g(x) = |2\cos\pi x + 1|$ 에 대하여 함수 $h(x)$ 를

$$h(x) = (f \circ g)(x)$$

라 하자. 함수 $h(x)$ 가 실수 전체의 집합에서 미분가능할 때, $0 < x < n$ 에서 방정식 $h(x) = 1$ 의 서로 다른 실근의 개수가 22 가 되도록 하는 자연수 n 의 값을 구하시오.

121 2015학년도 수능 B형 ☐☐☐☐☐

함수 $f(x)=e^{x+1}-1$과 자연수 n에 대하여 함수 $g(x)$를

$$g(x)=100\,|f(x)|-\sum_{k=1}^{n}|f(x^k)|$$

이라 하자. $g(x)$가 실수 전체의 집합에서 미분가능하도록 하는 모든 자연수 n의 값의 합을 구하시오. [4점]

122 2017학년도 고3 9월 평가원 가형 ☐☐☐☐☐

최고차항의 계수가 1인 사차함수 $f(x)$와 함수

$$g(x)=|2\sin(x+2|x|)+1|$$

에 대하여 함수 $h(x)=f(g(x))$는 실수 전체의 집합에서 이계도함수 $h''(x)$를 갖고, $h''(x)$는 실수 전체의 집합에서 연속이다. $f'(3)$의 값을 구하시오. [4점]

123 2018학년도 사관학교 가형 ☐☐☐☐☐

함수 $f(x)=x^3+ax^2-ax-a$의 역함수가 존재할 때, $f(x)$의 역함수를 $g(x)$라 하자. 자연수 n에 대하여 $n\times g'(n)=1$을 만족시키는 실수 a의 개수를 a_n이라 할 때, $\displaystyle\sum_{n=1}^{27}a_n$의 값을 구하시오. [4점]

124 2019학년도 고3 9월 평가원 가형 ☐☐☐☐☐

최고차항의 계수가 $\dfrac{1}{2}$이고 최솟값이 0인 사차함수 $f(x)$와 함수 $g(x)=2x^4e^{-x}$에 대하여 합성함수 $h(x)=(f\circ g)(x)$가 다음 조건을 만족시킨다.

> (가) 방정식 $h(x)=0$의 서로 다른 실근의 개수는 4이다.
> (나) 함수 $h(x)$는 $x=0$에서 극소이다.
> (다) 방정식 $h(x)=8$의 서로 다른 실근의 개수는 6이다.

$f'(5)$의 값을 구하시오. (단, $\displaystyle\lim_{x\to\infty}g(x)=0$) [4점]

양수 a 에 대하여 함수 $f(x)$ 는

$$f(x) = \frac{x^2 - ax}{e^x}$$

이다. 실수 t 에 대하여 x 에 대한 방정식

$$f(x) = f'(t)(x-t) + f(t)$$

의 서로 다른 실근의 개수를 $g(t)$ 라 하자.

$g(5) + \lim\limits_{t \to 5} g(t) = 5$ 일 때, $\lim\limits_{t \to k-} g(t) \neq \lim\limits_{t \to k+} g(t)$ 를 만족시키

는 모든 실수 k 의 값의 합은 $\dfrac{q}{p}$ 이다. $p+q$ 의 값을 구하시오.

(단, p 와 q 는 서로소인 자연수이다.) [4점]

실수 전체의 집합에서 정의된 함수 $f(x)$ 는 $0 \leq x < 3$ 일 때 $f(x) = |x-1| + |x-2|$ 이고, 모든 실수 x 에 대하여 $f(x+3) = f(x)$ 를 만족시킨다. 함수 $g(x)$ 를

$$g(x) = \lim_{h \to 0+} \left| \frac{f(2^{x+h}) - f(2^x)}{h} \right|$$

이라 하자. 함수 $g(x)$ 가 $x = a$ 에서 불연속인 a 의 값 중에서 열린구간 $(-5, 5)$ 에 속하는 모든 값을 작은 수부터 크기순으로 나열한 것을 a_1, a_2, $\cdots$, a_n (n 은 자연수)라 할 때, $n + \sum\limits_{k=1}^{n} \dfrac{g(a_k)}{\ln 2}$ 의 값을 구하시오. [4점]

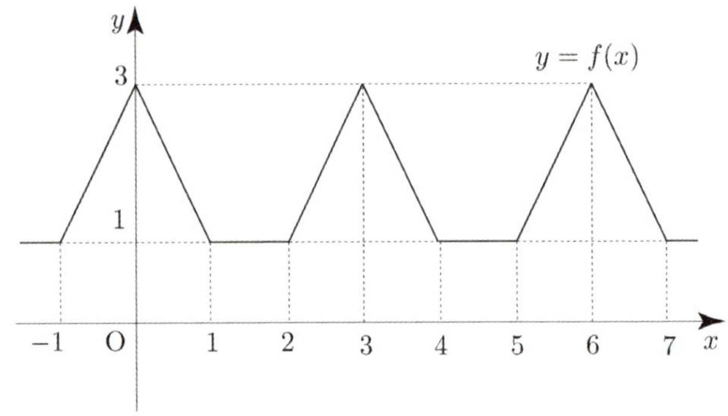

다음 조건을 만족시키는 실수 a, b 에 대하여 ab 의 최댓값을 M, 최솟값을 m 이라 하자.

> 모든 실수 x 에 대하여 부등식
> $$-e^{-x+1} \leq ax + b \leq e^{x-2}$$
> 이 성립한다.

$\left| M \times m^3 \right| = \dfrac{q}{p}$ 일 때, $p+q$ 의 값을 구하시오.

(단, p 와 q 는 서로소인 자연수이다.) [4점]

128 2021학년도 수능 가형

최고차항의 계수가 1인 삼차함수 $f(x)$에 대하여
실수 전체의 집합에서 정의된 함수 $g(x)=f(\sin^2\pi x)$가
다음 조건을 만족시킨다.

> (가) $0<x<1$에서 함수 $g(x)$가 극대가 되는 x의
> 개수가 3이고, 이때 극댓값이 모두 동일하다.
> (나) 함수 $g(x)$의 최댓값은 $\dfrac{1}{2}$이고 최솟값은 0이다.

$f(2)=a+b\sqrt{2}$일 때, a^2+b^2의 값을 구하시오.
(단, a와 b는 유리수이다.) [4점]

129 2019학년도 사관학교 가형

함수 $f(x)=|x^2-x|e^{4-x}$이 있다. 양수 k에 대하여
함수 $g(x)$를
$$g(x)=\begin{cases} f(x) & (f(x)\le kx) \\ kx & (f(x)>kx) \end{cases}$$
라 하자. 구간 $(-\infty,\ \infty)$에서 함수 $g(x)$가 미분가능하지
않은 x의 개수를 $h(k)$라 할 때, 〈보기〉에서 옳은 것만을
있는 대로 고른 것은? [4점]

> ───── 〈보기〉 ─────
> ㄱ. $k=2$일 때, $g(2)=4$이다.
> ㄴ. 함수 $h(k)$의 최댓값은 4이다.
> ㄷ. $h(k)=2$를 만족시키는 k의 값의 범위는
> $e^2\le k<e^4$이다.

① ㄱ
② ㄱ, ㄴ
③ ㄱ, ㄷ
④ ㄴ, ㄷ
⑤ ㄱ, ㄴ, ㄷ

130 2022학년도 수능예비시행 미적분

두 양수 $a,\ b(b<1)$에 대하여 함수 $f(x)$를
$$f(x)=\begin{cases} -x^2+ax & (x\le 0) \\ \dfrac{\ln(x+b)}{x} & (x>0) \end{cases}$$
이라 하자. 양수 m에 대하여 직선 $y=mx$와
함수 $y=f(x)$의 그래프가 만나는 서로 다른 점의 개수를
$g(m)$이라 할 때, 함수 $g(m)$은 다음 조건을 만족시킨다.

> $\lim\limits_{m\to\alpha-}g(m)-\lim\limits_{m\to\alpha+}g(m)=1$을 만족시키는 양수 α가
> 오직 하나 존재하고, 이 α에 대하여 점 $(b,\ f(b))$는
> 직선 $y=\alpha x$와 곡선 $y=f(x)$의 교점이다.

$ab^2=\dfrac{q}{p}$일 때, $p+q$의 값을 구하시오. (단, p와 q는
서로소인 자연수이고, $\lim\limits_{x\to\infty}f(x)=0$이다.) [4점]

131 2018학년도 고3 9월 평가원 가형

함수 $f(x)=\ln(e^x+1)+2e^x$에 대하여 이차함수 $g(x)$와
실수 k는 다음 조건을 만족시킨다.

> 함수 $h(x)=|g(x)-f(x-k)|$는 $x=k$에서 최솟값
> $g(k)$를 갖고, 닫힌구간 $[k-1,\ k+1]$에서 최댓값
> $2e+\ln\left(\dfrac{1+e}{\sqrt{2}}\right)$를 갖는다.

$g'\left(k-\dfrac{1}{2}\right)$의 값을 구하시오. (단, $\dfrac{5}{2}<e<3$이다.) [4점]

좌표평면에서 $x \geq 0$인 영역과 곡선 $y = |e^x - 2|$의 경계를 포함한 위쪽 영역의 공통영역을 D라 하자.

양의 실수 t에 대하여 영역 D의 서로 다른 네 점을 꼭짓점으로 하는 정사각형 A가 다음 조건을 만족시킨다.

> (가) 정사각형 A의 한 변의 길이는 t이다.
> (나) 정사각형 A의 한 변은 x축과 평행하다.

정사각형 A의 두 대각선의 교점의 y좌표의 최솟값을 $f(t)$라 할 때, $f'(\ln 2) + f'(\ln 5) = \dfrac{q}{p}$이다. $p+q$의 값을 구하시오. (단, p, q는 서로소인 자연수이다.) [4점]

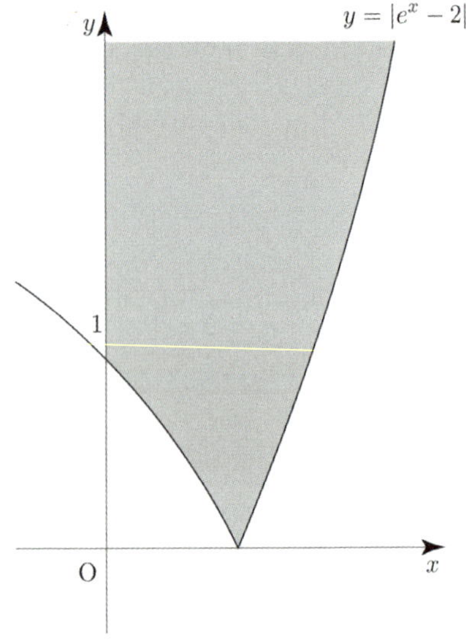

양수 t에 대하여 구간 $[1, \infty)$에서 정의된 함수 $f(x)$가

$$f(x) = \begin{cases} \ln x & (1 \leq x < e) \\ -t + \ln x & (x \geq e) \end{cases}$$

일 때, 다음 조건을 만족시키는 일차함수 $g(x)$ 중에서 직선 $y = g(x)$의 기울기의 최솟값을 $h(t)$라 하자.

> 1 이상의 모든 실수 x에 대하여
> $(x - e)\{g(x) - f(x)\} \geq 0$이다.

미분가능한 함수 $h(t)$에 대하여 양수 a가 $h(a) = \dfrac{1}{e+2}$을 만족시킨다. $h'\left(\dfrac{1}{2e}\right) \times h'(a)$의 값은? [4점]

① $\dfrac{1}{(e+1)^2}$

② $\dfrac{1}{e(e+1)}$

③ $\dfrac{1}{e^2}$

④ $\dfrac{1}{(e-1)(e+1)}$

⑤ $\dfrac{1}{e(e-1)}$

134 2023학년도 수능 미적분 ☐☐☐☐☐

최고차항의 계수가 양수인 삼차함수 $f(x)$ 와
함수 $g(x) = e^{\sin \pi x} - 1$ 에 대하여 실수 전체의 집합에서
정의된 합성함수 $h(x) = g(f(x))$ 가 다음 조건을 만족시킨다.

> (가) 함수 $h(x)$ 는 $x = 0$ 에서 극댓값 0 을 갖는다.
> (나) 열린구간 $(0, 3)$ 에서 방정식 $h(x) = 1$ 의
> 서로 다른 실근의 개수는 7 이다.

$f(3) = \dfrac{1}{2}$, $f'(3) = 0$ 일 때, $f(2) = \dfrac{q}{p}$ 이다. $p + q$ 의 값을
구하시오. (단, p 와 q 는 서로소인 자연수이다.) [4점]

135 2019학년도 수능 가형 ☐☐☐☐☐

최고차항의 계수가 6π 인 삼차함수 $f(x)$ 에 대하여 함수
$g(x) = \dfrac{1}{2 + \sin(f(x))}$ 이 $x = \alpha$ 에서 극대 또는 극소이고,
$\alpha \geq 0$ 인 모든 α 를 작은 수부터 크기순으로 나열한 것을
α_1, α_2, α_3, α_4, α_5, $\cdots$ 라 할 때, $g(x)$ 는 다음 조건을
만족시킨다.

> (가) $\alpha_1 = 0$ 이고 $g(\alpha_1) = \dfrac{2}{5}$ 이다.
> (나) $\dfrac{1}{g(\alpha_5)} = \dfrac{1}{g(\alpha_2)} + \dfrac{1}{2}$

$g'\left(-\dfrac{1}{2}\right) = a\pi$ 라 할 때, a^2 의 값을 구하시오.

(단, $0 < f(0) < \dfrac{\pi}{2}$) [4점]

136 2019학년도 고3 6월 평가원 가형 ☐☐☐☐☐

열린구간 $\left(-\dfrac{\pi}{2},\ \dfrac{3\pi}{2}\right)$ 에서 정의된 함수

$$f(x) = \begin{cases} 2\sin^3 x & \left(-\dfrac{\pi}{2} < x < \dfrac{\pi}{4}\right) \\[2mm] \cos x & \left(\dfrac{\pi}{4} \leq x < \dfrac{3\pi}{2}\right) \end{cases}$$

가 있다. 실수 t 에 대하여 다음 조건을 만족시키는 모든
실수 k 의 개수를 $g(t)$ 라 하자.

> (가) $-\dfrac{\pi}{2} < k < \dfrac{3\pi}{2}$
> (나) 함수 $\sqrt{|f(x) - t|}$ 는 $x = k$ 에서 <u>미분가능하지 않다</u>.

함수 $g(t)$ 에 대하여 합성함수 $(h \circ g)(t)$ 가 실수 전체의
집합에서 연속이 되도록 하는 최고차항의 계수가 1 인
사차함수 $h(x)$ 가 있다. $g\left(\dfrac{\sqrt{2}}{2}\right) = a$, $g(0) = b$, $g(-1) = c$ 라
할 때, $h(a+5) - h(b+3) + c$ 의 값은? [4점]

① 96   ② 97   ③ 98

④ 99   ⑤ 100

실수 t에 대하여 실수의 부분집합인 집합 A는

$$A = \{\alpha \mid \text{모든 실수 } x \text{에 대하여}$$
$$-e^{-x+t}+1 \le \alpha(x-1) \le e^x \text{이 성립한다.}\}$$

이다. $e^2 \in A$, $a \in A$일 때, 두 직선

$y = e^2(x-1)$, $y = a(x-1)$ 가 이루는 각의 크기를

$\theta \left(0 \le \theta < \dfrac{\pi}{2} \right)$ 라 하자. $\tan\theta \le \dfrac{e^4-1}{2e^2}$ 를 만족시키는

실수 t의 최솟값을 m, 최댓값을 M이라 할 때,

$M - m = e^p - e^q + r$ 이다. $p - 2q - 3r$ 의 값을 구하시오.

(단, p, q, r은 정수이다.)

$x > 0$ 에서 함수 $f(x)$ 가 다음 조건을 만족시킨다.

> (가) $f(x) = a(\ln x)^2 + b$
>   (단, a 는 상수이고 b 는 정수이다.)
> (나) $f'(x)$ 의 최댓값이 $\dfrac{2}{e}$ 이다.

방정식 $f(k) = \dfrac{2}{e}k$ 를 만족하는 k 가 $\dfrac{1}{e} < k < e^2$ 을

만족시킬 때, $\sqrt{k^2 + \{f(k)\}^2}$ 의 최댓값은?

① $\sqrt{e^2+4}$ ② $\sqrt{e^2+5}$ ③ $\sqrt{e^2+6}$

④ $\sqrt{e^2+2e+4}$ ⑤ $\sqrt{e^2+2e+6}$

함수 $f(x) = (x^2+1)e^{-|x|} - \dfrac{2}{e}$ 에 대하여 $g(x)$ 의 도함수

$g'(x)$ 는

$$g'(x) = \begin{cases} f(x) & (f(x) \ge k) \\[2mm] 2k - f(x) & (f(x) < k) \end{cases}$$

이다. $g(x)$ 가 다음 조건을 만족시킬 때, 실수 k 의

최댓값은?

> (가) $1 < x_1 < x_2$ 인 임의의 두 실수 x_1, x_2 에 대하여
> $g(x_2) < g(x_1)$ 이다.
> (나) $x_3 < x_4 < -1$ 인 임의의 두 실수 x_3, x_4 에 대하여
> $g(x_4) < g(x_3)$ 이다.

① $-\dfrac{1}{2e}$ ② $\dfrac{e-1}{e}$ ③ $-\dfrac{2}{3e}$

④ $-\dfrac{1}{e}$ ⑤ $-\dfrac{3}{2e}$

함수 $f(x) = e^{(|x|-m)^2}$ 에 대하여 연속함수 $g(x)$ 의

도함수 $g'(x)$ 는

$$g'(x) = f(x) - f(2m-x)$$

이다. 모든 실수 x 에 대하여 $g(x) \ge g(a)$ 이 되도록

하는 실수 a 의 최댓값이 3 일 때, $\ln \dfrac{f(6)}{f(1)}$ 의 값을

구하시오. (단, m 은 상수이다.)

141

상수 $k\,(k>0)$ 에 대하여 함수 $f(x)$ 의
이계도함수 $f''(x)$ 가

$$f''(x)=\begin{cases} kx & \left(|x|\le \dfrac{1}{\sqrt{k}}\right) \\[4mm] \dfrac{1}{x} & \left(|x|>\dfrac{1}{\sqrt{k}}\right) \end{cases}$$

일 때, $f(x)$ 의 역함수 $g(x)$ 가 다음 조건을 만족시킨다.

> (가) 함수 $g(x)$ 는 $x=\dfrac{1}{6}$ 에서만 미분가능하지 않다.
>
> (나) $g\left(\dfrac{1}{3}\right)=\dfrac{1}{\sqrt{k}}$

$f(-2)+f\left(\dfrac{1}{2}\right)=a+\ln b$ 이다. $16(a+b)$ 의 값을 구하시오.
(단, a, b 는 유리수이다.)

142

정의역이 $\{x\,|\,0\le x\le \pi\}$ 인 함수 $f(x)=\sin 2x+2x\cos 2x$ 에 대하여 〈보기〉에서 옳은 것만을 있는 대로 고른 것은?

> ───── 〈보기〉 ─────
>
> ㄱ. $f\left(\dfrac{\pi}{4}\right)+f\left(\dfrac{3}{4}\pi\right)=0$
>
> ㄴ. $f'(a)=0$ 이면 $\tan 2a=\dfrac{1}{a}$ 이다.
>
> ㄷ. 닫힌구간 $[0,\,\pi]$ 에서 방정식 $|f(x)|=1$ 의
> 　 서로 다른 실근의 개수는 5 이다.

① ㄴ　　　　② ㄷ　　　　③ ㄱ, ㄴ

④ ㄱ, ㄷ　　　⑤ ㄱ, ㄴ, ㄷ

143

최고차항의 계수가 양수이고, $f(0)=0$, $f(1)>0$ 인
이차함수 $f(x)$ 에 대하여 함수 $g(x)=\dfrac{f(x)}{x-1}$ $(x>1)$ 가
다음 조건을 만족시킨다.

> (가) $x>1$ 인 모든 실수 x 에 대하여
> 　 $a<\dfrac{g(x)-f(1)}{x}$ 를 만족시키는 실수 a 의
> 　 최댓값은 $2m$ 이다.
> (나) $x>1$ 인 모든 실수 x 에 대하여 $g'(x)<b$ 를
> 　 만족시키는 실수 b 의 최솟값은 m^2 이다.
> (다) $g'(2)$ 는 자연수이다.

서로 다른 모든 $g(2)$ 의 값의 합은?

① 30　　　　② 32　　　　③ 34

④ 36　　　　⑤ 38

144

실수 k 에 대하여 함수 $f_k(x)$ 는

$$f_k(x)=e^{2x}-|e^x-k|$$

이다. 함수 $f_k(x)$ 가 모든 실수 x 에 대하여
$f_k(x)\ge f_k(-\ln 2)$ 이 되도록 하는 실수 k 의 최댓값을 n 이
라 할 때, 방정식 $f_n(x)=a$ 는 서로 다른 두 실근을 갖는다.
$\dfrac{1}{a}$ 의 값을 구하시오.

함수 $f(x)$ 가

$$f(x) = \begin{cases} (x-a-2)^2 e^x & (x \geq a) \\ e^{2a}(x-a)+4e^a & (x < a) \end{cases}$$

일 때, 실수 t 에 대하여 $f(x)=t$ 를 만족시키는 x 의 최솟값을 $g(t)$ 라 하자.

함수 $g(t)$ 가 $t=12$ 에서만 불연속일 때, $\dfrac{g'(f(a+2))}{g'(f(a+6))}$ 의 값은? (단, a 는 상수이다.) [4점]

① $6e^4$　　② $9e^4$　　③ $12e^4$

④ $8e^6$　　⑤ $10e^6$

양수 k 에 대하여 함수 $f(x)$ 를

$$f(x) = (k-|x|)e^{-x}$$

이라 하자. 실수 전체의 집합에서 미분가능하고 다음 조건을 만족시키는 모든 함수 $F(x)$ 에 대하여 $F(0)$ 의 최솟값을 $g(k)$ 라 하자.

> 모든 실수 x 에 대하여 $F'(x)=f(x)$ 이고 $F(x) \geq f(x)$ 이다.

$g\left(\dfrac{1}{4}\right)+g\left(\dfrac{3}{2}\right)=pe+q$ 일 때, $100(p+q)$ 의 값을 구하시오.

(단, $\displaystyle\lim_{x \to \infty} xe^{-x}=0$ 이고, p 와 q 는 유리수이다.) [4점]

두 실수 a, b 에 대하여 x 에 대한 방정식 $x^2+ax+b=0$ 의 두 근을 α, β 라 하자. $(\alpha-\beta)^2=\dfrac{34}{3}\pi$ 일 때,

함수 $f(x)=\sin(x^2+ax+b)$ 가 $x=c$ 에서 극값을 갖도록 하는 c 의 값 중에서 열린구간 (α, β) 에 속하는 모든 값을 작은 수부터 크기순으로 나열한 것을 c_1, c_2, $\cdots$, c_n (n 은 자연수)라 하자.

$(1-n) \times \displaystyle\sum_{k=1}^{n} f(c_k)$ 의 값을 구하시오. (단, $\alpha < \beta$) [4점]

두 상수 $a(1 \leq a \leq 2)$, b 에 대하여 함수 $f(x)=\sin(ax+b+\sin x)$ 가 다음 조건을 만족시킨다.

> (가) $f(0)=0$, $f(2\pi)=2\pi a+b$
> (나) $f'(0)=f'(t)$ 인 양수 t 의 최솟값은 4π 이다.

함수 $f(x)$ 가 $x=\alpha$ 에서 극대인 α 의 값 중 열린구간 $(0, 4\pi)$ 에 속하는 모든 값의 집합을 A 라 하자. 집합 A 의 원소의 개수를 n, 집합 A 의 원소 중 가장 작은 값을 α_1 이라 하면, $n\alpha_1-ab=\dfrac{q}{p}\pi$ 이다. $p+q$ 의 값을 구하시오.

(단, p 와 q 는 서로소인 자연수이다.) [4점]

149

음의 실수 k에 대하여 최고차항의 계수가 1인 삼차함수 $f(x)$가 다음 조건을 만족시킨다.

> (가) 함수 $\ln|f(x)|$는 $x \neq k$인 모든 실수에서 정의된다.
> (나) 함수 $\ln|f(x)|$ $(k < x)$의 역함수를 $g(x)$라 할 때, $g(x)$는 $x = 0$에서 미분이 불가능하다.

$\dfrac{10}{g'(\ln 2)}$의 값을 구하시오.

150

최고차항의 계수가 $\dfrac{\pi}{8}$인 삼차함수 $f(x)$가 다음 조건을 만족시킨다.

> (가) $\displaystyle\lim_{x \to k} \dfrac{\sin\{f(x)\} - f(k)}{x - k + f(x)} = \dfrac{k(2-\pi)}{\pi}$ $(k = 0,\ 1)$
> (나) 방정식 $|f(x)| = f(1)$는 오직 서로 다른 세 실근만을 갖는다.

$f(2)$의 값은?

① π ② $\dfrac{3}{2}\pi$ ③ 2π

④ $\dfrac{5}{2}\pi$ ⑤ 3π

151

실수 $t\ (0 < t < 8)$와 함수 $f(x) = 4\,|x^2 + x|$에 대하여 집합 S는

$$S = \left\{ x \mid f(\cos x) = t,\ 0 < x < \dfrac{9}{2}\pi \right\}$$

이다. S의 모든 원소들의 합을 $g(t)$라 하자. 상수 $a, b\ (b \neq 0)$에 대하여 함수 $g(t)$는 다음 조건을 만족시킨다.

> $g(a) + \displaystyle\lim_{t \to a-} g(t) = b\pi + \lim_{t \to a+} 2g(t)$

$\dfrac{1}{\left\{ g'\left(\dfrac{ab}{8} \right) \right\}^2}$의 값을 구하시오.

152

실수 k와 최고차항의 계수가 1인 삼차함수 $f(x)$에 대하여 함수

$$g(x) = 1 + \cos\{f(x-k)\}$$

가 다음 조건을 만족시킨다.

> (가) 함수 $g(x)$는 $x = k$에서 극댓값 1을 갖는다.
> (나) $f(0) = f(3),\ -20\pi < f(0) < 20\pi$

서로 다른 모든 $f(4)$의 값의 합은 $a + b\pi$이다. $a + b$의 값을 구하시오. (단, a와 b는 유리수이다.)

구간 $[0, 2)$ 에서 정의된 함수 $f(x)$ 가 모든 자연수 n 에 대하여

$$f(x) = \sin\left(2^{n-1}\pi x\right) \quad \left(2 - 2^{-n+2} \leq x < 2 - 2^{-n+1}\right)$$

이다. 상수 $a\,(a \neq 0)$ 와 자연수 k 에 대하여 함수 $g(x)$ 는

$$g(x) = -\frac{(x-a)^2}{256\,e^x} + \frac{k}{64}$$

이다. 다음 조건을 만족시키는 모든 자연수 k의 개수를 구하시오.

> 함수 $g(f(x))$, $f(g(x-2))$ 는 열린구간 $(0, 2)$ 에서 미분가능하다.

실수 전체의 집합에서 연속인 함수 $h(x)$ 에 대하여 닫힌구간 $[0, 4]$ 에서 정의된 함수

$$f(x) = \begin{cases} 2 & (0 \leq x < 1) \\ 1 + \sqrt{2x - x^2} & (1 \leq x \leq 2) \\ h(x) - x & (2 < x \leq 3) \\ h(3) - 3 & (3 < x \leq 4) \end{cases}$$

가 있다. $2 < t < 2 + \sqrt{2}$ 인 실수 t 에 대하여 방정식 $f(x) = t - x$ $(0 \leq x \leq 4)$ 을 만족시키는 모든 실수 x 의 합을 $g(t)$ 라 하자.

함수 $h(x)$, $g(t)$ 가 다음 조건을 만족시킬 때, $h(3) \times h\left(\dfrac{8}{3}\right) \times h'\left(\dfrac{8}{3}\right)$ 의 값을 구하시오.

> (가) 열린구간 $(2, 3)$ 에서 $h'(x) > 1$ 이다.
>
> (나) $g(3) = 2g\left(\dfrac{7}{3}\right) = 6$
>
> (다) $\displaystyle\lim_{t \to 3+} \frac{g(t)\,g'\left(\dfrac{7}{3}\right) - 6g'\left(\dfrac{7}{3}\right)}{t - 3} = 3$

155

자연수 n에 대하여 함수 $f_n(x)$는

$$f_n(x) = e^{x^n} - e\,x^n$$

이다. $g(x) = \displaystyle\sum_{n=1}^{10} |f_n(x) - f_n(0)|$ 에 대하여 집합 A는

$$A = \left\{ a \,\middle|\, \lim_{x \to a-} \frac{g(x)-g(a)}{x-a} \neq \lim_{x \to a+} \frac{g(x)-g(a)}{x-a} \right\}$$

이다. $a \in A$ 인 a를 작은 수부터 크기순으로 나열하면

a_1, a_2, a_3, $\cdots$, a_m (m은 자연수)이다.

방정식 $\dfrac{f_{10}(a_p) - f_{10}(a_q)}{a_p - a_q} = f_{10}{}'(m-17)$ 을 만족시키는

m 이하의 두 자연수 p, q의 모든 순서쌍 $(p,\ q)$의 개수는?

(단, $p \neq q$ 이다.)

① 12 ② 14 ③ 16

④ 18 ⑤ 20

156

상수 $k\,(k<0)$에 대하여 함수 $f(x)$를

$$f(x) = \begin{cases} |k + \ln x| & (x \geq 1) \\[2mm] |k + \ln(2-x)| & (x < 1) \end{cases}$$

이라 하고, 양의 실수 t에 대하여 방정식 $t = f(x)$의

실근들 중 서로 다른 임의의 두 실근을 α, β라 할 때,

세 점 $(\alpha,\ f(\alpha))$, $(\beta,\ f(\beta))$, $(0,\ 0)$을 꼭짓점으로 하는

삼각형의 넓이의 최솟값을 $g(t)$라 하자.

상수 p에 대하여 함수 $g(t)$가 다음 조건을 만족시킨다.

> (가) $\displaystyle\lim_{t \to f(1)+} \frac{g(t)}{t} = 3$
>
> (나) 함수 $\dfrac{g(t)}{t}$는 극댓값 p를 갖는다.

$e^{-k} \times p = \dfrac{2}{3}\left(\sqrt{a} - b\right)$ 이다. $a+b$의 값을 구하시오.

(단, a와 b는 자연수이다.)

적분법

규토 라이트 N제

적분법

Guide step

개념 익히기편

1. 여러 가지 적분법

01 여러 가지 함수의 적분

성취 기준 – 여러 가지 함수의 부정적분과 정적분을 구할 수 있다.

개념 파악하기 **(1) 함수 $y = x^n$ (n 은 실수)은 어떻게 적분할까?**

함수 $y = x^n$ (n 은 실수)의 부정적분

다항함수의 부정적분과 미분의 관계에서 n 이 양의 정수일 때,

$\left(\dfrac{1}{n+1} x^{n+1} \right)' = x^n$ 이므로 $\displaystyle\int x^n dx = \dfrac{1}{n+1} x^{n+1} + C$ (C는 적분상수) 임을 학습하였다.

이제 n 이 실수일 때, 함수 $y = x^n$ 의 부정적분에 대하여 알아보자.

① $n \neq -1$ 일 때

$\left(\dfrac{1}{n+1} x^{n+1} \right)' = x^n$ 이므로 $\displaystyle\int x^n dx = \dfrac{1}{n+1} x^{n+1} + C$

② $n = -1$ 일 때

$(\ln |x|)' = \dfrac{1}{x} = x^{-1}$ 이므로 $\displaystyle\int x^{-1} dx = \int \dfrac{1}{x} dx = \ln |x| + C$

함수 $y = x^n$ (n 은 실수)의 부정적분 요약

① $n \neq -1$ 일 때, $\displaystyle\int x^n dx = \dfrac{1}{n+1} x^{n+1} + C$

② $n = -1$ 일 때, $\displaystyle\int x^{-1} dx = \int \dfrac{1}{x} dx = \ln |x| + C$

Tip 1 $\displaystyle\int x^n dx = \dfrac{1}{n+1} x^{n+1} + C$ (C는 적분상수)에서 $n \neq -1$ 임에 유의하자.

Tip 2 함수 $y = \dfrac{1}{x}$ 은 $x = 0$ 을 제외한 실수 전체의 집합에서 정의되므로 부정적분 $\displaystyle\int \dfrac{1}{x} dx$ 도 마찬가지로 $x = 0$ 을 제외한 실수 전체의 집합에서 정의될 수 있다. 그러나 함수 $y = \ln x$ 는 양의 실수 전체의 집합에서 정의된 함수이므로 그 도함수는 $y' = \dfrac{1}{x}$ $(x > 0)$ 이다.

따라서 $\displaystyle\int \dfrac{1}{x} dx = \ln x + C$ (C는 적분상수)가 아니라 $\displaystyle\int \dfrac{1}{x} dx = \ln |x| + C$ (C는 적분상수)임에 유의하자.

$\displaystyle\int \dfrac{1}{x} dx = \ln |x| + C$ (C는 적분상수)는 다음과 같이 나타낼 수 있다.

$\displaystyle\int \dfrac{1}{x} dx = \begin{cases} \ln x + C_1 & (x > 0) \\ \ln(-x) + C_2 & (x < 0) \end{cases}$ $(C_1, \ C_2$는 적분상수)

예제 1

다음 부정적분을 구하시오.

(1) $\displaystyle\int\left(\sqrt{x}-\frac{1}{\sqrt{x}}\right)dx$

(2) $\displaystyle\int\frac{3x-4}{x^2}dx$

풀이

(1) $\displaystyle\int\left(\sqrt{x}-\frac{1}{\sqrt{x}}\right)dx=\int\sqrt{x}\,dx-\int\frac{1}{\sqrt{x}}dx=\int x^{\frac{1}{2}}dx-\int x^{-\frac{1}{2}}dx$

$$=\frac{2}{3}x^{\frac{3}{2}}-2x^{\frac{1}{2}}+C=\frac{2}{3}x\sqrt{x}-2\sqrt{x}+C$$

(2) $\displaystyle\int\frac{3x-4}{x^2}dx=\int\left(\frac{3}{x}-\frac{4}{x^2}\right)dx=3\int\frac{1}{x}dx-4\int x^{-2}dx$

$$=3\ln|x|+4x^{-1}+C=3\ln|x|+\frac{4}{x}+C$$

Tip 1 유리함수나 무리함수는 x^n 꼴로 변형하여 부정적분을 구하면 된다.

Tip 2 적분보다는 미분이 쉽기 때문에 부정적분을 다시 미분하여 올바르게 부정적분을 구했는지 검산할 수 있다.

개념 확인문제 1 다음 부정적분을 구하시오.

(1) $\displaystyle\int\sqrt[5]{x^2}\,dx$

(2) $\displaystyle\int\left(\sqrt[3]{x}+\frac{2}{x^5}\right)dx$

(3) $\displaystyle\int\frac{3x^3+5x-2}{x^2}dx$

(4) $\displaystyle\int\frac{(\sqrt{x}+1)^2}{x}dx$

지수함수의 부정적분

지수함수의 도함수를 이용하여 지수함수의 부정적분을 구하여 보자.

① $(e^x)' = e^x$ 이므로 $\displaystyle\int e^x dx = e^x + C$

② $(a^x)' = a^x \ln a \ (a > 0,\ a \neq 1)$ 이므로 $\displaystyle\int a^x dx = \dfrac{a^x}{\ln a} + C$

지수함수의 부정적분 요약

① $\displaystyle\int e^x dx = e^x + C$

② $\displaystyle\int a^x dx = \dfrac{a^x}{\ln a} + C$ (단, $a > 0,\ a \neq 1$)

> **Tip** $\displaystyle\int a^x dx = \dfrac{a^x}{\ln a} + C$ (단, $a > 0,\ a \neq 1$)에 $a = e$를 대입하면 $\displaystyle\int e^x dx = \dfrac{e^x}{\ln e} + C = e^x + C$

예제 2

다음 부정적분을 구하시오.

(1) $\displaystyle\int e^{x+2} dx$

(2) $\displaystyle\int \dfrac{9^x - 1}{3^x + 1} dx$

풀이

(1) $\displaystyle\int e^{x+2} dx = \int e^x \times e^2 dx = e^2 \int e^x dx = e^2 \times e^x + C = e^{x+2} + C$

(2) $\displaystyle\int \dfrac{9^x - 1}{3^x + 1} dx = \int \dfrac{3^{2x} - 1}{3^x + 1} dx = \int \dfrac{(3^x + 1)(3^x - 1)}{3^x + 1} dx = \int (3^x - 1) dx = \dfrac{3^x}{\ln 3} - x + C$

개념 확인문제 2 다음 부정적분을 구하시오.

(1) $\displaystyle\int (e^{x-1} - 2^{x+1}) dx$

(2) $\displaystyle\int (2^x + 1)^2 dx$

개념 확인문제 3 곡선 $y = f(x)$ 위의 점 $(x,\ f(x))$에서의 접선의 기울기가 $e^x + 6x^2$ 이고, 이 곡선이 점 $(0,\ 2)$를 지날 때, $f(x)$를 구하시오.

개념 파악하기　(3) 삼각함수는 어떻게 적분할까?

삼각함수의 부정적분

삼각함수의 도함수를 이용하여 삼각함수의 부정적분을 구하여 보자.

① $(\cos x)' = -\sin x$ 이므로 $\displaystyle\int \sin x\,dx = -\cos x + C$　② $(\sin x)' = \cos x$ 이므로 $\displaystyle\int \cos x\,dx = \sin x + C$

③ $(\tan x)' = \sec^2 x$ 이므로 $\displaystyle\int \sec^2 x\,dx = \tan x + C$　④ $(\cot x)' = -\csc^2 x$ 이므로 $\displaystyle\int \csc^2 x\,dx = -\cot x + C$

⑤ $(\sec x)' = \sec x \tan x$ 이므로 $\displaystyle\int \sec x \tan x\,dx = \sec x + C$

⑥ $(\csc x)' = -\csc x \cot x$ 이므로 $\displaystyle\int \csc x \cot x\,dx = -\csc x + C$

삼각함수의 부정적분 요약

① $\displaystyle\int \sin x\,dx = -\cos x + C$　　② $\displaystyle\int \cos x\,dx = \sin x + C$

③ $\displaystyle\int \sec^2 x\,dx = \tan x + C$　　④ $\displaystyle\int \csc^2 x\,dx = -\cot x + C$

⑤ $\displaystyle\int \sec x \tan x\,dx = \sec x + C$　　⑥ $\displaystyle\int \csc x \cot x\,dx = -\csc x + C$

Tip 1　삼각함수의 부정적분에서는 부호에 유의하도록 하자.

특히, $\displaystyle\int \sin x\,dx = -\cos x + C$ 와 $\displaystyle\int \cos x\,dx = \sin x + C$ 임에 유의하자.

Tip 2　삼각함수의 부정적분을 구할 때에는 다음과 같은 삼각함수 사이의 관계를 이용하여 주어진 삼각함수를 적분하기 쉬운 꼴로 변형한 뒤 적분한다.

$$\tan x = \frac{\sin x}{\cos x},\ \csc x = \frac{1}{\sin x},\ \sec x = \frac{1}{\cos x},\ \cot x = \frac{1}{\tan x}$$

$$\sin^2 x + \cos^2 x = 1,\ 1 + \tan^2 x = \sec^2 x,\ 1 + \cot^2 x = \csc^2 x$$

예제 3

다음 부정적분을 구하시오.

(1) $\displaystyle\int (\sin x + 2\cos x)\,dx$　　　　(2) $\displaystyle\int \frac{\cos^3 x - 5}{\cos^2 x}\,dx$

풀이

(1) $\displaystyle\int (\sin x + 2\cos x)\,dx = -\cos x + 2\sin x + C$

(2) $\displaystyle\int \frac{\cos^3 x - 5}{\cos^2 x}\,dx = \int (\cos x - 5\sec^2 x)\,dx = \sin x - 5\tan x + C$

 4   다음 부정적분을 구하시오.

(1) $\displaystyle\int (3\cos x - 5\sin x)\,dx$

(2) $\displaystyle\int \frac{\sin^2 x - \cos^2 x}{\sin^2 x \cos^2 x}\,dx$

예제 4

다음 부정적분을 구하시오.

(1) $\displaystyle\int \tan^2 x\,dx$

(2) $\displaystyle\int \frac{\sin^2 x}{1 + \cos x}\,dx$

풀이

(1) $1 + \tan^2 x = \sec^2 x \ \Rightarrow\ \tan^2 x = \sec^2 x - 1$ 이므로

$$\int \tan^2 x\,dx = \int (\sec^2 x - 1)\,dx = \tan x - x + C$$

(2) $\sin^2 x + \cos^2 x = 1 \ \Rightarrow\ \sin^2 x = 1 - \cos^2 x$ 이므로

$$\int \frac{\sin^2 x}{1 + \cos x}\,dx = \int \frac{1 - \cos^2 x}{1 + \cos x}\,dx = \int \frac{(1 - \cos x)(1 + \cos x)}{1 + \cos x}\,dx = \int (1 - \cos x)\,dx = x - \sin x + C$$

---

 5   다음 부정적분을 구하시오.

(1) $\displaystyle\int \frac{1}{1 - \sin^2 x}\,dx$

(2) $\displaystyle\int \cot^2 x\,dx$

 6   함수 $f(x)$ 에 대하여 $f'(x) = \dfrac{1}{1 - \sin x}$, $f\left(\dfrac{\pi}{3}\right) = \sqrt{3}$ 를 만족시킬 때,

함수 $f(x)$ 를 구하시오.

 (4) 여러 가지 함수의 정적분은 어떻게 구할까?

여러 가지 함수의 정적분

임의의 실수 a, b를 포함하는 구간에서 연속인 함수 $f(x)$의 한 부정적분을 $F(x)$라 하면

a에서 b까지의 정적분은 $\displaystyle\int_a^b f(x)\,dx = \Big[F(x)\Big]_a^b = F(b) - F(a)$ 이다.

이때, 다음이 성립한다.

$$\int_a^a f(x)\,dx = 0, \quad \int_a^b f(x)\,dx = -\int_b^a f(x)\,dx$$

예제 5

다음 정적분의 값을 구하시오.

(1) $\displaystyle\int_1^2 \frac{1}{x^2}\,dx$

(2) $\displaystyle\int_0^\pi \sin x\,dx$

풀이

(1) $\displaystyle\int_1^2 \frac{1}{x^2}\,dx = \left[-\frac{1}{x}\right]_1^2 = -\frac{1}{2} - (-1) = \frac{1}{2}$

(2) $\displaystyle\int_0^\pi \sin x\,dx = \Big[-\cos x\Big]_0^\pi = -\cos\pi - (-\cos 0) = 1 - (-1) = 2$

Tip 함수 $y = \sin x\,(0 < x < \pi)$의 그래프와 x축으로 둘러싸인 부분의 넓이는 2이다. 잘 나오는 편이니 기억해 두도록 하자.

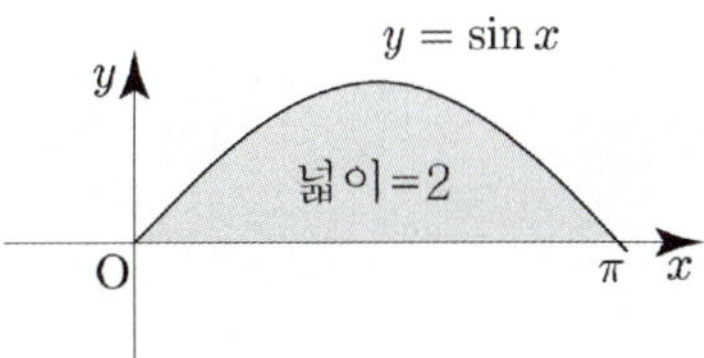

 7 다음 정적분의 값을 구하시오.

(1) $\displaystyle\int_1^{e^2}\left(\frac{3}{x} + x\sqrt{x}\right)dx$

(2) $\displaystyle\int_0^{\frac{\pi}{4}} \sec^2 x\,dx$

(3) $\displaystyle\int_1^2 3^x\,dx$

(4) $\displaystyle\int_0^{\frac{\pi}{6}} \frac{4 - \sin^2 x}{2 + \sin x}\,dx$

정적분 $\displaystyle\int_0^2 (e^x-1)^2 dx - \int_0^2 (e^x+1)^2 dx$ 의 값을 구하시오.

풀이

$$\int_0^2 (e^x-1)^2 dx - \int_0^2 (e^x+1)^2 dx = \int_0^2 \{(e^x-1)^2 - (e^x+1)^2\} dx = \int_0^2 \{(e^{2x}-2e^x+1)-(e^{2x}+2e^x+1)\} dx$$

$$= -4\int_0^2 e^x dx = -4\Big[e^x\Big]_0^2 = -4(e^2-1)$$

개념 확인문제 8 다음 정적분의 값을 구하시오.

(1) $\displaystyle\int_0^{\frac{\pi}{2}} (1+\cos x)^2 dx + \int_0^{\frac{\pi}{2}} (1+\sin x)^2 dx$

(2) $\displaystyle\int_9^{16} \frac{x-1}{\sqrt{x}+1} dx + \int_9^{16} \frac{x-1}{\sqrt{x}-1} dx$

정적분 $\displaystyle\int_0^{\pi} |\cos x| dx$ 의 값을 구하시오.

풀이

$0 \leq x \leq \dfrac{\pi}{2}$ 일 때, $y = |\cos x| = \cos x$

$\dfrac{\pi}{2} < x \leq \pi$ 일 때, $y = |\cos x| = -\cos x$

$$\int_0^{\pi} |\cos x| dx = \int_0^{\frac{\pi}{2}} \cos x dx + \int_{\frac{\pi}{2}}^{\pi} (-\cos x) dx = \Big[\sin x\Big]_0^{\frac{\pi}{2}} + \Big[-\sin x\Big]_{\frac{\pi}{2}}^{\pi} = 2$$

Tip [예제 5]에서 살펴보았듯이 함수 $y = \sin x \,(0 < x < \pi)$ 의 그래프와 x 축으로 둘러싸인 부분의 넓이는 2이므로 함수 $y = \sin x \left(0 < x < \dfrac{\pi}{2}\right)$ 의 그래프와 x 축으로 둘러싸인 부분의 넓이는 $\dfrac{1}{2} \times 2 = 1$ 이다.

사인함수와 코사인함수는 서로 평행이동 관계이므로 $\displaystyle\int_0^{\frac{\pi}{2}} \sin x\, dx = \int_0^{\frac{\pi}{2}} \cos x\, dx = 1$ 이다.

이를 이용하여 넓이의 관점에서 해석하면 $\displaystyle\int_0^{\pi} |\cos x| dx = 1 + 1 = 2$ 인 것이 자명하다.

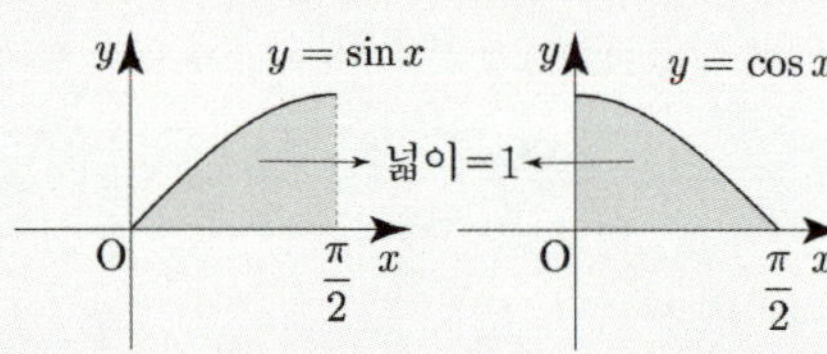

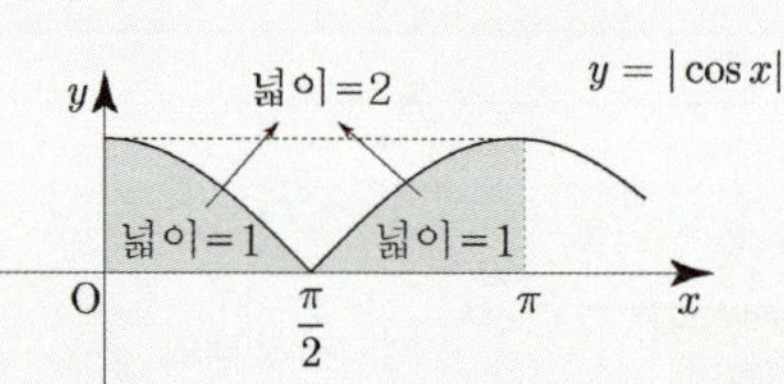

개념 확인문제 9 다음 정적분의 값을 구하시오.

(1) $\displaystyle\int_{-1}^{1} |e^x - 1| dx$

(2) $\displaystyle\int_0^{\frac{\pi}{2}} |\cos x - \sin x| dx$

02 치환적분법

적분법

성취 기준 – 치환적분법을 이해하고, 이를 활용할 수 있다.

개념 파악하기 (5) 치환적분법이란 무엇일까?

치환적분법

어떤 함수 $f(x)$ 의 부정적분을 직접 구하기 어려울 때, 적분하려는 함수의 식의 일부를 새로운 변수로
치환하고 합성함수의 미분법을 이용하면 부정적분을 쉽게 구할 수 있는 경우가 있다.

함수 $f(t)$ 의 한 부정적분을 $F(t)$ 라 하면
$$\int f(t)dt = F(t) + C \quad \cdots \quad ㉠$$
이다. 한편 미분가능한 함수 $g(x)$ 에 대하여 $g(x) = t$ 라 하면 $F(g(x)) = F(t)$ 이다.
이때 합성함수의 미분법을 이용하여 $F(g(x))$ 를 x 에 대하여 미분하면
$$\frac{d}{dx}F(g(x)) = F'(g(x))g'(x) = f(g(x))g'(x)$$ 이므로
$$\int f(g(x))g'(x)dx = F(g(x)) + C = F(t) + C \quad \cdots \quad ㉡$$

㉠, ㉡에 의하여 다음이 성립한다.
$$\int f(g(x))g'(x)dx = \int f(t)dt$$

이와 같이 미분가능한 함수를 다른 변수로 바꾸어 적분하는 방법을 치환적분법이라 한다.

치환적분법 요약

미분가능한 함수 $g(x)$ 에 대하여 $g(x) = t$ 라 하면
$$\int f(g(x))g'(x)dx = \int f(t)dt$$

다음 부정적분을 구하시오.

(1) $\displaystyle\int 2x(x^2+3)^2\,dx$

(2) $\displaystyle\int \sin^4 x \cos x\,dx$

풀이

(1) $x^2+3=t$ 라 하면 $2x=\dfrac{dt}{dx}$ 이므로 $\displaystyle\int 2x(x^2+3)^2\,dx=\int t^2\,dt=\dfrac{1}{3}t^3+C=\dfrac{1}{3}(x^2+3)^3+C$

(2) $\sin x=t$ 라 하면 $\cos x=\dfrac{dt}{dx}$ 이므로 $\displaystyle\int \sin^4 x \cos x\,dx=\int t^4\,dt=\dfrac{1}{5}t^5+C=\dfrac{1}{5}\sin^5 x+C$

개념 확인문제 10 다음 부정적분을 구하시오.

(1) $\displaystyle\int 6x\sqrt{x^2+1}\,dx$

(2) $\displaystyle\int 2x\,e^{x^2}\,dx$

(3) $\displaystyle\int \dfrac{(\ln x)^2}{x}\,dx$

(4) $\displaystyle\int \tan x \sec^2 x\,dx$

(5) $\displaystyle\int \cos^3 x\,dx$

다음 부정적분을 구하시오.

(1) $\displaystyle\int (2x+3)^4\,dx$

(2) $\displaystyle\int \cos(3x-2)\,dx$

풀이

(1) $2x+3=t$ 라 하면 $2=\dfrac{dt}{dx}$ 이므로 $\displaystyle\int (2x+3)^4\,dx=\int \dfrac{1}{2}t^4\,dt=\dfrac{1}{10}t^5+C=\dfrac{1}{10}(2x+3)^5+C$

(2) $3x-2=t$ 라 하면 $3=\dfrac{dt}{dx}$ 이므로 $\displaystyle\int \cos(3x-2)\,dx=\int \dfrac{1}{3}\cos t\,dt=\dfrac{1}{3}\sin t+C=\dfrac{1}{3}\sin(3x-2)+C$

개념 확인문제 11 다음 부정적분을 구하시오.

(1) $\displaystyle\int \dfrac{1}{3x+1}\,dx$

(2) $\displaystyle\int e^{5x-1}\,dx$

함수 $\dfrac{f'(x)}{f(x)}$ 의 부정적분

부정적분 $\displaystyle\int \dfrac{f'(x)}{f(x)}dx$ 에 대하여 $f(x)=t$ 라 하면 $f'(x)=\dfrac{dt}{dx}$ 이므로 치환적분법에 의하여

$$\int \dfrac{f'(x)}{f(x)}dx = \int \left\{\dfrac{1}{f(x)}\times f'(x)\right\}dx = \int \dfrac{1}{t}dt = \ln|t|+C = \ln|f(x)|+C \ \text{이다.}$$

함수 $\dfrac{f'(x)}{f(x)}$ 의 부정적분 요약

$$\int \dfrac{f'(x)}{f(x)}dx = \ln|f(x)|+C$$

예제 10

다음 부정적분을 구하시오.

(1) $\displaystyle\int \dfrac{2x}{x^2+1}dx$
(2) $\displaystyle\int \tan x\, dx$

풀이

(1) $x^2+1=t$ 라 하면 $2x=\dfrac{dt}{dx}$ 이므로

$$\int \dfrac{2x}{x^2+1}dx = \int \dfrac{1}{t}dt = \ln|t|+C = \ln|x^2+1|+C = \ln(x^2+1)+C \ (\because\ x^2+1>0)$$

(2) $\cos x=t$ 라 하면 $-\sin x=\dfrac{dt}{dx}$

$$\int \tan x\, dx = \int \dfrac{\sin x}{\cos x}dx = \int -\dfrac{1}{t}dt = -\ln|t|+C = -\ln|\cos x|+C$$

Tip 익숙해지면 굳이 t 로 치환하지 않아도 바로 부정적분을 구할 수 있으니 가능하면 많이 풀어보자.

$$\int \dfrac{2x}{x^2+1}dx = \ln|x^2+1|+C, \qquad \int \tan x\, dx = -\ln|\cos x|+C$$

개념 확인문제 12 다음 부정적분을 구하시오.

(1) $\displaystyle\int \dfrac{3x^2}{x^3+2}dx$
(2) $\displaystyle\int \dfrac{e^x+e^{-x}}{e^x-e^{-x}}dx$

(3) $\displaystyle\int \cot x\, dx$
(4) $\displaystyle\int \dfrac{-1+\sin x}{x+\cos x}dx$

부분함수의 부정적분

$\displaystyle\int \frac{g(x)}{f(x)}\,dx$ 의 꼴의 부정적분은 다음과 같이 case분류할 수 있다.

① $f'(x)=g(x)$ 일 때, $\displaystyle\int \frac{f'(x)}{f(x)}\,dx = \ln|f(x)|+C$

② $f'(x)\neq g(x)$ 일 때,

   （ⅰ) 주어진 분수함수를 몫과 나머지의 꼴로 변형하여 구한다.

$$\boxed{\text{ex}}\quad \int \frac{x+3}{x+1}\,dx = \int\left(1+\frac{2}{x+1}\right)dx = x+2\ln|x+1|+C$$

   （ⅱ) $\dfrac{1}{ax+b}$ 의 꼴의 합으로 변형하여 구한다.

❶ $\dfrac{1}{(x+a)(x+b)} = \dfrac{1}{b-a}\left(\dfrac{1}{x+a}-\dfrac{1}{x+b}\right)$

$$\boxed{\text{ex}}\quad \int \frac{1}{(x+1)(x+2)}\,dx = \int\left(\frac{1}{x+1}-\frac{1}{x+2}\right)dx = \ln|x+1|-\ln|x+2|+C$$

❷ $\dfrac{px+q}{(x+a)(x+b)} = \dfrac{A}{x+a}+\dfrac{B}{x+b}$ (x에 대한 항등식을 이용하여 A, B를 구한다.)

$$\boxed{\text{ex}}\quad \int \frac{3x+4}{x^2+3x+2}\,dx = \int\left(\frac{1}{x+1}+\frac{2}{x+2}\right)dx = \ln|x+1|+2\ln|x+2|+C$$

개념 확인문제 13   다음 부정적분을 구하시오.

(1) $\displaystyle\int \frac{x+1}{x-1}\,dx$

(2) $\displaystyle\int \frac{3}{x^2+3x}\,dx$

(3) $\displaystyle\int \frac{1}{x^2-1}\,dx$

(4) $\displaystyle\int \frac{2x+4}{x^2+4x+3}\,dx$

개념 파악하기 (6) 치환적분법을 이용하여 정적분을 어떻게 구할까?

정적분의 치환적분법

함수 $f(t)$의 한 부정적분을 $F(t)$라 하면 미분가능한 함수 $t=g(x)$에 대하여

$$\int f(g(x))g'(x)dx = F(g(x))+C \text{ 이다.}$$

함수 $t=g(x)$의 도함수 $g'(x)$가 닫힌구간 $[a,\ b]$에서 연속이고, $g(a)=\alpha$, $g(b)=\beta$에 대하여 함수 $f(t)$가 α와 β를 양 끝으로 하는 닫힌구간에서 연속이면 다음이 성립한다.

$$\int_a^b f(g(x))g'(x)\,dx = \left[F(g(x))\right]_a^b = F(g(b))-F(g(a)) = F(\beta)-F(\alpha) = \int_\alpha^\beta f(t)dt$$

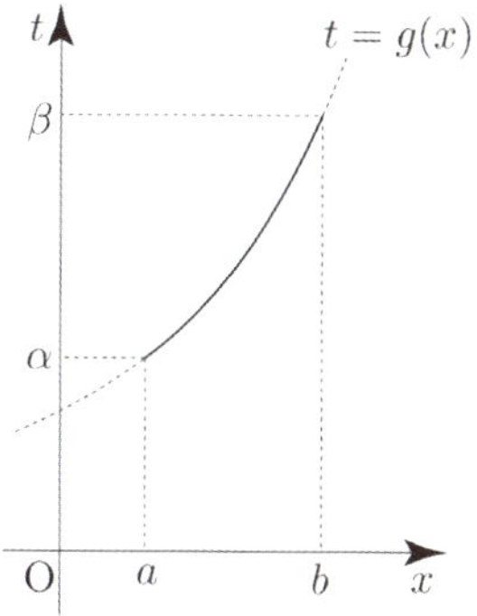

정적분의 치환적분법 요약

미분가능한 함수 $t=g(x)$의 도함수 $g'(x)$가 닫힌구간 $[a,\ b]$에서 연속이고, $g(a)=\alpha$, $g(b)=\beta$에 대하여 함수 $f(t)$가 α와 β를 양 끝으로 하는 닫힌구간에서 연속일 때,

$$\int_a^b f(g(x))g'(x)dx = \int_\alpha^\beta f(t)dt$$

예제 11

다음 정적분의 값을 구하시오.

(1) $\displaystyle\int_0^1 2x(x^2+2)^4 dx$
(2) $\displaystyle\int_0^{\frac{\pi}{2}} \sin^2 x \cos x\, dx$

풀이

(1) $x^2+2=t$라 하면 $2x=\dfrac{dt}{dx}$이고 $x=0$일 때, $t=2$, $x=1$일 때, $t=3$이므로

$$\int_2^3 t^4 dt = \left[\frac{1}{5}t^5\right]_2^3 = \frac{243}{5} - \frac{32}{5} = \frac{211}{5}$$

(2) $\sin x = t$라 하면 $\cos x = \dfrac{dt}{dx}$

$x=0$일 때, $t=0$, $x=\dfrac{\pi}{2}$일 때, $t=1$이므로 $\displaystyle\int_0^{\frac{\pi}{2}} \sin^2 x \cos x\, dx = \int_0^1 t^2 dt = \left[\frac{1}{3}t^3\right]_0^1 = \frac{1}{3}$

개념 확인문제 14 다음 정적분의 값을 구하시오.

(1) $\displaystyle\int_e^{e^2} \frac{\ln x}{x}\, dx$
(2) $\displaystyle\int_0^{\frac{\pi}{4}} \sec^2 x \tan x\, dx$

정적분 $\displaystyle\int_0^3 x\sqrt{x+1}\,dx$ 의 값을 구하시오.

풀이

풀이1) $x+1=t$ 라 하면 $1=\dfrac{dt}{dx}$

$x=0$ 일 때, $t=1$, $x=3$ 일 때, $t=4$ 이므로

$$\int_0^3 x\sqrt{x+1}\,dx = \int_1^4 (t-1)\sqrt{t}\,dt = \int_1^4 \left(t^{\frac{3}{2}}-t^{\frac{1}{2}}\right)dt = \left[\frac{2}{5}t^{\frac{5}{2}}-\frac{2}{3}t^{\frac{3}{2}}\right]_1^4$$

$$= \frac{64}{5}-\frac{16}{3}-\left(\frac{2}{5}-\frac{2}{3}\right)=\frac{62}{5}-\frac{14}{3}=\frac{116}{15}$$

풀이2) $\sqrt{x+1}=t$ 라 하면 $x+1=t^2$, $1=2t\dfrac{dt}{dx}$

$x=0$ 일 때, $t=1$, $x=3$ 일 때, $t=2$ 이므로

$$\int_0^3 x\sqrt{x+1}\,dx = \int_1^2 (t^2-1)t\times 2t\,dt = \int_1^2 (2t^4-2t^2)dt = \left[\frac{2}{5}t^5-\frac{2}{3}t^3\right]_1^2$$

$$= \frac{64}{5}-\frac{16}{3}-\left(\frac{2}{5}-\frac{2}{3}\right) = \frac{62}{5}-\frac{14}{3}=\frac{116}{15}$$

Tip 풀이2)처럼 루트의 치환적분에서는 루트 전체를 치환하는 것이 계산이 간편하다.

개념 확인문제 15 다음 정적분의 값을 구하시오.

(1) $\displaystyle\int_0^1 -\frac{2}{(3x-4)^2}\,dx$

(2) $\displaystyle\int_1^2 x\sqrt{2-x}\,dx$

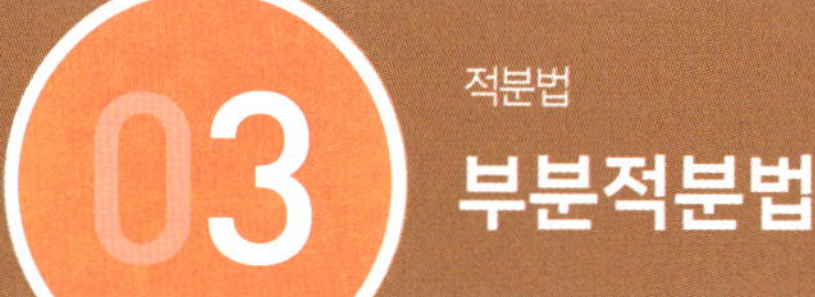

03 부분적분법

적분법

성취 기준 – 부분적분법을 이해하고, 이를 활용할 수 있다.

개념 파악하기 | (7) 부분적분법이란 무엇일까?

부분적분법

함수 $y = xe^x$, $y = x\sin x$ 와 같이 두 함수가 곱으로 되어 있고, 치환적분법을 이용해도 부정적분을 구하기 어려울 때, 함수의 곱의 미분법을 이용하면 부정적분을 구할 수 있는 경우가 있다.

미분가능한 두 함수 $f(x)$, $g(x)$ 에 대하여 두 함수의 곱의 미분법에서 $\{f(x)g(x)\}' = f'(x)g(x) + f(x)g'(x)$ 이므로 이 식의 양변을 x 에 대하여 적분하면 다음과 같다.

$$f(x)g(x) = \int f'(x)g(x)\,dx + \int f(x)g'(x)\,dx$$

따라서 다음을 얻을 수 있다.

$$\int f(x)g'(x)\,dx = f(x)g(x) - \int f'(x)g(x)\,dx$$

이처럼 적분하는 방법을 **부분적분법**이라 하자.

부분적분법 요약

미분가능한 두 함수 $f(x)$, $g(x)$ 에 대하여 $\displaystyle\int f(x)g'(x)\,dx = f(x)g(x) - \int f'(x)g(x)\,dx$

Tip 1 곱해져 있는 두 함수 중에서 미분하여 그 결과가 간단하게 바뀌는 함수를 $f(x)$, 적분하기 쉬운 함수를 $g'(x)$ 로 정하고 부분적분법을 이용한다.

Tip 2 〈**필자가 실전에서 사용하는 부분적분 계산법**〉

[1단계] 왼쪽부터 차례대로 로그, 다항함수, 삼각함수, 지수함수 순으로 배치한다.

　　　　외우는 방법 (1) : 첫 글자만 따서 왼쪽부터 순서대로 **로다삼지**

　　　　외우는 방법 (2) : 오른쪽부터 역순으로 **지생각대로** 〈지(지수)생각(삼각)대(다항), 로(로그)〉

[2단계] **그 적 마 인 미 그** 순으로 나열한다.

$$\int f(x)g'(x)\,dx = f(x)g(x) - \int f'(x)g(x)\,dx$$

그대로

$$\int f(x)g'(x)\,dx = f(x)g(x) - \int f'(x)g(x)\,dx$$

미분

$f(x)$ 를 **그**대로 쓰고 $g'(x)$ 를 **적**분한 뒤 **마**이너스 **인**테그랄 $f(x)$ 를 **미**분하고, 앞에서 $g'(x)$ 의 부정적분 $g(x)$ 를 **그**대로 쓴다.

외우기 쉽도록 포인트만 나열하면 **그 적 마 인 미 그** 가 된다.

익숙해지면 무척 쉽다. [예제 13]에 적용해보자.

다음 부정적분을 구하시오.

(1) $\displaystyle\int xe^x\,dx$

(2) $\displaystyle\int x\sin x\,dx$

풀이

(1) [1단계] 왼쪽부터 차례대로 로그, 다항함수, 삼각함수, 지수함수 순으로 배치한다.

x는 다항함수이고, e^x는 지수함수이므로 xe^x으로 배치하면 $\displaystyle\int xe^x\,dx$ 이다.

[2단계] 그 적 마 인 미 그 순으로 나열한다.

$f(x)=x,\ g'(x)=e^x$ 라 하면 $f'(x)=1,\ g(x)=e^x$

$f(x)$를 그대로 쓰고 $g'(x)$를 적분한 뒤 마이너스 인테그랄 $f(x)$를 미분하고,

앞에서 $g'(x)$를 적분한 $g(x)$를 그대로 쓴다.

$$\int xe^x\,dx = xe^x - \int e^x\,dx = xe^x - e^x + C = (x-1)e^x + C$$

(2) [1단계] 왼쪽부터 차례대로 로그, 다항함수, 삼각함수, 지수함수 순으로 배치한다.

x는 다항함수이고, $\sin x$는 삼각함수이므로 $x\sin x$으로 배치하면 $\displaystyle\int x\sin x\,dx$ 이다.

[2단계] 그 적 마 인 미 그 순으로 나열한다.

$f(x)=x,\ g'(x)=\sin x$ 라 하면 $f'(x)=1,\ g(x)=-\cos x$

$f(x)$를 그대로 쓰고 $g'(x)$를 적분한 뒤 마이너스 인테그랄 $f(x)$를 미분하고,

앞에서 $g'(x)$를 적분한 $g(x)$를 그대로 쓴다.

$$\int x\sin x\,dx = x(-\cos x) - \int (-\cos x)\,dx = -x\cos x + \int \cos x\,dx = -x\cos x + \sin x + C$$

개념 확인문제 16   다음 부정적분을 구하시오.

(1) $\displaystyle\int (x+2)e^{-x}\,dx$

(2) $\displaystyle\int xe^{4x}\,dx$

(3) $\displaystyle\int x\sin 2x\,dx$

(4) $\displaystyle\int (3x+1)\cos x\,dx$

예제 14

다음 부정적분을 구하시오.

(1) $\displaystyle\int \ln x\, dx$

(2) $\displaystyle\int x^2 \sin x\, dx$

풀이

(1) 두 함수의 곱인 경우에만 부분적분법이 적용되는 것이 아니라 $\displaystyle\int \ln x\, dx$ 와 같은 경우에도 $(\ln x)\times 1$ 로 변형하여 부분적분을 적용할 수 있다.

$f(x)=\ln x$, $g'(x)=1$ 라 하면 $f'(x)=\dfrac{1}{x}$, $g(x)=x$ 이므로

$$\int \ln x\, dx = \int \{\ln x \times 1\}\, dx = (\ln x)\times x - \int \left(\dfrac{1}{x}\times x\right) dx = x\ln x - x + C$$

Tip 1 $\ln x = (\ln x)\times 1$ 로 변형하여 부분적분을 이용하는 것이 point이다.

로그 적분은 잘 나오니 $\displaystyle\int \ln x\, dx = x\ln x - x + C$ 라고 기억해 두자.

공식이 헷갈릴 때는 $\{x\ln x - x + C\}' = \ln x$ 가 나오는지 확인하면 된다.

Tip 2 $\displaystyle\int \log_a x\, dx\ (a \neq 1,\ a > 0)$ 를 구할 때는 $\log_a x = \dfrac{\ln x}{\ln a}$ 로 변형해서 구하면 된다.

즉, $\displaystyle\int \log_a x\, dx = \int \dfrac{\ln x}{\ln a}\, dx = \dfrac{1}{\ln a}(x\ln x - x) + C$

(2) $f(x)=x^2$, $g'(x)=\sin x$ 라 하면 $f'(x)=2x$, $g(x)=-\cos x$ 이므로

$$\int x^2 \sin x\, dx = x^2(-\cos x) - \int 2x(-\cos x)\, dx$$
$$= -x^2\cos x + \int 2x\cos x\, dx \quad \cdots \ \text{㉠}$$

같은 방법으로 $h(x)=2x$, $k'(x)=\cos x$ 라 하면 $h'(x)=2$, $k(x)=\sin x$ 이므로

$$\int 2x\cos x\, dx = 2x\sin x - \int 2\sin x\, dx$$
$$= 2x\sin x + 2\cos x + C \quad \cdots \ \text{㉡}$$

㉠에 ㉡을 대입하면

$$\int x^2\sin x\, dx = -x^2\cos x + \int 2x\cos x\, dx = -x^2\cos x + 2x\sin x + 2\cos x + C = (2-x^2)\cos x + 2x\sin x + C$$

개념 확인문제 17 다음 부정적분을 구하시오.

(1) $\displaystyle\int x^2 e^x\, dx$

(2) $\displaystyle\int (\ln x)^2\, dx$

(3) $\displaystyle\int x\ln x\, dx$

(4) $\displaystyle\int \dfrac{\ln x}{x^2}\, dx$

정적분의 부분적분법

미분가능한 두 함수 $f(x)$, $g(x)$ 에 대하여 $f'(x)$, $g'(x)$ 가 닫힌구간 $[a,\ b]$ 에서 연속일 때,
함수의 곱의 미분법에서 $\{f(x)g(x)\}'=f'(x)g(x)+f(x)g'(x)$ 이므로

$$\int_a^b \{f(x)g(x)\}' dx = \int_a^b \{f'(x)g(x)+f(x)g'(x)\}dx = \int_a^b f'(x)g(x)dx + \int_a^b f(x)g'(x)dx$$

이다. 그런데 $\int_a^b \{f(x)g(x)\}' dx = \left[f(x)g(x)\right]_a^b$ 이므로 다음이 성립한다.

$$\int_a^b f(x)g'(x)\,dx = \left[f(x)g(x)\right]_a^b - \int_a^b f'(x)g(x)dx$$

정적분의 부분적분법 요약

미분가능한 두 함수 $f(x)$, $g(x)$ 에 대하여 $f'(x)$, $g'(x)$ 가 닫힌구간 $[a,\ b]$ 에서 연속일 때

$$\int_a^b f(x)g'(x)\,dx = \left[f(x)g(x)\right]_a^b - \int_a^b f'(x)g(x)dx$$

예제 15

정적분 $\displaystyle\int_0^{\frac{\pi}{2}} x\sin x\,dx$ 의 값을 구하시오.

풀이

$f(x)=x$, $g'(x)=\sin x$ 라 하면 $f'(x)=1$, $g(x)=-\cos x$ 이므로

$$\int_0^{\frac{\pi}{2}} x\sin x\,dx = \left[x(-\cos x)\right]_0^{\frac{\pi}{2}} - \int_0^{\frac{\pi}{2}} \{1\times(-\cos x)\}\,dx = 0 - \left[-\sin x\right]_0^{\frac{\pi}{2}} = 1$$

개념 확인문제　18　다음 정적분의 값을 구하시오.

(1) $\displaystyle\int_0^1 (2x+1)e^x\,dx$

(2) $\displaystyle\int_1^e x^3\ln x\,dx$

(3) $\displaystyle\int_0^{\frac{\pi}{4}} x\cos 2x\,dx$

(4) $\displaystyle\int_0^{\frac{\pi}{2}} e^x\sin x\,dx$

개념 확인문제　19　정적분 $\displaystyle\int_0^{\frac{\pi}{2}} \sin x\cos x\,dx$ 값을 다음의 방법을 써서 구하시오.

(1) 치환적분법

(2) 부분적분법

(3) 삼각함수의 덧셈정리

001 ☐☐☐☐☐

$\int_1^{25} \dfrac{1}{\sqrt{x}}\,dx$ 의 값을 구하시오.

002 ☐☐☐☐☐

$\int_2^{\ln 3e^2} e^{x-2}\,dx$ 의 값은?

① 1   ② 2   ③ 3

④ 4   ⑤ 5

003 ☐☐☐☐☐

$\int_0^4 (5x+3)\sqrt{x}\,dx$ 의 값은?

① 80   ② 82   ③ 84

④ 86   ⑤ 88

004 ☐☐☐☐☐

$\int_0^1 \dfrac{81^x - 9^x}{9^x - 3^x}\,dx$ 의 값은?

① $\dfrac{4}{\ln 3}$ ② $\dfrac{5}{\ln 3}$ ③ $\dfrac{6}{\ln 3}$

④ $\dfrac{7}{\ln 3}$ ⑤ $\dfrac{8}{\ln 3}$

005 ☐☐☐☐☐

$\int_0^{\frac{\pi}{2}} \left| \sin x - \dfrac{\sqrt{3}}{2} \right| dx$ 의 값은?

① $\dfrac{\sqrt{3}}{12}\pi$ ② $\dfrac{\sqrt{3}}{6}\pi$ ③ $\dfrac{\sqrt{3}}{4}\pi$

④ $\dfrac{\sqrt{3}}{3}\pi$ ⑤ $\dfrac{5\sqrt{3}}{12}\pi$

006 ☐☐☐☐☐

$\int_1^3 \dfrac{x^2 + |x-2| + 1}{x^2}\,dx$ 의 값은?

① $\dfrac{7}{3} + \ln\dfrac{3}{4}$ ② $\dfrac{8}{3} + \ln\dfrac{3}{4}$ ③ $3 + \ln\dfrac{3}{4}$

④ $\dfrac{10}{3} + \ln\dfrac{3}{4}$ ⑤ $\dfrac{11}{3} + \ln\dfrac{3}{4}$

007 ☐☐☐☐☐

실수 전체의 집합에서 연속인 함수 $f(x)$ 의 도함수 $f'(x)$ 가

$$f'(x) = \begin{cases} -\dfrac{1}{x^2} & (x > 1) \\[2ex] 2e^{x-1} & (x < 1) \end{cases}$$

이고 $f(2) = \dfrac{1}{2}$ 일 때, $\int_0^e f(x)\,dx$ 의 값은?

① $1 - \dfrac{1}{e}$ ② $1 + \dfrac{2}{e}$ ③ $2 - \dfrac{2}{e}$

④ $2 - \dfrac{1}{e}$ ⑤ $2 + \dfrac{2}{e}$

008

양의 실수 전체의 집합에서 미분가능한 함수 $f(x)$ 가
모든 양수 x 에 대하여

$$f(x) + x f'(x) = 2^x$$

을 만족시킨다. $f(1) = 0$ 일 때, $f(2)$ 의 값은?

① $\dfrac{1}{\ln 2}$ ② $\dfrac{2}{\ln 2}$ ③ $\dfrac{3}{\ln 2}$

④ $\dfrac{4}{\ln 2}$ ⑤ $\dfrac{5}{\ln 2}$

009

양의 실수 전체의 집합에서 미분가능한 함수 $f(x)$ 가
모든 양수 x 에 대하여

$$x^3 f'(x) = \cos x - 3x^2 f(x)$$

을 만족시킨다. $f(\pi) = 0$ 일 때, $f'\!\left(\dfrac{\pi}{2}\right)$ 의 값은?

① $-\dfrac{30}{\pi^4}$ ② $-\dfrac{36}{\pi^4}$ ③ $-\dfrac{42}{\pi^4}$

④ $-\dfrac{48}{\pi^4}$ ⑤ $-\dfrac{54}{\pi^4}$

010

정의역이 $\left\{ x \mid 0 < x < \dfrac{\pi}{2} \right\}$ 인 미분가능한 함수 $f(x)$ 가

$0 < x < \dfrac{\pi}{2}$ 인 모든 x 에 대하여

$$x f'(x) - f(x) = x^2 \tan^2 x$$

을 만족시킨다. $f\!\left(\dfrac{\pi}{4}\right) = \dfrac{\pi}{4}$ 일 때, $\dfrac{3}{\pi} \times f\!\left(\dfrac{\pi}{3}\right)$ 의 값은?

① $\sqrt{3} - \dfrac{5}{12}\pi$ ② $\sqrt{3} - \dfrac{\pi}{3}$ ③ $\sqrt{3} - \dfrac{\pi}{4}$

④ $\sqrt{3} - \dfrac{\pi}{6}$ ⑤ $\sqrt{3} - \dfrac{\pi}{12}$

Theme 2 치환적분법

011

$\displaystyle\int_0^{\frac{\pi}{2}} (\sin^3 x + \sin x)\cos x\, dx$ 의 값은?

① $\dfrac{1}{4}$ ② $\dfrac{1}{2}$ ③ $\dfrac{3}{4}$ ④ 1 ⑤ $\dfrac{5}{4}$

012

$\displaystyle\int_1^a \dfrac{2}{x^2 + 6x + 8}\, dx = \ln\dfrac{5}{4}$ 를 만족시키는 상수 a 의 값을
구하시오. (단, $a > 1$)

013

$\displaystyle\int_0^1 \dfrac{1}{1 + e^{-2x}}\, dx$ 의 값은?

① $\dfrac{1}{6}\ln\dfrac{e^2 + 1}{2}$ ② $\dfrac{1}{3}\ln\dfrac{e^2 + 1}{2}$ ③ $\dfrac{1}{2}\ln\dfrac{e^2 + 1}{2}$

④ $\dfrac{2}{3}\ln\dfrac{e^2 + 1}{2}$ ⑤ $\dfrac{5}{6}\ln\dfrac{e^2 + 1}{2}$

014

$\displaystyle\int_0^{\frac{\pi}{2}} 3\cos x \sqrt{\sin x}\, dx$ 의 값을 구하시오.

015

$\displaystyle\int_0^3 \dfrac{2x - 1}{\sqrt{x + 1}}\, dx$ 의 값은?

① 2 ② $\dfrac{7}{3}$ ③ $\dfrac{8}{3}$ ④ 3 ⑤ $\dfrac{10}{3}$

016

$\displaystyle\int_{\frac{\pi}{4}}^{\frac{\pi}{3}} \frac{1}{\sin^2 x \cos^2 x}\, dx$ 의 값은?

① $\dfrac{\sqrt{3}}{3}$ ② $\dfrac{2\sqrt{3}}{3}$ ③ $\sqrt{3}$

④ $\dfrac{4\sqrt{3}}{3}$ ⑤ $\dfrac{5\sqrt{3}}{3}$

017

실수 전체의 집합에서 연속인 함수 $f(x)$ 가 모든 실수 x 에 대하여

$$f(x)+f(2-x)=|\cos\pi x|$$

를 만족시킨다. $\displaystyle\int_0^2 f(x)\,dx$ 의 값은?

① $\dfrac{1}{\pi}$ ② $\dfrac{5}{4\pi}$ ③ $\dfrac{3}{2\pi}$

④ $\dfrac{7}{4\pi}$ ⑤ $\dfrac{2}{\pi}$

018

실수 전체의 집합에서 연속인 함수 $f(x)$ 에 대하여

$\displaystyle\int_0^1 f(e^{2x})\,dx = 12$ 일 때, $\displaystyle\int_1^{e^2} \frac{f(x)}{x}\,dx$ 의 값을 구하시오.

019

$\displaystyle\int_{\frac{\pi}{6}}^{\frac{\pi}{2}} 2\cos x\,\{\ln(\sin x)\}\,dx = k$ 일 때, e^{k+1} 의 값을 구하시오.

020

실수 전체의 집합에서 미분가능한 함수 $f(x)$ 가 다음 조건을 만족시킨다.

> (가) 0 이 아닌 모든 실수 x 에 대하여
> $$\{f(x)\}^2 f'(x) = \frac{3x}{x^2+1}$$ 이다.
> (나) $f(0)=0$

$\displaystyle\int_0^2 x\{f(x)\}^3\,dx$ 의 값은?

① $\dfrac{9}{4}(5\ln 5 - 4)$ ② $\dfrac{11}{4}(5\ln 5 - 4)$ ③ $\dfrac{13}{4}(5\ln 5 - 4)$

④ $\dfrac{15}{4}(5\ln 5 - 4)$ ⑤ $\dfrac{17}{4}(5\ln 5 - 4)$

021

양의 실수 전체의 집합에서 연속인 함수 $f(x)$ 가

$$e^{x+1}f(x+1) - e^x f(x) = \frac{1}{x^2}$$

을 만족시킨다. $\displaystyle\int_e^{e^2} f(\ln x)\,dx = 1$ 일 때, $\displaystyle\int_1^4 e^x f(x)\,dx$ 의 값은?

① $\dfrac{7}{2}$ ② $\dfrac{23}{6}$ ③ $\dfrac{25}{6}$

④ $\dfrac{9}{2}$ ⑤ $\dfrac{29}{6}$

022

실수 전체의 집합에서 미분가능한 두 함수 $f(x)$, $g(x)$ 가 있다. $f(x)$ 의 역함수는 $g(x)$ 이고, $f(0)=1$, $f\left(\dfrac{\pi}{3}\right)=2$ 일 때,

$\displaystyle\int_1^2 \frac{\sin(g(x))}{f'(g(x))}\,dx = k$ 이다. $100k$ 의 값을 구하시오.

Theme 3 부분적분법

023

$\displaystyle\int_1^e x^2(1+\ln x)\,dx$ 의 값은?

① $\dfrac{1}{9}e^3-\dfrac{2}{9}$ ② $\dfrac{2}{9}e^3-\dfrac{2}{9}$ ③ $\dfrac{3}{9}e^3-\dfrac{2}{9}$

④ $\dfrac{4}{9}e^3-\dfrac{2}{9}$ ⑤ $\dfrac{5}{9}e^3-\dfrac{2}{9}$

024

$\displaystyle\int_1^a x^3 e^{x^2}\,dx=\dfrac{5}{8}e^{a^2}$ 를 만족시키는 상수 $a\,(a>1)$ 에 대하여 $40a$ 의 값을 구하시오.

025

$\displaystyle\int_0^{\frac{\pi}{4}} \dfrac{x}{\cos^2 x}\,dx=\dfrac{\pi}{a}-\dfrac{1}{b}\ln 2$ 일 때, $a+b$ 의 값을 구하시오.
(단, a 와 b 는 자연수이다.)

026

실수 전체의 집합에서 미분가능한 함수 $f(x)$ 가 다음 조건을 만족시킨다.

> (가) $\displaystyle\int_1^2 x f'(2x-1)\,dx=-5$
>
> (나) $f(1)+1=2f(3)$

$\displaystyle\int_1^3 f(x)\,dx$ 의 값을 구하시오.

027

실수 전체의 집합에서 미분가능한 함수 $f(x)$ 가 다음 조건을 만족시킨다.

> (가) 모든 x 에 대하여 $f'(x)=\ln(x^2+1)$ 이다.
>
> (나) $\displaystyle\int_0^1 f(x)\,dx=\dfrac{1}{2}$

$f(1)$ 의 값은?

① $\ln 2$ ② $2\ln 2$ ③ $3\ln 2$

④ $4\ln 2$ ⑤ $5\ln 2$

028

실수 전체의 집합에서 미분가능한 두 함수 $f(x)$, $g(x)$ 가 다음 조건을 만족시킨다.

> (가) 모든 실수 x 에 대하여 $\dfrac{g(x)}{f(x)}=x^2-x$ 이다.
>
> (나) $\displaystyle\int_0^1 g'(x)\ln(f(x))\,dx=\dfrac{1}{6}$

$\displaystyle\int_0^1 f(x)\,dx=\dfrac{4}{3}$ 일 때, $\displaystyle\int_0^1 x f(x)\,dx$ 의 값은?

① $\dfrac{1}{4}$ ② $\dfrac{1}{2}$ ③ $\dfrac{3}{4}$ ④ 1 ⑤ $\dfrac{5}{4}$

029

실수 전체의 집합에서 미분가능한 함수 $f(x)$ 의 역함수를 $g(x)$ 라 하자. 두 함수 $f(x)$, $g(x)$ 가 다음 조건을 만족시킨다.

> (가) $f(1)=0$, $g(1)=4$
>
> (나) $\displaystyle\int_0^1 e^{g(x)}\,dx=\int_1^4 2e^x f(x)\,dx$

$\displaystyle\int_1^4 e^x f(x)\,dx$ 의 값은?

① $\dfrac{e^4}{3}$ ② $\dfrac{2e^4}{3}$ ③ e^4 ④ $\dfrac{5e^4}{3}$ ⑤ $2e^4$

030 ☐☐☐☐☐

함수 $f(x) = \tan\left(\dfrac{\pi}{16}x\right) + x$ 에 대하여

$\displaystyle \lim_{x \to 2} \dfrac{1}{x-2} \int_4^{x^2} f(t)\,dt$ 의 값을 구하시오.

031 ☐☐☐☐☐

함수 $f(x) = (x^2+4)e^{2x}$ 에 대하여

$\displaystyle \lim_{x \to 0} \dfrac{\displaystyle\int_{2x}^{4x} f(t)\,dt}{x}$ 의 값을 구하시오.

Theme **5** 정적분을 포함한 등식

032 ☐☐☐☐☐

양의 실수 전체의 집합에서 연속인 함수 $f(x)$ 가

$$f(x) = (\ln x)^2 - \int_1^e \dfrac{f(t)}{t}\,dt$$

를 만족시킬 때, $\displaystyle \int_1^e \dfrac{f(t)}{t}\,dt$ 의 값은?

① $\dfrac{1}{12}$ ② $\dfrac{1}{6}$ ③ $\dfrac{1}{4}$

④ $\dfrac{1}{3}$ ⑤ $\dfrac{5}{12}$

033 ☐☐☐☐☐

실수 전체의 집합에서 연속인 함수 $f(x)$ 가
모든 실수 x 에 대하여

$$\int_0^{3x} f(t)\,dt = \sin ax + ax^2 + a - 2$$

을 만족시킬 때, $f\left(\dfrac{3}{4}\pi\right)$ 의 값은? (단, a 는 상수이다.)

① $\dfrac{\pi}{5}$ ② $\dfrac{\pi}{4}$ ③ $\dfrac{\pi}{3}$

④ $\dfrac{\pi}{2}$ ⑤ π

034 ☐☐☐☐☐

실수 전체의 집합에서 미분가능한 함수 $f(x)$ 가
모든 실수 x 에 대하여

$$xf(x) = 2^x - k + \int_0^x t f'(t)\,dt$$

를 만족시킬 때, $\displaystyle \int_0^k x f(x)\,dx$ 의 값은?

① $2 - \dfrac{5}{\ln 2}$ ② $2 - \dfrac{4}{\ln 2}$ ③ $2 - \dfrac{3}{\ln 2}$

④ $2 - \dfrac{2}{\ln 2}$ ⑤ $2 - \dfrac{1}{\ln 2}$

035 ☐☐☐☐☐

실수 전체의 집합에서 연속인 함수 $f(x)$ 가
모든 실수 x 에 대하여

$$\int_1^x (x-t)f(t)\,dt = e^{2x-2} + ax^2 + bx + 3$$

을 만족시킬 때, $a - b + f(1)$ 의 값을 구하시오.

036

실수 전체의 집합에서 미분가능한 함수 $f(x)$ 가
모든 실수 x 에 대하여

$$f(x) + \int_{\frac{\pi}{2}}^{x} f(t) e^{x-t} dt = \sin 3x$$

을 만족시킬 때, $\int_{0}^{\frac{\pi}{4}} f(x) dx$ 의 값은?

① $\dfrac{2\sqrt{2}+1}{9}$ ② $\dfrac{2\sqrt{2}+2}{9}$ ③ $\dfrac{2\sqrt{2}+3}{9}$

④ $\dfrac{3\sqrt{2}+1}{9}$ ⑤ $\dfrac{3\sqrt{2}+2}{9}$

037

실수 전체의 집합에서 연속인 함수 $f(x)$ 가
모든 실수 t 에 대하여

$$\int_{0}^{2} x f(tx+1) dx = 4t e^{t}$$

을 만족시킬 때, $f(5) \times f(-3)$ 의 값은?

① -26 ② -24 ③ -22

④ -20 ⑤ -18

Theme 6 정적분으로 정의된 함수 (New 함수)

038

실수 전체의 집합에서 정의된 함수

$$f(x) = \int_{0}^{x} \frac{2t-3}{t^2-3t+4} dt$$

의 최솟값은?

① $\ln \dfrac{3}{16}$ ② $\ln \dfrac{5}{16}$ ③ $\ln \dfrac{7}{16}$

④ $\ln \dfrac{9}{16}$ ⑤ $\ln \dfrac{11}{16}$

039

함수 $f(x) = \int_{0}^{x} \dfrac{1}{e^{t^2+1}} dt$ 에 대하여 상수 a 가 $f(a) = 3$ 을

만족시킬 때, $\int_{0}^{a} \dfrac{\{f(x)\}^2}{e^{x^2+1}} dx$ 의 값을 구하시오.

040

함수 $\int_{x}^{x+\ln 2} |e^t - 2| dt$ 의 최솟값을 m 이라 할 때,

$e^m = \dfrac{q}{p}$ 이다. $p+q$ 의 값을 구하시오. (단, p 와 q 는

서로소인 자연수이다.)

041

함수 $f(x)$ 를

$$f(x)=\begin{cases} \pi\sin2x & (0\le x\le\pi) \\ 1-\cos2x & (\pi<x\le2\pi) \end{cases}$$

라 하자. 닫힌구간 $[0,\ 2\pi]$ 에서 방정식 $\displaystyle\int_a^x f(t)dt=0$ 의

서로 다른 실근의 개수가 2가 되도록 하는 실수 a 를

작은 수부터 크기순으로 나열한 것을 $a_1,\ a_2,\ \cdots,\ a_m$

(m 은 자연수)라 할 때, $m+\displaystyle\sum_{n=1}^m a_n=p+q\pi$ 이다.

$10(p+q)$ 의 값을 구하시오. (단, p 와 q 는 유리수이다.)

042

상수 a 에 대하여 함수

$$f(x)=\begin{cases} \dfrac{ax}{x^2+1} & (x\ge0) \\ (x+2)x & (x<0) \end{cases}$$

의 극댓값과 극솟값의 절댓값이 같고 부호가 서로 다를 때,

방정식 $\displaystyle\int_0^x f(s)ds=t$ 을 만족시키는 x 의 최솟값을 $g(t)$ 라

하자. 함수 $g(t)$ 는 $t=k$ 에서 불연속일 때,

$\left\{\displaystyle\lim_{t\to k+}g(t)\right\}^2+g(k)=e^p+q$ 이다. $27(p-q)$ 의 값을

구하시오. (단, p 와 q 는 유리수이다.)

043

함수 $f(x)=\displaystyle\int_a^x\{2+\cos(t^3)\}dt$ 라 하자.

$f''(a)=-\sqrt{3}\,a^2\cos(a^3)$ 일 때, $(f^{-1})'(0)$ 의 값은?

구하시오. (단, a 는 $0<a<\sqrt[3]{\dfrac{\pi}{2}}$ 인 상수이다.)

① $\dfrac{2-2\sqrt{3}}{13}$ ② $\dfrac{4-2\sqrt{3}}{13}$ ③ $\dfrac{6-2\sqrt{3}}{13}$

④ $\dfrac{8-2\sqrt{3}}{13}$ ⑤ $\dfrac{10-2\sqrt{3}}{13}$

044

양의 실수 전체의 집합에서 미분가능한 두 함수 $f(x)$ 와

$g(x)$ 가 다음 조건을 만족시킨다.

> (가) 모든 양의 실수 x 에 대하여 $g(x)=\displaystyle\int_1^x\dfrac{f(t^3)}{t}dt$
>
> 이다.
>
> (나) $\displaystyle\int_1^8 f(x)dx=27$

$\displaystyle\int_1^2 x^2 g(x)dx=13$ 일 때, $g(2)$ 의 값을 구하시오.

045

실수 전체의 집합에서 연속인 함수 $f(x)$ 에 대하여

함수 $F(x)=\displaystyle\int_0^x f(t)dt$ 는

$$\int_0^2\{f(x)\}^2dx+\int_0^2 F(x)f'(x)dx=12$$

을 만족시킨다. $\displaystyle\int_0^2 xf'(x)dx=5$ 일 때,

$\displaystyle\int_0^2\{F(x)\}^2 f(x)dx$ 의 값을 구하시오. (단, $F(2)>0$)

규토 라이트 N제

적분법

Training – 2 step

기출 적용편

1. 여러 가지 적분법

$\displaystyle\int_0^{10} \frac{x+2}{x+1}dx$ 의 값은? [3점]

① $10+\ln5$ ② $10+\ln7$ ③ $10+2\ln3$

④ $10+\ln11$ ⑤ $10+\ln13$

$\displaystyle\int_e^{e^2} \frac{\ln x-1}{x^2}dx$ 의 값은? [3점]

① $\dfrac{e+2}{e^2}$ ② $\dfrac{e+1}{e^2}$ ③ $\dfrac{1}{e}$

④ $\dfrac{e-1}{e^2}$ ⑤ $\dfrac{e-2}{e^2}$

$\displaystyle\int_1^e \frac{3(\ln x)^2}{x}dx$ 의 값은? [3점]

① 1 ② $\dfrac{1}{2}$ ③ $\dfrac{1}{3}$

④ $\dfrac{1}{4}$ ⑤ $\dfrac{1}{5}$

$\displaystyle\int_1^e x^3\ln x\,dx$ 의 값은? [3점]

① $\dfrac{3e^4}{16}$ ② $\dfrac{3e^4+1}{16}$ ③ $\dfrac{3e^4+2}{16}$

④ $\dfrac{3e^4+3}{16}$ ⑤ $\dfrac{3e^4+4}{16}$

$\displaystyle\int_1^{\sqrt2} x^3\sqrt{x^2-1}\,dx$ 의 값은? [3점]

① $\dfrac{7}{15}$ ② $\dfrac{8}{15}$ ③ $\dfrac{3}{5}$

④ $\dfrac{2}{3}$ ⑤ $\dfrac{11}{15}$

$x>1$ 인 모든 실수 x 의 집합에서 정의되고 미분가능한 함수 $f(x)$ 가

$$\sqrt{x-1}\,f'(x)=3x-4$$

를 만족시킬 때, $f(5)-f(2)$ 의 값은? [3점]

① 4 ② 6 ③ 8

④ 10 ⑤ 12

$\displaystyle\int_0^{\pi} x\cos(\pi-x)dx$ 의 값을 구하시오. [3점]

$\displaystyle\int_0^{\frac{\pi}{2}} (\cos x+3\cos^3 x)dx$ 의 값을 구하시오. [3점]

054 2014년 고3 7월 교육청 B형 

$x > 0$에서 미분가능한 함수 $f(x)$가 다음 조건을 만족시킨다.

> (가) $f\left(\dfrac{\pi}{2}\right) = 1$
>
> (나) $f(x) + xf'(x) = x\cos x$

$f(\pi)$의 값은? [3점]

① $-\dfrac{2}{\pi}$ ② $-\dfrac{1}{\pi}$ ③ 0

④ $\dfrac{1}{\pi}$ ⑤ $\dfrac{2}{\pi}$

055 2025학년도 고3 9월 평가원 미적분

양의 실수 전체의 집합에서 정의된 미분가능한 함수 $f(x)$가 있다. 양수 t에 대하여 곡선 $y = f(x)$ 위의 점 $(t, f(t))$에서의 접선의 기울기는 $\dfrac{1}{t} + 4e^{2t}$이다.

$f(1) = 2e^2 + 1$일 때, $f(e)$의 값은? [3점]

① $2e^{2e} - 1$ ② $2e^{2e}$ ③ $2e^{2e} + 1$

④ $2e^{2e} + 2$ ⑤ $2e^{2e} + 3$

056 2018학년도 고3 6월 평가원 가형

양의 실수 전체의 집합에서 연속인 함수 $f(x)$가

$$\int_1^x f(t)\,dt = x^2 - a\sqrt{x} \quad (x > 0)$$

을 만족시킬 때, $f(1)$의 값은? (단, a는 상수이다.) [3점]

① 1 ② $\dfrac{3}{2}$ ③ 2

④ $\dfrac{5}{2}$ ⑤ 3

057 2020년 고3 10월 교육청 가형

연속함수 $f(x)$가 모든 양의 실수 t에 대하여

$$\int_0^{\ln t} f(x)\,dx = (t\ln t + a)^2 - a$$

를 만족시킬 때, $f(1)$의 값은? (단, a는 0이 아닌 상수이다.) [3점]

① $2e^2 + 2e$ ② $2e^2 + 4e$ ③ $4e^2 + 4e$

④ $4e^2 + 8e$ ⑤ $8e^2 + 8e$

058 2013학년도 수능 가형

연속함수 $f(x)$가

$$f(x) = e^{x^2} + \int_0^1 tf(t)\,dt$$

를 만족시킬 때, $\displaystyle\int_0^1 xf(x)\,dx$의 값은? [3점]

① $e - 2$ ② $\dfrac{e-1}{2}$ ③ $\dfrac{e}{2}$

④ $e - 1$ ⑤ $\dfrac{e+1}{2}$

059 2018학년도 사관학교 가형

도함수가 실수 전체의 집합에서 연속인 함수 $f(x)$가 다음 조건을 만족시킨다.

> (가) 모든 실수 x에 대하여 $f(-x) = -f(x)$이다.
>
> (나) $f(\pi) = 0$
>
> (다) $\displaystyle\int_0^\pi x^2 f'(x)\,dx = -8\pi$

$\displaystyle\int_{-\pi}^\pi (x + \cos x)f(x)\,dx = k\pi$일 때, k의 값을 구하시오. [3점]

060

함수 $f(x) = x + \ln x$ 에 대하여 $\displaystyle\int_1^e \left(1 + \frac{1}{x}\right) f(x) dx$ 의 값은?

[3점]

① $\dfrac{e^2}{2} + \dfrac{e}{2}$　　② $\dfrac{e^2}{2} + e$　　③ $\dfrac{e^2}{2} + 2e$

④ $e^2 + e$　　⑤ $e^2 + 2e$

061

함수 $f(x)$ 는 실수 전체의 집합에서 도함수가 연속이고

$$\int_1^2 (x-1) f'\left(\frac{x}{2}\right) dx = 2$$

를 만족시킨다. $f(1) = 4$ 일 때, $\displaystyle\int_{\frac{1}{2}}^1 f(x) dx$ 의 값은? [3점]

① $\dfrac{3}{4}$　　② 1　　③ $\dfrac{5}{4}$

④ $\dfrac{3}{2}$　　⑤ $\dfrac{7}{4}$

062

양의 실수 전체의 집합에서 정의되고 미분가능한 두 함수 $f(x)$, $g(x)$ 가 있다. $g(x)$ 는 $f(x)$ 의 역함수이고, $g'(x)$ 는 양의 실수 전체의 집합에서 연속이다.
모든 양수 a 에 대하여

$$\int_1^a \frac{1}{g'(f(x)) f(x)} dx = 2\ln a + \ln(a+1) - \ln 2$$

이고 $f(1) = 8$ 일 때, $f(2)$ 의 값은? [3점]

① 36　　② 40　　③ 44

④ 48　　⑤ 52

063

미분가능한 함수 $f(x)$ 가 다음 조건을 만족시킨다.

> (가) $x_1 < x_2$ 인 임의의 두 실수 x_1, x_2 에 대하여 $f(x_1) > f(x_2)$ 이다.
> (나) 닫힌구간 $[-1, 3]$ 에서 함수 $f(x)$ 의 최댓값은 1 이고 최솟값은 -2 이다.

$\displaystyle\int_{-1}^3 f(x) dx = 3$ 일 때, $\displaystyle\int_{-2}^1 f^{-1}(x) dx$ 의 값은? [3점]

① 4　　② 5　　③ 6

④ 7　　⑤ 8

064

미분가능한 두 함수 $f(x)$, $g(x)$ 에 대하여 $g(x)$ 는 $f(x)$ 의 역함수이다. $f(1) = 3$, $g(1) = 3$ 일 때,

$$\int_1^3 \left\{ \frac{f(x)}{f'(g(x))} + \frac{g(x)}{g'(f(x))} \right\} dx$$ 의 값은? [4점]

① -8　　② -4　　③ 0

④ 4　　⑤ 8

065

$x > 0$ 에서 정의된 연속함수 $f(x)$ 가 모든 양수 x 에 대하여

$$2f(x) + \frac{1}{x^2} f\left(\frac{1}{x}\right) = \frac{1}{x} + \frac{1}{x^2}$$

을 만족시킬 때, $\displaystyle\int_{\frac{1}{2}}^2 f(x) dx$ 의 값은? [4점]

① $\dfrac{\ln 2}{3} + \dfrac{1}{2}$　　② $\dfrac{2\ln 2}{3} + \dfrac{1}{2}$　　③ $\dfrac{\ln 2}{3} + 1$

④ $\dfrac{2\ln 2}{3} + 1$　　⑤ $\dfrac{2\ln 2}{3} + \dfrac{3}{2}$

066 2018학년도 수능 가형

함수 $f(x)$ 가

$$f(x) = \int_0^x \frac{1}{1+e^{-t}}\,dt$$

일 때, $(f \circ f)(a) = \ln 5$ 를 만족시키는 실수 a 의 값은? [4점]

① $\ln 11$　　　② $\ln 13$　　　③ $\ln 15$

④ $\ln 17$　　　⑤ $\ln 19$

067 2019년 고3 4월 교육청 가형

실수 전체의 집합에서 미분가능한 두 함수 $f(x)$, $g(x)$ 가 있다. $g(x)$ 가 $f(x)$ 의 역함수이고 $g(2)=1$, $g(5)=5$ 일 때,

$\displaystyle\int_1^5 \frac{40}{g'(f(x))\{f(x)\}^2}\,dx$ 의 값을 구하시오. [4점]

068 2021학년도 수능 가형

$x>0$ 에서 미분가능한 함수 $f(x)$ 에 대하여

$$f'(x) = 2 - \frac{3}{x^2}, \quad f(1)=5$$

이다. $x<0$ 에서 미분가능한 함수 $g(x)$ 가 다음 조건을 만족시킬 때, $g(-3)$ 의 값은? [4점]

> (가) $x<0$ 인 모든 실수 x 에 대하여 $g'(x)=f'(-x)$ 이다.
> (나) $f(2)+g(-2)=9$

① 1　　　② 2　　　③ 3

④ 4　　　⑤ 5

069 2019학년도 고3 6월 평가원 가형

함수 $f(x) = a\cos(\pi x^2)$ 에 대하여

$$\lim_{x \to 0}\left\{ \frac{x^2+1}{x} \int_1^{x+1} f(t)\,dt \right\} = 3$$

일 때, $f(a)$ 의 값은? (단, a 는 상수이다.) [4점]

① 1　　　② $\dfrac{3}{2}$　　　③ 2

④ $\dfrac{5}{2}$　　　⑤ 3

070 2019년 고3 7월 교육청 가형

실수 전체의 집합에서 미분가능한 함수 $f(x)$ 가 다음 조건을 만족시킨다.

> (가) $f(1)=0$
> (나) 0이 아닌 모든 실수 x 에 대하여
> $$\frac{xf'(x)-f(x)}{x^2} = xe^x \text{ 이다.}$$

$f(3) \times f(-3)$ 의 값을 구하시오. [4점]

071 2017년 고3 3월 교육청 가형

연속함수 $f(x)$ 가

$$\int_{-1}^1 f(x)\,dx = 12, \quad \int_0^1 xf(x)\,dx = \int_0^{-1} xf(x)\,dx$$

를 만족시킨다. $\displaystyle\int_{-1}^x f(t)\,dt = F(x)$ 라 할 때,

$\displaystyle\int_{-1}^1 F(x)\,dx$ 의 값은? [4점]

① 6　　　② 8　　　③ 10

④ 12　　　⑤ 14

072 2018년 고3 3월 교육청 가형

실수 전체의 집합에서 미분가능한 함수 $f(x)$의 역함수를 $g(x)$라 하자. 두 함수 $f(x)$, $g(x)$가 다음 조건을 만족시킨다.

> (가) $f(0) = 1$
>
> (나) 모든 실수 x에 대하여 $f(x)g'(f(x)) = \dfrac{1}{x^2+1}$ 이다.

$f(3)$의 값은? [4점]

① e^3 ② e^6 ③ e^9

④ e^{12} ⑤ e^{15}

073 2018년 고3 4월 교육청 가형

자연수 n에 대하여 양의 실수 전체의 집합에서 정의된 함수 $f(x) = \displaystyle\int_1^x \dfrac{n - \ln t}{t} dt$의 최댓값을 $g(n)$이라 하자.

$\displaystyle\sum_{n=1}^{12} g(n)$의 값을 구하시오. [4점]

074 2017년 고3 7월 교육청 가형

최고차항의 계수가 1인 이차함수 $f(x)$에 대하여 함수 $g(x)$가

$$g(x) = \int_0^x \dfrac{t}{f(t)} dt$$

일 때, 함수 $g(x)$는 다음 조건을 만족시킨다.

> (가) 모든 실수 x에 대하여 $g'(-x) = -g'(x)$ 이다.
>
> (나) 점 $(1, g(1))$은 곡선 $y = g(x)$의 변곡점이다.

$g(1)$의 값은? [4점]

① $\dfrac{1}{5}\ln 2$ ② $\dfrac{1}{4}\ln 2$ ③ $\dfrac{1}{3}\ln 2$

④ $\dfrac{1}{2}\ln 2$ ⑤ $\ln 2$

075 2020학년도 고3 9월 평가원 가형

두 함수 $f(x)$, $g(x)$는 실수 전체의 집합에서 도함수가 연속이고 다음 조건을 만족시킨다.

> (가) 모든 실수 x에 대하여 $f(x)g(x) = x^4 - 1$ 이다.
>
> (나) $\displaystyle\int_{-1}^{1} \{f(x)\}^2 g'(x) dx = 120$

$\displaystyle\int_{-1}^{1} x^3 f(x) dx$의 값은? [4점]

① 12   ② 15   ③ 18

④ 21   ⑤ 24

076 2015년 고3 7월 교육청 B형

구간 $(0, \infty)$에서 연속인 함수 $f(x)$의 한 부정적분을 $F(x)$라 할 때, 함수 $F(x)$가 다음 조건을 만족시킨다.

> (가) 모든 실수 x에 대하여
> $F(x) + xf(x) = (2x+2)e^x$ 이다.
>
> (나) $F(1) = 2e$

$F(3)$의 값은? [4점]

① $\dfrac{1}{4}e^3$ ② $\dfrac{1}{2}e^3$ ③ e^3

④ $2e^3$ ⑤ $4e^3$

077 2012학년도 고3 6월 평가원 가형

정의역이 $\{x \mid x > -1\}$인 함수 $f(x)$에 대하여

$f'(x) = \dfrac{1}{(1+x^3)^2}$ 이고, 함수 $g(x) = x^2$일 때,

$\displaystyle\int_0^1 f(x)g'(x) dx = \dfrac{1}{6}$ 이다. $f(1)$의 값은? [4점]

① $\dfrac{1}{6}$ ② $\dfrac{2}{9}$ ③ $\dfrac{5}{18}$

④ $\dfrac{1}{3}$ ⑤ $\dfrac{7}{18}$

078 · 2024년 고3 7월 교육청 미적분

양수 t에 대하여 곡선 $y=2\ln(x+1)$ 위의
점 $P(t,\ 2\ln(t+1))$에서 x축, y축에 내린 수선의 발을
각각 $Q,\ R$이라 할 때, 직사각형 $OQPR$의 넓이를
$f(t)$라 하자. $\int_1^3 f(t)\,dt$의 값은? (단, O는 원점이다.) [3점]

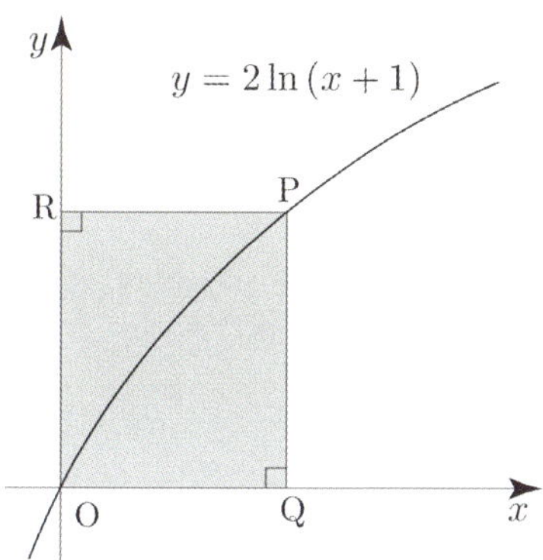

① $-2+12\ln2$ ② $-1+12\ln2$ ③ $-2+16\ln2$

④ $-1+16\ln2$ ⑤ $-2+20\ln2$

079 · 2011학년도 수능 가형

실수 전체의 집합에서 미분가능한 함수 $f(x)$가 있다.
모든 실수 x에 대하여 $f(2x)=2f(x)f'(x)$이고,

$$f(a)=0,\quad \int_{2a}^{4a}\frac{f(x)}{x}\,dx=k \ \ (a>0,\ 0<k<1)$$

일 때, $\int_a^{2a}\frac{\{f(x)\}^2}{x^2}\,dx$의 값을 k로 나타낸 것은? [3점]

① $\dfrac{k^2}{4}$ ② $\dfrac{k^2}{2}$ ③ k^2

④ k ⑤ $2k$

080 · 2020년 고3 7월 교육청 가형

실수 전체의 집합에서 $f(x)>0$이고 도함수가 연속인 함수
$f(x)$가 있다. 실수 전체의 집합에서 함수 $g(x)$가

$$g(x)=\int_0^x \ln f(t)\,dt$$

일 때, 함수 $g(x)$와 $g(x)$의 도함수 $g'(x)$는 다음 조건을
만족시킨다.

> (가) 함수 $g(x)$는 $x=1$에서 극값 2를 갖는다.
> (나) 모든 실수 x에 대하여 $g'(-x)=g'(x)$이다.

$\int_{-1}^1 \dfrac{xf'(x)}{f(x)}\,dx$의 값은? [4점]

① -4 ② -2 ③ 0

④ 2 ⑤ 4

081 · 2021학년도 고3 9월 평가원 가형

함수

$$f(x)=\begin{cases} 0 & (x\le 0) \\ \{\ln(1+x^4)\}^{10} & (x>0) \end{cases}$$

에 대하여 실수 전체의 집합에서 정의된 함수 $g(x)$를

$$g(x)=\int_0^x f(t)f(1-t)\,dt$$

라 하자. 〈보기〉에서 옳은 것만을 있는 대로 고른 것은?

[4점]

> 〈보기〉
> ㄱ. $x\le 0$인 모든 실수 x에 대하여 $g(x)=0$이다.
> ㄴ. $g(1)=2g\left(\dfrac{1}{2}\right)$
> ㄷ. $g(a)\ge 1$인 실수 a가 존재한다.

① ㄱ   ② ㄱ, ㄴ   ③ ㄱ, ㄷ

④ ㄴ, ㄷ   ⑤ ㄱ, ㄴ, ㄷ

함수 $f(x) = \dfrac{5}{2} - \dfrac{10x}{x^2+4}$ 와 함수 $g(x) = \dfrac{4 - |x-4|}{2}$ 의 그래프가 그림과 같다.

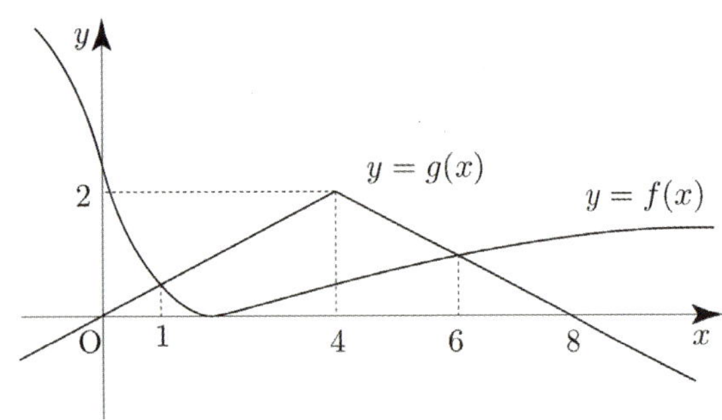

$0 \le a \le 8$ 인 a 에 대하여 $\displaystyle\int_0^a f(x)dx + \int_a^8 g(x)dx$ 의 최솟값은? [4점]

① $14 - 5\ln 5$ ② $15 - 5\ln 10$ ③ $15 - 5\ln 5$

④ $16 - 5\ln 10$ ⑤ $16 - 5\ln 5$

구간 $\left[0, \dfrac{\pi}{2}\right]$ 에서 연속인 함수 $f(x)$ 가 다음 조건을 만족시킬 때, $f\left(\dfrac{\pi}{4}\right)$ 의 값은? [4점]

> (가) $\displaystyle\int_0^{\frac{\pi}{2}} f(t)dt = 1$
>
> (나) $\cos x \displaystyle\int_0^x f(t)dt = \sin x \int_x^{\frac{\pi}{2}} f(t)dt$
>
>   (단, $0 \le x \le \dfrac{\pi}{2}$)

① $\dfrac{1}{5}$ ② $\dfrac{1}{4}$ ③ $\dfrac{1}{3}$

④ $\dfrac{1}{2}$ ⑤ 1

양의 실수 전체의 집합에서 미분가능한 두 함수 $f(x)$ 와 $g(x)$ 가 다음 조건을 만족시킨다.

> (가) 모든 양의 실수 x 에 대하여
> $$g(x) = \int_1^x \frac{f(t^2+1)}{t}dt \text{ 이다.}$$
>
> (나) $\displaystyle\int_2^5 f(x)dx = 16$

$g(2) = 3$ 일 때, $\displaystyle\int_1^2 xg(x)dx$ 의 값은? [4점]

① 2 ② 4 ③ 6

④ 8 ⑤ 10

함수 $f(x) = e^x + x - 1$ 과 양수 t 에 대하여 함수
$$F(x) = \int_0^x \{t - f(s)\}ds$$
가 $x = \alpha$ 에서 최댓값을 가질 때, 실수 α 의 값을 $g(t)$ 라 하자. 미분가능한 함수 $g(t)$ 에 대하여 $\displaystyle\int_{f(1)}^{f(5)} \frac{g(t)}{1 + e^{g(t)}}dt$ 의 값을 구하시오. [4점]

086   2019년 고3 7월 교육청 가형

실수 전체의 집합에서 미분가능한 함수 $f(x)$ 가
모든 실수 x 에 대하여

$$f(1+x)=f(1-x), \quad f(2+x)=f(2-x)$$

를 만족시킨다. 실수 전체의 집합에서 $f'(x)$ 가 연속이고,
$\displaystyle\int_{2}^{5} f'(x)dx = 4$ 일 때, 〈보기〉에서 옳은 것만을 있는 대로
고른 것은? [4점]

─────── 〈보기〉 ───────

ㄱ. 모든 실수 x 에 대하여 $f(x+2)=f(x)$ 이다.

ㄴ. $f(1)-f(0)=4$

ㄷ. $\displaystyle\int_{0}^{1} f(f(x))f'(x)dx = 6$ 일 때,

    $\displaystyle\int_{1}^{10} f(x)dx = \dfrac{27}{2}$ 이다.

① ㄱ   ② ㄷ   ③ ㄱ, ㄴ

④ ㄴ, ㄷ   ⑤ ㄱ, ㄴ, ㄷ

087   2020학년도 고3 6월 평가원 가형

실수 전체의 집합에서 미분가능한 함수 $f(x)$ 가 모든 실수
x 에 대하여 다음 조건을 만족시킨다.

(가) $f(x) > 0$

(나) $\ln f(x) + 2\displaystyle\int_{0}^{x} (x-t)f(t)dt = 0$

〈보기〉에서 옳은 것만을 있는 대로 고른 것은? [4점]

─────── 〈보기〉 ───────

ㄱ. $x > 0$ 에서 함수 $f(x)$ 는 감소한다.

ㄴ. 함수 $f(x)$ 의 최댓값은 1 이다.

ㄷ. 함수 $F(x)$ 를 $F(x) = \displaystyle\int_{0}^{x} f(t)dt$ 라 할 때,

    $f(1)+\{F(1)\}^2 = 1$ 이다.

① ㄱ   ② ㄱ, ㄴ   ③ ㄱ, ㄷ

④ ㄴ, ㄷ   ⑤ ㄱ, ㄴ, ㄷ

088   2022학년도 고3 9월 평가원 미적분

좌표평면에서 원점을 중심으로 하고 반지름의 길이가 2 인
원 C 와 두 점 A$(2,\,0)$, B$(0,\,-2)$ 가 있다. 원 C 위에 있고
x 좌표가 음수인 점 P 에 대하여 $\angle \mathrm{PAB} = \theta$ 라 하자.
점 Q$(0,\,2\cos\theta)$ 에서 직선 BP 에 내린 수선의 발을 R 라
하고, 두 점 P 와 R 사이의 거리를 $f(\theta)$ 라 할 때,

$\displaystyle\int_{\frac{\pi}{6}}^{\frac{\pi}{3}} f(\theta)d\theta$ 의 값은? [4점]

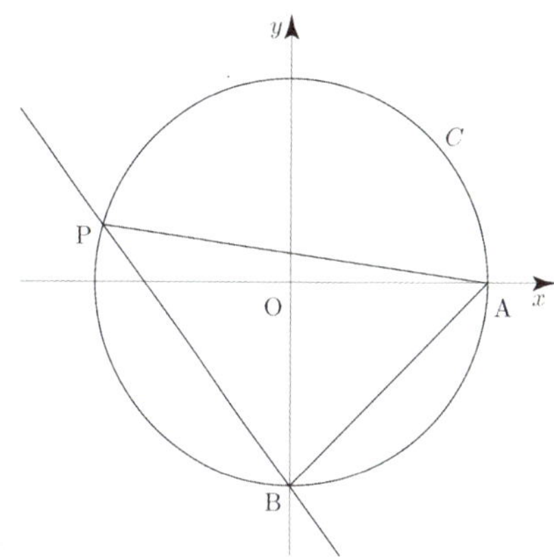

① $\dfrac{2\sqrt{3}-3}{2}$ ② $\sqrt{3}-1$ ③ $\dfrac{3\sqrt{3}-3}{2}$

④ $\dfrac{2\sqrt{3}-1}{2}$ ⑤ $\dfrac{4\sqrt{3}-3}{2}$

089   2021년 고3 10월 교육청 미적분

함수 $f(x) = \sin(ax)\,(a \neq 0)$ 에 대하여 다음 조건을
만족시키는 모든 실수 a 의 값의 합을 구하시오. [4점]

(가) $\displaystyle\int_{0}^{\frac{\pi}{a}} f(x)dx \geq \dfrac{1}{2}$

(나) $0 < t < 1$ 인 모든 실수 t 에 대하여

    $\displaystyle\int_{0}^{3\pi} |f(x)+t|dx = \int_{0}^{3\pi} |f(x)-t|dx$ 이다.

실수 전체의 집합에서 연속인 함수 $f(x)$ 가 다음 조건을 만족시킨다.

> (가) $-1 \le x \le 1$ 에서 $f(x) < 0$ 이다.
>
> (나) $\displaystyle\int_{-1}^{0} |f(x)\sin x|\, dx = 2,\quad \int_{0}^{1} |f(x)\sin x|\, dx = 3$

함수 $g(x) = \displaystyle\int_{-1}^{x} |f(t)\sin t|\, dt$ 에 대하여

$\displaystyle\int_{-1}^{1} f(-x)g(-x)\sin x\, dx = \dfrac{q}{p}$ 이다. $p+q$ 의 값을 구하시오.

(단, p 와 q 는 서로소인 자연수이다.) [4점]

실수 전체의 집합에서 도함수가 연속인 함수 $f(x)$ 가 모든 실수 x 에 대하여 다음 조건을 만족시킨다.

> (가) $f(-x) = f(x)$
>
> (나) $f(x+2) = f(x)$

$\displaystyle\int_{-1}^{5} f(x)(x+\cos 2\pi x)\, dx = \dfrac{47}{2},\quad \int_{0}^{1} f(x)\, dx = 2$ 일 때,

$\displaystyle\int_{0}^{1} f'(x)\sin 2\pi x\, dx$ 의 값은? [4점]

① $\dfrac{\pi}{6}$ ② $\dfrac{\pi}{4}$ ③ $\dfrac{\pi}{3}$

④ $\dfrac{5}{12}\pi$ ⑤ $\dfrac{\pi}{2}$

실수 전체의 집합에서 미분가능한 함수 $f(x)$ 가 다음 조건을 만족시킬 때, $f(-1)$ 의 값은? [4점]

> (가) 모든 실수 x 에 대하여
> $$2\{f(x)\}^2 f'(x) = \{f(2x+1)\}^2 f'(2x+1) \text{ 이다.}$$
> (나) $f\left(-\dfrac{1}{8}\right) = 1,\ f(6) = 2$

① $\dfrac{\sqrt[3]{3}}{6}$ ② $\dfrac{\sqrt[3]{3}}{3}$ ③ $\dfrac{\sqrt[3]{3}}{2}$

④ $\dfrac{2\sqrt[3]{3}}{3}$ ⑤ $\dfrac{5\sqrt[3]{3}}{6}$

세 상수 a, b, c 에 대하여 함수 $f(x) = ae^{2x} + be^{x} + c$ 가 다음 조건을 만족시킨다.

> (가) $\displaystyle\lim_{x \to -\infty} \dfrac{f(x)+6}{e^x} = 1$
>
> (나) $f(\ln 2) = 0$

함수 $f(x)$ 의 역함수를 $g(x)$ 라 할 때,

$\displaystyle\int_{0}^{14} g(x)\, dx = p + q\ln 2$ 이다. $p+q$ 의 값을 구하시오.

(단, p, q 는 유리수이고, $\ln 2$ 는 무리수이다.) [4점]

094

양의 실수 전체의 집합에서 미분가능한 두 함수 $f(x)$ 와 $g(x)$ 가 모든 양의 실수 x 에 대하여 다음 조건을 만족시킨다.

> (가) $\left(\dfrac{f(x)}{x}\right)' = x^2 e^{-x^2}$
>
> (나) $g(x) = \dfrac{4}{e^4} \displaystyle\int_1^x e^{t^2} f(t)\,dt$

$f(1) = \dfrac{1}{e}$ 일 때, $f(2) - g(2)$ 의 값은? [4점]

① $\dfrac{16}{3e^4}$ ② $\dfrac{6}{e^4}$ ③ $\dfrac{20}{3e^4}$

④ $\dfrac{22}{3e^4}$ ⑤ $\dfrac{8}{e^4}$

095

함수 $f(x)$ 를

$$f(x) = \begin{cases} |\sin x| - \sin x & \left(-\dfrac{7}{2}\pi \leq x < 0\right) \\[2mm] \sin x - |\sin x| & \left(0 \leq x \leq \dfrac{7}{2}\pi\right) \end{cases}$$

라 하자. 닫힌구간 $\left[-\dfrac{7}{2}\pi, \dfrac{7}{2}\pi\right]$ 에 속하는 모든 실수 x 에 대하여 $\displaystyle\int_a^x f(t)\,dt \geq 0$ 이 되도록 하는 실수 a 의 최솟값을 α, 최댓값을 β 라 할 때, $\beta - \alpha$ 의 값은?

(단, $-\dfrac{7}{2}\pi \leq a \leq \dfrac{7}{2}\pi$) [4점]

① $\dfrac{\pi}{2}$ ② $\dfrac{3}{2}\pi$ ③ $\dfrac{5}{2}\pi$

④ $\dfrac{7}{2}\pi$ ⑤ $\dfrac{9}{2}\pi$

096

두 연속함수 $f(x)$, $g(x)$ 가

$$g(e^x) = \begin{cases} f(x) & (0 \leq x < 1) \\[2mm] g(e^{x-1}) + 5 & (1 \leq x \leq 2) \end{cases}$$

를 만족시키고, $\displaystyle\int_1^{e^2} g(x)\,dx = 6e^2 + 4$ 이다.

$\displaystyle\int_1^e f(\ln x)\,dx = ae + b$ 일 때, $a^2 + b^2$ 의 값을 구하시오.

(단, a, b 는 정수이다.) [4점]

함수 $f(x)$ 가 다음 조건을 만족시킨다.

> (가) $-1 \leq x < 1$ 일 때, $f(x) = \dfrac{(x^2-1)^2}{x^4+1}$ 이다.
>
> (나) 모든 실수 x 에 대하여 $f(x+2)=f(x)$ 이다.

〈보기〉에서 옳은 것만을 있는 대로 고른 것은? [4점]

> ─────〈보기〉─────
>
> ㄱ. $\displaystyle\int_{-2}^{2} f(x)\,dx = 4\int_{0}^{1} f(x)\,dx$
>
> ㄴ. $1 < x < 2$ 일 때, $f'(x) > 0$ 이다.
>
> ㄷ. $\displaystyle\int_{1}^{3} x\,|f'(x)|\,dx = 4$

① ㄱ 　　② ㄷ 　　③ ㄱ, ㄴ

④ ㄴ, ㄷ 　　⑤ ㄱ, ㄴ, ㄷ

연속함수 $y=f(x)$ 의 그래프가 원점에 대하여 대칭이고, 모든 실수 x 에 대하여

$$f(x) = \frac{\pi}{2}\int_{1}^{x+1} f(t)\,dt$$

이다. $f(1)=1$ 일 때, $\pi^2 \displaystyle\int_{0}^{1} x f(x+1)\,dx$ 의 값은? [4점]

① $2(\pi-2)$ 　　② $2\pi-3$ 　　③ $2(\pi-1)$

④ $2\pi-1$ 　　⑤ 2π

함수 $f(x)$ 는 실수 전체의 집합에서 연속인 이계도함수를 갖고, 실수 전체의 집합에서 정의된 함수 $g(x)$ 를

$$g(x) = f'(2x)\sin\pi x + x$$

라 하자. 함수 $g(x)$ 는 역함수 $g^{-1}(x)$ 를 갖고,

$$\int_{0}^{1} g^{-1}(x)\,dx = 2\int_{0}^{1} f'(2x)\sin\pi x\,dx + \frac{1}{4}$$

을 만족시킬 때, $\displaystyle\int_{0}^{2} f(x)\cos\frac{\pi}{2}x\,dx$ 의 값은? [4점]

① $-\dfrac{1}{\pi}$ 　　② $-\dfrac{1}{2\pi}$ 　　③ $-\dfrac{1}{3\pi}$

④ $-\dfrac{1}{4\pi}$ 　　⑤ $-\dfrac{1}{5\pi}$

규토 라이트 N제
적분법

Master step
심화 문제편

1. 여러 가지 적분법

임의의 두 양수 a, b 에 대하여 $f(x)$ 가 다음 조건을 만족시킨다.

$$f(ab) = f(a) + f(b)$$

$f\left(\dfrac{1}{4}\right) = -\dfrac{128}{\pi}$ 일 때, $\displaystyle\int_0^{\frac{\pi}{4}} f(1+\tan x)\,dx$ 의 값을 구하시오.

닫힌구간 $[0,\,1]$ 에서 증가하는 연속함수 $f(x)$ 가

$$\int_0^1 f(x)\,dx = 2, \quad \int_0^1 |f(x)|\,dx = 2\sqrt{2}$$

를 만족시킨다. 함수 $F(x)$ 가

$$F(x) = \int_0^x |f(t)|\,dt \ \ (0 \le x \le 1)$$

일 때, $\displaystyle\int_0^1 f(x)F(x)\,dx$ 의 값은? [4점]

① $4 - \sqrt{2}$ ② $2 + \sqrt{2}$ ③ $5 - \sqrt{2}$

④ $1 + 2\sqrt{2}$ ⑤ $2 + 2\sqrt{2}$

실수 전체의 집합에서 미분가능한 함수 $f(x)$ 가 모든 실수 x 에 대하여

$$f'(x^2+x+1) = \pi f(1)\sin \pi x + f(3)x + 5x^2$$

을 만족시킬 때, $f(7)$ 의 값을 구하시오. [4점]

함수 $f(x) = \sin(\pi\sqrt{x})$ 에 대하여 함수

$$g(x) = \int_0^x t\,f(x-t)\,dt \ \ (x \ge 0)$$

이 $x = a$ 에서 극대인 모든 a 를 작은 수부터 크기순으로 나열할 때, n 번째 수를 a_n 이라 하자. $k^2 < a_6 < (k+1)^2$ 인 자연수 k 의 값은? [4점]

① 11 ② 14 ③ 17

④ 20 ⑤ 23

104 2021학년도 수능 가형

함수 $f(x) = \pi \sin 2\pi x$ 에 대하여 정의역이 실수 전체의 집합이고 치역이 집합 $\{0, 1\}$ 인 함수 $g(x)$ 와 자연수 n 이 다음 조건을 만족시킬 때, n 의 값은? [4점]

> 함수 $h(x) = f(nx)g(x)$ 는 실수 전체의 집합에서 연속이고
> $$\int_{-1}^{1} h(x)\,dx = 2, \qquad \int_{-1}^{1} x\,h(x)\,dx = -\frac{1}{32}$$
> 이다.

① 8 　　　② 10 　　　③ 12

④ 14 　　　⑤ 16

105

함수 $f(x) = \dfrac{x}{x^2+1}$ 와 양수 t 에 대하여 함수 $F(x)$ 는

$$F(x) = \int_0^x \{f(s) - ts\}\,ds$$

이다. 모든 실수 x 에 대하여 $F(x) \le F(\alpha)$ 를 만족시키는 음이 아닌 실수 α 의 값을 $g(t)$ 라 하자.

$\displaystyle\int_{\frac{1}{2}}^{2} \dfrac{g(t)}{t^2}\,dt = k$ 일 때, $60k$ 의 값을 구하시오.

106

함수 $f(x) = \sin \dfrac{\pi}{2} x$ 에 대하여 함수 $\displaystyle\int_0^x |f'(t)|\,dt$ 의

역함수를 $g(x)$ 라 할 때, $\displaystyle\int_{-5}^{5} |f(x) - g(x)|\,dx = \dfrac{a}{\pi} + b$

이다. $a+b$ 의 값을 구하시오. (단, a 와 b 는 자연수이다.)

107 2019학년도 고3 6월 평가원 가형

실수 전체의 집합에서 미분가능한 함수 $f(x)$ 에 대하여 곡선 $y = f(x)$ 위의 점 $(t, f(t))$ 에서의 접선의 y 절편을 $g(t)$ 라 하자. 모든 실수 t 에 대하여

$$(1+t^2)\{g(t+1) - g(t)\} = 2t$$

이고, $\displaystyle\int_0^1 f(x)\,dx = -\dfrac{\ln 10}{4}$, $f(1) = 4 + \dfrac{\ln 17}{8}$ 일 때,

$2\{f(4) + f(-4)\} - \displaystyle\int_{-4}^{4} f(x)\,dx$ 의 값을 구하시오. [4점]

함수

$$f(x) = \begin{cases} e^x & (0 \le x < 1) \\ e^{2-x} & (1 \le x \le 2) \end{cases}$$

에 대하여 열린구간 $(0,\ 2)$ 에서 정의된 함수

$$g(x) = \int_0^x |f(x) - f(t)|\,dt$$

의 극댓값과 극솟값의 차는 $ae + b\sqrt[3]{e^2}$ 이다.

$(ab)^2$ 의 값을 구하시오. (단, $a,\ b$ 는 유리수이다.) [4점]

실수 전체의 집합에서 증가하고 미분가능한 함수 $f(x)$ 가 다음 조건을 만족시킨다.

> (가) $f(1) = 1$, $\displaystyle\int_1^2 f(x)\,dx = \frac{5}{4}$
>
> (나) 함수 $f(x)$ 의 역함수를 $g(x)$ 라 할 때,
> $x \ge 1$ 인 모든 실수 x 에 대하여 $g(2x) = 2f(x)$ 이다.

$\displaystyle\int_1^8 x f'(x)\,dx = \frac{q}{p}$ 일 때, $p+q$ 의 값을 구하시오.

(단, p 와 q 는 서로소인 자연수이다.) [4점]

실수 전체의 집합에서 연속인 함수 $f(x)$ 가 다음 조건을 만족시킨다.

> (가) $x \le b$ 일 때, $f(x) = a(x-b)^2 + c$ 이다.
> (단, $a,\ b,\ c$ 는 상수이다.)
>
> (나) 모든 실수 x 에 대하여 $f(x) = \int_0^x \sqrt{4 - 2f(t)}\,dt$ 이다.

$\displaystyle\int_0^6 f(x)\,dx = \frac{q}{p}$ 일 때, $p+q$ 의 값을 구하시오.

(단, p 와 q 는 서로소인 자연수이다.) [4점]

실수 t 에 대하여 곡선 $y = e^x$ 위의 점 $(t,\ e^t)$ 에서의 접선의 방정식을 $y = f(x)$ 라 할 때, 함수 $y = |f(x) + k - \ln x|$ 가 양의 실수 전체의 집합에서 미분가능하도록 하는 실수 k 의 최솟값을 $g(t)$ 라 하자. 두 실수 $a,\ b\,(a < b)$ 에 대하여 $\displaystyle\int_a^b g(t)\,dt = m$ 이라 할 때, 〈보기〉에서 옳은 것만을 있는 대로 고른 것은? [4점]

> ───── 〈보기〉 ─────
>
> ㄱ. $m < 0$ 이 되도록 하는 두 실수 $a,\ b\,(a < b)$ 가 존재한다.
> ㄴ. 실수 c 에 대하여 $g(c) = 0$ 이면 $g(-c) = 0$ 이다.
> ㄷ. $a = \alpha,\ b = \beta\,(\alpha < \beta)$ 일 때 m 의 값이 최소이면 $\dfrac{1 + g'(\beta)}{1 + g'(\alpha)} < -e^2$ 이다.

① ㄱ　　　② ㄴ　　　③ ㄱ, ㄴ

④ ㄱ, ㄷ　　　⑤ ㄱ, ㄴ, ㄷ

112 · 2016년 고3 7월 교육청 가형

$0 \le \theta \le \dfrac{\pi}{2}$ 인 θ 에 대하여 좌표평면 위의 두 직선 l, m 은 다음 조건을 만족시킨다.

> (가) 두 직선 l, m 은 서로 평행하고 x 축의 양의 방향과 이루는 각의 크기는 각각 θ 이다.
> (나) 두 직선 l, m 은 곡선
> $\quad y = \sqrt{2-x^2}$ $(-1 \le x \le 1)$ 과 각각 만난다.

두 직선 l 과 m 사이의 거리의 최댓값을 $f(\theta)$ 라 할 때,

$\displaystyle \int_0^{\frac{\pi}{2}} f(\theta)d\theta = a + b\sqrt{2}\,\pi$ 이다. $20(a+b)$ 의 값을 구하시오.

(단, a 와 b 는 유리수이다.) [4점]

113 · 2023년 고3 7월 교육청 미적분

함수 $f(x)$ 는 실수 전체의 집합에서 도함수가 연속이고 다음 조건을 만족시킨다.

> (가) $x < 1$ 일 때, $f'(x) = -2x+4$ 이다.
> (나) $x \ge 0$ 인 모든 실수 x 에 대하여
> $\quad f(x^2+1) = ae^{2x} + bx$ 이다. (단, a, b 는 상수이다.)

$\displaystyle \int_0^5 f(x)dx = pe^4 - q$ 일 때, $p+q$ 의 값을 구하시오.

(단, p, q 는 유리수이다.) [4점]

114 · 2018학년도 고3 6월 평가원 가형

실수 a 와 함수 $f(x) = \ln(x^4+1) - c$ $(c>0$ 인 상수$)$ 에 대하여 함수 $g(x)$ 를 $g(x) = \displaystyle \int_a^x f(t)dt$ 라 하자.

함수 $y = g(x)$ 의 그래프가 x 축과 만나는 서로 다른 점의 개수가 2 가 되도록 하는 모든 a 의 값을 작은 수부터 크기순으로 나열하면 α_1, α_2, $\cdots$, α_m $(m$ 은 자연수$)$이다. $a = \alpha_1$ 일 때, 함수 $g(x)$ 와 상수 k 는 다음 조건을 만족시킨다.

> (가) 함수 $g(x)$ 는 $x=1$ 에서 극솟값을 갖는다.
> (나) $\displaystyle \int_{\alpha_1}^{\alpha_m} g(x)dx = k\alpha_m \int_0^1 |f(x)|\,dx$

$mk \times e^c$ 의 값을 구하시오. [4점]

115 · 2015학년도 고3 9월 평가원 B형

양의 실수 전체의 집합에서 감소하고 연속인 함수 $f(x)$ 가 다음 조건을 만족시킨다.

> (가) 모든 양의 실수 x 에 대하여 $f(x) > 0$ 이다.
> (나) 임의의 양의 실수 t 에 대하여 세 점
> $\quad (0, 0)$, $(t, f(t))$, $(t+1, f(t+1))$ 을 꼭짓점으로
> $\quad$ 하는 삼각형의 넓이가 $\dfrac{t+1}{t}$ 이다.
> (다) $\displaystyle \int_1^2 \dfrac{f(x)}{x}dx = 2$

$\displaystyle \int_{\frac{7}{2}}^{\frac{11}{2}} \dfrac{f(x)}{x}dx = \dfrac{q}{p}$ 라 할 때, $p+q$ 의 값을 구하시오.

(단, p 와 q 는 서로소인 자연수이다.) [4점]

실수 $a\,(0 < a < 2)$ 에 대하여 함수 $f(x)$ 를

$$f(x) = \begin{cases} 2\,|\sin 4x| & (x < 0) \\ -\sin ax & (x \geq 0) \end{cases}$$

이라 하자. 함수

$$g(x) = \left| \int_{-a\pi}^{x} f(t)\,dt \right|$$

가 실수 전체의 집합에서 미분가능할 때, a 의 최솟값은? [4점]

① $\dfrac{1}{2}$ ② $\dfrac{3}{4}$ ③ 1

④ $\dfrac{5}{4}$ ⑤ $\dfrac{3}{2}$

실수 전체의 집합에서 연속인 함수 $f(x)$ 가 모든 실수 x 에 대하여 $f(x) \geq 0$ 이고, $x < 0$ 일 때 $f(x) = -4xe^{4x^2}$ 이다. 모든 양수 t 에 대하여 x 에 대한 방정식 $f(x) = t$ 의 서로 다른 실근의 개수는 2 이고, 이 방정식의 두 실근 중 작은 값을 $g(t)$, 큰 값을 $h(t)$ 라 하자. 두 함수 $g(t)$, $h(t)$ 는 모든 양수 t 에 대하여

$$2g(t) + h(t) = k \quad (k \text{는 상수})$$

를 만족시킨다. $\displaystyle\int_{0}^{7} f(x)\,dx = e^4 - 1$ 일 때, $\dfrac{f(9)}{f(8)}$ 의 값은? [4점]

① $\dfrac{3}{2}e^5$ ② $\dfrac{4}{3}e^7$ ③ $\dfrac{5}{4}e^9$

④ $\dfrac{6}{5}e^{11}$ ⑤ $\dfrac{7}{6}e^{13}$

실수 전체의 집합에서 미분가능한 함수 $f(x)$ 의 도함수 $f'(x)$ 가

$$f'(x) = |\sin x|\cos x$$

이다. 양수 a 에 대하여 곡선 $y = f(x)$ 위의 점 $(a,\, f(a))$ 에서의 접선의 방정식을 $y = g(x)$ 라 하자. 함수

$$h(x) = \int_{0}^{x} \{f(t) - g(t)\}\,dt$$

가 $x = a$ 에서 극대 또는 극소가 되도록 하는 모든 양수 a 를 작은 수부터 크기순으로 나열할 때, n 번째 수를 a_n 이라 하자. $\dfrac{100}{\pi} \times (a_6 - a_2)$ 의 값을 구하시오. [4점]

최고차항의 계수가 9 인 삼차함수 $f(x)$ 가 다음 조건을 만족시킨다.

> (가) $\displaystyle\lim_{x \to 0} \dfrac{\sin(\pi \times f(x))}{x} = 0$
>
> (나) $f(x)$ 의 극댓값과 극솟값의 곱은 5 이다.

함수 $g(x)$ 는 $0 \leq x < 1$ 일 때 $g(x) = f(x)$ 이고 모든 실수 x 에 대하여 $g(x+1) = g(x)$ 이다. $g(x)$ 가 실수 전체의 집합에서 연속일 때, $\displaystyle\int_{0}^{5} xg(x)\,dx = \dfrac{q}{p}$ 이다. $p+q$ 의 값을 구하시오. (단, p 와 q 는 서로소인 자연수이다.) [4점]

120 2017학년도 고3 6월 평가원 가형

실수 전체의 집합에서 미분가능한 함수 $f(x)$ 가 상수 $a\,(0 < a < 2\pi)$ 와 모든 실수 x 에 대하여 다음 조건을 만족시킨다.

> (가) $f(x) = f(-x)$
> (나) $\displaystyle\int_x^{x+a} f(t)dt = \sin\left(x + \dfrac{\pi}{3}\right)$

닫힌구간 $\left[0, \dfrac{a}{2}\right]$ 에서 두 실수 b, c 에 대하여

$f(x) = b\cos(3x) + c\cos(5x)$ 일 때, $abc = -\dfrac{q}{p}\pi$ 이다.

$p+q$ 의 값을 구하시오. (단, p 와 q 는 서로소인 자연수이다.)

[4점]

121 2018년 고3 4월 교육청 가형

함수 $f(x) = e^x(ax^3 + bx^2)$ 과 양의 실수 t 에 대하여 닫힌구간 $[-t, t]$ 에서 함수 $f(x)$ 의 최댓값을 $M(t)$, 최솟값을 $m(t)$ 라 할 때, 두 함수 $M(t)$, $m(t)$ 는 다음 조건을 만족시킨다.

> (가) 모든 양의 실수 t 에 대하여 $M(t) = f(t)$ 이다.
> (나) 양수 k 에 대하여 닫힌구간 $[k, k+2]$ 에 있는 임의의 실수 t 에 대해서만 $m(t) = f(-t)$ 가 성립한다.
> (다) $\displaystyle\int_1^5 \{e^t \times m(t)\}dt = \dfrac{7}{3} - 8e$

$f(k+1) = \dfrac{q}{p}e^{k+1}$ 일 때, $p+q$ 의 값을 구하시오.

(단, a 와 b 는 0이 아닌 상수, p 와 q 는 서로소인

자연수이고, $\displaystyle\lim_{x\to\infty}\dfrac{x^3}{e^x} = 0$ 이다.) [4점]

122 2018년 고3 7월 교육청 가형

$ab < 0$ 인 상수 a, b 에 대하여 함수 $f(x)$ 는

$f(x) = (ax+b)e^{-\frac{x}{2}}$ 이고 함수 $g(x)$ 는 $g(x) = \displaystyle\int_0^x f(t)dt$ 이다.

실수 $k\,(k > 0)$ 에 대하여 부등식

$$g(x) - k \geq xf(x)$$

를 만족시키는 양의 실수 x 가 존재할 때, 이 x 의 값 중 최솟값을 $h(k)$ 라 하자. 함수 $g(x)$ 와 $h(k)$ 는 다음 조건을 만족시킨다.

> (가) 함수 $g(x)$ 는 극댓값 α 를 갖고 $h(\alpha) = 2$ 이다.
> (나) $h(k)$ 의 값이 존재하는 k 의 최댓값은 $8e^{-2}$ 이다.

$100(a^2 + b^2)$ 의 값을 구하시오. (단, $\displaystyle\lim_{x\to\infty} f(x) = 0$) [4점]

123 2018학년도 고3 9월 평가원 가형

수열 $\{a_n\}$ 이

$$a_1 = -1, \quad a_n = 2 - \dfrac{1}{2^{n-2}} \ (n \geq 2)$$

이다. 구간 $[-1, 2)$ 에서 정의된 함수 $f(x)$ 가 모든 자연수 n 에 대하여

$$f(x) = \sin(2^n \pi x) \ (a_n \leq x \leq a_{n+1})$$

이다. $-1 < \alpha < 0$ 인 실수 α 에 대하여 $\displaystyle\int_\alpha^t f(x)dx = 0$ 을 만족시키는 $t\,(0 < t < 2)$ 의 값의 개수가 103 일 때, $\log_2(1 - \cos(2\pi\alpha))$ 의 값은? [4점]

① -48 ② -50 ③ -52

④ -54 ⑤ -56

최고차항의 계수가 1인 사차함수 $f(x)$와 구간 $(0,\ \infty)$에서 $g(x) \geq 0$인 함수 $g(x)$가 다음 조건을 만족시킨다.

> (가) $x \leq -3$인 모든 실수 x에 대하여
> $f(x) \geq f(-3)$이다.
> (나) $x > -3$인 모든 실수 x에 대하여
> $g(x+3)\{f(x)-f(0)\}^2 = f'(x)$이다.

$\displaystyle\int_4^5 g(x)\,dx = \dfrac{q}{p}$일 때, $p+q$의 값을 구하시오.

(단, p와 q는 서로소인 자연수이다.) [4점]

함수 $f(x) = \dfrac{x}{e^x}$에 대하여 구간 $\left[\dfrac{12}{e^{12}},\ \infty\right)$에서 정의된 함수

$$g(t) = \int_0^{12} |f(x) - t|\,dx$$

가 $t = k$에서 극솟값을 갖는다. 방정식 $f(x) = k$의 실근의 최솟값을 a라 할 때, $g'(1) + \ln\left(\dfrac{6}{a}+1\right)$의 값을 구하시오.
[4점]

상수 a, b에 대하여 함수 $f(x) = a\sin^3 x + b\sin x$가

$$f\left(\dfrac{\pi}{4}\right) = 3\sqrt{2},\quad f\left(\dfrac{\pi}{3}\right) = 5\sqrt{3}$$

을 만족시킨다. 실수 $t\,(1 < t < 14)$에 대하여 함수 $y = f(x)$의 그래프와 직선 $y = t$가 만나는 점의 x좌표 중 양수인 것을 작은 수부터 크기순으로 모두 나열할 때, n번째 수를 x_n이라 하고

$$C_n = \int_{3\sqrt{2}}^{5\sqrt{3}} \dfrac{t}{f'(x_n)}\,dt$$

라 하자. $\displaystyle\sum_{n=1}^{101} C_n = p + q\sqrt{2}$일 때, $q - p$의 값을 구하시오.

(단, p와 q는 유리수이다.) [4점]

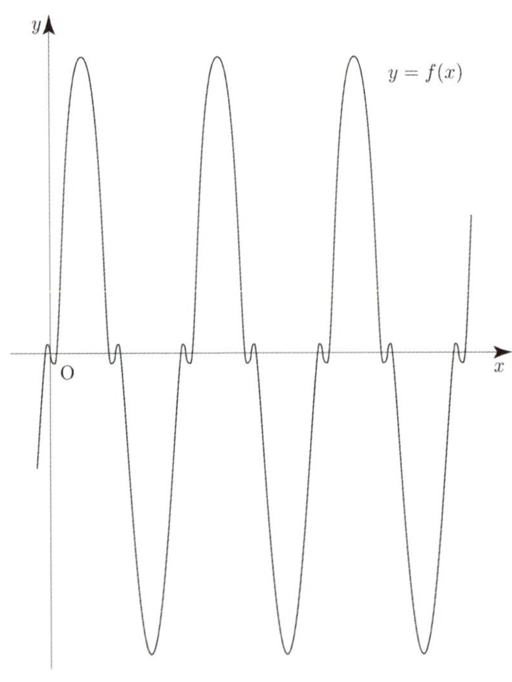

127

실수 전체의 집합에서 미분가능한 함수 $f(x)$ 에 대하여 함수 $F(x)$ 를 함수 $f(x)$ 의 한 부정적분이라 하자. 두 함수 $f(x)$, $F(x)$ 가 다음 조건을 만족시킨다.

> (가) $\displaystyle\int \{f(x)\}^2 dx = \frac{2x}{x^2+e} - \int f'(x)F(x)\,dx$
>
> (나) $F(0)=0$

$\displaystyle\int_0^{\sqrt{e}} x\{F(x)\}^2 dx$ 의 값은?

① $2e\ln 2$ ② $2e\ln 2 - e$ ③ $2e\ln 2 - 3e$

④ $e\ln 2 - e$ ⑤ $e\ln 2 - 2e$

128

실수 전체의 집합에서 미분가능한 함수 $f(x)$ 가 다음 조건을 만족시킨다.

> (가) $0 \le x \le 2$ 일 때, $f(x) = xe^{-x}$ 이다.
> (나) 모든 실수 x 에 대하여
> $$\int_0^x f'(t)\,dt = \int_{-x}^0 f'(t)\,dt \ \text{이다.}$$
> (다) $2 \le x_1 < x_2$ 인 임의의 두 실수 x_1, x_2 에 대하여
> $$f(x_2) - ax_2 = f(x_1) - ax_1 \ \text{이다.}$$
> (단, a 는 상수이다.)

함수 $f(x)$ 에 대하여 집합 S 는

$$S = \left\{ (t, f(t)) \ \middle| \ \int_{-1}^2 f(x)\,dx = \int_1^t f(x)\,dx \right\}$$

이다. S 의 모든 원소를 꼭짓점으로 하는 도형의 넓이를 b 라 할 때, $-\dfrac{b}{a}$ 의 값은?

① 32 ② 34 ③ 36

④ 38 ⑤ 40

129

함수 $f(x) = \displaystyle\int_{-2}^x \pi|\sin|\pi t| - \sin \pi t|\,dt$ 와 자연수 k 에 대하여 원점과 $(k+1,\ f(k+1))$ 를 이은 선분을 지름으로 하는 원이 직선 $y = \dfrac{f(k)}{k}x$ 와 만나는 점 중 원점이 아닌 점을 점 P_k 라 하자. 원점과 $(k,\ f(k))$ 를 이은 선분의 길이를 $g(k)$ 라 하고 점 P_k 와 $(k+1,\ f(k+1))$ 를 이은 선분의 길이를 $h(k)$ 라 할 때, $10 \le \displaystyle\sum_{k=1}^n g(k)h(k) \le 100$ 을 만족시키는 모든 n 의 값의 합을 구하시오.

130

실수 전체의 집합에서 미분가능한 함수 $f(x)$ 와 $f(x)$ 의 역함수 $g(x)$ 가 다음 조건을 만족시킨다.

> (가) $g(0)=0$, $\displaystyle\int_1^e f(\ln t)\,dt = \dfrac{e^2-3}{2}$
> (나) 모든 실수 x 에 대하여
> $$ef(x+1) = f(x) + (e^2-1)e^x \ \text{이다.}$$

$\displaystyle\int_0^{f(10)} e^{g(x)}\,dx = \dfrac{e^a+b}{2}$ 이다. $a+b$ 의 값을 구하시오.

(단, a 와 b 는 정수이다.)

131

함수 $f(x) = k|\sin x| + k\sin|x|$ 가 다음 조건을 만족시킨다.
(단, k 는 상수이다.)

> (가) $\displaystyle\int_a^{\frac{7\pi}{2}} f(x)\,dx = -\int_a^{-3\pi} f(x)\,dx$
>
> (단, a 는 상수이다.)
>
> (나) (가)를 만족시키는 상수 a 에 대하여
> 함수 $g(x)$ 의 도함수를
> $$g'(x) = \int_a^{|x|} f(t)\,dt + 10$$
> 라 할 때, 함수 $g(x)$ 는 오직 열린구간
> $(-\pi,\ \pi)$ 에서만 증가한다.

$\left\{f\!\left(\dfrac{\pi}{2}\right)\right\}^2$ 의 값을 구하시오.

이차함수 $f(x) = -\dfrac{1}{4}x^2 + \sqrt{f(a)}\,x$ 에 대하여 $g(x)$ 는 다음 조건을 만족시킨다.

> (가) 모든 실수 x 에 대하여
> $$g(x) = \int_0^x \sqrt{f(a)-f(t)}\,dt \text{ 이다.}$$
> (나) $\displaystyle\int_0^a t\,g'(t)\,dt = 18$

$\displaystyle\int_a^{2a} t\,g'(t)\,dt$ 의 값을 구하시오. (단, a 는 상수이다.)

133

양의 실수 전체의 집합에서 미분가능한 함수 $f(x)$ 가 모든 양의 실수 x 에 대하여 다음 조건을 만족시킨다.

> (가) $f(x) = x f'(x) + 1 + \dfrac{2}{x}$
>
> (나) $f(1) > 2$
>
> (다) $0 < x_1 < x_2$ 인 임의의 두 실수 $x_1,\ x_2$ 에 대하여
> $$\int_{e^{x_1}}^{e^{x_2}} \frac{f'(\ln x)}{x}\,dx < f\!\left(\frac{1}{2}\right)(x_2 - x_1) \text{ 이다.}$$

$f(1)$ 의 최댓값은?

① 4 ② 6 ③ 8

④ 10 ⑤ 12

함수 $f(x) = \dfrac{x}{x^2+1}$ 에 대하여
$$g'(x) = \int_0^x |f'(t)|\,dt + 1, \quad g'(g(0)) = 1$$
를 만족시키는 함수 $g(x)$ 의 역함수를 $h(x)$ 라 하자.
방정식 $\displaystyle\int_{-k}^0 |f'(t+k)|\,dt + 1 = (g' \circ h)(x)$ 이

닫힌구간 $\left[\ln\dfrac{\sqrt{2}}{e},\ \ln e\sqrt{2}\right]$ 에서 실근을 갖게 하는 k 의 최댓값을 M, 최솟값을 m 이라 할 때, $10(M-m)$ 의 값을 구하시오.

135

실수 전체의 집합에서 미분가능한 함수 $f(x)$ 와 최고차항의 계수가 1인 삼차함수 $g(x)$ 가 다음 조건을 만족시킨다.

> (가) $x \geq 0$ 인 모든 실수 x 에 대하여
> $$f'(e^x) \geq g'(x) e^{-x} \text{ 이다.}$$
> (나) $f(1) = 0$, $\displaystyle\int_e^{e^2} \frac{f(x)}{x}\, dx = 2$
> (다) 함수 $g(x)$ 는 $x = 0$ 에서 극값 0 을 갖는다.

$g(4)$ 의 최댓값을 구하시오.

136

삼차함수 $f(x) = x^3 - 3x^2 + 4x$ 의 역함수 $f^{-1}(x)$ 에 대하여

$$g(a) = \int_0^{f(3)} \left| f^{-1}(x) - a \right| dx$$

이다. $0 < a < 3$ 인 모든 실수 a 에 대하여 $g(a) \geq g(m)$ 일 때, $f(f(m))$ 의 값을 구하시오. (단, m 은 $0 < m < 3$ 인 실수이다.)

137

$a < -1$ 인 실수 a 와 함수 $f(x) = e^{x^2} + x$ 에 대하여 함수 $F(x)$ 는

$$F(x) = \int_a^x f(|t|)\, dt$$

이다. 방정식

$$\int_a^{-1} F(x)\, dx + \int_1^{-a} f(x)\, dx + \frac{3e+2}{6} = \frac{f(-a)}{2}$$

를 만족시킬 때, $\left(\dfrac{\displaystyle\int_a^{-a} F(x)\, dx}{\displaystyle\int_0^{-a} f(x)\, dx} \right)^2$ 의 값을 구하시오.

138

함수 $f(x)$ 를

$$f(x) = \begin{cases} \dfrac{\pi}{8} \sin |\pi x| & (|x| < 2) \\[2ex] 0 & (|x| \geq 2) \end{cases}$$

이라 하고, $0 < k < 1$ 인 실수 k에 대하여 함수 $g(x)$ 를

$$g(x) = \left| \ln (x^2 + k) \right|$$

이라 하자. 함수 $g\!\left(\left| \displaystyle\int_0^x f(t)\, dt - \int_{-\frac{1}{2}}^0 f(t)\, dt \right| \right)$ 가 실수 전체의 집합에서 미분가능하도록 하는 실수 k 의 최댓값을 a 라 할 때, $64a$ 의 값을 구하시오.

139

함수 $f(x) = \dfrac{k\pi x}{20(x^2+1)}$ (k 는 자연수) 에 대하여

함수 $g(x)$ 를

$$g(x) = \sin\left(\int_0^x |f'(t)|\,dt\right) - \cos\left(\int_0^x |f'(t)|\,dt\right)$$

라 할 때, 모든 실수 x 에 대하여

$$-2 \le g(x) + g(-x) < 0$$

이다. 방정식 $g(x)g'(x) = 0$ 의 서로 다른 실근의 개수를 a_k 라 하고 k 의 최댓값을 m 이라 할 때,

$\displaystyle\sum_{k=1}^{m} a_k$ 의 값을 구하시오.

삼차함수 $f(x) = \dfrac{\pi}{16}(x^3 + ax^2 + bx)$ (a, b 는 자연수)와

$f(x)$ 의 역함수 $g(x)$ 에 대하여 함수

$$h(x) = \begin{cases} \displaystyle\int_0^x \sin\{t + f(t)\}\,dt \\[2mm] \qquad + \displaystyle\int_{f(x)}^0 [g'(t)\cos\{g(t)\}\sin t]\,dt & (x \ge 0) \\[4mm] \qquad\qquad h(-x) & (x < 0) \end{cases}$$

가 열린구간 $(-2,\ 2)$ 에서 극대 또는 극소가 되는 x 의 개수가 5 일 때, $f(1)$ 의 최댓값과 최솟값의 합은 $k\pi$ 이다. $16k$ 의 값을 구하시오.

Guide step

개념 익히기편

2. 정적분의 활용

01 정적분과 급수의 합 사이의 관계

성취 기준 – 정적분과 급수의 합 사이의 관계를 이해한다.

개념 파악하기 **(1) 정적분과 급수의 합은 어떤 관계가 있을까?**

급수를 이용한 도형의 넓이

곡선으로 둘러싸인 도형의 넓이를 구하여 보자.

다음 그림과 같은 도형 ABCD 의 넓이를 S 라 하고, 도형 ABCD 에서 선분 BC 를 n 등분하여
만든 n 개의 직사각형의 넓이의 합을 S_n 이라 할 때, n 을 한없이 크게 하면 S_n 은 도형 ABCD 의
넓이에 한없이 가까워진다. 즉, $S = \lim_{x \to \infty} S_n$ 으로 구할 수 있다.

S_6

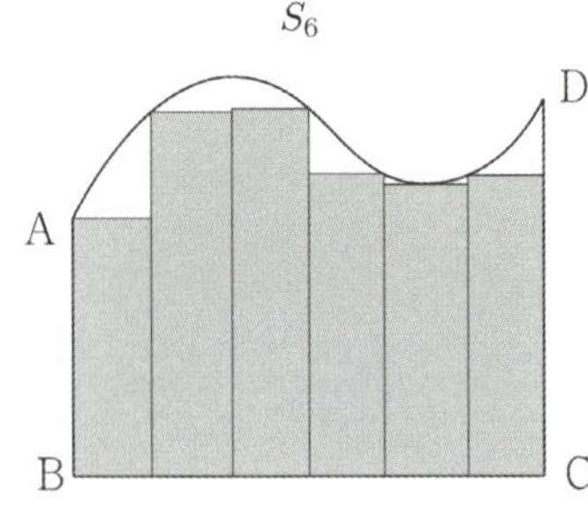

S_{12}

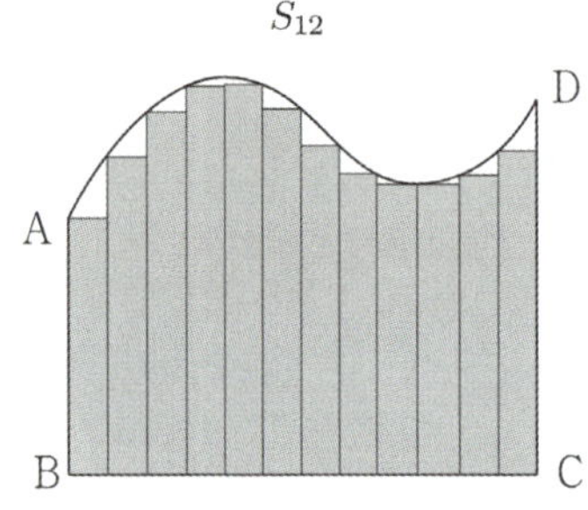

S_n

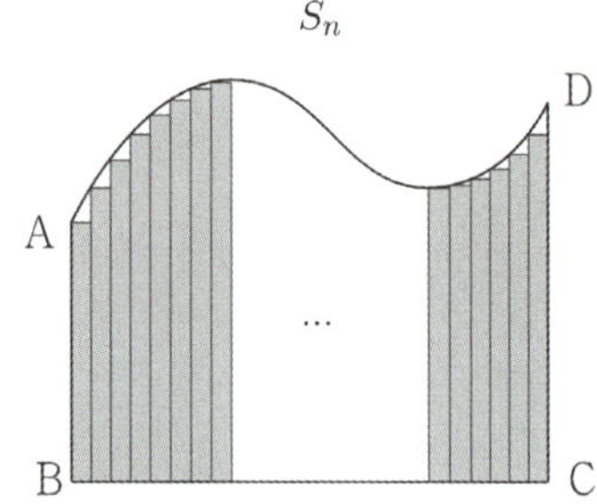

이처럼 어떤 도형의 넓이를 구할 때, 이 도형을 여러 개의 기본 도형으로 나누어 그 기본 도형의
넓이의 합의 극한값으로 원래 도형의 넓이를 구할 수 있다.

오른쪽 그림과 같이 곡선 $y = x^2$ 과 x 축 및
직선 $x = 1$ 로 둘러싸인 도형의 넓이 S 를
정적분을 이용하여 구하면 다음과 같다.

$$S = \int_0^1 x^2 dx = \left[\frac{1}{3} x^3 \right]_0^1 = \frac{1}{3}$$

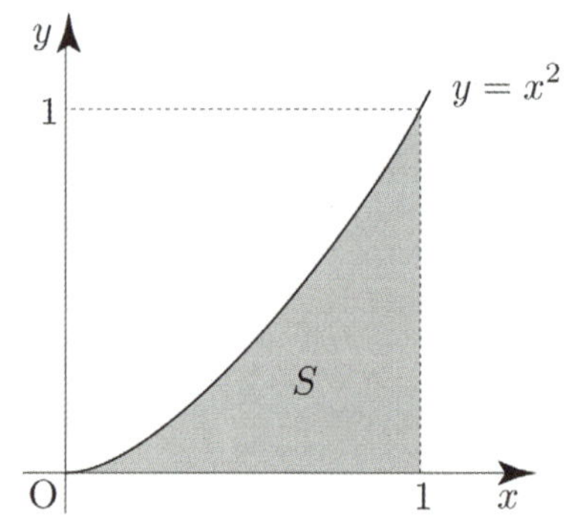

이번에는 곡선 $y=x^2$과 x축 및 직선 $x=1$로 둘러싸인 도형의 넓이 S를 급수의 합을 이용하여 구해 보자.

오른쪽 그림과 같이 닫힌구간 $[0,\ 1]$을 n등분하면 각 소구간의 오른쪽 끝점의 x좌표는 차례로

$$\frac{1}{n},\ \frac{2}{n},\ \frac{3}{n},\ \cdots,\ \frac{n}{n}(=1)$$

이고, 이에 대응하는 y의 값은 각각 다음과 같다.

$$\left(\frac{1}{n}\right)^2,\ \left(\frac{2}{n}\right)^2,\ \left(\frac{3}{n}\right)^3,\ \cdots,\ \left(\frac{n}{n}\right)^2$$

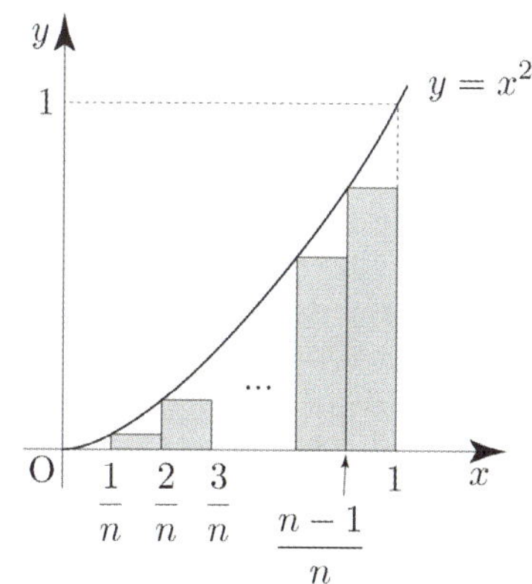

위의 그림에서 곡선 위쪽에 만든 직사각형의 넓이의 합을 U_n이라고 하면

$$U_n = \frac{1}{n}\left(\frac{1}{n}\right)^2 + \frac{1}{n}\left(\frac{2}{n}\right)^2 + \frac{1}{n}\left(\frac{3}{n}\right)^2 + \cdots + \frac{1}{n}\left(\frac{n-1}{n}\right)^2 + \frac{1}{n}\left(\frac{n}{n}\right)^2$$

$$= \frac{1}{n^3}\{1^2 + 2^2 + 3^2 + \cdots + (n-1)^2 + n^2\}$$

$$= \frac{1}{n^3} \times \sum_{k=1}^{n} k^2 = \frac{1}{n^3} \times \frac{n(n+1)(2n+1)}{6} = \frac{1}{6}\left(1+\frac{1}{n}\right)\left(2+\frac{1}{n}\right)$$

같은 방법으로 오른쪽 그림과 같이 곡선 아래쪽에 만든 직사각형의 넓이의 합을 L_n이라고 하면

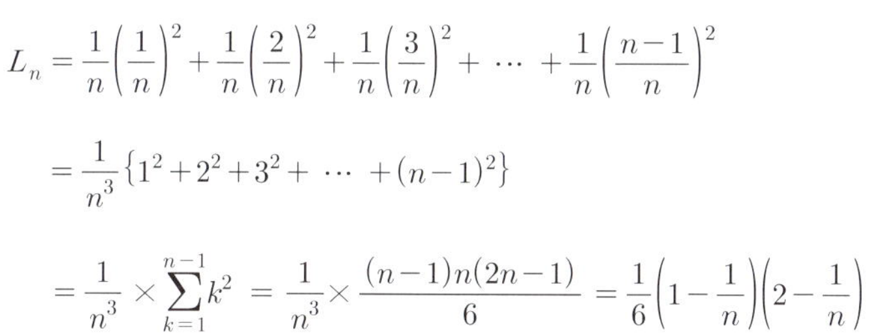

$$L_n = \frac{1}{n}\left(\frac{1}{n}\right)^2 + \frac{1}{n}\left(\frac{2}{n}\right)^2 + \frac{1}{n}\left(\frac{3}{n}\right)^2 + \cdots + \frac{1}{n}\left(\frac{n-1}{n}\right)^2$$

$$= \frac{1}{n^3}\{1^2 + 2^2 + 3^2 + \cdots + (n-1)^2\}$$

$$= \frac{1}{n^3} \times \sum_{k=1}^{n-1} k^2 = \frac{1}{n^3} \times \frac{(n-1)n(2n-1)}{6} = \frac{1}{6}\left(1-\frac{1}{n}\right)\left(2-\frac{1}{n}\right)$$

이때 구하는 도형의 넓이 S는

$L_n < S < U_n$이고,

$$\lim_{n\to\infty} U_n = \lim_{n\to\infty}\left\{\frac{1}{6}\left(1+\frac{1}{n}\right)\left(2+\frac{1}{n}\right)\right\} = \frac{1}{6} \times 1 \times 2 = \frac{1}{3}$$

$$\lim_{n\to\infty} L_n = \lim_{n\to\infty}\left\{\frac{1}{6}\left(1-\frac{1}{n}\right)\left(2-\frac{1}{n}\right)\right\} = \frac{1}{6} \times 1 \times 2 = \frac{1}{3}$$

이므로 $S=\dfrac{1}{3}$이다. 즉, 정적분으로 구한 넓이와 같음을 알 수 있다.

Tip 1 수열 $\{a_n\}$, $\{b_n\}$이 각각 수렴하고 $\lim\limits_{n\to\infty} a_n = \alpha$, $\lim\limits_{n\to\infty} b_n = \beta$ 일 때, 수열 $\{c_n\}$이 모든 자연수 n에 대하여 $a_n < c_n < b_n$이고, $\alpha = \beta$이면 $\lim\limits_{n\to\infty} c_n = \alpha$ 이다.

Tip 2 연속함수의 경우에는 $\lim\limits_{n\to\infty} U_n$과 $\lim\limits_{n\to\infty} L_n$ 중 어느 하나의 극한값이 존재하면 다른 하나의 극한값도 존재하고, 그 두 극한값은 서로 일치한다.

정적분과 급수의 합 사이의 관계

수학2에서 함수 $f(x)$ 가 닫힌구간 $[a,\ b]$ 에서 연속이고, $f(x) \geq 0$ 일 때,
곡선 $y = f(x)$ 와 x 축 및 두 직선 $x = a$, $x = b$ 로 둘러싸인 도형의 넓이를
S 라 하면 $S = \displaystyle\int_a^b f(x)dx$ 임을 학습한 바 있다.

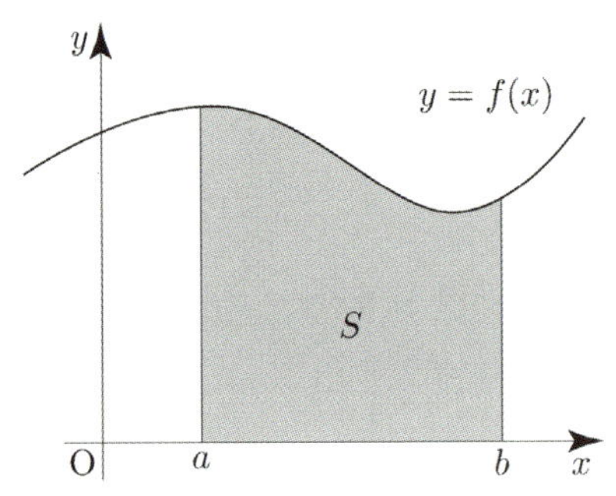

이번에는 S 의 값을 급수의 합을 이용하여 나타내 보자.

오른쪽 그림과 같이 닫힌구간 $[a,\ b]$ 를 n 등분하여 양 끝점과 각 등분점의 x 좌표를 차례로
$$x_0(=a),\ x_1,\ x_2,\ \cdots,\ x_{n-1},\ x_n(=b)$$
라 하고, 각 소구간의 길이를 $\varDelta x$ 라고 하면
$$\varDelta x = \frac{b-a}{n}, \qquad x_k = a + k\,\varDelta x \quad (k = 0,\ 1,\ 2,\ \cdots,\ n)$$
이다.

이때 색칠한 직사각형의 넓이의 합을 S_n 이라 하면
$$S_n = f(x_1)\varDelta x + f(x_2)\varDelta x + \cdots + f(x_n)\varDelta x = \sum_{k=1}^{n} f(x_k)\varDelta x$$
이다. $n \to \infty$ 이면 S_n 의 값은 구하는 도형의 넓이 S 에 한없이 가까워지므로
$$S = \lim_{n \to \infty} S_n = \lim_{n \to \infty} \sum_{k=1}^{n} f(x_k)\varDelta x$$
가 성립한다. 따라서 다음이 성립함을 알 수 있다.
$$\int_a^b f(x)dx = \lim_{n \to \infty} \sum_{k=1}^{n} f(x_k)\varDelta x \quad \cdots \quad \text{㉠}$$

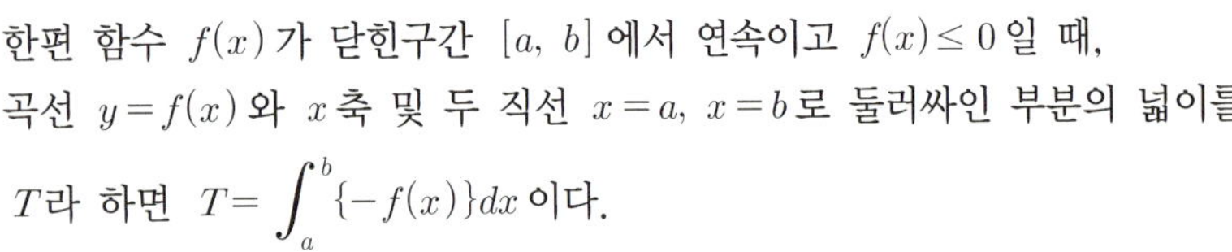

한편 함수 $f(x)$ 가 닫힌구간 $[a,\ b]$ 에서 연속이고 $f(x) \leq 0$ 일 때,
곡선 $y = f(x)$ 와 x 축 및 두 직선 $x = a$, $x = b$ 로 둘러싸인 부분의 넓이를
T 라 하면 $T = \displaystyle\int_a^b \{-f(x)\}dx$ 이다.

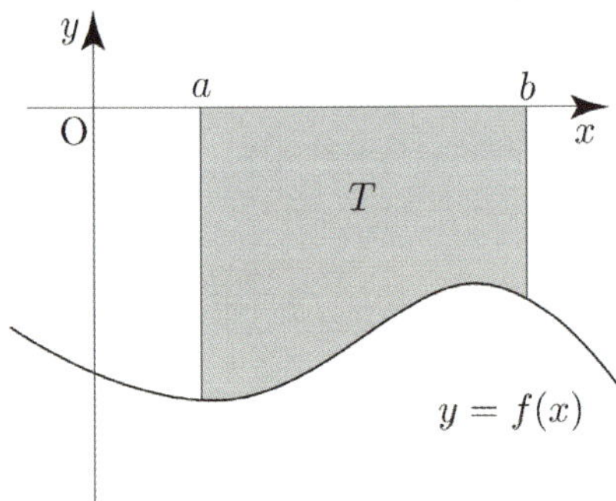

이때 $-f(x) \geq 0$ 이므로 ㉠에 의하여
$$\int_a^b \{-f(x)\}dx = \lim_{n \to \infty} \sum_{k=1}^{n} \{-f(x_k)\}\varDelta x$$
이다. 따라서 다음이 성립함을 알 수 있다.
$$\int_a^b f(x)dx = \lim_{n \to \infty} \sum_{k=1}^{n} f(x_k)\varDelta x$$

정적분과 급수의 합 사이의 관계 요약

함수 $f(x)$ 가 닫힌구간 $[a,\ b]$ 에서 연속일 때
$$\int_a^b f(x)dx = \lim_{n \to \infty} \sum_{k=1}^{n} f(x_k)\varDelta x \quad \left(\text{단},\ \varDelta x = \frac{b-a}{n}, \quad x_k = a + k\,\varDelta x\right)$$

적분을 이용하여 극한값 구하기 (실전편)

$\triangle x = \dfrac{b-a}{n}$, $x_k = a + \dfrac{b-a}{n}k$ 라 하면

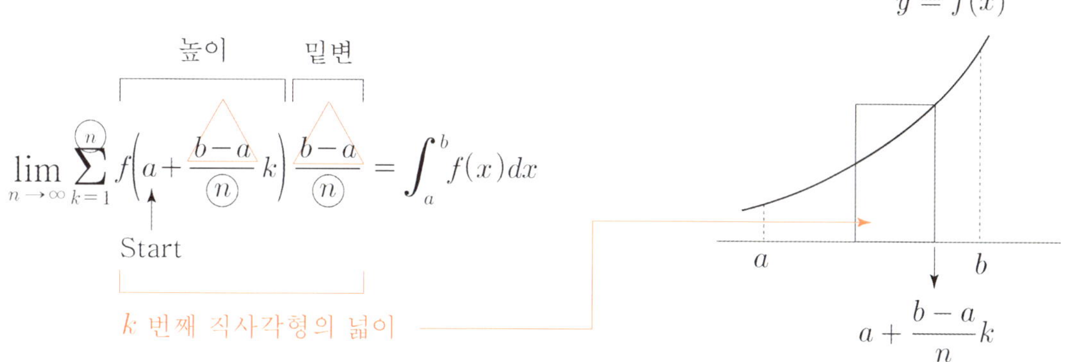

ex $\lim\limits_{n \to \infty} \sum\limits_{k=1}^{n}\left(1 + \dfrac{2k}{n}\right)^2 \dfrac{2}{n}$

① $\triangle x = \dfrac{1}{n}$, $x_k = \dfrac{k}{n}$ $\left(x_k = 0 + \dfrac{(1-0)k}{n} \Rightarrow a=0,\ b=1\right)$ 라 하면 $f(x) = 2(1+2x)^2$ 이므로

$$\lim_{n \to \infty} \sum_{k=1}^{n}\left(1 + \dfrac{2k}{n}\right)^2 \dfrac{2}{n} = \int_0^1 2(1+2x)^2\,dx = \left[\dfrac{(2x+1)^3}{3}\right]_0^1 = 9 - \dfrac{1}{3} = \dfrac{26}{3}$$

② $\triangle x = \dfrac{2}{n}$, $x_k = \dfrac{2k}{n}$ $\left(x_k = 0 + \dfrac{(2-0)k}{n} \Rightarrow a=0,\ b=2\right)$ 라 하면 $f(x) = (1+x)^2$ 이므로

$$\lim_{n \to \infty} \sum_{k=1}^{n}\left(1 + \dfrac{2k}{n}\right)^2 \dfrac{2}{n} = \int_0^2 (1+x)^2\,dx = \left[\dfrac{(x+1)^3}{3}\right]_0^2 = 9 - \dfrac{1}{3} = \dfrac{26}{3}$$

③ $\triangle x = \dfrac{2}{n}$, $x_k = 1 + \dfrac{2k}{n}$ $\left(x_k = 1 + \dfrac{(3-1)k}{n} \Rightarrow a=1,\ b=3\right)$ 라 하면 $f(x) = x^2$ 이므로

$$\lim_{n \to \infty} \sum_{k=1}^{n}\left(1 + \dfrac{2k}{n}\right)^2 \dfrac{2}{n} = \int_1^3 x^2\,dx = \left[\dfrac{x^3}{3}\right]_1^3 = 9 - \dfrac{1}{3} = \dfrac{26}{3}$$

Tip 1 어떤 것을 x_k로 잡느냐에 따라 정적분의 범위와 $f(x)$ 가 달라지는 것이 point이다.

무조건 외우려고 하지 말고 증명과정을 통해 이해하도록 하자.

확실히 이해만 하면 굳이 외울 필요도 없다.

Tip 2 정적분을 이용하여 극한값을 구할 때, $a + \dfrac{b-a}{n}k \Rightarrow x$, $\dfrac{b-a}{n} \Rightarrow dx$ 로 변환된다고 생각하면 쉽다.

정적분을 이용하여 다음 급수의 합을 구하시오.

$$\lim_{n \to \infty} \frac{1}{n^4}\left(1^3 + 2^3 + 3^3 + \cdots + n^3\right)$$

풀이

$$\lim_{n \to \infty} \frac{1}{n^4}\left(1^3 + 2^3 + 3^3 + \cdots + n^3\right) = \lim_{n \to \infty}\left\{\left(\frac{1}{n}\right)^3 + \left(\frac{2}{n}\right)^3 + \left(\frac{3}{n}\right)^3 + \cdots + \left(\frac{n}{n}\right)^3\right\} \times \frac{1}{n}$$

$$= \lim_{n \to \infty} \sum_{k=1}^{n} \left(\frac{k}{n}\right)^3 \frac{1}{n}$$

$\triangle x = \dfrac{1}{n}$, $x_k = \dfrac{k}{n}$ $\left(x_k = 0 + \dfrac{(1-0)k}{n} \Rightarrow a = 0,\ b = 1\right)$ 라 하면 $f(x) = x^3$ 이므로

$$\lim_{n \to \infty} \sum_{k=1}^{n} \left(\frac{k}{n}\right)^3 \frac{1}{n} = \int_0^1 f(x)\,dx = \int_0^1 x^3\,dx = \left[\frac{1}{4}x^4\right]_0^1 = \frac{1}{4}$$

개념 확인문제 1 정적분을 이용하여 다음 급수의 합을 구하시오.

(1) $\displaystyle \lim_{n \to \infty} \frac{1}{n}\left\{\left(2 + \frac{1}{n}\right)^4 + \left(2 + \frac{2}{n}\right)^4 + \left(2 + \frac{3}{n}\right)^4 + \cdots + \left(2 + \frac{n}{n}\right)^4\right\}$

(2) $\displaystyle \lim_{n \to \infty} \frac{1}{n}\left\{\cos\frac{\pi}{n} + \cos\frac{2\pi}{n} + \cos\frac{3\pi}{n} + \cdots + \cos\frac{n\pi}{n}\right\}$

(3) $\displaystyle \lim_{n \to \infty} \frac{2}{n} \sum_{k=1}^{n} \sqrt[2n]{e^k}$

(4) $\displaystyle \lim_{n \to \infty}\left(\frac{1}{n+1} + \frac{1}{n+2} + \frac{1}{n+3} + \cdots + \frac{1}{n+n}\right)$

02 넓이와 부피

적분법

성취 기준 – 곡선으로 둘러싸인 도형의 넓이를 구할 수 있다.
 – 입체도형의 부피를 구할 수 있다.

개념 파악하기 **(2) 곡선과 좌표축 사이의 넓이는 어떻게 구할까?**

곡선과 x 축 사이의 넓이

함수 $f(x)$ 가 닫힌구간 $[a, b]$ 에서 연속일 때, 곡선 $y = f(x)$ 와 x 축 및
두 직선 $x = a$, $x = b$ 로 둘러싸인 도형의 넓이 S 는 다음과 같다.

$$S = \int_a^b |f(x)| \, dx$$

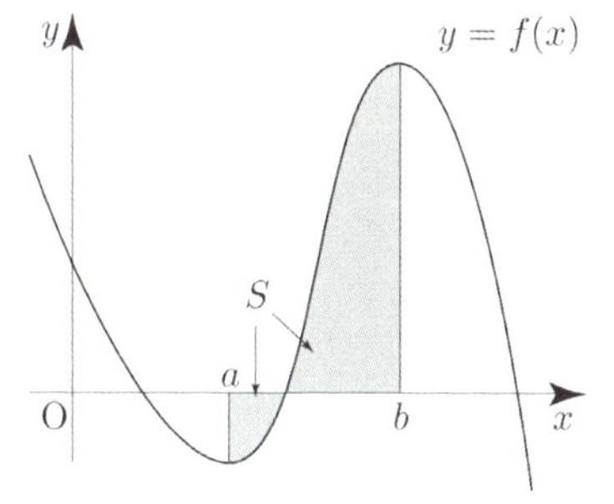

Tip 자세한 내용은 2026 규토 라이트 수2 정적분의 활용 Guide step을 참고하도록 하자.

예제 2

곡선 $y = \sqrt{x} - 1$ 과 x 축 및 두 직선 $x = 0$, $x = 4$ 로 둘러싸인 도형의 넓이를 구하시오.

풀이

곡선 $y = \sqrt{x} - 1$ 과 x 축 및 두 직선 $x = 0$, $x = 4$ 로 둘러싸인 도형은
오른쪽 그림과 같으므로 구하는 도형의 넓이 S 는

$$S = \int_0^1 (-\sqrt{x} + 1) \, dx + \int_1^4 (\sqrt{x} - 1) \, dx$$

$$= \left[-\frac{2}{3} x^{\frac{3}{2}} + x \right]_0^1 + \left[\frac{2}{3} x^{\frac{3}{2}} - x \right]_1^4$$

$$= \left(-\frac{2}{3} + 1 \right) + \left(\frac{16}{3} - 4 \right) - \left(\frac{2}{3} - 1 \right) = 2$$

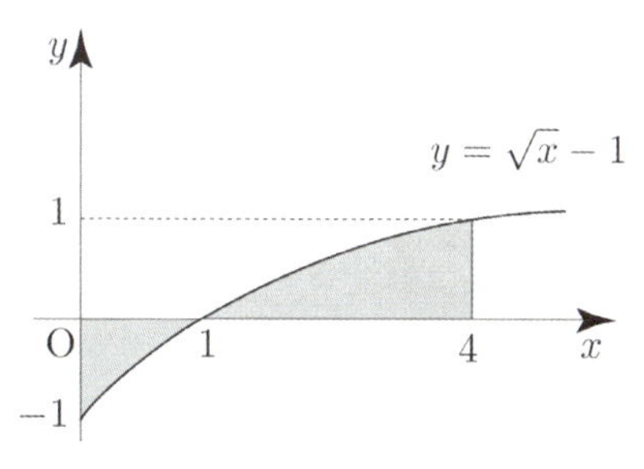

개념 확인문제 **2** 다음 도형의 넓이를 구하시오.

(1) 곡선 $y = \sin x$ 와 x 축 및 두 직선 $x = \dfrac{\pi}{2}$, $x = \dfrac{3}{2}\pi$ 로 둘러싸인 도형

(2) 곡선 $y = e^x - e$ 와 x 축 및 두 직선 $x = 0$, $x = 2$ 로 둘러싸인 도형

곡선과 y 축 사이의 넓이

함수 $g(y)$ 가 닫힌구간 $[c,\ d]$ 에서 연속일 때, 곡선 $x=g(y)$ 와 y 축 및
두 직선 $y=c$, $y=d$ 로 둘러싸인 도형의 넓이 S 는 다음과 같다.

$$S=\int_c^d |g(y)|\,dy$$

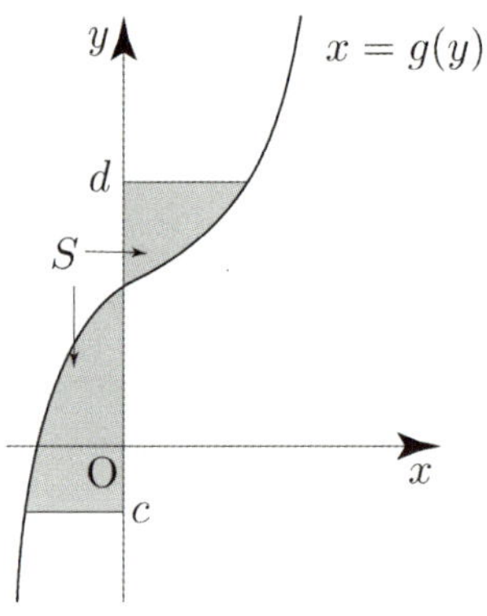

예제 3

곡선 $y=\ln x$ 과 y 축 및 두 직선 $y=0$, $y=1$ 로 둘러싸인 도형의 넓이를 구하시오.

풀이

곡선 $y=\ln x$ 과 y 축 및 두 직선 $y=0$, $y=1$ 로 둘러싸인 도형은
오른쪽 그림과 같다.
이때 $y=\ln x$ 에서 $x=e^y$ 이므로 구하는 도형의 넓이 S 는

$$S=\int_0^1 e^y dy=\Big[\,e^y\,\Big]_0^1=e-1$$

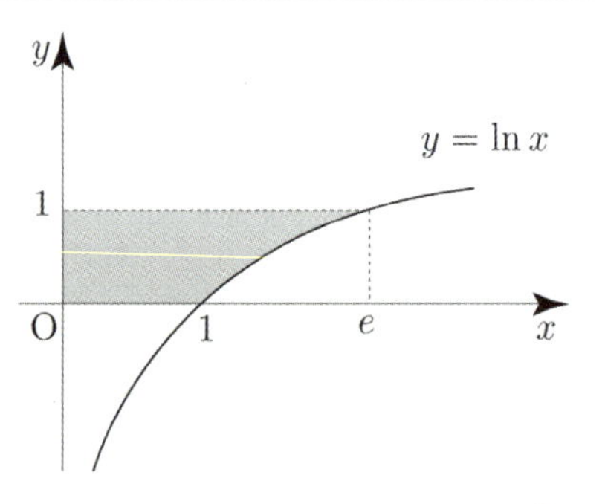

개념 확인문제 3 다음 도형의 넓이를 구하시오.

(1) 곡선 $y=\dfrac{1}{x}$ 과 y 축 및 두 직선 $y=1$, $y=4$ 로 둘러싸인 도형

(2) 곡선 $y=\sqrt{x+1}$ 와 y 축 및 두 직선 $y=0$, $y=2$ 로 둘러싸인 도형

개념 파악하기　(3) 두 곡선 사이의 넓이는 어떻게 구할까?

곡선과 x 축 사이의 넓이

두 함수 $f(x)$, $g(x)$ 가 닫힌구간 $[a,\ b]$ 에서 연속일 때,
두 곡선 $y=f(x)$, $y=g(x)$ 와 두 직선 $x=a$, $x=b$ 로
둘러싸인 도형의 넓이 S 는 다음과 같다.

$$S=\int_a^b |f(x)-g(x)|\,dx$$

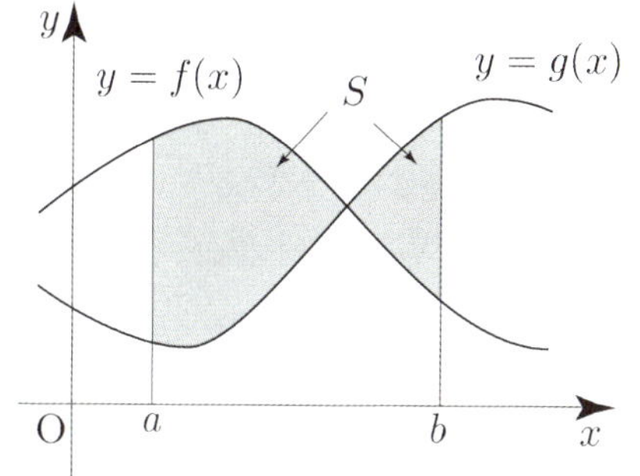

Tip　자세한 내용은 2026 규토 라이트 수2 정적분의 활용 Guide step을 참고하도록 하자.

예제 4

닫힌구간 $[0,\ \pi]$ 에서 두 곡선 $y=\sin x$, $y=\cos x$ 및 두 직선 $x=0$, $x=\pi$ 로 둘러싸인 도형의 넓이를 구하시오.

풀이

두 곡선 $y=\sin x$ 와 $y=\cos x$ 로 둘러싸인 도형은 오른쪽 그림과 같다.
이때 두 곡선의 교점의 x 좌표는 방정식 $\sin x=\cos x$ 의 실근과
같으므로 $x=\dfrac{\pi}{4}$

따라서 구하는 도형의 넓이 S 는

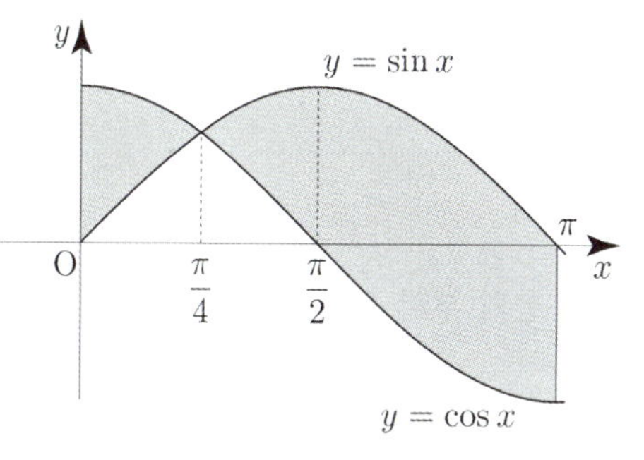

$$S=\int_0^{\frac{\pi}{4}}(\cos x-\sin x)\,dx+\int_{\frac{\pi}{4}}^{\pi}(\sin x-\cos x)\,dx$$

$$=\Big[\sin x+\cos x\Big]_0^{\frac{\pi}{4}}+\Big[-\cos x-\sin x\Big]_{\frac{\pi}{4}}^{\pi}=(\sqrt{2}-1)+(1+\sqrt{2})=2\sqrt{2}$$

개념 확인문제　**4**

(1) 두 곡선 $y=e^x$, $y=e^{-x}$ 과 두 직선 $x=-1$, $x=1$ 로 둘러싸인 도형의 넓이를 구하시오.

(2) 두 곡선 $y=\dfrac{1}{x}$, $y=\sqrt{x}$ 와 직선 $x=4$ 로 둘러싸인 도형의 넓이를 구하시오.

입체도형의 부피

오른쪽 그림과 같이 어떤 입체도형이 주어졌을 때, 한 직선을 x축으로
정할 때, x좌표가 각각 a, $b(a < b)$인 두 점을 각각 지나고 x축에
수직인 두 평면 사이에 있는 부분의 부피 V를 구해 보자.

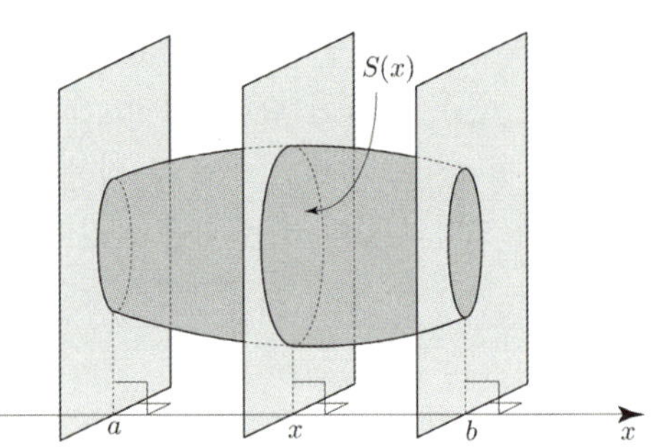

x좌표가 x인 점에서 x축과 수직인 평면으로 입체도형을 자를 때의
단면의 넓이를 $S(x)$라 하자.

x축 위의 닫힌구간 $[a, b]$를 n 등분하여 양 끝점과 각 등분점의 x좌표를 차례로
$$x_0(=a),\ x_1,\ x_2,\ \cdots,\ x_{n-1},\ x_n(=b)$$
라 하고, 각 소구간의 길이를 $\varDelta x$ 라고 하면
$$\varDelta x = \frac{b-a}{n},\quad x_k = a + k\varDelta x \ (k = 0,\ 1,\ 2,\ \cdots,\ n)$$
이다. 이때 밑면의 넓이가 $S(x_k)$이고 높이가 $\varDelta x$인 기둥의 부피는
$S(x_k)\varDelta x$이므로 n개의 기둥의 부피의 합 V_n은

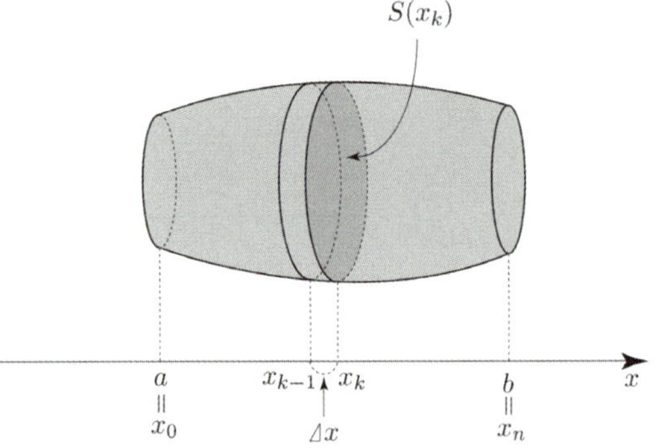

$$V_n = S(x_1)\varDelta x + S(x_2)\varDelta x + \cdots + S(x_n)\varDelta x = \sum_{k=1}^{n} S(x_k)\varDelta x$$

이다. 따라서 구하는 입체도형의 부피 V는
정적분과 급수의 합 사이의 관계에 의하여

$$V = \lim_{n \to \infty} V_n = \lim_{n \to \infty} \sum_{k=1}^{n} S(x_k)\varDelta x = \int_a^b S(x)\,dx$$

이다.

입체도형의 부피 요약

닫힌구간 $[a, b]$에서 x좌표가 x인 점을 지나고 x축에 수직인 평면으로 잘랐을 때의
단면의 넓이가 $S(x)$인 입체도형의 부피 V는

$$V = \int_a^b S(x)\,dx \quad (단,\ S(x)\ 는\ 닫힌구간\ [a, b]\ 에서\ 연속이다.)$$

예제 5

오른쪽 그림과 같이 높이가 $4\,\mathrm{cm}$인 입체도형을 높이가 $x\,\mathrm{cm}$인 지점에서

밑면에 평행하게 자를 때 생기는 단면은 반지름의 길이가 $(3+\sqrt{x})\,\mathrm{cm}$인

원이 된다. 이 입체도형의 부피를 구하시오.

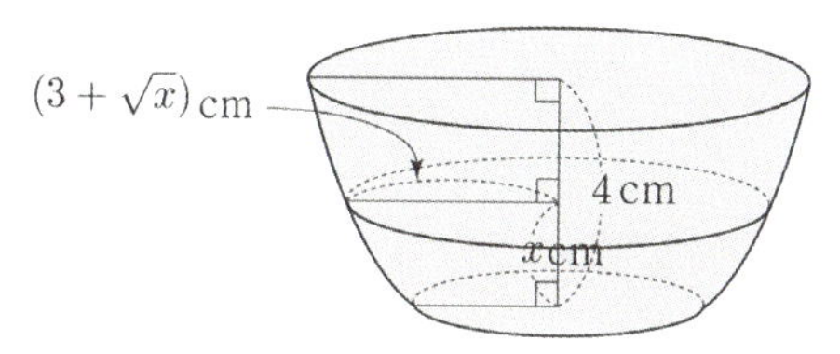

풀이

단면의 넓이를 $S(x)$ 라 하면
$$S(x)=(3+\sqrt{x})^2\pi=(9+6\sqrt{x}+x)\pi \ (\mathrm{cm}^2)$$
따라서 구하는 입체도형의 부피 V는
$$V=\int_0^4 S(x)\,dx=\pi\int_0^4 (9+6\sqrt{x}+x)\,dx$$

$$=\pi\left[9x+4x^{\frac{3}{2}}+\frac{x^2}{2}\right]_0^4 = 76\pi \ (\mathrm{cm}^3)$$

개념 확인문제 5

그림과 같이 곡선 $y=\sqrt{x}+1$과 x축, y축 및 직선 $x=1$로 둘러싸인 밑면으로 하는
입체도형이 있다. 이 입체도형을 x축에 수직인 평면으로 자른 단면이 모두 정사각형일 때,
이 입체도형의 부피를 구하시오.

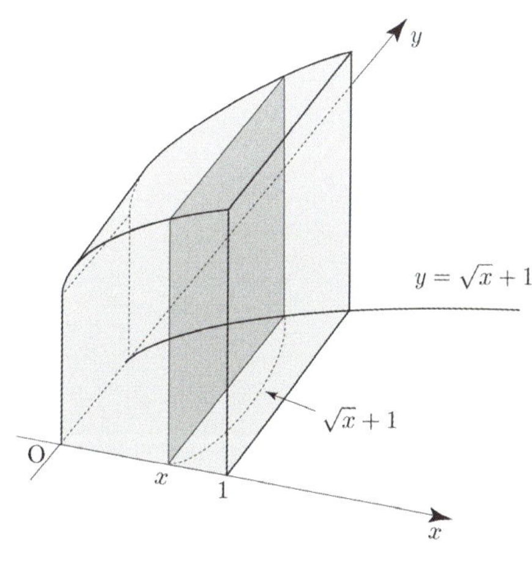

성취 기준 – 속도와 거리에 대한 문제를 해결할 수 있다.

개념 파악하기 **(5) 평면 위의 점이 움직인 거리는 어떻게 구할까?**

평면 위의 점이 움직인 거리

좌표평면 위를 움직이는 점 P의 시각 t에서의 위치 (x, y)가
$x = f(t)$, $y = g(t)$ 일 때,
$t = a$에서 $t = b$까지 점 P가 움직인 거리 s를 구해 보자.

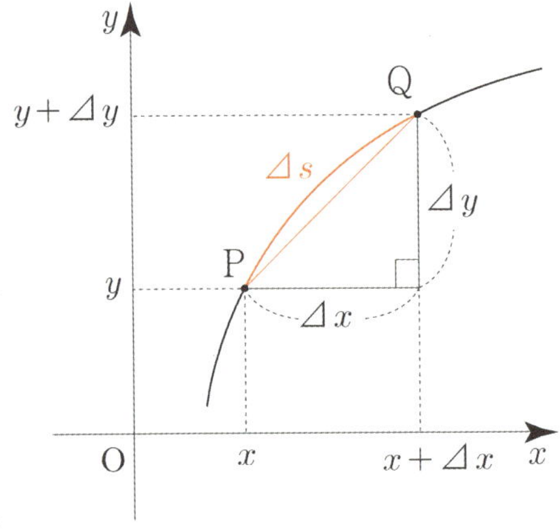

오른쪽 그림과 같이 t의 증분 Δt에 대하여 x, y의 증분을 각각
Δx, Δy라 하자. 점 P가 곡선을 따라 점 Q로 이동한다고 하면
점 P가 움직인 거리 s의 증분 Δs는 Δt가 충분히 작을 때,
$\overline{PQ} = \sqrt{(\Delta x)^2 + (\Delta y)^2}$ 에 매우 가까운 값이 된다.

이때

$$\frac{ds}{dt} = \lim_{\Delta t \to 0} \frac{\Delta s}{\Delta t} = \lim_{\Delta t \to 0} \frac{\overline{PQ}}{\Delta t} = \lim_{\Delta t \to 0} \sqrt{\left(\frac{\Delta x}{\Delta t}\right)^2 + \left(\frac{\Delta y}{\Delta t}\right)^2} = \sqrt{\left(\frac{dx}{dt}\right)^2 + \left(\frac{dy}{dt}\right)^2}$$

이고, 이는 점 P의 시각 t에서의 속력과 같으므로 $t = a$에서 $t = b$까지
점 P가 움직인 거리 s는 다음과 같다.

$$s = \int_a^b \sqrt{\left(\frac{dx}{dt}\right)^2 + \left(\frac{dy}{dt}\right)^2}\, dt = \int_a^b \sqrt{\{f'(t)\}^2 + \{g'(t)\}^2}\, dt$$

평면 위의 점이 움직인 거리 요약

좌표평면 위를 움직이는 점 P의 시각 t에서의 위치 (x, y)가 $x = f(t)$, $y = g(t)$ 일 때,
$t = a$에서 $t = b$까지 점 P가 움직인 거리 s는

$$s = \int_a^b \sqrt{\left(\frac{dx}{dt}\right)^2 + \left(\frac{dy}{dt}\right)^2}\, dt = \int_a^b \sqrt{\{f'(t)\}^2 + \{g'(t)\}^2}\, dt$$

Tip 좌표평면 위를 움직이는 점의 시각 t에서의 위치가 (x, y)일 때, 속도 $v(t)$는 $\left(\dfrac{dx}{dt},\ \dfrac{dy}{dt}\right)$이고,

시각 $t = a$에서 $t = b$ 까지 움직인 거리는 $\displaystyle\int_a^b \sqrt{\left(\frac{dx}{dt}\right)^2 + \left(\frac{dy}{dt}\right)^2}\, dt$ 이다.

즉, 수직선 위의 운동과 연관 지어 좌표평면 위의 점의 속력 $\sqrt{\left(\dfrac{dx}{dt}\right)^2 + \left(\dfrac{dy}{dt}\right)^2}$ 을 정적분한 값이
움직인 거리로 이해하면 된다.

예제 6

좌표평면 위를 움직이는 점 P의 시각 t에서의 위치 $(x,\ y)$가

$x=\dfrac{1}{3}t^3-t$,　$y=t^2$일 때, $t=0$에서 $t=1$까지 점 P가 움직인 거리를 구하시오.

풀이

$\dfrac{dx}{dt}=t^2-1$, $\dfrac{dy}{dt}=2t$ 이므로 점 P가 움직인 거리 s는

$$s=\int_0^1 \sqrt{\left(\dfrac{dx}{dt}\right)^2+\left(\dfrac{dy}{dt}\right)^2}\,dt=\int_0^1 \sqrt{(t^2-1)^2+(2t)^2}\,dt=\int_0^1 \sqrt{(t^2+1)^2}\,dt$$

$$=\int_0^1 |t^2+1|\,dt=\int_0^1 (t^2+1)\,dt=\left[\dfrac{1}{3}t^3+t\right]_0^1=\dfrac{4}{3}$$

개념 확인문제　6　좌표평면 위를 움직이는 점 P의 시각 t에서의 위치 $(x,\ y)$가 다음과 같을 때, $t=0$에서 $t=1$까지 점 P가 움직인 거리를 구하시오.

(1) $x=\dfrac{8}{3}t\sqrt{t}$,　$y=\dfrac{1}{2}t^2-4t$

(2) $x=e^t\cos t$,　$y=e^t\sin t$

곡선의 길이

① 매개변수로 나타낸 곡선 $x=f(t),\ y=g(t)\ (a \le t \le b)$ 의 길이를 구해 보자.

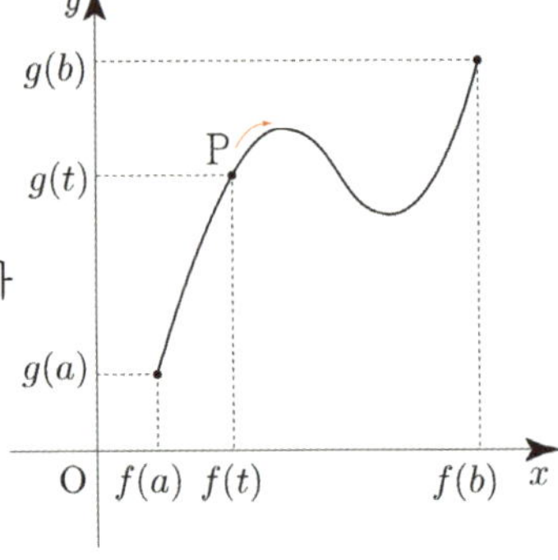

좌표평면 위를 움직이는 점 P 의 시각 t 에서의 위치 $(x,\ y)$ 가

$$x=f(t),\ y=g(t)$$

일 때, $t=a$ 에서 $t=b$ 까지 점 P 가 그리는 곡선의 길이는 점 P 가 움직인 경로가
겹치지 않으면 점 P 가 움직인 거리와 같다.
따라서 $t=a$ 에서 $t=b$ 까지 점 P 가 그리는 곡선의 길이 l 은 다음과 같다.

$$l = \int_a^b \sqrt{\left(\frac{dx}{dt}\right)^2 + \left(\frac{dy}{dt}\right)^2}\,dt = \int_a^b \sqrt{\{f'(t)\}^2 + \{g'(t)\}^2}\,dt$$

② 곡선 $y=f(x)\,(a \le x \le b)$ 의 길이를 구해 보자.

곡선 $y=f(x)\ (a \le x \le b)$ 는 점 P 의 시각 t 에서의 위치 $(x,\ y)$ 가

$$x=t,\quad y=f(t)\ (a \le t \le b)$$

로 주어지는 곡선으로 볼 수 있다.

따라서 $x=a$ 에서 $x=b$ 까지 곡선 $y=f(x)$ 의 길이 l 은 다음과 같다.

$$l = \int_a^b \sqrt{\left(\frac{dx}{dt}\right)^2 + \left(\frac{dy}{dt}\right)^2}\,dt = \int_a^b \sqrt{1 + \{f'(t)\}^2}\,dt = \int_a^b \sqrt{1 + \{f'(x)\}^2}\,dx$$

곡선의 길이 요약

① 매개변수로 나타낸 곡선 $x=f(t),\ y=g(t)\ (a \le t \le b)$ 의 길이 l 은

$$l = \int_a^b \sqrt{\{f'(t)\}^2 + \{g'(t)\}^2}\,dt$$

② 곡선 $y=f(x)\,(a \le x \le b)$ 의 길이 l 은

$$l = \int_a^b \sqrt{1 + \{f'(x)\}^2}\,dx$$

예제 7

곡선 $y = \dfrac{2}{3} x \sqrt{x}$ $(0 \le x \le 8)$ 의 길이를 구하시오.

풀이

$f(x) = \dfrac{2}{3} x \sqrt{x}$ 라 하면 $f'(x) = \sqrt{x}$

따라서 구하는 곡선의 길이 l 은

$$l = \int_0^8 \sqrt{1 + \{f'(x)\}^2}\, dx = \int_0^8 \sqrt{1+x}\, dx = \left[\frac{2}{3}(1+x)^{\frac{3}{2}} \right]_0^8 = \frac{52}{3}$$

개념 확인문제　**7**　다음 물음에 답하시오.

(1) 곡선 $y = \dfrac{e^x + e^{-x}}{2}$ $(0 \le x \le 1)$ 의 길이를 구하시오.

(2) 매개변수로 나타낸 곡선 $x = t^3 - 3t$, $y = 3t^2$ $(0 \le t \le 1)$ 의 길이를 구하시오.

Training – 1 step

필수 유형편

2. 정적분의 활용

001

함수 $f(x) = 4x^2 + 3x$ 에 대하여 $\displaystyle \lim_{n \to \infty} \sum_{k=1}^{n} \frac{k}{n^2} f\left(\frac{2k}{n}\right)$ 의 값을 구하시오.

002

$\displaystyle \lim_{n \to \infty} \sum_{k=1}^{n} \frac{1}{n}\left(-1 + \frac{3k}{n}\right)^3 = a$ 일 때, $60a$ 의 값을 구하시오.

003

$\displaystyle \lim_{n \to \infty} \sum_{k=1}^{n} \frac{\ln\sqrt{n+k} - \ln\sqrt{n}}{n}$ 의 값은?

① $\ln 2 - \dfrac{1}{2}$ ② $\ln 2 - 1$ ③ $\ln 2 - \dfrac{3}{2}$

④ $\ln 2 - 2$ ⑤ $\ln 2 - \dfrac{5}{2}$

004

$\displaystyle \lim_{n \to \infty} \sum_{k=1}^{n} \left(\frac{n + 2k}{n^2 + kn + k^2}\right) = a$ 일 때, e^a 의 값을 구하시오.

005

$\displaystyle \lim_{n \to \infty} \sum_{k=1}^{n} \frac{k\, e^{2+\frac{k}{n}}}{n^2}$ 의 값은?

① e ② e^2 ③ e^3 ④ e^4 ⑤ e^5

006

그림과 같이 자연수 n 에 대하여 사분원 $x^2 + y^2 = 1\,(x \geq 0,\ y \geq 0)$ 의 호 AB 를 n 등분하여 양 끝점과 각 분점을 차례대로 $A(=P_0)$, P_1, P_2, $\cdots$, P_{n-1}, $B(=P_n)$ 라 하자. 호 AP_k 의 길이를 $l_k\,(1 \leq k \leq n)$ 라 하고, 삼각형 OAP_k 의 넓이를 $S_k\,(1 \leq k \leq n)$ 라 할 때,

$$\lim_{n \to \infty} \frac{1}{n} \sum_{k=1}^{n} \left(l_k \times S_k\right)$$ 의 값은?

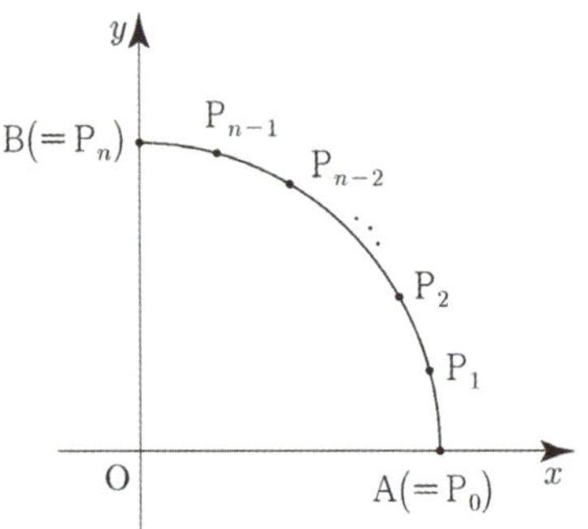

① $\dfrac{1}{\pi}$ ② $\dfrac{2}{\pi}$ ③ $\dfrac{3}{\pi}$ ④ $\dfrac{4}{\pi}$ ⑤ $\dfrac{5}{\pi}$

007

함수 $f(x) = \ln x$ 가 있다. 2 이상인 자연수 n 에 대하여 닫힌 구간 $[1,\ e]$ 를 n 등분한 각 분점(양 끝점도 포함)을 차례로 $1 = x_0,\ x_1,\ \cdots,\ x_{n-1},\ x_n = e$ 라 하자.

두 점 $A_k(x_k,\ 0)$, $B_k(x_k,\ f(x_k))$ 에 대하여 선분 A_kB_k 를 지름으로 하는 원의 넓이를 $S_k\,(k = 1, 2, 3,\ \cdots,\ n)$ 라 할 때,

$$\lim_{n \to \infty} \frac{1}{n} \sum_{k=1}^{n} S_k$$ 의 값은?

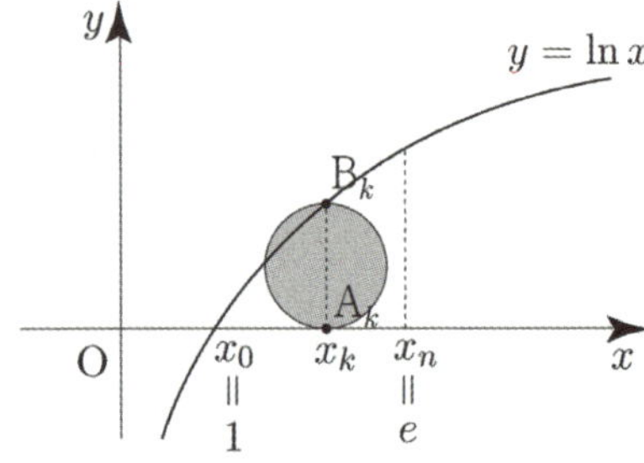

① $\dfrac{\pi(2e-5)}{4(e-1)}$ ② $\dfrac{\pi(e-2)}{2(e-1)}$ ③ $\dfrac{\pi(2e-3)}{4(e-1)}$

④ $\dfrac{\pi(e-2)}{4(e-1)}$ ⑤ $\dfrac{\pi}{4}$

Theme 2 · 좌표축과 곡선 사이의 넓이

008

곡선 $y = e^{-x}$ 과 x축 및 두 직선 $x = \ln\dfrac{1}{3}$, $x = \ln 2$로 둘러싸인 부분의 넓이는?

① $\dfrac{1}{2}$　② 1　③ $\dfrac{3}{2}$　④ 2　⑤ $\dfrac{5}{2}$

009

곡선 $y = \sin^3 x$ 과 x축 및 직선 $x = \pi$로 둘러싸인 부분의 넓이를 a라 할 때, $30a$의 값을 구하시오.

010

곡선 $y = -|\cos 2x| + 2$과 x축 및 두 직선 $x = 0$, $x = \pi$로 둘러싸인 부분의 넓이는?

① $2\pi - 3$　　② $2\pi - \dfrac{5}{2}$　　③ $2\pi - 2$

④ $2\pi - \dfrac{3}{2}$　　⑤ $2\pi - 1$

011

곡선 $y = \sqrt{5-x} - 1$과 x축 및 y축으로 둘러싸인 부분의 넓이는?

① $\dfrac{10\sqrt{5}}{3} - \dfrac{11}{3}$　　　② $\dfrac{10\sqrt{5}}{3} - 4$

③ $\dfrac{10\sqrt{5}}{3} - \dfrac{13}{3}$　　　④ $\dfrac{10\sqrt{5}}{3} - \dfrac{14}{3}$

⑤ $\dfrac{10\sqrt{5}}{3} - 5$

012

곡선 $y = x\,e^{x^2+1}$ 과 x축 및 두 직선 $x = -1$, $x = 1$로 둘러싸인 부분의 넓이는?

① $e(e-1)$　　② $e(e-2)$　　③ $e(e-3)$

④ $e(e-4)$　　⑤ $e(e-5)$

013

곡선 $y = e^{-x}$과 y축 및 두 직선 $y = \dfrac{1}{e}$, $y = e$로 둘러싸인 부분의 넓이는?

① $2 - \dfrac{1}{e}$　　　② $2 - \dfrac{2}{e}$　　　③ $2 - \dfrac{3}{e}$

④ $2 - \dfrac{4}{e}$　　　⑤ $2 - \dfrac{5}{e}$

014

곡선 $y = \cos\sqrt{\dfrac{\pi}{2}x}\ (x \geq 0)$와 x축 및 두 직선 $x = 0$, $x = 2\pi$로 둘러싸인 부분의 넓이를 구하시오.

Theme 3 — 두 곡선 사이의 넓이

015

원점에서 곡선 $y = \ln x$ 에 그은 접선을 l 이라 하자.
곡선 $y = \ln x$ 와 x축 및 직선 l 로 둘러싸인 부분의 넓이는?

① $\dfrac{e}{2} - 1$ ② $\dfrac{e}{2} - \dfrac{3}{2}$ ③ $\dfrac{e}{2} - 2$

④ $\dfrac{e}{2} - \dfrac{5}{2}$ ⑤ $\dfrac{e}{2} - 3$

016

곡선 $y = \cos \dfrac{\pi}{2} x + 1$ 와 y축 및 직선 $y = x$ 로 둘러싸인

부분의 넓이는 $\dfrac{a}{\pi} + b$ 이다. $10(a+b)$ 의 값을 구하시오.

(단, a, b 는 유리수이다.)

017

함수 $f(x) = \begin{cases} \dfrac{\ln x}{x} & (x \geq 1) \\ (x-1)e^{-x-1} & (x < 1) \end{cases}$ 에 대하여

곡선 $y = |f(x)|$ 와 직선 $y = \dfrac{1}{e}$ 로 둘러싸인 부분의

넓이는 $b - e^{a}$ 이다. $6(b-a)$ 의 값을 구하시오.

(단, a, b 는 유리수이다.)

018

함수 $f(x) = \dfrac{x}{x^2 + 1}$ 와 자연수 k 에 대하여 원점과

점 $(k, f(k))$ 를 지나는 직선을 l_k 라 하자. 곡선 $y = f(x)$ 와
직선 l_k 로 둘러싸인 부분의 넓이를 $g(k)$ 라 할 때,

$$\sum_{k=1}^{10} e^{g(k) - \frac{1}{k^2 + 1}} = a e^{-b}$$ 이다. $a+b$ 의 값을 구하시오.

(단, a, b 는 자연수이다.)

Theme 4 — 넓이의 활용

019

곡선 $y = \sin \dfrac{x}{2}$ 와 x축 및 두 직선 $x = \dfrac{2}{3}\pi$, $x = \dfrac{4}{3}\pi$ 로

둘러싸인 부분의 넓이가 직선 $y = k$ 에 의하여 이등분될 때,
상수 k 의 값은?

① $\dfrac{1}{2\pi}$ ② $\dfrac{1}{\pi}$ ③ $\dfrac{3}{2\pi}$

④ $\dfrac{2}{\pi}$ ⑤ $\dfrac{5}{2\pi}$

020

곡선 $y = \sin x \left(0 \leq x \leq \dfrac{\pi}{2} \right)$ 와 x축 및 $x = \dfrac{\pi}{2}$ 로 둘러싸인

부분의 넓이가 곡선 $y = k \cos x$ 에 의하여 이등분될 때,
$40k$ 의 값을 구하시오. (단, k 는 상수이다.)

021

상수 $k\,(0 < k < 2)$ 에 대하여 곡선 $y = \sqrt{x}$ 와 두 직선
$x = 0$, $y = k$ 로 둘러싸인 부분의 넓이와 곡선 $y = \sqrt{x}$ 와
두 직선 $x = 4$, $y = k$ 로 둘러싸인 부분의 넓이가 서로
같을 때, k 의 값은?

① $\dfrac{5}{6}$ ② 1 ③ $\dfrac{7}{6}$

④ $\dfrac{4}{3}$ ⑤ $\dfrac{3}{2}$

022

상수 $k\,(0 < x < 1)$에 대하여 곡선 $y = \sin\pi x\,(0 \le x \le 1)$와 직선 $y = k$, y축으로 둘러싸인 부분의 넓이를 S_1, 곡선 $y = \sin\pi x\,(0 \le x \le 1)$와 직선 $y = k$로 둘러싸인 부분의 넓이를 S_2라 하자. $S_2 = 2S_1$일 때, 상수 k의 값은?

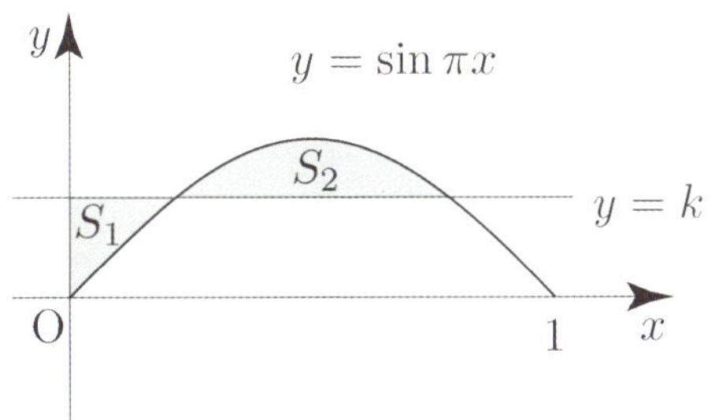

① $\dfrac{2}{3\pi}$ ② $\dfrac{1}{\pi}$ ③ $\dfrac{4}{3\pi}$

④ $\dfrac{5}{3\pi}$ ⑤ $\dfrac{2}{\pi}$

023

두 곡선 $y = e^x$, $y = xe^x$과 y축으로 둘러싸인 부분의 넓이를 S_1, 두 곡선 $y = e^x$, $y = xe^x$과 $x = a\,(a > 1)$로 둘러싸인 부분의 넓이를 S_2라 하자. $S_2 - S_1 = 2$이 되도록 하는 상수 a의 값을 구하시오.

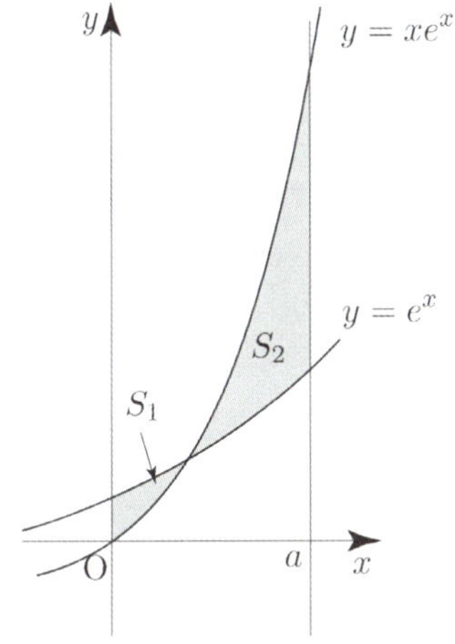

입체도형의 부피

024

그림과 같이 곡선 $y = 2x + \dfrac{1}{x}\,(x > 0)$와 x축 및 두 직선 $x = 1$, $x = 2$로 둘러싸인 부분을 밑면으로 하고 x축에 수직인 평면으로 자른 단면이 모두 정삼각형일 때, 이 입체도형의 부피는 $\dfrac{q}{p}\sqrt{3}$이다. $p + q$의 값을 구하시오. (단, p와 q는 서로소인 자연수이다.)

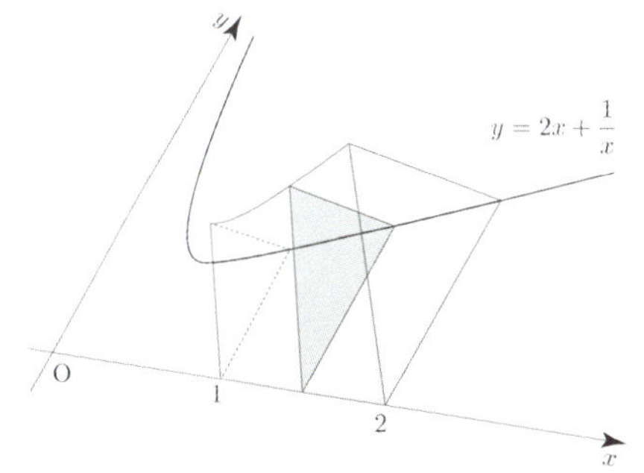

025

곡선 $y = e^{-x+1}$과 두 직선 $x = 1$, $x = 2$ 및 직선 $y = 2$로 둘러싸인 부분을 밑면으로 하는 입체도형이 있다. 이 입체도형을 x축에 수직인 평면으로 자른 단면이 모두 정사각형일 때, 이 입체도형의 부피는?

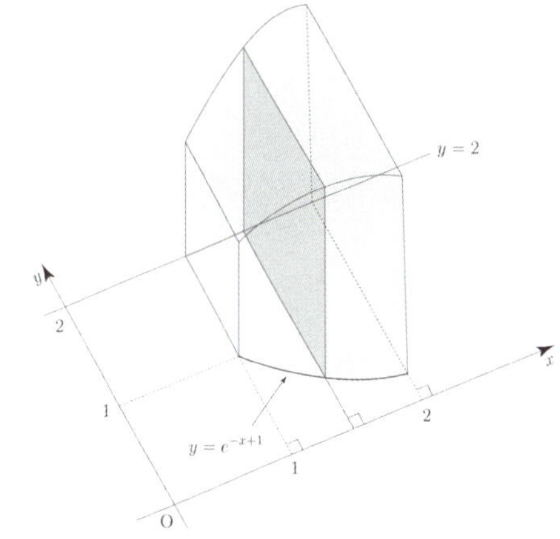

① $\dfrac{e^2 + 8e - 1}{2e^2}$ ② $\dfrac{e^2 + 8e - 2}{2e^2}$ ③ $\dfrac{e^2 + 8e - 3}{2e^2}$

④ $\dfrac{e^2 + 8e - 4}{2e^2}$ ⑤ $\dfrac{e^2 + 8e - 5}{2e^2}$

그림과 같이 밑면의 반지름의 길이가 2이고 높이가 4인 원기둥이 있다. 이 원기둥을 밑면의 중심을 지나는 평면으로 자를 때 생기는 두 입체도형 중에서 작은 도형을 A라 하자. A를 원기둥의 밑면의 지름에 수직인 평면으로 자를 때 생기는 단면이 직각이등변삼각형일 때, 도형 A의 부피는 V이다. $30V$의 값을 구하시오.

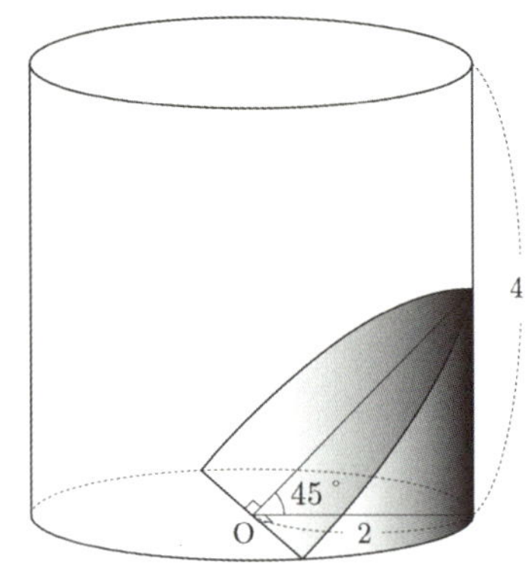

027

그림과 같이 두 곡선 $y=\dfrac{e}{x}$, $y=\sqrt{\ln x}$ 와 직선 $x=1$ 로 둘러싸인 부분을 밑면으로 하는 도형이 있다. 이 도형을 x축에 수직인 평면으로 자른 단면이 모두 정삼각형일 때, 이 입체도형의 부피는?

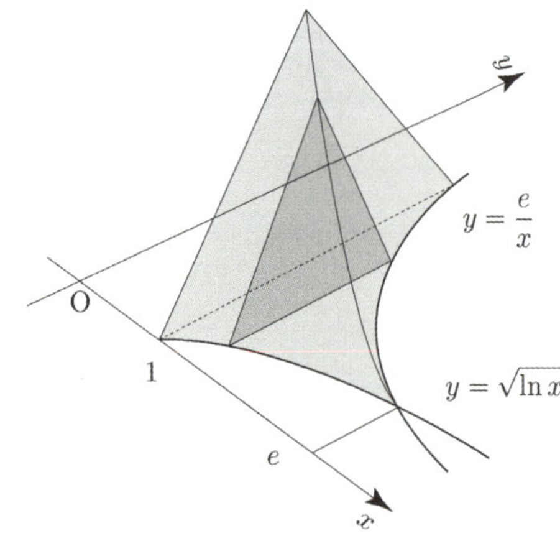

① $\dfrac{\sqrt{3}}{12}(3e^2-7e+1)$ ② $\dfrac{\sqrt{3}}{12}(3e^2-7e+2)$

③ $\dfrac{\sqrt{3}}{12}(3e^2-7e+3)$ ④ $\dfrac{\sqrt{3}}{12}(3e^2-7e+4)$

⑤ $\dfrac{\sqrt{3}}{12}(3e^2-7e+5)$

028

좌표평면 위를 움직이는 점 P의 시각 $t(0 \le t \le 2\pi)$에서의 위치 $(x,\ y)$가

$$\begin{cases} x = 2(\cos t - \sin t) \\ y = \sin^2 t \end{cases}$$

이다. 점 P가 $t=0$에서 $t=\dfrac{\pi}{2}$까지 움직인 거리는?

① $\pi + \dfrac{1}{2}$ ② $\pi + 1$ ③ $\pi + \dfrac{3}{2}$

④ $\pi + 2$ ⑤ $\pi + \dfrac{5}{2}$

좌표평면 위를 움직이는 점 P의 시각 $t(0 \le t \le 2\pi)$에서의 위치 $(x,\ y)$가

$$\begin{cases} x = \cos^3 t \\ y = \sin^3 t \end{cases}$$

이다. 점 P가 $t=0$에서 $t=\dfrac{\pi}{3}$까지 움직인 거리는 $\dfrac{q}{p}$이다. $p+q$의 값을 구하시오. (단, p와 q는 서로소인 자연수이다.)

030

좌표평면 위를 움직이는 점 P의 시각 $t(t \ge 0)$에서의 위치 $(x,\ y)$가 상수 $a\ (a>0)$에 대하여

$$\begin{cases} x = 8\sqrt{a}\,e^{-\frac{t}{4}} \\ y = 2e^{-\frac{t}{2}} + at \end{cases}$$

이다. 점 P가 $t=0$에서 $t=\ln 4$까지 움직인 거리는 $1+\ln 32$이다. $10a$의 값을 구하시오.

Theme 7 · 곡선의 길이

031

$x=4$ 에서 $x=11$ 까지 곡선 $y=\dfrac{1}{3}(x+1)\sqrt{x+1}$ 의 길이는?

① $\dfrac{37}{3}$ ② $\dfrac{38}{3}$ ③ 13

④ $\dfrac{40}{3}$ ⑤ $\dfrac{41}{3}$

032

$x=1$ 에서 $x=e$ 까지 곡선 $y=\dfrac{1}{4}x^2-\ln\sqrt{x}$ 의 길이는?

① $\dfrac{1}{4}e^2-\dfrac{1}{2}$ ② $\dfrac{1}{4}e^2-\dfrac{1}{4}$ ③ $\dfrac{1}{4}e^2$

④ $\dfrac{1}{4}e^2+\dfrac{1}{2}$ ⑤ $\dfrac{1}{4}e^2+\dfrac{1}{4}$

033

두 상수 a, b와 다항함수 $g(x)$ 에 대하여 실수 전체의 집합에서 미분가능한 함수 $f(x)$ 는

$$f(x)=\begin{cases} e^{ax} & (x<0) \\ g(x) & (0\le x\le 1) \\ 4-e^{b(1-x)} & (x>1) \end{cases}$$

이다. $\displaystyle\int_0^1 \sqrt{1+\{f'(x)\}^2}\,dx$ 가 최솟값을 가질 때,

$g(a+b)+\displaystyle\int_{-1}^2 f(x)\,dx$ 의 값을 구하시오.

규토 라이트 N제

적분법

Training – 2 step

기출 적용편

2. 정적분의 활용

곡선 $y=e^{2x}$ 과 x축 및 두 직선 $x=\ln\dfrac{1}{2}$, $x=\ln 2$ 로 둘러싸인 부분의 넓이는? [3점]

① $\dfrac{5}{3}$　② $\dfrac{15}{8}$　③ $\dfrac{15}{7}$

④ $\dfrac{5}{2}$　⑤ 3

곡선 $y=|\sin 2x|+1$ 과 x축 및 두 직선 $x=\dfrac{\pi}{4}$, $x=\dfrac{5\pi}{4}$ 로 둘러싸인 부분의 넓이는? [3점]

① $\pi+1$　② $\pi+\dfrac{3}{2}$　③ $\pi+2$

④ $\pi+\dfrac{5}{2}$　⑤ $\pi+3$

함수 $f(x)=\dfrac{1}{x}$ 에 대하여 $\displaystyle\lim_{n\to\infty}\sum_{k=1}^{n} f\!\left(1+\dfrac{2k}{n}\right)\dfrac{2}{n}$ 의 값은? [3점]

① $\ln 2$　② $\ln 3$　③ $2\ln 2$

④ $\ln 5$　⑤ $\ln 6$

모든 실수 x 에 대하여 $f(x)>0$ 인 연속함수 $f(x)$ 에 대하여 $\displaystyle\int_{3}^{5} f(x)\,dx=36$ 일 때, 곡선 $y=f(2x+1)$ 과 x축 및 두 직선 $x=1$, $x=2$ 로 둘러싸인 부분의 넓이는? [3점]

① 16　② 18　③ 20

④ 22　⑤ 24

곡선 $y=e^{\frac{x}{3}}$ 과 이 곡선 위의 점 $(3,\ e)$ 에서의 접선 및 y축으로 둘러싸인 도형의 넓이는? [3점]

① $\dfrac{e}{2}-1$　② $e-2$　③ $\dfrac{3}{2}e-3$

④ $2e-4$　⑤ $\dfrac{5}{2}e-5$

함수 $f(x)=4x^2+6x+32$ 에 대하여 $\displaystyle\lim_{n\to\infty}\sum_{k=1}^{n}\dfrac{k}{n^2}f\!\left(\dfrac{k}{n}\right)$ 의 값을 구하시오. [3점]

$\displaystyle\lim_{n\to\infty}\dfrac{1}{n}\sum_{k=1}^{n}\sqrt{\dfrac{3n}{3n+k}}$ 의 값은? [3점]

① $4\sqrt{3}-6$　② $\sqrt{3}-1$　③ $5\sqrt{3}-8$

④ $2\sqrt{3}-3$　⑤ $3\sqrt{3}-5$

함수 $f(x)=\sin(3x)$ 에 대하여 $\displaystyle\lim_{n\to\infty}\sum_{k=1}^{n}\dfrac{\pi}{n}f\!\left(\dfrac{k\pi}{n}\right)$ 의 값은? [3점]

① $\dfrac{2}{3}$　② 1　③ $\dfrac{4}{3}$

④ $\dfrac{5}{3}$　⑤ 2

042 2018년 고3 3월 교육청 가형

그림과 같이 곡선 $y=xe^x$ 위의 점 $(1,\ e)$를 지나고 x축에 평행한 직선을 l이라 하자. 곡선 $y=xe^x$과 y축 및 직선 l로 둘러싸인 도형의 넓이는? [3점]

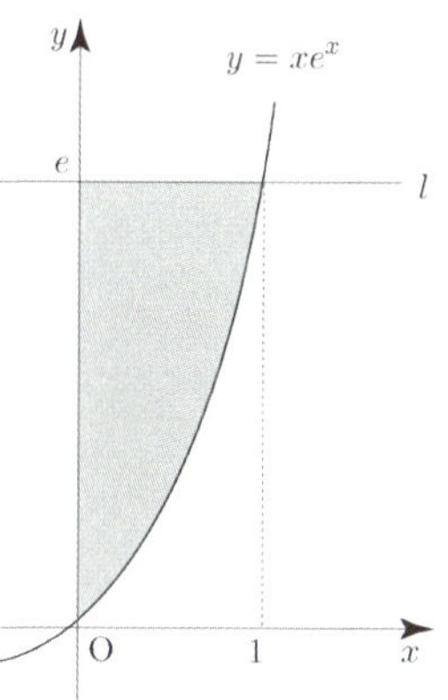

① $2e-3$ ② $2e-\dfrac{5}{2}$ ③ $e-2$

④ $e-\dfrac{3}{2}$ ⑤ $e-1$

043 2022학년도 수능예비시행 미적분

곡선 $y=x\ln(x^2+1)$과 x축 및 직선 $x=1$로 둘러싸인 부분의 넓이는? [3점]

① $\ln2-\dfrac{1}{2}$ ② $\ln2-\dfrac{1}{4}$ ③ $\ln2-\dfrac{1}{6}$

④ $\ln2-\dfrac{1}{8}$ ⑤ $\ln2-\dfrac{1}{10}$

044 2019학년도 고3 6월 평가원 가형

$x=0$에서 $x=\ln2$까지의 곡선 $y=\dfrac{1}{8}e^{2x}+\dfrac{1}{2}e^{-2x}$의 길이는? [3점]

① $\dfrac{1}{2}$ ② $\dfrac{9}{16}$ ③ $\dfrac{5}{8}$

④ $\dfrac{11}{16}$ ⑤ $\dfrac{3}{4}$

045 2019학년도 고3 9월 평가원 가형

그림과 같이 두 곡선 $y=2^x-1$, $y=\left|\sin\dfrac{\pi}{2}x\right|$가 원점 O와 점 $(1,\ 1)$에서 만난다. 두 곡선 $y=2^x-1$, $y=\left|\sin\dfrac{\pi}{2}x\right|$로 둘러싸인 부분의 넓이는? [3점]

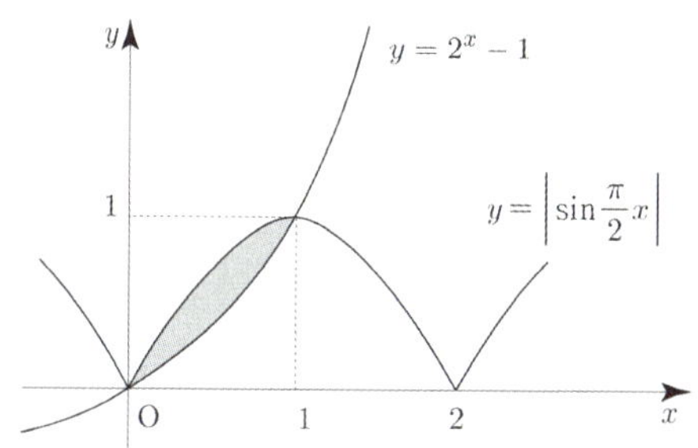

① $-\dfrac{1}{\pi}+\dfrac{1}{\ln2}-1$ ② $\dfrac{2}{\pi}-\dfrac{1}{\ln2}+1$

③ $\dfrac{2}{\pi}+\dfrac{1}{2\ln2}-1$ ④ $\dfrac{1}{\pi}-\dfrac{1}{2\ln2}+1$

⑤ $\dfrac{1}{\pi}+\dfrac{1}{\ln2}-1$

046 2016학년도 고3 6월 평가원 B형

닫힌구간 $[0,\ 4]$에서 정의된 함수 $f(x)=2\sqrt{2}\sin\dfrac{\pi}{4}x$의 그래프가 그림과 같고, 직선 $y=g(x)$가 $y=f(x)$의 그래프 위의 점 A$(1,\ 2)$를 지난다. 직선 $y=g(x)$가 x축에 평행할 때, 곡선 $y=f(x)$와 직선 $y=g(x)$에 의해 둘러싸인 부분의 넓이는? [3점]

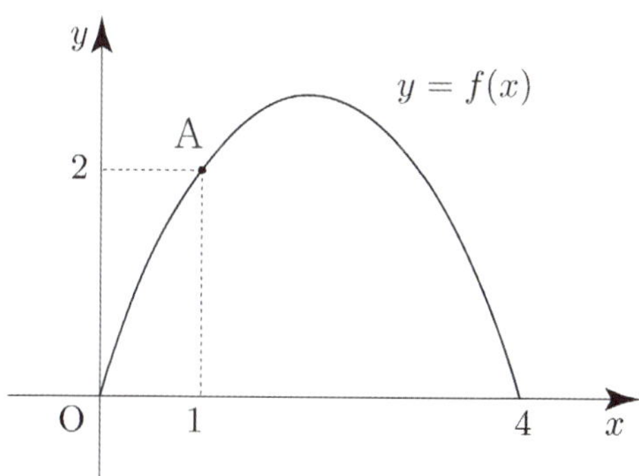

① $\dfrac{16}{\pi}-4$ ② $\dfrac{17}{\pi}-4$ ③ $\dfrac{18}{\pi}-4$

④ $\dfrac{16}{\pi}-2$ ⑤ $\dfrac{17}{\pi}-2$

047

그림과 같이 곡선 $y=\sqrt{x}\,e^x$ $(1\le x\le 2)$ 와 x 축 및 두 직선 $x=1$, $x=2$ 로 둘러싸인 도형을 밑면으로 하는 입체도형이 있다. 이 입체도형을 x 축에 수직인 평면으로 자른 단면이 모두 정사각형일 때, 이 입체도형의 부피는? [3점]

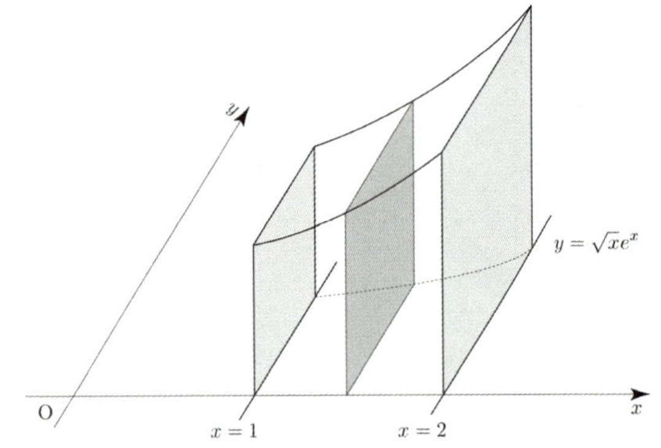

① $\dfrac{e^4+e^2}{4}$ ② $\dfrac{2e^4-e^2}{4}$ ③ $\dfrac{2e^4+e^2}{4}$

④ $\dfrac{3e^4-e^2}{4}$ ⑤ $\dfrac{3e^4+e^2}{4}$

048

그림과 같이 양수 k 에 대하여 곡선 $y=\sqrt{\dfrac{e^x}{e^x+1}}$ 과 x 축, y 축 및 직선 $x=k$ 로 둘러싸인 부분을 밑면으로 하고, x 축에 수직인 평면으로 자른 단면이 모두 정사각형인 입체도형의 부피가 $\ln 7$ 일 때, k 의 값은? [3점]

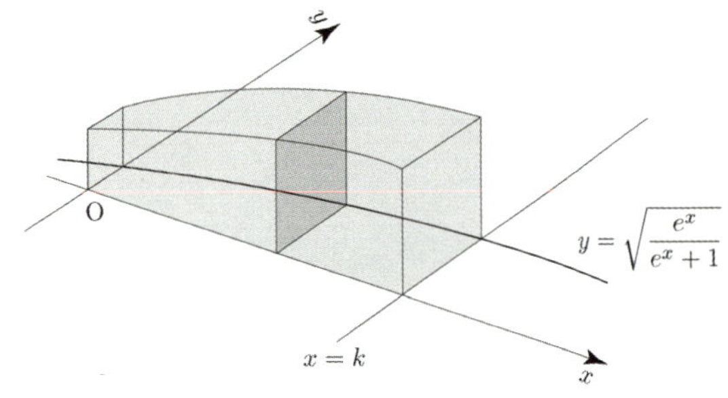

① $\ln 11$ ② $\ln 13$ ③ $\ln 15$

④ $\ln 17$ ⑤ $\ln 19$

049

곡선 $y=e^{2x}$ 과 y 축 및 직선 $y=-2x+a$ 로 둘러싸인 영역을 A, 곡선 $y=e^{2x}$ 과 두 직선 $y=-2x+a$, $x=1$ 로 둘러싸인 영역을 B라 하자. A의 넓이와 B의 넓이가 같을 때, 상수 a 의 값은? (단, $1<a<e^2$) [3점]

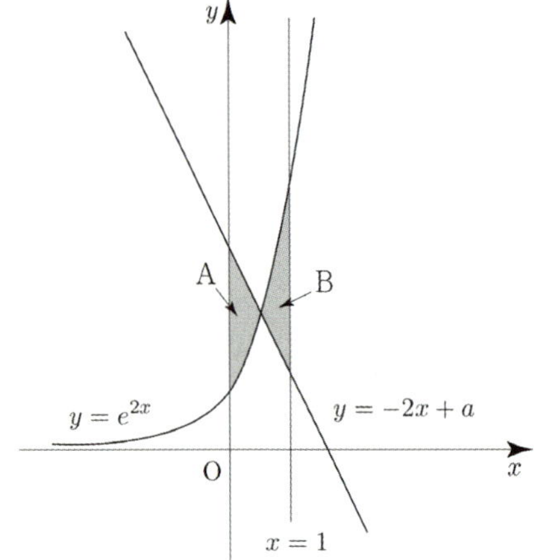

① $\dfrac{e^2+1}{2}$ ② $\dfrac{2e^2+1}{4}$ ③ $\dfrac{e^2}{2}$

④ $\dfrac{2e^2-1}{4}$ ⑤ $\dfrac{e^2-1}{2}$

050

그림과 같이 곡선 $y=\sqrt{\dfrac{3x+1}{x^2}}$ $(x>0)$ 과 x 축 및 두 직선 $x=1$, $x=2$ 로 둘러싸인 부분을 밑면으로 하고 x 축에 수직인 평면으로 자른 단면이 모두 정사각형인 입체도형의 부피는? [3점]

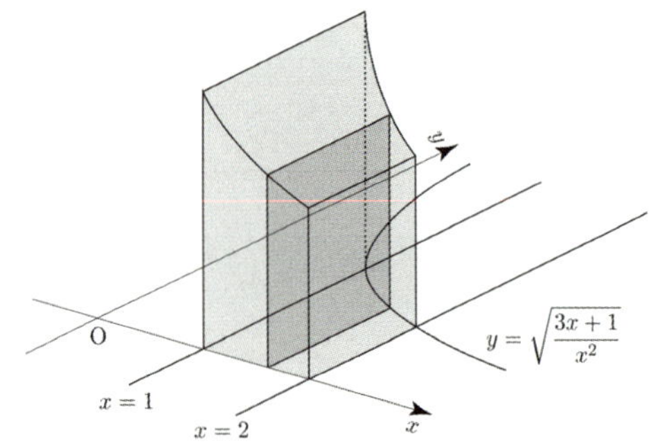

① $3\ln 2$ ② $\dfrac{1}{2}+3\ln 2$ ③ $1+3\ln 2$

④ $\dfrac{1}{2}+4\ln 2$ ⑤ $1+4\ln 2$

051 2022학년도 수능 미적분 ☐☐☐☐☐

$\displaystyle\lim_{n\to\infty}\sum_{k=1}^{n}\dfrac{k^2+2kn}{k^3+3k^2n+n^3}$ 의 값은? [3점]

① $\ln 5$ ② $\dfrac{\ln 5}{2}$ ③ $\dfrac{\ln 5}{3}$

④ $\dfrac{\ln 5}{4}$ ⑤ $\dfrac{\ln 5}{5}$

052 2023학년도 수능 미적분 ☐☐☐☐☐

그림과 같이 곡선 $y=\sqrt{\sec^2 x+\tan x}\ \left(0\le x\le\dfrac{\pi}{3}\right)$ 와

x축, y축 및 직선 $x=\dfrac{\pi}{3}$ 로 둘러싸인 부분을 밑면으로

하는 입체도형이 있다. 이 입체도형을 x축에 수직인

평면으로 자른 단면이 모두 정사각형일 때, 이 입체도형의

부피는? [3점]

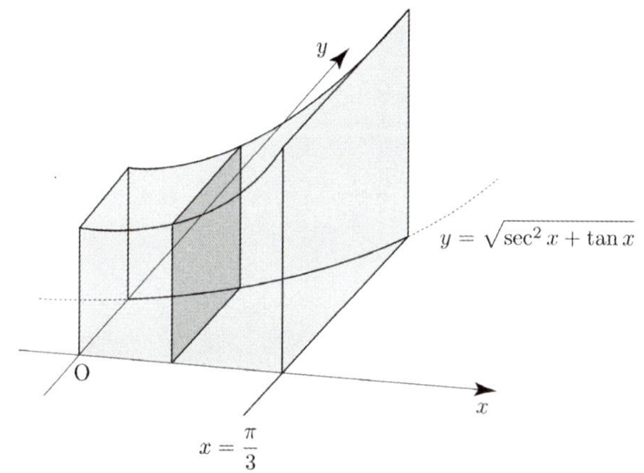

① $\dfrac{\sqrt{3}}{2}+\dfrac{\ln 2}{2}$ ② $\dfrac{\sqrt{3}}{2}+\ln 2$ ③ $\sqrt{3}+\dfrac{\ln 2}{2}$

④ $\sqrt{3}+\ln 2$ ⑤ $\sqrt{3}+2\ln 2$

053 2008학년도 수능 가형 ☐☐☐☐☐

$x=0$ 에서 $x=6$ 까지 곡선 $y=\dfrac{1}{3}(x^2+2)^{\frac{3}{2}}$ 의 길이를

구하시오. [4점]

054 2024학년도 수능 미적분 ☐☐☐☐☐

그림과 같이 곡선 $y=\sqrt{(1-2x)\cos x}\ \left(\dfrac{3}{4}\pi\le x\le\dfrac{5}{4}\pi\right)$ 와

x축 및 두 직선 $x=\dfrac{3}{4}\pi$, $x=\dfrac{5}{4}\pi$ 로 둘러싸인 부분을

밑면으로 하는 입체도형이 있다. 이 입체도형을 x축에

수직인 평면으로 자른 단면이 모두 정사각형일 때,

이 입체도형의 부피는? [3점]

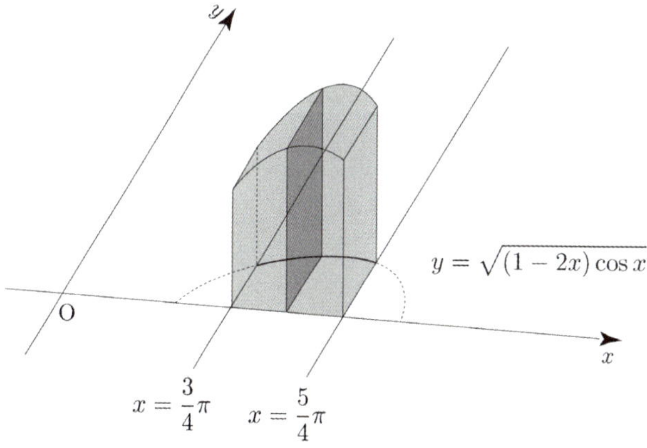

① $\sqrt{2}\,\pi-\sqrt{2}$ ② $\sqrt{2}\,\pi-1$ ③ $2\sqrt{2}\,\pi-\sqrt{2}$

④ $2\sqrt{2}\,\pi-1$ ⑤ $2\sqrt{2}\,\pi$

$x=-\ln 4$ 에서 $x=1$ 까지의 곡선 $y=\dfrac{1}{2}\left(\left|e^x-1\right|-e^{|x|}+1\right)$ 의 길이는? [3점]

① $\dfrac{23}{8}$ ② $\dfrac{13}{4}$ ③ $\dfrac{29}{8}$

④ 4 ⑤ $\dfrac{35}{8}$

함수 $f(x)=\dfrac{2x-2}{x^2-2x+2}$ 에 대하여 곡선 $y=f(x)$ 와 x 축 및 y 축으로 둘러싸인 영역을 A, 곡선 $y=f(x)$ 와 x 축 및 직선 $x=3$ 으로 둘러싸인 영역을 B라 하자. 영역 A의 넓이와 영역 B의 넓이의 합은? [4점]

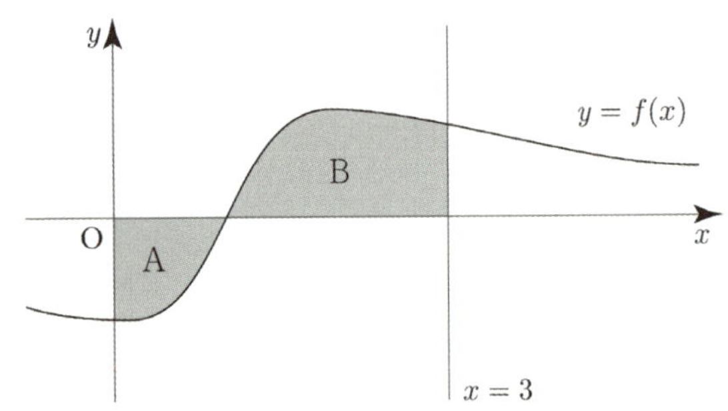

① $2\ln 2$ ② $\ln 6$ ③ $3\ln 2$

④ $\ln 10$ ⑤ $\ln 12$

함수 $f(x)=\ln x$ 에 대하여 $\displaystyle\lim_{n\to\infty}\sum_{k=1}^{n}\dfrac{1}{n+k}\,f\!\left(1+\dfrac{k}{n}\right)$ 의 값은? [4점]

① $\ln 2$ ② $(\ln 2)^2$ ③ $\dfrac{\ln 2}{2}$

④ $\dfrac{(\ln 2)^2}{2}$ ⑤ $\dfrac{(\ln 2)^2}{4}$

함수 $y=\cos 2x$ 의 그래프와 x 축, y 축 및 직선 $x=\dfrac{\pi}{12}$ 로 둘러싸인 영역의 넓이가 직선 $y=a$ 에 의하여 이등분될 때, 상수 a 의 값은? [3점]

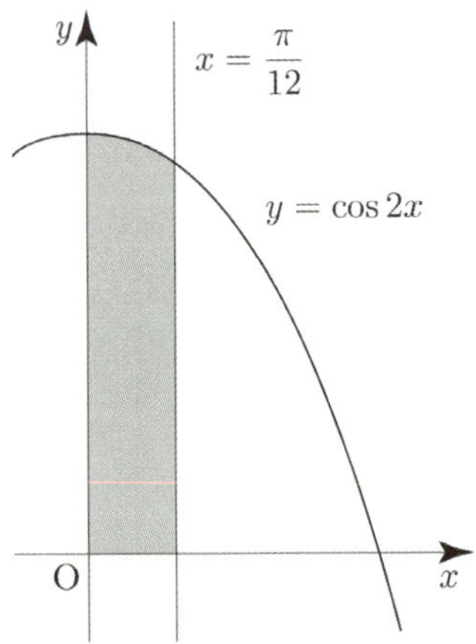

① $\dfrac{1}{2\pi}$ ② $\dfrac{1}{\pi}$ ③ $\dfrac{3}{2\pi}$

④ $\dfrac{2}{\pi}$ ⑤ $\dfrac{5}{2\pi}$

059 · 2014학년도 고3 9월 평가원 B형

좌표평면에서 꼭짓점의 좌표가 $O(0,\ 0)$, $A(2^n,\ 0)$, $B(2^n,\ 2^n)$, $C(0,\ 2^n)$ 인 정사각형 $OABC$ 와 두 곡선 $y=2^x$, $y=\log_2 x$ 가 있다. (단, n 은 자연수이다.)

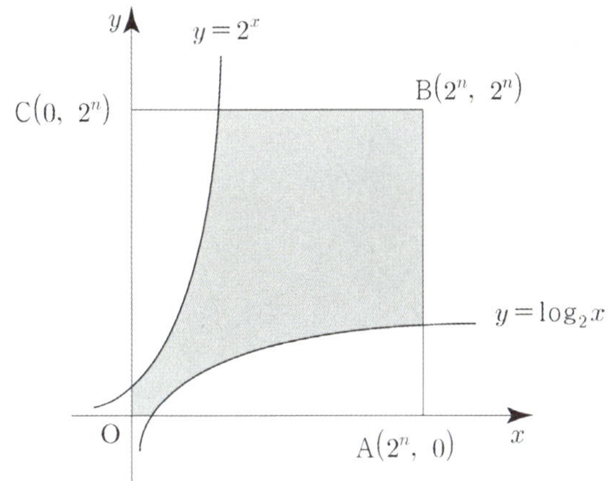

정사각형 $OABC$ 와 그 내부는 두 곡선 $y=2^x$, $y=\log_2 x$ 에 의하여 세 부분으로 나뉜다. $n=3$ 일 때 이 세 부분 중 색칠된 부분의 넓이는? [4점]

① $14+\dfrac{12}{\ln 2}$ ② $16+\dfrac{14}{\ln 2}$ ③ $18+\dfrac{16}{\ln 2}$

④ $20+\dfrac{18}{\ln 2}$ ⑤ $22+\dfrac{20}{\ln 2}$

060 · 2015학년도 수능 B형

양수 a 에 대하여 함수 $f(x)=\displaystyle\int_0^x (a-t)e^t\,dt$ 의 최댓값이 32 이다. 곡선 $y=3e^x$ 과 두 직선 $x=a$, $y=3$ 으로 둘러싸인 부분의 넓이를 구하시오. [4점]

061 · 2017년 고3 4월 교육청 가형

그림과 같이 곡선 $y=\sqrt{x+\dfrac{\pi}{4}\sin\left(\dfrac{\pi}{2}x\right)}$ 와 x 축 및 두 직선 $x=1$, $x=4$ 로 둘러싸인 도형을 밑면으로 하는 입체도형이 있다. 이 입체도형을 x 축에 수직인 평면으로 자른 단면이 모두 정사각형일 때, 이 입체도형의 부피를 구하시오. [4점]

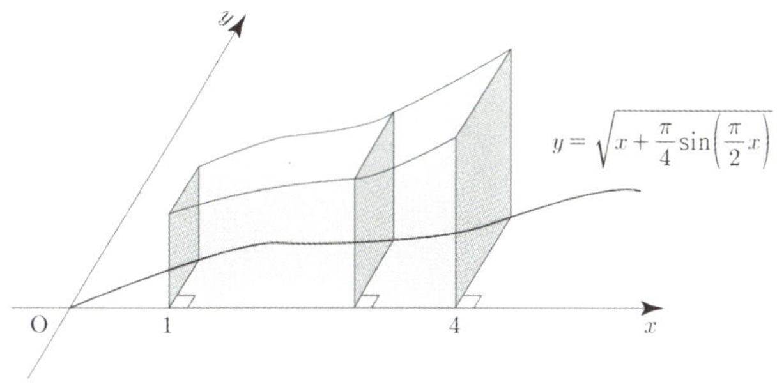

062 · 2018년 고3 4월 교육청 가형

곡선 $y=\dfrac{1}{x}$ 과 두 직선 $x=1$, $x=2$ 및 x 축으로 둘러싸인 부분의 넓이를 S 라 하자. 곡선 $y=\dfrac{1}{x}$ 과 두 직선 $x=1$, $x=a$ 및 x 축으로 둘러싸인 부분의 넓이가 $2S$ 가 되도록 하는 모든 양수 a 의 값의 합은? [4점]

① $\dfrac{15}{4}$ ② $\dfrac{17}{4}$ ③ $\dfrac{19}{4}$

④ $\dfrac{21}{4}$ ⑤ $\dfrac{23}{4}$

그림과 같이 양수 k에 대하여 함수 $f(x)=2\sqrt{x}\,e^{kx^2}$의 그래프와 x축 및 두 직선 $x=\dfrac{1}{\sqrt{2k}}$, $x=\dfrac{1}{\sqrt{k}}$로 둘러싸인 부분을 밑면으로 하고 x축에 수직인 평면으로 자른 단면이 모두 정삼각형인 입체도형의 부피가 $\sqrt{3}\left(e^2-e\right)$일 때, k의 값은? [4점]

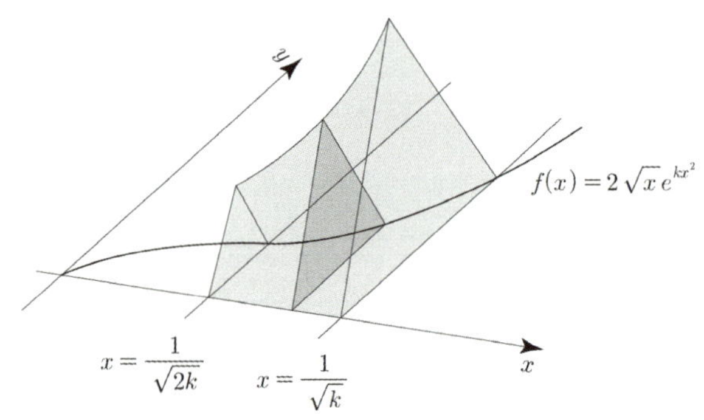

① $\dfrac{1}{12}$ ② $\dfrac{1}{6}$ ③ $\dfrac{1}{4}$

④ $\dfrac{1}{3}$ ⑤ $\dfrac{1}{2}$

그림과 같이 곡선 $y=\sqrt{\dfrac{x+1}{x(x+\ln x)}}$과 x축 및 두 직선 $x=1$, $x=e$로 둘러싸인 부분을 밑면으로 하는 입체도형이 있다. 이 입체도형을 x축에 수직인 평면으로 자른 단면이 모두 정사각형일 때, 이 입체도형의 부피는? [3점]

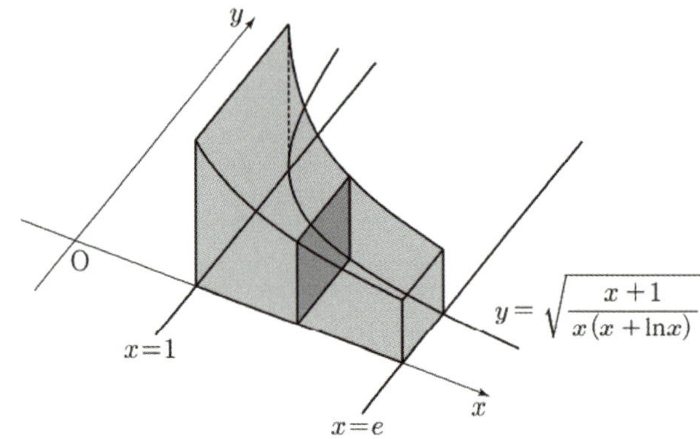

① $\ln(e+1)$ ② $\ln(e+2)$ ③ $\ln(e+3)$

④ $\ln(2e+1)$ ⑤ $\ln(2e+2)$

좌표평면 위를 움직이는 점 P의 시각 $t\,(t>0)$에서의 위치가 곡선 $y=x^2$과 직선 $y=t^2x-\dfrac{\ln t}{8}$가 만나는 서로 다른 두 점의 중점일 때, 시각 $t=1$에서 $t=e$까지 점 P가 움직인 거리는? [3점]

① $\dfrac{e^4}{2}-\dfrac{3}{8}$ ② $\dfrac{e^4}{2}-\dfrac{5}{16}$ ③ $\dfrac{e^4}{2}-\dfrac{1}{4}$

④ $\dfrac{e^4}{2}-\dfrac{3}{16}$ ⑤ $\dfrac{e^4}{2}-\dfrac{1}{8}$

사차함수 $y=f(x)$의 그래프가 그림과 같을 때,

$$\lim_{n\to\infty}\frac{1}{n}\sum_{k=1}^{n}f\left(m+\frac{k}{n}\right)<0$$

을 만족시키는 정수 m의 개수는? [4점]

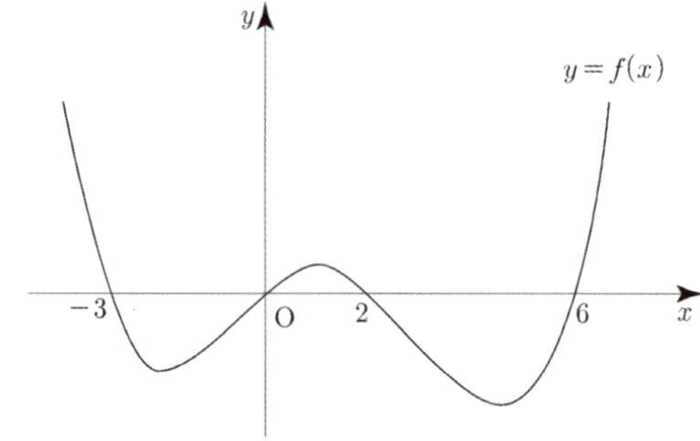

① 3 ② 4 ③ 5

④ 6 ⑤ 7

067 · 2025학년도 고3 9월 평가원 미적분

그림과 같이 곡선 $y = 2x\sqrt{x\sin x^2}$ $(0 \le x \le \sqrt{\pi})$ 와 x축 및 두 직선 $x = \sqrt{\dfrac{\pi}{6}}$, $x = \sqrt{\dfrac{\pi}{2}}$ 로 둘러싸인 부분을 밑면으로 하는 입체도형이 있다. 이 입체도형을 x축에 수직인 평면으로 자른 단면이 모두 반원일 때, 이 입체도형의 부피는? [3점]

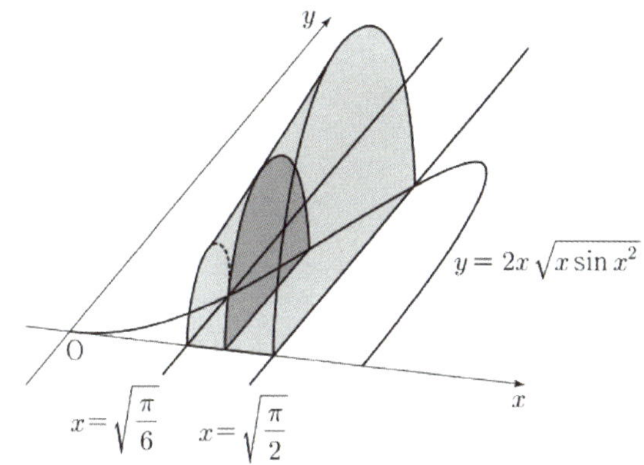

① $\dfrac{\pi^2 + 6\pi}{48}$ ② $\dfrac{\sqrt{2}\,\pi^2 + 6\pi}{48}$ ③ $\dfrac{\sqrt{3}\,\pi^2 + 6\pi}{48}$

④ $\dfrac{\sqrt{2}\,\pi^2 + 12\pi}{48}$ ⑤ $\dfrac{\sqrt{3}\,\pi^2 + 12\pi}{48}$

068 · 2014학년도 사관학교 B형

$0 \le x \le \pi$ 에서 정의된 함수 $f(x) = \dfrac{\cos x}{\sin x + 2}$ 에 대하여 곡선 $y = f(x)$ 와 x축, y축으로 둘러싸인 부분의 넓이를 S_1, 곡선 $y = f(x)$ 와 x축 및 직선 $x = \pi$ 로 둘러싸인 부분의 넓이를 S_2 라 하자. $S_1 + S_2$ 의 값은? [4점]

① $\ln\dfrac{3}{2}$ ② $\ln\dfrac{4}{3}$ ③ $2\ln\dfrac{3}{2}$

④ $2\ln\dfrac{4}{3}$ ⑤ $4\ln\dfrac{3}{2}$

069 · 2018년 고3 10월 교육청 가형

그림과 같이 함수 $f(x) = \sqrt{x\sin(x^2)}$ $\left(\dfrac{\sqrt{\pi}}{2} \le x \le \dfrac{\sqrt{3\pi}}{2}\right)$ 에 대하여 곡선 $y = f(x)$ 와 곡선 $y = -f(x)$ 및 두 직선 $x = \dfrac{\sqrt{\pi}}{2}$, $x = \dfrac{\sqrt{3\pi}}{2}$ 로 둘러싸인 도형을 밑면으로 하는 입체도형이 있다. 이 입체도형을 x축에 수직인 평면으로 자른 단면이 모두 정사각형일 때, 이 입체도형의 부피는? [4점]

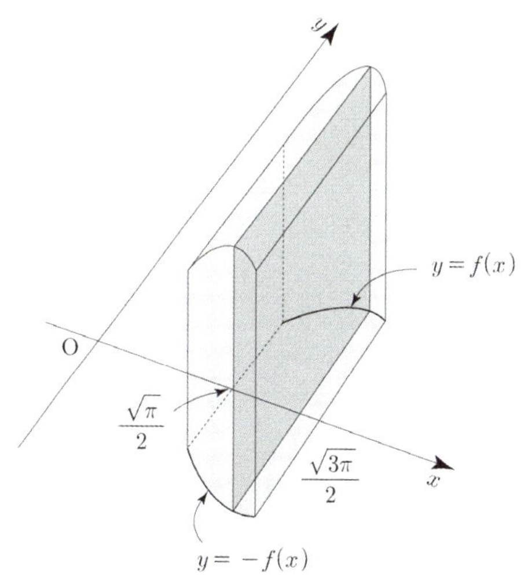

① $2\sqrt{2}$ ② $2\sqrt{3}$ ③ 4

④ $4\sqrt{2}$ ⑤ $4\sqrt{3}$

그림과 같이 중심이 O, 반지름의 길이가 1이고 중심각의 크기가 $\dfrac{\pi}{2}$인 부채꼴 OAB가 있다. 자연수 n에 대하여 호 AB를 $2n$등분한 각 분점(양 끝점도 포함)을 차례로 $P_0(=A),\ P_1,\ P_2,\ \cdots,\ P_{2n-1},\ P_{2n}(=B)$라 하자. 주어진 자연수 n에 대하여 $S_k(1 \le k \le n)$을 삼각형 $OP_{n-k}P_{n+k}$의 넓이라 할 때, $\displaystyle\lim_{n \to \infty} \frac{1}{n}\sum_{k=1}^{n} S_k$의 값은? [3점]

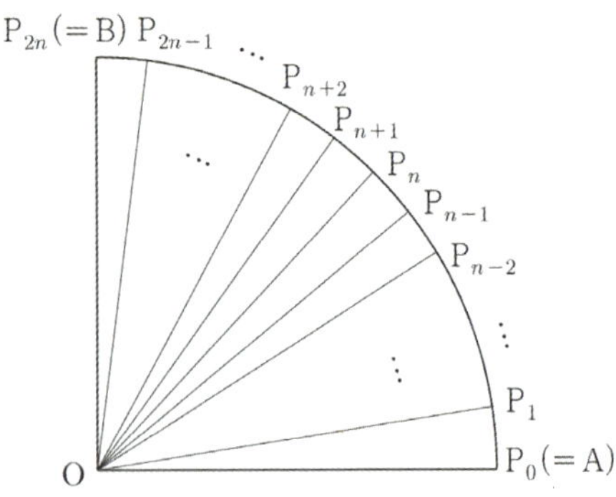

① $\dfrac{1}{\pi}$ ② $\dfrac{13}{12\pi}$ ③ $\dfrac{7}{6\pi}$

④ $\dfrac{5}{4\pi}$ ⑤ $\dfrac{4}{3\pi}$

함수 $f(x) = e^x$이 있다. 2 이상인 자연수 n에 대하여 닫힌구간 $[1,\ 2]$를 n등분한 각 분점(양 끝점도 포함)을 차례로 $1 = x_0,\ x_1,\ x_2,\ \cdots,\ x_{n-1},\ x_n = 2$라 하자. 세 점 $(0,\ 0),\ (x_k,\ 0),\ (x_k,\ f(x_k))$를 꼭짓점으로 하는 삼각형의 넓이를 $A_k(k = 1,\ 2,\ \cdots,\ n)$이라 할 때, $\displaystyle\lim_{n \to \infty} \frac{1}{n}\sum_{k=1}^{n} A_k$의 값은? [4점]

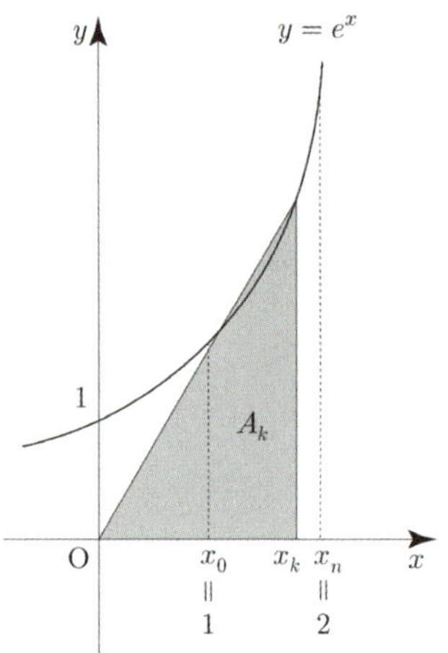

① $\dfrac{1}{2}e^2 - e$ ② $\dfrac{1}{2}(e^2 - e)$ ③ $\dfrac{1}{2}e^2$

④ $e^2 - e$ ⑤ $e^2 - \dfrac{1}{2}e$

실수 전체의 집합에서 도함수가 연속인 함수 $f(x)$에 대하여 $f(0) = 0$, $f(2) = 1$이다. 그림과 같이 $0 \le x \le 2$에서 곡선 $y = f(x)$와 x축 및 직선 $x = 2$로 둘러싸인 두 부분의 넓이를 각각 A, B라 하자. $A = B$일 때, $\displaystyle\int_0^2 (2x+3)f'(x)\,dx$의 값을 구하시오. [4점]

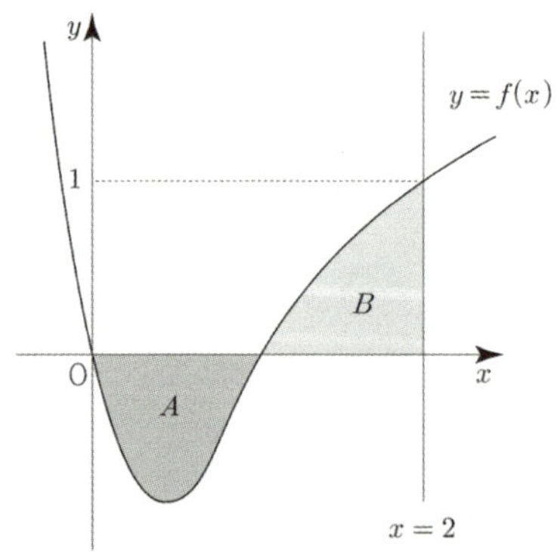

073 · 2025학년도 사관학교 미적분

그림과 같이 곡선 $y = \dfrac{\sqrt{\ln(x+1)}}{x}$ $(x>0)$ 과 x 축 및

두 직선 $x=1$, $x=3$ 으로 둘러싸인 부분을 밑면으로

하는 입체도형이 있다. 이 입체도형을 x 축에 수직인

평면으로 자른 단면이 모두 정사각형일 때,

이 입체도형의 부피는? [3점]

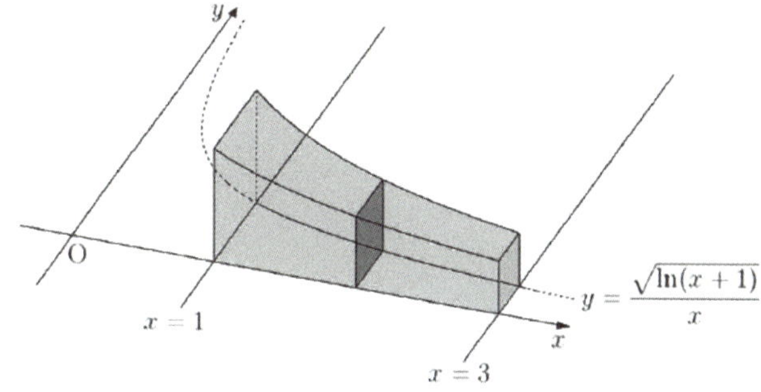

① $\dfrac{1}{3}\ln\dfrac{9}{8}$ ② $\dfrac{1}{3}\ln\dfrac{3}{2}$ ③ $\dfrac{1}{3}\ln\dfrac{9}{2}$

④ $\dfrac{1}{3}\ln\dfrac{27}{4}$ ⑤ $\dfrac{1}{3}\ln\dfrac{27}{2}$

074 · 2019년 고3 4월 교육청 가형

닫힌구간 $\left[0,\ \dfrac{\pi}{2}\right]$ 에서 정의된 함수 $f(x)=\sin x$ 의 그래프

위의 한 점 $\mathrm{P}\left(a,\ \sin a\right)\left(0<a<\dfrac{\pi}{2}\right)$ 에서의 접선을 l 이라

하자. 곡선 $y=f(x)$ 와 x 축 및 직선 l 로 둘러싸인 부분의

넓이와 곡선 $y=f(x)$ 와 x 축 및 직선 $x=a$ 로 둘러싸인

부분의 넓이가 같을 때, $\cos a$ 의 값은? [4점]

① $\dfrac{1}{6}$ ② $\dfrac{1}{3}$ ③ $\dfrac{1}{2}$

④ $\dfrac{2}{3}$ ⑤ $\dfrac{5}{6}$

075 · 2019년 고3 3월 교육청 가형

두 함수 $f(x)=ax^2\,(a>0)$, $g(x)=\ln x$ 의 그래프가

한 점 P 에서 만나고, 곡선 $y=f(x)$ 위의 점 P 에서의

접선의 기울기와 곡선 $y=g(x)$ 위의 점 P 에서의 접선의

기울기가 서로 같다. 두 곡선 $y=f(x)$, $y=g(x)$ 와 x 축으로

둘러싸인 부분의 넓이는? (단, a 는 상수이다.) [4점]

① $\dfrac{2\sqrt{e}-3}{6}$ ② $\dfrac{2\sqrt{e}-3}{3}$ ③ $\dfrac{\sqrt{e}-1}{2}$

④ $\dfrac{4\sqrt{e}-3}{6}$ ⑤ $\sqrt{e}-1$

076 · 2018학년도 고3 6월 평가원 가형

좌표평면에서 점 P 는 시각 $t=0$ 일 때 $(0,\ -1)$ 에서

출발하여 시각 t 에서의 속도가 $(2t,\ 2\pi\sin 2\pi t)$ 이고,

점 Q 는 시각 $t=0$ 일 때 출발하여 시각 t 에서의 위치가

$\mathrm{Q}\left(4\sin 2\pi t,\ |\cos 2\pi t|\right)$ 이다. 출발한 후 두 점 P, Q 가 만나는

횟수는? [4점]

① 1 ② 2 ③ 3

④ 4 ⑤ 5

좌표평면 위를 움직이는 점 P의 시각 $t\,(0 \le t \le 2\pi)$에서의 위치 $(x,\ y)$가

$$x = t + 2\cos t,\quad y = \sqrt{3}\,\sin t$$

일 때, 〈보기〉에서 옳은 것만을 있는 대로 고른 것은? [4점]

───〈보기〉───

ㄱ. $t = \dfrac{\pi}{2}$일 때, 점 P의 속도는 $(-1,\ 0)$이다.

ㄴ. 점 P의 속도의 크기의 최솟값은 1이다.

ㄷ. 점 P가 $t = \pi$에서 $t = 2\pi$까지 움직인 거리는 $2\pi + 2$이다.

① ㄱ   ② ㄷ   ③ ㄱ, ㄴ

④ ㄴ, ㄷ   ⑤ ㄱ, ㄴ, ㄷ

실수 전체의 집합에서 미분가능한 함수 $f(x)$가 $f(0) = 0$이고 모든 실수 x에 대하여 $f'(x) > 0$이다. 곡선 $y = f(x)$ 위의 점 $A(t,\ f(t))\,(t > 0)$에서 x축에 내린 수선의 발을 B라 하고, 점 A를 지나고 점 A에서의 접선과 수직인 직선이 x축과 만나는 점을 C라 하자. 모든 양수 t에 대하여 삼각형 ABC의 넓이가 $\dfrac{1}{2}\left(e^{3t} - 2e^{2t} + e^{t}\right)$일 때, 곡선 $y = f(x)$와 x축 및 직선 $x = 1$로 둘러싸인 부분의 넓이는? [4점]

① $e - 2$ ② e ③ $e + 2$

④ $e + 4$ ⑤ $e + 6$

실수 전체의 집합에서 연속인 함수 $f(x)$가 모든 실수 x에 대하여

$$\int_{0}^{x} (x - t) f(t)\,dt = e^{2x} - 2x + a$$

를 만족시킨다. 곡선 $y = f(x)$ 위의 점 $(a,\ f(a))$에서의 접선을 l이라 할 때, 곡선 $y = f(x)$와 직선 l 및 y축으로 둘러싸인 부분의 넓이는? (단, a는 상수이다.) [4점]

① $2 - \dfrac{6}{e^2}$ ② $2 - \dfrac{7}{e^2}$ ③ $2 - \dfrac{8}{e^2}$

④ $2 - \dfrac{9}{e^2}$ ⑤ $2 - \dfrac{10}{e^2}$

실수 전체의 집합에서 미분가능한 함수 $f(x)$의 도함수 $f'(x)$가

$$f'(x) = -x + e^{1 - x^2}$$

이다. 양수 t에 대하여 곡선 $y = f(x)$ 위의 점 $(t,\ f(t))$에서의 접선과 곡선 $y = f(x)$ 및 y축으로 둘러싸인 부분의 넓이를 $g(t)$라 하자. $g(1) + g'(1)$의 값은? [4점]

① $\dfrac{1}{2}e + \dfrac{1}{2}$ ② $\dfrac{1}{2}e + \dfrac{2}{3}$ ③ $\dfrac{1}{2}e + \dfrac{5}{6}$

④ $\dfrac{2}{3}e + \dfrac{1}{2}$ ⑤ $\dfrac{2}{3}e + \dfrac{2}{3}$

규토 라이트 N제

적분법

Master step

심화 문제편

2. 정적분의 활용

$x \geq 0$에서 정의된 함수 $f(x) = \dfrac{10x+10}{x^2+2x+2}$ 의 역함수를

$g(x)$라 할 때, $\displaystyle\lim_{n \to \infty} \frac{1}{n}\sum_{k=1}^{n} g\left(3+\frac{2k}{n}\right)$ 의 값은?

① $\dfrac{3}{2}\ln 5 - 3$　　② $2\ln 5 - 3$　　③ $\dfrac{5}{2}\ln 5 - 3$

④ $3\ln 5 - 3$　　⑤ $\dfrac{7}{2}\ln 5 - 3$

함수 $f(x) = x^2 + ax + b\,(a \geq 0,\ b > 0)$ 가 있다. 그림과 같이 2 이상인 자연수 n에 대하여 닫힌구간 $[0,\ 1]$을 n등분한 각 분점 (양 끝점도 포함)을 차례대로
$0 = x_0,\ x_1,\ x_2,\ \cdots,\ x_{n-1},\ x_n = 1$ 이라 하자.
닫힌구간 $[x_{k-1},\ x_k]$를 밑변으로 하고 높이가 $f(x_k)$인 직사각형의 넓이를 A_k라 하자. $(k = 1,\ 2,\ 3,\ \cdots,\ n)$

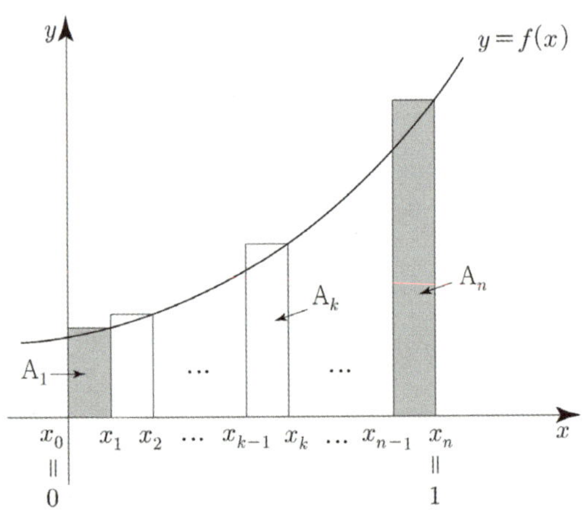

양 끝에 있는 두 직사각형의 넓이의 합이

$$\mathrm{A}_1 + \mathrm{A}_n = \frac{7n^2+1}{n^3}$$

일 때, $\displaystyle\lim_{n \to \infty}\sum_{k=1}^{n} \frac{8k}{n}\mathrm{A}_k$의 값을 구하시오. [4점]

정의역이 $[0,\ \infty)$인 함수 $f(x) = ax^2\,(a > 0)$가 있다.
그림과 같이 2 이상인 자연수 n에 대하여 점 $(0,\ 0)$과
점 $(0,\ 1)$을 이은 선분을 n등분한 각 분점 (양 끝점도 포함)
을 차례대로 $0 = y_0,\ y_1,\ y_2,\ \cdots,\ y_{n-1},\ y_n = 1$ 이라 하자.
$y_k - y_{k-1}$ 을 높이로 하고 밑변이 $f^{-1}(y_k)$인 직사각형의
넓이를 A_k라 하자. $(k = 1,\ 2,\ 3,\ \cdots,\ n)$

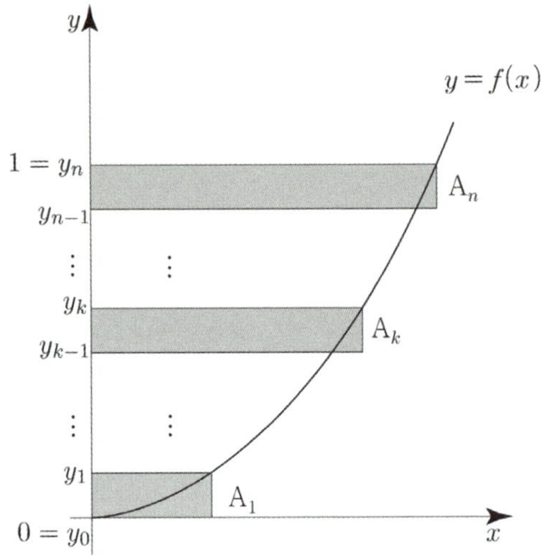

A_k에 대하여

$$\sum_{k=1}^{n} \mathrm{A}_k^2 = \frac{n+1}{2n^2}$$

일 때, $\displaystyle\lim_{n \to \infty}\sum_{k=1}^{n} 60\left(\mathrm{A}_k - \frac{k}{n^2}\right)$ 의 값을 구하시오.

084 · 2014학년도 고3 6월 평가원 B형

좌표평면에서 곡선 $y = x^2 + x$ 위의 두 점 A, B의 x좌표를 각각 s, t $(0 < s < t)$라 하자. 양수 k에 대하여 두 직선 OA, OB와 곡선 $y = x^2 + x$로 둘러싸인 부분의 넓이가 k가 되도록 하는 점 (s, t)가 나타내는 곡선을 C라 하자. 곡선 C 위의 점 중에서 점 $(1, 0)$과의 거리가 최소인 점의 x좌표가 $\dfrac{2}{3}$일 때, $k = \dfrac{q}{p}$이다. $p+q$의 값을 구하시오. (단, O는 원점이고, p와 q는 서로소인 자연수이다.) [4점]

085 · 2017학년도 고3 6월 평가원 가형

양의 실수 전체의 집합에서 이계도함수를 갖는 함수 $f(t)$에 대하여 좌표평면 위를 움직이는 점 P의 시각 t $(t \geq 1)$에서의 위치 (x, y)가

$$\begin{cases} x = 2\ln t \\ y = f(t) \end{cases}$$

이다. 점 P가 점 $(0, f(1))$로부터 움직인 거리가 s가 될 때 시각 t는 $t = \dfrac{s + \sqrt{s^2 + 4}}{2}$이고, $t = 2$일 때 점 P의 속도는 $\left(1, \dfrac{3}{4}\right)$이다. 시각 $t = 2$일 때 점 P의 가속도를 $\left(-\dfrac{1}{2}, a\right)$라 할 때, $60a$의 값을 구하시오. [4점]

함수 $y = \dfrac{2\pi}{x}$ 의 그래프와 함수 $y = \cos x$ 의 그래프가

만나는 점의 x 좌표 중 양수인 것을 작은 수부터

크기순으로 모두 나열할 때, m 번째 수를 a_m 이라 하자.

$\displaystyle\lim_{n \to \infty} \sum_{k=1}^{\infty} \left\{ n \times \cos^2(a_{n+k}) \right\}$ 의 값은? [4점]

① $\dfrac{3}{2}$　　　② 2　　　③ $\dfrac{5}{2}$

④ 3　　　⑤ $\dfrac{7}{2}$

함수

$$f(x) = \begin{cases} -x\,e^{x+1} & (x \le 0) \\[2mm] x^3 + \dfrac{3}{2}x^2 + x & (x > 0) \end{cases}$$

와 실수 k 에 대하여 곡선 $y = f(x)$ 와 x 축 및

두 직선 $x = k$, $x = k+1$ 로 둘러싸인 도형의 내부영역과

두 대각선의 교점이 $\left(k+\dfrac{1}{2},\ \dfrac{1}{2}\right)$ 이고 한 변의 길이가 1 인

정사각형이 겹치는 부분의 넓이를 $g(k)$ 라 할 때,

$g'\left(-\dfrac{2}{3}\right) + g'\left(\dfrac{1}{3}\right) = ae^{\frac{1}{3}} + b$ 이다.

$27(a+b)$ 의 값을 구하시오.

(단, a 와 b 는 유리수이고, 정사각형의 한 변은 x 축과

평행하다.)

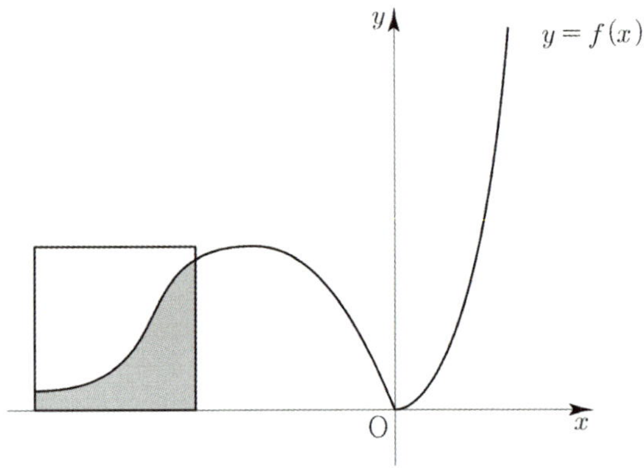

수열의 극한

1		(1) 0 (2) 3 (3) 1 (4) 4
2		(1) 음의 무한대로 발산 (2) 양의 무한대로 발산
3		(1) 음의 무한대로 발산 (2) 발산(진동) (3) 발산(진동) (4) 0으로 수렴
4		(1) 2 (2) 6 (3) 0 (4) 3
5		(1) 0 (2) -2 (3) 0 (4) $\dfrac{1}{3}$ (5) $\dfrac{3}{2}$
6		(1) 음의 무한대로 발산 (2) 양의 무한대로 발산
7		3
8		5
9		(1) 수렴 (2) 발산 (진동)
10		(1) $0 < x \le \dfrac{2}{3}$ (2) $2 < x \le 6$ (3) $-1 \le x \le 1$ (4) $-1 < x \le 1$
11		(1) 1로 수렴 (2) 25로 수렴 (3) 2로 수렴 (4) 양의 무한대로 발산
12		$-1 < r < 1$일 때, $\dfrac{r}{2}$로 수렴 $r > 1$ or $r < -1$일 때, r로 수렴 $r = 1$일 때, $\dfrac{2}{3}$로 수렴 $r = -1$일 때, $-\dfrac{2}{3}$로 수렴

번호	답	번호	답
1	7	25	13
2	10	26	20
3	4	27	3
4	15	28	1
5	9	29	80
6	140	30	12
7	3	31	4
8	4	32	27
9	5	33	16
10	1	34	10
11	16	35	3
12	13	36	14
13	7	37	8
14	100	38	20
15	4	39	7
16	1	40	③
17	20	41	①
18	36	42	5
19	5	43	ㄱ, ㄴ, ㄹ, ㅁ
20	2	44	4
21	15	45	10
22	7	46	50
23	②	47	20
24	5	48	32

수열의 극한 | Training – 2 step

49	②	77	②
50	④	78	③
51	②	79	③
52	④	80	①
53	②	81	②
54	②	82	④
55	②	83	12
56	①	84	③
57	23	85	③
58	⑤	86	②
59	17	87	⑤
60	15	88	③
61	①	89	④
62	④	90	110
63	①	91	33
64	④	92	5
65	②	93	2
66	③	94	16
67	②	95	③
68	21	96	4
69	10	97	①
70	②	98	5
71	2	99	④
72	②	100	③
73	35	101	②
74	4	102	③
75	④	103	18
76	⑤	104	④

수열의 극한 | Master step

105	65	109	③
106	50	110	30
107	4	111	25
108	②		

급수 | Guide step

1	(1) 수렴, 2 (2) 발산
2	풀이 참고
3	(1) 16 (2) 2
4	(1) 수렴, $\dfrac{3}{4}$ (2) 발산 (3) 수렴, $\dfrac{9}{2}$ (4) 수렴, $\dfrac{2+\sqrt{2}}{2}$
5	(1) $-\dfrac{1}{2}<x<\dfrac{1}{2}$ (2) $0 \le x < 2$
6	(1) $-\dfrac{3}{2}$ (2) $\dfrac{13}{35}$

급수 | Training – 1 step

1	8	21	253
2	3	22	①
3	4	23	81
4	8	24	④
5	3	25	③
6	②	26	13
7	③	27	18
8	8	28	5
9	10	29	10
10	26	30	③
11	14	31	②
12	15	32	⑤
13	50	33	②
14	18	34	③
15	5	35	③
16	①	36	①
17	5	37	⑤
18	20	38	①
19	④	39	②
20	①		

40	②	60	16
41	②	61	②
42	②	62	③
43	①	63	⑤
44	①	64	①
45	①	65	①
46	21	66	37
47	③	67	⑤
48	②	68	①
49	①	69	⑤
50	③	70	③
51	15	71	②
52	③	72	⑤
53	16	73	③
54	④	74	③
55	4	75	③
56	⑤	76	②
57	57	77	③
58	⑤	78	②
59	③		

급수 | Master step

79	162	83	④
80	12	84	24
81	25	85	①
82	③	86	①

미분법

여러 가지 함수의 미분 | Guide step

1	(1) ∞ (2) 0 (3) 25
2	(1) 3 (2) 5
3	(1) ∞ (2) ∞ (3) -2
4	(1) $\dfrac{1}{2}$ (2) -1
5	(1) e^6 (2) e^2 (3) $e^{-\frac{2}{5}}$ (4) e^{-3} (5) e^3 (6) e^{-1}
6	(1) 2 (2) 5 (3) $\dfrac{1}{\ln 2}$ (4) $\dfrac{1}{4}$
7	풀이 참고
8	(1) $y'=e^x+2^x\ln 2$ (2) $y'=(x+3)e^x$
9	(1) $-e^{-1}$ (2) $10e$
10	(1) $y'=4x^3+\dfrac{1}{x\ln 5}$ (2) $y'=\dfrac{3}{x}$ (3) $y'=e^x\left(\log_2 x+\dfrac{1}{x\ln 2}\right)$
11	(1) $\dfrac{\sqrt{6}-\sqrt{2}}{4}$ (2) $\dfrac{\sqrt{2}-\sqrt{6}}{4}$ (3) $\dfrac{\sqrt{2}+\sqrt{6}}{4}$
12	(1) $\dfrac{4\sqrt{10}-\sqrt{5}}{15}$ (2) $\dfrac{2\sqrt{10}+2\sqrt{5}}{15}$
13	(1) $-2-\sqrt{3}$ (2) $2-\sqrt{3}$
14	$\dfrac{\pi}{4}$
15	풀이 참고
16	(1) 1 (2) $\dfrac{\sqrt{3}}{2}$ (3) $-\dfrac{3}{2}$
17	(1) $\dfrac{5}{3}$ (2) 2 (3) $\dfrac{9}{4}$ (4) -1 (5) -1 (6) 0 (7) 3
18	(1) $y'=2x\cos x-x^2\sin x$ (2) $y'=\cos^2 x-\sin^2 x$ (3) $y'=e^x(\sin x+\cos x)+\cos x$ (4) $y'=\sin x+x\cos x-\dfrac{1}{x}$
19	-1

1	③	35	25
2	①	36	⑤
3	②	37	15
4	③	38	②
5	⑤	39	③
6	③	40	①
7	③	41	④
8	④	42	20
9	②	43	②
10	①	44	①
11	②	45	②
12	27	46	②
13	24	47	⑤
14	⑤	48	②
15	25	49	10
16	2	50	④
17	12	51	44
18	8	52	253
19	15	53	50
20	4	54	3
21	9	55	4
22	③	56	8
23	7	57	10
24	82	58	45
25	210	59	①
26	1	60	8
27	3	61	5
28	15	62	6
29	9	63	30
30	⑤	64	48
31	8	65	160
32	③	66	17
33	②	67	50
34	4	68	13

69	③	100	⑤
70	②	101	④
71	③	102	19
72	③	103	②
73	③	104	④
74	①	105	④
75	④	106	④
76	⑤	107	⑤
77	③	108	⑤
78	26	109	2
79	②	110	④
80	②	111	②
81	8	112	①
82	②	113	②
83	④	114	④
84	①	115	④
85	③	116	23
86	①	117	①
87	③	118	5
88	①	119	20
89	②	120	⑤
90	②	121	④
91	4	122	④
92	③	123	②
93	③	124	④
94	③	125	18
95	③	126	③
96	②	127	②
97	③	128	20
98	②	129	①
99	④		

130	17	132	③
131	8	133	25

1	(1) $y' = -\dfrac{2x-1}{(x^2-x+1)^2}$ (2) $y' = \dfrac{e^x+1-xe^x}{(e^x+1)^2}$ (3) $y' = \dfrac{1+\sin x - \cos x}{(1+\sin x)^2}$
2	(1) $y' = -\dfrac{15}{x^6}$ (2) $y' = 1 + \dfrac{6}{x^3}$
3	풀이 참고
4	(1) $y' = 6(-2x+1)^{-4}$ (2) $y' = 2x\sec^2(x^2+2)$ (3) $y' = (60x^2-10x)(4x^3-x^2+1)^4$ (4) $y' = -\sin x(2^{\cos x}\ln 2)$ (5) $y' = \left(\dfrac{1}{2}\cos\dfrac{x}{2}\right)e^{\sin\frac{x}{2}}$
5	풀이 참고
6	(1) $y' = \dfrac{4}{4x-3}$ (2) $y' = -\tan x$ (3) $y' = \dfrac{1}{x\ln 5}$ (4) $y' = \dfrac{e^x-e^{-x}}{e^x+e^{-x}}$
7	(1) $\dfrac{dy}{dx} = -4t^2$ (2) $\dfrac{dy}{dx} = \dfrac{4t}{3t^2+2}$ (3) $\dfrac{dy}{dx} = -\dfrac{1}{2t^2e^{2t}}$ (4) $\dfrac{dy}{dx} = \dfrac{t^2-2t-1}{2t^2-2}$
8	(1) $\dfrac{dy}{dx} = \dfrac{5}{2y}$ (단, $y \neq 0$) (2) $\dfrac{dy}{dx} = \dfrac{x^2}{y^2}$ (단, $y \neq 0$) (3) $\dfrac{dy}{dx} = \dfrac{2x-y}{x-2y}$ (단, $x \neq 2y$)
9	(1) $y = \dfrac{3}{2}\sqrt{x}$ (2) $4\sqrt{2}(4x+1)^{\sqrt{2}-1}$
10	(1) $\dfrac{dy}{dx} = \dfrac{1}{5\sqrt[5]{(x-3)^4}}$ (2) $\dfrac{dy}{dx} = \dfrac{2}{3\sqrt[3]{(2x-5)^2}}$
11	(1) $\dfrac{1}{6}$ (2) $\dfrac{1}{2}$
12	(1) $y'' = \dfrac{1}{x}$ (2) $y'' = (x^2-4x+2)e^{-x}$ (3) $y'' = -4\cos 2x$ (4) $y'' = e^x+e^{-x}$ (5) $y'' = \dfrac{2\ln x - 3}{x^3}$

1	③	21	②
2	①	22	④
3	①	23	126
4	135	24	①
5	③	25	②
6	⑤	26	④
7	④	27	②
8	③	28	③
9	②	29	50
10	6	30	⑤
11	2	31	②
12	9	32	①
13	②	33	⑤
14	13	34	50
15	③	35	96
16	80	36	①
17	11	37	10
18	3	38	36
19	20	39	②
20	⑤		

40	2	68	⑤
41	8	69	25
42	2	70	②
43	③	71	⑤
44	①	72	①
45	③	73	④
46	1	74	②
47	③	75	②
48	⑤	76	17
49	④	77	③
50	⑤	78	③
51	①	79	10
52	④	80	②
53	4	81	4
54	⑤	82	④
55	④	83	③
56	④	84	15
57	④	85	④
58	①	86	④
59	25	87	①
60	②	88	5
61	①	89	③
62	①	90	16
63	①	91	17
64	③	92	15
65	⑤	93	3
66	③	94	5
67	4		

95	③	101	③
96	⑤	102	200
97	④	103	①
98	①	104	24
99	11	105	32
100	5	106	④

1	(1) $y = \dfrac{1}{2}x - \dfrac{1}{2}$ (2) $y = \dfrac{1}{3}x + 2$
2	(1) $y = -2x + \dfrac{\pi}{2}$ (2) $y = -2x + 4$
3	(1) $y = \dfrac{1}{e^3}x + 2$ (2) $y = \dfrac{1}{2}x + \dfrac{1}{2}$
4	7
5	(1) 열린구간 $(0, \infty)$에서 위로 볼록 (2) 열린구간 $(0, 2\pi)$에서 위로 볼록하고, 열린구간 $(2\pi, 4\pi)$에서 아래로 볼록
6	(1) $(-1, -3)$, $(1, -3)$ (2) $\left(e^{\frac{3}{2}}, \dfrac{3}{2}e^{-\frac{3}{2}}\right)$
7	풀이 참조
8	(1) 1 (2) 2
9	풀이 참조
10	풀이 참조
11	속도의 크기: 5, 가속도의 크기: $4\sqrt{10}$
12	$t = 4$

1	②	29	100
2	57	30	3
3	②	31	②
4	③	32	①
5	70	33	13
6	55	34	16
7	2	35	15
8	③	36	④
9	③	37	5
10	2	38	ㄱ,ㄴ,ㅁ,ㅇ,ㅈ
11	①	39	④
12	②	40	①
13	10	41	1
14	⑤	42	④
15	①	43	①
16	②	44	36
17	⑤	45	12
18	5	46	4
19	②	47	45
20	80	48	③
21	1	49	10
22	6	50	ㄱ,ㄴ,ㄹ,ㅁ
23	④	51	10
24	⑤	52	⑤
25	②	53	①
26	③	54	6
27	9	55	4
28	51	56	④

57	⑤	83	①
58	①	84	③
59	③	85	⑤
60	⑤	86	④
61	④	87	④
62	①	88	③
63	③	89	③
64	②	90	20
65	①	91	②
66	⑤	92	①
67	③	93	③
68	④	94	③
69	④	95	②
70	②	96	11
71	4	97	③
72	13	98	②
73	④	99	⑤
74	②	100	⑤
75	①	101	①
76	10	102	③
77	⑤	103	④
78	96	104	24
79	2	105	②
80	26	106	55
81	34	107	⑤
82	③	108	⑤

109	15	133	④
110	⑤	134	31
111	49	135	27
112	⑤	136	④
113	②	137	18
114	72	138	④
115	15	139	①
116	64	140	20
117	25	141	15
118	64	142	⑤
119	72	143	④
120	15	144	64
121	39	145	④
122	48	146	25
123	30	147	15
124	30	148	17
125	16	149	15
126	43	150	④
127	331	151	48
128	29	152	330
129	②	153	127
130	5	154	14
131	6	155	②
132	71	156	15

적분법

여러 가지 적분법 | Guide step

1	(1) $\dfrac{5}{7}x^{\frac{7}{5}}+C$ (2) $\dfrac{3}{4}x^{\frac{4}{3}}-\dfrac{1}{2x^4}+C$ (3) $\dfrac{3}{2}x^2+5\ln|x|+\dfrac{2}{x}+C$ (4) $x+4\sqrt{x}+\ln|x|+C$
2	(1) $e^{x-1}-\dfrac{2^{x+1}}{\ln2}+C$ (2) $\dfrac{4^x}{\ln4}+\dfrac{2^{x+1}}{\ln2}+x+C$
3	$f(x)=e^x+2x^3+1$
4	(1) $3\sin x+5\cos x+C$ (2) $\tan x+\cot x+C$
5	(1) $\tan x+C$ (2) $-\cot x-x+C$
6	$f(x)=\tan x+\sec x-2$
7	(1) $\dfrac{28}{5}+\dfrac{2}{5}e^5$ (2) 1 (3) $\dfrac{6}{\ln3}$ (4) $\dfrac{\pi}{3}+\dfrac{\sqrt{3}}{2}-1$
8	(1) $\dfrac{3}{2}\pi+4$ (2) $\dfrac{148}{3}$
9	(1) $e+\dfrac{1}{e}-2$ (2) $2\sqrt{2}-2$
10	(1) $2(x^2+1)^{\frac{3}{2}}+C$ (2) $e^{x^2}+C$ (3) $\dfrac{1}{3}(\ln x)^3+C$ (4) $\dfrac{1}{2}\tan^2x+C$ (5) $\sin x-\dfrac{1}{3}\sin^3x+C$
11	(1) $\dfrac{1}{3}\ln|3x+1|+C$ (2) $\dfrac{1}{5}e^{5x-1}+C$
12	(1) $\ln|x^3+2|+C$ (2) $\ln|e^x-e^{-x}|+C$ (3) $\ln|\sin x|+C$ (4) $-\ln|x+\cos x|+C$
13	(1) $x+2\ln|x-1|+C$ (2) $\ln|x|-\ln|x+3|+C$ (3) $\dfrac{1}{2}\ln|x-1|-\dfrac{1}{2}\ln|x+1|+C$ (4) $\ln|x+1|+\ln|x+3|+C$
14	(1) $\dfrac{3}{2}$ (2) $\dfrac{1}{2}$
15	(1) $-\dfrac{1}{2}$ (2) $\dfrac{14}{15}$
16	(1) $-(x+3)e^{-x}+C$ (2) $\dfrac{x}{4}e^{4x}-\dfrac{1}{16}e^{4x}+C$ (3) $-\dfrac{x\cos2x}{2}+\dfrac{\sin2x}{4}+C$ (4) $(3x+1)\sin x+3\cos x+C$
17	(1) $\left(x^2-2x+2\right)e^x+C$ (2) $x\{(\ln x)^2-2\ln x+2\}+C$ (3) $(\ln x)\dfrac{1}{2}x^2-\dfrac{1}{4}x^2+C$ (4) $\dfrac{-1-\ln x}{x}+C$
18	(1) $e+1$ (2) $\dfrac{3}{16}e^4+\dfrac{1}{16}$ (3) $\dfrac{\pi}{8}-\dfrac{1}{4}$ (4) $\dfrac{1}{2}\left(e^{\frac{\pi}{2}}+1\right)$
19	$\dfrac{1}{2}$ (풀이참조)

여러 가지 적분법 | Training – 1 step

1	8	**24**	60
2	②	**25**	6
3	①	**26**	22
4	③	**27**	①
5	①	**28**	③
6	④	**29**	①
7	③	**30**	20
8	①	**31**	8
9	④	**32**	②
10	⑤	**33**	③
11	③	**34**	⑤
12	4	**35**	16
13	③	**36**	③
14	2	**37**	④
15	⑤	**38**	③
16	②	**39**	9
17	⑤	**40**	145
18	24	**41**	75
19	2	**42**	117
20	①	**43**	④
21	③	**44**	6
22	50	**45**	9
23	⑤		

46	④	73	325
47	⑤	74	④
48	①	75	②
49	②	76	④
50	②	77	④
51	⑤	78	③
52	2	79	④
53	3	80	①
54	②	81	②
55	④	82	④
56	②	83	④
57	③	84	①
58	④	85	12
59	8	86	⑤
60	②	87	⑤
61	④	88	①
62	④	89	14
63	⑤	90	19
64	①	91	④
65	②	92	①
66	④	93	26
67	12	94	③
68	②	95	①
69	⑤	96	17
70	72	97	⑤
71	④	98	①
72	④	99	③

100	8	121	49
101	93	122	125
102	④	123	②
103	①	124	283
104	⑤	125	18
105	40	126	12
106	30	127	②
107	16	128	①
108	36	129	77
109	143	130	39
110	35	131	25
111	⑤	132	90
112	25	133	③
113	12	134	20
114	16	135	52
115	127	136	132
116	②	137	6
117	②	138	63
118	125	139	28
119	115	140	23
120	83		

1	(1) $\dfrac{211}{5}$ (2) 0 (3) $4\sqrt{e}-4$ (4) $\ln 2$
2	(1) 2 (2) e^2-2e+1
3	(1) $\ln 4$ (2) 2
4	(1) $2\left(e+\dfrac{1}{e}-2\right)$ (2) $\dfrac{14}{3}-\ln 4$
5	$\dfrac{17}{6}$
6	(1) $\dfrac{9}{2}$ (2) $\sqrt{2}(e-1)$
7	(1) $\dfrac{1}{2}\left(e-\dfrac{1}{e}\right)$ (2) 4

정적분의 활용 | Training - 1 step

1	6	18	396
2	75	19	③
3	①	20	30
4	3	21	④
5	②	22	⑤
6	①	23	2
7	④	24	107
8	⑤	25	①
9	40	26	160
10	③	27	③
11	④	28	②
12	①	29	17
13	②	30	25
14	4	31	①
15	①	32	⑤
16	25	33	15
17	15		

정적분의 활용 | Training - 2 step

34	②	58	③
35	③	59	②
36	②	60	96
37	②	61	7
38	③	62	②
39	19	63	③
40	①	64	①
41	①	65	①
42	⑤	66	⑤
43	①	67	③
44	⑤	68	③
45	②	69	①
46	①	70	①
47	④	71	③
48	②	72	7
49	①	73	④
50	②	74	②
51	③	75	②
52	④	76	②
53	78	77	⑤
54	③	78	①
55	①	79	⑤
56	④	80	②
57	④		

정적분의 활용 | Master step

81	③	85	15
82	14	86	②
83	10	87	9
84	109		

규 토
라이트
N 제

CONTENTS

규토 라이트 N제

해설편

빠른정답
수열의 극한
미분법
적분법

수열의 극한

수열의 극한 | Guide step

1	(1) 0 (2) 3 (3) 1 (4) 4
2	(1) 음의 무한대로 발산 (2) 양의 무한대로 발산
3	(1) 음의 무한대로 발산 (2) 발산(진동) (3) 발산(진동) (4) 0으로 수렴
4	(1) 2 (2) 6 (3) 0 (4) 3
5	(1) 0 (2) -2 (3) 0 (4) $\dfrac{1}{3}$ (5) $\dfrac{3}{2}$
6	(1) 음의 무한대로 발산 (2) 양의 무한대로 발산
7	3
8	5
9	(1) 수렴 (2) 발산 (진동)
10	(1) $0 < x \le \dfrac{2}{3}$ (2) $2 < x \le 6$ (3) $-1 \le x \le 1$ (4) $-1 < x \le 1$
11	(1) 1로 수렴 (2) 25로 수렴 (3) 2로 수렴 (4) 양의 무한대로 발산
12	$-1 < r < 1$일 때, $\dfrac{r}{2}$로 수렴 $r > 1$ or $r < -1$일 때, r로 수렴 $r = 1$일 때, $\dfrac{2}{3}$로 수렴 $r = -1$일 때, $-\dfrac{2}{3}$로 수렴

수열의 극한 | Training - 1 step

#		#	
1	7	25	13
2	10	26	20
3	4	27	3
4	15	28	1
5	9	29	80
6	140	30	12
7	3	31	4
8	4	32	27
9	5	33	16
10	1	34	10
11	16	35	3
12	13	36	14
13	7	37	8
14	100	38	20
15	4	39	7
16	1	40	③
17	20	41	①
18	36	42	5
19	5	43	ㄱ, ㄴ, ㄹ, ㅁ
20	2	44	4
21	15	45	10
22	7	46	50
23	②	47	20
24	5	48	32

수열의 극한 | Training - 2 step

49	②	77	②
50	④	78	③
51	②	79	③
52	④	80	①
53	②	81	②
54	②	82	④
55	②	83	12
56	①	84	③
57	23	85	③
58	⑤	86	②
59	17	87	⑤
60	15	88	③
61	①	89	④
62	④	90	110
63	①	91	33
64	④	92	5
65	②	93	2
66	③	94	16
67	②	95	③
68	21	96	4
69	10	97	①
70	②	98	5
71	2	99	④
72	②	100	③
73	35	101	②
74	4	102	③
75	④	103	18
76	⑤	104	④

수열의 극한 | Master step

105	65	109	③
106	50	110	30
107	4	111	25
108	②		

급수 | Guide step

1	(1) 수렴, 2 (2) 발산
2	풀이 참고
3	(1) 16 (2) 2
4	(1) 수렴, $\dfrac{3}{4}$ (2) 발산 (3) 수렴, $\dfrac{9}{2}$ (4) 수렴, $\dfrac{2+\sqrt{2}}{2}$
5	(1) $-\dfrac{1}{2} < x < \dfrac{1}{2}$ (2) $0 \le x < 2$
6	(1) $-\dfrac{3}{2}$ (2) $\dfrac{13}{35}$

급수 | Training - 1 step

1	8	21	253
2	3	22	①
3	4	23	81
4	8	24	④
5	3	25	③
6	②	26	13
7	③	27	18
8	8	28	5
9	10	29	10
10	26	30	③
11	14	31	②
12	15	32	⑤
13	50	33	②
14	18	34	③
15	5	35	③
16	①	36	①
17	5	37	⑤
18	20	38	①
19	④	39	②
20	①		

급수 | Training – 2 step

40	②	60	16
41	②	61	②
42	②	62	③
43	①	63	⑤
44	①	64	①
45	①	65	①
46	21	66	37
47	③	67	⑤
48	②	68	①
49	①	69	⑤
50	③	70	③
51	15	71	②
52	③	72	⑤
53	16	73	③
54	④	74	③
55	4	75	③
56	⑤	76	②
57	57	77	③
58	⑤	78	②
59	③		

급수 | Master step

79	162	83	④
80	12	84	24
81	25	85	①
82	③	86	①

미분법

여러 가지 함수의 미분 | Guide step

1	(1) ∞ (2) 0 (3) 25
2	(1) 3 (2) 5
3	(1) ∞ (2) ∞ (3) -2
4	(1) $\dfrac{1}{2}$ (2) -1
5	(1) e^6 (2) e^2 (3) $e^{-\frac{2}{5}}$ (4) e^{-3} (5) e^3 (6) e^{-1}
6	(1) 2 (2) 5 (3) $\dfrac{1}{\ln 2}$ (4) $\dfrac{1}{4}$
7	풀이 참고
8	(1) $y' = e^x + 2^x \ln 2$ (2) $y' = (x+3)e^x$
9	(1) $-e^{-1}$ (2) $10e$
10	(1) $y' = 4x^3 + \dfrac{1}{x\ln 5}$ (2) $y' = \dfrac{3}{x}$ (3) $y' = e^x\left(\log_2 x + \dfrac{1}{x\ln 2}\right)$
11	(1) $\dfrac{\sqrt{6}-\sqrt{2}}{4}$ (2) $\dfrac{\sqrt{2}-\sqrt{6}}{4}$ (3) $\dfrac{\sqrt{2}+\sqrt{6}}{4}$
12	(1) $\dfrac{4\sqrt{10}-\sqrt{5}}{15}$ (2) $\dfrac{2\sqrt{10}+2\sqrt{5}}{15}$
13	(1) $-2-\sqrt{3}$ (2) $2-\sqrt{3}$
14	$\dfrac{\pi}{4}$
15	풀이 참고
16	(1) 1 (2) $\dfrac{\sqrt{3}}{2}$ (3) $-\dfrac{3}{2}$
17	(1) $\dfrac{5}{3}$ (2) 2 (3) $\dfrac{9}{4}$ (4) -1 (5) -1 (6) 0 (7) 3
18	(1) $y' = 2x\cos x - x^2 \sin x$ (2) $y' = \cos^2 x - \sin^2 x$ (3) $y' = e^x(\sin x + \cos x) + \cos x$ (4) $y' = \sin x + x\cos x - \dfrac{1}{x}$
19	-1

1	③	35	25
2	①	36	⑤
3	②	37	15
4	③	38	②
5	⑤	39	③
6	③	40	①
7	③	41	④
8	④	42	20
9	②	43	②
10	①	44	①
11	②	45	②
12	27	46	②
13	24	47	⑤
14	⑤	48	②
15	25	49	10
16	2	50	④
17	12	51	44
18	8	52	253
19	15	53	50
20	4	54	3
21	9	55	4
22	③	56	8
23	7	57	10
24	82	58	45
25	210	59	①
26	1	60	8
27	3	61	5
28	15	62	6
29	9	63	30
30	⑤	64	48
31	8	65	160
32	③	66	17
33	②	67	50
34	4	68	13

69	③	100	⑤
70	②	101	④
71	③	102	19
72	③	103	②
73	③	104	④
74	①	105	④
75	④	106	④
76	⑤	107	⑤
77	③	108	⑤
78	26	109	2
79	②	110	④
80	②	111	②
81	8	112	①
82	②	113	②
83	④	114	④
84	①	115	④
85	③	116	23
86	①	117	①
87	③	118	5
88	①	119	20
89	②	120	⑤
90	②	121	④
91	4	122	④
92	③	123	②
93	③	124	④
94	③	125	18
95	③	126	③
96	②	127	②
97	③	128	20
98	②	129	①
99	④		

130	17	132	③
131	8	133	25

1
(1) $y' = -\dfrac{2x-1}{\left(x^2-x+1\right)^2}$ (2) $y' = \dfrac{e^x+1-xe^x}{\left(e^x+1\right)^2}$
(3) $y' = \dfrac{1+\sin x-\cos x}{\left(1+\sin x\right)^2}$

2
(1) $y' = -\dfrac{15}{x^6}$ (2) $y' = 1+\dfrac{6}{x^3}$

3 풀이 참고

4
(1) $y' = 6(-2x+1)^{-4}$ (2) $y' = 2x\sec^2\left(x^2+2\right)$
(3) $y' = \left(60x^2-10x\right)\left(4x^3-x^2+1\right)^4$
(4) $y' = -\sin x\left(2^{\cos x}\ln 2\right)$
(5) $y' = \left(\dfrac{1}{2}\cos\dfrac{x}{2}\right)e^{\sin\frac{x}{2}}$

5 풀이 참고

6
(1) $y' = \dfrac{4}{4x-3}$ (2) $y' = -\tan x$
(3) $y' = \dfrac{1}{x\ln 5}$ (4) $y' = \dfrac{e^x-e^{-x}}{e^x+e^{-x}}$

7
(1) $\dfrac{dy}{dx} = -4t^2$ (2) $\dfrac{dy}{dx} = \dfrac{4t}{3t^2+2}$
(3) $\dfrac{dy}{dx} = -\dfrac{1}{2t^2e^{2t}}$ (4) $\dfrac{dy}{dx} = \dfrac{t^2-2t-1}{2t^2-2}$

8
(1) $\dfrac{dy}{dx} = \dfrac{5}{2y}$ (단, $y \neq 0$) (2) $\dfrac{dy}{dx} = \dfrac{x^2}{y^2}$ (단, $y \neq 0$)
(3) $\dfrac{dy}{dx} = \dfrac{2x-y}{x-2y}$ (단, $x \neq 2y$)

9
(1) $y = \dfrac{3}{2}\sqrt{x}$ (2) $4\sqrt{2}\left(4x+1\right)^{\sqrt{2}-1}$

10
(1) $\dfrac{dy}{dx} = \dfrac{1}{5\sqrt[5]{(x-3)^4}}$ (2) $\dfrac{dy}{dx} = \dfrac{2}{3\sqrt[3]{(2x-5)^2}}$

11
(1) $\dfrac{1}{6}$ (2) $\dfrac{1}{2}$

12
(1) $y'' = \dfrac{1}{x}$ (2) $y'' = \left(x^2-4x+2\right)e^{-x}$
(3) $y'' = -4\cos 2x$ (4) $y'' = e^x+e^{-x}$
(5) $y'' = \dfrac{2\ln x-3}{x^3}$

1	③	21	②
2	①	22	④
3	①	23	126
4	135	24	①
5	③	25	②
6	⑤	26	④
7	④	27	②
8	③	28	③
9	②	29	50
10	6	30	⑤
11	2	31	②
12	9	32	①
13	②	33	⑤
14	13	34	50
15	③	35	96
16	80	36	①
17	11	37	10
18	3	38	36
19	20	39	②
20	⑤		

40	2	68	⑤
41	8	69	25
42	2	70	②
43	③	71	⑤
44	①	72	①
45	③	73	④
46	1	74	②
47	③	75	②
48	⑤	76	17
49	④	77	③
50	⑤	78	③
51	①	79	10
52	④	80	②
53	4	81	4
54	⑤	82	④
55	④	83	③
56	④	84	15
57	④	85	④
58	①	86	④
59	25	87	①
60	②	88	5
61	①	89	③
62	①	90	16
63	①	91	17
64	③	92	15
65	⑤	93	3
66	③	94	5
67	4		

95	③	101	③
96	⑤	102	200
97	④	103	①
98	①	104	24
99	11	105	32
100	5	106	④

1	(1) $y = \dfrac{1}{2}x - \dfrac{1}{2}$ (2) $y = \dfrac{1}{3}x + 2$
2	(1) $y = -2x + \dfrac{\pi}{2}$ (2) $y = -2x + 4$
3	(1) $y = \dfrac{1}{e^3}x + 2$ (2) $y = \dfrac{1}{2}x + \dfrac{1}{2}$
4	7
5	(1) 열린구간 $(0,\ \infty)$ 에서 위로 볼록 (2) 열린구간 $(0,\ 2\pi)$ 에서 위로 볼록하고, 열린구간 $(2\pi,\ 4\pi)$ 에서 아래로 볼록
6	(1) $(-1,\ -3),\ (1,\ -3)$ (2) $\left(e^{\frac{3}{2}},\ \dfrac{3}{2}e^{-\frac{3}{2}}\right)$
7	풀이 참조
8	(1) 1 (2) 2
9	풀이 참조
10	풀이 참조
11	속도의 크기: 5 , 가속도의 크기: $4\sqrt{10}$
12	$t = 4$

1	②	29	100
2	57	30	3
3	②	31	②
4	③	32	①
5	70	33	13
6	55	34	16
7	2	35	15
8	③	36	④
9	③	37	5
10	2	38	ㄱ, ㄴ, ㅁ, ㅇ, ㅈ
11	①	39	④
12	②	40	①
13	10	41	1
14	⑤	42	④
15	①	43	①
16	②	44	36
17	⑤	45	12
18	5	46	4
19	②	47	45
20	80	48	③
21	1	49	10
22	6	50	ㄱ, ㄴ, ㄹ, ㅁ
23	④	51	10
24	⑤	52	⑤
25	②	53	①
26	③	54	6
27	9	55	4
28	51	56	④

57	⑤	83	①
58	①	84	③
59	③	85	⑤
60	⑤	86	④
61	④	87	④
62	①	88	③
63	③	89	③
64	②	90	20
65	①	91	②
66	⑤	92	①
67	③	93	③
68	④	94	③
69	④	95	②
70	②	96	11
71	4	97	③
72	13	98	②
73	④	99	⑤
74	②	100	⑤
75	①	101	①
76	10	102	③
77	⑤	103	④
78	96	104	24
79	2	105	②
80	26	106	55
81	34	107	⑤
82	③	108	⑤

109	15	133	④
110	⑤	134	31
111	49	135	27
112	⑤	136	④
113	②	137	18
114	72	138	④
115	15	139	①
116	64	140	20
117	25	141	15
118	64	142	⑤
119	72	143	④
120	15	144	64
121	39	145	④
122	48	146	25
123	30	147	15
124	30	148	17
125	16	149	15
126	43	150	④
127	331	151	48
128	29	152	330
129	②	153	127
130	5	154	14
131	6	155	②
132	71	156	15

적분법

여러 가지 적분법 | Guide step

1	(1) $\dfrac{5}{7}x^{\frac{7}{5}}+C$ (2) $\dfrac{3}{4}x^{\frac{4}{3}}-\dfrac{1}{2x^4}+C$ (3) $\dfrac{3}{2}x^2+5\ln|x|+\dfrac{2}{x}+C$ (4) $x+4\sqrt{x}+\ln|x|+C$
2	(1) $e^{x-1}-\dfrac{2^{x+1}}{\ln 2}+C$ (2) $\dfrac{4^x}{\ln 4}+\dfrac{2^{x+1}}{\ln 2}+x+C$
3	$f(x)=e^x+2x^3+1$
4	(1) $3\sin x+5\cos x+C$ (2) $\tan x+\cot x+C$
5	(1) $\tan x+C$ (2) $-\cot x-x+C$
6	$f(x)=\tan x+\sec x-2$
7	(1) $\dfrac{28}{5}+\dfrac{2}{5}e^5$ (2) 1 (3) $\dfrac{6}{\ln 3}$ (4) $\dfrac{\pi}{3}+\dfrac{\sqrt{3}}{2}-1$
8	(1) $\dfrac{3}{2}\pi+4$ (2) $\dfrac{148}{3}$
9	(1) $e+\dfrac{1}{e}-2$ (2) $2\sqrt{2}-2$
10	(1) $2(x^2+1)^{\frac{3}{2}}+C$ (2) $e^{x^2}+C$ (3) $\dfrac{1}{3}(\ln x)^3+C$ (4) $\dfrac{1}{2}\tan^2 x+C$ (5) $\sin x-\dfrac{1}{3}\sin^3 x+C$
11	(1) $\dfrac{1}{3}\ln|3x+1|+C$ (2) $\dfrac{1}{5}e^{5x-1}+C$
12	(1) $\ln|x^3+2|+C$ (2) $\ln|e^x-e^{-x}|+C$ (3) $\ln|\sin x|+C$ (4) $-\ln|x+\cos x|+C$
13	(1) $x+2\ln|x-1|+C$ (2) $\ln|x|-\ln|x+3|+C$ (3) $\dfrac{1}{2}\ln|x-1|-\dfrac{1}{2}\ln|x+1|+C$ (4) $\ln|x+1|+\ln|x+3|+C$
14	(1) $\dfrac{3}{2}$ (2) $\dfrac{1}{2}$
15	(1) $-\dfrac{1}{2}$ (2) $\dfrac{14}{15}$
16	(1) $-(x+3)e^{-x}+C$ (2) $\dfrac{x}{4}e^{4x}-\dfrac{1}{16}e^{4x}+C$ (3) $-\dfrac{x\cos 2x}{2}+\dfrac{\sin 2x}{4}+C$ (4) $(3x+1)\sin x+3\cos x+C$
17	(1) $(x^2-2x+2)e^x+C$ (2) $x\{(\ln x)^2-2\ln x+2\}+C$ (3) $(\ln x)\dfrac{1}{2}x^2-\dfrac{1}{4}x^2+C$ (4) $\dfrac{-1-\ln x}{x}+C$
18	(1) $e+1$ (2) $\dfrac{3}{16}e^4+\dfrac{1}{16}$ (3) $\dfrac{\pi}{8}-\dfrac{1}{4}$ (4) $\dfrac{1}{2}\left(e^{\frac{\pi}{2}}+1\right)$
19	$\dfrac{1}{2}$ (풀이참조)

1	8	24	60
2	②	25	6
3	①	26	22
4	③	27	①
5	①	28	③
6	④	29	①
7	③	30	20
8	①	31	8
9	④	32	②
10	⑤	33	③
11	③	34	⑤
12	4	35	16
13	③	36	③
14	2	37	④
15	⑤	38	③
16	②	39	9
17	⑤	40	145
18	24	41	75
19	2	42	117
20	①	43	④
21	③	44	6
22	50	45	9
23	⑤		

46	④	73	325
47	⑤	74	④
48	①	75	②
49	②	76	④
50	②	77	④
51	⑤	78	③
52	2	79	④
53	3	80	①
54	②	81	②
55	④	82	④
56	②	83	④
57	③	84	①
58	④	85	12
59	8	86	⑤
60	②	87	⑤
61	④	88	①
62	④	89	14
63	⑤	90	19
64	①	91	④
65	②	92	①
66	④	93	26
67	12	94	③
68	②	95	①
69	⑤	96	17
70	72	97	⑤
71	④	98	①
72	④	99	③

100	8	121	49
101	93	122	125
102	④	123	②
103	①	124	283
104	⑤	125	18
105	40	126	12
106	30	127	②
107	16	128	①
108	36	129	77
109	143	130	39
110	35	131	25
111	⑤	132	90
112	25	133	③
113	12	134	20
114	16	135	52
115	127	136	132
116	②	137	6
117	②	138	63
118	125	139	28
119	115	140	23
120	83		

1	(1) $\dfrac{211}{5}$ (2) 0 (3) $4\sqrt{e}-4$ (4) $\ln 2$
2	(1) 2 (2) e^2-2e+1
3	(1) $\ln 4$ (2) 2
4	(1) $2\left(e+\dfrac{1}{e}-2\right)$ (2) $\dfrac{14}{3}-\ln 4$
5	$\dfrac{17}{6}$
6	(1) $\dfrac{9}{2}$ (2) $\sqrt{2}(e-1)$
7	(1) $\dfrac{1}{2}\left(e-\dfrac{1}{e}\right)$ (2) 4

정적분의 활용 | Training – 1 step

1	6	**18**	396
2	75	**19**	③
3	①	**20**	30
4	3	**21**	④
5	②	**22**	⑤
6	①	**23**	2
7	④	**24**	107
8	⑤	**25**	①
9	40	**26**	160
10	③	**27**	③
11	④	**28**	②
12	①	**29**	17
13	②	**30**	25
14	4	**31**	①
15	①	**32**	⑤
16	25	**33**	15
17	15		

정적분의 활용 | Training – 2 step

34	②	**58**	③
35	③	**59**	②
36	②	**60**	96
37	②	**61**	7
38	③	**62**	②
39	19	**63**	③
40	①	**64**	①
41	①	**65**	①
42	⑤	**66**	⑤
43	①	**67**	③
44	⑤	**68**	③
45	②	**69**	①
46	①	**70**	①
47	④	**71**	③
48	②	**72**	7
49	①	**73**	④
50	②	**74**	②
51	③	**75**	②
52	④	**76**	②
53	78	**77**	⑤
54	③	**78**	①
55	①	**79**	⑤
56	④	**80**	②
57	④		

정적분의 활용 | Master step

81	③	**85**	15
82	14	**86**	②
83	10	**87**	9
84	109		

수열의 극한

수열의 극한 | Guide step

1	(1) 0 (2) 3 (3) 1 (4) 4
2	(1) 음의 무한대로 발산 (2) 양의 무한대로 발산
3	(1) 음의 무한대로 발산 (2) 발산(진동) (3) 발산(진동) (4) 0으로 수렴
4	(1) 2 (2) 6 (3) 0 (4) 3
5	(1) 0 (2) -2 (3) 0 (4) $\dfrac{1}{3}$ (5) $\dfrac{3}{2}$
6	(1) 음의 무한대로 발산 (2) 양의 무한대로 발산
7	3
8	5
9	(1) 수렴 (2) 발산 (진동)
10	(1) $0 < x \leq \dfrac{2}{3}$ (2) $2 < x \leq 6$ (3) $-1 \leq x \leq 1$ (4) $-1 < x \leq 1$
11	(1) 1 로 수렴 (2) 25 로 수렴 (3) 2 로 수렴 (4) 양의 무한대로 발산
12	$-1 < r < 1$ 일 때, $\dfrac{r}{2}$ 로 수렴 $r > 1$ or $r < -1$ 일 때, r 로 수렴 $r = 1$ 일 때, $\dfrac{2}{3}$ 로 수렴 $r = -1$ 일 때, $-\dfrac{2}{3}$ 로 수렴

개념 확인문제 1

직관적으로 판단하면 된다.

(1) $\displaystyle\lim_{n\to\infty}\dfrac{1}{n}=0$

(2) $\displaystyle\lim_{n\to\infty}\left(3-\dfrac{1}{n}\right)=3$

(3) $\displaystyle\lim_{n\to\infty}\dfrac{(-1)^n}{n}=0$ 이므로 $\displaystyle\lim_{n\to\infty}\left(1+\dfrac{(-1)^n}{n}\right)=1$

(4) $\displaystyle\lim_{n\to\infty}4=4$

답 (1) 0 (2) 3 (3) 1 (4) 4

개념 확인문제 2

(1) $\displaystyle\lim_{n\to\infty}(-3n)=-\infty$

(2) $\displaystyle\lim_{n\to\infty}2^n=\infty$

답 (1) 음의 무한대로 발산 (2) 양의 무한대로 발산

개념 확인문제 3

(1) $\displaystyle\lim_{n\to\infty}(-n^2)=-\infty$

따라서 $\{-n^2\}$ 은 음의 무한대로 발산한다.

(2) 수열 $\{(-3)^{n-1}\}$: $1,\ -3,\ 9,\ -27,\ \cdots$

이므로 교대로 양수와 음수가 되면서 그 절댓값이 한없이 커지므로 진동한다.

따라서 수열 $\{(-3)^{n-1}\}$ 은 발산한다.

(3) $\{\cos n\pi\}$: $-1,\ 1,\ -1,\ 1,\ \cdots$

이므로 진동한다.

따라서 수열 $\{\cos n\pi\}$ 은 발산한다.

(4) $\left\{\left(-\dfrac{1}{3}\right)^{n-1}\right\}$: $1,\ -\dfrac{1}{3},\ \dfrac{1}{9},\ -\dfrac{1}{27},\ \cdots$

이므로 양수와 음수가 교대로 반복되어 나타나지만 0에 한없이 가까워지므로 0로 수렴한다.

Tip

양수와 음수가 교대로 반복되어 나타난다고 해서 무조건 진동하는 수열이라고 단정할 수 없다.

답 (1) 음의 무한대로 발산 (2) 발산(진동) (3) 발산(진동) (4) 0으로 수렴

개념 확인문제 4

(1) $\displaystyle\lim_{n\to\infty}\left(2+\dfrac{5}{n}\right)=\lim_{n\to\infty}2+\lim_{n\to\infty}\dfrac{5}{n}=2+0=2$

(2) $\displaystyle\lim_{n\to\infty}\left(2-\dfrac{1}{n}\right)\left(3+\dfrac{5}{n}\right)=\lim_{n\to\infty}\left(2-\dfrac{1}{n}\right)\times\lim_{n\to\infty}\left(3+\dfrac{5}{n}\right)$

$$=2\times3=6$$

(3) $\displaystyle\lim_{n\to\infty}\frac{1}{n}\left(10-\frac{1}{n}\right)=\lim_{n\to\infty}\frac{1}{n}\times\lim_{n\to\infty}\left(10-\frac{1}{n}\right)=0\times10=0$

(4) $\displaystyle\lim_{n\to\infty}\frac{9+\dfrac{2}{n}}{3-\dfrac{1}{n}}=\frac{\lim_{n\to\infty}\left(9+\dfrac{2}{n}\right)}{\lim_{n\to\infty}\left(3-\dfrac{1}{n}\right)}=\frac{9+0}{3-0}=3$

답 (1) 2 (2) 6 (3) 0 (4) 3

개념 확인문제 5

(1) $\displaystyle\lim_{n\to\infty}\frac{8n-1}{4n^2+2}=\lim_{n\to\infty}\frac{8n}{4n^2}=0$

(2) $\displaystyle\lim_{n\to\infty}\frac{6n^2+2}{-3n^2+4n+1}=\lim_{n\to\infty}\frac{6n^2}{-3n^2}=-2$

(3) $\displaystyle\lim_{n\to\infty}\left(\sqrt{n+1}-\sqrt{n-1}\right)=\lim_{n\to\infty}\frac{n+1-(n-1)}{\sqrt{n+1}+\sqrt{n-1}}$
$\displaystyle\qquad\qquad=\lim_{n\to\infty}\frac{2}{\sqrt{n+1}+\sqrt{n-1}}=0$

(4) $\displaystyle\lim_{n\to\infty}\frac{1}{\sqrt{n^2+6n}-n}=\lim_{n\to\infty}\frac{\sqrt{n^2+6n}+n}{n^2+6n-n^2}$
$\displaystyle\qquad\qquad=\lim_{n\to\infty}\frac{\sqrt{n^2+6n}+n}{6n}$
$\displaystyle\qquad\qquad=\lim_{n\to\infty}\frac{n+n}{6n}$
$\displaystyle\qquad\qquad=\lim_{n\to\infty}\frac{2n}{6n}=\frac{1}{3}$

(5) $\displaystyle\lim_{n\to\infty}\sqrt{n}\left(\sqrt{n+3}-\sqrt{n}\right)=\lim_{n\to\infty}\sqrt{n}\,\frac{n+3-n}{\sqrt{n+3}+\sqrt{n}}$
$\displaystyle\qquad\qquad=\lim_{n\to\infty}\frac{3\sqrt{n}}{\sqrt{n+3}+\sqrt{n}}$
$\displaystyle\qquad\qquad=\lim_{n\to\infty}\frac{3\sqrt{n}}{2\sqrt{n}}=\frac{3}{2}$

답 (1) 0 (2) -2 (3) 0 (4) $\dfrac{1}{3}$ (5) $\dfrac{3}{2}$

개념 확인문제 6

(1) $\displaystyle\lim_{n\to\infty}\left(-n^2+10n\right)=\lim_{n\to\infty}\left(-n^2\right)=-\infty$

따라서 수열 $\{-n^2+10n\}$ 은 음의 무한대로 발산한다.

(2) $\displaystyle\lim_{n\to\infty}\frac{2n^2-4n}{n+1}=\lim_{n\to\infty}\frac{2n^2}{n}=\lim_{n\to\infty}2n=\infty$

따라서 수열 $\left\{\dfrac{2n^2-4n}{n+1}\right\}$ 은 양의 무한대로 발산한다.

답 (1) 음의 무한대로 발산 (2) 양의 무한대로 발산

개념 확인문제 7

풀이1) 정석적 방법

$\dfrac{6n+2}{a_n}=b_n$ 이라 하면 $\displaystyle\lim_{n\to\infty}b_n=2$ 이고, $a_n=\dfrac{6n+2}{b_n}$ 이므로

$\displaystyle\lim_{n\to\infty}\frac{a_n}{n}=\lim_{n\to\infty}\frac{\dfrac{6n+2}{b_n}}{n}=\lim_{n\to\infty}\frac{6n+2}{b_n n}$
$\displaystyle\qquad=\lim_{n\to\infty}\frac{1}{b_n}\times\lim_{n\to\infty}\frac{6n+2}{n}=\frac{1}{2}\times6=3$

이다.

풀이2) 실전적 방법

$\displaystyle\lim_{n\to\infty}\frac{6n+2}{a_n}=2$ 을 만족시키는 a_n 중 가장 간단한

수열을 고르면 $a_n=3n$ 이므로 $\displaystyle\lim_{n\to\infty}\frac{a_n}{n}=\lim_{n\to\infty}\frac{3n}{n}=3$ 이다.

(물론 $a_n=3n+1$ 로 골라도 무방하다.)

답 3

개념 확인문제 8

모든 자연수 n 에 대하여 $\dfrac{5n^2-5}{n+1}\le a_n\le\dfrac{5n^2+4}{n+1}$ 이므로

양변에 $\dfrac{1}{n}$ 을 곱하면 $\dfrac{5n^2-5}{n^2+n}\le\dfrac{a_n}{n}\le\dfrac{5n^2+4}{n^2+n}$ 이다.

$\displaystyle\lim_{n\to\infty}\frac{5n^2-5}{n^2+n}=5,\ \lim_{n\to\infty}\frac{5n^2+4}{n^2+n}=5$ 이므로

수열의 극한의 대소 관계에 의하여 $\displaystyle\lim_{n\to\infty}\frac{a_n}{n}=5$ 이다.

답 5

(1) 등비수열 $\left\{\left(\dfrac{2}{5}\right)^n\right\}$ 은 공비가 $\dfrac{2}{5}$ 이고, $-1<\dfrac{2}{5}<1$ 이므로 0 에 수렴한다.

(2) 등비수열 $\left\{(-\sqrt{2})^n\right\}$ 은 공비가 $-\sqrt{2}$ 이고, $-\sqrt{2}<-1$ 이므로 발산한다. (진동)

답 (1) 수렴　(2) 발산 (진동)

등비수열 $\{r^n\}$ 이 수렴할 필요충분조건은 $-1<r\le 1$ 이므로 이를 이용하여 구해보자.

(1) $\left\{(3x-1)^n\right\}$

공비가 $3x-1$ 이므로

$$-1<3x-1\le 1 \;\Rightarrow\; 0<3x\le 2 \;\Rightarrow\; 0<x\le\dfrac{2}{3}$$

(2) $\left\{\left(\dfrac{x-4}{2}\right)^n\right\}$

공비가 $\dfrac{x-4}{2}$ 이므로

$$-1<\dfrac{x-4}{2}\le 1 \;\Rightarrow\; -2<x-4\le 2 \;\Rightarrow\; 2<x\le 6$$

(3) $\left\{x^{2n+1}\right\}$

공비는 x^2 이므로 $-1<x^2\le 1$ 이다.

이때 $-1<x^2\le 1$ 은 $-1<x^2$ 와 $x^2\le 1$ 의 교집합으로 해석할 수 있다.

$-1<x^2 \;\Rightarrow\;$ 실수 전체

$x^2\le 1 \;\Rightarrow\; (x-1)(x+1)\le 0 \;\Rightarrow\; -1\le x\le 1$

이므로 $-1<x^2\le 1 \;\Rightarrow\; -1\le x\le 1$ 이다.

(4) $\left\{x^{3n}\right\}$

공비는 x^3 이므로 $-1<x^3\le 1$

이때 $-1<x^3\le 1$ 은 $-1<x^3$ 와 $x^3\le 1$ 의 교집합으로 해석할 수 있다.

함수 $y=x^3$ 의 그래프를 이용해보자.

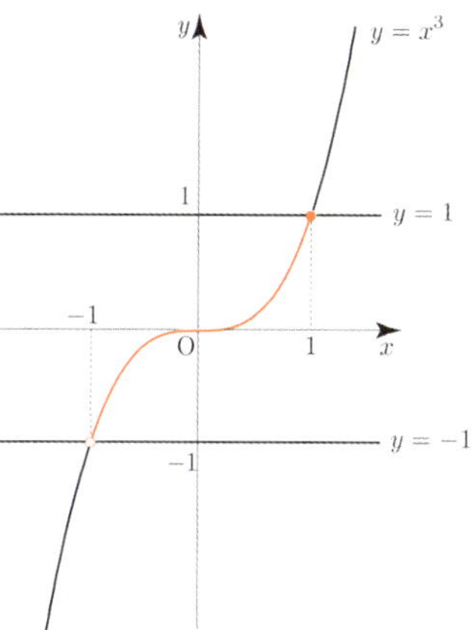

$-1<x^3 \;\Rightarrow\; -1<x$

$x^3\le 1 \;\Rightarrow\; x\le 1$

이므로 $-1<x^3\le 1 \;\Rightarrow\; -1<x\le 1$ 이다.

답 (1) $0<x\le\dfrac{2}{3}$　(2) $2<x\le 6$

(3) $-1\le x\le 1$　(4) $-1<x\le 1$

(1) $\left\{\dfrac{2^{2n}-1}{4^n+2}\right\}$

분모와 분자 중 절댓값이 가장 큰 항만 비교하면 된다.

$$\lim_{n\to\infty}\dfrac{2^{2n}-1}{4^n+2}=\lim_{n\to\infty}\dfrac{4^n-1}{4^n+2}=1$$

따라서 수열 $\left\{\dfrac{2^{2n}-1}{4^n+2}\right\}$ 은 수렴하고, 그 극한값은 1 이다.

(2) $\left\{\dfrac{(-5)^{n+2}+3^{n+1}}{(-5)^n+3^n}\right\}$

분모와 분자 중 절댓값이 가장 큰 항끼리 비교하면 된다.

$$\lim_{n\to\infty}\dfrac{(-5)^{n+2}+3^{n+1}}{(-5)^n+3^n}=\lim_{n\to\infty}\dfrac{(-5)^2\times(-5)^n+3^{n+1}}{(-5)^n+3^n}$$

$$=(-5)^2=25$$

Tip

<정석적 방법>

$$\lim_{n\to\infty}\dfrac{(-5)^{n+2}+3^{n+1}}{(-5)^n+3^n}=\lim_{n\to\infty}\dfrac{(-5)^2\times(-5)^n+3\times 3^n}{(-5)^n+3^n}$$

$$=\lim_{n\to\infty}\dfrac{(-5)^2+3\left(-\dfrac{3}{5}\right)^n}{1+\left(-\dfrac{3}{5}\right)^n}$$

$$=\dfrac{25+0}{1+0}=25$$

따라서 수열 $\left\{\dfrac{(-5)^{n+2}+3^{n+1}}{(-5)^n+3^n}\right\}$ 은 수렴하고,

그 극한값은 25 로 수렴한다.

(3) $\left\{\dfrac{2-\left(\dfrac{1}{2}\right)^n}{1+\left(\dfrac{1}{2}\right)^n}\right\}$

$$\lim_{n\to\infty}\dfrac{2-\left(\dfrac{1}{2}\right)^n}{1+\left(\dfrac{1}{2}\right)^n}=\dfrac{2-0}{1-0}=2$$

따라서 수열 $\left\{\dfrac{2-\left(\dfrac{1}{2}\right)^n}{1+\left(\dfrac{1}{2}\right)^n}\right\}$ 은 수렴하고,

그 극한값은 2 로 수렴한다.

(4) $\{5^n-2^n\}$

$n\to\infty$ 일 때, $5^n-2^n \cong 5^n$ 이므로

$$\lim_{n\to\infty}(5^n-2^n)=\lim_{n\to\infty}5^n=\infty$$

따라서 수열 $\{5^n-2^n\}$ 은 양의 무한대로 발산한다.

다르게 접근해보자.

5^n 으로 묶으면

$$\lim_{n\to\infty}(5^n-2^n)=\lim_{n\to\infty}5^n\left(1-\left(\dfrac{2}{5}\right)^n\right)=\infty$$

답 (1) 1로 수렴 (2) 25로 수렴
(3) 2로 수렴 (4) 양의 무한대로 발산

개념 확인문제 12

[예제 7] tip에서 언급했듯이 공비에 따라 분류해보자.

수열 $\left\{\dfrac{r^{2n+1}+r}{r^{2n}+2}\right\}$ 의 공비는 r^2 이므로

공비 r^2 의 범위에 따라 다음과 같이 분류할 수 있다.

ⅰ) $|r^2|<1 \Rightarrow -1<r^2<1 \Rightarrow r^2<1 \Rightarrow -1<r<1$

Tip

$-1<r^2$ 을 만족시키는 r 은 실수 전체이므로
$r^2<1$ 과의 교집합은 $r^2<1$ 이 된다.

$\lim_{n\to\infty}r^{2n}=0$ 이므로 $\lim_{n\to\infty}\dfrac{r^{2n+1}+r}{r^{2n}+2}=\dfrac{0+r}{0+2}=\dfrac{r}{2}$ (수렴)

ⅱ) $|r^2|>1 \Rightarrow r^2<-1 \text{ or } r^2>1 \Rightarrow r^2>1$

$\Rightarrow (r-1)(r+1)>0 \Rightarrow r>1 \text{ or } r<-1$

분모와 분자 중 공비의 절댓값이 가장 큰 항끼리
비교하여 구하면

$$\lim_{n\to\infty}\dfrac{r^{2n+1}+r}{r^{2n}+2}=\lim_{n\to\infty}\dfrac{r\times r^{2n}}{r^{2n}}=r \ \ (수렴)$$

Tip

<정석적 방법>

$$\lim_{n\to\infty}r^{2n}=\infty \Rightarrow \lim_{n\to\infty}\dfrac{1}{r^{2n}}=0 \text{ 이므로}$$

$$\lim_{n\to\infty}\dfrac{r^{2n+1}+r}{r^{2n}+2}=\lim_{n\to\infty}\dfrac{r+\dfrac{r}{r^{2n}}}{1+\dfrac{2}{r^{2n}}}=\dfrac{r+0}{1+0}=r$$

ⅲ) $|r^2|=1 \Rightarrow r^2=1 \Rightarrow r=1 \text{ or } r=-1$

$r=1$ 일 때, $\lim_{n\to\infty}\dfrac{r^{2n+1}+r}{r^{2n}+2}=\lim_{n\to\infty}\dfrac{1^{2n+1}+1}{1^{2n}+2}$

$$=\dfrac{1+1}{1+2}=\dfrac{2}{3} \ \ (수렴)$$

$r=-1$ 일 때, $\lim_{n\to\infty}\dfrac{r^{2n+1}+r}{r^{2n}+2}=\lim_{n\to\infty}\dfrac{(-1)^{2n+1}+(-1)}{(-1)^{2n}+2}$

$$=\dfrac{-1-1}{1+2}=-\dfrac{2}{3} \ \ (수렴)$$

답 $-1<r<1$ 일 때, $\dfrac{r}{2}$ 로 수렴
$r>1 \text{ or } r<-1$ 일 때, r 로 수렴
$r=1$ 일 때, $\dfrac{2}{3}$ 로 수렴
$r=-1$ 일 때, $-\dfrac{2}{3}$ 로 수렴

Tip

■ [개념확인 문제 12]에서 확인했듯이 공비가 r^2 일 때도 공비가
r 일 때와 마찬가지로 다음과 같이 분류한다.

ⅰ) $|r|<1 \Rightarrow -1<r<1$
($\lim_{n\to\infty}r^n=0$ 을 이용하여 구한다.)

ii) $|r| > 1 \Rightarrow r < -1$ or $r > 1$

    (분모와 분자 중 절댓값이 가장 큰

    항끼리 비교하여 구한다.)

iii) $|r| = 1 \Rightarrow r = -1$ or $r = 1$

    (r에 직접 대입하여 구한다.)

공비가 r^2인 경우는 정말 자주 나오는 편이니
위의 내용을 잘 기억해두도록 하자.
(공비가 r일 때와 달리 공비가 r^2일 때는
$r = -1$인 경우도 물을 수 있기 때문에
출제자 입장에서 문제를 내기 용이하다.)

예를 들어 $\lim\limits_{n \to \infty} \dfrac{x^{2n+1} + 1}{x^{2n} + 2}$ 을 보자마자

실전에서 해야 하는 사고 과정은 다음과 같다.

① 공비를 찾는다. 공비는 x^2이다.

② 공비가 x^2일 때는 공비 x일 때와
    마찬가지로 $|x| < 1$, $|x| > 1$, $|x| = 1$인 경우로
    case분류하여 구한다.

i) $|x| < 1 \Rightarrow -1 < x < 1$

$$\lim_{n \to \infty} \frac{x^{2n+1} + 1}{x^{2n} + 2} = \frac{0+1}{0+2} = \frac{1}{2}$$

ii) $|x| > 1 \Rightarrow x < -1$ or $x > 1$

$$\lim_{n \to \infty} \frac{x^{2n+1} + 1}{x^{2n} + 2} = \lim_{n \to \infty} \frac{x \times x^{2n} + 1}{x^{2n} + 2} = x$$

iii) $|x| = 1 \Rightarrow x = -1$ or $x = 1$

$x = 1$일 때,

$$\lim_{n \to \infty} \frac{x^{2n+1} + 1}{x^{2n} + 2} = \lim_{n \to \infty} \frac{1^{2n+1} + 1}{1^{2n} + 2} = \frac{2}{3}$$

$x = -1$일 때,

$$\lim_{n \to \infty} \frac{x^{2n+1} + 1}{x^{2n} + 2} = \lim_{n \to \infty} \frac{(-1)^{2n+1} + 1}{(-1)^{2n} + 2} = \frac{0}{3} = 0$$

② 등비수열의 극한은 수능에서 출제될 확률이 가장 높은
파트이므로 이번 기회에 확실히 알아 두도록 하자. 특히,
공비가 미지수일 때는 출제하기 좋은 요소이기도 하다.
참고로 2021학년도 수능 가형 18번 문항에서도 출제된 적이
있다. (꿀 같은 4점)
추후 Training-2step에서 풀어보기로 하자.

1	7	25	13
2	10	26	20
3	4	27	3
4	15	28	1
5	9	29	80
6	140	30	12
7	3	31	4
8	4	32	27
9	5	33	16
10	1	34	10
11	16	35	3
12	13	36	14
13	7	37	8
14	100	38	20
15	4	39	7
16	1	40	③
17	20	41	①
18	36	42	5
19	5	43	ㄱ, ㄴ, ㄹ, ㅁ
20	2	44	4
21	15	45	10
22	7	46	50
23	②	47	20
24	5	48	32

001

$$\lim_{n \to \infty} a_n = 4, \quad \lim_{n \to \infty} b_n = -2$$

따라서

$$\lim_{n \to \infty} \frac{3a_n - b_n}{a_n + b_n} = \frac{3 \lim\limits_{n \to \infty} a_n - \lim\limits_{n \to \infty} b_n}{\lim\limits_{n \to \infty} a_n + \lim\limits_{n \to \infty} b_n} = \frac{12 + 2}{2} = 7 \text{ 이다.}$$

답   7

$$\lim_{n\to\infty}(a_n-2b_n)=8,\quad \lim_{n\to\infty}(2a_n+b_n)=1$$

$$\lim_{n\to\infty}a_n=A,\quad \lim_{n\to\infty}b_n=B\text{라 하면}$$

$$\lim_{n\to\infty}(a_n-2b_n)=\lim_{n\to\infty}a_n-2\lim_{n\to\infty}b_n=A-2B=8$$

$$\lim_{n\to\infty}(2a_n+b_n)=2\lim_{n\to\infty}a_n+\lim_{n\to\infty}b_n=2A+B=1$$

$A-2B=8,\ 2A+B=1$ 을 연립하면 $A=2,\ B=-3$

따라서

$$\lim_{n\to\infty}a_n(2-b_n)=2\lim_{n\to\infty}a_n-\lim_{n\to\infty}a_nb_n$$
$$=2A-AB=4+6=10$$

이다.

답   10

$$\lim_{n\to\infty}\frac{1}{a_n}=0$$

분모, 분자를 a_n 으로 나누어 구해보자.

따라서

$$\lim_{n\to\infty}\frac{-4a_n-5}{-a_n+2}=\lim_{n\to\infty}\frac{-4-\dfrac{5}{a_n}}{-1+\dfrac{2}{a_n}}=\frac{-4+0}{-1+0}=4\ \text{이다.}$$

답   4

$$\lim_{n\to\infty}\frac{a_n}{n+2}=\frac{1}{5}$$

풀이1) 정석적 방법

$$\frac{a_n}{n+2}=b_n\text{ 이라 하면}$$

$$\lim_{n\to\infty}b_n=\frac{1}{5}\text{ 이고 }a_n=(n+2)b_n\text{ 이다.}$$

따라서

$$\lim_{n\to\infty}\frac{3n^3+10n^2+2}{n^2a_n}=\lim_{n\to\infty}\frac{3n^3+10n^2+2}{n^2(n+2)b_n}$$

$$=\lim_{n\to\infty}\frac{3n^3+10n^2+2}{n^3+2n^2}\times\lim_{n\to\infty}\frac{1}{b_n}$$

$$=3\times 5=15$$

이다.

풀이2) 실전적 방법

$\lim_{n\to\infty}\dfrac{a_n}{n+2}=\dfrac{1}{5}$ 이 되도록 하는 가장 간단한 a_n 을 가정해서 구해보자.

$a_n=\dfrac{n}{5}$ 라 하면

$$\lim_{n\to\infty}\frac{3n^3+10n^2+2}{n^2a_n}=\lim_{n\to\infty}\frac{3n^3+10n^2+2}{\dfrac{1}{5}n^3}$$

$$=\frac{3}{\dfrac{1}{5}}=15$$

이다.

답   15

$$\lim_{n\to\infty}\frac{a_n}{n}=2,\quad \lim_{n\to\infty}(n^2+n)b_n=k$$

풀이1) 정석적 방법

$\dfrac{a_n}{n}=c_n$ 이라 하면 $a_n=nc_n$ 이고 $\lim_{n\to\infty}c_n=2$ 이다.

$(n^2+n)b_n=d_n$ 이라 하면 $b_n=\dfrac{d_n}{n^2+n}$ 이고 $\lim_{n\to\infty}d_n=k$

$$\lim_{n\to\infty}a_n\left(nb_n+\frac{3}{n}\right)=\lim_{n\to\infty}\frac{a_n}{n}(n^2b_n+3)$$

$$=\lim_{n\to\infty}c_n\left(\frac{n^2d_n}{n^2+n}+3\right)$$

$$=2\times(k+3)=24$$

따라서 $k=9$ 이다.

풀이2) 실전적 방법

$\lim_{n\to\infty}\dfrac{a_n}{n}=2,\ \lim_{n\to\infty}(n^2+n)b_n=k$ 이 되도록 하는 가장 간단한

$a_n,\ b_n$ 을 가정해서 구해보자.

$a_n = 2n,\ b_n = \dfrac{k}{n^2}$ 라 하면

$$\lim_{n\to\infty} a_n\left(n\,b_n + \frac{3}{n}\right) = \lim_{n\to\infty} 2n\left(\frac{k}{n} + \frac{3}{n}\right) = \lim_{n\to\infty} \frac{2(k+3)n}{n}$$

$$= 2(k+3) = 24 \ \Rightarrow\ k = 9$$

답   9

006

$$\lim_{n\to\infty} a_n = \infty,\quad \lim_{n\to\infty}(a_n - 4b_n) = 2$$

풀이1) 정석적 방법

$\displaystyle\lim_{n\to\infty} a_n = \infty$ 이므로 $\displaystyle\lim_{n\to\infty}\frac{1}{a_n} = 0$

$a_n - 4b_n = c_n$ 이라 하면

$b_n = \dfrac{a_n - c_n}{4}$ 이고 $\displaystyle\lim_{n\to\infty} c_n = 2$ 이다.

$$\lim_{n\to\infty} \frac{a_n + 3b_n}{a_n - b_n} = \lim_{n\to\infty} \frac{a_n + 3\left(\dfrac{a_n - c_n}{4}\right)}{a_n - \dfrac{a_n - c_n}{4}}$$

$$= \lim_{n\to\infty} \frac{4a_n + 3a_n - 3c_n}{4a_n - a_n + c_n}$$

$$= \lim_{n\to\infty} \frac{7a_n - 3c_n}{3a_n + c_n}$$

$$= \lim_{n\to\infty} \frac{7 - \dfrac{3c_n}{a_n}}{3 + \dfrac{c_n}{a_n}} = \frac{7 + 0}{3 + 0} = \frac{7}{3} = k$$

따라서 $60k = 60 \times \dfrac{7}{3} = 140$ 이다.

풀이2) 실전적 방법

$\displaystyle\lim_{n\to\infty} a_n = \infty,\ \lim_{n\to\infty}(a_n - 4b_n) = 2$ 이 되도록 하는 가장

간단한 $a_n,\ b_n$ 을 가정해서 구해보자

$a_n = 4n + 2,\ b_n = n$ 라 하면

$$\lim_{n\to\infty} \frac{a_n + 3b_n}{a_n - b_n} = \lim_{n\to\infty} \frac{4n + 2 + 3n}{4n + 2 - n}$$

$$= \lim_{n\to\infty} \frac{7n + 2}{3n + 2}$$

$$= \frac{7}{3} = k$$

따라서 $60k = 60 \times \dfrac{7}{3} = 140$ 이다.

답   140

007

$$\lim_{n\to\infty} \frac{9n^2 + 2}{3n^2 + 5n} = \frac{9}{3} = 3$$

답   3

008

$$\lim_{n\to\infty} \frac{\sqrt{16n^2 + 5n - 1}}{n + 2} = \lim_{n\to\infty} \frac{4n}{n} = 4$$

답   4

009

$$\lim_{n\to\infty} \frac{\sqrt{400n - 1}}{\sqrt{4n + 1} + \sqrt{4n - 1}} = \lim_{n\to\infty} \frac{20\sqrt{n}}{2\sqrt{n} + 2\sqrt{n}}$$

$$= \frac{20}{4} = 5$$

답   5

010

$$\lim_{n\to\infty} \frac{\sqrt{4n^2 + 5}}{\sqrt{9n^2 + 2} - n} = \lim_{n\to\infty} \frac{2n}{3n - n} = 1$$

답   1

011

$$\lim_{n\to\infty} \frac{an^2 + bn + 6}{2n + 4} = 8$$

분모의 최고차항이 일차이므로 수렴하기 위해서는
분자의 최고차항도 일차이어야 한다.

$\Rightarrow\ a = 0$

$$\lim_{n\to\infty} \frac{bn + 6}{2n + 4} = \frac{b}{2} = 8 \ \Rightarrow\ b = 16$$

따라서 $a+b=16$ 이다.

답 16

012

$$\lim_{n \to \infty} \frac{(a-3)n^2+bn+6}{-n-2}=10$$

분모의 최고차항이 일차이므로 수렴하기 위해서는
분자의 최고차항도 일차이어야 한다.

$\Rightarrow a=3$

$$\lim_{n \to \infty} \frac{bn+6}{-n-2}=-b=10 \Rightarrow b=-10$$

따라서 $a-b=3-(-10)=13$ 이다.

답 13

013

$$\lim_{n \to \infty} \left(\sqrt{n^2+14n}-n \right) = \lim_{n \to \infty} \frac{n^2+14n-n^2}{\sqrt{n^2+14n}+n}$$

$$= \lim_{n \to \infty} \frac{14n}{n+n}=7$$

답 7

014

$$\lim_{n \to \infty} \frac{a}{\sqrt{n^2+4n}-\sqrt{n^2-4n}}$$

$$= a\lim_{n \to \infty} \frac{\left(\sqrt{n^2+4n}+\sqrt{n^2-4n} \right)}{n^2+4n-(n^2-4n)}$$

$$= a\lim_{n \to \infty} \frac{n+n}{8n}=\frac{a}{4}=25 \Rightarrow a=100$$

따라서 $a=100$ 이다.

답 100

015

$$\lim_{n \to \infty} \frac{\sqrt{n+4}-\sqrt{n}}{\sqrt{n+1}-\sqrt{n}}$$

$$= \lim_{n \to \infty} \frac{\left(\sqrt{n+4}-\sqrt{n} \right)\left(\sqrt{n+1}+\sqrt{n} \right)}{n+1-n}$$

$$= \lim_{n \to \infty} \frac{\left(\sqrt{n+4}-\sqrt{n} \right)\left(\sqrt{n+4}+\sqrt{n} \right)\left(\sqrt{n+1}+\sqrt{n} \right)}{\sqrt{n+4}+\sqrt{n}}$$

$$= \lim_{n \to \infty} \frac{4\left(\sqrt{n+1}+\sqrt{n} \right)}{\sqrt{n+4}+\sqrt{n}}$$

$$= \lim_{n \to \infty} \frac{4\sqrt{n}+4\sqrt{n}}{\sqrt{n}+\sqrt{n}}=\frac{8}{2}=4$$

답 4

016

$$\lim_{n \to \infty} n\left(\sqrt{n^2+2}-n \right) = \lim_{n \to \infty} \frac{n(n^2+2-n^2)}{\sqrt{n^2+2}+n} = \lim_{n \to \infty} \frac{2n}{n+n}=1$$

답 1

017

$$\lim_{n \to \infty} \left(\sqrt{n^2+an-2}-\sqrt{n^2+bn+1} \right)$$

$$= \lim_{n \to \infty} \frac{n^2+an-2-(n^2+bn+1)}{\sqrt{n^2+an-2}+\sqrt{n^2+bn+1}}$$

$$= \lim_{n \to \infty} \frac{(a-b)n}{n+n}=\frac{a-b}{2}=10 \Rightarrow a-b=20$$

답 20

018

$$\lim_{n \to \infty} \frac{n\left(\sqrt{n+2}-\sqrt{n-2} \right)}{\sqrt{an+3}} = \lim_{n \to \infty} \frac{4n}{\sqrt{an+3}\left(\sqrt{n+2}+\sqrt{n-2} \right)}$$

$$= \lim_{n \to \infty} \frac{4n}{\sqrt{a}\sqrt{n}\left(\sqrt{n}+\sqrt{n} \right)}$$

$$= \frac{4n}{2\sqrt{a}\,n}=\frac{2}{\sqrt{a}}=\frac{1}{3} \Rightarrow a=36$$

답 36

$$\lim_{n\to\infty}\left(\sqrt{an^2+8n}-an\right)=\lim_{n\to\infty}\frac{an^2+8n-a^2n^2}{\sqrt{an^2+8n}+an}$$

$$=\lim_{n\to\infty}\frac{(a-a^2)n^2+8n}{\sqrt{an^2+8n}+an}$$

분모의 최고차항이 n 차이므로 수렴하려면 분자의 최고차항도
n 차이어야 한다.

$\Rightarrow a-a^2=0 \Rightarrow a=1 \ (\because a>0)$

$$\lim_{n\to\infty}\frac{8n}{\sqrt{n^2+8n}+n}=\lim_{n\to\infty}\frac{8n}{n+n}=4=b$$

따라서 $a+b=5$ 이다.

답 5

$$\sum_{k=1}^{n}\frac{a_k}{k}=n^2-n$$

$\displaystyle\sum_{k=1}^{n}\frac{a_k}{k}=S_n$ 이라 하면

$$S_n-S_{n-1}=\frac{a_n}{n}\ (n\ge 2)$$

$$\Rightarrow n^2-n-\{(n-1)^2-(n-1)\}=\frac{a_n}{n}\ (n\ge 2)$$

$$\Rightarrow 2n-2=\frac{a_n}{n}\ (n\ge 2)$$

$$\Rightarrow a_n=n(2n-2)\ (n\ge 2)$$

$S_1=1^2-1=0$ 이고
$a_n=n(2n-2)\ (n\ge 2)$ 에서 $a_1=0$ 이므로
$a_n=2n^2-2n\ (n\ge 1)$ 이다.

Tip

1 라이트 N제 수1 등차수열과 등비수열에서 배운
Technique을 사용해보자.

n^2-n 은 초항부터 등차수열을 이루는
등차수열의 합이므로

$$\frac{a_n}{n}=2n-1-1=2n-2 \Rightarrow a_n=2n^2-2n$$

2 $n\to\infty$ 인 상황이므로 $n\ge 1$ 이든 $n\ge 2$ 이든
이 문제에서는 크게 중요한 사항이 아니다.

따라서 $\displaystyle\lim_{n\to\infty}\frac{a_n}{n^2}=\lim_{n\to\infty}\frac{2n^2-2n}{n^2}=2$ 이다.

답 2

$a_n>0,\ (a_n)^2-4na_n-n=0$

$a_n=X$ 라 하면 $X^2-4nX-n=0$ 이다.

근의 공식에 의해 $X=2n\pm\sqrt{4n^2+n}$ 이다.

이때 $a_n>0$ 이므로 $a_n=2n+\sqrt{4n^2+n}$ 이다.

$$\lim_{n\to\infty}(a_n-4n)=\lim_{n\to\infty}\left(\sqrt{4n^2+n}-2n\right)=\lim_{n\to\infty}\frac{4n^2+n-4n^2}{\sqrt{4n^2+n}+2n}$$

$$=\lim_{n\to\infty}\frac{n}{2n+2n}=\frac{1}{4}=k$$

따라서 $60k=60\times\dfrac{1}{4}=15$ 이다.

답 15

$$a_n=\sum_{k=1}^{2n}(2k+6)=\frac{2n(8+4n+6)}{2}=4n^2+14n$$

따라서 $\displaystyle\lim_{n\to\infty}\frac{\sqrt{a_n}+5n}{\sqrt{a_n}-n}=\lim_{n\to\infty}\frac{\sqrt{4n^2+14n}+5n}{\sqrt{4n^2+14n}-n}$

$$=\lim_{n\to\infty}\frac{2n+5n}{2n-n}=7$$

이다.

답 7

첫째항과 공차가 모두 $k\ (k \neq 0)$ 인 등차수열 $\{a_n\}$

첫째항부터 제 n 항까지의 합을 S_n

$$a_n = kn, \ S_n = \frac{kn(n+1)}{2}$$

$$\lim_{n \to \infty} \frac{a_n a_{n+1}}{S_n} = \lim_{n \to \infty} \frac{kn \times k(n+1)}{\frac{kn(n+1)}{2}}$$

$$= \lim_{n \to \infty} \frac{2k^2 n^2}{kn^2} = 2k = k^2$$

$$\Rightarrow k = 2 \ (\because \ k \neq 0)$$

$$a_n = 2n$$

따라서

$$\lim_{n \to \infty} \sqrt{n}\left(\sqrt{a_{n+1}} - \sqrt{a_n}\right) = \lim_{n \to \infty} \sqrt{n}\left(\sqrt{2n+2} - \sqrt{2n}\right)$$

$$= \lim_{n \to \infty} \frac{2\sqrt{n}}{\sqrt{2n+2} + \sqrt{2n}}$$

$$= \lim_{n \to \infty} \frac{2\sqrt{n}}{2\sqrt{2}\sqrt{n}} = \frac{1}{\sqrt{2}}$$

이다.

답 ②

$$\frac{3n^2 + n}{6} < a_n < \frac{3n^2 + 4n}{6}$$

양변에 $\frac{1}{n^2}$ 을 곱하면

$$\frac{3n^2 + n}{6n^2} < \frac{a_n}{n^2} < \frac{3n^2 + 4n}{6n^2}$$

$$\lim_{n \to \infty} \frac{3n^2 + n}{6n^2} = \frac{1}{2}, \ \lim_{n \to \infty} \frac{3n^2 + 4n}{6n^2} = \frac{1}{2} \text{ 이므로}$$

수열의 극한의 대소 관계에 의하여 $\lim_{n \to \infty} \dfrac{a_n}{n^2} = \dfrac{1}{2}$ 이다.

따라서 $\lim_{n \to \infty} \dfrac{10a_n}{n^2} = 10\lim_{n \to \infty} \dfrac{a_n}{n^2} = 10 \times \dfrac{1}{2} = 5$ 이다.

답 5

(가) $\lim_{n \to \infty} \dfrac{a_n}{n} = 3$

(나) $4n^2 - 3 < a_n b_n < 4n^2 + 3$

(나)의 양변에 $\dfrac{1}{n^2}$ 을 곱하면

$$\frac{4n^2 - 3}{n^2} < \frac{a_n b_n}{n^2} < \frac{4n^2 + 3}{n^2}$$

$$\lim_{n \to \infty} \frac{4n^2 - 3}{n^2} = 4, \ \lim_{n \to \infty} \frac{4n^2 + 3}{n^2} = 4 \text{ 이므로}$$

수열의 극한의 대소 관계에 의하여 $\lim_{n \to \infty} \dfrac{a_n b_n}{n^2} = 4$ 이다.

(가) 조건에 의해서

$$\lim_{n \to \infty} \left(\frac{a_n}{n} \times \frac{b_n}{n}\right) = 4 \ \Rightarrow \ \lim_{n \to \infty} \frac{b_n}{n} = \frac{4}{3}$$

(만약 $\dfrac{b_n}{n}$ 이 발산하면 $\dfrac{a_n b_n}{n^2}$ 이 4로 수렴할 수 없다.)

$$\lim_{n \to \infty} \frac{b_n}{a_n} = \lim_{n \to \infty} \frac{\dfrac{b_n}{n}}{\dfrac{a_n}{n}} = \frac{\dfrac{4}{3}}{\dfrac{3}{1}} = \frac{4}{9}$$

따라서 $p + q = 13$ 이다.

답 13

$n < a_n < n + 2$ 이므로

$$1 < a_1 < 3$$
$$2 < a_2 < 4$$
$$3 < a_3 < 5$$
$$\vdots$$
$$n < a_n < n + 2$$

위의 식을 변끼리 더하면 다음과 같다.

$$1 + 2 + 3 + \cdots + n < \sum_{k=1}^{n} a_k < 3 + 4 + 5 + \cdots + (n+2)$$

$$\frac{n(n+1)}{2} < \sum_{k=1}^{n} a_k < \frac{n(n+5)}{2}$$

$$\frac{2}{n(n+5)} < \frac{1}{\displaystyle\sum_{k=1}^{n} a_k} < \frac{2}{n(n+1)}$$

양변에 n^2 을 곱하면

$$\frac{2n^2}{n(n+5)} < \frac{n^2}{\displaystyle\sum_{k=1}^{n} a_k} < \frac{2n^2}{n(n+1)}$$

$\displaystyle\lim_{n\to\infty}\frac{2n^2}{n^2+5n}=2$, $\displaystyle\lim_{n\to\infty}\frac{2n^2}{n^2+n}=2$ 이므로

수열의 극한의 대소 관계에 의하여 $\displaystyle\lim_{n\to\infty}\frac{n^2}{\displaystyle\sum_{k=1}^{n} a_k}=2$ 이다.

따라서 $\displaystyle\lim_{n\to\infty}\frac{10n^2}{\displaystyle\sum_{k=1}^{n} a_k}=10\lim_{n\to\infty}\frac{n^2}{\displaystyle\sum_{k=1}^{n} a_k}=20$ 이다.

답 20

027

$$\left|(n+1)a_n-3n^2\right| < 2n+1$$

$$-2n-1 < (n+1)a_n-3n^2 < 2n+1$$

$$3n^2-2n-1 < (n+1)a_n < 3n^2+2n+1$$

$$\frac{3n^2-2n-1}{n+1} < a_n < \frac{3n^2+2n+1}{n+1}$$

양변에 $\dfrac{1}{n}$ 을 곱하면

$$\frac{3n^2-2n-1}{n^2+n} < \frac{a_n}{n} < \frac{3n^2+2n+1}{n^2+n}$$

$\displaystyle\lim_{n\to\infty}\frac{3n^2-2n-1}{n^2+n}=3$, $\displaystyle\lim_{n\to\infty}\frac{3n^2+2n+1}{n^2+n}=3$ 이므로

수열의 극한의 대소 관계에 의하여 $\displaystyle\lim_{n\to\infty}\frac{a_n}{n}=3$ 이다.

답 3

028

$$a_1=2$$

$$a_n+2n-1 < a_{n+1} < a_n+2n+1$$

양변에 $-a_n$ 을 더하면

$$2n-1 < a_{n+1}-a_n < 2n+1$$

$$1 < a_2-a_1 < 3$$
$$3 < a_3-a_2 < 5$$
$$5 < a_4-a_3 < 7$$
$$\vdots$$
$$2n-5 < a_{n-1}-a_{n-2} < 2n-3$$
$$2n-3 < a_n-a_{n-1} < 2n-1$$

위의 식을 변끼리 더하면 다음과 같다.

$$1+3+5+\cdots+(2n-3)$$

$$< a_n-a_1 < 3+5+7+\cdots+(2n-1)$$

$$(n-1)^2 < a_n-a_1 < n^2-1$$

$$n^2-2n+1+a_1 < a_n < n^2-1+a_1$$

$$n^2-2n+3 < a_n < n^2+1 \quad (n\geq 2)$$

양변에 $\dfrac{1}{n^2+n}$ 을 곱하면

$$\frac{n^2-2n+3}{n^2+n} < \frac{a_n}{n^2+n} < \frac{n^2+1}{n^2+n}$$

$\displaystyle\lim_{n\to\infty}\frac{n^2-2n+3}{n^2+n}=1$, $\displaystyle\lim_{n\to\infty}\frac{n^2+1}{n^2+n}=1$ 이므로

수열의 극한의 대소 관계에 의하여 $\displaystyle\lim_{n\to\infty}\frac{a_n}{n^2+n}=1$ 이다.

답 1

029

$$\lim_{n\to\infty}\frac{k+\left(-\dfrac{1}{2}\right)^n}{4+\left(\dfrac{1}{3}\right)^n}=\frac{k}{4}=20 \Rightarrow k=80$$

답 80

030

$$\lim_{n\to\infty}\frac{3\times 2^{n+2}-1}{2^n+3}=\lim_{n\to\infty}\frac{12\times 2^n-1}{2^n+3}=12$$

답 12

031

$$\lim_{n\to\infty}\frac{2^{n+1}\times 5^{n-1}+7^{n+1}}{10^{n-1}+7^n}=\lim_{n\to\infty}\frac{2\times 2^n\times\frac{1}{5}\times 5^n+7^{n+1}}{\frac{1}{10}\times 10^n+7^n}$$

$$=\lim_{n\to\infty}\frac{\frac{2}{5}\times 10^n+7^{n+1}}{\frac{1}{10}\times 10^n+7^n}$$

$$=\frac{\frac{2}{5}}{\frac{1}{10}}=\frac{20}{5}=4$$

답 4

032

$$\lim_{n\to\infty}\frac{\left(\frac{1}{12}\right)^n+\left(\frac{1}{3}\right)^{n-1}}{3\times\left(\frac{1}{4}\right)^{n+1}+\left(\frac{1}{3}\right)^{n+2}}$$

분모, 분자에 12^n 을 곱하면

$$\lim_{n\to\infty}\frac{\left(\frac{1}{12}\right)^n+\left(\frac{1}{3}\right)^{n-1}}{3\times\left(\frac{1}{4}\right)^{n+1}+\left(\frac{1}{3}\right)^{n+2}}$$

$$=\lim_{n\to\infty}\frac{1+3\times\left(\frac{1}{3}\right)^n\times 12^n}{\frac{3}{4}\times\left(\frac{1}{4}\right)^n\times 12^n+\frac{1}{9}\times\left(\frac{1}{3}\right)^n\times 12^n}$$

$$=\lim_{n\to\infty}\frac{1+3\times 4^n}{\frac{3}{4}\times 3^n+\frac{1}{9}\times 4^n}=\frac{3}{\frac{1}{9}}=27$$

답 27

033

$$\lim_{n\to\infty}\frac{4^{n+1}+3^{n+2}}{(2^{n-1}-1)(2^{n-1}+1)}=\lim_{n\to\infty}\frac{4\times 4^n+3^{n+2}}{2^{2n-2}-1}$$

$$=\lim_{n\to\infty}\frac{4\times 4^n+3^{n+2}}{\frac{1}{4}\times 4^n-1}$$

$$=\frac{4}{\frac{1}{4}}=16$$

답 16

034

$$a_1=a,\ \ r=5$$

$$a_n=a\times 5^{n-1}$$

$$\lim_{n\to\infty}\frac{a_n+5^{n+1}}{2a_n-6\times 5^{n-1}}=\lim_{n\to\infty}\frac{a\times 5^{n-1}+5^{n+1}}{2a\times 5^{n-1}-6\times 5^{n-1}}$$

$$=\lim_{n\to\infty}\frac{(a+25)5^{n-1}}{(2a-6)5^{n-1}}$$

$$=\frac{a+25}{2a-6}=\frac{5}{2}$$

$$\Rightarrow 2a+50=10a-30\ \Rightarrow\ 8a=80\ \Rightarrow\ a=10$$

따라서 첫째항 $a_1=10$ 이다.

답 10

035

$$a_n=2\times r^{n-1}=\frac{2}{r}\times r^n,\ \ \ \ a_{n+1}=2\times r^n$$

$$S_n=\frac{2(r^n-1)}{r-1}=\frac{2}{r-1}\times r^n-\frac{2}{r-1}$$

$$\lim_{n\to\infty}\frac{a_n+a_{n+1}}{S_n}=\frac{\left(\frac{2}{r}+2\right)\times r^n}{\frac{2}{r-1}\times r^n-\frac{2}{r-1}}$$

$$=\frac{\frac{2+2r}{r}}{\frac{2}{r-1}}=\frac{(2+2r)(r-1)}{2r}$$

$$= \frac{r^2 - 1}{r} = \frac{8}{3} \quad \Rightarrow r = 3 \ (\because \ r > 1)$$

따라서 $r = 3$ 이다.

답   3

036

등비수열 $\{r^n\}$ 이 수렴하기 위한 필요충분조건은
$-1 < r \leq 1$ 이다.

등비수열 $\left\{ \left(\dfrac{2x-4}{7} \right)^n \right\}$ 의 공비는 $\dfrac{2x-4}{7}$ 이므로

$$-1 < \frac{2x-4}{7} \leq 1 \Rightarrow -7 < 2x - 4 \leq 7 \Rightarrow -3 < 2x \leq 11$$

$$\Rightarrow -1.5 < x \leq 5.5$$

따라서 모든 정수 x 의 합은 $-1 + 0 + 1 + 2 + 3 + 4 + 5 = 14$
이다.

답   14

037

등비수열 $\{r^n\}$ 이 수렴하기 위한 필요충분조건은
$-1 < r \leq 1$ 이다.

등비수열 $\left\{ \left(\dfrac{|x-1|-3}{2} \right)^n \right\}$ 의 공비는 $\dfrac{|x-1|-3}{2}$ 이므로

$$-1 < \frac{|x-1|-3}{2} \leq 1 \Rightarrow -2 < |x-1| - 3 \leq 2$$

$$\Rightarrow 1 < |x-1| \leq 5$$

$1 < |x-1| \Rightarrow x - 1 > 1 \text{ or } x - 1 < -1 \Rightarrow x > 2 \text{ or } x < 0$
$|x-1| \leq 5 \Rightarrow -5 \leq x - 1 \leq 5 \Rightarrow -4 \leq x \leq 6$

$\{x \,|\, x > 2 \text{ or } x < 0\} \ \cap \ \{x \,|\, -4 \leq x \leq 6\}$

$\Rightarrow -4 \leq x < 0 \text{ or } 2 < x \leq 6$
범위를 만족하는 정수 x 는 다음과 같다.
$x = -4, \ -3, \ -2, \ -1, \ 3, \ 4, \ 5, \ 6$

따라서 모든 정수 x 의 개수는 8 이다.

답   8

038

$$\frac{4^n + 2^{-n} \times x^n}{2^{2n+1} + (-5)^n}$$

분모, 분자를 $(-5)^n$ 으로 나누면

$$\frac{\left(-\dfrac{4}{5} \right)^n + \left(\dfrac{x}{-10} \right)^n}{2 \times \left(-\dfrac{4}{5} \right)^n + 1}$$

수열이 수렴하기 위해서는 (참고로 $\displaystyle\lim_{n \to \infty} \left(-\dfrac{4}{5} \right)^n = 0$ 이다.)

$$-1 < \frac{x}{-10} \leq 1 \Rightarrow -10 \leq x < 10$$

범위를 만족하는 정수 x 는 다음과 같다.
$-10, \ -9, \ \cdots, \ -1, \ 0, \ 1, \ \cdots, \ 9$

따라서 모든 정수 x 의 개수는 20 이다.

답   20

039

[개념 확인문제 12] 해설에서 배웠듯이
바로 공비를 찾아 case분류해보자.

$$\lim_{n \to \infty} \frac{\left(\dfrac{k}{3} \right)^{n+1} + 4}{\left(\dfrac{k}{3} \right)^{n-1} + 1} = 4$$

공비 $\dfrac{k}{3}$ 의 범위에 따라 case분류하면 다음과 같다.

① $\left| \dfrac{k}{3} \right| < 1 \Rightarrow -3 < k < 3$ 일 때

극한값은 $\displaystyle\lim_{n \to \infty} \frac{\left(\dfrac{k}{3} \right)^{n+1} + 4}{\left(\dfrac{k}{3} \right)^{n-1} + 1} = \frac{0+4}{0+1} = 4$ 이므로

조건을 만족시킨다.

② $\left| \dfrac{k}{3} \right| > 1 \Rightarrow k < -3 \text{ or } k > 3$ 일 때

극한값은 $\displaystyle\lim_{n \to \infty} \frac{\left(\dfrac{k}{3} \right)^{n+1} + 4}{\left(\dfrac{k}{3} \right)^{n-1} + 1} = \lim_{n \to \infty} \frac{\dfrac{k}{3} \times \left(\dfrac{k}{3} \right)^n + 4}{\dfrac{3}{k} \times \left(\dfrac{k}{3} \right)^n + 1} = \frac{\dfrac{k}{3}}{\dfrac{3}{k}} = \frac{k^2}{9}$

이므로 극한값이 4 가 되려면 $k = 6 \text{ or } k = -6$ 이다.
이는 전제조건인 $k < -3 \text{ or } k > 3$ 에 포함되므로
조건을 만족시킨다.

③ $\left|\dfrac{k}{3}\right|=1 \Rightarrow k=3$ or $k=-3$일 때

ⅰ) $k=3$일 때

극한값은 $\displaystyle\lim_{n\to\infty}\dfrac{\left(\dfrac{k}{3}\right)^{n+1}+4}{\left(\dfrac{k}{3}\right)^{n-1}+1}=\lim_{n\to\infty}\dfrac{1^{n+1}+4}{1^{n-1}+1}=\dfrac{5}{2}$ 이므로

조건을 만족시키지 않는다.

ⅱ) $k=-3$일 때

$\displaystyle\lim_{n\to\infty}\dfrac{\left(\dfrac{k}{3}\right)^{n+1}+4}{\left(\dfrac{k}{3}\right)^{n-1}+1}=\lim_{n\to\infty}\dfrac{(-1)^{n+1}+4}{(-1)^{n-1}+1}$ 은 진동하므로

조건을 만족시키지 않는다.

①, ②, ③에서 조건을 만족시키는 정수 k를 구하면 다음과 같다.
$-6,\ -2,\ -1,\ 0,\ 1,\ 2,\ 6$
따라서 모든 정수 k의 개수는 7이다.

답   7

040

$$f(x)=\lim_{n\to\infty}\dfrac{x^{2n+1}+5}{x^{2n}+1}$$

$$f(-2)=\lim_{n\to\infty}\dfrac{(-2)^{2n+1}+5}{(-2)^{2n}+1}=\lim_{n\to\infty}\dfrac{-2\times 4^n+5}{4^n+1}=-2$$

$$f(-1)=\lim_{n\to\infty}\dfrac{(-1)^{2n+1}+5}{(-1)^{2n}+1}=\dfrac{-1+5}{1+1}=2$$

$$f\left(-\dfrac{1}{2}\right)=\lim_{n\to\infty}\dfrac{\left(-\dfrac{1}{2}\right)^{2n+1}+5}{\left(-\dfrac{1}{2}\right)^{2n}+1}=\dfrac{0+5}{0+1}=5$$

$$f\left(\dfrac{1}{2}\right)=\lim_{n\to\infty}\dfrac{\left(\dfrac{1}{2}\right)^{2n+1}+5}{\left(\dfrac{1}{2}\right)^{2n}+1}=\dfrac{0+5}{0+1}=5$$

$$f(1)=\lim_{n\to\infty}\dfrac{1^{2n+1}+5}{1^{2n}+1}=\dfrac{1+5}{1+1}=\dfrac{6}{2}=3$$

$$f(2)=\lim_{n\to\infty}\dfrac{2^{2n+1}+5}{2^{2n}+1}=\lim_{n\to\infty}\dfrac{2\times 4^n+5}{4^n+1}=2$$

따라서 $f(-2)+f(-1)+f\left(-\dfrac{1}{2}\right)+f\left(\dfrac{1}{2}\right)+f(1)+f(2)$

$$=-2+2+5+5+3+2=15$$
이다.

답   ③

041

정의역이 양수이므로 $x>0 \Rightarrow \dfrac{k}{4}>0 \Rightarrow k>0$

$$f\left(\dfrac{k}{4}\right)=\lim_{n\to\infty}\dfrac{\left(\dfrac{k}{4}\right)^{n+1}+k}{\left(\dfrac{k}{4}\right)^{n}+1}$$

공비 $\dfrac{k}{4}$ 의 범위에 따라 case분류하면 다음과 같다.

① $\left|\dfrac{k}{4}\right|<1 \Rightarrow -4<k<4 \Rightarrow 0<k<4\ (\because k>0)$ 일 때

$$f\left(\dfrac{k}{4}\right)=\lim_{n\to\infty}\dfrac{\left(\dfrac{k}{4}\right)^{n+1}+k}{\left(\dfrac{k}{4}\right)^{n}+1}=k$$

② $\left|\dfrac{k}{4}\right|>1 \Rightarrow k<-4$ or $k>4 \Rightarrow k>4\ (\because k>0)$ 일 때

$$f\left(\dfrac{k}{4}\right)=\lim_{n\to\infty}\dfrac{\left(\dfrac{k}{4}\right)^{n+1}+k}{\left(\dfrac{k}{4}\right)^{n}+1}=\lim_{n\to\infty}\dfrac{\dfrac{k}{4}\times\left(\dfrac{k}{4}\right)^{n}+k}{\left(\dfrac{k}{4}\right)^{n}+1}=\dfrac{k}{4}$$

③ $\left|\dfrac{k}{4}\right|=1 \Rightarrow k=4$ or $k=-4 \Rightarrow k=4\ (\because k>0)$

   $k=4$ 일 때

$$f\left(\dfrac{4}{4}\right)=\lim_{n\to\infty}\dfrac{1^{n+1}+4}{1^{n}+1}=\dfrac{5}{2}$$

따라서
$$\sum_{k=1}^{11}f\left(\dfrac{k}{4}\right)=1+2+3+\dfrac{5}{2}+\dfrac{5+6+7+8+9+10+11}{4}$$

$$=6+\dfrac{5}{2}+14=20+\dfrac{5}{2}=\dfrac{45}{2}$$
이다.

답   ①

042

$$\{f(k)+4\} \times \left\{f(k)+\frac{1}{2}\right\} < 0$$

$$\Rightarrow -4 < f(k) < -\frac{1}{2}$$

$$f(x) = \lim_{n \to \infty} \frac{2 \times \left(\frac{x}{5}\right)^{2n+1} - 1}{\left(\frac{x}{5}\right)^{2n} + 2}$$

공비 $\left(\frac{x}{5}\right)$ 의 범위에 따라 case분류하면 다음과 같다.

(x^2 이 공비이면 x 가 공비일 때와 case분류가 같다고 가이드스텝 개념 확인문제 12에서 학습한 바 있다.)

① $\left|\frac{x}{5}\right| < 1 \Rightarrow -5 < x < 5$ 일 때

$$f(x) = \lim_{n \to \infty} \frac{2 \times \left(\frac{x}{5}\right)^{2n+1} - 1}{\left(\frac{x}{5}\right)^{2n} + 2} = -\frac{1}{2}$$

$-5 < k < 5$ 일 때, $-4 < f(k) < -\frac{1}{2}$ 를

만족시키지 않는다.

② $\left|\frac{x}{5}\right| > 1 \Rightarrow x < -5$ or $x > 5$ 일 때

$$f(x) = \lim_{n \to \infty} \frac{2 \times \left(\frac{x}{5}\right)^{2n+1} - 1}{\left(\frac{x}{5}\right)^{2n} + 2} = \frac{2}{5}x$$

$$-4 < f(k) < -\frac{1}{2} \Rightarrow -4 < \frac{2}{5}k < -\frac{1}{2}$$

$$\Rightarrow -10 < k < -\frac{5}{4}$$

$$\Rightarrow -10 < k < -5 \ (\because k < -5 \ \text{or} \ k > 5)$$

③ $\left|\frac{x}{5}\right| = 1 \Rightarrow x = 5$ or $x = -5$

$$f(5) = \lim_{n \to \infty} \frac{2 \times 1^{2n+1} - 1}{1^{2n} + 2} = \frac{1}{3}$$

$$f(-5) = \lim_{n \to \infty} \frac{2 \times (-1)^{2n+1} - 1}{(-1)^{2n} + 2} = \frac{-3}{3} = -1$$

$$-4 < f(k) < -\frac{1}{2}$$

$$\therefore k = -5$$

①, ②, ③에 의해 $-4 < f(k) < -\frac{1}{2}$ 를

만족시키는 정수 k 의 범위는 $-10 < k \leq -5$ 이다.

따라서 모든 정수 k 의 개수는 5 이다.

답 5

043

$$f(x) = -2|x-1| + 2$$

$$g(x) = \lim_{n \to \infty} \frac{\{1+f(x)\}^{2n} - 2}{\{1+f(x)\}^{2n} + 2}$$

함수 $f(x)$ 의 그래프를 그리면 다음과 같다.

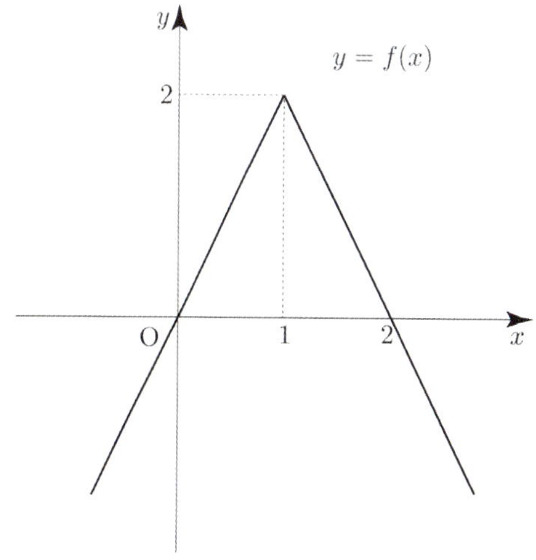

ㄱ. $k = 0$ 이면 $\beta - \alpha + g(\alpha) + g(\beta) = 1$ 이다.

$f(x) = -1$

$x < 1$ 일 때, 두 함수 $y = f(x) = 2x$, $y = -1$ 의 교점의

x 좌표가 α 이므로 $2\alpha = -1 \Rightarrow \alpha = -\frac{1}{2}$

$x > 1$ 일 때, 두 함수 $y = f(x) = -2x+4$, $y = -1$ 의

교점의 x 좌표가 β 이므로 $-2\beta + 4 = -1 \Rightarrow \beta = \frac{5}{2}$

$f(\alpha) = f(\beta) = -1$ 이므로

$$g(\alpha) = \lim_{n \to \infty} \frac{\{1+f(\alpha)\}^{2n} - 2}{\{1+f(\alpha)\}^{2n} + 2} = \frac{0-2}{0+2} = -1$$

$$g(\beta) = \lim_{n \to \infty} \frac{\{1+f(\beta)\}^{2n} - 2}{\{1+f(\beta)\}^{2n} + 2} = \frac{0-2}{0+2} = -1$$

$$\beta - \alpha + g(\alpha) + g(\beta) = \frac{5}{2} - \left(-\frac{1}{2}\right) - 1 - 1 = 3 - 2 = 1$$

따라서 ㄱ은 참이다.

ㄴ. $k>0$이면 $-1<f(\alpha)<0$이다.

$h(x)=kx^2-1$라 하면
두 함수 $y=f(x)$, $y=h(x)$의 교점의 x좌표가
각각 α, β이다.

$y=h(x)$의 그래프를 그려서 판단해보자.

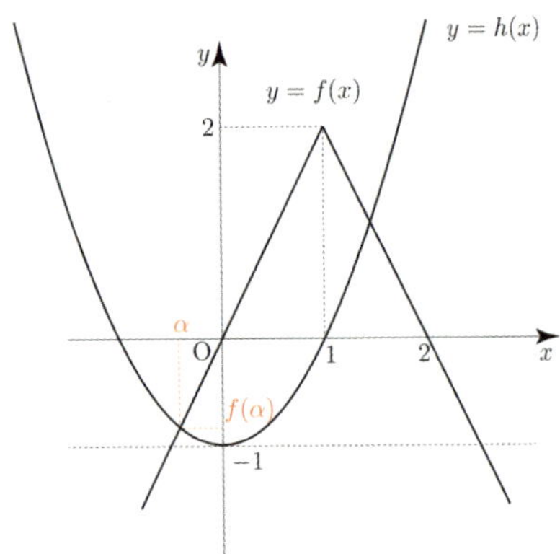

$-1<f(\alpha)<0$임이 자명하다.
따라서 ㄴ은 참이다.

ㄷ. $k=\dfrac{1}{4}$이면 $\beta+g(\beta)=3$이다.

방정식 $f(x)=\dfrac{1}{4}x^2-1$

$h(x)=\dfrac{1}{4}x^2-1$의 그래프를 그려서 판단해보자.

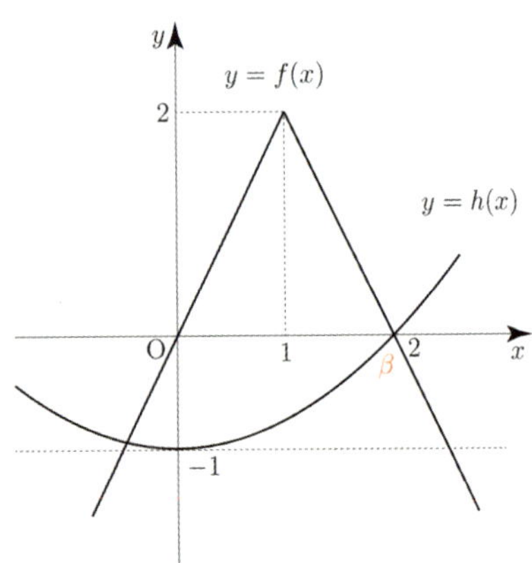

$h(2)=f(2)=0 \Rightarrow \beta=2, \ f(\beta)=0$

$g(\beta)=g(2)=\lim_{n\to\infty}\dfrac{\{1+f(2)\}^{2n}-2}{\{1+f(2)\}^{2n}+2}$

$=\lim_{n\to\infty}\dfrac{1^{2n}-2}{1^{2n}+2}=\dfrac{1-2}{3}=-\dfrac{1}{3}$

이므로 $\beta+g(\beta)=2-\dfrac{1}{3}=\dfrac{5}{3}$이다.

따라서 ㄷ은 거짓이다.

ㄹ. $\dfrac{1}{4}<k<1$이면 $g(\alpha)+g(\beta)=0$이다.

$f(x)=kx^2-1$

ㄴ에 의해서 $-1<f(\alpha)<0 \Rightarrow 0<1+f(\alpha)<1$이므로

$g(\alpha)=\lim_{n\to\infty}\dfrac{\{1+f(\alpha)\}^{2n}-2}{\{1+f(\alpha)\}^{2n}+2}=\dfrac{0-2}{0+2}=-1$이다.

범위의 경계인 $k=\dfrac{1}{4}$, $k=1$일 때를 유의해서

$h(x)=kx^2-1 \ \left(\dfrac{1}{4}<k<1\right)$의 그래프를 그리면

다음과 같다.

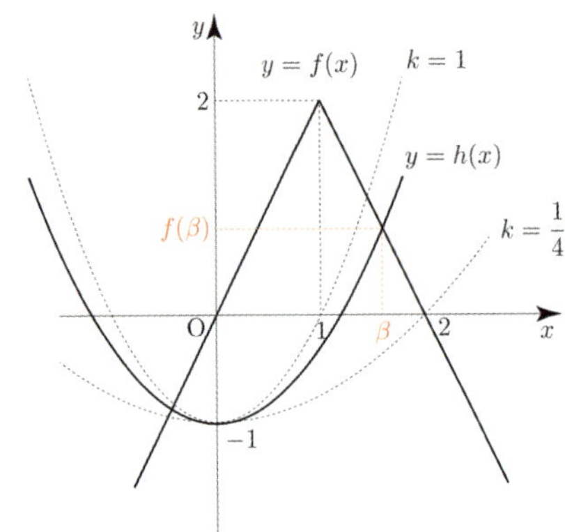

$1<\beta<2 \Rightarrow f(\beta)>0 \Rightarrow 1+f(\beta)>1$이므로

$g(\beta)=\lim_{n\to\infty}\dfrac{\{1+f(\beta)\}^{2n}-2}{\{1+f(\beta)\}^{2n}+2}=1$이다.

$g(\alpha)+g(\beta)=-1+1=0$
따라서 ㄹ은 참이다.

ㅁ. $0<k<\dfrac{1}{4}$이면 $g(\alpha)+g(\beta)=-2$이다.

ㄴ에 의해서 $-1<f(\alpha)<0 \Rightarrow 0<1+f(\alpha)<1$이므로

$g(\alpha)=\lim_{n\to\infty}\dfrac{\{1+f(\alpha)\}^{2n}-2}{\{1+f(\alpha)\}^{2n}+2}=\dfrac{0-2}{0+2}=-1$이다.

범위의 경계인 $k=\dfrac{1}{4}$일 때를 유의해서

$h(x)=kx^2-1 \ \left(0<k<\dfrac{1}{4}\right)$의 그래프를 그리면

다음과 같다.

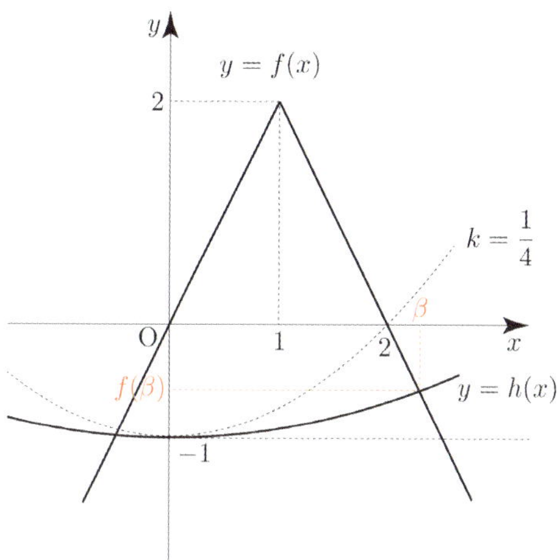

$-1 < f(\beta) < 0 \Rightarrow 0 < 1+f(\beta) < 1$ 이므로

$$g(\beta)=\lim_{n \to \infty}\frac{\{1+f(\beta)\}^{2n}-2}{\{1+f(\beta)\}^{2n}+2}=\frac{0-2}{0+2}=-1$$

$$g(\alpha)+g(\beta)=-1+(-1)=-2$$

따라서 ㅁ은 참이다.

답 　ㄱ, ㄴ, ㄹ, ㅁ

044

직선 OP 의 기울기는 $\dfrac{3n^2}{n}=3n$ 이므로

직선 l 의 기울기는 $-\dfrac{1}{3n}$ 이다.

직선 l 의 방정식을 구하면

$$y=-\frac{1}{3n}(x-n)+3n^2=-\frac{1}{3n}x+\frac{1}{3}+3n^2$$

$$\Rightarrow \frac{1}{3n}x=\frac{1}{3}+3n^2 \Rightarrow x=n+9n^3$$

이므로 $Q(9n^3+n, \ 0)$ 이다.

$$\overline{OP}=\sqrt{n^2+(3n^2)^2}=\sqrt{9n^4+n^2}$$
$$\overline{OQ}=9n^3+n$$

$$\lim_{n \to \infty}\frac{\overline{OQ}}{n^a \times \overline{OP}}=\lim_{n \to \infty}\frac{9n^3+n}{n^a \times \sqrt{9n^4+n^2}}=\lim_{n \to \infty}\frac{9n^3}{n^a \times 3n^2} \text{ 이}$$

0이 아닌 실수로 수렴하려면 분자와 분모의 최고차항의 차수가 같아야 하므로 $a=1$ 이다.

$a=1$ 이면 극한값은 3 이므로 $b=3$ 이다.

따라서 $a+b=4$ 이다.

답 　4

045

기울기가 $-n$ 이므로 접선의 방정식을 $y=-nx+k$ 라 하자.

원 $x^2+y^2=n^2$ 과 직선 $y=-nx+k$ 이 접하므로

원의 중심 $(0, \ 0)$ 과 직선 $-nx-y+k=0$ 의 거리는

원의 반지름의 길이 n 과 같다.

$$\frac{|n \times 0-0+k|}{\sqrt{n^2+(-1)^2}}=\frac{|k|}{\sqrt{n^2+1}}=n$$

$$\Rightarrow k=-n\sqrt{n^2+1} \ \ (\because k<0)$$

이므로 $Q_n\left(0, \ -n\sqrt{n^2+1}\right)$

> **Tip**
>
> <원과 접하는 직선의 방정식>
> ① 판별식을 사용한다. $D=0$
> ② 원의 중심과 직선 사이의 거리는 원의 반지름의 길이와 같다.
> 　(점과 직선 사이 거리공식)
>
> 위 두 가지 방법 중 우선순위로
> 비교적 계산이 편한 ②번을 택하는 것이 좋다.

$$y=-nx-n\sqrt{n^2+1} \Rightarrow nx=-n\sqrt{n^2+1}$$

$$\Rightarrow x=-\sqrt{n^2+1}$$

이므로 $P_n\left(-\sqrt{n^2+1}, \ 0\right)$

$$S_n=\frac{1}{2}\times\overline{OQ_n}\times\overline{OP_n}=\frac{1}{2}\times n\sqrt{n^2+1}\times\sqrt{n^2+1}$$

$$=\frac{n(n^2+1)}{2}=\frac{n^3+n}{2}$$

$$l_n=\sqrt{\left(\overline{OQ_n}\right)^2+\left(\overline{OP_n}\right)^2}=\sqrt{n^2(n^2+1)+n^2+1}$$

$$=\sqrt{n^4+2n^2+1}=\sqrt{(n^2+1)^2}=|n^2+1|=n^2+1$$

따라서

$$\lim_{n \to \infty}\frac{n \times l_n+4n^3}{S_n}=\lim_{n \to \infty}\frac{5n^3+n}{\dfrac{n^3+n}{2}}=\lim_{n \to \infty}\frac{10n^3}{n^3}=10 \text{ 이다.}$$

답 　10

$x+2y=2^{2n},\ 2x-y=2^n$ 을 연립하면

$$x=\frac{4^n+2^{n+1}}{5}=p_n,\ \ y=\frac{2\times 4^n-2^n}{5}=q_n$$

$$\lim_{n\to\infty}\frac{p_n}{q_n}=\lim_{n\to\infty}\frac{\dfrac{4^n+2^{n+1}}{5}}{\dfrac{2\times 4^n-2^n}{5}}=\frac{\frac{1}{5}}{\frac{2}{5}}=\frac{1}{2}=k$$

따라서 $100k=100\times\dfrac{1}{2}=50$ 이다.

답   50

047

원 $x^2+y^2=5n^2+n$ 는

중심이 $(0,\ 0)$ 이고 반지름의 길이가 $\sqrt{5n^2+n}$ 이다.

원점과 점 $A_n(n,\ 2n)$ 사이의 거리는 $\sqrt{n^2+4n^2}=\sqrt{5n^2}$

이므로 반지름의 길이 $\sqrt{5n^2+n}$ 보다 작다.

즉, A_n 은 원의 내부에 존재한다.

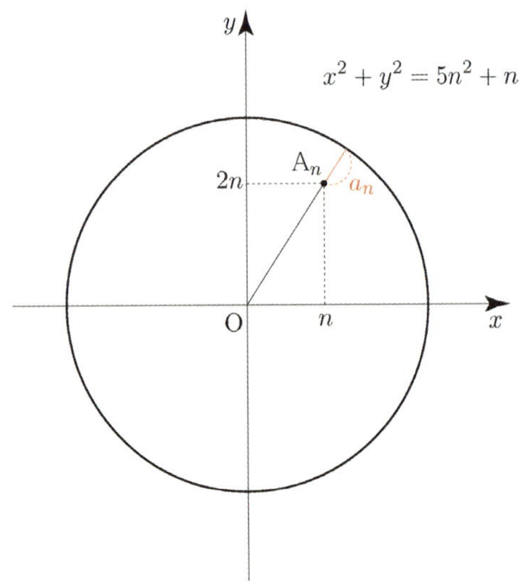

선분 PA_n 의 길이의 최솟값은 원의 반지름에서

선분 OA_n 를 뺀 길이와 같으므로

$$a_n=\sqrt{5n^2+n}-\sqrt{5n^2}=\sqrt{5n^2+n}-\sqrt{5}\,n$$

$$\lim_{n\to\infty}\frac{1}{a_n}=\lim_{n\to\infty}\frac{1}{\sqrt{5n^2+n}-\sqrt{5}\,n}$$

$$=\lim_{n\to\infty}\frac{\sqrt{5n^2+n}+\sqrt{5}\,n}{5n^2+n-5n^2}$$

$$=\lim_{n\to\infty}\frac{\sqrt{5n^2+n}+\sqrt{5}\,n}{n}$$

$$=\lim_{n\to\infty}\frac{2\sqrt{5}\,n}{n}=2\sqrt{5}=k$$

따라서 $k^2=20$ 이다.

답   20

$n=\sqrt{|x|}\ \Rightarrow\ x=n^2$ or $x=-n^2$ 이므로

$P_n(n^2,\ n),\ Q_n(-n^2,\ n)$ 이고

$\sqrt{\dfrac{n^2}{2}}=\dfrac{n}{\sqrt{2}}$ 이므로 $R_n\left(\dfrac{n^2}{2},\ \dfrac{n}{\sqrt{2}}\right)$ 이다.

① 삼각형 $P_nQ_nR_n$ 의 넓이 S_n

$\overline{P_nQ_n}=n^2-(-n^2)=2n^2$

선분 P_nQ_n 의 길이를 밑변으로 잡으면

높이는 n 에서 R_n 의 y 좌표를 뺀 것이므로

$$높이=n-\frac{n}{\sqrt{2}}=\frac{\sqrt{2}-1}{\sqrt{2}}n=\frac{2-\sqrt{2}}{2}n$$

$$\therefore\ S_n=\frac{1}{2}\times 2n^2\times\frac{2-\sqrt{2}}{2}n=\frac{2-\sqrt{2}}{2}n^3$$

② 삼각형 OP_nQ_n 의 둘레 l_n

$\overline{OP_n}=\overline{OQ_n}=\sqrt{n^4+n^2}$ 이고 $\overline{P_nQ_n}=2n^2$ 이므로

$$\therefore\ l_n=2n^2+2\sqrt{n^4+n^2}$$

$$\lim_{n\to\infty}\frac{n\times l_n}{S_n}=\lim_{n\to\infty}\frac{2n^3+2n\sqrt{n^4+n^2}}{\dfrac{2-\sqrt{2}}{2}n^3}=\lim_{n\to\infty}\frac{2n^3+2n^3}{\dfrac{2-\sqrt{2}}{2}n^3}$$

$$=\frac{4}{\dfrac{2-\sqrt{2}}{2}}=\frac{8}{2-\sqrt{2}}=\frac{8(2+\sqrt{2})}{2}$$

$$=8+4\sqrt{2}=a+b\sqrt{2}$$

따라서 $ab=8\times 4=32$ 이다.

답   32

49	②	77	②
50	④	78	③
51	②	79	③
52	④	80	①
53	②	81	②
54	②	82	④
55	②	83	12
56	①	84	③
57	23	85	③
58	⑤	86	②
59	17	87	⑤
60	15	88	③
61	①	89	④
62	④	90	110
63	①	91	33
64	④	92	5
65	②	93	2
66	③	94	16
67	②	95	③
68	21	96	4
69	10	97	①
70	②	98	5
71	2	99	④
72	②	100	③
73	35	101	②
74	4	102	③
75	④	103	18
76	⑤	104	④

049

$$\lim_{n \to \infty} \frac{\left(\frac{1}{2}\right)^n + \left(\frac{1}{3}\right)^{n+1}}{\left(\frac{1}{2}\right)^{n+1} + \left(\frac{1}{3}\right)^n}$$ 의 분모 분자에 6^n 을 각각 곱하면

$$\lim_{n \to \infty} \frac{3^n + \frac{1}{3} \times 2^n}{\frac{1}{2} \times 3^n + 2^n} = 2$$

따라서 $\displaystyle\lim_{n \to \infty} \frac{\left(\frac{1}{2}\right)^n + \left(\frac{1}{3}\right)^{n+1}}{\left(\frac{1}{2}\right)^{n+1} + \left(\frac{1}{3}\right)^n} = 2$ 이다.

 답 ②

050

$$a_n = ar^{n-1} = \frac{a}{r} \times r^n$$

$$\lim_{n \to \infty} \frac{4^n \times \frac{a}{r} \times r^n - 1}{3 \times 2^{n+1}} = \lim_{n \to \infty} \frac{\frac{a}{r} \times (4r)^n - 1}{6 \times 2^n} = 1$$

$$4r = 2 \Rightarrow r = \frac{1}{2}$$

$$\frac{a}{r} = 6 \Rightarrow a = 6r = 3$$

따라서 $a_1 + a_2 = a + ar = 3 + \frac{3}{2} = \frac{9}{2}$ 이다.

 답 ④

051

$$\lim_{n \to \infty} \frac{na_n}{n^2 + 3} = 1 \Rightarrow \lim_{n \to \infty} \frac{\frac{a_n}{n}}{1 + \frac{3}{n^2}} = 1 \Rightarrow \lim_{n \to \infty} \frac{a_n}{n} = 1$$

따라서 $\displaystyle\lim_{n \to \infty}\left(\sqrt{a_n^2 + n} - a_n\right) = \lim_{n \to \infty} \frac{n}{\sqrt{a_n^2 + n} + a_n}$

$$= \lim_{n \to \infty} \frac{1}{\sqrt{\left(\frac{a_n}{n}\right)^2 + \frac{1}{n}} + \frac{a_n}{n}}$$

$$= \frac{1}{1 + 1} = \frac{1}{2}$$

이다.

답 ①

$a_{n+1} - a_n = a_1 + 2$ 이므로 a_n 은 공차 d 가 $a+2$ 인
등차수열이다.

$a_n = a + (n-1)d = a + dn - d = dn - 2$

$\lim\limits_{n\to\infty} \dfrac{2a_n + n}{a_n - n + 1} = \lim\limits_{n\to\infty} \dfrac{2(dn-2)+n}{dn-2-n+1} = \dfrac{2d+1}{d-1} = 3$

$\Rightarrow 3d - 3 = 2d + 1 \Rightarrow d = 4$

따라서 $a_{10} = a + 9d = d - 2 + 9d = 10d - 2 = 38$ 이다.

 ④

$\lim\limits_{n\to\infty} \left(\sqrt{9n^2 + 12n} - 3n \right) = \lim\limits_{n\to\infty} \dfrac{9n^2 + 12n - 9n^2}{\sqrt{9n^2 + 12n} + 3n}$

$= \lim\limits_{n\to\infty} \dfrac{12n}{3n + 3n} = 2$

 ②

$\lim\limits_{n\to\infty} \dfrac{1}{\sqrt{4n^2 + 2n + 1} - 2n} = \lim\limits_{n\to\infty} \dfrac{\sqrt{4n^2 + 2n + 1} + 2n}{4n^2 + 2n + 1 - 4n^2}$

$= \lim\limits_{n\to\infty} \dfrac{2n + 2n}{2n} = 2$

 ②

055

등차수열 $\{a_n\}$ 은 $a_1 = 3$, $a_2 = 6$ 이므로

$a = 3$, $d = 3 \Rightarrow a_n = 3n$

$S_n = \sum\limits_{k=1}^{n} a_k (b_k)^2 = n^3 - n + 3$ 이라 하면

$n \geq 2$ 일 때,

$a_n (b_n)^2 = S_n - S_{n-1}$

$= (n^3 - n + 3) - \{ (n-1)^3 - (n-1) + 3 \}$

$= 3n^2 - 3n = 3n(n-1)$

$\therefore (b_n)^2 = n - 1 \ (n \geq 2) \Rightarrow b_n = \sqrt{n-1} \ (n \geq 2)$

$(\because$ 수열 $\{b_n\}$ 은 모든 항이 양수$)$

참고로 $\lim\limits_{n\to\infty}$ 이므로 $n = 1$ 일 때는 굳이 구하지 않아도 된다.

따라서 $\lim\limits_{n\to\infty} \dfrac{a_n}{b_n b_{2n}} = \lim\limits_{n\to\infty} \dfrac{3n}{\sqrt{n-1}\,\sqrt{2n-1}}$

$= \lim\limits_{n\to\infty} \dfrac{3n}{\sqrt{2}\,n} = \dfrac{3}{\sqrt{2}} = \dfrac{3\sqrt{2}}{2}$

이다.

 ②

$\{\cos n\pi\} : -1, \ 1, \ -1, \ 1, \ \cdots$ 이므로
$-1 \leq \cos n\pi \leq 1$ 이다.

양변에 n 을 더하면 $n - 1 \leq n + \cos n\pi \leq n + 1$

양변에 $\dfrac{n}{n^2+1}$ 을 곱하면 $\dfrac{n^2 - n}{n^2 + 1} \leq \dfrac{n(n + \cos n\pi)}{n^2 + 1} \leq \dfrac{n^2 + n}{n^2 + 1}$

$\lim\limits_{n\to\infty} \dfrac{n^2 - n}{n^2 + 1} = 1, \ \lim\limits_{n\to\infty} \dfrac{n^2 + n}{n^2 + 1} = 1$ 이므로

수열의 극한의 대소 관계에 의하여

$\lim\limits_{n\to\infty} \dfrac{n(n + \cos n\pi)}{n^2 + 1} = 1$ 이다.

 ①

$\lim\limits_{n\to\infty} \dfrac{a \times 3^{n+2} - 2^n}{3^n - 3 \times 2^n} = \lim\limits_{n\to\infty} \dfrac{9a \times 3^n - 2^n}{3^n - 3 \times 2^n} = \dfrac{9a}{1} = 207$

$\Rightarrow a = 23$

답 23

$\lim\limits_{n\to\infty} \left(2 + \dfrac{1}{3^n} \right)\left(a + \dfrac{1}{2^n} \right) = 2 \times a = 10 \Rightarrow a = 5$

답 ⑤

$$f(x) = \lim_{n \to \infty} \frac{x^{2n+4} + 2x}{x^{2n} + 1}$$

$$f\left(\frac{1}{2}\right) = \lim_{n \to \infty} \frac{\left(\frac{1}{2}\right)^{2n+4} + 1}{\left(\frac{1}{2}\right)^{2n} + 1} = \frac{0+1}{0+1} = 1$$

$$f(2) = \lim_{n \to \infty} \frac{2^{2n+4} + 4}{2^{2n} + 1} = \lim_{n \to \infty} \frac{16 \times 2^{2n}}{2^{2n}} = 16$$

따라서 $f\left(\dfrac{1}{2}\right) + f(2) = 17$ 이다.

답   17

060

$$3n^2 + 2n < a_n < 3n^2 + 3n$$

양변에 $\dfrac{5}{n^2 + 2n}$ 을 곱하면

$$\frac{15n^2 + 10n}{n^2 + 2n} < \frac{5a_n}{n^2 + 2n} < \frac{15n^2 + 15n}{n^2 + 2n}$$

$$\lim_{n \to \infty} \frac{15n^2 + 10n}{n^2 + 2n} = 15, \quad \lim_{n \to \infty} \frac{15n^2 + 15n}{n^2 + 2n} = 15 \text{ 이므로}$$

수열의 극한의 대소 관계에 의하여

$$\lim_{n \to \infty} \frac{5a_n}{n^2 + 2n} = 15 \text{ 이다.}$$

답   15

$$\frac{1 + a_n}{a_n} = n^2 + 2 \;\Rightarrow\; 1 + a_n = n^2 a_n + 2a_n \;\Rightarrow\; (n^2 + 1)a_n = 1$$

$$\Rightarrow\; a_n = \frac{1}{n^2 + 1}$$

따라서 $\displaystyle\lim_{n \to \infty} n^2 a_n = \lim_{n \to \infty} \frac{n^2}{n^2 + 1} = 1$ 이다.

답   ①

062

$$S_n = 2^n + 3^n$$

$$S_n - S_{n-1} = a_n \;(n \geq 2) \text{ 이므로}$$

$$S_n - S_{n-1} = 2^n + 3^n - \left(2^{n-1} + 3^{n-1}\right)$$

$$= 2^n + 3^n - \frac{1}{2} \times 2^n - \frac{1}{3} \times 3^n$$

$$= \frac{1}{2} \times 2^n + \frac{2}{3} \times 3^n = a_n \;(n \geq 2)$$

> **Tip**
>
> $\dfrac{1}{2} \times 2^n + \dfrac{2}{3} \times 3^n$ 에 $n = 1$ 을 대입하면 3 이므로
>
> $S_1 = 2^1 + 3^1 = 5$ 와 다르다.
>
> $\therefore\; a_n = \dfrac{1}{2} \times 2^n + \dfrac{2}{3} \times 3^n \;(n \geq 2),\; a_1 = 5$
>
> 하지만 $n \to \infty$ 일 때이므로 $a_1 = 5$ 인 것은 중요하지 않다.

따라서 $\displaystyle\lim_{n \to \infty} \frac{a_n}{S_n} = \lim_{n \to \infty} \frac{\frac{1}{2} \times 2^n + \frac{2}{3} \times 3^n}{2^n + 3^n} = \frac{2}{3}$ 이다.

답   ④

$$a_n = \log \frac{n+1}{n}$$

$$a_1 + a_2 + \cdots + a_n = \log \frac{2}{1} + \log \frac{3}{2} + \cdots + \log \frac{n+1}{n}$$

$$= \log \left(\frac{2}{1} \times \frac{3}{2} \times \frac{4}{3} \cdots \times \frac{n}{n-1} \times \frac{n+1}{n} \right)$$

$$= \log(n+1)$$

따라서

$$\lim_{n \to \infty} \frac{n}{10^{a_1 + a_2 + \cdots + a_n}} = \lim_{n \to \infty} \frac{n}{10^{\log(n+1)}} = \lim_{n \to \infty} \frac{n}{(n+1)^{\log_{10} 10}}$$

$$= \lim_{n \to \infty} \frac{n}{n+1} = 1$$

이다.

답   ①

$a_n = \left(\dfrac{k}{2}\right)^n$ 이 수렴하도록 하는 자연수 k 의 값은

$k=1$ or $k=2$ 이다.

$$\lim_{n\to\infty}\dfrac{a\times a_n+\left(\frac{1}{2}\right)^n}{a_n+b\times\left(\frac{1}{2}\right)^n}=\lim_{n\to\infty}\dfrac{a\times\left(\frac{k}{2}\right)^n+\left(\frac{1}{2}\right)^n}{\left(\frac{k}{2}\right)^n+b\times\left(\frac{1}{2}\right)^n}$$

① $k=1$ 일 때

$$\lim_{n\to\infty}\dfrac{a\times a_n+\left(\frac{1}{2}\right)^n}{a_n+b\times\left(\frac{1}{2}\right)^n}=\lim_{n\to\infty}\dfrac{a\times\left(\frac{1}{2}\right)^n+\left(\frac{1}{2}\right)^n}{\left(\frac{1}{2}\right)^n+b\times\left(\frac{1}{2}\right)^n}$$

$$=\dfrac{a+1}{1+b}=\dfrac{1}{2}$$

$$\Rightarrow 2a=b-1$$

② $k=2$ 일 때

$$\lim_{n\to\infty}\dfrac{a\times a_n+\left(\frac{1}{2}\right)^n}{a_n+b\times\left(\frac{1}{2}\right)^n}=\lim_{n\to\infty}\dfrac{a+\left(\frac{1}{2}\right)^n}{1+b\times\left(\frac{1}{2}\right)^n}$$

$$=a=1$$

①, ②에 의해서 $a=1$, $b=3$
따라서 $a+b=4$ 이다.

답 ④

065

$1<a_1<2$
$2<a_2<3$
$3<a_3<4$

$\vdots$

$n<a_n<n+1$

위의 식을 변끼리 더하면 다음과 같다.

$$1+2+3+\cdots+n<\sum_{k=1}^{n}a_k<2+3+4\cdots+n+1$$

$$\dfrac{n(n+1)}{2}<\sum_{k=1}^{n}a_k<\dfrac{n(n+3)}{2}$$

양변에 $\dfrac{1}{n^2}$ 을 곱하면

$$\dfrac{n(n+1)}{2n^2}<\dfrac{\sum_{k=1}^{n}a_k}{n^2}<\dfrac{n(n+3)}{2n^2}$$

$$\lim_{n\to\infty}\dfrac{n(n+1)}{2n^2}=\dfrac{1}{2},\ \lim_{n\to\infty}\dfrac{n(n+3)}{2n^2}=\dfrac{1}{2}\ \text{이므로}$$

수열의 극한의 대소 관계에 의하여

$$\lim_{n\to\infty}\dfrac{\sum_{k=1}^{n}a_k}{n^2}=\dfrac{1}{2}\ \text{이다.}$$

따라서 $\displaystyle\lim_{n\to\infty}\dfrac{n^2}{a_1+a_2+\cdots+a_n}=\lim_{n\to\infty}\dfrac{n^2}{\sum_{k=1}^{n}a_k}=2$ 이다.

답 ②

$x=-1$ 이 이차방정식 $a_nx^2+2a_{n+1}x+a_{n+2}=0$ 의 근이므로

$a_n-2a_{n+1}+a_{n+2}=0 \Rightarrow a_n+a_{n+2}=2a_{n+1}$ 가 성립한다.

이는 등차중항을 뜻하므로 수열 $\{a_n\}$ 은 등차수열이다.

$a_1=a(a\neq 0)$, 공차 $=d$ 라 하면

(이차방정식이므로 x^2 의 계수인 a_n 이 0 이 될 수 없다.)

$a_n=a+(n-1)d$, $a_{n+2}=a+(n+1)d$ 이다.

두 근이 -1, b_n 이므로 이차방정식의 근과 계수의 관계에

의하여 두 근의 곱 $(-1)\times b_n=-b_n=\dfrac{a_{n+2}}{a_n}$ 이므로

$$b_n=-\dfrac{a_{n+2}}{a_n}=-\dfrac{a+(n+1)d}{a+(n-1)d}\ \text{이다.}$$

d 의 값이 0 일 때와 0 이 아닐 때로 case분류하면
다음과 같다.

ⅰ) $d=0$ 일 때

$$b_n=-\dfrac{a}{a}=-1\ \text{이므로}$$

$$\lim_{n\to\infty}b_n=-1$$

ⅱ) $d\neq 0$ 일 때

$$\lim_{n\to\infty}b_n=-\lim_{n\to\infty}\dfrac{dn+a+d}{dn+a-d}=-1$$

따라서 $\displaystyle\lim_{n\to\infty}b_n=-1$ 이다.

답 ③

067

$a_1 = a$, 공비 $= 3$

$a_n = a \times 3^{n-1}$

$S_n = \dfrac{a(3^n - 1)}{3 - 1} = \dfrac{a}{2} \times 3^n - \dfrac{a}{2}$

$\displaystyle\lim_{n \to \infty} \dfrac{S_n}{3^n} = \lim_{n \to \infty} \dfrac{\dfrac{a}{2} \times 3^n - \dfrac{a}{2}}{3^n} = \dfrac{a}{2} = 5 \ \Rightarrow\ a = 10$

따라서 $a_1 = 10$ 이다.

답 ②

068

$\displaystyle\lim_{n \to \infty} n^2 a_n = 3, \ \lim_{n \to \infty} \dfrac{b_n}{n} = 5$

따라서 $\displaystyle\lim_{n \to \infty} n a_n (b_n + 2n) = \lim_{n \to \infty} n^2 a_n \left(\dfrac{b_n}{n} + 2 \right) = 3 \times (5 + 2) = 21$
이다.

답 21

069

등비수열 $\{ r^n \}$ 의 수렴조건은 $-1 < r \le 1$ 이므로

$\left\{ \left(\dfrac{2x - 3}{5} \right)^n \right\}$ 이 수렴하려면

$-1 < \dfrac{2x - 3}{5} \le 1 \ \Rightarrow\ -5 < 2x - 3 \le 5 \ \Rightarrow\ -2 < 2x \le 8$

$\Rightarrow\ -1 < x \le 4$

따라서 모든 정수 x 의 합은 $0 + 1 + 2 + 3 + 4 = 10$ 이다.

답 10

070

$f(n) = \dfrac{1^2 + 2^2 + 3^2 + \cdots + n^2}{3 + 5 + 7 + \cdots + (2n + 1)}$

$1^2 + 2^2 + 3^2 + \cdots + n^2 = \displaystyle\sum_{k=1}^{n} k^2 = \dfrac{n(n+1)(2n+1)}{6}$

$3 + 5 + 7 + \cdots + (2n + 1) = \dfrac{n(2n + 4)}{2} = n(n + 2)$ 이므로

$f(n) = \dfrac{1^2 + 2^2 + 3^2 + \cdots + n^2}{3 + 5 + 7 + \cdots + (2n + 1)}$

$= \dfrac{\dfrac{n(n+1)(2n+1)}{6}}{n(n+2)} = \dfrac{(n+1)(2n+1)}{6(n+2)}$

따라서 $\displaystyle\lim_{n \to \infty} \dfrac{f(n)}{n} = \lim_{n \to \infty} \dfrac{(n+1)(2n+1)}{6n(n+2)} = \dfrac{2}{6} = \dfrac{1}{3}$ 이다.

답 ②

071

$x^2 + 2nx - 4n = 0$

근의 공식을 사용하면

$x = -n \pm \sqrt{n^2 + 4n}$

$\Rightarrow\ a_n = -n + \sqrt{n^2 + 4n} \quad (\because\ a_n > 0)$

따라서 $\displaystyle\lim_{n \to \infty} a_n = \lim_{n \to \infty} \left(\sqrt{n^2 + 4n} - n \right) = \lim_{n \to \infty} \dfrac{n^2 + 4n - n^2}{\sqrt{n^2 + 4n} + n}$

$= \lim_{n \to \infty} \dfrac{4n}{\sqrt{n^2 + 4n} + n} = \dfrac{4}{2} = 2$

이다.

답 2

072

$\left\{ \dfrac{(4x - 1)^n}{2^{3n} + 3^{2n}} \right\} = \left\{ \dfrac{(4x - 1)^n}{8^n + 9^n} \right\}$

분모, 분자를 9^n 으로 나누면

$\left\{ \dfrac{\left(\dfrac{4x - 1}{9} \right)^n}{\left(\dfrac{8}{9} \right)^n + 1} \right\}$

위 수열이 수렴하려면

$-1 < \dfrac{4x - 1}{9} \le 1 \ \Rightarrow\ -9 < 4x - 1 \le 9 \ \Rightarrow\ -2 < x \le 2.5$

조건을 만족시키는 정수 x 는 $-1,\ 0,\ 1,\ 2$ 이다.

따라서 모든 정수 x 의 개수는 4 이다.

답 ②

073

$$\lim_{n\to\infty}(n+1)a_n=2,\quad \lim_{n\to\infty}(n^2+1)b_n=7$$

$(n+1)a_n=c_n$ 이라 하면 $a_n=\dfrac{c_n}{n+1}$ 이고 $\lim\limits_{n\to\infty}c_n=2$ 이다.

$(n^2+1)b_n=d_n$ 이라 하면 $b_n=\dfrac{d_n}{n^2+1}$ 이고 $\lim\limits_{n\to\infty}d_n=7$ 이다.

따라서 $\displaystyle\lim_{n\to\infty}\frac{(10n+1)b_n}{a_n}=\lim_{n\to\infty}\frac{\dfrac{(10n+1)d_n}{n^2+1}}{\dfrac{c_n}{n+1}}$

$$=\lim_{n\to\infty}\left\{\frac{(10n+1)(n+1)}{n^2+1}\times\frac{d_n}{c_n}\right\}$$

$$=10\times\frac{7}{2}=35$$

이다.

답   35

074

$$a_n=r^{n-1},\quad S_n=\frac{r^n-1}{r-1}$$

$$\lim_{n\to\infty}\frac{a_n}{S_n}=\lim_{n\to\infty}\frac{r^{n-1}}{\dfrac{r^n-1}{r-1}}=\lim_{n\to\infty}\frac{(r-1)r^{n-1}}{r^n-1}$$

$$=\lim_{n\to\infty}\frac{\left(\dfrac{r-1}{r}\right)r^n}{r^n-1}$$

$$=\frac{r-1}{r}=\frac{3}{4}\ \Rightarrow\ 4r-4=3r\ \Rightarrow\ r=4$$

답   4

075

$$\sqrt{9n^2+4}<\sqrt{na_n}<3n+2$$

모두 양수이므로 양변에 제곱을 해도 부등호 방향은 변하지 않는다.

$$9n^2+4<na_n<(3n+2)^2$$

양변에 $\dfrac{1}{n^2}$ 를 곱하면

$$\frac{9n^2+4}{n^2}<\frac{a_n}{n}<\frac{(3n+2)^2}{n^2}$$

$$\lim_{n\to\infty}\frac{9n^2+4}{n^2}=9,\quad \lim_{n\to\infty}\frac{9n^2+12n+4}{n^2}=9\ \text{이므로}$$

수열의 극한의 대소 관계에 의하여

$$\lim_{n\to\infty}\frac{a_n}{n}=9\ \text{이다.}$$

답   ④

076

곡선 $y=x^2-(n+1)x+a_n$ 이 x 축과 만나므로
이차방정식 $x^2-(n+1)x+a_n=0$ 은 실근을 갖는다.

판별식을 사용하면

$$D\geq 0\ \Rightarrow\ (n+1)^2-4a_n\geq 0\ \Rightarrow\ a_n\leq\frac{(n+1)^2}{4}$$

곡선 $y=x^2-nx+a_n$ 은 x 축과 만나지 않으므로
이차방정식 $x^2-nx+a_n=0$ 은 실근을 갖지 않는다.
판별식을 사용하면

$$D<0\ \Rightarrow\ n^2-4a_n<0\ \Rightarrow\ \frac{n^2}{4}<a_n$$

a_n 의 범위를 구하면 다음과 같다.

$$\frac{n^2}{4}<a_n\leq\frac{(n+1)^2}{4}$$

양변에 $\dfrac{1}{n^2}$ 을 곱하면

$$\frac{n^2}{4n^2}<\frac{a_n}{n^2}\leq\frac{(n+1)^2}{4n^2}$$

$$\lim_{n\to\infty}\frac{n^2}{4n^2}=\frac{1}{4},\quad \lim_{n\to\infty}\frac{n^2+2n+1}{4n^2}=\frac{1}{4}\ \text{이므로}$$

수열의 극한의 대소 관계에 의하여

$$\lim_{n\to\infty}\frac{a_n}{n^2}=\frac{1}{4}\ \text{이다.}$$

답   ⑤

077

$a_1=a,\ \ \text{공차}=d$ 라 하면
$a_3=5\ \Rightarrow\ a+2d=5$
$a_6=11\ \Rightarrow\ a+5d=11$
이므로 $a=1,\ d=2$ 이다.
$a_n=a+(n-1)d=1+(n-1)2=2n-1$

따라서

$$\lim_{n\to\infty} \sqrt{n}\left(\sqrt{a_{n+1}}-\sqrt{a_n}\right)=\lim_{n\to\infty} \sqrt{n}\left(\sqrt{2n+1}-\sqrt{2n-1}\right)$$

$$=\lim_{n\to\infty} \sqrt{n}\,\frac{2n+1-(2n-1)}{\sqrt{2n+1}+\sqrt{2n-1}}$$

$$=\lim_{n\to\infty} \frac{2\sqrt{n}}{2\sqrt{2n}}=\frac{1}{\sqrt{2}}=\frac{\sqrt{2}}{2}$$

이다.

답 ②

078

등비수열 $\{r^n\}$ 의 수렴조건은 $-1<r\le 1$ 이므로

$a_n=\left(\dfrac{|k|}{3}-2\right)^n$ 이 수렴하려면

$$-1<\frac{|k|}{3}-2\le 1 \;\Rightarrow\; -3<|k|-6\le 3 \;\Rightarrow\; 3<|k|\le 9$$

범위를 만족하는 정수 k 는 다음과 같다.

$$k=-4,\ 4,\ -5,\ 5,\ -6,\ 6,\ -7,\ 7,\ -8,\ 8,\ -9,\ 9$$

따라서 모든 정수 k 의 개수는 12 이다.

답 ③

079

(가) $20-\dfrac{1}{n}<a_n+b_n<20+\dfrac{1}{n}$

　양변에 -1 을 곱하면

　$-20-\dfrac{1}{n}<-a_n-b_n<-20+\dfrac{1}{n}\ \cdots\ \bigcirc$

(나) $10-\dfrac{1}{n}<a_n-b_n<10+\dfrac{1}{n}\ \cdots\ \bigcirc$

$\bigcirc$과 $\bigcirc$을 변끼리 더하면 다음과 같다.

$$-10-\frac{2}{n}<-2b_n<-10+\frac{2}{n}$$

양변에 $-\dfrac{1}{2}$ 을 곱하면

$$5-\frac{1}{n}<b_n<5+\frac{1}{n}$$

$$\lim_{n\to\infty}\left(5-\frac{1}{n}\right)=5,\ \lim_{n\to\infty}\left(5+\frac{1}{n}\right)=5 \text{ 이므로}$$

수열의 극한의 대소 관계에 의하여

$\displaystyle\lim_{n\to\infty} b_n=5$ 이다.

답 ③

080

$$\lim_{n\to\infty}\frac{\left(\dfrac{m}{5}\right)^{n+1}+2}{\left(\dfrac{m}{5}\right)^{n}+1}=2$$

m 은 자연수이므로 다음과 같이 case분류할 수 있다.

① $0<\dfrac{m}{5}<1 \;\Rightarrow\; 0<m<5$

$$\lim_{n\to\infty}\frac{\left(\dfrac{m}{5}\right)^{n+1}+2}{\left(\dfrac{m}{5}\right)^{n}+1}=\frac{0+2}{0+1}=2 \text{ 이므로 조건을 만족한다.}$$

② $\dfrac{m}{5}=1 \;\Rightarrow\; m=5$

$$\lim_{n\to\infty}\frac{\left(\dfrac{m}{5}\right)^{n+1}+2}{\left(\dfrac{m}{5}\right)^{n}+1}=\lim_{n\to\infty}\frac{1^{n+1}+2}{1^n+1}=\frac{3}{2} \text{ 이므로}$$

조건을 만족하지 않는다.

③ $\dfrac{m}{5}>1 \;\Rightarrow\; m>5$

$$\lim_{n\to\infty}\frac{\left(\dfrac{m}{5}\right)^{n+1}+2}{\left(\dfrac{m}{5}\right)^{n}+1}=\lim_{n\to\infty}\frac{\dfrac{m}{5}\times\left(\dfrac{m}{5}\right)^{n}}{\left(\dfrac{m}{5}\right)^{n}}=\frac{m}{5}=2$$

$$\Rightarrow\; m=10$$

①,②,③에 의하여 $\displaystyle\lim_{n\to\infty}\frac{\left(\dfrac{m}{5}\right)^{n+1}+2}{\left(\dfrac{m}{5}\right)^{n}+1}=2$ 가 되도록 하는

자연수 m 을 구하면 $1,\ 2,\ 3,\ 4,\ 10$ 이다.
따라서 자연수 m 의 개수는 5 이다.

답 ①

081

$$\lim_{n\to\infty}\frac{2\times\left(\dfrac{k}{4}\right)^{2n+1}-1}{\left(\dfrac{k}{4}\right)^{2n}+3}=-\frac{1}{3}$$

080번 문제와 맥이 같은데 차이점이라면 k 가 정수인 것과

공비가 $\left(\dfrac{k}{4}\right)^{2}$ 이라는 것이다.

Guide step과 Training-1step에서 공비가 r^2인 수열의
수렴조건은 공비가 r인 수열의 수렴조건과 같다고
학습하였다. 이를 고려하여 분류하면 다음과 같다.

① $\left| \dfrac{k}{4} \right| < 1 \Rightarrow -1 < \dfrac{k}{4} < 1 \Rightarrow -4 < k < 4$

$$\lim_{n \to \infty} \dfrac{2 \times \left(\dfrac{k}{4} \right)^{2n+1} - 1}{\left(\dfrac{k}{4} \right)^{2n} + 3} = \dfrac{0-1}{0+3} = -\dfrac{1}{3}\ \text{이므로}$$

조건을 만족한다.

② $\left| \dfrac{k}{4} \right| > 1 \Rightarrow \dfrac{k}{4} < -1 \ \text{or}\ \dfrac{k}{4} > 1 \Rightarrow k < -4 \ \text{or}\ k > 4$

$$\lim_{n \to \infty} \dfrac{2 \times \left(\dfrac{k}{4} \right)^{2n+1} - 1}{\left(\dfrac{k}{4} \right)^{2n} + 3} = \lim_{n \to \infty} \dfrac{\dfrac{k}{2} \times \left(\dfrac{k}{4} \right)^{2n}}{\left(\dfrac{k}{4} \right)^{2n}} = \dfrac{k}{2} = -\dfrac{1}{3}$$

$\Rightarrow k = -\dfrac{2}{3}$

k는 정수이므로 조건을 만족하지 않는다.

③ $\left| \dfrac{k}{4} \right| = 1 \Rightarrow \dfrac{k}{4} = -1 \ \text{or}\ \dfrac{k}{4} = 1 \Rightarrow k = -4 \ \text{or}\ k = 4$

i) $k = -4$

$$\lim_{n \to \infty} \dfrac{2 \times \left(\dfrac{k}{4} \right)^{2n+1} - 1}{\left(\dfrac{k}{4} \right)^{2n} + 3} = \lim_{n \to \infty} \dfrac{2 \times (-1)^{2n+1} - 1}{(-1)^{2n} + 3}$$

$$= \dfrac{-2-1}{1+3} = -\dfrac{3}{4}$$

$f(k) \neq -\dfrac{1}{3}$ 이므로 조건을 만족하지 않는다.

ii) $k = 4$

$$\lim_{n \to \infty} \dfrac{2 \times \left(\dfrac{k}{4} \right)^{2n+1} - 1}{\left(\dfrac{k}{4} \right)^{2n} + 3} = \lim_{n \to \infty} \dfrac{2 \times 1^{2n+1} - 1}{1^{2n} + 3}$$

$$= \dfrac{2-1}{1+3} = \dfrac{1}{4}$$

$f(k) \neq -\dfrac{1}{3}$ 이므로 조건을 만족하지 않는다.

①,②,③에 의하여

$$\lim_{n \to \infty} \dfrac{2 \times \left(\dfrac{k}{4} \right)^{2n+1} - 1}{\left(\dfrac{k}{4} \right)^{2n} + 3} = -\dfrac{1}{3}\ \text{이 되도록 하는}$$

정수 k를 구하면 $-3,\ -2,\ -1,\ 0,\ 1,\ 2,\ 3$ 이다.
따라서 정수 k의 개수는 7 이다.

답　②

082

$x^2 + y^2 = n^2$와 $y = \dfrac{1}{n}x$의 교점(제 1 사분면)의 y좌표를
구해보자.

$x^2 + y^2 = n^2, \quad ny = x$ 를 연립하면

$n^2 y^2 + y^2 = n^2 \Rightarrow y^2 = \dfrac{n^2}{n^2 + 1} \Rightarrow y = \sqrt{\dfrac{n^2}{n^2+1}}\ (\because y > 0)$

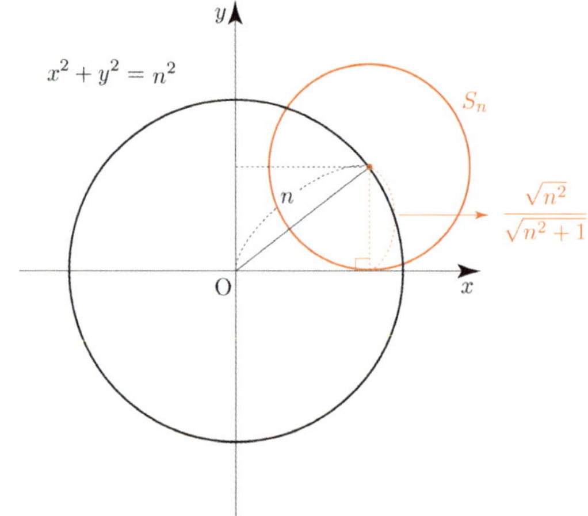

교점의 y좌표가 원의 반지름이므로 $S_n = \dfrac{n^2}{n^2 + 1}\pi$ 이다.

따라서 $\displaystyle\lim_{n \to \infty} S_n = \lim_{n \to \infty} \dfrac{\pi n^2}{n^2 + 1} = \pi$ 이다.

답　④

083

$a_1 = 4, \ a_1 - a_2 + a_3 - a_4 + a_5 = 28$
공차를 d 라 하면

$a_1 - a_2 + a_3 - a_4 + a_5 = -d - d + 4 + 4d = 4 + 2d = 28$

$\Rightarrow d = 12$
이므로 $a_n = 4 + (n-1)12 = 12n - 8$ 이다.

따라서 $\displaystyle\lim_{n \to \infty} \dfrac{a_n}{n} = \lim_{n \to \infty} \dfrac{12n - 8}{n} = 12$ 이다.

답　12

084

$$S_n = 1 + 2 + 3 + \cdots + n$$

$$P_n = \frac{S_2}{S_2 - 1} \times \frac{S_3}{S_3 - 1} \times \frac{S_4}{S_4 - 1} \times \cdots \times \frac{S_n}{S_n - 1}$$

$$S_n = 1 + 2 + 3 + \cdots + n = \frac{n(n+1)}{2}$$

$$\frac{S_n}{S_n - 1} = \frac{\dfrac{n(n+1)}{2}}{\dfrac{n(n+1)}{2} - 1} = \frac{n(n+1)}{n^2 + n - 2} = \frac{n(n+1)}{(n-1)(n+2)}$$

이므로

$$P_n = \frac{S_2}{S_2 - 1} \times \frac{S_3}{S_3 - 1} \times \frac{S_4}{S_4 - 1} \times \cdots \times \frac{S_n}{S_n - 1}$$

$$= \frac{2 \times 3}{1 \times 4} \times \frac{3 \times 4}{2 \times 5} \times \frac{4 \times 5}{3 \times 6} \times \cdots$$

$$\times \frac{(n-1)n}{(n-2)(n+1)} \times \frac{n(n+1)}{(n-1)(n+2)}$$

$$= \left(\frac{2}{1} \times \frac{3}{2} \times \frac{4}{3} \times \cdots \times \frac{n-1}{n-2} \times \frac{n}{n-1} \right)$$

$$\times \left(\frac{3}{4} \times \frac{4}{5} \times \frac{5}{6} \times \cdots \times \frac{n}{n+1} \times \frac{n+1}{n+2} \right)$$

$$= \frac{n}{1} \times \frac{3}{n+2} = \frac{3n}{n+2}$$

따라서 $\displaystyle\lim_{n \to \infty} P_n = \lim_{n \to \infty} \frac{3n}{n+2} = 3$ 이다.

답 ③

$$h(x) = \lim_{n \to \infty} \frac{\{f(x)\}^{n+1} + 5\{g(x)\}^n}{\{f(x)\}^n + \{g(x)\}^n}$$

$f(2) = 4$, $f(2) > g(2)$ 이므로

$$h(2) = \lim_{n \to \infty} \frac{\{f(2)\}^{n+1} + 5\{g(2)\}^n}{\{f(2)\}^n + \{g(2)\}^n}$$

$$= \lim_{n \to \infty} \frac{4 \times 4^n}{4^n} = 4$$

$f(3) = g(3) = 3$ 이므로

$$h(3) = \lim_{n \to \infty} \frac{\{f(3)\}^{n+1} + 5\{g(3)\}^n}{\{f(3)\}^n + \{g(3)\}^n}$$

$$= \lim_{n \to \infty} \frac{3 \times 3^n + 5 \times 3^n}{3^n + 3^n}$$

$$= \frac{3 + 5}{2} = \frac{8}{2} = 4$$

따라서 $h(2) + h(3) = 4 + 4 = 8$ 이다.

답 ③

$$(x-3)^2 = n \implies x^2 - 6x + 9 - n = 0$$

두 근이 α, β 이므로 이차방정식의 근과 계수의 관계에
의하여 두 근의 합과 곱은 다음과 같다.

$$\alpha + \beta = 6, \quad \alpha\beta = 9 - n$$

$$(\alpha - \beta)^2 = (\alpha + \beta)^2 - 4\alpha\beta = 36 - 4(9 - n)$$

$$= 4n$$

$$\implies \sqrt{(\alpha - \beta)^2} = \sqrt{4n} \implies |\alpha - \beta| = 2\sqrt{n} = h(n)$$

따라서

$$\lim_{n \to \infty} \sqrt{n} \, \{h(n+1) - h(n)\} = \lim_{n \to \infty} \sqrt{n} \, (2\sqrt{n+1} - 2\sqrt{n})$$

$$= \lim_{n \to \infty} 2\sqrt{n} \, \frac{n+1-n}{\sqrt{n+1} + \sqrt{n}}$$

$$= \lim_{n \to \infty} \frac{2\sqrt{n}}{\sqrt{n+1} + \sqrt{n}}$$

$$= \frac{2}{1+1} = 1$$

이다.

답 ②

$$P(0, \, 2n+1), \; Q\left(\sqrt{\frac{1}{n}}, \, 1 \right), \; R(0, \, 1)$$

삼각형 PRQ 에서 밑변을 선분 PR 이라 하면
높이는 점 Q 의 x 좌표와 같으므로

$$\overline{PR} = 2n + 1 - 1 = 2n, \; 높이 \; h = \frac{1}{\sqrt{n}}$$

$$S_n = \frac{1}{2} \times \overline{PR} \times h = \frac{1}{2} \times 2n \times \frac{1}{\sqrt{n}} = \frac{n}{\sqrt{n}} = \sqrt{n}$$

$$l_n = \sqrt{\left(\frac{1}{\sqrt{n}}\right)^2 + (2n+1-1)^2} = \sqrt{\frac{1}{n}+4n^2}$$

따라서 $\displaystyle\lim_{n\to\infty}\frac{S_n^2}{l_n} = \lim_{n\to\infty}\frac{n}{\sqrt{4n^2+\dfrac{1}{n}}} = \frac{1}{2}$ 이다.

$$\boxed{\text{답}} \quad ⑤$$

088

$A_n(n,\ \sqrt{5n+4})$, $B_n(n,\ \sqrt{2n-1})$ 이므로

$$\overline{OA_n} = a_n = \sqrt{n^2+(\sqrt{5n+4})^2} = \sqrt{n^2+5n+4}$$

$$\overline{OB_n} = b_n = \sqrt{n^2+(\sqrt{2n-1})^2} = \sqrt{n^2+2n-1}$$

따라서

$$\lim_{n\to\infty}\frac{12}{a_n-b_n} = \lim_{n\to\infty}\frac{12}{\sqrt{n^2+5n+4}-\sqrt{n^2+2n-1}}$$

$$= \lim_{n\to\infty}\frac{12\left(\sqrt{n^2+5n+4}+\sqrt{n^2+2n-1}\right)}{n^2+5n+4-(n^2+2n-1)}$$

$$= \lim_{n\to\infty}\frac{12\left(\sqrt{n^2+5n+4}+\sqrt{n^2+2n-1}\right)}{3n+5}$$

$$= \lim_{n\to\infty}\frac{12(n+n)}{3n} = \frac{24}{3} = 8$$

이다.

$$\boxed{\text{답}} \quad ③$$

089

직선 $y=\dfrac{1}{n}$ 과 원 $x^2+(y-1)^2=1$ 의 두 교점을 각각 A_n, B_n

$$x^2+\left(\frac{1}{n}-1\right)^2 = 1 \ \Rightarrow\ x^2 = 1-\left(\frac{1-n}{n}\right)^2$$

$$\Rightarrow\ x^2 = 1-\left(\frac{n^2-2n+1}{n^2}\right)$$

$$\Rightarrow\ x^2 = \frac{n^2-n^2+2n-1}{n^2} = \frac{2n-1}{n^2}$$

$$\Rightarrow\ x = \pm\frac{\sqrt{2n-1}}{n}$$

$A_n\left(-\dfrac{\sqrt{2n-1}}{n},\ \dfrac{1}{n}\right)$, $B_n\left(\dfrac{\sqrt{2n-1}}{n},\ \dfrac{1}{n}\right)$ 이므로

$$l_n = \frac{\sqrt{2n-1}}{n}-\left(-\frac{\sqrt{2n-1}}{n}\right) = \frac{2\sqrt{2n-1}}{n}$$

따라서 $\displaystyle\lim_{n\to\infty}n(l_n)^2 = \lim_{n\to\infty}\left(n\times\frac{4(2n-1)}{n^2}\right) = \lim_{n\to\infty}\frac{8n-4}{n} = 8$

이다.

$$\boxed{\text{답}} \quad ④$$

090

$a>0$

$$\lim_{n\to\infty}\left(\sqrt{an^2+4n}-bn\right) = \lim_{n\to\infty}\frac{an^2+4n-b^2n^2}{\sqrt{an^2+4n}+bn}$$

$$= \lim_{n\to\infty}\frac{(a-b^2)n^2+4n}{\sqrt{an^2+4n}+bn}$$

수열 $\left\{\dfrac{(a-b^2)n^2+4n}{\sqrt{an^2+4n}+bn}\right\}$ 이 $\dfrac{1}{5}$ 으로 수렴하기 위해서는

분자의 최고차항이 n 차이어야 한다.

$$\Rightarrow\ a-b^2=0 \ \Rightarrow\ a=b^2$$

$$\lim_{n\to\infty}\frac{4n}{\sqrt{an^2+4n}+bn} = \lim_{n\to\infty}\frac{4n}{\sqrt{b^2n^2+4n}+bn}$$

$$= \lim_{n\to\infty}\frac{4n}{bn+bn} = \frac{2}{b} = \frac{1}{5}$$

$$\Rightarrow\ a=100,\ b=10$$

따라서 $a+b=110$ 이다.

$$\boxed{\text{답}} \quad 110$$

091

$$a_k = \lim_{n\to\infty}\frac{\left(\dfrac{6}{k}\right)^{n+1}}{\left(\dfrac{6}{k}\right)^n+1}$$

k 는 자연수이므로 다음과 같이 case분류할 수 있다.

① $0<\dfrac{6}{k}<1 \ \Rightarrow\ 6<k$

$$a_k = \lim_{n\to\infty}\frac{\left(\dfrac{6}{k}\right)^{n+1}}{\left(\dfrac{6}{k}\right)^n+1} = \frac{0}{0+1} = 0$$

② $\dfrac{6}{k}=1 \ \Rightarrow\ k=6$

$$a_6 = \lim_{n\to\infty}\frac{1^{n+1}}{1^n+1} = \frac{1}{2}$$

③ $\dfrac{6}{k} > 1 \Rightarrow 0 < k < 6$

$$a_k = \lim_{n \to \infty} \frac{\left(\dfrac{6}{k}\right)^{n+1}}{\left(\dfrac{6}{k}\right)^n + 1} = \lim_{n \to \infty} \frac{\dfrac{6}{k} \times \left(\dfrac{6}{k}\right)^n}{\left(\dfrac{6}{k}\right)^n + 1} = \frac{6}{k}$$

따라서 $\displaystyle\sum_{k=1}^{10} k a_k = a_1 + 2a_2 + 3a_3 + 4a_4 + 5a_5 + 6a_6$
$$= 6 + 6 + 6 + 6 + 6 + 3 = 33$$

이다.

답   33

092

$A_n(n,\ 0)$, $B_n(n,\ 3)$, $P(1,\ 0)$

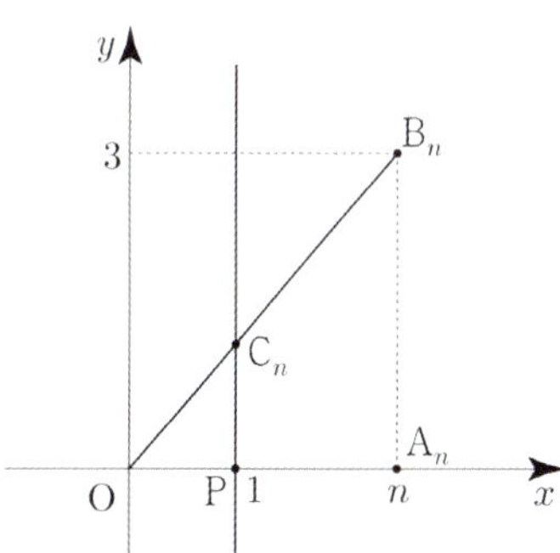

직선 OB_n 의 방정식은 $y = \dfrac{3}{n}x$ 이므로 $C_n\left(1,\ \dfrac{3}{n}\right)$ 이다.

$\overline{PC_n} = \dfrac{3}{n}$, $\overline{OB_n} = \sqrt{n^2 + 9}$, $\overline{OA_n} = n$ 이므로

$$\lim_{n \to \infty} \frac{\overline{PC_n}}{\overline{OB_n} - \overline{OA_n}} = \lim_{n \to \infty} \frac{\dfrac{3}{n}}{\sqrt{n^2+9} - n} = \lim_{n \to \infty} \frac{3\left(\sqrt{n^2+9} + n\right)}{n(n^2 + 9 - n^2)}$$
$$= \lim_{n \to \infty} \frac{3\left(\sqrt{n^2+9} + n\right)}{9n} = \frac{6}{9} = \frac{2}{3}$$

따라서 $p + q = 5$ 이다.

답   5

093

점 $(n,\ n)$ 에서 직선 $y = x$ 와 접하는 원의 중심 $(a_n,\ b_n)$ 은
직선 $y = -x + 2n$ 위에 있으므로 $b_n = -a_n + 2n$ 이다.

이때 원의 중심이 두 점 $(n,\ n)$, $(1, 0)$ 으로부터
같은 거리만큼 떨어져 있으므로

$$\sqrt{(a_n - n)^2 + \{(-a_n + 2n) - n\}^2} = \sqrt{(a_n - 1)^2 + (-a_n + 2n)^2}$$
$$\Rightarrow (a_n - n)^2 + \{(-a_n + 2n) - n\}^2 = (a_n - 1)^2 + (-a_n + 2n)^2$$
$$\Rightarrow a_n = \frac{2n^2 + 1}{2},\ b_n = -\frac{2n^2 + 1}{2} + 2n$$

$$a_n - b_n = 2n^2 - 2n + 1$$

따라서 $\displaystyle\lim_{n \to \infty} \frac{a_n - b_n}{n^2} = \lim_{n \to \infty} \frac{2n^2 - 2n + 1}{n^2} = 2$ 이다.

답   2

094

$P_n(4^n,\ 2^n)$, $P_{n+1}(4^{n+1},\ 2^{n+1})$ 이므로
$$L_n = \sqrt{(4^{n+1} - 4^n)^2 + (2^{n+1} - 2^n)^2} = \sqrt{(3 \times 4^n)^2 + (2^n)^2}$$
$$= \sqrt{9 \times 16^n + 4^n}$$

따라서 $\displaystyle\lim_{n \to \infty} \left(\frac{L_{n+1}}{L_n}\right)^2 = \lim_{n \to \infty} \frac{9 \times 16^{n+1} + 4^{n+1}}{9 \times 16^n + 4^n} = \frac{9 \times 16}{9} = 16$

이다.

답   16

095

(가) $4^n < a_n < 4^n + 1$

양변에 $\dfrac{1}{4^n}$ 을 곱하면

$1 < \dfrac{a_n}{4^n} < 1 + \dfrac{1}{4^n}$

$\displaystyle\lim_{n \to \infty} 1 = 1$, $\displaystyle\lim_{n \to \infty} \left(1 + \frac{1}{4^n}\right) = 1$ 이므로

수열의 극한의 대소 관계에 의하여

$\displaystyle\lim_{n \to \infty} \frac{a_n}{4^n} = 1$ 이다.

(나) $2 + 2^2 + \cdots + 2^n < b_n < 2^{n+1}$

$\Rightarrow \dfrac{2(2^n - 1)}{2 - 1} < b_n < 2^{n+1}$

$\Rightarrow 2^{n+1} - 2 < b_n < 2^{n+1}$

$2^{n+1} - 2 < b_n < 2^{n+1}$ 양변에 $\dfrac{1}{4^n}$ 을 곱하면

$$2^{n+1}-2<b_n<2^{n+1} \Rightarrow \frac{2^{n+1}-2}{4^n}<\frac{b_n}{4^n}<\frac{2^{n+1}}{4^n}$$

$$\lim_{n\to\infty}\frac{2^{n+1}-2}{4^n}=0,\ \lim_{n\to\infty}\frac{2^{n+1}}{4^n}=0\text{ 이므로}$$

수열의 극한의 대소 관계에 의하여

$$\lim_{n\to\infty}\frac{b_n}{4^n}=0\text{ 이다.}$$

또한 $2^{n+1}-2<b_n<2^{n+1}$ 양변에 $\dfrac{1}{2^n}$ 을 곱하면

$$2^{n+1}-2<b_n<2^{n+1} \Rightarrow \frac{2^{n+1}-2}{2^n}<\frac{b_n}{2^n}<\frac{2^{n+1}}{2^n}$$

$$\lim_{n\to\infty}\frac{2^{n+1}-2}{2^n}=2,\ \lim_{n\to\infty}\frac{2^{n+1}}{2^n}=2\text{ 이므로}$$

수열의 극한의 대소 관계에 의하여

$$\lim_{n\to\infty}\frac{b_n}{2^n}=2\text{ 이다.}$$

따라서 $\displaystyle\lim_{n\to\infty}\frac{4a_n+b_n}{2a_n+2^nb_n}=\lim_{n\to\infty}\frac{4\left(\dfrac{a_n}{4^n}\right)+\left(\dfrac{b_n}{4^n}\right)}{2\left(\dfrac{a_n}{4^n}\right)+\left(\dfrac{b_n}{2^n}\right)}$

$$=\frac{4+0}{2+2}=1$$

이다.

답 ③

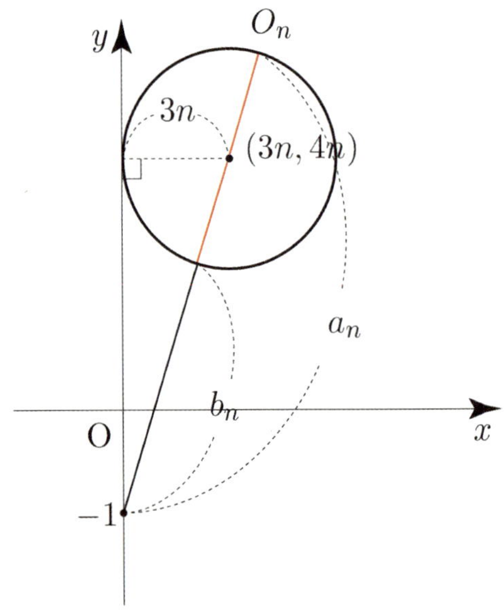

096

원의 중심 $(3n,\ 4n)$ 과 점 $(0,\ -1)$ 사이의 거리는

$$\sqrt{(3n)^2+(4n+1)^2}$$

$$=\sqrt{9n^2+16n^2+8n+1}=\sqrt{25n^2+8n+1}$$

이고 원 O_n 의 반지름은 $3n$ 이므로

$$a_n=\sqrt{25n^2+8n+1}+3n$$

$$b_n=\sqrt{25n^2+8n+1}-3n$$

이다.

따라서

$$\lim_{n\to\infty}\frac{a_n}{b_n}=\lim_{n\to\infty}\frac{\sqrt{25n^2+8n+1}+3n}{\sqrt{25n^2+8n+1}-3n}=\lim_{n\to\infty}\frac{5n+3n}{5n-3n}=\frac{8}{2}=4$$

이다.

답 4

> **Tip**
>
> Guide step에서 유리화를 필요로 하는 $\infty-\infty$ 꼴의 극한값을 계산하려면 반드시 전자, 후자의 최고차항의 차수와 계수가 모두 같은지 확인해줘야 한다고 배웠고 만약 최고차항의 차수와 계수가 같지 않다면 굳이 유리화를 할 필요가 없고 $\dfrac{\infty}{\infty}$ 로 처리하면 된다고 배웠다.
>
> 즉, 096번 마지막 계산시 분모 $\sqrt{25n^2+8n+1}-3n$ 에서 전자, 후자의 최고차항의 계수가 다르기 때문에 유리화하지 말고 $\dfrac{\infty}{\infty}$ 꼴로 처리해주면 된다.

$$f(x)=\sum_{k=1}^{n}\left(x-\frac{k}{n}\right)^2=\sum_{k=1}^{n}\left(x^2-\frac{2k}{n}x+\frac{k^2}{n^2}\right)$$

$$=x^2\sum_{k=1}^{n}1-\frac{2x}{n}\sum_{k=1}^{n}k+\frac{1}{n^2}\sum_{k=1}^{n}k^2$$

$$=nx^2-\frac{2x}{n}\times\frac{n(n+1)}{2}+\frac{1}{n^2}\times\frac{n(n+1)(2n+1)}{6}$$

$$=nx^2-(n+1)x+\frac{(n+1)(2n+1)}{6n}$$

$f'(x)=2nx-(n+1)$ 이므로

$f(x)$ 는 $x=\dfrac{n+1}{2n}$ 에서 최솟값을 갖는다.

$$a_n = f\left(\frac{n+1}{2n}\right) = n\left(\frac{n+1}{2n}\right)^2 - \frac{(n+1)^2}{2n} + \frac{(n+1)(2n+1)}{6n}$$

$$= \frac{(n+1)^2}{4n} - \frac{(n+1)^2}{2n} + \frac{(n+1)(2n+1)}{6n}$$

$$= -\frac{(n+1)^2}{4n} + \frac{(n+1)(2n+1)}{6n}$$

$$= \frac{-3(n+1)^2 + 2(n+1)(2n+1)}{12n}$$

$$= \frac{(n+1)(-3n-3+4n+2)}{12n}$$

$$= \frac{(n+1)(n-1)}{12n}$$

따라서 $\displaystyle\lim_{n\to\infty}\frac{a_n}{n} = \lim_{n\to\infty}\frac{n^2-1}{12n^2} = \frac{1}{12}$ 이다.

답   ①

098

$A(1,\ 4)$, $B(1,\ -6)$, $P_n\left(n+1,\ \dfrac{4}{n+1}\right)$,

$Q_n\left(n+1,\ -\dfrac{6}{n+1}\right)$

이므로 사다리꼴 ABQ_nP_n 의 넓이를 구하면

$$S_n = \frac{1}{2}\times\left(\overline{AB}+\overline{P_nQ_n}\right)\times h = \frac{1}{2}\times\left(10+\frac{10}{n+1}\right)\times n$$

$$= 5n + \frac{5n}{n+1}$$

따라서 $\displaystyle\lim_{n\to\infty}\frac{S_n}{n} = \lim_{n\to\infty}\left(5+\frac{5}{n+1}\right) = 5$ 이다.

답   5

099

방정식 $\tan x = n$ 의 실근이 a_n 인데
직접 a_n 의 일반항을 구하기 어렵다.

어떻게 $\displaystyle\lim_{n\to\infty}\frac{a_n}{n}$ 값을 구할 수 있을까?

Guide Step에서 c_n 의 극한값을 직접적으로 구할 수 없을 때,
대소 관계 $(a_n \le c_n \le b_n)$ 를 이용하여 c_n 의 극한값을
간접적으로 구할 수 있다고 배웠다.

이를 이용하여 $\displaystyle\lim_{n\to\infty}\frac{a_n}{n}$ 의 값을 구해보자.

점근선을 이용하여 a_n 의 범위를 구하면

$$0 < a_1 < \frac{\pi}{2}$$

$$\pi < a_2 < \frac{3}{2}\pi$$

$$2\pi < a_3 < \frac{5}{2}\pi$$

$$\vdots$$

$$(n-1)\pi < a_n < \frac{2n-1}{2}\pi$$

$(n-1)\pi < a_n < \dfrac{2n-1}{2}\pi$ 의 양변에 $\dfrac{1}{n}$ 을 곱하면

$$\frac{n-1}{n}\pi < \frac{a_n}{n} < \frac{2n-1}{2n}\pi$$

$\displaystyle\lim_{n\to\infty}\frac{n-1}{n}\pi = \pi$, $\displaystyle\lim_{n\to\infty}\frac{2n-1}{2n}\pi = \pi$ 이므로
수열의 극한의 대소 관계에 의하여

$$\lim_{n\to\infty}\frac{a_n}{n} = \pi \text{ 이다.}$$

답   ④

100

$A_n(n,\ 1)$, $B_n(n,\ 0)$

점 C_n 의 좌표를 구하기 위해서 삼각형 A_nOB_n 의 내접원의
반지름의 길이를 구해보자.

반지름의 길이를 r 이라 하면 다음과 같은 등식이 성립한다.
(규토 라이트 N제 수학1 사인법칙과 코사인법칙 단원 참고)

삼각형 A_nOB_n 의 넓이 $= \dfrac{\overline{OA_n}+\overline{OB_n}+\overline{A_nB_n}}{2}\times r$

$$\Rightarrow \frac{1}{2}\times n\times 1 = \frac{\sqrt{n^2+1}+n+1}{2}\times r$$

$$\Rightarrow r = \frac{n}{\sqrt{n^2+1}+n+1}$$

삼각형 A_nOC_n 의 밑변을 선분 OA_n 라 하면
높이는 원의 반지름과 같으므로

$$S_n = \frac{1}{2} \times r \times \overline{OA_n} = \frac{1}{2} \times \frac{n}{\sqrt{n^2+1}+n+1} \times \sqrt{n^2+1}$$

$$= \frac{n\sqrt{n^2+1}}{2\sqrt{n^2+1}+2n+2}$$

따라서 $\displaystyle\lim_{n\to\infty}\frac{S_n}{n} = \lim_{n\to\infty}\frac{\sqrt{n^2+1}}{2\sqrt{n^2+1}+2n+2} = \frac{1}{4}$ 이다.

답 ③

101

$$\lim_{n\to\infty}\frac{|nf(a)-1|-nf(a)}{2n+3}=1$$

절댓값을 벗기기 위해서 $nf(a)-1$ 의 범위에 따라
case분류해보자.

① $nf(a)-1 \geq 0$ 일 때
$$\lim_{n\to\infty}\frac{|nf(a)-1|-nf(a)}{2n+3} = \lim_{n\to\infty}\frac{nf(a)-1-nf(a)}{2n+3}$$
$$= \lim_{n\to\infty}\frac{-1}{2n+3}=0$$

이므로 조건을 만족하지 않는다.

② $nf(a)-1 < 0$ 일 때
$$\lim_{n\to\infty}\frac{|nf(a)-1|-nf(a)}{2n+3} = \lim_{n\to\infty}\frac{-nf(a)+1-nf(a)}{2n+3}$$
$$= \lim_{n\to\infty}\frac{-2f(a)n+1}{2n+3}$$
$$= -f(a)=1$$
$$\Rightarrow f(a)=-1$$

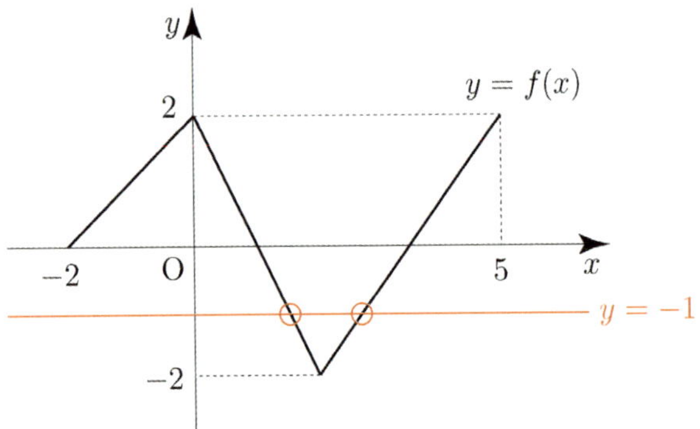

그래프에서 $f(a)=-1$ 를 만족시키는 상수 a 는 2개
존재한다.

따라서 상수 a 의 개수는 2 이다.

답 ②

> **Tip**
>
> 절댓값 처리과정에서 2026 라이트 N제 수2
> 함수의 극한 Master step 086번과
> 도함수의 활용 Master step 234번이 떠올랐다면 Good이다~

102

$$f(x)=\lim_{n\to\infty}\frac{(a-2)x^{2n+1}+2x}{3x^{2n}+1}$$
$$(f \circ f)(1)=\frac{5}{4}$$

$$f(1)=\lim_{n\to\infty}\frac{(a-2)\times 1^{2n+1}+2}{3\times 1^{2n}+1}=\frac{a}{4}$$

즉, $f\left(\dfrac{a}{4}\right)=\lim_{n\to\infty}\dfrac{(a-2)\times\left(\dfrac{a}{4}\right)^{2n+1}+\dfrac{a}{2}}{3\times\left(\dfrac{a}{4}\right)^{2n}+1}=\dfrac{5}{4}$ 를 만족시키는

a 의 값을 구하면 된다.

공비가 $\left(\dfrac{a}{4}\right)^2$ 이므로 이전 문제들에서 학습했듯이

공비가 $\dfrac{a}{4}$ 라고 생각하고 분류해보자.

> **Tip**
>
> 공비가 r^2 일 때도 공비가 r 일 때와 마찬가지로
> ① $|r|<1$ ② $|r|>1$ ③ $|r|=1$ 로 분류할 수 있다고
> 이전 문제들에서 정말 많이 학습하였다.
> 이제는 자연스럽게 분류할 수 있어야 한다.
> 혹시나 매끄럽지 못했다면 [개념확인 문제 12] 해설을
> 참고하도록 하자.

① $\left|\dfrac{a}{4}\right|<1 \Rightarrow -1<\dfrac{a}{4}<1 \Rightarrow -4<a<4$

$$\lim_{n\to\infty}\frac{(a-2)\times\left(\dfrac{a}{4}\right)^{2n+1}+\dfrac{a}{2}}{3\times\left(\dfrac{a}{4}\right)^{2n}+1}=\frac{0+\dfrac{a}{2}}{0+1}=\frac{a}{2}=\frac{5}{4}$$

$$\Rightarrow a=\frac{5}{2}$$

$a = \dfrac{5}{2}$ 는 $-4 < a < 4$ 에 속하므로 조건을 만족한다.

② $\left| \dfrac{a}{4} \right| > 1 \Rightarrow \dfrac{a}{4} < -1 \ \text{or} \ \dfrac{a}{4} > 1 \Rightarrow a < -4 \ \text{or} \ a > 4$

$$\lim_{n \to \infty} \frac{(a-2) \times \left(\dfrac{a}{4} \right)^{2n+1} + \dfrac{a}{2}}{3 \times \left(\dfrac{a}{4} \right)^{2n} + 1} = \lim_{n \to \infty} \frac{\dfrac{a(a-2)}{4} \times \left(\dfrac{a}{4} \right)^{2n} + \dfrac{a}{2}}{3 \times \left(\dfrac{a}{4} \right)^{2n} + 1}$$

$$= \frac{a(a-2)}{12} = \frac{5}{4}$$

$\Rightarrow a(a-2) = 15 \Rightarrow a^2 - 2a - 15 = 0 \Rightarrow (a-5)(a+3) = 0$

$\Rightarrow a = 5 \ \text{or} \ a = -3$

$a < -4 \ \text{or} \ a > 4$ 에 속하는 a 의 값은 5 이다.

③ $\left| \dfrac{a}{4} \right| = 1 \Rightarrow a = -4 \ \text{or} \ a = 4$

ⅰ) $a = -4$

$$\lim_{n \to \infty} \frac{(a-2) \times \left(\dfrac{a}{4} \right)^{2n+1} + \dfrac{a}{2}}{3 \times \left(\dfrac{a}{4} \right)^{2n} + 1} = \lim_{n \to \infty} \frac{(-6) \times (-1)^{2n+1} - 2}{3 \times (-1)^{2n} + 1}$$

$$= \frac{6-2}{3+1} = \frac{4}{4} = 1$$

이므로 조건을 만족하지 않는다.

ⅱ) $a = 4$

$$\lim_{n \to \infty} \frac{(a-2) \times \left(\dfrac{a}{4} \right)^{2n+1} + \dfrac{a}{2}}{3 \times \left(\dfrac{a}{4} \right)^{2n} + 1} = \lim_{n \to \infty} \frac{2 \times 1^{2n+1} + 2}{3 \times 1^{2n} + 1}$$

$$= \frac{2+2}{3+1} = \frac{4}{4} = 1$$

이므로 조건을 만족하지 않는다.

①, ②, ③에 의하여 조건을 만족하는 모든 a 의 값을 구하면 $\dfrac{5}{2}$, 5 이다.

따라서 모든 a 의 값의 합은 $\dfrac{5}{2} + 5 = \dfrac{15}{2}$ 이다.

답 ③

$a, \ b \ (a > 1, \ b > 1)$

$$\lim_{n \to \infty} \frac{3^n + a^{n+1}}{3^{n+1} + a^n} = a$$

① $a > 3$

$$\lim_{n \to \infty} \frac{3^n + a \times a^n}{3^{n+1} + a^n} = a$$ 이므로 조건을 만족시킨다.

② $1 < a < 3$

$$\lim_{n \to \infty} \frac{3^n + a^{n+1}}{3 \times 3^n + a^n} = \frac{1}{3} \Rightarrow a = \frac{1}{3}$$ 이므로 $a > 1$ 에 모순이다.

③ $a = 3$

$$\lim_{n \to \infty} \frac{3^n + 3^{n+1}}{3^{n+1} + 3^n} = 1 = a \Rightarrow a = 1$$ 이므로 $a = 3$ 에 모순이다.

즉, $a > 3$ 이어야 한다.

$$\lim_{n \to \infty} \frac{a^n + b^{n+1}}{a^{n+1} + b^n} = \frac{9}{a}$$

① $1 < b < a$

$$\lim_{n \to \infty} \frac{a^n + b^{n+1}}{a \times a^n + b^n} = \frac{1}{a} \Rightarrow \frac{1}{a} \neq \frac{9}{a}$$ 이므로 모순이다.

② $1 < a < b$

$$\lim_{n \to \infty} \frac{a^n + b \times b^n}{a^{n+1} + b^n} = b \Rightarrow b = \frac{9}{a}$$

이때, $a > 3$ 이므로 $1 < b < 3$ 이다.

즉, $1 < a < b$ 에 모순이다.

③ $1 < a = b \Rightarrow 3 < a = b \ (\because \ a > 3)$

$$\lim_{n \to \infty} \frac{a^n + a^{n+1}}{a^{n+1} + a^n} = 1 \Rightarrow 1 = \frac{9}{a} \Rightarrow a = 9, \ b = 9$$

따라서 $a + b = 18$ 이다.

답 18

$x > 0$ 에서 정의된 함수

$$f(x) = \lim_{n \to \infty} \frac{x^{n+1} + \left(\dfrac{4}{x}\right)^n}{x^n + \left(\dfrac{4}{x}\right)^{n+1}}$$

분모 분자에 $\left(\dfrac{x}{4}\right)^n$ 을 곱하여 공비를 하나로 만들면

$$f(x) = \lim_{n \to \infty} \frac{x \times \left(\dfrac{x^2}{4}\right)^n + 1}{\left(\dfrac{x^2}{4}\right)^n + \dfrac{4}{x}}$$

공비 $\dfrac{x^2}{4}$ 의 범위에 따라 case분류하면 다음과 같다.

① $\left|\dfrac{x^2}{4}\right| < 1 \;\Rightarrow\; -2 < x < 2 \;\Rightarrow\; 0 < x < 2 \;(\because\; x > 0)$

$$f(x) = \lim_{n \to \infty} \frac{x \times \left(\dfrac{x^2}{4}\right)^n + 1}{\left(\dfrac{x^2}{4}\right)^n + \dfrac{4}{x}} = \frac{x}{4}$$

방정식 $f(x) = 2x - 3 \;(x > 0)$

$$\frac{x}{4} = 2x - 3 \;(0 < x < 2) \;\Rightarrow\; x = \frac{12}{7}$$

② $\left|\dfrac{x^2}{4}\right| > 1 \;\Rightarrow\; x < -2 \;\text{or}\; x > 2 \;\Rightarrow\; x > 2 \;(\because\; x > 0)$

$$f(x) = \lim_{n \to \infty} \frac{x \times \left(\dfrac{x^2}{4}\right)^n + 1}{\left(\dfrac{x^2}{4}\right)^n + \dfrac{4}{x}} = x$$

방정식 $f(x) = 2x - 3 \;(x > 0)$

$$x = 2x - 3 \;(x > 2) \;\Rightarrow\; x = 3$$

③ $\left|\dfrac{x^2}{4}\right| = 1 \;\Rightarrow\; x = 2 \;\text{or}\; x = -2 \;\Rightarrow\; x = 2 \;(\because\; x > 0)$

$x = 2$ 일 때

$$f(2) = \lim_{n \to \infty} \frac{2 + 1}{1 + 2} = 1$$

방정식 $f(x) = 2x - 3 \;(x > 0)$

$$1 = 2x - 3 \;(x = 2) \;\Rightarrow\; x = 2$$

①, ②, ③에 의해 방정식 $f(x) = 2x - 3 \;(x > 0)$ 의

실근은 $x = \dfrac{12}{7} \;\text{or}\; x = 3 \;\text{or}\; x = 2$ 이다.

따라서 모든 실근의 합은 $\dfrac{12}{7} + 3 + 2 = \dfrac{47}{7}$ 이다.

답 ④

105	65	**109**	③
106	50	**110**	30
107	4	**111**	25
108	②		

105

자연수 a 에 대하여 $f(x) = \lim_{n \to \infty} \dfrac{3|x-a|^n + 1}{|x-a|^n + 1}$

공비가 $|x-a|$ 이므로 공비에 따라 case분류해 보자.

① $-1 < |x-a| < 1 \;\Rightarrow\; |x-a| < 1 \;\Rightarrow\; a-1 < x < a+1$

$$\lim_{n \to \infty} \frac{3|x-a|^n + 1}{|x-a|^n + 1} = \frac{0+1}{0+1} = 1$$

② $|x-a| > 1 \;\text{ or }\; |x-a| < -1 \;\Rightarrow\; |x-a| > 1$
$$\Rightarrow\; x < a-1 \;\text{ or }\; x > a+1$$

$$\lim_{n \to \infty} \frac{3|x-a|^n + 1}{|x-a|^n + 1} = \frac{3}{1} = 3$$

③ $|x-a| = 1 \;\text{ or }\; |x-a| = -1 \;\Rightarrow\; |x-a| = 1$
$$\Rightarrow\; x = a-1 \;\text{ or }\; x = a+1$$

$$\lim_{n \to \infty} \frac{3|x-a|^n + 1}{|x-a|^n + 1} = \lim_{n \to \infty} \frac{3 \times 1^n + 1}{1^n + 1} = \frac{4}{2} = 2$$

①, ②, ③를 바탕으로 $f(x)$ 의 그래프를 그리면 다음과 같다.

$$y = f(x)$$

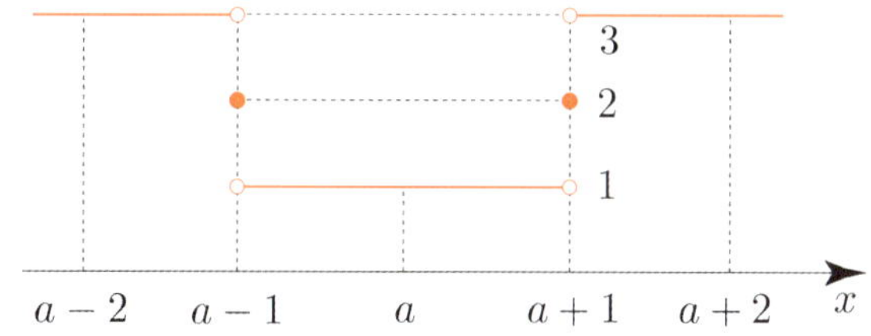

$$\sum_{k=11}^{15} f(k) = f(11) + f(12) + f(13) + f(14) + f(15) \le 12$$

가 되도록 하는 a 의 값을 구해보자.
(x 값이 연속하는 5 개의 자연수라는 것에 유의하자.)

$\displaystyle\sum_{k=11}^{15} f(k)$ 이 최솟값이 되도록 하려면

함숫값 1을 한 번 가지고 함숫값 2를 두 번 가져야 한다.
함숫값 1을 한 번 가지고 함숫값 2를 두 번 가지는 경우를
구하면 다음과 같다.

$(f(11),\; f(12),\; f(13),\; f(14),\; f(15))$

$= (3,\, 2,\, 1,\, 2,\, 3) \;\text{ or }\; (3,\, 3,\, 2,\, 1,\, 2) \;\text{ or }\; (2,\, 1,\, 2,\, 3,\, 3)$

ⅰ) $(3,\, 2,\, 1,\, 2,\, 3) \;\Rightarrow\; a = 13$
$$\sum_{k=11}^{15} f(k) = 11 \text{ 이므로 조건을 만족한다.}$$

ⅱ) $(3,\, 3,\, 2,\, 1,\, 2) \;\Rightarrow\; a = 14$
$$\sum_{k=11}^{15} f(k) = 11 \text{ 이므로 조건을 만족한다.}$$

ⅲ) $(2,\, 1,\, 2,\, 3,\, 3) \;\Rightarrow\; a = 12$
$$\sum_{k=11}^{15} f(k) = 11 \text{ 이므로 조건을 만족한다.}$$

$\displaystyle\sum_{k=11}^{15} f(k) = 12$ 가 되도록 하는 경우를 구하면 다음과 같다.

$(f(11),\; f(12),\; f(13),\; f(14),\; f(15))$

$= (1,\, 2,\, 3,\, 3,\, 3) \;\text{ or }\; (3,\, 3,\, 3,\, 2,\, 1)$

ⅳ) $(1,\, 2,\, 3,\, 3,\, 3) \;\Rightarrow\; a = 11$
$$\sum_{k=11}^{15} f(k) = 12 \text{ 이므로 조건을 만족한다.}$$

ⅴ) $(3,\, 3,\, 3,\, 2,\, 1) \;\Rightarrow\; a = 15$
$$\sum_{k=11}^{15} f(k) = 12 \text{ 이므로 조건을 만족한다.}$$

ⅰ), ⅱ), ⅲ), ⅳ), ⅴ) 에 의하여 조건을 만족하는 모든 a 의
값을 구하면 11, 12, 13, 14, 15 이다.

따라서 모든 a 의 값의 합은 $11 + 12 + 13 + 14 + 15 = 65$ 이다.

답 65

곡선 $y = x^2$ 위의 점 $P_n(n,\ n^2)$ 에서의 접선을 l_n

접선 l_n 의 방정식은 $y = 2nx - n^2$ 이므로
$Y_n(0,\ -n^2)$ 이다.

직선 l_n 이 x 축과 만나는 점을 X_n 이라 하면
$X_n\left(\dfrac{1}{2}n, 0\right)$ 이므로 $\overline{OX_n} = \dfrac{1}{2}n$ 이다.

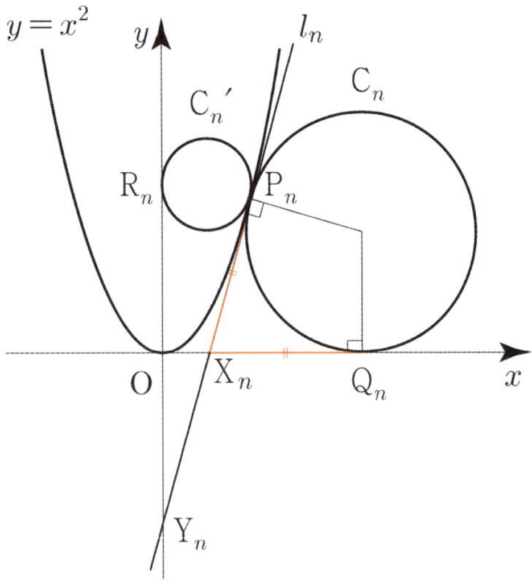

$$\overline{X_nQ_n} = \overline{X_nP_n} = \sqrt{\left(n - \dfrac{1}{2}n\right)^2 + n^4} = \sqrt{n^4 + \dfrac{1}{4}n^2}$$ 이므로

$$\overline{OQ_n} = \overline{OX_n} + \overline{X_nQ_n} = \dfrac{1}{2}n + \sqrt{n^4 + \dfrac{1}{4}n^2}$$

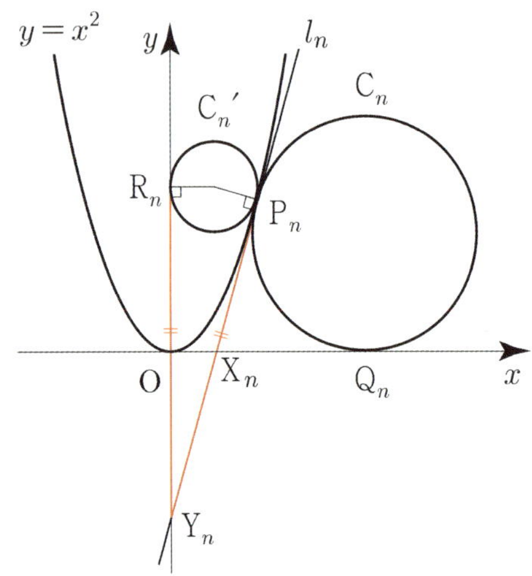

$$\overline{Y_nR_n} = \overline{Y_nP_n} = \sqrt{n^2 + (n^2 - (-n)^2)^2} = \sqrt{4n^4 + n^2}$$

$$\lim_{n \to \infty} \dfrac{\overline{OQ_n}}{\overline{Y_nR_n}} = \lim_{n \to \infty} \dfrac{\dfrac{1}{2}n + \sqrt{n^4 + \dfrac{1}{4}n^2}}{\sqrt{4n^4 + n^2}}$$

$$= \lim_{n \to \infty} \dfrac{n^2}{2n^2} = \dfrac{1}{2} = \alpha$$

따라서 $100\alpha = 100 \times \dfrac{1}{2} = 50$ 이다.

답 50

107

그림과 같이 점 A 에서 원에 그은 두 접선의 접점 중
점 C 가 아닌 점을 $E(2n, 0)$ 이라 하자.

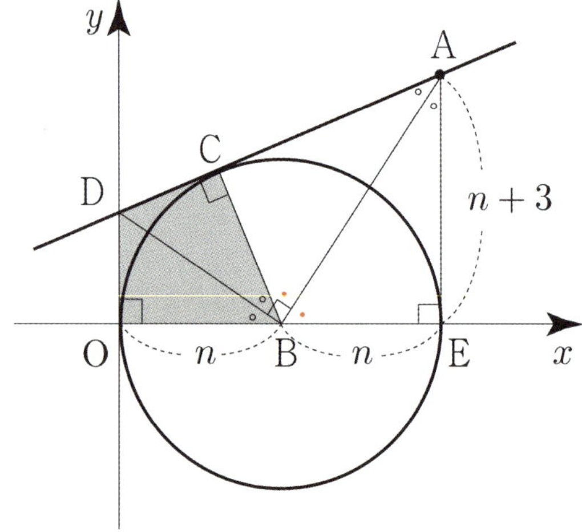

$\angle BAE = \angle BAC = \angle CBD = \angle DBO$ 이므로
$\angle BAE = \theta$ 라 하면 $\angle DBO = \theta$ 이다.

삼각형 ABE 에서 $\tan\theta$ 를 구하면
$$\tan\theta = \dfrac{\overline{BE}}{\overline{AE}} = \dfrac{n}{n+3}$$ 이고

삼각형 BDO 에서 $\tan\theta$ 를 구하면
$$\tan\theta = \dfrac{\overline{OD}}{\overline{OB}} = \dfrac{\overline{OD}}{n}$$ 이다.

"삼각함수 같다 Technique"을 사용하면
$$\dfrac{n}{n+3} = \dfrac{\overline{OD}}{n} \ \Rightarrow \ \overline{OD} = \dfrac{n^2}{n+3}$$ 이다.

$\overline{OD} = \overline{CD}$, $\overline{BO} = \overline{BC}$ 이므로

$$l_n = 2 \times \left(\frac{n^2}{n+3} + n \right) = \frac{4n^2+6n}{n+3}$$

$$S_n = 2 \times (삼각형 \ \mathrm{BOD} \ 의 \ 넓이)$$

$$= 2 \times \left(\frac{1}{2} \times n \times \frac{n^2}{n+3} \right) = \frac{n^3}{n+3}$$

따라서 $\displaystyle \lim_{n \to \infty} \frac{l_n \times S_n}{n^3} = \lim_{n \to \infty} \left(\frac{1}{n^3} \times \frac{4n^2+6n}{n+3} \times \frac{n^3}{n+3} \right)$

$$= \lim_{n \to \infty} \frac{4n^2+6n}{(n+3)^2} = 4$$

이다.

답   4

108

$$f(x) = \lim_{n \to \infty} \frac{x^{2n+1}}{1+x^{2n}}$$

공비가 x^2 이므로 공비가 x 일 때와 마찬가지이므로
$|x|<1, \ |x|>1, \ |x|=1$ 로 분류하여 구해보자.

① $|x|<1 \Rightarrow -1<x<1$

$\displaystyle \lim_{n \to \infty} \frac{x^{2n+1}}{1+x^{2n}} = \frac{0}{1+0} = 0$ 이므로

$$f(x) = 0$$

② $|x|>1 \Rightarrow x>1 \ \text{or} \ x<-1$

$\displaystyle \lim_{n \to \infty} \frac{x^{2n+1}}{1+x^{2n}} = \lim_{n \to \infty} \frac{x \times x^{2n}}{1+x^{2n}} = \frac{x}{1} = x$ 이므로

$$f(x) = x$$

③ $|x|=1 \Rightarrow x=-1 \ \text{or} \ x=1$

ⅰ) $x=-1$

$\displaystyle \lim_{n \to \infty} \frac{x^{2n+1}}{1+x^{2n}} = \lim_{n \to \infty} \frac{(-1)^{2n+1}}{1+(-1)^{2n}} = \frac{-1}{1+1} = -\frac{1}{2}$ 이므로

$$f(-1) = -\frac{1}{2}$$

ⅱ) $x=1$

$\displaystyle \lim_{n \to \infty} \frac{x^{2n+1}}{1+x^{2n}} = \lim_{n \to \infty} \frac{1^{2n+1}}{1+1^{2n}} = \frac{1}{1+1} = \frac{1}{2}$ 이므로

$$f(1) = \frac{1}{2}$$

①, ②, ③를 바탕으로 함수 $f(x)$ 의 그래프를 그리면
다음과 같다.

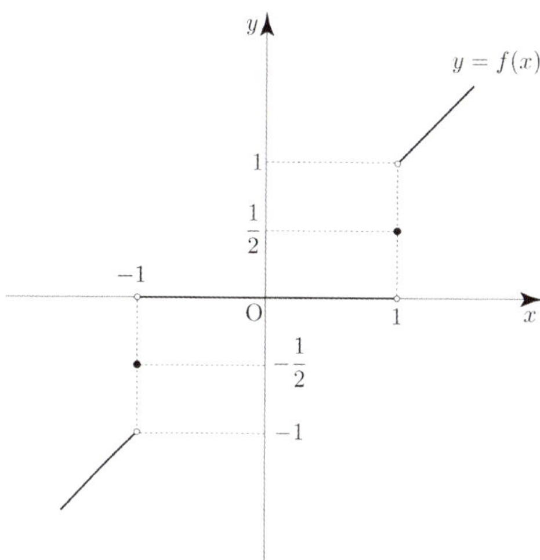

$g(x) = -x(x^2-a^2) = -x(x-a)(x+a)$ 이므로
$g(x)$ 는 원점에 대하여 대칭이다.

a 의 최댓값을 구하는 것이니 a 가 양수라고 가정하여
문제를 해결해보자.

두 함수 $f(x), g(x)$ 의 그래프를 하나의 좌표축에 나타내면
다음과 같다.

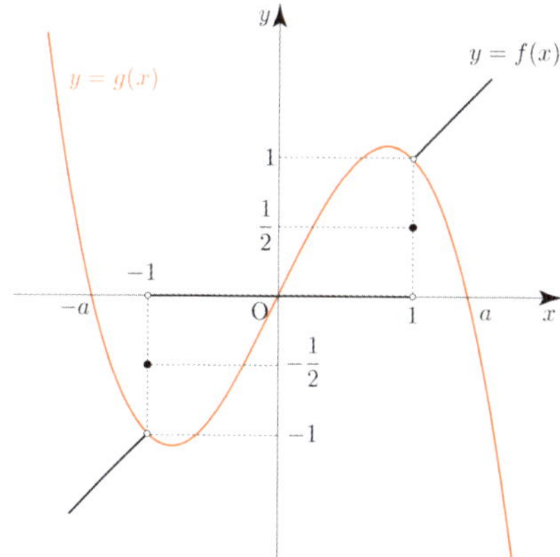

방정식 $f(x)-g(x)=0$ 이 단 하나의 실근을 가지려면
두 함수 $f(x), g(x)$ 의 그래프가 오직 한 점에서만

만나야 하므로 $a>1, \ g(1) \neq \frac{1}{2}, \ 0 \leq g(1) \leq 1$ 이어야 한다.

위 그림처럼 함수 $g(x)$ 의 그래프가 두 점 $(1, 1), (-1, -1)$
을 지날 때, a 의 값은 최대이다.

$$g(1) = 1 \Rightarrow -1(1-a^2) = 1 \Rightarrow -1+a^2 = 1 \Rightarrow a^2 = 2$$

$$\Rightarrow a = \sqrt{2} \ (\because \ a>1)$$

따라서 a 의 최댓값은 $\sqrt{2}$ 이다.

답   ②

$$f(x) = \sin 4\pi x, \quad g(x) = \lim_{n \to \infty} \frac{\{f(x)\}^{2n+1} + 1}{\{f(x)\}^{2n} + 1}$$

공비가 $\{f(x)\}^2$ 이므로 공비가 $f(x)$ 일 때와 마찬가지이므로
$|f(x)| < 1$, $|f(x)| > 1$, $|f(x)| = 1$ 로 분류하여 구해보자.

① $|f(x)| < 1 \Rightarrow -1 < f(x) < 1$

$$\lim_{n \to \infty} \frac{\{f(x)\}^{2n+1} + 1}{\{f(x)\}^{2n} + 1} = \frac{0+1}{0+1} = 1 \text{ 이므로}$$

$$g(x) = 1$$

② $|f(x)| > 1 \Rightarrow f(x) > 1 \text{ or } f(x) < -1$

$$\lim_{n \to \infty} \frac{\{f(x)\}^{2n+1} + 1}{\{f(x)\}^{2n} + 1} = \lim_{n \to \infty} \frac{f(x) \times \{f(x)\}^{2n} + 1}{\{f(x)\}^{2n} + 1} = f(x)$$

이므로 $g(x) = f(x)$

③ $|f(x)| = 1 \Rightarrow f(x) = -1 \text{ or } f(x) = 1$

i) $f(x) = -1$

$$\lim_{n \to \infty} \frac{\{f(x)\}^{2n+1} + 1}{\{f(x)\}^{2n} + 1} = \lim_{n \to \infty} \frac{(-1)^{2n+1} + 1}{(-1)^{2n} + 1}$$
$$= \frac{-1+1}{1+1} = 0$$

이므로 $g(x) = 0$

ii) $f(x) = 1$

$$\lim_{n \to \infty} \frac{\{f(x)\}^{2n+1} + 1}{\{f(x)\}^{2n} + 1} = \lim_{n \to \infty} \frac{1^{2n+1} + 1}{1^{2n} + 1} = \frac{1+1}{1+1} = 1$$

이므로 $g(x) = 1$

①, ②, ③ 를 바탕으로 함수 $g(x)$ 의 그래프를 그리면
다음과 같다.

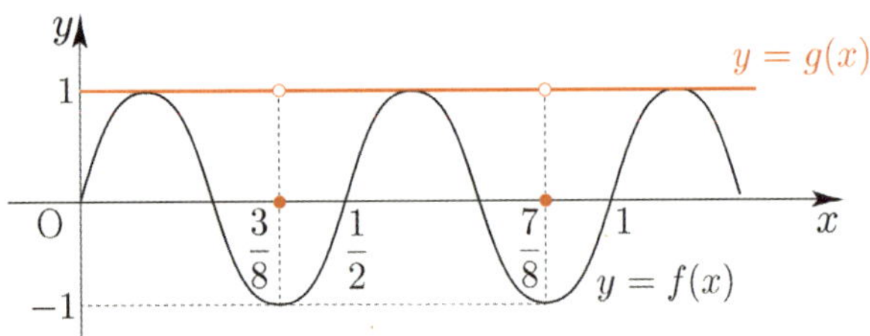

집합 S 는 함수 $g(x)$ 의 불연속점의 x 좌표가 원소이므로
S 의 모든 원소의 합은 방정식 $f(a) = -1$ $(0 < a < 10)$ 를
만족시키는 모든 a 의 값의 합과 같다.

$f(a) = -1$ 을 만족시키는 양수 a 를 순서대로 나열하면
다음과 같이 공차가 $\dfrac{4}{8}$ 인 등차수열을 이룬다.

$$\frac{3}{8}, \ \frac{7}{8}, \ \frac{11}{8}, \ \cdots, \ \frac{4n-1}{8}$$

a 는 10 보다 작아야 하므로

$$\frac{4n-1}{8} < 10 \Rightarrow 4n - 1 < 80 \Rightarrow 4n < 81$$

a 의 값 중 최대는 $n = 20$ 일 때, $\dfrac{79}{8}$ 이다.

따라서 S 의 모든 원소의 합은

$$\sum_{n=1}^{20} \frac{4n-1}{8} = \frac{1}{8} \sum_{n=1}^{20} (4n-1) = \frac{1}{8} \times \frac{20 \times (3+79)}{2} = \frac{205}{2}$$

이다.

답 ③

$$g(x) = \begin{cases} \displaystyle\lim_{n \to \infty} \frac{|x-2|^{2n+1} + f(x)}{|x-2|^{2n} + k} & (|x-2| \neq 1) \\[4mm] \dfrac{|f(x+1)|}{k+1} & (|x-2| = 1) \end{cases}$$

$$\lim_{n \to \infty} \frac{|x-2|^{2n+1} + f(x)}{|x-2|^{2n} + k} = \begin{cases} |x-2| & (x < 1 \text{ or } x > 3) \\[3mm] \dfrac{f(x)}{k} & (1 < x < 3) \end{cases}$$

이므로

$$g(x) = \begin{cases} |x-2| & (x < 1 \text{ or } x > 3) \\[3mm] \dfrac{f(x)}{k} & (1 < x < 3) \\[3mm] \dfrac{|f(2)|}{k+1} & (x = 1) \\[3mm] \dfrac{|f(4)|}{k+1} & (x = 3) \end{cases}$$

$g(x)$ 는 실수 전체의 집합에서 연속이므로
$x = 1$ 과 $x = 3$ 에서 연속이다.

① $x = 1$ 에서 연속

$$\frac{f(1)}{k} = 1 = \frac{|f(2)|}{k+1} \Rightarrow f(1) = k, \ |f(2)| = k+1$$

② $x=3$에서 연속

$$\frac{f(3)}{k}=1=\frac{|f(4)|}{k+1} \Rightarrow f(3)=k, \ |f(4)|=k+1$$

이차함수 $f(x)$ 이고, $f(1)=k$, $f(3)=k$ 이므로
$$f(x)=a(x-1)(x-3)+k$$

$$|f(2)|=|f(4)| \Rightarrow |-a+k|=|3a+k|$$

$$\Rightarrow -a+k=-3a-k \ (\because \ a\neq 0)$$

$$\Rightarrow a=-k$$

$$|f(2)|=k+1 \Rightarrow |2k|=k+1$$

$$\Rightarrow 2k=k+1 \ (\because \ k>0) \Rightarrow k=1, \ a=-1$$

$$\therefore \ f(x)=-(x-1)(x-3)+1=-x^2+4x-2$$

이를 바탕으로 $g(x)$ 를 구하면 다음과 같다.

$$g(x)=\begin{cases} |x-2| & (x<1 \ \text{or} \ x>3) \\ -x^2+4x-2 & (1<x<3) \\ 1 & (x=1 \ \text{or} \ x=3) \end{cases}$$

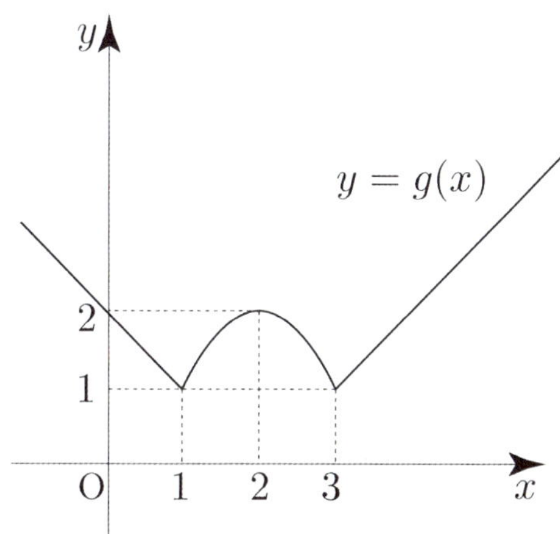

$g(x)=t$ 라 하면 $1\leq x\leq 3 \Rightarrow 1\leq t\leq 2$

$1\leq t\leq 2$ 에서 $f(t)=-t^2+4t-2$ 의 최댓값은
$t=2$ 일 때, $M=f(2)=2$ 이고,
최솟값은 $t=1$ 일 때, $m=f(1)=1$ 이다.

따라서 $10(M+m)=10\times 3=30$ 이다.

답 30

111

함수 $y=\dfrac{\sqrt{x}}{10}$ 의 그래프와 함수 $y=\tan x$ 의 그래프가
만나는 모든 점의 x좌표를 작은 수부터 크기순으로
나열할 때, n번째 수를 a_n 이라 했으므로
좌표평면에 이를 나타내면 아래 그림과 같다.

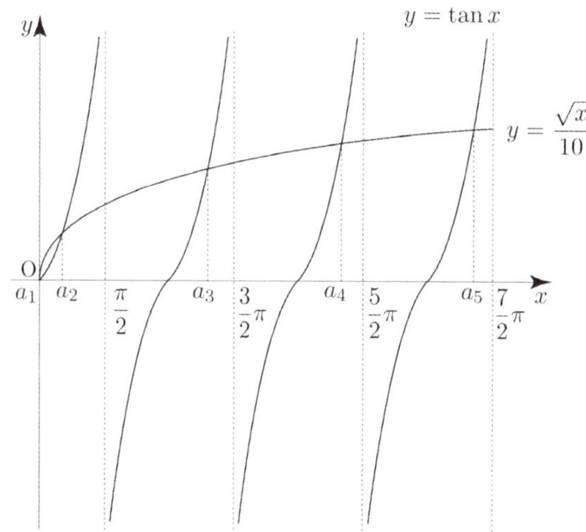

$\tan a_n=\dfrac{\sqrt{a_n}}{10}$ 이므로 삼각함수 덧셈정리에 의해

$$\tan(a_{n+1}-a_n)=\frac{\tan a_{n+1}-\tan a_n}{1+\tan a_{n+1}\tan a_n}$$

$$=\frac{\dfrac{\sqrt{a_{n+1}}}{10}-\dfrac{\sqrt{a_n}}{10}}{1+\dfrac{\sqrt{a_{n+1}}}{10}\times\dfrac{\sqrt{a_n}}{10}}$$

$$=\frac{10\left(\sqrt{a_{n+1}}-\sqrt{a_n}\right)}{100+\sqrt{a_{n+1}}\sqrt{a_n}}$$

$$=\frac{10(a_{n+1}-a_n)}{\left(\sqrt{a_{n+1}}+\sqrt{a_n}\right)\left(100+\sqrt{a_{n+1}a_n}\right)}$$

$$\tan^2(a_{n+1}-a_n)=\frac{100(a_{n+1}-a_n)^2}{\left(\sqrt{a_{n+1}}+\sqrt{a_n}\right)^2\left(100+\sqrt{a_{n+1}}\sqrt{a_n}\right)^2}$$

$$a_n^3\tan^2(a_{n+1}-a_n)$$

$$=\frac{100(a_{n+1}-a_n)^2}{\dfrac{\left(\sqrt{a_{n+1}}+\sqrt{a_n}\right)^2\left(100+\sqrt{a_{n+1}}\sqrt{a_n}\right)^2}{a_n^3}}$$

$$=\frac{100(a_{n+1}-a_n)^2}{\dfrac{\left(\sqrt{a_{n+1}}+\sqrt{a_n}\right)^2}{a_n}\times\dfrac{\left(100+\sqrt{a_{n+1}}\sqrt{a_n}\right)^2}{a_n^2}}$$

$$= \frac{100(a_{n+1}-a_n)^2}{\left(\sqrt{\dfrac{a_{n+1}}{a_n}}+1\right)^2 \times \left(\dfrac{100}{a_n}+\sqrt{\dfrac{a_{n+1}}{a_n}}\right)^2}$$

$\dfrac{1}{\pi^2}\times\displaystyle\lim_{n\to\infty}a_n^3\tan^2(a_{n+1}-a_n)$ 의 값을 구하려면

$\displaystyle\lim_{n\to\infty}(a_{n+1}-a_n),\ \lim_{n\to\infty}\dfrac{a_{n+1}}{a_n},\ \lim_{n\to\infty}\dfrac{1}{a_n}$ 의 극한값을

조사하면 된다.

$n\to\infty$ 일 때, a_n 은 $\dfrac{2n-3}{2}\pi$ 에 가까워지므로

$$\lim_{n\to\infty}\left(a_n-\frac{2n-3}{2}\pi\right)=0$$

$b_n=a_n-\dfrac{2n-3}{2}\pi$ 라 하면 $\displaystyle\lim_{n\to\infty}b_n=0$

$a_{n+1}-a_n=\left(b_{n+1}+\dfrac{2n-1}{2}\pi-b_n-\dfrac{2n-3}{2}\pi\right)=b_{n+1}-b_n+\pi$

이므로 $\displaystyle\lim_{n\to\infty}(a_{n+1}-a_n)=\lim_{n\to\infty}(b_{n+1}-b_n+\pi)=\pi$

$\dfrac{a_{n+1}}{a_n}=\dfrac{b_{n+1}+\dfrac{2n-1}{2}\pi}{b_n+\dfrac{2n-3}{2}\pi}$ 이므로 $\displaystyle\lim_{n\to\infty}\dfrac{a_{n+1}}{a_n}=1$

$a_n=b_n+\dfrac{2n-3}{2}\pi$ 이므로 $\displaystyle\lim_{n\to\infty}\dfrac{1}{a_n}=0$

따라서

$\dfrac{1}{\pi^2}\times\displaystyle\lim_{n\to\infty}a_n^3\tan^2(a_{n+1}-a_n)$

$$=\frac{1}{\pi^2}\times\lim_{n\to\infty}\frac{100(a_{n+1}-a_n)^2}{\left(\sqrt{\dfrac{a_{n+1}}{a_n}}+1\right)^2 \times \left(\dfrac{100}{a_n}+\sqrt{\dfrac{a_{n+1}}{a_n}}\right)^2}$$

$$=\frac{1}{\pi^2}\times\frac{100\times\pi^2}{(\sqrt{1}+1)^2\times(0+\sqrt{1})^2}=\frac{100}{4}=25$$

이다.

답 25

1	(1) 수렴, 2 (2) 발산
2	풀이 참고
3	(1) 16 (2) 2
4	(1) 수렴, $\dfrac{3}{4}$ (2) 발산 (3) 수렴, $\dfrac{9}{2}$ (4) 수렴, $\dfrac{2+\sqrt{2}}{2}$
5	(1) $-\dfrac{1}{2}<x<\dfrac{1}{2}$ (2) $0\le x<2$
6	(1) $-\dfrac{3}{2}$ (2) $\dfrac{13}{35}$

개념 확인문제 1

(1) 주어진 급수의 제 n 항까지의 부분합을 S_n 이라고 하면

$$S_n=\sum_{k=1}^{n}\frac{4}{(k+1)(k+2)}=4\sum_{k=1}^{n}\left(\frac{1}{k+1}-\frac{1}{k+2}\right)$$

$$=4\left\{\left(\frac{1}{2}-\frac{1}{3}\right)+\left(\frac{1}{3}-\frac{1}{4}\right)+\left(\frac{1}{4}-\frac{1}{5}\right)+\cdots+\left(\frac{1}{n+1}-\frac{1}{n+2}\right)\right\}$$

$$=4\left(\frac{1}{2}-\frac{1}{n+2}\right)=2-\frac{4}{n+2}$$

이므로 $\displaystyle\lim_{n\to\infty}S_n=\lim_{n\to\infty}\left(2-\frac{4}{n+2}\right)=2$

따라서 주어진 급수는 2 에 수렴한다.

> **Tip**
>
> 물론 S_n 은 한끗차이므로 초말유형인 것을 바로 알 수 있다.
> 즉, $S_n=4\left(\dfrac{1}{2}-\dfrac{1}{n+2}\right)$ 이다.

(2) 주어진 급수의 제 n 항까지의 부분합을 S_n 이라고 하면

$$S_n=\sum_{k=1}^{n}\frac{2}{\sqrt{2k+1}+\sqrt{2k-1}}$$

$$=\sum_{k=1}^{n}\frac{2(\sqrt{2k+1}-\sqrt{2k-1})}{2k+1-(2k-1)}$$

$$=\sum_{k=1}^{n}(\sqrt{2k+1}-\sqrt{2k-1})$$

$$=(\sqrt{3}-\sqrt{1})+(\sqrt{5}-\sqrt{3})+\cdots+(\sqrt{2n+1}-\sqrt{2n-1})$$

$$= \sqrt{2n+1} - 1$$

이므로 $\displaystyle\lim_{n \to \infty} S_n = \lim_{n \to \infty} \left(\sqrt{2n+1} - 1 \right) = \infty$

따라서 주어진 급수는 발산한다.

답 (1) 수렴, 2 (2) 발산

(1) $\displaystyle\sum_{n=1}^{\infty} \frac{n-1}{5n+1}$ 에서 $a_n = \dfrac{n-1}{5n+1}$ 이라 하면

$$\lim_{n \to \infty} a_n = \lim_{n \to \infty} \frac{n-1}{5n+1} = \frac{1}{5}$$

따라서 $\displaystyle\lim_{n \to \infty} a_n \neq 0$ 이므로 주어진 급수는 발산한다.

(2) $\displaystyle\sum_{n=1}^{\infty} \frac{n^3}{2n^2+1}$ 에서 $a_n = \dfrac{n^3}{2n^2+1}$ 이라 하면

$$\lim_{n \to \infty} a_n = \lim_{n \to \infty} \frac{n^3}{2n^2+1} = \infty$$

따라서 $\displaystyle\lim_{n \to \infty} a_n \neq 0$ 이므로 주어진 급수는 발산한다.

답 풀이 참고

$$\sum_{n=1}^{\infty} a_n = 4, \quad \sum_{n=1}^{\infty} b_n = -2$$

(1) $\displaystyle\sum_{n=1}^{\infty} \left(5a_n + 2b_n \right) = 5 \sum_{n=1}^{\infty} a_n + 2 \sum_{n=1}^{\infty} b_n = 20 - 4 = 16$

(2) $\displaystyle\sum_{n=1}^{\infty} \left(\frac{a_n}{4} - \frac{b_n}{2} \right) = \frac{1}{4} \sum_{n=1}^{\infty} a_n - \frac{1}{2} \sum_{n=1}^{\infty} b_n = 1 + 1 = 2$

답 (1) 16 (2) 2

(1) 주어진 등비급수는 첫째항이 1, 공비가 $-\dfrac{1}{3}$ 이다.

이때 $\left| -\dfrac{1}{3} \right| < 1$ 이므로 이 등비급수는 수렴하고,

그 합은 $\dfrac{1}{1 - \left(-\dfrac{1}{3} \right)} = \dfrac{1}{1 + \dfrac{1}{3}} = \dfrac{3}{4}$ 이다.

(2) 주어진 등비급수는 첫째항이 $\sqrt{2}$, 공비가 $-\sqrt{2}$ 이다.

이때 $\left| -\sqrt{2} \right| \geq 1$ 이므로 이 등비급수는 발산한다.

(3) 주어진 등비급수는 첫째항이 3 이고, 공비가 $\dfrac{1}{3}$ 이다.

이때 $\left| \dfrac{1}{3} \right| < 1$ 이므로 이 등비급수는 수렴하고,

그 합은 $\dfrac{3}{1 - \dfrac{1}{3}} = \dfrac{9}{2}$ 이다.

(4) 주어진 등비급수는 첫째항이 1 이고, 공비가 $\sqrt{2}-1$ 이다.

이때 $\left| \sqrt{2}-1 \right| < 1$ 이므로 이 등비급수는 수렴하고,

그 합은 $\dfrac{1}{1 - (\sqrt{2}-1)} = \dfrac{1}{2 - \sqrt{2}} = \dfrac{2 + \sqrt{2}}{2}$ 이다.

답 (1) 수렴, $\dfrac{3}{4}$ (2) 발산

(3) 수렴, $\dfrac{9}{2}$ (4) 수렴, $\dfrac{2 + \sqrt{2}}{2}$

(1) 주어진 등비급수는 첫째항이 1 이고, 공비가 $-2x$ 이다.

등비급수 $\displaystyle\sum_{n=1}^{\infty} ar^{n-1}$ 이 수렴할 필요충분조건은

$a = 0$ 또는 $-1 < r < 1$ 이므로

$-1 < -2x < 1 \ \Rightarrow \ -\dfrac{1}{2} < x < \dfrac{1}{2}$ 이다.

(2) 주어진 등비급수는 첫째항이 x 이고, 공비가 $(x-1)$ 이다.

등비급수 $\displaystyle\sum_{n=1}^{\infty} ar^{n-1}$ 이 수렴할 필요충분조건은

$a = 0$ 또는 $-1 < r < 1$ 이므로

$x = 0$ 또는 $-1 < x-1 < 1 \ \Rightarrow \ 0 \leq x < 2$ 이다.

답 (1) $-\dfrac{1}{2} < x < \dfrac{1}{2}$

(2) $0 \leq x < 2$

개념 확인문제 **6**

(1) $\displaystyle\sum_{n=1}^{\infty}\frac{1-2^n}{3^n}=\sum_{n=1}^{\infty}\left(\frac{1}{3}\right)^n-\sum_{n=1}^{\infty}\left(\frac{2}{3}\right)^n$

$$=\frac{\frac{1}{3}}{1-\frac{1}{3}}-\frac{\frac{2}{3}}{1-\frac{2}{3}}=\frac{1}{2}-2=-\frac{3}{2}$$

(2) $\displaystyle\sum_{n=1}^{\infty}\frac{2^{2-n}+(-1)^n}{4^n}=\sum_{n=1}^{\infty}\frac{2^{2-n}}{4^n}+\sum_{n=1}^{\infty}\left(-\frac{1}{4}\right)^n$

$$=\sum_{n=1}^{\infty}4\left(\frac{1}{8}\right)^n+\sum_{n=1}^{\infty}\left(-\frac{1}{4}\right)^n$$

$$=\frac{\frac{1}{2}}{1-\frac{1}{8}}+\frac{-\frac{1}{4}}{1-\left(-\frac{1}{4}\right)}$$

$$=\frac{4}{7}-\frac{1}{5}=\frac{13}{35}$$

답 (1) $-\dfrac{3}{2}$ (2) $\dfrac{13}{35}$

1	8	21	253
2	3	22	①
3	4	23	81
4	8	24	④
5	3	25	③
6	②	26	13
7	③	27	18
8	8	28	5
9	10	29	10
10	26	30	③
11	14	31	②
12	15	32	⑤
13	50	33	②
14	18	34	③
15	5	35	③
16	①	36	①
17	5	37	⑤
18	20	38	①
19	④	39	②
20	①		

001

$$\sum_{n=1}^{\infty}(3a_n-24)=2022$$

급수 $\displaystyle\sum_{n=1}^{\infty}(3a_n-24)$ 는 수렴하므로

$$\lim_{n\to\infty}(3a_n-24)=0 \;\Rightarrow\; \lim_{n\to\infty}a_n=8\text{ 이다.}$$

답 8

002

$$\sum_{n=1}^{\infty}\left(a_n-\frac{3n^2}{n^2+1}\right)=10$$

급수 $\displaystyle\sum_{n=1}^{\infty}\left(a_n-\frac{3n^2}{n^2+1}\right)$ 는 수렴하므로

$$\lim_{n \to \infty}\left(a_n - \frac{3n^2}{n^2+1}\right)=0 \ \Rightarrow \ \lim_{n \to \infty}a_n = 3 \text{이다.}$$

답 3

003

$$\sum_{n=1}^{\infty}\left(2a_n - \frac{6n}{n+1}\right)=1$$

급수 $\displaystyle\sum_{n=1}^{\infty}\left(2a_n - \frac{6n}{n+1}\right)$ 은 수렴하므로

$$\lim_{n \to \infty}\left(2a_n - \frac{6n}{n+1}\right)=0 \ \Rightarrow \ \lim_{n \to \infty}a_n = 3$$

따라서 $\displaystyle\lim_{n \to \infty}\frac{a_n+5}{a_n-1}=\frac{8}{2}=4$ 이다.

답 4

004

$$\sum_{n=1}^{\infty}\left(\frac{a_n}{n^2}-4\right)=5$$

급수 $\displaystyle\sum_{n=1}^{\infty}\left(\frac{a_n}{n^2}-4\right)$ 은 수렴하므로

$$\lim_{n \to \infty}\left(\frac{a_n}{n^2}-4\right)=0 \ \Rightarrow \ \lim_{n \to \infty}\frac{a_n}{n^2}=4$$

따라서

$$\lim_{n \to \infty}\frac{10a_n-n}{n^2+a_n}=\lim_{n \to \infty}\frac{\dfrac{10a_n}{n^2}-\dfrac{1}{n}}{1+\dfrac{a_n}{n^2}}=\frac{40-0}{1+4}=8 \text{ 이다.}$$

답 8

005

$$\sum_{n=1}^{\infty}\left(\frac{n^2a_n-3n^2+n+1}{n^2+n-1}\right)=7$$

급수 $\displaystyle\sum_{n=1}^{\infty}\left(\frac{n^2a_n-3n^2+n+1}{n^2+n-1}\right)$ 은 수렴하므로

$$\lim_{n \to \infty}\left(\frac{n^2a_n-3n^2+n+1}{n^2+n-1}\right)=0$$

$$\Rightarrow \ \lim_{n \to \infty}\left(\frac{(a_n-3)+\dfrac{1}{n}+\dfrac{1}{n^2}}{1+\dfrac{1}{n}-\dfrac{1}{n^2}}\right)=0$$

$$\Rightarrow \ \lim_{n \to \infty}a_n = 3$$

답 3

006

$$\sum_{n=1}^{\infty}\left(3-\frac{a_n}{2^{2n-1}}\right)=5$$

급수 $\displaystyle\sum_{n=1}^{\infty}\left(3-\frac{a_n}{2^{2n-1}}\right)$ 은 수렴하므로

$$\lim_{n \to \infty}\left(3-\frac{a_n}{2^{2n-1}}\right)=0 \ \Rightarrow \ \lim_{n \to \infty}\frac{2a_n}{4^n}=3$$

따라서

$$\lim_{n \to \infty}\frac{4^{n+2}}{a_n+2}=\lim_{n \to \infty}\frac{\dfrac{2}{4^n}\times 4^{n+2}}{\dfrac{2a_n}{4^n}+\dfrac{4}{4^n}}=\frac{32}{3+0}=\frac{32}{3} \text{ 이다.}$$

답 ②

007

$$S_n = 2n + \sum_{k=1}^{n}a_k = \sum_{k=1}^{n}(a_k+2)$$

$$\lim_{n \to \infty}S_n = \sum_{n=1}^{\infty}(a_n+2) \text{ 는 수렴하므로}$$

$$\lim_{n \to \infty}(a_n+2)=0 \ \Rightarrow \ \lim_{n \to \infty}a_n = -2$$

따라서

$$\lim_{n \to \infty}\frac{6n-5}{\sqrt{16n^2+n}+na_n}=\lim_{n \to \infty}\frac{6-\dfrac{5}{n}}{\sqrt{16+\dfrac{1}{n}}+a_n}=\frac{6}{4-2}=3$$

이다.

답 ③

(가) $\dfrac{4n+1}{2+3+4+\cdots(n+1)} < a_n < 8b_n$

$\Rightarrow \dfrac{4n+1}{\dfrac{n(n+3)}{2}} < a_n < 8b_n$

$\Rightarrow \dfrac{8n+2}{n^2+3n} < a_n < 8b_n$

$\Rightarrow \dfrac{8n+2}{n+3} < na_n < 8nb_n$

(나) $\displaystyle\sum_{n=1}^{\infty}(nb_n-1)=5$

급수 $\displaystyle\sum_{n=1}^{\infty}(nb_n-1)$ 은 수렴하므로

$\displaystyle\lim_{n\to\infty}(nb_n-1)=0 \Rightarrow \lim_{n\to\infty}nb_n=1$

$\dfrac{8n+2}{n+3} < na_n < 8nb_n$

$\displaystyle\lim_{n\to\infty}\dfrac{8n+2}{n+3}=8,\ \lim_{n\to\infty}8nb_n=8$ 이므로

수열의 극한의 대소 관계에 의하여 $\displaystyle\lim_{n\to\infty}na_n=8$ 이다.

답 8

009

$\displaystyle\sum_{n=1}^{\infty}a_n=4,\ \sum_{n=1}^{\infty}b_n=-2$ 이므로

$\displaystyle\sum_{n=1}^{\infty}(a_n-3b_n)=\sum_{n=1}^{\infty}a_n-3\sum_{n=1}^{\infty}b_n=4+6=10$ 이다.

답 10

010

$\displaystyle\sum_{n=1}^{\infty}(a_n-3)=5,\ S_n=\dfrac{2n}{n+1}+\sum_{k=1}^{n}(a_k-3)$

급수 $\displaystyle\sum_{n=1}^{\infty}(a_n-3)$ 은 수렴하므로

$\displaystyle\lim_{n\to\infty}(a_n-3)=0 \Rightarrow \lim_{n\to\infty}a_n=3$

$\displaystyle\sum_{n=1}^{\infty}(a_n-3)=5 \Rightarrow \lim_{n\to\infty}S_n=2+5=7$

따라서

$\displaystyle\lim_{n\to\infty}(3S_n+2a_n-1)=3\times7+2\times3-1=21+6-1=26$

이다.

답  26

011

$\displaystyle\sum_{n=1}^{\infty}a_n=5,\ \sum_{k=1}^{n}\left(b_k-\dfrac{k^2}{n^3}\right)=\dfrac{n^2-1}{n^2+1}$

$\displaystyle\sum_{k=1}^{n}\left(b_k-\dfrac{k^2}{n^3}\right)=\sum_{k=1}^{n}b_k-\dfrac{1}{n^3}\sum_{k=1}^{n}k^2=\sum_{k=1}^{n}b_k-\dfrac{n(n+1)(2n+1)}{6n^3}$

이므로

$\displaystyle\sum_{k=1}^{n}b_k=\dfrac{n^2-1}{n^2+1}+\dfrac{n(n+1)(2n+1)}{6n^3}$

$\Rightarrow \displaystyle\sum_{n=1}^{\infty}b_n=\lim_{n\to\infty}\left(\dfrac{n^2-1}{n^2+1}+\dfrac{n(n+1)(2n+1)}{6n^3}\right)=1+\dfrac{1}{3}=\dfrac{4}{3}$

따라서

$\displaystyle\sum_{n=1}^{\infty}(2a_n+3b_n)=2\sum_{n=1}^{\infty}a_n+3\sum_{n=1}^{\infty}b_n=10+4=14$ 이다.

답 14

012

$\displaystyle\sum_{n=1}^{\infty}\dfrac{30}{(2n-1)(2n+1)}$

주어진 급수의 제 n 항까지의 부분합을 S_n 이라고 하면

$\displaystyle S_n=\sum_{k=1}^{n}\dfrac{30}{(2k-1)(2k+1)}=15\sum_{k=1}^{n}\left(\dfrac{1}{2k-1}-\dfrac{1}{2k+1}\right)$ 은

한끗차이므로 초말유형이다.

$\displaystyle S_n=15\left(1-\dfrac{1}{2n+1}\right)$ 이므로

$\displaystyle\lim_{n\to\infty}S_n=\lim_{n\to\infty}\left(15-\dfrac{15}{2n+1}\right)=15$ 이다.

따라서

$\displaystyle\sum_{n=1}^{\infty}\dfrac{30}{(2n-1)(2n+1)}=15$ 이다.

답 15

$$\sum_{n=1}^{\infty} \frac{120}{n^2+4n+3}$$

주어진 급수의 제 n 항까지의 부분합을 S_n 이라고 하면

$$S_n = \sum_{k=1}^{n} \frac{120}{k^2+4k+3}$$

$$= \sum_{k=1}^{n} \frac{120}{(k+1)(k+3)} = 60 \sum_{k=1}^{n}\left(\frac{1}{k+1}-\frac{1}{k+3}\right)$$

은 두곳차이므로 초초말말유형이다.

$$S_n = 60\left(\frac{1}{2}+\frac{1}{3}-\frac{1}{n+2}-\frac{1}{n+3}\right)$$ 이므로

$$\lim_{n\to\infty} S_n = \lim_{n\to\infty} 60\left(\frac{1}{2}+\frac{1}{3}-\frac{1}{n+2}-\frac{1}{n+3}\right) = 50$$ 이다.

따라서 $\displaystyle\sum_{n=1}^{\infty} \frac{120}{n^2+4n+3} = 50$ 이다.

 50

$f(x) = a_n x^2 + a_n x + 3$ 라 하면 나머지 정리에 의해서

$f(x) = g(x)(x-n) + 21$ 이므로

$f(n) = 21 \Rightarrow a_n n^2 + a_n n + 3 = 21 \Rightarrow a_n(n^2+n) = 18$

$$\Rightarrow a_n = \frac{18}{n(n+1)}$$

즉, $\displaystyle\sum_{n=1}^{\infty} a_n = \sum_{n=1}^{\infty} \frac{18}{n(n+1)}$ 를 구하면 된다.

주어진 급수의 제 n 항까지의 부분합을 S_n 이라고 하면

$$S_n = \sum_{k=1}^{n} \frac{18}{k(k+1)} = 18\sum_{k=1}^{n}\left(\frac{1}{k}-\frac{1}{k+1}\right)$$ 은 한곳차이므로

초말유형이다.

$$S_n = 18\left(1-\frac{1}{n+1}\right)$$ 이므로

$$\lim_{n\to\infty} S_n = \lim_{n\to\infty} 18\left(1-\frac{1}{n+1}\right) = 18$$ 이다.

따라서 $\displaystyle\sum_{n=1}^{\infty} a_n = \sum_{n=1}^{\infty} \frac{18}{n(n+1)} = 18$ 이다.

 18

$a_n = 4 + (n-1)3 = 3n+1$

$$\sum_{n=1}^{\infty} \frac{60}{a_n a_{n+1}} = \sum_{n=1}^{\infty} \frac{60}{(3n+1)(3n+4)}$$

주어진 급수의 제 n 항까지의 부분합을 S_n 이라고 하면

$$S_n = \sum_{k=1}^{n} \frac{60}{(3k+1)(3k+4)} = 20\sum_{k=1}^{n}\left(\frac{1}{3k+1}-\frac{1}{3k+4}\right)$$ 은

한곳차이므로 초말유형이다.

$$S_n = 20\left(\frac{1}{4}-\frac{1}{3n+4}\right)$$ 이므로

$$\lim_{n\to\infty} S_n = \lim_{n\to\infty}\left(5-\frac{20}{3n+4}\right) = 5$$ 이다.

따라서 $\displaystyle\sum_{n=1}^{\infty} \frac{60}{a_n a_{n+1}} = \sum_{n=1}^{\infty} \frac{60}{(3n+1)(3n+4)} = 5$ 이다.

 5

$(4n^2+4n-3)x^2 - (4n+2)x + 1 = 0$

$\Rightarrow (2n-1)(2n+3)x^2 - (4n+2)x + 1 = 0$

$\Rightarrow \{(2n-1)x-1\}\{(2n+3)x-1\} = 0$

$$\Rightarrow a_n = \frac{1}{2n-1}, \ b_n = \frac{1}{2n+3} \quad (\because \ a_n > b_n)$$

$$\sum_{n=1}^{\infty}(a_n - b_n) = \sum_{n=1}^{\infty}\left(\frac{1}{2n-1}-\frac{1}{2n+3}\right)$$

주어진 급수의 제 n 항까지의 부분합을 S_n 이라고 하면

$$S_n = \sum_{k=1}^{n}\left(\frac{1}{2k-1}-\frac{1}{2k+3}\right)$$ 은 두곳차이므로

초초말말유형이다.

$$S_n = 1 + \frac{1}{3} - \frac{1}{2n+1} - \frac{1}{2n+3}$$ 이므로

$$\lim_{n\to\infty} S_n = \lim_{n\to\infty}\left(1+\frac{1}{3}-\frac{1}{2n+1}-\frac{1}{2n+3}\right) = \frac{4}{3}$$ 이다.

따라서 $\displaystyle\sum_{n=1}^{\infty}(a_n - b_n) = \sum_{n=1}^{\infty}\left(\frac{1}{2n-1}-\frac{1}{2n+3}\right) = \frac{4}{3}$ 이다.

답 ①

$S_n = \displaystyle\sum_{k=1}^{n} \dfrac{a_k}{k} = n^2 + 3n$ 이라 하면

$S_n - S_{n-1} = \dfrac{a_n}{n} \ (n \geq 2)$ 이므로

$n^2 + 3n - \{(n-1)^2 + 3(n-1)\} = 2n + 2 = \dfrac{a_n}{n} \ (n \geq 2)$

$S_1 = 4 = \dfrac{a_1}{1}$ 이므로 $a_n = (2n+2)n = 2n(n+1) \ (n \geq 1)$

(물론 라이트 N제 수1에서 배운 테크닉을 이용하여

$\dfrac{a_n}{n} = 2n + 3 - 1 = 2n + 2$ 라고 구해도 된다.)

$\displaystyle\sum_{n=1}^{\infty} \dfrac{10}{a_n} = \sum_{n=1}^{\infty} \dfrac{10}{2n(n+1)} = \sum_{n=1}^{\infty} \dfrac{5}{n(n+1)}$

주어진 급수의 제 n 항까지의 부분합을 T_n 이라고 하면

$T_n = \displaystyle\sum_{k=1}^{n} \dfrac{5}{k(k+1)} = 5 \sum_{k=1}^{n} \left(\dfrac{1}{k} - \dfrac{1}{k+1} \right)$ 은

한끗차이므로 초말유형이다.

$T_n = 5\left(1 - \dfrac{1}{n+1}\right)$ 이므로

$\displaystyle\lim_{n \to \infty} T_n = \lim_{n \to \infty} 5\left(1 - \dfrac{1}{n+1}\right) = 5$ 이다.

따라서 $\displaystyle\sum_{n=1}^{\infty} \dfrac{10}{a_n} = \sum_{n=1}^{\infty} \dfrac{10}{2n(n+1)} = \sum_{n=1}^{\infty} \dfrac{5}{n(n+1)} = 5$ 이다.

 답 5

$a_n = a_1 \left(\dfrac{1}{3}\right)^{n-1}$

$\displaystyle\sum_{n=1}^{\infty} a_n = \sum_{n=1}^{\infty} a_1 \left(\dfrac{1}{3}\right)^{n-1} = \dfrac{a_1}{1 - \dfrac{1}{3}} = \dfrac{3}{2} a_1 = 30$

$\Rightarrow a_1 = 20$

 답 20

$\displaystyle\sum_{n=1}^{\infty} \dfrac{4^{n-1} + 3^{n+1}}{6^n} = \dfrac{1}{4} \sum_{n=1}^{\infty} \left(\dfrac{2}{3}\right)^n + 3 \sum_{n=1}^{\infty} \left(\dfrac{1}{2}\right)^n$

$= \dfrac{1}{4} \left(\dfrac{\dfrac{2}{3}}{1 - \dfrac{2}{3}} \right) + 3 \left(\dfrac{\dfrac{1}{2}}{1 - \dfrac{1}{2}} \right) = \dfrac{1}{2} + 3 = \dfrac{7}{2}$

 답 ④

$\displaystyle\sum_{n=1}^{\infty} \dfrac{4^{-n} - 25^{-n+1}}{2^{-n} + 5^{-n+1}} = \sum_{n=1}^{\infty} \dfrac{2^{-2n} - 5^{-2n+2}}{2^{-n} + 5^{-n+1}}$

$= \displaystyle\sum_{n=1}^{\infty} \dfrac{(2^{-n} + 5^{-n+1})(2^{-n} - 5^{-n+1})}{2^{-n} + 5^{-n+1}}$

$= \displaystyle\sum_{n=1}^{\infty} \left(2^{-n} - 5^{-n+1}\right)$

$= \displaystyle\sum_{n=1}^{\infty} \left(\dfrac{1}{2}\right)^n - \sum_{n=1}^{\infty} \left(\dfrac{1}{5}\right)^{n-1}$

$= \dfrac{\dfrac{1}{2}}{1 - \dfrac{1}{2}} - \dfrac{1}{1 - \dfrac{1}{5}} = 1 - \dfrac{5}{4} = -\dfrac{1}{4}$

답 ①

$a_1 = a$ 라 하고 공비를 r 이라 하면

$a_3 = \dfrac{1}{3} \ \Rightarrow \ ar^2 = \dfrac{1}{3}$

$a_6 = \dfrac{1}{24} \ \Rightarrow \ ar^5 = \dfrac{1}{24}$

위 두 식을 연립하면

$r^3 = \dfrac{1}{8} \ \Rightarrow \ r = \dfrac{1}{2}$ 이고 $a = \dfrac{4}{3}$ 이다.

$a_n = \dfrac{4}{3} \left(\dfrac{1}{2}\right)^{n-1}$ 이므로

$a_n a_{n+1} a_{n+2} = \dfrac{64}{27} \left(\dfrac{1}{2}\right)^{(n-1)+n+(n+1)} = \dfrac{64}{27} \left(\dfrac{1}{2}\right)^{3n} = \dfrac{64}{27} \left(\dfrac{1}{8}\right)^n$

$$\sum_{n=1}^{\infty} a_n a_{n+1} a_{n+2} = \sum_{n=1}^{\infty} \frac{64}{27}\left(\frac{1}{8}\right)^n = \frac{\dfrac{8}{27}}{1-\dfrac{1}{8}} = \frac{\dfrac{8}{27}}{\dfrac{7}{8}} = \frac{64}{189} = \frac{q}{p}$$

따라서 $p+q=253$ 이다.

답 253

022

$$\sum_{n=1}^{\infty} a_n = \frac{2}{1-r} = 3 \;\Rightarrow\; 3-3r=2 \;\Rightarrow\; r=\frac{1}{3}$$

$a_n = 2\left(\dfrac{1}{3}\right)^{n-1}$ 이므로

$$a_{2n+1} = 2\left(\frac{1}{3}\right)^{2n+1-1} = 2\left(\frac{1}{9}\right)^n$$
$$a_{2n+2} = 2\left(\frac{1}{3}\right)^{2n+1} = \frac{2}{3}\left(\frac{1}{9}\right)^n$$

따라서

$$\sum_{n=1}^{\infty}\left(a_{2n+1} - a_{2n+2}\right) = \sum_{n=1}^{\infty} 2\left(\frac{1}{9}\right)^n - \sum_{n=1}^{\infty} \frac{2}{3}\left(\frac{1}{9}\right)^n$$

$$= \frac{\dfrac{2}{9}}{1-\dfrac{1}{9}} - \frac{\dfrac{2}{27}}{1-\dfrac{1}{9}} = \frac{1}{4} - \frac{1}{12}$$

$$= \frac{1}{6}$$

이다.

답 ①

023

$a_4 = 3^7,\ a_7 = 3^4$

첫째항을 a, 공비를 r 이라 하면

$$a_4 = ar^3 = 3^7,$$

$$a_7 = ar^6 = 3^4 \;\Rightarrow\; \frac{ar^6}{ar^3} = \frac{3^4}{3^7} \;\Rightarrow\; r^3 = \frac{1}{3^3}$$

$$\Rightarrow\; r = \frac{1}{3}$$

$$a_8 = \frac{1}{3} a_7 = 27$$

따라서

$$\sum_{n=8}^{\infty} 2a_n = 2\sum_{n=8}^{\infty} a_n = 2 \times \frac{a_8}{1-\dfrac{1}{3}} = 2 \times \frac{27}{\dfrac{2}{3}} = 2 \times \frac{81}{2} = 81$$

이다.

답 81

024

$$a_n = \left(\frac{1}{3}\right)^n \cos\left(\frac{n\pi}{2}\right)$$

$$a_1 = \frac{1}{3} \times 0 = 0$$

$$a_2 = \frac{1}{3^2} \times (-1) = -\frac{1}{3^2}$$

$$a_3 = \frac{1}{3^3} \times 0 = 0$$

$$a_4 = \frac{1}{3^4} \times 1 = \frac{1}{3^4}$$

$$a_5 = \frac{1}{3^5} \times 0 = 0$$

$$a_6 = \frac{1}{3^6} \times (-1) = -\frac{1}{3^6}$$

$$\vdots$$

따라서 $\displaystyle\sum_{n=1}^{\infty} a_n = \left(-\frac{1}{3^2}\right) + \frac{1}{3^4} + \left(-\frac{1}{3^6}\right) + \cdots$

$$= \frac{-\dfrac{1}{9}}{1-\left(-\dfrac{1}{9}\right)} = \frac{-1}{9+1} = -\frac{1}{10}$$

이다.

답 ④

025

$S_n = \displaystyle\sum_{k=1}^{n} 5^k a_k = 2^n$ 이라 하면

$S_n - S_{n-1} = 5^n a_n \ (n \geq 2)$ 이므로

$2^n - 2^{n-1} = 2^{n-1}(2-1) = 2^{n-1} = 5^n a_n \ (n \geq 2)$

$S_1 = 2 \neq 1 = 5a_1$ 이므로

$$a_n = \frac{2^{n-1}}{5^n} = \frac{1}{5}\left(\frac{2}{5}\right)^{n-1} \ (n \geq 2), \ a_1 = \frac{2}{5}$$

$$2^{n-1}a_n = b_n = \frac{1}{5}\left(\frac{4}{5}\right)^{n-1} \ (n \geq 2), \ b_1 = a_1 = \frac{2}{5}$$

$$따라서 \ \sum_{n=1}^{\infty} 2^{n-1}a_n = \sum_{n=1}^{\infty} b_n = b_1 + \sum_{n=2}^{\infty} b_n$$

$$= b_1 + \frac{\dfrac{4}{25}}{1 - \dfrac{4}{5}} = \frac{2}{5} + \frac{4}{5} = \frac{6}{5}$$

이다.

답 ③

<실수하는 point!>
당연히 초항부터 등비수열이겠지 라고 생각해서

$$\sum_{n=1}^{\infty} 2^{n-1}a_n = \sum_{n=1}^{\infty} b_n = \frac{\dfrac{1}{5}}{1 - \dfrac{4}{5}} = 1 \ 와 \ 같이$$

풀지 않도록 유의해야 한다.
수열의 극한에서는 끝부분만 관심이 있었지만
급수의 합을 구할 때는 초항부터 모두를 고려해줘야 한다.

026

$$a_1 = 1, \ a_n a_{n+1} = 7^n$$
$$a_1 a_2 = 7 \ \Rightarrow \ a_2 = 7$$
$$a_2 a_3 = 7^2 \ \Rightarrow \ a_3 = 7$$
$$a_3 a_4 = 7^3 \ \Rightarrow \ a_4 = 7^2$$
$$a_4 a_5 = 7^4 \ \Rightarrow \ a_5 = 7^2$$
$$a_5 a_6 = 7^5 \ \Rightarrow \ a_6 = 7^3$$
$$\vdots$$

$$a_{2n-1} = 7^{n-1} \ 이므로$$

$$\sum_{n=1}^{\infty} \frac{1}{a_{2n-1}} = \sum_{n=1}^{\infty} \left(\frac{1}{7}\right)^{n-1} = \frac{1}{1 - \dfrac{1}{7}} = \frac{7}{6} \ 이다.$$

따라서 $p+q = 13$ 이다.

답 13

간단한 식조작을 통해 일반항을 구할 수도 있다.

$$a_n a_{n+1} = 7^n, \ a_{n+1}a_{n+2} = 7^{n+1}$$

$$\frac{a_{n+1}a_{n+2}}{a_n a_{n+1}} = \frac{7^{n+1}}{7^n} \ \Rightarrow \ a_{n+2} = 7 a_n$$

이므로 a_{2n-1} 은 공비가 7 인 등비수열이다.

027

$$\sum_{n=1}^{\infty} r^n \ 의 \ 수렴조건은 \ -1 < r < 1 \ 이므로$$

급수 $\displaystyle\sum_{n=1}^{\infty}\left(\frac{x-2}{5}\right)^n$ 이 수렴하려면

$$-1 < \frac{x-2}{5} < 1 \ \Rightarrow \ -5 < x-2 < 5 \ \Rightarrow \ -3 < x < 7$$

$-3 < x < 7$ 을 만족시키는 정수는 다음과 같다.
$$x = -2, \ -1, \ 0, \ 1, \ 2, \ 3, \ 4, \ 5, \ 6$$

따라서 모든 정수 x 의 값의 합은 $3+4+5+6 = 18$ 이다.

 18

028

$$\sum_{n=1}^{\infty} ar^{n-1} \ 의 \ 수렴조건은 \ a = 0 \ or \ -1 < r < 1 \ 이므로$$

급수 $\displaystyle\sum_{n=1}^{\infty}(x-3)\left(\frac{2x-1}{5}\right)^n$ 이 수렴하려면

$$x-3 = 0 \ \Rightarrow \ x = 3$$

$$-1 < \frac{2x-1}{5} < 1 \ \Rightarrow \ -5 < 2x-1 < 5 \ \Rightarrow \ -2 < x < 3$$

$-2 < x \leq 3$ 를 만족시키는 정수는 다음과 같다.
$$x = -1, \ 0, \ 1, \ 2, \ 3$$

따라서 모든 정수 x 의 값의 합은 $2+3 = 5$ 이다.

답 5

$\displaystyle\sum_{n=1}^{\infty} r^n$ 의 수렴조건은 $-1 < r < 1$ 이므로

급수

$\displaystyle\sum_{n=1}^{\infty} \frac{5^{-2n-1}}{\left(2^x+1\right)^{-n}} = \sum_{n=1}^{\infty} \frac{1}{5}\left(\frac{25}{2^x+1}\right)^{-n} = \frac{1}{5}\sum_{n=1}^{\infty}\left(\frac{2^x+1}{25}\right)^n$ 이

수렴하려면 $-1 < \dfrac{2^x+1}{25} < 1 \;\Rightarrow\; -26 < 2^x < 24$

$-26 < 2^x < 24$ 를 만족시키는 자연수는 다음과 같다.

$x = 1, \ 2, \ 3, \ 4$

따라서 모든 자연수 x 의 값의 합은 $1+2+3+4 = 10$ 이다.

답 　10

030

Guide step에서 배운 메커니즘대로 풀어보자.

1단계) 첫 번째항 l_1 을 구한다.

$l_1 = 2 + 2 + 2 \times \dfrac{\pi}{4} = 4 + \dfrac{\pi}{2}$

2단계) 첫 번째 도형과 두 번째 도형의 길이의 비 $a : b$ 를
구하고 이를 이용하여 공비 $r = \dfrac{b}{a}$ 를 구한다.

$\overline{A_1B_2} = 2 \times \sin\dfrac{\pi}{4} = \sqrt{2}$

부채꼴 $A_0A_1B_1$ 과 부채꼴 $A_1A_2B_2$ 의 반지름의 비는

$2 : \sqrt{2}$ 이다. 즉, 공비는 $\dfrac{\sqrt{2}}{2}$ 이다.

3단계) $\displaystyle\sum_{n=1}^{\infty} l_n = \dfrac{l_1}{1-r}$ 를 계산한다.

따라서 $\displaystyle\sum_{n=1}^{\infty} l_n = \dfrac{4+\dfrac{\pi}{2}}{1-\dfrac{\sqrt{2}}{2}} = \dfrac{8+\pi}{2-\sqrt{2}}$ 이다.

답 　③

> **Tip**
>
> 030번 문제에서는 둘레의 길이의 합이 l_n 이
> 아니라 부채꼴 $A_{n-1}A_nB_n$ 의 둘레의 길이가 l_n 이므로
>
> $\displaystyle\sum_{n=1}^{\infty} l_n$ 이 등비급수가 된다. ($\displaystyle\lim_{n\to\infty} l_n$ 이 아니라는 의미)

Guide step에서 배운 메커니즘대로 풀어보자.

1단계) 첫 번째항 l_1 을 구한다.

사분원의 반지름의 길이가 2 이므로

$l_1 = 2 \times \pi = 2\pi$

2단계) 첫 번째 도형과 두 번째 도형의 길이의 비 $a : b$ 를
구하고 이를 이용하여 공비 $r = \dfrac{b}{a}$ 를 구한다.

두 점 A_2, C_2 는 모두 원 위의 점이므로

$\overline{A_1A_2} = \overline{C_1C_2} = 2$ 이다.

$\overline{A_1C_1} = \overline{A_1A_2} + \overline{A_2C_2} + \overline{C_1C_2} \;\Rightarrow\; 4\sqrt{2} = 2 + 2 + \overline{A_2C_2}$

$\Rightarrow\; \overline{A_2C_2} = 4\sqrt{2} - 4$

정사각형 $A_1B_1C_1D_1$ 의 대각선의 길이와

정사각형 $A_2B_2C_2D_2$ 의 대각선의 길이의 비는

$4\sqrt{2} : 4\sqrt{2} - 4 = \sqrt{2} : \sqrt{2} - 1$ 이므로

공비 $r = \dfrac{\sqrt{2}-1}{\sqrt{2}} = \dfrac{2-\sqrt{2}}{2}$ 이다.

3단계) $\displaystyle\lim_{n\to\infty} l_n = \dfrac{l_1}{1-r} = \dfrac{l_1}{1-\dfrac{b}{a}}$ 를 계산한다.

따라서 $\displaystyle\lim_{n\to\infty} l_n = \dfrac{l_1}{1-r} = \dfrac{2\pi}{1-\dfrac{2-\sqrt{2}}{2}}$

$= \dfrac{4\pi}{2-2+\sqrt{2}}$

$= \dfrac{4}{\sqrt{2}}\pi = 2\sqrt{2}\,\pi$

이다.

답 　②

Guide step에서 배운 메커니즘대로 풀어보자.

1단계) 첫 번째항 S_1 을 구한다.

$\angle\,\mathrm{DBC}=\dfrac{\pi}{4}$ 이고 $\overline{\mathrm{BC}}=\overline{\mathrm{CD}}=2$ 이므로

$$S_1=\dfrac{1}{2}\times2\times2-\dfrac{1}{2}\times2^2\times\dfrac{\pi}{4}=2-\dfrac{\pi}{2}$$

2단계) 첫 번째 도형과 두 번째 도형의 길이의 비가 $a:b$ 일 때, 넓이의 비 $a^2:b^2$ 를 구하고 이를 이용하여 공비 $r=\dfrac{b^2}{a^2}$ 를 구한다.

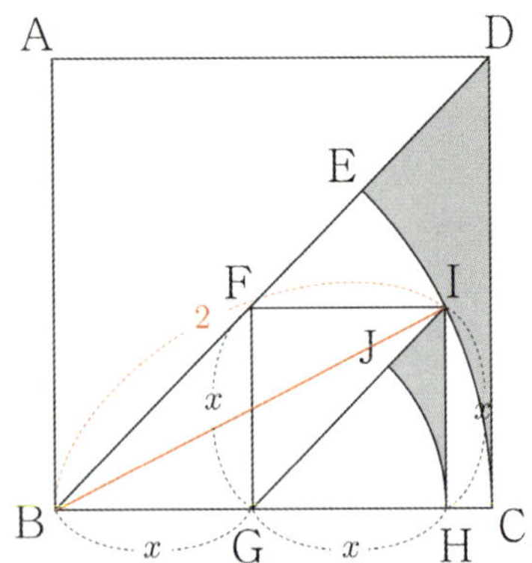

$\overline{\mathrm{FG}}=x$ 라 하면 $\overline{\mathrm{BG}}=\overline{\mathrm{GH}}=\overline{\mathrm{HI}}=x$
점 I 는 원 위의 점이므로 $\overline{\mathrm{BI}}=2$

삼각형 BHI 에서 피타고라스의 정리를 사용하면
$$\left(\overline{\mathrm{BI}}\right)^2=\left(\overline{\mathrm{BH}}\right)^2+\left(\overline{\mathrm{HI}}\right)^2\ \Rightarrow\ 4=4x^2+x^2$$

$$\Rightarrow\ 5x^2=4\ \Rightarrow\ x=\dfrac{2}{\sqrt{5}}\ \ (\because\ x>0)$$

정사각형 ABCD 의 한 변의 길이와
정사각형 FGHI 의 한 변의 길이의 비는
$2:\dfrac{2}{\sqrt{5}}$ 이므로 넓이의 비는 $4:\dfrac{4}{5}$ 이다.

즉, 공비 $r=\dfrac{1}{5}$ 이다.

3단계) $\displaystyle\lim_{n\to\infty}S_n=\dfrac{S_1}{1-r}=\dfrac{S_1}{1-\dfrac{b^2}{a^2}}$ 를 계산한다.

따라서

$$\lim_{n\to\infty}S_n=\dfrac{S_1}{1-r}=\dfrac{2-\dfrac{\pi}{2}}{1-\dfrac{1}{5}}=\dfrac{5}{4}\left(2-\dfrac{\pi}{2}\right)=\dfrac{5}{8}(4-\pi)$$

이다.

답 ⑤

033

Guide step에서 배운 메커니즘대로 풀어보자.

1단계) 첫 번째항 S_1 을 구한다.

$\overline{\mathrm{A_1M_1}}=\overline{\mathrm{C_1N_1}}=2,\ \overline{\mathrm{A_1D_1}}=\overline{\mathrm{C_1D_1}}=4$ 이므로
$$S_1=\left(\dfrac{1}{2}\times2\times4\right)\times2=8$$

2단계) 첫 번째 도형과 두 번째 도형의 길이의 비가 $a:b$ 일 때, 넓이의 비 $a^2:b^2$ 를 구하고 이를 이용하여 공비 $r=\dfrac{b^2}{a^2}$ 를 구한다.

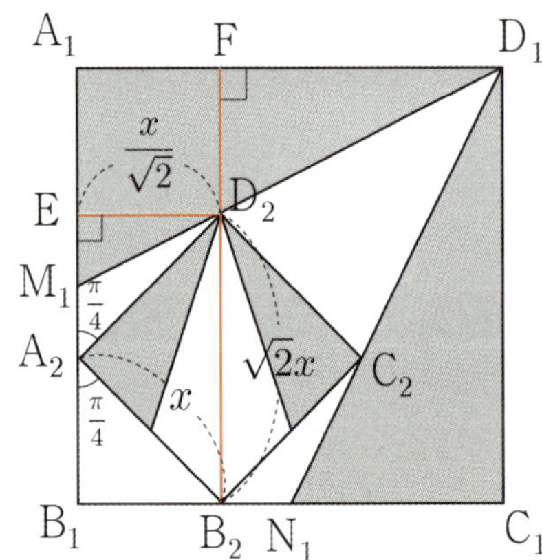

점 $\mathrm{D_2}$ 에서 두 선분 $\mathrm{A_1B_1}$, $\mathrm{A_1D_1}$ 에 내린 수선의 발을 각각 E, F 라 하고, $\overline{\mathrm{A_2B_2}}=x$ 라 하자.

두 삼각형 $\mathrm{A_2B_1B_2}$, $\mathrm{A_2D_2E}$ 는 서로 합동이므로
($\because$ 대각선의 길이가 모두 x 인 직각이등변삼각형)
$\overline{\mathrm{D_2E}}=\overline{\mathrm{B_1B_2}}=\dfrac{x}{\sqrt{2}}$ 이고 $\overline{\mathrm{D_2B_2}}=\sqrt{2}\,x$ 이다.

$$\overline{\mathrm{D_2F}}=\overline{\mathrm{B_2F}}-\overline{\mathrm{D_2B_2}}=4-\sqrt{2}\,x$$

$$\overline{\mathrm{D_1F}}=\overline{\mathrm{A_1D_1}}-\overline{\mathrm{A_1F}}=4-\dfrac{x}{\sqrt{2}}$$

이므로

$$\tan(\angle A_1 D_1 M_1) = \frac{1}{2} = \frac{\overline{D_2 F}}{\overline{D_1 F}} = \frac{4 - \sqrt{2}\,x}{4 - \dfrac{x}{\sqrt{2}}}$$

$$\Rightarrow 8 - 2\sqrt{2}\,x = 4 - \frac{x}{\sqrt{2}} \Rightarrow \frac{3\sqrt{2}}{2}x = 4 \Rightarrow x = \frac{4\sqrt{2}}{3}$$

정사각형 $A_1 B_1 C_1 D_1$ 의 한 변의 길이와
정사각형 $A_2 B_2 C_2 D_2$ 의 한 변의 길이의 비는

$4 : \dfrac{4\sqrt{2}}{3} = 1 : \dfrac{\sqrt{2}}{3}$ 이므로 넓이의 비는 $1 : \dfrac{2}{9}$ 이다.

즉, 공비 $r = \dfrac{2}{9}$ 이다.

3단계) $\displaystyle\lim_{n\to\infty} S_n = \frac{S_1}{1-r} = \frac{S_1}{1 - \dfrac{b^2}{a^2}}$ 를 계산한다.

따라서 $\displaystyle\lim_{n\to\infty} S_n = \frac{S_1}{1-r} = \frac{8}{1 - \dfrac{2}{9}} = \frac{72}{7}$ 이다.

답 ②

> **Tip**
>
> B_1 을 원점으로 두고 좌표를 잡아서 풀어도 된다.

034

Guide step에서 배운 메커니즘대로 풀어보자.

1단계) 첫 번째항 S_1 을 구한다.

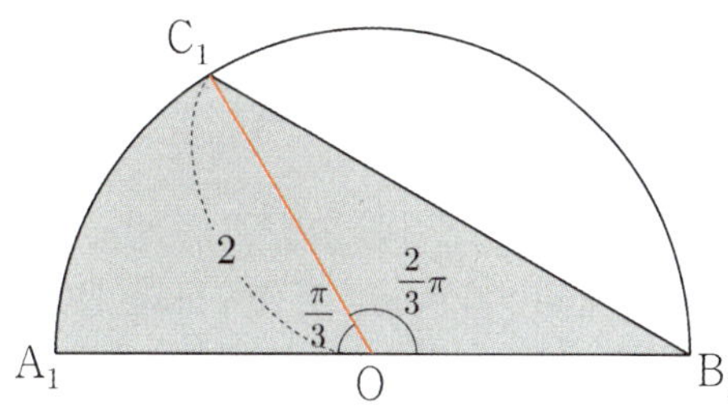

$\overset{\frown}{A_1 C_1} : \overset{\frown}{C_1 B_1} = 1 : 2$ 이므로 원의 중심을 O 라 하면

$\angle A_1 O C_1 = \dfrac{\pi}{3}, \quad \angle B_1 O C_1 = \dfrac{2}{3}\pi$

색칠한 부분의 넓이는 부채꼴 $A_1 O C_1$ 의 넓이와
삼각형 $B_1 O C_1$ 의 넓이의 합이므로

$$S_1 = \frac{1}{2} \times 2^2 \times \frac{\pi}{3} + \frac{1}{2} \times 2^2 \times \sin\frac{2}{3}\pi = \frac{2}{3}\pi + \sqrt{3}$$

2단계) 첫 번째 도형과 두 번째 도형의 길이의 비가
$a : b$ 일 때, 넓이의 비 $a^2 : b^2$ 를 구하고 이를
이용하여 공비 $r = \dfrac{b^2}{a^2}$ 를 구한다.

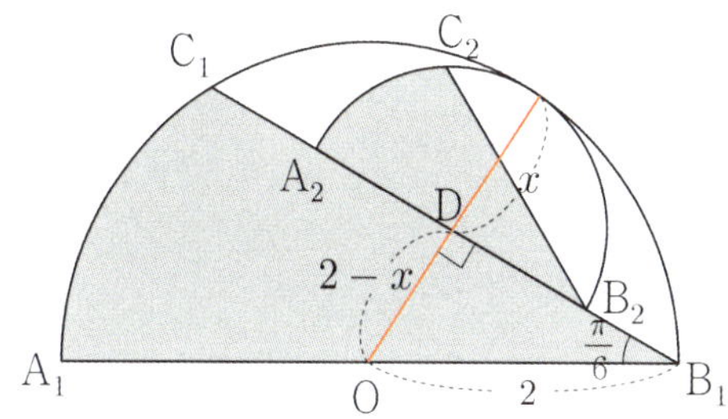

점 O 에서 선분 $B_1 C_1$ 에 내린 수선의 발을 D 라
하면 점 D 는 내부에 있는 반원의 중심과 같다.
내부에 있는 반원의 반지름의 길이를 x 라 하면

$\overline{OD} = 2 - x$, $\angle OB_1 C_1 = \dfrac{\pi}{6}$ 이므로

$$\sin\frac{\pi}{6} = \frac{\overline{OD}}{\overline{OB_1}} \Rightarrow \frac{1}{2} = \frac{2-x}{2} \Rightarrow x = 1$$

선분 $A_1 B_1$ 을 지름으로 하는 반원의 반지름의
길이와 선분 $A_2 B_2$ 을 지름으로 하는 반원의
반지름의 길이의 비는 $2 : 1$ 이므로 넓이의 비는
$4 : 1$ 이다. 즉, 공비 $r = \dfrac{1}{4}$ 이다.

3단계) $\displaystyle\lim_{n\to\infty} S_n = \frac{S_1}{1-r} = \frac{S_1}{1 - \dfrac{b^2}{a^2}}$ 를 계산한다.

따라서 $\displaystyle\lim_{n\to\infty} S_n = \frac{S_1}{1-r} = \frac{\dfrac{2}{3}\pi + \sqrt{3}}{1 - \dfrac{1}{4}}$

$$= \frac{4}{3}\left(\frac{2}{3}\pi + \sqrt{3}\right)$$

$$= \frac{8}{9}\pi + \frac{4}{3}\sqrt{3}$$

이다.

답 ③

Guide step에서 배운 메커니즘대로 풀어보자.

1단계) 첫 번째항 S_1 을 구한다.

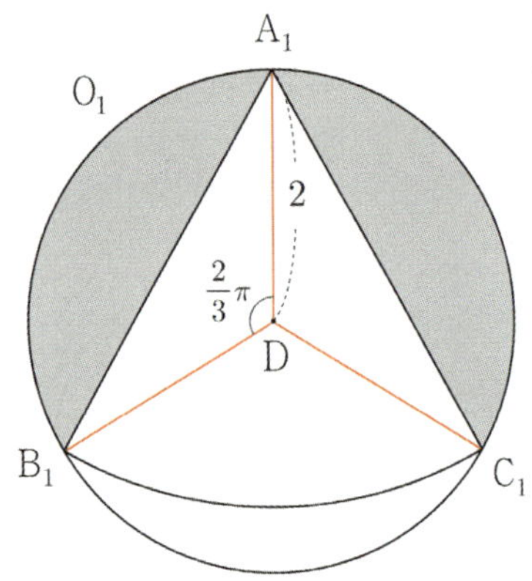

원 O_1 의 중심을 D 라 하면
위 그림에서 색칠한 부분의 넓이는
(부채꼴 A_1DB_1 의 넓이 $-$ 삼각형 A_1DB_1 의 넓이$)\times 2$

$$=\left(\frac{1}{2}\times 2^2\times\frac{2}{3}\pi-\frac{1}{2}\times 2^2\times\sin\frac{2}{3}\pi\right)\times 2$$

$$=\frac{8}{3}\pi-2\sqrt{3}$$

부채꼴 $A_1B_1C_1$ 의 넓이를 구하기 위해서 선분 A_1B_1 의 길이를 구해보자.
$\overline{A_1B_1}=x$ 라 하고 삼각형 A_1DB_1 에서 코사인법칙을 사용하면

$$\cos\frac{2}{3}\pi=\frac{2^2+2^2-x^2}{2\times 2\times 2}$$

$$\Rightarrow -\frac{1}{2}=\frac{8-x^2}{8}\Rightarrow x^2=12$$

$$\Rightarrow x=2\sqrt{3}\ \ (\because\ x>0)$$

Tip

<알아두면 유용한 삼각형의 길이 비>

① $1:1:\sqrt{2}$

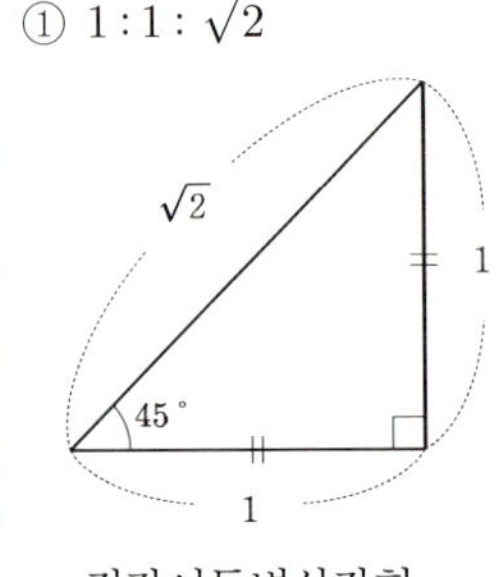

직각이등변삼각형

② $3:4:5$

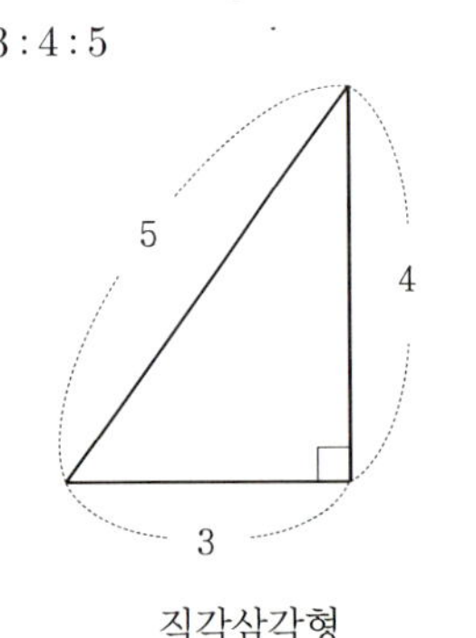

직각삼각형

③ $5:12:13$　　　　④ $1:1:\sqrt{3}$

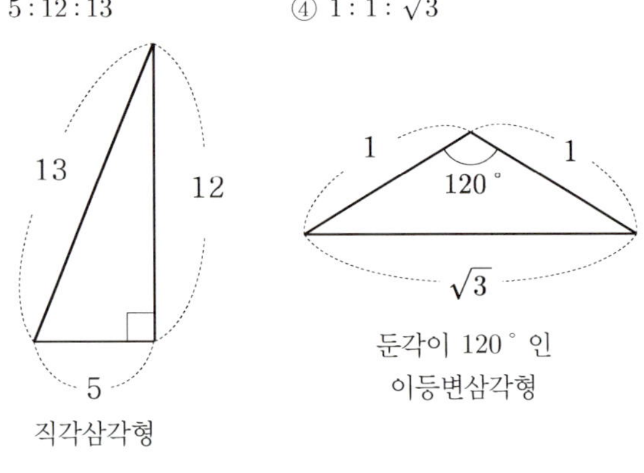

직각삼각형　　　둔각이 120° 인 이등변삼각형

④ $1:1:\sqrt{3}$ 을 사용하면 $2:2:2\sqrt{3}$ 이므로
$\overline{A_1B_1}=2\sqrt{3}$ 라는 것을 바로 확인할 수 있다.

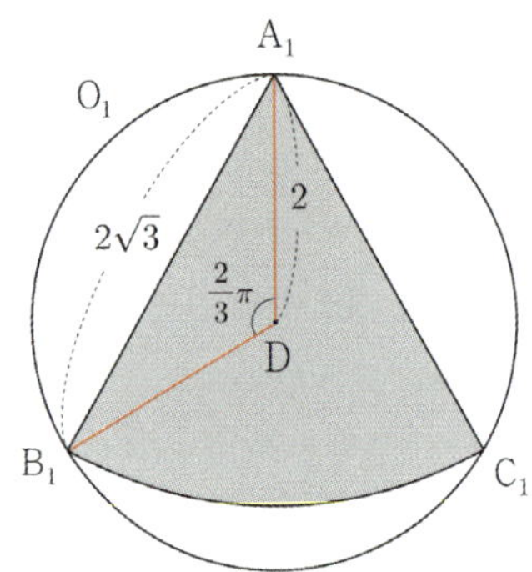

$\overline{A_1B_1}=2\sqrt{3},\ \ \angle B_1A_1C_1=\dfrac{\pi}{3}$ 이므로
부채꼴 $A_1B_1C_1$ 의 넓이는

$$\frac{1}{2}\times\left(2\sqrt{3}\right)^2\times\frac{\pi}{3}=2\pi$$

⌣ 모양의 넓이 S_1 은 원 O_1 의 넓이에서
위 두 그림에서 구한 색칠한 부분의 넓이를 빼서 구하면
된다.

$$S_1=4\pi-\left(\frac{8}{3}\pi-2\sqrt{3}+2\pi\right)=2\sqrt{3}-\frac{2}{3}\pi$$

2단계) 첫 번째 도형과 두 번째 도형의 길이의 비가
$a:b$ 일 때, 넓이의 비 $a^2:b^2$ 를 구하고 이를
이용하여 공비 $r=\dfrac{b^2}{a^2}$ 를 구한다.

원 O_2 의 중심을 E, 반지름의 길이를 x 라 하자.
보조선을 그어주면 다음과 같다.

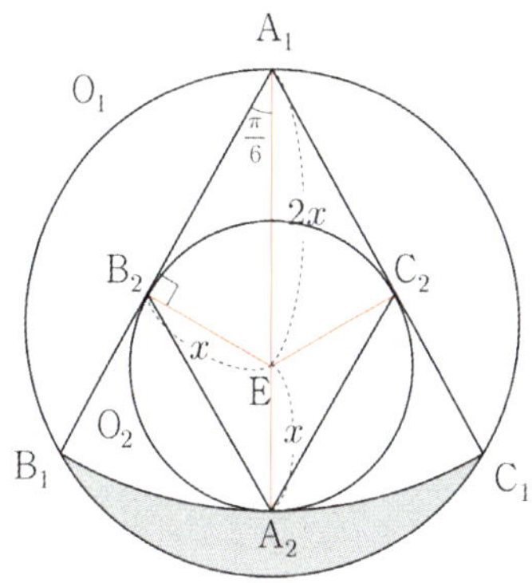

Tip

<B₂와 C₂는 접점일까?>

$\angle B_2A_2C_2 = \dfrac{\pi}{3}$ 이므로 대칭성에 의해 $\angle EA_2B_2 = \dfrac{\pi}{6}$ 이다.

$\angle A_1EB_2 = \pi - \angle A_2EB_2 = \pi - \dfrac{2}{3}\pi = \dfrac{\pi}{3}$

$\angle EA_1B_2 = \dfrac{\pi}{6}$ 이므로 $\angle A_1B_2E = \dfrac{\pi}{2}$ 이다.

따라서 B_2 와 C_2 는 접점이다.

$\angle B_2A_1E = \dfrac{\pi}{6}$ 이므로

$\sin\dfrac{\pi}{6} = \dfrac{\overline{B_2E}}{\overline{A_1E}} \ \Rightarrow \ \dfrac{1}{2} = \dfrac{x}{\overline{A_1E}} \ \Rightarrow \ \overline{A_1E} = 2x$

$\overline{A_1A_2} = \overline{A_1E} + \overline{EA_2} \ \Rightarrow \ 2\sqrt{3} = 2x + x \ \Rightarrow \ x = \dfrac{2\sqrt{3}}{3}$

원 O_1 의 반지름의 길이와 원 O_2 의 반지름의 길이의 비는

$2 : \dfrac{2\sqrt{3}}{3} = 1 : \dfrac{\sqrt{3}}{3}$ 이므로 넓이의 비는 $1 : \dfrac{1}{3}$ 이다.

즉, 공비 $r = \dfrac{1}{3}$ 이다.

3단계) $\displaystyle\lim_{n \to \infty} S_n = \dfrac{S_1}{1-r} = \dfrac{S_1}{1-\dfrac{b^2}{a^2}}$ 를 계산한다.

따라서 $\displaystyle\lim_{n \to \infty} S_n = \dfrac{S_1}{1-r} = \dfrac{2\sqrt{3} - \dfrac{2}{3}\pi}{1 - \dfrac{1}{3}} = 3\sqrt{3} - \pi$ 이다.

답 ③

Guide step에서 배운 메커니즘대로 풀어보자.

1단계) 첫 번째항 S_1 을 구한다.

삼각형 $A_1B_1C_1$ 에서 사인법칙을 사용하면

$\dfrac{\overline{B_1C_1}}{\sin(\angle B_1A_1C_1)} = 2R \ \Rightarrow \ \dfrac{\overline{B_1C_1}}{\sin\dfrac{\pi}{3}} = 4 \ \Rightarrow \ \overline{B_1C_1} = 2\sqrt{3}$

$\overline{A_1B_1} : \overline{A_1C_1} = 1 : 2$ 이므로 $\overline{A_1B_1} = x$ 라 하면 $\overline{A_1C_1} = 2x$

삼각형 $A_1B_1C_1$ 에서 코사인법칙을 사용하면

$\cos(\angle B_1A_1C_1) = \dfrac{\left(\overline{A_1B_1}\right)^2 + \left(\overline{A_1C_1}\right)^2 - \left(\overline{B_1C_1}\right)^2}{2 \times \overline{A_1B_1} \times \overline{A_1C_1}}$

$\Rightarrow \ \cos\dfrac{\pi}{3} = \dfrac{x^2 + 4x^2 - 12}{2 \times x \times 2x} \ \Rightarrow \ \dfrac{1}{2} = \dfrac{5x^2 - 12}{4x^2}$

$\Rightarrow \ 2x^2 = 5x^2 - 12 \ \Rightarrow \ x^2 = 4 \ \Rightarrow \ x = 2 \ (\because x > 0)$

$\overline{A_1C_1} = 4$ 이므로 선분 A_1C_1 은 원 O_1 의 지름과 같다.

색칠한 부분의 넓이 S_1 은 반원의 넓이에서 삼각형 $A_1B_1C_1$ 의 넓이를 빼서 구하면 된다.

$S_1 = 2\pi - \left(\dfrac{1}{2} \times 2 \times 4 \times \sin\dfrac{\pi}{3}\right) = 2\pi - 2\sqrt{3}$

2단계) 첫 번째 도형과 두 번째 도형의 길이의 비가 $a : b$ 일 때, 넓이의 비 $a^2 : b^2$ 를 구하고 이를 이용하여 공비 $r = \dfrac{b^2}{a^2}$ 를 구한다.

원 O_2 의 반지름의 길이를 x 이라 하면

삼각형 $A_1B_1C_1$ 의 넓이 $= \dfrac{\overline{A_1B_1} + \overline{A_1C_1} + \overline{B_1C_1}}{2} \times x$ 이므로

$2\sqrt{3} = \dfrac{2 + 4 + 2\sqrt{3}}{2} \times x \ \Rightarrow \ 2\sqrt{3} = (3 + \sqrt{3})x$

$\Rightarrow \ x = \dfrac{2\sqrt{3}}{3 + \sqrt{3}} \ \Rightarrow \ x = \sqrt{3} - 1$

원 O_1 의 반지름의 길이와 원 O_2 의 반지름의 길이의 비는

$2 : \sqrt{3} - 1$ 이므로 넓이의 비는 $4 : 4 - 2\sqrt{3}$ 이다.

즉, 공비 $r = \dfrac{2 - \sqrt{3}}{2}$ 이다.

3단계) $\displaystyle\lim_{n\to\infty} S_n = \dfrac{S_1}{1-r} = \dfrac{S_1}{1-\dfrac{b^2}{a^2}}$ 를 계산한다.

따라서 $\displaystyle\lim_{n\to\infty} S_n = \dfrac{S_1}{1-r} = \dfrac{2\pi - 2\sqrt{3}}{1-\dfrac{2-\sqrt{3}}{2}}$

$$= \dfrac{4\pi - 4\sqrt{3}}{\sqrt{3}}$$

$$= \dfrac{4\sqrt{3}}{3}\pi - 4$$

이다.

$$\boxed{답} \quad ①$$

037

Guide step에서 배운 메커니즘대로 풀어보자.

1단계) 첫 번째항 S_1 을 구한다.

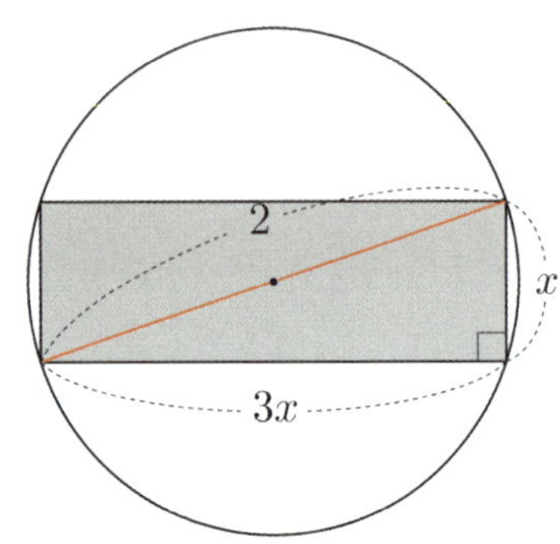

직사각형의 대각선의 길이는 원의 지름과 같으므로 2 이고,
직사각형의 세로의 길이를 x 라 하면 가로의 길이는 $3x$ 이므로
피타고라스의 정리를 사용하면

$$2^2 = x^2 + (3x)^2 \ \Rightarrow\ 4 = 10x^2 \ \Rightarrow\ x = \dfrac{\sqrt{10}}{5}$$

$$S_1 = x \times 3x = 3x^2 = 3 \times \dfrac{2}{5} = \dfrac{6}{5}$$

2단계) 첫 번째 도형과 두 번째 도형의 길이의 비가
$a : b$ 이고 도형의 개수가 k배씩 늘어날 때,

공비 $r = k \times \dfrac{b^2}{a^2}$ 이다.

작은 원의 반지름을 y 라 하자.
보조선을 그으면 다음과 같다.

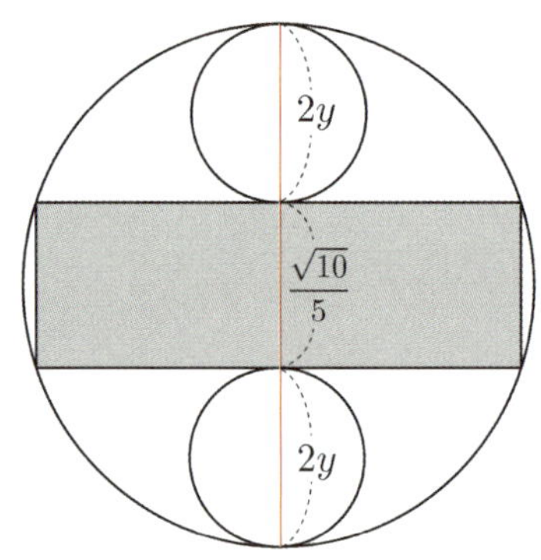

$$2y + \dfrac{\sqrt{10}}{5} + 2y = 2 \ \ (\text{지름})$$

$$\Rightarrow\ y = \dfrac{1}{2} - \dfrac{\sqrt{10}}{20}$$

큰 원의 반지름의 길이와 작은 원의 반지름의 길이의 비는
$1 : \dfrac{10 - \sqrt{10}}{20}$ 이므로 넓이의 비는 $1 : \dfrac{11 - 2\sqrt{10}}{40}$ 이다.
또한 도형의 개수가 2 배씩 늘어나므로
공비 $r = 2 \times \dfrac{11 - 2\sqrt{10}}{40} = \dfrac{11 - 2\sqrt{10}}{20}$ 이다.

3단계) $\displaystyle\lim_{n\to\infty} S_n = \dfrac{S_1}{1-r} = \dfrac{S_1}{1 - k \times \dfrac{b^2}{a^2}}$ 를 계산한다.

따라서 $\displaystyle\lim_{n\to\infty} S_n = \dfrac{S_1}{1-r} = \dfrac{\dfrac{6}{5}}{1 - \dfrac{11 - 2\sqrt{10}}{20}}$

$$= \dfrac{24}{9 + 2\sqrt{10}}$$

$$= \dfrac{24}{41}\left(9 - 2\sqrt{10}\right)$$

이다.

$$\boxed{답} \quad ⑤$$

038

Guide step에서 배운 메커니즘대로 풀어보자.

1단계) 첫 번째항 S_1 을 구한다.

색칠한 부분의 넓이는 대칭성에 의해서
사다리꼴 EBDH 의 넓이 $\times 2$ 와 같다.

삼각형 AEH 는 직각이등변삼각형이므로
$$\overline{AH}=\overline{AE}=3 \;\Rightarrow\; \overline{EH}=3\sqrt{2}$$

선분 BD 의 중점을 M 이라 하고
선분 AM 과 선분 EH 이 만나는 점을 N 이라 하면
삼각형 ANH 는 직각이등변삼각형이므로
$$\overline{AH}=3 \;\Rightarrow\; \overline{AN}=\frac{3}{\sqrt{2}}$$

사다리꼴 EBDH 의 높이는 선분 MN 의 길이와 같으므로
$$\overline{MN}=\overline{AM}-\overline{AN}=2\sqrt{2}-\frac{3}{2}\sqrt{2}=\frac{\sqrt{2}}{2}$$

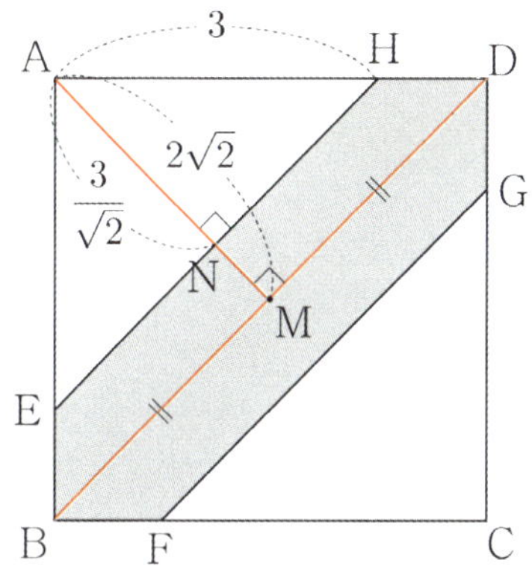

$$S_1=\left\{\frac{1}{2}\times(\overline{EH}+\overline{BD})\times\overline{MN}\right\}\times 2$$

$$=\left\{\frac{1}{2}\times(3\sqrt{2}+4\sqrt{2})\times\frac{\sqrt{2}}{2}\right\}\times 2=7$$

> **Tip**
>
> 사각형 ABCD 의 넓이에서 두 삼각형 AEH, CFG 의 넓이를 빼줘도 된다.
> $$S_1=4^2-\left(\frac{1}{2}\times 3^2\right)\times 2=16-9=7$$

2단계) 첫 번째 도형과 두 번째 도형의 길이의 비가
$a:b$ 이고 도형의 개수가 k 배씩 늘어날 때,
공비 $r=k\times\dfrac{b^2}{a^2}$ 이다.

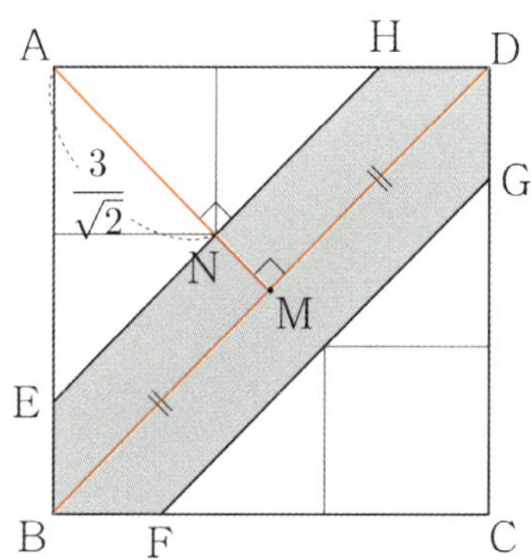

선분 AN 은 작은 정사각형의 대각선의 길이와 같다.

큰 정사각형의 대각선의 길이와 작은 정사각형의 대각선의 길이의 비는 $4\sqrt{2}:\dfrac{3}{\sqrt{2}}=1:\dfrac{3}{8}$ 이므로 넓이의 비는
$1:\dfrac{9}{64}$ 이다.
또한 도형의 개수가 2 배씩 늘어나므로
공비 $r=2\times\dfrac{9}{64}=\dfrac{9}{32}$ 이다.

3단계) $\displaystyle\lim_{n\to\infty}S_n=\dfrac{S_1}{1-r}=\dfrac{S_1}{1-k\times\dfrac{b^2}{a^2}}$ 를 계산한다.

따라서 $\displaystyle\lim_{n\to\infty}S_n=\dfrac{S_1}{1-r}=\dfrac{7}{1-\dfrac{9}{32}}=\dfrac{224}{23}$ 이다.

답 ①

039

Guide step에서 배운 메커니즘대로 풀어보자.

1단계) 첫 번째항 S_1 을 구한다.

내접하는 원의 반지름의 길이를 x 라 하자.
선분 AB 에 접하는 내접원의 중심을 F 라 하고
점 F 에서 선분 BC 에 내린 수선의 발을 G 라 하자.
보조선을 그으면 다음과 같다.

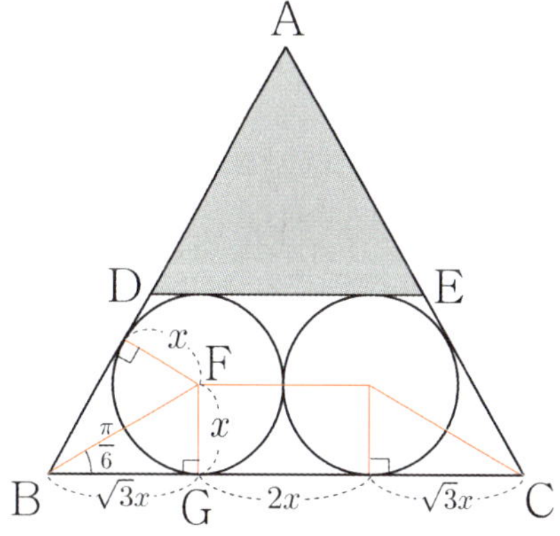

$$\tan(\angle FBG)=\frac{\overline{GF}}{\overline{BG}} \;\Rightarrow\; \tan\frac{\pi}{6}=\frac{x}{\overline{BG}} \;\Rightarrow\; \frac{1}{\sqrt{3}}=\frac{x}{\overline{BG}}$$

$$\Rightarrow\; \overline{BG}=\sqrt{3}\,x$$

$$\overline{BC} = \sqrt{3}\,x + 2x + \sqrt{3}\,x \;\Rightarrow\; 4 = 2\sqrt{3}\,x + 2x$$

$$\Rightarrow\; 2 = (\sqrt{3}+1)x \;\Rightarrow\; x = \sqrt{3}-1$$

삼각형 ADE 의 높이 = 삼각형 ABC 의 높이 $-\,2x$ 이므로

삼각형 ADE 의 높이는

$$\frac{\sqrt{3}}{2} \times 4 - 2x = 2\sqrt{3} - 2(\sqrt{3}-1) = 2$$

$\angle \mathrm{DAE} = \dfrac{\pi}{3}$ 이고 $\overline{\mathrm{AD}} = \overline{\mathrm{AE}}$ 이므로 삼각형 ADE 는

정삼각형이다. 정삼각형 ADE 의 한 변의 길이를 y 라 하면

높이는 $\dfrac{\sqrt{3}}{2}y = 2 \;\Rightarrow\; y = \dfrac{4}{\sqrt{3}}$

$$S_1 = \frac{\sqrt{3}}{4}y^2 = \frac{\sqrt{3}}{4} \times \frac{16}{3} = \frac{4\sqrt{3}}{3}$$

2단계) 첫 번째 도형과 두 번째 도형의 길이의 비가

$\quad a : b$ 이고 도형의 개수가 k 배씩 늘어날 때,

$\quad$ 공비 $r = k \times \dfrac{b^2}{a^2}$ 이다.

원에 내접하는 정삼각형의 한 변의 길이를 z 라 하자.

사인법칙을 사용하면

$$\frac{z}{\sin\dfrac{\pi}{3}} = 2(\sqrt{3}-1) \;\Rightarrow\; z = \frac{\sqrt{3}}{2} \times 2(\sqrt{3}-1) = 3 - \sqrt{3}$$

큰 정삼각형의 한 변의 길이와 작은 정삼각형의 한 변의

길이의 비는 $4 : 3 - \sqrt{3} = 1 : \dfrac{3-\sqrt{3}}{4}$ 이므로 넓이의 비는

$1 : \dfrac{6-3\sqrt{3}}{8}$ 이다.

또한 도형의 개수가 2 배씩 늘어나므로

공비 $r = 2 \times \dfrac{6-3\sqrt{3}}{8} = \dfrac{6-3\sqrt{3}}{4}$ 이다.

3단계) $\displaystyle\lim_{n\to\infty} S_n = \dfrac{S_1}{1-r} = \dfrac{S_1}{1 - k \times \dfrac{b^2}{a^2}}$ 를 계산한다.

따라서 $\displaystyle\lim_{n\to\infty} S_n = \dfrac{S_1}{1-r} = \dfrac{\dfrac{4\sqrt{3}}{3}}{1 - \dfrac{6-3\sqrt{3}}{4}} = \dfrac{\dfrac{4\sqrt{3}}{3}}{\dfrac{3\sqrt{3}-2}{4}}$

$$= \frac{16\sqrt{3}}{9\sqrt{3}-6} = \frac{16\sqrt{3}(3\sqrt{3}+2)}{69}$$

$$= \frac{144 + 32\sqrt{3}}{69}$$

이다.

답 ②

40	②	60	16
41	②	61	②
42	②	62	③
43	①	63	⑤
44	①	64	①
45	①	65	①
46	21	66	37
47	③	67	⑤
48	②	68	①
49	①	69	⑤
50	③	70	③
51	15	71	②
52	③	72	⑤
53	16	73	③
54	④	74	③
55	4	75	③
56	⑤	76	②
57	57	77	③
58	⑤	78	②
59	③		

040

$$\sum_{n=1}^{\infty} \frac{2}{n(n+2)}$$

주어진 급수의 제 n 항까지의 부분합을 S_n 이라고 하면

$$S_n = \sum_{k=1}^{n} \frac{2}{k(k+2)} = \sum_{k=1}^{n} \left(\frac{1}{k} - \frac{1}{k+2} \right)$$

은 두끗차이므로 초초말말유형이다.

$$S_n = 1 + \frac{1}{2} - \frac{1}{n+1} - \frac{1}{n+2}$$ 이므로

$$\lim_{n \to \infty} S_n = \lim_{n \to \infty} \left(1 + \frac{1}{2} - \frac{1}{n+1} - \frac{1}{n+2} \right) = \frac{3}{2}$$ 이다.

따라서 $\sum_{n=1}^{\infty} \frac{2}{n(n+2)} = \frac{3}{2}$ 이다.

 답 ②

041

$$\lim_{n \to \infty} a_n = 3$$

$\sum_{n=1}^{\infty} (a_n + 2b_n - 7)$ 이 수렴하므로 $\lim_{n \to \infty} (a_n + 2b_n - 7) = 0$

$$\lim_{n \to \infty} (a_n + 2b_n - 7) = 0$$

$$\Rightarrow \lim_{n \to \infty} a_n + 2 \lim_{n \to \infty} b_n = 7 \Rightarrow \lim_{n \to \infty} b_n = 2$$

 답 ②

042

$$\sum_{n=1}^{\infty} \frac{1 + (-1)^n}{3^n} = \sum_{n=1}^{\infty} \left(\frac{1}{3} \right)^n + \sum_{n=1}^{\infty} \left(-\frac{1}{3} \right)^n$$

$$= \frac{\dfrac{1}{3}}{1 - \dfrac{1}{3}} + \frac{-\dfrac{1}{3}}{1 - \left(-\dfrac{1}{3} \right)}$$

$$= \frac{1}{2} - \frac{1}{4} = \frac{1}{4}$$

답 ②

043

$$a_1 = 4, \ a_4 - a_2 = 4$$

공차를 d 라 하면

$$a_4 - a_2 = 4 + 3d - (4 + d) = 2d = 4 \Rightarrow d = 2$$

$a_n = 2n + 2$ 이므로

$$\sum_{n=1}^{\infty} \frac{2}{n a_n} = \sum_{n=1}^{\infty} \frac{2}{n(2n+2)} = \sum_{n=1}^{\infty} \frac{1}{n(n+1)}$$

주어진 급수의 제 n 항까지의 부분합을 S_n 이라고 하면

$$S_n = \sum_{k=1}^{n} \frac{1}{k(k+1)} = \sum_{k=1}^{n} \left(\frac{1}{k} - \frac{1}{k+1} \right)$$

은 한끗차이므로 초말유형이다.

$$S_n = 1 - \frac{1}{n+1}$$ 이므로 $\lim_{n \to \infty} S_n = \lim_{n \to \infty} \left(1 - \frac{1}{n+1} \right) = 1$ 이다.

따라서 $\sum_{n=1}^{\infty} \frac{2}{n a_n} = \sum_{n=1}^{\infty} \frac{1}{n(n+1)} = 1$ 이다.

 답 ①

044

$3^n \cdot 5^{n+1}$ 의 모든 양의 약수의 개수는 $(n+1)(n+2)$ 이므로
$$a_n = (n+1)(n+2)$$

$$\sum_{n=1}^{\infty} \frac{1}{a_n} = \sum_{n=1}^{\infty} \frac{1}{(n+1)(n+2)}$$

주어진 급수의 제n항까지의 부분합을 S_n 이라고 하면
$$S_n = \sum_{k=1}^{n} \frac{1}{(k+1)(k+2)} = \sum_{k=1}^{n} \left(\frac{1}{k+1} - \frac{1}{k+2} \right)$$
은 한끗차이므로 초말유형이다.

$S_n = \frac{1}{2} - \frac{1}{n+2}$ 이므로

$$\lim_{n \to \infty} S_n = \lim_{n \to \infty} \left(\frac{1}{2} - \frac{1}{n+2} \right) = \frac{1}{2}$$ 이다.

따라서 $\sum_{n=1}^{\infty} \frac{1}{a_n} = \sum_{n=1}^{\infty} \frac{1}{(n+1)(n+2)} = \frac{1}{2}$ 이다.

답 ①

$$\sum_{n=1}^{\infty} \frac{a_n}{n} = 10$$

급수 $\sum_{n=1}^{\infty} \frac{a_n}{n}$ 은 수렴하므로 $\lim_{n \to \infty} \frac{a_n}{n} = 0$

따라서 $\lim_{n \to \infty} \frac{a_n + 2a_n^2 + 3n^2}{a_n^2 + n^2} = \lim_{n \to \infty} \frac{\frac{a_n}{n^2} + 2\left(\frac{a_n}{n}\right)^2 + 3}{\left(\frac{a_n}{n}\right)^2 + 1} = \frac{3}{1} = 3$

이다.

답 ①

$$\lim_{n \to \infty} S_n = 7 \Rightarrow \lim_{n \to \infty} a_n = 0$$

따라서 $\lim_{n \to \infty} (2a_n + 3S_n) = 0 + 21 = 21$ 이다.

답 21

$$\sum_{n=1}^{\infty} (2a_n - 3) = 2$$

급수 $\sum_{n=1}^{\infty} (2a_n - 3)$ 은 수렴하므로

$$\lim_{n \to \infty} (2a_n - 3) = 0 \Rightarrow \lim_{n \to \infty} a_n = \frac{3}{2} = r$$

따라서 $\lim_{n \to \infty} \frac{r^{n+2} - 1}{r^n + 1} = \lim_{n \to \infty} \frac{\left(\frac{3}{2}\right)^{n+2} - 1}{\left(\frac{3}{2}\right)^n + 1}$

$$= \lim_{n \to \infty} \frac{\frac{9}{4} \times \left(\frac{3}{2}\right)^n - 1}{\left(\frac{3}{2}\right)^n + 1} = \frac{9}{4}$$

이다.

답 ③

048

급수 $\sum_{n=1}^{\infty} \left(a_n - \frac{3n}{n+1} \right)$ 은 수렴하므로

$$\lim_{n \to \infty} \left(a_n - \frac{3n}{n+1} \right) = 0 \Rightarrow \lim_{n \to \infty} a_n = 3$$

급수 $\sum_{n=1}^{\infty} (a_n + b_n)$ 은 수렴하므로

$$\lim_{n \to \infty} (a_n + b_n) = 0 \Rightarrow \lim_{n \to \infty} b_n = -3$$

따라서 $\lim_{n \to \infty} \frac{3 - b_n}{a_n} = \frac{3+3}{3} = 2$ 이다.

답 ②

$a_1 = 3$, $a_2 = 1$ 이므로 $a_n = 3\left(\frac{1}{3}\right)^{n-1}$

따라서 $\sum_{n=1}^{\infty} (a_n)^2 = \sum_{n=1}^{\infty} 9\left(\frac{1}{3}\right)^{2n-2} = \sum_{n=1}^{\infty} 9\left(\frac{1}{9}\right)^{n-1}$

$$= \frac{9}{1 - \frac{1}{9}} = \frac{81}{8}$$

이다.

답 ①

050

a_n은 등비수열이므로 $a_n = a \times r^{n-1}$

$\lim\limits_{n \to \infty} \dfrac{3^n}{a_n + 2^n} = 6 \Rightarrow \lim\limits_{n \to \infty} \dfrac{3^n}{a \times r^{n-1} + 2^n} = 6$

만약 $r < 3$이면 6으로 수렴할 수 없고

$r > 3$이면 0으로 수렴하므로 $r = 3$이어야 한다.

$\lim\limits_{n \to \infty} \dfrac{3^n}{a \times 3^{n-1} + 2^n} = \lim\limits_{n \to \infty} \dfrac{3^n}{\dfrac{a}{3} \times 3^n + 2^n} = 6$

$\Rightarrow \dfrac{a}{3} = \dfrac{1}{6} \Rightarrow a = \dfrac{1}{2}$

$a_n = \dfrac{1}{2} \times 3^{n-1}$이므로 $\dfrac{1}{a_n} = 2 \times \left(\dfrac{1}{3}\right)^{n-1}$

따라서 $\sum\limits_{n=1}^{\infty} \dfrac{1}{a_n} = \sum\limits_{n=1}^{\infty} 2\left(\dfrac{1}{3}\right)^{n-1} = \dfrac{2}{1 - \dfrac{1}{3}} = 3$이다.

답 ③

051

등비급수 $\sum\limits_{n=1}^{\infty} r^n$의 수렴조건은 $-1 < r < 1$이므로

등비급수 $\sum\limits_{n=1}^{\infty} \left(\dfrac{2x-5}{7}\right)^n$이 수렴하려면

$-1 < \dfrac{2x-5}{7} < 1 \Rightarrow -7 < 2x-5 < 7 \Rightarrow -1 < x < 6$

$-1 < x < 6$를 만족시키는 정수 x는 다음과 같다.

$x = 0,\ 1,\ 2,\ 3,\ 4,\ 5$

따라서 모든 정수 x의 값의 합은 15이다.

답 15

052

$a_n = 1 + (n-1)d = dn - d + 1$

$\sum\limits_{n=1}^{\infty}\left(\dfrac{n}{a_n} - \dfrac{n+1}{a_{n+1}}\right) = \lim\limits_{n \to \infty}\sum\limits_{k=1}^{n}\left(\dfrac{k}{a_k} - \dfrac{k+1}{a_{k+1}}\right)$

$= \lim\limits_{n \to \infty}\left(\dfrac{1}{a_1} - \dfrac{n+1}{a_{n+1}}\right)$

$= \lim\limits_{n \to \infty}\left(1 - \dfrac{n+1}{dn+1}\right)$

$= 1 - \dfrac{1}{d} = \dfrac{2}{3}$

따라서 $d = 3$이다.

답 ③

053

$a_1 + a_2 = 20,\ \sum\limits_{n=3}^{\infty} a_n = \dfrac{4}{3}$

초항을 a, 공비를 $r\,(r > 0)$이라 하면

$a_1 + a_2 = 20 \Rightarrow a + ar = 20 \Rightarrow a = \dfrac{20}{r+1}$

등비급수 $\sum\limits_{n=3}^{\infty} a_n$이 수렴하므로

$-1 < r < 1 \Rightarrow 0 < r < 1\ (\because r > 0)$

$\sum\limits_{n=3}^{\infty} a_n = \dfrac{ar^2}{1-r} = \dfrac{4}{3} \Rightarrow 3ar^2 = 4 - 4r$

$\Rightarrow \dfrac{60r^2}{r+1} = 4 - 4r \Rightarrow \dfrac{15r^2}{r+1} = 1 - r$

$\Rightarrow 15r^2 = 1 - r^2 \Rightarrow r^2 = \dfrac{1}{16} \Rightarrow r = \dfrac{1}{4}\ (\because 0 < r < 1)$

따라서 $a_1 = a = \dfrac{20}{r+1} = \dfrac{20}{\dfrac{5}{4}} = \dfrac{80}{5} = 16$이다.

답 16

054

$\sum\limits_{n=1}^{\infty}\left(7 - \dfrac{a_n}{2^n}\right) = 19$

급수 $\sum\limits_{n=1}^{\infty}\left(7 - \dfrac{a_n}{2^n}\right)$은 수렴하므로

$\lim\limits_{n \to \infty}\left(7 - \dfrac{a_n}{2^n}\right) = 0 \Rightarrow \lim\limits_{n \to \infty}\dfrac{a_n}{2^n} = 7$

따라서 $\lim\limits_{n \to \infty}\dfrac{a_n}{2^{n+1}} = \lim\limits_{n \to \infty}\dfrac{1}{2}\left(\dfrac{a_n}{2^n}\right) = \dfrac{7}{2}$이다.

답 ④

055

모든 항이 양수인 수열 $\{a_n\}$

급수 $\sum\limits_{n=1}^{\infty}\left(3^n a_n - 2\right)$ 은 수렴하므로

$$\lim_{n\to\infty}\left(3^n a_n - 2\right)=0 \;\Rightarrow\; \lim_{n\to\infty}3^n a_n = 2$$

따라서 $\lim\limits_{n\to\infty}\dfrac{6a_n + 5\times 4^{-n}}{a_n + 3^{-n}} = \lim\limits_{n\to\infty}\dfrac{6\times 3^n a_n + 5\times\left(\dfrac{3}{4}\right)^n}{3^n a_n + 1}$

$$= \frac{12+0}{2+1} = \frac{12}{3} = 4$$

이다.

 **4**

$$\sum_{n=1}^{\infty}\left(na_n - \frac{n^2+1}{2n+1}\right) = 3$$

급수 $\sum\limits_{n=1}^{\infty}\left(na_n - \dfrac{n^2+1}{2n+1}\right)$ 는 수렴하므로

$$\lim_{n\to\infty}\left(na_n - \frac{n^2+1}{2n+1}\right)=0 \;\Rightarrow\; \lim_{n\to\infty}n\left(a_n - \frac{n^2+1}{n(2n+1)}\right)=0$$

$$\Rightarrow \lim_{n\to\infty}\left(a_n - \frac{n^2+1}{2n^2+n}\right)=0 \;\Rightarrow\; \lim_{n\to\infty}a_n = \frac{1}{2}$$

따라서 $\lim\limits_{n\to\infty}\left(a_n^2 + 2a_n + 2\right) = \dfrac{1}{4}+1+2 = \dfrac{1}{4}+\dfrac{12}{4} = \dfrac{13}{4}$ 이다.

답 ⑤

$$S_1 = \sum_{n=1}^{\infty}\frac{2}{n(n+2)} = \sum_{n=1}^{\infty}\left(\frac{1}{n}-\frac{1}{n+2}\right) = 1 + \frac{1}{2} = \frac{3}{2}$$

$$\therefore \; a_1 = S_1 = \frac{3}{2}$$

$$S_{10} = \sum_{n=1}^{\infty}\frac{11}{n(n+11)} = \sum_{n=1}^{\infty}\left(\frac{1}{n}-\frac{1}{n+11}\right)$$

$$= 1 + \frac{1}{2} + \cdots + \frac{1}{10} + \frac{1}{11}$$

$$S_9 = \sum_{n=1}^{\infty}\frac{10}{n(n+10)} = \sum_{n=1}^{\infty}\left(\frac{1}{n}-\frac{1}{n+10}\right)$$

$$= 1 + \frac{1}{2} + \cdots + \frac{1}{9} + \frac{1}{10}$$

$$\therefore \; a_{10} = S_{10} - S_9 = \frac{1}{11}$$

$$a_1 + a_{10} = \frac{3}{2} + \frac{1}{11} = \frac{35}{22}$$

따라서 $p+q = 57$ 이다.

 **57**

$a_1 = d > 0$

첫째항과 공차가 같은 등차수열 $a_n = dn$

$$S_n = \sum_{k=1}^{n} a_k = \sum_{k=1}^{n} dk = \frac{dn(n+1)}{2}$$

ㄱ. 수열 $\{S_n\}$ 이 수렴한다.

$$\lim_{n\to\infty}S_n = \lim_{n\to\infty}\frac{dn(n+1)}{2} = \infty \;\;(\because\; d>0)$$

따라서 ㄱ은 거짓이다.

ㄴ. 급수 $\sum\limits_{n=1}^{\infty}\dfrac{1}{S_n}$ 은 수렴한다.

$$\sum_{n=1}^{\infty}\frac{1}{S_n} = \sum_{n=1}^{\infty}\frac{2}{dn(n+1)} = \frac{2}{d}\sum_{n=1}^{\infty}\frac{1}{n(n+1)}$$

$$= \frac{2}{d}\sum_{n=1}^{\infty}\left(\frac{1}{n}-\frac{1}{n+1}\right)$$

$$= \frac{2}{d}\lim_{n\to\infty}\left(1-\frac{1}{n+1}\right) = \frac{2}{d}$$

따라서 ㄴ은 참이다.

ㄷ. $\lim\limits_{n\to\infty}\left(\sqrt{S_{n+1}} - \sqrt{S_n}\right)$ 이 존재한다.

$$\lim_{n\to\infty}\left(\sqrt{\frac{d(n+1)(n+2)}{2}} - \sqrt{\frac{dn(n+1)}{2}}\right)$$

$$= \sqrt{\frac{d}{2}}\lim_{n\to\infty}\left(\sqrt{(n+1)(n+2)} - \sqrt{n(n+1)}\right)$$

$$= \sqrt{\frac{d}{2}}\lim_{n\to\infty}\frac{(n+1)(n+2) - n(n+1)}{\sqrt{(n+1)(n+2)} + \sqrt{n(n+1)}}$$

$$= \sqrt{\frac{d}{2}} \lim_{n \to \infty} \frac{2n}{n+n} = \sqrt{\frac{d}{2}}$$

따라서 ㄷ은 참이다.

답 ⑤

059

$$1 + 2 + 2^2 + \cdots + 2^{n-1} < a_n < 2^n$$

$$\Rightarrow \frac{1(2^n - 1)}{2 - 1} < a_n < 2^n$$

$$\Rightarrow 2^n - 1 < a_n < 2^n$$

$$\Rightarrow \frac{2^n - 1}{2^n} < \frac{a_n}{2^n} < \frac{2^n}{2^n}$$

$$\lim_{n \to \infty} \frac{2^n - 1}{2^n} = 1, \quad \lim_{n \to \infty} \frac{2^n}{2^n} = 1 \text{이므로}$$

수열의 극한의 대소 관계에 의하여

$$\lim_{n \to \infty} \frac{a_n}{2^n} = 1 \text{이다.}$$

$$\frac{3n - 1}{n + 1} < \sum_{k=1}^{n} b_k < \frac{3n + 1}{n}$$

$$\lim_{n \to \infty} \frac{3n - 1}{n + 1} = 3, \quad \lim_{n \to \infty} \frac{3n + 1}{n} = 3 \text{이므로}$$

수열의 극한의 대소 관계에 의하여

$$\lim_{n \to \infty} \sum_{k=1}^{n} b_k = \sum_{n=1}^{\infty} b_n = 3 \text{이다.}$$

급수 $\sum_{n=1}^{\infty} b_n$ 은 수렴하므로 $\lim_{n \to \infty} b_n = 0$ 이다.

$$\text{따라서 } \lim_{n \to \infty} \frac{8^n - 1}{4^{n-1} a_n + 8^{n+1} b_n} = \lim_{n \to \infty} \frac{1 - \left(\frac{1}{8}\right)^n}{\frac{1}{4}\left(\frac{a_n}{2^n}\right) + 8 b_n}$$

$$= \frac{1}{\frac{1}{4} + 0} = 4$$

이다.

답 ③

060

$a_1 = a$, $b_1 = b$ 라 하면 $a_n = a \times r^{n-1}$, $b_n = b \times r^{n-1}$

$$a_1 - b_1 = 1 \implies a - b = 1$$

등비급수 $\sum_{n=1}^{\infty} a_n$, $\sum_{n=1}^{\infty} b_n$ 가 수렴하므로 $-1 < r < 1$

$$\sum_{n=1}^{\infty} a_n = 8 \implies \frac{a}{1-r} = 8 \implies a = 8(1-r)$$

$$\sum_{n=1}^{\infty} b_n = 6 \implies \frac{b}{1-r} = 6 \implies b = 6(1-r)$$

$$a - b = 1 \implies 8 - 8r - (6 - 6r) = 1 \implies 2 - 2r = 1 \implies r = \frac{1}{2}$$

$$a = 4, \quad b = 3$$

따라서 $\sum_{n=1}^{\infty} a_n b_n = \sum_{n=1}^{\infty} 12\left(\frac{1}{2}\right)^{2n-2} = \sum_{n=1}^{\infty} 12\left(\frac{1}{4}\right)^{n-1}$

$$= \frac{12}{1 - \frac{1}{4}} = \frac{12}{\frac{3}{4}} = \frac{48}{3} = 16$$

이다.

답 16

061

$a_1 = a$ 라 하면 $a_n = a \times r^{n-1}$

$$\sum_{n=1}^{\infty} (a_{2n-1} - a_{2n}) = 3$$

$$\Rightarrow a_1 - a_2 + a_3 - a_4 + a_5 - a_6 + \cdots = 3$$

$$\Rightarrow \frac{a}{1 - (-r)} = \frac{a}{1+r} = 3 \quad (\because \text{ 첫째항이 } a, \text{ 공비가 } -r)$$

$$\sum_{n=1}^{\infty} a_n^2 = 6$$

$$\Rightarrow \frac{a^2}{1 - r^2} = 6 \implies \frac{a^2}{(1-r)(1+r)} = 6$$

$$\Rightarrow \frac{a}{1-r} \times 3 = 6 \quad \left(\because \frac{a}{1+r} = 3\right)$$

$$\Rightarrow \frac{a}{1-r} = 2$$

따라서 $\sum_{n=1}^{\infty} a_n = 2$ 이다.

답 ②

$a_n = 4 + (n-1)d$

급수 $\displaystyle\sum_{n=1}^{\infty}\left(\dfrac{a_n}{n} - \dfrac{3n+7}{n+2}\right)$ 은 수렴하므로

$\displaystyle\lim_{n\to\infty}\left(\dfrac{a_n}{n} - \dfrac{3n+7}{n+2}\right) = 0 \Rightarrow \lim_{n\to\infty}\dfrac{a_n}{n} = 3$

$\Rightarrow d = 3$

$a_n = 4 + (n-1)3 = 3n+1$ 이므로

$$\sum_{n=1}^{\infty}\left(\dfrac{a_n}{n} - \dfrac{3n+7}{n+2}\right) = \sum_{n=1}^{\infty}\left(\dfrac{3n+1}{n} - \dfrac{3n+7}{n+2}\right)$$

$$= \sum_{n=1}^{\infty}\dfrac{2}{n(n+2)} = \sum_{n=1}^{\infty}\left(\dfrac{1}{n} - \dfrac{1}{n+2}\right)$$

$$= 1 + \dfrac{1}{2} = \dfrac{3}{2}$$

따라서 $S = \dfrac{3}{2}$ 이다.

 ③

$d > 0$
$a_1 = b_1 = 1$

$a_2 b_2 = 1 \Rightarrow (1+d)r = 1 \Rightarrow d = \dfrac{1-r}{r}$

$$\sum_{n=1}^{\infty}\dfrac{1}{a_n a_{n+1}} = \sum_{n=1}^{\infty}\left\{\dfrac{1}{a_{n+1} - a_n} \times \left(\dfrac{1}{a_n} - \dfrac{1}{a_{n+1}}\right)\right\}$$

$$= \sum_{n=1}^{\infty}\left\{\dfrac{1}{d} \times \left(\dfrac{1}{a_n} - \dfrac{1}{a_{n+1}}\right)\right\} = \dfrac{1}{da_1} = \dfrac{1}{d}$$

이므로

$$\sum_{n=1}^{\infty}\left(\dfrac{1}{a_n a_{n+1}} + b_n\right) = 2$$

$$\Rightarrow \sum_{n=1}^{\infty}\dfrac{1}{a_n a_{n+1}} + \sum_{n=1}^{\infty}b_n = 2$$

$$\Rightarrow \dfrac{1}{d} + \sum_{n=1}^{\infty}b_n = 2 \Rightarrow \sum_{n=1}^{\infty}b_n = 2 - \dfrac{1}{d}$$

b_n 은 등비수열인데 급수가 수렴하므로

$-1 < r < 1$ 이고, $\displaystyle\sum_{n=1}^{\infty}b_n = \dfrac{b_1}{1-r} = \dfrac{1}{1-r}$

$2 - \dfrac{1}{d} = \dfrac{1}{1-r} \Rightarrow 2 - \dfrac{r}{1-r} = \dfrac{1}{1-r}$

$\Rightarrow 2 - 2r - r = 1 \Rightarrow r = \dfrac{1}{3}$

따라서 $\displaystyle\sum_{n=1}^{\infty}b_n = \dfrac{1}{1-r} = \dfrac{1}{1-\dfrac{1}{3}} = \dfrac{3}{2}$ 이다.

 ⑤

$a_n = ar^{n-1}$

모든 항이 자연수이므로 a 와 r 은 자연수이다.

$\displaystyle\sum_{n=1}^{\infty}\dfrac{a_n}{3^n} = 4 \Rightarrow \sum_{n=1}^{\infty}\dfrac{ar^{n-1}}{3^n} = 4 \Rightarrow \sum_{n=1}^{\infty}\dfrac{a}{3}\left(\dfrac{r}{3}\right)^{n-1} = 4$

$-1 < \dfrac{r}{3} < 1 \Rightarrow -3 < r < 3$

r 은 자연수이므로 $r = 1$ or $r = 2$ 이다.

이때, $\displaystyle\sum_{n=1}^{\infty}\dfrac{1}{a_{2n}} = S \Rightarrow \sum_{n=1}^{\infty}\dfrac{1}{ar^{2n-1}} = S$ 에서

$-1 < \dfrac{1}{r^2} < 1$ 이므로 $r = 2$ 이다.

$\displaystyle\sum_{n=1}^{\infty}\dfrac{a}{3}\left(\dfrac{r}{3}\right)^{n-1} = 4 \Rightarrow \sum_{n=1}^{\infty}\dfrac{a}{3}\left(\dfrac{2}{3}\right)^{n-1} = 4$

$\Rightarrow \dfrac{\dfrac{a}{3}}{1 - \dfrac{2}{3}} = 4 \Rightarrow a = 4$

$\displaystyle\sum_{n=1}^{\infty}\dfrac{1}{ar^{2n-1}} = \sum_{n=1}^{\infty}\dfrac{1}{4 \times 2^{2n-1}} = \dfrac{\dfrac{1}{8}}{1 - \dfrac{1}{4}} = \dfrac{1}{6} = S$

따라서 $S = \dfrac{1}{6}$ 이다.

답 ①

065

$7a_1 + 7^2 a_2 + \cdots + 7^n a_n = 3^n - 1$

$\Rightarrow \displaystyle\sum_{k=1}^{n}7^k a_k = 3^n - 1$

$S_n = \displaystyle\sum_{k=1}^{n}7^k a_k = 3^n - 1$ 이라 하면

$S_n - S_{n-1} = 7^n a_n \ (n \geq 2)$ 이므로

$S_n - S_{n-1} = 3^n - 1 - (3^{n-1} - 1) = 3^n - 3^{n-1} = 3^{n-1}(3-1)$

$$= 2 \times 3^{n-1} = 7^n a_n \ (n \geq 2)$$

이때 $S_1 = 3^1 - 1 = 2$ 이고 $7^1 a_1 = 2 \times 3^{1-1} = 2$ 이므로

$7^n a_n = 2 \times 3^{n-1} \ (n \geq 1)$ 이다.

$a_n = 2 \times \dfrac{3^{n-1}}{7^n} \ (n \geq 1)$ 이므로 $\dfrac{a_n}{3^{n-1}} = 2 \times \left(\dfrac{1}{7}\right)^n$ 이다.

따라서 $\displaystyle\sum_{n=1}^{\infty} \dfrac{a_n}{3^{n-1}} = \sum_{n=1}^{\infty} 2\left(\dfrac{1}{7}\right)^n = \dfrac{\dfrac{2}{7}}{1 - \dfrac{1}{7}} = \dfrac{2}{6} = \dfrac{1}{3}$ 이다.

답 ①

066

$P_n(n, \ 3^n)$, $P_{n+1}(n+1, \ 3^{n+1})$ 이므로

직선 $P_n P_{n+1}$ 의 방정식을 구하면

$$y = \dfrac{3^{n+1} - 3^n}{n+1-n}(x-n) + 3^n = 2 \times 3^n(x-n) + 3^n$$

직선 $P_n P_{n+1}$ 의 방정식의 x 절편을 R_n 이라 하자.

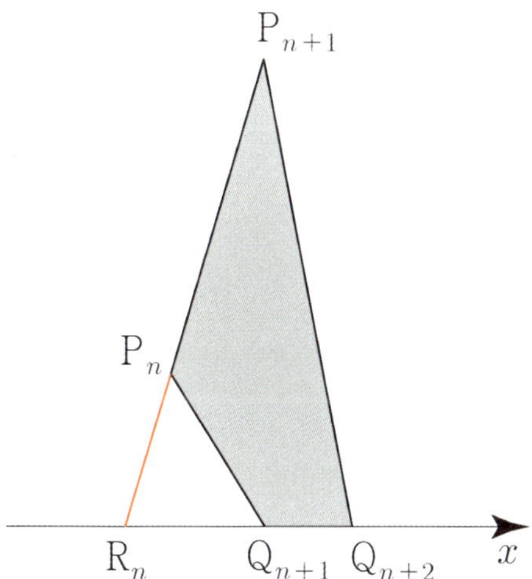

$0 = 2 \times 3^n(x-n) + 3^n \ \Rightarrow \ 0 = 2x - 2n + 1$

$\Rightarrow \ x = \dfrac{2n-1}{2} \ \Rightarrow \ x = n - \dfrac{1}{2}$

$R_n = \left(n - \dfrac{1}{2}, \ 0\right)$

사각형 $P_n Q_{n+1} Q_{n+2} P_{n+1}$ 의 넓이는

삼각형 $P_{n+1} R_n Q_{n+2}$ 의 넓이에서 삼각형 $P_n R_n Q_{n+1}$ 의 넓이를 빼서 구하면 된다.

삼각형 $P_{n+1} R_n Q_{n+2}$ 의 넓이 $= \dfrac{1}{2} \times \overline{R_n Q_{n+2}} \times$ 높이

$$= \dfrac{1}{2} \times \left\{n+2 - \left(n - \dfrac{1}{2}\right)\right\} \times 3^{n+1}$$

$$= \dfrac{5}{4} \times 3^{n+1}$$

삼각형 $P_n R_n Q_{n+1}$ 의 넓이 $= \dfrac{1}{2} \times \overline{R_n Q_{n+1}} \times$ 높이

$$= \dfrac{1}{2} \times \left\{n+1 - \left(n - \dfrac{1}{2}\right)\right\} \times 3^n$$

$$= \dfrac{3}{4} \times 3^n = \dfrac{1}{4} \times 3^{n+1}$$

사각형 $P_n Q_{n+1} Q_{n+2} P_{n+1}$ 의 넓이 $a_n = \dfrac{5}{4} \times 3^{n+1} - \dfrac{1}{4} \times 3^{n+1}$

$$= 1 \times 3^{n+1} = 3^{n+1}$$

이므로 $\dfrac{1}{a_n} = \left(\dfrac{1}{3}\right)^{n+1}$

$\displaystyle\sum_{n=1}^{\infty} \dfrac{1}{a_n} = \sum_{n=1}^{\infty} \left(\dfrac{1}{3}\right)^{n+1} = \dfrac{\dfrac{1}{9}}{1 - \dfrac{1}{3}} = \dfrac{1}{9-3} = \dfrac{1}{6}$

따라서 $p^2 + q^2 = 36 + 1 = 37$ 이다.

답 37

Tip

<보이면 꿀 안 보여도 그만>

두 점 P_{n+1}, Q_{n+1} 의 x 좌표는 $n+1$ 로 서로

같으므로 사각형 $P_n Q_{n+1} Q_{n+2} P_{n+1}$ 의 넓이는

삼각형 $P_{n+1} Q_{n+1} P_n$ 의 넓이와

삼각형 $P_{n+1} Q_{n+1} Q_{n+2}$ 의 넓이의 합으로 구할 수 있다.

두 삼각형 $P_{n+1} Q_{n+1} P_n$, $P_{n+1} Q_{n+1} Q_{n+2}$ 의

밑변을 $\overline{P_{n+1} Q_{n+1}}$ 로 잡으면 높이는 모두 1 이므로

$a_n = 2 \times \left(\dfrac{1}{2} \times \overline{P_{n+1} Q_{n+1}} \times 1\right) = 3^{n+1}$ 이다.

$a_1 > 0$, $a_n = a_1 + (n-1)3$

$b_n > 0$

(가) $\log a_n + \log a_{n+1} + \log b_n = 0$

$\Rightarrow \log a_n a_{n+1} b_n = 0 \Rightarrow a_n a_{n+1} b_n = 1$

$\Rightarrow b_n = \dfrac{1}{a_n a_{n+1}} = \dfrac{1}{a_{n+1} - a_n}\left(\dfrac{1}{a_n} - \dfrac{1}{a_{n+1}}\right)$

$\qquad = \dfrac{1}{3}\left(\dfrac{1}{a_n} - \dfrac{1}{a_{n+1}}\right)$

(나) $\displaystyle\sum_{n=1}^{\infty} b_n = \dfrac{1}{12}$

$\Rightarrow \displaystyle\sum_{n=1}^{\infty} \dfrac{1}{3}\left(\dfrac{1}{a_n} - \dfrac{1}{a_{n+1}}\right) = \lim_{n \to \infty} \dfrac{1}{3}\left(\dfrac{1}{a_1} - \dfrac{1}{a_1 + 3n}\right)$

$\qquad\qquad = \dfrac{1}{3a_1} = \dfrac{1}{12}$

따라서 $a_1 = 4$ 이다.

답 ⑤

> **Tip**
>
> (나) 조건에서 급수 $\displaystyle\sum_{n=1}^{\infty} b_n$ 가 수렴하므로
>
> b_n 은 등비급수 또는 부분분수 꼴이라는 것을
> 짐작할 수 있었고 (가) 조건에서 얻은 식과
> a_n 이 등차수열인 것을 바탕으로 b_n 은 부분분수
> 꼴이라는 것을 확정할 수 있었다.

a 의 n 제곱근을 x 라 하면 $x^n = a$ 이므로
$(-3)^{n-1}$ 의 n 제곱근을 x 라 하면 $x^n = (-3)^{n-1}$ 이다.

$(-3)^{n-1}$ 의 n 제곱근 중 실수인 것의 개수는
두 함수 $y = x^n$, $y = (-3)^{n-1}$ 의 교점의 개수와 같다.

n 이 홀수와 짝수일 때 $y = x^n$ 의 그래프 개형이
달라지므로 이를 기준으로 case분류하면

① n 이 홀수일 때
n 에 상관없이 $a_n = 1$ 이다.

② n 이 짝수일 때

$x^n = (-3)^{n-1}$

$x^2 = (-3)^{2-1} = -3$

$x^4 = (-3)^{4-1} = -27$

$\vdots$

n 이 짝수이므로 $n-1$ 은 홀수이다.
즉, $(-3)^{n-1} < 0$ 이므로 $a_n = 0$ 이다.

따라서 $\displaystyle\sum_{n=3}^{\infty} \dfrac{a_n}{2^n} = \dfrac{a_3}{2^3} + \dfrac{a_5}{2^5} + \dfrac{a_7}{2^7} + \cdots$

$\qquad\qquad = \dfrac{1}{2^3} + \dfrac{1}{2^5} + \dfrac{1}{2^7} + \cdots$

$\qquad\qquad = \dfrac{\dfrac{1}{2^3}}{1 - \dfrac{1}{2^2}} = \dfrac{1}{8-2} = \dfrac{1}{6}$

이다.

답 ①

$f(x) = \displaystyle\sum_{k=1}^{\infty} \dfrac{x^m}{(1+x^4)^{k-1}}$

① $x = 0$ 이면 $f(0) = 0$

② $x \neq 0$ 이면 공비 $\dfrac{1}{1+x^4}$ 은

$-1 < \dfrac{1}{1+x^4} < 1$ 이므로

$f(x) = \displaystyle\sum_{k=1}^{\infty} \dfrac{x^m}{(1+x^4)^{k-1}} = \dfrac{x^m}{1 - \dfrac{1}{1+x^4}} = x^{m-4}(1+x^4)$

①, ②에 의하여 $f(x)$ 를 구하면 다음과 같다.

$f(x) = \begin{cases} 0 & (x = 0) \\ x^{m-4}(1+x^4) & (x \neq 0) \end{cases}$

$x = 0$ 에서 연속이려면 $\displaystyle\lim_{x \to 0} f(x) = f(0) = 0$ 이어야 하므로

$\displaystyle\lim_{x \to 0} f(x) = \lim_{x \to 0} x^{m-4}(1+x^4) = 0$

$\Rightarrow \displaystyle\lim_{x \to 0} x^{m-4} = 0$ 이어야 한다.

$m-4=0 \Rightarrow m=4$이면 $\displaystyle\lim_{x\to 0}x^{m-4}=1$이고

(이때 $x=0$이 아니라 0으로 가까이 가는 상태이므로

0^0 (정의 X)이 아니라 $a^0=1\ (a\neq 0)$으로 봐야 한다.)

$m-4<0 \Rightarrow m<4$이면 $\displaystyle\lim_{x\to 0}x^{m-4}$은 발산하므로

$\displaystyle\lim_{x\to 0}x^{m-4}=0$을 만족시키려면 $m>4$이어야 하므로

자연수 m의 최솟값은 5이다.

답 ⑤

070

A$(1,\ 2)$, B$(1,\ 1)$, E$(1,\ 0)$, F$(n+1,\ 0)$

D$_n(n+1,\ 2n+2)$, C$_n(n+1,\ n+1)$

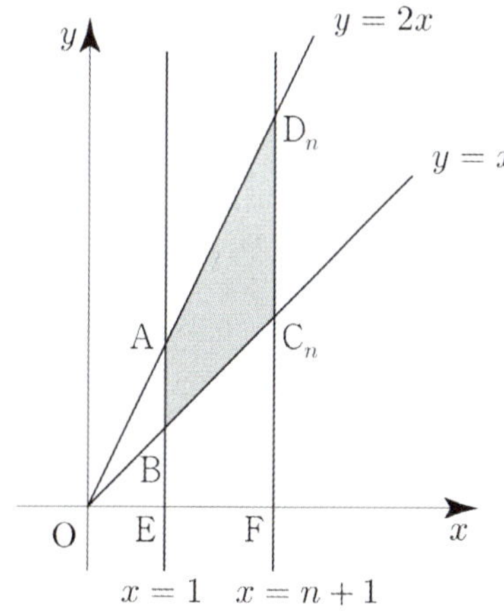

사각형 ABC$_n$D$_n$의 넓이는 사다리꼴 AEFD$_n$의 넓이에서
사다리꼴 BEFC$_n$의 넓이를 빼서 구하면 된다.

사다리꼴 AEFD$_n$의 넓이 $= \dfrac{1}{2}\times\left(\overline{\mathrm{AE}}+\overline{\mathrm{FD}_n}\right)\times\overline{\mathrm{EF}}$

$\qquad\qquad\qquad\qquad = \dfrac{1}{2}\times(2+2n+2)\times n$

$\qquad\qquad\qquad\qquad = n^2+2n$

사다리꼴 BEFC$_n$의 넓이 $= \dfrac{1}{2}\times\left(\overline{\mathrm{BE}}+\overline{\mathrm{FC}_n}\right)\times\overline{\mathrm{EF}}$

$\qquad\qquad\qquad\qquad = \dfrac{1}{2}\times(1+n+1)\times n$

$\qquad\qquad\qquad\qquad = \dfrac{n^2+2n}{2}$

$S_n = n^2+2n-\left(\dfrac{1}{2}n^2+n\right) = \dfrac{1}{2}n^2+n = \dfrac{1}{2}n(n+2)$

따라서 $\displaystyle\sum_{n=1}^{\infty}\dfrac{1}{S_n} = \sum_{n=1}^{\infty}\dfrac{2}{n(n+2)} = \sum_{n=1}^{\infty}\left(\dfrac{1}{n}-\dfrac{1}{n+2}\right)$

$\qquad\qquad\qquad = \displaystyle\lim_{n\to\infty}\left(1+\dfrac{1}{2}-\dfrac{1}{n+1}-\dfrac{1}{n+2}\right) = \dfrac{3}{2}$

이다.

답 ③

> **Tip**
>
> S_n의 값을 적분으로 구해도 된다.
>
> $S_n = \displaystyle\int_1^{n+1}(2x-x)dx = \left[\dfrac{1}{2}x^2\right]_1^{n+1} = \dfrac{1}{2}n(n+2)$

071

$\left(\dfrac{1}{2}\right)^{n-1}(x-1)=3x(x-1) \Rightarrow (x-1)\left\{\left(\dfrac{1}{2}\right)^{n-1}-3x\right\}=0$

$\Rightarrow x=\dfrac{1}{3}\left(\dfrac{1}{2}\right)^{n-1}$

P$_n$의 x좌표가 $\dfrac{1}{3}\left(\dfrac{1}{2}\right)^{n-1}$이므로 y좌표를 구하면 다음과 같다.

$\left(\dfrac{1}{2}\right)^{n-1}\left(\dfrac{1}{3}\left(\dfrac{1}{2}\right)^{n-1}-1\right)=\dfrac{1}{3}\left(\dfrac{1}{2}\right)^{2n-2}-\left(\dfrac{1}{2}\right)^{n-1}$

$\qquad\qquad\qquad\qquad = \dfrac{1}{3}\left(\dfrac{1}{4}\right)^{n-1}-\left(\dfrac{1}{2}\right)^{n-1}$

$\overline{\mathrm{P}_n\mathrm{H}_n}$은 점 P$_n$의 y좌표의 절댓값이므로

$\overline{\mathrm{P}_n\mathrm{H}_n} = \left|\dfrac{1}{3}\left(\dfrac{1}{4}\right)^{n-1}-\left(\dfrac{1}{2}\right)^{n-1}\right| = \left(\dfrac{1}{2}\right)^{n-1}-\dfrac{1}{3}\left(\dfrac{1}{4}\right)^{n-1}$

따라서 $\displaystyle\sum_{n=1}^{\infty}\overline{\mathrm{P}_n\mathrm{H}_n} = \sum_{n=1}^{\infty}\left(\dfrac{1}{2}\right)^{n-1}-\sum_{n=1}^{\infty}\dfrac{1}{3}\left(\dfrac{1}{4}\right)^{n-1}$

$\qquad\qquad\qquad = \dfrac{1}{1-\dfrac{1}{2}}-\dfrac{\dfrac{1}{3}}{1-\dfrac{1}{4}} = 2-\dfrac{4}{9} = \dfrac{14}{9}$

이다.

답 ②

Guide step에서 배운 메커니즘대로 풀어보자.

1단계) 첫 번째항 S_1을 구한다.

$\overline{OA_1} = \sqrt{3}$, $\overline{OC_1} = 1$, $\overline{B_1D_1} = 2\overline{C_1D_1}$ 이므로

$\overline{B_1D_1} = \dfrac{2\sqrt{3}}{3}$, $\overline{C_1D_1} = \dfrac{\sqrt{3}}{3}$

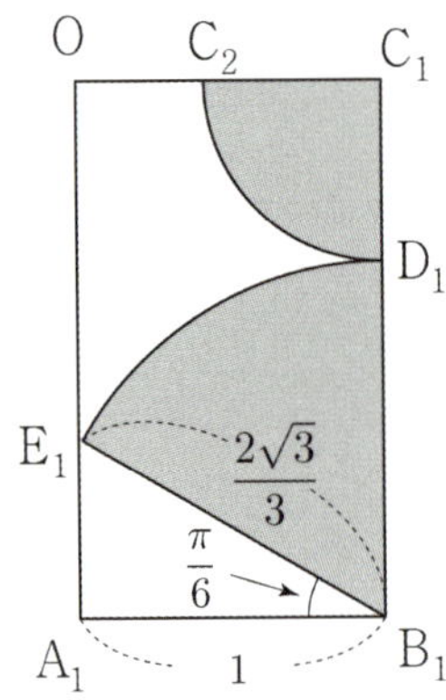

$\cos(\angle A_1B_1E_1) = \dfrac{\overline{A_1B_1}}{\overline{B_1E_1}} = \dfrac{1}{\dfrac{2\sqrt{3}}{3}} = \dfrac{3}{2\sqrt{3}} = \dfrac{\sqrt{3}}{2}$ 이므로

$\angle A_1B_1E_1 = \dfrac{\pi}{6}$

즉, $\angle E_1B_1D_1 = \dfrac{\pi}{2} - \angle A_1B_1E_1 = \dfrac{\pi}{3}$

$S_1 = \dfrac{1}{2} \times \left(\dfrac{2\sqrt{3}}{3}\right)^2 \times \dfrac{\pi}{3} + \dfrac{1}{2} \times \left(\dfrac{\sqrt{3}}{3}\right)^2 \times \dfrac{\pi}{2}$

$= \dfrac{2\pi}{9} + \dfrac{\pi}{12} = \dfrac{8\pi + 3\pi}{36} = \dfrac{11}{36}\pi$

2단계) 첫 번째 도형과 두 번째 도형의 길이의 비가 $a : b$ 일 때, 넓이의 비 $a^2 : b^2$를 구하고 이를 이용하여 공비 $r = \dfrac{b^2}{a^2}$를 구한다.

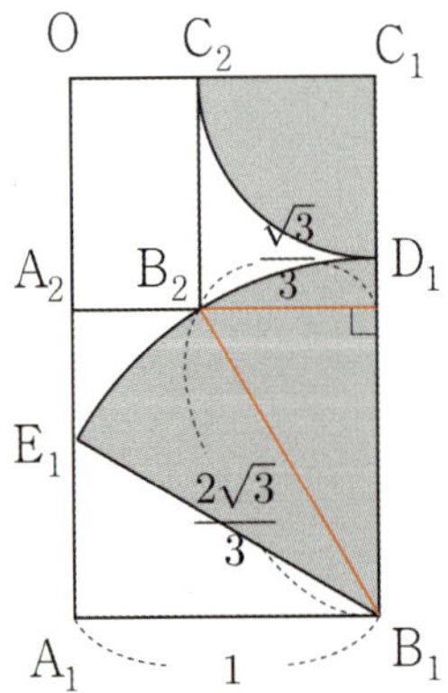

점 B_2에서 선분 D_1B_1에 내린 수선의 발을 H라 할 때, 삼각형 B_1B_2H에서 피타고라스의 정리를 사용하면

$\overline{B_1H} = \sqrt{\left(\overline{B_1B_2}\right)^2 - \left(\overline{B_2H}\right)^2} = \sqrt{\dfrac{4}{3} - \dfrac{1}{3}} = 1$

$\overline{B_2C_2} = \sqrt{3} - 1$, $\overline{A_2B_2} = 1 - \dfrac{\sqrt{3}}{3}$ 이므로

두 직사각형 $OA_1B_1C_1$, $OA_2B_2C_2$는 서로 닮음이다.

직사각형 $OA_1B_1C_1$의 가로의 길이와 직사각형 $OA_2B_2C_2$의 가로의 길이의 비는 $1 : \dfrac{3 - \sqrt{3}}{3}$ 이므로 넓이의 비는

$1 : \dfrac{4 - 2\sqrt{3}}{3}$ 이다.

즉, 공비 $r = \dfrac{4 - 2\sqrt{3}}{3}$ 이다.

3단계) $\displaystyle\lim_{n \to \infty} S_n = \dfrac{S_1}{1 - r} = \dfrac{S_1}{1 - \dfrac{b^2}{a^2}}$ 를 계산한다.

따라서

$\displaystyle\lim_{n \to \infty} S_n = \dfrac{S_1}{1 - r} = \dfrac{\dfrac{11}{36}\pi}{1 - \dfrac{4 - 2\sqrt{3}}{3}} = \dfrac{\dfrac{11}{36}\pi}{\dfrac{2\sqrt{3} - 1}{3}} = \dfrac{1 + 2\sqrt{3}}{12}\pi$

이다.

답 ⑤

Guide step에서 배운 메커니즘대로 풀어보자.

1단계) 첫 번째항 S_1을 구한다.

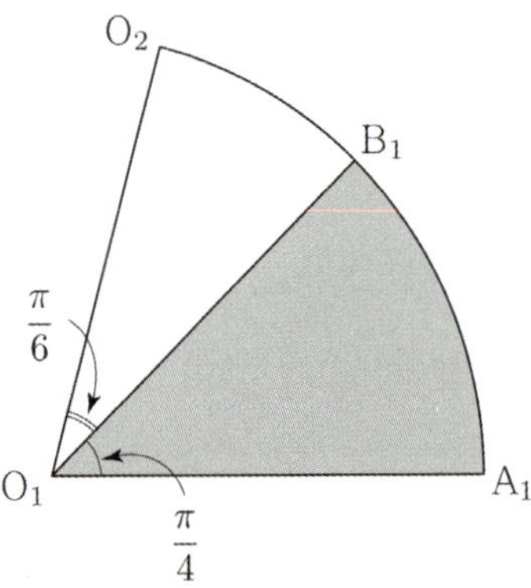

$S_1 = \dfrac{1}{2} \times 1^2 \times \dfrac{\pi}{4} = \dfrac{\pi}{8}$

2단계) 첫 번째 도형과 두 번째 도형의 길이의 비가

$a : b$ 일 때, 넓이의 비 $a^2 : b^2$ 를 구하고 이를

이용하여 공비 $r = \dfrac{b^2}{a^2}$ 를 구한다.

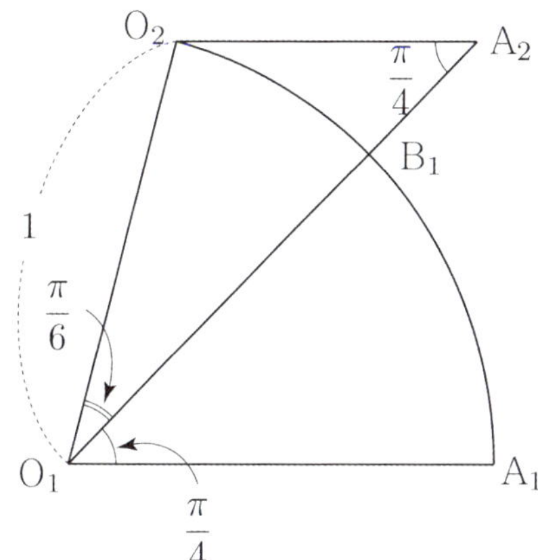

$\angle A_1O_1A_2 = \angle O_1A_2O_2 = \dfrac{\pi}{4}$ **(by 엇각)**

삼각형 $O_1A_2O_2$ 에서 사인법칙을 사용하면

$$\dfrac{\overline{O_2A_2}}{\sin \frac{\pi}{6}} = \dfrac{\overline{O_1O_2}}{\sin \frac{\pi}{4}} \Rightarrow \dfrac{\overline{O_2A_2}}{\frac{1}{2}} = \dfrac{1}{\frac{\sqrt{2}}{2}} \Rightarrow \overline{O_2A_2} = \dfrac{\sqrt{2}}{2}$$

큰 부채꼴의 반지름의 길이와 작은 부채꼴의 반지름의 길이의

비는 $1 : \dfrac{\sqrt{2}}{2}$ 이므로 넓이의 비는 $1 : \dfrac{1}{2}$ 이다.

즉, 공비 $r = \dfrac{1}{2}$ 이다.

3단계) $\displaystyle\lim_{n \to \infty} S_n = \dfrac{S_1}{1-r} = \dfrac{S_1}{1 - \dfrac{b^2}{a^2}}$ 를 계산한다.

따라서 $\displaystyle\lim_{n \to \infty} S_n = \dfrac{S_1}{1-r} = \dfrac{\frac{\pi}{8}}{1 - \frac{1}{2}} = \dfrac{\pi}{4}$ 이다.

답 ③

Guide step에서 배운 메커니즘대로 풀어보자.

1단계) 첫 번째항 S_1 을 구한다.

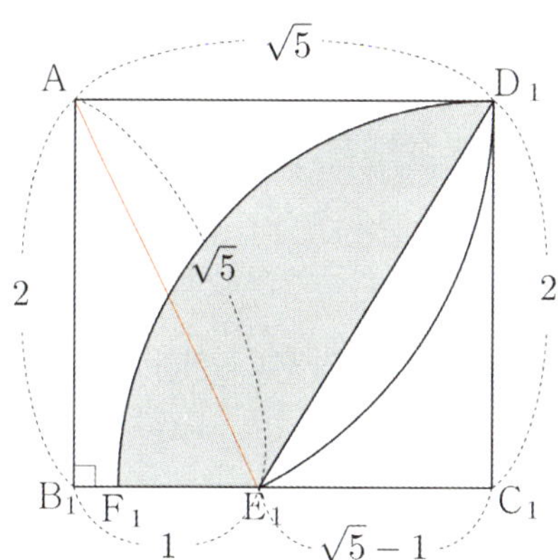

점 E_1 이 중심이 A 이고 반지름의 길이가 $\overline{AD_1}$ 인 원 위에

있으므로 선분 AE_1 을 그으면 $\overline{AE_1} = \sqrt{5}$ 이다.

직각삼각형 AB_1E_1 에서 피타고라스의 정리에 의해

$$\overline{B_1E_1} = \sqrt{\left(\sqrt{5}\right)^2 - 2^2} = \sqrt{5-4} = 1$$

$$\Rightarrow \overline{E_1C_1} = \sqrt{5} - 1$$

$$S_1 = (\text{부채꼴 } F_1C_1D_1) - (\text{삼각형 } E_1C_1D_1)$$

$$= \dfrac{1}{2} \times 2^2 \times \dfrac{\pi}{2} - \dfrac{1}{2} \times (\sqrt{5} - 1) \times 2$$

$$= \pi - (\sqrt{5} - 1) = \pi + 1 - \sqrt{5}$$

2단계) 첫 번째 도형과 두 번째 도형의 길이의 비가

$a : b$ 일 때, 넓이의 비 $a^2 : b^2$ 를 구하고 이를

이용하여 공비 $r = \dfrac{b^2}{a^2}$ 를 구한다.

$\overline{AB_2} = x$ 라 하면 $\overline{AB_2} : \overline{AD_2} = 2 : \sqrt{5}$ 이므로

$\overline{AD_2} = \dfrac{\sqrt{5}}{2} x$ 이다.

점 C_2 에서 선분 B_1C_1 에 내린 수선의 발을 H 라 하자.

$$\overline{C_2H} = \overline{D_2H} - \overline{D_2C_2} = 2 - x$$

$$\overline{HC_1} = \overline{B_1C_1} - \overline{B_1H} = \sqrt{5} - \dfrac{\sqrt{5}}{2} x$$

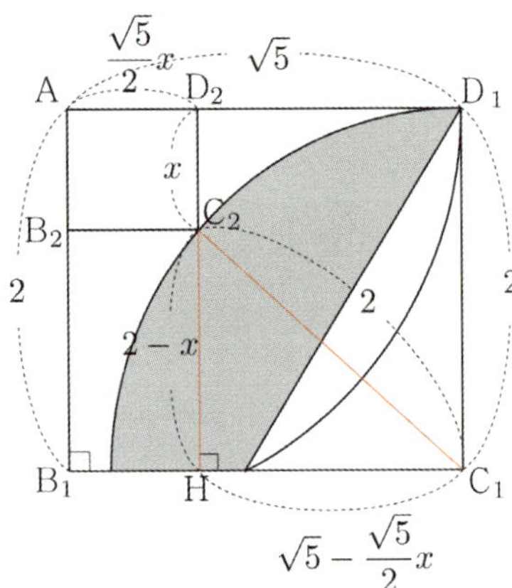

점 C_2 가 중심이 C_1 이고 반지름의 길이가 $\overline{C_1D_1}$ 인 원 위에 있으므로 선분 C_1C_2 를 그으면 $\overline{C_1C_2}=2$ 이다.

직각삼각형 C_2HC_1 에서 피타고라스의 정리에 의해
$$\left(\overline{C_2H}\right)^2+\left(\overline{C_1H}\right)^2=\left(\overline{C_1C_2}\right)^2$$

$$\Rightarrow (2-x)^2+\left(\sqrt{5}-\frac{\sqrt{5}}{2}x\right)^2=2^2$$

$$\Rightarrow 4-4x+x^2+5-5x+\frac{5}{4}x^2=4$$

$$\Rightarrow \frac{9}{4}x^2-9x+5=0 \Rightarrow 9x^2-36x+20=0$$

$$\Rightarrow (3x-2)(3x-10)=0 \Rightarrow x=\frac{2}{3} \ (\because \ x<2)$$

직사각형 $AB_1C_1D_1$ 의 세로 길이와 직사각형 $AB_2C_2D_2$ 의 세로 길이의 비는 $2:\frac{2}{3}=1:\frac{1}{3}$ 이므로 넓이의 비는 $1:\frac{1}{9}$ 이다.

즉, 공비 $r=\frac{1}{9}$ 이다.

3단계) $\displaystyle\lim_{n\to\infty}S_n=\frac{S_1}{1-r}=\frac{S_1}{1-\dfrac{b^2}{a^2}}$ 를 계산한다.

따라서
$$\lim_{n\to\infty}S_n=\frac{S_1}{1-r}=\frac{\pi+1-\sqrt{5}}{1-\dfrac{1}{9}}=\frac{9\pi+9-9\sqrt{5}}{8}$$ 이다.

답 ③

Guide step에서 배운 메커니즘대로 풀어보자.

1단계) 첫 번째항 S_1 을 구한다.

두 직선이 $\angle AD_1C_1$ 를 삼등분하므로
$$\angle F_1D_1C_1=\frac{\pi}{6}, \ \ \angle C_1D_1E_1=2\times\frac{\pi}{6}=\frac{\pi}{3}$$ 이다.

$$\overline{F_1C_1}=\overline{C_1D_1}\times\tan(\angle F_1D_1C_1)=1\times\tan\frac{\pi}{6}=\frac{\sqrt{3}}{3}$$

$$\overline{E_1C_1}=\overline{C_1D_1}\times\tan(\angle C_1D_1E_1)=1\times\tan\frac{\pi}{3}=\sqrt{3}$$

$$\overline{E_1F_1}=\overline{E_1C_1}-\overline{F_1C_1}=\sqrt{3}-\frac{\sqrt{3}}{3}=\frac{2\sqrt{3}}{3}$$

$$\angle D_1E_1C_1=\angle H_1E_1F_1=\frac{\pi}{6}$$

$$\overline{H_1F_1}=\overline{E_1F_1}\times\tan(\angle H_1E_1F_1)=\frac{2\sqrt{3}}{3}\times\frac{\sqrt{3}}{3}=\frac{2}{3}$$

$$\overline{E_1F_1}=\overline{F_1G_1}=\frac{2\sqrt{3}}{3}$$

$$\overline{G_1H_1}=\overline{F_1G_1}-\overline{F_1H_1}=\frac{2\sqrt{3}}{3}-\frac{2}{3}$$

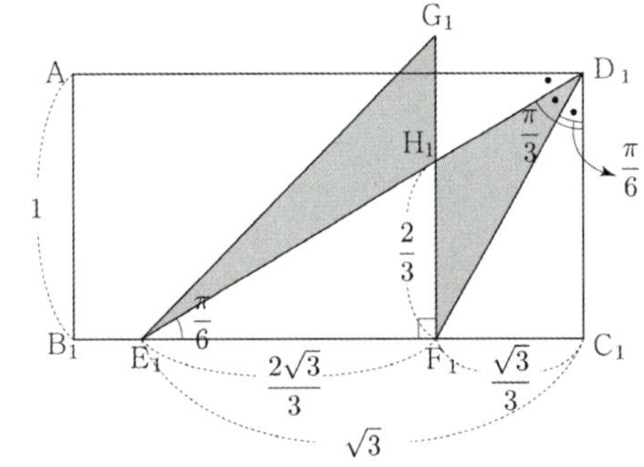

(삼각형 $E_1H_1G_1$ 의 넓이) $=\dfrac{1}{2}\times\overline{G_1H_1}\times\overline{E_1F_1}$

$$=\frac{1}{2}\times\left(\frac{2\sqrt{3}}{3}-\frac{2}{3}\right)\times\frac{2\sqrt{3}}{3}$$

$$=\frac{2}{3}-\frac{2\sqrt{3}}{9}$$

(삼각형 $H_1F_1D_1$ 의 넓이) $=\dfrac{1}{2}\times\overline{H_1F_1}\times\overline{F_1C_1}$

$$=\frac{1}{2}\times\frac{2}{3}\times\frac{\sqrt{3}}{3}$$

$$=\frac{\sqrt{3}}{9}$$

$S_1 = (\text{삼각형 } E_1H_1G_1\text{의 넓이}) + (\text{삼각형 } H_1F_1D_1\text{의 넓이})$

$$= \frac{2}{3} - \frac{2\sqrt{3}}{9} + \frac{\sqrt{3}}{9} = \frac{2}{3} - \frac{\sqrt{3}}{9}$$

2단계) 첫 번째 도형과 두 번째 도형의 길이의 비가
$a : b$ 일 때, 넓이의 비 $a^2 : b^2$ 를 구하고 이를
이용하여 공비 $r = \dfrac{b^2}{a^2}$ 를 구한다.

$\overline{AB_2} = x$ 라 하면 $\overline{AB_2} : \overline{B_2C_2} = 1 : 2$ 이므로 $\overline{AD_2} = 2x$ 이다.

점 C_2 에서 선분 B_1C_1 에 내린 수선의 발을 I 라 하자.
$\overline{IC_2} = \overline{ID_2} - \overline{C_2D_2} = 1 - x$

$\overline{E_1F_1} = \overline{F_1G_1}$, $\angle E_1F_1G_1 = \dfrac{\pi}{2}$ 이므로 $\angle G_1E_1F_1 = \dfrac{\pi}{4}$ 이다.
삼각형 E_1IC_2 는 직각이등변삼각형이므로
$\overline{E_1I} = \overline{IC_2} = 1 - x$ 이다.

$\overline{B_1E_1} = \overline{B_1C_1} - \overline{E_1C_1} = 2 - \sqrt{3}$

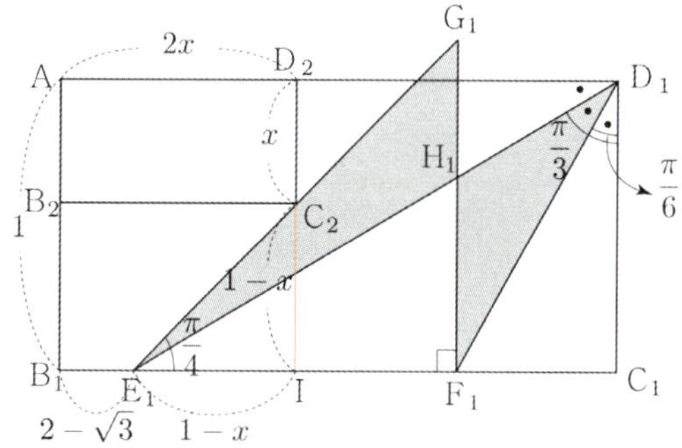

$\overline{AD_2} = 2x \ \Rightarrow \ \overline{B_1E_1} + \overline{E_1I} = 2x \ \Rightarrow \ 2 - \sqrt{3} + 1 - x = 2x$

$\Rightarrow \ x = \dfrac{3 - \sqrt{3}}{3}$

직사각형 $AB_1C_1D_1$ 의 세로 길이와 직사각형 $AB_2C_2D_2$ 의
세로 길이의 비는 $1 : \dfrac{3 - \sqrt{3}}{3}$ 이므로 넓이의 비는
$1 : \dfrac{12 - 6\sqrt{3}}{9}$ 이다.

즉, 공비 $r = \dfrac{12 - 6\sqrt{3}}{9}$ 이다.

3단계) $\displaystyle\lim_{n \to \infty} S_n = \dfrac{S_1}{1-r} = \dfrac{S_1}{1 - \dfrac{b^2}{a^2}}$ 를 계산한다.

따라서 $\displaystyle\lim_{n \to \infty} S_n = \dfrac{S_1}{1-r} = \dfrac{\dfrac{2}{3} - \dfrac{\sqrt{3}}{9}}{1 - \dfrac{12 - 6\sqrt{3}}{9}}$

$$= \frac{6 - \sqrt{3}}{9 - 12 + 6\sqrt{3}} = \frac{6 - \sqrt{3}}{6\sqrt{3} - 3}$$

$$= \frac{(6 - \sqrt{3})(6\sqrt{3} + 3)}{99} = \frac{33\sqrt{3}}{99} = \frac{\sqrt{3}}{3}$$

이다.

 ③

076

Guide step에서 배운 메커니즘대로 풀어보자.

1단계) 첫 번째항 S_1 을 구한다.

호 A_1A_2 에 대한 원주각은 서로 같으므로
$\angle A_1B_1A_2 = \angle A_1B_2A_2 = \dfrac{\pi}{3}$ 이다.
두 직선 A_1B_1, A_2B_2 은 서로 평행하므로
$\angle B_1A_1B_2 = \angle A_1B_2A_2 = \dfrac{\pi}{3}$ (엇각)이다.

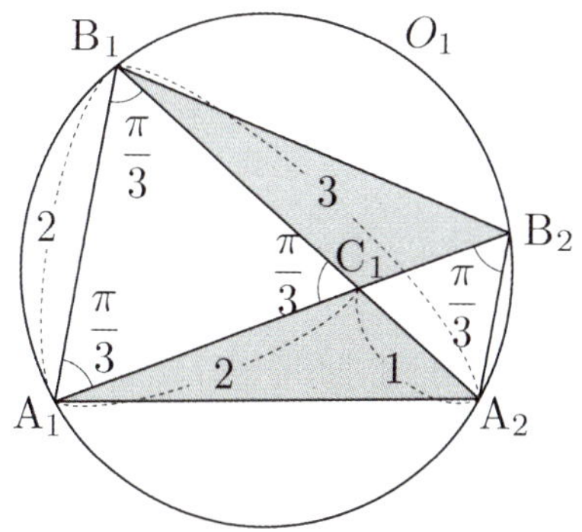

즉, 삼각형 $A_1B_1C_1$ 은 정삼각형이므로
$\overline{B_1C_1} = 2$, $\overline{C_1A_2} = \overline{B_1A_2} - \overline{B_1C_1} = 1$ 이다.

$\angle A_1C_1A_2 = \dfrac{2}{3}\pi$ 이므로 삼각형 $A_1A_2C_1$ 의 넓이는
$\dfrac{1}{2} \times 2 \times 1 \times \sin\dfrac{2}{3}\pi = \dfrac{\sqrt{3}}{2}$ 이다.

$S_1 = \dfrac{\sqrt{3}}{2} \times 2 = \sqrt{3}$

2단계) 첫 번째 도형과 두 번째 도형의 길이의 비가 $a : b$ 일 때, 넓이의 비 $a^2 : b^2$ 를 구하고 이를 이용하여 공비 $r = \dfrac{b^2}{a^2}$ 를 구한다.

삼각형 $A_2C_1B_2$ 은 한 변의 길이가 1 인 정삼각형이므로 $\overline{A_2B_2} = 1$ 이다.

$\overline{A_1B_1} : \overline{A_2B_2} = 2 : 1$ 이므로 넓이의 비는 $4 : 1$ 이다.

즉, 공비 $r = \dfrac{1}{4}$ 이다.

3단계) $\displaystyle\lim_{n \to \infty} S_n = \dfrac{S_1}{1-r} = \dfrac{S_1}{1 - \dfrac{b^2}{a^2}}$ 를 계산한다.

따라서 $\displaystyle\lim_{n \to \infty} S_n = \dfrac{S_1}{1-r} = \dfrac{\sqrt{3}}{1 - \dfrac{1}{4}}$

$$= \dfrac{4}{3}\sqrt{3}$$

이다.

답 ②

077

Guide step에서 배운 메커니즘대로 풀어보자.

1단계) 첫 번째항 S_1 을 구한다.

점 E_1 에서 선분 A_1B_1 에 내린 수선의 발을 M 이라 하자.

$\overline{A_1M} = 2, \ \overline{E_1M} = \dfrac{1}{2}$

삼각형 A_1E_1M 에서 피타고라스의 정리를 사용하면

$$\overline{A_1E_1} = \sqrt{2^2 + \left(\dfrac{1}{2}\right)^2} = \dfrac{\sqrt{17}}{2} \Rightarrow \overline{D_1E_1} = \dfrac{\sqrt{17}}{2}$$

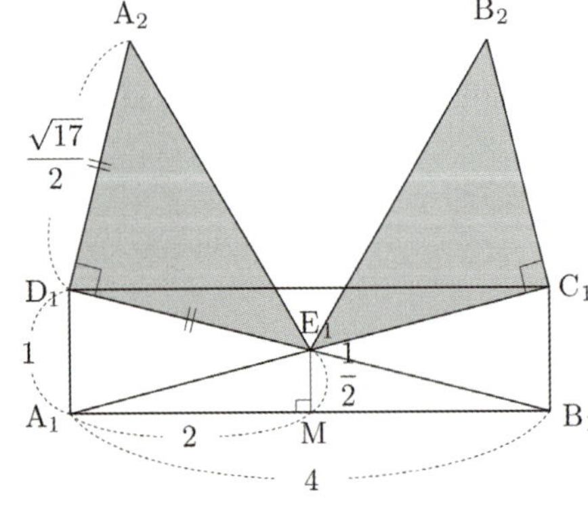

삼각형 $A_2E_1D_1$ 의 넓이는 $\dfrac{1}{2} \times \left(\dfrac{\sqrt{17}}{2}\right)^2 = \dfrac{17}{8}$ 이므로

$$S_1 = 2 \times \dfrac{17}{8} = \dfrac{17}{4}$$ 이다.

2단계) 첫 번째 도형과 두 번째 도형의 길이의 비가 $a : b$ 일 때, 넓이의 비 $a^2 : b^2$ 를 구하고 이를 이용하여 공비 $r = \dfrac{b^2}{a^2}$ 를 구한다.

$\angle A_1E_1D_1 = \theta$ 라 하고, $\angle A_2E_1B_2 = \alpha$ 라 하자.

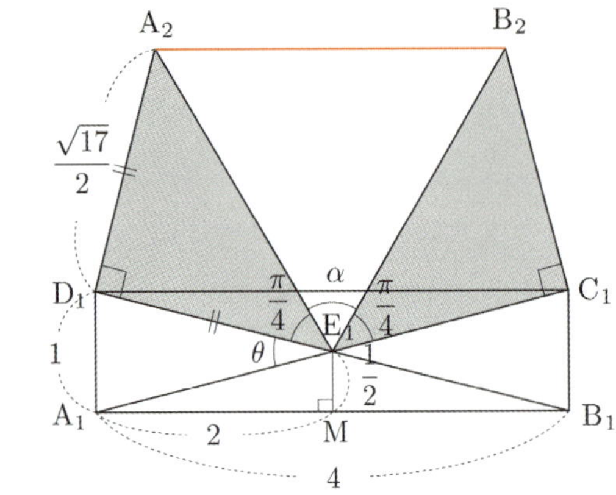

삼각형 $A_1E_1D_1$ 에서 코사인법칙을 사용하면

$$\cos\theta = \dfrac{\left(\overline{A_1E_1}\right)^2 + \left(\overline{D_1E_1}\right)^2 - \left(\overline{A_1D_1}\right)^2}{2 \times \overline{A_1E_1} \times \overline{D_1E_1}}$$

$$\Rightarrow \cos\theta = \dfrac{\dfrac{17}{2} - 1}{2 \times \dfrac{17}{4}} \Rightarrow \cos\theta = \dfrac{15}{17} \Rightarrow \sin\theta = \dfrac{8}{17}$$

$$\cos\alpha = \cos\left\{\pi - \left(\dfrac{\pi}{2} + \theta\right)\right\} = \cos\left(\dfrac{\pi}{2} - \theta\right) = \sin\theta = \dfrac{8}{17}$$

$$\overline{A_2E_1} = \overline{B_2E_1} = \dfrac{\sqrt{17}}{2} \times \sqrt{2} = \dfrac{\sqrt{34}}{2}$$

$\overline{A_2B_2} = x$ 라 하자.

삼각형 $A_2E_1B_2$ 에서 코사인법칙을 사용하면

$$\cos\alpha = \dfrac{\left(\overline{A_2E_1}\right)^2 + \left(\overline{B_2E_1}\right)^2 - \left(\overline{A_2B_2}\right)^2}{2 \times \overline{A_2E_1} \times \overline{B_2E_1}}$$

$$\Rightarrow \dfrac{8}{17} = \dfrac{17 - x^2}{17} \Rightarrow x = 3 \ (\because \ x > 0)$$

직사각형 $A_1B_1C_1D_1$ 의 가로의 길이와 직사각형 $A_2B_2C_2D_2$ 의 가로의 길이의 비는 $4 : 3$ 이므로

넓이의 비는 $16 : 9 = 1 : \dfrac{9}{16}$ 이다.

즉, 공비 $r = \dfrac{9}{16}$ 이다.

3단계) $\displaystyle\lim_{n \to \infty} S_n = \dfrac{S_1}{1-r} = \dfrac{S_1}{1 - \dfrac{b^2}{a^2}}$ 를 계산한다.

따라서 $\displaystyle\lim_{n \to \infty} S_n = \dfrac{S_1}{1-r} = \dfrac{\dfrac{17}{4}}{1 - \dfrac{9}{16}}$

$$= \dfrac{68}{7}$$

이다.

답 ③

078

Guide step에서 배운 메커니즘대로 풀어보자.

1단계) 첫 번째항 S_1 을 구한다.

$\overline{OP_1} = 1$ 이고 $\overline{OC_1} : \overline{OD_1} = 3 : 4$ 이므로

$\overline{OC_1} = \dfrac{3}{5}$, $\overline{P_1C_1} = \dfrac{4}{5}$ 이다.

삼각형 $A_1C_1P_1$ 에서 피타고라스의 정리를 사용하면

$\overline{A_1P_1} = \sqrt{\left(\dfrac{4}{5}\right)^2 + \left(\dfrac{2}{5}\right)^2} = \dfrac{2\sqrt{5}}{5}$ 이다.

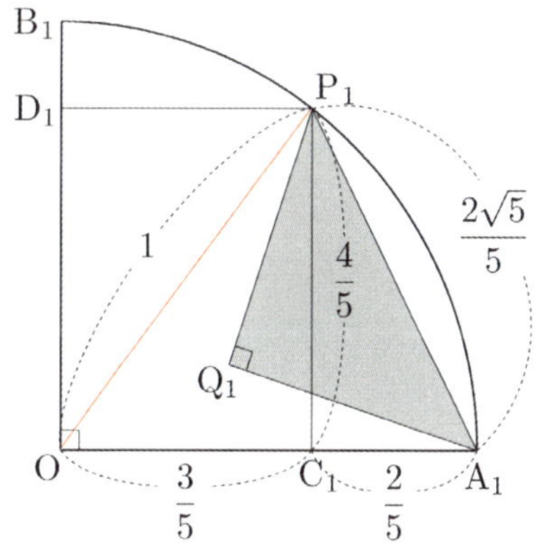

삼각형 $A_1Q_1P_1$ 은 직각이등변삼각형이므로

$\overline{A_1Q_1} = \overline{P_1Q_1} = \dfrac{2\sqrt{5}}{5\sqrt{2}}$ 이다.

$S_1 = \dfrac{1}{2} \times \left(\dfrac{2\sqrt{5}}{5\sqrt{2}}\right)^2 = \dfrac{1}{5}$

2단계) 첫 번째 도형과 두 번째 도형의 길이의 비가 $a : b$ 일 때, 넓이의 비 $a^2 : b^2$ 를 구하고 이를 이용하여 공비 $r = \dfrac{b^2}{a^2}$ 를 구한다.

점 Q_1 에서 선분 OA_1 에 내린 수선의 발을 H 라 하고, $\angle P_1A_1C_1 = \alpha$, $\angle Q_1A_1H = \theta$ 라 하자.

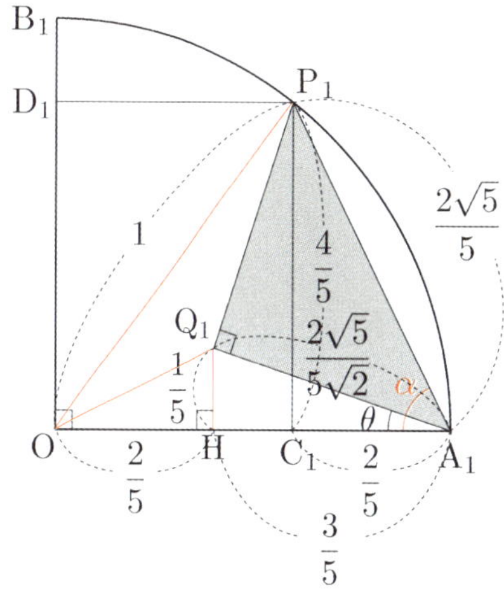

$\cos\alpha = \dfrac{\overline{C_1A_1}}{\overline{A_1P_1}} = \dfrac{1}{\sqrt{5}} \Rightarrow \sin\alpha = \dfrac{2}{\sqrt{5}}$

$\alpha = \theta + \dfrac{\pi}{4}$ 이므로

$\cos\theta = \cos\left(\alpha - \dfrac{\pi}{4}\right) = \cos\alpha\cos\dfrac{\pi}{4} + \sin\alpha\sin\dfrac{\pi}{4}$

$$= \dfrac{\sqrt{2}}{2} \times \dfrac{3}{\sqrt{5}} = \dfrac{3\sqrt{2}}{2\sqrt{5}}$$

$\overline{A_1H} = \overline{A_1Q_1}\cos\theta = \dfrac{2\sqrt{5}}{5\sqrt{2}} \times \dfrac{3\sqrt{2}}{2\sqrt{5}} = \dfrac{3}{5} \Rightarrow \overline{OH} = \dfrac{2}{5}$

삼각형 A_1Q_1H 에서 피타고라스의 정리를 사용하면

$\overline{Q_1H} = \sqrt{\left(\dfrac{2\sqrt{5}}{5\sqrt{2}}\right)^2 - \left(\dfrac{3}{5}\right)^2} = \dfrac{1}{5}$ 이다.

삼각형 OQ_1H 에서 피타고라스의 정리를 사용하면

$\overline{OQ_1} = \sqrt{\left(\dfrac{1}{5}\right)^2 + \left(\dfrac{2}{5}\right)^2} = \dfrac{1}{\sqrt{5}}$ 이다.

부채꼴 OA_1B_1 의 반지름의 길이와 부채꼴 OA_2B_2 의 반지름의 길이의 비는 $1 : \dfrac{1}{\sqrt{5}}$ 이므로

넓이의 비는 $1 : \dfrac{1}{5}$ 이다.

즉, 공비 $r=\dfrac{1}{5}$ 이다.

3단계) $\displaystyle\lim_{n\to\infty} S_n = \dfrac{S_1}{1-r} = \dfrac{S_1}{1-\dfrac{b^2}{a^2}}$ 를 계산한다.

따라서 $\displaystyle\lim_{n\to\infty} S_n = \dfrac{S_1}{1-r} = \dfrac{\dfrac{1}{5}}{1-\dfrac{1}{5}}$

$$= \dfrac{1}{4}$$

이다.

 ②

79	162	83	④
80	12	84	24
81	25	85	①
82	③	86	①

079

a_n 의 초항을 a, b_n 의 초항을 b 라 하고,
a_n 의 공비를 r, b_n 의 공비를 R 라 하자.

$\displaystyle\sum_{n=1}^{\infty} a_n$, $\displaystyle\sum_{n=1}^{\infty} b_n$ 이 각각 수렴하므로

$$-1 < r < 1, \quad -1 < R < 1$$

$$\sum_{n=1}^{\infty} a_n b_n = \left(\sum_{n=1}^{\infty} a_n\right) \times \left(\sum_{n=1}^{\infty} b_n\right)$$

$$\Rightarrow \dfrac{ab}{1-rR} = \left(\dfrac{a}{1-r}\right)\left(\dfrac{b}{1-R}\right)$$

$$\Rightarrow 1-rR = 1-r-R+rR$$

$$\Rightarrow r+R = 2rR$$

$$\left|a_{2n}\right| = \left|ar^{2n-1}\right| = \left|\dfrac{a}{r}\right|\left|r^{2n}\right| = \left|\dfrac{a}{r}\right|r^{2n}$$

$$\left|a_{3n}\right| = \left|ar^{3n-1}\right| = \left|\dfrac{a}{r}\right|\left|r^{3n}\right| = \left|\dfrac{a}{r}\right|\left|r^3\right|^{n}$$

$$-1 < r < 1 \;\Rightarrow\; -1 < r^2 < 1, \;\; -1 < \left|r^3\right| < 1$$

이므로 $\displaystyle\sum_{n=1}^{\infty}\left|a_{2n}\right|$, $\displaystyle\sum_{n=1}^{\infty}\left|a_{3n}\right|$ 은 각각 수렴한다.

$$3\times\sum_{n=1}^{\infty}\left|a_{2n}\right| = 7\times\sum_{n=1}^{\infty}\left|a_{3n}\right|$$

$$\Rightarrow 3\times\sum_{n=1}^{\infty}\left|\dfrac{a}{r}\right|r^{2n} = 7\times\sum_{n=1}^{\infty}\left|\dfrac{a}{r}\right|\left|r^3\right|^{n}$$

$$\Rightarrow 3\left|\dfrac{a}{r}\right|\times\sum_{n=1}^{\infty}r^{2n} = 7\left|\dfrac{a}{r}\right|\times\sum_{n=1}^{\infty}\left|r^3\right|^{n}$$

$$\Rightarrow 3\sum_{n=1}^{\infty}r^{2n} = 7\sum_{n=1}^{\infty}\left|r^3\right|^{n}$$

r 의 부호에 따라 case분류하면

① $0 < r < 1$

$$3\sum_{n=1}^{\infty} r^{2n} = 7\sum_{n=1}^{\infty} r^{3n}$$

$$\Rightarrow \frac{3r^2}{1-r^2} = \frac{7r^3}{1-r^3}$$

$$\Rightarrow \frac{3}{1+r} = \frac{7r}{1+r+r^2}$$

$$\Rightarrow 7r + 7r^2 = 3 + 3r + 3r^2$$

$$\Rightarrow 4r^2 + 4r - 3 = 0$$

$$\Rightarrow (2r-1)(2r+3) = 0$$

$$\Rightarrow r = \frac{1}{2} \ (\because \ 0 < r < 1)$$

이때, $r = \frac{1}{2}$ 이면

$$r + R = 2rR \Rightarrow \frac{1}{2} + R = R \Rightarrow \frac{1}{2} \neq 0 \text{이므로 모순이다.}$$

② $-1 < r < 0$

$$3 \times \sum_{n=1}^{\infty} r^{2n} = 7 \times \sum_{n=1}^{\infty} \left(-r^3\right)^n$$

$$\Rightarrow \frac{3r^2}{1-r^2} = \frac{-7r^3}{1-\left(-r^3\right)}$$

$$\Rightarrow \frac{3}{1-r} = \frac{-7r}{1-r+r^2}$$

$$\Rightarrow -7r + 7r^2 = 3 - 3r + 3r^2$$

$$\Rightarrow 4r^2 - 4r - 3 = 0$$

$$\Rightarrow (2r+1)(2r-3) = 0$$

$$\Rightarrow r = -\frac{1}{2} \ (\because \ -1 < r < 0)$$

이때, $r = -\frac{1}{2}$ 이면

$$r + R = 2rR \Rightarrow -\frac{1}{2} + R = -R \Rightarrow R = \frac{1}{4}$$

②에 의해서 $R = \frac{1}{4}$ 이므로 $b_n = b\left(\frac{1}{4}\right)^{n-1}$

$$\frac{b_{2n-1} + b_{3n+1}}{b_n} = \frac{b\left(\frac{1}{4}\right)^{2n-2} + b\left(\frac{1}{4}\right)^{3n}}{b\left(\frac{1}{4}\right)^{n-1}}$$

$$= \left(\frac{1}{4}\right)^{n-1} + \left(\frac{1}{4}\right)^{2n+1}$$

이므로

$$\sum_{n=1}^{\infty} \frac{b_{2n-1} + b_{3n+1}}{b_n} = \sum_{n=1}^{\infty} \left\{\left(\frac{1}{4}\right)^{n-1} + \left(\frac{1}{4}\right)^{2n+1}\right\}$$

$$= \frac{1}{1-\frac{1}{4}} + \frac{\frac{1}{64}}{1-\frac{1}{16}}$$

$$= \frac{4}{3} + \frac{1}{60} = \frac{27}{20} = S$$

따라서 $120S = 120 \times \dfrac{27}{20} = 162$ 이다.

답 162

080

$a_1 = 1$ 인 등비수열 $\{a_n\}$ 의 공비를 $r \ (r \neq 0)$ 이라 하면
$a_n = r^{n-1}$ 이다.

$\displaystyle\sum_{n=1}^{\infty} a_n$ 이 수렴하므로 $-1 < r < 0$ or $0 < r < 1$

만약 $0 < r < 1$ 이면
$\displaystyle\sum_{n=1}^{\infty} \left(20a_{2n} + 21\left|a_{3n-1}\right|\right) > 0$ 이므로

$\displaystyle\sum_{n=1}^{\infty} \left(20a_{2n} + 21\left|a_{3n-1}\right|\right) = 0$ 에 모순이다.

즉, $-1 < r < 0$

$\{a_{2n}\}$ 은 공비가 r^2 인 등비수열이고
$\{\left|a_{3n-1}\right|\}$ 은 공비가 $-r^3$ 인 등비수열이다.

$0 < r^2 < 1, \ -1 < -r^3 < 0$ 이므로

두 급수 $\displaystyle\sum_{n=1}^{\infty} a_{2n}, \ \sum_{n=1}^{\infty} \left|a_{3n-1}\right|$ 은 수렴한다.

$$\sum_{n=1}^{\infty} \left(20a_{2n} + 21\left|a_{3n-1}\right|\right) = 0$$

$$\Rightarrow \frac{20r}{1-r^2} + \frac{21\left|a_2\right|}{1-\left(-r^3\right)} = 0$$

$$\Rightarrow \frac{20r}{1-r^2} + \frac{21 \times (-r)}{1+r^3} = 0$$

$$\Rightarrow 20\left(1 - r + r^2\right) - 21(1-r) = 0$$

$$\Rightarrow (5r-1)(4r+1) = 0$$

$$\Rightarrow r = -\frac{1}{4} \quad (\because \ -1 < r < 0)$$

$$\therefore \ a_n = \left(-\frac{1}{4}\right)^{n-1}$$

급수 $\displaystyle\sum_{n=1}^{\infty} \frac{3|a_n| + b_n}{a_n}$ 이 수렴하므로 $\displaystyle\lim_{n \to \infty} \frac{3|a_n| + b_n}{a_n} = 0$ 이다.

등비수열 $\{b_n\}$ 의 공비를 s, $b_1 = b$ 라 하면

$$\frac{b_n}{a_n} = b \times (-4s)^{n-1} \text{ 이므로}$$

$$\lim_{n \to \infty} \frac{3|a_n| + b_n}{a_n} = \lim_{n \to \infty} \{3 \times (-1)^{n-1} + b \times (-4s)^{n-1}\}$$

$$= \lim_{n \to \infty} \left[(-1)^{n-1}\{3 + b \times (4s)^{n-1}\}\right]$$

① $-1 < 4s < 1$ 일 때

$$\lim_{n \to \infty} (4s)^{n-1} = 0 \Rightarrow \lim_{n \to \infty} \{3 + b \times (4s)^{n-1}\} = 3$$

이므로 $\displaystyle\sum_{n=1}^{\infty} \frac{3|a_n| + b_n}{a_n}$ 은 발산한다.

② $4s < -1$ or $4s > 1$ 일 때

$$\lim_{n \to \infty} \{3 + b \times (4s)^{n-1}\} \text{ 은 발산하므로}$$

$$\sum_{n=1}^{\infty} \frac{3|a_n| + b_n}{a_n} \text{ 은 발산한다.}$$

③ $4s = -1$ 인 경우

$$\lim_{n \to \infty} \frac{3|a_n| + b_n}{a_n} = \lim_{n \to \infty} \{3 \times (-1)^{n-1} + b\} \text{ 은 발산하므로}$$

$$\sum_{n=1}^{\infty} \frac{3|a_n| + b_n}{a_n} \text{ 은 발산한다.}$$

④ $4s = 1$ 인 경우

$$\lim_{n \to \infty} \frac{3|a_n| + b_n}{a_n} = \lim_{n \to \infty} \{(-1)^{n-1} \times (3 + b)\} = 0$$

$$\Rightarrow b = -3$$

①, ②, ③, ④ 에 의해 $s = \dfrac{1}{4}$, $b = -3$ 이다.

$$\therefore \ b_n = (-3) \times \left(\frac{1}{4}\right)^{n-1}$$

따라서 $\displaystyle b_1 \times \sum_{n=1}^{\infty} b_n = -3 \times \left(\frac{-3}{1 - \frac{1}{4}}\right) = 12$ 이다.

$\boxed{\text{답}}$ 12

081

등비수열 $\{a_n\}$ 의 첫째항을 a, 공비를 r 이라 하면

$$a_n = a \times r^{n-1}$$

$$\sum_{n=1}^{\infty} (|a_n| + a_n) = \frac{40}{3}, \quad \sum_{n=1}^{\infty} (|a_n| - a_n) = \frac{20}{3}$$

a, r 의 부호에 따라 case분류하면

① $a > 0$, $r > 0$ 일때

$a_n > 0 \Rightarrow |a_n| - a_n = 0$ 이므로
조건을 만족시키지 않는다.

② $a < 0$, $r > 0$ 일때

$a_n < 0 \Rightarrow |a_n| + a_n = 0$ 이므로
조건을 만족시키지 않는다.

③ $a > 0$, $r < 0$ 일 때

$$|a_n| + a_n = \begin{cases} 2a_n & (a_n \geq 0) \\ 0 & (a_n < 0) \end{cases}$$

$$\sum_{n=1}^{\infty} (|a_n| + a_n) = \sum_{n=1}^{\infty} 2a_{2n-1} = \frac{2a}{1 - r^2} = \frac{40}{3}$$

$$|a_n| - a_n = \begin{cases} 0 & (a_n \geq 0) \\ -2a_n & (a_n < 0) \end{cases}$$

$$\sum_{n=1}^{\infty} (|a_n| - a_n) = \sum_{n=1}^{\infty} (-2a_{2n}) = \frac{-2ar}{1 - r^2} = \frac{20}{3}$$

$$\frac{2a}{1 - r^2} = \frac{40}{3}, \ \frac{-2ar}{1 - r^2} = \frac{20}{3}$$

$$\Rightarrow r = -\frac{1}{2}, \ a = 5$$

④ $a < 0$, $r < 0$ 일 때

$$|a_n| + a_n = \begin{cases} 2a_n & (a_n \geq 0) \\ 0 & (a_n < 0) \end{cases}$$

$$\sum_{n=1}^{\infty} (|a_n| + a_n) = \sum_{n=1}^{\infty} 2a_{2n} = \frac{2ar}{1 - r^2} = \frac{40}{3}$$

$$|a_n| - a_n = \begin{cases} 0 & (a_n \geq 0) \\ -2a_n & (a_n < 0) \end{cases}$$

$$\sum_{n=1}^{\infty} (|a_n| - a_n) = \sum_{n=1}^{\infty} (-2a_{2n-1}) = \frac{-2a}{1 - r^2} = \frac{20}{3}$$

$$\frac{2ar}{1-r^2}=\frac{40}{3}, \quad \frac{-2a}{1-r^2}=\frac{20}{3}$$

$$\Rightarrow r=-2$$

$r^2>1$이므로 두 급수 $\displaystyle\sum_{n=1}^{\infty}\left(|a_n|+a_n\right)$, $\displaystyle\sum_{n=1}^{\infty}\left(|a_n|-a_n\right)$

모두 수렴하지 않는다.

①, ②, ③, ④에 의해 $a=5$, $r=-\dfrac{1}{2}$이므로

$$a_n=5\times\left(-\frac{1}{2}\right)^{n-1}$$이다.

$$\lim_{n\to\infty}\sum_{k=1}^{2n}\left((-1)^{\frac{k(k+1)}{2}}\times a_{m+k}\right)>\frac{1}{700}$$

$$\Rightarrow \lim_{n\to\infty}\sum_{k=1}^{2n}\left((-1)^{\frac{k(k+1)}{2}}\times 5\times\left(-\frac{1}{2}\right)^{m+k-1}\right)>\frac{1}{700}$$

$$\Rightarrow 5\times\left(-\frac{1}{2}\right)^{m-1}\times\lim_{n\to\infty}\sum_{k=1}^{2n}\left((-1)^{\frac{k(k+1)}{2}}\times\left(-\frac{1}{2}\right)^{k}\right)>\frac{1}{700}$$

$(-1)^{\frac{k(k+1)}{2}}\times\left(-\dfrac{1}{2}\right)^{k}$ 에서 $k=1,\ 2,\ 3,\ 4,\ \cdots$을 대입하면

$$(-1)\times\left(-\frac{1}{2}\right)=\frac{1}{2}$$

$$(-1)\times\left(-\frac{1}{2}\right)^{2}=-\frac{1}{4}$$

$$1\times\left(-\frac{1}{2}\right)^{3}=-\frac{1}{8}$$

$$1\times\left(-\frac{1}{2}\right)^{4}=\frac{1}{16}$$

$$(-1)\times\left(-\frac{1}{2}\right)^{5}=\frac{1}{32}$$

$$(-1)\times\left(-\frac{1}{2}\right)^{6}=-\frac{1}{64}$$

$$\vdots \qquad \vdots$$

k가 홀수이면 $\dfrac{1}{2},\ -\dfrac{1}{8},\ \dfrac{1}{32}\ \cdots$ 이고,

k가 짝수이면 $-\dfrac{1}{4},\ \dfrac{1}{16},\ -\dfrac{1}{64}\ \cdots$ 이므로

$$\lim_{n\to\infty}\sum_{k=1}^{2n}\left((-1)^{\frac{k(k+1)}{2}}\times\left(-\frac{1}{2}\right)^{k}\right)$$

$$=\frac{\frac{1}{2}}{1-\left(-\frac{1}{4}\right)}+\frac{-\frac{1}{4}}{1-\left(-\frac{1}{4}\right)}=\frac{1}{5}$$

$$5\times\left(-\frac{1}{2}\right)^{m-1}\times\lim_{n\to\infty}\sum_{k=1}^{2n}\left((-1)^{\frac{k(k+1)}{2}}\times\left(-\frac{1}{2}\right)^{k}\right)>\frac{1}{700}$$

$$\Rightarrow\left(-\frac{1}{2}\right)^{m-1}>\frac{1}{700}$$

를 만족시키는 모든 자연수 m은
$m=1,\ 3,\ 5,\ 7,\ 9$이다.

따라서 모든 자연수 m의 값의 합은
$1+3+5+7+9=25$이다.

답 25

082

Guide step에서 배운 메커니즘대로 풀어보자.

1단계) 첫 번째항 S_1을 구한다.

$\overline{AB_1}=2$, $\overline{AD_1}=4$

선분 AD_1을 $3:1$로 내분하는 점이 E_1이므로
$\overline{E_1D_1}=1$

삼각형 $E_1C_1D_1$에서 피타고라스의 정리를 사용하면
$$\left(\overline{C_1E_1}\right)^2=\left(\overline{E_1D_1}\right)^2+\left(\overline{C_1D_1}\right)^2 \Rightarrow \left(\overline{C_1E_1}\right)^2=1+4=5$$
$$\Rightarrow \overline{C_1E_1}=\sqrt{5}$$

삼각형 $E_1F_1C_1$은 직각이등변삼각형이므로
$$\angle C_1E_1F_1=\frac{\pi}{4} \Rightarrow \overline{E_1F_1}=\sqrt{5}\times\cos\frac{\pi}{4}=\frac{\sqrt{5}}{\sqrt{2}}$$

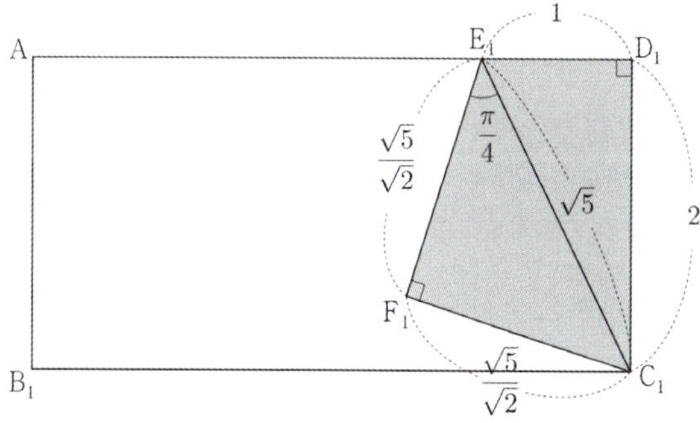

색칠한 부분의 넓이 S_1은 삼각형 $E_1C_1D_1$의 넓이와 삼각형 $E_1F_1C_1$의 넓이의 합으로 구하면 된다.

$$S_1=\frac{1}{2}\times 1\times 2+\frac{1}{2}\times\frac{\sqrt{5}}{\sqrt{2}}\times\frac{\sqrt{5}}{\sqrt{2}}=1+\frac{5}{4}=\frac{9}{4}$$

2단계) 첫 번째 도형과 두 번째 도형의 길이의 비가

$a : b$ 일 때, 넓이의 비 $a^2 : b^2$ 를 구하고 이를

이용하여 공비 $r = \dfrac{b^2}{a^2}$ 를 구한다.

$\angle C_1E_1D_1 = \theta$ 라 하면 $\angle C_2E_1D_2 = \pi - \left(\dfrac{\pi}{4} + \theta\right) = \dfrac{3}{4}\pi - \theta$

$\overline{AB_2} : \overline{AD_2} = 1 : 2$ 이므로 $\overline{AB_2} = x$ 라 하면 $\overline{AD_2} = 2x$

$\overline{D_2E_1} = 4 - (2x+1) = 3 - 2x$

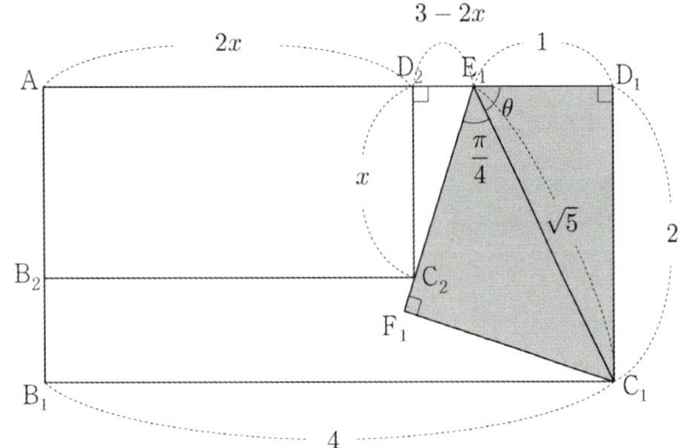

$\tan\theta = \dfrac{2}{1} = 2$ 이므로

$\tan(\angle C_2E_1D_2) = \tan\left(\dfrac{3}{4}\pi - \theta\right) = \dfrac{\tan\dfrac{3}{4}\pi - \tan\theta}{1 + \tan\dfrac{3}{4}\pi \tan\theta}$

$= \dfrac{-1-2}{1-2} = \dfrac{-3}{-1} = 3$

$\tan(\angle C_2E_1D_2) = \dfrac{\overline{C_2D_2}}{\overline{D_2E_1}} = \dfrac{x}{3-2x}$ 이므로

$3 = \dfrac{x}{3-2x} \;\Rightarrow\; 9 - 6x = x \;\Rightarrow\; x = \dfrac{9}{7}$

Tip

사인법칙, 코사인법칙, 삼각함수의 덧셈정리 등이
복합적으로 결합하여 문제가 출제될 수도 있다는
생각을 반드시 해야 한다. (요즘 트렌드)

직사각형 $AB_1C_1D_1$ 의 세로의 길이와 직사각형 $AB_2C_2D_2$ 의

세로의 길이의 비는 $2 : \dfrac{9}{7}$ 이므로

넓이의 비는 $4 : \dfrac{81}{49} = 1 : \dfrac{81}{196}$ 이다.

즉, 공비 $r = \dfrac{81}{196}$ 이다.

3단계) $\displaystyle\lim_{n\to\infty} S_n = \dfrac{S_1}{1-r} = \dfrac{S_1}{1 - \dfrac{b^2}{a^2}}$ 를 계산한다.

따라서 $\displaystyle\lim_{n\to\infty} S_n = \dfrac{S_1}{1-r} = \dfrac{\dfrac{9}{4}}{1 - \dfrac{81}{196}} = \dfrac{441}{115}$ 이다.

답 ③

$f(x) = \displaystyle\sum_{n=1}^{\infty} \dfrac{9^n x^{18}}{(9+x^{2p})^n} = \sum_{n=1}^{\infty} x^{18}\left(\dfrac{9}{9+x^{2p}}\right)^n$

① $x = 0$ 이면 $f(0) = 0$

② $x \neq 0$ 이면 공비 $\dfrac{9}{9+x^{2p}}$ 은

$-1 < \dfrac{9}{9+x^{2p}} < 1$ 이므로

$f(x) = \displaystyle\sum_{n=1}^{\infty} \dfrac{9^n x^{18}}{(9+x^{2p})^n} = \sum_{n=1}^{\infty} x^{18}\left(\dfrac{9}{9+x^{2p}}\right)^n$

$= \dfrac{\dfrac{9x^{18}}{9+x^{2p}}}{1 - \dfrac{9}{9+x^{2p}}} = \dfrac{9x^{18}}{x^{2p}} = 9x^{18-2p}$

①, ②에 의하여 $f(x)$ 를 구하면 다음과 같다.

$f(x) = \begin{cases} 0 & (x = 0) \\ 9x^{18-2p} & (x \neq 0) \end{cases}$

$x = 0$ 에서 연속이려면 $\displaystyle\lim_{x\to 0} f(x) = f(0) = 0$ 이어야 하므로

$\displaystyle\lim_{x\to 0} f(x) = \lim_{x\to 0} 9x^{18-2p} = 0$ 이려면 $18 - 2p > 0$ 이어야 한다.

$18 > 2p \;\Rightarrow\; 0 < p < 9$ ($\because$ p 는 자연수)

$0 < p < 9$ 를 만족시키는 자연수 p 는 다음과 같다.
$p = 1,\ 2,\ 3,\ 4,\ 5,\ 6,\ 7,\ 8$

따라서 자연수 p 는 8 개다.

답 ④

$$b_n = \begin{cases} -1 & (a_n \leq -1) \\ a_n & (a_n > -1) \end{cases}$$

$$a_n = ar^{n-1}$$

$b_3 = -1 \Rightarrow a_3 \leq -1 \Rightarrow ar^2 \leq -1$

$r \geq 1$이면 $a_n \leq -1 \ (n \geq 3) \Rightarrow b_n = -1 \ (n \geq 3)$이므로
(가), (나) 조건을 만족시키지 않는다.

$0 < r < 1$이면 $a_n < 0 \Rightarrow b_n < 0 \Rightarrow \displaystyle\sum_{n=1}^{\infty} b_{2n} < 0$이므로
(나) 조건을 만족시키지 않는다.

$r = 0$이면 $a_3 = 0$이므로 $a_3 \leq -1$를 만족시키지 않는다.

$r = -1$이면 $r^2 = 1 \Rightarrow a_{2n-1} \leq -1 \Rightarrow b_{2n-1} = -1$이므로
(가) 조건을 만족시키지 않는다.

$r < -1$이면
$r^2 > 1 \Rightarrow a_{2n-1} \leq -1 \ (n \geq 2) \Rightarrow b_{2n-1} = -1 \ (n \geq 2)$
이므로 (가) 조건을 만족시키지 않는다.

즉, $-1 < r < 0$이다.

$b_3 = -1$과 $-1 < r < 0$을 바탕으로 b_n을 찾아보자.

① b_1의 값
$a_3 \leq -1 \Rightarrow ar^2 \leq -1 \Rightarrow a \leq -\dfrac{1}{r^2} < -1$

$\Rightarrow a_1 < -1 \Rightarrow b_1 = -1$

② $b_{2n} \ (n \geq 1)$의 값
$a_{2n} > 0 \Rightarrow b_{2n} = a_{2n}$

③ b_3의 값
조건에서 $b_3 = -1$

④ b_5의 값
만약 $a_5 \leq -1$이면 $b_5 = -1$이고,
$b_1 + b_3 + b_5 = -3$이다.
이때, $0 < r^2 < 1 \Rightarrow a_{2n-1} < 0 \ (n \geq 4)$이므로
$b_{2n-1} = -1$ or $b_{2n-1} = a_{2n-1}$이다.

$b_{2n-1} < 0$이므로 (가) 조건을 만족시키지 않는다.
즉, $a_5 > -1$이다.

⑤ $b_{2n-1} \ (n \geq 4)$의 값
$a_5 > -1$에서 $a_7 > -r^2 > -1$이므로
마찬가지 논리로 $a_9 > -1$이다.
즉, $a_{2n-1} > -1 \ (n \geq 4)$이므로 $b_{2n-1} = a_{2n-1} \ (n \geq 4)$이다.

①, ②, ③, ④, ⑤에 의해서
$b_{2n} = a_{2n} = ar^{2n-1}$이고,

$$b_{2n-1} = \begin{cases} -1 & (n=1, \ n=2) \\ a_{2n-1} & (n \geq 3) \end{cases}$$

$$\Rightarrow b_{2n-1} = \begin{cases} -1 & (n=1, \ n=2) \\ ar^{2n-2} & (n \geq 3) \end{cases}$$

$\displaystyle\sum_{n=1}^{\infty} b_{2n-1} = -3 \Rightarrow -1 - 1 + \dfrac{ar^4}{1-r^2} = -3$

$\Rightarrow \dfrac{ar^4}{1-r^2} = -1 \ \cdots \ \bigcirc$

$\displaystyle\sum_{n=1}^{\infty} b_{2n} = 8 \Rightarrow \dfrac{ar}{1-r^2} = 8 \ \cdots \ \bigcirc\bigcirc$

$\bigcirc$, $\bigcirc\bigcirc$에 의해서

$\dfrac{ar^4}{1-r^2} = -1 \Rightarrow \dfrac{ar}{1-r^2} \times r^3 = -1$

$\Rightarrow 8r^3 = -1 \Rightarrow r = -\dfrac{1}{2}$

$a_{2n} > 0$이므로 $|a_{2n}| = a_{2n}$이고,
$a_{2n-1} < 0$이므로 $|a_{2n-1}| = -a_{2n-1}$이다.

$$\begin{aligned}
\sum_{n=1}^{\infty} |a_n| &= -a_1 + a_2 - a_3 + a_4 - a_5 + a_6 \cdots \\
&= -(a_1 + a_3 + a_5 + \cdots) + (a_2 + a_4 + a_6 + \cdots) \\
&= -\dfrac{a}{1-r^2} + \dfrac{ar}{1-r^2} \\
&= -\dfrac{1}{r}\left(\dfrac{ar}{1-r^2}\right) + \dfrac{ar}{1-r^2} \\
&= 2 \times 8 + 8 = 24 \ (\because \bigcirc\bigcirc)
\end{aligned}$$

따라서 $\displaystyle\sum_{n=1}^{\infty} |a_n| = 24$이다.

답 24

Guide step에서 배운 메커니즘대로 풀어보자.

1단계) 첫 번째항 S_1 을 구한다.

선분 B_1E_1 을 지름으로 하는 원의 중심을 O 라 하자.

선분 B_1E_1 이 지름이므로 $\angle B_1F_1E_1 = \dfrac{\pi}{2}$ 이다.

즉, 사각형 $B_1C_1E_1F_1$ 은 정사각형이다.

$\overline{B_1F_1} = \sqrt{2}$, $\overline{B_1O} = \overline{F_1O} = 1$ 이므로 $\angle B_1OF_1 = \dfrac{\pi}{2}$

중심이 D_1 이고 호 E_1F_1 에 접하는 원의 반지름의 길이를 x 라 하자.

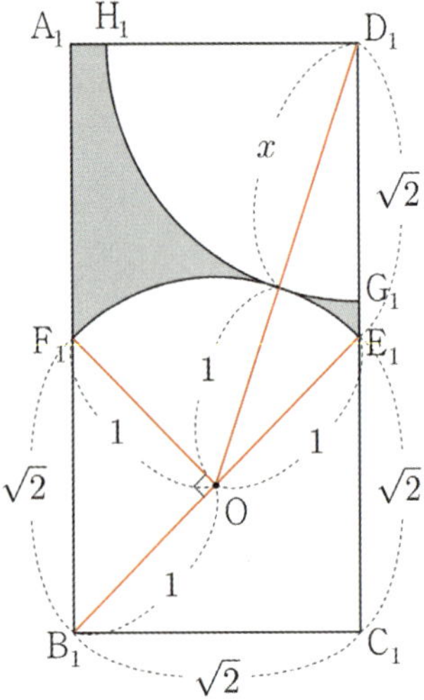

Tip

원과 원이 접할 때, 중심과 중심을 이은
보조선은 우선 순위 0순위이다.

$\angle OE_1D_1 = \pi - \angle B_1E_1C_1 = \pi - \dfrac{\pi}{4} = \dfrac{3}{4}\pi$

삼각형 OE_1D_1 에서 코사인법칙을 사용하면

$$\cos(\angle OE_1D_1) = \dfrac{\left(\overline{OE_1}\right)^2 + \left(\overline{E_1D_1}\right)^2 - \left(\overline{OD_1}\right)^2}{2 \times \overline{OE_1} \times \overline{E_1D_1}}$$

$$\Rightarrow \cos\left(\dfrac{3}{4}\pi\right) = \dfrac{1 + 2 - (x+1)^2}{2\sqrt{2}} \Rightarrow -\dfrac{\sqrt{2}}{2} = \dfrac{3 - (x+1)^2}{2\sqrt{2}}$$

$$\Rightarrow -2 = 3 - (x+1)^2 \Rightarrow (x+1)^2 = 5$$

$$\Rightarrow x = \sqrt{5} - 1 \ (\because x > 0)$$

세 선분 B_1F_1, B_1C_1, C_1E_1 과 호 F_1E_1 로 둘러싸인 부분의 넓이는 삼각형 B_1OF_1 의 넓이와 삼각형 $B_1C_1E_1$ 의 넓이와 부채꼴 F_1OE_1 의 넓이의 합으로 구하면 된다.

세 선분 B_1F_1, B_1C_1, C_1E_1 과 호 F_1E_1 로 둘러싸인 부분의

$$\text{넓이} = \dfrac{1}{2} \times 1 \times 1 + \dfrac{1}{2} \times \sqrt{2} \times \sqrt{2} + \dfrac{1}{2} \times 1^2 \times \dfrac{\pi}{2} = \dfrac{3}{2} + \dfrac{\pi}{4}$$

$$\text{부채꼴 } G_1D_1H_1 \text{ 의 넓이} = \dfrac{1}{2} \times (\sqrt{5} - 1)^2 \times \dfrac{\pi}{2} = \dfrac{3 - \sqrt{5}}{2}\pi$$

색칠한 부분의 넓이 S_1 은 직사각형 $A_1B_1C_1D_1$ 의 넓이에서 세 선분 B_1F_1, B_1C_1, C_1E_1 과 호 F_1E_1 로 둘러싸인 부분의 넓이와 부채꼴 $G_1D_1H_1$ 의 넓이의 합을 빼서 구하면 된다.

$$S_1 = 4 - \left(\dfrac{3}{2} + \dfrac{\pi}{4} + \dfrac{3 - \sqrt{5}}{2}\pi\right) = 4 - \left(\dfrac{3}{2} + \dfrac{7 - 2\sqrt{5}}{4}\pi\right)$$

$$= \dfrac{5}{2} - \dfrac{7 - 2\sqrt{5}}{4}\pi$$

2단계) 첫 번째 도형과 두 번째 도형의 길이의 비가 $a : b$ 일 때, 넓이의 비 $a^2 : b^2$ 를 구하고 이를 이용하여 공비 $r = \dfrac{b^2}{a^2}$ 를 구한다.

선분 C_2D_2 는 선분 B_1E_1 와 평행하므로

$\angle D_2C_2C_1 = \dfrac{\pi}{4}$, $\angle B_2C_2B_1 = \dfrac{\pi}{4}$

$\overline{B_2C_2} : \overline{C_2D_2} = 1 : 2$ 이므로 $\overline{B_2C_2} = x$ 라 하면 $\overline{C_2D_2} = 2x$

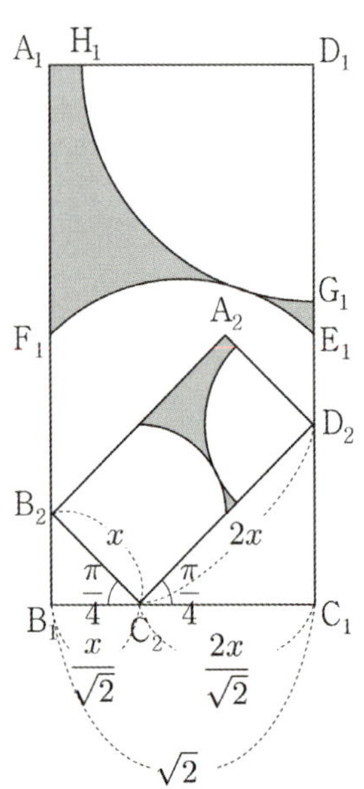

$$\overline{B_1C_2}=\frac{x}{\sqrt{2}},\ \ \overline{C_1C_2}=\frac{2x}{\sqrt{2}}$$

$$\overline{B_1C_1}=\overline{B_1C_2}+\overline{C_1C_2}\ \Rightarrow\ \sqrt{2}=\frac{x}{\sqrt{2}}+\frac{2x}{\sqrt{2}}$$

$$\Rightarrow\ 3x=2\ \Rightarrow\ x=\frac{2}{3}$$

직사각형 $A_1B_1C_1D_1$ 의 가로의 길이와 직사각형 $A_2B_2C_2D_2$ 의
가로의 길이의 비가 $\sqrt{2}:\dfrac{2}{3}$ 이므로

넓이의 비는 $2:\dfrac{4}{9}=1:\dfrac{2}{9}$ 이다.

즉, 공비 $r=\dfrac{2}{9}$ 이다.

3단계) $\displaystyle\lim_{n\to\infty}S_n=\dfrac{S_1}{1-r}=\dfrac{S_1}{1-\dfrac{b^2}{a^2}}$ 를 계산한다.

$$\text{따라서 }\lim_{n\to\infty}S_n=\frac{S_1}{1-r}=\frac{\dfrac{5}{2}-\dfrac{7-2\sqrt{5}}{4}\pi}{1-\dfrac{2}{9}}$$

$$=\frac{9}{7}\left(\frac{5}{2}-\frac{7-2\sqrt{5}}{4}\pi\right)$$

$$=\frac{45}{14}-\frac{9}{28}(7-2\sqrt{5})\pi$$

이다.

답   ①

086

Guide step에서 배운 메커니즘대로 풀어보자.

1단계) 첫 번째항 S_1 을 구한다.

삼각형 AB_1C_1 에서 코사인법칙을 사용하면
$$\cos(\angle B_1AC_1)=\frac{\left(\overline{AB_1}\right)^2+\left(\overline{AC_1}\right)^2-\left(\overline{B_1C_1}\right)^2}{2\times\overline{AB_1}\times\overline{AC_1}}$$

$$\Rightarrow\ \cos\left(\frac{\pi}{3}\right)=\frac{9+4-\left(\overline{B_1C_1}\right)^2}{12}\ \Rightarrow\ \frac{1}{2}=\frac{13-\left(\overline{B_1C_1}\right)^2}{12}$$

$$\Rightarrow\ \overline{B_1C_1}=\sqrt{7}$$

삼각형의 각의 이등분선과 닮음에 의해서
$$\overline{AB_1}:\overline{AC_1}=\overline{B_1D_1}:\overline{D_1C_1}\ \Rightarrow\ 3:2=\overline{B_1D_1}:\overline{D_1C_1}$$

$$\Rightarrow\ \overline{B_1D_1}=\frac{3\sqrt{7}}{5},\ \ \overline{D_1C_1}=\frac{2\sqrt{7}}{5}$$

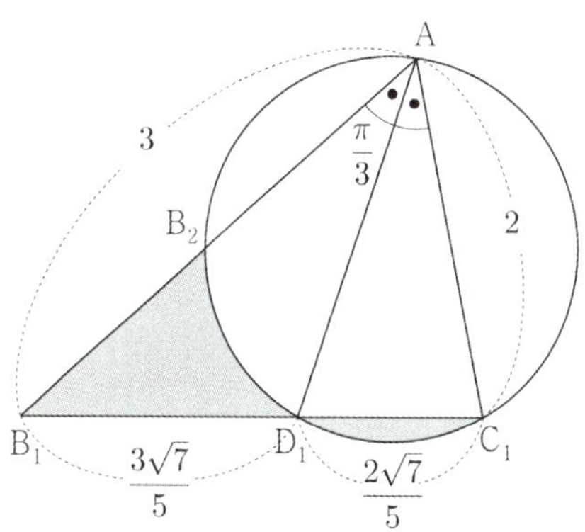

세 점 A, D_1, C_1 을 지나는 원의 중심을 O 라 하자.
중심각과 원주각의 관계에 의하여

$$\angle D_1OC_1=2\times\angle D_1AC_1=\frac{\pi}{3}$$

$$\angle D_1OB_2=2\times\angle D_1AB_2=\frac{\pi}{3}$$

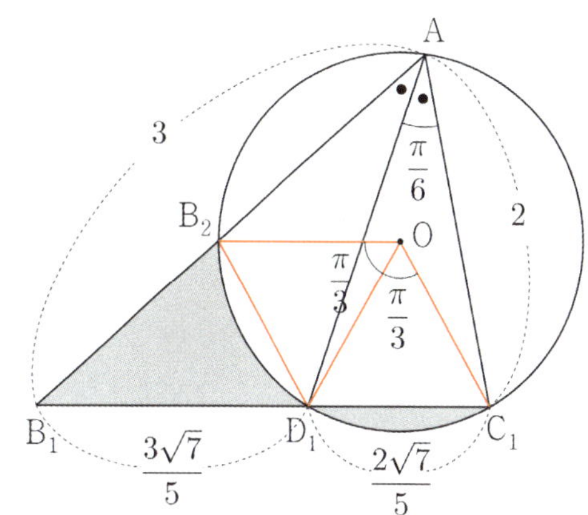

정삼각형 OD_1C_1 와 정삼각형 OD_1B_2 은 서로 합동이므로

$\overline{D_1C_1}=\overline{D_1B_2}=\dfrac{2\sqrt{7}}{5}$ 이고 선분 D_1C_1 와 호 D_1C_1 로 둘러싸인

부분의 넓이는 선분 D_1B_2 와 호 D_1B_2 로 둘러싸인 부분의
넓이와 같다.

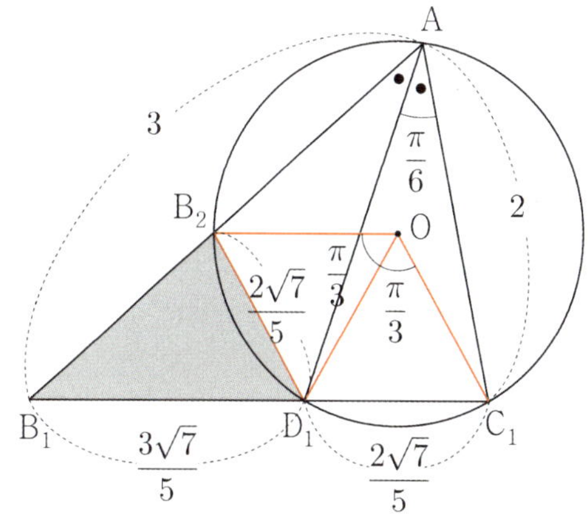

색칠한 부분의 넓이 S_1은 삼각형 $B_1D_1B_2$의 넓이와 같다.

$$\angle B_2D_1B_1 = \pi - 2 \times \frac{\pi}{3} = \frac{\pi}{3}$$

$$S_1 = \frac{1}{2} \times \overline{B_1D_1} \times \overline{B_2D_1} \times \sin(\angle B_2D_1B_1)$$

$$= \frac{1}{2} \times \frac{2\sqrt{7}}{5} \times \frac{3\sqrt{7}}{5} \times \sin\frac{\pi}{3}$$

$$= \frac{21\sqrt{3}}{50}$$

2단계) 첫 번째 도형과 두 번째 도형의 길이의 비가
$a : b$ 일 때, 넓이의 비 $a^2 : b^2$를 구하고 이를
이용하여 공비 $r = \dfrac{b^2}{a^2}$를 구한다.

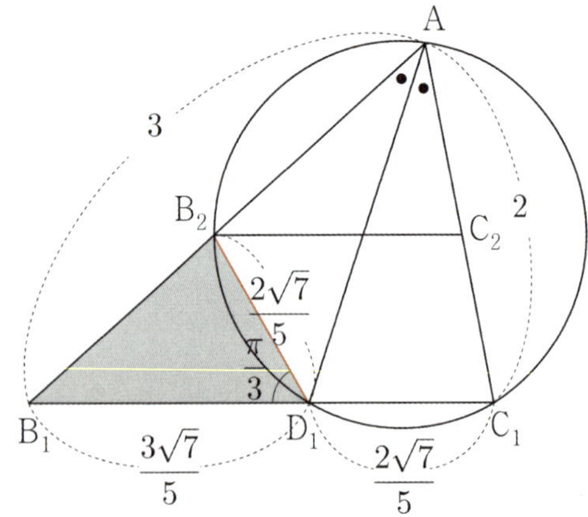

삼각형 $B_1D_1B_2$에서 코사인법칙을 사용하면

$$\cos(\angle B_1D_1B_2) = \frac{\left(\overline{B_1D_1}\right)^2 + \left(\overline{B_2D_1}\right)^2 - \left(\overline{B_1B_2}\right)^2}{2 \times \overline{B_1D_1} \times \overline{B_2D_1}}$$

$$\Rightarrow \cos\left(\frac{\pi}{3}\right) = \frac{\frac{63}{25} + \frac{28}{25} - \left(\overline{B_1B_2}\right)^2}{\frac{84}{25}} \Rightarrow \frac{1}{2} = \frac{\frac{91}{25} - \left(\overline{B_1B_2}\right)^2}{\frac{84}{25}}$$

$$\Rightarrow \overline{B_1B_2} = \frac{7}{5}$$

$$\overline{AB_2} = \overline{AB_1} - \overline{B_1B_2} = 3 - \frac{7}{5} = \frac{8}{5}$$

삼각형 AB_1C_1의 변 AB_1의 길이와 삼각형 AB_2C_2의
변 AB_2의 길이의 비가 $3 : \dfrac{8}{5} = 1 : \dfrac{8}{15}$ 이므로

넓이의 비는 $1 : \dfrac{64}{225}$ 이다.

즉, 공비 $r = \dfrac{64}{225}$ 이다.

3단계) $\displaystyle\lim_{n \to \infty} S_n = \frac{S_1}{1-r} = \frac{S_1}{1-\dfrac{b^2}{a^2}}$ 를 계산한다.

따라서 $\displaystyle\lim_{n \to \infty} S_n = \frac{S_1}{1-r} = \frac{\dfrac{21\sqrt{3}}{50}}{1-\dfrac{64}{225}}$

$$= \frac{225}{161} \times \frac{21\sqrt{3}}{50} = \frac{27\sqrt{3}}{46}$$

이다.

답 ①

Tip

■ 각의 이등분선, 원주각과 중심각, 코사인법칙,
합동을 이용하여 넓이 간단히 하기
$(S_1 = \triangle B_1D_1B_2)$
가 모두 쓰인 종합세트 같은 문제이다.

101번이 6평에 출제되고 그 해 수능에 095번이
출제되었는데 앞서 해설에서 언급했듯이
95번에서도 추가 요소인 삼각함수의 덧셈정리가
결합되어 출제되었다.
즉, 중학교 때 배운 기하만이 아니라
고등학교 때 배운 여러 가지 내용들이
복합적으로 결합되어 출제될 수도 있다는
생각을 반드시 가지고 있어야 한다.

이 문제는 등비급수 도형 문제에서는 나름
고난도에 속하는 문제이니 다시 한번 사고를
정리하면서 백지에 깔끔하게 풀어보자.

■ <원과 비례에 관한 성질 中 할선 정리>

할선 : 원과 두 점에서 만나는 직선

① $\overline{PA} \times \overline{PB} = \overline{PC} \times \overline{PD}$

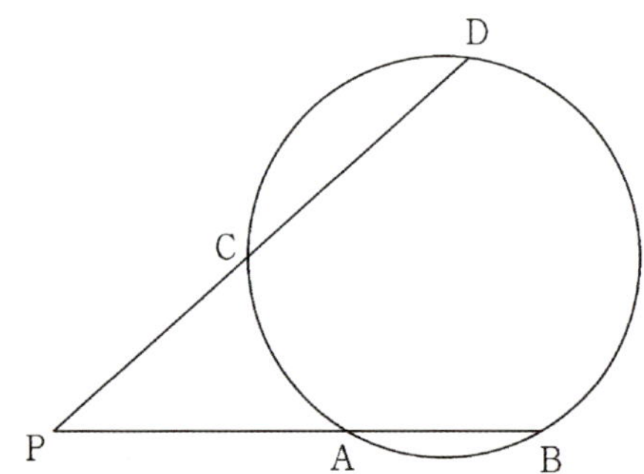

(증명)

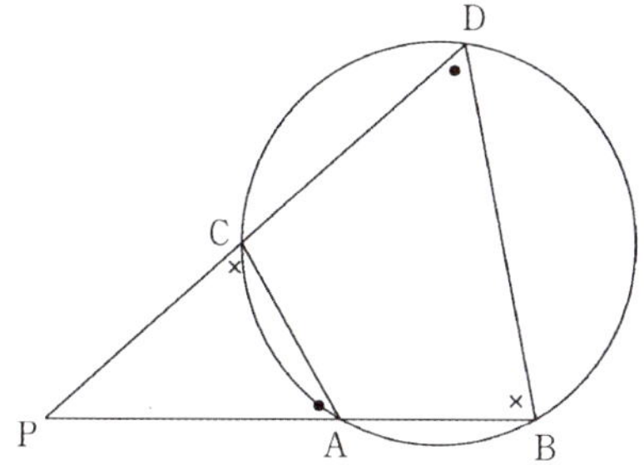

원에 내접하는 사각형의 한 쌍의 대각의
크기의 합은 $180\,^\circ$ 이므로
$\angle\,\text{PAC} = \angle\,\text{PDB}$, $\angle\,\text{PCA} = \angle\,\text{PBD}$ 이다.
즉, 두 삼각형 PAC, PDB는 서로 닮음이다.
$\overline{\text{PA}} : \overline{\text{PC}} = \overline{\text{PD}} : \overline{\text{PB}}$ 이므로
$\overline{\text{PA}} \times \overline{\text{PB}} = \overline{\text{PC}} \times \overline{\text{PD}}$ 이다.

② $\left(\overline{\text{PA}}\right)^2 = \overline{\text{PC}} \times \overline{\text{PD}}$ (점 A는 접점)

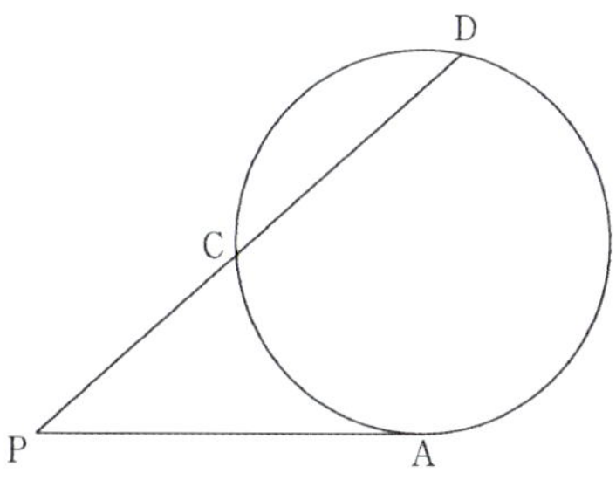

(증명)

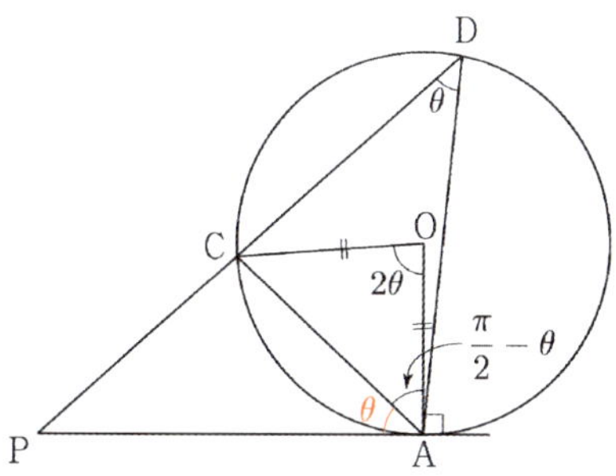

$\angle\,\text{ADC} = \theta$ 라 하면 원주각과 중심각의 관계에
의하여 $\angle\,\text{AOC} = 2\theta$ 이다.
원의 중심을 O 라 하면 삼각형 OAC은 이등변
삼각형이므로 $\angle\,\text{OAC} = \dfrac{\pi}{2} - \theta$ 이다.

$\angle\,\text{OAP} = \dfrac{\pi}{2}$ 이므로 $\angle\,\text{PAC} = \theta$ 이다.

$\angle\,\text{PDA} = \angle\,\text{PAC}$, $\angle\,\text{APD} = \angle\,\text{CPA}$
즉, 두 삼각형 PAC, PDA는 서로 닮음이다.

$\overline{\text{PC}} : \overline{\text{PA}} = \overline{\text{PA}} : \overline{\text{PD}}$ 이므로
$\left(\overline{\text{PA}}\right)^2 = \overline{\text{PC}} \times \overline{\text{PD}}$ 이다.

이 문제에서 원의 비례관계인 할선 정리를
이용하여 $\overline{\text{B}_1\text{B}_2}$ 를 구할 수도 있다.

$$\overline{\text{B}_1\text{D}_1} \times \overline{\text{B}_1\text{C}_1} = \overline{\text{B}_1\text{B}_2} \times \overline{\text{B}_1\text{A}}$$

$$\Rightarrow \frac{3\sqrt{7}}{5} \times \sqrt{7} = \overline{\text{B}_1\text{B}_2} \times 3 \Rightarrow \overline{\text{B}_1\text{B}_2} = \frac{7}{5}$$

허나 교육부에서 발표한 2015 개정 교육과정 중학교 기하 단원의
교수 · 학습 방법 및 유의 사항을 살펴보면 "원과 비례에 관한
성질은 다루지 않는다."라고 명시되어있다.

따라서 코사인법칙을 이용하여 $\overline{\text{B}_1\text{B}_2}$ 를 구하는 것이 출제자의
의도라고 볼 수 있고 필자가 권장하는 풀이이기도 하다.

다만 할선 정리를 알아둬서 나쁠 건 없으니 이번 기회를 통해
기억해도 좋다.

여러 가지 함수의 미분 | Guide step

1	(1) ∞ (2) 0 (3) 25
2	(1) 3 (2) 5
3	(1) ∞ (2) ∞ (3) -2
4	(1) $\dfrac{1}{2}$ (2) -1
5	(1) e^6 (2) e^2 (3) $e^{-\frac{2}{5}}$ (4) e^{-3} (5) e^3 (6) e^{-1}
6	(1) 2 (2) 5 (3) $\dfrac{1}{\ln 2}$ (4) $\dfrac{1}{4}$
7	풀이 참고
8	(1) $y' = e^x + 2^x \ln 2$ (2) $y' = (x+3)e^x$
9	(1) $-e^{-1}$ (2) $10e$
10	(1) $y' = 4x^3 + \dfrac{1}{x\ln 5}$ (2) $y' = \dfrac{3}{x}$ (3) $y' = e^x\left(\log_2 x + \dfrac{1}{x\ln 2}\right)$
11	(1) $\dfrac{\sqrt{6}-\sqrt{2}}{4}$ (2) $\dfrac{\sqrt{2}-\sqrt{6}}{4}$ (3) $\dfrac{\sqrt{2}+\sqrt{6}}{4}$
12	(1) $\dfrac{4\sqrt{10}-\sqrt{5}}{15}$ (2) $\dfrac{2\sqrt{10}+2\sqrt{5}}{15}$
13	(1) $-2-\sqrt{3}$ (2) $2-\sqrt{3}$
14	$\dfrac{\pi}{4}$
15	풀이 참고
16	(1) 1 (2) $\dfrac{\sqrt{3}}{2}$ (3) $-\dfrac{3}{2}$
17	(1) $\dfrac{5}{3}$ (2) 2 (3) $\dfrac{9}{4}$ (4) -1 (5) -1 (6) 0 (7) 3
18	(1) $y' = 2x\cos x - x^2 \sin x$ (2) $y' = \cos^2 x - \sin^2 x$ (3) $y' = e^x(\sin x + \cos x) + \cos x$ (4) $y' = \sin x + x\cos x - \dfrac{1}{x}$
19	-1

개념 확인문제 1

(1) $\displaystyle\lim_{x\to\infty} 4^x = \infty$

(2) $\displaystyle\lim_{x\to\infty}\left(\dfrac{1}{2}\right)^x = 0$

(3) $\displaystyle\lim_{x\to-2} 5^{-x} = 25$

답 (1) ∞ (2) 0 (3) 25

개념 확인문제 2

(1) $\displaystyle\lim_{x\to\infty}\dfrac{3^{x+1}+2^x}{3^x-2^x} = \lim_{x\to\infty}\dfrac{3+\left(\dfrac{2}{3}\right)^x}{1-\left(\dfrac{2}{3}\right)^x} = \dfrac{3+0}{1-0} = 3$

(2) $\displaystyle\lim_{x\to-\infty}\dfrac{2^x+5}{2^x+1} = \dfrac{0+5}{0+1} = 5$

답 (1) 3 (2) 5

개념 확인문제 3

(1) $\displaystyle\lim_{x\to\infty}\log_2 x = \infty$

(2) $\displaystyle\lim_{x\to 0+}\log_{\frac{1}{5}} x = \infty$

(3) $\displaystyle\lim_{x\to 4}\log_{\frac{1}{2}} x = \log_{\frac{1}{2}} 4 = -\log_2 2^2 = -2$

답 (1) ∞ (2) ∞ (3) -2

개념 확인문제 4

(1) $\displaystyle\lim_{x\to-2}\log_9\dfrac{-5x+8}{-x+4} = \log_9\dfrac{18}{6} = \log_9 3 = \log_{3^2} 3 = \dfrac{1}{2}$

(2) $\displaystyle\lim_{x\to\infty}\left\{\log_{\frac{1}{4}}(8x+3) - \log_{\frac{1}{4}}(2x+1)\right\}$

$= \displaystyle\lim_{x\to\infty}\log_{\frac{1}{4}}\left(\dfrac{8x+3}{2x+1}\right) = \log_{\frac{1}{4}} 4 = -1$

답 (1) $\dfrac{1}{2}$ (2) -1

(1) $\lim\limits_{x \to 0}(1+3x)^{\frac{2}{x}}=\lim\limits_{x \to 0}(1+3x)^{\frac{1}{3x}\times 6}=e^6$

(2) $\lim\limits_{x \to \infty}\left(1+\dfrac{1}{2x}\right)^{4x}=\lim\limits_{x \to \infty}\left(1+\dfrac{1}{2x}\right)^{2x\times 2}=e^2$

(3) $\lim\limits_{x \to \infty}\left(1-\dfrac{1}{5x}\right)^{2x}=\lim\limits_{x \to \infty}\left(1+\left(-\dfrac{1}{5x}\right)\right)^{2x}$

$$=\lim\limits_{x \to \infty}\left(1+\left(\dfrac{1}{-5x}\right)\right)^{(-5x)\times\left(-\frac{2}{5}\right)}$$

$$=e^{-\frac{2}{5}}$$

(4) $\lim\limits_{x \to 0}(1-3x)^{\frac{1}{x}}=\lim\limits_{x \to 0}(1+(-3x))^{\frac{1}{x}}$

$$=\lim\limits_{x \to 0}(1+(-3x))^{\frac{1}{-3x}\times(-3)}$$

$$=e^{-3}$$

(5) $\lim\limits_{x \to \infty}\left(\dfrac{x+3}{x+2}\right)^{3x}=\lim\limits_{x \to \infty}\left(1+\dfrac{1}{x+2}\right)^{(x+2)\times\frac{3x}{x+2}}=e^3$

(6) $\lim\limits_{x \to -1}(2+x)^{\frac{x}{x+1}}=\lim\limits_{x \to -1}(1+(x+1))^{\frac{1}{x+1}\times x}=e^{-1}$

답 (1) e^6 (2) e^2 (3) $e^{-\frac{2}{5}}$
(4) e^{-3} (5) e^3 (6) e^{-1}

(1) $\lim\limits_{x \to \infty}x\ln\left(1+\dfrac{2}{x}\right)=\lim\limits_{x \to \infty}\dfrac{\ln\left(1+\dfrac{2}{x}\right)}{\dfrac{2}{x}}\times 2=1\times 2=2$

만약 위와 같이 바로 접근하는 것이 어렵다면
아래와 같이 치환을 통해 구해도 된다.

$\dfrac{2}{x}=t$ 라 하면 $x=\dfrac{2}{t}$

$x\to\infty$ 일 때 $t\to 0+$ 이므로

$\lim\limits_{x \to \infty}x\ln\left(1+\dfrac{2}{x}\right)=\lim\limits_{t \to 0+}\dfrac{2\ln(1+t)}{t}=2\times 1=2$

(2) $\lim\limits_{x \to 0}\dfrac{e^{5x}-1}{x}=\lim\limits_{x \to 0}\dfrac{e^{5x}-1}{5x}\times 5=5$

(3) 로그의 성질에 의하여

$\log_2(1+x)=\dfrac{\ln(1+x)}{\ln 2}$ 이므로

$$\lim\limits_{x \to 0}\dfrac{\log_2(1+x)}{x}=\lim\limits_{x \to 0}\dfrac{\ln(1+x)}{x}\times\dfrac{1}{\ln 2}$$

$$=1\times\dfrac{1}{\ln 2}=\dfrac{1}{\ln 2}$$

(4) $\lim\limits_{x \to 0}\dfrac{\ln(1+x)}{e^{4x}-1}=\lim\limits_{x \to 0}\dfrac{\ln(1+x)}{x}\times\dfrac{4x}{e^{4x}-1}\times\dfrac{1}{4}$

$$=1\times 1\times\dfrac{1}{4}=\dfrac{1}{4}$$

답 (1) 2 (2) 5
(3) $\dfrac{1}{\ln 2}$ (4) $\dfrac{1}{4}$

$$\lim\limits_{x \to 0}\dfrac{a^x-1}{x}$$

$a^x-1=t$ 라 하면 $a^x=1+t$ 이므로
$x=\log_a(1+t)=\dfrac{\ln(1+t)}{\ln a}$

$x\to 0$ 일 때 $t\to 0$ 이므로
$$\lim\limits_{x \to 0}\dfrac{a^x-1}{x}=\lim\limits_{t \to 0}\dfrac{t}{\dfrac{\ln(1+t)}{\ln a}}=\lim\limits_{t \to 0}\dfrac{\ln a}{\dfrac{\ln(1+t)}{t}}=\ln a$$

(1) $y'=e^x+2^x\ln 2$

(2) 곱의 미분법에 의하여
$y'=e^x+(x+2)e^x=(x+3)e^x$

답 (1) $y'=e^x+2^x\ln 2$
(2) $y'=(x+3)e^x$

$$f'(x) = (2x+1)e^x + (x^2+x)e^x = (x^2+3x+1)e^x$$

(1) $f'(-1) = (1-3+1)e^{-1} = -e^{-1}$

(2) $\displaystyle\lim_{h \to 0} \frac{f(1+2h)-f(1)}{h} = \lim_{h \to 0} \frac{f(1+2h)-f(1)}{2h} \times 2$

$$= f'(1) \times 2 = (1+3+1)e^1 \times 2$$

$$= 10e$$

답 (1) $-e^{-1}$ (2) $10e$

(1) $y' = 4x^3 + \dfrac{1}{x\ln 5}$

(2) $y = \ln x^3 = 3\ln x$ 이므로 $y' = \dfrac{3}{x}$

(3) $y' = e^x\log_2 x + e^x \dfrac{1}{x\ln 2} = e^x\left(\log_2 x + \dfrac{1}{x\ln 2}\right)$

답 (1) $y' = 4x^3 + \dfrac{1}{x\ln 5}$ (2) $y' = \dfrac{3}{x}$

(3) $y' = e^x\left(\log_2 x + \dfrac{1}{x\ln 2}\right)$

(1) $\sin 15° = \sin(45° - 30°)$

$$= \sin 45° \cos 30° - \cos 45° \sin 30°$$

$$= \frac{\sqrt{2}}{2} \times \frac{\sqrt{3}}{2} - \frac{\sqrt{2}}{2} \times \frac{1}{2}$$

$$= \frac{\sqrt{6} - \sqrt{2}}{4}$$

(2) $\cos 105° = \cos(45° + 60°)$

$$= \cos 45° \cos 60° - \sin 45° \sin 60°$$

$$= \frac{\sqrt{2}}{2} \times \frac{1}{2} - \frac{\sqrt{2}}{2} \times \frac{\sqrt{3}}{2}$$

$$= \frac{\sqrt{2} - \sqrt{6}}{4}$$

(3) $\cos\dfrac{\pi}{12} = \cos\left(\dfrac{\pi}{3} - \dfrac{\pi}{4}\right)$

$$= \cos\frac{\pi}{3}\cos\frac{\pi}{4} + \sin\frac{\pi}{3}\sin\frac{\pi}{4}$$

$$= \frac{1}{2} \times \frac{\sqrt{2}}{2} + \frac{\sqrt{3}}{2} \times \frac{\sqrt{2}}{2}$$

$$= \frac{\sqrt{2} + \sqrt{6}}{4}$$

답 (1) $\dfrac{\sqrt{6} - \sqrt{2}}{4}$ (2) $\dfrac{\sqrt{2} - \sqrt{6}}{4}$ (3) $\dfrac{\sqrt{2} + \sqrt{6}}{4}$

$$\sin\alpha = \frac{1}{3}, \ \cos\beta = -\frac{1}{\sqrt{5}}$$

$\dfrac{\pi}{2} < \alpha < \pi$ 일 때, $\cos\alpha < 0$ 이므로

$$\cos\alpha = -\sqrt{1 - \sin^2\alpha} = -\sqrt{1 - \left(\frac{1}{3}\right)^2} = -\frac{2\sqrt{2}}{3}$$

$\dfrac{\pi}{2} < \beta < \pi$ 일 때, $\sin\beta > 0$ 이므로

$$\sin\beta = \sqrt{1 - \cos^2\beta} = \sqrt{1 - \left(-\frac{1}{\sqrt{5}}\right)^2} = \frac{2}{\sqrt{5}}$$

(1) $\sin(\alpha - \beta) = \sin\alpha\cos\beta - \cos\alpha\sin\beta$

$$= \frac{1}{3} \times \left(-\frac{1}{\sqrt{5}}\right) - \left(-\frac{2\sqrt{2}}{3}\right) \times \frac{2}{\sqrt{5}}$$

$$= \frac{-1}{3\sqrt{5}} + \frac{4\sqrt{2}}{3\sqrt{5}}$$

$$= \frac{4\sqrt{2} - 1}{3\sqrt{5}}$$

$$= \frac{4\sqrt{10} - \sqrt{5}}{15}$$

(2) $\cos(\alpha - \beta) = \cos\alpha\cos\beta + \sin\alpha\sin\beta$

$$= \left(-\frac{2\sqrt{2}}{3}\right) \times \left(-\frac{1}{\sqrt{5}}\right) + \frac{1}{3} \times \frac{2}{\sqrt{5}}$$

$$= \frac{2\sqrt{2} + 2}{3\sqrt{5}}$$

$$= \frac{2\sqrt{10} + 2\sqrt{5}}{15}$$

답 (1) $\dfrac{4\sqrt{10} - \sqrt{5}}{15}$ (2) $\dfrac{2\sqrt{10} + 2\sqrt{5}}{15}$

(1) $\tan 105^\circ = \tan(45^\circ + 60^\circ)$

$$= \frac{\tan 45^\circ + \tan 60^\circ}{1 - \tan 45^\circ \tan 60^\circ}$$

$$= \frac{1 + \sqrt{3}}{1 - \sqrt{3}}$$

$$= -2 - \sqrt{3}$$

(2) $\tan\left(\dfrac{\pi}{12}\right) = \tan\left(\dfrac{\pi}{3} - \dfrac{\pi}{4}\right)$

$$= \frac{\tan\dfrac{\pi}{3} - \tan\dfrac{\pi}{4}}{1 + \tan\dfrac{\pi}{3}\tan\dfrac{\pi}{4}}$$

$$= \frac{\sqrt{3} - 1}{1 + \sqrt{3}}$$

$$= 2 - \sqrt{3}$$

답 (1) $-2 - \sqrt{3}$ (2) $2 - \sqrt{3}$

기울기가 $m,\ n\ (m \neq n)$ 인 두 직선이 이루는 예각의 크기를 θ 라 하면 $\tan\theta = \left|\dfrac{m-n}{1+mn}\right|$ 이 성립하므로

$$\tan\theta = \left|\frac{2 - \dfrac{1}{3}}{1 + \dfrac{2}{3}}\right| = 1$$

따라서 두 직선이 이루는 예각의 크기는 $\dfrac{\pi}{4}$ 이다.

답 $\dfrac{\pi}{4}$

$2x = x + x$ 라고 생각할 수 있다.

(1) $\sin 2x = \sin(x + x)$

$$= \sin x \cos x + \cos x \sin x$$

$$= 2\sin x \cos x$$

(2) $\cos 2x = \cos(x + x)$

$$= \cos x \cos x - \sin x \sin x$$

$$= \cos^2 x - \sin^2 x$$

$$= \cos^2 x - (1 - \cos^2 x) \quad (\because \sin^2 x + \cos^2 x = 1)$$

$$= 2\cos^2 x - 1$$

(3) $\tan 2x = \tan(x + x)$

$$= \frac{\tan x + \tan x}{1 - \tan x \tan x}$$

$$= \frac{2\tan x}{1 - \tan^2 x}$$

(1) $\displaystyle\lim_{x \to \frac{\pi}{4}} \tan x = \tan\frac{\pi}{4} = 1$

(2) $\displaystyle\lim_{x \to \frac{\pi}{6}} \sin 2x = \sin\frac{\pi}{3} = \frac{\sqrt{3}}{2}$

(3) $\displaystyle\lim_{x \to \frac{2}{3}\pi} 3\cos x = 3\cos\frac{2}{3}\pi = -\frac{3}{2}$

답 (1) 1 (2) $\dfrac{\sqrt{3}}{2}$ (3) $-\dfrac{3}{2}$

(1) $\displaystyle\lim_{x \to 0} \frac{\sin 5x}{3x} = \lim_{x \to 0} \frac{\sin 5x}{5x} \times \frac{5}{3} = 1 \times \frac{5}{3} = \frac{5}{3}$

(2) $\displaystyle\lim_{x \to 0} \frac{x\tan 2x}{\sin^2 x} = \lim_{x \to 0}\left(\frac{\tan 2x}{2x} \times \frac{x}{\sin x} \times \frac{x}{\sin x} \times 2\right)$

$$= 1 \times 1 \times 1 \times 2 = 2$$

(3) $\displaystyle\lim_{x \to 0} \frac{1 - \cos 3x}{x\tan 2x} = \lim_{x \to 0}\left(\frac{1 - \cos 3x}{(3x)^2} \times \frac{2x}{\tan 2x} \times \frac{9}{2}\right)$

$$= \frac{1}{2} \times 1 \times \frac{9}{2} = \frac{9}{4}$$

(4) $\displaystyle\lim_{x \to \pi} \frac{\sin x}{x - \pi}$

$x-\pi=t$ 라 하면 $x \to \pi$ 일 때 $t \to 0$ 이므로
$$\lim_{x \to \pi}\frac{\sin x}{x-\pi}=\lim_{t \to 0}\frac{\sin(\pi+t)}{t}=\lim_{t \to 0}\frac{-\sin t}{t}$$
$$=-\lim_{t \to 0}\frac{\sin t}{t}=-1$$

(5) $\displaystyle\lim_{x \to \frac{\pi}{2}}\frac{\cos x}{x-\frac{\pi}{2}}$

$x-\dfrac{\pi}{2}=t$ 라 하면 $x \to \dfrac{\pi}{2}$ 일 때 $t \to 0$ 이므로
$$\lim_{x \to \frac{\pi}{2}}\frac{\cos x}{x-\frac{\pi}{2}}=\lim_{t \to 0}\frac{\cos\left(\frac{\pi}{2}+t\right)}{t}=\lim_{t \to 0}\frac{-\sin t}{t}$$
$$=-\lim_{t \to 0}\frac{\sin t}{t}=-1$$

(6) $\displaystyle\lim_{x \to 0}\frac{\tan^2 x}{x}=\lim_{x \to 0}\left(\frac{\tan x}{x}\times \tan x\right)=1\times 0=0$

(7) $\displaystyle\lim_{x \to 0}\frac{\sin 2x+\tan 4x}{x+\sin x}=\lim_{x \to 0}\frac{\dfrac{\sin 2x}{x}+\dfrac{\tan 4x}{x}}{1+\dfrac{\sin x}{x}}$
$$=\lim_{x \to 0}\frac{\dfrac{\sin 2x}{2x}\times 2+\dfrac{\tan 4x}{4x}\times 4}{1+\dfrac{\sin x}{x}}$$
$$=\frac{1\times 2+1\times 4}{1+1}=\frac{6}{2}=3$$

답 (1) $\dfrac{5}{3}$ (2) 2 (3) $\dfrac{9}{4}$
(4) -1 (5) -1 (6) 0 (7) 3

(1) 곱의 미분법에 의하여
$$y' = 2x\cos x + x^2(-\sin x)=2x\cos x - x^2\sin x$$

(2) 곱의 미분법에 의하여
$$y' = \cos x\cos x + \sin x(-\sin x)=\cos^2 x - \sin^2 x$$

(3) 곱의 미분법에 의하여
$$y' = e^x\sin x + (e^x+1)\cos x = e^x(\sin x + \cos x)+\cos x$$

(4) 곱의 미분법에 의하여
$$y' = \sin x + x\cos x - \frac{1}{x}$$

답 (1) $y' = 2x\cos x - x^2\sin x$
(2) $y' = \cos^2 x - \sin^2 x$
(3) $y' = e^x(\sin x+\cos x)+\cos x$
(4) $y' = \sin x + x\cos x - \dfrac{1}{x}$

$f(x)=\cos^2 x = \cos x\cos x$ 라 하면

곱의 미분법에 의하여
$$f'(x)=(-\sin x)\cos x + \cos x(-\sin x)= -2\sin x\cos x$$

$$f'\left(\frac{\pi}{4}\right)= -2\sin\frac{\pi}{4}\cos\frac{\pi}{4}= -2\times \frac{\sqrt{2}}{2}\times \frac{\sqrt{2}}{2}= -1$$

따라서 점 $\left(\dfrac{\pi}{4},\ \dfrac{1}{2}\right)$ 에서의 접선의 기울기는 -1 이다.

답 -1

1	③	35	25
2	①	36	⑤
3	②	37	15
4	③	38	②
5	⑤	39	③
6	③	40	①
7	③	41	④
8	④	42	20
9	②	43	②
10	①	44	①
11	②	45	②
12	27	46	②
13	24	47	⑤
14	⑤	48	②
15	25	49	10
16	2	50	④
17	12	51	44
18	8	52	253
19	15	53	50
20	4	54	3
21	9	55	4
22	③	56	8
23	7	57	10
24	82	58	45
25	210	59	①
26	1	60	8
27	3	61	5
28	15	62	6
29	9	63	30
30	⑤	64	48
31	8	65	160
32	③	66	17
33	②	67	50
34	4	68	13

001

$$\lim_{x \to 0}(1+5x)^{\frac{1}{10x}} = \lim_{x \to 0}(1+5x)^{\frac{1}{5x} \times \frac{1}{2}} = e^{\frac{1}{2}} = \sqrt{e}$$

 ③

002

$$\lim_{x \to \infty}\left(1+\frac{2}{x}\right)^{-x} = \lim_{x \to \infty}\left(1+\frac{2}{x}\right)^{\frac{x}{2} \times (-2)} = e^{-2} = \frac{1}{e^2}$$

 ①

003

$$\lim_{x \to \infty}\left(\frac{x}{x+3}\right)^{\frac{x}{3}} = \lim_{x \to \infty}\left(1+\frac{-3}{x+3}\right)^{\frac{x+3}{-3} \times \frac{x}{-(x+3)}} = e^{-1} = \frac{1}{e}$$

 ②

004

$$\lim_{x \to 0}\frac{\ln(1+9x)}{3x} = \lim_{x \to 0}\frac{\ln(1+9x)}{9x} \times 3 = 1 \times 3 = 3$$

 ③

005

$$\lim_{x \to 0}\frac{\ln(1+4x)+\ln(1+6x)}{2x}$$

$$=\lim_{x \to 0}\frac{\dfrac{\ln(1+4x)}{4x} \times 4 + \dfrac{\ln(1+6x)}{6x} \times 6}{2}$$

$$=\frac{1 \times 4 + 1 \times 6}{2} = \frac{10}{2} = 5$$

 ⑤

$$\lim_{x \to 0} \frac{\ln(1+5x)}{x^2+3x} = \lim_{x \to 0} \left(\frac{\ln(1+5x)}{5x} \times \frac{5x}{x^2+3x} \right)$$

$$= \lim_{x \to 0} \left(\frac{\ln(1+5x)}{5x} \times \frac{5}{x+3} \right)$$

$$= 1 \times \frac{5}{3} = \frac{5}{3}$$

답 ③

$$\lim_{x \to 0} \frac{e^{6x}-1}{\ln(1+2x)} = \lim_{x \to 0} \left(\frac{e^{6x}-1}{6x} \times \frac{2x}{\ln(1+2x)} \times 3 \right)$$

$$= 1 \times 1 \times 3 = 3$$

답 ③

$$\lim_{x \to 0} \frac{e^{3x}+e^{5x}-2}{2x} = \lim_{x \to 0} \frac{e^{3x}-1+e^{5x}-1}{2x}$$

$$= \lim_{x \to 0} \frac{\dfrac{e^{3x}-1}{3x} \times 3 + \dfrac{e^{5x}-1}{5x} \times 5}{2}$$

$$= \frac{1 \times 3 + 1 \times 5}{2} = \frac{8}{2} = 4$$

답 ④

$$\lim_{x \to 0} \frac{e^{3x}-e^{-x}}{2x} = \lim_{x \to 0} \frac{e^{4x}-1}{2x\,e^x}$$

$$= \lim_{x \to 0} \left(\frac{e^{4x}-1}{4x} \times \frac{2}{e^x} \right)$$

$$= 1 \times 2 = 2$$

답 ②

$$\lim_{x \to 0} \frac{\ln\{1+f(x)\}}{2x} = 12$$

분모가 0으로 가는데 극한값이 존재하므로
분자는 0으로 가야 한다.

$$\lim_{x \to 0} \ln\{1+f(x)\} = 0 \;\Rightarrow\; \lim_{x \to 0} f(x) = 0$$

$$\lim_{x \to 0} \left(\frac{\ln\{1+f(x)\}}{f(x)} \times \frac{f(x)}{2x} \right) = 1 \times \lim_{x \to 0} \frac{f(x)}{2x} = 12$$

$$\Rightarrow \lim_{x \to 0} \frac{f(x)}{x} = 24$$

따라서

$$\lim_{x \to 0} \frac{e^{4x}-1}{f(x)} = \lim_{x \to 0} \left(\frac{e^{4x}-1}{4x} \times \frac{x}{f(x)} \times 4 \right)$$

$$= \lim_{x \to 0} \left(\frac{e^{4x}-1}{4x} \times \frac{1}{\dfrac{f(x)}{x}} \times 4 \right)$$

$$= 1 \times \frac{1}{24} \times 4 = \frac{1}{6}$$

이다.

답 ①

$$\lim_{x \to 0} \frac{\ln(x^2+4x+1)}{2x^2+3x}$$

$$= \lim_{x \to 0} \left\{ \frac{\ln(1+(x^2+4x))}{x^2+4x} \times \frac{x^2+4x}{2x^2+3x} \right\}$$

$$= \lim_{x \to 0} \left\{ \frac{\ln(1+(x^2+4x))}{x^2+4x} \times \frac{x+4}{2x+3} \right\}$$

$$= 1 \times \frac{4}{3} = \frac{4}{3}$$

답 ②

$$\lim_{x \to \infty}\left\{f(x)\ln\left(1+\frac{1}{3x^2}\right)\right\}$$

$$=\lim_{x \to \infty}\left\{\frac{f(x)}{3x^2}\times 3x^2\ln\left(1+\frac{1}{3x^2}\right)\right\}$$

$$=\lim_{x \to \infty}\left\{\frac{f(x)}{3x^2}\times \ln\left(1+\frac{1}{3x^2}\right)^{3x^2}\right\}$$

$$=\lim_{x \to \infty}\frac{f(x)}{3x^2}=9 \;\Rightarrow\; \lim_{x \to \infty}\frac{f(x)}{x^2}=27$$

따라서 $\displaystyle\lim_{x \to \infty}\frac{f(x)}{x^2+2x}=\lim_{x \to \infty}\dfrac{\dfrac{f(x)}{x^2}}{1+\dfrac{2}{x}}=\frac{27}{1+0}=27$ 이다.

답 27

$$\lim_{x \to 0}\frac{a^x+b}{\ln(2x+1)}=\ln 5 \quad (a>0,\; a\neq 1)$$

분모가 0으로 가는데 극한값이 존재하므로
분자는 0 으로 가야 한다.

$$\lim_{x \to 0}(a^x+b)=0 \;\Rightarrow\; b=-1$$

$$\lim_{x \to 0}\frac{a^x-1}{\ln(2x+1)}=\lim_{x \to 0}\dfrac{\dfrac{a^x-1}{x}}{\dfrac{\ln(2x+1)}{2x}\times 2}$$

$$=\frac{\ln a}{2}=\ln 5$$

$$\Rightarrow\; \ln a=2\ln 5=\ln 25 \;\Rightarrow\; a=25$$

따라서 $a+b=25-1=24$ 이다.

답 24

$$f(x)=\log_2(x+4) \;\Rightarrow\; g(x)=2^x-4$$

$$\lim_{x \to 0}\frac{g(x)+3}{f(x-3)}=\lim_{x \to 0}\frac{2^x-1}{\log_2(1+x)}$$

$$=\lim_{x \to 0}\dfrac{\dfrac{2^x-1}{x}}{\dfrac{\ln(1+x)}{x\ln 2}}$$

$$=\frac{\ln 2}{\dfrac{1}{\ln 2}}=(\ln 2)^2$$

답 ⑤

$f(x)$ 는 $x=0$ 에서 연속이므로
$\displaystyle\lim_{x \to 0}f(x)=f(0)$ 이어야 한다.

$$\lim_{x \to 0}f(x)=\lim_{x \to 0}\frac{e^{3x}-a}{x(e^x+1)}$$
$$f(0)=b$$

$$\lim_{x \to 0}\frac{e^{3x}-a}{x(e^x+1)}=b$$

분모가 0으로 가는데 극한값이 존재하므로
분자는 0 으로 가야 한다.

$$\lim_{x \to 0}(e^{3x}-a)=0 \;\Rightarrow\; a=1$$

$$\lim_{x \to 0}\frac{e^{3x}-1}{x(e^x+1)}=\lim_{x \to 0}\left(\frac{e^{3x}-1}{3x}\times\frac{3}{e^x+1}\right)$$

$$=1\times\frac{3}{2}=\frac{3}{2}=b$$

따라서 $10(a+b)=10\left(1+\dfrac{3}{2}\right)=10+15=25$ 이다.

답 25

$f(x)$ 는 $x=2$ 에서 연속이므로 $\lim\limits_{x \to 2} f(x) = f(2)$ 이어야 한다.

$$\lim_{x \to 2} f(x) = \lim_{x \to 2} \frac{e^{2x-4}-1}{x-2}$$
$$f(2) = a$$

$$\lim_{x \to 2} \frac{e^{2x-4}-1}{x-2} = \lim_{x \to 2} \frac{e^{2x-4}-1}{2x-4} \times 2 = 1 \times 2 = a$$

따라서 $a=2$ 이다.

답 2

$f(x)$ 는 $x=0$ 에서 연속이므로
$\lim\limits_{x \to 0} f(x) = f(0)$ 이어야 한다.

$$\lim_{x \to 0+} f(x) = \lim_{x \to 0+} (x^2 + 2x + 4) = 4$$
$$\lim_{x \to 0-} f(x) = \lim_{x \to 0-} \frac{e^{ax}-1}{\ln(1+3x)}$$
$$= \left(\lim_{x \to 0-} \frac{3x}{\ln(1+3x)} \times \frac{e^{ax}-1}{ax} \times \frac{a}{3} \right)$$
$$= 1 \times 1 \times \frac{a}{3} = \frac{a}{3}$$
$$f(0) = 4$$

$$\lim_{x \to 0} f(x) = f(0) \Rightarrow \frac{a}{3} = 4 \Rightarrow a = 12$$
따라서 $a=12$ 이다.

답 12

$$f(x) = (x^2 + 3x + 5)e^x$$

곱의 미분법에 의하여
$$f'(x) = (2x+3)e^x + (x^2 + 3x + 5)e^x$$

따라서 $f'(0) = 3 + 5 = 8$ 이다.

답 8

$$f(x) = (x^2 + x)\ln x$$
곱의 미분법에 의하여
$$f'(x) = (2x+1)\ln x + (x^2 + x) \times \frac{1}{x} = (2x+1)\ln x + x + 1$$

$$f'(e^2) = 2(2e^2 + 1) + e^2 + 1 = 5e^2 + 3$$
따라서 $a \times b = 5 \times 3 = 15$ 이다.

답 15

$$f(x) = x \ln \sqrt{x} = x \ln x^{\frac{1}{2}} = \frac{1}{2} x \ln x$$

곱의 미분법에 의하여
$$f'(x) = \frac{1}{2} \left(\ln x + x \times \frac{1}{x} \right) = \frac{1}{2} (\ln x + 1)$$

따라서 $\lim\limits_{h \to 0} \dfrac{f(e+4h)-f(e)}{h} = \lim\limits_{h \to 0} \dfrac{f(e+4h)-f(e)}{4h} \times 4$
$$= 4f'(e) = 4 \left(\frac{1}{2} \times 2 \right) = 4$$

이다.

답 4

$f(x) = \ln x - x$ 라 하면
$f'(x) = \dfrac{1}{x} - 1$ 이므로 $f'\left(\dfrac{1}{10} \right) = 10 - 1 = 9$ 이다.

답 9

$f(x) = x^2 \ln x$ 라 하면 $f(1) = 0$ 이므로
$$\lim_{x \to 1} \frac{x^2 \ln x}{x^2 - 1} = \lim_{x \to 1} \frac{f(x)}{x^2 - 1} = \lim_{x \to 1} \frac{f(x)-f(1)}{(x-1)(x+1)}$$
$$= \lim_{x \to 1} \left(\frac{f(x)-f(1)}{x-1} \times \frac{1}{x+1} \right)$$
$$= f'(1) \times \frac{1}{2} = \frac{f'(1)}{2}$$

$f'(x) = 2x\ln x + x^2 \times \dfrac{1}{x} = 2x\ln x + x$ 이므로

$\dfrac{f'(1)}{2} = \dfrac{1}{2}$ 이다.

따라서 $\displaystyle\lim_{x \to 1} \dfrac{x^2 \ln x}{x^2 - 1} = \dfrac{f'(1)}{2} = \dfrac{1}{2}$ 이다.

 ③

023

$f(x) = e^x, \ f'(x) = e^x$

$\displaystyle\lim_{h \to 0} \dfrac{f(k^2 - k + h) - f(k^2 - k)}{h} = f'(-3) \times f'(3k)$

$\Rightarrow f'(k^2 - k) = f'(-3) \times f'(3k) \Rightarrow e^{k^2 - k} = e^{-3} \times e^{3k}$

$\Rightarrow e^{k^2 - k} = e^{-3 + 3k} \Rightarrow k^2 - k = -3 + 3k$

$\Rightarrow k^2 - 4k + 3 = 0 \Rightarrow (k-1)(k-3) = 0 \Rightarrow k = 1 \ \text{or} \ k = 3$

$a = 1 + 3 = 4, \ b = 1 \times 3 = 3$

(물론 근과 계수의 관계로 처리해도 무방하다.)

따라서 $a + b = 4 + 3 = 7$ 이다.

 7

024

대칭축이 직선 $x = 0$ 이므로 $f(x) = x^2 + b$

$g(x)$ 는 $x = 0$ 에서 미분가능하려면
$x = 0$ 에서 연속이어야 하므로
$\displaystyle\lim_{x \to 0} g(x) = g(0)$ 이어야 한다.

$\displaystyle\lim_{x \to 0+} g(x) = \lim_{x \to 0+} f(x) = f(0) = b$

$\displaystyle\lim_{x \to 0-} g(x) = \lim_{x \to 0-} (ax + 1)e^x = 1$

$g(0) = 1$

$\displaystyle\lim_{x \to 0} g(x) = g(0) \Rightarrow b = 1$

$g(x)$ 는 $x = 0$ 에서 미분가능하려면 $x = 0$ 에서의
좌미분계수와 우미분계수가 서로 같아야 한다.

$h(x) = (ax + 1)e^x$ 라 하면

$h'(x) = ae^x + (ax + 1)e^x = (ax + a + 1)e^x$

$\displaystyle\lim_{x \to 0-} \dfrac{g(x) - g(a)}{x - a} = h'(0) = a + 1$

$\displaystyle\lim_{x \to 0+} \dfrac{g(x) - g(a)}{x - a} = f'(0) = 0$

$\displaystyle\lim_{x \to 0-} \dfrac{g(x) - g(a)}{x - a} = \lim_{x \to 0+} \dfrac{g(x) - g(a)}{x - a}$

$\Rightarrow a + 1 = 0 \Rightarrow a = -1$

따라서 $f(a + 10) = f(9) = 9^2 + 1 = 81 + 1 = 82$ 이다.

 82

025

(가) $\displaystyle\lim_{x \to 1} \dfrac{g(x)}{x - 1} = 0$

$\Rightarrow g'(1) = g(1) = 0$

$g(x) = f(x)e^x$

$g'(x) = f'(x)e^x + f(x)e^x = \{f'(x) + f(x)\}e^x$

$g(1) = 0 \Rightarrow f(1) = 0$

$g'(1) = 0 \Rightarrow f(1) + f'(1) = 0 \Rightarrow f'(1) = 0$

$f(1) = f'(1) = 0$ 이므로
$f(x)$ 는 $(x-1)^2$ 을 인수로
가져야 하고 이차함수이므로
$f(x) = p(x-1)^2$

> **Tip**
>
> $f(x)$ 가 다항함수일 때, $f(a) = f'(a) = 0$
> 이면 $f(x)$ 는 $(x-a)^2$ 을 인수로 가져야 한다.
>
> (증명)
> $f(a) = 0$ 이므로 $f(x) = (x - a)g(x)$
> $f'(x) = g(x) + (x - a)g'(x)$
> $f'(a) = 0$ 이므로 $g(a) = 0$
> 즉, $g(x) = (x - a)h(x)$
>
> 따라서 $f(x) = (x - a)^2 h(x)$ 이다.

(나) $\displaystyle\lim_{x \to 0} \frac{g(3x)-f(3x)}{x}=3$

$$\lim_{x \to 0} \frac{g(3x)-f(3x)}{x}=\lim_{x \to 0} \frac{f(3x)e^{3x}-f(3x)}{x}$$

$$=\lim_{x \to 0} \frac{f(3x)(e^{3x}-1)}{x}$$

$$=\lim_{x \to 0} \left\{ \frac{e^{3x}-1}{3x} \times 3f(3x) \right\}$$

$$=1 \times 3f(0)=3f(0)=3$$

$\Rightarrow f(0)=1 \Rightarrow p=1$

$$g(x)=(x-1)^2 e^x$$

$$g'(x)=(x-1)(x+1)e^x$$

이므로

$$\sum_{n=2}^{20} \ln \frac{g'(n)}{g(n)}=\sum_{n=2}^{20} \ln \frac{(n-1)(n+1)e^n}{(n-1)(n-1)e^n}=\sum_{n=2}^{20} \ln \frac{n+1}{n-1}$$

$$=\ln\left(\frac{3}{1} \times \frac{4}{2} \times \frac{5}{3} \times \cdots \times \frac{19}{17} \times \frac{20}{18} \times \frac{21}{19} \right)$$

$$=\ln\left(\frac{20 \times 21}{1 \times 2} \right)=\ln 210=\ln a$$

따라서 $a=210$ 이다.

답　210

026

$A(t,\ e^t)$, $B\left(t,\ e^{\frac{t}{2}}\right)$, $C\left(\frac{3}{2}t,\ e^t\right)$ 이므로

$$f(t)=\frac{e^t-e^{\frac{t}{2}}}{\frac{3}{2}t-t}=\frac{2\left(e^t-e^{\frac{t}{2}}\right)}{t}$$

따라서 $\displaystyle\lim_{t \to 0+} f(t)=\lim_{t \to 0+} \frac{2\left(e^t-e^{\frac{t}{2}}\right)}{t}=2\lim_{t \to 0+} \frac{e^t-e^{\frac{t}{2}}}{t}$

$$=2\lim_{t \to 0+} \frac{\left(\dfrac{e^t-1}{t}\right)-\left(\dfrac{e^{\frac{t}{2}}-1}{\dfrac{t}{2}} \times \dfrac{1}{2}\right)}{1}$$

$$=2\left(\frac{1-\dfrac{1}{2}}{1} \right)=1$$

이다.

답　1

027

$A(t,\ e^{3t})$, $B(t,\ e^t)$, $P(0,\ 1)$, $Q(3t,\ e^{3t})$ 이므로
$\overline{AB}=e^{3t}-e^t$, $\overline{AQ}=3t-t=2t$

사각형 APBQ 의 넓이 $S(t)$ 는 삼각형 ABP 의 넓이와
삼각형 ABQ 의 넓이의 합으로 구하면 된다.

$$\triangle ABP=\frac{1}{2} \times \overline{AB} \times h_1=\frac{1}{2} \times (e^{3t}-e^t) \times t=\frac{t(e^{3t}-e^t)}{2}$$

$$\triangle ABQ=\frac{1}{2} \times \overline{AB} \times h_2=\frac{1}{2} \times (e^{3t}-e^t) \times 2t=t(e^{3t}-e^t)$$

$$S(t)=\triangle ABP+\triangle ABQ$$

$$=\frac{t(e^{3t}-e^t)}{2}+t(e^{3t}-e^t)=\frac{3t(e^{3t}-e^t)}{2}$$

따라서

$$\lim_{t \to 0+} \frac{S(t)}{t^2}=\lim_{t \to 0+} \frac{3t(e^{3t}-e^t)}{2t^2}=\frac{3}{2}\lim_{t \to 0+} \frac{e^{3t}-e^t}{t}$$

$$=\frac{3}{2}\lim_{t \to 0+} \frac{\left(\dfrac{e^{3t}-1}{3t} \times 3\right)-\left(\dfrac{e^t-1}{t}\right)}{1}$$

$$=\frac{3}{2} \times (3-1)=3$$

이다.

답　3

028

$A\left(e^{\frac{t}{4}},\ t\right)$, $B(e^t,\ t)$, $C(e^t,\ 4t)$, $D(e^{4t},\ 4t)$ 이므로

$\overline{AB}=e^t-e^{\frac{t}{4}}$, $\overline{CD}=e^{4t}-e^t$, $\overline{BC}=4t-t=3t$

사각형 ABDC 은 사다리꼴이므로
사각형 ABDC 의 넓이 $f(t)$ 는

$$f(t)=\frac{1}{2} \times (\overline{AB}+\overline{CD}) \times \overline{BC}$$

$$=\frac{1}{2} \times \left(e^t-e^{\frac{t}{4}}+e^{4t}-e^t\right) \times 3t$$

$$=\frac{3t}{2}\left(e^{4t}-e^{\frac{t}{4}}\right)$$

삼각형 OAB의 넓이 $g(t)$는

$$g(t) = \frac{1}{2} \times \overline{\text{AB}} \times h$$

$$= \frac{1}{2} \times \left(e^t - e^{\frac{t}{4}} \right) \times t$$

$$= \frac{t}{2} \left(e^t - e^{\frac{t}{4}} \right)$$

따라서 $\displaystyle \lim_{t \to 0+} \frac{f(t)}{g(t)} = \lim_{t \to 0+} \frac{\dfrac{3t}{2}\left(e^{4t} - e^{\frac{t}{4}} \right)}{\dfrac{t}{2}\left(e^t - e^{\frac{t}{4}} \right)} = 3 \lim_{t \to 0+} \frac{e^{4t} - e^{\frac{t}{4}}}{e^t - e^{\frac{t}{4}}}$

$$= 3 \lim_{t \to 0+} \frac{\left(\dfrac{e^{4t}-1}{4t} \times 4 \right) - \left(\dfrac{e^{\frac{t}{4}}-1}{\frac{t}{4}} \times \frac{1}{4} \right)}{\left(\dfrac{e^t-1}{t} \right) - \left(\dfrac{e^{\frac{t}{4}}-1}{\frac{t}{4}} \times \frac{1}{4} \right)}$$

$$= 3 \times \frac{4 - \dfrac{1}{4}}{1 - \dfrac{1}{4}} = 3 \times \frac{15}{3} = 15$$

이다.

답 15

$$\sin\theta = \frac{1}{9}$$

따라서 $\sec\theta \times \cot\theta = \dfrac{1}{\cos\theta} \times \dfrac{\cos\theta}{\sin\theta} = \dfrac{1}{\sin\theta} = 9$ 이다.

답 9

$$\pi < \theta < \frac{3}{2}\pi$$

$$\sin\theta = -\frac{5}{13}$$

수학 1에서 배운 core 해석법으로 구해보자.
(예제 8 참고)

$$\cos = \frac{12}{13} \quad \tan = \frac{5}{12}$$

이때 $\pi < \theta < \dfrac{3}{2}\pi$를 바탕으로 부호를 결정해주면

$$\cos\theta = -\frac{12}{13} \quad \tan\theta = \frac{5}{12}$$

따라서

$$\cot\theta - \sec(\pi-\theta) = \frac{1}{\tan\theta} - \frac{1}{\cos(\pi-\theta)} = \frac{1}{\tan\theta} - \frac{1}{(-\cos\theta)}$$

$$= \frac{1}{\tan\theta} + \frac{1}{\cos\theta} = \frac{12}{5} - \frac{13}{12}$$

$$= \frac{144 - 65}{60} = \frac{79}{60}$$

이다.

답 ⑤

$$\sin\theta - \cos\theta = \frac{\sqrt{3}}{2}$$

양변을 제곱하면

$$\sin^2\theta + \cos^2\theta - 2\sin\theta\cos\theta = \frac{3}{4} \implies 1 - 2\sin\theta\cos\theta = \frac{3}{4}$$

$$\implies \sin\theta\cos\theta = \frac{1}{8}$$

따라서 $\csc\theta \sec\theta = \dfrac{1}{\sin\theta} \times \dfrac{1}{\cos\theta} = \dfrac{1}{\sin\theta\cos\theta} = 8$ 이다.

답 8

$$\frac{\pi}{2} < \theta < \pi$$

$$3\sec^2\theta - \sec\theta - 10 = (3\sec x + 5)(\sec x - 2) = 0$$

$$\implies \sec x = \frac{1}{\cos x} = -\frac{5}{3} \ \text{or} \ \sec x = \frac{1}{\cos x} = 2$$

$\dfrac{\pi}{2} < \theta < \pi$ 에서 $\cos\theta < 0$ 이므로 $\sec x = -\dfrac{5}{3}$ 이다.

따라서 $\sqrt{1 + \tan^2\theta} = \sqrt{\sec^2\theta} = |\sec\theta| = \left| -\dfrac{5}{3} \right| = \dfrac{5}{3}$ 이다.

답 ③

$$\cos\theta = \frac{1}{3}, \ \sin\theta = \sqrt{1-\cos^2\theta} = \sqrt{1-\frac{1}{9}} = \frac{2\sqrt{2}}{3}$$

$$\left(\because \ 0 < \theta < \frac{\pi}{2}\right)$$

$$\cos\left(\theta - \frac{\pi}{4}\right) = \cos\theta\cos\frac{\pi}{4} + \sin\theta\sin\frac{\pi}{4}$$

$$= \frac{1}{3} \times \frac{\sqrt{2}}{2} + \frac{2\sqrt{2}}{3} \times \frac{\sqrt{2}}{2}$$

$$= \frac{\sqrt{2}+4}{6}$$

$$\sin\left(\theta - \frac{\pi}{6}\right) = \sin\theta\cos\frac{\pi}{6} - \cos\theta\sin\frac{\pi}{6}$$

$$= \frac{2\sqrt{2}}{3} \times \frac{\sqrt{3}}{2} - \frac{1}{3} \times \frac{1}{2}$$

$$= \frac{2\sqrt{6}-1}{6}$$

따라서
$$\cos\left(\theta - \frac{\pi}{4}\right) + \sin\left(\theta - \frac{\pi}{6}\right) = \frac{(\sqrt{2}+4)+(2\sqrt{6}-1)}{6}$$

$$= \frac{\sqrt{2}+2\sqrt{6}+3}{6}$$

이다.

답 ②

$$\tan(\theta_1 - \theta_2) = \frac{7}{6}, \ \tan\theta_2 = \frac{1}{2}$$

$$\tan(\theta_1 - \theta_2) = \frac{\tan\theta_1 - \tan\theta_2}{1+\tan\theta_1\tan\theta_2} = \frac{\tan\theta_1 - \frac{1}{2}}{1+\frac{1}{2}\tan\theta_1} = \frac{7}{6}$$

$$\Rightarrow 6\tan\theta_1 - 3 = 7 + \frac{7}{2}\tan\theta_1 \ \Rightarrow \ \tan\theta_1 = 4$$

답 4

035

$$0 < \alpha < \beta < 2\pi$$

$$\cos\alpha = \cos\beta = -\frac{3}{5}$$

$$\frac{\pi}{2} < \alpha < \pi, \ \pi < \beta < \frac{3}{2}\pi \ 이므로$$

$$\sin\alpha = \frac{4}{5}, \ \sin\beta = -\frac{4}{5}$$

$$\cos(\alpha + \beta) = \cos\alpha\cos\beta - \sin\alpha\sin\beta$$

$$= \left(-\frac{3}{5}\right) \times \left(-\frac{3}{5}\right) - \frac{4}{5} \times \left(-\frac{4}{5}\right)$$

$$= \frac{9}{25} + \frac{16}{25} = 1$$

$$\sin(\alpha - \beta) = \sin\alpha\cos\beta - \cos\alpha\sin\beta$$

$$= \frac{4}{5} \times \left(-\frac{3}{5}\right) - \left(-\frac{3}{5}\right) \times \left(-\frac{4}{5}\right)$$

$$= -\frac{12}{25} - \frac{12}{25} = -\frac{24}{25}$$

따라서
$$\frac{1}{\cos(\alpha+\beta) + \sin(\alpha-\beta)} = \frac{1}{1-\frac{24}{25}} = \frac{1}{\frac{1}{25}} = 25 \ 이다.$$

답 25

$$\frac{\pi}{2} < \theta < \pi$$

$$\tan\theta = -\sqrt{5}$$

수학 1에서 배운 core 해석법으로 구해보자.
(예제 8 참고)

$$\cos = \frac{1}{\sqrt{6}}$$

이때 $\frac{\pi}{2} < \theta < \pi$를 바탕으로 부호를 결정해주면

$$\cos\theta = -\frac{1}{\sqrt{6}}$$

따라서
$$2\cos\theta\tan2\theta = 2\cos\theta\tan(\theta+\theta) = -\frac{2}{\sqrt{6}}\times\frac{\tan\theta+\tan\theta}{1-\tan\theta\times\tan\theta}$$

$$= -\frac{2}{\sqrt{6}}\times\frac{2\tan\theta}{1-\tan^2\theta} = -\frac{2}{\sqrt{6}}\times\frac{-2\sqrt{5}}{-4}$$

$$= -\frac{\sqrt{5}}{\sqrt{6}} = -\frac{\sqrt{30}}{6}$$

이다.

답 ⑤

037

$$\sin x - \sin y = 1$$
양변을 제곱을 하면
$$\sin^2 x + \sin^2 y - 2\sin x\sin y = 1 \ \cdots\ \text{㉠}$$
$$\cos x + \cos y = \frac{1}{2}$$
양변을 제곱을 하면
$$\cos^2 x + \cos^2 y + 2\cos x\cos y = \frac{1}{4} \ \cdots\ \text{㉡}$$

㉠＋㉡하면
$$(\sin^2 x + \cos^2 x) + (\sin^2 y + \cos^2 y) + 2(\cos x\cos y - \sin x\sin y)$$

$$= \frac{5}{4}$$

$$\Rightarrow \cos x\cos y - \sin x\sin y = -\frac{3}{8}$$

$$\Rightarrow \cos(x+y) = -\frac{3}{8}$$

따라서 $-40\cos(x+y) = -40\times\left(-\frac{3}{8}\right) = 15$ 이다.

답 15

038

$$\cos A = -\frac{1}{4}, \ \sin B = \frac{3\sqrt{15}}{16}$$
각 A 가 둔각이므로 각 B 는 예각이다.
$$\sin A > 0, \ \cos B > 0$$

$$\sin A = \sqrt{1-\cos^2 A} = \sqrt{1-\frac{1}{16}} = \frac{\sqrt{15}}{4}$$

$$\cos B = \sqrt{1-\sin^2 A} = \sqrt{1-\frac{135}{256}} = \frac{11}{16}$$

삼각형의 내각의 합은 $180\,^\circ$ 이므로
$$\pi = A + B + C \ \Rightarrow\ C = \pi - (A+B)$$
따라서 $\sin C = \sin(\pi-(A+B)) = \sin(A+B)$

$$= \sin A\cos B + \cos A\sin B$$

$$= \frac{\sqrt{15}}{4}\times\frac{11}{16} + \left(-\frac{1}{4}\right)\times\frac{3\sqrt{15}}{16}$$

$$= \frac{11\sqrt{15}-3\sqrt{15}}{64}$$

$$= \frac{\sqrt{15}}{8}$$

이다.

답 ②

039

기울기가 m, $n\ (m\neq n)$ 인 두 직선이 이루는 예각의 크기를
크기를 θ 라 하면 $\tan\theta = \left|\dfrac{m-n}{1+mn}\right|$ 이다.

두 직선 $y = 2x$, $y = -5x$ 가 이루는 예각의 크기가 θ
따라서 $\tan\theta = \left|\dfrac{2-(-5)}{1+2\times(-5)}\right| = \left|\dfrac{7}{-9}\right| = \dfrac{7}{9}$ 이다.

답 ③

040

$$\overline{AC} = 5, \ \overline{AD} = 6, \ \overline{DE} = 2, \ \overline{AE} = 2\sqrt{10}$$

$\angle CAB = \alpha$, $\angle EAD = \beta$ 라 하면 $\theta = \alpha - \beta$
$$\cos\alpha = \frac{4}{5}, \ \sin\alpha = \frac{3}{5}, \ \cos\beta = \frac{3}{\sqrt{10}}, \ \sin\beta = \frac{1}{\sqrt{10}}$$
따라서 $\sin\theta = \sin(\alpha-\beta) = \sin\alpha\cos\beta - \cos\alpha\sin\beta$

$$= \frac{3}{5}\times\frac{3}{\sqrt{10}} - \frac{4}{5}\times\frac{1}{\sqrt{10}}$$

$$= \frac{1}{\sqrt{10}} = \frac{\sqrt{10}}{10}$$

이다.

답 ①

$\overline{AE}=2,\ \overline{AF}=1,\ \overline{FB}=1,\ \overline{BG}=\dfrac{3}{2}$

$\angle EFA=\alpha,\ \angle GFB=\beta$ 라 하면 $\theta=\pi-(\alpha+\beta)$

$\tan\alpha=2,\ \tan\beta=\dfrac{3}{2}$

따라서 $\tan\theta=\tan(\pi-(\alpha+\beta))=-\tan(\alpha+\beta)$

$$=-\left(\frac{\tan\alpha+\tan\beta}{1-\tan\alpha\tan\beta}\right)=-\left(\frac{2+\dfrac{3}{2}}{1-2\times\dfrac{3}{2}}\right)$$

$$=\frac{7}{4}$$

이다.

답 ④

042

점 F 는 선분 CE 를 지름으로 하는 원 위에 존재하므로

$\angle CFE=\dfrac{\pi}{2}$ 이고, $\overline{FE}=\overline{FC}$ 를 만족하므로

삼각형 CEF 는 직각이등변삼각형이다.

즉, $\angle ECF=\dfrac{\pi}{4}$ 이다.

$\angle CBE=\dfrac{\pi}{2}$ 이므로 선분 CE 를 지름으로 하는 원은

점 B 를 지난다. 이때 원에서 호 FG 에 대한 원주각의 크기는
모두 같으므로 $\angle FBG=\angle FCG=\theta$ 이다.

$\angle ECB=\alpha$ 라 하면 $\theta=\dfrac{\pi}{2}-\left(\alpha+\dfrac{\pi}{4}\right)=\dfrac{\pi}{4}-\alpha$ 이고

$\overline{BC}=2,\ \overline{BE}=1$ 이므로 $\tan\alpha=\dfrac{1}{2}$ 이다.

$$\tan\theta=\tan\left(\frac{\pi}{4}-\alpha\right)=\frac{\tan\dfrac{\pi}{4}-\tan\alpha}{1+\tan\dfrac{\pi}{4}\tan\alpha}=\frac{1-\dfrac{1}{2}}{1+\dfrac{1}{2}}=\frac{1}{3}$$

따라서 $60\tan\theta=60\times\dfrac{1}{3}=20$ 이다.

답 20

$$\lim_{x\to0}\frac{1-\cos2x}{x\sin5x}=\lim_{x\to0}\left(\frac{1-\cos2x}{(2x)^2}\times\frac{5x}{\sin5x}\times\frac{4}{5}\right)$$

$$=\frac{1}{2}\times1\times\frac{4}{5}=\frac{2}{5}$$

답 ②

$$\lim_{x\to0}\frac{x-1+\cos x}{3x+\sin2x}=\lim_{x\to0}\frac{x-(1-\cos x)}{3x+\sin2x}$$

$$=\lim_{x\to0}\frac{1-\left(\dfrac{1-\cos x}{x^2}\times x\right)}{3+\dfrac{\sin2x}{2x}\times2}$$

$$=\frac{1-0}{3+2}=\frac{1}{5}$$

답 ①

$$\lim_{x\to0}\frac{\tan x-\sin x}{x^2(e^{2x}-1)}=\lim_{x\to0}\frac{\dfrac{\sin x}{\cos x}-\sin x}{x^2(e^{2x}-1)}$$

$$=\lim_{x\to0}\frac{\dfrac{\sin x}{\cos x}(1-\cos x)}{x^2(e^{2x}-1)}$$

$$=\lim_{x\to0}\frac{\tan x(1-\cos x)}{x^2(e^{2x}-1)}$$

$$=\lim_{x\to0}\left(\frac{\tan x}{x}\times\frac{1-\cos x}{x^2}\times\frac{2x}{e^{2x}-1}\times\frac{1}{2}\right)$$

$$=1\times\frac{1}{2}\times1\times\frac{1}{2}=\frac{1}{4}$$

답 ②

> **Tip**
>
> $$\lim_{x\to0}\frac{\tan x-\sin x}{x^2(e^{2x}-1)}=\lim_{x\to0}\frac{\dfrac{\tan x}{x}-\dfrac{\sin x}{x}}{x(e^{2x}-1)}$$ 은 $\dfrac{0}{0}$ 꼴이므로
>
> 계산이 불가능하다. 이렇게 부정형이 나오는 경우에는 곱으로
> 표현한 뒤 계산한다. (046번 참고)

$$\lim_{x \to 0} \frac{\sec x - \cos x}{3x^2} = \lim_{x \to 0} \frac{\dfrac{1}{\cos x} - \cos x}{3x^2}$$

$$= \lim_{x \to 0} \frac{\dfrac{1}{\cos x}(1 - \cos^2 x)}{3x^2}$$

$$= \lim_{x \to 0} \left(\frac{1}{\cos x} \times \frac{\sin^2 x}{x^2} \times \frac{1}{3} \right)$$

$$= 1 \times 1^2 \times \frac{1}{3} = \frac{1}{3}$$

답 ②

$$\lim_{x \to 0+} \frac{\sqrt{1-\cos x}}{2x} = \frac{1}{2} \lim_{x \to 0+} \sqrt{\frac{1-\cos x}{x^2}}$$

$$= \frac{1}{2} \times \sqrt{\frac{1}{2}} = \frac{\sqrt{2}}{4} = a$$

$\displaystyle\lim_{x \to 0-} \dfrac{\sqrt{1-\cos x}}{2x}$ 일 때를 특히 조심해야 한다.

풀이1)

$$\lim_{x \to 0-} \frac{\sqrt{1-\cos x}}{2x} = \lim_{x \to 0-} \frac{\sqrt{1-\cos x} \times \sqrt{1+\cos x}}{2x\sqrt{1+\cos x}}$$

$$= \lim_{x \to 0-} \frac{\sqrt{1-\cos^2 x}}{2x\sqrt{1+\cos x}}$$

$$= \lim_{x \to 0-} \frac{\sqrt{\sin^2 x}}{2x\sqrt{1+\cos x}}$$

$$= \lim_{x \to 0-} \frac{|\sin x|}{2x\sqrt{1+\cos x}}$$

$$= \lim_{x \to 0-} \frac{-\sin x}{2x\sqrt{1+\cos x}}$$

$$(\because -\pi < x < 0 \text{ 일 때, } \sin x < 0)$$

$$= \lim_{x \to 0-} \left(\frac{\sin x}{x} \times \frac{-1}{2\sqrt{1+\cos x}} \right)$$

$$= 1 \times \left(\frac{-1}{2\sqrt{2}} \right) = -\frac{1}{2\sqrt{2}}$$

$$= -\frac{\sqrt{2}}{4} = b$$

풀이2)

$$\lim_{x \to 0-} \frac{\sqrt{1-\cos x}}{2x} = -\frac{1}{2} \lim_{x \to 0-} \sqrt{\frac{1-\cos x}{x^2}}$$

$$= -\frac{1}{2} \times \sqrt{\frac{1}{2}} = -\frac{\sqrt{2}}{4} = b$$

> **Tip**
>
> **풀이2)의 첫 번째 줄을 조심해야 한다.**
>
> $x \to 0-$ 이므로 분모의 x 가 루트 안으로 들어갈 때 반드시 $-$을 붙여주고 루트 안으로 들어가야 한다.
>
> 이는 역과정으로 생각해보면 자명하다.
>
> $$-\frac{1}{2} \lim_{x \to 0-} \sqrt{\frac{1-\cos x}{x^2}} = -\frac{1}{2} \lim_{x \to 0-} \frac{\sqrt{1-\cos x}}{|x|}$$
>
> $x < 0$ 이므로 $|x| = -x$
>
> $$-\frac{1}{2} \lim_{x \to 0-} \frac{\sqrt{1-\cos x}}{|x|} = -\frac{1}{2} \lim_{x \to 0-} \frac{\sqrt{1-\cos x}}{-x}$$
>
> $$= \lim_{x \to 0-} \frac{\sqrt{1-\cos x}}{2x}$$
>
> 참고로 이러한 개념이 2019학년도 6월 평가원 가형 21번 문제에 출제되어 높은 오답률을 기록하기도 하였다.

따라서 $a - b = \dfrac{\sqrt{2}}{4} - \left(-\dfrac{\sqrt{2}}{4} \right) = \dfrac{\sqrt{2}}{2}$ 이다.

 ⑤

$$\lim_{x \to \frac{\pi}{4}} \frac{\sin x - \cos x}{\tan^2 x - 1} = \lim_{x \to \frac{\pi}{4}} \frac{\sin x - \cos x}{\dfrac{\sin^2 x}{\cos^2 x} - 1}$$

$$= \lim_{x \to \frac{\pi}{4}} \frac{\sin x - \cos x}{\dfrac{\sin^2 x - \cos^2 x}{\cos^2 x}}$$

$$= \lim_{x \to \frac{\pi}{4}} \frac{(\sin x - \cos x)\cos^2 x}{(\sin x - \cos x)(\sin x + \cos x)}$$

$$= \lim_{x \to \frac{\pi}{4}} \frac{\cos^2 x}{\sin x + \cos x}$$

$$= \frac{\dfrac{1}{2}}{\dfrac{\sqrt{2}}{2} + \dfrac{\sqrt{2}}{2}} = \frac{1}{2\sqrt{2}} = \frac{\sqrt{2}}{4}$$

 ②

$$\lim_{x \to 0} \frac{\tan\left(\frac{\pi}{4}+x\right)-1}{\sin ax} = \lim_{x \to 0} \frac{\dfrac{\tan\frac{\pi}{4}+\tan x}{1-\tan\frac{\pi}{4}\tan x}-1}{\sin ax}$$

$$= \lim_{x \to 0} \frac{\dfrac{1+\tan x-(1-\tan x)}{1-\tan x}}{\sin ax}$$

$$= \lim_{x \to 0} \frac{2\tan x}{\sin ax(1-\tan x)}$$

$$= 2\lim_{x \to 0}\left(\frac{\tan x}{x}\times\frac{ax}{\sin ax}\times\frac{1}{a(1-\tan x)}\right)$$

$$= 2\times 1\times 1\times\frac{1}{a}=\frac{2}{a}=\frac{1}{5}$$

$$\Rightarrow a=10$$

답   10

$$\lim_{x \to 0} \frac{f(x)}{1-\cos(x^2)} = \lim_{x \to 0}\left(\frac{(x^2)^2}{1-\cos(x^2)}\times\frac{f(x)}{x^4}\right)$$

$$= 2\times\lim_{x \to 0}\frac{f(x)}{x^4}=6$$

$$\Rightarrow \lim_{x \to 0}\frac{f(x)}{x^4}=3$$

$a>0,\ b>0$ 이므로 $a=4,\ b=3$

따라서 $a+b=7$ 이다.

답   ④

$$\lim_{x \to 0} \frac{\sin 2x}{3^{x+1}-a}=\frac{b}{\ln 3}\ \ (b>0)$$

분자가 0으로 가는데 극한값 0이 아니므로
분모는 0으로 가야 한다.

$$\lim_{x \to 0}\left(3^{x+1}-a\right)=0 \Rightarrow a=3$$

$$\lim_{x \to 0} \frac{\sin 2x}{3^{x+1}-3}=\frac{1}{3}\lim_{x \to 0}\frac{\sin 2x}{3^x-1}$$

$$= \frac{1}{3}\lim_{x \to 0}\left(\frac{\sin 2x}{2x}\times\frac{x}{3^x-1}\times 2\right)$$

$$= \frac{1}{3}\times 1\times\frac{1}{\ln 3}\times 2=\frac{2}{3\ln 3}=\frac{b}{\ln 3}$$

$$\Rightarrow b=\frac{2}{3}$$

따라서 $12\left(3+\dfrac{2}{3}\right)=36+8=44$ 이다.

답   44

$$f(n)=\lim_{x \to 0}\frac{1-\cos nx}{\sin^2 x}=\lim_{x \to 0}\left(\frac{1-\cos nx}{(nx)^2}\times\frac{x^2}{\sin^2 x}\times n^2\right)$$

$$= \frac{1}{2}\times 1^2\times n^2=\frac{n^2}{2}$$

따라서 $\displaystyle\sum_{n=1}^{11}f(n)=\sum_{n=1}^{11}\frac{n^2}{2}=\frac{11\times 12\times 23}{12}=253$ 이다.

답   253

$f(x)$ 는 $x=\dfrac{\pi}{2}$ 에서 연속이므로

$$\lim_{x \to \frac{\pi}{2}} f(x)=f\left(\frac{\pi}{2}\right)\ \text{이어야 한다.}$$

$$\lim_{x \to \frac{\pi}{2}} f(x)=\lim_{x \to \frac{\pi}{2}}\frac{\sin x+a}{\left(x-\frac{\pi}{2}\right)^2}$$

$$f\left(\frac{\pi}{2}\right)=b$$

$$\lim_{x \to \frac{\pi}{2}}\frac{\sin x+a}{\left(x-\frac{\pi}{2}\right)^2}=b$$

분모가 0으로 가는데 극한값이 존재하므로
분자는 0 으로 가야 한다.

$$\lim_{x \to \frac{\pi}{2}}(\sin x+a)=0 \Rightarrow a=-1$$

$x-\dfrac{\pi}{2}=t$ 라 하면 $x=\dfrac{\pi}{2}+t$ 이고,

$x \to \dfrac{\pi}{2}$ 일 때, $t \to 0$ 이므로

$$\lim_{x \to \frac{\pi}{2}} \frac{\sin x - 1}{\left(x - \frac{\pi}{2}\right)^2} = \lim_{t \to 0} \frac{\sin\left(\frac{\pi}{2} + t\right) - 1}{t^2}$$

$$= \lim_{t \to 0} \frac{\cos t - 1}{t^2}$$

$$= -\lim_{t \to 0} \frac{1 - \cos t}{t^2}$$

$$= -\frac{1}{2} = b$$

따라서 $100(b-a) = 100 \times \dfrac{1}{2} = 50$ 이다.

답   50

054

$f(x)$ 는 $x = 0$ 에서 연속이므로
$\lim\limits_{x \to 0} f(x) = f(0)$ 이어야 한다.

$$\lim_{x \to 0} f(x) = \lim_{x \to 0} \frac{e^x - \sin 3x - a}{4x}$$

$$f(0) = b$$

$$\lim_{x \to 0} \frac{e^x - \sin 3x - a}{4x} = b$$

분모가 0으로 가는데 극한값이 존재하므로
분자는 0 으로 가야 한다.
$$\lim_{x \to 0} (e^x - \sin 3x - a) = 0 \implies a = 1$$

$$\lim_{x \to 0} \frac{e^x - \sin 3x - 1}{4x} = \lim_{x \to 0} \frac{\dfrac{e^x - 1}{x} - \dfrac{\sin 3x}{3x} \times 3}{4}$$

$$= \frac{1 - 3}{4} = -\frac{1}{2} = b$$

따라서 $a - 4b = 1 + 2 = 3$ 이다.

답   3

055

$$f'(x) = 2\sqrt{3}\cos x + 2\sin x$$

따라서 $f'\left(\dfrac{\pi}{6}\right) = 2\sqrt{3} \times \dfrac{\sqrt{3}}{2} + 2 \times \dfrac{1}{2} = 3 + 1 = 4$ 이다.

답   4

056

$$f(x) = \cos x + 4\sin x$$
$$f'(x) = -\sin x + 4\cos x$$

따라서
$$\lim_{h \to 0} \frac{f(\pi - 2h) - f(\pi)}{h} = \lim_{h \to 0} \frac{f(\pi - 2h) - f(\pi)}{-2h} \times (-2)$$

$$= -2f'(\pi) = (-2) \times (-4) = 8$$

이다.

답   8

057

$$f(x) = x\sin x + k\cos x$$
$$f'(x) = \sin x + x\cos x + k(-\sin x) = (1-k)\sin x + x\cos x$$

$$\lim_{x \to \frac{\pi}{2}} \frac{f(x) - \frac{\pi}{2}}{x - \frac{\pi}{2}} = f'\left(\frac{\pi}{2}\right) = \sqrt{3}$$

$$\implies 1 - k = \sqrt{3}$$

$$f'(x) = \sqrt{3}\sin x + x\cos x$$
$$f'\left(\frac{\pi}{3}\right) = \sqrt{3} \times \frac{\sqrt{3}}{2} + \frac{\pi}{3} \times \frac{1}{2} = \frac{9+\pi}{6} = \frac{a+b\pi}{6}$$

따라서 $a + b = 10$ 이다.

답   10

$f(x) = \sin x - \cos x$

$f'(x) = \cos x + \sin x$

$$\lim_{x \to a} \frac{\{f(x)\}^2 - \{f(a)\}^2}{x - a} = \lim_{x \to a}\left(\frac{f(x) - f(a)}{x - a} \times (f(x) + f(a))\right)$$

$$= f'(a) \times 2f(a)$$

$$= 2(\sin a + \cos a)(\sin a - \cos a)$$

$$= 2(\sin^2 a - \cos a^2)$$

$$= 2\{\sin^2 a - (1 - \sin^2 a)\}$$

$$= 2(2\sin^2 a - 1) = 1$$

$$\Rightarrow \ \sin^2 a = \frac{3}{4}$$

따라서 $60\sin^2 a = 60 \times \dfrac{3}{4} = 45$ 이다.

답 45

059

Tip

■ <한 변을 삼각함수로 표현하기>

$\overline{AB} = \overline{AC}\cos\theta$

$\overline{BC} = \overline{AC}\sin\theta$

$\overline{BC} = \overline{AB}\tan\theta$

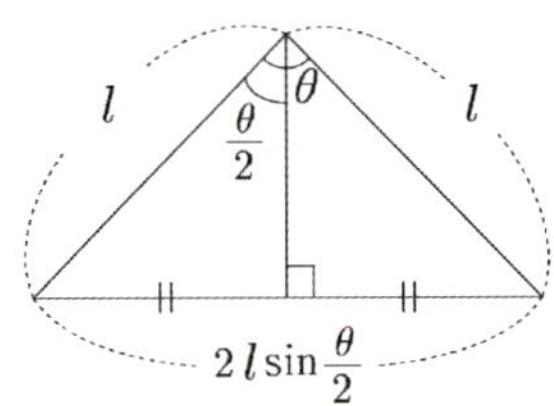

■ <이등변삼각형에서 밑변의 길이>

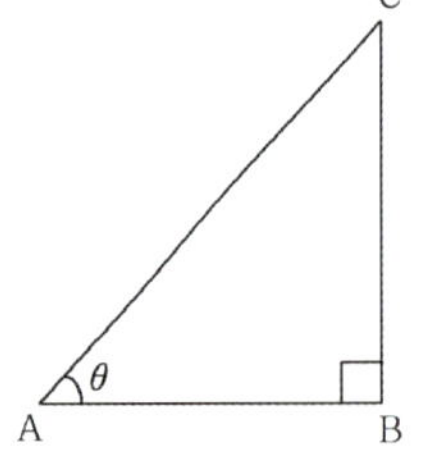

위 그림을 꼭 기억하도록 하자.

이등변삼각형만 보면 바로 $2l\sin\dfrac{\theta}{2}$ 를 쓸 수 있어야 한다.

특히 원이 나오면 중심과 원 위의 두 점을 이으면 천지가
이등변삼각형이므로 공식을 쓰기 용이하다.

삼각형 ABC 은 이등변삼각형이고 $\angle ABC = \pi - 2\theta$ 이므로

$\overline{AC} = 2 \times 2 \times \sin\dfrac{\pi - 2\theta}{2} = 4\sin\left(\dfrac{\pi}{2} - \theta\right) = 4\cos\theta$

$\overline{AE} = \overline{AD}\cos\theta = \cos\theta$

$\overline{CE} = 4\cos\theta - \cos\theta = 3\cos\theta$

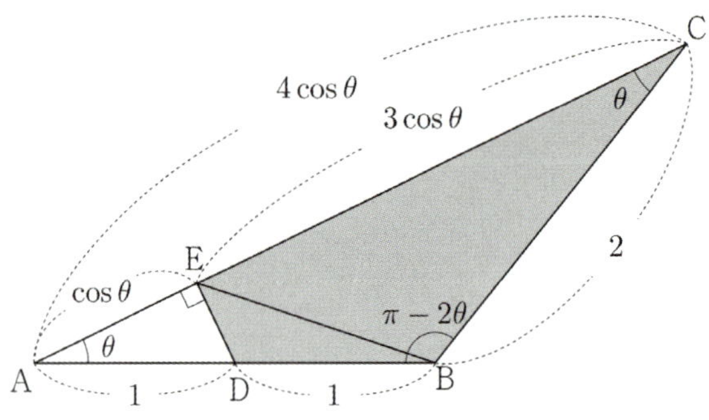

삼각형 BCE 의 넓이 $f(\theta)$ 는

$f(\theta) = \dfrac{1}{2} \times \overline{CE} \times \overline{CB} \times \sin\theta = \dfrac{1}{2} \times 3\cos\theta \times 2 \times \sin\theta$

$= 3\sin\theta\cos\theta$

삼각형 BDE 의 넓이 $g(\theta)$ 는 삼각형 ADE 의 넓이와 같으므로

$g(\theta) = \triangle ADE = \dfrac{1}{2} \times \overline{AD} \times \overline{AE} \times \sin\theta = \dfrac{1}{2} \times 1 \times \cos\theta \times \sin\theta$

$= \dfrac{1}{2}\sin\theta\cos\theta$

따라서 $\displaystyle\lim_{\theta \to 0+} \dfrac{f(\theta)g(\theta)}{\theta^2} = \lim_{\theta \to 0+} \dfrac{\dfrac{3}{2}\sin^2\theta\cos^2\theta}{\theta^2}$

$$= \dfrac{3}{2}\lim_{\theta \to 0+}\left(\dfrac{\sin^2\theta}{\theta^2} \times \cos^2\theta\right)$$

$$= \dfrac{3}{2} \times 1^2 \times 1 = \dfrac{3}{2}$$

이다.

답 ①

060

두 점 C, D 는 원 위의 점이므로 $\angle ACB = \dfrac{\pi}{2}$, $\angle ADB = \dfrac{\pi}{2}$

삼각형 ABC 는 직각이등변삼각형이므로 $\angle ABC = \dfrac{\pi}{4}$

$\overline{BD} = \overline{AB}\sin\theta = 4\sin\theta$

$\angle EBD = \angle ABD - \angle ABE = \left(\dfrac{\pi}{2} - \theta\right) - \dfrac{\pi}{4} = \dfrac{\pi}{4} - \theta$

$\overline{DE} = \overline{BD} \times \tan\left(\dfrac{\pi}{4} - \theta\right) = 4\sin\theta\tan\left(\dfrac{\pi}{4} - \theta\right)$

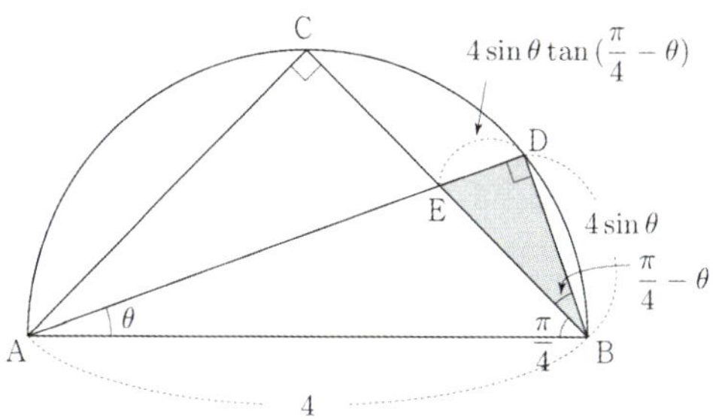

삼각형 BDE 의 넓이 $S(\theta)$ 는

$$S(\theta)=\frac{1}{2}\times\overline{\mathrm{BD}}\times\overline{\mathrm{DE}}=\frac{1}{2}\times4\sin\theta\times4\sin\theta\tan\left(\frac{\pi}{4}-\theta\right)$$

$$=8\sin^2\theta\tan\left(\frac{\pi}{4}-\theta\right)$$

따라서 $\displaystyle\lim_{\theta\to0+}\frac{S(\theta)}{\theta^2}=\lim_{\theta\to0+}\frac{8\sin^2\theta\tan\left(\dfrac{\pi}{4}-\theta\right)}{\theta^2}$

$$=8\lim_{\theta\to0+}\left(\frac{\sin^2\theta}{\theta^2}\times\tan\left(\frac{\pi}{4}-\theta\right)\right)$$

$$=8\times1^2\times1=8$$

이다.

답 8

061

<원과 보조선>

원의 중심과 접점을 이은 수직 보조선은 문제를 풀어나가는 key point일 때가 많다. 즉, 반드시 그어야 하는 보조선 중 하나이다.

A 에서 원 C 에 접선을 그었을 때, 표시해야 하는 보조선은 다음과 같다.

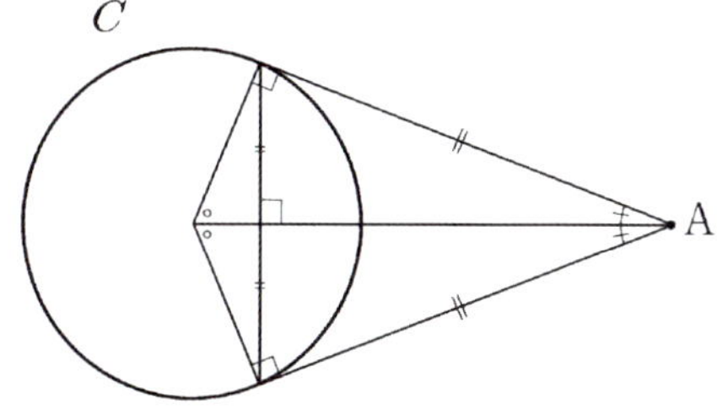

자주 출제되는 도형이니 반드시 기억하도록 하자.

$$\overline{\mathrm{AC}}=\overline{\mathrm{AB}}\times\cos\theta=\cos\theta=\overline{\mathrm{AE}}$$

원의 중심을 O 라 하면

$$\angle\mathrm{OAE}=\frac{\theta}{2}\ \text{이므로}\ \overline{\mathrm{OE}}=\overline{\mathrm{AE}}\times\tan\frac{\theta}{2}=\cos\theta\tan\frac{\theta}{2}$$

$$\angle\mathrm{EOD}=\pi-\angle\mathrm{EOC}=\pi-(\pi-\theta)=\theta$$

삼각형 OED 는 이등변삼각형이므로 $2l\sin\dfrac{\theta}{2}$ 를 사용하면

$$\overline{\mathrm{ED}}=2\times\cos\theta\tan\frac{\theta}{2}\times\sin\frac{\theta}{2}=2\cos\theta\tan\frac{\theta}{2}\sin\frac{\theta}{2}$$

$$\angle\mathrm{OED}=\frac{1}{2}(\pi-\theta)=\frac{\pi}{2}-\frac{\theta}{2}\ \text{이므로}$$

$$\angle\mathrm{DEB}=\frac{\pi}{2}-\angle\mathrm{OED}=\frac{\pi}{2}-\left(\frac{\pi}{2}-\frac{\theta}{2}\right)=\frac{\theta}{2}$$

$$\overline{\mathrm{EB}}=1-\overline{\mathrm{AE}}=1-\cos\theta$$

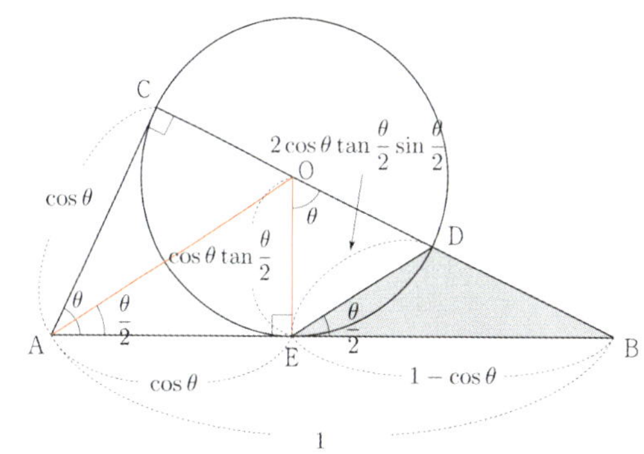

삼각형 BDE 의 넓이 $S(\theta)$ 는

$$S(\theta)=\frac{1}{2}\times\overline{\mathrm{ED}}\times\overline{\mathrm{EB}}\times\sin\frac{\theta}{2}$$

$$=\frac{1}{2}\times2\cos\theta\tan\frac{\theta}{2}\sin\frac{\theta}{2}\times(1-\cos\theta)\times\sin\frac{\theta}{2}$$

$$=\cos\theta\tan\frac{\theta}{2}\sin^2\frac{\theta}{2}(1-\cos\theta)$$

따라서

$$\lim_{\theta\to0+}\frac{S(\theta)}{\theta^5}$$

$$=\lim_{\theta\to0+}\frac{\cos\theta\tan\dfrac{\theta}{2}\sin^2\dfrac{\theta}{2}(1-\cos\theta)}{\theta^5}$$

$$=\lim_{\theta\to0+}\left(\cos\theta\times\frac{\tan\dfrac{\theta}{2}}{\theta}\times\frac{\sin\dfrac{\theta}{2}}{\theta}\times\frac{\sin\dfrac{\theta}{2}}{\theta}\times\frac{1-\cos\theta}{\theta^2}\right)$$

$$=1\times\frac{1}{2}\times\frac{1}{2}\times\frac{1}{2}\times\frac{1}{2}=\frac{1}{16}=a$$

이다.

따라서 $80a=80\times\dfrac{1}{16}=5$ 이다.

답 5

<수렴 예측>

$$S(\theta) = \cos\theta \tan\frac{\theta}{2} \sin^2\frac{\theta}{2}(1-\cos\theta)$$

$\displaystyle\lim_{\theta\to 0+}\frac{S(\theta)}{\theta^5}$ 을 계산하기 전에

$\tan\dfrac{\theta}{2}$ 는 θ 를 함축하고, $\sin^2\dfrac{\theta}{2}$ 는 θ^2 를 함축하고,

$1-\cos\theta$ 는 θ^2 을 함축하고 있으므로

분모, 분자의 θ 의 차수가 모두 동일한 것을 파악할 수 있다.

$$\frac{\cos\theta\tan\dfrac{\theta}{2}\sin^2\dfrac{\theta}{2}(1-\cos\theta)}{\theta^5} \;\Rightarrow\; \frac{\theta^5}{\theta^5}$$

즉, $\displaystyle\lim_{\theta\to 0+}\frac{S(\theta)}{\theta^5}$ 을 계산하기 전부터 극한값이 존재할 것이라고

미리 예측할 수 있다.

다른 방법으로 풀어보자.

$$\overline{BC} = \overline{AB}\times\sin\theta = \sin\theta$$

$$\overline{CD} = 2\times\overline{OE} = 2\cos\theta\tan\frac{\theta}{2}$$

$$\overline{BD} = \overline{BC} - \overline{CD} = \sin\theta - 2\cos\theta\tan\frac{\theta}{2}$$

이므로

$$S(\theta) = \frac{1}{2}\times\overline{BD}\times\overline{BE}\times\sin\left(\frac{\pi}{2}-\theta\right)$$

$$= \frac{1}{2}\times\left(\sin\theta - 2\cos\theta\tan\frac{\theta}{2}\right)\times(1-\cos\theta)\times\cos\theta$$

$$= \frac{1}{2}\left(\sin\theta - 2\cos\theta\tan\frac{\theta}{2}\right)(1-\cos\theta)\cos\theta$$

$$\lim_{\theta\to 0+}\frac{S(\theta)}{\theta^5}$$

$$= \frac{1}{2}\lim_{\theta\to 0+}\left(\frac{\sin\theta - 2\cos\theta\tan\dfrac{\theta}{2}}{\theta^3}\times\frac{1-\cos\theta}{\theta^2}\times\cos\theta\right)$$

$$= \frac{1}{2}\times\frac{1}{2}\times 1\times\lim_{\theta\to 0+}\frac{\sin\theta - 2\cos\theta\tan\dfrac{\theta}{2}}{\theta^3}$$

$$= \frac{1}{4}\lim_{\theta\to 0+}\frac{\sin\theta - 2\cos\theta\tan\dfrac{\theta}{2}}{\theta^3}$$

$\displaystyle\lim_{\theta\to 0+}\frac{\sin\theta - 2\cos\theta\tan\dfrac{\theta}{2}}{\theta^3}$ 을 계산하는 것이 까다로울 수

있는데 곱셈으로 표현하기 위해서 $\sin\theta$ 를 덧셈정리를

이용하여 변환해 보자.

$$\sin\theta = \sin\left(\frac{\theta}{2}+\frac{\theta}{2}\right) = \sin\frac{\theta}{2}\cos\frac{\theta}{2} + \cos\frac{\theta}{2}\sin\frac{\theta}{2}$$

$$= 2\sin\frac{\theta}{2}\cos\frac{\theta}{2}$$

이므로

$$\lim_{\theta\to 0+}\frac{\sin\theta - 2\cos\theta\tan\dfrac{\theta}{2}}{\theta^3}$$

$$= \lim_{\theta\to 0+}\frac{2\sin\dfrac{\theta}{2}\cos\dfrac{\theta}{2} - 2\cos\theta\tan\dfrac{\theta}{2}}{\theta^3}$$

$$= \lim_{\theta\to 0+}\frac{2\tan\dfrac{\theta}{2}\left(\cos^2\dfrac{\theta}{2} - \cos\theta\right)}{\theta^3}$$

$$= 2\lim_{\theta\to 0+}\left(\frac{\tan\dfrac{\theta}{2}}{\theta}\times\frac{\cos^2\dfrac{\theta}{2} - \cos\theta}{\theta^2}\right)$$

$$= 2\times\frac{1}{2}\lim_{\theta\to 0+}\frac{\cos^2\dfrac{\theta}{2} - \cos\theta}{\theta^2}$$

$$= \lim_{\theta\to 0+}\frac{\cos^2\dfrac{\theta}{2} - \cos\theta}{\theta^2}$$

$\tan\dfrac{\theta}{2}$ 를 달고 계속 계산을 이어나가는 것보다는 위와 같이

분모의 θ 를 사용하여 먼저 계산을 해주는 편이 좋다.

마찬가지로 $\cos\theta$ 를 덧셈정리를 이용하여 변환해주면

$$\cos\theta = \cos\left(\frac{\theta}{2}+\frac{\theta}{2}\right) = \cos\frac{\theta}{2}\cos\frac{\theta}{2} - \sin\frac{\theta}{2}\sin\frac{\theta}{2}$$

$$= \cos^2\frac{\theta}{2} - \sin^2\frac{\theta}{2} = \cos^2\frac{\theta}{2} - \left(1-\cos^2\frac{\theta}{2}\right)$$

$$= 2\cos^2\frac{\theta}{2} - 1$$

이므로

$$\lim_{\theta \to 0+} \frac{\cos^2\dfrac{\theta}{2}-\cos\theta}{\theta^2}$$

$$=\lim_{\theta \to 0+} \frac{\cos^2\dfrac{\theta}{2}-\left(2\cos^2\dfrac{\theta}{2}-1\right)}{\theta^2}$$

$$=\lim_{\theta \to 0+} \frac{1-\cos^2\dfrac{\theta}{2}}{\theta^2}$$

$$=\lim_{\theta \to 0+} \frac{\sin^2\dfrac{\theta}{2}}{\theta^2}$$

$$=\lim_{\theta \to 0+} \left(\frac{\sin\dfrac{\theta}{2}}{\theta}\times\frac{\sin\dfrac{\theta}{2}}{\theta}\right)$$

$$=\frac{1}{2}\times\frac{1}{2}=\frac{1}{4}$$

$$\lim_{\theta \to 0+} \frac{S(\theta)}{\theta^5}$$

$$=\frac{1}{4}\lim_{\theta \to 0+} \frac{\sin\theta-2\cos\theta\tan\dfrac{\theta}{2}}{\theta^3}$$

$$=\frac{1}{4}\times\frac{1}{4}=\frac{1}{16}=a$$

따라서 $80a=80\times\dfrac{1}{16}=5$ 이다.

삼각형 ABC 는 이등변삼각형이므로
$$2\,\overline{AC}\sin\frac{\theta}{2}=\overline{AB}\ \Rightarrow\ \overline{AC}=\frac{1}{\sin\dfrac{\theta}{2}}$$

삼각형 ADE 는 이등변삼각형이므로
$$\overline{DE}=2\,\overline{AE}\sin\frac{3\theta}{2}=\frac{2}{\sin\dfrac{\theta}{2}}\sin\frac{3\theta}{2}$$

$$\overline{DB}=\overline{AD}-\overline{AB}=\frac{1}{\sin\dfrac{\theta}{2}}-2$$

$$\angle EDA=\frac{1}{2}(\pi-3\theta)=\frac{\pi}{2}-\frac{3\theta}{2}$$

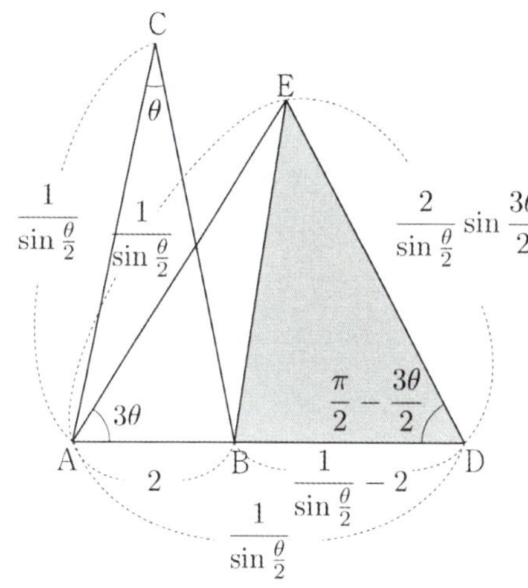

삼각형 BDE 의 넓이 $S(\theta)$ 는
$$S(\theta)=\frac{1}{2}\times\overline{DE}\times\overline{DB}\times\sin\left(\frac{\pi}{2}-\frac{3\theta}{2}\right)$$

$$=\frac{1}{2}\times\frac{2}{\sin\dfrac{\theta}{2}}\sin\frac{3\theta}{2}\times\left(\frac{1}{\sin\dfrac{\theta}{2}}-2\right)\cos\frac{3\theta}{2}$$

$$=\frac{\sin\dfrac{3\theta}{2}}{\sin\dfrac{\theta}{2}}\left(\frac{1}{\sin\dfrac{\theta}{2}}-2\right)\cos\frac{3\theta}{2}$$

따라서

$$\lim_{\theta \to 0+}\{\theta\times S(\theta)\}=\lim_{\theta \to 0+}\left\{\frac{\sin\dfrac{3\theta}{2}}{\sin\dfrac{\theta}{2}}\times\left(\frac{\theta}{\sin\dfrac{\theta}{2}}-2\theta\right)\times\cos\frac{3\theta}{2}\right\}$$

$$=\frac{\dfrac{3}{2}}{\dfrac{1}{2}}\times\left(\frac{1}{\dfrac{1}{2}}-0\right)\times1=3\times2\times1=6$$

이다.

 6

반원의 중심을 O 라 하자.

호 BD 의 길이를 이등분하는 점이 E 이므로
$\angle DOE=\angle EOB=\theta$ 이고 삼각형 ODE 와 삼각형 OEB 는
서로 합동이다. $\overline{BE}=\overline{DE}$ 이므로 아래 색칠한 부분의 넓이는
서로 같다.

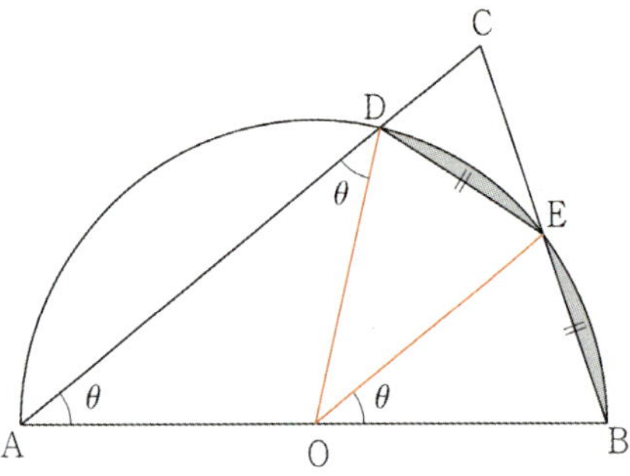

즉, $f(\theta)+g(\theta)$는 삼각형 CDE의 넓이와 같다.

$\angle \mathrm{DOE}=\theta$이고 삼각형 ODE는 이등변삼각형이므로

$$\overline{\mathrm{DE}}=2\overline{\mathrm{OD}}\sin\frac{\theta}{2}=2\sin\frac{\theta}{2}$$

$$\overline{\mathrm{DC}}=\overline{\mathrm{AC}}-\overline{\mathrm{AD}}=2-2\cos\theta$$

$$\angle \mathrm{CDE}=\pi-\angle \mathrm{EDA}=\pi-\left\{\theta+\left(\frac{\pi}{2}-\frac{\theta}{2}\right)\right\}=\frac{\pi}{2}-\frac{\theta}{2}$$

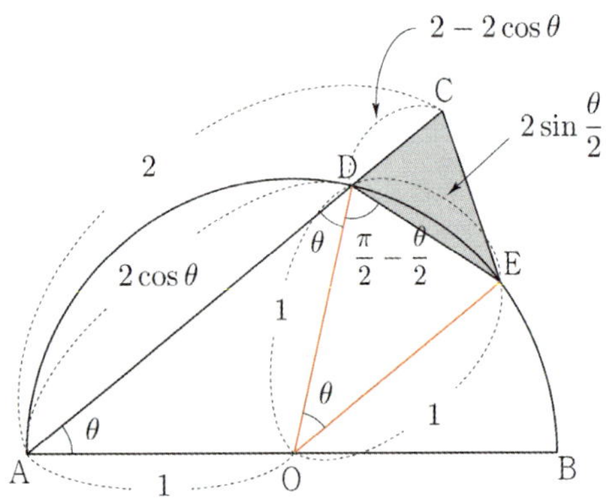

삼각형 CDE의 넓이 $f(\theta)+g(\theta)$는

$$f(\theta)+g(\theta)=\frac{1}{2}\times\overline{\mathrm{DE}}\times\overline{\mathrm{DC}}\times\sin\left(\frac{\pi}{2}-\frac{\theta}{2}\right)$$

$$=\frac{1}{2}\times 2\sin\frac{\theta}{2}\times(2-2\cos\theta)\times\cos\frac{\theta}{2}$$

$$=2\sin\frac{\theta}{2}(1-\cos\theta)\cos\frac{\theta}{2}$$

$$\lim_{\theta\to 0+}\frac{f(\theta)+g(\theta)}{\theta^3}=\lim_{\theta\to 0+}\frac{2\sin\frac{\theta}{2}(1-\cos\theta)\cos\frac{\theta}{2}}{\theta^3}$$

$$=2\lim_{\theta\to 0+}\left(\frac{\sin\frac{\theta}{2}}{\theta}\times\frac{1-\cos\theta}{\theta^2}\times\cos\frac{\theta}{2}\right)$$

$$=2\times\frac{1}{2}\times\frac{1}{2}\times 1=\frac{1}{2}=a$$

따라서 $60a=60\times\frac{1}{2}=30$이다.

답   30

$$\overline{\mathrm{AB}}=\overline{\mathrm{AC}}\cos\theta=2\cos\theta$$

$$\overline{\mathrm{BC}}=\overline{\mathrm{AC}}\sin\theta=2\sin\theta$$

$$\angle \mathrm{ADB}=\pi-\left(2\theta+\frac{5}{6}\pi\right)=\frac{\pi}{6}-2\theta$$

$$\angle \mathrm{CBD}=2\pi-\left(\frac{\pi}{2}+\frac{5}{6}\pi\right)=\frac{2}{3}\pi$$

$\overline{\mathrm{BD}}=x$라 하자.

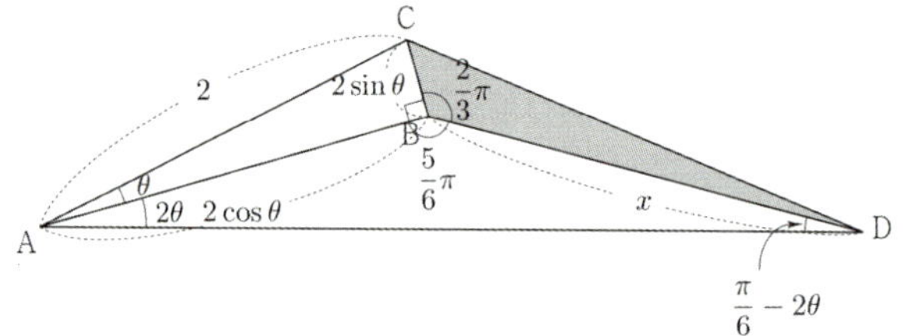

x를 어떻게 구할 수 있을까?

삼각형 ABD에서 사인법칙을 사용하여 구해보자.

$$\frac{\overline{\mathrm{BD}}}{\sin(\angle \mathrm{BAD})}=\frac{\overline{\mathrm{AB}}}{\sin(\angle \mathrm{ADB})}$$

$$\Rightarrow \frac{x}{\sin 2\theta}=\frac{2\cos\theta}{\sin\left(\frac{\pi}{6}-2\theta\right)} \Rightarrow x=\frac{2\cos\theta\sin 2\theta}{\sin\left(\frac{\pi}{6}-2\theta\right)}$$

삼각형 BCD의 넓이 $S(\theta)$는

$$S(\theta)=\frac{1}{2}\times\overline{\mathrm{BC}}\times\overline{\mathrm{BD}}\times\sin\frac{2}{3}\pi$$

$$=\frac{1}{2}\times 2\sin\theta\times\frac{2\cos\theta\sin 2\theta}{\sin\left(\frac{\pi}{6}-2\theta\right)}\times\frac{\sqrt{3}}{2}$$

$$=\frac{\sqrt{3}\cos\theta\sin\theta\sin 2\theta}{\sin\left(\frac{\pi}{6}-2\theta\right)}$$

$$\lim_{\theta\to 0+}\frac{S(\theta)}{\theta^2}=\lim_{\theta\to 0+}\frac{\sqrt{3}\cos\theta\sin\theta\sin 2\theta}{\theta^2\sin\left(\frac{\pi}{6}-2\theta\right)}$$

$$=\lim_{\theta\to 0+}\left(\frac{\sin\theta}{\theta}\times\frac{\sin 2\theta}{\theta}\times\frac{\sqrt{3}\cos\theta}{\sin\left(\frac{\pi}{6}-2\theta\right)}\right)$$

$$=1\times 2\times\frac{\sqrt{3}}{\frac{1}{2}}=4\sqrt{3}=a$$

따라서 $a^2=\left(4\sqrt{3}\right)^2=48$이다.

답   48

2015개정 교육과정에서 <미적분>은 <수학1>과 <수학2>를 학습한 후, 더 높은 수준의 수학을 학습하기를 원하는 학생들이 선택할 수 있는 과목이다.
따라서 등비급수 도형 문제와 더불어 삼각함수 도형 극한 문제에서도 사인법칙과 코사인법칙이 결합되어 출제될 수도 있다는 생각을 반드시 가지고 있어야 한다.

065

선분 AB 와 선분 DE 가 서로 평행하도록 선분 BC 위에 점 E 를 잡아보자.

사다리꼴 $ABCD$ 의 넓이 $S(\theta)$ 는 평행사변형 $ABED$ 의 넓이와 삼각형 DEC 의 넓이의 합과 같다.

$$\overline{EC} = \overline{BC} - \overline{BE} = 3\sin\theta - \sin\theta = 2\sin\theta$$
$$\angle DEC = \theta, \ \angle DCE = 2\theta \text{ 이므로 } \angle EDC = \pi - 3\theta$$
$$\overline{DE} = x \text{ 라 하자.}$$

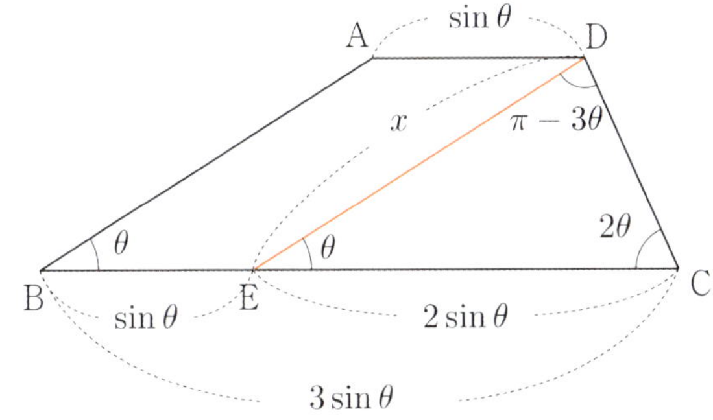

삼각형 DEC 에서 사인법칙을 사용하면

$$\frac{\overline{DE}}{\sin(\angle DCE)} = \frac{\overline{EC}}{\sin(\angle EDC)}$$

$$\Rightarrow \frac{x}{\sin 2\theta} = \frac{2\sin\theta}{\sin(\pi - 3\theta)} \Rightarrow x = \frac{2\sin\theta\sin 2\theta}{\sin 3\theta}$$

평행사변형 $ABED$ 의 넓이는

$$2 \times \frac{1}{2} \times \overline{AB} \times \overline{BE} \times \sin\theta$$

$$= 2 \times \frac{1}{2} \times \frac{2\sin\theta\sin 2\theta}{\sin 3\theta} \times \sin\theta \times \sin\theta$$

$$= \frac{2\sin^3\theta \sin 2\theta}{\sin 3\theta}$$

삼각형 DEC 의 넓이는

$$\frac{1}{2} \times \overline{ED} \times \overline{EC} \times \sin\theta$$

$$= \frac{1}{2} \times \frac{2\sin\theta\sin 2\theta}{\sin 3\theta} \times 2\sin\theta \times \sin\theta$$

$$= \frac{2\sin^3\theta \sin 2\theta}{\sin 3\theta}$$

이므로

사다리꼴 $ABCD$ 의 넓이 $S(\theta)$ 는

$$S(\theta) = \frac{4\sin^3\theta \sin 2\theta}{\sin 3\theta}$$

$$\lim_{\theta \to 0+} \frac{S(\theta)}{\theta^3} = \lim_{\theta \to 0+} \frac{4\sin^3\theta \sin 2\theta}{\theta^3 \sin 3\theta}$$

$$= 4 \lim_{\theta \to 0+} \left(\frac{\sin^3\theta}{\theta^3} \times \frac{\sin 2\theta}{\sin 3\theta} \right)$$

$$= 4 \times 1^3 \times \frac{2}{3} = \frac{8}{3} = a$$

따라서 $60a = 60 \times \dfrac{8}{3} = 160$ 이다.

답 160

다르게 풀어보자.

두 점 A, D 에서 선분 BC 에 내린 수선의 발을 각각 E, F 라 하고, $\overline{AE} = \overline{DF} = x$ 라 하자.

삼각형 ABE 에서 $\overline{BE} = \dfrac{x}{\tan\theta}$ 이고,

삼각형 DCF 에서 $\overline{FC} = \dfrac{x}{\tan 2\theta}$ 이다.

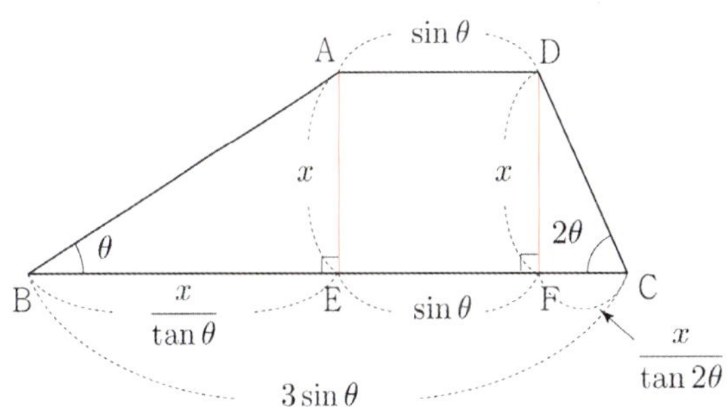

$$\overline{BC} = \overline{BE} + \overline{EF} + \overline{FC}$$

$$\Rightarrow 3\sin\theta = \frac{x}{\tan\theta} + \sin\theta + \frac{x}{\tan 2\theta}$$

$$\Rightarrow 2\sin\theta = x \times \frac{\tan\theta + \tan 2\theta}{\tan\theta \tan 2\theta}$$

$$\Rightarrow x = \frac{2\sin\theta \tan\theta \tan 2\theta}{\tan\theta + \tan 2\theta}$$

이므로

도형의 길이의 합을 이용한 미지수 구하기는 도형 문제에서
빈출되는 문제풀이 Technique 중 하나이다.

사다리꼴 ABCD 의 넓이 $S(\theta)$ 는

$$S(\theta) = \frac{1}{2} \times x \times \left(\overline{AD} + \overline{BC} \right)$$

$$= \frac{1}{2} \times \frac{2\sin\theta\tan\theta\tan2\theta}{\tan\theta + \tan2\theta} \times (\sin\theta + 3\sin\theta)$$

$$= \frac{4\sin^2\theta\tan\theta\tan2\theta}{\tan\theta + \tan2\theta}$$

$$\lim_{\theta \to 0+} \frac{S(\theta)}{\theta^3} = \lim_{\theta \to 0+} \frac{4\sin^2\theta\tan\theta\tan2\theta}{\theta^3(\tan\theta + \tan2\theta)}$$

$$= 4\lim_{\theta \to 0+} \left(\frac{\sin^2\theta}{\theta^2} \times \frac{\tan\theta}{\theta} \times \frac{\dfrac{\tan2\theta}{\theta}}{\dfrac{\tan\theta}{\theta} + \dfrac{\tan2\theta}{\theta}} \right)$$

$$= 4 \times 1 \times 1 \times \frac{2}{1+2} = \frac{8}{3} = a$$

따라서 $60a = 60 \times \dfrac{8}{3} = 160$ 이다.

066

삼각형 AOC 에 내접하는 원의 중심을 D 라 하고
점 D 에서 선분 AC 에 내린 수선의 발을 E 라 하자.

$$\overline{AC} = \overline{AB} \times \cos\theta = 4\cos\theta$$

$$\overline{AE} = \frac{1}{2}\overline{AC} = 2\cos\theta$$

$$\overline{ED} = \overline{AE}\tan\frac{\theta}{2} = 2\cos\theta\tan\frac{\theta}{2}$$

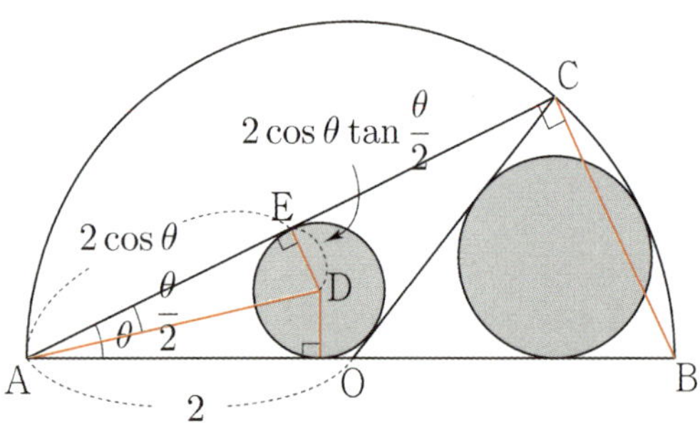

부채꼴 OBC 에 내접하는 원의 중심을 F 라 하고
점 F 에서 선분 OB 에 내린 수선의 발을 H 라 하자.
직선 OF 와 반원이 만나는 점을 G 라 하자.

부채꼴 OBC 에 내접하는 원의 반지름의 길이를 r 이라 하면
보조선을 그으면 다음과 같다.

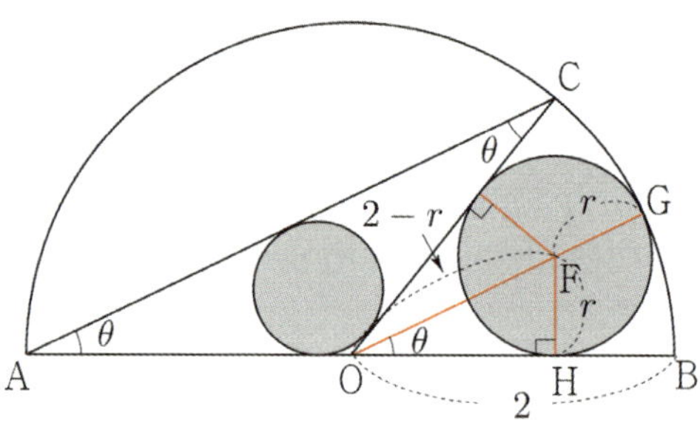

삼각형 OHF 에서

$$\sin\theta = \frac{\overline{FH}}{\overline{OF}} \;\Rightarrow\; \sin\theta = \frac{r}{2-r} \;\Rightarrow\; r = \frac{2\sin\theta}{1+\sin\theta}$$

$\overline{ED} = 2\cos\theta\tan\dfrac{\theta}{2}$ 이고 $\overline{FH} = \dfrac{2\sin\theta}{1+\sin\theta}$ 이므로

$$f(\theta) = \left(\overline{ED} \right)^2 \pi = 4\pi\cos^2\theta\tan^2\frac{\theta}{2}$$

$$g(\theta) = \left(\overline{FH} \right)^2 \pi = \frac{4\pi\sin^2\theta}{(1+\sin\theta)^2}$$

$$\lim_{\theta \to 0+} \frac{f(\theta)}{g(\theta)} = \lim_{\theta \to 0+} \frac{\cos^2\theta\tan^2\dfrac{\theta}{2}(1+\sin\theta)^2}{\sin^2\theta}$$

$$= \lim_{\theta \to 0+} \left(\frac{\tan^2\dfrac{\theta}{2}}{\sin^2\theta} \times \cos^2\theta(1+\sin\theta)^2 \right)$$

$$= \left(\frac{1}{2} \right)^2 \times 1^2 \times 1^2 = \frac{1}{4} = \frac{q}{p}$$

따라서 $p^2 + q^2 = 1 + 16 = 17$ 이다.

답 17

<수1에서 배운 내접원 넓이 공식>

삼각형의 세 변의 길이를 각각 a, b, c 라 하고
내접원의 반지름의 길이를 r, 삼각형의 넓이를
S 라 할 때, $\dfrac{a+b+c}{2} \times r = S$

이번에는 수1에서 배운 내접원 넓이 공식을 사용하여
삼각형 AOC 에 내접하는 원의 반지름의 길이를 구해보자.

삼각형 AOC 의 넓이 S는

$$S = \frac{1}{2} \times \overline{AO} \times \overline{AC} \times \sin\theta = \frac{1}{2} \times 2 \times 4\cos\theta \times \sin\theta$$

$$= 4\cos\theta\sin\theta$$

$$\frac{\overline{AO} + \overline{OC} + \overline{AC}}{2} \times \overline{ED} = S$$

$$\Rightarrow \frac{2 + 2 + 4\cos\theta}{2} \times \overline{ED} = 4\cos\theta\sin\theta$$

$$\Rightarrow \overline{ED} = \frac{2\cos\theta\sin\theta}{1 + \cos\theta}$$

067

반원의 중심을 O 라 하자.
삼각형 OBC 는 이등변삼각형이므로 $\angle BCO = \theta$

$\angle OCD = 3\theta - \theta = 2\theta$, $\angle COD = \theta + \theta = 2\theta$ 이므로
삼각형 OCD 는 이등변삼각형이다.

$\angle CDO = \pi - 4\theta$

$$\overline{OC} = 2\overline{OD}\sin\left(\frac{\pi - 4\theta}{2}\right) \Rightarrow 2 = 2\overline{OD}\cos2\theta$$

$$\Rightarrow \overline{OD} = \frac{1}{\cos2\theta}$$

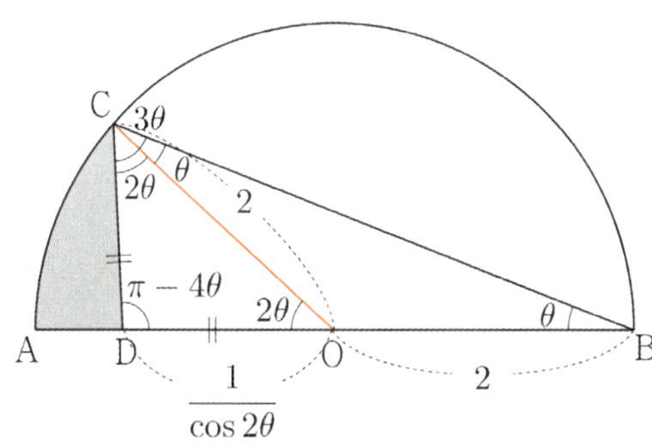

$f(\theta)$ 는 부채꼴 OAC 의 넓이에서 삼각형 OCD 의 넓이를
빼서 구하면 된다.

부채꼴 OAC 의 넓이
$$= \frac{1}{2} \times \left(\overline{OC}\right)^2 \times 2\theta = \frac{1}{2} \times 4 \times 2\theta = 4\theta$$

삼각형 OCD 의 넓이
$$= \frac{1}{2} \times \overline{OD} \times \overline{OC} \times \sin2\theta = \frac{1}{2} \times \frac{1}{\cos2\theta} \times 2 \times \sin2\theta = \tan2\theta$$

$$\therefore \ f(\theta) = 4\theta - \tan2\theta$$

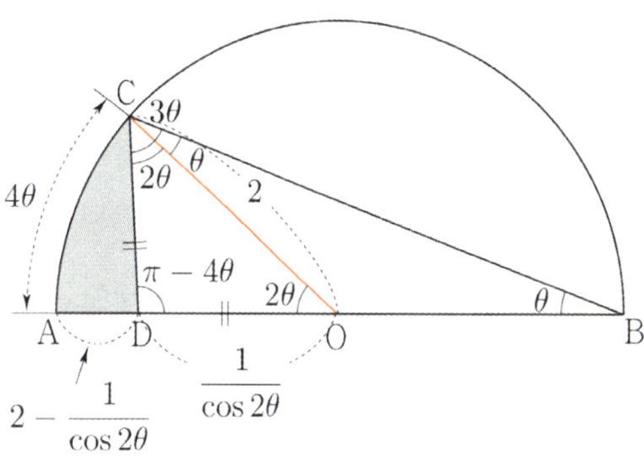

$$\overline{AD} + \overline{CD} = \overline{AD} + \overline{DO} = \overline{AO} = 2$$
$$\widehat{AC} = 2 \times 2\theta = 4\theta$$

$$\therefore \ g(\theta) = 2 + 4\theta$$

$$\lim_{\theta \to 0+} \frac{f(\theta)}{g(\theta) - 2} = \lim_{\theta \to 0+} \frac{4\theta - \tan2\theta}{4\theta} = \lim_{\theta \to 0+} \frac{4 - \dfrac{\tan2\theta}{\theta}}{4}$$

$$= \frac{4 - 2}{4} = \frac{1}{2} = a$$

따라서 $100a = 100 \times \dfrac{1}{2} = 50$ 이다.

 답   50

068

$\displaystyle\lim_{\theta \to 0+} \dfrac{\overline{CD}}{3\theta + f(\theta) - g(\theta)}$ 의 극한값을 구하는 것이므로
$f(\theta)$, $g(\theta)$ 를 각각 구한 뒤 두 값을 빼서 $f(\theta) - g(\theta)$ 를
구하는 사고를 할 수도 있지만 막상 시도하려니 길이
보이지 않는다.

다른 방법이 없을까?

아래 그림과 같이 선분 CF 와 두 호 FA, CA 로 둘러싸인
부분의 넓이를 S 라 하자.

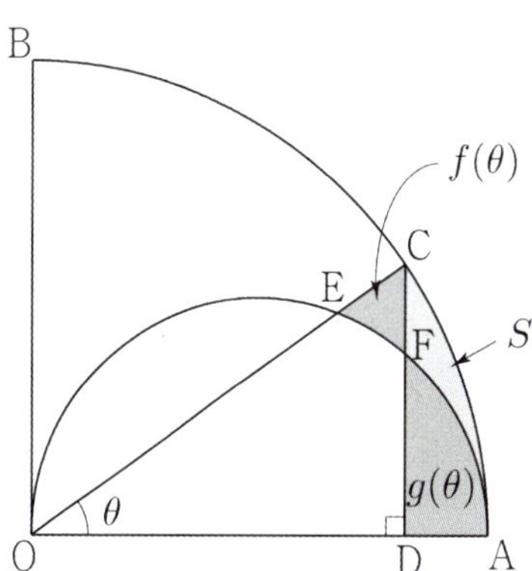

선분 CE와 두 호 EA, CA로 둘러싸인 부분의 넓이는
$S+f(\theta)$ 이고, 두 선분 CD, DA와 호 CA로 둘러싸인 부분의
넓이는 $S+g(\theta)$ 이므로 두 넓이를 빼면
$S+f(\theta)-(S+g(\theta))=f(\theta)-g(\theta)$ 이다.

즉, $f(\theta),\ g(\theta)$ 를 각각 구하지 않고도 넓이 S 를 이용하여
$f(\theta)-g(\theta)$ 를 구할 수 있다.

선분 CE와 두 호 EA, CA로 둘러싸인 부분의 넓이
$S+f(\theta)$ 를 구해보자.

반원의 중심을 G 라 하자.
$\angle EGA = 2\theta$
$\overline{OE} = \overline{OA} \times \cos\theta = 2\cos\theta$

$S+f(\theta)$ 는 부채꼴의 OAC 의 넓이에서 삼각형 OEG 의 넓이와
부채꼴 GAE 의 넓이의 합을 빼면 된다.

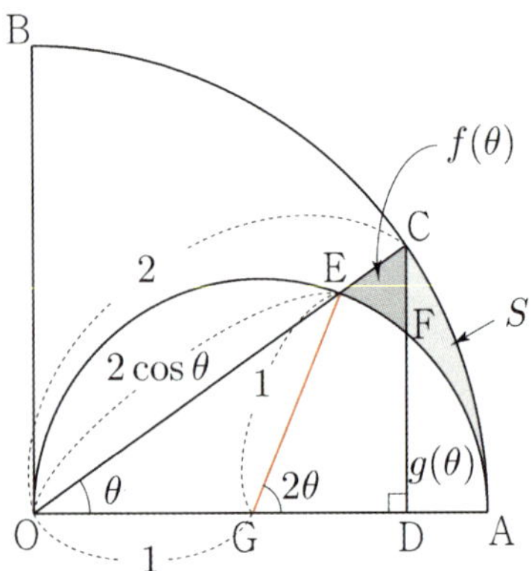

부채꼴의 OAC 의 넓이
$= \dfrac{1}{2} \times (\overline{OC})^2 \times \theta = \dfrac{1}{2} \times 2^2 \times \theta = 2\theta$

삼각형 OEG 의 넓이
$= \dfrac{1}{2} \times \overline{OG} \times \overline{OE} \times \sin\theta = \dfrac{1}{2} \times 1 \times 2\cos\theta \times \sin\theta = \sin\theta\cos\theta$

부채꼴 GAE 의 넓이
$= \dfrac{1}{2} \times (\overline{EG})^2 \times 2\theta = \dfrac{1}{2} \times 1^2 \times 2\theta = \theta$

$S+f(\theta) = 2\theta - (\sin\theta\cos\theta + \theta) = \theta - \sin\theta\cos\theta$

두 선분 CD, DA와 호 CA로 둘러싸인 부분의 넓이
$S+g(\theta)$ 를 구해보자.

$\overline{CD} = \overline{OC} \times \sin\theta = 2\sin\theta$

$\overline{OD} = \overline{OC} \times \cos\theta = 2\cos\theta$

$S+g(\theta)$ 는 부채꼴의 OAC 의 넓이에서 삼각형 OCD 의 넓이를
빼서 구하면 된다.

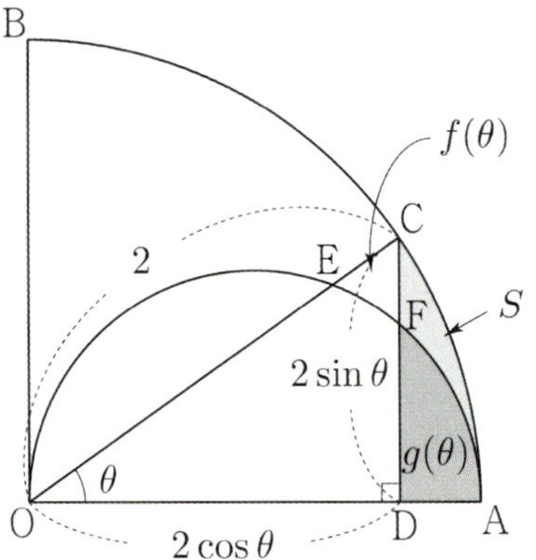

부채꼴 OAC 의 넓이
$= \dfrac{1}{2} \times (\overline{OC})^2 \times \theta = \dfrac{1}{2} \times 2^2 \times \theta = 2\theta$

삼각형 OCD 의 넓이
$= \dfrac{1}{2} \times \overline{CD} \times \overline{OD} = \dfrac{1}{2} \times 2\sin\theta \times 2\cos\theta = 2\sin\theta\cos\theta$

$S+g(\theta) = 2\theta - 2\sin\theta\cos\theta$

$\therefore\ f(\theta) - g(\theta) = S+f(\theta) - \{S+g(\theta)\}$
$\qquad\qquad = \theta - \sin\theta\cos\theta - (2\theta - 2\sin\theta\cos\theta)$
$\qquad\qquad = -\theta + \sin\theta\cos\theta$

$\overline{CD} = 2\sin\theta$ 이므로

$\displaystyle \lim_{\theta \to 0+} \frac{\overline{CD}}{3\theta + f(\theta) - g(\theta)} = \lim_{\theta \to 0+} \frac{2\sin\theta}{2\theta + \sin\theta\cos\theta}$

$\displaystyle = \lim_{\theta \to 0+} \frac{\dfrac{2\sin\theta}{\theta}}{2 + \dfrac{\sin\theta}{\theta} \times \cos\theta}$

$= \dfrac{2}{2+1} = \dfrac{2}{3} = \dfrac{q}{p}$

따라서 $p^2 + q^2 = 9 + 4 = 13$ 이다.

답 13

다른 방법으로 풀어보자.

이번에는 두 선분 ED, FD 와 호 EF 로 둘러싸인 부분의
넓이를 S 라 하자.

삼각형 DEC 의 넓이는 $S+f(\theta)$ 이고, 두 선분 DE, DA 와
호 AE 로 둘러싸인 부분의 넓이는 $S+g(\theta)$ 이므로
두 넓이를 빼면 $S+f(\theta)-(S+g(\theta))=f(\theta)-g(\theta)$ 이다.

삼각형 DEC 의 넓이 $S+f(\theta)$ 를 구해보자.

$$\overline{OE}=\overline{OA}\times\cos\theta=2\cos\theta$$

$$\overline{CE}=\overline{OC}-\overline{OE}=2-2\cos\theta$$

$$\overline{CD}=\overline{OC}\times\sin\theta=2\sin\theta$$

$$\angle OCD=\frac{\pi}{2}-\theta$$

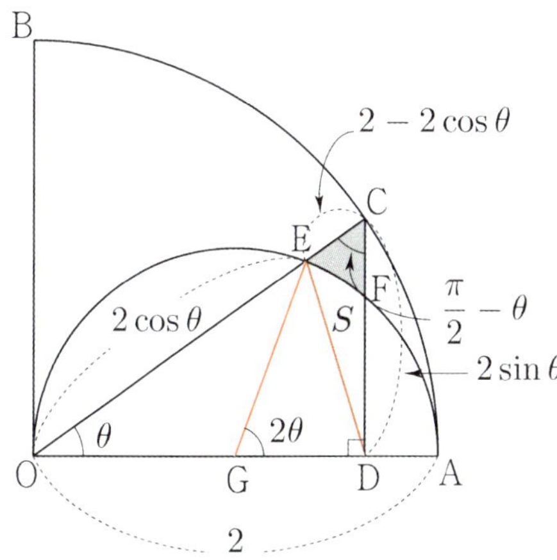

$$S+f(\theta)=\frac{1}{2}\times\overline{CE}\times\overline{CD}\times\sin\left(\frac{\pi}{2}-\theta\right)$$

$$=\frac{1}{2}\times(2-2\cos\theta)\times2\sin\theta\times\cos\theta$$

$$=2(1-\cos\theta)\sin\theta\cos\theta$$

두 선분 DE, DA 와 호 AE 로 둘러싸인 부분의
넓이 $S+g(\theta)$ 를 구해보자.

$S+g(\theta)$ 는 부채꼴 GAE 의 넓이에서 삼각형 GDE 의 넓이를
빼서 구하면 된다.

$$\overline{OD}=\overline{OC}\times\cos\theta=2\cos\theta$$

$$\overline{GD}=\overline{OD}-\overline{OG}=2\cos\theta-1$$

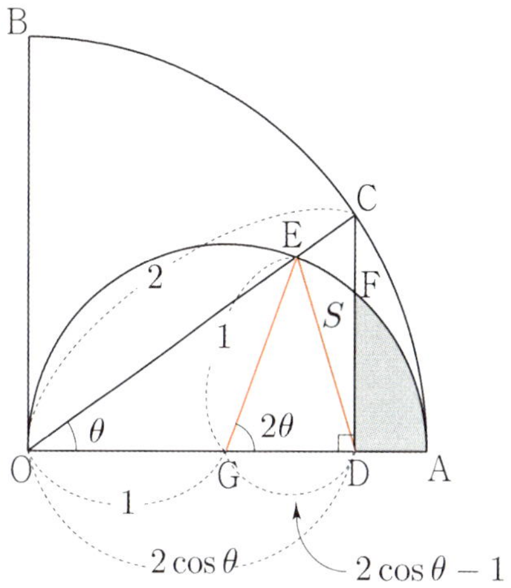

부채꼴 GAE 의 넓이

$$=\frac{1}{2}\times\left(\overline{EG}\right)^2\times2\theta=\frac{1}{2}\times1^2\times2\theta=\theta$$

삼각형 GDE 의 넓이

$$=\frac{1}{2}\times\overline{EG}\times\overline{GD}\times\sin2\theta=\frac{1}{2}\times1\times(2\cos\theta-1)\times\sin2\theta$$

$$=\frac{1}{2}(2\cos\theta-1)\sin2\theta$$

$$S+g(\theta)=\theta-\frac{1}{2}(2\cos\theta-1)\sin2\theta$$

$$\therefore\ f(\theta)-g(\theta)=S+f(\theta)-\{S+g(\theta)\}$$

$$=2(1-\cos\theta)\sin\theta\cos\theta-\theta+\frac{1}{2}(2\cos\theta-1)\sin2\theta$$

$\overline{CD}=2\sin\theta$ 이므로

$$\lim_{\theta\to0+}\frac{\overline{CD}}{3\theta+f(\theta)-g(\theta)}$$

$$=\lim_{\theta\to0+}\frac{2\sin\theta}{2\theta+2(1-\cos\theta)\sin\theta\cos\theta+\frac{1}{2}(2\cos\theta-1)\sin2\theta}$$

$$=\lim_{\theta\to0+}\frac{\dfrac{2\sin\theta}{\theta}}{2+2(1-\cos\theta)\cos\theta\times\dfrac{\sin\theta}{\theta}+(2\cos\theta-1)\times\dfrac{\sin2\theta}{2\theta}}$$

$$=\frac{2}{2+0+1}=\frac{2}{3}$$

69	③	100	⑤
70	②	101	④
71	③	102	19
72	③	103	②
73	③	104	④
74	①	105	④
75	④	106	④
76	⑤	107	⑤
77	③	108	⑤
78	26	109	2
79	②	110	④
80	②	111	②
81	8	112	①
82	②	113	②
83	④	114	④
84	①	115	④
85	③	116	23
86	①	117	①
87	③	118	5
88	①	119	20
89	②	120	⑤
90	②	121	④
91	4	122	④
92	③	123	②
93	③	124	④
94	③	125	18
95	③	126	③
96	②	127	②
97	③	128	20
98	②	129	①
99	④		

069

$$\lim_{x \to 0} (1+3x)^{\frac{1}{6x}} = \lim_{x \to 0} (1+3x)^{\frac{1}{3x} \times \frac{1}{2}} = e^{\frac{1}{2}} = \sqrt{e}$$

 답 ③

070

$$\lim_{x \to 0} \frac{e^x - 1}{x(x^2 + 2)} = \lim_{x \to 0} \left(\frac{e^x - 1}{x} \times \frac{1}{x^2 + 2} \right) = 1 \times \frac{1}{2} = \frac{1}{2}$$

 답 ②

071

$$\lim_{x \to 0} \frac{x^2 + 5x}{\ln(1+3x)} = \lim_{x \to 0} \left(\frac{3x}{\ln(1+3x)} \times \frac{x+5}{3} \right) = 1 \times \frac{5}{3} = \frac{5}{3}$$

 답 ③

072

$$\lim_{x \to 0} \frac{\ln(1+5x)}{\sin 3x} = \lim_{x \to 0} \left(\frac{\ln(1+5x)}{5x} \times \frac{3x}{\sin 3x} \times \frac{5}{3} \right)$$

$$= 1 \times 1 \times \frac{5}{3} = \frac{5}{3}$$

 답 ③

073

$$\lim_{x \to 0} \frac{6x}{e^{4x} - e^{2x}} = \lim_{x \to 0} \frac{6x}{e^{4x} - 1 - (e^{2x} - 1)}$$

$$= \lim_{x \to 0} \frac{6}{\dfrac{e^{4x} - 1}{4x} \times 4 - \left(\dfrac{e^{2x} - 1}{2x} \times 2 \right)}$$

$$= \frac{6}{4-2} = 3$$

 답 ③

074

$f(x)$ 는 $x=0$ 에서 연속이므로
$\lim_{x \to 0} f(x) = f(0)$ 이어야 한다.

$\lim_{x \to 0} f(x) = \lim_{x \to 0} \dfrac{e^{2x}+a}{x}$

$f(0)=b$

$\lim_{x \to 0} \dfrac{e^{2x}+a}{x} = b$

분모가 0으로 가는데 극한값이 존재하므로
분자는 0으로 가야 한다.

$\lim_{x \to 0} (e^{2x}+a)=0 \ \Rightarrow \ a=-1$

$\lim_{x \to 0} \dfrac{e^{2x}-1}{x} = \lim_{x \to 0} \dfrac{e^{2x}-1}{2x} \times 2 = 2 = b$

따라서 $a+b=-1+2=1$ 이다.

답 ①

075

$\lim_{x \to 0} \dfrac{2x\sin x}{1-\cos x} = \lim_{x \to 0} \left(\dfrac{x^2}{1-\cos x} \times \dfrac{\sin x}{x} \times 2 \right)$

$$= 2 \times 1 \times 2 = 4$$

답 ④

076

$f(x) = \dfrac{x}{2} + \sin x$

$f'(x) = \dfrac{1}{2} + \cos x$

따라서
$\lim_{x \to \pi} \dfrac{f(x)-f(\pi)}{x-\pi} = f'(\pi)$

$$= \dfrac{1}{2} + \cos\pi = \dfrac{1}{2} - 1 = -\dfrac{1}{2}$$

이다.

답 ⑤

077

$\lim_{x \to 0} \dfrac{e^{2x^2}-1}{\tan x \sin 2x}$

$= \lim_{x \to 0} \left(\dfrac{e^{2x^2}-1}{2x^2} \times \dfrac{x}{\tan x} \times \dfrac{2x}{\sin 2x} \right)$

$= 1 \times 1 \times 1 = 1$

답 ③

078

$\tan\theta = 5$
물론 core해석법으로 풀어도 무방하지만
삼각함수의 관계를 이용하여 풀어보자.
$1+\tan^2\theta = \sec^2\theta$

따라서 $\sec^2\theta = 1+25 = 26$ 이다.

답 26

079

$f(x) = e^x(2x+1)$
곱의 미분법에 의하여
$f'(x) = e^x(2x+1) + e^x \times 2$

따라서 $f'(1) = e \times 3 + e \times 2 = 5e$ 이다.

답 ②

080

$\lim_{x \to \frac{\pi}{2}} (1-\cos x)^{\sec x}$

$= \lim_{x \to \frac{\pi}{2}} (1+(-\cos x))^{\frac{1}{-\cos x} \times (-1)}$

$= e^{-1} = \dfrac{1}{e}$

답 ②

081

$$\lim_{x \to 0} f(x)\left(1 - \cos\frac{x}{2}\right) = \lim_{x \to 0}\left(\frac{x^2 f(x)}{4} \times \frac{1 - \cos\frac{x}{2}}{\left(\frac{x}{2}\right)^2}\right)$$

$$= \lim_{x \to 0}\frac{x^2 f(x)}{4} \times \frac{1}{2} = 1$$

$$\Rightarrow \lim_{x \to 0} x^2 f(x) = 8$$

답 8

082

$$\lim_{x \to 0}\frac{x^2 + 4x}{\ln(x^2 + x + 1)} = \lim_{x \to 0}\left(\frac{x^2 + x}{\ln(1 + x^2 + x)} \times \frac{x^2 + 4x}{x^2 + x}\right)$$

$$= \lim_{x \to 0}\left(\frac{x^2 + x}{\ln(1 + x^2 + x)} \times \frac{x + 4}{x + 1}\right)$$

$$= 1 \times 4 = 4$$

답 ②

083

$$\lim_{x \to a}\frac{2^x - 1}{3\sin(x - a)} = b\ln 2$$

분모가 0으로 가는데 극한값이 존재하므로
분자는 0으로 가야 한다.

$$\lim_{x \to a}\left(2^x - 1\right) = 0 \Rightarrow 2^a = 1 \Rightarrow a = 0$$

$$\lim_{x \to 0}\frac{2^x - 1}{3\sin x} = \frac{1}{3}\lim_{x \to 0}\left(\frac{x}{\sin x} \times \frac{2^x - 1}{x}\right) = \frac{1}{3} \times 1 \times \ln 2$$

$$= \frac{1}{3}\ln 2$$

$$\Rightarrow b = \frac{1}{3}$$

따라서 $a + b = \dfrac{1}{3}$ 이다.

답 ④

084

$$\cos(\alpha + \beta) = \frac{5}{7}, \quad \cos\alpha\cos\beta = \frac{4}{7}$$

$$\cos(\alpha + \beta) = \cos\alpha\cos\beta - \sin\alpha\sin\beta$$

$$\Rightarrow \frac{5}{7} = \frac{4}{7} - \sin\alpha\sin\beta \Rightarrow \sin\alpha\sin\beta = -\frac{1}{7}$$

답 ①

085

$$\sin\theta - \cos\theta = \frac{\sqrt{3}}{2}$$

양변을 제곱하면

$$\sin^2\theta + \cos^2\theta - 2\sin\theta\cos\theta = \frac{3}{4}$$

$$\Rightarrow 1 - 2\sin\theta\cos\theta = \frac{3}{4} \Rightarrow \sin\theta\cos\theta = \frac{1}{8}$$

따라서 $\tan\theta + \cot\theta = \dfrac{\sin\theta}{\cos\theta} + \dfrac{\cos\theta}{\sin\theta} = \dfrac{\sin^2\theta + \cos^2\theta}{\sin\theta\cos\theta}$

$$= \frac{1}{\sin\theta\cos\theta} = 8$$

이다.

답 ③

086

$$\tan\left(\alpha + \frac{\pi}{4}\right) = \frac{\tan\alpha + \tan\frac{\pi}{4}}{1 - \tan\alpha\tan\frac{\pi}{4}} = \frac{\tan\alpha + 1}{1 - \tan\alpha} = 2$$

$$\Rightarrow 2 - 2\tan\alpha = \tan\alpha + 1 \Rightarrow \tan\alpha = \frac{1}{3}$$

답 ①

$f(x)$는 $x=1$에서 연속이므로 $\lim\limits_{x \to 1} f(x) = f(1)$ 이어야 한다.

$$\lim_{x \to 1} f(x) = \lim_{x \to 1} \frac{\sin 2(x-1)}{x-1}$$

$$f(1) = a$$

$$\lim_{x \to 1} \frac{\sin 2(x-1)}{x-1} = \lim_{x \to 1} \frac{\sin 2(x-1)}{2(x-1)} \times 2 = 1 \times 2 = 2 = a$$

답 ③

$$\lim_{x \to 0} \frac{2^{ax+b}-8}{2^{bx}-1} = 16$$

분모 $\lim\limits_{x \to 0}\left(2^{bx}-1\right)=0$ 이므로 분자 $\lim\limits_{x \to 0}\left(2^{ax+b}-8\right)=0$ 이어야

하므로 $2^b = 8 \ \Rightarrow \ b = 3$

$$\lim_{x \to 0} \frac{2^{ax+3}-8}{2^{3x}-1} = \lim_{x \to 0} \frac{8\left(2^{ax}-1\right)}{2^{3x}-1}$$

$$= 8 \times \lim_{x \to 0} \left(\frac{\dfrac{2^{ax}-1}{ax}}{\dfrac{2^{3x}-1}{3x}} \times \frac{ax}{3x} \right)$$

$$= 8 \times \frac{\ln 2}{\ln 2} \times \frac{a}{3}$$

$$= \frac{8a}{3} = 16 \ \Rightarrow \ a = 6$$

따라서 $a+b=9$ 이다.

답 ①

089

$$3x + 4y - 2 = 0 \ \Rightarrow \ y = -\frac{3}{4}x + \frac{1}{2}$$

이므로 $\tan\theta = -\dfrac{3}{4}$

따라서

$$\tan\left(\frac{\pi}{4}+\theta\right) = \frac{\tan\dfrac{\pi}{4}+\tan\theta}{1-\tan\dfrac{\pi}{4}\tan\theta} = \frac{1+\tan\theta}{1-\tan\theta} = \frac{1-\dfrac{3}{4}}{1+\dfrac{3}{4}} = \frac{1}{7}$$

이다.

답 ②

$$f(x) = \sin x + a\cos x$$

$$f'(x) = \cos x - a \sin x$$

$$f\left(\frac{\pi}{2}\right) = 1$$

$$\lim_{x \to \frac{\pi}{2}} \frac{f(x)-1}{x-\dfrac{\pi}{2}} = \lim_{x \to \frac{\pi}{2}} \frac{f(x)-f\left(\dfrac{\pi}{2}\right)}{x-\dfrac{\pi}{2}} = f'\left(\frac{\pi}{2}\right) = -a = 3$$

$$\Rightarrow \ a = -3$$

$$f(x) = \sin x - 3\cos x$$

따라서 $f\left(\dfrac{\pi}{4}\right) = \dfrac{\sqrt{2}}{2} - \dfrac{3\sqrt{2}}{2} = -\sqrt{2}$ 이다.

답 ②

$$f(x) = x^3 \ln x$$

$$f'(x) = 3x^2 \ln x + x^3 \times \frac{1}{x} = 3x^2 \ln x + x^2$$

따라서 $\dfrac{f'(e)}{e^2} = \dfrac{3e^2 + e^2}{e^2} = 4$ 이다.

답 4

$$\cos\theta = -\frac{3}{5} \ \left(\frac{\pi}{2} < \theta < \pi\right)$$

core해석법(예제 8번 해설참고)에 의해서 $\sin = \dfrac{4}{5}$

$\dfrac{\pi}{2} < \theta < \pi$ 이므로 $\sin\theta > 0$ 이다.

즉, $\sin\theta = \dfrac{4}{5}$ 이다.

따라서 $\csc(\pi+\theta) = \dfrac{1}{\sin(\pi+\theta)} = \dfrac{1}{-\sin\theta} = -\dfrac{5}{4}$ 이다.

답 ③

$$f(x) = \ln(ax+b)$$

$$\lim_{x \to 0} \frac{f(x)}{x} = \lim_{x \to 0} \frac{\ln(ax+b)}{x} = 2$$

분모가 0으로 가는데 극한값이 존재하므로
분자는 0으로 가야 한다.

$$\lim_{x \to 0} f(x) = 0 \;\Rightarrow\; \lim_{x \to 0} \ln(ax+b) = 0 \;\Rightarrow\; \ln b = 0 \;\Rightarrow\; b = 1$$

$$\lim_{x \to 0} \frac{f(x)}{x} = \lim_{x \to 0} \frac{\ln(1+ax)}{ax} \times a = 1 \times a = a = 2$$

$$f(x) = \ln(2x+1)$$

따라서 $f(2) = \ln 5$ 이다.

답 ③

094

점 $\mathrm{P}(t,\ \sin t)$ 에서의 접선의 기울기는 $\cos t$ 이므로
$$\tan\theta = \left| \frac{\cos t - (-1)}{1 - \cos t} \right| = \left| \frac{1 + \cos t}{1 - \cos t} \right| = \frac{1 + \cos t}{1 - \cos t}$$

$$\lim_{t \to \pi-} \frac{\tan\theta}{(\pi-t)^2} = \lim_{t \to \pi-} \frac{1 + \cos t}{(1 - \cos t)(\pi-t)^2}$$

$\pi - t = x$ 라 하면 $t \to \pi- \;\Rightarrow\; x \to 0+$ 이므로

$$\lim_{t \to \pi-} \frac{1 + \cos t}{(1 - \cos t)(\pi-t)^2} = \lim_{x \to 0+} \frac{1 + \cos(\pi-x)}{\{1 - \cos(\pi-x)\}x^2}$$

$$= \lim_{x \to 0+} \frac{1 - \cos x}{(1 + \cos x)x^2}$$

$$= \frac{1}{4}$$

따라서 $\displaystyle\lim_{t \to \pi-} \frac{\tan\theta}{(\pi-t)^2} = \frac{1}{4}$ 이다.

답 ③

$x > -1$ 인 모든 실수 x 에 대하여

$$\ln(1+x) \leq f(x) \leq \frac{1}{2}\left(e^{2x} - 1\right)$$

$x = 3t$ 라 하면 $3t > -1 \;\Rightarrow\; t > -\dfrac{1}{3}$

① $\ln(1+3t) \leq f(3t) \leq \dfrac{1}{2}\left(e^{6t} - 1\right)$

양변에 $t\ (t > 0)$ 를 나누면

$$\frac{\ln(1+3t)}{t} \leq \frac{f(3t)}{t} \leq \frac{e^{6t}-1}{2t}$$

$$\lim_{t \to 0+} \frac{\ln(1+3t)}{t} = \lim_{t \to 0+} \frac{\ln(1+3t)}{3t} \times 3 = 1 \times 3 = 3$$

$$\lim_{t \to 0+} \frac{e^{6t}-1}{2t} = \lim_{t \to 0+} \frac{e^{6t}-1}{6t} \times 3 = 1 \times 3 = 3$$

이므로 함수의 극한의 대소 관계에 의하여

$$\lim_{t \to 0+} \frac{f(3t)}{t} = 3$$

② $\ln(1+3t) \leq f(3t) \leq \dfrac{1}{2}\left(e^{6t} - 1\right)$

양변에 $t\left(-\dfrac{1}{3} < t < 0\right)$ 를 나누면

(음수이므로 부등호 방향이 바뀐다.)

$$\frac{e^{6t}-1}{2t} \leq \frac{f(3t)}{t} \leq \frac{\ln(1+3t)}{t}$$

$$\lim_{t \to 0-} \frac{e^{6t}-1}{2t} = \lim_{t \to 0-} \frac{e^{6t}-1}{6t} \times 3 = 1 \times 3 = 3$$

$$\lim_{t \to 0-} \frac{\ln(1+3t)}{t} = \lim_{t \to 0-} \frac{\ln(1+3t)}{3t} \times 3 = 1 \times 3 = 3$$

이므로 함수의 극한의 대소 관계에 의하여

$$\lim_{t \to 0-} \frac{f(3t)}{t} = 3$$

①, ②에 의하여

$$\lim_{t \to 0+} \frac{f(3t)}{t} = \lim_{t \to 0-} \frac{f(3t)}{t} = 3 \;\Rightarrow\; \lim_{t \to 0} \frac{f(3t)}{t} = 3$$

따라서 $\displaystyle\lim_{x \to 0} \frac{f(3x)}{x} = 3$ 이다.

답 ③

$f(x)$는 $x=0$에서 연속이므로

$\lim\limits_{x \to 0} f(x) = f(0)$ 이어야 한다.

$$\lim_{x \to 0} f(x) = \lim_{x \to 0} \frac{e^{3x}-1}{x(e^x+1)} = \lim_{x \to 0}\left(\frac{e^{3x}-1}{3x} \times \frac{3}{e^x+1}\right)$$

$$= 1 \times \frac{3}{2} = \frac{3}{2}$$

$f(0) = a$

$\lim\limits_{x \to 0} f(x) = f(0) \Rightarrow a = \dfrac{3}{2}$

따라서 상수 $a = \dfrac{3}{2}$ 이다.

답 ②

$h(x) = f(x) - g(x) = a^x - 2\log_b x = a^x - \dfrac{2\ln x}{\ln b}$ 라 하면

$\lim\limits_{x \to e} \dfrac{f(x)-g(x)}{x-e} = \lim\limits_{x \to e} \dfrac{h(x)}{x-e} = 0$ 이므로

$h(e) = 0$, $h'(e) = 0$ 이다.

$h(e) = 0 \Rightarrow a^e = \dfrac{2}{\ln b}$

$h'(x) = a^x \ln a - \dfrac{2}{x \ln b}$ 이므로

$h'(e) = 0 \Rightarrow a^e \ln a = \dfrac{2}{e\ln b} \Rightarrow \dfrac{2\ln a}{\ln b} = \dfrac{2}{e\ln b}$

$\Rightarrow \ln a = \dfrac{1}{e} \Rightarrow a = e^{\frac{1}{e}}$

$a^e = \dfrac{2}{\ln b} \Rightarrow e = \dfrac{2}{\ln b} \Rightarrow \ln b = \dfrac{2}{e}$

$\Rightarrow b = e^{\frac{2}{e}}$

따라서 $a \times b = e^{\frac{1}{e}} \times e^{\frac{2}{e}} = e^{\frac{3}{e}}$ 이다.

답 ③

098

$2\cos\alpha = 3\sin\alpha \Rightarrow \tan\alpha = \dfrac{2}{3}$

$\tan(\alpha+\beta) = 1 \Rightarrow \dfrac{\tan\alpha + \tan\beta}{1 - \tan\alpha\tan\beta} = 1$

$\Rightarrow \dfrac{\frac{2}{3}+\tan\beta}{1-\frac{2}{3}\tan\beta} = 1 \Rightarrow \dfrac{2}{3}+\tan\beta = 1 - \dfrac{2}{3}\tan\beta$

$\Rightarrow \dfrac{5}{3}\tan\beta = \dfrac{1}{3} \Rightarrow \tan\beta = \dfrac{1}{5}$

따라서 $\tan\beta = \dfrac{1}{5}$ 이다.

답 ②

$\overline{AB} = \overline{AC}$ 이고 $\angle A = \alpha$, $\angle B = \beta$ 이므로 $\angle C = \beta$

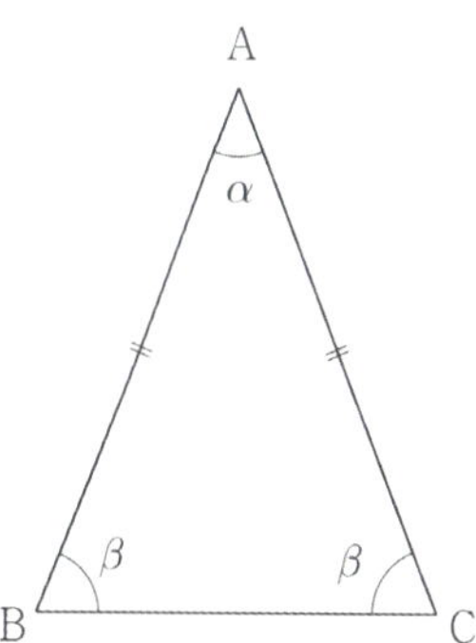

$2\beta + \alpha = \pi \Rightarrow \alpha + \beta = \pi - \beta$

$\tan(\alpha+\beta) = \tan(\pi-\beta) = -\tan\beta = -\dfrac{3}{2}$

$\Rightarrow \tan\beta = \dfrac{3}{2}$

$\tan(\alpha+\beta) = \dfrac{\tan\alpha + \tan\beta}{1-\tan\alpha\tan\beta} = \dfrac{\tan\alpha + \frac{3}{2}}{1-\frac{3}{2}\tan\alpha} = -\dfrac{3}{2}$

$\Rightarrow 2\tan\alpha + 3 = -3 + \dfrac{9}{2}\tan\alpha$

$\Rightarrow \dfrac{5}{2}\tan\alpha = 6 \Rightarrow \tan\alpha = \dfrac{12}{5}$

따라서 $\tan\alpha = \dfrac{12}{5}$ 이다.

답 ④

100

$$\left(e^{2x}-1\right)^2 f(x) = a - 4\cos\frac{\pi}{2}x$$

양변에 $x=0$을 대입하면 $0 = a - 4 \Rightarrow a = 4$

$$\left(e^{2x}-1\right)^2 f(x) = 4 - 4\cos\frac{\pi}{2}x$$

$x \ne 0$ 이면 $f(x) = \dfrac{4 - 4\cos\frac{\pi}{2}x}{\left(e^{2x}-1\right)^2}$

$$\lim_{x \to 0} f(x) = \lim_{x \to 0} \frac{4 - 4\cos\frac{\pi}{2}x}{\left(e^{2x}-1\right)^2}$$

$$= \lim_{x \to 0}\left(\frac{1-\cos\frac{\pi}{2}x}{\left(\frac{\pi}{2}x\right)^2} \times \frac{2x}{e^{2x}-1} \times \frac{2x}{e^{2x}-1} \times \frac{\pi^2}{4}\right)$$

$$= \frac{1}{2}\times 1 \times 1 \times \frac{\pi^2}{4} = \frac{\pi^2}{8}$$

$f(x)$는 $x=0$에서 연속이므로

$$\lim_{x \to 0} f(x) = f(0) \Rightarrow f(0) = \frac{\pi^2}{8}$$

따라서 $a \times f(0) = 4 \times \dfrac{\pi^2}{8} = \dfrac{\pi^2}{2}$ 이다.

답   ⑤

101

$$x - y - 1 = 0, \ ax - y + 1 = 0$$

$$\Rightarrow y = x - 1, \ y = ax + 1$$

$$\tan\theta = \frac{1}{6}$$

$$\Rightarrow \left|\frac{1-a}{1+a}\right| = \frac{1}{6}$$

$$\Rightarrow \frac{a-1}{a+1} = \frac{1}{6} \ \ (\because \ a > 1)$$

$$\Rightarrow 6a - 6 = a + 1 \Rightarrow 5a = 7 \Rightarrow a = \frac{7}{5}$$

따라서 상수 $a = \dfrac{7}{5}$ 이다.

답   ④

102

$f(x)$는 $x=1$에서 연속이므로

$$\lim_{x \to 1} f(x) = f(1) \ \text{이어야 한다.}$$

$$\lim_{x \to 1+} f(x) = \lim_{x \to 1+} \frac{5\ln x}{x-1}$$

$x - 1$를 치환해서 구할 수도 있지만
미분계수의 정의를 활용하여 구해보자.

$g(x) = 5\ln x$ 라 하면 $g(1) = 0$이므로

$$\lim_{x \to 1+} f(x) = \lim_{x \to 1+} \frac{5\ln x}{x-1} = \lim_{x \to 1+} \frac{g(x)-g(1)}{x-1} = g'(1) = 5$$

> **Tip**
>
> <수2 복습>
>
> $g(x)$는 $x=1$에서 미분가능하므로
> $$\lim_{x \to 1+} \frac{g(x)-g(1)}{x-1} = \lim_{x \to 1-} \frac{g(x)-g(1)}{x-1} = g'(1)$$

$$\lim_{x \to 1-} f(x) = \lim_{x \to 1-} (-14x + a) = -14 + a$$

$$f(1) = -14 + a$$

$$\lim_{x \to 1} f(x) = f(1) \Rightarrow 5 = -14 + a \Rightarrow a = 19$$

따라서 상수 $a = 19$ 이다.

답   19

103

$$f(x) = x^2 + ax + b$$

$f(x)g(x)$는 $x=0$에서 연속이므로

$$\lim_{x \to 0} f(x)g(x) = f(0)g(0)$$

$$\lim_{x \to 0} f(x)g(x) = \lim_{x \to 0} \frac{x^2 + ax + b}{\ln(x+1)}$$

$$f(0)g(0) = 8b$$

$$\lim_{x \to 0} f(x)g(x) = f(0)g(0)$$

$$\Rightarrow \lim_{x \to 0} \frac{x^2 + ax + b}{\ln(x+1)} = 8b$$

분모가 0으로 가는데 극한값이 존재하므로
분자는 0으로 가야 한다.

$$\lim_{x \to 0}(x^2+ax+b)=0 \ \Rightarrow\ b=0$$

$$\lim_{x \to 0}\frac{x^2+ax}{\ln(x+1)}=\lim_{x \to 0}\left(\frac{x}{\ln(x+1)}\times(x+a)\right)$$

$$=1\times a=0$$

$$\Rightarrow\ a=0$$

$$f(x)=x^2$$

따라서 $f(3)=9$ 이다.

답   ②

104

$$f(x)=\sin(x+\alpha)+2\cos(x+\alpha)$$

$$=\sin x\cos\alpha+\cos x\sin\alpha+2(\cos x\cos\alpha-\sin x\sin\alpha)$$

$$f'(x)=\cos x\cos\alpha-\sin x\sin\alpha-2\sin x\cos\alpha-2\cos x\sin\alpha$$

$$f'\left(\frac{\pi}{4}\right)=\frac{\sqrt{2}}{2}\cos\alpha-\frac{\sqrt{2}}{2}\sin\alpha-\sqrt{2}\cos\alpha-\sqrt{2}\sin\alpha$$

$$=-\frac{\sqrt{2}}{2}\cos\alpha-\frac{3\sqrt{2}}{2}\sin\alpha=0$$

$$\Rightarrow\ -\frac{3\sqrt{2}}{2}\sin\alpha=\frac{\sqrt{2}}{2}\cos\alpha$$

$$\Rightarrow\ \tan\alpha=\frac{\dfrac{\sqrt{2}}{2}}{-\dfrac{3\sqrt{2}}{2}}=-\frac{1}{3}$$

따라서 $\tan\alpha=-\dfrac{1}{3}$ 이다.

답   ④

105

$x>0$ 에서 $y=e^{|x|}=e^x$, $y'=e^x$

원점에서 곡선 $y=e^x$ 에 접선을 그을 때,
접점의 x 좌표를 t 라 하자.

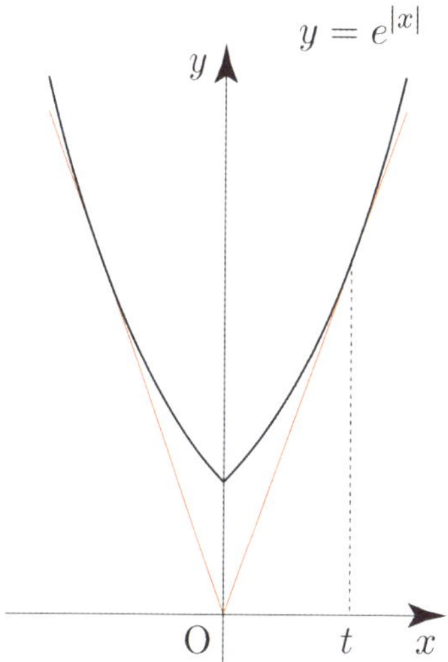

접선의 방정식을 구하면 $y=e^t(x-t)+e^t$ 이고,
원점을 지나므로 $0=e^t(-t)+e^t \ \Rightarrow\ 0=e^t(-t+1) \ \Rightarrow\ t=1$

곡선 $y=e^{|x|}$ 는 y축에 대하여 대칭이므로
정의역이 음수일 때 접점의 x 좌표는 -1 이다.

$t>0$ 일 때 $x=t$ 에서 접선의 기울기는 e^t 이고, $t<0$ 일 때
접선의 기울기는 $-e^{-t}$ 이므로 두 접선의 기울기는
$e,\ -e$ 이다.

따라서 두 접선이 이루는 예각의 크기를 θ 라 할 때,
$$\tan\theta=\left|\frac{e-(-e)}{1-e^2}\right|=\left|\frac{2e}{1-e^2}\right|=\frac{2e}{e^2-1}\ \text{이다.}$$

답   ④

106

$f(x)$ 는 $x=\dfrac{\pi}{2}$ 에서 연속이므로

$$\lim_{x \to \frac{\pi}{2}}f(x)=f\left(\frac{\pi}{2}\right)\ \text{이어야 한다.}$$

$$\lim_{x \to \frac{\pi}{2}}f(x)$$

$$=\lim_{x \to \frac{\pi}{2}}(2\cos x\tan x+a)=\lim_{x \to \frac{\pi}{2}}(2\sin x+a)=2+a$$

$$f\left(\frac{\pi}{2}\right)=3a$$

$$\lim_{x\to\frac{\pi}{2}}f(x)=f\left(\frac{\pi}{2}\right)\Rightarrow 2+a=3a\Rightarrow a=1$$

$$0\le x\le\pi$$

$$f(x)=\begin{cases}2\sin x+1 & \left(x\neq\frac{\pi}{2}\right)\\[2mm] 3 & \left(x=\frac{\pi}{2}\right)\end{cases}$$

이므로 최댓값은 3 이고 최솟값은 1 이다.

범위 조심!! $0\le x\le\pi$

따라서 최댓값과 최솟값의 합은 4 이다.

답 ④

107

$$\overline{OR}=\sqrt{2},\ \overline{OQ}=1\Rightarrow \overline{RQ}=1$$
이므로 삼각형 ORQ 는 직각이등변삼각형이고
$$\beta=\frac{\pi}{4}$$ 이다.

$$\sin\alpha=\frac{4}{5}\Rightarrow \cos\alpha=\frac{3}{5}\ \left(\because\ 0<\alpha<\frac{\pi}{2}\right)$$

따라서 $\cos(\alpha+\beta)=\cos\alpha\cos\beta-\sin\alpha\sin\beta$

$$=\frac{3}{5}\times\frac{\sqrt{2}}{2}-\frac{4}{5}\times\frac{\sqrt{2}}{2}=-\frac{\sqrt{2}}{10}$$
이다.

답 ⑤

108

$25x^2-25x+4=0$ 의 두 근이 $\sin(a+b)$, $\sin(a-b)$
근과 계수의 관계에 의하여
$$\sin(a+b)+\sin(a-b)=1$$

$$\Rightarrow \sin a\cos b+\cos a\sin b+\sin a\cos b-\cos a\sin b=1$$

$$\Rightarrow \sin a\cos b=\frac{1}{2}$$

$$\sin(a+b)\times\sin(a-b)=\frac{4}{25}$$

$$\Rightarrow (\sin a\cos b+\cos a\sin b)(\sin a\cos b-\cos a\sin b)=\frac{4}{25}$$

$$\Rightarrow \left(\frac{1}{2}+\cos a\sin b\right)\left(\frac{1}{2}-\cos a\sin b\right)=\frac{4}{25}$$

$$\Rightarrow \frac{1}{4}-(\cos a\sin b)^2=\frac{4}{25}$$

$$\Rightarrow (\cos a\sin b)^2=\frac{9}{100}$$

$$\Rightarrow \cos a\sin b=\frac{3}{10}\ \left(\because\ 0<b<a<\frac{\pi}{4}\right)$$

따라서 $\dfrac{\tan a}{\tan b}=\dfrac{\frac{\sin a}{\cos a}}{\frac{\sin b}{\cos b}}=\dfrac{\sin a\cos b}{\cos a\sin b}=\dfrac{\frac{1}{2}}{\frac{3}{10}}=\dfrac{5}{3}$ 이다.

답 ⑤

109

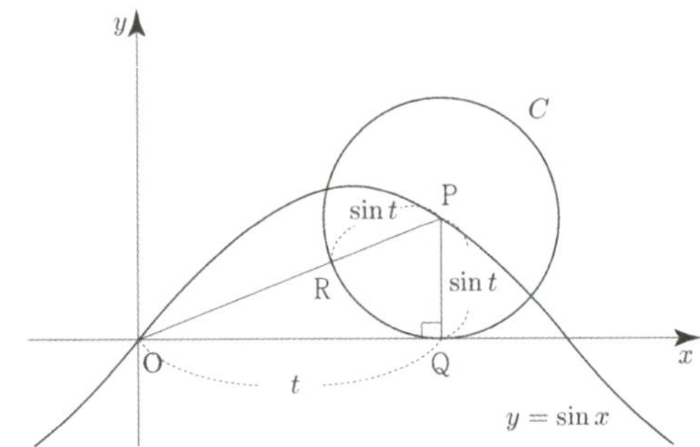

$$\overline{OQ}=t$$
$$\overline{OR}=\overline{OP}-\overline{PR}=\sqrt{t^2+\sin^2 t}-\sin t$$

$$\lim_{t\to 0+}\frac{\overline{OQ}}{\overline{OR}}=\lim_{t\to 0+}\frac{t}{\sqrt{t^2+\sin^2 t}-\sin t}$$

$$=\lim_{t\to 0+}\frac{1}{\sqrt{1+\frac{\sin^2 t}{t^2}}-\frac{\sin t}{t}}$$

$$=\frac{1}{\sqrt{2}-1}=\sqrt{2}+1=a+b\sqrt{2}$$

따라서 $a+b=2$ 이다.

답 2

110

$$\lim_{x \to 0} \frac{e^{1-\sin x} - e^{1-\tan x}}{\tan x - \sin x}$$

$$= \lim_{x \to 0} \frac{e^{1-\tan x}\left(e^{\tan x - \sin x} - 1\right)}{\tan x - \sin x}$$

$$= \lim_{x \to 0} \left(\frac{e^{\tan x - \sin x} - 1}{\tan x - \sin x} \times e^{1-\tan x}\right)$$

$$= 1 \times e = e$$

답 ④

> **Tip**
>
> <그때 그랬지>
>
> 2010학년도 고3 6월 평가원 가형 선택 미적분 27번에 출제되었던 문제이다.
> 필자가 재수 시절 현장에서 응시했던 시험이기도 하다.
>
> 참고로 2010학년도 고3 6월 평가원 가형은 1등급 컷이 69점이었던 극악 난이도의 모의고사였다.
>
> 풀이가 네 줄이라 굉장히 쉬워 보이지만 그때 현장에서 느꼈던 난이도는 굉장히 높았던 문제였다.
>
> 재수 시절 수리영역(현 수학영역)이 끝나고 난 뒤 우르르 모여 "27번에 답 몇 번이야?" "1번이야? 4번이야?" 라고 열띤 토론을 벌인 기억이 아직까지 생생하다.
>
> e 가 나왔고 극한이 나왔으니
> $\lim_{x \to 0} \dfrac{e^{f(x)} - 1}{f(x)}$ 꼴로 고쳐야 한다는 생각을 하는 것이
> 이 문제의 포인트라고 할 수 있겠다.

111

$$0 < \alpha < \beta < \frac{\pi}{2}$$

$$\sin\alpha\sin\beta = \frac{\sqrt{3}+1}{4}, \ \ \cos\alpha\cos\beta = \frac{\sqrt{3}-1}{4}$$

$$\cos(\alpha+\beta) = \cos\alpha\cos\beta - \sin\alpha\sin\beta$$

$$= \frac{\sqrt{3}-1}{4} - \frac{\sqrt{3}+1}{4} = -\frac{1}{2}$$

$$0 < \alpha < \beta < \frac{\pi}{2} \ \Rightarrow \ 0 < \alpha+\beta < \pi \ \text{이므로} \ \alpha+\beta = \frac{2}{3}\pi$$

$$\cos(\beta-\alpha) = \cos\beta\cos\alpha + \sin\beta\sin\alpha$$

$$= \frac{\sqrt{3}-1}{4} + \frac{\sqrt{3}+1}{4} = \frac{\sqrt{3}}{2}$$

$$0 < \alpha < \beta < \frac{\pi}{2} \ \Rightarrow \ 0 < \beta-\alpha < \frac{\pi}{2} \ \text{이므로} \ \beta-\alpha = \frac{\pi}{6}$$

> **Tip**
>
> <조심해야 하는 포인트>
>
> $\alpha - \beta$ 로 구할 때는 특히 조심해야 한다.
> $$\cos(\alpha-\beta) = \cos\alpha\cos\beta + \sin\alpha\sin\beta$$
> $$= \frac{\sqrt{3}-1}{4} + \frac{\sqrt{3}+1}{4} = \frac{\sqrt{3}}{2}$$
> $$0 < \alpha < \beta < \frac{\pi}{2} \ \Rightarrow \ -\frac{\pi}{2} < \alpha-\beta < 0 \ \text{이므로}$$
> $$\alpha-\beta = -\frac{\pi}{6}$$
>
> 범위를 고려하지 않아 $\alpha-\beta = \dfrac{\pi}{6}$ 로 구할 수 있으니 조심해야 한다.

$$\alpha+\beta = \frac{2}{3}\pi, \ \beta-\alpha = \frac{\pi}{6} \ \text{이므로} \ \alpha = \frac{\pi}{4}, \ \beta = \frac{5}{12}\pi$$

$$\text{따라서} \ \cos(3\alpha+\beta) = \cos\left(\frac{7}{6}\pi\right) = \cos\left(\pi + \frac{\pi}{6}\right)$$

$$= -\cos\frac{\pi}{6} = -\frac{\sqrt{3}}{2}$$

이다.

답 ②

112

$$a > 0, \ b > 0, \ c > 0$$

$$\lim_{x \to \infty} x^a \ln\left(b + \frac{c}{x^2}\right) = 2$$

$$\lim_{x \to \infty} x^a = \infty \ \text{인데 극한값이 존재하므로}$$

$$\lim_{x \to \infty} \ln\left(b + \frac{c}{x^2}\right) = 0 \ \Rightarrow \ b = 1$$

$$\lim_{x \to \infty} x^a \ln\left(1 + \frac{c}{x^2}\right) = \lim_{x \to \infty} \left(\frac{\ln\left(1 + \dfrac{c}{x^2}\right)}{\dfrac{c}{x^2}} \times \frac{c\,x^a}{x^2}\right)$$

$$= \lim_{x \to \infty} \left(\frac{\ln\left(1 + \dfrac{c}{x^2}\right)}{\dfrac{c}{x^2}} \times \frac{2x^2}{x^2}\right)$$

$$= \lim_{x \to \infty} \left(\frac{\ln\left(1 + \dfrac{c}{x^2}\right)}{\dfrac{c}{x^2}} \times 2\right)$$

$$= 1 \times 2 = 2$$

이므로 $c = 2$, $a = 2$ 이다.

따라서 $a + b + c = 2 + 1 + 2 = 5$ 이다.

답 ①

$$\overline{AB} = \ln t - (-\ln t) = 2\ln t$$

삼각형 AQB 의 넓이

$$= \frac{1}{2} \times \overline{AB} \times \overline{PQ} = \frac{1}{2} \times 2\ln t \times \overline{PQ} = \overline{PQ}\,\ln t = 1$$

$$\Rightarrow \overline{PQ} = f(t) = \frac{1}{\ln t}$$

$$\lim_{t \to 1+} (t-1)f(t) = \lim_{t \to 1+} \frac{t-1}{\ln t}$$

$g(t) = \ln t$ 라 하면

$$g'(t) = \frac{1}{t}$$

$$g(1) = 0$$

따라서 $\displaystyle \lim_{t \to 1+}(t-1)f(t) = \lim_{t \to 1+}\frac{t-1}{\ln t} = \lim_{t \to 1+}\frac{1}{\dfrac{g(t)-g(1)}{t-1}}$

$$= \frac{1}{g'(1)} = 1$$

이다.

답 ②

$$P\left(\frac{\sqrt{3}}{2},\ \frac{1}{2}\right),\ \overline{OP} = 1$$

삼각함수의 정의에 의해서

$$\sin(\angle POA) = \sin(\alpha + \beta) = \frac{1}{2} \ \Rightarrow\ \alpha + \beta = \frac{\pi}{6}$$

$$Q\left(\frac{\sqrt{7}}{2},\ \frac{1}{2}\right),\ \overline{OQ} = \sqrt{2}$$

삼각함수의 정의에 의해서

$$\sin(\angle QOA) = \sin\beta = \frac{1}{2\sqrt{2}}$$

$$\cos(\angle QOA) = \cos\beta = \frac{\sqrt{7}}{2\sqrt{2}}$$

$$\sin\alpha = \sin\left(\frac{\pi}{6} - \beta\right) = \sin\frac{\pi}{6}\cos\beta - \cos\frac{\pi}{6}\sin\beta$$

$$= \frac{1}{2} \times \frac{\sqrt{7}}{2\sqrt{2}} - \frac{\sqrt{3}}{2} \times \frac{1}{2\sqrt{2}}$$

$$= \frac{\sqrt{7} - \sqrt{3}}{4\sqrt{2}}$$

$$\cos\alpha = \cos\left(\frac{\pi}{6} - \beta\right) = \cos\frac{\pi}{6}\cos\beta + \sin\frac{\pi}{6}\sin\beta$$

$$= \frac{\sqrt{3}}{2} \times \frac{\sqrt{7}}{2\sqrt{2}} + \frac{1}{2} \times \frac{1}{2\sqrt{2}}$$

$$= \frac{\sqrt{21} + 1}{4\sqrt{2}}$$

따라서 $\sin(\alpha - \beta) = \sin\alpha \cos\beta - \cos\alpha \sin\beta$

$$= \frac{\sqrt{7} - \sqrt{3}}{4\sqrt{2}} \times \frac{\sqrt{7}}{2\sqrt{2}} - \frac{\sqrt{21} + 1}{4\sqrt{2}} \times \frac{1}{2\sqrt{2}}$$

$$= \frac{7 - \sqrt{21} - \sqrt{21} - 1}{16} = \frac{3 - \sqrt{21}}{8}$$

이다.

답 ④

$Q(f(t),\ 0),\ P(t,\ e^{2t}-1)$

$\overline{PQ}=\overline{OQ}\ \Rightarrow\ \sqrt{(t-f(t))^2+(e^{2t}-1)^2}=f(t)$

$\Rightarrow\ t^2-2tf(t)+\{f(t)\}^2+(e^{2t}-1)^2=\{f(t)\}^2$

$\Rightarrow\ 2tf(t)=t^2+(e^{2t}-1)^2$

$\Rightarrow\ \dfrac{f(t)}{t}=\dfrac{t^2}{2t^2}+\dfrac{(e^{2t}-1)^2}{2t^2}\ \ (t\neq0)$

$\Rightarrow\ \dfrac{f(t)}{t}=\dfrac{1}{2}+2\left(\dfrac{e^{2t}-1}{2t}\right)^2\ \ (t\neq0)$

따라서

$\displaystyle\lim_{t\to0+}\dfrac{f(t)}{t}=\lim_{t\to0+}\left\{\dfrac{1}{2}+2\left(\dfrac{e^{2t}-1}{2t}\right)^2\right\}=\dfrac{1}{2}+2=\dfrac{5}{2}$ 이다.

 ④

$f(x)=ax^2+bx+c$
$f(1)=2\ \Rightarrow\ a+b+c=2$

$f'(x)=2ax+b$
$f'(1)=2a+b$

$f'(1)=\displaystyle\lim_{x\to0}\dfrac{\ln f(x)}{x}+\dfrac{1}{2}$

$\Rightarrow\ \displaystyle\lim_{x\to0}\dfrac{\ln f(x)}{x}=2a+b-\dfrac{1}{2}$

분모가 0으로 가는데 극한값이 존재하므로
분자는 0으로 가야 한다.

$\displaystyle\lim_{x\to0}\ln f(x)=0\ \Rightarrow\ f(0)=1\ \Rightarrow\ c=1$
$a+b+c=2\ \Rightarrow\ a+b+1=2\ \Rightarrow\ b=-a+1$

$f(x)=ax^2+(-a+1)x+1,\ \displaystyle\lim_{x\to0}\dfrac{\ln f(x)}{x}=a+\dfrac{1}{2}$ 이므로

$\displaystyle\lim_{x\to0}\dfrac{\ln f(x)}{x}$

$=\displaystyle\lim_{x\to0}\dfrac{\ln(1+ax^2+(-a+1)x)}{x}$

$=\displaystyle\lim_{x\to0}\left(\dfrac{\ln(1+ax^2+(-a+1)x)}{ax^2+(-a+1)x}\times\dfrac{ax+(-a+1)}{1}\right)$

$=1\times(-a+1)=-a+1=a+\dfrac{1}{2}$

$\Rightarrow\ a=\dfrac{1}{4}$

$f(x)=\dfrac{1}{4}x^2+\dfrac{3}{4}x+1$

따라서 $f(8)=\dfrac{1}{4}\times64+\dfrac{3}{4}\times8+1=16+6+1=23$ 이다.

 23

$\overline{AB}=2^t-\left(\dfrac{1}{2}\right)^t$

$\overline{AH}=t$

따라서

$\displaystyle\lim_{t\to0+}\dfrac{\overline{AB}}{\overline{AH}}=\lim_{t\to0+}\dfrac{2^t-\left(\dfrac{1}{2}\right)^t}{t}=\lim_{t\to0+}\dfrac{2^t-1-\left(\left(\dfrac{1}{2}\right)^t-1\right)}{t}$

$=\displaystyle\lim_{t\to0+}\dfrac{\dfrac{2^t-1}{t}-\dfrac{\left(\dfrac{1}{2}\right)^t-1}{t}}{1}$

$=\ln2-\ln\dfrac{1}{2}=2\ln2$

이다.

답 ①

118

삼각형의 내각의 합은 $180°$ 이므로
$\alpha+\beta+\gamma=\pi$

$\alpha,\ \beta,\ \gamma$가 이 순서대로 등차수열을 이루므로
등차중항에 의하여
$\alpha+\gamma=2\beta$

$\alpha+\beta+\gamma=\pi\ \Rightarrow\ 3\beta=\pi\ \Rightarrow\ \beta=\dfrac{\pi}{3}$

$\cos\alpha,\ 2\cos\beta,\ 8\cos\gamma$가 이 순서대로 등비수열을 이루므로

등비중항에 의하여

$$(2\cos\beta)^2 = 8\cos\alpha\cos\gamma \;\Rightarrow\; \left(2\cos\frac{\pi}{3}\right)^2 = 8\cos\alpha\cos\gamma$$

$$\Rightarrow \frac{1}{8} = \cos\alpha\cos\gamma$$

$\alpha+\gamma=\dfrac{2}{3}\pi$ 이므로

$$\cos(\alpha+\gamma)=\cos\alpha\cos\gamma-\sin\alpha\sin\gamma$$

$$\Rightarrow \cos\frac{2}{3}\pi = \frac{1}{8}-\sin\alpha\sin\gamma$$

$$\Rightarrow -\frac{1}{2} = \frac{1}{8}-\sin\alpha\sin\gamma$$

$$\Rightarrow \sin\alpha\sin\gamma = \frac{5}{8}$$

따라서 $\tan\alpha\tan\gamma = \dfrac{\sin\alpha\sin\gamma}{\cos\alpha\cos\gamma} = \dfrac{\frac{5}{8}}{\frac{1}{8}} = 5$ 이다.

답   5

119

직선 l 과 직선 m 이 만나는 점을 C 라 하고
$\angle ACB = \theta$ 라 하면

$$\tan\theta = \left| \frac{-\dfrac{1}{3}-1}{1+\left(-\dfrac{1}{3}\right)} \right| = 2$$

$$\tan(\angle AOB) = \tan(\pi-\theta) = -\tan\theta = -2$$

$$1+\tan^2(\angle AOB) = \sec^2(\angle AOB)$$

$$\Rightarrow 5 = \sec^2(\angle AOB)$$

$$\Rightarrow \cos^2(\angle AOB) = \frac{1}{5}$$

따라서 $100\cos^2(\angle AOB) = 100 \times \dfrac{1}{5} = 20$ 이다.

답   20

120

$$\overline{BD} = \overline{AB}\times\cos\alpha = 5\cos\alpha$$

$$\overline{AD} = \overline{AB}\times\sin\alpha = 5\sin\alpha$$

$$\overline{CD} = \overline{CE}\times\cos\beta = \sqrt{5}\cos\beta$$

$$\overline{ED} = \overline{CE}\times\sin\beta = \sqrt{5}\sin\beta$$

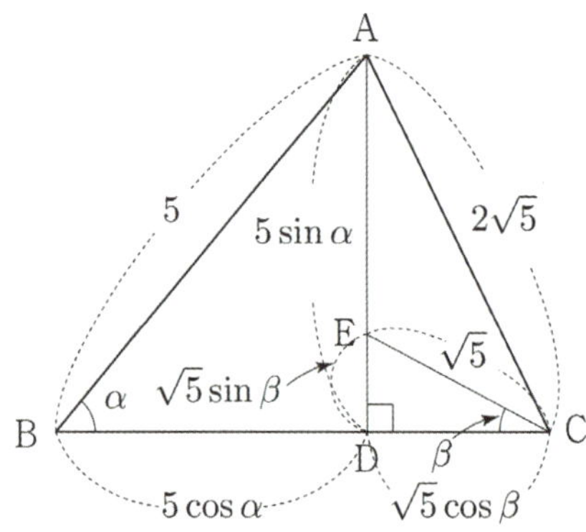

선분 AD 를 $3:1$ 로 내분하는 점이 E 이므로

$$\overline{AD} = 4\overline{ED} \;\Rightarrow\; 5\sin\alpha = 4\sqrt{5}\sin\beta$$

$$\Rightarrow \sin\beta = \frac{\sqrt{5}}{4}\sin\alpha$$

삼각형 ADC 에서 피타고라스의 정리를 사용하면

$$\left(\overline{AD}\right)^2 = \left(\overline{AC}\right)^2 - \left(\overline{CD}\right)^2$$

$$\Rightarrow 25\sin^2\alpha = 20 - 5\cos^2\beta$$

$$\Rightarrow 5\sin^2\alpha = 4 - \left(1-\sin^2\beta\right)$$

$$\Rightarrow 5\sin^2\alpha = 4 - \left(1-\frac{5}{16}\sin^2\alpha\right)$$

$$\Rightarrow \sin^2\alpha = \frac{16}{25} \;\Rightarrow\; \sin\alpha = \frac{4}{5}$$

$$\sin\beta = \frac{\sqrt{5}}{4}\sin\alpha = \frac{\sqrt{5}}{4}\times\frac{4}{5} = \frac{\sqrt{5}}{5}$$

$$\sin\alpha = \frac{4}{5} \;\Rightarrow\; \cos\alpha = \frac{3}{5}$$

$$\sin\beta = \frac{\sqrt{5}}{5} \;\Rightarrow\; \cos\beta = \frac{2\sqrt{5}}{5}$$

따라서 $\cos(\alpha-\beta) = \cos\alpha\cos\beta + \sin\alpha\sin\beta$

$$= \frac{3}{5}\times\frac{2\sqrt{5}}{5} + \frac{4}{5}\times\frac{\sqrt{5}}{5}$$

$$= \frac{10\sqrt{5}}{25} = \frac{2\sqrt{5}}{5}$$

이다.

답   ⑤

$\tan\alpha = -\dfrac{5}{12}\ \left(\dfrac{3}{2}\pi < \alpha < 2\pi\right)$ 이므로

core해석법에 의하여

$\sin = \dfrac{5}{13}\ ,\ \cos = \dfrac{12}{13}$

$\dfrac{3}{2}\pi < \alpha < 2\pi\ \Rightarrow\ \sin\alpha < 0,\ \cos\alpha > 0$ 이므로

$\sin\alpha = -\dfrac{5}{13}\ ,\ \cos\alpha = \dfrac{12}{13}$

$\sin(x+\alpha) = \sin x\cos\alpha + \cos x\sin\alpha$

$= \dfrac{12}{13}\sin x - \dfrac{5}{13}\cos x$

$\cos x \le \sin(x+\alpha) \le 2\cos x$

$\Rightarrow\ \cos x \le \dfrac{12}{13}\sin x - \dfrac{5}{13}\cos x \le 2\cos x$

양변을 $\cos x$ 로 나누면

$1 \le \dfrac{12}{13}\tan x - \dfrac{5}{13} \le 2$

$\Rightarrow\ \dfrac{3}{2} \le \tan x \le \dfrac{31}{12}$

따라서 최댓값은 $\dfrac{31}{12}$, 최솟값은 $\dfrac{3}{2}$ 이므로

최댓값과 최솟값의 합은 $\dfrac{31}{12} + \dfrac{3}{2} = \dfrac{31+18}{12} = \dfrac{49}{12}$ 이다.

답 ④

122

점 O에서 직선 PA에 내린 수선의 발을 B
점 P에서 x축에 내린 수선의 발을 C라 하자.

$\overline{OA} = \dfrac{5}{4},\ \overline{OB} = 1$

$\angle PAC = 2\theta$ 이므로 $\angle OAB = 2\theta$

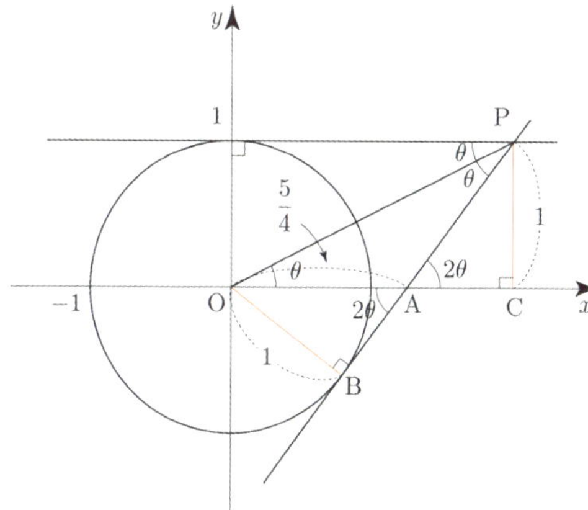

$\overline{AB} = \sqrt{(\overline{OA})^2 - (\overline{OB})^2} = \sqrt{\dfrac{25}{16} - 1} = \dfrac{3}{4}$ 이므로

$\tan 2\theta = \dfrac{\overline{OB}}{\overline{AB}} = \dfrac{1}{\ \dfrac{3}{4}\ } = \dfrac{4}{3}$

삼각형 ABO와 삼각형 ACP는 서로 합동이므로

$\overline{AC} = \overline{AB} = \dfrac{3}{4}$

$\overline{OC} = \overline{OA} + \overline{AC} = \dfrac{5}{4} + \dfrac{3}{4} = \dfrac{8}{4} = 2$ 이므로

$\tan\theta = \dfrac{\overline{PC}}{\overline{OC}} = \dfrac{1}{2}$

따라서 $\tan 3\theta = \tan(\theta + 2\theta) = \dfrac{\tan\theta + \tan 2\theta}{1 - \tan\theta\tan 2\theta}$

$= \dfrac{\dfrac{1}{2} + \dfrac{4}{3}}{1 - \dfrac{1}{2}\times\dfrac{4}{3}} = \dfrac{11}{2}$

이다.

답 ④

$$e^{x^2} - 1 = t \;\Rightarrow\; e^{x^2} = 1 + t \;\Rightarrow\; x^2 = \ln(1+t)$$

$$\Rightarrow\; x = \sqrt{\ln(1+t)} \quad (\because\; x > 0)$$

$$\therefore\; \mathrm{A}\!\left(\sqrt{\ln(1+t)},\; t\right)$$

$$e^{x^2} - 1 = 5t \;\Rightarrow\; e^{x^2} = 1 + 5t \;\Rightarrow\; x^2 = \ln(1+5t)$$

$$\Rightarrow\; x = \sqrt{\ln(1+5t)} \quad (\because\; x > 0)$$

$$\therefore\; \mathrm{B}\!\left(\sqrt{\ln(1+5t)},\; 5t\right)$$

$$\overline{BC} = 5t$$

점 A 에서 선분 BC 에 내린 수선의 발을 H 라 하면

$$\overline{AH} = \sqrt{\ln(1+5t)} - \sqrt{\ln(1+t)}$$

$$S(t) = \frac{1}{2} \times \overline{BC} \times \overline{AH}$$

$$= \frac{5t}{2}\left\{ \sqrt{\ln(1+5t)} - \sqrt{\ln(1+t)} \right\}$$

따라서

$$\lim_{t \to 0+} \frac{S(t)}{t\sqrt{t}} = \lim_{t \to 0+} \frac{5}{2}\left\{ \sqrt{\frac{\ln(1+5t)}{t}} - \sqrt{\frac{\ln(1+t)}{t}} \right\}$$

$$= \lim_{t \to 0+} \frac{5}{2}\left\{ \sqrt{5} \times \sqrt{\frac{\ln(1+5t)}{5t}} - \sqrt{\frac{\ln(1+t)}{t}} \right\}$$

$$= \frac{5}{2}\left(\sqrt{5} - 1 \right)$$

이다.

답 ②

$\angle EAB = \alpha$, $\angle CDB = \beta$, $\angle CFE = \theta$ 라 하면

$$\alpha + \theta = \beta \;\Rightarrow\; \theta = \beta - \alpha \text{ 이다.}$$

$$\overline{BE} = x \left(0 < x < \frac{1}{2} \right) \text{ 라 하면}$$

$$\overline{AD} = 2x, \quad \overline{DB} = 1 - 2x$$

$$\tan\alpha = \frac{\overline{BE}}{\overline{AB}} = x, \quad \tan\beta = \frac{\overline{BC}}{\overline{DB}} = \frac{1}{1-2x}$$

$$\tan\theta = \tan(\beta - \alpha) = \frac{\tan\beta - \tan\alpha}{1 + \tan\beta \times \tan\alpha}$$

$$= \frac{\dfrac{1}{1-2x} - x}{1 + \dfrac{1}{1-2x} \times x} = \frac{2x^2 - x + 1}{1 - x} = \frac{16}{15}$$

$$15(2x^2 - x + 1) = 16(1 - x)$$

$$\Rightarrow\; 30x^2 + x - 1 = 0 \;\Rightarrow\; (5x+1)(6x-1) = 0$$

$$\Rightarrow\; x = \frac{1}{6} \left(\because\; 0 < x < \frac{1}{2} \right)$$

따라서 $\tan(\angle CDB) = \tan\beta = \dfrac{1}{1-2x} = \dfrac{1}{1 - \dfrac{1}{3}} = \dfrac{3}{2}$ 이다.

답 ④

삼각형 BCD 는 $\overline{BD} = \overline{CD}$ 인 이등변삼각형이므로

$$\angle CBD = \angle DCB = \alpha \;\Rightarrow\; \angle CDA = 2\alpha$$

삼각형 ACD 에서 $\beta = \pi - \left(\dfrac{2}{3}\pi + 2\alpha \right) = \dfrac{\pi}{3} - 2\alpha$

$$\cos^2\alpha = \frac{7 + \sqrt{21}}{14} \text{ 이므로}$$

$$\cos 2\alpha = \cos(\alpha + \alpha) = \cos\alpha\cos\alpha - \sin\alpha\sin\alpha$$

$$= \cos^2\alpha - \sin^2\alpha = 2\cos^2\alpha - 1 = \frac{\sqrt{21}}{7}$$

$$\sin^2 2\alpha = 1 - \cos^2 2\alpha = 1 - \left(\frac{\sqrt{21}}{7} \right)^2 = \frac{28}{49}$$

$$\Rightarrow\; \sin 2\alpha = \frac{2\sqrt{7}}{7} \quad (\because\; 0 < 2\alpha < \pi)$$

$$\tan 2\alpha = \frac{\sin 2\alpha}{\cos 2\alpha} = \frac{\dfrac{2\sqrt{7}}{7}}{\dfrac{\sqrt{21}}{7}} = \frac{2\sqrt{3}}{3} \text{ 이므로}$$

$$\tan\beta = \tan\left(\frac{\pi}{3} - 2\alpha \right) = \frac{\tan\dfrac{\pi}{3} - \tan 2\alpha}{1 + \tan\dfrac{\pi}{3} \times \tan 2\alpha}$$

$$= \frac{\sqrt{3} - \dfrac{2\sqrt{3}}{3}}{1 + \sqrt{3} \times \dfrac{2\sqrt{3}}{3}} = \frac{\sqrt{3}}{9}$$

따라서 $54\sqrt{3} \times \tan\beta = 54\sqrt{3} \times \dfrac{\sqrt{3}}{9} = 18$ 이다.

답 18

$$Q\left(k,\ e^{\frac{k}{2}+3t}\right),\ R\left(k+6t,\ e^{\frac{k}{2}+3t}\right)$$

$$\overline{PQ}=e^{\frac{k}{2}+3t}-e^{\frac{k}{2}}$$

$$\overline{QR}=6t$$

$$\overline{PQ}=\overline{QR}\ \Rightarrow\ e^{\frac{k}{2}+3t}-e^{\frac{k}{2}}=6t\ \Rightarrow\ e^{\frac{k}{2}}(e^{3t}-1)=6t$$

$$\Rightarrow\ e^{\frac{k}{2}}=\frac{6t}{e^{3t}-1}\ \Rightarrow\ k=2\ln\left(\frac{6t}{e^{3t}-1}\right)$$

따라서

$$\lim_{t\to 0+}f(t)=\lim_{t\to 0+}2\ln\left(\frac{6t}{e^{3t}-1}\right)=\lim_{t\to 0+}2\ln\left(\frac{3t}{e^{3t}-1}\times 2\right)$$

$$=2\ln 2=\ln 4$$

이다.

 ③

$$e^{x-1}=a^x\ \Rightarrow\ x-1=\ln a^x\ \Rightarrow\ x=1+x\ln a$$

$$\Rightarrow\ x-x\ln a=1\ \Rightarrow\ x(1-\ln a)=1$$

$$\Rightarrow\ x=\frac{1}{1-\ln a}$$

$$f(a)=\frac{1}{1-\ln a}$$

$$\lim_{a\to e+}\frac{1}{(e-a)f(a)}=\lim_{a\to e+}\frac{1-\ln a}{e-a}=\lim_{a\to e+}\frac{\ln a-1}{a-e}$$

$a-e$ 를 치환해서 풀어도 되지만
미분계수의 정의를 이용해서 풀어보자.

$g(a)=\ln a$ 라 하면

$$g(e)=1$$

$$g'(a)=\frac{1}{a}$$

따라서

$$\lim_{a\to e+}\frac{1}{(e-a)f(a)}=\lim_{a\to e+}\frac{\ln a-1}{a-e}=\lim_{a\to e+}\frac{g(a)-g(e)}{a-e}$$

$$=g'(e)=\frac{1}{e}$$

이다.

 ②

128

삼각형 OAC 는 이등변삼각형이므로 $2l\sin\dfrac{\theta}{2}$ 를 사용하면

$$\overline{AC}=2\,\overline{OA}\sin\frac{\theta}{2}=20\sin\frac{\theta}{2}$$

$$\overline{AB}=\overline{OA}\times\tan\theta=10\tan\theta$$

$$\cos\theta=\frac{\overline{OA}}{\overline{OB}}\ \Rightarrow\ \overline{OB}=\frac{10}{\cos\theta}$$

$$\overline{CB}=\overline{OB}-\overline{OC}=\frac{10}{\cos\theta}-10$$

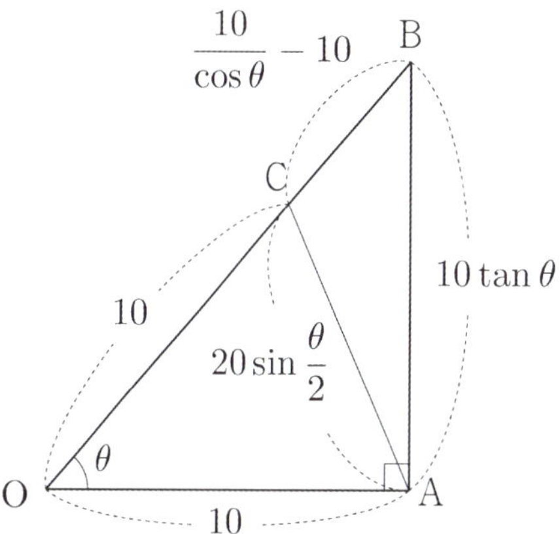

삼각형 ABC 의 둘레의 길이 $f(\theta)$ 는

$$f(\theta)=\frac{10}{\cos\theta}-10+20\sin\frac{\theta}{2}+10\tan\theta$$

$$=\frac{10}{\cos\theta}(1-\cos\theta)+20\sin\frac{\theta}{2}+10\tan\theta$$

따라서

$$\lim_{\theta\to 0+}\frac{f(\theta)}{\theta}$$

$$=\lim_{\theta\to 0+}\frac{\dfrac{10}{\cos\theta}(1-\cos\theta)+20\sin\dfrac{\theta}{2}+10\tan\theta}{\theta}$$

$$=\lim_{\theta\to 0+}\left(\frac{10}{\cos\theta}\times\frac{1-\cos\theta}{\theta^2}\times\theta+\frac{20\sin\dfrac{\theta}{2}}{\theta}+\frac{10\tan\theta}{\theta}\right)$$

$$=10\times\frac{1}{2}\times 0+20\times\frac{1}{2}+10\times 1=10+10=20$$

이다.

 20

129

$\overline{OQ}=2^n$, $\overset{\frown}{PQ}=\pi$

$\overline{OQ}\times\angle QOP=\overset{\frown}{PQ} \ \Rightarrow \ \angle QOP=\dfrac{\pi}{2^n}$

$\overline{OH}=\overline{OQ}\times\cos\dfrac{\pi}{2^n}=2^n\cos\dfrac{\pi}{2^n}$

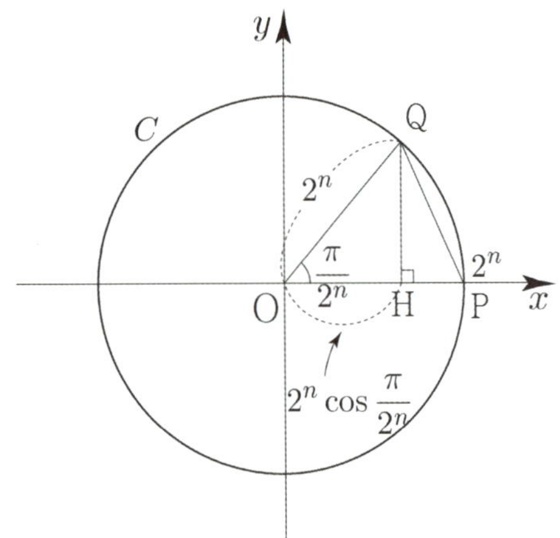

$\overline{HP}=\overline{OP}-\overline{OH}=2^n-2^n\cos\dfrac{\pi}{2^n}=2^n\left(1-\cos\dfrac{\pi}{2^n}\right)$

$\dfrac{1}{2^n}=t$ 라 하면 $2^n=\dfrac{1}{t}$ 이고 $n\to\infty \Rightarrow t\to 0+$

따라서 $\displaystyle\lim_{n\to\infty}\left(\overline{OQ}\times\overline{HP}\right)=\lim_{n\to\infty}2^{2n}\left(1-\cos\dfrac{\pi}{2^n}\right)$

$$=\lim_{t\to 0+}\dfrac{1-\cos\pi t}{t^2}$$

$$=\lim_{t\to 0+}\dfrac{1-\cos\pi t}{(\pi t)^2}\times\pi^2$$

$$=\dfrac{1}{2}\times\pi^2=\dfrac{\pi^2}{2}$$

이다.

답 ①

130

<table>
<tr><td>**130**</td><td>17</td><td>**132**</td><td>③</td></tr>
<tr><td>**131**</td><td>8</td><td>**133**</td><td>25</td></tr>
</table>

삼각형 ABC 의 외접원의 반지름의 길이가 1 이므로
삼각형 ABC 에서 사인법칙을 사용하면

$$\dfrac{\overline{BC}}{\sin(\angle BAC)}=2R \ \Rightarrow \ \overline{BC}=2\sin\theta$$

삼각형 ABC 의 내접원의 중심을 O 라 하고,
점 O 에서 선분 BC 에 내린 수선의 발을 D 라 하자.

삼각형 ABC 는 $\overline{AB}=\overline{AC}$ 인 이등변삼각형이므로
$$\overline{BD}=\dfrac{\overline{BC}}{2}=\sin\theta$$

$$\angle ABC=\dfrac{\pi}{2}-\dfrac{\theta}{2} \ \Rightarrow \ \angle OBD=\dfrac{1}{2}\left(\dfrac{\pi}{2}-\dfrac{\theta}{2}\right)=\dfrac{\pi}{4}-\dfrac{\theta}{4}$$

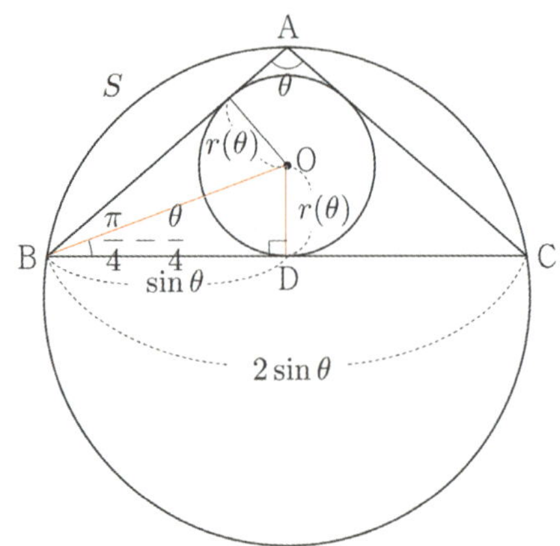

$$r(\theta)=\overline{OD}=\overline{BD}\times\tan\left(\dfrac{\pi}{4}-\dfrac{\theta}{4}\right)=\sin\theta\tan\left(\dfrac{\pi}{4}-\dfrac{\theta}{4}\right)$$

$\pi-\theta=x$ 라 하면 $\theta=\pi-x$ 이고,
$\theta\to\pi- \ \Rightarrow \ x\to 0+$ 이므로

$$\lim_{\theta\to\pi-}\dfrac{r(\theta)}{(\pi-\theta)^2}=\lim_{\theta\to\pi-}\dfrac{\sin\theta\tan\left(\dfrac{\pi}{4}-\dfrac{\theta}{4}\right)}{(\pi-\theta)^2}$$

$$=\lim_{x\to 0+}\dfrac{\sin(\pi-x)\tan\dfrac{x}{4}}{x^2}$$

$$= \lim_{x \to 0+} \frac{\sin x \tan \dfrac{x}{4}}{x^2}$$

$$= 1 \times \frac{1}{4} = \frac{1}{4} = \frac{q}{p}$$

따라서 $p^2 + q^2 = 16 + 1 = 17$ 이다.

 17

131

선분 AQ 와 선분 BP 가 만나는 점을 C 라 하고,
점 C 에서 선분 AB 에 내린 수선의 발을 D 라 하자.

내접원의 중심을 O 라 하고, 내접원이 반원과 접하는
접점을 E 라 하자. 점 O 에서 선분 AQ 에 내린 수선의
발을 R 이라 하자.

$$\overline{CD} = \overline{AD} \times \tan\theta = \tan\theta$$

$$\angle COR = \theta \text{ 이므로 } \overline{OC} = \frac{r(\theta)}{\cos\theta}$$

$$\overline{OE} = r(\theta)$$

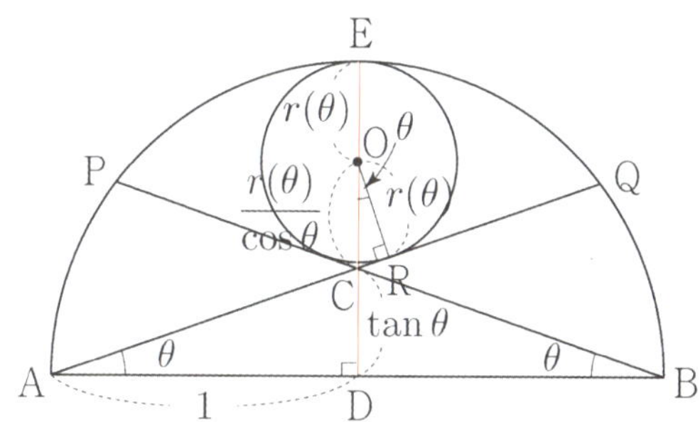

$$\overline{DE} = \overline{DC} + \overline{CO} + \overline{OE}$$

$$\Rightarrow 1 = \tan\theta + \frac{r(\theta)}{\cos\theta} + r(\theta)$$

$$\Rightarrow 1 - \tan\theta = r(\theta)\left(\frac{1+\cos\theta}{\cos\theta}\right)$$

$$\Rightarrow r(\theta) = \frac{\cos\theta}{1+\cos\theta}(1-\tan\theta)$$

$$\lim_{\theta \to \frac{\pi}{4}-} \frac{r(\theta)}{\frac{\pi}{4}-\theta} = \lim_{\theta \to \frac{\pi}{4}-}\left(\frac{1-\tan\theta}{\frac{\pi}{4}-\theta} \times \frac{\cos\theta}{1+\cos\theta}\right)$$

$$= \lim_{\theta \to \frac{\pi}{4}-} \frac{1-\tan\theta}{\frac{\pi}{4}-\theta} \times (\sqrt{2}-1)$$

$\dfrac{\pi}{4}-\theta$ 를 치환하여 해석해도 되지만
이번에는 미분계수의 정의로 풀어보자.

$$\lim_{\theta \to \frac{\pi}{4}-} \frac{r(\theta)}{\frac{\pi}{4}-\theta} = \lim_{\theta \to \frac{\pi}{4}-} \frac{1-\tan\theta}{\frac{\pi}{4}-\theta} \times (\sqrt{2}-1)$$

$$= \lim_{\theta \to \frac{\pi}{4}-} \frac{\tan\theta - \tan\dfrac{\pi}{4}}{\theta - \dfrac{\pi}{4}} \times (\sqrt{2}-1)$$

$$= \sec^2\frac{\pi}{4} \times (\sqrt{2}-1) = 2\sqrt{2}-2 = p\sqrt{2}+q$$

따라서 $p^2 + q^2 = 2^2 + (-2)^2 = 4 + 4 = 8$ 이다.

답 8

132

$$\overline{OO'} = 2, \quad \overline{OA} = 1$$

선분 PQ 의 중점을 M 이라 하자.
보조선을 그으면 다음과 같다.

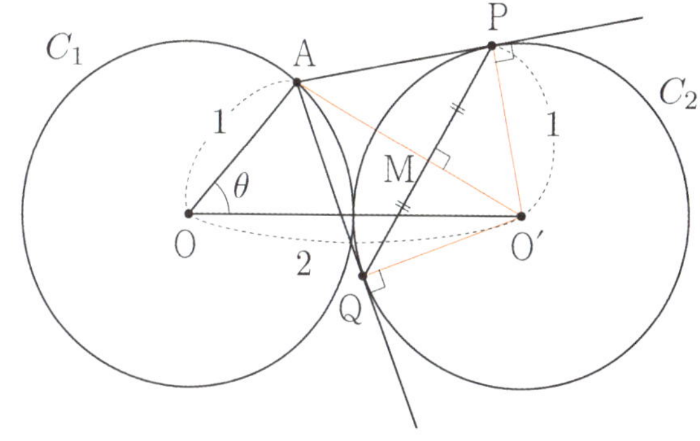

삼각형 AOO' 에서 코사인법칙을 사용하면

$$\cos\theta = \frac{(\overline{OA})^2 + (\overline{OO'})^2 - (\overline{O'A})^2}{2 \times \overline{OA} \times \overline{OO'}}$$

$$\Rightarrow \cos\theta = \frac{5 - (\overline{O'A})^2}{4} \Rightarrow \overline{O'A} = \sqrt{5-4\cos\theta}$$

삼각형 APO' 에서 피타고라스의 정리를 사용하면

$$\overline{AP} = \sqrt{(\overline{O'A})^2 - (\overline{O'P})^2} = \sqrt{5-4\cos\theta-1}$$

$$= \sqrt{4-4\cos\theta} = 2\sqrt{1-\cos\theta}$$

$\overline{PM}$ 를 "삼각형 넓이가 같다 Technique"으로 구해보자.

삼각형 APO' 의 넓이

$$\frac{1}{2}\times\overline{AP}\times\overline{O'P}=\frac{1}{2}\times\overline{O'A}\times\overline{PM}$$

$$\Rightarrow 2\sqrt{1-\cos\theta}=\sqrt{5-4\cos\theta}\times\overline{PM}$$

$$\Rightarrow \overline{PM}=\frac{2\sqrt{1-\cos\theta}}{\sqrt{5-4\cos\theta}}$$

$$\overline{PQ}=2\overline{PM}=\frac{4\sqrt{1-\cos\theta}}{\sqrt{5-4\cos\theta}}$$

따라서 $\displaystyle\lim_{\theta\to0+}\frac{\overline{PQ}}{\theta}=\lim_{\theta\to0+}\frac{4\sqrt{1-\cos\theta}}{\theta\sqrt{5-4\cos\theta}}$

$$=\lim_{\theta\to0+}\left(\sqrt{\frac{1-\cos\theta}{\theta^2}}\times\frac{4}{\sqrt{5-4\cos\theta}}\right)$$

$$=\sqrt{\frac{1}{2}}\times\frac{4}{1}=\frac{\sqrt{2}}{2}\times4=2\sqrt{2}$$

이다.

답 ③

133

선분 AB 의 중점을 D 라 하자.
내접원의 중심을 O 라 하고, 점 O 에서 선분 AB 에 내린
수선의 발을 E 라 하자.
내접원과 호 BC 가 접하는 점을 F 라 하자.

$$\angle OAE=\frac{\theta}{2}$$

$$\overline{AD}=\frac{1}{2}$$

$f(\theta)=x$ 라 하면

$$\overline{AE}=\frac{x}{\tan\frac{\theta}{2}}$$

$$\overline{OE}=\overline{OF}=x$$

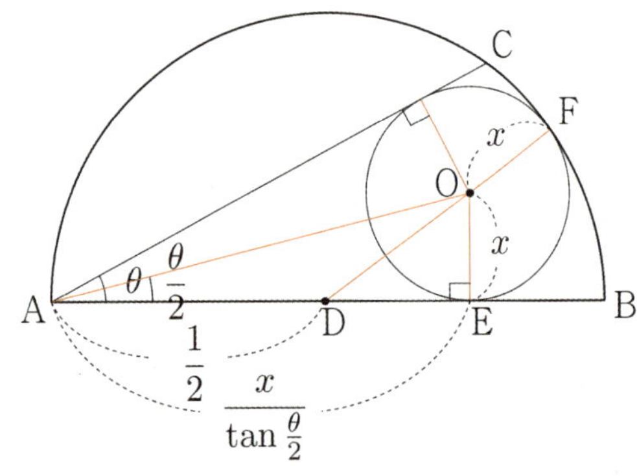

$$\overline{DE}=\overline{AE}-\overline{AD}=\frac{x}{\tan\frac{\theta}{2}}-\frac{1}{2}$$

$$\overline{OD}=\overline{DF}-\overline{OF}=\frac{1}{2}-x$$

삼각형 ODE 에서 피타고라스의 정리를 사용하면

$$\overline{OD}=\sqrt{(\overline{DE})^2+(\overline{OE})^2}=\sqrt{\left(\frac{x}{\tan\frac{\theta}{2}}-\frac{1}{2}\right)^2+x^2}$$

이므로

$$\frac{1}{2}-x=\sqrt{\left(\frac{x}{\tan\frac{\theta}{2}}-\frac{1}{2}\right)^2+x^2}$$

$$\Rightarrow\left(\frac{1}{2}-x\right)^2=\left(\frac{x}{\tan\frac{\theta}{2}}-\frac{1}{2}\right)^2+x^2$$

$$\Rightarrow\frac{1}{4}-x+x^2=\frac{x^2}{\tan^2\frac{\theta}{2}}-\frac{x}{\tan\frac{\theta}{2}}+\frac{1}{4}+x^2$$

$$\Rightarrow x^2-\left(\tan\frac{\theta}{2}-\tan^2\frac{\theta}{2}\right)x=0$$

$$\Rightarrow x\left\{x-\left(\tan\frac{\theta}{2}-\tan^2\frac{\theta}{2}\right)\right\}=0$$

$$\Rightarrow x=\tan\frac{\theta}{2}-\tan^2\frac{\theta}{2}\quad(\because\ x>0)$$

$$f(\theta)=\tan\frac{\theta}{2}-\tan^2\frac{\theta}{2}$$

$$\lim_{\theta\to0+}\frac{\tan\frac{\theta}{2}-f(\theta)}{\theta^2}=\lim_{\theta\to0+}\frac{\tan\frac{\theta}{2}-\left(\tan\frac{\theta}{2}-\tan^2\frac{\theta}{2}\right)}{\theta^2}$$

$$=\lim_{\theta\to0+}\frac{\tan^2\frac{\theta}{2}}{\theta^2}$$

$$=\left(\frac{1}{2}\right)^2=\frac{1}{4}=a$$

따라서 $100a=100\times\dfrac{1}{4}=25$ 이다.

답 25

1	(1) $y' = -\dfrac{2x-1}{(x^2-x+1)^2}$ (2) $y' = \dfrac{e^x+1-xe^x}{(e^x+1)^2}$ (3) $y' = \dfrac{1+\sin x - \cos x}{(1+\sin x)^2}$
2	(1) $y' = -\dfrac{15}{x^6}$ (2) $y' = 1 + \dfrac{6}{x^3}$
3	풀이 참고
4	(1) $y' = 6(-2x+1)^{-4}$ (2) $y' = 2x\sec^2(x^2+2)$ (3) $y' = (60x^2-10x)(4x^3-x^2+1)^4$ (4) $y' = -\sin x(2^{\cos x}\ln 2)$ (5) $y' = \left(\dfrac{1}{2}\cos\dfrac{x}{2}\right)e^{\sin\frac{x}{2}}$
5	풀이 참고
6	(1) $y' = \dfrac{4}{4x-3}$ (2) $y' = -\tan x$ (3) $y' = \dfrac{1}{x\ln 5}$ (4) $y' = \dfrac{e^x - e^{-x}}{e^x + e^{-x}}$
7	(1) $\dfrac{dy}{dx} = -4t^2$ (2) $\dfrac{dy}{dx} = \dfrac{4t}{3t^2+2}$ (3) $\dfrac{dy}{dx} = -\dfrac{1}{2t^2 e^{2t}}$ (4) $\dfrac{dy}{dx} = \dfrac{t^2-2t-1}{2t^2-2}$
8	(1) $\dfrac{dy}{dx} = \dfrac{5}{2y}$ (단, $y \neq 0$) (2) $\dfrac{dy}{dx} = \dfrac{x^2}{y^2}$ (단, $y \neq 0$) (3) $\dfrac{dy}{dx} = \dfrac{2x-y}{x-2y}$ (단, $x \neq 2y$)
9	(1) $y = \dfrac{3}{2}\sqrt{x}$ (2) $4\sqrt{2}(4x+1)^{\sqrt{2}-1}$
10	(1) $\dfrac{dy}{dx} = \dfrac{1}{5\sqrt[5]{(x-3)^4}}$ (2) $\dfrac{dy}{dx} = \dfrac{2}{3\sqrt[3]{(2x-5)^2}}$
11	(1) $\dfrac{1}{6}$ (2) $\dfrac{1}{2}$
12	(1) $y'' = \dfrac{1}{x}$ (2) $y'' = (x^2-4x+2)e^{-x}$ (3) $y'' = -4\cos 2x$ (4) $y'' = e^x + e^{-x}$ (5) $y'' = \dfrac{2\ln x - 3}{x^3}$

개념 확인문제 1

(1) $y' = -\dfrac{(x^2-x+1)'}{(x^2-x+1)^2} = -\dfrac{2x-1}{(x^2-x+1)^2}$

(2) $y' = \dfrac{(x)'(e^x+1)-x(e^x+1)'}{(e^x+1)^2} = \dfrac{e^x+1-xe^x}{(e^x+1)^2}$

(3) $y' = \dfrac{(1-\cos x)'(1+\sin x)-(1-\cos x)(1+\sin x)'}{(1+\sin x)^2}$

$= \dfrac{\sin x(1+\sin x)-(1-\cos x)\cos x}{(1+\sin x)^2}$

$= \dfrac{1+\sin x - \cos x}{(1+\sin x)^2}$

답 (1) $y' = -\dfrac{2x-1}{(x^2-x+1)^2}$

(2) $y' = \dfrac{e^x+1-xe^x}{(e^x+1)^2}$

(3) $y' = \dfrac{1+\sin x - \cos x}{(1+\sin x)^2}$

개념 확인문제 2

(1) $y' = (3x^{-5})' = -15x^{-5-1} = -15x^{-6} = -\dfrac{15}{x^6}$

(2) $y = \dfrac{x^3-3}{x^2} = x - \dfrac{3}{x^2} = x - 3x^{-2}$ 이므로

$y' = (x)' - (3x^{-2})' = 1 - (-6x^{-3}) = 1 + 6x^{-3} = 1 + \dfrac{6}{x^3}$

답 (1) $y' = -\dfrac{15}{x^6}$ (2) $y' = 1 + \dfrac{6}{x^3}$

개념 확인문제 3

(1) $y' = (\csc x)' = \left(\dfrac{1}{\sin x}\right)' = -\dfrac{(\sin x)'}{\sin^2 x} = -\dfrac{\cos x}{\sin^2 x}$

$= -\dfrac{1}{\sin x} \times \dfrac{\cos x}{\sin x} = -\csc x \cot x$

(2) $y' = (\cot x)' = \left(\dfrac{\cos x}{\sin x}\right)' = \dfrac{(\cos x)'\sin x - \cos x(\sin x)'}{\sin^2 x}$

$= \dfrac{-\sin^2 x - \cos^2 x}{\sin^2 x} = -\dfrac{1}{\sin^2 x} = -\csc^2 x$

(1) $y = \dfrac{1}{(-2x+1)^3} = (-2x+1)^{-3}$

   $f(x) = x^{-3}$, $g(x) = -2x+1$ 라 하면

   $f'(x) = -3x^{-3-1} = -3x^{-4}$, $g'(x) = -2$ 이므로

   $y' = g'(x)f'(g(x)) = -2 \times \{-3(-2x+1)^{-4}\}$

      $= 6(-2x+1)^{-4}$

(2) $f(x) = \tan x$, $g(x) = x^2+2$ 라 하면

   $f'(x) = \sec^2 x$, $g'(x) = 2x$ 이므로

   $y' = g'(x)f'(g(x)) = 2x\sec^2(x^2+2)$

(3) $f(x) = x^5$, $g(x) = 4x^3-x^2+1$ 라 하면

   $f'(x) = 5x^4$, $g'(x) = 12x^2-2x$ 이므로

   $y' = g'(x)f'(g(x)) = (12x^2-2x) \times 5(4x^3-x^2+1)^4$

      $= (60x^2-10x)(4x^3-x^2+1)^4$

(4) $f(x) = 2^x$, $g(x) = \cos x$ 라 하면

   $f'(x) = 2^x \ln 2$, $g'(x) = -\sin x$ 이므로

   $y' = g'(x)f'(g(x)) = -\sin x\,(2^{\cos x}\ln 2)$

(5) $f(x) = e^x$, $g(x) = \sin\dfrac{x}{2}$ 라 하면

   $f'(x) = e^x$, $g'(x) = \dfrac{1}{2}\cos\dfrac{x}{2}$ 이므로

   $y' = g'(x)f'(g(x)) = \left(\dfrac{1}{2}\cos\dfrac{x}{2}\right)e^{\sin\frac{x}{2}}$

> **Tip**
>
> $y = \sin\dfrac{x}{2}$ 에서 $h(x) = \sin x$, $i(x) = \dfrac{x}{2}$ 라 하면
>
> $h'(x) = \cos x$, $i'(x) = \dfrac{1}{2}$ 이므로
>
> $y' = i'(x)h'(i(x)) = \dfrac{1}{2}\cos\dfrac{x}{2}$

답 (1) $y' = 6(-2x+1)^{-4}$

    (2) $y' = 2x\sec^2(x^2+2)$

    (3) $y' = (60x^2-10x)(4x^3-x^2+1)^4$

    (4) $y' = -\sin x(2^{\cos x}\ln 2)$

    (5) $y' = \left(\dfrac{1}{2}\cos\dfrac{x}{2}\right)e^{\sin\frac{x}{2}}$

(1) $g(x) = ax+b$ 라 하면 $g'(x) = a$ 이므로

   $y' = g'(x)f'(g(x)) = a \times f'(ax+b) = af'(ax+b)$

> **Tip**
>
> $y = \sin(10x+5)$ 이면 $y' = 10\cos(10x+5)$

(2) $h(x) = x^n$ 라 하면 $y = \{f(x)\}^n = h(f(x))$ 이고

   $h'(x) = nx^{n-1}$ 이므로

   $y' = f'(x)h'(f(x)) = f'(x) \times n\{f(x)\}^{n-1}$

> **Tip**
>
> $y = (5x+6)^4$ 이면 $y' = 5 \times 4(5x+6)^3 = 20(5x+6)^3$

(1) $y = \ln|4x-3|$ 이면 $y' = \dfrac{4}{4x-3}$

(2) $y' = \dfrac{(\cos x)'}{\cos x} = \dfrac{-\sin x}{\cos x} = -\dfrac{\sin x}{\cos x} = -\tan x$

> **Tip**
>
> <적분 단원 preview>
>
> $\{\ln|\cos x|\}' = -\tan x$ 이므로
>
> $\displaystyle\int \tan x\,dx = -\ln|\cos x| + C$ 인 것을 알 수 있다.

(3) $y = \log_5|2x| = \dfrac{\ln|2x|}{\ln 5}$ 이므로

   $y' = \dfrac{2}{2x\ln 5} = \dfrac{1}{x\ln 5}$

> **Tip**
>
> $y = \log_5|2x| = \log_5|2|\,|x| = \log_5 2|x|$
>
> $= \log_5 2 + \log_5|x|$
>
> 이므로 $y' = (\log_5 2)' + \{\log_5|x|\}' = \dfrac{1}{x\ln 5}$

(4) $y' = \dfrac{\left(e^x + e^{-x}\right)'}{e^x + e^{-x}} = \dfrac{e^x - e^{-x}}{e^x + e^{-x}}$

답 (1) $y' = \dfrac{4}{4x-3}$ (2) $y' = -\tan x$

(3) $y' = \dfrac{1}{x\ln 5}$ (4) $y' = \dfrac{e^x - e^{-x}}{e^x + e^{-x}}$

(1) $\dfrac{dx}{dt} = -3$, $\dfrac{dy}{dt} = 12t^2$ 이므로

$$\dfrac{dy}{dx} = \dfrac{\dfrac{dy}{dt}}{\dfrac{dx}{dt}} = \dfrac{12t^2}{-3} = -4t^2$$

(2) $\dfrac{dx}{dt} = 3t^2 + 2$, $\dfrac{dy}{dt} = 4t$ 이므로

$$\dfrac{dy}{dx} = \dfrac{\dfrac{dy}{dt}}{\dfrac{dx}{dt}} = \dfrac{4t}{3t^2 + 2}$$

(3) $\dfrac{dx}{dt} = 2e^{2t}$, $\dfrac{dy}{dt} = -\dfrac{1}{t^2}$ 이므로

$$\dfrac{dy}{dx} = \dfrac{\dfrac{dy}{dt}}{\dfrac{dx}{dt}} = \dfrac{-\dfrac{1}{t^2}}{2e^{2t}} = -\dfrac{1}{2t^2 e^{2t}}$$

(4) $\dfrac{dx}{dt} = \dfrac{2\left(1+t^2\right) - 2t \times 2t}{\left(1+t^2\right)^2} = \dfrac{-2t^2 + 2}{\left(1+t^2\right)^2}$

$$\dfrac{dy}{dt} = \dfrac{\left(1+t^2\right) - (t-1) \times 2t}{\left(1+t^2\right)^2} = \dfrac{-t^2 + 2t + 1}{\left(1+t^2\right)^2}$$

이므로

$$\dfrac{dy}{dx} = \dfrac{\dfrac{dy}{dt}}{\dfrac{dx}{dt}} = \dfrac{\dfrac{-t^2 + 2t + 1}{\left(1+t^2\right)^2}}{\dfrac{-2t^2 + 2}{\left(1+t^2\right)^2}} = \dfrac{t^2 - 2t - 1}{2t^2 - 2}$$

답 (1) $\dfrac{dy}{dx} = -4t^2$ (2) $\dfrac{dy}{dx} = \dfrac{4t}{3t^2+2}$

(3) $\dfrac{dy}{dx} = -\dfrac{1}{2t^2 e^{2t}}$ (4) $\dfrac{dy}{dx} = \dfrac{t^2 - 2t - 1}{2t^2 - 2}$

(1) y를 x의 함수로 보고 각 항을 x에 대하여 미분하면

$$\dfrac{d}{dx}\left(y^2\right) - \dfrac{d}{dx}(5x) + \dfrac{d}{dx}(4) = \dfrac{d}{dx}(0)$$

$$2y\dfrac{dy}{dx} - 5 = 0$$

따라서 $\dfrac{dy}{dx} = \dfrac{5}{2y}$ (단, $y \neq 0$)이다.

(2) y를 x의 함수로 보고 각 항을 x에 대하여 미분하면

$$\dfrac{d}{dx}\left(x^3\right) - \dfrac{d}{dx}\left(y^3\right) = \dfrac{d}{dx}(1)$$

$$3x^2 - 3y^2 \dfrac{dy}{dx} = 0$$

따라서 $\dfrac{dy}{dx} = \dfrac{x^2}{y^2}$ (단, $y \neq 0$)이다.

(3) y를 x의 함수로 보고 각 항을 x에 대하여 미분하면

$$\dfrac{d}{dx}\left(x^2\right) - \dfrac{d}{dx}(xy) + \dfrac{d}{dx}\left(y^2\right) = \dfrac{d}{dx}(2)$$

$$2x - \left\{\left(\dfrac{d}{dx}x\right)y + x\left(\dfrac{d}{dx}y\right)\right\} + 2y\dfrac{dy}{dx} = 0$$

$$2x - \left(y + x\dfrac{dy}{dx}\right) + 2y\dfrac{dy}{dx} = 0$$

$$2x - y - x\dfrac{dy}{dx} + 2y\dfrac{dy}{dx} = 0$$

따라서 $\dfrac{dy}{dx} = \dfrac{2x - y}{x - 2y}$ (단, $x \neq 2y$)이다.

답 (1) $\dfrac{dy}{dx} = \dfrac{5}{2y}$ (단, $y \neq 0$)

(2) $\dfrac{dy}{dx} = \dfrac{x^2}{y^2}$ (단, $y \neq 0$)

(3) $\dfrac{dy}{dx} = \dfrac{2x - y}{x - 2y}$ (단, $x \neq 2y$)

(1) $y = x\sqrt{x} = x^{\frac{3}{2}}$ 이므로 $y' = \dfrac{3}{2}x^{\frac{3}{2}-1} = \dfrac{3}{2}x^{\frac{1}{2}} = \dfrac{3}{2}\sqrt{x}$

(2) $y' = \sqrt{2}\,(4x+1)^{\sqrt{2}-1} \times (4x+1)'$

$\quad = \sqrt{2}\,(4x+1)^{\sqrt{2}-1} \times 4$

$\quad = 4\sqrt{2}\,(4x+1)^{\sqrt{2}-1}$

답 (1) $y = \dfrac{3}{2}\sqrt{x}$ (2) $4\sqrt{2}\,(4x+1)^{\sqrt{2}-1}$

(1) $y^5 = x - 3$ 이므로 $x = y^5 + 3$

양변을 y 에 대하여 미분하면 $\dfrac{dx}{dy} = 5y^4$

따라서 $\dfrac{dy}{dx} = \dfrac{1}{\dfrac{dx}{dy}} = \dfrac{1}{5y^4} = \dfrac{1}{5\left(\sqrt[5]{x-3}\right)^4} = \dfrac{1}{5\sqrt[5]{(x-3)^4}}$

이다.

(2) $y^3 = 2x - 5$ 이므로 $x = \dfrac{1}{2}y^3 + \dfrac{5}{2}$

양변을 y 에 대하여 미분하면 $\dfrac{dx}{dy} = \dfrac{3}{2}y^2$

따라서

$$\dfrac{dy}{dx} = \dfrac{1}{\dfrac{dx}{dy}} = \dfrac{1}{\dfrac{3}{2}y^2} = \dfrac{1}{\dfrac{3}{2}\left(\sqrt[3]{2x-5}\right)^2} = \dfrac{2}{3\sqrt[3]{(2x-5)^2}}$$

이다.

답　(1) $\dfrac{dy}{dx} = \dfrac{1}{5\sqrt[5]{(x-3)^4}}$　(2) $\dfrac{dy}{dx} = \dfrac{2}{3\sqrt[3]{(2x-5)^2}}$

(1) $f(g(x)) = x$

양변을 x 에 대하여 미분하면 $g'(x)f'(g(x)) = 1$

$g'(x) = \dfrac{1}{f'(g(x))}$ 의 양변에 $x = 3$ 을 대입하면

$g'(3) = \dfrac{1}{f'(g(3))}$

$f(g(x)) = x$ 의 양변에 $x = 3$ 을 대입하면
$f(g(3)) = 3$ 이고, $x^3 + x^2 + x = 3 \Rightarrow x = 1$ 이므로 $g(3) = 1$
$f'(x) = 3x^2 + 2x + 1$ 이므로 $f'(1) = 6$

따라서 $g'(3) = \dfrac{1}{f'(g(3))} = \dfrac{1}{f'(1)} = \dfrac{1}{6}$ 이다.

(2) $f(g(x)) = x$

양변을 x 에 대하여 미분하면 $g'(x)f'(g(x)) = 1$

$g'(x) = \dfrac{1}{f'(g(x))}$ 의 양변에 $x = 5$ 를 대입하면

$g'(5) = \dfrac{1}{f'(g(5))}$

$f(g(x)) = x$ 의 양변에 $x = 5$ 을 대입하면
$f(g(5)) = 5$ 이고,

$x^3 + 2x + 5 = 5 \Rightarrow x = 0$ 이므로 $g(5) = 0$
$f'(x) = 3x^2 + 2$ 이므로 $f'(0) = 2$

따라서 $g'(5) = \dfrac{1}{f'(g(5))} = \dfrac{1}{f'(0)} = \dfrac{1}{2}$ 이다.

답　(1) $\dfrac{1}{6}$　(2) $\dfrac{1}{2}$

(1) $y' = \ln x + x \times \dfrac{1}{x} = \ln x + 1$ 이므로 $y'' = \dfrac{1}{x}$

(2) $y' = 2xe^{-x} - x^2e^{-x}$ 이므로
$y'' = (2xe^{-x})' - (x^2e^{-x})' = (2e^{-x} - 2xe^{-x}) - (2xe^{-x} - x^2e^{-x})$
$\quad = (x^2 - 4x + 2)e^{-x}$

(3) $y' = -2\sin 2x$ 이므로 $y'' = -4\cos 2x$

(4) $y' = e^x - e^{-x}$ 이므로 $y'' = e^x + e^{-x}$

(5) $y' = \dfrac{(\ln x)' \times x - \ln x \times (x)'}{x^2} = \dfrac{1 - \ln x}{x^2}$ 이므로

$y'' = \dfrac{(1 - \ln x)' \times x^2 - (1 - \ln x) \times (x^2)'}{x^4}$

$\quad = \dfrac{-\dfrac{1}{x} \times x^2 - (1 - \ln x) \times 2x}{x^4}$

$\quad = \dfrac{-1 - (1 - \ln x)2}{x^3} = \dfrac{2\ln x - 3}{x^3}$

답　(1) $y'' = \dfrac{1}{x}$　(2) $y'' = (x^2 - 4x + 2)e^{-x}$
(3) $y'' = -4\cos 2x$　(4) $y'' = e^x + e^{-x}$
(5) $y'' = \dfrac{2\ln x - 3}{x^3}$

1	③	**21**	②
2	①	**22**	④
3	①	**23**	126
4	135	**24**	①
5	③	**25**	②
6	⑤	**26**	④
7	④	**27**	②
8	③	**28**	③
9	②	**29**	50
10	6	**30**	⑤
11	2	**31**	②
12	9	**32**	①
13	②	**33**	⑤
14	13	**34**	50
15	③	**35**	96
16	80	**36**	①
17	11	**37**	10
18	3	**38**	36
19	20	**39**	②
20	⑤		

001

$$f'(x) = \frac{e^x(x+1) - e^x}{(x+1)^2} = \frac{x\,e^x}{(x+1)^2} \text{ 이므로}$$

$$f'(3) = \frac{3e^3}{16}$$

답 ③

002

$$f'(x) = \frac{(2x-3)(x+1) - (x^2 - 3x + 5)}{(x+1)^2} \text{ 이므로}$$

$$f'(0) = \frac{-3-5}{1} = -8$$

답 ①

Guide step에서 언급한대로 꼴을 변형한 뒤
미분하여 구할 수 있다.

$$f(x) = x - 4 + \frac{9}{x+1} \text{ 이므로}$$

$$f'(x) = 1 - \frac{9}{(x+1)^2} \text{ 이다.}$$

따라서 $f'(0) = -8$ 이다.

003

$$f'(x) = \frac{\left(1 + \dfrac{1}{x}\right) \times x^2 - (x + \ln x) \times 2x}{x^4}$$

$$= \frac{x - x^2 - 2x\ln x}{x^4} = \frac{1 - x - 2\ln x}{x^3}$$

따라서

$$\lim_{h \to 0} \frac{f(e+h) - f(e-2h)}{h}$$

$$= \lim_{h \to 0} \frac{f(e+h) - f(e) - f(e-2h) + f(e)}{h}$$

$$= \lim_{h \to 0} \frac{f(e+h) - f(e)}{h} + \lim_{h \to 0} \frac{f(e-2h) - f(e)}{-2h} \times 2$$

$$= f'(e) + 2f'(e)$$

$$= 3f'(e)$$

$$= \frac{-3e - 3}{e^3}$$

이다.

답 ①

004

$$f'(x) = \sec^2 x = 1 + \tan^2 x \text{ 이므로}$$

$$f'(x) - f(x) - 1 = 0$$

$$\Rightarrow 1 + \tan^2 x - \tan x - 1 = 0 \Rightarrow \tan x(\tan x - 1) = 0$$

$$\Rightarrow \tan x = 0 \text{ or } \tan x = 1$$

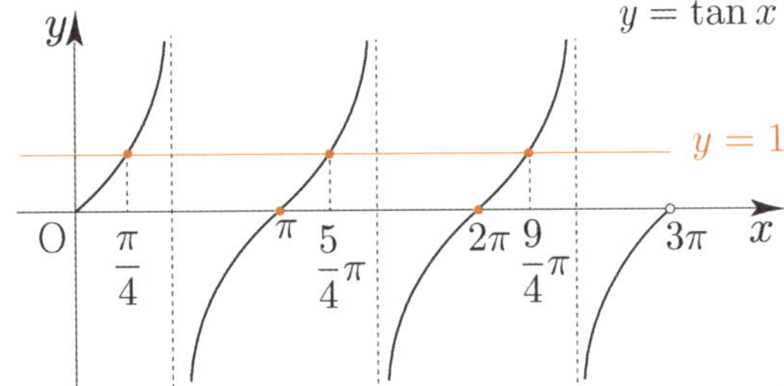

$0 < x < 3\pi$ 일 때, $\tan x = 0 \Rightarrow x = \pi,\ 2\pi$

$0 < x < 3\pi$ 일 때, $\tan x = 1 \Rightarrow x = \dfrac{\pi}{4},\ \dfrac{5}{4}\pi,\ \dfrac{9}{4}\pi$

모든 실근의 합은

$$\pi + 2\pi + \frac{\pi}{4} + \frac{5}{4}\pi + \frac{9}{4}\pi = \frac{12\pi + 15\pi}{4} = \frac{27}{4}\pi$$

이므로 $a = \dfrac{27}{4}$ 이다.

따라서 $20a = 20 \times \dfrac{27}{4} = 135$ 이다.

답　135

005

$g(x) = \dfrac{f(x)}{e^{x-1}}$, $g(3) = g'(3) = 1$

$$g(3) = \frac{f(3)}{e^2} = 1 \Rightarrow f(3) = e^2$$

$$g'(x) = \frac{f'(x)e^{x-1} - f(x)e^{x-1}}{\left(e^{x-1}\right)^2} = \frac{f'(x) - f(x)}{e^{x-1}} \text{ 이므로}$$

$$g'(3) = \frac{f'(3) - f(3)}{e^2} \Rightarrow e^2 = f'(3) - f(3) \Rightarrow f'(3) = 2e^2$$

따라서 $\dfrac{1}{f(3)} + \dfrac{1}{f'(3)} = \dfrac{1}{e^2} + \dfrac{1}{2e^2} = \dfrac{3}{2e^2}$ 이다.

답　③

006

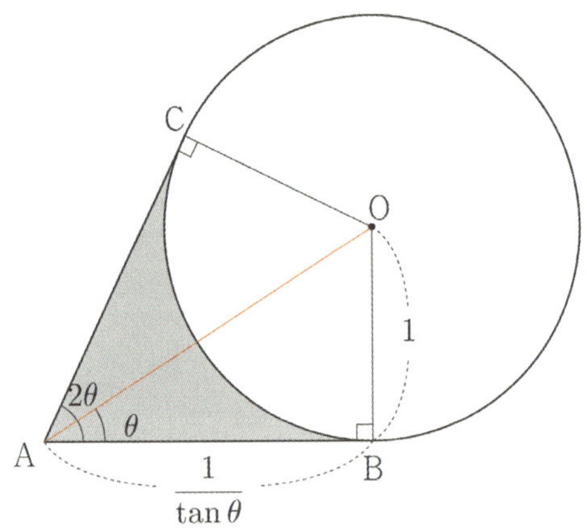

원의 중심을 O 라 하면

$\overline{OB} = 1$

$\angle OAB = \dfrac{1}{2} \times 2\theta = \theta$

$\dfrac{\overline{OB}}{\overline{AB}} = \tan\theta \Rightarrow \overline{AB} = \dfrac{1}{\tan\theta}$

$f(\theta)$ 는 사각형 ABOC 의 넓이에서 부채꼴 BOC 의 넓이를 빼서 구하면 된다.

$$f(\theta) = 2\left(\frac{1}{2} \times \overline{AB} \times \overline{OB}\right) - \left\{\frac{1}{2} \times \left(\overline{OB}\right)^2 \times (\pi - 2\theta)\right\}$$

$$= \frac{1}{\tan\theta} - \frac{1}{2}(\pi - 2\theta) = \frac{1}{\tan\theta} - \frac{\pi}{2} + \theta$$

$$f'(\theta) = -\csc^2\theta + 1$$

따라서 $f'\left(\dfrac{\pi}{6}\right) = -\dfrac{1}{\sin^2\dfrac{\pi}{6}} + 1 = -\dfrac{1}{\dfrac{1}{4}} + 1 = -4 + 1 = -3$

이다.

답　⑤

007

$$f'(x) = (2x+2)e^{x^2+2x-3}$$

따라서 $f'(1) = 4 \times e^0 = 4$ 이다.

답　④

008

$$f'(x) = 3x^2\ln(3x-2) + x^3 \times \frac{3}{3x-2}$$

따라서 $f'(1) = 0 + 3 = 3$ 이다.

답　③

009

$$3f'(3x-1) = 2x \times 2^{x^2-1} \times \ln 2$$

양변에 $x=1$ 를 대입하면

$$3f'(2) = 2 \times 1 \times \ln 2$$

따라서 $f'(2) = \dfrac{2\ln 2}{3}$ 이다.

답 ②

010

$$h(x) = f(g(x))$$
$$h'(x) = g'(x)f'(g(x))$$

$$f(x) = 4x^2 + 3x, \ g(x) = e^{2x} - 1$$
$$f'(x) = 8x + 3, \ g'(x) = 2e^{2x}$$

따라서 $h'(0) = g'(0)f'(g(0)) = 2 \times f'(0) = 2 \times 3 = 6$ 이다.

답 6

011

$$h(x) = f(g(x))$$
$$h'(x) = g'(x)f'(g(x))$$

$$f(x) = \cos^2 x, \ g(x) = e^{ax-a} + \frac{\pi}{4} - 1$$
$$f'(x) = 2\cos x \times (-\sin x) = -2\sin x \cos x$$
$$g'(x) = ae^{ax-a}$$

$$h'(1) = g'(1)f'(g(1)) = a \times f'\left(\frac{\pi}{4}\right)$$

$$= a \times \left(-2 \times \frac{\sqrt{2}}{2} \times \frac{\sqrt{2}}{2}\right)$$

$$= -a$$

$$= -2$$

따라서 상수 $a = 2$ 이다.

답 2

012

(가) $\displaystyle\lim_{x \to 2} \dfrac{x^2-4}{f(x)-3} = 12$

분자가 0으로 가는데 극한값이 0이 아니므로
분모는 0으로 가야 한다.

$$\lim_{x \to 2} \{f(x) - 3\} = 0 \ \Rightarrow \ f(2) = 3$$

$$\lim_{x \to 2} \frac{x^2-4}{f(x)-3} = \lim_{x \to 2} \frac{x^2-4}{f(x)-f(2)} = \lim_{x \to 2} \frac{x+2}{\dfrac{f(x)-f(2)}{x-2}}$$

$$= \frac{4}{f'(2)} = 12$$

$$\Rightarrow f'(2) = \frac{1}{3}$$

(나) $\displaystyle\lim_{x \to 3} \dfrac{f(x)-f(3)}{x^2-4x+3} = \dfrac{15}{2}$

$$\lim_{x \to 3} \frac{f(x)-f(3)}{x^2-4x+3} = \lim_{x \to 3} \left\{ \frac{f(x)-f(3)}{x-3} \times \frac{1}{x-1} \right\}$$

$$= \frac{f'(3)}{2} = \frac{15}{2}$$

$$\Rightarrow f'(3) = 15$$

$$\lim_{x \to 2} \frac{f(f(x))-4}{x-2} = a$$

분모가 0으로 가는데 극한값이 존재하므로
분자는 0으로 가야 한다.

$$\lim_{x \to 2} \{f(f(x)) - 4\} = 0 \ \Rightarrow \ f(f(2)) = 4 \ \Rightarrow \ f(3) = 4$$

$$\lim_{x \to 2} \frac{f(f(x))-4}{x-2} = \lim_{x \to 2} \frac{f(f(x))-f(f(2))}{x-2}$$

$$= f'(2)f'(f(2)) = \frac{1}{3} \times f'(3)$$

$$= \frac{1}{3} \times 15 = 5 = a$$

따라서 $f(3) + a = 4 + 5 = 9$ 이다.

답 9

$$f'(x) = 2x\cos(x^2+a) + 6x\sin(x^2+a)$$

$$f'\left(\frac{\sqrt{\pi}}{2}\right) = \sqrt{\pi}\cos\left(\frac{\pi}{4}+a\right) + 3\sqrt{\pi}\sin\left(\frac{\pi}{4}+a\right) = 0$$

$$\Rightarrow \cos\left(\frac{\pi}{4}+a\right) + 3\sin\left(\frac{\pi}{4}+a\right) = 0$$

$$\Rightarrow \tan\left(\frac{\pi}{4}+a\right) = -\frac{1}{3}$$

$$\Rightarrow \frac{1+\tan a}{1-\tan a} = \frac{1}{-3}$$

$$\Rightarrow -3 - 3\tan a = 1 - \tan a$$

$$\Rightarrow -4 = 2\tan a$$

$$\Rightarrow \tan a = -2$$

따라서 $\tan a = -2$ 이다.

답 ②

014

점 $(f(t),\ t)$ 은 곡선 $y = x^3 + x$ 위의 점이므로
$t = \{f(t)\}^3 + f(t)$ 가 성립한다.
$t = \{f(t)\}^3 + f(t)$ 의 양변을 t 에 대하여 미분하면
$1 = 3\{f(t)\}^2 \times f'(t) + f'(t)$

$t = 10$ 을 대입하면
$1 = 3\{f(10)\}^2 \times f'(10) + f'(10)$

$f(10)$ 의 값만 구하면 된다.

$t = \{f(t)\}^3 + f(t)$ 의 양변에 $t = 10$ 을 대입하면
$10 = \{f(10)\}^3 + f(10) \Rightarrow f(10) = 2$
($y = x^3 + x \Rightarrow y' = 3x^2 + 1 > 0$ 이어서 증가함수이므로
$f(10)$ 의 값은 오직 한 개 존재한다.)

$1 = 3\{f(10)\}^2 \times f'(10) + f'(10)$

$$\Rightarrow 1 = 13f'(10)$$

$$\Rightarrow f'(10) = \frac{1}{13}$$

따라서 $\dfrac{1}{f'(10)} = 13$ 이다.

답 13

$$f(x) = \frac{\ln\sqrt{x}}{x} = \frac{\ln x^{\frac{1}{2}}}{x} = \frac{\ln x}{2x}$$

$$f'(x) = \frac{\frac{1}{x}\times 2x - \ln x \times 2}{(2x)^2} = \frac{1-\ln x}{2x^2}$$

$$f(e^2) = \frac{\ln e^2}{2e^2} = \frac{1}{e^2}$$

$$f'(e^2) = \frac{1-\ln e^2}{2e^4} = -\frac{1}{2e^4}$$

$$f'\left(\frac{1}{e^2}\right) = \frac{1-\ln\frac{1}{e^2}}{\frac{2}{e^4}} = \frac{3}{2}e^4$$

$$g(x) = f(f(x))$$

$$g'(x) = f'(x)f'(f(x))$$

따라서 $g'(e^2) = f'(e^2)f'(f(e^2)) = -\dfrac{1}{2e^4}\times f'\left(\dfrac{1}{e^2}\right)$

$$= -\frac{1}{2e^4}\times\frac{3}{2}e^4 = -\frac{3}{4}$$

이다.

답 ③

016

(가) $\displaystyle\lim_{x\to 1}\frac{x^3-1}{g(x)-g(1)} = 6$

$$\lim_{x\to 1}\frac{x^2+x+1}{\frac{g(x)-g(1)}{x-1}} = \frac{3}{g'(1)} = 6 \Rightarrow g'(1) = \frac{1}{2}$$

(나) $y = f(g(x))$

$$g'(1)f'(g(1)) = \frac{16}{2^{g(1)}} = 2^{4-g(1)}$$

$$f(x) = \frac{4^x}{\ln 2}$$

$$f'(x) = \frac{4^x}{\ln 2}\times\ln 4 = 4^x\times\frac{2\ln 2}{\ln 2} = 4^x\times 2 = 2^{2x+1}$$

$$g'(1)f'(g(1)) = \frac{1}{2}\times f'(g(1)) = \frac{1}{2}\times 2^{2g(1)+1}$$

$$= 2^{2g(1)}$$

$$2^{2g(1)}=2^{4-g(1)} \Rightarrow 2g(1)=4-g(1) \Rightarrow g(1)=\frac{4}{3}$$

따라서 $60\times g(1)=60\times\frac{4}{3}=80$ 이다.

답   80

17

$$f(x)=x\sqrt{x}+x^2=x^{\frac{3}{2}}+x^2$$
$$f'(x)=\frac{3}{2}x^{\frac{1}{2}}+2x=\frac{3}{2}\sqrt{x}+2x$$

따라서 $f'(4)=\frac{3}{2}\times 2+8=11$ 이다.

답   11

18

$$f(x)=\sqrt[3]{x^2+4}=\left(x^2+4\right)^{\frac{1}{3}}$$
$$f'(x)=\frac{1}{3}\left(x^2+4\right)^{-\frac{2}{3}}\times 2x=\frac{2x}{3\sqrt[3]{\left(x^2+4\right)^2}}$$
$$f'(2)=\frac{4}{3\times\sqrt[3]{64}}=\frac{4}{3\times 4}=\frac{1}{3}$$

따라서 $\dfrac{1}{f'(2)}=3$ 이다.

답   3

19

$$y=(x+1)^{\frac{5}{2}}$$
$$y'=\frac{5}{2}(x+1)^{\frac{5}{2}-1}=\frac{5}{2}(x+1)^{\frac{3}{2}}$$

따라서 점 $(3,\ 32)$ 에서의 접선의 기울기는
$$\frac{5}{2}(3+1)^{\frac{3}{2}}=\frac{5}{2}\times 2^3=\frac{5}{2}\times 8=20$$ 이다.

답   20

20

$$\frac{dx}{dt}=1+\frac{1}{t^2}\ ,\quad \frac{dy}{dt}=2t-\frac{2}{t^3}$$
$$\frac{dy}{dx}=\frac{\dfrac{dy}{dt}}{\dfrac{dx}{dt}}=\frac{2t-\dfrac{2}{t^3}}{1+\dfrac{1}{t^2}}$$

따라서 $t=2$ 일 때, $\dfrac{dy}{dx}=\dfrac{4-\dfrac{1}{4}}{1+\dfrac{1}{4}}=\dfrac{15}{5}=3$ 이다.

답   ⑤

21

$$x=e^{3t-3},\quad y=t^{\frac{3}{2}}+\frac{1}{2}\ln t$$
$$\frac{dx}{dt}=3e^{3t-3},\quad \frac{dy}{dt}=\frac{3}{2}t^{\frac{1}{2}}+\frac{1}{2t}$$
$$\frac{dy}{dx}=\frac{\dfrac{dy}{dt}}{\dfrac{dx}{dt}}=\frac{\dfrac{3}{2}t^{\frac{1}{2}}+\dfrac{1}{2t}}{3e^{3t-3}}$$

따라서 $t=1$ 일 때, $\dfrac{dy}{dx}=\dfrac{\dfrac{3}{2}+\dfrac{1}{2}}{3}=\dfrac{2}{3}$ 이다.

답   ②

22

$$x=\sin^2\theta,\quad y=\tan\theta$$
$$\frac{dx}{d\theta}=2\sin\theta\cos\theta,\quad \frac{dy}{d\theta}=\sec^2\theta$$
$$\frac{dy}{dx}=\frac{\dfrac{dy}{d\theta}}{\dfrac{dx}{d\theta}}=\frac{\sec^2\theta}{2\sin\theta\cos\theta}=\frac{1}{2\sin\theta\cos^3\theta}$$

따라서 $\theta=\dfrac{\pi}{6}$ 일 때,
$$\frac{dy}{dx}=\frac{1}{2\times\dfrac{1}{2}\times\left(\dfrac{\sqrt{3}}{2}\right)^3}=\frac{1}{\dfrac{3\sqrt{3}}{8}}=\frac{8\sqrt{3}}{9}$$ 이다.

답   ④

023

$x = \log_3 t, \quad y = 3t + \sqrt{3t}$

$1 = \log_3 t \implies t = 3$
$a = 9 + \sqrt{9} = 9 + 3 = 12$

$\dfrac{dx}{dt} = \dfrac{1}{t\ln 3}, \quad \dfrac{dy}{dt} = 3 + \dfrac{1}{2}(3t)^{-\frac{1}{2}} \times 3 = 3 + \dfrac{3}{2\sqrt{3t}}$

> **Tip**
>
> $$\{\sqrt{f(x)}\}' = \frac{1}{2}\{f(x)\}^{\frac{1}{2}-1} \times f'(x)$$
>
> $$= \frac{1}{2}\{f(x)\}^{-\frac{1}{2}} \times f'(x)$$
>
> $$= \frac{f'(x)}{2\sqrt{f(x)}}$$
>
> 잘 나오니 기억해두자.
>
> **ex** $g(x) = \sqrt{5x+3} \implies g'(x) = \dfrac{5}{2\sqrt{5x+3}}$

$\dfrac{dy}{dx} = \dfrac{\frac{dy}{dt}}{\frac{dx}{dt}} = \dfrac{3 + \frac{3}{2\sqrt{3t}}}{\frac{1}{t\ln 3}}$

$t = 3$ 일 때, $\dfrac{dy}{dx} = \dfrac{3 + \frac{1}{2}}{\frac{1}{3\ln 3}} = \dfrac{21}{2}\ln 3 = b$

따라서 $\dfrac{ab}{\ln 3} = 12 \times \dfrac{21}{2}\ln 3 \times \dfrac{1}{\ln 3} = 6 \times 21 = 126$ 이다.

답 126

024

$x^3 + xy + y^3 - 27 = 0$
x 축에서 만나는 점을 구하기 위해서 $y = 0$ 을 대입하면
$x^3 - 27 = 0 \implies x = 3$
$(3, 0)$ 에서의 접선의 기울기를 구하면 된다.

이번에는 $\dfrac{dy}{dx}$ 대신 y' 를 써서 구해보자.

음함수 미분법을 이용하여 양변을 x 에 대하여 미분하면
$3x^2 + y + xy' + 3y^2 y' = 0$

$(3, 0)$ 을 대입하면
$27 + 3y' = 0 \implies y' = -9$

따라서 x 축과 만나는 점에서의 접선의 기울기는 -9 이다.

답 ①

025

$e^x \ln y = 2$
음함수 미분법을 이용하여 양변을 x 에 대하여 미분하면
$e^x \ln y + e^x \dfrac{y'}{y} = 0$

$(0, \ e^2)$ 을 대입하면
$2 + \dfrac{y'}{e^2} = 0 \implies y' = -2e^2$

따라서 점 $(0, \ e^2)$ 에서의 접선의 기울기는 $-2e^2$ 이다.

답 ②

026

$y^3 - 3 = \ln(9 - x^3) + x^3 y$
음함수 미분법을 이용하여 양변을 x 에 대하여 미분하면
$3y^2 y' = \dfrac{-3x^2}{9 - x^3} + 3x^2 y + x^3 y'$

$(2, \ 3)$ 을 대입하면
$27y' = \dfrac{-12}{1} + 36 + 8y' \implies 19y' = 24 \implies y' = \dfrac{24}{19}$

따라서 점 $(2, \ 3)$ 에서의 접선의 기울기는 $\dfrac{24}{19}$ 이다.

답 ④

27

$$e^{x^2+xy}=x^3+y^3+1$$

음함수 미분법을 이용하여 양변을 x 에 대하여 미분하면

$$(2x+y+xy')e^{x^2+xy}=3x^2+3y^2y'$$

$(1,\ -1)$ 을 대입하면

$$1+y'=3+3y'\ \Rightarrow\ -2y'=2\ \Rightarrow\ y'=-1$$

답 ②

28

$$\sin(x+y)+x-y=0$$

음함수 미분법을 이용하여 양변을 x 에 대하여 미분하면

$$(1+y')\cos(x+y)+1-y'=0$$

$\left(\dfrac{\pi}{2},\ \dfrac{\pi}{2}\right)$ 을 대입하면

$$(1+y')\cos\pi+1-y'=0\ \Rightarrow\ -1-y'+1-y'=0\ \Rightarrow\ y'=0$$

답 ③

29

$$f(x)=\frac{x^2-4}{x}=x-\frac{4}{x}\ \ (x>0)$$

함수 $g(x)$ 는 함수 $f(x)$ 의 역함수이므로 $f(g(x))=x$
양변을 x 에 대하여 미분하면 $g'(x)f'(g(x))=1$

$g'(x)=\dfrac{1}{f'(g(x))}$ 의 양변에 $x=0$ 을 대입하면

$$g'(0)=\frac{1}{f'(g(0))}$$

$f(g(x))=x$ 의 양변에 $x=0$ 을 대입하면 $f(g(0))=0$ 이고,

$\dfrac{x^2-4}{x}=0\ \Rightarrow\ x=2\ (\because x>0)$ 이므로 $g(0)=2$

$$f'(x)=1+\frac{4}{x^2}\ \Rightarrow\ f'(2)=1+\frac{4}{4}=2$$

$$g'(0)=\frac{1}{f'(g(0))}=\frac{1}{f'(2)}=\frac{1}{2}$$

따라서 $100\times g'(0)=100\times\dfrac{1}{2}=50$ 이다.

답 50

30

$$f(x)=e^{x^3+3x-6}$$

함수 $g(x)$ 는 함수 $f(x)$ 의 역함수이므로 $f(g(x))=x$
양변을 x 에 대하여 미분하면 $g'(x)f'(g(x))=1$

$g'(x)=\dfrac{1}{f'(g(x))}$ 의 양변에 $x=\dfrac{1}{e^2}$ 을 대입하면

$$g'\left(\frac{1}{e^2}\right)=\frac{1}{f'\left(g\left(\frac{1}{e^2}\right)\right)}$$

$f(g(x))=x$ 의 양변에 $x=\dfrac{1}{e^2}$ 을 대입하면

$$f\left(g\left(\frac{1}{e^2}\right)\right)=\frac{1}{e^2}=e^{-2}\ \text{이고}$$

$$e^{x^3+3x-6}=e^{-2}\ \Rightarrow\ x^3+3x-4=0\ \Rightarrow\ (x-1)(x^2+x+4)=0$$

$\Rightarrow\ x=1\ \left(\because\ \text{모든 실수 } x\text{에 대하여 } x^2+x+4>0\right)$

이므로 $g\left(\dfrac{1}{e^2}\right)=1$

$$f'(x)=(3x^2+3)e^{x^3+3x-6}\ \Rightarrow\ f'(1)=6e^{-2}=\frac{6}{e^2}$$

따라서 $g'\left(\dfrac{1}{e^2}\right)=\dfrac{1}{f'\left(g\left(\frac{1}{e^2}\right)\right)}=\dfrac{1}{f'(1)}=\dfrac{e^2}{6}$ 이다.

답 ⑤

31

$$f(x)=\cos2x\ \left(0<x<\frac{\pi}{2}\right)$$

함수 $g(x)$ 는 함수 $f(x)$ 의 역함수이므로 $f(g(x))=x$
양변을 x 에 대하여 미분하면 $g'(x)f'(g(x))=1$

$g'(x)=\dfrac{1}{f'(g(x))}$ 의 양변에 $x=-\dfrac{1}{2}$ 을 대입하면

$$g'\left(-\frac{1}{2}\right)=\frac{1}{f'\left(g\left(-\frac{1}{2}\right)\right)}$$

$f(g(x))=x$ 의 양변에 $x=-\dfrac{1}{2}$ 을 대입하면

$$f\left(g\left(-\frac{1}{2}\right)\right)=-\frac{1}{2}\ \text{이고}$$

$\cos2x=-\dfrac{1}{2}\ \left(0<x<\dfrac{\pi}{2}\right)\ \Rightarrow\ x=\dfrac{\pi}{3}\ \text{이므로}\ g\left(-\dfrac{1}{2}\right)=\dfrac{\pi}{3}$

$$f'(x)=-2\sin2x\ \Rightarrow\ f'\left(\frac{\pi}{3}\right)=-2\sin\frac{2}{3}\pi=-\sqrt{3}$$

따라서
$$g'\left(-\frac{1}{2}\right)=\frac{1}{f'\left(g\left(-\frac{1}{2}\right)\right)}=\frac{1}{f'\left(\frac{\pi}{3}\right)}=\frac{1}{-\sqrt{3}}=-\frac{\sqrt{3}}{3}$$
이다.

답 ②

032

$f(x)=x^2e^x \ \ (x\ge 0)$
함수 $g(2x)$ 는 함수 $f(x)$ 의 역함수이므로 $f(g(2x))=x$
양변을 x 에 대하여 미분하면 $2g'(2x)f'(g(2x))=1$

Tip

$g(x)$ 가 아니라 $g(2x)$ 이기 때문에 헷갈릴 수 있는데 이때 $g(2x)=h(x)$ 라고 치환하면 손쉽게 판단할 수 있다.

① $f(h(x))=x \Rightarrow f(g(2x))=x$
양변을 x 에 대하여 미분하면 $2g'(2x)f'(g(2x))=1$

② $h(f(x))=x \Rightarrow g(2f(x))=x$
양변을 x 에 대하여 미분하면 $2f'(x)g'(2f(x))=1$

$g'(2x)=\dfrac{1}{2f'(g(2x))}$ 의 양변에 $x=e$ 를 대입하면

$g'(2e)=\dfrac{1}{2f'(g(2e))}$

$f(g(2x))=x$ 의 양변에 $x=e$ 를 대입하면
$f(g(2e))=e$ 이고 $x^2e^x=e \Rightarrow x=1 \ \ (\because x\ge 0)$ 이므로
$g(2e)=1$

$f'(x)=2xe^x+x^2e^x=(x^2+2x)e^x \Rightarrow f'(1)=3e$
따라서 $g'(2e)=\dfrac{1}{2f'(g(2e))}=\dfrac{1}{2f'(1)}=\dfrac{1}{6e}$ 이다.

답 ①

이번에는 $g(2f(x))=x$ 를 이용하여 풀어보자.

$g(2f(x))=x$
양변을 x 에 대하여 미분하면
$2f'(x)g'(2f(x))=1$

$g'(2e)$ 의 값을 구해야하므로
$2f(a)=2e \Rightarrow f(a)=e \Rightarrow a^2e^a=e \Rightarrow a=1 \ (\because a\ge 0)$
$\Rightarrow f(1)=e$

$g'(2f(x))=\dfrac{1}{2f'(x)}$ 의 양변에 $x=1$ 을 대입하면

$g'(2f(1))=\dfrac{1}{2f'(1)}$

$f'(x)=2xe^x+x^2e^x=(x^2+2x)e^x \Rightarrow f'(1)=3e$

따라서 $g'(2e)=g'(2f(1))=\dfrac{1}{2f'(1)}=\dfrac{1}{6e}$ 이다.

033

(가) $\displaystyle\lim_{x\to 0}\frac{f(x)-1}{x}=2$
분모가 0 으로 가는데 극한값이 존재하므로
분자는 0 으로 가야 한다.
$\displaystyle\lim_{x\to 0}\{f(x)-1\}=0 \Rightarrow f(0)=1$
$\displaystyle\lim_{x\to 0}\frac{f(x)-1}{x}=\lim_{x\to 0}\frac{f(x)-f(0)}{x-0}=f'(0)=2$

(나) $\displaystyle\lim_{x\to 1}\frac{f(x)-2}{x^2-1}=3$
분모가 0 으로 가는데 극한값이 존재하므로
분자는 0 으로 가야 한다.
$\displaystyle\lim_{x\to 1}\{f(x)-2\}=0 \Rightarrow f(1)=2$
$\displaystyle\lim_{x\to 1}\frac{f(x)-2}{x^2-1}=\lim_{x\to 1}\left(\frac{f(x)-f(1)}{x-1}\times\frac{1}{x+1}\right)$

$\qquad\qquad\qquad =f'(1)\times\frac{1}{2}=3$

$\Rightarrow f'(1)=6$

$f(0)=1 \Rightarrow g(1)=0$
$f(1)=2 \Rightarrow g(2)=1$
$g(g(2))=g(1)=0$ 이므로

$\displaystyle\lim_{x\to 2}\frac{g(g(x))}{x-2}=\lim_{x\to 2}\frac{g(g(x))-g(g(2))}{x-2}$

$\qquad\qquad =g'(2)g'(g(2))$

$\qquad\qquad =g'(2)g'(1)$

함수 $g(x)$ 는 함수 $f(x)$ 의 역함수이므로 $f(g(x))=x$
양변을 x 에 대하여 미분하면 $g'(x)f'(g(x))=1$

$g'(x)=\dfrac{1}{f'(g(x))}$ 의 양변에 $x=2$ 를 대입하면

$g'(2)=\dfrac{1}{f'(g(2))}=\dfrac{1}{f'(1)}=\dfrac{1}{6}$

$g'(x) = \dfrac{1}{f'(g(x))}$ 의 양변에 $x=1$를 대입하면

$$g'(1) = \frac{1}{f'(g(1))} = \frac{1}{f'(0)} = \frac{1}{2}$$

따라서 $\displaystyle\lim_{x \to 2} \frac{g(g(x))}{x-2} = g'(2)g'(1) = \frac{1}{6} \times \frac{1}{2} = \frac{1}{12}$ 이다.

답 ⑤

따라서 $\displaystyle\lim_{h \to 0} \frac{f'(1+2h)-f'(1)}{h} = \lim_{h \to 0} \frac{f'(1+2h)-f'(1)}{2h} \times 2$

$$= f''(1) \times 2 = -\frac{5}{2}$$

이다.

답 ①

034

$f(x) = (x^2+1)e^{4x-4}$

$f'(x) = 2xe^{4x-4} + (4x^2+4)e^{4x-4}$

$\qquad = (4x^2+2x+4)e^{4x-4}$

$f''(x) = (8x+2)e^{4x-4} + (16x^2+8x+16)e^{4x-4}$

$\qquad = (16x^2+16x+18)e^{4x-4}$

따라서 $f''(1) = 50$ 이다.

답 50

035

$f(x) = x^4 + 2x - ax\ln x$

$f'(x) = 4x^3 + 2 - a(\ln x + 1)$

$f''(x) = 12x^2 - \dfrac{a}{x}$

$f''(2) = 48 - \dfrac{a}{2} = 0 \implies a = 96$

따라서 상수 $a = 96$ 이다.

답 96

036

$f(x) = \ln(x^2+x) \ (x>0)$

$f'(x) = \dfrac{2x+1}{x^2+x}$

$f''(x) = \dfrac{2(x^2+x)-(2x+1)^2}{(x^2+x)^2} = \dfrac{-2x^2-2x-1}{(x^2+x)^2}$

위 식의 양변에 $x=1$를 대입하면

$f''(1) = -\dfrac{5}{4}$

037

$g'(1) = -e, \ g''(1) = 2e$

$f(x) = x^2 + ax + b$ 라 하면

$g(x) = (x^2+ax+b)e^x$ 이므로

$g'(x) = (2x+a)e^x + (x^2+ax+b)e^x$

$g''(x) = 2e^x + (2x+a)e^x + (2x+a)e^x + (x^2+ax+b)e^x$

$g'(x) = (2x+a)e^x + (x^2+ax+b)e^x$

위 식의 양변에 $x=1$을 대입하면

$g'(1) = (2+a)e + (1+a+b)e$

$\qquad = (2a+b+3)e = -e$

$\implies 2a+b+3 = -1 \implies 2a+b = -4$

$g''(x) = 2e^x + (2x+a)e^x + (2x+a)e^x + (x^2+ax+b)e^x$

위 식의 양변에 $x=1$을 대입하면

$g''(1) = 2e + (2+a)e + (2+a)e + (1+a+b)e$

$\qquad = (3a+b+7)e = 2e$

$\implies 3a+b = -5$

$2a+b = -4, \ 3a+b = -5$ 를 연립하면

$a = -1, \ b = -2$ 이므로

$f(x) = x^2 - x - 2$

따라서 $f(4) = 16 - 4 - 2 = 10$ 이다.

답 10

038

(가) $\dfrac{f'(x)}{2} = 1 + \{f(x)\}^2$

(나) $f\left(\dfrac{\pi}{8}\right) = 1$

$\dfrac{f'(x)}{2} = 1 + \{f(x)\}^2$ 의 양변에 $x = \dfrac{\pi}{8}$ 를 대입하면

$\dfrac{1}{2}f'\left(\dfrac{\pi}{8}\right) = 1 + \left\{f\left(\dfrac{\pi}{8}\right)\right\}^2 \ \Rightarrow \ f'\left(\dfrac{\pi}{8}\right) = 4$

$\dfrac{f'(x)}{2} = 1 + \{f(x)\}^2$ 의 양변을 x 에 대하여 미분하면

$\dfrac{f''(x)}{2} = 2f'(x)f(x)$

위 식의 양변에 $x = \dfrac{\pi}{8}$ 을 대입하면

$\dfrac{f''\left(\dfrac{\pi}{8}\right)}{2} = 2f'\left(\dfrac{\pi}{8}\right)f\left(\dfrac{\pi}{8}\right)$

$\Rightarrow f''\left(\dfrac{\pi}{8}\right) = 4f'\left(\dfrac{\pi}{8}\right)f\left(\dfrac{\pi}{8}\right) = 4 \times 4 \times 1 = 16$

$g(x) = e^{f'(x)f(x)}$ 의 양변을 x 에 대하여 미분하면

$g'(x) = \{f''(x)f(x) + f'(x)f'(x)\}e^{f'(x)f(x)}$

위 식의 양변에 $x = \dfrac{\pi}{8}$ 을 대입하면

$g'\left(\dfrac{\pi}{8}\right) = \left\{f''\left(\dfrac{\pi}{8}\right)f\left(\dfrac{\pi}{8}\right) + f'\left(\dfrac{\pi}{8}\right)f'\left(\dfrac{\pi}{8}\right)\right\}e^{f'\left(\frac{\pi}{8}\right)f\left(\frac{\pi}{8}\right)}$

$\qquad = (16 + 16)e^4 = 32e^4 = ae^b$

따라서 $a + b = 32 + 4 = 36$ 이다.

답 　36

$g(x) = f(x)\sin 2x$

(가) $\displaystyle\lim_{x \to \infty} \dfrac{g(x)}{x^2} = 0$

$\displaystyle\lim_{x \to \infty} \dfrac{g(x)}{x^2} = \lim_{x \to \infty} \left(\dfrac{f(x)}{x^2} \times \sin 2x\right) = 0$

$f(x)$ 는 다항함수이므로 최고차항을 $ax^n \, (a \neq 0)$ 라 하자.
이때, $n \geq 2$ 이면 (가) 조건을 만족시키지 않는다.

즉, $f(x)$ 는 일차함수 또는 상수함수이어야 하므로
$f(x) = ax + b$ 라고 식을 세울 수 있다.

$g(x) = (ax + b)\sin 2x$

$g'(x) = a\sin 2x + 2(ax + b)\cos 2x$

(나) $\displaystyle\lim_{x \to 0} \dfrac{g'(x)}{x} = 8$

분모가 0 으로 가는데 극한값이 존재하므로
분자는 0 으로 가야 한다.

$\displaystyle\lim_{x \to 0} g'(x) = 0 \ \Rightarrow \ g'(0) = 0 \ \Rightarrow \ b = 0$

$g'(x) = a\sin 2x + 2ax\cos 2x$

$g''(x) = 2a\cos 2x + 2a\cos 2x - 4ax\sin 2x$

$\displaystyle\lim_{x \to 0} \dfrac{g'(x)}{x} = \lim_{x \to 0} \dfrac{g'(x) - g'(0)}{x - 0} = g''(0) = 8$

$\Rightarrow 4a = 8 \ \Rightarrow \ a = 2 \ \Rightarrow \ f(x) = 2x$

$g(x) = 2x\sin 2x, \ g'(x) = 2\sin 2x + 4x\cos 2x$

$h(x) = \ln|g(x)|$

$h'(x) = \dfrac{g'(x)}{g(x)}$

따라서 $h'\left(\dfrac{\pi}{4}\right) = \dfrac{g'\left(\dfrac{\pi}{4}\right)}{g\left(\dfrac{\pi}{4}\right)} = \dfrac{2}{\dfrac{\pi}{2}} = \dfrac{4}{\pi}$ 이다.

답 　②

40	2	68	⑤
41	8	69	25
42	2	70	②
43	③	71	⑤
44	①	72	①
45	③	73	④
46	1	74	②
47	③	75	②
48	⑤	76	17
49	④	77	③
50	⑤	78	③
51	①	79	10
52	④	80	②
53	4	81	4
54	⑤	82	④
55	④	83	③
56	④	84	15
57	④	85	④
58	①	86	④
59	25	87	①
60	②	88	5
61	①	89	③
62	①	90	16
63	①	91	17
64	③	92	15
65	⑤	93	3
66	③	94	5
67	4		

040

$$f(x) = x \ln(2x-1)$$

$$f'(x) = \ln(2x-1) + x \times \frac{2}{2x-1} = \ln(2x-1) + \frac{2x}{2x-1}$$

따라서 $f'(1) = \frac{2}{1} = 2$ 이다.

 2

041

$$f(x) = \frac{x^2 - 2x - 6}{x-1}$$

풀이1) 곧바로 몫의 미분법

$$f'(x) = \frac{(2x-2)(x-1) - (x^2-2x-6)}{(x-1)^2} = \frac{x^2 - 2x + 8}{(x-1)^2}$$

따라서 $f'(0) = \frac{8}{1} = 8$ 이다.

풀이2) 꼴을 변형한 후 몫의 미분법

$$f(x) = \frac{x^2 - 2x - 6}{x-1} = x - 1 + \frac{-7}{x-1}$$

$$f'(x) = 1 + \frac{7}{(x-1)^2}$$

따라서 $f'(0) = 1 + 7 = 8$ 이다.

풀이3) 음함수 미분법

$$f(x) = \frac{x^2 - 2x - 6}{x-1}$$

양변의 절댓값에 자연로그를 취하면

$$\ln|f(x)| = \ln\left|\frac{x^2-2x-6}{x-1}\right| = \ln|x^2-2x-6| - \ln|x-1|$$

$$\frac{f'(x)}{f(x)} = \frac{2x-2}{x^2-2x-6} - \frac{1}{x-1} = \frac{x^2-2x+8}{(x^2-2x-6)(x-1)}$$

$$f'(x) = \frac{x^2-2x-6}{x-1} \times \frac{x^2-2x+8}{(x^2-2x-6)(x-1)}$$

$$= \frac{x^2-2x+8}{(x-1)^2}$$

따라서 $f'(0) = \frac{8}{1} = 8$ 이다.

답 8

Tip

실전에서는 굳이 식을 전개할 필요는 없다.
곧바로 $x=0$ 을 대입하여 답을 구하면 된다.

$\dfrac{f'(x)}{f(x)} = \dfrac{2x-2}{x^2-2x-6} - \dfrac{1}{x-1}$ 의 양변에

$x=0$ 을 대입하면

$$\frac{f'(0)}{f(0)} = \frac{1}{3} + 1 \implies f'(0) = f(0) \times \frac{4}{3} = 6 \times \frac{4}{3} = 8$$

042

$$y = \sqrt{g(x)} \ \Rightarrow \ y' = \frac{g'(x)}{2\sqrt{g(x)}} \ \text{이므로}$$

$$f(x) = \sqrt{x^3+1}$$

$$f'(x) = \frac{3x^2}{2\sqrt{x^3+1}}$$

따라서 $f'(2) = \dfrac{12}{6} = 2$ 이다.

답   2

043

$$f(x) = \left(2e^x+1\right)^3$$

$$f'(x) = 3\left(2e^x+1\right)^2 \times 2e^x$$

따라서 $f'(0) = 3 \times 9 \times 2 = 54$ 이다.

답   ③

044

$$f(x) = \tan2x + 3\sin x$$

$$f'(x) = 2\sec^2 2x + 3\cos x$$

따라서 $\displaystyle\lim_{h \to 0} \frac{f(\pi+h)-f(\pi-h)}{h} = 2f'(\pi) = 2(2-3) = -2$
이다.

답   ①

045

$$e^x - xe^y = y$$

음함수 미분법을 이용하여 양변을 x 에 대하여 미분하면

$$e^x - \left(e^y + xe^y \times y'\right) = y'$$

$(0,\ 1)$ 을 대입하면

$$1 - e = y'$$

따라서 점 $(0,\ 1)$ 에서의 접선의 기울기는 $1-e$ 이다.

답   ③

046

$$f(x) = -\cos^2 x = -(\cos x)^2$$

$$f'(x) = -2\cos x \times (-\sin x) = 2\sin x \cos x$$

따라서 $f'\!\left(\dfrac{\pi}{4}\right) = 2 \times \dfrac{\sqrt{2}}{2} \times \dfrac{\sqrt{2}}{2} = 1$ 이다.

답   1

047

$$x\sin2y + 3x = 3$$

음함수 미분법을 이용하여 양변을 x 에 대하여 미분하면

$$\sin2y + x(2\cos2y)y' + 3 = 0$$

$\left(1,\ \dfrac{\pi}{2}\right)$ 을 대입하면

$$-2y' + 3 = 0 \ \Rightarrow \ y' = \frac{3}{2}$$

따라서 점 $\left(1,\ \dfrac{\pi}{2}\right)$ 에서의 접선의 기울기는 $\dfrac{3}{2}$ 이다.

답   ③

048

$$x = \ln t + t, \quad y = -t^3 + 3t$$

$$\frac{dx}{dt} = \frac{1}{t} + 1, \quad \frac{dy}{dt} = -3t^2 + 3$$

$$\frac{dy}{dx} = \frac{\dfrac{dy}{dt}}{\dfrac{dx}{dt}} = \frac{-3t^2+3}{\dfrac{1}{t}+1} = \frac{-3(t-1)(t+1)t}{t+1}$$

$$= -3(t-1)t \quad (\because \ t > 0)$$

이므로 $\dfrac{dy}{dx}$ 는 $t = \dfrac{1}{2}$ 에서 최댓값을 갖는다.

따라서 $a = \dfrac{1}{2}$ 이다.

답   ⑤

$\pi x = \cos y + x \sin y$

음함수 미분법을 이용하여 양변을 x 에 대하여 미분하면

$\pi = y'(-\sin y) + \sin y + x \cos y \times y'$

점 $\left(0, \dfrac{\pi}{2}\right)$ 를 대입하면

$\pi = -y' + 1 \implies y' = 1 - \pi$

따라서 $\left(0, \dfrac{\pi}{2}\right)$ 에서의 접선의 기울기는 $1 - \pi$ 이다.

 ④

$f(x) = \dfrac{\ln x}{x^2}$

$f'(x) = \dfrac{\dfrac{1}{x} \times x^2 - \ln x \times 2x}{x^4} = \dfrac{1 - 2\ln x}{x^3}$

따라서

$\displaystyle \lim_{h \to 0} \dfrac{f(e+h) - f(e-2h)}{h} = 3f'(e) = 3 \times \dfrac{-1}{e^3} = -\dfrac{3}{e^3}$ 이다.

 ⑤

$e^x - e^y = y$ 에 (a, b) 를 대입하면

$e^a - e^b = b$

$e^x - e^y = y$

음함수 미분법을 이용하여 양변을 x 에 대하여 미분하면

$e^x - e^y \times y' = y'$

(a, b) 를 대입하면

$e^a - e^b y' = y' \implies e^a - e^b = 1 \ (\because \ y' = 1)$

이므로 $b = 1$ 이다.

$e^a - e = 1 \implies a = \ln(e+1)$

따라서 $a + b = 1 + \ln(e+1)$ 이다.

 ①

함수 $g(x)$ 는 함수 $f(x)$ 의 역함수이므로 $f(g(x)) = x$

양변을 x 에 대하여 미분하면 $g'(x) f'(g(x)) = 1$

$g'(x) = \dfrac{1}{f'(g(x))}$ 의 양변에 $x = \dfrac{1}{4}$ 을 대입하면

$g'\left(\dfrac{1}{4}\right) = \dfrac{1}{f'\left(g\left(\dfrac{1}{4}\right)\right)}$

$f(g(x)) = x$ 의 양변에 $x = \dfrac{1}{4}$ 을 대입하면

$f\left(g\left(\dfrac{1}{4}\right)\right) = \dfrac{1}{4}$ 이고,

$\dfrac{1}{e^x + 2} = \dfrac{1}{4} \implies x = \ln 2$ 이므로 $g\left(\dfrac{1}{4}\right) = \ln 2$

$f(x) = \dfrac{1}{e^x + 2}$

$f'(x) = -\dfrac{e^x}{(e^x + 2)^2}$

$f'(\ln 2) = -\dfrac{2}{(2+2)^2} = -\dfrac{2}{16} = -\dfrac{1}{8}$

따라서 $g'\left(\dfrac{1}{4}\right) = \dfrac{1}{f'\left(g\left(\dfrac{1}{4}\right)\right)} = \dfrac{1}{f'(\ln 2)} = -8$ 이다.

 ④

$x^3 - y^3 = e^{xy}$ 에 $(a, 0)$ 을 대입하면

$a^3 = 1 \implies a = 1$

음함수 미분법을 이용하여 양변을 x 에 대하여 미분하면

$3x^2 - 3y^2 \times y' = (y + xy') e^{xy}$

$(1, 0)$ 을 대입하면

$3 = y' \implies b = 3$

따라서 $a + b = 1 + 3 = 4$ 이다.

 4

054

함수 $g(x)$ 는 함수 $f(x)$ 의 역함수이므로 $g(f(x))=x$

양변을 x 에 대하여 미분하면 $f'(x)g'(f(x))=1$

$g'(f(x))=\dfrac{1}{f'(x)}$ 의 양변에 $x=-1$ 을 대입하면

$$g'(f(-1))=\dfrac{1}{f'(-1)}$$

$$f(x)=\dfrac{1}{1+e^{-x}}$$

$$f'(x)=-\dfrac{-e^{-x}}{(1+e^{-x})^2}=\dfrac{e^{-x}}{(1+e^{-x})^2}$$

$$f'(-1)=\dfrac{e}{(1+e)^2}$$

따라서 $g'(f(-1))=\dfrac{1}{f'(-1)}=\dfrac{(1+e)^2}{e}$ 이다.

답 ⑤

055

$$f(2x+1)=(x^2+1)^2$$

양변을 x 에 대하여 미분하면

$$2f'(2x+1)=2(x^2+1)\times 2x$$

$x=1$ 을 대입하면

$$2f'(3)=2\times 2\times 2 \Rightarrow f'(3)=4$$

따라서 $f'(3)=4$ 이다.

답 ④

056

$$f(x^3+x)=e^x$$

양변을 x 에 대하여 미분

$$(3x^2+1)f'(x^3+x)=e^x$$

$x=1$ 을 대입하면

$$4f'(2)=e \Rightarrow f'(2)=\dfrac{e}{4}$$

따라서 $f'(2)=\dfrac{e}{4}$ 이다.

답 ④

057

$$f(5x-1)=e^{x^2-1}$$

양변을 x 에 대하여 미분하면

$$5f'(5x-1)=2x\times e^{x^2-1}$$

$x=1$ 을 대입하면

$$5f'(4)=2 \Rightarrow f'(4)=\dfrac{2}{5}$$

따라서 $f'(4)=\dfrac{2}{5}$ 이다.

답 ④

058

$$t=\ln\big(2\{f(t)\}^2+2f(t)+1\big)$$

$t=2\ln5$ 을 대입하면

$$2\ln5=\ln\big(2\{f(2\ln5)\}^2+2f(2\ln5)+1\big)$$

$$\Rightarrow \ln25=\ln\big(2\{f(2\ln5)\}^2+2f(2\ln5)+1\big)$$

$$\Rightarrow 25=2\{f(2\ln5)\}^2+2f(2\ln5)+1$$

$$\Rightarrow \{f(2\ln5)\}^2+f(2\ln5)-12=0$$

$$\Rightarrow \{f(2\ln5)-3\}\{f(2\ln5)+4\}=0$$

$$\Rightarrow f(2\ln5)=3 \ \ (\because f(2\ln5)>0)$$

$$t=\ln\big(2\{f(t)\}^2+2f(t)+1\big)$$

양변을 t 에 대하여 미분하면

$$1=\dfrac{4f'(t)f(t)+2f'(t)}{2\{f(t)\}^2+2f(t)+1}$$

$t=2\ln5$ 을 대입하면

$$1=\dfrac{4f'(2\ln5)f(2\ln5)+2f'(2\ln5)}{2\{f(2\ln5)\}^2+2f(2\ln5)+1}$$

$$\Rightarrow 1=\dfrac{14f'(2\ln5)}{25}$$

$$\Rightarrow f'(2\ln5)=\dfrac{25}{14}$$

따라서 $f'(2\ln5)=\dfrac{25}{14}$ 이다.

답 ①

059

$$f(x) = \tan 2x \quad \left(-\frac{\pi}{4} < x < \frac{\pi}{4}\right)$$

함수 $g(x)$는 함수 $f(x)$의 역함수이므로 $f(g(x)) = x$

양변을 x에 대하여 미분하면 $g'(x)f'(g(x)) = 1$

$g'(x) = \dfrac{1}{f'(g(x))}$ 의 양변에 $x = 1$을 대입하면

$$g'(1) = \frac{1}{f'(g(1))}$$

$f(g(x)) = x$의 양변에 $x = 1$을 대입하면 $f(g(1)) = 1$이고,

$\tan 2x = 1 \Rightarrow x = \dfrac{\pi}{8}$ 이므로 $g(1) = \dfrac{\pi}{8}$

$$f'(x) = 2\sec^2 2x$$
$$f'\left(\frac{\pi}{8}\right) = 2\sec^2 \frac{\pi}{4} = 2 \times 2 = 4$$
$$g'(1) = \frac{1}{f'(g(1))} = \frac{1}{f'\left(\frac{\pi}{8}\right)} = \frac{1}{4}$$

따라서 $100 \times g'(1) = 100 \times \dfrac{1}{4} = 25$ 이다.

답 25

060

$$g(x) = \frac{f(x)}{e^{x-2}}$$
$$g'(x) = \frac{f'(x)e^{x-2} - f(x)e^{x-2}}{e^{2x-4}}$$

$$\lim_{x \to 2} \frac{f(x) - 3}{x - 2} = 5$$

분모가 0으로 가는데 극한값이 존재하므로
분자는 0으로 가야 한다.
$$\lim_{x \to 2} \{f(x) - 3\} = 0 \Rightarrow f(2) = 3$$
$$\lim_{x \to 2} \frac{f(x) - 3}{x - 2} = \lim_{x \to 2} \frac{f(x) - f(2)}{x - 2} = f'(2) = 5$$

따라서 $g'(2) = \dfrac{f'(2) - f(2)}{1} = 5 - 3 = 2$ 이다.

답 ②

061

함수 $g(x)$는 함수 $f(x)$의 역함수이므로 $f(g(x)) = x$

양변을 x에 대하여 미분하면 $g'(x)f'(g(x)) = 1$

$g'(x) = \dfrac{1}{f'(g(x))}$ 의 양변에 $x = 3e$을 대입하면

$$g'(3e) = \frac{1}{f'(g(3e))}$$

함수 $f(x) = 3x \ln x$ 가 $(e,\ 3e)$를 지나므로
$$f(e) = 3e \Rightarrow g(3e) = e$$

$$f(x) = 3x \ln x$$
$$f'(x) = 3\ln x + 3$$
$$f'(e) = 3 + 3 = 6$$
$$g'(3e) = \frac{1}{f'(g(3e))} = \frac{1}{f'(e)} = \frac{1}{6}$$

따라서
$$\lim_{h \to 0} \frac{g(3e + h) - g(3e - h)}{h} = 2g'(3e) = \frac{1}{3} \text{ 이다.}$$

답 ①

062

$$f(x) = \frac{1}{x + 3}$$
$$f'(x) = -\frac{1}{(x+3)^2}$$
$$f''(x) = \frac{2(x+3)}{(x+3)^4} = \frac{2}{(x+3)^3}$$

$$\lim_{h \to 0} \frac{f'(a+h) - f'(a)}{h} = f''(a) = \frac{2}{(a+3)^3} = 2$$
$$\Rightarrow a = -2$$

따라서 $a = -2$ 이다.

답 ①

$$f'(2) = 2$$
$$y = f(\sqrt{x})$$

$$y' = \frac{1}{2\sqrt{x}} f'(\sqrt{x})$$

$x = 4$를 대입하면 $\dfrac{1}{4} \times f'(2) = \dfrac{1}{4} \times 2 = \dfrac{1}{2}$

따라서 $y = f(\sqrt{x})$ 의 $x = 4$ 에서의 미분계수는 $\dfrac{1}{2}$ 이다.

답 ①

$$f(x) = \frac{x}{2} + 2\sin x$$
$$f'(x) = \frac{1}{2} + 2\cos x$$

$$g(x) = f(f(x))$$
$$g'(x) = f'(x)f'(f(x))$$

따라서 $g'(\pi) = f'(\pi)f'(f(\pi))$
$$= \left(-\frac{3}{2}\right)f'\left(\frac{\pi}{2}\right) = \left(-\frac{3}{2}\right) \times \left(\frac{1}{2}\right) = -\frac{3}{4}$$
이다.

답 ③

$$\overline{AC} = \overline{OC} - \overline{OA} = t - 1$$
$$\overline{BC} = 2\sqrt{t}$$

삼각형 BAC 의 넓이 $f(t)$ 는
$$f(t) = \frac{1}{2} \times \overline{AC} \times \overline{BC} = \frac{1}{2} \times (t-1) \times 2\sqrt{t} = (t-1)\sqrt{t}$$

$$f'(t) = \sqrt{t} + (t-1)\frac{1}{2\sqrt{t}}$$

따라서 $f'(9) = 3 + 8 \times \dfrac{1}{6} = 3 + \dfrac{4}{3} = \dfrac{13}{3}$ 이다.

답 ⑤

$$g(x) = \frac{f(x)}{(e^x + 1)^2}$$

$$g'(x) = \frac{f'(x)(e^x+1)^2 - f(x) \times 2e^x(e^x+1)}{(e^x+1)^4}$$

$$= \frac{f'(x)(e^x+1) - 2e^x f(x)}{(e^x+1)^3}$$

$$f'(0) - f(0) = 2$$

따라서
$$g'(0) = \frac{2f'(0) - 2f(0)}{8} = \frac{f'(0) - f(0)}{4} = \frac{2}{4} = \frac{1}{2}$$ 이다.

답 ③

$$f(x) = kx^2 - 2x, \quad g(x) = e^{3x} + 1$$
$$f'(x) = 2kx - 2, \quad g'(x) = 3e^{3x}$$

$$h(x) = f(g(x))$$
$$h'(x) = g'(x)f'(g(x))$$
$$h'(0) = g'(0)f'(g(0)) = g'(0)f'(2)$$
$$= 3 \times (4k-2) = 12k - 6 = 42$$
$$\Rightarrow k = 4$$

따라서 상수 $k = 4$ 이다.

답 4

$$f(x) = e^{2x} + e^x - 1$$
$$f'(x) = 2e^{2x} + e^x$$

$g(5f(x))$ 을 x 에 대해 미분하면
$$\{g(5f(x))\}' = 5f'(x)g'(5f(x))$$

$f'(0) = 3, \ f(0) = 1$ 이므로
$$5f'(0)g'(5f(0)) = 15g'(5)$$

함수 $g(x)$ 는 함수 $f(x)$ 의 역함수이므로 $f(g(x)) = x$
양변을 x 에 대하여 미분하면 $g'(x)f'(g(x)) = 1$

$g'(x) = \dfrac{1}{f'(g(x))}$ 의 양변에 $x=5$ 을 대입하면

$g'(5) = \dfrac{1}{f'(g(5))}$

$f(g(x))=x$ 의 양변에 $x=5$ 을 대입하면 $f(g(5))=5$ 이고,

$e^{2x}+e^x-1=5 \Rightarrow e^{2x}+e^x-6=0$

$\Rightarrow \left(e^x+3\right)\left(e^x-2\right)=0 \Rightarrow e^x=2 \ \left(\because \ e^x>0\right)$

$\Rightarrow x=\ln 2$

이므로 $g(5)=\ln 2$

$f'(x)=2e^{2x}+e^x$

$f'(\ln 2)=2e^{2\ln 2}+e^{\ln 2}=8+2=10$

$g'(5)=\dfrac{1}{f'(g(5))}=\dfrac{1}{f'(\ln 2)}=\dfrac{1}{10}$

따라서 $g(5f(x))$ 의 $x=0$ 에서의 미분계수는

$15g'(5)=15\times \dfrac{1}{10}=\dfrac{3}{2}$ 이다.

답 ⑤

069

$x=t^3, \quad y=2t-\sqrt{2t}$

점 $(8,\ a)$ 가 곡선 위의 점이므로

$t^3=8 \Rightarrow t=2$

$a=4-\sqrt{4}=2$

$\dfrac{dx}{dt}=3t^2, \quad \dfrac{dy}{dt}=2-\dfrac{2}{2\sqrt{2t}}=2-\dfrac{1}{\sqrt{2t}}$

$\dfrac{dy}{dx}=\dfrac{\dfrac{dy}{dt}}{\dfrac{dx}{dt}}=\dfrac{2-\dfrac{1}{\sqrt{2t}}}{3t^2}$

$t=2$ 일 때, $\dfrac{dy}{dx}=\dfrac{2-\dfrac{1}{2}}{12}=\dfrac{4-1}{24}=\dfrac{1}{8}=b$

따라서 $100ab=100\times 2\times \dfrac{1}{8}=25$ 이다.

답 25

070

$x=t+\cos 2t, \quad y=\sin^2 t$

$\dfrac{dx}{dt}=1-2\sin 2t, \quad \dfrac{dy}{dt}=2\sin t\cos t$

$\dfrac{dy}{dx}=\dfrac{\dfrac{dy}{dt}}{\dfrac{dx}{dt}}=\dfrac{2\sin t\cos t}{1-2\sin 2t}$

따라서

$t=\dfrac{\pi}{4}$ 일 때, $\dfrac{dy}{dx}=\dfrac{2\times \dfrac{\sqrt{2}}{2}\times \dfrac{\sqrt{2}}{2}}{1-2\times 1}=-1$ 이다.

답 ②

071

$x=g(t)+t, \quad y=g(t)-t$

$\dfrac{dy}{dx}=\dfrac{\dfrac{dy}{dt}}{\dfrac{dx}{dt}}=\dfrac{g'(t)-1}{g'(t)+1}$

$f(x)=x^3+x+1$

$f'(x)=3x^2+1$

함수 $g(x)$ 는 함수 $f(x)$ 의 역함수이므로 $f(g(x))=x$

양변을 x 에 대하여 미분하면 $g'(x)f'(g(x))=1$

$g'(x)=\dfrac{1}{f'(g(x))}$ 의 양변에 $x=3$ 을 대입하면

$g'(3)=\dfrac{1}{f'(g(3))}$

$f(g(x))=x$ 의 양변에 $x=3$ 을 대입하면

$f(g(3))=3$ 이므로 $g(3)=1$

$\therefore g'(3)=\dfrac{1}{f'(g(3))}=\dfrac{1}{f'(1)}=\dfrac{1}{4}$

따라서

$t=3$ 일 때, $\dfrac{dy}{dx}=\dfrac{g'(3)-1}{g'(3)+1}=\dfrac{\dfrac{1}{4}-1}{\dfrac{1}{4}+1}=-\dfrac{3}{5}$ 이다.

답 ⑤

$$x = t - \frac{2}{t}, \quad y = t^2 + \frac{2}{t^2}$$

$$\frac{dx}{dt} = 1 + \frac{2}{t^2}, \quad \frac{dy}{dt} = 2t - \frac{4}{t^3}$$

$$\frac{dy}{dx} = \frac{\dfrac{dy}{dt}}{\dfrac{dx}{dt}} = \frac{2t - \dfrac{4}{t^3}}{1 + \dfrac{2}{t^2}} = \frac{2t^4 - 4}{t^3 + 2t}$$

따라서 $t = 1$ 일 때, $\dfrac{dy}{dx} = \dfrac{2-4}{1+2} = \dfrac{-2}{3} = -\dfrac{2}{3}$ 이다.

 ①

073

(가) $\displaystyle\lim_{h \to 0} \frac{g(2+4h) - g(2)}{h} = 8$

$\displaystyle\lim_{h \to 0} \frac{g(2+4h) - g(2)}{4h} \times 4 = 4g'(2) = 8 \Rightarrow g'(2) = 2$

(나) 함수 $f(g(x))$ 의 $x = 2$ 에서의 미분계수는 10 이다.

$g'(2) f'(g(2)) = 10 \Rightarrow f'(g(2)) = 5$

$$f(x) = \frac{2^x}{\ln 2}$$

$$f'(x) = \frac{2^x}{\ln 2} \times \ln 2 = 2^x$$

$$f'(g(2)) = 2^{g(2)} = 5 \Rightarrow g(2) = \log_2 5$$

따라서 $g(2) = \log_2 5$ 이다.

 ④

내접원의 중심을 O 라 할 때, 점 O 에서 선분 BC 에 내린 수선의 발을 D 라 하자.

$$\overline{BD} = \frac{r(\theta)}{\tan \dfrac{\pi}{6}} = \sqrt{3}\, r(\theta)$$

$$\overline{DC} = \frac{r(\theta)}{\tan \theta}$$

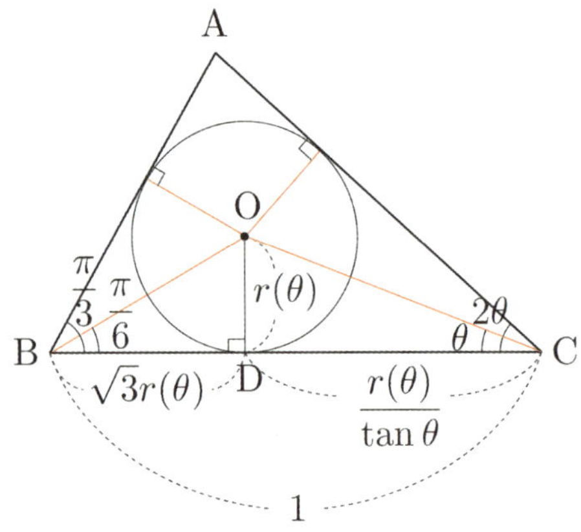

$$\overline{BC} = \overline{BD} + \overline{DC} = \sqrt{3}\, r(\theta) + \frac{r(\theta)}{\tan \theta} = 1$$

$$\Rightarrow r(\theta) = \frac{1}{\sqrt{3} + \dfrac{1}{\tan \theta}} = \frac{\tan \theta}{\sqrt{3}\tan \theta + 1}$$

$$h(\theta) = \frac{r(\theta)}{\tan \theta} = \frac{1}{\sqrt{3}\tan \theta + 1}$$

$$h'(\theta) = -\frac{\sqrt{3}\sec^2\theta}{\left(\sqrt{3}\tan \theta + 1\right)^2}$$

따라서

$$h'\!\left(\frac{\pi}{6}\right) = -\frac{\sqrt{3} \times \dfrac{4}{3}}{\left(\sqrt{3} \times \dfrac{1}{\sqrt{3}} + 1\right)^2} = -\frac{\dfrac{4\sqrt{3}}{3}}{4} = -\frac{\sqrt{3}}{3}$$

이다.

 ②

$f(x) + f\!\left(\dfrac{1}{2}\sin x\right) = \sin x$ 의 양변을 x 에 대해 미분하면

$$f'(x) + \frac{1}{2}\cos x\, f'\!\left(\frac{1}{2}\sin x\right) = \cos x \quad \cdots \; \text{⊙}$$

⊙의 양변에 $x = \pi$ 를 대입하면

$$f'(\pi) - \frac{1}{2}f'(0) = -1 \Rightarrow f'(\pi) = \frac{1}{2}f'(0) - 1$$

⊙의 양변에 $x = 0$ 를 대입하면

$$f'(0) + \frac{1}{2}f'(0) = 1 \Rightarrow f'(0) = \frac{2}{3}$$

따라서 $f'(\pi) = \dfrac{1}{2} \times \dfrac{2}{3} - 1 = -\dfrac{2}{3}$ 이다.

답 ②

함수 $g(x)$ 는 함수 $f(x)$ 의 역함수이므로 $f(g(x))=x$
양변을 x 에 대하여 미분하면 $g'(x)f'(g(x))=1$

$g'(x)=\dfrac{1}{f'(g(x))}$ 의 양변에 $x=3$ 을 대입하면

$g'(3)=\dfrac{1}{f'(g(3))}$

곡선 $y=g(x)$ 는 점 $(3,\ 0)$ 을 지나므로 $g(3)=0$

$f(x)=3e^{5x}+x+\sin x$
$f'(x)=15e^{5x}+1+\cos x$
$f'(0)=15+1+1=17$
$g'(3)=\dfrac{1}{f'(g(3))}=\dfrac{1}{f'(0)}=\dfrac{1}{17}$

따라서
$\displaystyle\lim_{x\to 3}\dfrac{x-3}{g(x)-g(3)}=\dfrac{1}{g'(3)}=17$ 이다.

답   17

$f(x)=\ln(e^x+2)$, $f'(x)=\dfrac{e^x}{e^x+2}$

$h(x)=\{g(x)\}^2$, $h'(x)=2g'(x)g(x)$

함수 $g(x)$ 는 함수 $f(x)$ 의 역함수이므로 $f(g(x))=x$
양변을 x 에 대하여 미분하면 $g'(x)f'(g(x))=1$

$g'(x)=\dfrac{1}{f'(g(x))}$ 의 양변에 $x=\ln 4$ 을 대입하면

$g'(\ln 4)=\dfrac{1}{f'(g(\ln 4))}$

$f(g(x))=x$ 의 양변에 $x=\ln 4$ 을 대입하면
$f(g(\ln 4))=\ln 4$ 이므로 $g(\ln 4)=\ln 2$

$\therefore g'(\ln 4)=\dfrac{1}{f'(g(\ln 4))}=\dfrac{1}{f'(\ln 2)}=\dfrac{1}{\dfrac{2}{4}}=2$

따라서
$h'(\ln 4)=2g'(\ln 4)g(\ln 4)=2\times 2\times \ln 2=4\ln 2$ 이다.

답   ③

$f(1)=2 \Rightarrow g(2)=1$
$f'(1)=3$

함수 $g(x)$ 는 함수 $f(x)$ 의 역함수이므로 $f(g(x))=x$
양변을 x 에 대하여 미분하면 $g'(x)f'(g(x))=1$

$g'(x)=\dfrac{1}{f'(g(x))}$ 의 양변에 $x=2$ 을 대입하면

$g'(2)=\dfrac{1}{f'(g(2))}=\dfrac{1}{f'(1)}=\dfrac{1}{3}$

$h(x)=xg(x)$
$h'(x)=g(x)+xg'(x)$

따라서
$h'(2)=g(2)+2g'(2)=1+\dfrac{2}{3}=\dfrac{5}{3}$ 이다.

답   ③

$f(x)=(x+1)^{\frac{3}{2}} \Rightarrow f(0)=1$

$f'(x)=\dfrac{3}{2}(x+1)^{\frac{1}{2}}=\dfrac{3}{2}\sqrt{x+1} \Rightarrow f'(0)=\dfrac{3}{2}$

$h(x)=g(f(x))$
$h'(x)=f'(x)g'(f(x))$
이므로
$h'(0)=f'(0)g'(f(0))=15$

$\Rightarrow \dfrac{3}{2}\times g'(1)=15$

$\Rightarrow g'(1)=15\times\dfrac{2}{3}=10$

따라서 $g'(1)=10$ 이다.

답   10

$$\overline{OQ} = \frac{1}{\sqrt{2t^2}} = \frac{1}{\sqrt{2}\,t}$$

$$\overline{OP} = t + \frac{1}{t}$$

이므로

$$f(t) = \overline{OP} \times \overline{OQ}$$

$$= \left(t + \frac{1}{t}\right)\frac{1}{\sqrt{2}\,t} = \frac{1}{\sqrt{2}} + \frac{1}{\sqrt{2}\,t^2} = \frac{1}{\sqrt{2}} + \frac{1}{\sqrt{2}}t^{-2}$$

$$f'(t) = \frac{-2}{\sqrt{2}}t^{-3} = \frac{-2}{\sqrt{2}\,t^3}$$

따라서

$$f'(\sqrt{2}) = \frac{-2}{\sqrt{2} \times 2\sqrt{2}} = \frac{-2}{2 \times 2} = -\frac{1}{2} \text{ 이다.}$$

답 ②

$$g(4\pi) = 2\pi$$

함수 $g(x)$는 함수 $f(x)$의 역함수이므로 $f(g(x)) = x$
양변을 x에 대하여 미분하면 $g'(x)f'(g(x)) = 1$

$g'(x) = \dfrac{1}{f'(g(x))}$ 의 양변에 $x = 4\pi$을 대입하면

$$g'(4\pi) = \frac{1}{f'(g(4\pi))} = \frac{1}{f'(2\pi)}$$

$$f(x) = 2x + \sin x$$
$$f'(x) = 2 + \cos x$$
$$f'(2\pi) = 2 + 1 = 3 \text{ 이므로}$$

$$g'(4\pi) = \frac{1}{f'(g(4\pi))} = \frac{1}{f'(2\pi)} = \frac{1}{3} = \frac{q}{p}$$

따라서 $p + q = 4$ 이다.

답 4

$$f(x) = \sin^2 x, \quad g(x) = e^x$$
$$f'(x) = 2\sin x \cos x, \quad g'(x) = e^x$$

$$g\!\left(f\!\left(\frac{\pi}{4}\right)\right) = g\!\left(\frac{1}{2}\right) = \sqrt{e}$$

따라서

$$\lim_{x \to \frac{\pi}{4}} \frac{g(f(x)) - \sqrt{e}}{x - \frac{\pi}{4}} = \lim_{x \to \frac{\pi}{4}} \frac{g(f(x)) - g\!\left(f\!\left(\frac{\pi}{4}\right)\right)}{x - \frac{\pi}{4}}$$

$$= f'\!\left(\frac{\pi}{4}\right) g'\!\left(f\!\left(\frac{\pi}{4}\right)\right)$$

$$= f'\!\left(\frac{\pi}{4}\right) g'\!\left(\frac{1}{2}\right)$$

$$= 2 \times \frac{\sqrt{2}}{2} \times \frac{\sqrt{2}}{2} \times \sqrt{e}$$

$$= \sqrt{e}$$

이다.

답 ④

$$f(x) = \frac{e^x}{\sin x + \cos x}$$

$$f'(x) = \frac{e^x(\sin x + \cos x) - e^x(\cos x - \sin x)}{(\sin x + \cos x)^2}$$

$$= \frac{e^x(2\sin x)}{1 + 2\sin x \cos x}$$

$$f(x) - f'(x) = 0 \Rightarrow \frac{e^x}{\sin x + \cos x} = \frac{e^x(2\sin x)}{1 + 2\sin x \cos x}$$

$$\Rightarrow 1 + 2\sin x \cos x = 2\sin^2 x + 2\sin x \cos x$$

$$\Rightarrow \sin^2 x = \frac{1}{2} \Rightarrow \sin x = \frac{\sqrt{2}}{2} \ \left(-\frac{\pi}{4} < x < \frac{3}{4}\pi\right)$$

$$\Rightarrow x = \frac{\pi}{4} \ \left(-\frac{\pi}{4} < x < \frac{3}{4}\pi\right)$$

따라서 방정식 $f(x) - f'(x) = 0$의 실근은 $\dfrac{\pi}{4}$ 이다.

답 ③

$f(2)=1,\ f'(2)=1$

$f(2x)$ 의 역함수가 $g(x)$ 이므로 $f(2g(x))=x$
(위 식이 낯설었다면 032번 해설을 다시 보고 오도록 하자.)
양변을 x 에 대하여 미분하면 $2g'(x)f'(2g(x))=1$

$g'(x)=\dfrac{1}{2f'(2g(x))}$ 의 양변에 $x=1$ 을 대입하면

$g'(1)=\dfrac{1}{2f'(2g(1))}$

$f(2g(x))=x$ 의 양변에 $x=1$ 을 대입하면 $f(2g(1))=1$
$f(x)$ 는 증가함수이므로
$f(2)=1 \ \Rightarrow\ 2g(1)=2 \ \Rightarrow\ g(1)=1=a$

$g'(1)=\dfrac{1}{2f'(2g(1))}=\dfrac{1}{2f'(2)}=\dfrac{1}{2}=b$

따라서 $10(a+b)=10\left(1+\dfrac{1}{2}\right)=10+5=15$ 이다.

$\boxed{답}$　15

$g(x)=\dfrac{f(x)\cos x}{e^x}$

$g'(x)=\dfrac{\{f(x)\cos x\}'e^x-f(x)\cos x\,e^x}{e^{2x}}$

$\qquad=\dfrac{\{f'(x)\cos x-f(x)\sin x\}e^x-f(x)\cos x\,e^x}{e^{2x}}$

$\qquad=\dfrac{f'(x)\cos x-f(x)\sin x-f(x)\cos x}{e^x}$

$g(\pi)=\dfrac{-f(\pi)}{e^\pi}$

$g'(\pi)=\dfrac{-f'(\pi)+f(\pi)}{e^\pi}$

$g'(\pi)=e^\pi g(\pi)$

$\Rightarrow\ \dfrac{-f'(\pi)+f(\pi)}{e^\pi}=e^\pi\times\dfrac{-f(\pi)}{e^\pi}$

$\Rightarrow\ -f'(\pi)+f(\pi)=-f(\pi)e^\pi$

$\Rightarrow\ -\dfrac{f'(\pi)}{f(\pi)}+1=-e^\pi\ \ (\because\ f(\pi)\neq0)$

$\Rightarrow\ \dfrac{f'(\pi)}{f(\pi)}=e^\pi+1$

따라서 $\dfrac{f'(\pi)}{f(\pi)}=e^\pi+1$ 이다.

$\boxed{답}$　④

곱의 미분법으로 처리할 수도 있지만
이번에는 음함수 미분법을 이용하여 풀어보자.

$g(x)=\dfrac{f(x)\cos x}{e^x}$

양변의 절댓값에 자연로그를 취하면

$\ln|g(x)|=\ln\left|\dfrac{f(x)\cos x}{e^x}\right|=\ln|f(x)\cos x|-\ln|e^x|$

$\qquad\qquad=\ln|f(x)\cos x|-\ln e^x$

$\qquad\qquad=\ln|f(x)|+\ln|\cos x|-x$

음함수 미분법을 이용하여 양변을 x 에 대하여 미분하면

$\dfrac{g'(x)}{g(x)}=\dfrac{f'(x)}{f(x)}+\dfrac{-\sin x}{\cos x}-1$ 이므로

$g'(x)=g(x)\times\left\{\dfrac{f'(x)}{f(x)}-\tan x-1\right\}$

양변에 $x=\pi$ 를 대입하면 $g'(\pi)=g(\pi)\left\{\dfrac{f'(\pi)}{f(\pi)}-1\right\}$

$g'(\pi)=e^\pi g(\pi) \ \Rightarrow\ \dfrac{f'(\pi)}{f(\pi)}-1=e^\pi$

따라서 $\dfrac{f'(\pi)}{f(\pi)}=e^\pi+1$ 이다.

086

(가), (나)조건을 바탕으로 직선 l 을 그리면 다음과 같다.

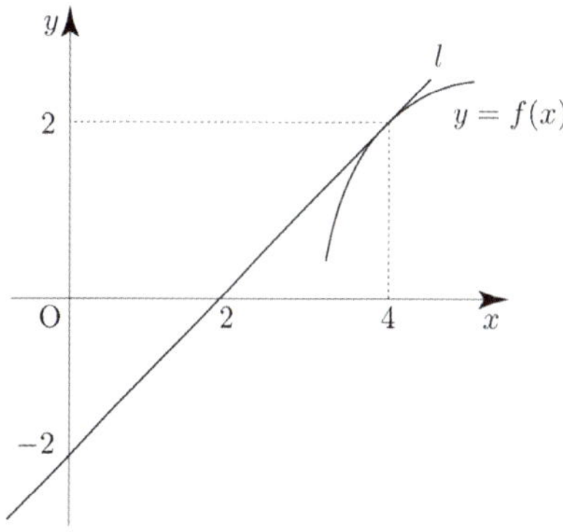

직선 l 은 $y=x-2$ 이므로 $(4,\ 2)$ 를 지난다.
즉, $f(4)=2,\ f'(4)=1$

$$g(x) = xf(2x)$$
$$g'(x) = f(2x) + 2xf'(2x)$$

따라서 $g'(2) = f(4) + 4f'(4) = 2 + 4 = 6$ 이다.

답 ④

087

함수 $g(x)$ 는 함수 $f(x)$ 의 역함수이므로 $f(g(x)) = x$

양변을 x 에 대하여 미분하면 $g'(x)f'(g(x)) = 1$

$g'(x) = \dfrac{1}{f'(g(x))}$ 의 양변에 $x = 1$ 을 대입하면

$$g'(1) = \dfrac{1}{f'(g(1))}$$

$f(g(x)) = x$ 의 양변에 $x = 1$ 을 대입하면 $f(g(1)) = 1$ 이고,

$\tan^3 x = 1 \left(-\dfrac{\pi}{2} < x < \dfrac{\pi}{2} \right) \Rightarrow x = \dfrac{\pi}{4}$ 이므로 $g(1) = \dfrac{\pi}{4}$

$$f(x) = \tan^3 x = (\tan x)^3$$
$$f'(x) = 3(\tan x)^2 \times \sec^2 x$$
$$f'\left(\dfrac{\pi}{4} \right) = 3 \times 2 = 6$$
$$g'(1) = \dfrac{1}{f'(g(1))} = \dfrac{1}{f'\left(\dfrac{\pi}{4} \right)} = \dfrac{1}{6}$$

따라서 $(1,\ g(1))$ 에서의 접선의 기울기는 $\dfrac{1}{6}$ 이다.

답 ①

088

함수 $g\left(\dfrac{x+8}{10} \right)$ 는 함수 $f(x)$ 의 역함수이므로

$$f\left(g\left(\dfrac{x+8}{10} \right) \right) = x$$

양변을 x 에 대하여 미분하면 $\dfrac{1}{10} g'\left(\dfrac{x+8}{10} \right) f'\left(g\left(\dfrac{x+8}{10} \right) \right) = 1$

$g'\left(\dfrac{x+8}{10} \right) = \dfrac{10}{f'\left(g\left(\dfrac{x+8}{10} \right) \right)}$ 의 양변에 $x = 2$ 을 대입하면

$$g'(1) = \dfrac{10}{f'(g(1))}$$

$g(1) = 0$ 이고
$$f'(x) = 2xe^{-x} + (-x^2 - 2)e^{-x} = (-x^2 + 2x - 2)e^{-x}$$
$$f'(0) = -2$$

이므로
$$g'(1) = \dfrac{10}{f'(g(1))} = \dfrac{10}{f'(0)} = \dfrac{10}{-2} = -5$$

따라서 $|g'(1)| = 5$ 이다.

답 5

089

$$f(x) = \ln\left(\dfrac{\sec x + \tan x}{a} \right) \quad \left(-\dfrac{\pi}{2} < x < \dfrac{\pi}{2} \right)$$

$$\lim_{x \to -2} \dfrac{g(x)}{x+2} = b$$

분모가 0 으로 가는데 극한값이 존재하므로
분자는 0 으로 가야 한다.

$$\lim_{x \to -2} g(x) = 0 \Rightarrow g(-2) = 0 \Rightarrow f(0) = -2$$
$$\lim_{x \to -2} \dfrac{g(x)}{x+2} = \lim_{x \to -2} \dfrac{g(x) - g(-2)}{x - (-2)} = g'(-2) = b$$

$$f(0) = \ln\left(\dfrac{1}{a} \right) = -2 \Rightarrow a = e^2$$

함수 $g(x)$ 는 함수 $f(x)$ 의 역함수이므로 $f(g(x)) = x$

양변을 x 에 대하여 미분하면 $g'(x)f'(g(x)) = 1$

$g'(x) = \dfrac{1}{f'(g(x))}$ 의 양변에 $x = -2$ 을 대입하면

$$g'(-2) = \dfrac{1}{f'(g(-2))}$$

$g(-2) = 0$ 이고
$$f'(x) = \dfrac{\sec x \tan x + \sec^2 x}{\sec x + \tan x}$$
$$f'(0) = 1$$
이므로
$$g'(-2) = \dfrac{1}{f'(g(-2))} = \dfrac{1}{f'(0)} = 1 = b$$

따라서 $ab = e^2 \times 1 = e^2$ 이다.

답 ③

090

$$f(x) = \ln(\tan x) \left(0 < x < \frac{\pi}{2}\right)$$

$$f\left(\frac{\pi}{4}\right) = \ln\left(\tan\frac{\pi}{4}\right) = \ln 1 = 0 \ \Rightarrow\ g(0) = \frac{\pi}{4}$$

$$\lim_{h \to 0} \frac{4g(8h) - \pi}{h} = \lim_{h \to 0} \frac{g(8h) - \frac{\pi}{4}}{h} \times 4$$

$$= \lim_{h \to 0} \frac{g(8h) - g(0)}{8h} \times 32$$

$$= 32\,g'(0)$$

함수 $g(x)$ 는 함수 $f(x)$ 의 역함수이므로 $f(g(x)) = x$
양변을 x 에 대하여 미분하면 $g'(x)f'(g(x)) = 1$

$$g'(x) = \frac{1}{f'(g(x))} \ \text{의 양변에 } x = 0 \text{을 대입하면}$$

$$g'(0) = \frac{1}{f'(g(0))}$$

$$g(0) = \frac{\pi}{4} \ \text{이고}$$

$$f(x) = \ln(\tan x) \left(0 < x < \frac{\pi}{2}\right)$$

$$f'(x) = \frac{\sec^2 x}{\tan x} \ \left(0 < x < \frac{\pi}{2}\right)$$

$$f'\left(\frac{\pi}{4}\right) = \frac{2}{1} = 2$$

이므로

$$g'(0) = \frac{1}{f'(g(0))} = \frac{1}{f'\left(\frac{\pi}{4}\right)} = \frac{1}{2}$$

따라서 $\displaystyle\lim_{h \to 0} \frac{4g(8h) - \pi}{h} = 32\,g'(0) = 32 \times \frac{1}{2} = 16$ 이다.

답   16

091

$$f(x) = t(\ln x)^2 - x^2$$

$$f'(x) = \frac{2t\ln x}{x} - 2x = 2\left(\frac{t\ln x - x^2}{x}\right)$$

함수 $f(x)$ 이 $x = g(t)$ 에서 극대이므로

$$f'(g(t)) = 0 \ \Rightarrow\ 2\left(\frac{t\ln\{g(t)\} - \{g(t)\}^2}{g(t)}\right) = 0$$

$$\Rightarrow\ t\ln\{g(t)\} - \{g(t)\}^2 = 0$$

$$t\ln\{g(t)\} - \{g(t)\}^2 = 0 \ \cdots\ \bigcirc$$

$\bigcirc$의 양변에 α 를 대입하면

$$\alpha\ln\{g(\alpha)\} - \{g(\alpha)\}^2 = 0$$

$$\Rightarrow\ 2\alpha - e^4 = 0 \ (\because\ g(\alpha) = e^2)$$

$$\Rightarrow\ \alpha = \frac{e^4}{2}$$

$\bigcirc$의 양변을 t 에 대해 미분하면

$$\ln\{g(t)\} + \frac{t\,g'(t)}{g(t)} - 2g(t)g'(t) = 0 \ \cdots\ \bigcirc\!\!\bigcirc$$

$\bigcirc\!\!\bigcirc$의 양변에 α 를 대입하면

$$\ln\{g(\alpha)\} + \frac{\alpha\,g'(\alpha)}{g(\alpha)} - 2g(\alpha)g'(\alpha) = 0$$

$$\Rightarrow\ 2 + \frac{e^2 g'(\alpha)}{2} - 2e^2 g'(\alpha) = 0$$

$$\Rightarrow\ 2 = \frac{3e^2}{2}g'(\alpha)$$

$$\Rightarrow\ g'(\alpha) = \frac{4}{3e^2}$$

이므로 $\alpha \times \{g'(\alpha)\}^2 = \dfrac{e^4}{2} \times \dfrac{16}{9e^4} = \dfrac{8}{9}$ 이다.

따라서 $p + q = 17$ 이다.

답   17

092

$$f(x) = x^3 - x$$

$$g(x) = ax^3 + x^2 + bx + 1$$

$$h(x) = \begin{cases} (f \circ g^{-1})(x) & (x < 0 \ \text{또는} \ x > 1) \\[2mm] \dfrac{1}{\pi}\sin\pi x & (0 \le x \le 1) \end{cases}$$

함수 $h(x)$ 는 실수 전체의 집합에서 미분가능하므로
실수 전체의 집합에서 연속이다.
함수 $h(x)$ 는 $x = 0$ 에서 연속이어야 한다.

$$\lim_{x \to 0-} h(x) = \lim_{x \to 0+} h(x) = h(0) \ \text{이므로}$$

$$h(0) = 0 \ \Rightarrow\ f(g^{-1}(0)) = 0$$

$g^{-1}(0) = \alpha$ 라 하면 $f(\alpha) = 0$, $g(\alpha) = 0$ 이다.

$$f(\alpha) = 0 \ \Rightarrow\ \alpha = -1 \ \text{or} \ \alpha = 0 \ \text{or} \ \alpha = 1 \ \cdots\ \bigcirc$$

함수 $h(x)$ 는 $x=1$ 에서 연속이어야 한다.

$\lim\limits_{x \to 1-} h(x) = \lim\limits_{x \to 1+} h(x) = h(1)$ 이므로

$h(1) = 0 \Rightarrow f\left(g^{-1}(1)\right) = 0$

이때, $g(0) = 1 \Rightarrow g^{-1}(1) = 0$, $f(0) = 0$ 이므로

$f\left(g^{-1}(1)\right) = f(0) = 0$ 이 성립한다.

함수 $h(x)$ 는 $x=0$ 에서 미분가능해야 한다.

$\lim\limits_{x \to 0-} \dfrac{h(x) - h(0)}{x - 0} = (g^{-1})'(0)\, f'\left(g^{-1}(0)\right)$

$\lim\limits_{x \to 0+} \dfrac{h(x) - h(0)}{x - 0} = \lim\limits_{x \to 0+} \dfrac{\frac{1}{\pi}\sin \pi x}{x - 0} = 1$

이므로

$\lim\limits_{x \to 0-} \dfrac{h(x) - h(0)}{x - 0} = \lim\limits_{x \to 0+} \dfrac{h(x) - h(0)}{x - 0}$

$\Rightarrow (g^{-1})'(0)\, f'\left(g^{-1}(0)\right) = 1$

$g^{-1}(0) = \alpha$ 이고 $(g^{-1})'(0) = \dfrac{1}{g'(\alpha)}$ 이므로

$\dfrac{1}{g'(\alpha)} \times f'(\alpha) = 1 \Rightarrow f'(\alpha) = g'(\alpha)$

$\Rightarrow 3\alpha^2 - 1 = 3a\alpha^2 + 2\alpha + b \quad \cdots \text{ⓛ}$

함수 $h(x)$ 는 $x=1$ 에서 미분가능해야 한다.

$\lim\limits_{x \to 1-} \dfrac{h(x) - h(1)}{x - 1} = \lim\limits_{x \to 1-} \dfrac{\frac{1}{\pi}\sin \pi x}{x - 1} = -1$

$\lim\limits_{x \to 1+} \dfrac{h(x) - h(1)}{x - 1} = (g^{-1})'(1)\, f'\left(g^{-1}(1)\right)$

이므로

$\lim\limits_{x \to 1-} \dfrac{h(x) - h(1)}{x - 1} = \lim\limits_{x \to 1+} \dfrac{h(x) - h(1)}{x - 1}$

$\Rightarrow -1 = (g^{-1})'(1)\, f'\left(g^{-1}(1)\right)$

$g^{-1}(1) = 0$ 이고 $(g^{-1})'(1) = \dfrac{1}{g'(0)}$ 이므로

$\dfrac{1}{g'(0)} \times f'(0) = -1 \Rightarrow f'(0) = -g'(0)$

$\Rightarrow -1 = -b \Rightarrow b = 1$

삼차함수 $g(x)$ 는 역함수 $g^{-1}(x)$ 가 존재하고
$g'(0) = 1 > 0$ 이므로 증가함수이다.

$g(\alpha) = 0$, $g(0) = 1 \Rightarrow \alpha < 0$

ⓛ에 의해서 $\alpha = -1$

ⓛ에 $\alpha = -1$, $b = 1$ 을 대입해서 a 를 구하면 $a = 1$

$g(x) = x^3 + x^2 + x + 1$

따라서 $g(a + b) = g(2) = 15$ 이다.

답 15

점 $(t,\, 0)$ 과 점 $(x,\, f(x))$ 사이의 거리는

$$\sqrt{(t-x)^2 + \left(e^x + x\right)^2} = \sqrt{t^2 - 2tx + x^2 + e^{2x} + 2xe^x + x^2}$$
$$= \sqrt{t^2 - 2tx + 2x^2 + e^{2x} + 2xe^x}$$

점 $(t,\, 0)$ 과 점 $(x,\, f(x))$ 사이의 거리가 $x = s$ 에서
최소이므로 $j(x) = t^2 - 2tx + 2x^2 + e^{2x} + 2xe^x$ 라 하면
$j'(s) = 0$ 이어야 한다.

$j'(x) = -2t + 4x + 2e^{2x} + 2e^x + 2xe^x$ 이므로

$j'(s) = 0 \Rightarrow e^{2s} + (s+1)e^s + 2s = t \quad \cdots \text{㉠}$

$f(s) = e^s + s = g(t)$

함수 $h(t)$ 는 함수 $g(t)$ 의 역함수이므로 $g(h(t)) = t$
양변을 t 에 대하여 미분하면 $h'(t)g'(h(t)) = 1$

$h'(t) = \dfrac{1}{g'(h(t))}$ 의 양변에 $t = 1$ 을 대입하면

$h'(1) = \dfrac{1}{g'(h(1))} \quad \cdots \text{㉡}$

$g(h(1)) = 1 \Rightarrow e^s + s = 1 \Rightarrow s = 0$

㉠에 $s = 0$ 을 대입하면 $1 + 1 = t \Rightarrow t = 2$

$g(2) = 1$ 이므로 $g(h(1)) = 1 \Rightarrow h(1) = 2$ 이다.

㉡에 $h(1) = 2$ 를 대입하면 $h'(1) = \dfrac{1}{g'(2)}$

$g(t) = e^s + s$ 의 양변을 t 에 대하여 미분하면

$g'(t) = \left(e^s + 1\right)\dfrac{ds}{dt}$

㉠의 양변을 t 에 대하여 미분하면

$2e^{2s}\dfrac{ds}{dt} + e^s\dfrac{ds}{dt} + (s+1)e^s\dfrac{ds}{dt} + 2\dfrac{ds}{dt} = 1$

위 등식에 $s = 0$ 를 대입하면

($g'(2)$를 구하는 것이 목적이기 때문에
$t=2$일 때, $s=0$이므로 $s=0$을 대입한 것이다.)

$$2\dfrac{ds}{dt}+\dfrac{ds}{dt}+\dfrac{ds}{dt}+2\dfrac{ds}{dt}=1 \;\Rightarrow\; \dfrac{ds}{dt}=\dfrac{1}{6}$$

이므로 $g'(2)=(e^0+1)\times\dfrac{1}{6}=\dfrac{1}{3}$ 이다.

따라서 $h'(1)=\dfrac{1}{g'(2)}=3$ 이다.

답 3

> **Tip**
>
> ㉠을 다른 방법으로 구해보자.
> 점 $(t,\ 0)$ 과 점 $(x,\ f(x))$ 사이의 거리가 최소가
> 되려면 점 $(x,\ f(x))$ 에서의 접선이
> 점 $(x,\ f(x))$ 과 점 $(t,\ 0)$ 을 잇는 직선과 수직이어야 한다.
> (도함수의 활용 080번 해설 참고)
>
> 점 $(s,\ f(s))$ 에서의 접선의 기울기는 e^s+1 이고,
> 점 $(s,\ f(s))$ 과 $(t,\ 0)$ 을 잇는 직선의 기울기는
> $\dfrac{e^s+s}{s-t}$ 이므로
> $$\left(e^s+1\right)\times\dfrac{e^s+s}{s-t}=-1$$
> $$\Rightarrow\; e^{2s}+(s+1)e^s+2s=t$$

094

직선 l 의 기울기는 $\tan\theta\ \left(0<\theta<\dfrac{\pi}{2}\right)$ 이므로

직선 l 의 방정식은 $y=(\tan\theta)(x-0)+1 \;\Rightarrow\; y=(\tan\theta)x+1$

직선 $y=(\tan\theta)x+1$ 이 곡선 $y=e^{\frac{x}{a}}-1$ 과 만나는
점의 x좌표가 $f(\theta)$ 이므로
$$\tan\theta\times f(\theta)+1=e^{\frac{f(\theta)}{a}}-1 \;\cdots\; ㉠$$

㉠의 양변에 $\theta=\dfrac{\pi}{4}$ 를 대입하면
$$1\times f\!\left(\dfrac{\pi}{4}\right)+1=e^{\frac{f\left(\frac{\pi}{4}\right)}{a}}-1 \;\Rightarrow\; a+1=e-1$$
$$\Rightarrow\; a=e-2$$

㉠의 양변을 θ 에 대해 미분하면
$$\sec^2\theta\times f(\theta)+\tan\theta\times f'(\theta)=\dfrac{f'(\theta)}{a}e^{\frac{f(\theta)}{a}} \text{ 이고,}$$

양변에 $\theta=\dfrac{\pi}{4}$ 를 대입하면
$$\sec^2\dfrac{\pi}{4}\times f\!\left(\dfrac{\pi}{4}\right)+\tan\dfrac{\pi}{4}\times f'\!\left(\dfrac{\pi}{4}\right)=\dfrac{f'\left(\frac{\pi}{4}\right)}{a}e^{\frac{f\left(\frac{\pi}{4}\right)}{a}}$$
$$\Rightarrow\; 2(e-2)+f'\!\left(\dfrac{\pi}{4}\right)=\dfrac{f'\left(\frac{\pi}{4}\right)}{e-2}\times e$$
$$\Rightarrow\; f'\!\left(\dfrac{\pi}{4}\right)\times\dfrac{2}{e-2}=2(e-2)$$
$$\Rightarrow\; f'\!\left(\dfrac{\pi}{4}\right)=(e-2)^2 \;\Rightarrow\; \sqrt{f'\!\left(\dfrac{\pi}{4}\right)}=e-2$$
$$\therefore\; p=1,\ q=-2$$

따라서 $p^2+q^2=5$ 이다.

답 5

95	③	**101**	③
96	⑤	**102**	200
97	④	**103**	①
98	①	**104**	24
99	11	**105**	32
100	5	**106**	④

095

$f(t)$ 를 t 로 표현하여 $f'\left(\dfrac{1}{2}\right)$ 을 구하면 간단하겠지만
$f(t)$ 를 t 로 표현하기 쉽지 않다.

어떻게 해결해야할까?

다른 문자를 도입하여 음함수 미분법으로 해결해보자.

원의 중심을 Q 라 하고
$\angle\mathrm{POQ}=\theta$ 라 하면 $\tan\theta=t$ 이다.
$\angle\mathrm{PQO}=\pi-2\theta$

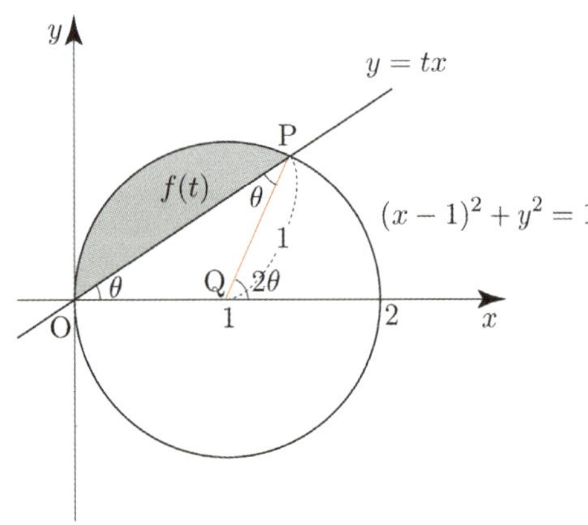

$f(t)$ 는 부채꼴 PQO 의 넓이에서 삼각형 PQO 의 넓이를
빼서 구하면 된다.

$$f(t) = \frac{1}{2}\times(\overline{\mathrm{QP}})^2\times(\pi-2\theta)-\frac{1}{2}\times(\overline{\mathrm{QP}})^2\times\sin(\pi-2\theta)$$

$$= \frac{\pi}{2}-\theta-\frac{1}{2}\sin2\theta$$

양변을 t 에 대하여 미분하면

$$f'(t) = -\frac{d\theta}{dt}-\cos2\theta\times\frac{d\theta}{dt}$$

처음에 가정했던
$\tan\theta=t$ 의 관계식을 이용하면

$$0<t<1 \;\Rightarrow\; 0<\theta<\frac{\pi}{4}$$

$$\tan\theta=\frac{1}{2} \;\Rightarrow\; \cos\theta=\frac{2}{\sqrt5}$$

$$\cos2\theta=\cos(\theta+\theta)=\cos\theta\cos\theta-\sin\theta\sin\theta$$

$$= \cos^2\theta-\sin^2\theta = 2\cos^2\theta-1 = 2\times\frac{4}{5}-1$$

$$= \frac{3}{5}$$

$\tan\theta=t$ 의 양변을 t 에 대하여 미분하면

$$\sec^2\theta\times\frac{d\theta}{dt}=1 \;\Rightarrow\; \frac{5}{4}\times\frac{d\theta}{dt}=1 \;\Rightarrow\; \frac{d\theta}{dt}=\frac{4}{5}$$

따라서 $f'\left(\dfrac{1}{2}\right)= -\dfrac{d\theta}{dt}-\cos2\theta\times\dfrac{d\theta}{dt}$

$$= -\frac{4}{5}-\frac{3}{5}\times\frac{4}{5}=-\frac{32}{25}$$

이다.

답 ③

> **Tip**
>
> $f(t)$ 를 t 로 표현하여 $f'\left(\dfrac{1}{2}\right)$ 를 바로 구하기가
> 어려우니 마치 징검다리처럼 다른 문자의 도움을
> 받아서 구한다는 느낌을 가지면 된다.

096

문제에서 x_1, x_2 를 정해주지 않고
$|x_1-x_2|$ (x_2 와 x_1 의 차이)라 표현하였으니
$x_2>x_1$ 라 가정하고 식을 전개해보자.

$$\ln x_2=t \;\Rightarrow\; x_2=e^t$$

$$-\ln x_1=t \;\Rightarrow\; x_1=e^{-t}$$

이므로 $f(t)=\sqrt{|x_1-x_2|}=\sqrt{e^t-e^{-t}}$

$$f(a)=\frac{\sqrt{e^4-1}}{e}=\sqrt{e^2-e^{-2}} \;\Rightarrow\; a=2$$

$$f'(t)=\frac{e^t+e^{-t}}{2\sqrt{e^t-e^{-t}}}$$

$$f'(2)=\frac{e^2+e^{-2}}{2\sqrt{e^2-e^{-2}}}$$

따라서

$$f'(a)f(a)=f'(2)f(2)=\frac{e^2+e^{-2}}{2\sqrt{e^2-e^{-2}}}\times\sqrt{e^2-e^{-2}}$$

$$=\frac{e^2+e^{-2}}{2}=\frac{1}{2}\left(e^2+\frac{1}{e^2}\right)=\frac{e^4+1}{2e^2}$$

이다.

답 ⑤

다른 방법으로 풀어보자.

$y=|\ln x|$ 와 $y=t$ 의 두 교점의 x 좌표를 각각
$h(t)$, $g(t)$ $(g(t)>h(t))$ 라 하면
$$f(t)=\sqrt{|x_1-x_2|}=\sqrt{g(t)-h(t)}$$

$y=|\ln x|$ 는 두 점 $(h(t),\ t)$, $(g(t),\ t)$ 를 지나므로
$-\ln h(t)=t$, $\quad \ln g(t)=t$ 가 성립한다.

두 식의 양변을 t 에 대하여 미분하면
$$-\frac{h'(t)}{h(t)}=1 \Rightarrow h'(t)=-h(t)$$

$$\frac{g'(t)}{g(t)}=1 \Rightarrow g'(t)=g(t)$$

즉, $f'(t)=\dfrac{g'(t)-h'(t)}{2\sqrt{g(t)-h(t)}}=\dfrac{g(t)+h(t)}{2\sqrt{g(t)-h(t)}}$

$$f(a)=\frac{\sqrt{e^4-1}}{e}=\sqrt{e^2-e^{-2}}=\sqrt{g(a)-h(a)}$$

$$\Rightarrow g(a)=e^2,\ h(a)=e^{-2}\ (\because g(t)=e^t,\ h(t)=e^{-t})$$

$$f'(a)=\frac{g(a)+h(a)}{2\sqrt{g(a)-h(a)}}=\frac{g(a)+h(a)}{2f(a)}=\frac{e^2+e^{-2}}{2f(a)}$$

따라서 $f'(a)f(a)=\dfrac{e^2+e^{-2}}{2f(a)}\times f(a)=\dfrac{e^2+e^{-2}}{2}$

$$=\frac{1}{2}\left(e^2+\frac{1}{e^2}\right)=\frac{e^4+1}{2e^2}$$

이다.

$h(t)=t\times\{f(t)-g(t)\}$ 이므로
$$h'(t)=\{f(t)-g(t)\}+t\{f'(t)-g'(t)\}$$
$$h'(5)=\{f(5)-g(5)\}+5\{f'(5)-g'(5)\}$$

곡선 $y=x^3+2x^2-15x+5$ 과 직선 $y=5$ 가 만나는 세 점
중에서 x 좌표가 가장 큰 점의 좌표가 $(f(5),\ 5)$
가장 작은 점의 좌표가 $(g(5),\ 5)$ 이므로

$$x^3+2x^2-15x+5=5 \Rightarrow x^3+2x^2-15x=0$$

$$\Rightarrow x(x+5)(x-3)=0 \Rightarrow f(5)=3,\ g(5)=-5$$

$f(5)$ 와 $g(5)$ 의 값은 쉽게 구했는데
$f'(5)$, $g'(5)$ 의 값은 어떻게 구할 수 있을까?

두 점 $(f(t),\ t)$, $(g(t),\ t)$ 는
곡선 $y=x^3+2x^2-15x+5$ 위의 점이므로
대입하면 다음이 성립한다.

$$t=\{f(t)\}^3+2\{f(t)\}^2-15\{f(t)\}+5 \ \cdots\ \text{㉠}$$
$$t=\{g(t)\}^3+2\{g(t)\}^2-15\{g(t)\}+5 \ \cdots\ \text{㉡}$$

㉠의 양변을 t 에 대하여 미분하면
$$1=3f'(t)\{f(t)\}^2+4f'(t)f(t)-15f'(t)$$
양변에 $t=5$ 를 대입하면
$$1=3f'(5)\{f(5)\}^2+4f'(5)f(5)-15f'(5)$$
$f(5)=3$ 이므로
$$1=27f'(5)+12f'(5)-15f'(5) \Rightarrow f'(5)=\frac{1}{24}$$

㉡의 양변을 t 에 대하여 미분하면
$$1=3g'(t)\{g(t)\}^2+4g'(t)g(t)-15g'(t)$$
양변에 $t=5$ 를 대입하면
$$1=3g'(5)\{g(5)\}^2+4g'(5)g(5)-15g'(5)$$
$g(5)=-5$ 이므로
$$1=75g'(5)-20g'(5)-15g'(5) \Rightarrow g'(5)=\frac{1}{40}$$
따라서 $h'(5)=\{f(5)-g(5)\}+5\{f'(5)-g'(5)\}$

$$=\{3-(-5)\}+5\left\{\frac{1}{24}-\frac{1}{40}\right\}$$

$$=8+5\times\frac{1}{60}=8+\frac{1}{12}=\frac{97}{12}$$

이다.

답 ④

다른 방법으로 풀어보자.

첫 번째 풀이와 같은 방법으로 $f(5)=3$, $g(5)=-5$를
얻을 수 있다.

$i(t)=t^3+2t^2-15t+5$ 라 하면
$i'(t)=3t^2+4t-15$ 이고
두 점 $(f(t),\ t)$, $(g(t),\ t)$ 는 곡선 $y=i(x)$ 위의 점이므로
다음이 성립한다.

$i(f(t))=t\ \cdots\ \bigcirc$
$i(g(t))=t\ \cdots\ \bigcirc\!\!\!\bigcirc$

역함수 미분법을 이용하여 $f'(5)$, $g'(5)$ 의 값을 구해보자.

$\bigcirc$ 의 양변을 t 에 대하여 미분하면
$f'(t)\,i'(f(t))=1$
$f'(t)=\dfrac{1}{i'(f(t))}$ 의 양변에 $t=5$ 을 대입하면
$f'(5)=\dfrac{1}{i'(f(5))}=\dfrac{1}{i'(3)}=\dfrac{1}{27+12-15}=\dfrac{1}{24}$

$\bigcirc\!\!\!\bigcirc$ 의 양변을 t 에 대하여 미분하면
$g'(t)\,i'(g(t))=1$
$g'(t)=\dfrac{1}{i'(g(t))}$ 의 양변에 $t=5$ 을 대입하면
$g'(5)=\dfrac{1}{i'(g(5))}=\dfrac{1}{i'(-5)}=\dfrac{1}{75-20-15}=\dfrac{1}{40}$

> **Tip**
>
> <그땐 그랬지>
>
> 2016년 수능 B형 21번에 출제되었던 문제였고
> 그 당시 B형 1등급 컷이 96점이었다.
> 즉, 이 문항을 틀렸다면 다른 문제들을 모두 맞아야
> 딱 1등급 컷이었다.
>
> 사실 지금 보면 워낙 노출이 많이 되어 아무것도 아닌 문제 같지만
> 그 당시 이 문제를 수능장에서 처음 본 학생들이 느끼는 체감
> 난이도는 아주 높았다.
> 시험이 끝나고 난 뒤 30번보다 21번이 더 어려웠다는 학생들이
> 대다수였을 정도로 결코 만만치 않았던 문제였다.
>
> 문제의 접근이 막막할 때는 문제를 풀려고 노력하기보다는 '이
> 문제는 어떤 개념이 사용되었을까?'를 떠올려보도록 하자.

답 ④

098

(가) $g(x)$ 는 실수 전체의 집합에서 미분가능하고
$$g'(x)\le\frac{1}{3}$$

함수 $g(x)$ 는 함수 $f(x)$ 의 역함수이므로
$f(g(x))=x$
양변을 x 에 대하여 미분하면
$g'(x)f'(g(x))=1$
$g'(x)=\dfrac{1}{f'(g(x))}$

$f(x)$ 는 최고차항의 계수가 1 인 삼차함수이므로
역함수가 존재하려면 $f(x)$ 는 증가함수이어야 한다.
즉, $f'(x)\ge 0$

$g(x)$ 는 실수 전체의 집합에서 미분가능하므로
$g'(x)=\dfrac{1}{f'(g(x))}$ 에서 분모 $f'(g(x))\ne 0$ 이다.

삼차함수 $f(x)$ 는 증가함수이므로 정의역과 치역이
모두 실수 전체의 집합이다. 따라서 역함수 $g(x)$ 의 정의역과
치역도 모두 실수 전체의 집합이다.
이에 따라 모든 실수 x 에 대하여
$f'(g(x))\ne 0$ 이면 $f'(x)\ne 0$ 이다.
즉, $f'(x)\ge 0\ \Rightarrow\ f'(x)>0$

모든 실수 x 에 대하여 $f'(x)>0$ 이므로
$g'(x)\le\dfrac{1}{3}\ \Rightarrow\ \dfrac{1}{f'(g(x))}\le\dfrac{1}{3}\ \Rightarrow\ f'(g(x))\ge 3$
$\Rightarrow\ f'(x)\ge 3$

(나) $\displaystyle\lim_{x\to 3}\frac{f(x)-g(x)}{(x-3)g(x)}=\frac{8}{9}$

분모가 0 으로 가는데 극한값이 존재하므로
분자는 0 으로 가야 한다.

$\displaystyle\lim_{x\to 3}\{f(x)-g(x)\}=0\ \Rightarrow\ f(3)=g(3)$

함수 $f(x)$ 가 증가함수이면 두 함수 $y=f(x)$, $y=f^{-1}(x)$ 의
교점은 모두 $y=x$ 위에 존재하므로 $f(3)=g(3)=3$ 이다.
(2026 라이트 N제 수2 해설편 함수의 연속 69번 해설 참고)

$$\lim_{x \to 3} \frac{f(x) - g(x)}{(x-3)g(x)} = \lim_{x \to 3} \frac{f(x) - f(3) - g(x) + g(3)}{(x-3)g(x)}$$

$$= \lim_{x \to 3} \frac{\dfrac{f(x) - f(3)}{x-3} - \dfrac{g(x) - g(3)}{x-3}}{g(x)}$$

$$= \frac{f'(3) - g'(3)}{g(3)} = \frac{f'(3) - g'(3)}{3} = \frac{8}{9}$$

$$\Rightarrow f'(3) - g'(3) = \frac{8}{3}$$

$g'(3) = \dfrac{1}{f'(g(3))} = \dfrac{1}{f'(3)}$ 이므로

$$f'(3) - \frac{1}{f'(3)} = \frac{8}{3} \Rightarrow 3\{f'(3)\}^2 - 8\{f'(3)\} - 3 = 0$$

$$\Rightarrow \{3f'(3) + 1\}\{f'(3) - 3\} = 0$$

$$\Rightarrow f'(3) = 3 \ (\because \ f'(x) \geq 3)$$

$f'(x) \geq 3$ 이고 $f'(3) = 3$ 이므로
$f'(x)$ 는 $x = 3$ 에서 최솟값을 갖는다.
또한 $f(x)$ 의 최고차항의 계수가 1 인 삼차함수이므로
이를 바탕으로 식을 세우면 다음과 같다.
$$f'(x) = 3(x-3)^2 + 3$$
$$f(x) = (x-3)^3 + 3x + C$$
$$f(3) = 3 \Rightarrow 9 + C = 3 \Rightarrow C = -6$$

$$f(x) = (x-3)^3 + 3x - 6$$

따라서 $f(1) = -8 + 3 - 6 = -11$ 이다.

답 ①

099

곡선 $y = \ln(1 + e^{2x} - e^{-2t})$ 과 직선 $y = x + t$ 가 만나는 두 점을
$\mathrm{P}(\alpha,\ \alpha + t)$, $\mathrm{Q}(\beta,\ \beta + t)$ $(\alpha < \beta)$ 라 하자.

$$f(t) = \sqrt{(\beta - \alpha)^2 + (\beta + t - \alpha - t)^2}$$
$$= \sqrt{2(\beta - \alpha)^2} = \sqrt{2}\,|\beta - \alpha|$$
$$= \sqrt{2}(\beta - \alpha) \ (\because \ \alpha < \beta)$$

방정식 $\ln(1 + e^{2x} - e^{-2t}) = x + t$ 의 서로 다른 두 실근이
α, β 이다.

$$1 + e^{2x} - e^{-2t} = e^{x+t}$$
$$\Rightarrow e^{2x} - e^t \times e^x + 1 - e^{-2t} = 0$$

$e^x = X \ (X > 0)$ 라 하면

$$X^2 - e^t X + 1 - e^{-2t} = 0 \Rightarrow X = \frac{e^t \pm \sqrt{e^{2t} + 4e^{-2t} - 4}}{2}$$

$$e^\alpha = \frac{e^t - \sqrt{e^{2t} + 4e^{-2t} - 4}}{2}, \quad e^\beta = \frac{e^t + \sqrt{e^{2t} + 4e^{-2t} - 4}}{2}$$

이므로

$$\alpha = \ln\left(\frac{e^t - \sqrt{e^{2t} + 4e^{-2t} - 4}}{2} \right),$$

$$\beta = \ln\left(\frac{e^t + \sqrt{e^{2t} + 4e^{-2t} - 4}}{2} \right)$$

$$\beta - \alpha = \ln\left(\frac{e^t + \sqrt{e^{2t} + 4e^{-2t} - 4}}{e^t - \sqrt{e^{2t} + 4e^{-2t} - 4}} \right)$$

$$= \ln \frac{\left(e^t + \sqrt{e^{2t} + 4e^{-2t} - 4} \right)^2}{4(1 - e^{-2t})}$$

$$= 2\ln\left(e^t + \sqrt{e^{2t} + 4e^{-2t} - 4} \right) - \ln 4 - \ln(1 - e^{-2t})$$

이므로

$$f(t)$$
$$= \sqrt{2}(\beta - \alpha)$$
$$= 2\sqrt{2}\ln\left(e^t + \sqrt{e^{2t} + 4e^{-2t} - 4} \right) - \sqrt{2}\ln 4 - \sqrt{2}\ln(1 - e^{-2t})$$

$$f'(t) = 2\sqrt{2} \times \frac{e^t + \dfrac{2e^{2t} - 8e^{-2t}}{2\sqrt{e^{2t} + 4e^{-2t} - 4}}}{e^t + \sqrt{e^{2t} + 4e^{-2t} - 4}} - \frac{2\sqrt{2}\,e^{-2t}}{1 - e^{-2t}}$$

$$f'(\ln 2) = 2\sqrt{2} \times \frac{2 + \dfrac{8 - 2}{2\sqrt{4 + 1 - 4}}}{2 + \sqrt{4 + 1 - 4}} - \frac{2\sqrt{2}}{3}$$

$$= \frac{10\sqrt{2}}{3} - \frac{2\sqrt{2}}{3} = \frac{8\sqrt{2}}{3}$$

따라서 $p + q = 11$ 이다.

답 11

> **Tip**
>
> <보이면 꿀 안 보여도 그만>
>
> $X = \dfrac{e^t \pm \sqrt{e^{2t} + 4e^{-2t} - 4}}{2}$ 에서
>
> $$e^{2t} + 4e^{-2t} - 4 = \left(e^t\right)^2 + \left(-2e^{-t}\right)^2 + 2e^t\left(-2e^{-t}\right)$$
> $$= \left(e^t - 2e^{-t}\right)^2$$
>
> 이므로
>
> $$X = \frac{e^t \pm \left| e^t - 2e^{-t} \right|}{2} \Rightarrow e^\alpha = e^{-t}, \ e^\beta = e^t - e^{-t}$$

$x^2 - 2xy + 2y^2 = 15$ 에서 양변을 x 에 대해 미분하면

$$2x - 2\left(y + x\frac{dy}{dx}\right) + 4y\frac{dy}{dx} = 0$$

$$\Rightarrow \frac{dy}{dx} = \frac{x-y}{x-2y} \ (x \neq 2y)$$

점 $A(a, \ a+k)$ 에서의 접선의 기울기는

$$\frac{a-(a+k)}{a-2(a+k)} = \frac{k}{a+2k} \text{ 이고,}$$

점 $B(b, \ b+k)$ 에서의 접선의 기울기는

$$\frac{b-(b+k)}{b-2(b+k)} = \frac{k}{b+2k} \text{ 이다.}$$

두 접선이 서로 수직이므로

$$\frac{k}{a+2k} \times \frac{k}{b+2k} = -1$$

$$\Rightarrow ab + 2(a+b)k + 5k^2 = 0 \ \cdots \ \text{㉠}$$

점 A 는 곡선 $x^2 - 2xy + 2y^2 = 15$ 위의 점이므로

$$a^2 - 2a(a+k) + 2(a+k)^2 = 15$$

$$\Rightarrow a^2 + 2k^2 + 2ak = 15 \ \cdots \ \text{㉡}$$

점 B 는 곡선 $x^2 - 2xy + 2y^2 = 15$ 위의 점이므로

$$b^2 - 2b(b+k) + 2(b+k)^2 = 15$$

$$\Rightarrow b^2 + 2k^2 + 2bk = 15 \ \cdots \ \text{㉢}$$

㉡, ㉢을 연립하면

$$a^2 + 2k^2 + 2ak = b^2 + 2k^2 + 2bk$$

$$\Rightarrow (a-b)(a+b) + 2k(a-b) = 0$$

$$\Rightarrow a + b = -2k \ (\because \ a \neq b) \ \cdots \ \text{㉣}$$

㉠, ㉣을 연립하면

$$ab + 2(a+b)k + 5k^2 = 0$$

$$\Rightarrow ab - 4k^2 + 5k^2 = 0 \Rightarrow k^2 = -ab \ \cdots \ \text{㉤}$$

㉡에서 ㉣, ㉤을 대입하면

$$a^2 + 2k^2 + 2ak = 15$$

$$\Rightarrow a^2 - 2ab + a(-a-b) = 15$$

$$\Rightarrow ab = -5$$

따라서 $k^2 = -ab = -(-5) = 5$ 이다.

답 5

$E(0, \ t)$, $D(1, \ 0)$ 라 하고 그림을 그리면

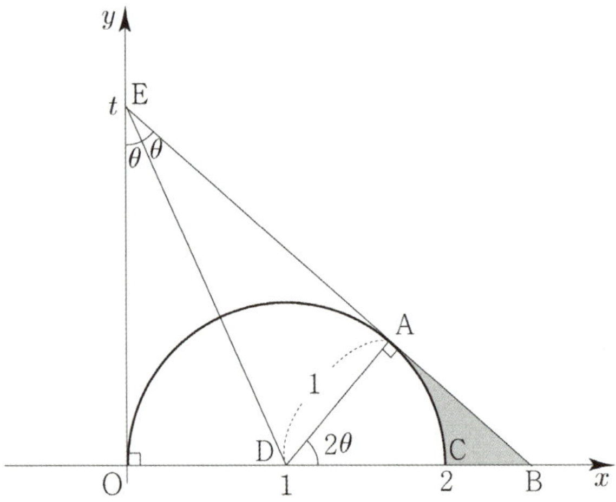

$\angle DEO = \theta$ 라 하면 $\angle ADB = 2\theta$

색칠한 부분의 넓이 $f(t) =$ 삼각형 ABD $-$ 부채꼴 ACD

$$\tan 2\theta = \frac{\overline{AB}}{\overline{AD}} \Rightarrow \tan 2\theta = \frac{\overline{AB}}{1} \Rightarrow \overline{AB} = \tan 2\theta \text{ 이므로}$$

$$f(t) = \frac{1}{2} \times 1 \times \tan 2\theta - \frac{1}{2} \times 1^2 \times 2\theta = \frac{\tan 2\theta}{2} - \theta$$

$$f'(t) = \sec^2 2\theta \frac{d\theta}{dt} - \frac{d\theta}{dt} = \frac{d\theta}{dt}(\sec^2 2\theta - 1)$$

$\dfrac{d\theta}{dt}$ 를 처리하기 위해서는 t 와 θ 의 관계식이 필요하다.

삼각형 DEO 에서 $\tan\theta = \dfrac{1}{t}$ 를 활용하면 된다.

양변을 t 에 대해 미분하면 $\sec^2\theta \dfrac{d\theta}{dt} = -\dfrac{1}{t^2}$

우리는 $t = 2$ 일 때를 구하는 것이니까 $t = 2$ 일 때,

$\theta = \alpha$ 라 하면

$$\tan\alpha = \frac{1}{2} \Rightarrow \cos\alpha = \frac{2}{\sqrt{5}} \Rightarrow \sec\alpha = \frac{\sqrt{5}}{2}$$

$$\sec^2\alpha \frac{d\theta}{dt} = -\frac{1}{4} \Rightarrow \frac{d\theta}{dt} = -\frac{1}{5}$$

$$\cos 2\alpha = \cos(\alpha + \alpha) = \cos\alpha\cos\alpha - \sin\alpha\sin\alpha$$

$$= 2\cos^2\alpha - 1 = \frac{3}{5}$$

따라서

$$f'(2) = \frac{d\theta}{dt}(\sec^2 2\alpha - 1) = -\frac{1}{5}\left(\frac{25}{9} - 1\right) = -\frac{16}{45} \text{ 이다.}$$

답 ③

$f(x) = |\ln x|$ 의 그래프를 그려서 $g(x)$ 와 $h(x)$ 를
좌표평면에 나타내면 다음과 같다.

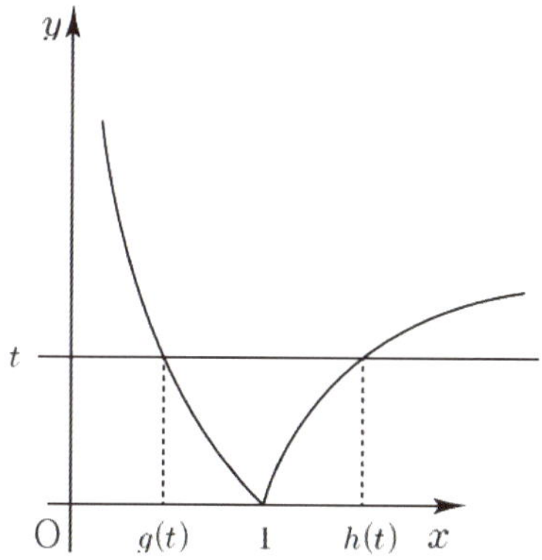

$t = -\ln g(t)$, $t = \ln h(t)$ 의 방정식을 풀면
$g(t) = e^{-t}$, $h(t) = e^{t}$

문제는 (나) 조건인데 어떻게 해야 할까?
$F(x)$ 가 $x = 0$ 에서 미분가능하다고 했으니
미분계수의 정의를 사용해보자.

$\lim\limits_{x \to 0} \dfrac{F(x) - F(0)}{x}$ 의 극한값이 존재하기만 하면 되겠군요.

우선 $F(0)$ 을 구하기 위해서
$F(x) = af(x+b) - 10\sqrt{h(x^2) - g(x^2)}$ 식에
$x = 0$ 을 대입해보자.

$F(0) = af(b) - 10\sqrt{h(0) - g(0)}$
문제 조건에 따라 $h(0) = 1$, $g(0) = 1$ 이다.
즉, $F(0) = af(b)$

이제 대입해서 정리해보자.

$\lim\limits_{x \to 0} \dfrac{F(x) - F(0)}{x}$

$= \lim\limits_{x \to 0} \dfrac{af(x+b) - af(b)}{x} - \lim\limits_{x \to 0} \dfrac{10\sqrt{h(x^2) - g(x^2)}}{x}$

여기서 $\lim\limits_{x \to 0+} h(x^2) = \lim\limits_{x \to 0-} h(x^2) = h(0+)$ 이기 때문에
$g(t) = e^{-t}$, $h(t) = e^{t}$ 를 넣어서 계산할 수 있다.
(그래서 x^2 을 넣어서 나타낸 것이다.)

$\lim\limits_{x \to 0} \dfrac{F(x) - F(0)}{x}$

$= \lim\limits_{x \to 0} \dfrac{af(x+b) - af(b)}{x} - \lim\limits_{x \to 0} \dfrac{10\sqrt{e^{x^2} - e^{-x^2}}}{x}$

여기서 point !
x 가 루트 안으로 들어갈 때 조심해야 한다.

$\lim\limits_{x \to 0+} \dfrac{10\sqrt{e^{x^2} - e^{-x^2}}}{x} = \lim\limits_{x \to 0+} 10\sqrt{\dfrac{e^{x^2} - e^{-x^2}}{x^2}} = 10\sqrt{2}$

$\lim\limits_{x \to 0-} \dfrac{10\sqrt{e^{x^2} - e^{-x^2}}}{x} = \lim\limits_{x \to 0-} -10\sqrt{\dfrac{e^{x^2} - e^{-x^2}}{x^2}} = -10\sqrt{2}$

($-$ 를 앞으로 빼줘야 한다.)

좌극한일 때가 잘 이해가 안 된다면 거꾸로 생각하면 된다.

$\lim\limits_{x \to 0-} -10\sqrt{\dfrac{e^{x^2} - e^{-x^2}}{x^2}} = \lim\limits_{x \to 0-} \dfrac{-10\sqrt{e^{x^2} - e^{-x^2}}}{|x|}$

$= \lim\limits_{x \to 0-} \dfrac{-10\sqrt{e^{x^2} - e^{-x^2}}}{-x} = \lim\limits_{x \to 0-} \dfrac{10\sqrt{e^{x^2} - e^{-x^2}}}{x}$

$F(x)$ 의 우미분계수와 좌미분계수를 구하면
$0+ \Rightarrow \alpha - 10\sqrt{2}$, $0- \Rightarrow \beta + 10\sqrt{2}$ 꼴이 나온다.

만약 $\alpha = \beta$ 이면 좌미분계수와 우미분계수가 다르다.
결국 α 와 β 는 다를 수밖에 없다.

그런데 잘 살펴보면
$\lim\limits_{x \to 0} \dfrac{af(x+b) - af(b)}{x} = \lim\limits_{x \to 0} a\left(\dfrac{f(x+b) - f(b)}{x} \right) = af'(b)$

$f'(b)$ 가 존재한다면 $\alpha = \beta$ 이라는 것이기 때문에
$f'(b)$ 가 존재하지 않아야 한다.
즉, $b = 1$ 이어야 한다.

$a|\ln(x+1)|$ 는 $x = 0$ 에서 우미분계수가 a,
좌미분계수가 $-a$ 이므로
$0+ \Rightarrow a - 10\sqrt{2}$, $0- \Rightarrow -a + 10\sqrt{2}$

우미분계수 $=$ 좌미분계수
$a - 10\sqrt{2} = -a + 10\sqrt{2} \Rightarrow a = 10\sqrt{2}$

따라서 $(ab)^2 = 200$ 이다.

답 200

$g(x) = (2\ln x)^2$ 라 하고 $g(x) = (2\ln x)^2 = 4(\ln x)^2$ 를 미분하면 (정의역이 $x > 0$ 인 것 조심!)

$g'(x) = \dfrac{8\ln x}{x}$ $(x > 0)$ 이므로 실질적으로 부호에 영향을 주는 것이 $\ln x$ 이니 Semi 도함수를 $h(x) = \ln x$ 라 하고 $y = g(x)$ 의 그래프를 그리면

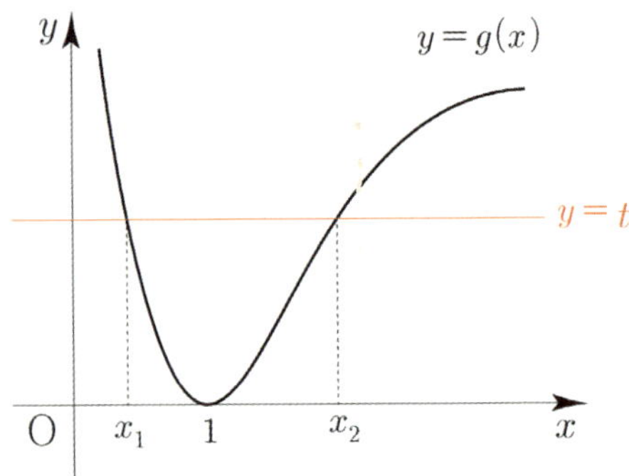

문제에서는 x_1 과 x_2 를 정해주지 않고 $|x_1 - x_2|$ 라고 표현했으니 x_1 과 x_2 의 차이가 $f(t)$ 이다.

$x_1 < x_2$ 라고 가정해보자.

$(2\ln x)^2 = t \Rightarrow 2\ln x = \pm\sqrt{t} \Rightarrow x = e^{\pm\frac{\sqrt{t}}{2}}$

즉, $x_2 = e^{\frac{\sqrt{t}}{2}}$, $x_1 = e^{-\frac{\sqrt{t}}{2}}$ 이므로 $f(t) = e^{\frac{\sqrt{t}}{2}} - e^{-\frac{\sqrt{t}}{2}}$

$f(a) = \dfrac{e^2 - 1}{e} = e - \dfrac{1}{e}$ 이므로 $a = 4$

$f'(t) = \dfrac{1}{4\sqrt{t}} e^{\frac{\sqrt{t}}{2}} + \dfrac{1}{4\sqrt{t}} e^{-\frac{\sqrt{t}}{2}}$ 이므로

따라서 $f'(a) = f'(4) = \dfrac{1}{8}\left(e + \dfrac{1}{e}\right)$ 이다.

답 ①

다르게 풀어보자.

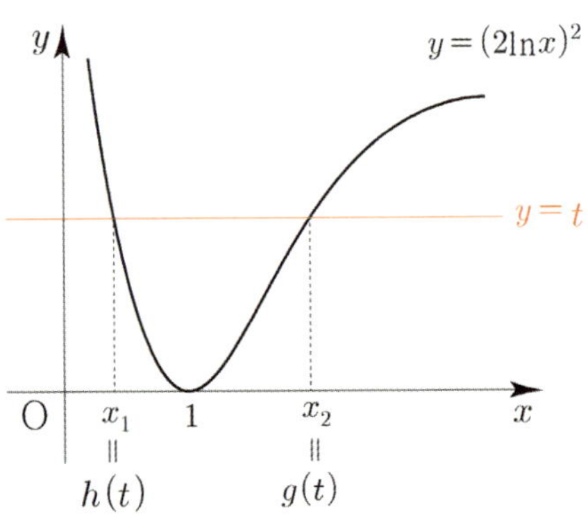

$y = (2\ln x)^2$ 과 $y = t$ 의 두 교점을 각각 $h(t)$, $g(t)$ $(g(t) > h(t))$ 라 하면

$f(t) = |x_1 - x_2| = g(t) - h(t)$

$y = (2\ln x)^2$ 는 두 점 $(h(t),\ t)$, $(g(t),\ t)$ 를 지나므로

$(2\ln\{g(t)\})^2 = t$ ⋯ ①

$(2\ln\{h(t)\})^2 = t$ ⋯ ②

식 ①에서 양변을 t 에 대하여 미분하면

$4 \times 2 \times \ln\{g(t)\} \times \dfrac{g'(t)}{g(t)} = 1 \Rightarrow g'(t) = \dfrac{1}{8} \times \dfrac{g(t)}{\ln\{g(t)\}}$

식 ②에서 위와 같은 논리로 전개하면

$h'(t) = \dfrac{1}{8} \times \dfrac{h(t)}{\ln\{h(t)\}}$

즉, $f'(t) = \dfrac{1}{8}\left\{ \dfrac{g(t)}{\ln\{g(t)\}} - \dfrac{h(t)}{\ln\{h(t)\}} \right\}$

이제 $g(a)$ 와 $h(a)$ 를 구해보자.

$f(a) = \dfrac{e^2 - 1}{e} = e - \dfrac{1}{e} = g(a) - h(a)$

이때 모든 양의 실수 t 에 대하여 $g(t) > h(t)$ 이므로

$g(a) = e,\ h(a) = \dfrac{1}{e}$

따라서

$f'(a) = \dfrac{1}{8}\left\{ \dfrac{g(a)}{\ln\{g(a)\}} - \dfrac{h(a)}{\ln\{h(a)\}} \right\} = \dfrac{1}{8}\left\{ \dfrac{e}{\ln e} - \dfrac{\frac{1}{e}}{\ln\left(\frac{1}{e}\right)} \right\}$

$= \dfrac{1}{8}\left\{ e + \dfrac{1}{e} \right\}$

이다.

$l,\ m,\ n$ 이 자연수인 것으로 보아 직접 되는지 따져보는 문제인 것 같다.

우선 $f(x)$ 가 $x = \pi$ 에서 미분가능하다고 했으니까 미분계수의 정의를 사용하면

$f(x) = \dfrac{\left| (x - \pi)\sin^m \frac{l}{2} x \right|}{x^n}$ $(x \neq 0)$ 이고 $f(\pi) = 0$ 이니까

$\displaystyle\lim_{x \to \pi} \dfrac{f(x) - f(\pi)}{x - \pi} = \lim_{x \to \pi} \dfrac{\left| (x - \pi)\left(\sin^m \frac{l}{2} x\right) \right|}{x^n (x - \pi)}$ 의

극한값이 존재해야 한다.

$$\lim_{x\to\pi+}\frac{f(x)-f(\pi)}{x-\pi}=\lim_{x\to\pi+}\frac{(x-\pi)\left|\left(\sin^m\frac{l}{2}x\right)\right|}{x^n(x-\pi)}$$

$$=\lim_{x\to\pi+}\frac{\left|\left(\sin^m\frac{l}{2}x\right)\right|}{x^n}$$

$$\lim_{x\to\pi-}\frac{f(x)-f(\pi)}{x-\pi}=\lim_{x\to\pi-}\frac{-(x-\pi)\left|\left(\sin^m\frac{l}{2}x\right)\right|}{x^n(x-\pi)}$$

$$=\lim_{x\to\pi-}\frac{-\left|\left(\sin^m\frac{l}{2}x\right)\right|}{x^n}$$

좌극한과 우극한이 같아지기 위해서는 $\sin\frac{l}{2}\pi=0$

$l+m+n\leq10$ 이고 $l,\ m,\ n$ 이 자연수니까 만족하는 l 은
$l=2,\ 4,\ 6,\ 8$ 이다.

이제 $x=0$ 에서 연속조건을 이용해보자.

$$f(x)=\frac{\left|(x-\pi)\sin^m\frac{l}{2}x\right|}{x^n}\ (x\neq0)$$

$$\lim_{x\to0}\frac{\left|(x-\pi)\sin^m\frac{l}{2}x\right|}{x^n}$$

여기서 조심!! 지난 문제에서도 언급했지만
$0-$ 로 가까이 가는 경우는 x 가 절댓값 안으로 들어갈 때!!
마이너스를 붙여줘야 한다.
(이 문제에서는 거기서 한발 더 나아가 n 이 홀수일 때
와 짝수일 때로 분류하도록 의도하였다.)

n 이 짝수이면 $0-$ 로 가든 $0+$ 로 가든 어차피 x^n 은
양수이기 때문에 마이너스를 붙이지 않아도 된다.

즉, case분류를 해보면 다음과 같다.

① n 이 홀수

$$\lim_{x\to0+}\left|\frac{(x-\pi)\sin^m\frac{l}{2}x}{x^n}\right|,\ \lim_{x\to0-}-\left|\frac{(x-\pi)\sin^m\frac{l}{2}x}{x^n}\right|$$

결국 좌극한과 우극한 값이 같아지려면
$\lim\limits_{x\to0}\dfrac{\sin x}{x}=1$ 에 의해서 $m>n$ 이어야 하고 그때의
극한값은 0 이다.

(만약 $m=n$ 이면 부호 때문에 극한값이 같아질 수 없다.)
결국 연속조건을 이용하면 $f(0)=0$

② n 이 짝수

$$\lim_{x\to0}\left|\frac{(x-\pi)\sin^m\frac{l}{2}x}{x^n}\right|\ \text{이 존재하려면 } m\geq n \text{ 이기만}$$

하면 된다.

$m=n$ 일 때는 $f(0)=\left(\dfrac{l}{2}\right)^m\pi$ 가 되고

$m>n$ 이면 $f(0)=0$ 이다.
n 이 홀수일 때와 짝수일 때 구분하는 case분류는
그동안 질리도록 하였다.

case분류 중에서도 기초 중에 기초이지만
중요한 case분류 중 하나이기도 하다.

이제 l 을 기준으로 case분류해보자.

$l=2,\ 4,\ 6,\ 8$

n 이 홀수일때
$m>n$ 이면 $f(0)=0$

n 이 짝수일때
$m=n$ 이면 $f(0)=\left(\dfrac{l}{2}\right)^m\pi$, $m>n$ 이면 $f(0)=0$

l	m	n	개수
2	$2\leq m\leq7$	1	6
	$2\leq m\leq6$	2	5
	$4\leq m\leq5$	3	2
	4	4	1
4	$2\leq m\leq5$	1	4
	$2\leq m\leq4$	2	3
6	$2\leq m\leq3$	1	2
	2	2	1
8 가능 X	x	x	x

따라서 모든 순서쌍 $(l,\ m,\ n)$의 개수는
$6+5+2+1+4+3+2+1=24$ 이다.

답 24

점 P 에서 선분 AB 에 내린 수선의 발을 H 라 하고,
원의 중심을 O 라 하자.

$\overline{CP} = x$ 라 하면
$\overline{PH} = x\sin\theta$, $\overline{CH} = x\cos\theta$, $\overline{CO} = 1$, $\overline{OP} = 5$

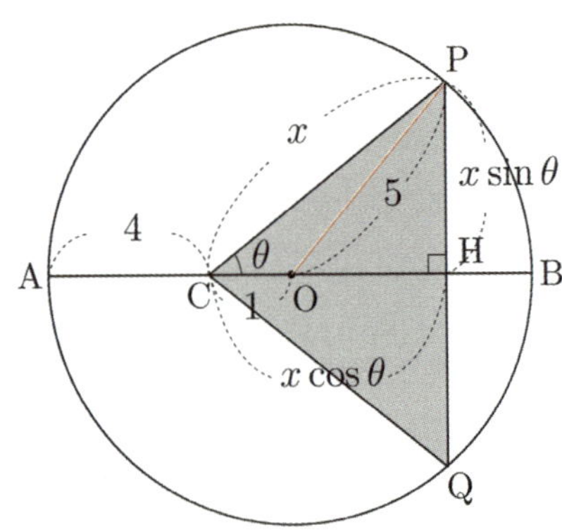

삼각형 OPC 에서 코사인법칙을 사용하면
$$\cos\theta = \frac{x^2 + 1 - 25}{2x}$$

$\Rightarrow 2x\cos\theta = x^2 - 24$ $\cdots$ ㉠

$$S(\theta) = \frac{1}{2} \times x\cos\theta \times 2x\sin\theta = x^2\cos\theta\sin\theta$$

$$= x^2\frac{\sin 2\theta}{2} \quad (\because \ \sin(\theta+\theta) = 2\sin\theta\cos\theta)$$

$S(\theta)$ 의 양변을 θ 에 대해 미분하면
$$S'(\theta) = 2x \times \frac{dx}{d\theta} \times \frac{\sin 2\theta}{2} + x^2\cos 2\theta$$

$$= \frac{dx}{d\theta} \times x\sin 2\theta + x^2\cos 2\theta$$

$\theta = \dfrac{\pi}{4}$ 일 때, x 를 구하기 위해서

㉠에 $\theta = \dfrac{\pi}{4}$ 을 대입하면

$$2x \times \frac{\sqrt{2}}{2} = x^2 - 24$$

$\Rightarrow x^2 - \sqrt{2}\,x - 24 = 0$

$\Rightarrow (x + 3\sqrt{2})(x - 4\sqrt{2}) = 0$

$\Rightarrow x = 4\sqrt{2} \ (\because \ x > 0)$

$\theta = \dfrac{\pi}{4}$ 일 때, $\dfrac{dx}{d\theta}$ 를 구하기 위해서

㉠을 θ 에 대해 미분하고, $x = 4\sqrt{2}$, $\theta = \dfrac{\pi}{4}$ 를 대입하면

$$2x\cos\theta = x^2 - 24$$

$\Rightarrow 2\left\{\dfrac{dx}{d\theta}\cos\theta + x(-\sin\theta)\right\} = 2x\dfrac{dx}{d\theta}$

$\Rightarrow 2\left\{\dfrac{dx}{d\theta}\dfrac{\sqrt{2}}{2} + 4\sqrt{2} \times -\left(\dfrac{\sqrt{2}}{2}\right)\right\} = 8\sqrt{2}\dfrac{dx}{d\theta}$

$\Rightarrow \sqrt{2}\dfrac{dx}{d\theta} - 8 = 8\sqrt{2}\dfrac{dx}{d\theta}$

$\Rightarrow \dfrac{dx}{d\theta} = -\dfrac{8}{7\sqrt{2}}$

$$S'\left(\frac{\pi}{4}\right) = \frac{dx}{d\theta} \times x\sin 2\theta + x^2\cos 2\theta$$

$$= \left(-\frac{8}{7\sqrt{2}}\right) \times 4\sqrt{2} \times 1 = -\frac{32}{7}$$

따라서 $-7 \times S'\left(\dfrac{\pi}{4}\right) = -7 \times \left(-\dfrac{32}{7}\right) = 32$ 이다.

 **답** 32

106

$$F(x) = \ln|f(x)|, \quad G(x) = \ln|g(x)\sin x|$$

$$F'(x) = \frac{f'(x)}{f(x)}, \quad G'(x) = \frac{g'(x)\sin x + g(x)\cos x}{g(x)\sin x}$$

$$\lim_{x \to 1}(x-1)F'(x) = 3 \Rightarrow \lim_{x \to 1}\frac{(x-1)f'(x)}{f(x)} = 3$$

분자가 0 으로 가는데 극한값이 3 이므로
분모는 0 으로 가야 한다.
$$\lim_{x \to 1}f(x) = 0 \Rightarrow f(1) = 0$$

$f(x)$ 는 최고차항의 계수가 1 인 사차함수이므로
$f(x) = (x-1)Q(x)$ 라 하면
$f'(x) = Q(x) + (x-1)Q'(x)$ 이다.

$$\lim_{x \to 1}\frac{(x-1)f'(x)}{f(x)}$$

$$= \lim_{x \to 1}\frac{(x-1)\{Q(x) + (x-1)Q'(x)\}}{(x-1)Q(x)}$$

$$= \lim_{x \to 1}\frac{Q(x) + (x-1)Q'(x)}{Q(x)} = 3$$

만약 $Q(1) \neq 0$이면
$$\lim_{x \to 1} \frac{Q(x) + (x-1)Q'(x)}{Q(x)} = \frac{Q(1)}{Q(1)} = 1 \neq 3$$
이므로 $Q(1) = 0$이다.

$Q(x)$는 최고차항의 계수가 1인 삼차함수이므로
$Q(x) = (x-1)h(x)$라 하면
$Q'(x) = h(x) + (x-1)h'(x)$이다.

$$\lim_{x \to 1} \frac{Q(x) + (x-1)Q'(x)}{Q(x)}$$

$$= \lim_{x \to 1} \frac{(x-1)h(x) + (x-1)h(x) + (x-1)^2 h'(x)}{(x-1)h(x)}$$

$$= \lim_{x \to 1} \frac{2h(x) + (x-1)h'(x)}{h(x)} = 3$$

만약 $h(1) \neq 0$이면
$$\lim_{x \to 1} \frac{2h(x) + (x-1)h'(x)}{h(x)} = \frac{2h(1)}{h(1)} = 2 \neq 3$$
이므로 $h(1) = 0$이다.

$h(x)$는 최고차항의 계수가 1인 이차함수이므로
$h(x) = (x-1)(x-a)$라 하면
$h'(x) = x - a + x - 1$이다.

$$\lim_{x \to 1} \frac{2(x-1)(x-a) + (x-1)(x-a+x-1)}{(x-1)(x-a)}$$

$$= \lim_{x \to 1} \frac{3(x-a) + x - 1}{(x-a)} = 3$$

만약 $a = 1$이면
$$\lim_{x \to 1} \frac{3(x-1) + x - 1}{(x-1)} = \lim_{x \to 1} \frac{4(x-1)}{(x-1)} = 4 \neq 3$$
이므로 $a \neq 1$이어야 한다.
$$\left(\lim_{x \to 1} \frac{3(x-a) + x - 1}{(x-a)} = \lim_{x \to 1} \frac{3(x-a)}{(x-a)} = 3 \right)$$

즉, $f(x) = (x-1)^3(x-a) \ (a \neq 1)$이다.

$$\lim_{x \to 0} \frac{F'(x)}{G'(x)} = \lim_{x \to 0} \frac{f'(x)g(x)\sin x}{f(x)\{g'(x)\sin x + g(x)\cos x\}} = \frac{1}{4}$$

분자가 0으로 가는데 극한값이 $\dfrac{1}{4}$이므로

분모는 0으로 가야 한다.
$$\lim_{x \to 0} f(x) = 0 \Rightarrow f(0) = 0 \text{ 또는}$$
$$\lim_{x \to 0} \{g'(x)\sin x + g(x)\cos x\} = 0 \Rightarrow g(0) = 0$$

① $f(0) = 0$인 경우

$f(x) = (x-1)^3 x$이므로
$f'(x) = 3(x-1)^2 x + (x-1)^3 = (x-1)^2(4x-1)$

$$\lim_{x \to 0} \frac{F'(x)}{G'(x)}$$

$$= \lim_{x \to 0} \frac{f'(x)g(x)\sin x}{f(x)\{g'(x)\sin x + g(x)\cos x\}}$$

$$= \lim_{x \to 0} \frac{(4x-1)g(x)\sin x}{x(x-1)\{g'(x)\sin x + g(x)\cos x\}}$$

$$= \lim_{x \to 0} \frac{g(x)\sin x}{x\{g'(x)\sin x + g(x)\cos x\}} \times \frac{4x-1}{x-1} = \frac{1}{4}$$

$$\Rightarrow \lim_{x \to 0} \frac{g(x)\sin x}{x\{g'(x)\sin x + g(x)\cos x\}} = \frac{1}{4}$$

$$\Rightarrow \lim_{x \to 0} \frac{g(x)}{g'(x)\sin x + g(x)\cos x} = \frac{1}{4}$$

Tip

<수2 내용복습>

$\lim\limits_{x \to a} f(x)g(x) = \alpha$이고 $\lim\limits_{x \to a} g(x) = \beta \ (\beta \neq 0)$이면

$\lim\limits_{x \to a} f(x) = \dfrac{\alpha}{\beta}$이다.

(증명)
$f(x)g(x) = h(x)$라 하면 $\lim\limits_{x \to a} h(x) = \alpha$이고

$f(x) = \dfrac{h(x)}{g(x)}$이므로 $\lim\limits_{x \to a} f(x) = \dfrac{\lim\limits_{x \to a} h(x)}{\lim\limits_{x \to a} g(x)} = \dfrac{\alpha}{\beta}$이다.

$$\lim_{x \to 0} \frac{g(x)}{g'(x)\sin x + g(x)\cos x} = \frac{1}{4}$$
만약 $g(0) \neq 0$이면
$$\lim_{x \to 0} \frac{g(x)}{g'(x)\sin x + g(x)\cos x} = \frac{g(0)}{g(0)} = 1 \neq \frac{1}{4}$$
이므로 $g(0) = 0$이다.
$g(0) = 0$이므로 $g(x)$는 x를 인수로 가져야 한다.

$g(x)$는 최고차항의 계수가 1인 삼차함수이므로
$g(x) = xP(x)$라 하면
$g'(x) = P(x) + xP'(x)$이다.

$$\lim_{x \to 0} \frac{g(x)}{g'(x)\sin x + g(x)\cos x}$$

$$= \lim_{x \to 0} \frac{1}{\dfrac{g'(x)}{g(x)}\sin x + \cos x}$$

$$= \lim_{x \to 0} \frac{1}{\dfrac{P(x)+xP'(x)}{xP(x)}\sin x + \cos x}$$

$$= \lim_{x \to 0} \frac{1}{\dfrac{P(x)+xP'(x)}{P(x)} \times \dfrac{\sin x}{x} + \cos x} = \frac{1}{4}$$

$$\Rightarrow \lim_{x \to 0} \frac{P(x)+xP'(x)}{P(x)} = 3$$

만약 $P(0) \neq 0$ 이면

$$\lim_{x \to 0} \frac{P(x)+xP'(x)}{P(x)} = \frac{P(0)}{P(0)} = 1 \neq 3$$

이므로 $P(0)=0$ 이다.

$P(x)$ 는 최고차항의 계수가 1 인 이차함수이므로
$P(x) = x(x-b)$ 라 하면
$P'(x) = 2x-b$

$$\lim_{x \to 0} \frac{P(x)+xP'(x)}{P(x)}$$

$$= \lim_{x \to 0} \frac{x(x-b)+x(2x-b)}{x(x-b)}$$

$$= \lim_{x \to 0} \frac{3x-2b}{x-b} = 3$$

만약 $b \neq 0$ 이면

$$\lim_{x \to 0} \frac{3x-2b}{x-b} = \frac{-2b}{-b} = 2 \neq 3$$

이므로 $b=0$ 이다.

$$\therefore \ g(x) = x^3$$

② $f(0) \neq 0, \ g(0) = 0$ 인 경우

$f(x) = (x-1)^3(x-a) \ (a \neq 1, \ a \neq 0)$ 이므로
$f'(x) = 3(x-1)^2(x-a)+(x-1)^3 = (x-1)^2(4x-3a-1)$

$$\lim_{x \to 0} \frac{F'(x)}{G'(x)}$$

$$= \lim_{x \to 0} \frac{f'(x)\,g(x)\sin x}{f(x)\{g'(x)\sin x + g(x)\cos x\}}$$

$$= \lim_{x \to 0} \frac{(4x-3a-1)\,g(x)\sin x}{(x-1)(x-a)\{g'(x)\sin x + g(x)\cos x\}}$$

$$= \frac{-3a-1}{a} \times \lim_{x \to 0} \frac{g(x)\sin x}{g'(x)\sin x + g(x)\cos x} = \frac{1}{4}$$

$$\Rightarrow \lim_{x \to 0} \frac{g(x)\sin x}{g'(x)\sin x + g(x)\cos x} = \frac{a}{4(-3a-1)}$$

분자가 0 으로 가는데 극한값이 $\dfrac{a}{4(-3a-1)}$ 이므로
분모는 0 으로 가야 한다.

$$\lim_{x \to 0} \{g'(x)\sin x + g(x)\cos x\} = 0 \ \Rightarrow \ g(0) = 0$$

처음 조건 $f(0) \neq 0, \ g(0) = 0$ 에서 이를 만족한다.

$g(x)$ 는 최고차항의 계수가 1 인 삼차함수이므로
$g(x) = x(x^2+cx+d)$ 라 하면
$g'(x) = x^2+cx+d+x(2x+c) = 3x^2+2cx+d$ 이다.

$$\lim_{x \to 0} \frac{g(x)\sin x}{g'(x)\sin x + g(x)\cos x}$$

$$= \lim_{x \to 0} \frac{x(x^2+cx+d)\sin x}{(3x^2+2cx+d)\sin x + x(x^2+cx+d)\cos x}$$

$$= \lim_{x \to 0} \frac{(x^2+cx+d)\sin x}{(3x^2+2cx+d)\dfrac{\sin x}{x} + (x^2+cx+d)\cos x}$$

$$= \frac{a}{4(-3a-1)} \ (a \neq 0)$$

분자가 0 으로 가는데 극한값이 $\dfrac{a}{4(-3a-1)} \ (a \neq 0)$ 이므로
분모는 0 으로 가야 한다.

$$\lim_{x \to 0} \left\{ (3x^2+2cx+d)\frac{\sin x}{x} + (x^2+cx+d)\cos x \right\} = 0$$

$$\Rightarrow d = 0$$

$$\lim_{x \to 0} \frac{(x^2+cx)\sin x}{(3x^2+2cx)\dfrac{\sin x}{x}+(x^2+cx)\cos x}$$

$$=\lim_{x \to 0} \frac{(x+c)\sin x}{(3x+2c)\dfrac{\sin x}{x}+(x+c)\cos x}$$

$$=\frac{a}{4(-3a-1)} \quad (a \neq 0)$$

분자가 0 으로 가는데 극한값이 $\dfrac{a}{4(-3a-1)}$ $(a \neq 0)$ 이므로 분모는 0 으로 가야 한다.

$$\lim_{x \to 0} \left\{(3x+2c)\frac{\sin x}{x}+(x+c)\cos x\right\}=0$$

$$\Rightarrow c=0$$

$$\lim_{x \to 0} \frac{x^2\sin x}{3x^2 \times \dfrac{\sin x}{x}+x^2\cos x}$$

$$=\lim_{x \to 0} \frac{\sin x}{3 \times \dfrac{\sin x}{x}+\cos x}$$

$$=0 \neq \frac{a}{4(-3a-1)} \quad (a \neq 0)$$

이므로 조건을 만족시키지 않는다.

즉, $f(x)=(x-1)^3 x,\ g(x)=x^3$ 이다.
따라서 $f(3)+g(3)=24+27=51$ 이다.

답 ④

1	(1) $y=\dfrac{1}{2}x-\dfrac{1}{2}$ (2) $y=\dfrac{1}{3}x+2$
2	(1) $y=-2x+\dfrac{\pi}{2}$ (2) $y=-2x+4$
3	(1) $y=\dfrac{1}{e^3}x+2$ (2) $y=\dfrac{1}{2}x+\dfrac{1}{2}$
4	7
5	(1) 열린구간 $(0,\ \infty)$ 에서 위로 볼록 (2) 열린구간 $(0,\ 2\pi)$ 에서 위로 볼록하고, 열린구간 $(2\pi,\ 4\pi)$ 에서 아래로 볼록
6	(1) $(-1,\ -3),\ (1,\ -3)$ (2) $\left(e^{\frac{3}{2}},\ \dfrac{3}{2}e^{-\frac{3}{2}}\right)$
7	풀이 참조
8	(1) 1 (2) 2
9	풀이 참조
10	풀이 참조
11	속도의 크기 : 5, 가속도의 크기 : $4\sqrt{10}$
12	$t=4$

개념 확인문제 1

(1) $f(x)=\sqrt{x-2}$ 라 하면 $f'(x)=\dfrac{1}{2\sqrt{x-2}}$

점 $(3,\ 1)$ 에서 접하는 접선의 기울기는 $f'(3)=\dfrac{1}{2}$ 이다.

따라서 구하는 접선의 방정식은 $y=\dfrac{1}{2}(x-3)+1$ 이므로

$y=\dfrac{1}{2}x-\dfrac{1}{2}$ 이다.

(2) $f(x)=e^{-3x}+1$ 라 하면 $f'(x)=-3e^{-3x}$
점 $(0,\ 2)$ 에서 접하는 접선의 기울기는 $f'(0)=-3$
이 점에서의 접선에 수직인 직선의 기울기를 m 이라 하면

$f'(0) \times m=-1$ 이므로 $m=-\dfrac{1}{f'(0)}=\dfrac{1}{3}$

따라서 구하는 접선의 방정식은 $y=\dfrac{1}{3}(x-0)+2$ 이므로

$y=\dfrac{1}{3}x+2$ 이다.

답 (1) $y=\dfrac{1}{2}x-\dfrac{1}{2}$ (2) $y=\dfrac{1}{3}x+2$

(1) $f(x) = \cos 2x \left(0 < x < \dfrac{\pi}{2}\right)$ 라 하면

$f'(x) = -2\sin 2x$

접점의 좌표를 $(t,\ \cos 2t)$ 라 하면 이 점에서의 접선의 기울기가 -2 이므로

$f'(t) = -2\sin 2t = -2 \Rightarrow t = \dfrac{\pi}{4} \left(\because\ 0 < t < \dfrac{\pi}{2}\right)$

즉, 기울기가 -2 인 접선의 접점의 좌표는 $\left(\dfrac{\pi}{4},\ 0\right)$ 이다.

따라서 구하는 접선의 방정식은 $y = -2\left(x - \dfrac{\pi}{4}\right)$ 이므로

$y = -2x + \dfrac{\pi}{2}$ 이다.

(2) $f(x) = \dfrac{2}{x} \ (x > 0)$ 라 하면 $f'(x) = -\dfrac{2}{x^2}$

접점의 좌표를 $\left(t,\ \dfrac{2}{t}\right)$ 라 하면

이 점에서의 접선의 기울기가 -2 이므로

$f'(t) = -\dfrac{2}{t^2} = -2 \Rightarrow t = 1 \ (\because\ t > 0)$

즉, 기울기가 -2 인 접선의 접점의 좌표는 $(1,\ 2)$ 이다.

따라서 구하는 접선의 방정식은 $y = -2(x-1)+2$ 이므로
$y = -2x + 4$ 이다.

답 (1) $y = -2x + \dfrac{\pi}{2}$

(2) $y = -2x + 4$

(1) $f(x) = \ln x$ 라 하면 $f'(x) = \dfrac{1}{x}$

접점의 좌표를 $(t,\ \ln t)$ 라 하면

이 점에서의 접선의 기울기가 $\dfrac{1}{t}$ 이므로

접선의 방정식은

$y = \dfrac{1}{t}(x-t) + \ln t \Rightarrow y = \dfrac{1}{t}x - 1 + \ln t$

이 직선이 $(0,\ 2)$ 를 지나므로

$2 = -1 + \ln t \Rightarrow t = e^3$

따라서 구하는 접선의 방정식은 $t = e^3$ 일 때,

$y = \dfrac{1}{e^3}x + 2$ 이다.

(2) $f(x) = \sqrt{x}$ 라 하면 $f'(x) = \dfrac{1}{2\sqrt{x}}$

접점의 좌표를 $(t,\ \sqrt{t})$ 라 하면 이 점에서의 접선의 기울기가

$\dfrac{1}{2\sqrt{t}}$ 이므로

접선의 방정식은

$y = \dfrac{1}{2\sqrt{t}}(x-t) + \sqrt{t} \Rightarrow y = \dfrac{1}{2\sqrt{t}}x + \dfrac{\sqrt{t}}{2}$

이 직선이 $(-1,\ 0)$ 을 지나므로

$0 = -\dfrac{1}{2\sqrt{t}} + \dfrac{\sqrt{t}}{2} \Rightarrow \dfrac{1}{2\sqrt{t}} = \dfrac{\sqrt{t}}{2} \Rightarrow t = 1$

따라서 구하는 접선의 방정식은 $t = 1$ 일 때,

$y = \dfrac{1}{2}x + \dfrac{1}{2}$ 이다.

답 (1) $y = \dfrac{1}{e^3}x + 2$ (2) $y = \dfrac{1}{2}x + \dfrac{1}{2}$

$f(x) = ae^{x-1}$, $g(x) = 6x$ 라 하면
$f'(x) = ae^{x-1}$, $g'(x) = 6$

두 곡선 $y = f(x)$, $y = g(x)$ 가
$x = t$ 에서 접하면 $f(t) = g(t)$
이고 $f'(t) = g'(t)$ 이므로

① $f(t) = g(t) \Rightarrow ae^{t-1} = 6t$
② $f'(t) = g'(t) \Rightarrow ae^{t-1} = 6$

①, ②를 연립하면 $6t = 6 \Rightarrow t = 1 = b$
$ae^{1-1} = 6 \Rightarrow a = 6$

따라서 $a + b = 6 + 1 = 7$ 이다.

답 7

(1) $f(x) = \ln x$ 라 하면 $f'(x) = \dfrac{1}{x}$, $f''(x) = -\dfrac{1}{x^2}$

$f''(x)$ 의 부호를 조사하면 $f''(x) < 0$
진수 조건에 의하여 $x > 0$
따라서 열린구간 $(0,\ \infty)$ 에서 위로 볼록하다.

(2) $f(x) = \sin \dfrac{x}{2} \ (0 < x < 4\pi)$ 라 하면

$$f'(x) = \frac{1}{2}\cos\frac{x}{2}, \ f''(x) = -\frac{1}{4}\sin\frac{x}{2}$$

$f''(x)$ 의 부호를 조사하면

$0 < x < 2\pi$ 일 때, $f''(x) < 0$

$2\pi < x < 4\pi$ 일 때, $f''(x) > 0$

따라서 열린구간 $(0, \ 2\pi)$ 에서 위로 볼록하고,

열린구간 $(2\pi, \ 4\pi)$ 에서 아래로 볼록하다.

> **답** (1) 열린구간 $(0, \ \infty)$ 에서 위로 볼록
>
> (2) 열린구간 $(0, \ 2\pi)$ 에서 위로 볼록하고,
>
> 열린구간 $(2\pi, \ 4\pi)$ 에서 아래로 볼록

개념 확인문제 6

(1) $f(x) = x^4 - 6x^2 + 2$ 라 하면

$$f'(x) = 4x^3 - 12x$$

$$f''(x) = 12x^2 - 12 = 12(x+1)(x-1)$$

$f''(x) = 0$ 에서 $x = -1$ 또는 $x = 1$

$x < -1$ 일 때, $f''(x) > 0$

$-1 < x < 1$ 일 때, $f''(x) < 0$

$x > 1$ 일 때, $f''(x) > 0$

따라서 변곡점의 좌표는 $(-1, \ -3), \ (1, \ -3)$ 이다.

(2) $f(x) = \dfrac{\ln x}{x}$ 라 하면

$$f'(x) = \frac{1 - \ln x}{x^2}$$

$$f''(x) = \frac{\left(-\dfrac{1}{x}\right)x^2 - (1 - \ln x) \times 2x}{x^4} = \frac{-1 - (1 - \ln x)2}{x^3}$$

$$= \frac{2\ln x - 3}{x^3}$$

진수조건에 의하여 $x > 0$ 이므로

분모 $x^3 > 0$ 이다.

즉, 분자 $2\ln x - 3$ 의 부호만 따지면 된다.

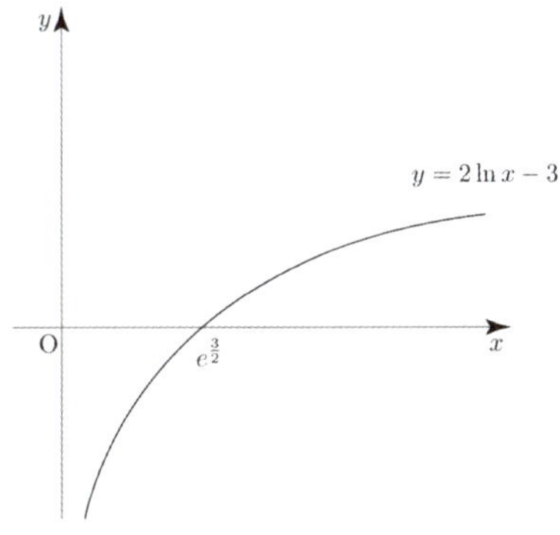

$f''(x) = 0$ 에서 $x = e^{\frac{3}{2}}$

$0 < x < e^{\frac{3}{2}}$ 일 때, $f''(x) < 0$

$x > e^{\frac{3}{2}}$ 일 때, $f''(x) > 0$

따라서 변곡점의 좌표는 $\left(e^{\frac{3}{2}}, \ \dfrac{3}{2}e^{-\frac{3}{2}}\right)$ 이다.

> **답** (1) $(-1, \ -3), \ (1, \ -3)$ (2) $\left(e^{\frac{3}{2}}, \ \dfrac{3}{2}e^{-\frac{3}{2}}\right)$

개념 확인문제 7

(1) $f(x) = xe^{-x}$

① $e^{-x} \neq 0$ 이므로 함수 $f(x)$ 의 정의역은 실수 전체의 집합이다.

② 대칭성과 주기성은 없다.

③ $f(0) = 0$ 이므로 점 $(0, \ 0)$ 을 지난다.

④ $f'(x) = e^{-x} - xe^{-x} = (1-x)e^{-x}$ 이므로

Semi 도함수 $f'(x) = 1 - x$

$f(1) = e^{-1}$ ($x = 1$ 에서 극대)

⑤ $f''(x) = -e^{-x} + (x-1)e^{-x} = (x-2)e^{-x}$ 이므로

Semi 이계도함수 $f''(x) = x - 2$

변곡점은 $\left(2, \ 2e^{-2}\right)$

⑥ $\displaystyle\lim_{x \to \infty} f(x) = 0$ 이므로 주어진 함수의 그래프의 점근선은

x 축이다.

따라서 함수 $y = f(x)$ 의 그래프의 개형은 아래 그림과 같다.

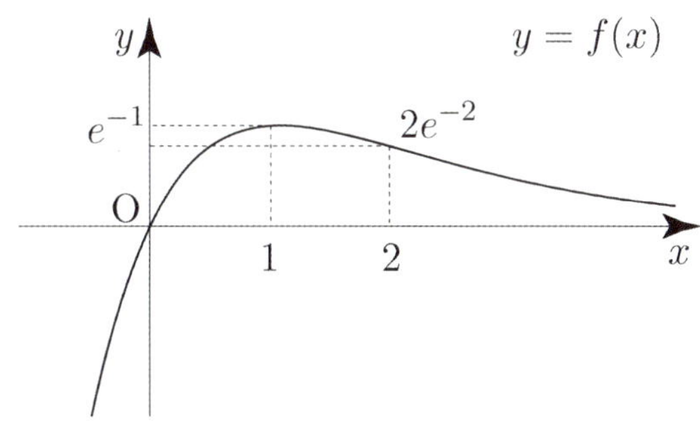

(2) $f(x) = \ln(x^2 + 1)$

① $x^2 + 1 > 0$ 이므로 함수 $f(x)$ 의 정의역은 실수 전체의
  집합이다.

② $f(x) = f(-x)$ 이므로 y 축에 대하여 대칭이다. (우함수)

③ $f(0) = 0$ 이므로 점 $(0, 0)$ 을 지난다.

④ $f'(x) = \dfrac{2x}{x^2 + 1}$ 이므로 Semi 도함수 $f'(x) = 2x$

$f(0) = 0$ ($x = 0$ 에서 극소)

⑤ $f''(x) = -\dfrac{2(x+1)(x-1)}{\left(x^2+1\right)^2}$

Semi 이계도함수 $f''(x) = -(x+1)(x-1)$
변곡점은 $(1, \ln 2)$, $(-1, \ln 2)$

⑥ 점근선은 존재하지 않는다.

따라서 함수 $y = f(x)$ 의 그래프의 개형은 아래 그림과 같다.

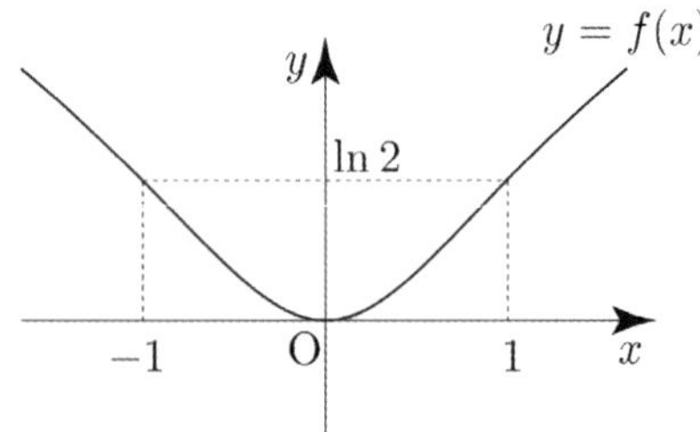

(3) $f(x) = \dfrac{3}{x^2 + 3}$

① 분모 $x^2 + 3 \neq 0$ 이므로 함수 $f(x)$ 의 정의역은 실수 전체의
  집합이다.

② $f(x) = f(-x)$ 이므로 y 축에 대하여 대칭이다. (우함수)

③ $f(0) = 1$ 이므로 점 $(0, 1)$ 을 지난다.

④ $f'(x) = \dfrac{-6x}{\left(x^2+3\right)^2}$ 이므로 Semi 도함수 $f'(x) = -x$

$f(0) = 1$ ($x = 0$ 에서 극대)

⑤ $f''(x) = \dfrac{18(x+1)(x-1)}{\left(x^2+3\right)^3}$ 이므로

Semi 이계도함수 $f''(x) = (x+1)(x-1)$
변곡점은 $\left(-1,\ \dfrac{3}{4}\right)$, $\left(1,\ \dfrac{3}{4}\right)$

⑥ $\lim\limits_{x \to \infty} f(x) = 0$, $\lim\limits_{x \to -\infty} f(x) = 0$ 이므로 주어진 함수의

그래프의 점근선은 x 축이다.

따라서 함수 $y = f(x)$ 의 그래프의 개형은 아래 그림과 같다.

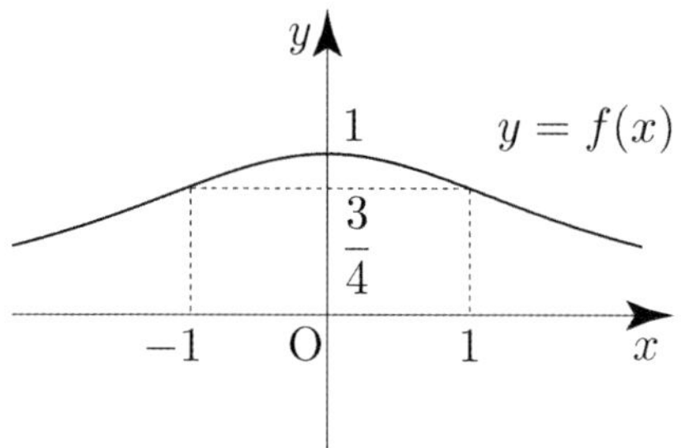

(4) $f(x) = e^x + e^{-x}$

① 함수 $f(x)$ 의 정의역은 실수 전체의 집합이다.

② $f(x) = f(-x)$ 이므로 y 축에 대하여 대칭이다. (우함수)

③ $f(0) = 2$ 이므로 점 $(0, 2)$ 을 지난다.

④ $f'(x) = e^x - e^{-x} = e^{-x}\left(e^{2x} - 1\right)$ 이므로
Semi 도함수 $f'(x) = e^{2x} - 1$

$f(0) = 2$ ($x = 0$ 에서 극소)

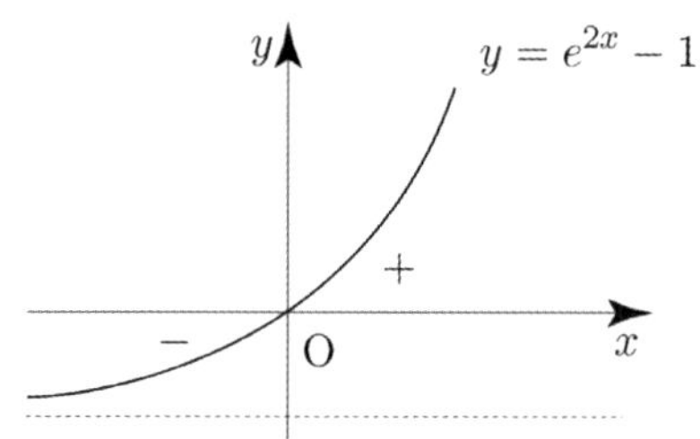

⑤ $f''(x) = e^x + e^{-x} > 0$ $\left(\because\ e^x > 0,\ e^{-x} > 0\right)$
변곡점은 존재하지 않고, $f(x)$ 는 아래로 볼록하다.

⑥ 점근선은 존재하지 않는다.

따라서 함수 $y = f(x)$ 의 그래프의 개형은 아래 그림과 같다.

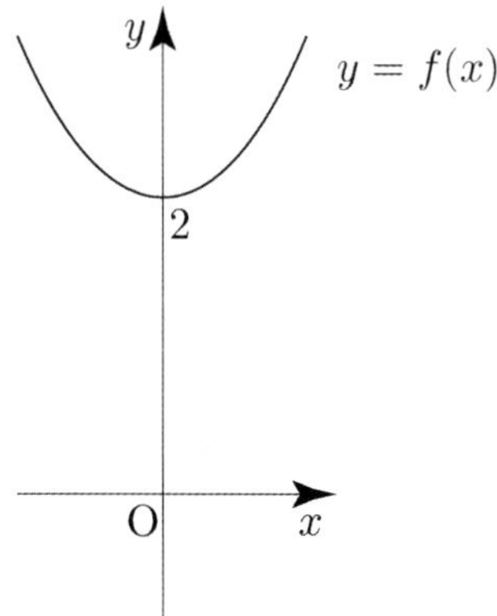

$e^x > 0$ 이므로 산술기하평균을 사용하면

$$e^x + e^{-x} = e^x + \frac{1}{e^x} \geq 2\sqrt{e^x \times \frac{1}{e^x}} = 2 \ \text{이고}$$

등호조건은 $e^x = \frac{1}{e^x} \Rightarrow e^{2x} = 1 \Rightarrow x = 0$ 이므로

$f(x)$ 는 $x = 0$ 에서 최솟값 2 를 갖는다.

(5) $f(x) = x^2 e^x$

① 함수 $f(x)$ 의 정의역은 실수 전체의 집합이다.

② 대칭성과 주기성은 없다.

③ $f(0) = 0$ 이므로 점 $(0,\ 0)$ 을 지난다.

④ $f'(x) = 2xe^x + x^2 e^x = (x^2 + 2x)e^x = x(x+2)e^x$ 이므로
Semi 도함수 $f'(x) = x(x+2)$

$f(-2) = 4e^{-2},\ f(0) = 0$ ($x = -2$ 에서 극대, $x = 0$ 에서 극소)

⑤ $f''(x) = (2x+2)e^x + (x^2 + 2x)e^x = (x^2 + 4x + 2)e^x$
$$= \{x - (-2 + \sqrt{2})\}\{x - (-2 - \sqrt{2})\}e^x$$
변곡점은
$$\left(-2 + \sqrt{2},\ (6 - 4\sqrt{2})e^{-2+\sqrt{2}}\right),$$
$$\left(-2 - \sqrt{2},\ (6 + 4\sqrt{2})e^{-2-\sqrt{2}}\right)$$

⑥ $\lim\limits_{x \to -\infty} f(x) = 0$ 이므로 주어진 함수의 그래프의 점근선은

x 축이다.

따라서 함수 $y = f(x)$ 의 그래프의 개형은 아래 그림과 같다.

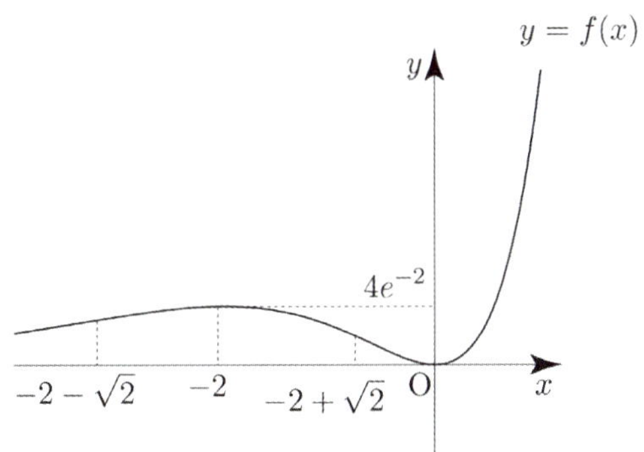

(6) $f(x) = \dfrac{\ln x}{x}$

① 진수조건에 의하여 함수 $f(x)$ 의 정의역은 양의 실수이다.
    (+분모 $x \neq 0$)

② 대칭성과 주기성은 없다.

③ $f(1) = 0$ 이므로 점 $(1,\ 0)$ 을 지난다.

④ $f'(x) = \dfrac{1 - \ln x}{x^2}$ 이므로 Semi 도함수 $f'(x) = 1 - \ln x$

$f(e) = e^{-1}$ ($x = e$ 에서 극대)

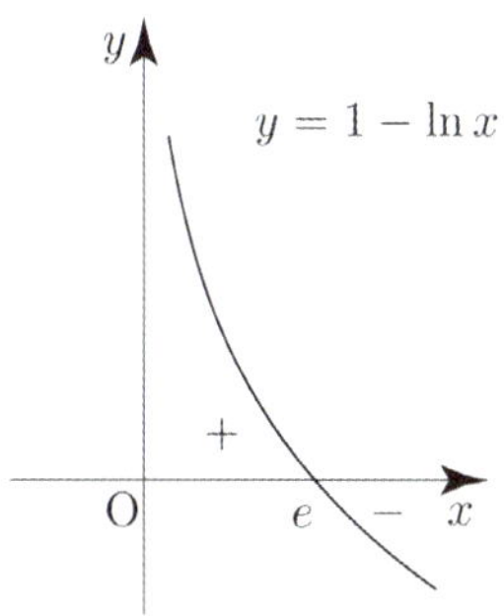

<빼기함수 Technique>

$f'(x) = g(x) - h(x)$
Semi 도함수 $f'(x) = 1 - \ln x$ 를 그려서 부호를
판단할 수 있지만 $g(x) = 1,\ h(x) = \ln x$ 라 하고
빼기함수 Technique을 적용시켜 부호를 판단할 수도 있다.

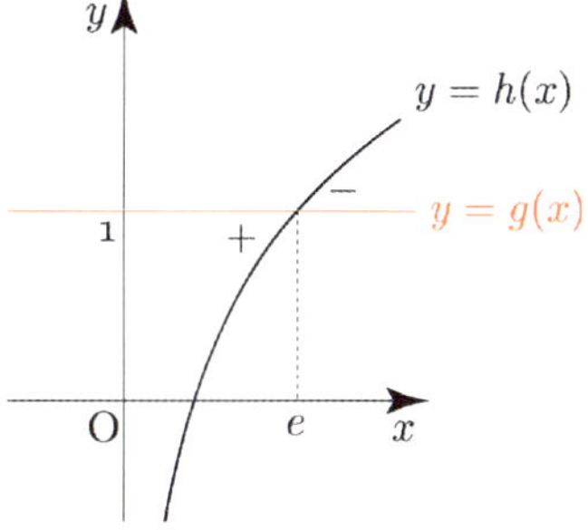

$f'(x)$ 가 복잡해지면 빼기함수 Technique을 사용하는 것이
훨씬 유리하다.

ex $f'(x) = e^{-x} - \tan x \ \left(0 < x < \dfrac{\pi}{2}\right)$

$g(x) = e^{-x},\ h(x) = \tan x$ 라 하면
$f'(x) = g(x) - h(x)$

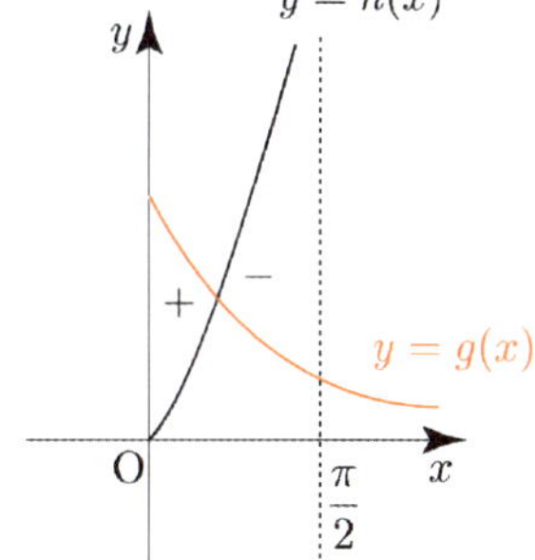

Q. $f'(x) = 1 + \ln x$ 이면 빼기함수 Technique을 적용시킬 수 있을까?

$f'(x) = 1 - (-\ln x)$
$g(x) = 1,\ h(x) = -\ln x$ 라 하면
빼기함수 Technique을 적용시킬 수 있다.
$f'(x) = g(x) - h(x)$

⑤ $f''(x) = \dfrac{2\ln x - 3}{x^3}$ 이고 $x > 0 \Rightarrow x^3 > 0$ 이므로

Semi 이계도함수 $f''(x) = 2\ln x - 3$

변곡점은 $\left(e^{\frac{3}{2}},\ \dfrac{3}{2} e^{-\frac{3}{2}} \right)$

⑥ $\displaystyle\lim_{x \to 0+} f(x) = \lim_{x \to 0+} \left(\ln x \times \dfrac{1}{x} \right) = -\infty \times \infty = -\infty$

$\displaystyle\lim_{x \to \infty} f(x) = 0$ 이므로 주어진 함수의 그래프의 점근선은

y축과 x축이다.

따라서 함수 $y = f(x)$ 의 그래프의 개형은 아래 그림과 같다.

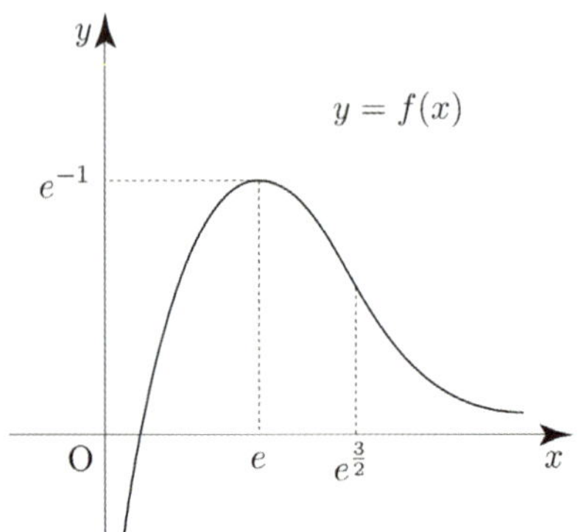

요즘은 (단, $\displaystyle\lim_{x \to \infty} \dfrac{\ln x}{x} = 0$)와 같이 점근선을

문제에서 직접 제시해주는 추세이지만

지수함수 > 다항함수 > 로그함수 순으로
크기를 결정하면 극한값을 손쉽게 계산할 수 있다.

ex1 $\displaystyle\lim_{x \to \infty} \dfrac{x^2}{e^x} = 0$

ex2 $\displaystyle\lim_{x \to \infty} \dfrac{\ln x}{2x} = 0$

(7) $f(x) = (\ln x)^2$

① 진수조건에 의하여 함수 $f(x)$ 의 정의역은 양의 실수이다.

② 대칭성과 주기성은 없다.

③ $f(1) = 0$ 이므로 점 $(1,\ 0)$ 을 지난다.

④ $f'(x) = \dfrac{2\ln x}{x}$ 이고 $x > 0$ 이므로

Semi 도함수 $f'(x) = \ln x$
$f(1) = 0$ ($x = 1$ 에서 극소)

⑤ $f''(x) = \dfrac{2(1 - \ln x)}{x^2}$ 이므로

Semi 이계도함수 $f''(x) = 1 - \ln x$
변곡점은 $(e,\ 1)$

⑥ $\displaystyle\lim_{x \to 0+} f(x) = \infty$ 이므로 주어진 함수의 그래프의 점근선은

y축이다.

따라서 함수 $y = f(x)$ 의 그래프의 개형은 아래 그림과 같다.

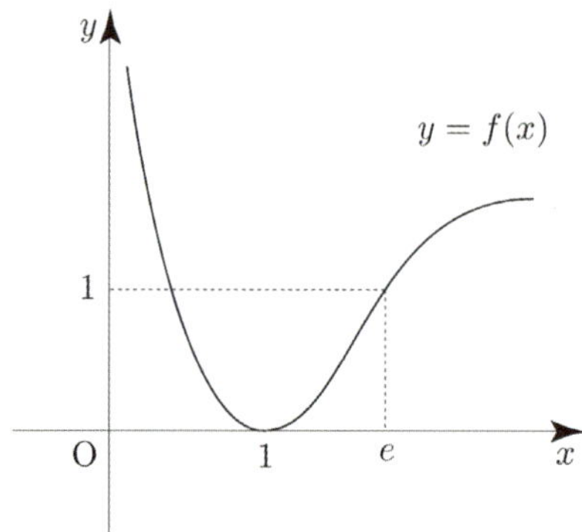

개념 확인문제 **8**

(1) $\sin x - x = 0$

풀이1) 방정식 $f(x) = 0$ 로 접근
$f(x) = \sin x - x$ 라 하면
$f'(x) = \cos x - 1 \leq 0$ 이므로
$f(x)$ 는 감소함수이다.
$\displaystyle\lim_{x \to \infty} f(x) = -\infty,\quad \lim_{x \to -\infty} f(x) = \infty$
이를 바탕으로 $f(x)$ 를 그리면 다음과 같다.

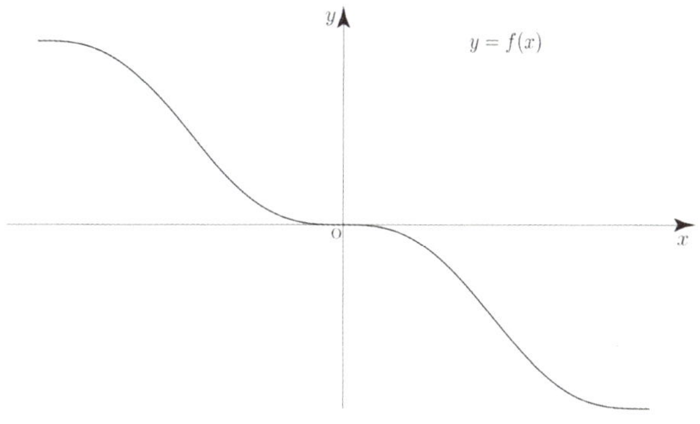

따라서 함수 $f(x) = \sin x - x$ 의 그래프와 x 축의 교점은
1 개이므로 주어진 방정식의 서로 다른 실근의 개수는 1 이다.

풀이2) 방정식 $f(x) = g(x)$ 로 접근
$\sin x - x = 0 \Rightarrow \sin x = x$
$f(x) = \sin x$, $g(x) = x$ 라 하면
$f'(x) = \cos x \Rightarrow f'(0) = 1$
$f(x) = \sin x$ 위의 점 $(0,\ 0)$ 에서의 접선의 기울기가 1 이다.
이를 바탕으로 $f(x)$, $g(x)$ 를 그리면 다음과 같다.

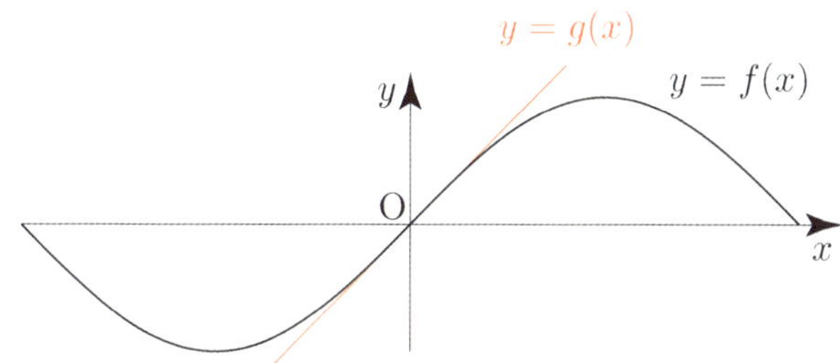

따라서 두 함수 $f(x)$, $g(x)$ 의 그래프의 교점은 1 개이므로
주어진 방정식의 서로 다른 실근의 개수는 1 이다.

> **Tip**
>
> $(0,\ 0)$ 은 함수 $f(x) = \sin x$ 의 변곡점이므로
> $y = x$ 는 변곡접선이다.
> (즉, 뚫접=뚫으면서 지나는 접선)

(2) $xe^{-x} - \dfrac{1}{2e} = 0$

$xe^{-x} - \dfrac{1}{2e} = 0 \Rightarrow xe^{-x} = \dfrac{1}{2e}$

$f(x) = xe^{-x}$, $g(x) = \dfrac{1}{2e}$ 라 하면

$f'(x) = (1-x)e^{-x}$ 이므로
Semi 도함수 $f'(x) = 1 - x$

$f(1) = \dfrac{1}{e}$ ($x = 1$ 에서 극대)

$f(0) = 0$

$\lim_{x \to \infty} f(x) = 0$ 이므로 점근선은 x 축

이를 바탕으로 $f(x)$, $g(x)$ 를 그리면 다음과 같다.

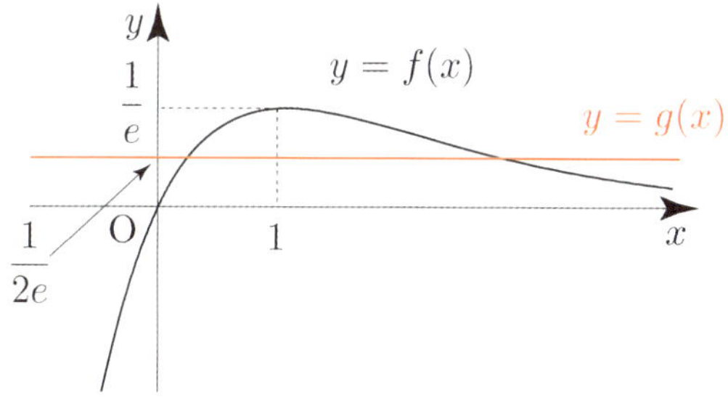

따라서 두 함수 $f(x)$, $g(x)$ 의 그래프의 교점은 2 개이므로
주어진 방정식의 서로 다른 실근의 개수는 2 이다.

답 (1) 1 (2) 2

> **Tip**
>
> 예제 7의 tip4에서도 언급했듯이 모든 그래프를 그릴 때,
> 반드시 변곡점을 찾을 필요는 없다.

개념 확인문제 9

$\ln x = kx$

풀이1) $\dfrac{\ln x}{x} = k$

진수조건에 의하여 $x > 0$ 이므로

$\ln x = kx$ 의 양변에 $\dfrac{1}{x}$ 를 곱하면 $\dfrac{\ln x}{x} = k$

주어진 방정식의 서로 다른 실근의 개수는 함수 $y = \dfrac{\ln x}{x}$ 의
그래프와 직선 $y = k$ 의 교점의 개수와 같다.

$f(x) = \dfrac{\ln x}{x}$ 라 하면

$f'(x) = \dfrac{1 - \ln x}{x^2}$ 이므로 Semi 도함수 $f'(x) = 1 - \ln x$

$f'(e) = 0$, $f(e) = \dfrac{1}{e}$ ($x = e$ 에서 극대)

$\lim_{x \to 0+} f(x) = \lim_{x \to 0+} \left(\ln x \times \dfrac{1}{x} \right) = -\infty \times \infty = -\infty$

$\lim_{x \to \infty} f(x) = 0$ 이므로 주어진 함수의 그래프의 점근선은
y 축과 x 축이다.
이를 바탕으로 $f(x)$ 를 그리면 다음과 같다.

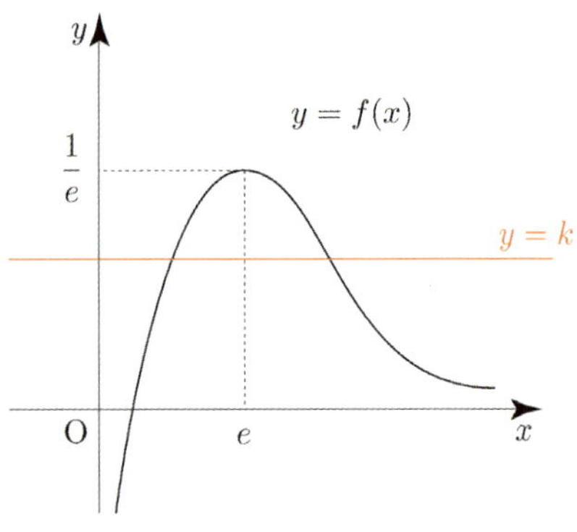

따라서 주어진 방정식에서

$k > \dfrac{1}{e}$ 일 때, 서로 다른 실근의 개수는 0 이다.

$k = \dfrac{1}{e}$ 일 때, 서로 다른 실근의 개수는 1 이다.

$0 < k < \dfrac{1}{e}$ 일 때, 서로 다른 실근의 개수는 2 이다.

$k \leq 0$ 일 때, 서로 다른 실근의 개수는 1 이다.

풀이2) $\ln x = kx$

$f(x) = \ln x$ 라 하면 $f'(x) = \dfrac{1}{x}$

$y = f(x)$ 위의 점 $(t,\ \ln t)$ 에서의 접선의 방정식은

$y = \dfrac{1}{t}(x - t) + \ln t$

원점에서 곡선 $y = f(x)$ 에 그은 접선의 방정식을
구하기 위해 $(0,\ 0)$ 을 대입하면

$0 = -1 + \ln t \Rightarrow t = e$ 이므로 접선의 방정식은 $y = \dfrac{1}{e}x$ 이다.

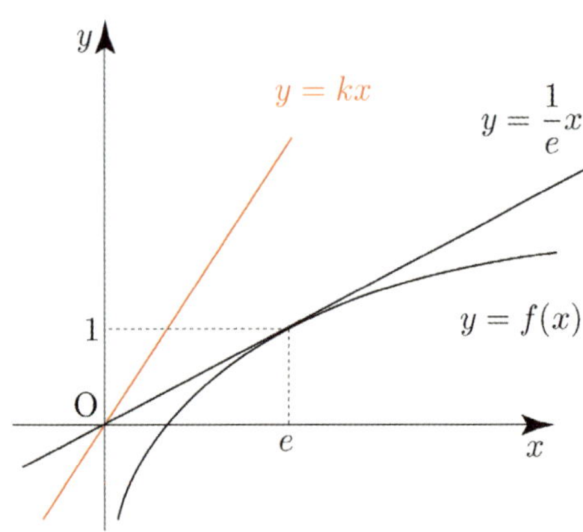

따라서 직선 $y = kx$ 의 기울기 k 의 값에 따라 곡선 $y = \ln x$ 와
직선 $y = kx$ 의 교점의 개수를 조사하면

$k > \dfrac{1}{e}$ 일 때, 서로 다른 실근의 개수는 0 이다.

$k = \dfrac{1}{e}$ 일 때, 서로 다른 실근의 개수는 1 이다.

$0 < k < \dfrac{1}{e}$ 일 때, 서로 다른 실근의 개수는 2 이다.

$k \leq 0$ 일 때, 서로 다른 실근의 개수는 1 이다.

함수 $f(x) = (1-x)e^x$ 라 하면
$f'(x) = -e^x + (1-x)e^x = -xe^x$ 이므로
Semi 도함수 $f'(x) = -x$
$f'(0) = 0,\ f(0) = 1$ ($x = 0$ 에서 극대)
$\displaystyle \lim_{x \to -\infty} f(x) = 0$ 이므로

주어진 함수의 그래프의 점근선은 x 축이다.
이를 바탕으로 $f(x)$ 를 그리면 다음과 같다.

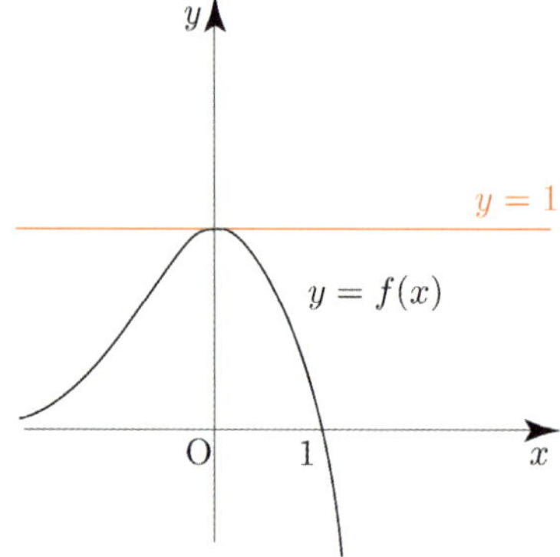

따라서 모든 실수 x 에 대하여 부등식 $(1-x)e^x \leq 1$ 이
성립한다.

$\dfrac{dx}{dt} = 1 + 2e^{2t-2},\ \ \dfrac{dy}{dt} = 4t^3$ 이므로

$t = 1$ 일 때, 속도는 $(3,\ 4)$ 이므로

속도의 크기는 $\sqrt{\left(\dfrac{dx}{dt}\right)^2 + \left(\dfrac{dy}{dt}\right)^2} = \sqrt{3^2 + 4^2} = 5$

$\dfrac{d^2x}{dt^2} = 4e^{2t-2},\ \ \dfrac{d^2y}{dt^2} = 12t^2$

$t = 1$ 일 때, 가속도는 $(4,\ 12)$ 이므로

가속도의 크기는 $\sqrt{\left(\dfrac{d^2x}{dt^2}\right)^2 + \left(\dfrac{d^2y}{dt^2}\right)^2} = \sqrt{4^2 + 12^2} = 4\sqrt{10}$

답　속도의 크기 : 5 , 가속도의 크기 : $4\sqrt{10}$

$\dfrac{dx}{dt}=e^t\cos t-e^t\sin t,\ \ \dfrac{dy}{dt}=e^t\sin t+e^t\cos t$ 이므로

속도의 크기는

$$\sqrt{\left(\dfrac{dx}{dt}\right)^2+\left(\dfrac{dy}{dt}\right)^2}=\sqrt{(e^t\cos t-e^t\sin t)^2+(e^t\sin t+e^t\cos t)^2}$$

$$=\sqrt{e^{2t}(\cos^2 t+\sin^2 t+\sin^2 t+\cos^2 t)}$$

$$=\sqrt{2e^{2t}}=\sqrt{2}\,e^t=\sqrt{2}\,e^4$$

따라서 $t=4$ 이다.

답 $t=4$

번호	답	번호	답
1	②	29	100
2	57	30	3
3	②	31	②
4	③	32	①
5	70	33	13
6	55	34	16
7	2	35	15
8	③	36	④
9	③	37	5
10	2	38	ㄱ,ㄴ,ㅁ,ㅇ,ㅈ
11	①	39	④
12	②	40	①
13	10	41	1
14	⑤	42	④
15	①	43	①
16	②	44	36
17	⑤	45	12
18	5	46	4
19	②	47	45
20	80	48	③
21	1	49	10
22	6	50	ㄱ,ㄴ,ㄹ,ㅁ
23	④	51	10
24	⑤	52	⑤
25	②	53	①
26	③	54	6
27	9	55	4
28	51	56	④

$f(x) = \ln(x-2)+4$ 라 하면 $f'(x) = \dfrac{1}{x-2}$

$f'(3) = 1$ 이므로 $(3,\ 4)$ 에서의 접선의 방정식은
$y = (x-3)+4 = x+1$ 이다.

따라서 $a+b = 2$ 이다.

 ②

$f(x) = \dfrac{1}{x-3}$ 라 하면 $f'(x) = -\dfrac{1}{(x-3)^2}$

$f'(5) = -\dfrac{1}{4}$ 이므로 $\left(5,\ \dfrac{1}{2}\right)$ 에서의 접선의 방정식은

$y = -\dfrac{1}{4}(x-5)+\dfrac{1}{2} = -\dfrac{1}{4}x+\dfrac{7}{4}$ 이다.

접선과 x 축 및 y 축으로 둘러싸인 부분의 넓이는

$\dfrac{1}{2}\times 7\times\dfrac{7}{4} = \dfrac{49}{8} = \dfrac{q}{p}$ 이다.

따라서 $p+q = 8+49 = 57$ 이다.

 57

$x^2 + e^{xy} - y^2 = 0$
음함수 미분법을 이용하여 양변을 x 에 대하여 미분하면
$2x + (y+xy')e^{xy} - 2yy' = 0$
$(0,\ 1)$ 을 대입하면

$1 - 2y' = 0 \Rightarrow y' = \dfrac{1}{2}$

이므로 $(0,\ 1)$ 에서의 접선의 방정식은 $y = \dfrac{1}{2}x+1$

$x - 2y + 2 = 0$

따라서 접선과 원점 사이 거리

$d = \dfrac{|2|}{\sqrt{1+4}} = \dfrac{2}{\sqrt{5}} = \dfrac{2\sqrt{5}}{5}$ 이다.

답 ②

$f(x) = 3x+\cos\dfrac{x}{2},\ f'(x) = 3-\dfrac{1}{2}\sin\dfrac{x}{2}$

함수 $g(x)$ 는 함수 $f(x)$ 의 역함수이므로 $f(g(x)) = x$
양변을 x 에 대하여 미분하면 $g'(x)f'(g(x)) = 1$

$g'(x) = \dfrac{1}{f'(g(x))}$ 의 양변에 $x = 3\pi$ 을 대입하면

$g'(3\pi) = \dfrac{1}{f'(g(3\pi))} = \dfrac{1}{f'(\pi)} = \dfrac{1}{3-\dfrac{1}{2}} = \dfrac{2}{5}$

이므로 $(3\pi,\ \pi)$ 에서의 접선의 방정식은

$y = \dfrac{2}{5}(x-3\pi)+\pi = \dfrac{2}{5}x-\dfrac{1}{5}\pi$

$(2\pi,\ a)$ 를 대입하면 $a = \dfrac{4\pi-\pi}{5} = \dfrac{3}{5}\pi$ 이다.

따라서 $a = \dfrac{3}{5}\pi$ 이다.

 ③

$f(x) = \dfrac{3x}{x-1} = 3+\dfrac{3}{x-1},\ f'(x) = -\dfrac{3}{(x-1)^2}$

$f'(-2) = -\dfrac{1}{3},\ f'\left(\dfrac{1}{2}\right) = -12$ 이므로

$\tan\theta = \left|\dfrac{-\dfrac{1}{3}-(-12)}{1+\left(-\dfrac{1}{3}\right)(-12)}\right| = \dfrac{\dfrac{35}{3}}{\dfrac{5}{1}} = \dfrac{7}{3}$ 이다.

따라서 $30\tan\theta = 30\times\dfrac{7}{3} = 70$ 이다.

답 70

$x = \ln(t^2-3),\quad y = e^{-2t+4}+t^2$

$\dfrac{dx}{dt} = \dfrac{2t}{t^2-3},\quad \dfrac{dy}{dt} = -2e^{-2t+4}+2t$ 이므로

$t = 2$ 일 때, 접선의 기울기는

$\dfrac{dy}{dx} = \dfrac{\dfrac{dy}{dt}}{\dfrac{dx}{dt}} = \dfrac{-2e^{-2t+4}+2t}{\dfrac{2t}{t^2-3}} = \dfrac{2}{4} = \dfrac{1}{2}$

$t=2$ 일 때, 점 $(0,\ 5)$ 을 지나므로 접선의 방정식은

$y=\dfrac{1}{2}x+5$ 이다.

따라서 $10(a+b)=10\left(\dfrac{1}{2}+5\right)=55$ 이다.

답　55

0 0 7

$f(x)=e^{\sin2x}$ 라 할 때, $f'(x)=2\cos2x\times e^{\sin2x}$

$f'(\pi)=2\cos2\pi\times e^{\sin2\pi}=2$

이므로 $(\pi,\ 1)$ 를 지나고 이 점에서의 접선에 수직인

직선의 방정식은 $y=-\dfrac{1}{2}(x-\pi)+1=-\dfrac{1}{2}x+\dfrac{\pi}{2}+1$

$\dfrac{\pi}{2}=-\dfrac{1}{2}a+\dfrac{\pi}{2}+1 \Rightarrow a=2$

따라서 상수 $a=2$ 이다.

답　2

0 0 8

$f(x)=\ln(1+\sin3x)$, $f'(x)=\dfrac{3\cos3x}{1+\sin3x}$

$\ln(1+\sin3x)=0 \Rightarrow 1+\sin3x=1 \Rightarrow \sin3x=0$

$\Rightarrow x=\dfrac{\pi}{3}\left(\because\ 0<x<\dfrac{\pi}{2}\right)$

$f'\left(\dfrac{\pi}{3}\right)=-3$ 이므로

$A\left(\dfrac{\pi}{3},\ 0\right)$ 에서의 접선의 방정식은

$y=-3\left(x-\dfrac{\pi}{3}\right)=-3x+\pi$ 이다.

따라서 접선의 y 절편은 π 이다.

답　③

0 0 9

$2x=y\sqrt{y+1}$

음함수 미분법을 이용하여 양변을 x 에 대하여 미분하면

$2=y'\sqrt{y+1}+y\dfrac{y'}{2\sqrt{y+1}}$

$\left(\dfrac{\sqrt{2}}{2},\ 1\right)$ 을 대입하면

$2=y'\sqrt{2}+\dfrac{y'}{2\sqrt{2}} \Rightarrow 4\sqrt{2}=5y' \Rightarrow y'=\dfrac{4\sqrt{2}}{5}$

접선의 기울기가 $\dfrac{4\sqrt{2}}{5}$ 이고 $\left(\dfrac{\sqrt{2}}{2},\ 1\right)$ 을 지나므로

접선의 방정식은

$y=\dfrac{4\sqrt{2}}{5}\left(x-\dfrac{\sqrt{2}}{2}\right)+1=\dfrac{4\sqrt{2}}{5}x+\dfrac{1}{5}$ 이다.

$a=\dfrac{4\sqrt{2}}{5},\ b=\dfrac{1}{5}$

따라서 $\dfrac{a}{b}=\dfrac{\dfrac{4\sqrt{2}}{5}}{\dfrac{1}{5}}=4\sqrt{2}$ 이다.

답　③

0 1 0

$f(x)=\ln(3-x)$ 라 하면 $f'(x)=\dfrac{-1}{3-x}$

접점의 x 좌표를 t 라 하면

$f'(t)=-1 \Rightarrow \dfrac{-1}{3-t}=-1 \Rightarrow t=2$

접점의 좌표는 $(2,\ 0)$ 이므로

접선의 방정식은 $y=-(x-2)=-x+2$ 이다.

따라서 접선과 x 축 및 y 축으로 둘러싸인 부분의 넓이는

$\dfrac{1}{2}\times2\times2=2$ 이다.

답　2

0 1 1

$f(x)=xe^{-x}\,(x>0)$ 라 하면 $f'(x)=(1-x)e^{-x}$

접점의 x 좌표를 t 라 하면 접선의 방정식은

$y=(1-t)e^{-t}(x-t)+te^{-t}$

$\left(-\dfrac{1}{2},\ 0\right)$ 을 대입하면

$0=(1-t)e^{-t}\left(-\dfrac{1}{2}-t\right)+te^{-t} \Rightarrow 0=(1-t)\left(-\dfrac{1}{2}-t\right)+t$

$\Rightarrow 0=-\dfrac{1}{2}+\dfrac{1}{2}t+t^2 \Rightarrow 2t^2+t-1=0 \Rightarrow (2t-1)(t+1)=0$

$\Rightarrow t=\dfrac{1}{2}\,(\because\ t>0)$

$$B\left(\frac{1}{2},\ \frac{1}{2\sqrt{e}}\right)$$

따라서 삼각형 OAB 의 넓이는

$$\frac{1}{2}\times\overline{AO}\times h\,(\text{높이})=\frac{1}{2}\times\frac{1}{2}\times\frac{1}{2\sqrt{e}}=\frac{1}{8\sqrt{e}}\ \text{이다.}$$

답   ①

012

$f(x)=3\ln(x^2+2)$ 라 하면 $f'(x)=\dfrac{6x}{x^2+2}$

접점의 좌표를 t 라 하면

$$f'(t)=2 \;\Rightarrow\; \frac{6t}{t^2+2}=2 \;\Rightarrow\; 3t=t^2+2 \;\Rightarrow\; t^2-3t+2=0$$

$$\Rightarrow\; (t-2)(t-1)=0 \;\Rightarrow\; t=1 \text{ or } t=2$$

① $t=1$ 일 때

$f(1)=3\ln3$, $f'(1)=2$ 이므로

접선의 방정식은 $y=2(x-1)+3\ln3=2x-2+3\ln3$

② $t=2$ 일 때

$f(2)=3\ln6$, $f'(2)=2$ 이므로

접선의 방정식은 $y=2(x-2)+3\ln6=2x-4+3\ln6$

따라서 $y_1+y_2=-2+3\ln3-4+3\ln6=3\ln18-6$ 이다.

답   ②

013

$f(x)=e^{-3x-3}$ 라 하면 $f'(x)=-3e^{-3x-3}$

접점의 x 좌표를 t 라 하면 $y=h(x)$ 는

$$y=-3e^{-3t-3}(x-t)+e^{-3t-3}$$

직선 $y=h(x)$ 의 x 절편은 $-\dfrac{2}{3}$ 이므로

$\left(-\dfrac{2}{3},\ 0\right)$ 을 대입하면

$$0=-3e^{-3t-3}\left(-\frac{2}{3}-t\right)+e^{-3t-3}$$

$$\Rightarrow\; 0=2+3t+1 \;\Rightarrow\; t=-1$$

즉, $h(x)=-3(x+1)+1=-3x-2$

$g(x)=-x^3+a$ 라 하면 $g'(x)=-3x^2$

접점의 x 좌표를 s 라 하면 $y=h(x)$ 는

$$y=-3s^2(x-s)-s^3+a=-3s^2x+2s^3+a$$

$$-3s^2=-3 \;\Rightarrow\; s=-1 \text{ or } s=1$$

$$2s^3+a=-2$$

① $s=-1$ 일 때

$2s^3+a=-2 \;\Rightarrow\; -2+a=-2 \;\Rightarrow\; a=0$

$a<0$ 이므로 모순이다.

② $s=1$ 일 때

$2s^3+a=-2 \;\Rightarrow\; 2+a=-2 \;\Rightarrow\; a=-4$

따라서 $h(a)=h(-4)=12-2=10$ 이다.

답   10

014

$f(x)=e^{2x}$ 라 하면 $f'(x)=2e^{2x}$

$f'(0)=2$ 이므로 $(0,\ 1)$ 에서의 접선의 방정식은

$$y=2x+1$$

$g(x)=\sqrt{2x-a}$ 라 하면 $g'(x)=\dfrac{2}{2\sqrt{2x-a}}=\dfrac{1}{\sqrt{2x-a}}$

접점의 x 좌표를 t 라 하면

$$y=\frac{1}{\sqrt{2t-a}}(x-t)+\sqrt{2t-a}$$

$$=\frac{1}{\sqrt{2t-a}}x-\frac{t}{\sqrt{2t-a}}+\sqrt{2t-a}$$

$$=2x+1$$

$\dfrac{1}{\sqrt{2t-a}}=2$, $\quad -\dfrac{t}{\sqrt{2t-a}}+\sqrt{2t-a}=1$ 를 연립하면

$$-2t+\frac{1}{2}=1 \;\Rightarrow\; 2t=-\frac{1}{2} \;\Rightarrow\; t=-\frac{1}{4}$$

$$\frac{1}{\sqrt{-\dfrac{1}{2}-a}}=2 \;\Rightarrow\; \frac{1}{-\dfrac{1}{2}-a}=4 \;\Rightarrow\; a=-\frac{3}{4}$$

따라서 상수 $a=-\dfrac{3}{4}$ 이다.

답   ⑤

$$y = \left| \frac{1-x}{x} \right| = \left| -1 + \frac{1}{x} \right|$$

$$0 < x < 1 \implies y = -1 + \frac{1}{x}$$

$$x \geq 1 \implies y = 1 - \frac{1}{x}$$

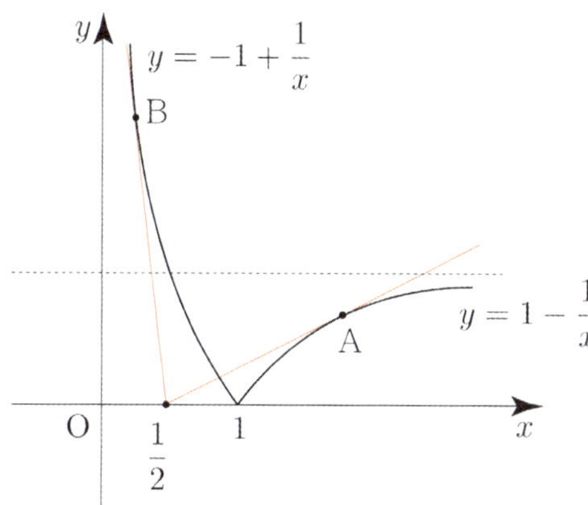

$f(x) = -1 + \dfrac{1}{x}\ (0 < x < 1)$ 라 하면 $f'(x) = -\dfrac{1}{x^2}$

접점의 x 좌표를 t 라 하면

$$y = -\frac{1}{t^2}(x-t) - 1 + \frac{1}{t}$$

$\left(\dfrac{1}{2},\ 0 \right)$ 을 대입하면

$$0 = -\frac{1}{t^2}\left(\frac{1}{2} - t \right) - 1 + \frac{1}{t} \implies t^2 - 2t + \frac{1}{2} = 0$$

$$\implies t = 1 - \frac{\sqrt{2}}{2}\ (0 < t < 1)$$

$$f\left(1 - \frac{\sqrt{2}}{2} \right) = \frac{\sqrt{2}}{2 - \sqrt{2}} = \sqrt{2} + 1$$

이므로 $B\left(1 - \dfrac{\sqrt{2}}{2},\ \sqrt{2} + 1 \right)$

$g(x) = 1 - \dfrac{1}{x}\ (x \geq 1)$ 라 하면 $g'(x) = \dfrac{1}{x^2}$

접점의 x 좌표를 s 라 하면

$$y = \frac{1}{s^2}(x-s) + 1 - \frac{1}{s}$$

$\left(\dfrac{1}{2},\ 0 \right)$ 을 대입하면

$$0 = \frac{1}{s^2}\left(\frac{1}{2} - s \right) + 1 - \frac{1}{s} \implies s^2 - 2s + \frac{1}{2} = 0$$

$$\implies s = 1 + \frac{\sqrt{2}}{2}\ (s \geq 1)$$

$$g\left(1 + \frac{\sqrt{2}}{2} \right) = \frac{\sqrt{2}}{2 + \sqrt{2}} = \sqrt{2} - 1$$

이므로 $A\left(1 + \dfrac{\sqrt{2}}{2},\ \sqrt{2} - 1 \right)$

$$\overline{AB} = \sqrt{\left(1 - \frac{\sqrt{2}}{2} - 1 - \frac{\sqrt{2}}{2} \right)^2 + \left(\sqrt{2} + 1 - \sqrt{2} + 1 \right)^2}$$
$$= \sqrt{2 + 4} = \sqrt{6}$$

따라서 선분 AB 의 길이는 $\sqrt{6}$ 이다.

답 ①

$y = t$ 와 $y = \cos x \left(0 < x < \dfrac{\pi}{2} \right)$ 와 만나는 점의 x 좌표를 a 라 하면 $\cos a = t$

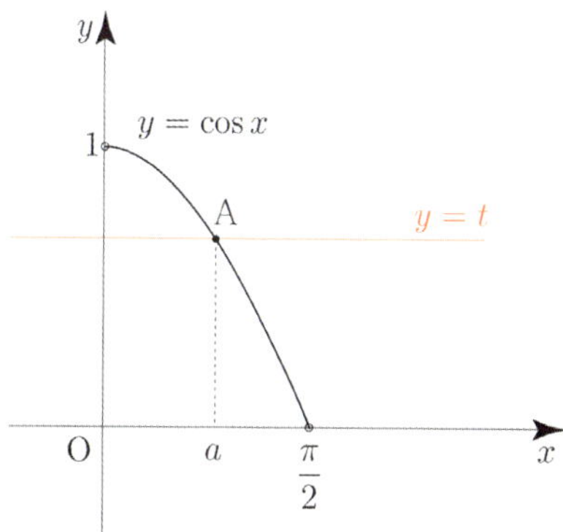

$f'(x) = -\sin x$

$A(a,\ \cos a)$ 에서의 접선의 방정식은

$y = -\sin a(x - a) + \cos a$ 이므로

접선의 y 절편 $g(t) = a \sin a + \cos a$ 이다.

음함수 미분법을 이용하여 양변을 t 에 대하여 미분하면

$$g'(t) = \frac{da}{dt}\sin a + a \cos a \frac{da}{dt} - \sin a \frac{da}{dt} = a \cos a \frac{da}{dt}$$

$t = \dfrac{\sqrt{3}}{2}$ 일 때, $\cos a = \dfrac{\sqrt{3}}{2} \implies \sin a = \dfrac{1}{2},\ a = \dfrac{\pi}{6}$

$\cos a = t$

음함수 미분법을 이용하여 양변을 t 에 대하여 미분하면

$$-\sin a \frac{da}{dt} = 1 \implies -\frac{1}{2}\frac{da}{dt} = 1 \implies \frac{da}{dt} = -2$$

따라서 $g'\left(\dfrac{\sqrt{3}}{2}\right) = a\cos a\dfrac{da}{dt} = \dfrac{\pi}{6}\times\dfrac{\sqrt{3}}{2}\times(-2)$

$$= -\dfrac{\sqrt{3}}{6}\pi$$

이다.

답   ②

Tip

$g(t)$ 를 t 로 표현하기 힘드니 a 의 도움을 받아
음함수 미분법을 이용하여 구한다.
접선의 방정식이 추가 됐을 뿐 사실 지난 단원에서 배운 것과
똑같다.

017

$f'(x) = e^x + 1$
접점의 x 좌표를 $g(t)$

접선의 기울기가 t 이므로
$f'(g(t)) = t \Rightarrow e^{g(t)} + 1 = t$
$y = (e^{g(t)}+1)(x-g(t)) + e^{g(t)} + g(t)$

$\quad = (e^{g(t)}+1)x + (1-g(t))e^{g(t)}$

점 $(1, 1)$ 에서 곡선 $y = f(x)$ 에 그은 접선의 기울기가
m 이므로 $(1, 1)$ 을 대입하면
$1 = (e^{g(m)}+1) + (1-g(m))e^{g(m)} \Rightarrow 0 = (2-g(m))e^{g(m)}$

$\Rightarrow g(m) = 2$

$e^{g(t)} + 1 = t$ 의 양변에 $t = m$ 을 대입하면
$e^{g(m)} + 1 = m \Rightarrow e^2 + 1 = m$

$e^{g(t)} + 1 = t$ 의 양변을 t 에 대하여 미분하면
$g'(t)e^{g(t)} = 1 \Rightarrow g'(m)e^{g(m)} = 1 \Rightarrow g'(m) = \dfrac{1}{e^2}$

따라서 $\dfrac{m}{g'(m)} = \dfrac{e^2+1}{\dfrac{1}{e^2}} = e^4 + e^2$ 이다.

답   ⑤

018

$f(x) = (x^2 + ax + 2)e^x$
$f'(x) = (2x+a)e^x + (x^2+ax+2)e^x$

$\quad = (x^2 + (a+2)x + a+2)e^x$

실수 전체의 집합에서 증가하려면
$f'(x) \geq 0 \Rightarrow x^2 + (a+2)x + (a+2) \geq 0$
판별식을 사용하면
$D = (a+2)^2 - 4(a+2) \leq 0 \Rightarrow (a+2)(a-2) \leq 0$

$\Rightarrow -2 \leq a \leq 2$
조건을 만족시키는 정수 a 는 $-2,\ -1,\ 0,\ 1,\ 2$ 이다.
따라서 정수 a 의 개수는 5 이다.

답   5

019

$f(x) = -\ln(\cos x) - ax^2$
$f'(x) = -\dfrac{-\sin x}{\cos x} - 2ax = \tan x - 2ax$

열린구간 $\left(0,\ \dfrac{\pi}{2}\right)$ 에서 증가해야하므로

$f'(x) \geq 0 \Rightarrow \tan x - 2ax \geq 0 \Rightarrow \tan x \geq 2ax \left(0 < x < \dfrac{\pi}{2}\right)$

$= y$ 를 붙여 함수의 그래프로 해석해보자.

$y = \tan x$ 의 그래프가 $y = 2ax$ 의 그래프보다 같거나
위에 존재해야 한다.

$g(x) = \tan x$ 라 하면 $g'(x) = \sec^2 x \Rightarrow g'(0) = 1$
함수 $g(x)$ 는 원점에서의 접선의 기울기가 1 이므로
부등식 $\tan x \geq 2ax \left(0 < x < \dfrac{\pi}{2}\right)$ 이 성립하려면

$1 \geq 2a \Rightarrow a \leq \dfrac{1}{2}$

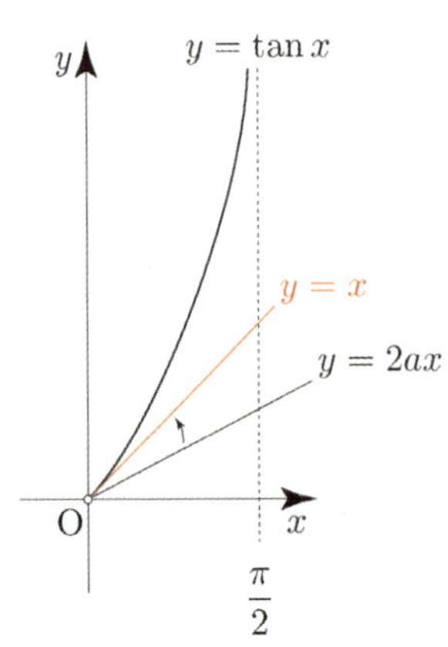

따라서 실수 a의 최댓값은 $\dfrac{1}{2}$이다.

답 ②

020

a, b는 10 이하의 자연수

$$f(x) = a\ln(x^2+1) - 2bx$$

$$f'(x) = \dfrac{2ax}{x^2+1} - 2b$$

실수 전체의 집합에서 감소하려면

$$f'(x) \le 0 \ \Rightarrow\ \dfrac{2ax}{x^2+1} - 2b \le 0 \ \Rightarrow\ \dfrac{2ax}{x^2+1} \le 2b$$

$= y$를 붙여 함수의 그래프로 해석해보자.

$y = \dfrac{2ax}{x^2+1}$의 그래프가 $y = 2b$의 그래프보다 같거나

아래에 존재해야 한다.

$g(x) = \dfrac{2ax}{x^2+1}$라 하면

정의역은 실수 전체의 집합이고, $g(0) = 0$

$$g'(x) = \dfrac{-2a(x-1)(x+1)}{\left(x^2+1\right)^2}\ \text{이므로}$$

Semi 도함수 $g'(x) = -(x-1)(x+1)$

$$\lim_{x \to \infty} g(x) = 0, \quad \lim_{x \to -\infty} g(x) = 0$$

이를 바탕으로 $g(x)$를 그리면 다음과 같다.

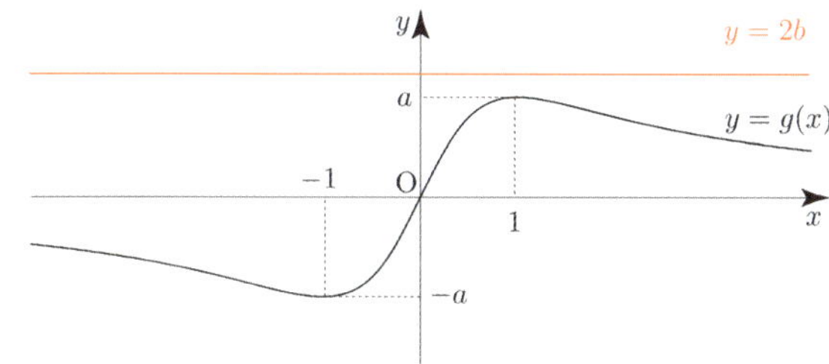

부등식 $\dfrac{2ax}{x^2+1} \le 2b$이 성립하려면 $a \le 2b$

$b = 1$일 때, $1 \le a \le 2$

$b = 2$일 때, $1 \le a \le 4$

$b = 3$일 때, $1 \le a \le 6$

$b = 4$일 때, $1 \le a \le 8$

$b = 5$일 때, $1 \le a \le 10$

$6 \le b \le 10$일 때, $1 \le a \le 10$

따라서 순서쌍 $(a, \ b)$의 개수는

$2 + 4 + 6 + 8 + 6 \times 10 = 20 + 60 = 80$이다.

답 80

021

$$f(x) = \dfrac{(\ln x)^2 + k}{x}\ \ (x > 0)\ \text{의 역함수가 존재하려면}$$

$f(x)$가 증가함수 또는 감소함수이어야 한다.

즉, $f'(x) \le 0$ or $f'(x) \ge 0$

$$f'(x) = \dfrac{2\ln x - (\ln x)^2 - k}{x^2} = \dfrac{-(\ln x)^2 + 2\ln x - k}{x^2}\ \text{이므로}$$

Semi 도함수 $f'(x) = -(\ln x)^2 + 2\ln x - k$

$g(x) = -(\ln x)^2 + 2\ln x - k$라 하면

$$g'(x) = -\dfrac{2\ln x}{x} + \dfrac{2}{x} = \dfrac{2(1 - \ln x)}{x}\ \text{이므로}$$

Semi 도함수 $g'(x) = 1 - \ln x$

$$\lim_{x \to 0+} g(x) = -\infty, \quad \lim_{x \to \infty} g(x) = -\infty$$

이를 바탕으로 $g(x)$를 그리면 다음과 같다.

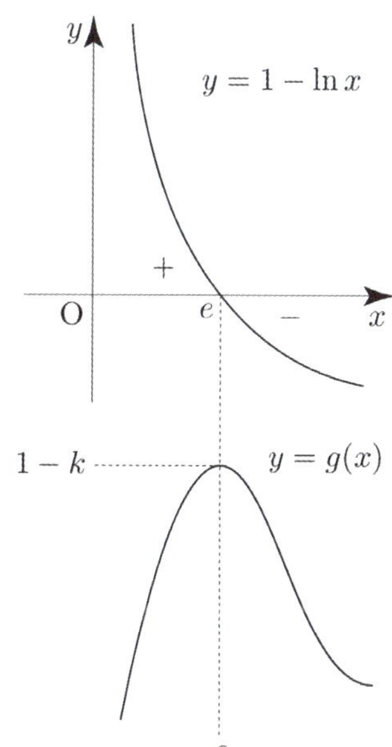

즉, $g(e) = 1 - k \le 0 \ \Rightarrow\ g(x) \le 0 \ \Rightarrow\ f'(x) \le 0$

$f(x)$는 감소함수 $\Rightarrow$ 역함수 존재

이므로 역함수가 존재하려면 $1 - k \le 0 \ \Rightarrow\ 1 \le k$

따라서 k의 최솟값은 1이다.

답 1

022

$0 < x_1 < x_2$ 인 임의의 두 실수 x_1, x_2 에 대하여
$f(x_1) > f(x_2)$ 를 만족시킨다.

$\Rightarrow$ 열린구간 $(0, \infty)$ 에서 $f(x)$ 는 감소함수

$\Rightarrow f'(x) \leq 0 \ (x > 0)$

$$f(x) = \frac{k}{x} - e^{-x}$$

$$f'(x) = -\frac{k}{x^2} + e^{-x} = \frac{x^2 e^{-x} - k}{x^2} \text{ 이므로}$$

Semi 도함수 $f'(x) = x^2 e^{-x} - k$

즉, $x^2 e^{-x} - k \leq 0 \Rightarrow x^2 e^{-x} \leq k \ (x > 0)$

$g(x) = x^2 e^{-x}$ 라 하자.

이번에는 가이드스텝에서 배운 다항함수 $\times$ 지수함수 빨리
그리기를 적용시켜서 풀어보자.

$y = x^2$ 를 그린 후 $\displaystyle\lim_{x \to \infty} g(x) = 0$, $\displaystyle\lim_{x \to -\infty} g(x) = \infty$ 이

반영되도록
그래프의 개형을 그려주면 된다.

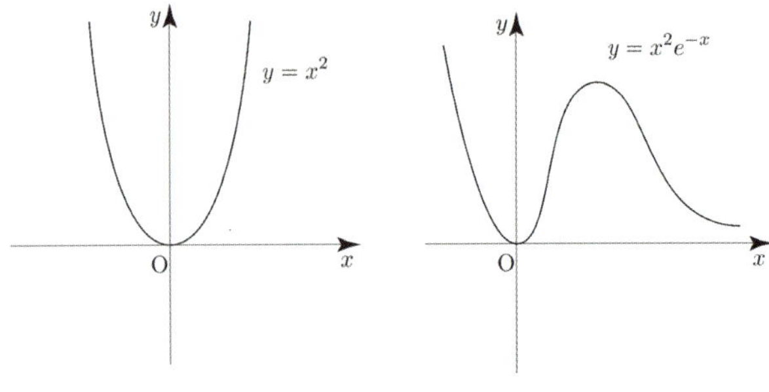

$g'(x) = 2xe^{-x} - x^2 e^{-x} = x(2-x)e^{-x}$ 이므로

$g'(2) = 0$, $g(2) = \dfrac{4}{e^2} \Rightarrow x = 2$ 에서 극대

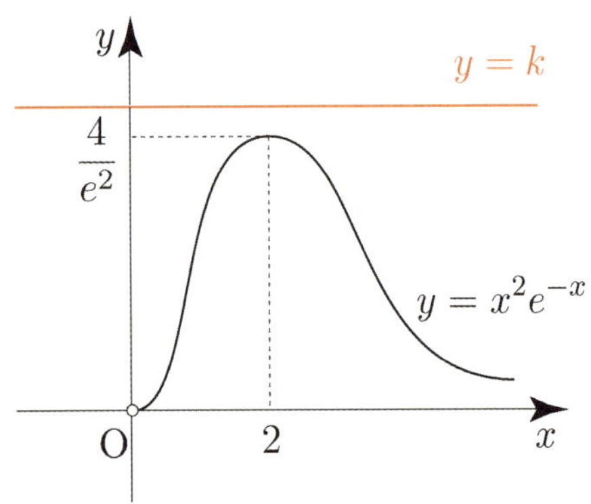

$x^2 e^{-x} \leq k \ (x > 0) \Rightarrow \dfrac{4}{e^2} \leq k$ 이므로

k 의 최솟값은 $\dfrac{4}{e^2} = \dfrac{b}{e^a}$

따라서 $a + b = 2 + 4 = 6$ 이다.

답   6

023

$$f(x) = (x^2 - 15)e^{-x}$$
$$f'(x) = 2xe^{-x} - (x^2 - 15)e^{-x} = -(x^2 - 2x - 15)e^{-x}$$
$$= -(x-5)(x+3)e^{-x}$$

Semi 도함수 $f'(x) = -(x-5)(x+3)$ 이므로 $f(x)$ 는

$x = -3$ 에서 극소이고, 극솟값 $f(-3) = -6e^3 = a$ 를 갖는다.

$x = 5$ 에서 극대이고, 극댓값 $f(5) = 10e^{-5} = b$ 를 갖는다.

따라서 $a \times b = -6e^3 \times 10e^{-5} = -60e^{-2} = -\dfrac{60}{e^2}$ 이다.

답   ④

024

$$f(x) = x^2 - k\ln x \quad (k > 0)$$

$f(x)$ 는 양의 실수 x 에서 미분가능한 함수이므로
$x = a$ 에서 극솟값을 가지면 $f'(a) = 0$ 이다.

$$f'(x) = 2x - \frac{k}{x} = \frac{2x^2 - k}{x} = 0 \Rightarrow 2x^2 - k = 0$$

$$\Rightarrow x = \sqrt{\frac{k}{2}} \ (x > 0)$$

$f'\left(\sqrt{\dfrac{k}{2}}\right) = 0$ 이므로

$$f\left(\sqrt{\frac{k}{2}}\right) = 0 \Rightarrow \frac{k}{2} - k\ln\sqrt{\frac{k}{2}} = 0 \Rightarrow \frac{k}{2} - \frac{k}{2}\ln\frac{k}{2} = 0$$

$$\Rightarrow \frac{k}{2}\left(1 - \ln\frac{k}{2}\right) = 0 \Rightarrow k = 2e \ (\because k > 0)$$

따라서 상수 $k = 2e$ 이다.

답   ⑤

실전이라면 위와 같이 풀고 넘어갔겠지만 연습하는 과정이니 정말 $x = \sqrt{\dfrac{k}{2}}$ 에서 극솟값을 갖는지 확인해보자.

$$f'(x) = 2x - \frac{k}{x} = \frac{2x^2 - k}{x}$$ 이므로

Semi 도함수 $f'(x) = 2x^2 - k$

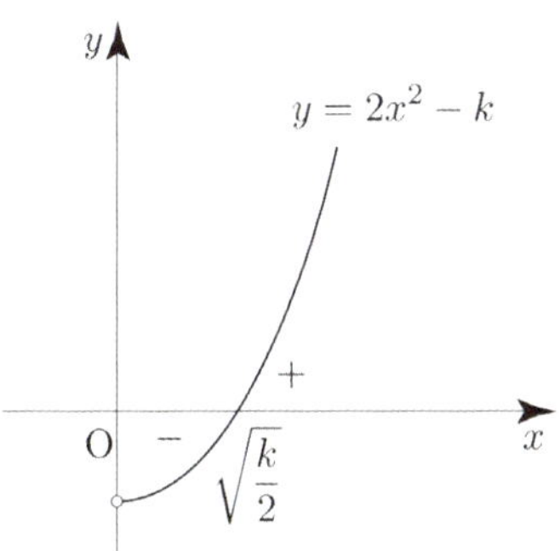

$x = \sqrt{\dfrac{k}{2}}$ 의 좌우에서 $-$ 에서 $+$ 로 부호가 변하므로 극솟값을 갖는다.

$f(x) = xe^{-2x} - (4x + a)e^{-x}$

$f'(x) = (1 - 2x)e^{-2x} + (4x + a - 4)e^{-x}$

$f(x)$ 는 실수 전체의 집합에서 미분가능하고 $x = \dfrac{1}{2}$ 에서 극솟값을 가지므로 $f'\left(\dfrac{1}{2}\right) = 0$

$$f'\left(\frac{1}{2}\right) = 0 \Rightarrow (a - 2)e^{-\frac{1}{2}} = 0 \Rightarrow a = 2$$

$$f'(x) = (1 - 2x)e^{-2x} + (4x - 2)e^{-x}$$
$$= e^{-2x}\{1 - 2x + (4x - 2)e^{x}\}$$
$$= e^{-2x}(1 - 2x)(1 - 2e^{x})$$

Semi 도함수 $f'(x) = (1 - 2x)(1 - 2e^{x})$

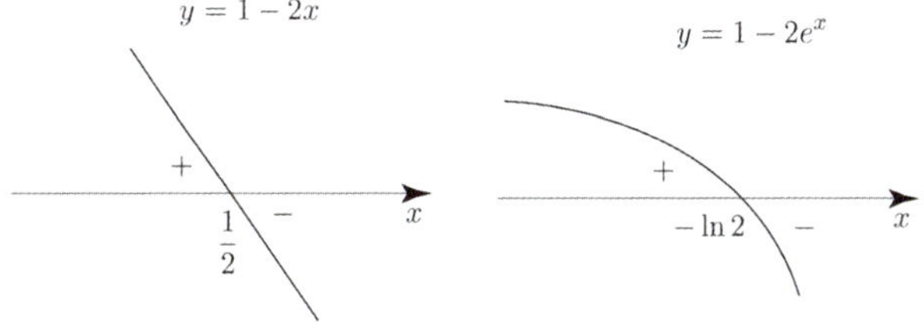

위 그림을 바탕으로 $f'(x)$ 의 부호를 조사하여 $f(x)$ 를 그리면 다음과 같다.

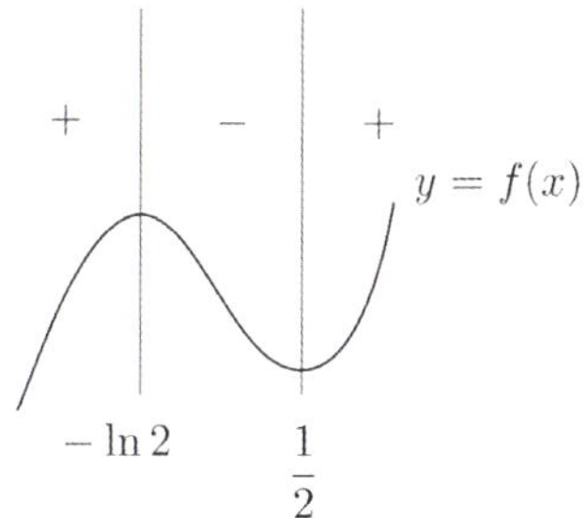

$f(x)$ 는 $x = -\ln 2$ 에서 극대이고,

극댓값 $f(-\ln 2) = -4\ln 2 - (-8\ln 2 + 4) = 4\ln 2 - 4 = b$ 를 갖는다.

따라서 $a + b = 2 + 4\ln 2 - 4 = -2 + 4\ln 2$ 이다.

답 ②

$$f(x) = \frac{\sin x}{e^{3x}} = e^{-3x}\sin x$$

$$f'(x) = -3e^{-3x}\sin x + e^{-3x}\cos x = (\cos x - 3\sin x)e^{-3x}$$

Semi 도함수 $f'(x) = \cos x - 3\sin x$

두 함수 $y = \cos x$, $y = 3\sin x$ 의 그래프를 이용하여 빼기함수 Technique으로 도함수의 부호를 처리해 보자.

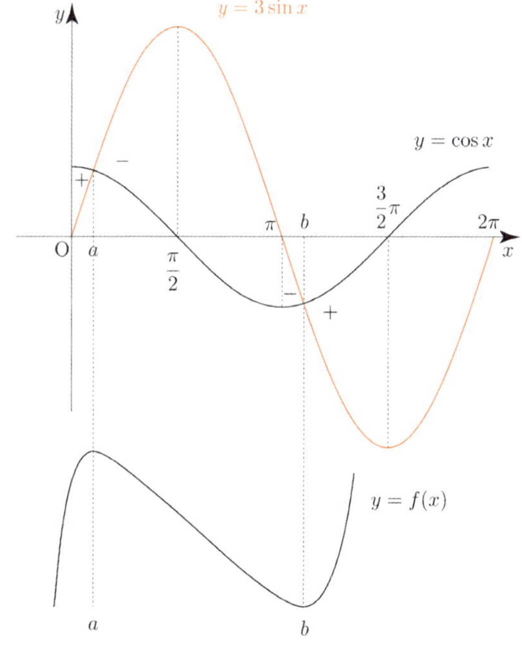

$$\cos x - 3\sin x = 0 \;\Rightarrow\; \cos x = 3\sin x \;\Rightarrow\; \tan x = \frac{1}{3}$$

$$\Rightarrow\; \tan a = \tan b = \frac{1}{3}$$

$0 < a < \dfrac{\pi}{2}$, $\pi < b < \dfrac{3}{2}\pi$ 이므로

$$\cos a = \frac{3}{\sqrt{10}}, \; \sin a = \frac{1}{\sqrt{10}}$$

$$\cos b = -\frac{3}{\sqrt{10}}, \; \sin b = -\frac{1}{\sqrt{10}}$$

따라서 $\cos(a+b) = \cos a \cos b - \sin a \sin b$

$$= \frac{3}{\sqrt{10}} \times \left(-\frac{3}{\sqrt{10}}\right) - \frac{1}{\sqrt{10}}\left(-\frac{1}{\sqrt{10}}\right)$$

$$= -\frac{9}{10} + \frac{1}{10} = -\frac{8}{10} = -\frac{4}{5}$$

이다.

$$\boxed{답} \quad ③$$

$$f(x) = x - k\cos\frac{x}{4}$$

$$f'(x) = 1 + \frac{k}{4}\sin\frac{x}{4} = \frac{k}{4}\sin\frac{x}{4} - (-1)$$

두 함수 $y = \dfrac{k}{4}\sin\dfrac{x}{4}$, $y = -1$ 의 그래프를 이용하여

빼기함수 Technique으로 도함수의 부호를 처리해 보자.

k의 부호에 따라 $y = \dfrac{k}{4}\sin\dfrac{x}{4}$ 의 그래프의 개형이

달라지므로 k의 부호에 따라 case분류하면

① $k > 0$

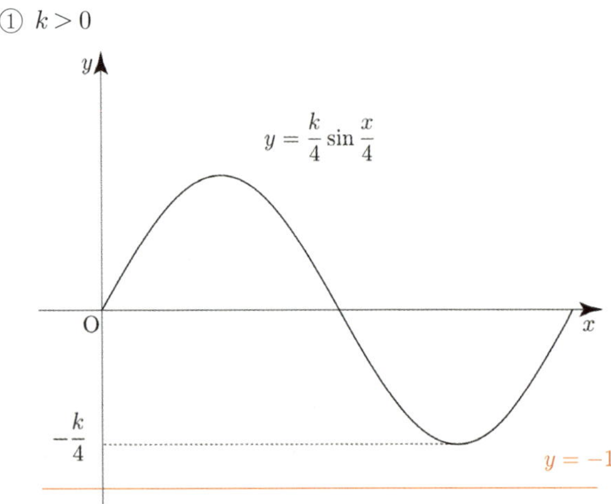

부호 변화가 없어야 하므로 $-\dfrac{k}{4} \geq -1 \;\Rightarrow\; k \leq 4$

$k > 0$ 이고 $k \leq 4$ 이므로 $0 < k \leq 4$

② $k < 0$

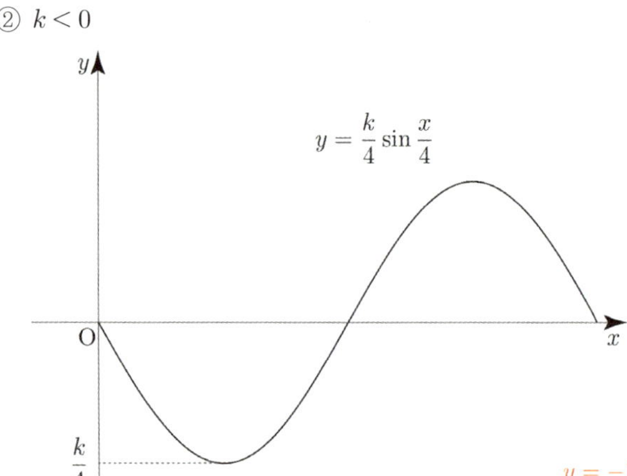

부호 변화가 없어야 하므로 $\dfrac{k}{4} \geq -1 \;\Rightarrow\; k \geq -4$

$k < 0$ 이고 $k \geq -4$ 이므로 $-4 \leq k < 0$

③ $k = 0$

$f(x) = x$ 이므로 극값을 갖지 않는다.

①, ②, ③에 의하여 $f(x)$ 가 극값을 갖지 않도록 하는 k의
범위는 $-4 \leq k \leq 4$ 이다.

따라서 정수 k의 개수는 9 이다.

$$\boxed{답} \quad 9$$

$$f(x) = \frac{10}{n}x - \ln(2x^2 + n)$$

$$f'(x) = \frac{10}{n} - \frac{4x}{2x^2 + n}$$

두 함수 $y = \dfrac{10}{n}$, $y = \dfrac{4x}{2x^2+n}$ 의 그래프를 이용하여

빼기함수 Technique으로 도함수의 부호를 처리해 보자.

$$g(x) = \frac{4x}{2x^2+n}, \; g'(x) = \frac{4(n-2x^2)}{(2x^2+n)^2}$$

Semi 도함수 $g'(x) = n - 2x^2$

$$g'\left(\sqrt{\dfrac{n}{2}}\right)=g'\left(-\sqrt{\dfrac{n}{2}}\right)=0$$

$$g\left(\sqrt{\dfrac{n}{2}}\right)=\dfrac{\sqrt{2n}}{n},\ \ g\left(-\sqrt{\dfrac{n}{2}}\right)=-\dfrac{\sqrt{2n}}{n}$$

$\left(x=\sqrt{\dfrac{n}{2}}\ \text{에서 극대},\ x=-\sqrt{\dfrac{n}{2}}\ \text{에서 극소}\right)$

$g(-x)=-g(x)\ \ (\text{기함수})$

$\displaystyle\lim_{x\to\infty}g(x)=0,\ \ \lim_{x\to-\infty}g(x)=0$

이를 바탕으로 $g(x)$ 를 그리면 다음과 같다.

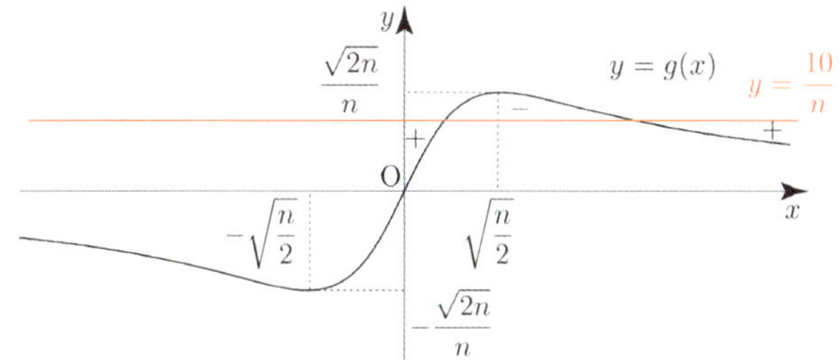

$f(x)$ 가 극값을 갖도록 하려면 $f'(x)$ 의 부호변화가 있어야

하므로 $\dfrac{10}{n}<\dfrac{\sqrt{2n}}{n}\ \Rightarrow\ 10<\sqrt{2n}\ \Rightarrow\ 50<n$

따라서 자연수 n 의 최솟값은 51 이다.

답 51

029

$$f(x)=\begin{cases} nx^2e^{-2x+2} & (x\ge 0)\\[2mm] x^2 & (x<0) \end{cases}$$

$y=nx^2e^{-2x+2},\ \ y'=2nx(1-x)e^{-2x+2}$

$f(0)=0,\ f(1)=n,\ \displaystyle\lim_{x\to\infty}f(x)=0$

이를 바탕으로 $f(x)$ 를 그리면 다음과 같다.

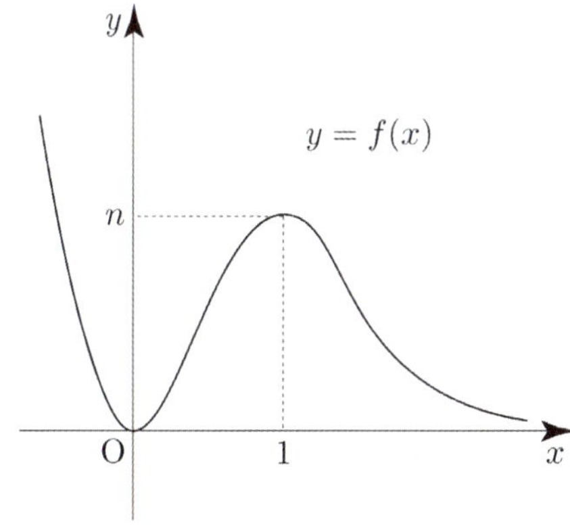

함수 $f(f(x)-n)$ 가 극소가 되는 x 의 값을 구하기 위해서 $f(f(x)-n)$ 를 x 에 대하여 미분하면 $f'(x)f'(f(x)-n)$ 이다.

함수 $f(f(x)-n)$ 는 실수 전체의 집합에서 미분가능하기 때문에 극소가 되는 x 에 대하여 $f'(x)f'(f(x)-n)=0$ 가 성립해야 한다.

우선 방정식 $f'(x)f'(f(x)-n)=0$ 의 실근을 조사해보자.

$f'(x)=0\ \Rightarrow\ x=0\ \text{or}\ x=1$

$f'(f(x)-n)=0\ \Rightarrow\ f(x)-n=0\ \text{or}\ f(x)-n=1$

$\Rightarrow\ x=-\sqrt{n}\ \text{or}\ x=1\ \text{or}\ x=-\sqrt{n+1}$

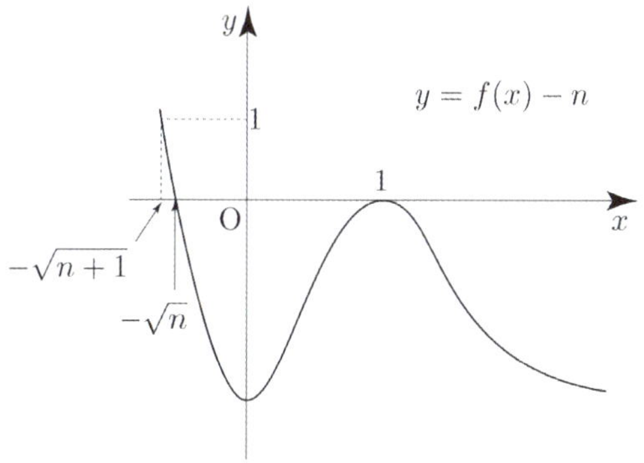

즉, $x=-\sqrt{n+1},\ x=-\sqrt{n},\ x=0,\ x=1$ 가 극소가 될 수 있는 후보군이다.

극소가 되는 x 를 구하기 위해 표를 그려 각 부호군에 대하여 $f'(x)f'(f(x)-n)$ 의 부호변화를 판단해보자.

x	$f'(x)$	$f'(f(x)-n)$	최종부호
$-\sqrt{n+1}\,-$	$-$	$-$	$+$
$-\sqrt{n+1}\,+$	$-$	$+$	$-$
$-\sqrt{n}\,-$	$-$	$+$	$-$
$-\sqrt{n}\,+$	$-$	$-$	$+$
$0\,-$	$-$	$-$	$+$
$0\,+$	$+$	$-$	$-$
$1\,-$	$+$	$-$	$-$
$1\,+$	$-$	$-$	$+$

$x=-\sqrt{n},\ x=1$ 의 좌우에서 $f'(x)f'(f(x)-n)$ 의 부호가 $-+$ 로 변하므로 함수 $f(f(x)-n)$ 은 $x=-\sqrt{n},\ x=1$ 에서 극소이다.

함수 $f(f(x)-n)$ 가 극소가 되는 모든 x 의 값의 합이
-3 이상 -2 이하이어야 하므로

$$-3 \leq 1-\sqrt{n} \leq -2 \Rightarrow 2 \leq \sqrt{n}-1 \leq 3$$

$$\Rightarrow 3 \leq \sqrt{n} \leq 4 \Rightarrow 9 \leq n \leq 16$$

따라서 모든 자연수 n 의 값의 합은 $\dfrac{8(9+16)}{2}=100$ 이다.

답 100

30

$0 < x < \dfrac{\pi}{2}$ 에서 정의된 함수 $f(x)=\sin 4x+3x$

$$f'(x)=4\cos 4x+3$$
$$f''(x)=-16\sin 4x$$
$$f''\left(\dfrac{\pi}{4}\right)=0$$

$x=\dfrac{\pi}{4}$ 의 좌우에서 $f''(x)$ 의 부호가 변하므로

$f(x)$ 는 변곡점 $\left(\dfrac{\pi}{4},\ \dfrac{3}{4}\pi\right)$ 를 갖는다.

따라서 $\dfrac{b}{a}=\dfrac{\dfrac{3}{4}\pi}{\dfrac{\pi}{4}}=3$ 이다.

답 3

31

$$f(x)=(\ln x)^2-2x$$
$$f'(x)=\dfrac{2\ln x}{x}-2$$
$$f''(x)=\dfrac{2-2\ln x}{x^2}$$
$$f''(e)=0$$

$x=e$ 의 좌우에서 $f''(x)$ 의 부호가 변하므로
$f(x)$ 는 변곡점 $(e,\ 1-2e)$ 를 갖는다.

$f'(e)=\dfrac{2}{e}-2$ 이므로 변곡점에서의 접선의 방정식은

$$y=\left(\dfrac{2}{e}-2\right)(x-e)+1-2e$$

따라서 변곡점에서의 접선의 y 절편은

$\left(\dfrac{2}{e}-2\right)(-e)+1-2e=-2+2e+1-2e=-1$ 이다.

답 ②

32

$$f(x)=\cos^2 x \ (0 \leq x \leq \pi)$$
$$f'(x)=2\cos x \times (-\sin x)=-2\cos x \sin x$$
$$f''(x)=-2(-\sin^2 x+\cos^2 x)=2(\sin^2 x-\cos^2 x)$$
$$=2(1-\cos^2 x-\cos^2 x)=2(1-2\cos^2 x)$$
$$=2(1-\sqrt{2}\cos x)(1+\sqrt{2}\cos x)$$
$$f''(x)=0 \Rightarrow \cos x=\dfrac{\sqrt{2}}{2},\ \cos x=-\dfrac{\sqrt{2}}{2}$$
$$\Rightarrow f''\left(\dfrac{\pi}{4}\right)=0,\ f''\left(\dfrac{3}{4}\pi\right)=0 \quad (0 \leq x \leq \pi)$$

$x=\dfrac{\pi}{4}$ 의 좌우에서 $f''(x)$ 의 부호가 변하고

$x=\dfrac{3}{4}\pi$ 의 좌우에서 $f''(x)$ 의 부호가 변하므로

$f(x)$ 는 변곡점 $\mathrm{A}\left(\dfrac{\pi}{4},\ \dfrac{1}{2}\right)$, $\mathrm{B}\left(\dfrac{3}{4}\pi,\ \dfrac{1}{2}\right)$ 를 갖는다.

따라서 삼각형 OAB 의 넓이는
$$\dfrac{1}{2}\times\overline{\mathrm{AB}}\times h\,(\text{높이})=\dfrac{1}{2}\times\left(\dfrac{3}{4}\pi-\dfrac{\pi}{4}\right)\times\dfrac{1}{2}=\dfrac{1}{2}\times\dfrac{\pi}{2}\times\dfrac{1}{2}=\dfrac{\pi}{8}$$
이다.

답 ①

> **Tip**
>
> $$\sin 2x=\sin(x+x)$$
> $$=\sin x \cos x+\cos x \sin x$$
> $$=2\sin x \cos x$$
> 인 것을 이용하면 조금 더 손쉽게 파악할 수 있다.
> $$f'(x)=-\sin 2x \Rightarrow f''(x)=-2\cos 2x$$

$$f'(x)=-\sin 2x,\ f''(x)=-2\cos 2x$$
$$f(\pi+x)=f(x) \Rightarrow \cos^2(\pi+x)=(-\cos x)^2=\cos^2 x$$
이므로 주기는 π 이다.
이를 바탕으로 $y=\cos^2 x$ 의 그래프를 그리면 다음과 같다.

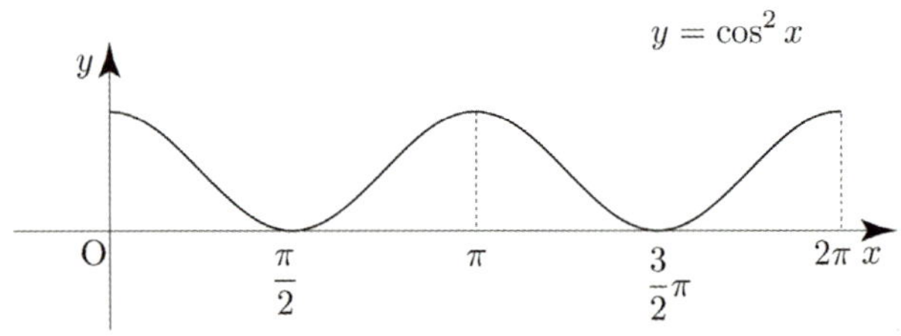

$y = \cos^2 x$ 의 그래프를 x 축의 방향으로

$-\dfrac{\pi}{2}$ 만큼 평행이동하면 $y = \cos^2\left(x + \dfrac{\pi}{2}\right) = \sin^2 x$

이므로 $y = \sin^2 x$ 의 그래프를 그리면 다음과 같다.

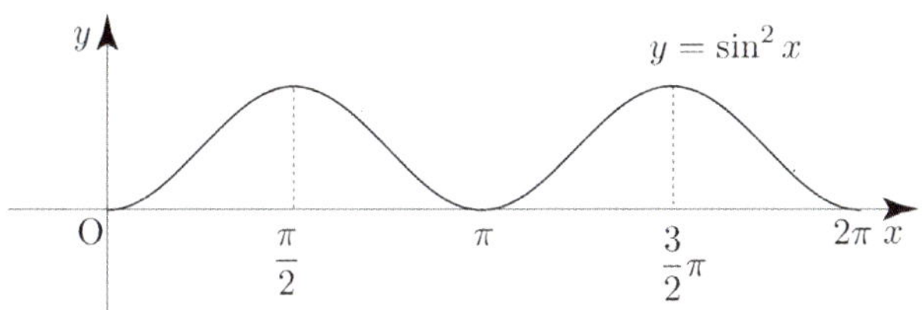

Tip

$y = \cos^2 x$ 의 그래프와 $y = \sin^2 x$ 의 그래프는 잘 나오니
대략적인 개형을 기억하고 있는 편이 좋다.

033

$f(x) = xe^{-3x}$

$f'(x) = (1 - 3x)e^{-3x}$

$f''(x) = 3(3x - 2)e^{-3x}$

$f''\left(\dfrac{2}{3}\right) = 0$

$x = \dfrac{2}{3}$ 의 좌우에서 $f''(x)$ 의 부호가 변하므로

$f(x)$ 는 변곡점 $\mathrm{A}\left(\dfrac{2}{3},\ \dfrac{2}{3}e^{-2}\right)$ 를 갖는다.

$f'\left(\dfrac{2}{3}\right) = -e^{-2}$ 이므로 변곡점에서의 접선의 방정식은

$y = -e^{-2}\left(x - \dfrac{2}{3}\right) + \dfrac{2}{3}e^{-2} = -e^{-2}x + \dfrac{4}{3}e^{-2}$

이므로 $\mathrm{B}\left(\dfrac{4}{3},\ 0\right)$ 이다.

삼각형 OAB 의 넓이는

$\dfrac{1}{2} \times \overline{\mathrm{OB}} \times h\,(\text{높이}) = \dfrac{1}{2} \times \dfrac{4}{3} \times \dfrac{2}{3}e^{-2} = \dfrac{4}{9}e^{-2}$

이다.

따라서 $p + q = 13$ 이다.

답 13

034

$f(x) = \dfrac{kx}{x^2 + 1}\ (x > 0)$

$f'(x) = \dfrac{k(1 - x^2)}{(x^2 + 1)^2}$

$f''(x) = k\dfrac{-2x(x^2 + 1) - (1 - x^2)4x}{(x^2 + 1)^3}$

$\qquad = \dfrac{2kx(x - \sqrt{3})(x + \sqrt{3})}{(x^2 + 1)^3}$

$f''(\sqrt{3}) = 0$

$x = \sqrt{3}$ 의 좌우에서 $f''(x)$ 의 부호가 변하므로

변곡점은 $\left(\sqrt{3},\ \dfrac{k\sqrt{3}}{4}\right)$ 이다.

$f'(\sqrt{3}) = -\dfrac{k}{8}$

$f'(\sqrt{3}) \leq -2 \ \Rightarrow\ -\dfrac{k}{8} \leq -2 \ \Rightarrow\ k \geq 16$

따라서 k 의 최솟값은 16 이다.

답 16

035

$f(x) = ax^2 + \cos 4x$

$f'(x) = 2ax - 4\sin 4x$

$f''(x) = 2a - 16\cos 4x$

$f(x)$ 가 변곡점을 가지려면 $f''(x)$ 의 부호가 변해야 한다.

두 함수 $y = 2a$, $y = 16\cos 4x$ 의 그래프를 이용하여
빼기함수 Technique으로 이계도함수의 부호를 처리해 보자.

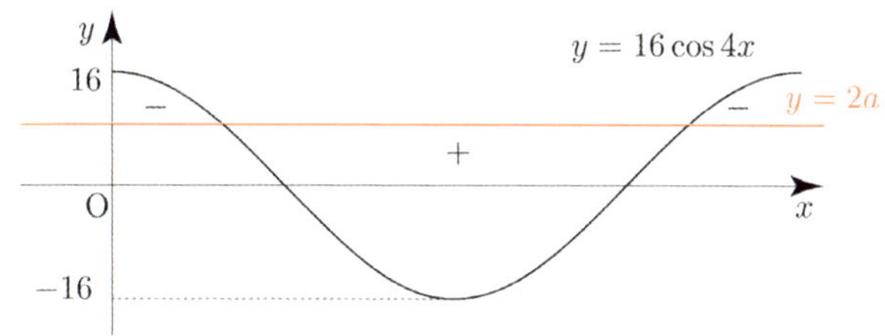

$-16 < 2a < 16 \ \Rightarrow\ -8 < a < 8$

따라서 정수 a 의 개수는 15 이다.

답 15

$k > 0$

$f(x) = e^{-2x} + k\ln x$

$f'(x) = -2e^{-2x} + \dfrac{k}{x}$

$f''(x) = 4e^{-2x} - \dfrac{k}{x^2} = \dfrac{4x^2 e^{-2x} - k}{x^2}$

Semi 이계도함수 $f''(x) = 4x^2 e^{-2x} - k$

두 함수 $y = 4x^2 e^{-2x}$, $y = k$ 의 그래프를 이용하여
빼기함수 Technique으로 이계도함수의 부호를 처리해 보자.

$g(x) = 4x^2 e^{-2x} \ (x > 0)$ 라 하면
$g'(x) = 8xe^{-2x} - 8x^2 e^{-2x} = 8x(1-x)e^{-2x}$

$g'(1) = 0$, $g(1) = \dfrac{4}{e^2} \ \Rightarrow \ x = 1$ 에서 극대

$\displaystyle\lim_{x \to \infty} g(x) = 0$

이를 바탕으로 $g(x)$ 를 그리면 다음과 같다.
(다항함수 $\times$ 지수함수 그래프 빨리 그리기를 적용시켜도 좋다.)

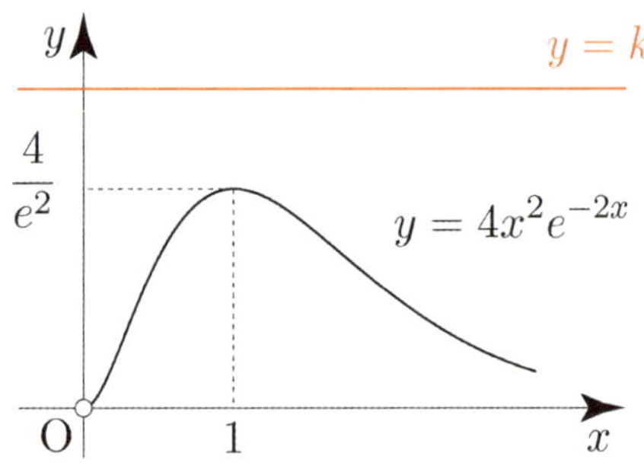

k 는 양수이므로 $f''(x)$ 의 부호변화가 없으려면 $\dfrac{4}{e^2} \leq k$

Tip

이때 k 가 아주 작은 양수라도 $y = 4x^2 e^{-2x}$ 의
점근선이 x 축이기 때문에 $f''(x)$ 의 부호변화가
생기므로 $x > 0$ 에서 변곡점을 갖는다.

$k = \dfrac{4}{e^2}$ 이면 $f''(1) = 0$ 이지만 $x = 1$ 의 좌우에서
$f''(x)$ 의 부호변화가 없기 때문에 변곡점이 될 수 없다.

따라서 양수 k 의 최솟값은 $\dfrac{4}{e^2}$ 이다.

답 ④

$f(x) = a\ln(x^2 + 1)$

$f'(x) = \dfrac{2ax}{x^2 + 1}$

$f''(x) = \dfrac{2a(1-x^2)}{(x^2+1)^2} = \dfrac{2a(1-x)(1+x)}{(x^2+1)^2}$

$f''(1) = 0$, $f''(-1) = 0$

$x = 1$ 의 좌우에서 $f''(x)$ 의 부호가 변하고
$x = -1$ 의 좌우에서 $f''(x)$ 의 부호가 변하므로
$f(x)$ 는 변곡점 $(1, \ a\ln 2)$, $(-1, \ a\ln 2)$ 를 갖는다.

(가) 곡선 $y = f(x)$ 의 두 변곡점에서의 접선은 서로 수직이다.
$f'(1) \times f'(-1) = -1$
$\Rightarrow a \times (-a) = -1 \Rightarrow a = 1 \ (\because a > 0)$

$f(x) = \ln(x^2 + 1)$

$f'(x) = \dfrac{2x}{x^2 + 1}$

(나) 자연수 n 에 대하여 곡선 $y = f(x) - \dfrac{n}{4}x^2$ 은 오직
$x = b$ 에서만 극값을 갖는다.

$g(x) = f(x) - \dfrac{n}{4}x^2$ 라 하면

$g'(x) = f'(x) - \dfrac{n}{2}x = \dfrac{2x}{x^2+1} - \dfrac{n}{2}x$

두 함수 $y = \dfrac{2x}{x^2+1}$, $y = \dfrac{n}{2}x$ 의 그래프를 이용하여
빼기함수 Technique으로 도함수의 부호를 처리해 보자.

$h(x) = \dfrac{2x}{x^2+1}$, $h'(x) = \dfrac{2(1-x^2)}{(x^2+1)^2}$

$h''(x) = \dfrac{4x(x+\sqrt{3})(x-\sqrt{3})}{(x^2+1)^3}$

$h'(0) = 2$ 이고 $x = 0$ 의 좌우에서 $h''(x)$ 의 부호가 변하므로
$(0, \ 0)$ 에서 변곡점을 갖고, 변곡접선(뚫는 접선)의 기울기는
2 이다.

Tip

Guide step [예제7] Tip에서도 언급했듯이
$y = \dfrac{kx}{x^2+1}$ 꼴의 그래프는 자주 나오는 편이니
암기하도록 하자.

만약 $\dfrac{n}{2} < 2$ 라면 아래와 같이 $f'(x) - \dfrac{n}{2}x$ 의 부호가 변하는 x 의 값이 3 개 존재하므로 (나) 조건을 만족시키지 않는다.

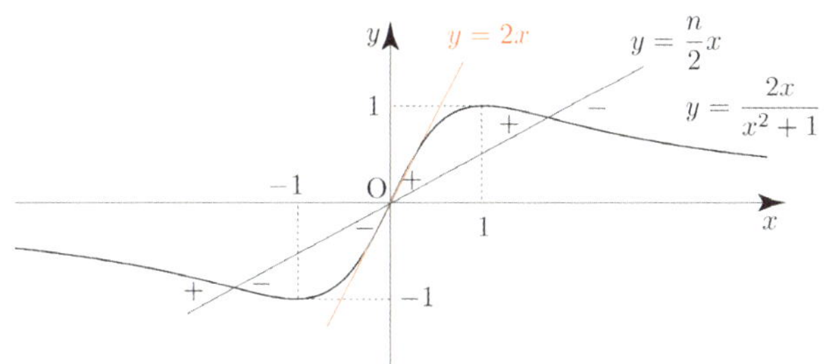

자연수 n 의 값과 관계없이 $x = 0$ 의 좌우에서 $f'(x)$ 의 부호가 변하므로 $x = 0$ 에서 극값을 갖는다.
즉, (나) 조건을 만족시키려면 $x = 0$ 에서만 극값을 가져야 하므로 $b = 0$ 이고, $\dfrac{n}{2} \geq 2 \Rightarrow n \geq 4$ 이므로 $c = 4$ 이다.
따라서 $a + b + c = 1 + 0 + 4 = 5$ 이다.

답 5

038

$f(x) = 2\ln(3-x) + \dfrac{1}{2}x^2 \ (x < 3)$

$f'(x) = \dfrac{-2}{3-x} + x = \dfrac{-2+3x-x^2}{3-x} = \dfrac{-(x-1)(x-2)}{3-x}$

$x < 3 \Rightarrow 3-x > 0$ 이므로
Semi 도함수 $f'(x) = -(x-1)(x-2)$

$f''(x) = \dfrac{x^2-6x+7}{(x-3)^2}$

$\displaystyle\lim_{x \to 3-} f(x) = -\infty$

이를 바탕으로 $f(x)$ 를 그리면 다음과 같다.

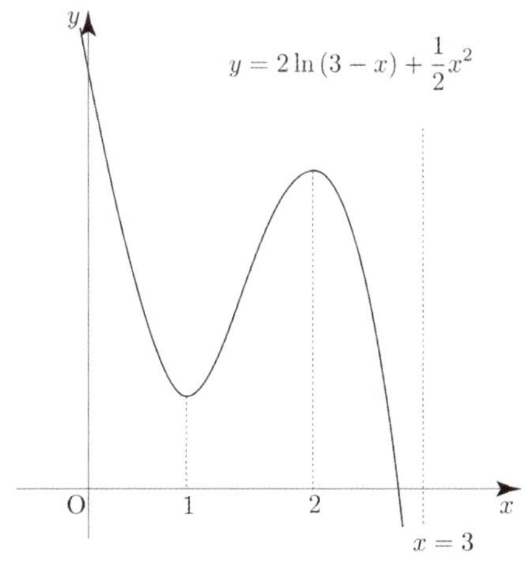

ㄱ. 함수 $f(x)$ 는 $x = 1$ 에서 극솟값을 갖는다.

  $f'(1) = 0$ 이고 $x = 1$ 의 좌우에서 $f'(x)$ 의 부호가 $-$ $+$ 로 변하므로 ㄱ은 참이다.

ㄴ. 곡선 $y = f(x)$ 는 $x = 3$ 을 점근선으로 갖는다.

  $\displaystyle\lim_{x \to 3-} f(x) = -\infty$ 이므로 ㄴ은 참이다.

ㄷ. $x_1 < x_2 < 2$ 인 임의의 두 실수 x_1, x_2 에 대하여 $f(x_2) < f(x_1)$ 이다.

  ㄷ은 "열린구간 $(-\infty, \ 2)$ 에서 $f(x)$ 가 감소한다."와 동치이다.
열린구간 $(-\infty, \ 1)$ 에서 $f'(x) < 0$ 이고
열린구간 $(1, \ 2)$ 에서 $f'(x) > 0$ 이므로
ㄷ은 거짓이다.

ㄹ. 곡선 $y = f(x)$ 의 변곡점의 개수는 2 이다.

$$f''(x) = \dfrac{x^2-6x+7}{(x-3)^2}$$
$$= \dfrac{\{x-(3+\sqrt{2})\}\{x-(3-\sqrt{2})\}}{(x-3)^2} \ (x<3)$$

이므로 $f''(3-\sqrt{2}) = 0$ 이고, $x = 3 - \sqrt{2}$ 에서 $f''(x)$ 의 부호가 변하므로 변곡점 $(3-\sqrt{2}, \ f(3-\sqrt{2}))$ 를 갖는다.
곡선 $y = f(x)$ 의 변곡점의 개수는 1 이다.
따라서 ㄹ은 거짓이다.

> **Tip**
>
> 정의역이 $x < 3$ 이므로 점 $(3+\sqrt{2}, \ f(3+\sqrt{2}))$ 은 변곡점이 될 수 없다.

ㅁ. 곡선 $y = f(x)$ 가 열린구간 $(-\infty, \ k)$ 에서 아래로 볼록하도록 하는 실수 k의 최댓값은 $3 - \sqrt{2}$ 이다.

  Semi 이계도함수
$f''(x) = \{x-(3+\sqrt{2})\}\{x-(3-\sqrt{2})\} \ (x < 3)$
이므로 열린구간 $(-\infty, \ 3-\sqrt{2})$ 에서 $f''(x) > 0$ 이므로
열린구간 $(-\infty, \ 3-\sqrt{2})$ 에서 아래로 볼록하다.
따라서 ㅁ은 참이다.

ㅂ. 방정식 $f(x)=3$은 서로 다른 실근의 개수는 2이다.

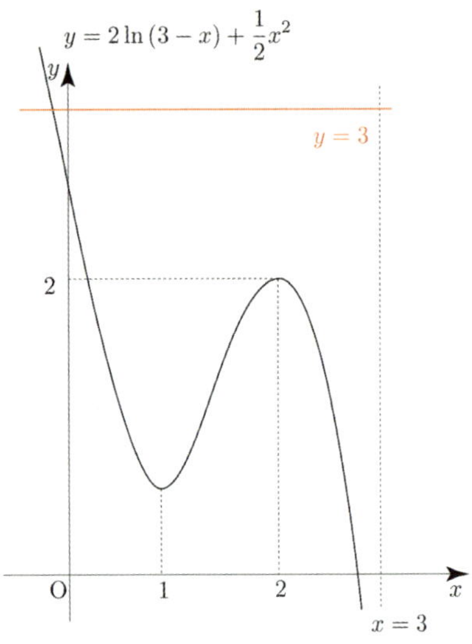

$f(2)=2$이므로 두 그래프 $y=f(x)$, $y=3$의 교점은
오직 하나 존재한다.
따라서 ㅂ은 거짓이다.

ㅅ. 방정식 $f(x)=f(a)$가 서로 다른 두 실근을 갖도록
하는 실수 a의 개수는 2이다.

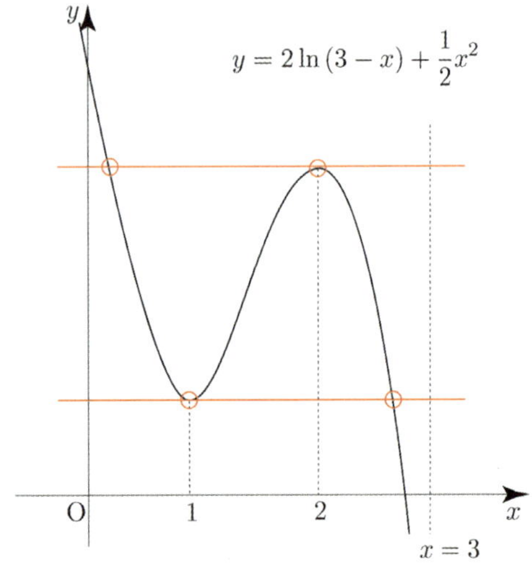

위 그림처럼 조건을 만족시키는 실수 a의 개수는
4이다.
따라서 ㅅ은 거짓이다.

ㅇ. $\displaystyle\lim_{x\to b+}\frac{|f(x)|-|f(b)|}{x-b}\neq\lim_{x\to b-}\frac{|f(x)|-|f(b)|}{x-b}$ 를
만족시키는 실수 b는 오직 하나 존재한다.

ㅇ은 "함수 $|f(x)|$는 오직 한 점에서만 미분가능하지
않다."와 동치이다.

바로 이해하기 어렵다면 치환을 활용해보자.

$g(x)=|f(x)|$라 하면
$$\lim_{x\to b+}\frac{|f(x)|-|f(b)|}{x-b}\neq\lim_{x\to b-}\frac{|f(x)|-|f(b)|}{x-b}$$
$$\Rightarrow \lim_{x\to b+}\frac{g(x)-g(b)}{x-b}\neq\lim_{x\to b-}\frac{g(x)-g(b)}{x-b}$$

즉, 함수 $g(x)$는 $x=b$에서 미분가능하지 않다.

$f(1)=2\ln2+\dfrac{1}{2}=\ln4+\dfrac{1}{2}>0$이므로

함수 $|f(x)|$는 오직 한 점에서 미분가능하지 않다.
따라서 ㅇ은 참이다.

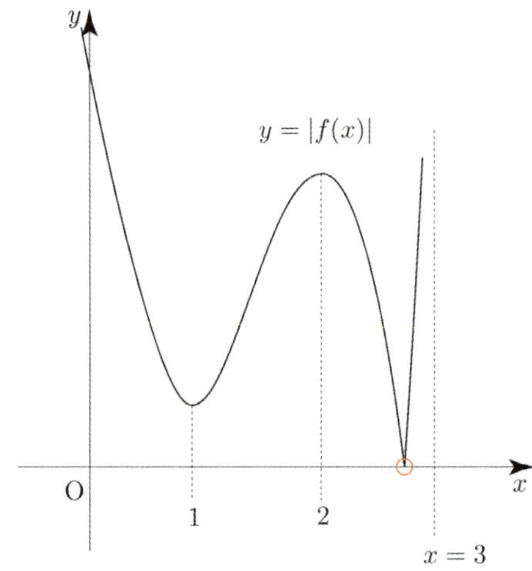

ㅈ. $x_1<3-\sqrt{2}<x_2<3$를 만족시키는 모든 실수 x_1, x_2에
대하여 $f''(x_1)f''(x_2)<0$이다.

$$f''(x)=\frac{x^2-6x+7}{(x-3)^2}$$
$$=\frac{\{x-(3+\sqrt{2})\}\{x-(3-\sqrt{2})\}}{(x-3)^2}\quad(x<3)$$

$x=3-\sqrt{2}$의 좌우에서 $f''(x)$의 부호가 변하므로
ㅈ은 참이다.

답 ㄱ, ㄴ, ㅁ, ㅇ, ㅈ

39

닫힌구간 $[0,\ 4]$

$f(x)=(x^2-3)e^{-x+3}$

$f'(x)=-(x^2-2x-3)e^{-x+3}=-(x+1)(x-3)e^{-x+3}$

Semi 도함수 $f'(x)=-(x+1)(x-3)$

$f'(-1)=0,\ f'(3)=0\ \Rightarrow\ f(-1)=-2e^4,\ f(3)=6$

$\Rightarrow\ x=-1$ 에서 극소, $x=3$ 에서 극대

$\lim_{x\to\infty}f(x)=0$

이를 바탕으로 $f(x)$ 를 그리면 다음과 같다.

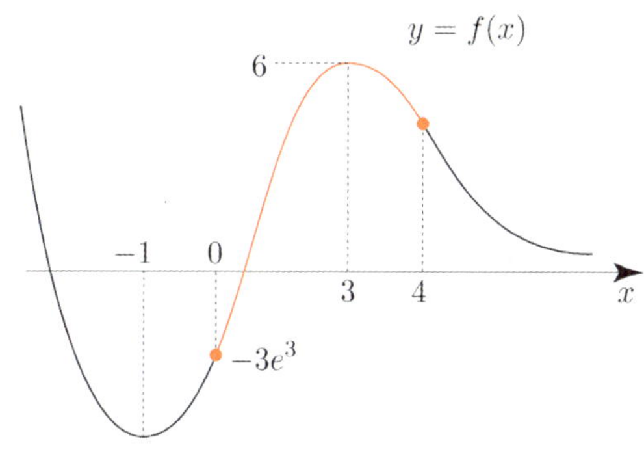

닫힌구간 $[0,\ 4]$ 에서 $f(x)$ 는

$x=3$ 에서 최댓값 $f(3)=6=M$을 갖고,

$x=0$ 에서 최솟값 $f(0)=-3e^3=m$ 을 갖는다.

따라서 $M\times m=6\times(-3e^3)=-18e^3$ 이다.

답 ④

40

닫힌구간 $[0,\ 2\pi]$

$f(x)=\dfrac{\cos x}{2+\sin x}$

$f'(x)=\dfrac{-\sin x(2+\sin x)-\cos x\cos x}{(2+\sin x)^2}=\dfrac{-2\sin x-1}{(2+\sin x)^2}$

Semi 도함수 $f'(x)=-2\sin x-1$

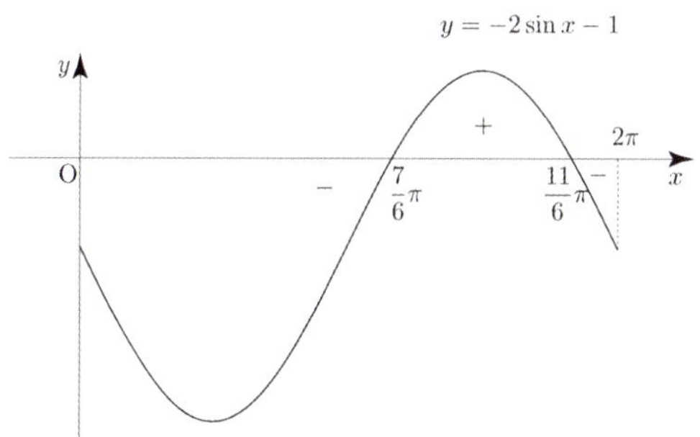

$f'\left(\dfrac{7}{6}\pi\right)=0,\ f'\left(\dfrac{11}{6}\pi\right)=0$

$\Rightarrow f\left(\dfrac{7}{6}\pi\right)=-\dfrac{\sqrt{3}}{3},\ f\left(\dfrac{11}{6}\pi\right)=\dfrac{\sqrt{3}}{3}$

$\Rightarrow\ x=\dfrac{7}{6}\pi$ 에서 극소, $x=\dfrac{11}{6}\pi$ 에서 극대

$f(0)=f(2\pi)=\dfrac{1}{2}$

이를 바탕으로 $f(x)$ 는 그리면 다음과 같다.

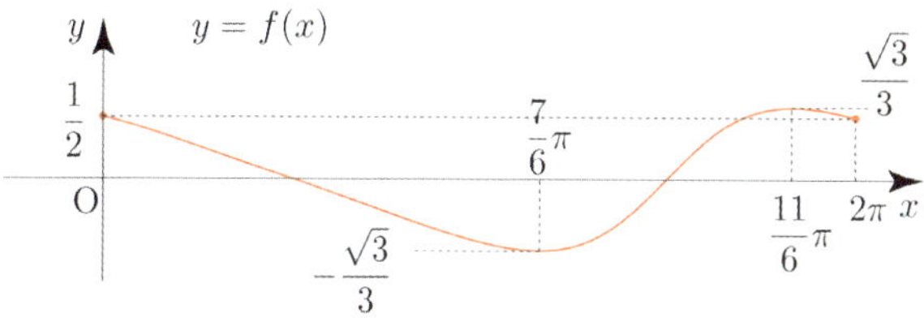

닫힌구간 $[0,\ 2\pi]$ 에서 $f(x)$ 는

$x=\dfrac{7}{6}\pi=a$ 에서 최솟값 $f\left(\dfrac{7}{6}\pi\right)=-\dfrac{\sqrt{3}}{3}=m$ 을 갖고,

$x=\dfrac{11}{6}\pi=b$ 에서 최댓값 $f\left(\dfrac{11}{6}\pi\right)=\dfrac{\sqrt{3}}{3}=M$을 갖는다.

따라서 $\dfrac{b}{a}+M+m=\dfrac{\dfrac{11}{6}\pi}{\dfrac{7}{6}\pi}+\dfrac{\sqrt{3}}{3}-\dfrac{\sqrt{3}}{3}=\dfrac{11}{7}$ 이다.

답 ①

Tip

수2에서 $f'(x)$ 의 넓이는 $f(x)$ 의 함숫값의 차이와 같다고 배웠다.

(규토 라이트 N제 문제편 수2 정적분의 활용 Guide step 참고)

이때 Semi 도함수 $f'(x)=-2\sin x-1$ 에 대하여

$$\int_0^{\frac{7}{6}\pi}|-2\sin x-1|\,dx>\int_{\frac{7}{6}\pi}^{\frac{11}{6}\pi}|-2\sin x-1|\,dx$$

이므로 위에서 구한 $y=f(x)$ 의 그래프처럼

$f(0)-f\left(\dfrac{7}{6}\pi\right)<f\left(\dfrac{11}{6}\pi\right)-f\left(\dfrac{7}{6}\pi\right)$ 와 같이

나올 수 없는 것 아닌가 하는 의문이 들 수 있다.

이는 원래 도함수가 아니라 Semi 도함수를 이용하여 $f'(x)$ 의 넓이를 판단했기 때문이다.

즉, $f'(x)=\dfrac{-2\sin x-1}{(2+\sin x)^2}$ 의 넓이를 조사해서 판단해야 한다.

이와 비슷하게 조심해야 하는 point로는 이계도함수를 구할 때, Semi 도함수를 미분하여 구하는 것이 아니라 원래의 도함수를 미분하여 구해야 한다는 것이 있다.

Semi 도함수는 도함수의 부호변화를 손쉽게 관찰하기 위해 도입한 하나의 도구일 뿐이지 원래의 도함수가 아님을 기억하자!

041

$$f(x) = -\frac{\ln \sqrt{x}}{x}, \quad g(x) = kxe^{-x+2}$$

정의역이 $\{x \mid x > 0\}$ 인 함수 $h(x) = (f \circ g)(x)$ 의 최솟값

$$h(x) = (f \circ g)(x) = f(g(x)) = f(kxe^{-x+2})$$

$kxe^{-x+2} = t$ 라고 치환하자.

$$g(x) = kxe^{-x+2}$$

$$g'(x) = ke^{-x+2} - kxe^{-x+2} = k(1-x)e^{-x+2}$$

Semi 도함수 $g'(x) = 1-x$

$g'(1) = 0$, $g(1) = ke \Rightarrow x = 1$ 에서 극대

$$\lim_{x \to \infty} g(x) = 0$$

이를 바탕으로 $g(x)$ 를 그리면 다음과 같다.

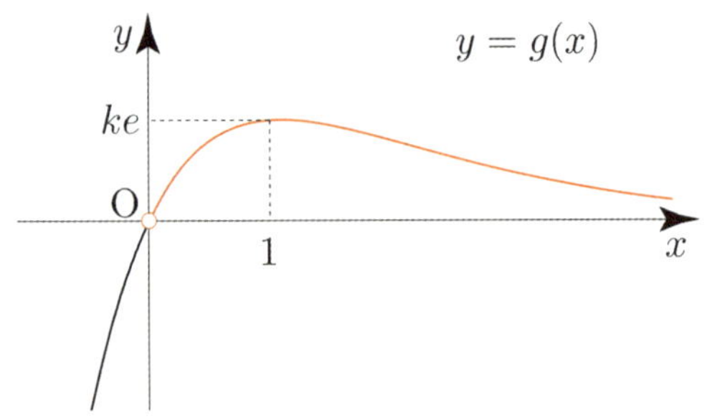

$x > 0$ 에서 $t = g(x)$ 의 범위를 구하면 $0 < t \leq ke$

$$f(x) = -\frac{\ln \sqrt{x}}{x} = -\frac{\ln x}{2x}$$

$$f'(x) = -\frac{1}{2}\left(\frac{1-\ln x}{x^2}\right) = \frac{1}{2}\left(\frac{-1+\ln x}{x^2}\right)$$

Semi 도함수 $f'(x) = -1 + \ln x$

$f'(e) = 0$, $f(e) = -\frac{1}{2e} \Rightarrow x = e$ 에서 극소

$$\lim_{x \to \infty} f(x) = 0$$

이를 바탕으로 $f(x)$ 를 그리면 다음과 같다.

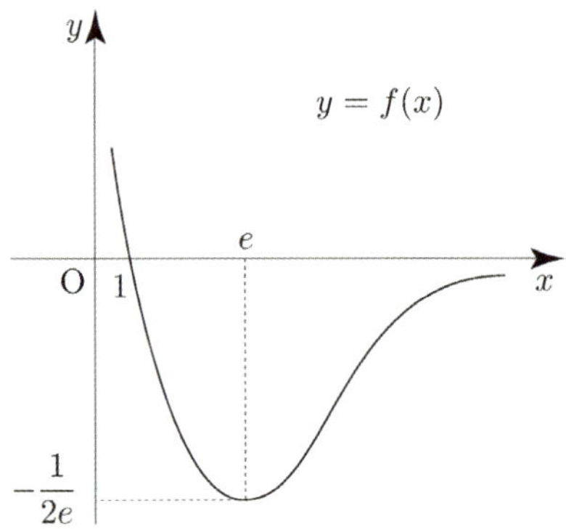

$0 < t \leq ke$ 에서 $f(t)$ 의 최솟값이 $-\frac{1}{2e}$ 이 되도록 하려면

$$e \leq ke \Rightarrow 1 \leq k$$

따라서 양의 실수 k 의 최솟값은 1 이다.

답 1

> **Tip**
>
> 극솟값과 극댓값을 물어보았을 때는 합성함수의 미분법을 이용하여 도함수의 부호변화를 관찰해야 한다.
> 하지만 단순히 최솟값과 최댓값을 물어보았을 때는 합성함수 미분법을 사용하여 합성함수의 그래프를 그린 후 판단하는 것보다는 치환을 활용하여 판단하는 것이 좋다.
>
> 치환을 이용하여 합성함수의 최솟값과 최댓값을 구하는 문제는 라이트 N제 수1 지수함수와 로그함수, 삼각함수의 그래프 단원에서 이미 충분히 학습하였다.

042

$$f(x) = \frac{\cos x \sin x}{2} + \frac{x}{4}$$

$$f'(x) = \frac{-\sin x \sin x + \cos x \cos x}{2} + \frac{1}{4}$$

$$= \frac{\cos^2 x - \sin^2 x}{2} + \frac{1}{4}$$

$$= \frac{2\cos^2 x - 1}{2} + \frac{1}{4} = \cos^2 x - \frac{1}{4}$$

$$= \left(\cos x - \frac{1}{2}\right)\left(\cos x + \frac{1}{2}\right)$$

$0 \leq x \leq \frac{\pi}{2}$ 에서 $\cos x + \frac{1}{2} > 0$ 이므로

Semi 도함수 $f'(x) = \cos x - \frac{1}{2}$ 이다.

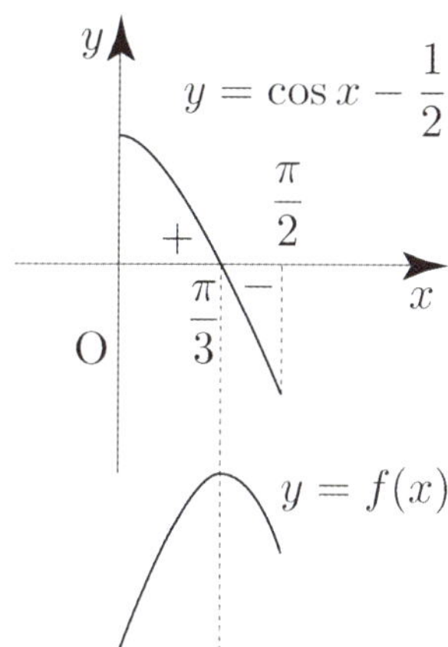

$f'\left(\dfrac{\pi}{3}\right)=0,\ f\left(\dfrac{\pi}{3}\right)=\dfrac{1}{2}\times\dfrac{1}{2}\times\dfrac{\sqrt{3}}{2}+\dfrac{\pi}{12}=\dfrac{\sqrt{3}}{8}+\dfrac{\pi}{12}$

$\Rightarrow x=\dfrac{\pi}{3}$ 에서 극대

$f(0)=0,\ f\left(\dfrac{\pi}{2}\right)=\dfrac{\pi}{8}$

$0\leq x\leq\dfrac{\pi}{2}$ 에서 $f(x)$ 는

$x=\dfrac{\pi}{3}=a$ 에서 최댓값을 갖는다. $\Rightarrow\ \cos a=\cos\dfrac{\pi}{3}=\dfrac{1}{2}$

$x=0=b$ 에서 최솟값을 갖는다.

따라서 $\cos(a+b)=\cos a=\dfrac{1}{2}$ 이다.

답 ④

Tip

<조심해야 하는 point>

$f'(x)=\cos^2 x-\dfrac{1}{4}$ 에서 $\cos x=t$ 로 치환해보자.

$0\leq x\leq\dfrac{\pi}{2}\ \Rightarrow\ 0\leq t\leq 1$

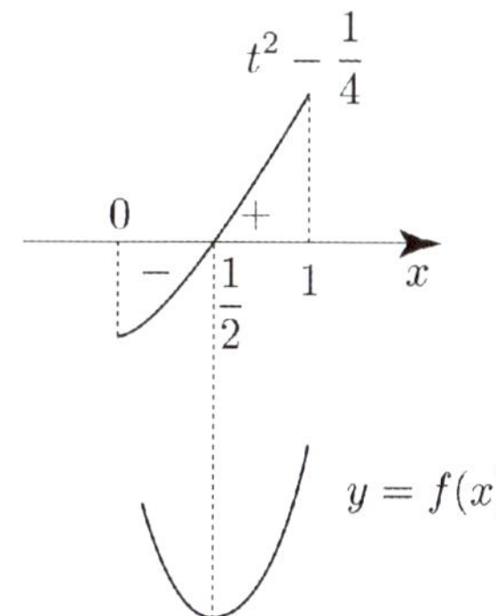

왜 앞선 그림처럼 $\cos x=\dfrac{1}{2}$ 일 때, 극댓값을 갖는 것이 아니라

극솟값을 갖는 것처럼 그림이 그려질까??

그 이유는 $\cos x$ 가 주어진 구간에서 감소하기 때문이다.

이를 고려하여 도함수의 부호변화를 판단하면 다음과 같다.

$$x:0\ \rightarrow\ \dfrac{\pi}{2}\ \Rightarrow\ t:1\ \rightarrow\ 0\ \Rightarrow\ t^2-\dfrac{1}{4}\ :\ +\ \rightarrow\ -$$

이므로 $\cos x=\dfrac{1}{2}$ 일 때, 극댓값을 갖는다.

043

$f(x)=(\ln x)^2$ 라 하면

$f'(x)=\dfrac{2\ln x}{x}$

$A\left(t,\ (\ln t)^2\right)$ 에서의 접선의 방정식은

$y=\dfrac{2\ln t}{t}(x-t)+(\ln t)^2$ 이므로

y 절편은 $-2\ln t+(\ln t)^2$

$g(t)=(\ln t)^2-2\ln t$ 라 하면

$g'(t)=\dfrac{2\ln t}{t}-\dfrac{2}{t}=\dfrac{2\ln t-2}{t}$

Semi 도함수 $g'(t)=\ln t-1$

$g'(e)=0,\ g(e)=-1\ \Rightarrow\ t=e$ 에서 극소

이를 바탕으로 $y=g(t)$ 를 그리면 다음과 같다.

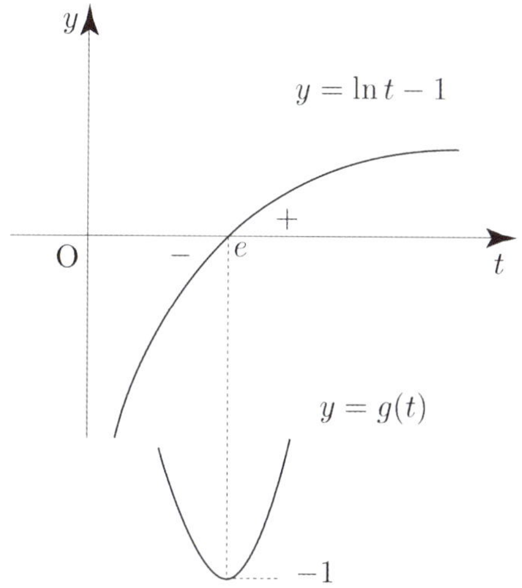

$t>0$ 에서 $g(t)$ 는

$t=e=a$ 에서 최솟값 $g(e)=-1=m$ 을 갖는다.

따라서 $a+m=e-1$ 이다.

답 ①

$$f(x) = x^n \ln \frac{1}{x} = -x^n \ln x$$

$$f'(x) = -nx^{n-1}\ln x - x^{n-1} = x^{n-1}(-n\ln x - 1)$$

Semi 도함수 $f'(x) = -n\ln x - 1$

$$f'\left(e^{-\frac{1}{n}}\right) = 0, \ f\left(e^{-\frac{1}{n}}\right) = \frac{1}{ne} \ \Rightarrow \ x = e^{-\frac{1}{n}} \text{ 에서 극대}$$

이를 바탕으로 $y = f(x)$ 를 그리면 다음과 같다.

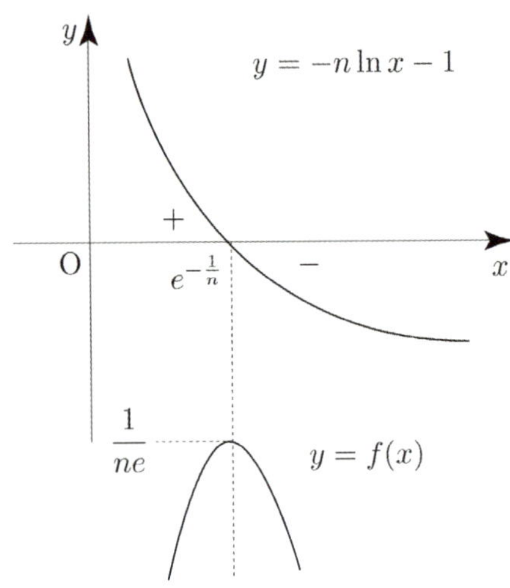

함수 $f(x)$ 는 $x = e^{-\frac{1}{n}}$ 에서 최댓값 $f\left(e^{-\frac{1}{n}}\right) = \frac{1}{ne}$ 을 갖는다.

$g(n) = \frac{1}{ne}$ 이므로

$$g(n) \geq \frac{1}{8e} \ \Rightarrow \ \frac{1}{ne} \geq \frac{1}{8e} \ \Rightarrow \ 8 \geq n$$

따라서 모든 자연수 n 의 값의 합은

$$1+2+3+4+5+6+7+8 = \frac{8 \times 9}{2} = 36 \text{ 이다.}$$

답 36

$f(x) = x^2 + \frac{16}{x}$ 라 하면

정의역은 $x = 0$ 이 아닌 모든 실수

$$f'(x) = 2x - \frac{16}{x^2} = \frac{2x^3 - 16}{x^2} = \frac{2(x^3 - 8)}{x^2}$$

Semi 도함수 $f'(x) = x^3 - 8$

$f'(2) = 0, \ f(2) = 12 \ \Rightarrow \ x = 2$ 에서 극소

$\lim\limits_{x \to 0+} f(x) = \infty, \ \lim\limits_{x \to 0-} f(x) = -\infty$ 이므로

y 축을 점근선으로 갖는다.

$$\lim_{x \to \infty} f(x) = \infty, \ \lim_{x \to -\infty} f(x) = \infty$$

이를 바탕으로 $f(x)$ 를 그리면 다음과 같다.

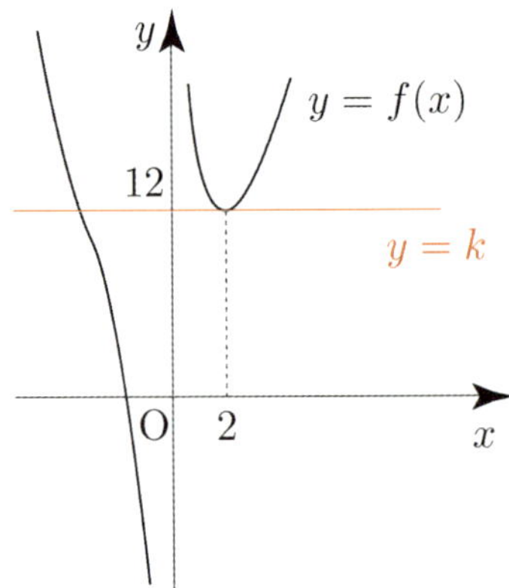

곡선 $y = f(x)$ 와 직선 $y = k$ 가 서로 다른 두 점에서
만나려면 $k = 12$ 이어야 한다.

따라서 상수 $k = 12$ 이다.

답 12

046

정의역 $\{ x \mid x > 0 \}$

$$f(x) = e^{-x+2}, \ g(x) = \frac{k}{x^2}$$

$$f(x) = g(x) \ \Rightarrow \ e^{-x+2} = \frac{k}{x^2} \ \Rightarrow \ x^2 e^{-x+2} = k$$

$h(x) = x^2 e^{-x+2}$ 라 하면

$$h'(x) = 2xe^{-x+2} - x^2 e^{-x+2} = x(2-x)e^{-x+2}$$

Semi 도함수 $h'(x) = x(2-x)$

$h'(0) = h'(2) = 0, \ h(0) = 0, \ h(2) = 4$

$\Rightarrow \ x = 0$ 에서 극소, $x = 2$ 에서 극대

$\lim\limits_{x \to \infty} h(x) = 0$ 이므로 $h(x)$ 는 x 축을 점근선으로 갖는다.

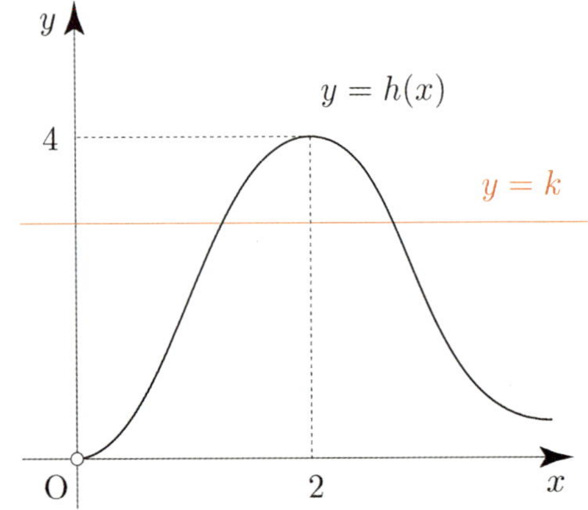

$x > 0$에서 곡선 $y = h(x)$와 직선 $y = k$가 만나려면
$0 < k \le 4$이어야 한다.

따라서 모든 정수 k의 개수는 4이다.

답   4

047

$f(x) = (x-2)e^{-x+3}$라 하면
$f(|x|) = (|x|-2)e^{-|x|+3}$이므로
$y = f(x)$의 그래프를 그린 후 x가 양수인 부분을
y축 대칭시켜 $y = f(|x|)$의 그래프를 그리면 된다.
(2026 규토 라이트 N제 수1 지수로그함수 Guide step 참고)

$f(x) = (x-2)e^{-x+3}$
$f'(x) = (-x+3)e^{-x+3}$
Semi 도함수 $f'(x) = -x+3$
$f'(3) = 0$, $f(3) = 1 \implies x = 3$에서 극대
$\displaystyle\lim_{x \to \infty} f(x) = 0$

이를 바탕으로 $f(x)$를 그리면 다음과 같다.

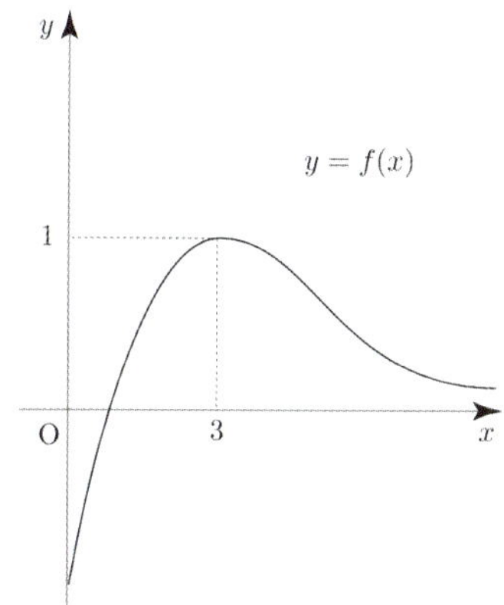

$f(x)$를 바탕으로 $f(|x|)$를 그리면 다음과 같다.

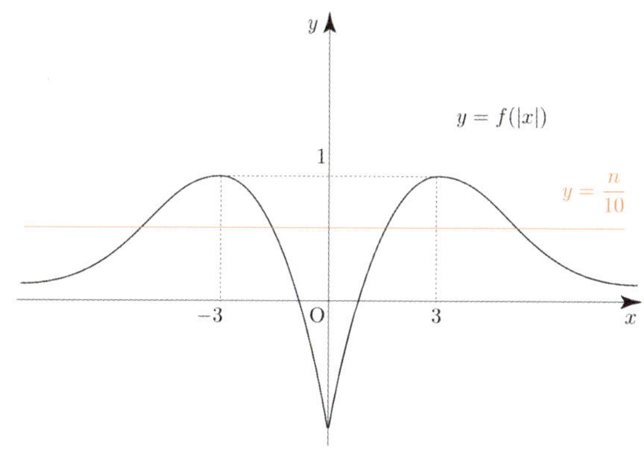

곡선 $y = f(|x|)$와 직선 $y = \dfrac{n}{10}$가 서로 다른 네 점에서

만나려면 $0 < \dfrac{n}{10} < 1 \implies 0 < n < 10$

따라서 모든 정수 n의 값의 합은
$1+2+3+ \cdots +9 = \dfrac{9 \times 10}{2} = 45$이다.

답   45

048

$$f(x) = \begin{cases} -\dfrac{2(x-1)}{(x-1)^2+1} & (x < 1) \\[3mm] k(1-x)e^{-x} & (x \ge 1) \end{cases}$$

$y = -\dfrac{2(x-1)}{(x-1)^2+1}$의 그래프는 $y = \dfrac{2x}{x^2+1}$의 그래프를

x축 방향으로 1만큼 평행이동한 후 x축에 대하여 대칭하여
구하면 된다.

$h(x) = \dfrac{2x}{x^2+1}$

$h'(x) = -\dfrac{2(x+1)(x-1)}{(x^2+1)^2}$

$h'(-1) = 0$, $h(-1) = -1 \implies x = -1$에서 극소

$\displaystyle\lim_{x \to -\infty} h(x) = 0$

$g(x) = k(1-x)e^{-x}$

$g'(x) = k(x-2)e^{-x}$

$g'(2) = 0$, $g(2) = -\dfrac{k}{e^2} \implies x = 2$에서 극소

$\displaystyle\lim_{x \to \infty} g(x) = 0$

이를 바탕으로 $f(x)$를 그리면 다음과 같다.

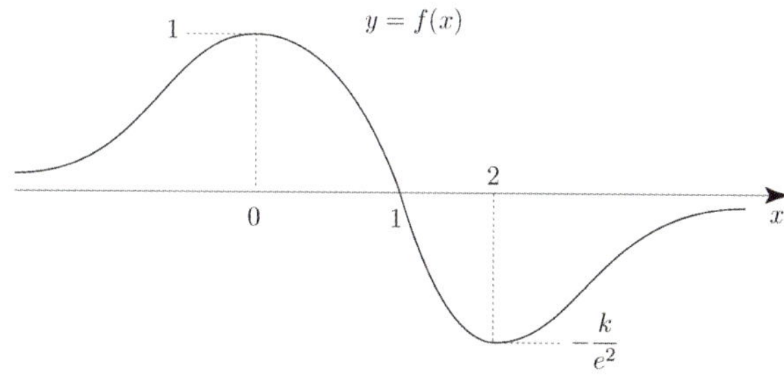

$f(x)$를 바탕으로 $|f(x)|$의 그래프를 그리면 다음과 같다.

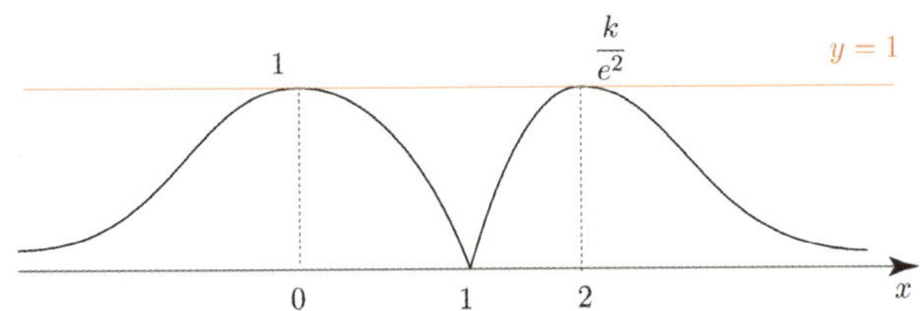

곡선 $y=|f(x)|$ 와 직선 $y=1$ 가 서로 다른 두 점에서

만나려면 상수 $\dfrac{k}{e^2}=1 \implies k=e^2$

따라서 상수 $k=e^2$ 이다.

답 ③

049

$f(x)=2\ln x+\ln(6-x)$

정의역은 $0<x<6$

$f'(x)=\dfrac{2}{x}+\dfrac{-1}{6-x}=\dfrac{12-3x}{x(6-x)}=\dfrac{3(4-x)}{x(6-x)}$

Semi 도함수 $f'(x)=4-x$

$f'(4)=0,\ f(4)=5\ln 2 \implies x=4$ 에서 극대

$\displaystyle\lim_{x\to 0+}f(x)=-\infty,\ \lim_{x\to 6-}f(x)=-\infty$

이를 바탕으로 $f(x)$ 를 그리면 다음과 같다.

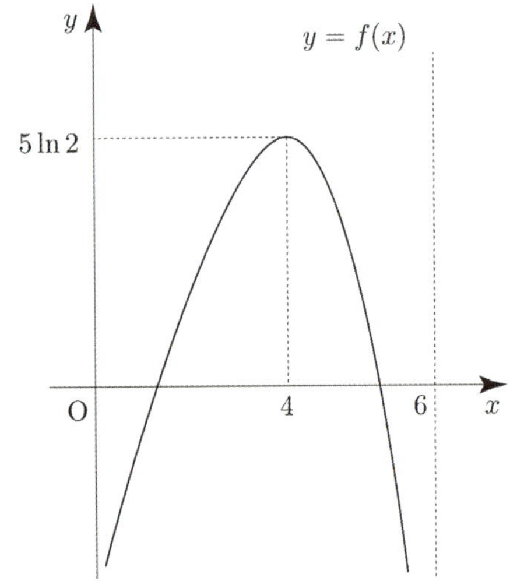

$g(x)=x^2e^{-x+2}$

$g'(x)=2xe^{-x+2}-x^2e^{-x+2}=x(2-x)e^{-x+2}$

Semi 도함수 $g'(x)=x(2-x)$

$g'(0)=g'(2)=0,\ g(0)=0,\ g(2)=4$

$\implies x=0$ 에서 극소, $x=2$ 에서 극대

$\displaystyle\lim_{x\to\infty}g(x)=0$

이를 바탕으로 $g(x)$ 를 그리면 다음과 같다.

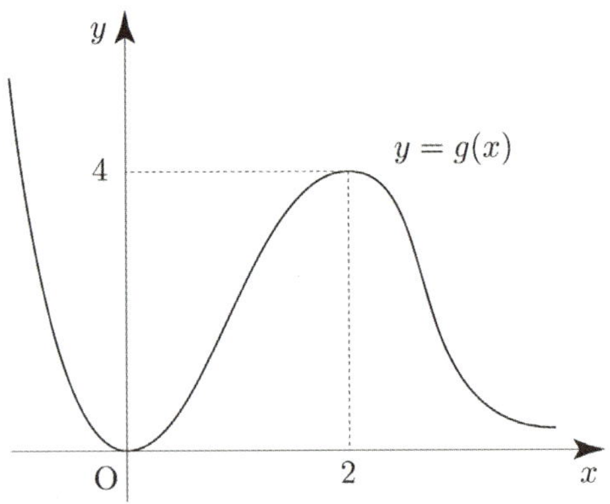

방정식 $h(x)=f(g(x))=n\ln 2$ 의 서로 다른 실근의

개수가 4 가 되도록 하는 모든 자연수 n 의 값의 합은?

먼저 특수한 값($\because\ f(x)$ 의 극댓값 $5\ln 2$)인

$n=5$ 을 넣어보면서 감을 찾아보자.

① $n=5$

$f(4)=5\ln 2$ 이므로

방정식 $f(g(x))=5\ln 2 \implies g(x)=4$

곡선 $y=g(x)$ 와 직선 $y=4$ 는 서로 다른 두 점에서 만나므로

방정식 $h(x)=5\ln 2$ 의 서로 다른 실근의 개수는 2 이다.

② $n>5$

방정식 $f(x)=n\ln 2$ 의 실근이

존재하지 않으므로 방정식 $h(x)=n\ln 2$ 의 실근 또한

존재하지 않는다.

③ $0<n<5$

방정식 $f(x)=n\ln 2$ 의 서로 다른 두 실근을 $a,\ b(a<b)$ 라

하면 $0<a<4<b<6$ 이므로

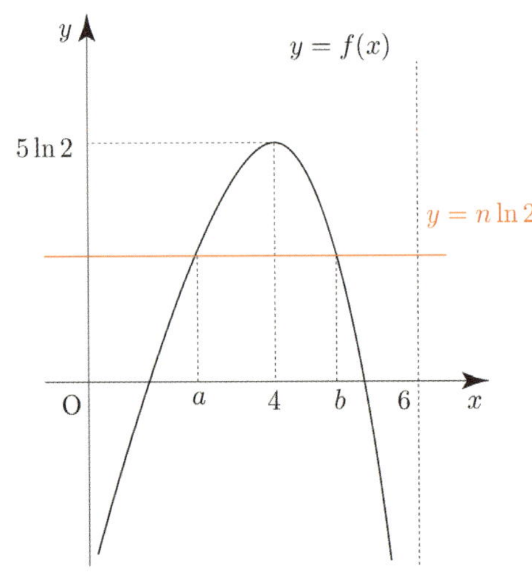

방정식 $f(g(x))=n\ln2 \Rightarrow g(x)=a$ or $g(x)=b$

곡선 $y=g(x)$ 와 직선 $y=a$는 서로 다른 세 점에서 만나고,

곡선 $y=g(x)$ 와 직선 $y=b$는 한 점에서 만나므로

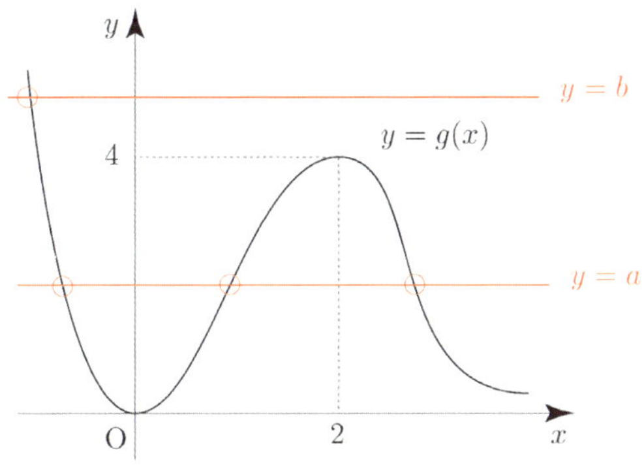

방정식 $h(x)=n\ln2$ 의 서로 다른 실근의 개수는 4 이다.

따라서 모든 자연수 n 의 값의 합은 $1+2+3+4=10$ 이다.

답 10

050

$\{\,x\mid -2\pi \le x \le 2\pi\,\}$

$f(x)=\cos x+x\sin x$

$f(-x)=f(x)$ 이므로 y 축에 대하여 대칭이다.

$f'(x)=-\sin x+\sin x+x\cos x=x\cos x$

$x>0$ 에서 Semi 도함수 $f'(x)=\cos x$

$f'\!\left(\dfrac{\pi}{2}\right)=0,\ f\!\left(\dfrac{\pi}{2}\right)=\dfrac{\pi}{2}\ \Rightarrow\ x=\dfrac{\pi}{2}$ 에서 극대

$f'\!\left(\dfrac{3}{2}\pi\right)=0,\ f\!\left(\dfrac{3}{2}\pi\right)=-\dfrac{3}{2}\pi\ \Rightarrow\ x=\dfrac{3}{2}\pi$ 에서 극소

$f(0)=f(2\pi)=1$

이를 바탕으로 x 가 양수일 때, $f(x)$ 를 그린 후

대칭성(y축 대칭)을 이용하여 $f(x)$ 를 그리면 다음과 같다.

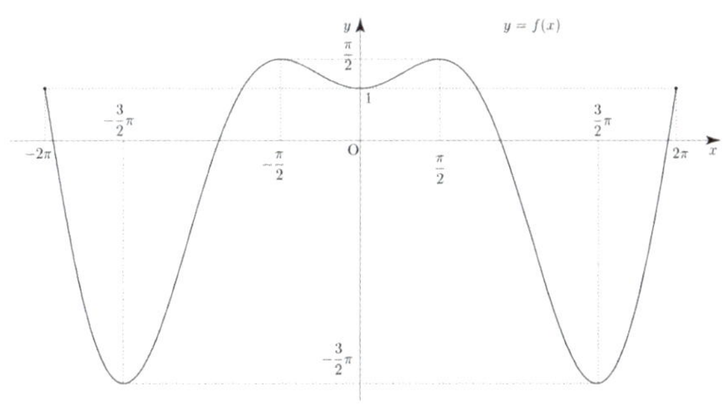

ㄱ. $-2\pi \le x \le 2\pi$ 인 모든 실수 x 에 대하여 $f(-x)=f(x)$ 이다.

$f(-x)=\cos(-x)-x\sin(-x)=\cos x+x\sin x=f(x)$

이므로 ㄱ은 참이다.

ㄴ. 함수 $f(x)$ 는 $x=-\dfrac{3}{2}\pi$ 에서 극솟값을 갖는다.

함수 $f(x)$ 는 $x=\dfrac{3}{2}\pi$ 에서 극솟값을 가지므로

대칭성에 의하여 $x=-\dfrac{3}{2}\pi$ 에서도 극솟값을 갖는다.

따라서 ㄴ은 참이다.

ㄷ. 방정식 $f(x)=1$ 의 서로 다른 실근의 개수는 3 이다.

곡선 $y=f(x)$ 와 직선 $y=1$ 가 서로 다른 다섯 점에서 만나므로 방정식 $f(x)=1$ 의 서로 다른 실근의 개수는 5 이다.

따라서 ㄷ은 거짓이다.

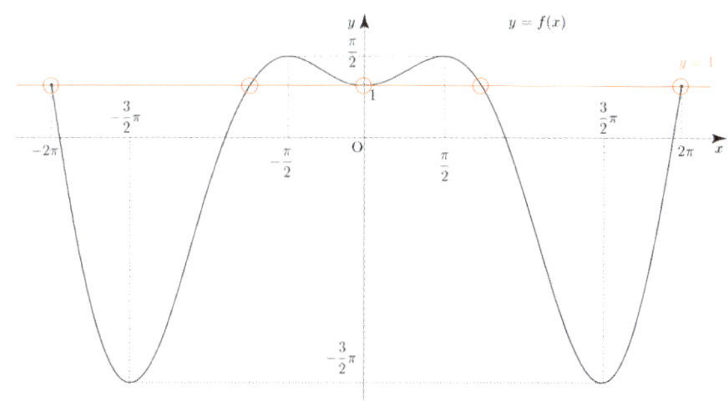

ㄹ. 방정식 $f(f(x))=\dfrac{\pi}{2}$ 의 서로 다른 실근의 개수는 6 이다.

방정식 $f(x)=\dfrac{\pi}{2}$ 의 해는 $x=-\dfrac{\pi}{2}$ or $x=\dfrac{\pi}{2}$ 이므로

방정식 $f(f(x))=\dfrac{\pi}{2}\ \Rightarrow\ f(x)=\dfrac{\pi}{2}$ or $f(x)=-\dfrac{\pi}{2}$

곡선 $y=f(x)$ 와 직선 $y=\dfrac{\pi}{2}$ 는 서로 다른 두 점에서 만나고, 곡선 $y=f(x)$ 와 직선 $y=-\dfrac{\pi}{2}$ 는 서로 다른 네 점에서 만나므로

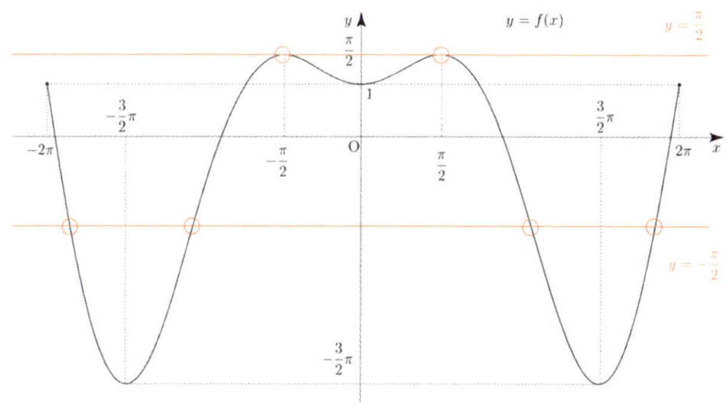

방정식 $f(f(x)) = \dfrac{\pi}{2}$ 의 서로 다른 실근의 개수는 6 이다.

따라서 ㄹ은 참이다.

ㅁ. 함수 $g(x) = e^{f'(x)} \left(0 < x < \dfrac{\pi}{2} \right)$ 에 대하여

$g'(a) = 0$ 이면 $\dfrac{1}{a} = \tan a$ 이다.

$f'(x) = x \cos x$

$f''(x) = \cos x - x \sin x = x \cos x \left(\dfrac{1}{x} - \tan x \right)$

$g'(x) = f''(x) e^{f'(x)} = x \cos x \left(\dfrac{1}{x} - \tan x \right) e^{x \cos x}$ 이므로

$g'(a) = 0 \Rightarrow \dfrac{1}{a} - \tan a = 0 \left(\because 0 < a < \dfrac{\pi}{2} \right) \Rightarrow \dfrac{1}{a} = \tan a$

따라서 ㅁ은 참이다.

ㅂ. 함수 $g(x) = e^{f'(x)} \left(0 < x < \dfrac{\pi}{2} \right)$ 가 $x = a$ 에서 극솟값을

가지는 a 가 구간 $\left(0, \ \dfrac{\pi}{2} \right)$ 에 존재한다.

$g'(x) = f''(x) e^{f'(x)} = x \cos x \left(\dfrac{1}{x} - \tan x \right) e^{x \cos x}$

Semi 도함수 $g'(x) = \dfrac{1}{x} - \tan x \ \left(\because \ 0 < x < \dfrac{\pi}{2} \right)$

두 함수 $y = \dfrac{1}{x}$, $y = \tan x$ 의 그래프를 이용하여

빼기함수 Technique으로 도함수의 부호를 처리해 보자.

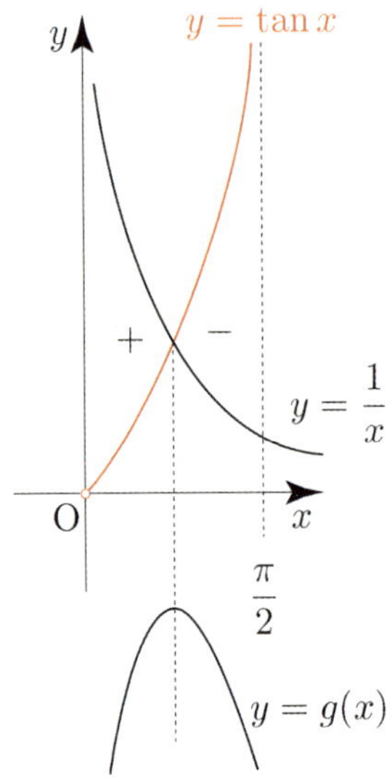

$g(x)$ 는 $x = a$ 에서 극솟값이 아니라 극댓값을 가지는

a 가 구간 $\left(0, \ \dfrac{\pi}{2} \right)$ 에 존재하므로 ㅂ은 거짓이다.

답 ㄱ, ㄴ, ㄹ, ㅁ

051

$0 \leq x < \dfrac{\pi}{8}$

$nx - \tan 4x \leq 0 \Rightarrow nx \leq \tan 4x$

$f(x) = \tan 4x$ 라 하면

$f'(x) = 4 \sec^2 4x$

$f'(0) = 4$ 이므로 $(0, \ 0)$ 에서의 접선의 기울기는 4 이다.

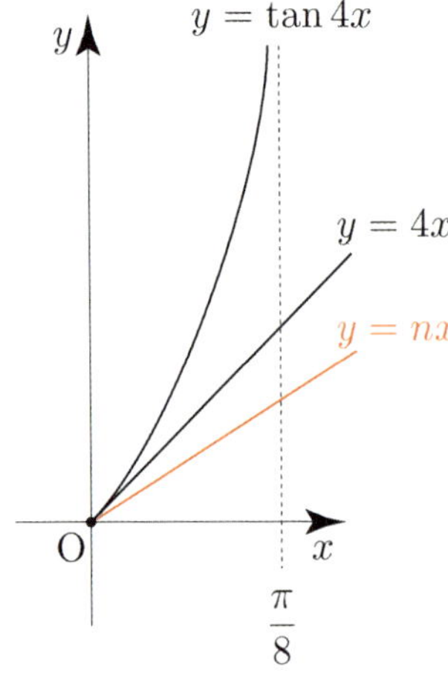

$nx \leq \tan 4x \left(0 \leq x < \dfrac{\pi}{8} \right) \Rightarrow n \leq 4$

따라서 모든 자연수 n 의 값의 합은 $1 + 2 + 3 + 4 = 10$ 이다.

답 10

052

$x > 0$

$k - x^2 \ln \sqrt{x} \leq 0 \Rightarrow k \leq \dfrac{1}{2} x^2 \ln x$

$f(x) = \dfrac{1}{2} x^2 \ln x$ 라 하면

$f'(x) = \dfrac{1}{2} (2x \ln x + x) = \dfrac{x}{2} (2 \ln x + 1)$

Semi 도함수 $f'(x) = 2 \ln x + 1$

$f' \left(e^{-\frac{1}{2}} \right) = 0, \ f \left(e^{-\frac{1}{2}} \right) = - \dfrac{1}{4e} \Rightarrow x = e^{-\frac{1}{2}}$ 에서 극소

$\lim_{x \to 0+} f(x) = \lim_{x \to 0+} \dfrac{1}{2} x^2 \ln x = 0$

($0 \times -\infty$ 꼴 이지만 다항함수의 영향력이 로그함수의

영향력보다 더 크므로 극한값은 0 이 된다.)

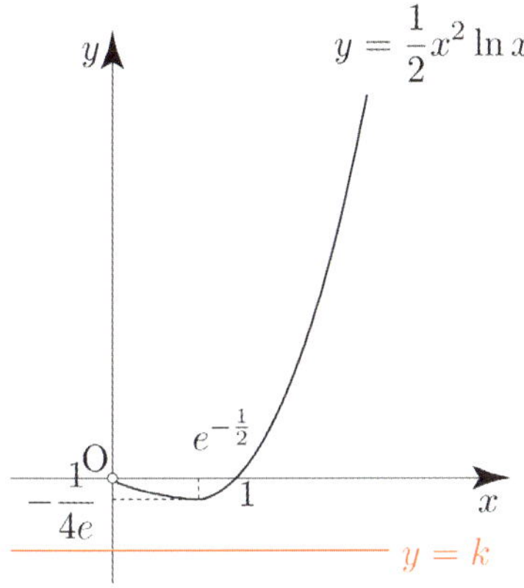

$$k \leq \frac{1}{2}x^2 \ln x \implies k \leq -\frac{1}{4e}$$

따라서 실수 k의 최댓값은 $-\dfrac{1}{4e}$ 이다.

답 ⑤

53

$$2x+1+ke^{x^2} \geq 0 \implies ke^{x^2} \geq -2x-1 \implies k \geq (-2x-1)e^{-x^2}$$

$f(x) = (-2x-1)e^{-x^2}$ 라 하면

$$f'(x) = -2e^{-x^2} + (4x^2+2x)e^{-x^2} = 2(2x-1)(x+1)e^{-x^2}$$

Semi 도함수 $f'(x) = (2x-1)(x+1)$

$$f'(-1) = f'\left(\frac{1}{2}\right) = 0, \quad f(-1) = \frac{1}{e}, \quad f\left(\frac{1}{2}\right) = -2e^{-\frac{1}{4}}$$

$\implies x = -1$ 에서 극대, $x = \dfrac{1}{2}$ 에서 극소

$$\lim_{x \to \infty} f(x) = 0, \quad \lim_{x \to -\infty} f(x) = 0$$

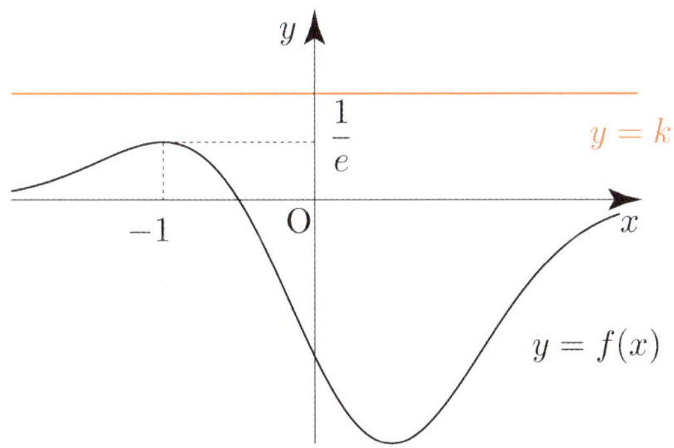

$$k \geq (-2x-1)e^{-x^2} \implies k \geq \frac{1}{e}$$

따라서 실수 k의 최솟값은 $\dfrac{1}{e}$ 이다.

답 ①

54

$$x = \frac{1}{2}\cos 2t, \quad y = t - \frac{1}{2}\sin 2t$$

$$\frac{dx}{dt} = -\sin 2t, \quad \frac{dy}{dt} = 1 - \cos 2t$$

$$\frac{d^2x}{dt^2} = -2\cos 2t, \quad \frac{d^2y}{dt^2} = 2\sin 2t$$

가속도가 $(1, \ a)$ 이므로

$$-2\cos 2t = 1 \implies \cos 2t = -\frac{1}{2} \implies \sin 2t = \pm\frac{\sqrt{3}}{2}$$

$$a = 2\sin 2t = \pm\sqrt{3}$$

속력은 $\sqrt{\left(\dfrac{dx}{dt}\right)^2 + \left(\dfrac{dy}{dt}\right)^2} = \sqrt{\dfrac{3}{4} + \dfrac{9}{4}} = \sqrt{3} = b$

따라서 $a^2 + b^2 = 3 + 3 = 6$ 이다.

답 6

55

$$x = 2t + \cos t, \quad y = 1 + \sin t$$

$$\frac{dx}{dt} = 2 - \sin t, \quad \frac{dy}{dt} = \cos t$$

속력은

$$\sqrt{\left(\frac{dx}{dt}\right)^2 + \left(\frac{dy}{dt}\right)^2} = \sqrt{(2-\sin t)^2 + \cos^2 t} = \sqrt{5 - 4\sin t}$$

$\sin t = -1$ 일 때, 최댓값 $M = \sqrt{5+4} = 3$

$\sin t = 1$ 일 때, 최솟값 $m = \sqrt{5-4} = 1$

따라서 $M + m = 4$ 이다.

답 4

056

$$x = t - \frac{1}{2t}, \quad y = t + \frac{2}{t}$$

$$\frac{dx}{dt} = 1 + \frac{1}{2t^2} = 1 + \frac{1}{2}t^{-2}, \quad \frac{dy}{dt} = 1 - \frac{2}{t^2} = 1 - 2t^{-2}$$

$$\frac{d^2x}{dt^2} = -t^{-3} = -\frac{1}{t^3}, \quad \frac{d^2y}{dt^2} = 4t^{-3} = \frac{4}{t^3}$$

따라서 시각 $t = 2$ 일 때, 가속도의 크기는

$$\sqrt{\left(\frac{d^2x}{dt^2}\right)^2 + \left(\frac{d^2y}{dt^2}\right)^2} = \sqrt{\left(-\frac{1}{8}\right)^2 + \left(\frac{4}{8}\right)^2}$$

$$= \sqrt{\frac{1}{64} + \frac{16}{64}} = \frac{\sqrt{17}}{8}$$

이다.

 ④

57	⑤	83	①
58	①	84	③
59	③	85	⑤
60	⑤	86	④
61	④	87	④
62	①	88	③
63	③	89	③
64	②	90	20
65	①	91	②
66	⑤	92	①
67	③	93	③
68	④	94	③
69	④	95	②
70	②	96	11
71	4	97	③
72	13	98	②
73	④	99	⑤
74	②	100	⑤
75	①	101	①
76	10	102	③
77	⑤	103	④
78	96	104	24
79	2	105	②
80	26	106	55
81	34	107	⑤
82	③	108	⑤

057

$f(x) = 3e^{x-1}, \ f'(x) = 3e^{x-1}$

접점의 x 좌표를 t 라 하면

$y = 3e^{t-1}(x - t) + 3e^{t-1}$

$(0, \ 0)$ 을 대입하면

$0 = 3e^{t-1}(-t) + 3e^{t-1} \Rightarrow t = 1$

점 $A(1, \ 3)$

따라서 선분 OA 의 길이는 $\sqrt{1+9} = \sqrt{10}$ 이다.

 ⑤

058

$f(x) = (x^2 - 2x - 7)e^x$

$f'(x) = (2x - 2)e^x + (x^2 - 2x - 7)e^x = (x + 3)(x - 3)e^x$

Semi 도함수 $f'(x) = (x + 3)(x - 3)$

$x = -3$에서 극댓값 $f(-3) = 8e^{-3} = a$을 갖고,

$x = 3$에서 극솟값 $f(3) = -4e^3 = b$을 갖는다.

따라서 $a \times b = -32$이다.

059

$f(x) = \dfrac{x - 1}{x^2 - x + 1}$

$f'(x) = \dfrac{x^2 - x + 1 - (x - 1)(2x - 1)}{(x^2 - x + 1)^2} = \dfrac{-x(x - 2)}{(x^2 - x + 1)^2}$

Semi 도함수 $f'(x) = -x(x - 2)$

$f'(0) = f'(2) = 0$, $f(0) = -1$, $f(2) = \dfrac{1}{3}$

$\Rightarrow x = 0$에서 극소, $x = 2$에서 극대

따라서 극댓값과 극솟값의 합은 $\dfrac{1}{3} - 1 = -\dfrac{2}{3}$이다.

060

$e^y \ln x = 2y + 1$

음함수 미분법을 이용하여 양변을 x에 대하여 미분하면

$y'e^y \ln x + e^y \dfrac{1}{x} = 2y'$

$(e,\ 0)$을 대입하면

$y' + \dfrac{1}{e} = 2y' \Rightarrow y' = \dfrac{1}{e}$

이므로 점 $(e,\ 0)$에서의 접선의 방정식은

$y = \dfrac{1}{e}(x - e) = \dfrac{1}{e}x - 1$이다.

따라서 $ab = \dfrac{1}{e} \times (-1) = -\dfrac{1}{e}$이다.

061

$f(x) = xe^x$

$f'(x) = e^x + xe^x = (x + 1)e^x$

$f''(x) = e^x + (x + 1)e^x = (x + 2)e^x$

$x = -2$의 좌우에서 $f''(x)$의 부호가 바뀌므로

변곡점은 $(-2,\ -2e^{-2})$이다.

따라서 $ab = -2 \times (-2)e^{-2} = \dfrac{4}{e^2}$이다.

062

열린구간 $(0,\ 2\pi)$

$f(x) = e^x(\sin x + \cos x)$

$f'(x) = e^x(\sin x + \cos x) + e^x(\cos x - \sin x) = e^x(2\cos x)$

Semi 도함수 $f'(x) = \cos x$

$f'\left(\dfrac{\pi}{2}\right) = f'\left(\dfrac{3}{2}\pi\right) = 0$, $f\left(\dfrac{\pi}{2}\right) = e^{\frac{\pi}{2}}$, $f\left(\dfrac{3}{2}\pi\right) = -e^{\frac{3}{2}\pi}$

$\Rightarrow x = \dfrac{\pi}{2}$에서 극대, $x = \dfrac{3}{2}\pi$에서 극소

$M = e^{\frac{\pi}{2}}$, $m = -e^{\frac{3}{2}\pi}$

따라서 $Mm = e^{\frac{\pi}{2}} \times \left(-e^{\frac{3}{2}\pi}\right) = -e^{2\pi}$이다.

063

$x = t + \sin t \cos t$, $y = \tan t$

$\dfrac{dx}{dt} = 1 + \cos^2 t - \sin^2 t = 2\cos^2 t$, $\dfrac{dy}{dt} = \sec^2 t = \dfrac{1}{\cos^2 t}$

속력은 $\sqrt{\left(\dfrac{dx}{dt}\right)^2 + \left(\dfrac{dy}{dt}\right)^2} = \sqrt{4\cos^4 t + \dfrac{1}{\cos^4 t}}$

$4\cos^4 t > 0$, $\dfrac{1}{\cos^4 t} > 0$이므로 산술기하평균에 의하여

$4\cos^4 t + \dfrac{1}{\cos^4 t} \geq 2\sqrt{4\cos^4 t \times \dfrac{1}{\cos^4 t}} = 4$

(등호는 $4\cos^4 t = \dfrac{1}{\cos^4 t}$일 때 성립한다.)

따라서 점 P의 속력의 최솟값은 $\sqrt{4} = 2$이다.

$$f(x) = \tan\left(\pi x^2 + ax\right)$$
$$f'(x) = (2\pi x + a)\sec^2\left(\pi x^2 + ax\right)$$

$f(x)$는 $x = \dfrac{1}{2}$ 에서 극소이므로

$$f'\left(\frac{1}{2}\right) = 0 \Rightarrow \pi + a = 0 \Rightarrow a = -\pi$$

$f(x) = \tan\left(\pi x^2 - \pi x\right)$ 이므로

$$f\left(\frac{1}{2}\right) = \tan\left(\frac{\pi}{4} - \frac{\pi}{2}\right) = \tan\left(-\frac{\pi}{4}\right) = -1$$

따라서 $k = -1$ 이다.

답 ②

$$y = ke^x + 1, \ \ y = x^2 - 3x + 4 \ \ (k > 0)$$
$$y' = ke^x, \ \ \ y' = 2x - 3$$

점 P 의 x 좌표를 t 라 하면
$$ke^t + 1 = t^2 - 3t + 4$$

$$ke^t \times (2t - 3) = -1$$
이므로 연립하면
$$\left(t^2 - 3t + 3\right) \times (2t - 3) = -1 \Rightarrow 2t^3 - 9t^2 + 15t - 8 = 0$$

$$\Rightarrow (t - 1)\left(2t^2 - 7t + 8\right) = 0 \Rightarrow t = 1$$

$t = 1$ 을 $ke^t \times (2t - 3) = -1$ 에 대입하면

$$ke \times (-1) = -1 \Rightarrow k = \frac{1}{e}$$

따라서 $k = \dfrac{1}{e}$ 이다.

답 ①

$$y = \left(\ln \frac{1}{ax}\right)^2 = (-\ln ax)^2 = (\ln ax)^2$$

$f(x) = (\ln ax)^2$ 라 하면

$$f'(x) = 2\ln ax \times \frac{a}{ax} = \frac{2\ln ax}{x}$$

$$f''(x) = \frac{2 \times \dfrac{a}{ax} \times x - 2\ln ax}{x^2} = \frac{2(1 - \ln ax)}{x^2}$$

$x = \dfrac{e}{a}$ 의 좌우에서 $f''(x)$ 의 부호가 변하므로

$f(x)$ 는 변곡점 $\left(\dfrac{e}{a}, \ 1\right)$ 을 갖는다.

변곡점이 $y = 2x$ 위에 있으므로 $\left(\dfrac{e}{a}, \ 1\right)$ 을 대입하면

$$1 = \frac{2e}{a} \Rightarrow a = 2e$$

따라서 $a = 2e$ 이다.

답 ⑤

$$f(x) = e^{x+1}\left(x^2 + 3x + 1\right)$$
$$f'(x) = e^{x+1}\left(x^2 + 3x + 1\right) + e^{x+1}(2x + 3) = e^{x+1}(x + 4)(x + 1)$$
Semi 도함수 $f'(x) = (x + 4)(x + 1)$
$-4 < x < -1$ 에서 $f'(x) < 0$ 이므로
$b - a$ 의 최댓값은 $-1 - (-4) = 3$ 이다.

답 ③

$f(x) = ax^2 - 2\sin 2x$ 라 하면
$$f'(x) = 2ax - 4\cos 2x$$
$$f''(x) = 2a + 8\sin 2x = 2(a + 4\sin 2x)$$
Semi 이계도함수 $f''(x) = a + 4\sin 2x$
$f''(x)$ 의 부호가 변하는 점이 생겨야 하므로
$-4 < a < 4$ 이어야 하므로 정수 a 의 개수는 7 이다.

답 ④

069

$$f(x) = \ln(\tan x) \left(0 < x < \frac{\pi}{2}\right)$$

$$f'(x) = \frac{\sec^2 x}{\tan x}$$

$f\left(\dfrac{\pi}{4}\right) = 0$ 이므로 $P\left(\dfrac{\pi}{4},\ 0\right)$, $f'\left(\dfrac{\pi}{4}\right) = 2$

점 P 에서의 접선은 $y = 2\left(x - \dfrac{\pi}{4}\right) = 2x - \dfrac{\pi}{2}$ 이다.

따라서 접선의 y 절편은 $-\dfrac{\pi}{2}$ 이다.

답   ④

070

$$x = e^t + 2t, \quad y = e^{-t} + 3t$$

$$\frac{dx}{dt} = e^t + 2, \quad \frac{dy}{dt} = -e^{-t} + 3$$

$t = 0$ 에 대응하는 점은 $(1,\ 1)$ 이고,
$t = 0$ 에 대응하는 점에서의 접선의 기울기는

$$\frac{\dfrac{dy}{dt}}{\dfrac{dx}{dt}} = \frac{-e^{-t} + 3}{e^t + 2} = \frac{-1 + 3}{1 + 2} = \frac{2}{3}$$

이므로 접선의 방정식은

$$y = \frac{2}{3}(x - 1) + 1 = \frac{2}{3}x + \frac{1}{3}$$

$(10,\ a)$ 을 대입하면 $a = \dfrac{20}{3} + \dfrac{1}{3} = \dfrac{21}{3} = 7$

따라서 $a = 7$ 이다.

답   ②

071

$$x = \frac{1}{2}e^{2(t-1)} - at, \quad y = be^{t-1}$$

$$\frac{dx}{dt} = e^{2(t-1)} - a, \quad \frac{dy}{dt} = be^{t-1}$$

시각 $t = 1$ 에서의 점 P 의 속도가 $(-1,\ 2)$

$t = 1$ 에서의 속도는 $(1 - a,\ b)$ 이므로

$$1 - a = -1 \ \Rightarrow\ a = 2$$

$$b = 2$$

따라서 $a + b = 4$ 이다.

답   4

072

$$x = 3t - \frac{2}{\pi}\cos\pi t, \quad y = 6\ln t - \frac{2}{\pi}\sin\pi t$$

$$\frac{dx}{dt} = 3 + 2\sin\pi t, \quad \frac{dy}{dt} = \frac{6}{t} - 2\cos\pi t$$

따라서 $t = \dfrac{1}{2}$ 에서 점 P 의 속력은

$$\sqrt{\left(\frac{dx}{dt}\right)^2 + \left(\frac{dy}{dt}\right)^2} = \sqrt{5^2 + 12^2} = 13 \text{ 이다.}$$

답   13

073

$$f(x) = e^x, \quad g(x) = k\sin x$$

$$f(x) = g(x) \ \Rightarrow\ e^x = k\sin x$$

방정식 $e^x = k\sin x$ 의 서로 다른 양의 실근의 개수가 3
이므로 $x > 0$ 에서 곡선 $y = e^x$ 와 곡선 $y = k\sin x$ 는
아래 그림과 같이 서로 다른 세 점에서 만나야 한다.

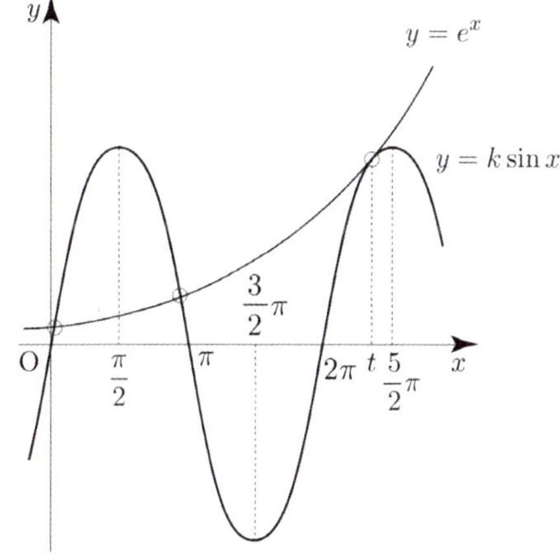

접점의 x 좌표를 t 라 하면

$$e^t = k\sin t$$

$$e^t = k\cos t$$

이므로 연립하면

$k\sin t = k\cos t \Rightarrow \sin t = \cos t \Rightarrow \tan t = 1$

$\Rightarrow t = 2\pi + \dfrac{\pi}{4} = \dfrac{9}{4}\pi \left(\because 2\pi < t < \dfrac{5}{2}\pi \right)$

$e^{\frac{9}{4}\pi} = k\sin\dfrac{9}{4}\pi \Rightarrow e^{\frac{9}{4}\pi} = k\times\dfrac{\sqrt{2}}{2} \Rightarrow k = \sqrt{2}\,e^{\frac{9}{4}\pi}$

따라서 $k = \sqrt{2}\,e^{\frac{9\pi}{4}}$ 이다.

답 ④

074

$x^2 - 5x + 2\ln x = t$

$f(x) = x^2 - 5x + 2\ln x$ 라 하면

$f'(x) = 2x - 5 + \dfrac{2}{x} = \dfrac{2x^2 - 5x + 2}{x} = \dfrac{(2x-1)(x-2)}{x}$

$f\left(\dfrac{1}{2}\right) = -\dfrac{9}{4} - 2\ln 2, \ f(2) = -6 + 2\ln 2$

$\displaystyle\lim_{x\to 0+} f(x) = -\infty, \ \lim_{x\to\infty} f(x) = \infty$

이를 바탕으로 $f(x)$ 를 그리면

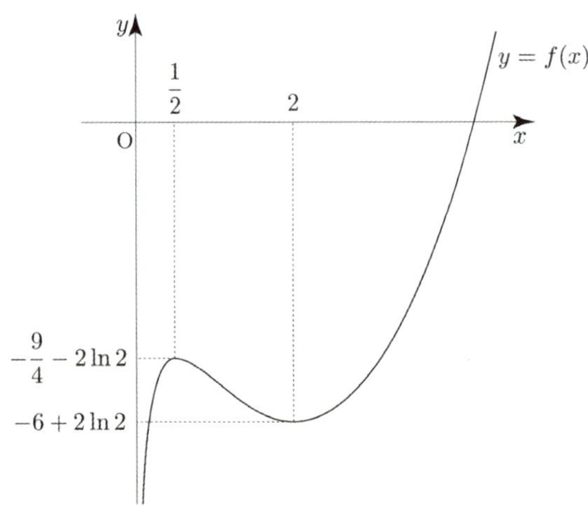

x 에 대한 방정식 $x^2 - 5x + 2\ln x = t$ 가 서로 다른
2 개의 실근을 가지려면 곡선 $y = f(x)$ 의 그래프와
직선 $y = t$ 의 교점의 개수가 2 가 되어야 하므로

$t = -\dfrac{9}{4} - 2\ln 2 \ \text{or} \ t = -6 + 2\ln 2$

따라서 모든 실수 t 의 값의 합은 $-\dfrac{33}{4}$ 이다.

답 ②

075

원점을 지나고 곡선 $y = e^{-x} + e^t$ 에 접하는 직선에 대하여
접점의 좌표를 $\left(p, \ e^{-p} + e^t\right)$ 라 하면 접선의 방정식은
$y = -e^{-p}(x-p) + e^{-p} + e^t = -e^{-p}x + (1+p)e^{-p} + e^t$ 이다.
이때, 접선이 원점을 지나므로 원점을 대입하면
$0 = (1+p)e^{-p} + e^t \ \cdots \ \text{㉠}$ 이고, 직선의 기울기가 $f(t)$ 이므로
$f(t) = -e^{-p} \ \cdots \ \text{㉡}$ 이다.

$f(a) = -e\sqrt{e} = -e^{\frac{3}{2}}$ 이므로

㉡에 의해서 $t = a$ 일 때, $p = -\dfrac{3}{2}$ 이다.

㉡의 양변을 t 에 대해 미분하면

$f'(t) = \dfrac{dp}{dt}e^{-p}$

$t = a$ 일 때, $\dfrac{dp}{dt}$ 를 구하기 위해서

㉠의 양변을 t 에 대해 미분하면

$0 = \dfrac{dp}{dt}e^{-p} + (1+p)\left(-\dfrac{dp}{dt}\right)e^{-p} + e^t$

위 식에 $t = a, \ p = -\dfrac{3}{2}$ 를 대입하면

$0 = \dfrac{dp}{dt}e^{\frac{3}{2}} + \dfrac{1}{2}\dfrac{dp}{dt}e^{\frac{3}{2}} + e^a$

$\Rightarrow 0 = \dfrac{3}{2}\dfrac{dp}{dt}e^{\frac{3}{2}} + e^a \ \cdots \ \text{㉢}$

e^a 를 구하기 위해서 ㉠에 $t = a, \ p = -\dfrac{3}{2}$ 를 대입하면

$0 = (1+p)e^{-p} + e^a \Rightarrow e^a = \dfrac{1}{2}e^{\frac{3}{2}}$

㉢에 이를 대입하면

$0 = \dfrac{3}{2}\dfrac{dp}{dt}e^{\frac{3}{2}} + \dfrac{1}{2}e^{\frac{3}{2}}$

$\Rightarrow \dfrac{dp}{dt} = -\dfrac{1}{3}$

따라서 $f'(a) = \dfrac{dp}{dt}e^{\frac{3}{2}} = -\dfrac{1}{3}e\sqrt{e}$ 이다.

답 ①

$g(x) = \sin x$

$h(x) = g(f(x))$ 라 하면

$h'(x) = f'(x)g'(f(x))$

$x = 1$ 에서의 접선의 방정식은

$y = f'(1)\cos(f(1))\,(x-1) + \sin(f(1))$

원점을 지나므로 $(0,\ 0)$ 을 대입하면

$0 = -f'(1)\cos(f(1)) + \sin(f(1))$

$\Rightarrow\ f'(1)\cos(f(1)) = \sin(f(1))$

$$\lim_{x \to 1} \frac{f(x) - \dfrac{\pi}{6}}{x-1} = k$$

분모가 0 으로 가는데 극한값이 존재하므로

분자도 0 으로 가야한다.

$$\lim_{x \to 1}\left(f(x) - \frac{\pi}{6}\right) = 0 \ \Rightarrow\ f(1) = \frac{\pi}{6}$$

($\because\ f(x)$ 는 미분가능한 함수)

$$\lim_{x \to 1} \frac{f(x) - \dfrac{\pi}{6}}{x-1} = \lim_{x \to 1} \frac{f(x) - f(1)}{x-1} = f'(1) = k$$

$f(1) = \dfrac{\pi}{6}$, $f'(1) = k$ 을

$f'(1)\cos(f(1)) = \sin(f(1))$ 에 대입하면

$\dfrac{\sqrt{3}}{2}k = \dfrac{1}{2}\ \Rightarrow\ k = \dfrac{1}{\sqrt{3}}$

따라서 $30k^2 = 30 \times \dfrac{1}{3} = 10$ 이다.

🔲 답   10

$x = 2\sqrt{t+1}$, $\quad y = t - \ln(t+1)$

$\dfrac{dx}{dt} = \dfrac{1}{\sqrt{t+1}}$, $\quad \dfrac{dy}{dt} = 1 - \dfrac{1}{t+1}$

속력은 $\sqrt{\left(\dfrac{dx}{dt}\right)^2 + \left(\dfrac{dy}{dt}\right)^2} = \sqrt{\dfrac{1}{t+1} + \left(1 - \dfrac{1}{t+1}\right)^2}$

$\qquad = \sqrt{\dfrac{1}{(t+1)^2} - \dfrac{1}{t+1} + 1}$

$\qquad = \sqrt{\left(\dfrac{1}{t+1} - \dfrac{1}{2}\right)^2 + \dfrac{3}{4}}$

따라서 $t = 1$ 일 때, 점 P 의 속력의 최솟값은

$\sqrt{\dfrac{3}{4}} = \dfrac{\sqrt{3}}{2}$ 이다.

🔲 답   ⑤

$f(x) = \dfrac{2}{x^2 + b}\ (b > 0)$

$f'(x) = \dfrac{-4x}{(x^2+b)^2}$

$f''(x) = \dfrac{-4(x^2+b)^2 + 4x \times 2(x^2+b) \times 2x}{(x^2+b)^4}$

$\qquad = \dfrac{-4(x^2+b) + 16x^2}{(x^2+b)^3} = \dfrac{4(3x^2 - b)}{(x^2+b)^3}$

$(2,\ a)$ 가 변곡점이므로 $f''(2) = 0 \ \Rightarrow\ 12 - b = 0 \ \Rightarrow\ b = 12$

$f(2) = a \ \Rightarrow\ \dfrac{2}{4+12} = \dfrac{2}{16} = \dfrac{1}{8} = a$

따라서 $\dfrac{b}{a} = \dfrac{12}{\dfrac{1}{8}} = 96$ 이다.

🔲 답   96

$f(x) = 3\sin kx + 4x^3$

$f'(x) = 3k\cos kx + 12x^2$

$f''(x) = 24x - 3k^2\sin kx = 3(8x - k^2\sin kx)$

Semi 이계도함수 $f''(x) = 8x - k^2\sin kx$

두 함수 $y = 8x$, $y = k^2\sin kx$ 의 그래프를 이용하여

빼기함수 Technique으로 이계도함수의 부호를 처리해 보자.

실수 k 의 최댓값을 구하는 것이므로 $k > 0$ 라고

가정하고 풀어보자.

$g(x) = k^2\sin kx$ 라 하면

$g'(x) = k^3\cos kx$ 이므로 $g'(0) = k^3$

$x = 0$ 에서의 접선의 방정식은 $y = k^3 x$ 이다.

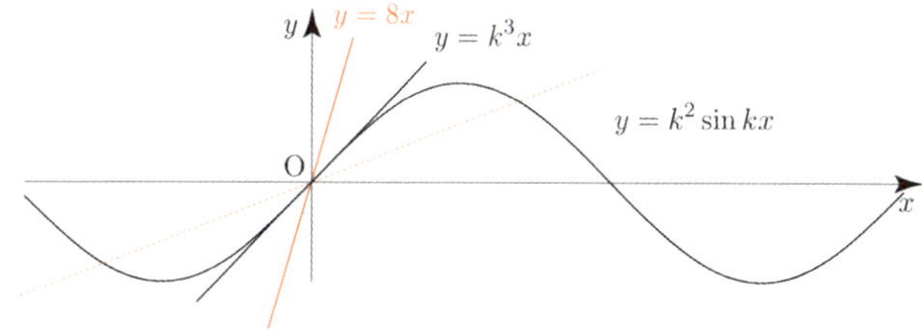

$k^3 > 8$ 이면 위의 점선처럼 $f''(x)$ 의 부호가 변하는 점이
오직 하나일 수가 없으므로 조건을 만족시키지 않는다.
즉, $f''(x)$ 의 부호가 변하는 점이 오직 하나 존재하려면
$k^3 \leq 8 \Rightarrow k \leq 2$ 이어야 한다.

따라서 실수 k 의 최댓값은 2 이다.
(참고로 k 가 음수일 때, 항상 해당 조건을 만족하는 것은
아니다. 예를 들어 $k = -4$ 일 때, $y = 8x$ 의 그래프와
$y = 16\sin(-4x)$ 의 그래프는 서로 다른 5개의 점에서 만난다.)

답 2

080

곡선 $y = \sqrt{x} - 3$ 위의 임의의 점 Q 의 좌표를
$(t,\ \sqrt{t} - 3)$ $(t > 0)$ 이라 하고, 원점을 O 라 하자.

선분 PQ 의 길이가 최소가 되려면 점 Q 에 대하여
선분 OQ 와 원 $x^2 + y^2 = 1$ 이 만나는 점이 P 이고,
원 $x^2 + y^2 = 1$ 위의 점 P 에서의 접선의 기울기와 곡선
$y = \sqrt{x} - 3$ 위의 점 Q 에서의 접선의 기울기가 같아야 한다.

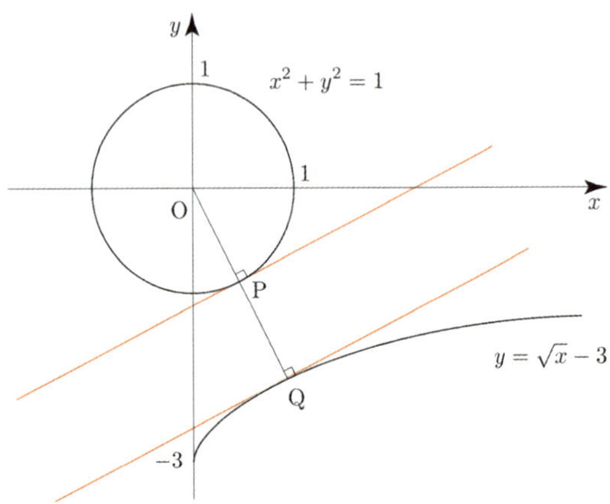

곡선 $y = \sqrt{x} - 3$ 위의 점 $Q(t,\ \sqrt{t} - 3)$ $(t > 0)$ 에서의
접선과 직선 OQ 는 수직이므로
$$\frac{1}{2\sqrt{t}} \times \frac{\sqrt{t} - 3}{t} = -1$$
$$\Rightarrow 2(\sqrt{t})^3 + \sqrt{t} - 3 = 0$$
$$\Rightarrow (\sqrt{t} - 1)(2t + 2\sqrt{t} + 3) = 0 \Rightarrow t = 1 \ (\because\ t > 0)$$
$t = 1$ 이므로 $Q(1,\ -2)$ 이다.
$$\overline{PQ} = \overline{OQ} - 1 = \sqrt{5} - 1$$
$a = 5$, $b = 1$
따라서 $a^2 + b^2 = 26$ 이다.

답 26

081

$\overline{OQ} = 2\cos\theta$ 이므로
$$\overline{OP} = 2\cos\theta - 1$$

점 P 에서 x 축에 내린 수선의 발을 R 이라 하자.

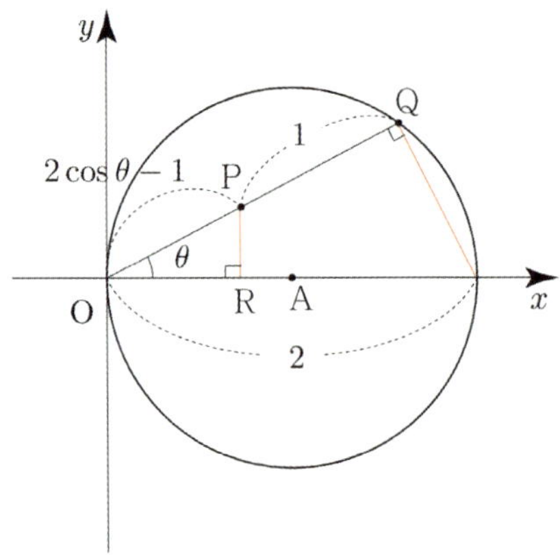

점 P 의 y좌표 $= \overline{PR} = (2\cos\theta - 1)\sin\theta$
$f(\theta) = (2\cos\theta - 1)\sin\theta$ $\left(0 < \theta < \dfrac{\pi}{3}\right)$ 라 하면
$$f'(\theta) = (-2\sin\theta)\sin\theta + (2\cos\theta - 1)\cos\theta$$
$$= -2(1 - \cos^2\theta) + 2\cos^2\theta - \cos\theta$$
$$= 4\cos^2\theta - \cos\theta - 2$$
$$= \left(\cos\theta - \frac{1 - \sqrt{33}}{8}\right)\left(\cos\theta - \frac{1 + \sqrt{33}}{8}\right)$$

$0 < \theta < \dfrac{\pi}{3}$ 에서 $\cos\theta - \dfrac{1 - \sqrt{33}}{8} > 0$ 이므로

Semi 도함수 $f'(\theta) = \cos\theta - \dfrac{1 + \sqrt{33}}{8}$

$f'(\theta) = 0 \Rightarrow x = \theta$ 에서 극대
열린구간에서 최댓값을 물어보았으므로
최댓값은 극댓값과 같다.

즉, 점 P 의 y좌표가 최대가 될 때
$\cos\theta = \dfrac{1 + \sqrt{33}}{8}$ 이므로 $a = 1$, $b = 33$

따라서 $a + b = 34$ 이다.

답 34

> **Tip**
>
> $\cos\theta = x$ 라고 치환했을 때,
> $$0 < \theta < \frac{\pi}{3} \Rightarrow \frac{1}{2} < x < 1$$

$f'(\theta) = 4x^2 - x - 2$ 이므로

$f(\theta)$ 가 $x = \dfrac{1 + \sqrt{33}}{8}$ 에서 극솟값을 갖는 것처럼

그려지는 이유는 $\cos\theta$ 가 해당구간에서 감소하기 때문이다.
혹시나 이해가 안됐다면 042번 tip을 참고하도록 하자.

직선 $y = g(x)$ 가 $y = f(x)$ 위의 점 $A(1,\ 2)$ 를 지나고
닫힌구간 $[0,\ 4]$ 에서 $f(x) \leq g(x)$ 를 만족시키려면
직선 $y = g(x)$ 가 $f(x)$ 위의 점 $A(1,\ 2)$ 에서의 접선이어야
한다.

$f(x) = 2\sqrt{2}\sin\dfrac{\pi}{4}x$

$f'(x) = \dfrac{\sqrt{2}}{2}\pi\cos\dfrac{\pi}{4}x$

$f'(1) = \dfrac{\sqrt{2}}{2}\pi \times \dfrac{\sqrt{2}}{2} = \dfrac{\pi}{2}$ 이므로

$A(1,\ 2)$ 에서의 접선의 방정식은

$y = \dfrac{\pi}{2}(x-1) + 2 = \dfrac{\pi}{2}x - \dfrac{\pi}{2} + 2 = g(x)$

따라서 $g(3) = \dfrac{3}{2}\pi - \dfrac{\pi}{2} + 2 = \pi + 2$ 이다.

답 ③

$g(x)$ 가 증가하는 함수이므로 $g'(x) \geq 0$
점 $(2,\ 2)$ 가 곡선 $y = g(x)$ 의 변곡점이므로
$g(2) = 2,\ g''(2) = 0$

$h(x) = (f \circ g)(x) = f(g(x))$
$h'(x) = g'(x)f'(g(x))$
$h''(x) = g''(x)f'(g(x)) + \{g'(x)\}^2 f''(g(x))$

$h''(2) = g''(2)f'(g(2)) + \{g'(2)\}^2 f''(g(2))$

$\qquad = \{g'(2)\}^2 f''(2)$

$\dfrac{h''(2)}{f''(2)} = 4$

$\Rightarrow \{g'(2)\}^2 = 4 \Rightarrow g'(2) = 2 \ (\because\ g'(x) \geq 0)$

$g'(2) = 2,\ f'(2) = 4$

따라서 $h'(2) = g'(2)f'(g(2)) = g'(2)f'(2) = 2 \times 4 = 8$ 이다.

답 ①

$f(x) = \dfrac{1}{2}x^2 - 3x - \dfrac{k}{x}$

$f'(x) = x - 3 + \dfrac{k}{x^2} = \dfrac{x^3 - 3x^2 + k}{x^2}$

Semi 도함수 $f'(x) = x^3 - 3x^2 + k$
열린구간 $(0,\ \infty)$ 에서 $f(x)$ 가 증가하려면
$x > 0$ 에서 $f'(x) \geq 0$ 이어야 하므로
$x^3 - 3x^2 + k \geq 0 \Rightarrow k \geq -x^3 + 3x^2$

$g(x) = -x^3 + 3x^2$ 라 하면
$g'(x) = -3x^2 + 6x = -3x(x-2)$
$g(2) = 4$
이를 바탕으로 $g(x)$ 를 그리면 다음과 같다.

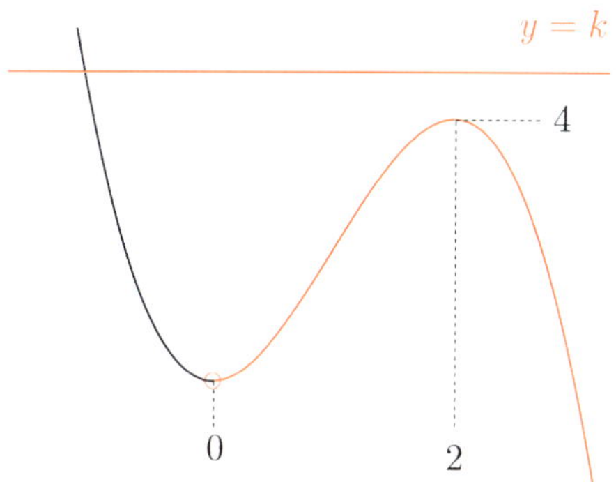

$k \geq -x^3 + 3x^2 \Rightarrow k \geq 4$

따라서 실수 k 의 최솟값은 4 이다.

답 ③

$\sin x - x\cos x - k = 0 \Rightarrow \sin x - x\cos x = k$
$f(x) = \sin x - x\cos x$ 라 하면
$f'(x) = \cos x - (\cos x - x\sin x) = x\sin x$
닫힌구간 $[0,\ 2\pi]$ 에서 $x \geq 0$ 이므로
Semi 도함수 $f'(x) = \sin x$

$f'(\pi)=0,\ f(\pi)=\pi \Rightarrow x=\pi$ 에서 극대
$f(0)=0,\ f(2\pi)=-2\pi$

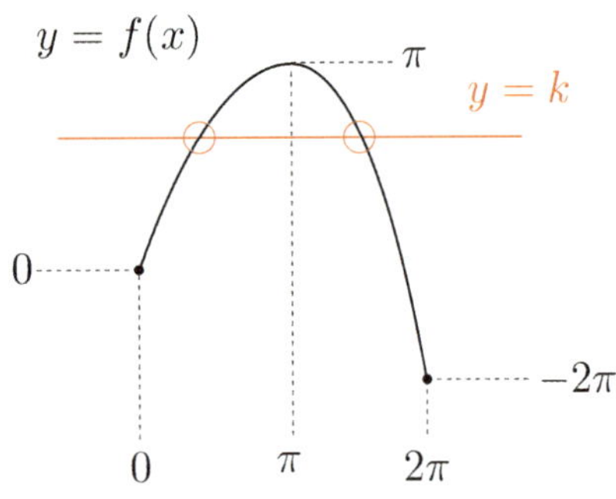

방정식 $f(x)=k$ 의 서로 다른 실근의 개수가 2 가 되려면
$0 \le k < \pi$ 이므로 조건을 만족시키는 정수 $k=0,\ 1,\ 2,\ 3$ 이다.

따라서 모든 정수 k 의 값의 합은 6 이다.

답 ⑤

$\mathrm{P}\left(t,\ 2e^{-t}\right)\ (t>0)$
점 P 에서의 접선의 방정식은
$y=-2e^{-t}(x-t)+2e^{-t}=-2e^{-t}x+(2t+2)e^{-t}$
$\mathrm{A}\left(0,\ 2e^{-t}\right),\ \mathrm{B}\left(0,\ (2t+2)e^{-t}\right)$

$\overline{\mathrm{AP}}=t,\ \overline{\mathrm{AB}}=2te^{-t}$ 이므로
삼각형 APB 의 넓이는
$\dfrac{1}{2}\times\overline{\mathrm{AP}}\times\overline{\mathrm{AB}}=\dfrac{1}{2}\times t\times 2te^{-t}=t^2e^{-t}$

$f(t)=t^2e^{-t}\ (t>0)$ 라 하면
$f'(t)=2te^{-t}-t^2e^{-t}=t(2-t)e^{-t}$
$f'(2)=0,\ f(2)=4e^{-2}\ \Rightarrow\ t=2$ 에서 극대

따라서 삼각형 APB 의 넓이가 최대가 되도록 하는
t 의 값은 2 이다.

답 ④

$f(x)=\begin{cases} x^2+k & (x \le 2) \\ \ln(x-2) & (x>2) \end{cases}$
직선 $y=x+t$ 와 함수 $y=f(x)$ 의 그래프가 만나는 점의
개수를 $g(t)$

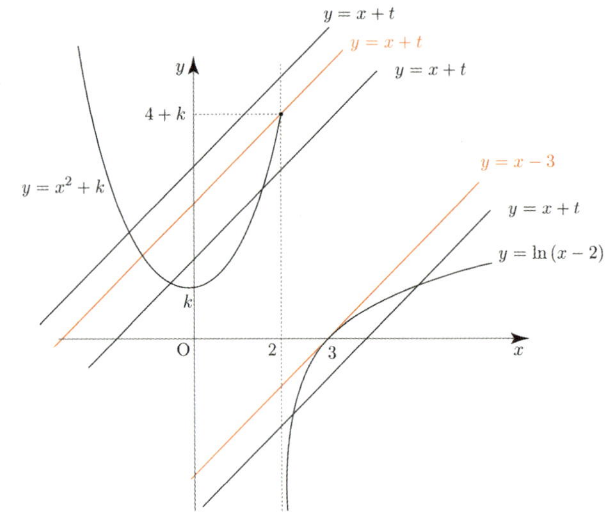

이런 문제들은 특수한 지점부터 확인해보는 것이 좋다.

$h(x)=\ln(x-2)$ 라 하면 $h'(x)=\dfrac{1}{x-2}\ \Rightarrow\ h'(3)=1$
이므로 $(3,\ 0)$ 에서의 접선의 방정식은 $y=x-3$ 이다.

직선 $y=x+t$ 가 점 $(2,\ 4+k)$ 를 지날 때를 살펴보자.
$4+k=2+t\ \Rightarrow\ t=k+2$
$\displaystyle\lim_{t\to(k+2)-}g(t)=2,\ g(k+2)=2$ 이고,
$t>k+2$ 일 때, $g(t)=1$ 이므로
$g(t)$ 는 $t=k+2$ 에서 불연속이다.

$g(t)$ 가 $t=a$ 에서 불연속인 a 의 값이 한 개이므로
$t<k+2$ 에서 $g(t)$ 는 연속이어야 한다.

즉, $t<k+2$ 일 때, $g(t)=2$ 가 되려면 다음 그림과 같이
$y=x^2+k$ 가 $y=x-3$ 와 접해야 한다.

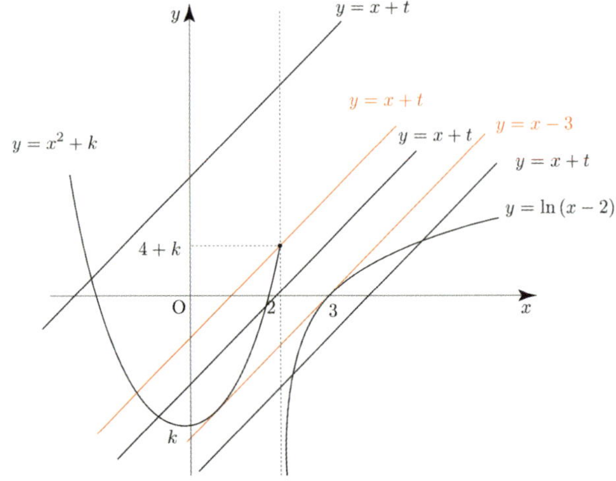

$x^2+k=x-3\ \Rightarrow\ x^2-x+k+3=0$

판별식 $D=0 \Rightarrow 1-4k-12=0 \Rightarrow k=-\dfrac{11}{4}$

따라서 $k=-\dfrac{11}{4}$ 이다.

답 ④

088

$f(x)=x^2 e^{-x+2}$

$f(4)=16e^{-2}=\dfrac{16}{e^2}$

곡선 $y=f(x)$ 와 직선 $y=\dfrac{15}{e^2}$ 가 만나는 세 점의

x 좌표를 각각 a, b, c 라 하면 $a<0$, $0<b<2$, $4<c$ 이다.

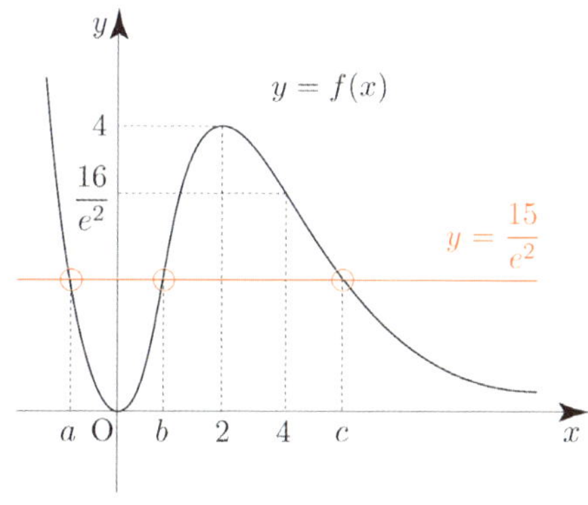

곡선 $y=f(x)$ 와 직선 $y=a$ 는 만나지 않는다.
곡선 $y=f(x)$ 와 직선 $y=b$ 는 서로 다른 세 점에서 만난다.
곡선 $y=f(x)$ 와 직선 $y=c$ 는 한 점에서 만난다.

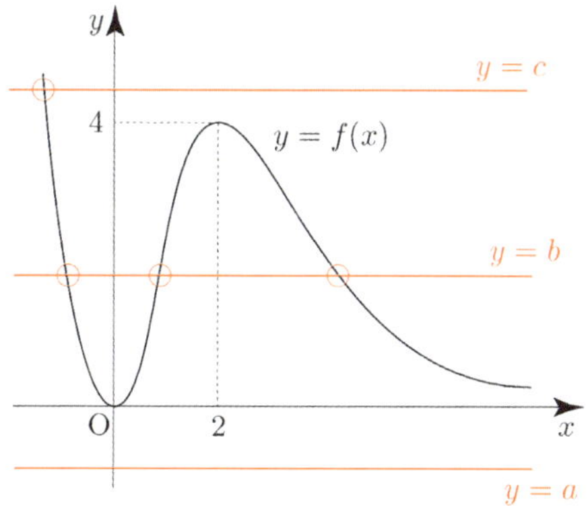

따라서 함수 $y=(f \circ f)(x)$ 의 그래프와 직선 $y=\dfrac{15}{e^2}$ 의

교점의 개수는 4 이다.

답 ③

<왜 하필 $y=\dfrac{15}{e^2}$ 일까?>

c 가 4 보다 큰지 작은지 같은지를 알아야 곡선 $y=f(x)$ 와 직선 $y=c$ 가 만나는 점의 개수를 파악할 수 있기 때문이다.

즉, $f(4)=16e^{-2}=\dfrac{16}{e^2}$ 이므로 $4<c$ 인 것을 알려주기 위함이다.

이번에는 Guide step에서 배운 합성함수의 그래프 그리기를 이용하여 풀어보자.

$f(x)$ 의 증감을 기초로 $y=f(f(x))$ 의 그래프를 그려보자.

함수 $y=f(x)$ 의 그래프는 $x=0$ 과 $x=2$ 를 경계로 $x<0$, $x>2$ 에서 감소하고 $0<x<2$ 에서 증가한다.

$f(x)=t$ 라 하면 x 가 $-\infty \to 0$ 일 때, t 는 $\infty \to 0$ 이므로 함수 $y=f(t)$ 에서 $t>0$ 의 범위의 그래프를 좌우 반전시킨 후 복사하여 정의역 $x<0$ 에 들어가도록 확대 및 축소한 뒤 붙여넣어 그리면 된다. x 가 $0 \to 2$ 일 때, t 는 $0 \to 4$ 이므로 함수 $y=f(t)$ 에서 $0<t<4$ 의 범위의 그래프를 복사하여 정의역 $0<x<2$ 에 들어가도록 확대 및 축소한 뒤 붙여넣어 그리면 된다. 이때 $f(4)=\dfrac{16}{e^2}$ 이다.

x 가 $2 \to \infty$ 일 때, t 는 $4 \to 0$ 이므로 함수 $y=f(t)$ 에서 $0<t<4$ 의 범위의 그래프를 좌우 반전시킨 후 복사하여 정의역 $x>2$ 에 들어가도록 확대 및 축소한 뒤 붙여넣어 그리면 된다.

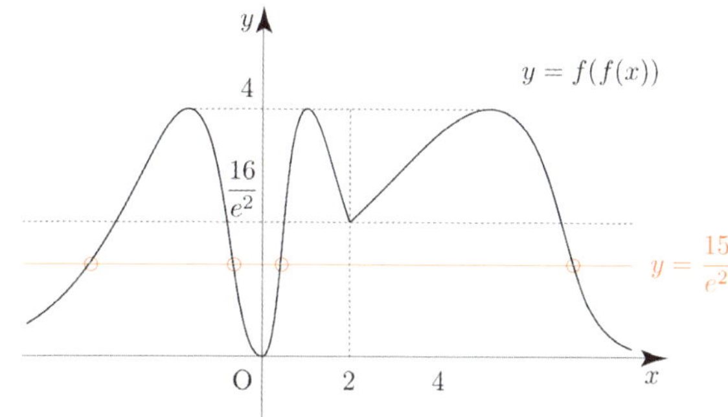

$\displaystyle\lim_{x \to \infty} f(x)=0$ 이므로 함수 $f(x)$ 의 점근선은 $y=0$ 이다.

즉, t 는 $4 \to 0$ 에서 0 은 상수가 아니라 0 으로 가까이 가는 상태이다.

헷갈리는 경우에는 $\displaystyle\lim_{x \to \infty} f(f(x))=0$ 인 것을 바탕으로 함수 $f(f(x))$ 의 점근선이 $y=0$ 임을 직접 구해도 된다.

따라서 함수 $y = (f \circ f)(x)$ 의 그래프와 직선 $y = \dfrac{15}{e^2}$ 의 교점의 개수는 4 이다.

089

$t > 0$

점 $\mathrm{P}(t,\ \ln t)$ 에서의 접선은

$$y = \frac{1}{t}(x-t) + \ln t = \frac{1}{t}x - 1 + \ln t$$

이므로 $r(t) = t(1-\ln t)$

점 $\mathrm{Q}(2t,\ \ln 2t)$ 에서의 접선은

$$y = \frac{1}{2t}(x-2t) + \ln 2t = \frac{1}{2t}x - 1 + \ln 2t$$

이므로 $s(t) = 2t(1 - \ln 2t)$

$$
\begin{aligned}
f(t) = r(t) - s(t) &= t(1-\ln t) - 2t(1-\ln 2t) \\
&= t(1 - \ln t - 2 + 2\ln 2t) \\
&= t\left(\ln\frac{4}{e} + \ln t\right)
\end{aligned}
$$

$$f'(t) = \left(\ln\frac{4}{e} + \ln t\right) + 1 = \ln 4t$$

따라서

$t = \dfrac{1}{4}$ 에서 극솟값 $f\left(\dfrac{1}{4}\right) = \dfrac{1}{4}\left(\ln\dfrac{4}{e} + \ln\dfrac{1}{4}\right) = -\dfrac{1}{4}$

이다.

답 ③

090

$f(x) = \dfrac{1}{x},\ \ g(x) = \dfrac{k}{x}\ (k > 1)$

$f'(x) = -\dfrac{1}{x^2},\ \ g'(x) = -\dfrac{k}{x^2}$

$\mathrm{P}\left(2,\ \dfrac{1}{2}\right),\ \mathrm{Q}\left(2,\ \dfrac{k}{2}\right)$

점 P 에서의 접선의 방정식은

$$l\ :\ y = -\frac{1}{4}(x-2) + \frac{1}{2} = -\frac{1}{4}x + 1$$

점 Q 에서의 접선의 방정식은

$$m\ :\ y = -\frac{k}{4}(x-2) + \frac{k}{2} = -\frac{k}{4}x + k$$

기울기가 $m,\ n\ (m \neq n)$ 인 두 직선이 이루는 예각의 크기를 θ 라 하면 다음이 성립한다.

$$\tan\theta = \left| \frac{m-n}{1+mn} \right|$$

두 직선 $l,\ m$ 이 이루는 예각의 크기가 $\dfrac{\pi}{4}$ 이므로

$$
\tan\frac{\pi}{4} = \left| \frac{-\dfrac{1}{4} - \left(-\dfrac{k}{4}\right)}{1 + \left(-\dfrac{k}{4}\right)\left(-\dfrac{1}{4}\right)} \right| = \left| \frac{\dfrac{k-1}{4}}{1 + \dfrac{k}{16}} \right|
$$

$$
= \left| \frac{4(k-1)}{16+k} \right| = \frac{4(k-1)}{16+k} = 1 \ \ (\because\ k > 1)
$$

$$\Rightarrow 4k - 4 = 16 + k \Rightarrow k = \frac{20}{3}$$

따라서 $3k = 3 \times \dfrac{20}{3} = 20$ 이다.

답 20

091

$y = t$ 와 $y = \sin x\left(0 < x < \dfrac{\pi}{2}\right)$ 와 만나는 점의 x 좌표를 a 라 하면 $\sin a = t$

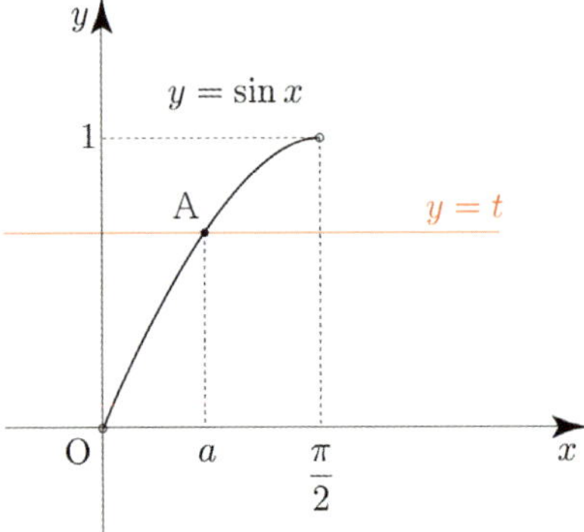

$f'(x) = \cos x$

$\mathrm{A}(a,\ \sin a)$ 에서의 접선의 방정식은

$y = \cos a(x-a) + \sin a$ 이므로

접선의 x 절편 $g(t) = -\tan a + a$ 이다.

음함수 미분법을 이용하여 양변을 t 에 대하여 미분하면

$$g'(t) = -\sec^2 a \times \frac{da}{dt} + \frac{da}{dt}$$

$t = \dfrac{2\sqrt{2}}{3}$ 일 때, $\sin a = \dfrac{2\sqrt{2}}{3} \Rightarrow \cos a = \dfrac{1}{3}$

$\sin a = t$

음함수 미분법을 이용하여 양변을 t에 대하여 미분하면

$\cos a \dfrac{da}{dt} = 1 \Rightarrow \dfrac{1}{3} \times \dfrac{da}{dt} = 1 \Rightarrow \dfrac{da}{dt} = 3$

따라서

$g'\left(\dfrac{2\sqrt{2}}{3}\right) = -\sec^2 a \times \dfrac{da}{dt} + \dfrac{da}{dt} = -9 \times 3 + 3 = -24$

이다.

답 ②

092

$g(x) = \begin{cases} f(x) & (x \geq k) \\ -f(x) & (x < k) \end{cases}$

$g(x)$는 $x = k$에서 연속이므로

$f(k) = -f(k) \Rightarrow f(k) = 0$인

k가 존재해야 한다.

$f(x) = e^{3x} - ax$, $f'(x) = 3e^{3x} - a$

a의 부호에 따라 case분류하면

① $a < 0$

$f'(x) > 0$이므로 $f(x)$는 증가함수이고,

$\lim\limits_{x \to \infty} f(x) = \infty$, $\lim\limits_{x \to -\infty} f(x) = -\infty$ 이므로

$f(x) = 0$을 만족시키는 x가 오직 하나 존재한다.

즉, $f(k) = 0$인 k가 존재한다.

하지만 $x < k$일 때, $-f(x)$는 감소함수이므로

$g(x)$는 일대일대응이 아니라서 역함수를 가질 수 없다.

② $a = 0$

$f(x) = e^{3x}$

$f(k) = 0$일 수 없으므로 모순이다.

③ $a > 0$

$\lim\limits_{x \to \infty} f(x) = \lim\limits_{x \to -\infty} f(x) = \infty$

$f'(x) = 0 \Rightarrow 3e^{3x} - a = 0 \Rightarrow x = \dfrac{1}{3}\ln\dfrac{a}{3}$

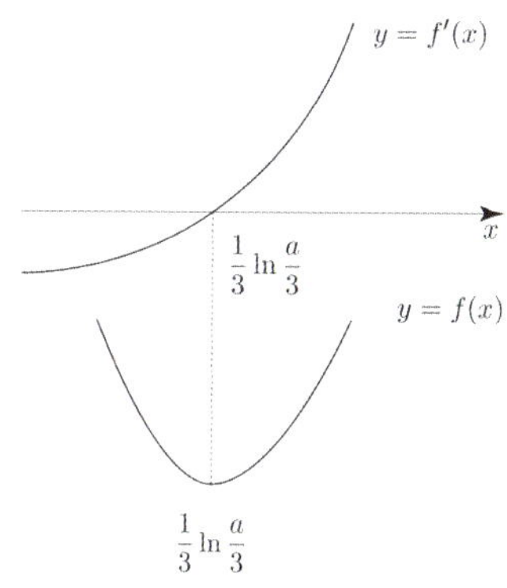

$g(x)$가 실수 전체의 집합에서 연속이고 역함수를 가지려면 $\dfrac{1}{3}\ln\dfrac{a}{3} = k$이어야 한다.

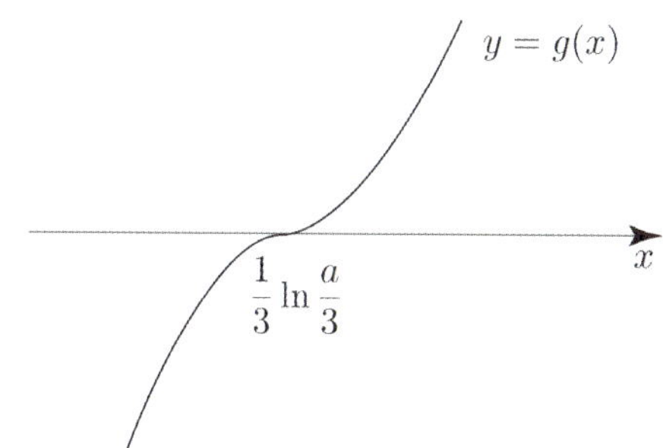

$f(k) = 0 \Rightarrow f\left(\dfrac{1}{3}\ln\dfrac{a}{3}\right) = 0 \Rightarrow \dfrac{a}{3} - \dfrac{a}{3}\ln\dfrac{a}{3} = 0$

$\Rightarrow \dfrac{a}{3}\left(1 - \ln\dfrac{a}{3}\right) = 0 \Rightarrow a = 3e \ (\because \ a > 0)$

따라서 $a \times k = a \times \dfrac{1}{3}\ln\dfrac{a}{3} = 3e \times \dfrac{1}{3} = e$ 이다.

답 ①

093

$f(x) = ae^{3x} + be^x$

$f'(x) = 3ae^{3x} + be^x$

$f''(x) = 9ae^{3x} + be^x$

(가) $x_1 < \ln\dfrac{2}{3} < x_2$를 만족시키는 모든 실수 x_1, x_2에 대하여 $f''(x_1)f''(x_2) < 0$이다.

$x = \ln\dfrac{2}{3}$의 좌우에서 $f''(x)$의 부호가 변하므로

$f(x)$는 변곡점 $\left(\ln\dfrac{2}{3}, \ f\left(\ln\dfrac{2}{3}\right)\right)$을 갖는다.

$$f''\left(\ln\frac{2}{3}\right)=0$$

$$9a\times\left(\frac{2}{3}\right)^3+b\times\frac{2}{3}=0 \;\Rightarrow\; \frac{8a+2b}{3}=0 \;\Rightarrow\; b=-4a$$

$a>0$이므로 $b<0$

(나) 구간 $[k,\ \infty)$ 에서 함수 $f(x)$ 의 역함수가 존재하도록
하는 실수 k 의 최솟값을 m 이라 할 때,

$$f(2m)=-\frac{80}{9}\ 이다.$$

구간 $[k,\ \infty)$ 에서 함수 $f(x)$ 가 역함수가 존재하려면
구간 $[k,\ \infty)$ 에서 증가함수이거나 감소함수이어야 한다.

$$f'(x)=3ae^{3x}+be^{x}=ae^{x}(3e^{2x}-4)$$

Semi 도함수 $f'(x)=3e^{2x}-4$

$$f'(x)=0 \;\Rightarrow\; e^{2x}=\frac{4}{3} \;\Rightarrow\; x=\frac{1}{2}\ln\frac{4}{3}$$

$x=\dfrac{1}{2}\ln\dfrac{4}{3}$ 의 좌우에서 $f'(x)$ 의 부호가 변하므로

$$\frac{1}{2}\ln\frac{4}{3}\le k \;\Rightarrow\; m=\frac{1}{2}\ln\frac{4}{3}$$

$$f(x)=ae^{3x}+be^{x}=ae^{3x}-4ae^{x}$$

$$f(2m)=-\frac{80}{9} \;\Rightarrow\; f\left(\ln\frac{4}{3}\right)=a\times\frac{64}{27}-4a\times\frac{4}{3}=-\frac{80}{9}$$

$$\Rightarrow\; -\frac{80}{27}a=-\frac{80}{9} \;\Rightarrow\; a=3$$

따라서 $f(0)=a-4a=-3a=-9$ 이다.

답 ③

094

$$f(x)=x^2+ax+b\ \left(0<b<\frac{\pi}{2}\right)$$

$$g(x)=\sin(x^2+ax+b)$$

$$g'(x)=(2x+a)\cos(x^2+ax+b)$$

(가) 모든 실수 x 에 대하여 $g'(-x)=-g'(x)$ 이다.

$$(-2x+a)\cos(x^2-ax+b)=-(2x+a)\cos(x^2+ax+b)$$

양변에 $x=0$ 을 대입하면

$$a\cos b=-a\cos b \;\Rightarrow\; 2a\cos b=0$$

$$\Rightarrow\; a=0\ \left(\because\ 0<b<\frac{\pi}{2}\right)$$

$$g(x)=\sin(x^2+b)$$

$$g'(x)=2x\cos(x^2+b)$$

$$g''(x)=2\cos(x^2+b)-4x^2\sin(x^2+b)$$

(나) 점 $(k,\ g(k))$ 는 곡선 $y=g(x)$ 의 변곡점이고,
$$2kg(k)=\sqrt{3}\,g'(k)\ 이다.$$

점 $(k,\ g(k))$ 는 곡선 $y=g(x)$ 의 변곡점이므로

$$g''(k)=0 \;\Rightarrow\; 2\cos(k^2+b)-4k^2\sin(k^2+b)=0$$

만약 $k=0$ 이면 $2\cos b\ne 0\ \left(\because\ 0<b<\dfrac{\pi}{2}\right)$ 이므로

위 등식이 성립하지 않는다.

$\cos(k^2+b)=0$ 이면 위 등식을 만족시키려면
$\sin(k^2+b)=0$ 이므로
$\sin^2\theta+\cos^2\theta=1 \;\Rightarrow\; \cos^2(k^2+b)+\sin^2(k^2+b)=1$ 이
성립하지 않으므로 모순이다.

즉, $k\ne 0$ 이고 $\cos(k^2+b)\ne 0$ 이므로

$$2\cos(k^2+b)=4k^2\sin(k^2+b) \;\Rightarrow\; \tan(k^2+b)=\frac{1}{2k^2}$$

$k\ne 0$ 이고 $\cos(k^2+b)\ne 0$ 이고
(나)조건에서 $2kg(k)=\sqrt{3}\,g'(k)$ 이므로
$$2k\sin(k^2+b)=2\sqrt{3}\,k\cos(k^2+b)$$

$$\Rightarrow\; \tan(k^2+b)=\sqrt{3}$$

$$\tan(k^2+b)=\frac{1}{2k^2},\ \tan(k^2+b)=\sqrt{3} \;\Rightarrow\; \frac{1}{2k^2}=\sqrt{3}$$

$$\Rightarrow\; k^2=\frac{\sqrt{3}}{6}$$

$\tan(k^2+b)=\dfrac{1}{2k^2}$ 에 $k^2=\dfrac{\sqrt{3}}{6}$ 을 대입하면

$$\tan\left(\frac{\sqrt{3}}{6}+b\right)=\sqrt{3}\ \left(0<b<\frac{\pi}{2}\right)$$

$$\frac{\sqrt{3}}{6}+b=\frac{\pi}{3} \;\Rightarrow\; b=\frac{\pi}{3}-\frac{\sqrt{3}}{6}$$

따라서 $a+b=0+\left(\dfrac{\pi}{3}-\dfrac{\sqrt{3}}{6}\right)=\dfrac{\pi}{3}-\dfrac{\sqrt{3}}{6}$ 이다.

답 ③

$$f(x) = \frac{\ln x}{x}$$

$$f'(x) = \frac{1 - \ln x}{x^2}$$

접점의 x좌표를 $g(t)$

접선의 기울기가 t이므로

$$f'(g(t)) = t \implies \frac{1 - \ln g(t)}{\{g(t)\}^2} = t$$

$$y = \frac{1 - \ln g(t)}{\{g(t)\}^2}(x - g(t)) + \frac{\ln g(t)}{g(t)}$$

$$= \frac{1 - \ln g(t)}{\{g(t)\}^2}x + \frac{-1 + 2\ln g(t)}{g(t)}$$

점 $(0, 0)$에서 곡선 $y = f(x)$에 그은 접선의 기울기가 a이므로 $(0, 0)$을 대입하면

$$0 = \frac{-1 + 2\ln g(a)}{g(a)} \implies g(a) = e^{\frac{1}{2}}$$

$\dfrac{1 - \ln g(t)}{\{g(t)\}^2} = t$의 양변에 $t = a$을 대입하면

$$\frac{1 - \ln g(a)}{\{g(a)\}^2} = a \implies \frac{1}{2e} = a$$

$\dfrac{1 - \ln g(t)}{\{g(t)\}^2} = t \implies 1 - \ln g(t) = t\{g(t)\}^2$의

양변을 t에 대하여 미분하면

$$-\frac{g'(t)}{g(t)} = \{g(t)\}^2 + 2tg'(t)g(t)$$

양변에 $t = a$을 대입하면

$$-\frac{g'(a)}{g(a)} = \{g(a)\}^2 + 2ag'(a)g(a)$$

$$\implies -\frac{g'(a)}{\sqrt{e}} = e + \frac{\sqrt{e}}{e}g'(a)$$

$$\implies -g'(a) = e\sqrt{e} + g'(a) \implies g'(a) = -\frac{e\sqrt{e}}{2}$$

따라서 $a \times g'(a) = \dfrac{1}{2e} \times \left(-\dfrac{e\sqrt{e}}{2}\right) = -\dfrac{\sqrt{e}}{4}$이다.

답 ②

$a > 0$, 닫힌구간 $[-a, a]$

$$f(x) = \frac{x - 5}{(x - 5)^2 + 36}$$

$x - 5 = t$라 치환하여 구해보자.

치환하면 범위조심 $-a \le x \le a \implies -a - 5 \le t \le a - 5$

$f(t) = \dfrac{t}{t^2 + 36}$ $(-a - 5 \le t \le a - 5)$ 라 하면

$$f'(t) = \frac{(6 - t)(6 + t)}{(t^2 + 36)^2}$$

Semi 도함수 $f'(t) = (6 - t)(6 + t)$

$$f'(-6) = f'(6) = 0, \ f(-6) = -\frac{1}{12}, \ f(6) = \frac{1}{12}$$

$\implies t = 6$에서 극대, $t = -6$에서 극소

$$\lim_{t \to \infty} f(t) = 0, \quad \lim_{t \to -\infty} f(t) = 0$$

이를 바탕으로 $f(t)$를 그리면 다음과 같다.

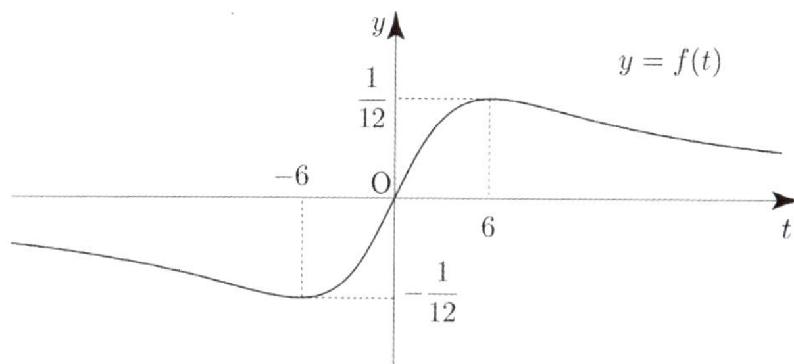

$t = -6$에서 최솟값 $-\dfrac{1}{12}$, $t = 6$에서 최댓값 $\dfrac{1}{12}$을 가진다.

$-a - 5 \le t \le a - 5$에서 최댓값 $+$ 최솟값 $= 0$이 되려면

$$-a - 5 \le -6, \ a - 5 \ge 6 \implies a \ge 1, \ a \ge 11$$

$$\implies a \ge 11$$

따라서 a의 최솟값은 11이다.

답 11

$$y = \{f(t)x + g(t)\}e^{x - k}$$

$$\implies y' = \{f(t)x + f(t) + g(t)\}e^{x - k}$$

곡선 $y = \{f(t)x + g(t)\}e^{x - k}$과

직선 $y = tx$이 점 $(t, \ t^2)$에서 접하므로

$x=t$ 에서의 함숫값이 같고,
$x=t$ 에서의 접선의 기울기가 같아야 한다.

$$\{f(t)t+g(t)\}e^{t-k}=t^2 \ \cdots \ \text{㉠}$$
$$\{f(t)t+f(t)+g(t)\}e^{t-k}=t \ \cdots \ \text{㉡}$$

㉡ $\times \, t = $ ㉠ 이므로

$$\{f(t)t^2+f(t)t+g(t)t\}e^{t-k}=\{f(t)t+g(t)\}e^{t-k}$$
$$\Rightarrow \ \{f(t)t^2+g(t)t-g(t)\}e^{t-k}=0$$
$$\Rightarrow \ f(t)t^2+g(t)t-g(t)=0 \ \cdots \ \text{㉢}$$

㉢에 $t=k$ 를 대입하면 $f(k)=-6$ 이므로
$$f(k)k^2+g(k)k-g(k)=0$$
$$\Rightarrow \ -6k^2+g(k)k-g(k)=0$$
$$\Rightarrow \ g(k)(k-1)=6k^2$$
$$\Rightarrow \ g(k)=\frac{6k^2}{k-1}$$

㉠에 $t=k$ 를 대입하면 $g(k)=\dfrac{6k^2}{k-1}$ 이므로
$$f(k)k+g(k)=k^2$$
$$\Rightarrow \ -6k+\frac{6k^2}{k-1}=k^2$$
$$\Rightarrow \ -6+\frac{6k}{k-1}=k \ (\because \ k>0)$$
$$\Rightarrow \ -6k+6+6k=k^2-k$$
$$\Rightarrow \ k^2-k-6=0$$
$$\Rightarrow \ (k-3)(k+2)=0$$
$$\Rightarrow \ \therefore \ k=3 \ (\because \ k>0)$$

즉, $g(3)=\dfrac{6\times9}{2}=27$, $f(3)=-6$

㉠의 양변을 t 에 대해 미분하고 $t=3$ 을 대입하면
$$\{f'(t)t+f(t)+g'(t)\}e^{t-3}+\{f(t)t+g(t)\}e^{t-3}=2t$$
$$\Rightarrow \ \{f'(t)t+f(t)+f(t)t+g(t)+g'(t)\}e^{t-3}=2t$$
$$\Rightarrow \ 3f'(3)+f(3)+f(3)3+g(3)+g'(3)=6$$
$$\Rightarrow \ 3f'(3)+g'(3)=3 \ \cdots \ \text{㉣}$$

㉢의 양변을 t 에 대해서 미분하고 $t=3$ 을 대입하면

$$f'(t)t^2+2tf(t)+g'(t)t+g(t)-g'(t)=0$$
$$\Rightarrow \ 9f'(3)+6f(3)+3g'(3)+g(3)-g'(3)=0$$
$$\Rightarrow \ 9f'(3)-36+2g'(3)+27=0$$
$$\Rightarrow \ 9f'(3)+2g'(3)=9 \ \cdots \ \text{㉤}$$

㉣, ㉤를 연립하면
$$9f'(3)+3g'(3)=9f'(3)+2g'(3)$$
$$\Rightarrow \ g'(3)=0$$

따라서 $g'(k)=g'(3)=0$ 이다.

답 ③

098

$y=a^x, \ y'=a^x\ln x$
곡선 $y=a^x$ 위의 점 $\mathrm{A}(t, \ a^t)$ 에서의 접선 l 의 기울기는
$a^t\ln a$ 이므로 직선 l 에 수직인 직선의 기울기는
$$-\frac{1}{a^t\ln a} \ 이다.$$

즉, 점 A 를 지나고 직선 l 에 수직인 직선의 방정식은
$$y=-\frac{1}{a^t\ln a}(x-t)+a^t \ 이고,$$
$$0=-\frac{1}{a^t\ln a}(x-t)+a^t \ \Rightarrow \ x=t+a^{2t}\ln a \ 이므로$$
점 $\mathrm{B}(t+a^{2t}\ln a, \ 0)$ 이다.

단순히 일차원적으로 $\overline{\mathrm{AC}}, \ \overline{\mathrm{AB}}$ 를 직접 구해서
$\dfrac{\overline{\mathrm{AC}}}{\overline{\mathrm{AB}}}$ 를 t 로 표현하려고 하니 식이 너무 복잡하다.
심지어 3 점짜리 문제이다.

다른 방법이 없을까?

$\dfrac{1}{3}=\dfrac{2}{6}$ 인 것처럼 비율에 초점을 맞춰 풀어보자.

점 A 에서 x 축에 내린 수선의 발을 H, y 축에 내린
수선의 발을 R 이라 하고, $\angle \mathrm{ABH}=\angle \mathrm{CAR}=\theta$ 라 하자.

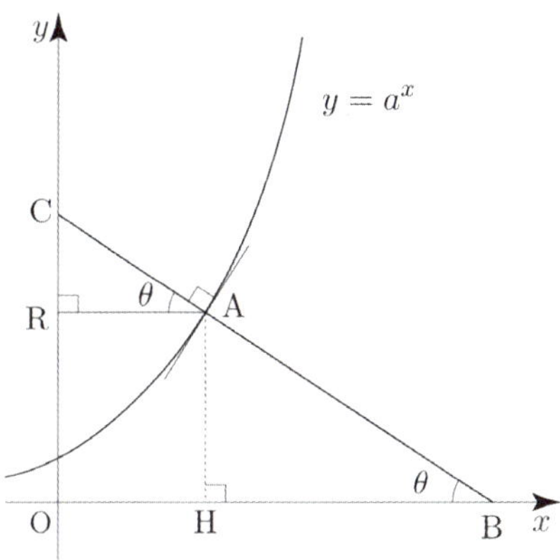

$$\cos\theta = \frac{\overline{AR}}{\overline{AC}} = \frac{\overline{BH}}{\overline{AB}} \;\Rightarrow\; \frac{\overline{AC}}{\overline{AB}} = \frac{\overline{AR}}{\overline{BH}}$$

$\overline{BH} = a^{2t}\ln a, \;\; \overline{AR} = t$ 이므로

$$\therefore \; \frac{\overline{AC}}{\overline{AB}} = \frac{\overline{AR}}{\overline{BH}} = \frac{t}{a^{2t}\ln a}$$

$f(t) = \dfrac{t}{a^{2t}\ln a} = \dfrac{1}{\ln a}\left(t\,a^{-2t}\right)\;(t>0)$ 라 하면

$$f'(t) = \frac{1}{\ln a}\left(a^{-2t} - 2t a^{-2t}\ln a\right) = \frac{a^{-2t}}{\ln a}\{1 - (2\ln a)t\}$$

열린구간 $(t>0)$ 에서 정의된 함수 $f(t)$ 는
$t=1$ 에서 최대이므로 $t=1$ 에서 극대이어야 한다.
이때 $f(t)$ 는 미분가능한 함수이므로

$$f'(1) = 0 \;\Rightarrow\; 1 - 2\ln a = 0 \;\Rightarrow\; a = \sqrt{e}$$

따라서 $a = \sqrt{e}$ 이다.

답 ②

099

$f(x) = 2x\cos x \;\; (0 \le x \le \pi)$
$f'(x) = 2\cos x + 2x(-\sin x)$

ㄱ. $f'(a) = 0$ 이면 $\tan a = \dfrac{1}{a}$ 이다.

  $2\cos a - 2a\sin a = 0 \;\Rightarrow\; \tan a = \dfrac{1}{a}$ 이므로

  ㄱ은 참이다.

ㄴ. 함수 $f(x)$ 가 $x=a$ 에서 극댓값을 가지는 a 가
  구간 $\left(\dfrac{\pi}{4}, \; \dfrac{\pi}{3}\right)$ 에 있다.

  ㄱ을 이용하기 위해서 꼴을 변형하면
  $$f'(x) = 2\cos x + 2x(-\sin x) = 2x\cos x\left(\frac{1}{x} - \tan x\right)$$

구간 $\left(\dfrac{\pi}{4}, \; \dfrac{\pi}{3}\right)$ 에서 Semi 도함수 $f'(x) = \dfrac{1}{x} - \tan x$

두 함수 $y = \dfrac{1}{x}, \; y = \tan x$ 의 그래프를 이용하여

빼기함수 Technique으로 도함수의 부호를 처리해 보자.

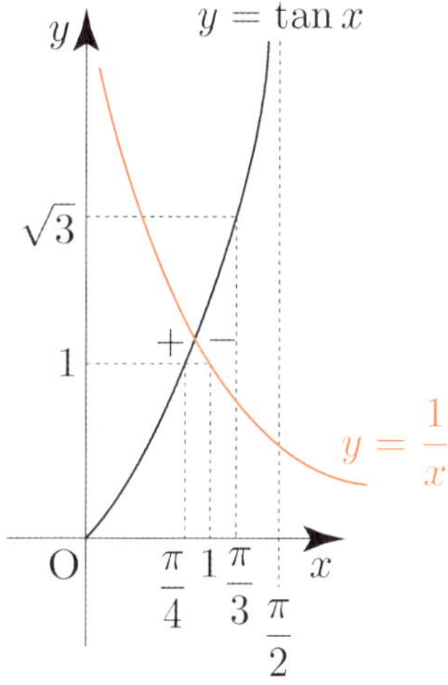

$$f'(a) = 0 \;\Rightarrow\; \frac{1}{a} - \tan a = 0$$

$x = a$ 에서 극대이고 $\dfrac{\pi}{4} < a < \dfrac{\pi}{3}$ 이므로
ㄴ은 참이다.

ㄷ. 구간 $\left[0, \; \dfrac{\pi}{2}\right]$ 에서 방정식 $f(x) = 1$ 의 서로 다른
  실근의 개수는 2 이다.

방정식 $f(x) = 1$ 의 서로 다른 실근의 개수를 구하기
위해서는 극댓값과 1 의 대소관계를 파악해야 한다.

이때 ㄴ을 이용하면 $x = a$ 에서 극대이고 $\dfrac{\pi}{4} < a < \dfrac{\pi}{3}$

$$f\left(\frac{\pi}{3}\right) = \frac{2}{3}\pi \times \frac{1}{2} = \frac{\pi}{3} > 1 \;,\; f(0) = f\left(\frac{\pi}{2}\right) = 0$$

이를 바탕으로 $y = f(x), \; y = 1$ 을 그리면 다음과 같다.

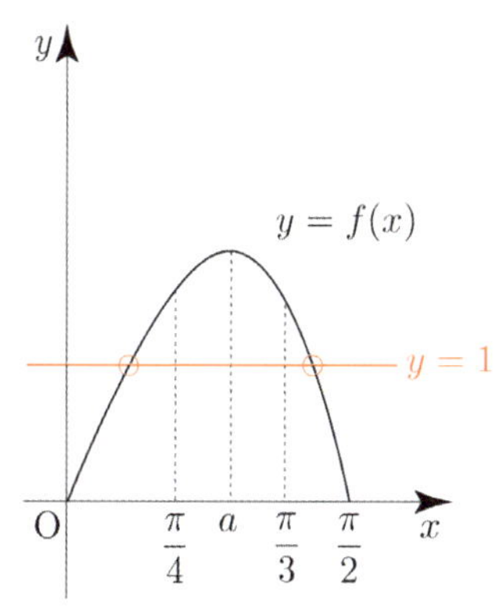

구간 $\left[0, \dfrac{\pi}{2}\right]$ 에서 방정식 $f(x)=1$ 의 서로 다른

실근의 개수는 2 이므로 ㄷ은 참이다.

답 ⑤

100

$f(x)=x\sin x$

$f'(x)=\sin x+x\cos x$

$f''(x)=2\cos x-x\sin x$

ㄱ. 함수 $f(x)$ 는 $x=0$ 에서 극솟값을 갖는다.

$f'(x)=\sin x+x\cos x=\cos x(\tan x+x)$

$\qquad =\cos x(\tan x-(-x))$

$-\dfrac{\pi}{2}<x<\dfrac{\pi}{2}$ 에서 $\cos x>0$ 이므로

Semi 도함수 $f'(x)=\tan x-(-x)$

두 함수 $y=\tan x,\ y=-x$ 의 그래프를 이용하여

빼기함수 Technique으로 도함수의 부호를 판단하면

$x=0$ 의 좌우에서 $f'(x)$ 의 부호가 $-\ +$ 이므로

$f(x)$ 는 $x=0$ 에서 극솟값을 갖는다.

위와 같이 $f'(x)$ 의 부호변화를 판단하여 극솟값의

유무를 판단해도 되지만 이번에는 이계도함수를

이용하여 극솟값의 유무를 판단해보자.

$f'(0)=0$ 이고, $f''(0)=2>0$ 이므로

$f(x)$ 는 $x=0$ 에서 극솟값을 갖는다.

(Guide step에서 배운 이계도함수를 이용한

함수의 극대, 극소 판정 참고)

따라서 ㄱ은 참이다.

ㄴ. 직선 $y=x$ 는 곡선 $y=f(x)$ 에 접한다.

$f(x)=x\sin x$ 위의 점 $(t,\ t\sin t)$ 에서의 접선의 방정식 중

기울기가 1 인 접선의 방정식은

$y=(x-t)+t\sin t=x-t+t\sin t$

위 직선과 $y=x$ 가 일치하려면

$-t+t\sin t=0\ \Rightarrow\ t(1-\sin t)=0\ \Rightarrow\ t=0\ \text{or}\ \sin t=1$

접선의 기울기가 1 이므로

$f'(t)=\sin t+t\cos t=1\ \Rightarrow\ t\neq 0$

즉, $\sin t=1$ 이고 $\sin t=1$ 를 $\sin t+t\cos t=1$ 에 대입하면

$\cos t=0\ (\because\ t\neq 0)$

$\therefore\ \cos t=0,\ \sin t=1$

$t=\dfrac{\pi}{2}$ 일 때, 접점 $\left(\dfrac{\pi}{2},\ \dfrac{\pi}{2}\right)$ 에서의 접선이 $y=x$ 이므로

곡선 $y=f(x)$ 에 접한다.

따라서 ㄴ은 참이다.

ㄷ. 함수 $f(x)$ 가 $x=a$ 에서 극댓값을 갖는 a 가

구간 $\left(\dfrac{\pi}{2},\ \dfrac{3}{4}\pi\right)$ 에 존재한다.

$f'(x)=\cos x(\tan x-(-x))$

이므로 $\dfrac{\pi}{2}<x<\dfrac{3}{4}\pi$ 에서 $\cos x<0$ 이고,

구간 $\left(\dfrac{\pi}{2},\ \dfrac{3}{4}\pi\right)$ 에서 $\tan x-(-x)$ 의 부호를

두 함수 $y=\tan x,\ y=-x$ 의 그래프를 이용하여

빼기함수 Technique으로 도함수의 부호를 처리해 보자.

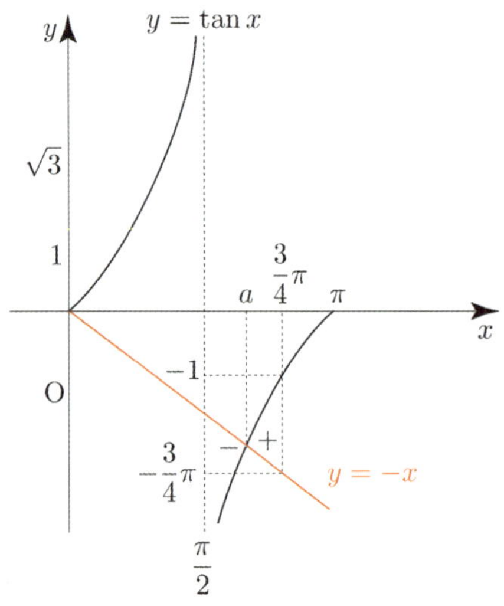

구간 $\left(\dfrac{\pi}{2},\ \dfrac{3}{4}\pi\right)$ 에서 $\cos x<0$ 와 $\tan x-(-x)$ 의

변화를 모두 고려하면 $x=a$ 의 좌우에서 $f'(x)$ 의

부호변화가 $+\ -$ 이므로 $x=a$ 에서 극댓값을 갖는다.

이번에는 사잇값정리를 이용하여 풀어보자.

$f'(x)=\sin x+x\cos x$

$f'(x)$ 는 연속함수이고

$f'\left(\dfrac{\pi}{2}\right)=\sin\dfrac{\pi}{2}+\dfrac{\pi}{2}\cos\dfrac{\pi}{2}=1>0$

$f'\left(\dfrac{3}{4}\pi\right)=\sin\dfrac{3}{4}\pi+\dfrac{3}{4}\pi\cos\dfrac{3}{4}\pi=\dfrac{\sqrt{2}}{2}\left(1-\dfrac{3}{4}\pi\right)<0$

$f'\left(\dfrac{\pi}{2}\right)>0,\ f'\left(\dfrac{3}{4}\pi\right)<0$ 이므로 사잇값 정리에 의하여

$f'(x)=0$ 을 만족시키는 x 가 구간 $\left(\dfrac{\pi}{2},\ \dfrac{3}{4}\pi\right)$ 에 적어도

하나 존재한다. 이때 $f'(a)=0$ 을 만족시키는 a 중

$x=a$ 의 좌우에서 부호가 $+\ -$ 인 a 값이 적어도 하나

존재하므로 $x=a$ 에서 극댓값을 갖는 a 가

구간 $\left(\dfrac{\pi}{2},\ \dfrac{3}{4}\pi\right)$ 에 존재한다.

따라서 ㄷ은 참이다.

답 ⑤

101

곡선 $y=g(x)$ 위의 점 $(0,\ g(0))$ 에서의 접선이

x 축이므로 $g(0)=0$, $g'(0)=0$ 이다.

$g(x)=f(e^x)+e^x$

$g'(x)=e^x f'(e^x)+e^x$

$g(0)=0 \Rightarrow f(1)+1=0 \Rightarrow f(1)=-1$

$g'(0)=0 \Rightarrow f'(1)+1=0 \Rightarrow f'(1)=-1$

함수 $g(x)$ 가 역함수를 가지므로 모든 실수 x 에 대하여

증가하거나 감소해야 하므로 $g'(x) \geq 0$ or $g'(x) \leq 0$ 이어야

한다.

$g'(x)=e^x f'(e^x)+e^x=e^x\{f'(e^x)+1\}$

$f'(x)$ 는 최고차항의 계수가 3인 이차함수이므로

$e^x\{f'(e^x)+1\} \geq 0 \Rightarrow f'(e^x)+1 \geq 0 \Rightarrow f'(e^x) \geq -1$

$e^x=t$ 라 하면 $t>0$ 이므로 $f'(t) \geq -1\ (t>0)$

이때, $f'(1)=-1$ 이므로 $f'(x)$ 는 $x=1$ 에서 최소이다.

$\therefore\ f'(x)=3(x-1)^2-1$

$f(x)=(x-1)^3-x+C,\ f(1)=-1$

$\Rightarrow f(x)=(x-1)^3-x$

$g(x)=f(e^x)+e^x=(e^x-1)^3-e^x+e^x=(e^x-1)^3$

$g'(x)=e^x \times 3(e^x-1)^2$

함수 $h(x)$ 는 함수 $g(x)$ 의 역함수이므로 $g(h(x))=x$

양변을 x 에 대하여 미분하면 $h'(x)g'(h(x))=1$

$h'(x)=\dfrac{1}{g'(h(x))}$ 의 양변에 $x=8$ 을 대입하면

$h'(8)=\dfrac{1}{g'(h(8))}$

$g(h(x))=x$ 의 양변에 $x=8$ 을 대입하면 $g(h(8))=8$ 이고,

$(e^x-1)^3=8 \Rightarrow e^x-1=2 \Rightarrow x=\ln3$ 이므로 $h(8)=\ln3$

따라서 $h'(8)=\dfrac{1}{g'(\ln3)}=\dfrac{1}{3\times3\times4}=\dfrac{1}{36}$ 이다.

답 ①

102

$f(x)=\cos x+2x\sin x$

$f'(x)=-\sin x+2\sin x+2x\cos x=\sin x+2x\cos x$

ㄱ. $\tan(\alpha+\pi)=-2\alpha$

$f(x)$ 가 $x=\alpha$ 에서 극값을 가지므로

$f'(\alpha)=0 \Rightarrow \sin\alpha+2\alpha\cos\alpha=0 \Rightarrow \dfrac{\sin\alpha}{\cos\alpha}=-2\alpha$

$\Rightarrow \tan\alpha=-2\alpha \Rightarrow \tan(\alpha+\pi)=-2\alpha$

따라서 ㄱ은 참이다.

ㄴ. $g(x)=\tan x$ 라 할 때, $g'(\alpha+\pi)<g'(\beta)$ 이다.

ㄱ에 의하여 $\tan\alpha=-2\alpha$, $\tan\beta=-2\beta$ 이므로

열린구간 $(0,\ 2\pi)$ 에서 $y=\tan x$ 와

$y=-2x$ 의 교점의 x 좌표는 $x=\alpha,\ \beta$ 이다.

$\tan x$ 는 주기가 π 이므로 $\tan(\alpha+\pi)=\tan\alpha$

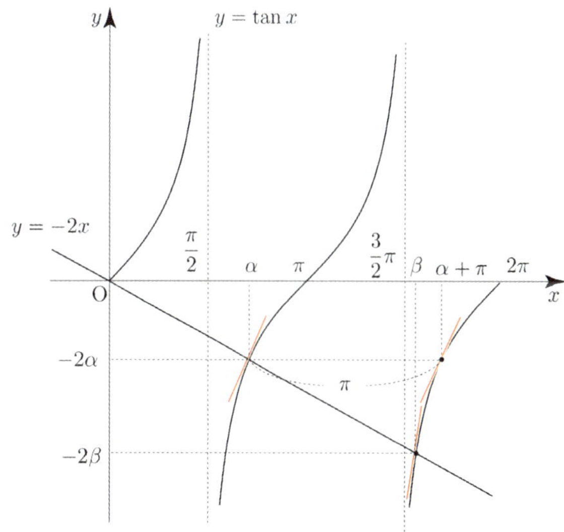

$x=\beta$ 에서의 접선의 기울기가 $x=\alpha+\pi$ 에서의 접선의

기울기보다 크다.

즉, $g'(\alpha+\pi)<g'(\beta)$

따라서 ㄴ은 참이다.

ㄷ. $\dfrac{2(\beta-\alpha)}{\alpha+\pi-\beta} < \sec^2\alpha$

ㄴ에서 $g(x)=\tan x$ 라 하였고 이를 미분하면

$g'(x)=\sec^2 x$ 이므로 $\sec^2\alpha=g'(\alpha)$

즉, 우변을 함수 $g(x)$ 에서 $x=\alpha$ 에서의 접선의 기울기로 해석할 수 있다.

이때 우변이 기울기를 나타내는 식이므로

좌변도 기울기의 관점에서 생각해보면 아래와 같다.

(참고로 라이트 N제 수2 해설편 정적분의 활용 088번 tip에서 학습한 바 있다.)

$$\frac{2(\beta-\alpha)}{\alpha+\pi-\beta}=\frac{-2\alpha-(-2\beta)}{\alpha+\pi-\beta}=\frac{\tan(\alpha+\pi)-\tan\beta}{\alpha+\pi-\beta}$$

즉, 좌변은 점 $(\alpha+\pi,\ \tan(\alpha+\pi))$ 와 점 $(\beta,\ \tan\beta)$ 사이의 평균변화율로 해석할 수 있다.

$\tan x$ 는 주기가 π 이므로 $g'(\alpha)=g'(\alpha+\pi)$ 이고,

$\tan x$ 는 열린구간 $\left(\dfrac{3}{2}\pi,\ 2\pi\right)$ 에서 위로 볼록이므로

$$\frac{\tan(\alpha+\pi)-\tan\beta}{\alpha+\pi-\beta} > g'(\alpha+\pi)$$

$$\Rightarrow \frac{2(\beta-\alpha)}{\alpha+\pi-\beta} > \sec^2\alpha$$

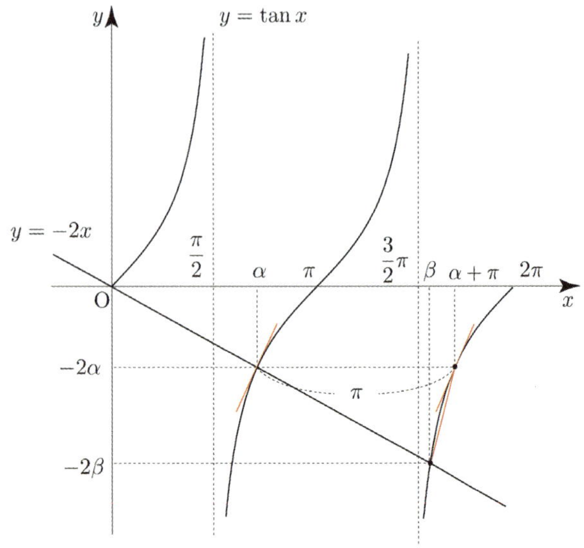

따라서 ㄷ은 거짓이다.

답 ③

103

2 이상의 자연수 n

$$f(x)=e^{x+1}\{x^2+(n-2)x-n+3\}+ax$$

$f(x)$ 가 역함수를 가지려면 증가 또는 감소함수이어야 하므로

$$f'(x)\geq 0 \ \text{or} \ f'(x)\leq 0$$

$$f'(x)=e^{x+1}\{x^2+(n-2)x-n+3\}+e^{x+1}(2x+n-2)+a$$
$$=e^{x+1}(x^2+nx+1)+a$$

이므로 모든 x 에 대하여

$$e^{x+1}(x^2+nx+1)+a\geq 0 \quad\text{or}\quad e^{x+1}(x^2+nx+1)+a\leq 0$$

가 성립해야 한다.

이때, $\displaystyle\lim_{x\to\infty}\{e^{x+1}(x^2+nx+1)+a\}=\infty$ 이므로

모든 실수 x 에 대하여 $e^{x+1}(x^2+nx+1)+a\leq 0$ 일 수 없다.

즉, 모든 실수 x 에 대하여 $e^{x+1}(x^2+nx+1)+a\geq 0$ 가 성립해야 한다.

$$e^{x+1}(x^2+nx+1)+a\geq 0 \Rightarrow a\geq e^{x+1}(-x^2-nx-1)$$

$h(x)=e^{x+1}(-x^2-nx-1)$ 라 하면

$$h'(x)=e^{x+1}(-x^2-nx-1)+e^{x+1}(-2x-n)$$
$$=-e^{x+1}(x^2+(n+2)x+n+1)$$
$$=-(x+n+1)(x+1)e^{x+1}$$

Semi 도함수 $h'(x)=-(x+n+1)(x+1)$

$h'(-n-1)=h'(-1)=0,$

$h(-n-1)=\dfrac{-n-2}{e^n},\ h(-1)=n-2$

$\Rightarrow x=-n-1$ 에서 극소, $x=-1$ 에서 극대

$\displaystyle\lim_{x\to-\infty}h(x)=0$

이를 바탕으로 $h(x)$ 를 그리면 다음과 같다.

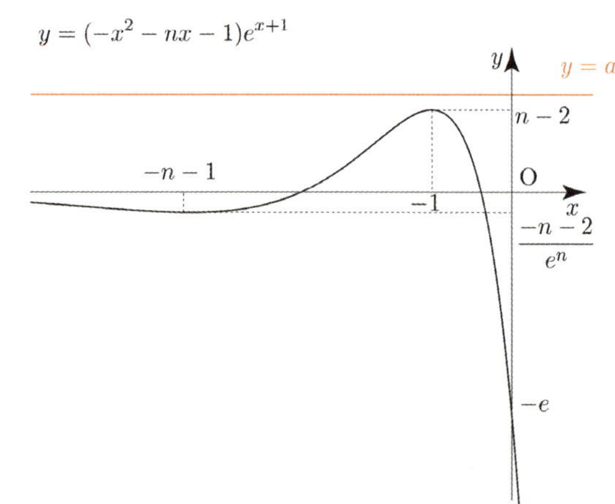

모든 실수 x에 대하여 $a \geq h(x)$가 성립하려면
$a \geq n-2$이어야 하므로 a의 최솟값은 $n-2$이다.

$g(n) = n-2$이므로
$1 \leq g(n) \leq 8 \Rightarrow 1 \leq n-2 \leq 8 \Rightarrow 3 \leq n \leq 10$

따라서 모든 자연수 n의 값의 합은
$3+4+ \cdots +10 = \dfrac{8(3+10)}{2} = 4 \times 13 = 52$이다.

답 ④

104

$g(x) = \{f(x)+2\}e^{f(x)}$
$g'(x) = f'(x)e^{f(x)} + \{f(x)+2\}f'(x)e^{f(x)}$
$\qquad = \{3f'(x) + f(x)f'(x)\}e^{f(x)}$
$\qquad = f'(x)\{f(x)+3\}e^{f(x)}$

(가) $f(a)=6$인 a에 대하여 $g(x)$는 $x=a$에서 최댓값을 갖는다.

함수 $g(x)$는 실수 전체의 집합에서 미분가능한 함수이고
정의역이 실수 전체이므로 $x=a$에서 최댓값을 가지려면
$x=a$에서 극대이어야 한다. 즉, $g'(a)=0$이다.

$g'(a)=0 \Rightarrow \{3f'(a)+f(a)f'(a)\}e^{f(a)}=0$
$\Rightarrow 3f'(a)+f(a)f'(a)=0 \Rightarrow 9f'(a)=0$
$\Rightarrow f'(a)=0$

이차함수 $f(x)$는 $f'(a)=0$, $f(a)=6$이므로
$f(x) = k(x-a)^2+6$, $f'(x)=2k(x-a)$이다.

$g'(x) = f'(x)\{f(x)+3\}e^{f(x)}$
$\qquad = 2k(x-a)\{k(x-a)^2+9\}e^{k(x-a)^2+6}$

k의 부호에 따라 case분류하면 다음과 같다.

① $k>0$

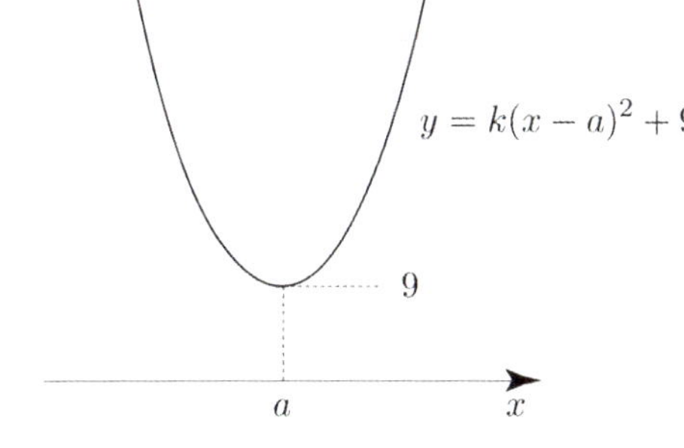

Semi 도함수 $g'(x) = x-a$

함수 $g(x)$는 $x=a$에서 극소이므로 (가) 조건을 만족시키지 않는다.

② $k<0$

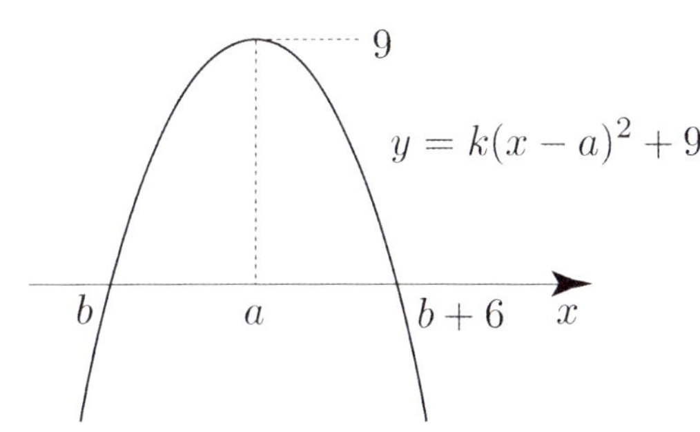

(나) $g(x)$는 $x=b$, $x=b+6$에서 최솟값을 갖는다.

(나) 조건에 의해서 $g'(b) = g'(b+6) = 0$이므로
방정식 $k(x-a)^2+9=0$의 두 실근은 $x=b$, $x=b+6$이다.
$k(b-a)^2+9=0 \Rightarrow k = \dfrac{-9}{(b-a)^2}$

$k(b+6-a)^2+9=0 \Rightarrow k = \dfrac{-9}{(b-a+6)^2}$

이때 대칭성에 의해서
$a = \dfrac{b+(b+6)}{2} \Rightarrow 2a = 2b+6 \Rightarrow b-a = -3$
이므로 $k=-1$이다.
$f(x) = -(x-a)^2+6$이므로
$f(x)=0 \Rightarrow -(x-a)^2+6=0 \Rightarrow (x-a)^2=6$
$\Rightarrow x = a+\sqrt{6} \ \text{ or } \ x = a-\sqrt{6}$

방정식 $f(x)=0$의 서로 다른 두 실근을 α, β $(\alpha < \beta)$
라 하면 $\beta = a+\sqrt{6}$, $\alpha = a-\sqrt{6}$이다.

따라서
$(\alpha-\beta)^2 = (a-\sqrt{6}-a-\sqrt{6})^2 = (-2\sqrt{6})^2 = 24$이다.

(참고로 $\alpha > \beta$ 라 해도 $(\alpha - \beta)^2$ 의 값을 구하는 것이므로 답은 동일하다.)

$$\boxed{답}\ 24$$

$k = -1$ 일 때, 정말 $g(x)$ 가 $x = b$, $x = b+6$ 에서 최솟값을 갖는지 확인해보자.

$g(x) = \{-(x-a)^2 + 8\}e^{-(x-a)^2 + 6}$

모든 실수 x 에 대하여 $g(x) = g(2a-x)$ 이 성립하므로

함수 $g(x) = \{-(x-a)^2 + 8\}e^{-(x-a)^2 + 6}$ 는 $x = a$ 에 대하여 대칭이다.

$g'(x) = -2(x-a)\{-(x-a)^2 + 9\}e^{-(x-a)^2 + 6}$ 에서

$-(x-a)\{-(x-a)^2 + 9\} = (x-a)(x-b)(x-b-6)$ 이므로

Semi 도함수 $g'(x) = (x-a)(x-b)(x-b-6)$

$\lim_{x \to \infty} g(x) = 0$, $\lim_{x \to -\infty} g(x) = 0$

$g(a) = 8e^6$, $g(b) = -e^{-3}$

이를 바탕으로 $g(x)$ 를 그리면 다음과 같다.

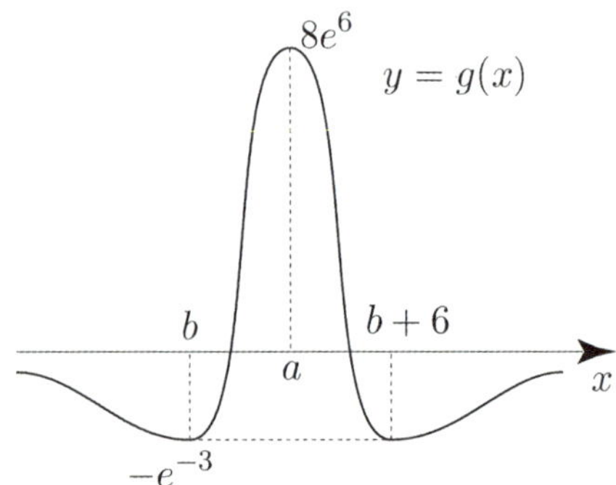

따라서 $g(x)$ 는 $x = b$, $x = b+6$ 에서 최솟값을 갖는다.

105

$f(x) = 6\pi(x-1)^2$

$g(x) = 3f(x) + 4\cos f(x)$

$g'(x) = 3f'(x) - 4f'(x)\sin f(x)$

$\qquad = 4f'(x)\left\{\dfrac{3}{4} - \sin f(x)\right\}$

$\qquad = 48\pi(x-1)\left\{\dfrac{3}{4} - \sin(6\pi(x-1)^2)\right\}$

$g'(x) = 0 \Rightarrow x = 1$ or $\sin(6\pi(x-1)^2) = \dfrac{3}{4}$

즉, $g(x)$ 가 극소가 되는 x 의 후보는 $x = 1$ 이거나

방정식 $\sin(6\pi(x-1)^2) = \dfrac{3}{4}$ $(0 < x < 2)$ 의 해이다.

$0 < x < 2$ 에서 함수 $g(x)$ 가 극소가 되는 x 의 개수를 구하는 것이므로 다음과 같이 $x = 1$ 을 경계로 범위를 나누어 접근해보자.

① $x = 1$ 일 때

Semi 도함수 $g'(x) = (x-1)\left\{\dfrac{3}{4} - \sin(6\pi(x-1)^2)\right\}$

$x = 1$ 의 좌우에서 $x-1$ 의 부호가 $-\ +$ 로 변하고,

$x = 1$ 의 좌우에서 $\dfrac{3}{4} - \sin(6\pi(x-1)^2)$ 의 부호는 모두 $+$ 이다.

$x = 1$ 의 좌우에서 $g'(x)$ 의 부호가 $-\ +$ 로 변하므로

$g(x)$ 는 $x = 1$ 에서 극소이다.

② $1 < x < 2$ 일 때

Semi 도함수 $g'(x) = (x-1)\left\{\dfrac{3}{4} - \sin(6\pi(x-1)^2)\right\}$ 에서

$1 < x < 2$ 일 때, $x-1 > 0$ 이므로 $\dfrac{3}{4} - \sin(6\pi(x-1)^2)$ 의

부호변화만 고려하면 된다.

이제 방정식 $\sin(6\pi(x-1)^2) = \dfrac{3}{4}$ 의 해에서 $g(x)$ 가 극소가

되는 x 의 개수를 찾아보자.

$f(x) = 6\pi(x-1)^2$ 는 $1 < x < 2$ 에서 증가하고,

$0 < f(x) < 6\pi$ 이다.

$f(x) = 6\pi(x-1)^2 = t$ $(0 < t < 6\pi)$ 라 하자.

방정식 $\sin t = \dfrac{3}{4}$ $(0 < t < 6\pi)$ 의 서로 다른 실근을

a, b, c, d, e, f $(a < b < c < d < e < f)$ 라 하자.

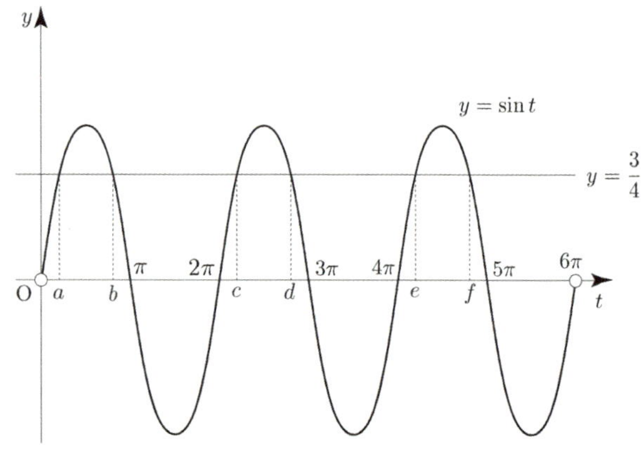

곡선 $t=f(x)$ 와 직선 $t=a$ 가 만나는 점의 x 좌표를
A 라 하면 다음과 같다.

곡선 $t=f(x)$ 와 직선 $t=b$ 가 만나는 점의 x 좌표를
B 라 하면 다음과 같다.

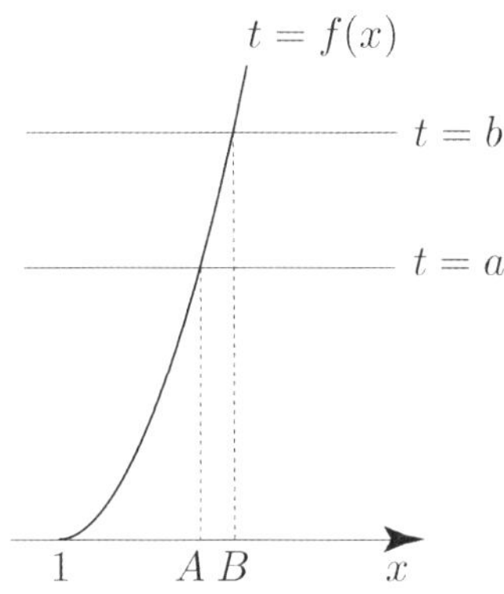

$h(t)=\dfrac{3}{4}-\sin t$ 라 하면

$x \to A- \ \Rightarrow \ t \to a- \ \Rightarrow \ \sin t \to \dfrac{3}{4}- \ \Rightarrow \ h(t)>0$

$x \to A+ \ \Rightarrow \ t \to a+ \ \Rightarrow \ \sin t \to \dfrac{3}{4}+ \ \Rightarrow \ h(t)<0$

$x=A$ 의 좌우에서 $\dfrac{3}{4}-\sin\big(6\pi(x-1)^2\big)$ 의 부호가 $+ \ -$ 로
변하므로 $g(x)$ 는 $x=A$ 에서 극대이다.

같은 방법으로

$x \to B- \ \Rightarrow \ t \to b- \ \Rightarrow \ \sin t \to \dfrac{3}{4}+ \ \Rightarrow \ h(t)<0$

$x \to B+ \ \Rightarrow \ t \to b+ \ \Rightarrow \ \sin t \to \dfrac{3}{4}- \ \Rightarrow \ h(t)>0$

$x=B$ 의 좌우에서 $\dfrac{3}{4}-\sin\big(6\pi(x-1)^2\big)$ 의 부호가 $- \ +$ 로
변하므로 $g(x)$ 는 $x=B$ 에서 극소이다.

이때 더 조사할 필요없이 $t=d,\ t=f$ 인 경우
$t=b$ 와 구조가 동일하므로 $f(D)=d,\ f(F)=f$ 라 하면
$g(x)$ 는 $x=D,\ x=F$ 에서 극소인 것이 자명하다.

즉, $1<x<2$ 에서 $g(x)$ 가 극소가 되는 x 의 개수는 3이다.

③ $0<x<1$ 일 때
함수 $f(x)=6\pi(x-1)^2$ 의 그래프는 $x=1$ 에 대하여
대칭이므로 모든 실수 x 에 대하여 $f(x)=f(2-x)$ 가
성립한다.

모든 실수 x 에 대하여
$f(x)+\cos f(x)=f(2-x)+\cos f(2-x)$

$\Rightarrow \ g(x)=g(2-x)$
이므로 함수 $g(x)=3f(x)+4\cos f(x)$ 의 그래프도
$x=1$ 에 대하여 대칭이다.

즉, $1<x<2$ 에서 함수 $g(x)$ 가 극소가 되는 x 의 개수가
3이므로 대칭성에 의해서 $0<x<1$ 에서 함수 $g(x)$ 가 극소가
되는 x 의 개수도 3이다.

따라서 $0<x<2$ 에서 함수 $g(x)$ 가 극소가 되는 x 의
개수는 $1+3+3=7$ 이다.

답 ②

**이번에는 Guide step에서 배운 합성함수의 그래프 그리기를
이용하여 풀어보자.**

$y=\sin\big(6\pi(x-1)^2\big)$ 에서 $h(x)=\sin x$ 라 하면
$y=\sin\big(6\pi(x-1)^2\big)$ 는 $y=h(f(x))$ 와 같다.

$f(x),\ h(x)$ 의 증감을 기초로 $y=h(f(x))$ 의 그래프를
그려보자.

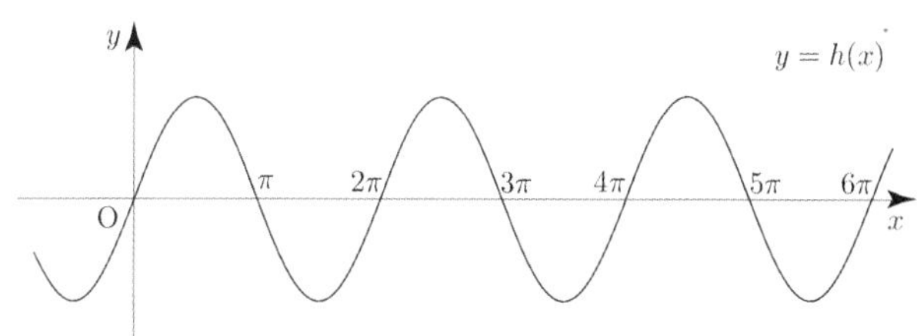

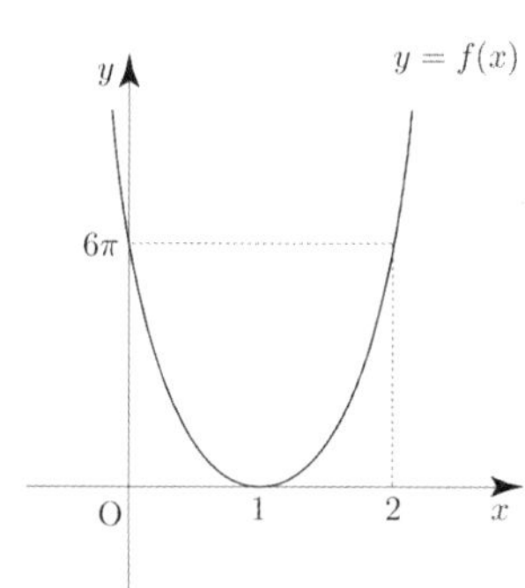

함수 $y=f(x)$ 의 그래프는 $x=1$ 을 경계로
$x<1$ 에서 감소하고 $x>1$ 에서 증가한다.

$f(x)=t$ 라 하면 x 가 $1 \to 2$ 일 때, t 는 $0 \to 6\pi$ 이므로
함수 $y=h(t)$ 에서 $0<t<6\pi$ 의 범위의 그래프를
복사하여 정의역 $1<x<2$ 에 들어가도록 확대 및 축소한 뒤
붙여넣어 그리면 된다.

앞서 해설에서 언급했듯이 함수 $g(x) = 3f(x) + 4\cos f(x)$ 의
그래프는 $x = 1$ 에 대하여 대칭이므로 대칭성을 이용하여
정의역 $0 < x < 1$ 에 해당하는 그래프를 마저 그려주면 된다.

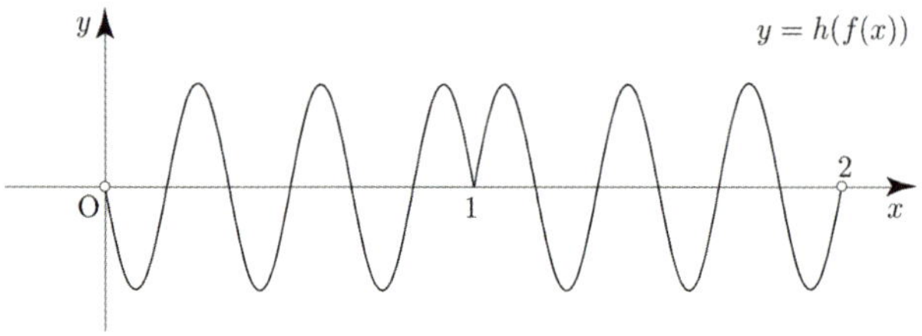

Semi 도함수 $g'(x) = (x-1)\left\{\dfrac{3}{4} - \sin f(x)\right\}$

$$= (x-1)\left\{\dfrac{3}{4} - h(f(x))\right\}$$

빼기함수 Technique을 적용시켜

$\dfrac{3}{4} - h(f(x))$ 의 부호를 판단해보자.

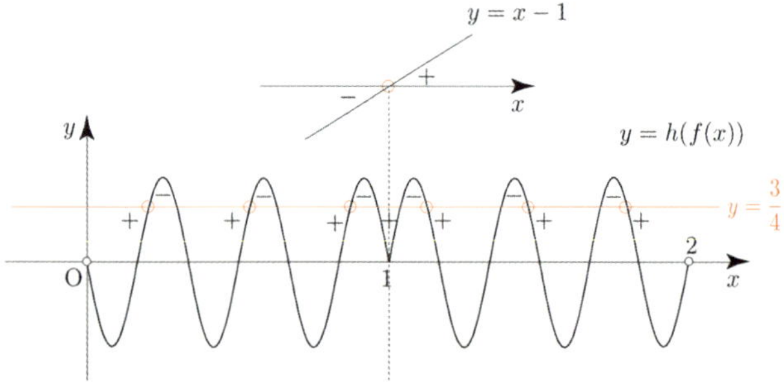

$x = 1$ 의 좌우에서 $x - 1$ 의 부호가 $-$ $+$ 로 바뀌고,

$x = 1$ 의 좌우에서 $\dfrac{3}{4} - h(f(x))$ 의 부호가 모두 $+$ 이다.

$x = 1$ 의 좌우에서 $g'(x)$ 의 부호가 $-$ $+$ 로 변하므로
$g(x)$ 는 $x = 1$ 에서 극소이다.

$1 < x < 2$ 에서 $x - 1 > 0$ 이므로 $x = a\,(1 < a < 2)$ 의 좌우에서
$\dfrac{3}{4} - h(f(x))$ 의 부호가 $-$ $+$ 로 변하는 a 의 개수는 3 이다.

$1 < x < 2$ 에서 $x - 1 < 0$ 이므로 $x = b\,(0 < b < 1)$ 의 좌우에서
$\dfrac{3}{4} - h(f(x))$ 의 부호가 $+$ $-$ 로 변하는 b 의 개수는 3 이다.

따라서 $0 < x < 2$ 에서 함수 $g(x)$ 가 극소가 되는 x 의
개수는 $1 + 3 + 3 = 7$ 이다.

$$f(x) = \dfrac{1}{3}x^3 - x^2 + \ln(1 + x^2) + a$$

$$f'(x) = x^2 - 2x + \dfrac{2x}{1 + x^2} = \dfrac{x^2(x-1)^2}{x^2 + 1} \geq 0$$

$$\lim_{x \to \infty} f(x) = \infty, \quad \lim_{x \to -\infty} f(x) = -\infty$$

이를 바탕으로 $f'(x)$ 를 그리면 다음과 같다.

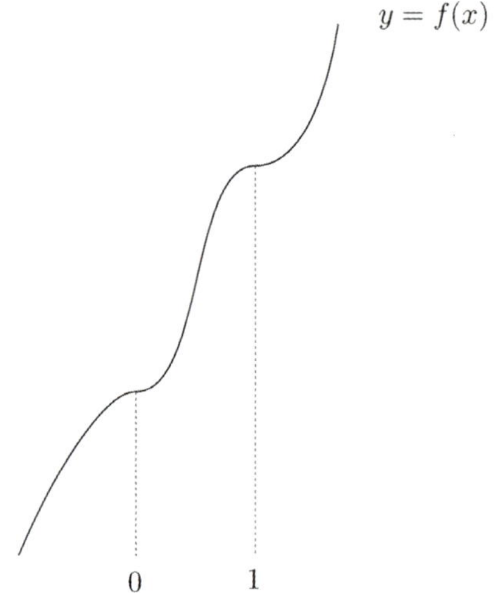

$b > 0, \ c > 0$

$$g(x) = \begin{cases} f(x) & (x \geq b) \\ -f(x-c) & (x < b) \end{cases}$$

$$g'(x) = \begin{cases} f'(x) & (x \geq b) \\ -f'(x-c) & (x < b) \end{cases}$$

함수 $g(x)$ 는 $x = b$ 에서 미분가능하므로
$f'(b) = -f'(b-c)$ 이어야 한다.
$b > 0$ 이므로 만약 $b \neq 1$ 이라고 가정하면
$f'(b) > 0$ 이다.
이때 $f'(b-c) \geq 0$ 이므로 $-f'(b-c) \leq 0$ 이다.
$f'(b) = -f'(b-c)$ 일 수 없어 모순이므로
$b = 1$ 이어야 한다.

$f'(1) = -f'(1-c) = 0 \Rightarrow f'(1-c) = 0$

$\Rightarrow 1 - c = 0 \ \text{or} \ 1 - c = 1 \Rightarrow c = 1 \ (\because \ c > 0)$

$$g(x) = \begin{cases} f(x) & (x \geq 1) \\ -f(x-1) & (x < 1) \end{cases}$$

함수 $g(x)$ 는 $x = 1$ 에서 연속이므로

$$f(1) = -f(0) \implies \frac{1}{3} - 1 + \ln 2 + a = -a$$

$$\implies a = \frac{1}{3} - \frac{1}{2}\ln 2$$

$$a + b + c = \frac{1}{3} - \frac{1}{2}\ln 2 + 1 + 1 = \frac{7}{3} - \frac{1}{2}\ln 2 \text{ 이므로}$$

$$p = \frac{7}{3}, \ q = -\frac{1}{2}$$

따라서 $30(p+q) = 30\left(\frac{7}{3} - \frac{1}{2}\right) = 70 - 15 = 55$ 이다.

답 55

107

$\left(-\dfrac{\pi}{2}, \ 0\right)$ 에서 곡선 $y = \sin x \,(x > 0)$ 에 접선을 그어
접점의 x 좌표를 작은 수부터 크기순으로 모두 나열할 때,
n 번째 수를 a_n

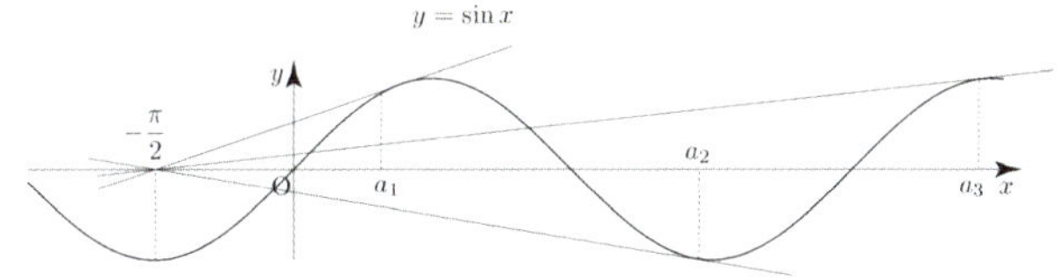

ㄱ. $\tan a_n = a_n + \dfrac{\pi}{2}$

$y = \sin x$, $y' = \cos x$ 이므로
점 $(a_n, \ \sin a_n)$ 에서의 접선의 방정식은
$y = \cos a_n (x - a_n) + \sin a_n$
접선은 $\left(-\dfrac{\pi}{2}, \ 0\right)$ 을 지나므로 이를 대입하면

$$0 = \cos a_n\left(-\frac{\pi}{2} - a_n\right) + \sin a_n \implies \frac{\sin a_n}{\cos a_n} = a_n + \frac{\pi}{2}$$

$$\implies \tan a_n = a_n + \frac{\pi}{2}$$

따라서 ㄱ은 참이다.

ㄴ. $\tan a_{n+2} - \tan a_n > 2\pi$

ㄱ에 의하여 a_n 은 $y = \tan x$ 와 직선 $y = x + \dfrac{\pi}{2}$ 의
교점의 x 좌표이다.

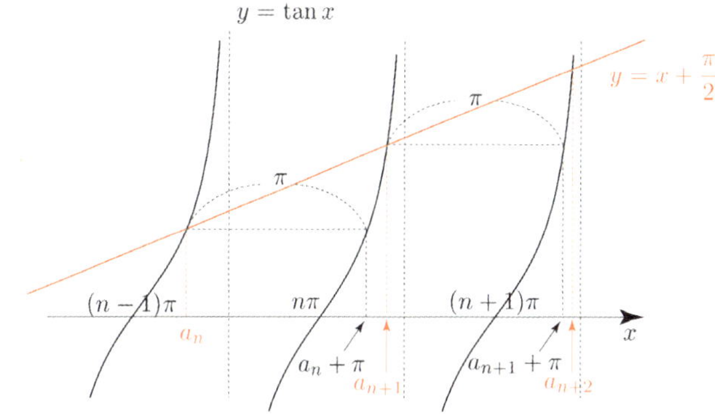

$a_{n+1} > a_n + \pi \implies a_{n+1} - a_n > \pi$ 이므로 $a_{n+2} - a_{n+1} > \pi$

$\tan a_n = a_n + \dfrac{\pi}{2}$ 이므로 ㄴ의 좌변을 변형하면

$$\tan a_{n+2} - \tan a_n = \left(a_{n+2} + \frac{\pi}{2}\right) - \left(a_n + \frac{\pi}{2}\right)$$

$$= a_{n+2} - a_n$$

이다.

$a_{n+1} - a_n > \pi$, $a_{n+2} - a_{n+1} > \pi$ 이므로
$a_{n+2} - a_n = (a_{n+2} - a_{n+1}) + (a_{n+1} - a_n) > \pi + \pi = 2\pi$
이다.
따라서 ㄴ은 참이다.

ㄷ. $a_{n+1} + a_{n+2} > a_n + a_{n+3}$

$$a_{n+1} + a_{n+2} > a_n + a_{n+3}$$

$$\implies a_{n+1} - a_n > a_{n+3} - a_{n+2}$$

ㄴ에서 구한 그림을 참고하면 n 의 값이 커지면 커질수록
$a_{n+1} - a_n = (a_{n+1} + \pi) - (a_n + \pi)$ 의 값은 작아진다는 것을
파악할 수 있다.
따라서 ㄷ은 참이다.

답 ⑤

108

함수 $f(x)$ 는 최고차항의 계수가 $\dfrac{1}{2}$ 인 삼차함수이므로
방정식 $f(x) = 0$ 은 적어도 하나의 실근을 갖는다.

만약 $f(k) = 0$ 를 만족시키는 1 이 아닌 실수 k 가 존재한다면
함수 $g(x)$ 는 $x = k$ 에서 불연속이므로 (가) 조건을
만족시키지 않는다.

즉, $x = 1$ 일 때 $f(1) = 0$ 이고, $x \neq 1$ 일 때 $f(x) \neq 0$
이어야 한다.

$$g(x) = \begin{cases} \ln|f(x)| & (f(x) \neq 0) \\ 1 & (f(x) = 0) \end{cases}$$

$$g'(x) = \frac{f'(x)}{f(x)} \quad (f(x) \neq 0)$$

(나) 조건에 의해
$$g'(2) = 0 \implies f'(2) = 0$$

(다) 조건에 의해
$$g(x) = 0 \implies \ln|f(x)| = 0 \implies f(x) = 1 \text{ or } f(x) = -1$$
방정식 $f(x) = 1$ or $f(x) = -1$ 의 서로 다른 실근의
개수가 3 이다.

$f'(2) = 0$ 이고 방정식 $f(x) = 1$ or $f(x) = -1$ 의
서로 다른 실근의 개수가 3 이 되려면
함수 $f(x)$ 는 극값을 갖는 개형이어야 한다.

방정식 $f(x) = 1$ or $f(x) = -1$ 의
서로 다른 실근의 개수가 3 이 되도록 하는
case는 다음과 같다.

①

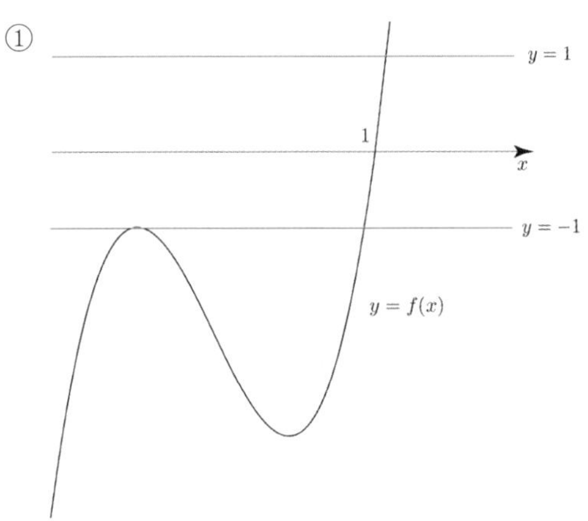

$f'(2) = 0$ 인데 $2 < 1$ 이므로 모순이다.

②

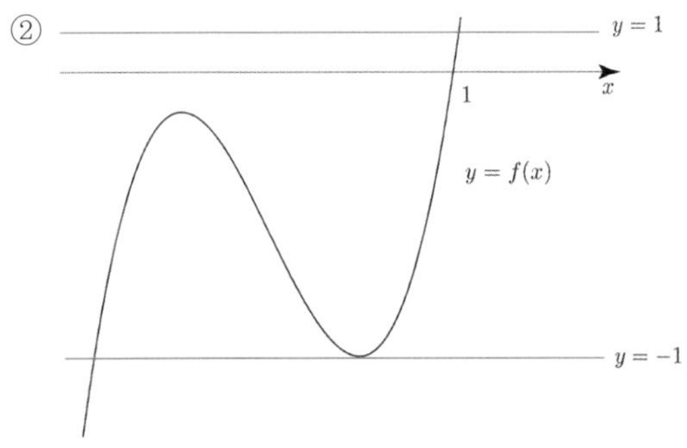

$f'(2) = 0$ 인데 $2 < 1$ 이므로 모순이다.

③

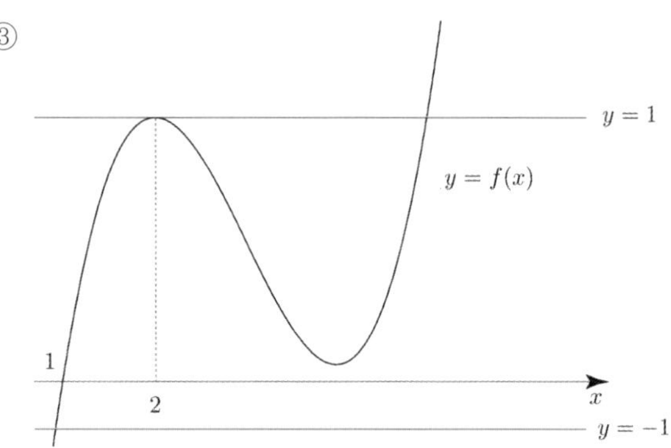

함수 $f(x)$ 가 $x = 2$ 에서 극대를 가지면
$x = 2$ 의 좌우에서 $f(x)$ 의 부호는 $+$ 이고,
$x = 2$ 의 좌우에서 $f'(x)$ 의 부호가 $+ \, -$ 이므로
$x = 2$ 의 좌우에서 $g'(x) = \dfrac{f'(x)}{f(x)}$ 의 부호는 $+ \, -$ 이다.
즉, 함수 $g(x)$ 는 $x = 2$ 에서 극댓값을 갖는다.

이때 $x = 2$ 의 근방에서 $f(x)$ 의 함숫값이 1 보다 작기
때문에 $x = 2$ 의 근방에서 $g(x)$ 의 함숫값은 0 보다 작다.
즉, 함수 $|g(x)|$ 는 $x = 2$ 에서 극소이다.

④

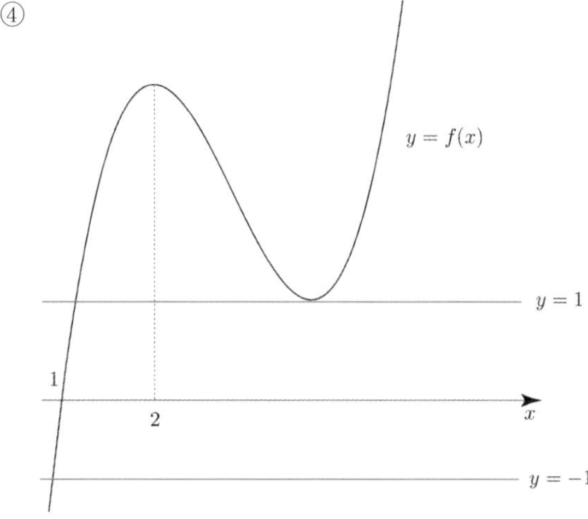

함수 $f(x)$ 가 $x = 2$ 에서 극대를 가지면
$x = 2$ 의 좌우에서 $f(x)$ 의 부호는 $+$ 이고,
$x = 2$ 의 좌우에서 $f'(x)$ 의 부호가 $+ \, -$ 이다.
$x = 2$ 의 좌우에서 $g'(x) = \dfrac{f'(x)}{f(x)}$ 의 부호는 $+ \, -$ 이다.
즉, 함수 $g(x)$ 는 $x = 2$ 에서 극댓값을 갖는다.

이때 $x = 2$ 의 근방에서 $f(x)$ 의 함숫값이 1 보다 크기
때문에 $x = 2$ 의 근방에서 $g(x)$ 의 함숫값은 0 보다 크다.
즉, 함수 $|g(x)|$ 는 $x = 2$ 에서 극대이다.

조건을 모두 만족시키는 case는 ③이다.

식 세우기 technique에 의해

$$f(x)-1=\frac{1}{2}(x-2)^2(x-a) \Rightarrow f(x)=\frac{1}{2}(x-2)^2(x-a)+1$$

$f(1)=0$이므로 $f(1)=\frac{1}{2}(1-a)+1=0 \Rightarrow a=3$이다.

$$f(x)=\frac{1}{2}(x-2)^2(x-3)+1 \Rightarrow f'(x)=\frac{3}{2}(x-2)\left(x-\frac{8}{3}\right)$$

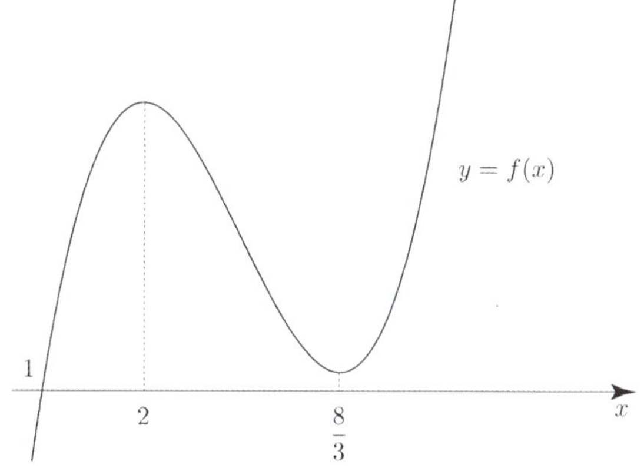

함수 $f(x)$가 $x=\frac{8}{3}$에서 극소이고, $f\left(\frac{8}{3}\right)>0$이므로

$x=\frac{8}{3}$의 좌우에서 $f(x)$의 부호는 $+$이고,

$x=\frac{8}{3}$의 좌우에서 $f'(x)$의 부호가 $-\ +$이다.

$x=\frac{8}{3}$의 좌우에서 $g'(x)=\dfrac{f'(x)}{f(x)}$의 부호는 $-\ +$이므로

함수 $g(x)$는 $x=\frac{8}{3}$에서 극솟값을 갖는다.

따라서 함수 $g(x)$의 극솟값은

$$g\left(\frac{8}{3}\right)=\ln\left|f\left(\frac{8}{3}\right)\right|=\ln\left|\frac{1}{2}\times\frac{4}{9}\times\left(-\frac{1}{3}\right)+1\right|=\ln\frac{25}{27}\ \text{이다.}$$

 답 ⑤

번호	답	번호	답
109	15	133	④
110	⑤	134	31
111	49	135	27
112	⑤	136	④
113	②	137	18
114	72	138	④
115	15	139	①
116	64	140	20
117	25	141	15
118	64	142	⑤
119	72	143	④
120	15	144	64
121	39	145	④
122	48	146	25
123	30	147	15
124	30	148	17
125	16	149	15
126	43	150	④
127	331	151	48
128	29	152	330
129	②	153	127
130	5	154	14
131	6	155	②
132	71	156	15

$$f(x) = \begin{cases} xe^{-tx} & (x \geq 0) \\ xe^{tx} & (x < 0) \end{cases}$$

$-(-x)e^{-t(-x)} = xe^{tx}$ 이므로 양수인 부분만 그리면
원점 대칭하여 음수인 부분을 그릴 수 있다.

$$y = xe^{-tx} \implies y' = (1-tx)e^{-tx}$$

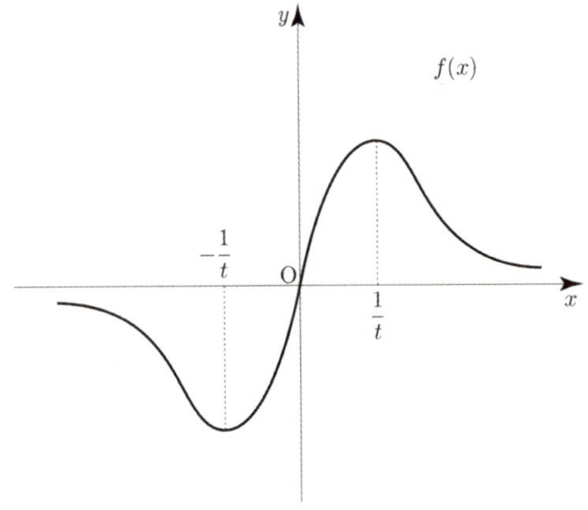

그런데 $(1, 0)$ 과 $(-1, 0)$ 의 위치에 따라서 왼쪽 아래
그림과 같이 접선이 그려질 수도 있고 오른쪽 아래 그림과
같이 접선이 그려질 수도 있다.

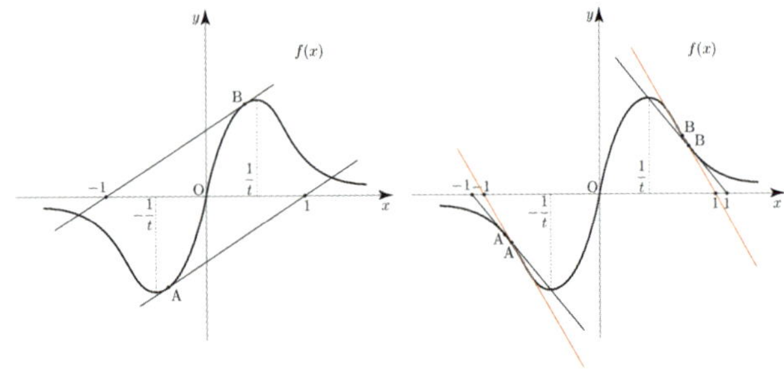

이를 판단하기 위해 경계가 되는 변곡점을 조사해 보자.
원점 대칭이니 $x > 0$ 인 부분만 조사하면 된다.

$$f(x) = xe^{-tx} \implies f'(x) = (1-tx)e^{-tx}$$
$$\implies f''(x) = (t^2 x - 2t)e^{-tx}$$

이므로 변곡점은 $\left(\dfrac{2}{t}, \ \dfrac{2}{t}e^{-2} \right)$

문제에서 구하고자 하는 값은 $t = 2$ 일 때이니 $t = 2$ 일 때
변곡점을 구하면 $(1, \ e^{-2})$ 이므로 점 $(1, 0)$ 에서 $y = f(x)$ 에
접선을 그었을 때 접점의 x 좌표는 음수일 수밖에 없다.
접선을 그으면 아래 그림과 같다.

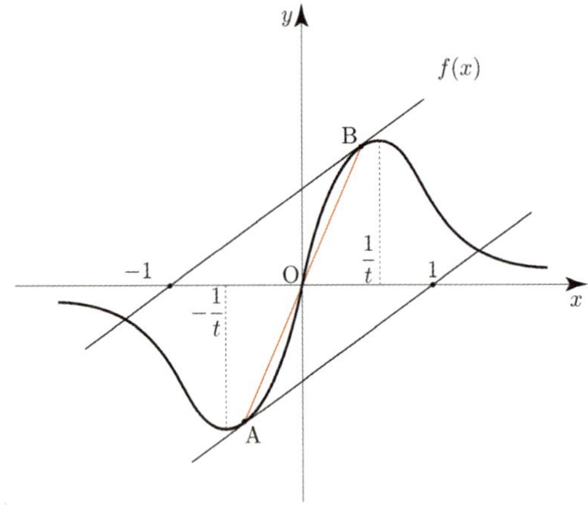

점 $(1, 0)$ 과 점 $(-1, 0)$ 도 원점에 대하여 대칭이므로
두 점 A, B도 원점에 대하여 대칭이다.
즉, 두 접점 A, B을 이은 직선 AB는 원점을 지난다.

점 A, B를 모두 구하여 직선 AB 의 기울기를 구하지 않고
점 A 만 구해서 직선 OA 의 기울기를 구해도 된다.

점 A 의 x 좌표를 a 라 하면 접선의 방정식은 아래와 같다.
$$y = (1+ta)e^{ta}(x-a) + ae^{ta}$$

점 $(1, 0)$ 을 지나므로 이를 대입하여 a 를 구해 보자.
$$0 = (1+ta)e^{ta}(1-a) + ae^{ta} \implies 0 = (1+ta)(1-a) + a$$

$$\implies 0 = 1 + ta - ta^2 \implies ta^2 - ta - 1 = 0$$

$$\therefore \ a = \frac{t - \sqrt{t^2 + 4t}}{2t} \ \ (\because \ a < 0)$$

직선 OA 의 기울기는 $\dfrac{f(a)}{a} = \dfrac{ae^{ta}}{a} = e^{ta} = e^{\frac{t - \sqrt{t^2 + 4t}}{2}}$ 이므로

$$g(t) = e^{\frac{t - \sqrt{t^2 + 4t}}{2}}$$

$$g'(t) = \frac{1}{2}\left(1 - \frac{t+2}{\sqrt{t^2+4t}}\right)e^{\frac{t - \sqrt{t^2 + 4t}}{2}}$$

$$\left\{ \frac{g'(2)}{g(2)} \right\}^2 = \left\{ \frac{1}{2}\left(1 - \frac{2}{\sqrt{3}}\right) \right\}^2 = \frac{7}{12} - \frac{1}{3}\sqrt{3} \ \text{이므로}$$

$$a = \frac{7}{12}, \ b = -\frac{1}{3}$$

따라서 $60(a+b) = 60\left(\dfrac{7}{12} - \dfrac{1}{3}\right) = 35 - 20 = 15$ 이다.

답 15

$x > 0$ 에서

$$f(x) = \frac{1}{27}\left(x^4 - 6x^3 + 12x^2 + 19x\right)$$

ㄱ. 점 $(2,\ 2)$ 는 곡선 $y = f(x)$ 의 변곡점이다.

$$f'(x) = \frac{1}{27}\left(4x^3 - 18x^2 + 24x + 19\right)$$

$$f''(x) = \frac{1}{27}\left(12x^2 - 36x + 24\right)$$

$$= \frac{4}{9}(x-1)(x-2)$$

$x = 2$ 의 좌우에서 $f''(x)$ 의 부호가 변하고,
$f(2) = 2$ 이므로 곡선 $y = f(x)$ 는 변곡점 $(2,\ 2)$ 을 갖는다.
따라서 ㄱ은 참이다.

ㄴ. 방정식 $f(x) = x$ 의 실근 중 양수인 것은 $x = 2$ 하나뿐이다.

$$\frac{1}{27}\left(x^4 - 6x^3 + 12x^2 + 19x\right) = x$$

$$\Rightarrow x^4 - 6x^3 + 12x^2 + 19x = 27x$$

$$\Rightarrow x\left(x^3 - 6x^2 + 12x - 8\right) = 0$$

$$\Rightarrow x(x-2)^3 = 0$$

$$\Rightarrow x = 0 \ \text{or} \ x = 2$$

따라서 ㄴ은 참이다.

ㄷ. 함수 $|f(x) - g(x)|$ 는 $x = 2$ 에서 미분가능하다.

Tip

<함수 $|h(x)|$ 의 미분가능성>

Q. 미분가능한 함수 $h(x)$ 에 대하여 함수 $|h(x)|$ 가
$x = k$ 에서 미분이 가능한지 가능하지 않은지 확인하려면
어떻게 해야 할까?

$h(k)$ 의 함숫값에 따라 크게 2 가지 case가 존재한다.

① $h(k) \neq 0$

$h(k) \neq 0$ 인 경우에는 미분가능한 함수를 x 축 아래 부분을
접어 올리기만 하는 것이므로 실수 전체에서 미분가능하면
$h'(k)$ 도 당연히 존재한다.

② $h(k) = 0$

문제는 ② case인데 $h(k) = 0$ 일 때에는 case분류를
해줘야한다.

ⅰ) $x = k$ 를 경계로 부호가 바뀔 때는 총 4 가지의 개형이
가능하다.

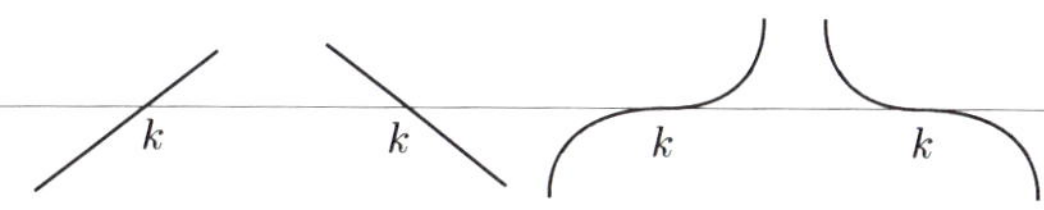

첫 번째와 두 번째 개형은 $h'(k) \neq 0$ 이므로
접어 올렸을 때 좌미분계수와 우미분계수가 같아질
수 없다. ($h'(k) = -h'(k) \Rightarrow h'(k) = 0$ 모순!)

결국 미분가능하려면 세 번째와 네 번째 개형과
같이 $h'(k) = 0$ 이어야 한다.
즉, $x = k$ 에서 뚫는 접선이 나와야 한다.

ⅱ) $x = k$ 를 경계로 부호가 바뀌지 않을 때는 총 2 가지
개형이 가능하다.

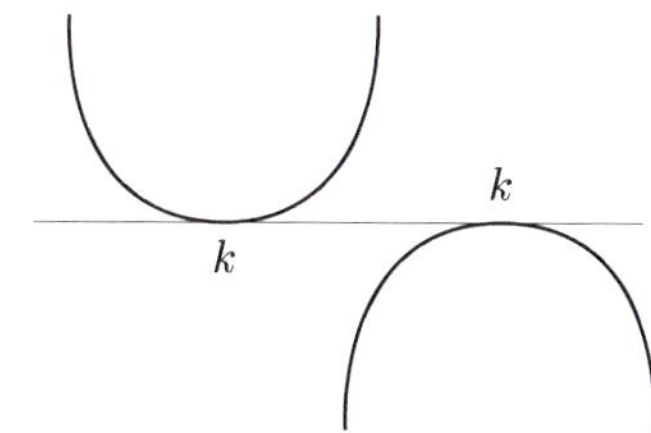

(애초에 $h(x)$ 가 실수 전체에서 미분가능하다고 했기
때문에 첨점(뾰족점)은 나올 수가 없다.)
결국 ② case에서 미분 가능하려면
ⅰ), ⅱ) 모두 $h'(k) = 0$ 이어야 한다.

$f(x)$ 의 역함수가 $g(x)$ 이므로 $f(g(x)) = x$ 가 성립한다.
$f(2) = 2$ 이므로 $g(2) = 2$ 이다.

$$f'(2) = \frac{1}{27}(32 - 72 + 48 + 19) = 1$$

$f(g(x)) = x$ 의 양변을 x 에 대해 미분하면

$$g'(x)f'(g(x)) = 1$$

$$g'(x) = \frac{1}{f'(g(x))}$$

$$g'(2) = \frac{1}{f'(g(2))} = \frac{1}{f'(2)} = 1$$

$h(x) = f(x) - g(x)$ 라 하면
$$h(2) = f(2) - g(2) = 0$$
$$h'(2) = f'(2) - g'(2) = 0$$

이므로 앞서 배운 tip의 논리에 따라서 함수 $|h(x)|$ 는
$x = 2$ 에서 미분가능하다.
따라서 ㄷ은 참이다.

답 ⑤

111

$f(x) = (x^3 - a)e^x$

$f'(x) = (x^3 + 3x^2 - a)e^x$

Semi 도함수 $f'(x) = x^3 + 3x^2 - a$

$g(x) = x^3 + 3x^2 - a$ 라 하면

$g'(x) = 3x^2 + 6x = 3x(x+2)$

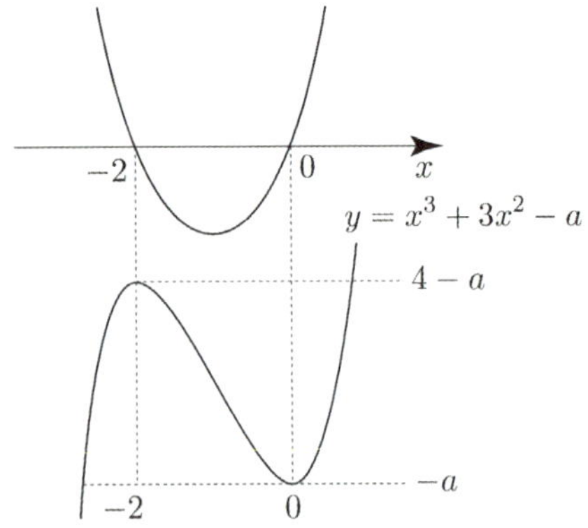

a 는 10 이하의 자연수이므로

$g(x)$ 가 x 축과 만나는 점의 개수에 따라 case분류하면

① $1 \leq a \leq 3$

$f(x) = (x^3 - a)e^x \Rightarrow f\left(a^{\frac{1}{3}}\right) = 0$

Semi 도함수 $f'(x) = x^3 + 3x^2 - a$

$\lim_{x \to -\infty} f(x) = 0$

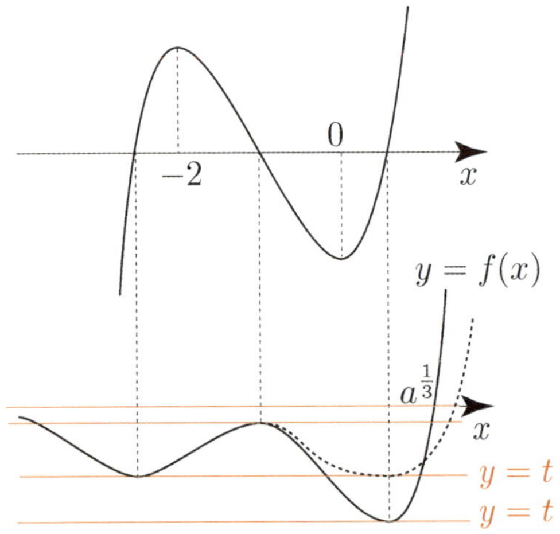

$y = f(x)$ 와 $y = t$ 의 교점의 개수가 바뀌는 점이
3 개 이상이므로 불연속점은 3 개 이상이다.
따라서 조건을 만족시키지 않는다.

② $4 \leq a \leq 10$

$f(x) = (x^3 - a)e^x \Rightarrow f\left(a^{\frac{1}{3}}\right) = 0$

Semi 도함수 $f'(x) = x^3 + 3x^2 - a$

$\lim_{x \to -\infty} f(x) = 0$

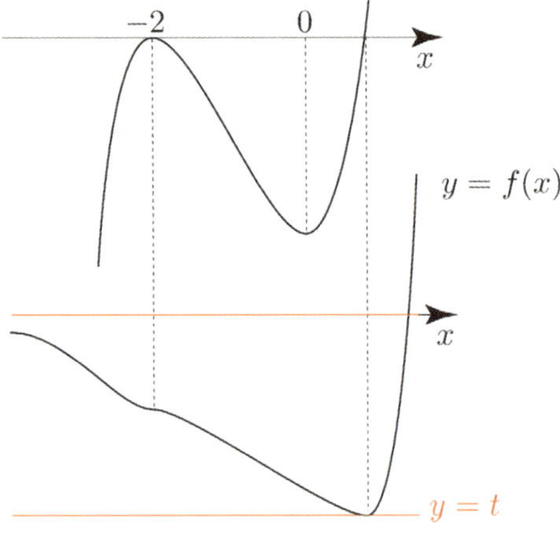

$y = f(x)$ 와 $y = t$ 의 교점의 개수가 바뀌는 점이 2 개이므로
불연속점은 2 개다.

①, ②에 의하여 함수 $g(t)$ 가 불연속인 점의 개수가 2 가
되려면 $4 \leq a \leq 10$ 이어야 한다.

따라서 10 이하의 모든 자연수 a 의 값의 합은

$4 + 5 + \cdots + 10 = \dfrac{7(4+10)}{2} = 49$ 이다.

답 49

112

$f(x) = kx^2 e^{-x} \ (k > 0)$

$f'(x) = 2kxe^{-x} - kx^2 e^{-x} = kx(2-x)e^{-x}$

Semi 도함수 $f'(x) = x(2-x)$

$f'(0) = f'(2) = 0, \ f(0) = 0, \ f(2) = \dfrac{4k}{e^2}$

$\Rightarrow x = 0$ 에서 극소, $x = 2$ 에서 극대

$\lim_{x \to \infty} f(x) = 0$

이를 바탕으로 $f(x)$ 를 그리면 다음과 같다.

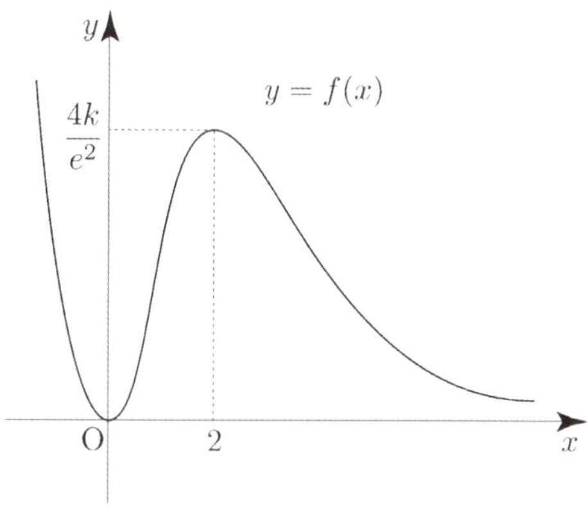

곡선 $y=f(x)$ 위의 점 $(t,\ f(t))$ 에서 x 축까지의 거리와
y 축까지의 거리 중 크지 않은 값을 $g(t)$ 라 했으므로
x 축까지의 거리와 y 축까지의 거리가 같은 틀을 경계로
판단해 보자. 즉, $y=x$, $y=-x$ 를 틀로 판단해보자.

이때, 함숫값이 아니라 거리가 $g(t)$ 이므로
$y=|x|$ 와 $y=|f(x)|$ 의 그래프 중 아래의 그래프를
$y=g(t)$ 의 그래프로 선택하면 된다.
($f(x)\geq 0$ 이므로 $y=|f(x)|=f(x)$)

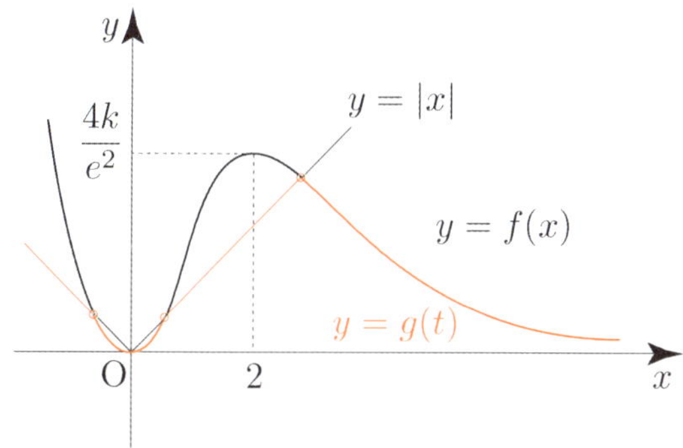

만약 $y=g(t)$ 의 그래프가 위와 같다면 함수 $g(t)$ 는
세 점에서 미분가능하지 않으므로 조건을 만족시키지 않는다.

양수 k 에 상관없이 $t<0$ 에서 하나의 첨점이
생기므로 미분가능하지 않은 한 점이 무조건 생긴다.
즉, 조건을 만족시키려면 $t>0$ 에서 미분가능해야 하므로
$x>0$ 에서 곡선 $y=f(x)$ 와 직선 $y=x$ 가 만나지 않거나
접하면 된다.

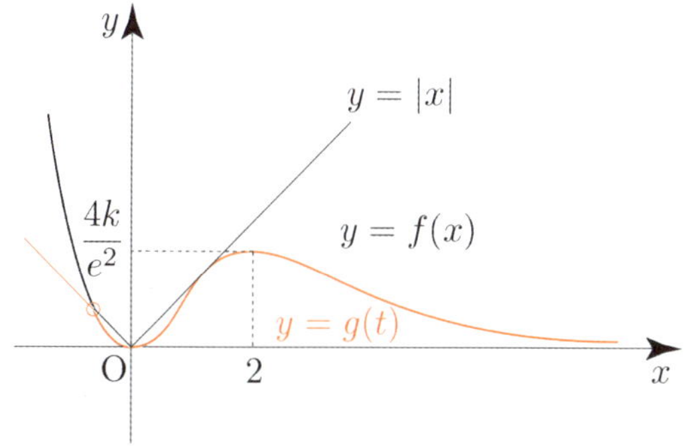

곡선 $y=f(x)$ 와 직선 $y=x$ 가 접하는 접점의 x 좌표를
$a\ (a>0)$ 라 하면

$$f(a)=a \ \Rightarrow\ ka^2e^{-a}=a \ \Rightarrow\ ke^{-a}=\frac{1}{a}$$

$$f'(a)=1 \ \Rightarrow\ ka(2-a)e^{-a}=1$$

위 식을 연립하면 $2-a=1 \ \Rightarrow\ a=1$
이므로 $ke^{-1}=1 \ \Rightarrow\ k=e$

따라서 k 의 값의 범위를 구하면 $0<k\leq e$ 이므로
k 의 최댓값은 e 이다.

답 ⑤

113

(나) 조건에서 $f(0)$, $f(2)$ 가 있으니
$\{f(x)\}^2+2f(x)=a\cos^3\pi x\times e^{\sin^2\pi x}+b$ 의 양변에
$x=0$ 와 $x=2$ 를 대입하면
$\{f(0)\}^2+2f(0)=a+b,\ \{f(2)\}^2+2f(2)=a+b$
이고, 두 식을 빼서 정리하면
$\{f(0)\}^2-\{f(2)\}^2+2f(0)-2f(2)=0$
$\Rightarrow \{f(0)-f(2)\}\{f(0)+f(2)+2\}=0$
$\Rightarrow f(0)=f(2)$ or $f(0)+f(2)=-2$

만약 $f(0)=f(2)$ 이면 (나) 조건에 모순이므로
$f(0)+f(2)=-2$ 이고, $f(0)=f(2)+1$ 와 연립하면
$f(0)=-\dfrac{1}{2}$, $f(2)=-\dfrac{3}{2} \Rightarrow a+b=-\dfrac{3}{4} \cdots \bigcirc$

$f(x)$ 는 실수 전체의 집합에서 연속이므로

닫힌구간 $[0,\ 2]$ 에서 연속이고, $f(0)=-\dfrac{1}{2}$, $f(2)=-\dfrac{3}{2}$

이므로 사잇값의 정리에 의해 $f(k)=-1$ 을 만족시키는
k 가 열린구간 $(0,\ 2)$ 사이에 적어도 하나 존재한다.

(가)의 좌변에서 $f(x)=X$ 라 하면 X^2+2X 는
$X=-1$ 일 때 최솟값 -1 을 갖는데
이때, $f(k)=-1\ (0<k<2)$ 이므로 $f(x)=-1$ 이 되도록 하는
x 가 존재한다.
즉, 좌변은 최솟값 -1 을 갖는다.

$\{f(x)\}^2+2f(x)=a\cos^3\pi x\times e^{\sin^2\pi x}+b$ 는 항등식이므로
우변 역시 최솟값 -1 을 가져야 한다.

이때, $g(x) = a\cos^3\pi x \times e^{\sin^2\pi x} + b$ 라 하면 정의역의 범위가 실수 전체의 집합이므로 $g(x)$ 가 $x = p$ 에서 최솟값 -1 을 가지면 $x = p$ 에서 극솟값 -1 을 가져야 한다.

$$g'(x) = 3a(-\pi\sin\pi x)\cos^2\pi x\, e^{\sin^2\pi x}$$
$$+ a\cos^3\pi x\,(2\pi\sin\pi x\cos\pi x)e^{\sin^2\pi x}$$
$$= a\pi\cos^2\pi x\,(-\sin\pi x)(3 - 2\cos^2\pi x)e^{\sin^2\pi x}$$

$a > 0$, $\cos^2\pi x \geq 0$, $3 - 2\cos^2\pi x > 0$, $e^{\sin^2\pi x} > 0$ 이므로
semi $g'(x) = -\sin\pi x$ 이다.

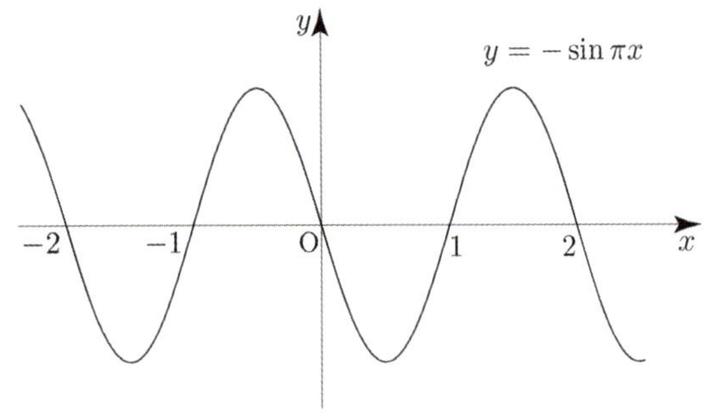

$g(x)$ 가 극솟값을 가지려면 $g'(x)$ 의 부호가 $-\,+$ 로 바뀌어야 하므로
$x = \cdots,\ -1,\ 1,\ 3,\ \cdots = 2n-1\,(n$ 은 정수$)$
이어야 한다.

$g(2n-1) = -a + b$
극솟값이 모두 $-a + b$ 로 동일하므로
$-a + b = -1\ \cdots\ \text{ⓒ}$

ⓐ, ⓒ을 연립하면 $a = \dfrac{1}{8}$, $b = -\dfrac{7}{8}$

따라서 $a \times b = -\dfrac{7}{64}$ 이다.

답 ②

114

$f(x) = ax^2 + bx + c$ 라 하면
$$g(x) = f(x)e^{-x} = (ax^2 + bx + c)e^{-x}$$
$$g'(x) = \{-ax^2 + (2a-b)x + b - c\}e^{-x}$$
$$g''(x) = \{ax^2 + (-4a+b)x + 2a - 2b + c\}e^{-x}$$

(가) 조건에 의해서 방정식 $g''(x) = 0$ 의 서로 다른 두 실근은 1, 4 이다.

$g''(1) = 0 \Rightarrow -a - b + c = 0$
$g''(4) = 0 \Rightarrow 2a + 2b + c = 0$
이므로 $b = -a$, $c = 0$ 이다.

즉, $g(x) = (ax^2 - ax)e^{-x}$ 이다.

점 $(0,\ k)$ 에서 곡선 $y = g(x)$ 에 그은 접선의 접점의 x 좌표를 t 라 하면 접선의 방정식은
$y = g'(t)(x - t) + g(t)$ 이다.
이때 접선의 방정식은 $(0,\ k)$ 를 지나므로 이를 대입하면
$k = -tg'(t) + g(t) \Rightarrow k = a(t^3 - 2t^2)e^{-t}$

$g(x)$ 의 semi도함수가 2차이므로 $g(x)$ 는 삼차함수와 비슷한 개형처럼 그려지므로 접선 하나에 접점이 2개 이상인 경우가 존재하지 않는다. (2026 규토 라이트 N제 수2 도함수의 활용 101번 해설을 참고하도록 하자.)

즉, 접점의 개수와 접선의 개수는 서로 같으므로
점 $(0,\ k)$ 에서 곡선 $y = g(x)$ 에 그은 접선의 개수가 3 인 k 의 값의 범위가 $-1 < k < 0$ 라는 의미는
$h(t) = a(t^3 - 2t^2)e^{-t}$ 라 하면
방정식 $h(t) = k$ 의 서로 다른 실근의 개수가 3 인 k 의 값의 범위가 $-1 < k < 0$ 라는 의미와 같다.

$h'(t) = a(-t^3 + 5t^2 - 4t)e^{-t} = -at(t-1)(t-4)e^{-t}$
$h(1) = -ae^{-1}$, $h(4) = 32ae^{-4}$
$\lim\limits_{t \to \infty} h(t) = 0$

이를 바탕으로 $h(t)$ 를 그리면 a 의 부호에 따라 다음과 그림과 같다.

① $a > 0$

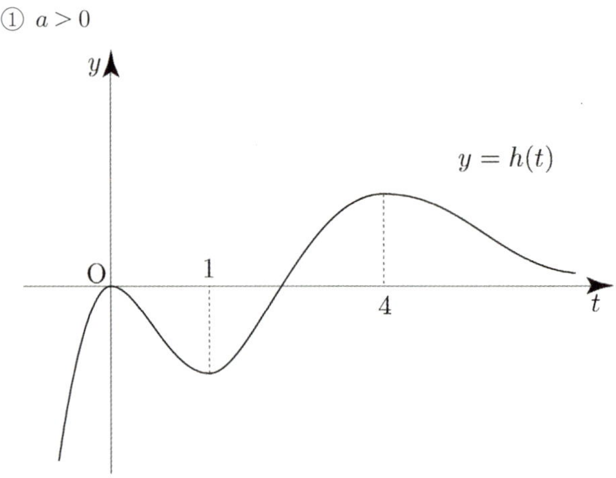

② $a < 0$

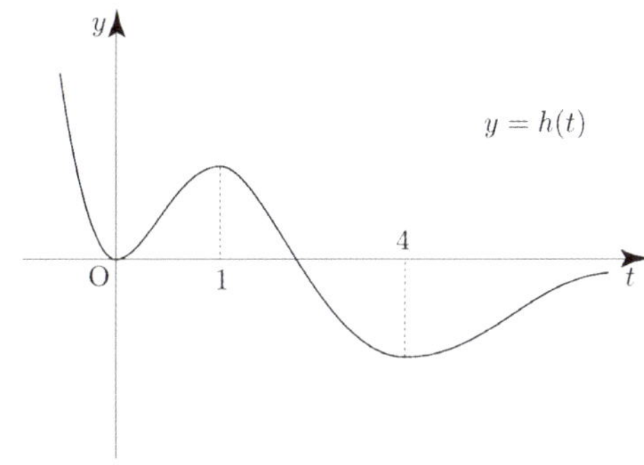

$a < 0$일 때는 방정식 $h(t) = k$의 서로 다른 실근의
개수가 3인 k의 값의 범위가 $-1 < k < 0$일 수 없어
(나) 조건에 모순이다.
즉, $a > 0$일 때 $h(1) = -1$이어야 한다.

$$h(1) = -1 \Rightarrow -ae^{-1} = -1 \Rightarrow a = e$$

$g(x) = (ex^2 - ex)e^{-x}$이므로 $g(-2) = 6e^3$, $g(4) = 12e^{-3}$이다.
따라서 $g(-2) \times g(4) = 6e^3 \times 12e^{-3} = 72$이다.

답 72

다르게 풀어보자.

$g(x) = (ax^2 - ax)e^{-x} = ax(x-1)e^{-x}$를
Guide step에서 배운 다항함수 $\times$ 지수함수 빨리 그리기
이용하여 그려보자.

우선 $a < 0$일 때는 (나) 조건을 만족시키지 않으므로
$a > 0$이어야 한다. ($k < 0$일 때 접선의 개수는 최대 2이다.)

ⅰ) $a < 0$ (조건 만족 $\times$)

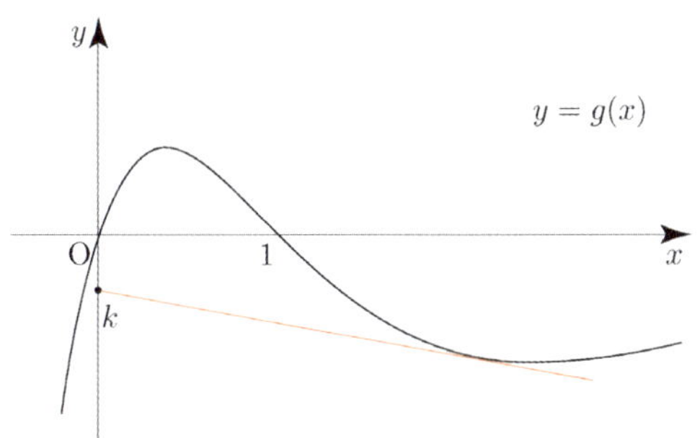

점 $(0, k)$에서 곡선 $y = g(x)$에 그은 접선의 개수가
3인 k의 값의 범위가 $-1 < k < 0$이므로 k의 값이
0에서 출발하여 점점 작아질 때, 접선의 개수를 관찰해보자.

ⅱ) $a > 0$

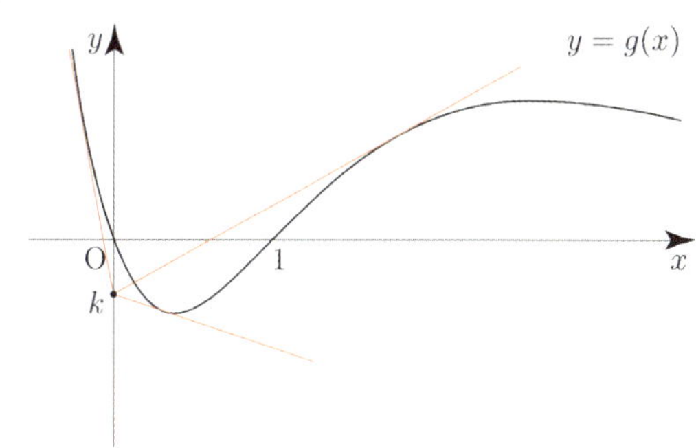

점 $(0, k)$에서 곡선 $y = g(x)$에 그은 접선이 변곡점
$(1, g(1))$에서의 접선과 같을 때의 상황을 살펴보자.

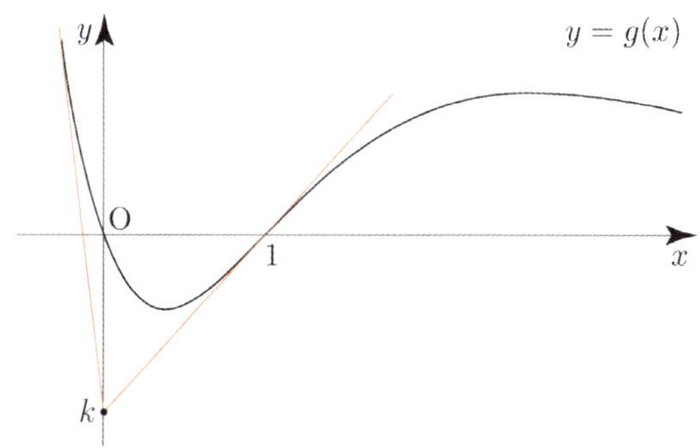

점 $(0, k)$에서 그을 수 있는 접선의 개수가 2이므로
(나) 조건을 만족시키려면 변곡접선의 y절편인 k가 -1
이어야 한다.

Tip

정말 변곡접선의 y절편인 k가 -1일 때,
접선의 개수가 2일까?
첫 번째 풀이 과정에서 ① $a > 0$인 경우를
살펴보면 방정식 $h(t) = k$에서 $k = -1$일 때
서로 다른 실근의 개수가 2임을 확인할 수 있다.

$$g'(x) = a(-x^2 + 3x - 1)e^{-x} \Rightarrow g'(1) = ae^{-1}$$
$x = 1$에서의 접선의 방정식은
$y = ae^{-1}(x-1) = ae^{-1}x - ae^{-1}$이므로 y절편은 $-ae^{-1}$이다.
y절편이 -1이어야 하므로 $a = e$이다.

Tip

정말 $k < 0$일 때 접선의 개수가 최대 2일까?
첫 번째 풀이 과정에서 ② $a < 0$인 경우를
살펴보면 방정식 $h(t) = k$에서 $k < 0$일 때
서로 다른 실근의 개수의 최댓값이 2임을 확인할 수 있다.

$a > 0, \ b, \ c$

$f(x) = (ax^2 + bx + c)e^x$

(가) $f(x)$ 는 $x = -\sqrt{3}$ 과 $x = \sqrt{3}$ 에서 극값을 갖는다.
$\Rightarrow f'(-\sqrt{3}) = f'(\sqrt{3}) = 0$

$f'(x) = (ax^2 + bx + c)e^x = \{ax^2 + (2a+b)x + b + c\}e^x$ 이므로
이차방정식 $ax^2 + (2a+b)x + b + c = 0$ 의 서로 다른 두 실근이
$x = -\sqrt{3}$ or $x = \sqrt{3}$ 이어야 한다.

근과 계수의 관계를 사용하면
$$-\frac{2a+b}{a} = 0 \ , \ \frac{b+c}{a} = -3$$
위 두 식을 연립하면 $b = -2a$, $c = -a$ 이므로
$$f(x) = (ax^2 - 2ax - a)e^x = a(x^2 - 2x - 1)e^x$$
$$f'(x) = \{ax^2 + (2a+b)x + b + c\}e^x$$
$$= (ax^2 - 3a)e^x$$
$$= a(x^2 - 3)e^x$$

(나) $0 \le x_1 < x_2$ 인 임의의 두 실수 $x_1, \ x_2$ 에 대하여
$f(x_2) - f(x_1) + x_2 - x_1 \ge 0$ 이다.

$f(x_2) - f(x_1) + x_2 - x_1 \ge 0 \Rightarrow f(x_1) + x_1 \le f(x_2) + x_2$ 이고
$x > 0$ 인 어떤 구간에서 $f(x) + x$ 는 상수함수가
될 수 없으므로 $f(x_1) + x_1 < f(x_2) + x_2$

즉, (나) 조건을 다음과 같이 해석할 수 있다.

$0 \le x_1 < x_2$ 인 임의의 두 실수 $x_1, \ x_2$ 에 대하여
$f(x_1) + x_1 < f(x_2) + x_2$ 이므로 $x > 0$ 에서 함수 $f(x) + x$ 는
증가한다.

함수 $f(x) + x$ 는 미분가능하므로 $x > 0$ 에서 증가하려면
$f'(x) + 1 \ge 0 \Rightarrow f'(x) \ge -1 \ (x > 0)$ 이어야 한다.

$a(x^2 - 3)e^x \ge -1 \Rightarrow (x^2 - 3)e^x \ge -\frac{1}{a}$

$g(x) = (x^2 - 3)e^x$ 라 하면
$g'(x) = 2xe^x + (x^2 - 3)e^x = (x^2 + 2x - 3)e^x$
$$= (x+3)(x-1)e^x$$
Semi 도함수 $g'(x) = (x+3)(x-1) \ (x > 0)$
$g'(1) = 0, \ g(1) = -2e \Rightarrow x = 1$ 에서 극소

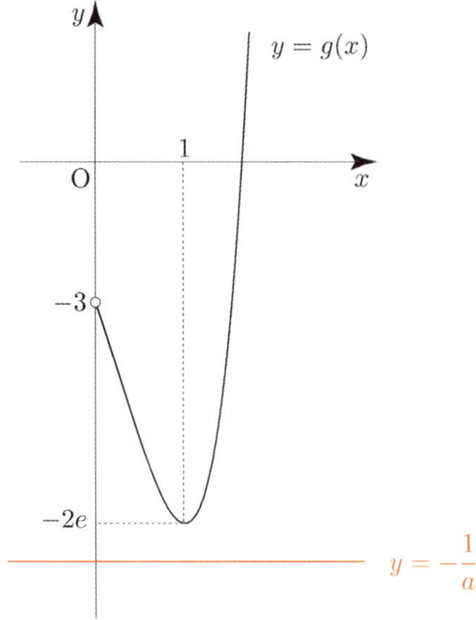

$(x^2 - 3)e^x \ge -\frac{1}{a} \Rightarrow -2e \ge -\frac{1}{a}$

$\Rightarrow 0 < a \le \frac{1}{2e} \ (\because a > 0)$

$abc = a \times (-2a) \times (-a) = 2a^3$ 이므로

abc 의 최댓값은 $a = \frac{1}{2e}$ 일 때, $2 \times \left(\frac{1}{8e^3}\right) = \frac{1}{4e^3} = \frac{k}{e^3}$ 이다.

따라서 $k = \frac{1}{4}$ 이므로 $60k = 60 \times \frac{1}{4} = 15$ 이다.

 15

$t > 0$

두 곡선 $y = t^3\ln(x - t)$, $y = 2e^{x-a}$ 이 오직 한 점에서
만나려면 접해야 한다.

접점의 x 좌표를 s 라 하면
$t^3\ln(s - t) = 2e^{s-a} \ \cdots \ \text{㉠}$

$y = t^3\ln(x - t) \Rightarrow y' = \frac{t^3}{x - t}$

$y = 2e^{x-a} \Rightarrow y' = 2e^{x-a}$

이므로 $\frac{t^3}{s - t} = 2e^{s-a} \ \cdots \ \text{㉡}$

㉠, ㉡를 연립하면

$t^3\ln(s - t) = \frac{t^3}{s - t} \Rightarrow \ln(s - t) = \frac{1}{s - t} \ (\because \ t > 0) \ \cdots \ \text{㉢}$

ⓛ에서

$$\frac{t^3}{s-t}=2e^{s-a} \Rightarrow \frac{t^3}{s-t}=\frac{2e^s}{e^a} \Rightarrow e^a=\frac{2e^s(s-t)}{t^3}$$

$$\Rightarrow a=\ln\frac{2e^s(s-t)}{t^3}=\ln2+s+\ln(s-t)-3\ln t$$

$$\Rightarrow f(t)=\ln2+s+\ln(s-t)-3\ln t$$

$f(t)=\ln2+s+\ln(s-t)-3\ln t$ 의 양변을 t 에 대하여 미분하면

$$f'(t)=\frac{ds}{dt}+\frac{\dfrac{ds}{dt}-1}{s-t}-\frac{3}{t}$$

$\dfrac{ds}{dt}$ 의 값을 구하기 위해서 ⓒ의 양변을 t 에 대하여 미분하면

$$\frac{\dfrac{ds}{dt}-1}{s-t}=-\frac{\dfrac{ds}{dt}-1}{(s-t)^2} \Rightarrow (s-t)\left(\frac{ds}{dt}-1\right)+\left(\frac{ds}{dt}-1\right)=0$$

$$\Rightarrow \left(\frac{ds}{dt}-1\right)(s-t+1)=0 \Rightarrow \frac{ds}{dt}=1 \text{ or } s-t+1=0$$

이때, 곡선 $y=t^3\ln(x-t)$ 의 정의역이 $x>t$ 이므로
$s>t \Rightarrow s-t>0 \Rightarrow s-t+1>1$

즉, $\dfrac{ds}{dt}=1$ 이므로 $f'(t)=1-\dfrac{3}{t}$

따라서 $\left\{f'\left(\dfrac{1}{3}\right)\right\}^2=(1-9)^2=64$ 이다.

$$\boxed{\text{답}}\quad 64$$

117

$f(x)=x^2e^{ax}\ (a<0)$
$f'(x)=2xe^{ax}+ax^2e^{ax}=(ax^2+2x)e^{ax}$

$$=ax\left(x+\frac{2}{a}\right)e^{ax}$$

Semi 도함수 $f'(x)=ax\left(x+\dfrac{2}{a}\right)$

$f'(0)=f'\left(-\dfrac{2}{a}\right)=0,\ f(0)=0,\ f\left(-\dfrac{2}{a}\right)=\dfrac{4}{a^2e^2}$

$\Rightarrow x=0$ 에서 극소, $x=-\dfrac{2}{a}$ 에서 극대

$\lim\limits_{x\to\infty}f(x)=0$

이를 바탕으로 $f(x)$ 를 그리면 다음과 같다.

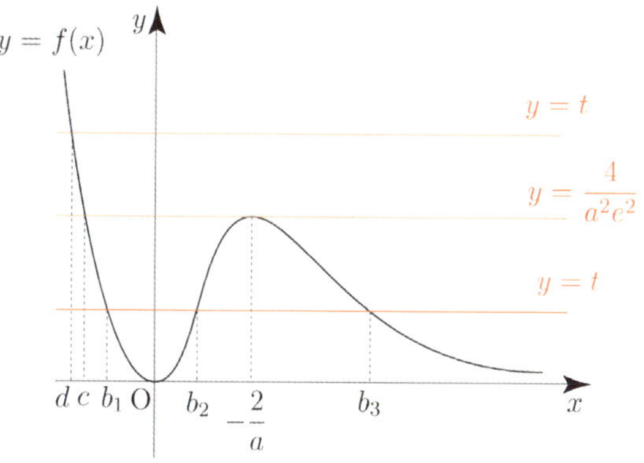

부등식 $f(x)\geq t\,(t>0)$ 을 만족시키는 x 의 최댓값을 $g(t)$
t 와 $\dfrac{4}{a^2e^2}$ 의 대소관계에 따라 case분류하면

① $0<t<\dfrac{4}{a^2e^2}$

방정식 $f(x)=t$ 의 서로 다른 세 실근을 $b_1,\ b_2,\ b_3$ 라 하면
부등식 $f(x)\geq t$ 의 해는 $x\leq b_1$ 또는 $b_2\leq x\leq b_3$
이므로 부등식을 만족시키는 x 의 최댓값은 b_3 이다.
∴ $g(t)=b_3$

② $t=\dfrac{4}{a^2e^2}$

방정식 $f(x)=t$ 의 음의 실근을 c 라 하면 부등식 $f(x)\geq t$
의 해는 $x\leq c$ 또는 $x=-\dfrac{2}{a}$ 이다.

∴ $g(t)=-\dfrac{2}{a}$

③ $t>\dfrac{4}{a^2e^2}$

방정식 $f(x)=t$ 의 실근을 d 라 하면 부등식 $f(x)\geq t$ 의 해는
$x\leq d$ 이다.
∴ $g(t)=d$

$g(t)$ 는 $0<t<\dfrac{4}{a^2e^2}$ 와 $t>\dfrac{4}{a^2e^2}$ 인 모든 점에서

연속함수이므로 $t=\dfrac{4}{a^2e^2}$ 에서의 연속성을 조사하면 된다.

$$\lim_{t\to\frac{4}{a^2e^2}^-}g(t)=-\frac{2}{a}>0\ (\because\ a<0)$$

$$\lim_{t\to\frac{4}{a^2e^2}^+}g(t)=c<0$$

$$g\left(\frac{4}{a^2e^2}\right)=-\frac{2}{a}>0$$

$$\lim_{t\to\frac{4}{a^2e^2}^-}g(t)\neq\lim_{t\to\frac{4}{a^2e^2}^+}g(t) \text{ 이므로 } t=\frac{4}{a^2e^2} \text{ 에서 불연속이다.}$$

$$\frac{4}{a^2 e^2} = \frac{16}{e^2} \Rightarrow a^2 = \frac{1}{4}$$

따라서 $100a^2 = 100 \times \dfrac{1}{4} = 25$ 이다.

답   25

118

최고차항의 계수가 1 인 삼차함수 $f(x)$ 에 대하여

$$g(x) = \begin{cases} f(x) & (0 \le x \le 2) \\[2mm] \dfrac{f(x)}{x-1} & (x < 0 \ \text{또는} \ x > 2) \end{cases}$$

(가) 함수 $g(x)$ 는 실수 전체의 집합에서 연속이고,
     $g(2) \ne 0$ 이다.

함수 $g(x)$ 는 $x = 0$ 에서 연속이므로
$$\lim_{x \to 0} g(x) = g(0) \Rightarrow f(0) = -f(0) \Rightarrow f(0) = 0 \ \cdots \ \bigcirc$$

함수 $g(x)$ 는 $x = 2$ 에서 연속이므로
$$\lim_{x \to 2} g(x) = g(2) \Rightarrow f(2) = f(2)$$

(항상 성립하므로 함수 $g(x)$ 는 $x = 2$ 에서 항상 연속이다.)

> **Tip**
>
> $g(x) = \dfrac{f(x)}{x-1}$ 에서 분모가 0 이 되는 포인트인
>
> $x = 1$ 에서도 연속성을 조사해봐야 하지만 범위가
>
> $x < 0$ 또는 $x > 2$ 일 때, $g(x) = \dfrac{f(x)}{x-1}$ 이므로
>
> 조사하지 않아도 된다.

(나) 함수 $g(x)$ 는 $x = a$ 에서 미분가능하지 않은 실수 a 의
     개수는 1 이다.

미분가능하지 않을 수 있는 후보인 $x = 0$, $x = 2$ 에 대해
미분가능성을 조사해보자.

$$g'(x) = \begin{cases} f'(x) & (0 < x < 2) \\[2mm] \dfrac{f'(x)(x-1)-f(x)}{(x-1)^2} & (x < 0 \ \text{또는} \ x > 2) \end{cases}$$

두 함수 $f(x)$, $\dfrac{f(x)}{x-1}$ 는 각 구간에서 모두 도함수가
연속이기에 도함수의 좌극한을 좌미분계수로 도함수의
우극한을 우미분계수로 해석할 수 있다.
(만약 위 부분이 이해가 되지 않는다면
2026 규토 라이트 N제 수2 도함수의 활용 Master step
229번 해설 tip을 참고하도록 하자.)

① $x = 0$

$$\lim_{x \to 0-} \frac{g(x) - g(0)}{x - 0} = \lim_{x \to 0-} \frac{f'(x)(x-1) - f(x)}{(x-1)^2}$$
$$= -f'(0) \ (\because \ f(0) = 0)$$

$$\lim_{x \to 0+} \frac{g(x) - g(0)}{x - 0} = \lim_{x \to 0+} f'(x)$$
$$= f'(0)$$

② $x = 2$

$$\lim_{x \to 2-} \frac{g(x) - g(2)}{x - 2} = \lim_{x \to 2-} f'(x)$$
$$= f'(2)$$

$$\lim_{x \to 2+} \frac{g(x) - g(2)}{x - 2} = \lim_{x \to 2+} \frac{f'(x)(x-1) - f(x)}{(x-1)^2}$$
$$= f'(2) - f(2)$$

$x = 2$ 에서 미분가능하려면
$f'(2) = f'(2) - f(2) \Rightarrow f(2) = 0$
이어야 한다. 하지만 (가) 조건 $g(2) \ne 0 \Rightarrow f(2) \ne 0$ 에
의해서 $f(2) = 0$ 일 수 없으므로 $x = 2$ 에서 미분가능하지
않다.

즉, (나) 조건을 만족시키려면 $x = 0$ 에서 미분가능해야하므로
$-f'(0) = f'(0) \Rightarrow f'(0) = 0 \ \cdots \ \bigcirc$ 이어야 한다.

> **Tip**
>
> 위와 같은 사고는 2026 규토 라이트 N제 수2 미분계수와 도함수
> T1 050번에서 학습한 적이 있었다.

(다) $g(k) = 0$, $g'(k) = \dfrac{16}{3}$ 인 실수 k 가 존재한다.

$$g(k) = 0 \Rightarrow f(k) = 0 \ \cdots \ \bigcirc$$

㉠, ㉡, ㉢에 의해 식을 세우면 $f(x) = x^2(x-k)$ 이다.

만약 $k=0$ 이면 $f(x) = x^3$ 이고 $g'(0) = f'(0) = 0$ 이므로

$g'(0) = \dfrac{16}{3}$ 을 만족시키지 않는다.

또한 $g(x)$ 는 $k=2$ 에서 미분가능하지 않으므로

$g'(2) = \dfrac{16}{3}$ 을 만족시키지 않으므로 모순이다.

즉, $k \neq 0$, $k \neq 2$ 이어야 한다.

(다) 조건을 만족시키는 k 의 값을 구하기 위해서
k 의 범위에 따라 case분류하면 다음과 같다.

① $0 < k < 2$ 일 때
$f(x) = x^2(x-k)$, $f'(x) = 3x^2 - 2kx$

$g'(k) = \dfrac{16}{3} \Rightarrow f'(k) = \dfrac{16}{3} \Rightarrow k^2 = \dfrac{16}{3} \Rightarrow k = \pm \dfrac{4\sqrt{3}}{3}$

$k = \pm \dfrac{4\sqrt{3}}{3}$ 은 범위 $0 < k < 2$ 에 속하지 않으므로

모순이다. $(\because \ 0 < k^2 < 4 < \dfrac{16}{3})$

② $k < 0$ or $k > 2$ 일 때
$g'(x) = \dfrac{f'(x)(x-1) - f(x)}{(x-1)^2}$

$g'(k) = \dfrac{16}{3} \Rightarrow \dfrac{f'(k)(k-1)}{(k-1)^2} = \dfrac{k^2}{k-1} = \dfrac{16}{3}$

$\Rightarrow 3k^2 - 16k + 16 = 0 \Rightarrow (3k-4)(k-4) = 0$

$\Rightarrow k = 4 \ (\because \ k < 0 \text{ or } k > 2)$

$g(x) = \begin{cases} x^2(x-4) & (0 \leq x \leq 2) \\[2mm] \dfrac{x^2(x-4)}{x-1} & (x < 0 \text{ 또는 } x > 2) \end{cases}$

$g'(x) = \begin{cases} 3x^2 - 8x & (0 \leq x < 2) \\[2mm] \dfrac{2x^3 - 7x^2 + 8x}{(x-1)^2} & (x < 0 \text{ 또는 } x > 2) \end{cases}$

$g'(2-) = -4 < 0$, $g'(2+) = 4 > 0$
$x = 2$ 의 좌우에서 $g'(x)$ 의 부호가 $-$ $+$로 변하므로
$g(x)$ 는 $x = 2$ 에서 극소이다.

$g(2) = 4(2-4) = -8 = p$
따라서 $p^2 = (-8)^2 = 64$ 이다.

답 **64**

$$f(x) = (x-a)(x-b)^2$$

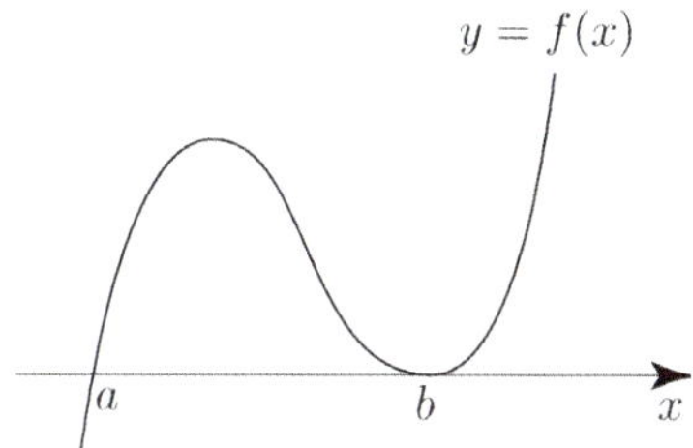

$g(x) = x^3 + x + 1$

$g'(x) = 3x^2 + 1 > 0$ 이므로 $g(x)$ 는 실수 전체의 집합에서
증가한다.

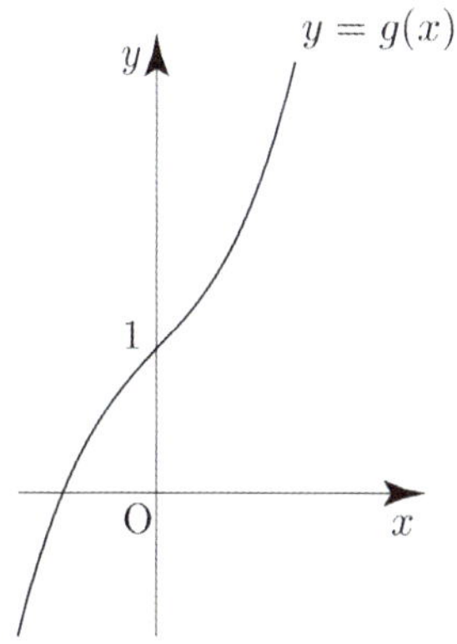

$g'(x) \geq 1$ 이고, $g^{-1}(x) = j(x)$ 라 하면 $j'(x) = \dfrac{1}{g'(j(x))}$

이므로 $0 < j'(x) \leq 1$ 이다.

$h(x) = (f \circ g^{-1})(x) = (f \circ j)(x) = f(j(x))$
두 함수 $f(x)$, $j(x)$ 는 실수 전체의 집합에서 미분가능하므로
함수 $h(x)$ 도 실수 전체의 집합에서 미분가능하다.

110번 해설 tip에서 배웠듯이 미분가능한 함수 $h(x)$ 에
대하여 함수 $|h(x)|$ 가 미분가능하지 않을 때는
$h(x) = 0$ 인 x 값에서만 가능하다.

즉, $h(x) = f(j(x)) = 0 \Rightarrow j(x) = a$ or $j(x) = b$ 인 x 의
값에서
함수 $|h(x)|$ 가 미분가능하지 않을 수 있다.

(가) 함수 $(x-1)|h(x)|$ 가 실수 전체의 집합에서
미분가능하다.

$x-1$ 은 실수 전체의 집합에서 미분가능하므로
함수 $(x-1)|h(x)|$ 는 함수 $|h(x)|$ 가 미분가능하지 않을 수
있는 점에서만 미분가능하지 않을 수 있다.

즉, $j(x)=a$ or $j(x)=b$ 인 x 의 값에서만
함수 $(x-1)|h(x)|$ 가 미분가능하면 (가) 조건을 만족시킨다.

방정식 $j(x)=a$ 의 해를 $x=x_1$,
방정식 $j(x)=b$ 의 해를 $x=x_2$ 라 하자.

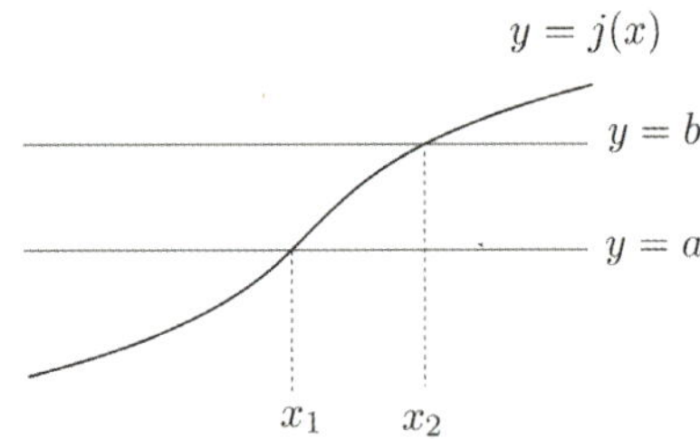

$p(x)=(x-1)|h(x)|$ 라 하면
$x<x_1$ 이면 $j(x)<a$ 이므로 $h(x)=f(j(x))<0$
$x\geq x_1$ 이면 $j(x)\geq a$ 이므로 $h(x)=f(j(x))\geq 0$
이므로

$$p(x)=\begin{cases} -(x-1)h(x) & (x<x_1) \\ (x-1)h(x) & (x\geq x_1) \end{cases}$$

$$p'(x)=\begin{cases} -h(x)-(x-1)h'(x) & (x<x_1) \\ h(x)+(x-1)h'(x) & (x>x_1) \end{cases}$$

(가) 조건에 의하여 함수 $p(x)$ 는 실수 전체의 집합에서
미분가능해야 하므로 $x=x_1$ 에서도 미분가능해야 한다.

$x=x_1$ 에서의 좌미분계수와 우미분계수가 같아야 하므로
$-h(x_1)-(x_1-1)h'(x_1)=h(x_1)+(x_1-1)h'(x_1)$

$\Rightarrow h(x_1)+(x_1-1)h'(x_1)=0$

$h(x_1)=f(j(x_1))=f(a)=0$ 이므로
$(x_1-1)h'(x_1)=0$

이때, $h'(x)=j'(x)f'(j(x))=\dfrac{1}{g'(j(x))}\times f'(j(x))$ 이므로

$h'(x_1)=\dfrac{1}{g'(a)}\times f'(a)>0$ $(\because g'(a)>0,\ f'(a)>0)$

즉, $(x_1-1)h'(x_1)=0 \Rightarrow x_1=1$

$j(x_1)=a \Rightarrow j(1)=a$ 이므로
$g(a)=1 \Rightarrow a^3+a+1=1 \Rightarrow a(a^2+1)=0$

$\Rightarrow a=0$

$\therefore f(x)=x(x-b)^2$

$x=x_2$ 에서도 미분가능해야 하므로 $x=x_1$ 와 같은 논리로
$h(x_2)+(x_2-1)h'(x_2)=0$ 가 성립해야 한다.

$h(x_2)=f(j(x_2))=f(b)=0$ 이므로
$(x_2-1)h'(x_2)=0$ 이고
$h'(x_2)=\dfrac{1}{g'(b)}\times f'(b)=0$ $(\because g'(b)>0,\ f'(b)=0)$
이므로 $(x_2-1)h'(x_2)=0$ 를 만족시킨다.
즉, 함수 $p(x)$ 는 $x=x_2$ 에서 미분가능하다.

(나) $h'(3)=2$
$$h'(3)=\dfrac{1}{g'(j(3))}\times f'(j(3))$$
$g(x)=x^3+x+1=3 \Rightarrow x=1 \Rightarrow j(3)=1$
$g'(x)=3x^2+1,\ f'(x)=(x-b)^2+2x(x-b)$ 이므로
$$h'(3)=\dfrac{1}{g'(1)}\times f'(1)=\dfrac{(1-b)^2+2(1-b)}{4}=2$$

$\Rightarrow b^2-4b-5=0 \Rightarrow (b-5)(b+1)=0$
$\Rightarrow b=5 \ (\because b>a)$

$\therefore f(x)=x(x-5)^2$

따라서 $f(8)=8\times 9=72$ 이다.

답 72

(가) 조건만으로는 b 를 구할 수 없으니 (나) 조건을 준 것이다.

역함수 미분법, 합성함수 미분법, 절댓값 함수의 미분가능성을
복합적으로 물어보는 문제였다.
지금까지의 기출문제들에서 모두 다루었던 내용이지만
복합적으로 얽혀있어 막상 수능장에서 깔끔하게 풀기에는 나름
만만치 않은 문제였다.

풀이 길이로 보면 30 번인 것 같지만 사실
2021학년도 수능 28번에 출제되었다.

백지에 깔끔하게 다시 풀어보자!

$f(x) = x^3 + ax, \ g(x) = |2\cos\pi x + 1|$

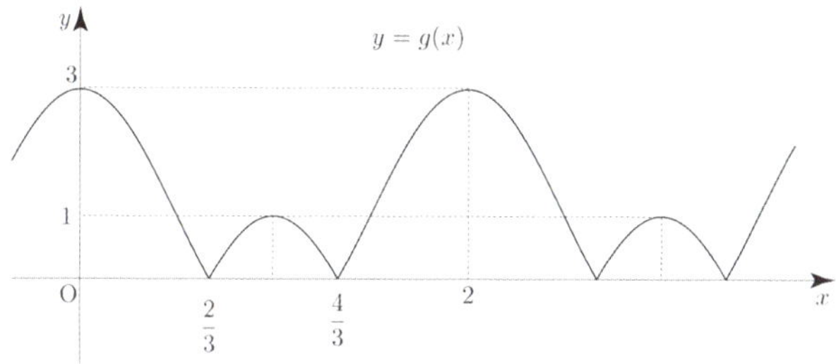

$h(x) = f(g(x))$

$f(x)$ 는 실수 전체의 집합에서 미분가능하고
$g(x)$ 는 $g(x) = 0$ 을 만족시키는 x 값에서 미분가능하지 않다.
즉, $h(x)$ 의 미분가능여부를 조사할 때, $g(x) = 0$ 을
만족시키는 x 값에서만 미분가능여부를 조사하면 된다.

방정식 $g(x) = 0$ 의 실근을 $x = p$ 라 하면
$h(x)$ 가 실수 전체의 집합에서 미분가능하므로
$\lim\limits_{x \to p+} h'(x) = \lim\limits_{x \to p-} h'(x)$ 이어야 한다.
(절댓값을 풀어서 그 경계로 나눴을 때 두 함수 모두
도함수가 연속이기에 위와 같은 식이 성립한다.
만약 위 부분이 이해가 되지 않는다면
2026 규토 라이트 N제 수2 도함수의 활용 Master step
229번 해설 tip을 참고하도록 하자.)

$h(x) = f(g(x))$
$h'(x) = g'(x)f'(g(x))$
$2\cos\pi x + 1 < 0$ 일 때, $g'(x) = 2\pi\sin\pi x$
$2\cos\pi x + 1 \geq 0$ 일 때, $g'(x) = -2\pi\sin\pi x$
이므로 $\lim\limits_{x \to p+} g'(x) = -\lim\limits_{x \to p-} g'(x)$ 이다.
(p 의 값에 따라 $\lim\limits_{x \to p+} g'(x) = 2\pi\sin\pi p$ 일 수도
$\lim\limits_{x \to p+} g'(x) = -2\pi\sin\pi p$ 일 수도 있지만 두 경우 모두
$\lim\limits_{x \to p+} g'(x) = -\lim\limits_{x \to p-} g'(x)$ 가 성립한다.)

즉, $\lim\limits_{x \to p+} h'(x) = \lim\limits_{x \to p-} h'(x)$ 이 성립하려면 $g'(x)$ 의 부호가
반대이므로 $\lim\limits_{x \to p+} f'(g(x)) = \lim\limits_{x \to p-} f'(g(x)) = f'(0) = 0$
이어야 한다.

$f(x) = x^3 + ax$
$f'(x) = 3x^2 + a \Rightarrow f'(0) = 0 \Rightarrow a = 0$
$\therefore \ f(x) = x^3$

$f(x) = 1 \Rightarrow x^3 = 1 \Rightarrow x = 1$
방정식 $h(x) = 1 \Rightarrow f(g(x)) = 1 \Rightarrow g(x) = 1$ 이므로
$0 < x < n$ 에서 방정식 $g(x) = 1$ 의 서로 다른 실근의
개수가 22 가 되도록 하는 자연수 n 의 값을 구하면 된다.

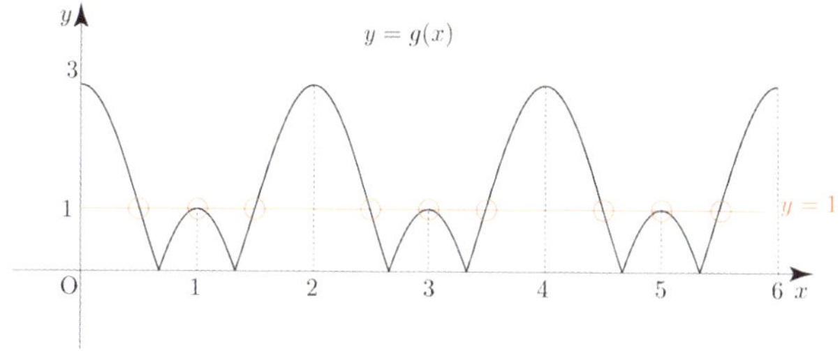

한 주기 내에 두 그래프 $y = g(x)$, $y = 1$ 의 교점이 3 개
존재하므로 교점이 21 개 존재하려면 $n = 14$ 이어야 하고,
교점이 22 개 존재하려면 $n = 15$ 이어야 한다.

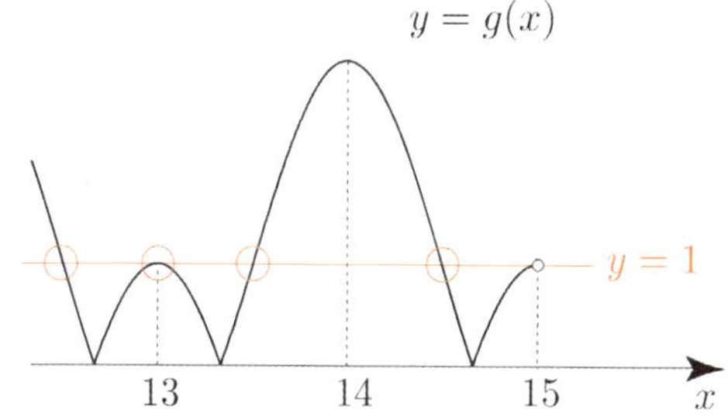

따라서 자연수 n 의 값은 15 이다.

답 15

$f(x) = e^{x+1} - 1$
$y = |f(x)|$ 의 그래프를 그리면 다음과 같다.

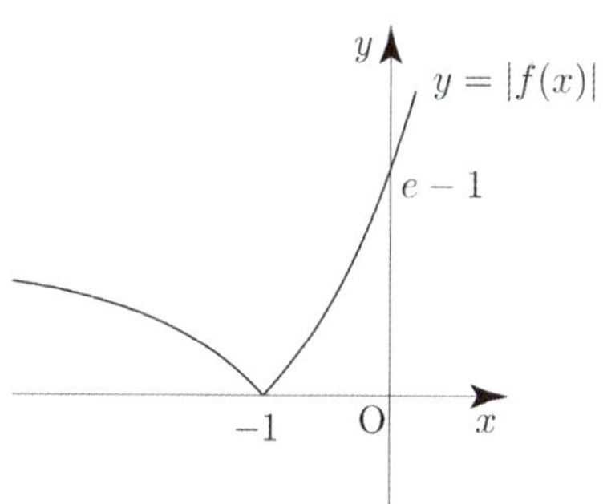

$|f(x)| = \begin{cases} -(e^{x+1} - 1) & (x < -1) \\ e^{x+1} - 1 & (x \geq -1) \end{cases}$

$$f(x^k) = e^{x^k+1} - 1$$
$$\{f(x^k)\}' = kx^{k-1}e^{x^k+1}$$

k가 홀수인지 짝수인지에 따라 **case**분류하면

① k가 짝수
$f(x^k) = f((-x)^k)$ 이므로 x축에 대하여 대칭 (우함수)
$$\{f(x^k)\}' = kx^{k-1}e^{x^k+1}$$
$f'(0) = 0,\ f(0) = e - 1 \ \Rightarrow\ x = 0$ 에서 극소
$$\left| f(x^k) \right| = f(x^k) = e^{x^k+1} - 1$$

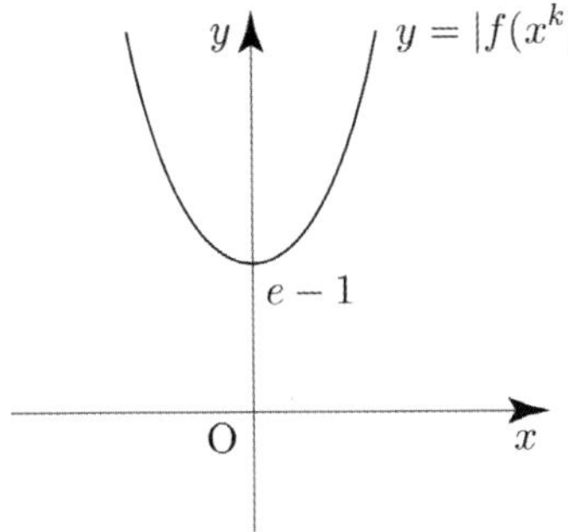

② k가 홀수
$$f(x^k) = e^{x^k+1} - 1$$
$$\{f(x^k)\}' = kx^{k-1}e^{x^k+1} \geq 0 \text{ 이므로}$$
$f(x^k)$는 실수 전체에서 증가한다.
$$\lim_{x \to -\infty} f(x^k) = -1$$

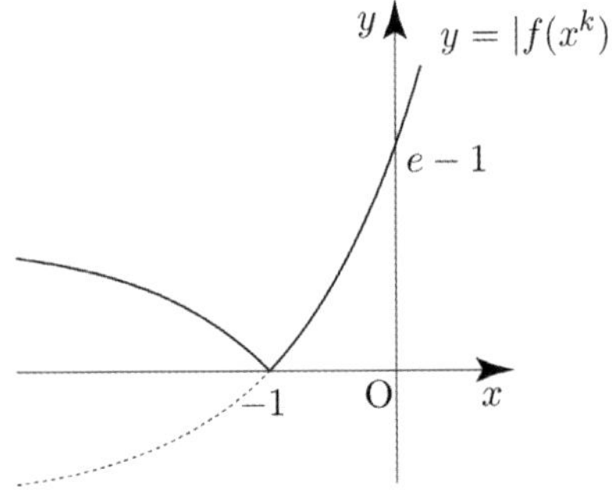

cf k가 3 이상의 홀수이면 $x = 0$에서 뚫는 접선을 갖는다.

함수 $\left| f(x^k) \right|$ (k는 홀수)는 $x = -1$에서
미분가능하지 않다.

함수 $g(x)$는 $x \neq -1$인 모든 실수에서 미분가능하므로
함수 $g(x)$가 $x = -1$에서 미분가능하면 실수 전체의
집합에서 미분가능하다.

즉, $g(x)$는 실수 전체의 집합에서 미분가능하려면
$$\lim_{x \to -1+} g'(x) = \lim_{x \to -1-} g'(x) \text{ 이어야 한다.}$$

$$g(x) = 100\left| f(x) \right| - \sum_{k=1}^{n} \left| f(x^k) \right|$$

① $x \geq -1$ 일 때
$$g(x) = 100f(x) - (f(x) + f(x^2) + f(x^3) + \cdots + f(x^n))$$
$$g'(x) = 100f'(x) - (f'(x) + 2xf'(x^2) + 3x^2f'(x^3) +$$
$$\cdots + nx^{n-1}f'(x^n))$$
$$\lim_{x \to -1+} g'(x) = 100f'(-1) - (f'(-1) - 2f'(1) + 3f'(-1) +$$
$$\cdots + n(-1)^{n-1}f'((-1)^n))$$

② $x < -1$ 일 때
$$g(x) = -100f(x) - (-f(x) + f(x^2) - f(x^3) + \cdots f(x^n))$$
$$g'(x) = -100f'(x) - (-f'(x) + 2xf'(x^2) - 3x^2f'(x^3) +$$
$$\cdots + n(-1)^n x^{n-1}f'(x^n))$$
$$\lim_{x \to -1-} g'(x)$$
$$= -100f'(-1) - (-f'(-1) - 2f'(1) - 3f'(-1) +$$
$$\cdots + n(-1)^{2n-1}f'((-1)^n))$$

$$\lim_{x \to -1+} g'(x) = \lim_{x \to -1-} g'(x) \text{ 이어야 하므로}$$
$$100f'(-1) - (f'(-1) - 2f'(1) + 3f'(-1) +$$
$$\cdots + n(-1)^{n-1}f'((-1)^n))$$
$$= -100f'(-1) - (-f'(-1) - 2f'(1) - 3f'(-1) +$$
$$\cdots + n(-1)^{2n-1}f'((-1)^n))$$

(i) n이 홀수일 때
$f'(x) = e^{x+1} \ \Rightarrow\ f'(-1) = 1$ 이므로
$$200f'(-1) - 2\{f'(-1) + 3f'(-1) + \cdots + nf'(-1)\} = 0$$
$$\Rightarrow 200 - 2(1 + 3 + \cdots + n) = 0$$
$$\Rightarrow 100 = 1 + 3 + \cdots + n$$
$n = 2k - 1$ 라 하면
$$100 = 1 + 3 + \cdots + 2k - 1 = k^2 \ \Rightarrow\ k = 10 \text{ 이므로}$$
$$n = 19$$

(ii) n이 짝수일 때
$n = 20$ 이어도
$$100f'(-1) - (f'(-1) - 2f'(1) + 3f'(-1) +$$
$$\cdots + 19f'(-1) - 20f'(1))$$
$$= -100f'(-1) - (-f'(-1) - 2f'(1) - 3f'(-1) +$$
$$\cdots - 19f'(-1) - 20f'(1))$$
가 성립한다.

(ⅰ), (ⅱ)에 의하여 조건을 만족시키는 $n = 19$ or $n = 20$ 이다.

따라서 모든 자연수 n 의 값의 합은 $19 + 20 = 39$ 이다.

답 39

122

최고차항의 계수가 1 인 사차함수 $f(x)$
$g(x) = |2\sin(x + 2|x|) + 1|$

$x \geq 0$ 일 때, $g(x) = |2\sin 3x + 1|$
$x < 0$ 일 때, $g(x) = |2\sin(-x) + 1| = |-2\sin x + 1|$
이므로 $g(x)$ 를 그리면 다음과 같다.

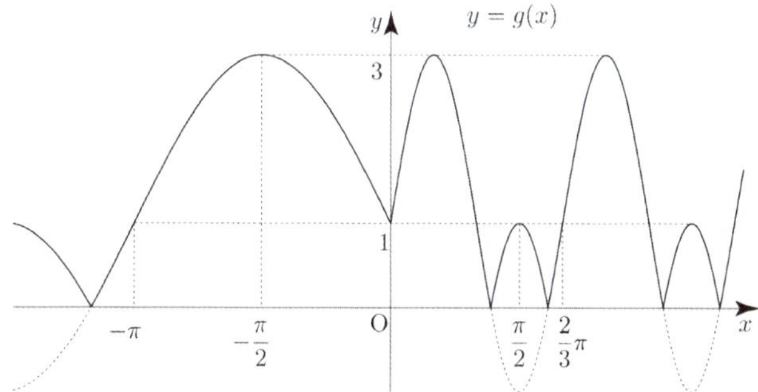

$h(x) = f(g(x))$
$h'(x) = g'(x)f'(g(x))$
$h''(x) = g''(x)f'(g(x)) + \{g'(x)\}^2 f''(g(x))$
$h''(x)$ 가 실수 전체의 집합에서 존재하고, 연속이다.

$h'(x)$ 의 입장에서 그의 도함수인 $h''(x)$ 가 실수 전체의
집합에서 연속이므로 $h'(x)$ 는 실수 전체의 집합에서
연속이고 미분가능하다. 같은 논리로 $h(x)$ 도 실수 전체의
집합에서 연속이고 미분가능하다.

이때, $f(x)$ 는 실수 전체의 집합에서 미분가능하고
$g(x)$ 는 $x = 0$ 과 $g(x) = 0$ 을 만족시키는 x 값에서
미분가능하지 않다.

즉, $g(x)$ 가 미분가능하지 않은 점에서 $h(x)$ 가 미분가능하면
$h(x) = f(g(x))$ 는 실수 전체의 집합에서 미분가능하다.

① $x = 0$ 에서 함수 $h(x)$ 가 미분가능

$$\lim_{x \to 0+} h'(x) = \lim_{x \to 0-} h'(x)$$

$h'(x) = g'(x)f'(g(x))$
$x = 0$ 의 근방에서
$x > 0$ 일 때, $g'(x) = 6\cos 3x$
$x < 0$ 일 때, $g'(x) = -2\cos x$
$$\lim_{x \to 0} g(x) = g(0) = 1 \Rightarrow \lim_{x \to 0} f'(g(x)) = f'(g(0)) = f'(1)$$
이므로
$$\lim_{x \to 0+} h'(x) = 6f'(1)$$
$$\lim_{x \to 0-} h'(x) = -2f'(1)$$
$$\lim_{x \to 0+} h'(x) = \lim_{x \to 0-} h'(x) \Rightarrow 6f'(1) = -2f'(1)$$
$$\Rightarrow f'(1) = 0$$

② 방정식 $g(x) = 0$ 의 실근을 $x = p$ 라 할 때,
  $x = p$ 에서 $h(x)$ 가 미분가능

$$\lim_{x \to p+} h'(x) = \lim_{x \to p-} h'(x)$$

$h'(x) = g'(x)f'(g(x))$
$y = g(x)$ 는 $y = 2\sin(x + 2|x|) + 1$ 의 그래프에서 함숫값이
음수인 부분을 x 축에 대하여 대칭하여 그리므로
$x = p$ 에서의 우미분계수와 좌미분계수의 부호는 반대이고
절댓값은 같다.
즉, $\lim\limits_{x \to p+} g'(x) = -\lim\limits_{x \to p-} g'(x)$ 가 성립한다.

$$\lim_{x \to p} g(x) = g(p) = 0 \Rightarrow \lim_{x \to p} f'(g(x)) = f'(g(p)) = f'(0)$$
이므로
$$\lim_{x \to p+} h'(x) = \lim_{x \to p-} h'(x) \Rightarrow f'(0)\lim_{x \to p+} g'(x) = f'(0)\lim_{x \to p-} g'(x)$$
$$\Rightarrow f'(0) = -f'(0) \Rightarrow f'(0) = 0$$

$f'(x)$ 는 실수 전체의 집합에서 이계도함수가 존재하고
$g'(x)$ 는 $x \neq 0$ 과 $g(x) \neq 0$ 을 만족시키는 x 값에서
미분가능하므로 $x = 0$ 과 $g(x) = 0$ 을 만족시키는
x 값에서 $h'(x)$ 가 미분가능하면 $h'(x)$ 는 실수 전체의
집합에서 미분가능하다.

❶ $x = 0$ 에서 함수 $h'(x)$ 가 미분가능

$$\lim_{x \to 0+} h''(x) = \lim_{x \to 0-} h''(x)$$

$h''(x) = g''(x)f'(g(x)) + \{g'(x)\}^2 f''(g(x))$
$\lim\limits_{x \to 0} f'(g(x)) = f'(g(0)) = f'(1) = 0$ 이고

$$\lim_{x \to 0+} \{g'(x)\}^2 = \lim_{x \to 0+} \{6\cos 3x\}^2 = 36$$

$$\lim_{x \to 0-} \{g'(x)\}^2 = \lim_{x \to 0-} \{-2\cos x\}^2 = 4$$

이므로

$$\lim_{x \to 0+} h''(x) = f''(1) \lim_{x \to 0+} \{g'(x)\}^2 = 36f''(1)$$

$$\lim_{x \to 0-} h''(x) = f''(1) \lim_{x \to 0-} \{g'(x)\}^2 = 4f''(1)$$

$$\lim_{x \to 0+} h'(x) = \lim_{x \to 0-} h'(x) \Rightarrow 36f''(1) = 4f''(1)$$

$$\Rightarrow f''(1) = 0$$

❷ 방정식 $g(x)=0$ 의 실근을 $x=p$ 라 할 때,
  $x=p$ 에서 함수 $h'(x)$ 가 미분가능

$$\lim_{x \to p+} h''(x) = \lim_{x \to p-} h''(x)$$

$$h''(x) = g''(x)f'(g(x)) + \{g'(x)\}^2 f''(g(x))$$

$$\lim_{x \to p+} h''(x) = \lim_{x \to p+} g''(x)f'(g(x)) + \lim_{x \to p+} \{g'(x)\}^2 f''(g(x))$$

$$= 0 + \lim_{x \to p+} \{g'(x)\}^2 f''(g(x)) \; (\because \; f'(0)=0)$$

$$= f''(0) \lim_{x \to p+} \{g'(x)\}^2$$

$$\lim_{x \to p-} h''(x) = \lim_{x \to p-} g''(x)f'(g(x)) + \lim_{x \to p-} \{g'(x)\}^2 f''(g(x))$$

$$= 0 + \lim_{x \to p-} \{g'(x)\}^2 f''(g(x)) \; (\because \; f'(0)=0)$$

$$= f''(0) \lim_{x \to p-} \{g'(x)\}^2$$

$$\lim_{x \to p+} g'(x) = -\lim_{x \to p-} g'(x) \text{ 이므로}$$

$$\lim_{x \to p+} \{g'(x)\}^2 = \lim_{x \to p-} \{g'(x)\}^2$$

즉, $\lim\limits_{x \to p+} h''(x) = \lim\limits_{x \to p-} h''(x)$ 가 성립하므로 함수 $h'(x)$ 는
$x=p$ 에서 미분가능하다.

①, ②, ❶, ❷ 에 의하여 $f'(0) = f'(1) = f''(1) = 0$
$f(x)$ 는 최고차항의 계수가 1 인 사차함수이므로
$f'(x)$ 는 최고차항의 계수가 4 인 삼차함수이다.

$f'(0) = f'(1) = 0$ 이므로
$$f'(x) = 4x(x-1)(x-a)$$

$$f''(x) = 4(x-1)(x-a) + 4x(x-a) + 4x(x-1)$$

$$f''(1) = 0 \Rightarrow 4(1-a) = 0 \Rightarrow a = 1$$

따라서 $f'(x) = 4x(x-1)^2$ 이므로
$$f'(3) = 4 \times 3 \times 4 = 48 \text{ 이다.}$$

답 48

123

$f(x) = x^3 + ax^2 - ax - a$ 의 역함수가 존재하려면
$f(x)$ 가 증가함수이어야 한다.
$$f'(x) \geq 0 \Rightarrow 3x^2 + 2ax - a \geq 0 \text{ 이므로}$$

$$\frac{D}{4} = a^2 + 3a \leq 0 \Rightarrow a(a+3) \leq 0 \Rightarrow -3 \leq a \leq 0$$

자연수 n 에 대하여 $n \times g'(n) = 1$ 을 만족시키는 실수 a 의
개수를 a_n

$f(x)$ 의 역함수가 $g(x)$ 이므로 $f(g(x)) = x$ 가 성립한다.
$f(g(x)) = x$ 의 양변을 x 에 대해 미분하면

$$g'(x)f'(g(x)) = 1 \Rightarrow g'(x) = \frac{1}{f'(g(x))}$$

$$g'(n) = \frac{1}{f'(g(n))} \text{ 이므로}$$

$$n \times g'(n) = 1 \Rightarrow n = f'(g(n))$$

$g(n) = m$ 이라 하면 $f(m) = n$ 이므로
$$n = f'(g(n)) \Rightarrow f(m) = f'(m) = n$$

$$\Rightarrow m^3 + am^2 - am - a = 3m^2 + 2am - a$$

$$\Rightarrow m^3 + (a-3)m^2 - 3am = 0$$

$$\Rightarrow m(m-3)(m+a) = 0$$

$$\Rightarrow m = 0 \text{ or } m = 3 \text{ or } m = -a$$

① $m = 0$ 일 때
$$f(0) = -a = n$$

② $m = 3$ 일 때
$$f(3) = 27 + 9a - 3a - a = 5a + 27 = n$$

③ $m = -a$ 일 때
$$f(-a) = -a^3 + a^3 + a^2 - a = a^2 - a = n$$

자연수 n 에 대하여 $f(m) = n$ 을 만족시키는
실수 $a(-3 \leq a \leq 0)$ 의 개수를 구하면 다음과 같다.

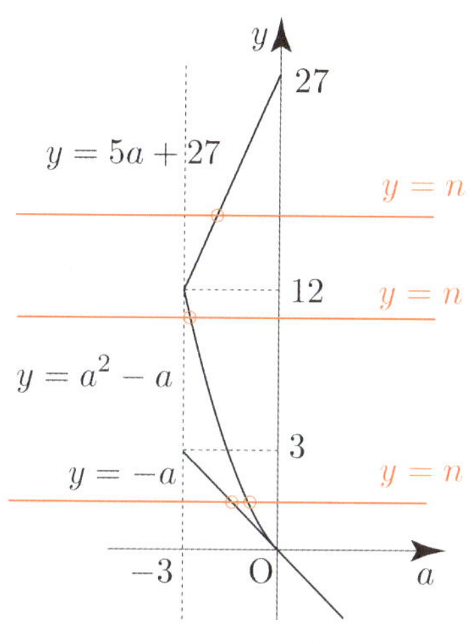

(ⅰ) $1 \leq n \leq 3$ 일 때, $a_n = 2$

(ⅱ) $4 \leq n \leq 27$ 일 때, $a_n = 1$

따라서 $\displaystyle\sum_{n=1}^{27} a_n = 3 \times 2 + 24 \times 1 = 6 + 24 = 30$ 이다.

답 30

124

최고차항의 계수가 $\dfrac{1}{2}$ 이고 최솟값이 0 인 사차함수 $f(x)$

$g(x) = 2x^4 e^{-x}$

$g'(x) = 8x^3 e^{-x} - 2x^4 e^{-x} = 2x^3(4-x)e^{-x}$

Semi 도함수 $g'(x) = x^3(4-x)$

$g'(0) = g'(4) = 0, \ g(0) = 0, \ g(4) = 512e^{-4}$

$\Rightarrow x = 0$ 에서 극소, $x = 4$ 에서 극대

$\displaystyle\lim_{x \to \infty} g(x) = 0$

이를 바탕으로 $g(x)$ 를 그리면 다음과 같다.

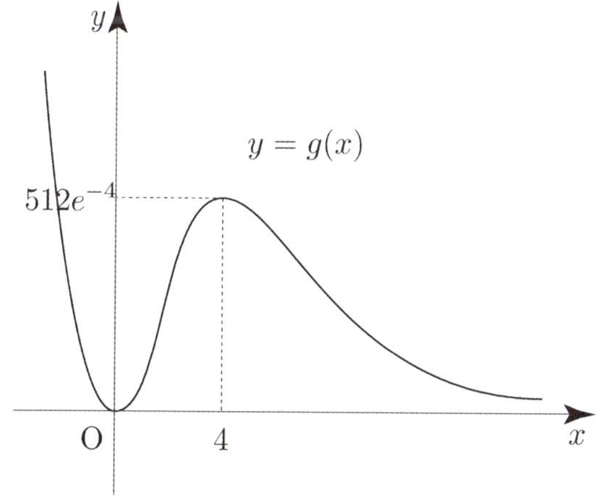

(가) 방정식 $h(x) = 0$ 의 서로 다른 실근의 개수는 4 이다.

$f(x)$ 의 최솟값이 0 이므로 가능한 방정식 $f(x) = 0$ 의 서로 다른 실근의 개수는 1 또는 2 이다.

만약 방정식 $f(x) = 0$ 의 서로 다른 실근의 개수가 1 이고 이때의 실근을 α 라 하면

$h(x) = 0 \Rightarrow f(g(x)) = 0 \Rightarrow g(x) = \alpha$

방정식 $g(x) = \alpha$ 의 서로 다른 실근의 개수는 최대 3 이므로 (가) 조건을 만족시키지 않는다.

즉, 방정식 $f(x) = 0$ 의 서로 다른 실근의 개수는 2 이어야 한다.

이때의 서로 다른 실근을 $\alpha, \ \beta \ (\alpha < \beta)$ 라 하자.

(사차함수 $f(x)$ 의 최솟값이 0 이므로 $x = \alpha$ 와 $x = \beta$ 에서 접해야 한다.)

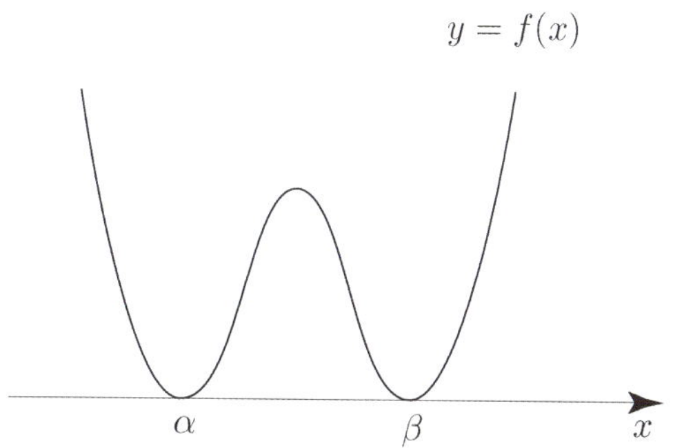

$f(x) = \dfrac{1}{2}(x-\alpha)^2(x-\beta)^2$

$h(x) = 0 \Rightarrow f(g(x)) = 0 \Rightarrow g(x) = \alpha \ \text{ or } \ g(x) = \beta$

(가) 조건을 만족시키려면 다음과 같은 두 가지 경우가 가능하다.

① $\alpha = 0, \ 0 < \beta < 512e^{-4}$

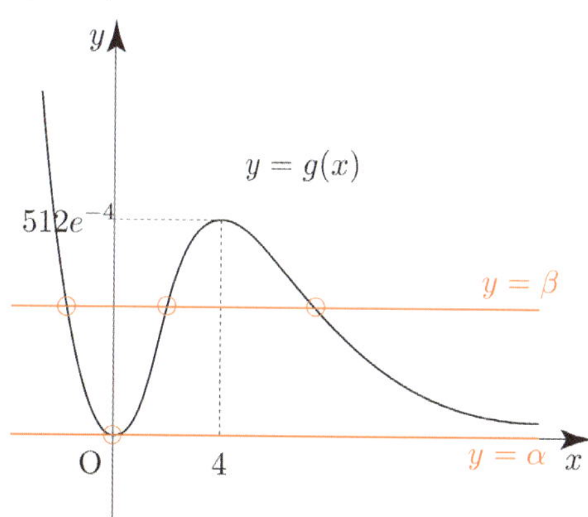

② $0 < \alpha < 512e^{-4} < \beta$

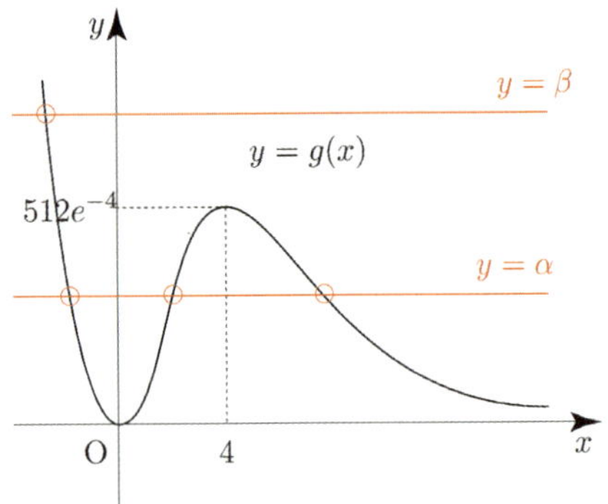

(나) 함수 $h(x)$ 는 $x = 0$ 에서 극소이다.

$$f'(x) = (x - \alpha)(x - \beta)^2 + (x - \alpha)(x - \beta)^2$$
$$= (x - \alpha)(x - \beta)(2x - \alpha - \beta)$$
$$g'(x) = 2x^3(4 - x)e^{-x}$$

함수 $h(x)$ 가 $x = 0$ 에서 극소를 가지려면
$x = 0$ 의 좌우에서 $h'(x)$ 의 부호가 $-\ +$ 로 변해야 한다.

$h'(x) = g'(x)f'(g(x))$
$x = 0$ 의 좌우에서 $g'(x)$ 의 부호가 $-\ +$ 로 변하므로

$x = 0$ 의 좌우에서 $f'(g(x))$ 의 부호는 모두 $+$ 이어야 한다.

$g(x) = t$ 라 하면
$x = 0$ 의 좌우에서 t 부호가 $+\ +$ 이고,
$x \to 0$ 일 때, $t \to 0+$ 이므로
$t = 0$ 의 오른쪽에서 $f'(t)$ 의 부호가 $+$ 이어야 한다.
이를 만족시키려면
$\alpha \leq 0 < \dfrac{\alpha + \beta}{2}$ or $\beta < 0$
점 $(0, f(0))$ 이 가능한 위치를 색칠하면 아래 그림과 같다.

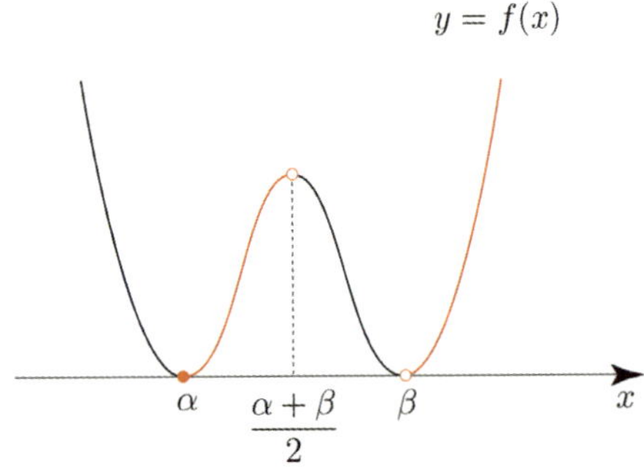

이때 (가) 조건을 만족시키는 α, β 의 범위를 고려하여
$x = 0$ 의 위치를 구하면 $\alpha = 0$ 이어야 한다.

$\therefore\ f(x) = \dfrac{1}{2}x^2(x - \beta)^2$

(다) 방정식 $h(x) = 8$ 의 서로 다른 실근의 개수는 6 이다.

$\alpha = 0$ 이므로 (가) 조건을 만족시키려면
$0 < \beta < 512e^{-4}$ 이어야 한다.

방정식 $h(x) = 8$ 의 서로 다른 실근을 조사하기 위해서는
먼저 방정식 $f(x) = 8$ 의 서로 다른 실근을 조사해야 한다.
$y = 8$ 이 될 수 있는 경우를 case분류하면 다음과 같다.

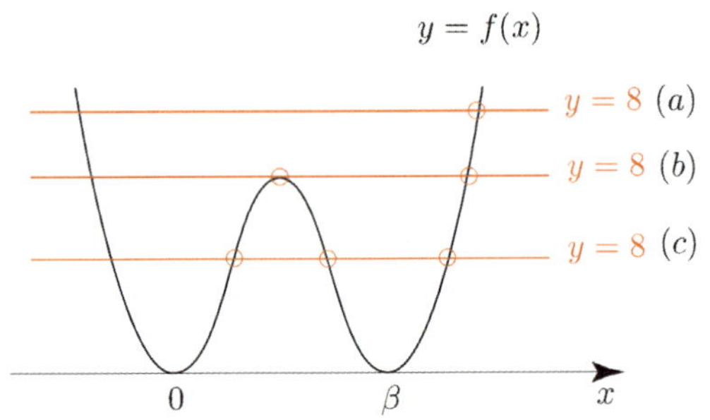

(a) 함수 $f(x)$ 의 극댓값이 8 보다 작은 경우

방정식 $f(x) = 8$ 이 하나의 양근을 갖는다.
($g(x)$ 의 치역이 0 이상이므로 방정식 $f(x) = 8$ 의 음근은
고려하지 않아도 된다.)
이때의 양근을 a 라 하면 방정식 $g(x) = a$ 의 서로 다른
실근의 개수는 최대 3 이므로 (다) 조건을 만족시키지 않는다.

(b) 함수 $f(x)$ 의 극댓값이 8 인 경우

방정식 $f(x) = 8$ 은 서로 다른 두 개의 양근을 갖는다.
이때의 서로 다른 두 양근을 a, b $(0 < a < \beta < b)$ 라 하자.

$0 < \beta < 512e^{-4} \Rightarrow 0 < a < \beta < 512e^{-4}$ 이므로
방정식 $g(x) = a$ 의 서로 다른 실근의 개수는 3 이다.

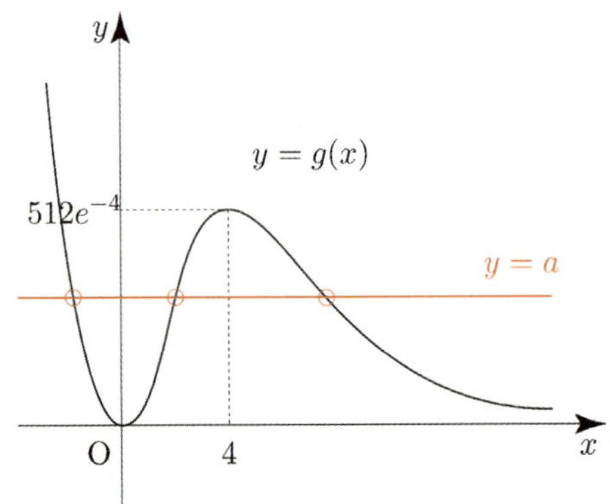

(다) 조건을 만족시키려면 방정식 $g(x)=b$의 서로 다른
실근의 개수가 3이어야 한다.

$b < 512e^{-4}$이면 조건을 만족시킨다.

(c) 함수 $f(x)$의 극댓값이 8보다 큰 경우

방정식 $f(x)=8$은 서로 다른 세 개의 양근을 갖는다.
이때의 서로 다른 세 양근을 a, b, c $(0 < a < b < \beta < c)$라
하자.
$0 < \beta < 512e^{-4} \Rightarrow 0 < a < b < \beta < 512e^{-4}$이므로
방정식 $g(x)=a$의 서로 다른 실근의 개수는 3이고,
방정식 $g(x)=b$의 서로 다른 실근의 개수는 3이다.

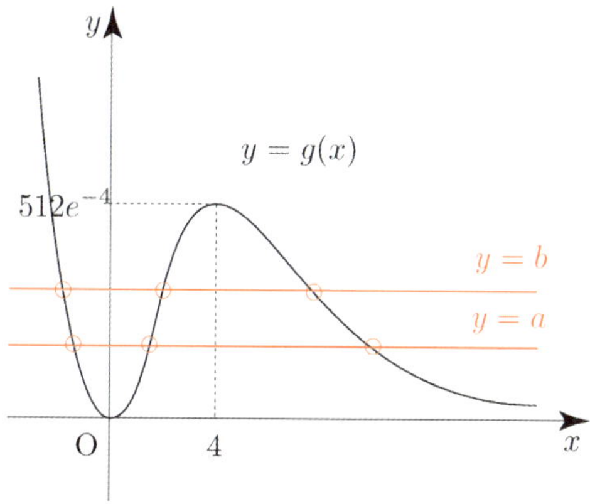

방정식 $g(x)=c$의 실근이 적어도 하나 존재하므로
(다) 조건을 만족시키지 않는다.

(a), (b), (c)에 의하여 함수 $f(x)$의 극댓값은 8이다.

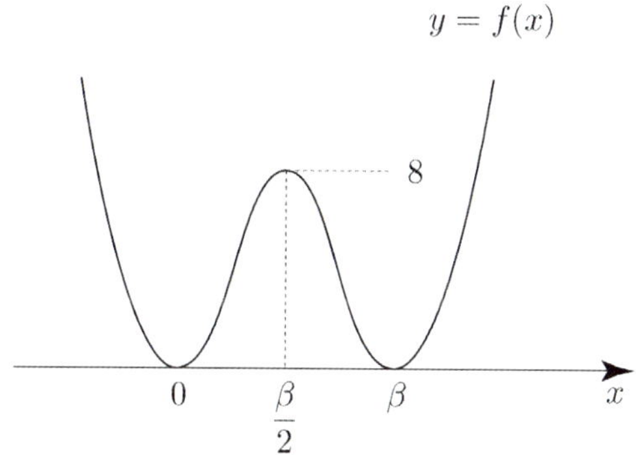

$f(x) = \dfrac{1}{2}x^2(x-\beta)^2$

$f(x)$는 $x = \dfrac{\beta}{2}$에서 극댓값 8을 가지므로

$f\left(\dfrac{\beta}{2}\right)=8 \Rightarrow \dfrac{1}{2}\times\dfrac{\beta^2}{4}\times\dfrac{\beta^2}{4}=\dfrac{\beta^4}{32}=8$

$\Rightarrow \beta^4 = 256 \Rightarrow \beta = 4$

$f(x) = \dfrac{1}{2}x^2(x-4)^2$이므로

$f'(x) = x(x-4)^2 + x^2(x-4) = 2x(x-2)(x-4)$

따라서 $f'(5) = 2\times 5\times 3\times 1 = 30$이다.

답 30

$f(x) = \dfrac{x^2-ax}{e^x} = (x^2-ax)e^{-x}$

$f'(x) = (2x-a-x^2+ax)e^{-x} = -(x^2-(a+2)x+a)e^{-x}$

이차방정식 $x^2-(a+2)x+a=0$의 판별식을 D라 하면

$D = (a+2)^2 - 4a = a^2 + 4 > 0$이므로

$f'(x)=0$은 서로 다른 두 실근을 갖는다.

$f(0)=0$, $f(a)=0$, $\displaystyle\lim_{x\to\infty}f(x)=0$

이를 바탕으로 $f(x)$를 그리면
(다항함수 $\times$ 지수함수 빨리 그리기를 사용해도 좋다.)

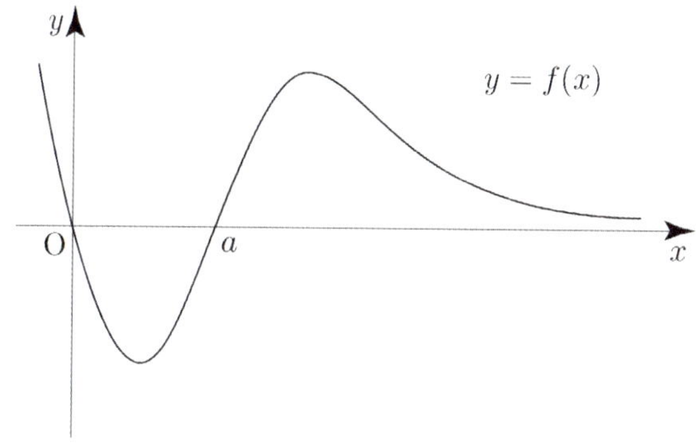

$y = f'(t)(x-t)+f(t)$는 곡선 위의 점 $(t, f(t))$에서의
접선의 방정식이므로 방정식 $f(x) = f'(t)(x-t)+f(t)$의
서로 다른 실근의 개수는 곡선 $y = f(x)$와
점 $(t, f(t))$에서의 접선이 만나는 점의 개수와 같다.

$g(t)$는 자연수이므로 만약 함수 $g(t)$가 $t=k$에서 연속이면
$g(k)=\displaystyle\lim_{t\to k}g(t)$이므로 $g(k)+\displaystyle\lim_{t\to k}g(t)$의 값은
짝수이어야 하는데 $g(5)+\displaystyle\lim_{t\to 5}g(t)=5$이므로
$g(t)$는 $t=5$에서 불연속임을 알 수 있다.

t의 값을 점점 키워보면서 교점의 개수의 변화를 살펴보면
되는데 우리가 중점적으로 봐야 할 것은 극점과 변곡점과
같은 특수한 상황이다.

먼저 접점이 극점인 특수한 상황을 가정하여 살펴보자.

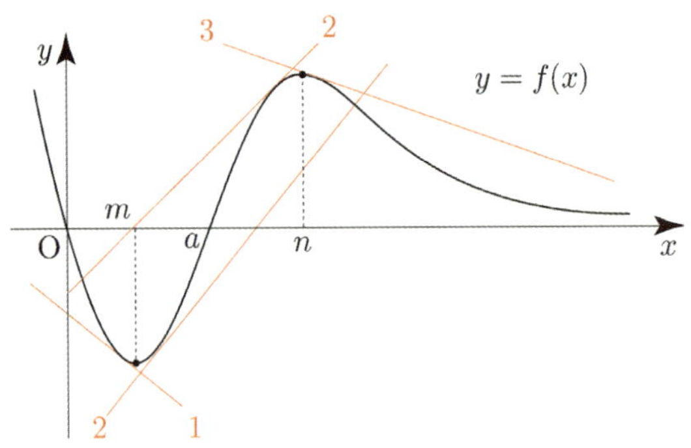

위 그림과 같이 $t=m$ or $t=n$인 경우
좌우극한 값이 서로 다르므로 극한값이 존재하지 않아
조건을 만족시킬 수 없다.

이번에는 접점이 변곡점인 특수한 상황을 가정하여 살펴보자.
($f''(x)$를 구해서 변곡점이 2개인 것을 보일 수도 있지만
해당 그래프는 정말 많이 접한 그래프 중 하나이기도 하고
그래프 개형상 변곡점이 2개인 것이 자명하다.)

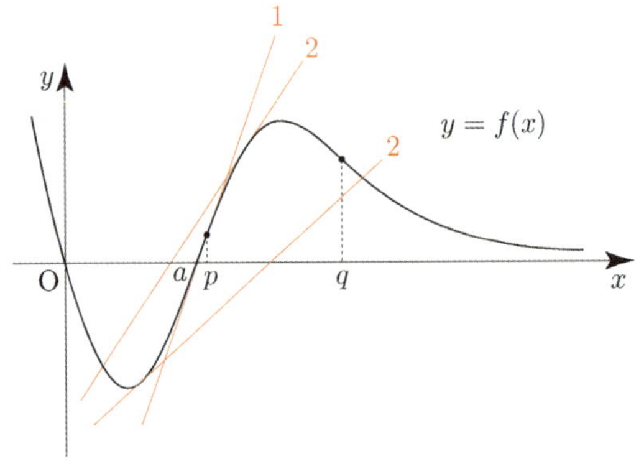

위 그림과 같이 변곡점의 x좌표가 p이면
$g(p)=1,\ \lim\limits_{t\to p}g(t)=2 \ \Rightarrow \ g(p)+\lim\limits_{t\to p}g(t)=3$이므로
조건을 만족시키지 않는다.

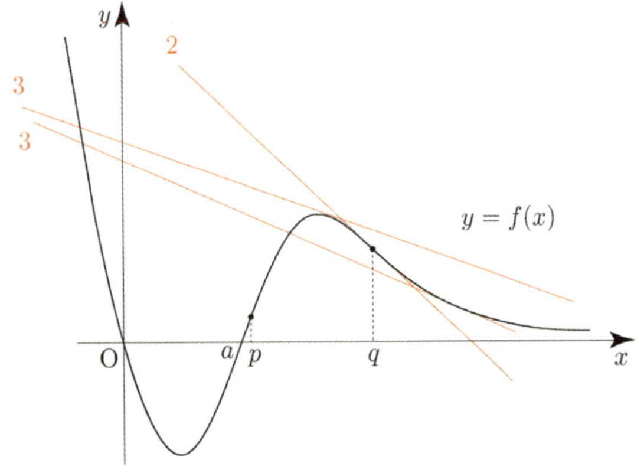

위 그림과 같이 변곡점의 x좌표가 q이면
$g(q)=2,\ \lim\limits_{t\to q}g(t)=3 \ \Rightarrow \ g(q)+\lim\limits_{t\to q}g(t)=5$이므로
조건을 만족시킨다. 즉, $q=5$이다.

$f''(x)=\{x^2-(a+4)x+2a+2\}e^{-x}$이므로
$f''(5)=0 \ \Rightarrow \ 25-(a+4)5+2a+2=0 \ \Rightarrow \ 7-3a=0$

$\Rightarrow \ a=\dfrac{7}{3}$

$\lim\limits_{t\to k-}g(t)\neq\lim\limits_{t\to k+}g(t)$를 만족시키려면
t가 극점의 x좌표이어야 한다.

$f'(x)=-\left(x^2-\dfrac{13}{3}x+\dfrac{7}{3}\right)e^{-x}$에서

이차방정식 $x^2-\dfrac{13}{3}x+\dfrac{7}{3}=0$의 근과 계수의 관계에 의해

극점의 x값의 합은 $\dfrac{13}{3}$이므로 $\lim\limits_{t\to k-}g(t)\neq\lim\limits_{t\to k+}g(t)$를

만족시키는 모든 실수 k의 값의 합은 $\dfrac{13}{3}$이다.

따라서 $p+q=16$이다.

답 16

126

모든 실수 x에 대하여 $-e^{-x+1} \leq ax+b \leq e^{x-2}$

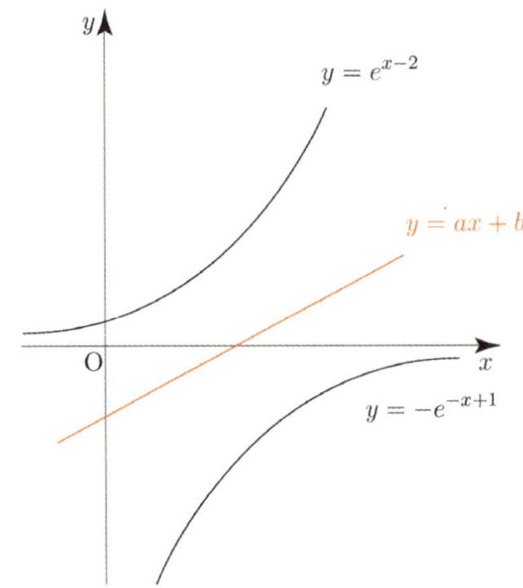

주어진 부등식을 만족하려면 직선 $y=ax+b$는
두 곡선 $y=-e^{-x+1},\ y=e^{x-2}$의 사이에 존재해야 하므로
$a \geq 0$이어야 한다.

ab의 최댓값과 최솟값을 구하는 문제이므로

$a>0$이고 $b>0$일 때, 최댓값

$a>0$이고 $b<0$일 때, 최솟값

이라는 것을 대략적으로 파악해볼 수 있다.

cf) $a=0$이면 $b=0$이므로 $ab=0$

일차함수로 위치관계를 비교하는 것보다는

상수함수로 위치관계를 비교하는 것이 좀 더 쉽기 때문에

주어진 부등식을 변형해보자.

(특히, 문제에서는 $y=ax+b$이므로 정점이 존재하지 않고,
변수가 a, b로 두 개이므로 위치관계를 파악하기 더욱
힘들다.)

$-e^{-x+1} \leq ax+b \leq e^{x-2}$

각 변에 $-ax$를 더하면

$-ax-e^{-x+1} \leq b \leq -ax+e^{x-2} \quad (a>0)$

위 부등식은 $-ax-e^{-x+1} \leq b$ 와 $b \leq -ax+e^{x-2}$ 의
교집합이다.

① $b \leq -ax+e^{x-2} \ (a>0)$

$f(x) = -ax+e^{x-2}$ 라 하면

$f'(x) = -a+e^{x-2}$

$f'(2+\ln a)=0, \ f(2+\ln a)=-a-a\ln a$

$\Rightarrow x=2+\ln a$에서 극소이면서 최소

$\lim_{x\to\infty} f(x) = \infty, \ \lim_{x\to-\infty} f(x) = \infty$

$\therefore \ b \leq -a-a\ln a$

② $-ax-e^{-x+1} \leq b \ (a>0)$

$g(x) = -ax-e^{-x+1}$ 라 하면

$g'(x) = -a+e^{-x+1}$

$g'(1-\ln a)=0, \ g(1-\ln a)=-2a+a\ln a$

$\Rightarrow x=1-\ln a$에서 극대이면서 최대

$\lim_{x\to\infty} g(x) = -\infty, \ \lim_{x\to-\infty} g(x) = -\infty$

$\therefore \ b \geq -2a+a\ln a$

①, ②에 의하여 $-2a+a\ln a \leq b \leq -a-a\ln a$

$a>0$이므로 각 변에 a를 곱하면

$-2a^2+a^2\ln a \leq ab \leq -a^2-a^2\ln a$

위 부등식이 성립하려면 아래와 같은 전제조건을
만족시켜야 한다.

$-2a^2+a^2\ln a \leq -a^2-a^2\ln a$

$\Rightarrow -a^2+2a^2\ln a \leq 0$

$\Rightarrow a^2(-1+2\ln a) \leq 0$

$\Rightarrow 2\ln a \leq 1$

$\Rightarrow a \leq e^{\frac{1}{2}}$

$\Rightarrow 0 < a \leq e^{\frac{1}{2}} \ (\because \ a>0)$

$-2a^2+a^2\ln a \leq ab \leq -a^2-a^2\ln a$

(i) $-2a^2+a^2\ln a \leq ab$

$h(a) = -2a^2+a^2\ln a$ 라 하면

$h'(a) = -3a+2a\ln a = a(-3+2\ln a)$

Semi 도함수 $h'(a) = -3+2\ln a$

$0<a \leq e^{\frac{1}{2}}$에서 $h'(a)<0$이므로 $h(a)$는 감소한다.

$0<a \leq e^{\frac{1}{2}}$에서 $h(a)$는 $x=e^{\frac{1}{2}}$에서 최소이고,

최솟값 $m=h\left(e^{\frac{1}{2}}\right) = -2e+\frac{1}{2}e = -\frac{3}{2}e$ 을 갖는다.

(ii) $ab \leq -a^2-a^2\ln a$

$j(a) = -a^2-a^2\ln a$ 라 하면

$j'(a) = -3a-2a\ln a = -a(3+2\ln a)$

Semi 도함수 $j'(a) = -(3+2\ln a)$

$j'\left(e^{-\frac{3}{2}}\right)=0, \ j\left(e^{-\frac{3}{2}}\right)=-e^{-3}+\frac{3}{2}e^{-3}=\frac{1}{2}e^{-3}$

$\Rightarrow x=e^{-\frac{3}{2}}$에서 극대

$0<a \leq e^{\frac{1}{2}}$에서 $j(a)$는 $x=e^{-\frac{3}{2}}$에서 최대이고,

최댓값 $M=j\left(e^{-\frac{3}{2}}\right)=\frac{1}{2}e^{-3}$을 갖는다.

(i), (ii)에 의하여 $m=-\frac{3}{2}e, \ M=\frac{1}{2}e^{-3}$이므로

$\left| M \times m^3 \right| = \left| \frac{1}{2}e^{-3} \times \left(-\frac{27}{8}e^3 \right) \right| = \frac{27}{16} = \frac{q}{p}$

따라서 $p+q=16+27=43$이다.

답 43

함수 $g(x) = \lim\limits_{h \to 0+} \left| \dfrac{f(2^{x+h}) - f(2^x)}{h} \right|$ 의 불연속점을 구하기 위해 먼저 함수 $f(2^x)$ 를 구할 필요가 있다.

함수 $f(2^x)$ 를 구하려면 함수 $f(x)$ 를 구해야 하고, 이때, $f(2^x)$ 를 구하는 것이므로 $f(x)$ 의 정의역은 양수인 부분만 고려하면 된다. $(\because 2^x > 0)$

$f(x)$ 를 구간에 따라 나타내면 다음과 같다.

$$f(x) = \begin{cases} -2x+3 & (0 \le x < 1) \\ 1 & (1 \le x < 2) \\ 2x-3 & (2 \le x < 3) \\ -2(x-3)+3 & (3 \le x < 4) \\ 1 & (4 \le x < 5) \\ 2(x-3)-3 & (5 \le x < 6) \\ -2(x-6)+3 & (6 \le x < 7) \\ \vdots & \vdots \end{cases}$$

$F(x) = f(2^x)$ 라 하자.

$0 \le 2^x < 1 \Rightarrow x < \log_2 1$

$1 \le 2^x < 2 \Rightarrow \log_2 1 \le 2 < \log_2 2$

$$\vdots \qquad\qquad \vdots$$

이고, $f(x)$ 를 바탕으로 $F(x)$ 를 구간에 따라 나타내면 다음과 같다.

$$F(x) = \begin{cases} -2 \times 2^x + 3 & (x < \log_2 1) \\ 1 & (\log_2 1 \le x < \log_2 2) \\ 2 \times 2^x - 3 & (\log_2 2 \le x < \log_2 3) \\ -2(2^x - 3) + 3 & (\log_2 3 \le x < \log_2 4) \\ 1 & (\log_2 4 \le x < \log_2 5) \\ 2(2^x - 3) - 3 & (\log_2 5 \le x < \log_2 6) \\ -2(2^x - 6) + 3 & (\log_2 6 \le x < \log_2 7) \\ \vdots & \vdots \end{cases}$$

$$F'(x) = \begin{cases} -2\ln 2 \times 2^x & (x < \log_2 1) \\ 0 & (\log_2 1 < x < \log_2 2) \\ 2\ln 2 \times 2^x & (\log_2 2 < x < \log_2 3) \\ -2\ln 2 \times 2^x & (\log_2 3 < x < \log_2 4) \\ 0 & (\log_2 4 < x < \log_2 5) \\ 2\ln 2 \times 2^x & (\log_2 5 < x < \log_2 6) \\ -2\ln 2 \times 2^x & (\log_2 6 < x < \log_2 7) \\ \vdots & \vdots \end{cases}$$

$$g(x) = \lim\limits_{h \to 0+} \left| \dfrac{f(2^{x+h}) - f(2^x)}{h} \right| = \lim\limits_{h \to 0+} \left| \dfrac{F(x+h) - F(x)}{h} \right|$$

이때, $F(x)$ 의 각 구간에서 정의된 함수는 지수함수 또는 상수함수이므로 각 구간에서 정의된 함수의 도함수는 실수 전체의 집합에서 연속이다.

즉, $F(x)$ 의 $x = a$ 에서의 우미분계수와 $\lim\limits_{x \to a+} F'(x)$ 사이에 등호가 성립하므로 다음이 성립한다.

$$g(a) = \lim\limits_{h \to 0+} \left| \dfrac{F(a+h) - F(a)}{h} \right| = \lim\limits_{x \to a+} |F'(x)|$$

(위의 등식이 이해되지 않는다면 2026 규토 라이트 N제 수2 도함수의 활용 Master step 229번 해설 tip을 참고하도록 하자.)

이를 바탕으로 $g(x)$ 를 구간에 따라 나타내면 다음과 같다.

$$g(x) = \begin{cases} 2\ln 2 \times 2^x & (x < \log_2 1) \\ 0 & (\log_2 1 \le x < \log_2 2) \\ 2\ln 2 \times 2^x & (\log_2 2 \le x < \log_2 3) \\ 2\ln 2 \times 2^x & (\log_2 3 \le x < \log_2 4) \\ 0 & (\log_2 4 \le x < \log_2 5) \\ 2\ln 2 \times 2^x & (\log_2 5 \le x < \log_2 6) \\ 2\ln 2 \times 2^x & (\log_2 6 \le x < \log_2 7) \\ \vdots & \vdots \end{cases}$$

$$g(x) = \begin{cases} 2\ln 2 \times 2^x & (x < \log_2 1) \\ 0 & (\log_2 1 \le x < \log_2 2) \\ 2\ln 2 \times 2^x & (\log_2 2 \le x < \log_2 4) \\ 0 & (\log_2 4 \le x < \log_2 5) \\ 2\ln 2 \times 2^x & (\log_2 5 \le x < \log_2 7) \\ \vdots & \vdots \end{cases}$$

이므로 함수 $g(x)$ 는

$x = \log_2 1,\ \log_2 2,\ \log_2 4,\ \log_2 5,\ \log_2 7,\ \log_2 8\ \cdots$

에서 불연속이다.

$\log_2 1,\ \log_2 4,\ \log_2 7,\ \cdots$

$\log_2 2,\ \log_2 5,\ \log_2 8,\ \cdots$

이므로 일반항으로 나타내면

$x = \log_2(3N-2),\ x = \log_2(3N-1)$ 에서 불연속이다.

$-5 < x < 5 \Rightarrow \log_2\dfrac{1}{32} < x < \log_2 32$ 이므로

① $x = \log_2(3N-2)$ 일 때
함수 $g(x)$ 는 $x = \log_2(3N-2)$ ($N=1,\ 2,\ 3,\ \cdots,\ 11$)
에서 불연속이고, $1 \le k \le n$ 인 어떤 k 에 대하여
$g(a_k) = 0$ 이다.

② $x = \log_2(3N-1)$ 일 때
함수 $g(x)$ 는 $x = \log_2(3N-1)$ ($N=1,\ 2,\ 3,\ \cdots,\ 10$)
에서 불연속이고, $1 \le k \le n$ 인 어떤 k 에 대하여
$g(a_k) = 2\ln2 \times 2^{\log_2(3N-1)} = 2(3N-1)\ln2$ 이다.

①, ②에 의하여
열린구간 $(-5,\ 5)$ 에서 불연속점의 개수는 $11 + 10 = 21$
이므로 $n = 21$ 이다.

$$\sum_{k=1}^{n} \frac{g(a_k)}{\ln2} = \sum_{k=1}^{21} \frac{g(a_k)}{\ln2} = 2(2+5+8+11+\cdots+29)$$

$$= 2 \times \frac{10(2+29)}{2} = 310$$

따라서 $n + \displaystyle\sum_{k=1}^{n} \frac{g(a_k)}{\ln2} = 21 + 310 = 331$ 이다.

답 331

128

최고차항의 계수가 1 인 삼차함수 $f(x)$
$g(x) = f(\sin^2\pi x)$

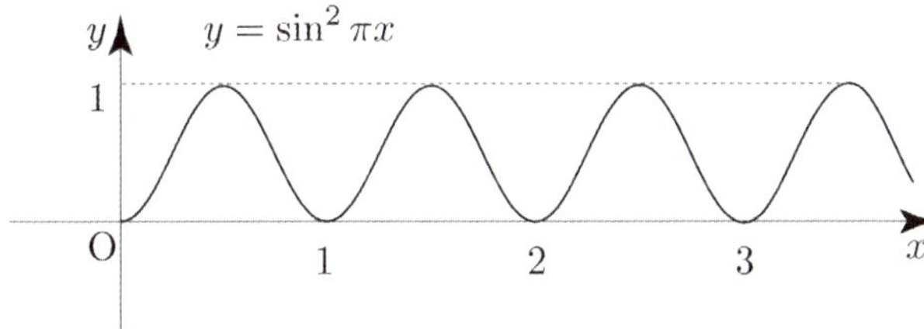

$h(x) = \sin^2\pi x$ 라 하면 $h(x+1) = h(x)$ 이므로
$h(x)$ 는 주기가 1 인 주기함수이다.

$h(1-x) = h(x)$ 이므로 $h(x)$ 는 $x = \dfrac{1}{2}$ 에 대하여 대칭이다.

$f(h(x)) = f(h(x+1)) \Rightarrow g(x) = g(x+1)$
$f(h(1-x)) = f(h(x)) \Rightarrow g(1-x) = g(x)$
이므로 $g(x)$ 는 주기가 1 인 주기함수이고,

$x = \dfrac{1}{2}$ 에 대하여 대칭이다.

(가) $0 < x < 1$ 에서 함수 $g(x)$ 가 극대가 되는
　　x 의 개수가 3 이고, 이때 극댓값이 모두 동일하다.

$g'(x) = 2\pi\sin\pi x\cos\pi x\, f'(\sin^2\pi x)$

$\qquad = \pi\sin2\pi x\, f'(\sin^2\pi x)$
$(\because\ \sin(\theta+\theta) = \sin\theta\cos\theta + \cos\theta\sin\theta = 2\sin\theta\cos\theta)$

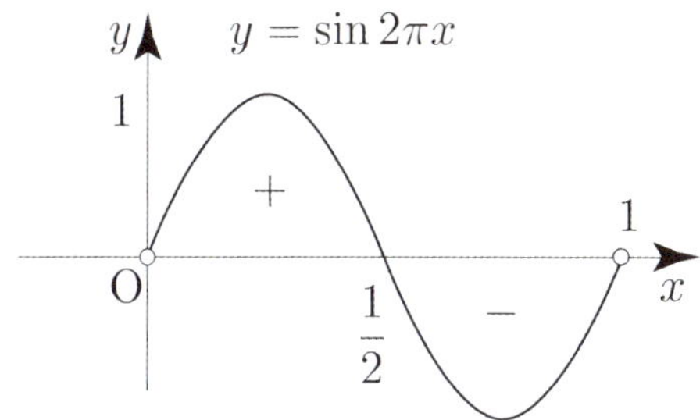

방정식 $f'(x) = 0$ 의 서로 두 실근을 $\alpha,\ \beta\,(\alpha < \beta)$ 라 하자.

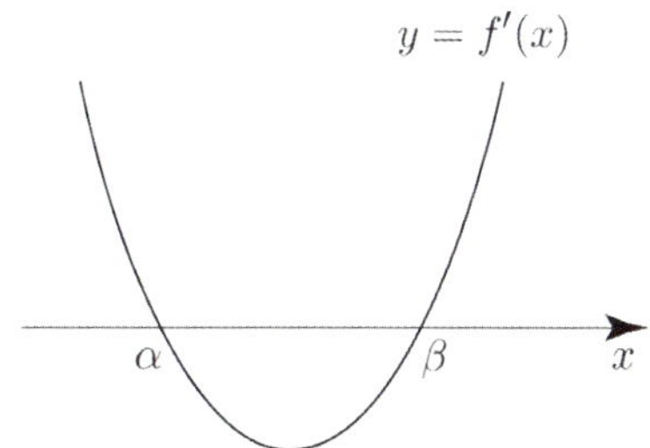

$0 < x < 1$ 에서 함수 $g(x)$ 가 극대가 되는 x 의 개수가 3 이므로
$g'(a) = 0$ 을 만족시키는 $x = a$ $(0 < a < 1)$ 의 좌우에서
$g'(x)$ 의 부호가 $+\,-$ 가 되는 a 의 값이 3 개 존재하면 된다.

$g'(x) = \pi\sin2\pi x\, f'(\sin^2\pi x) = 0$ 이 되도록 하는 x 를
조사하면 된다.

$f'(\alpha) = 0$ 에서 $0 < \alpha < 1$ 라고 가정해보자.
방정식 $\sin^2\pi x = \alpha$ $(0 < x < 1)$ 의 두 실근을
$x_1,\ x_2\left(x_1 < \dfrac{1}{2} < x_2\right)$ 라 하자.

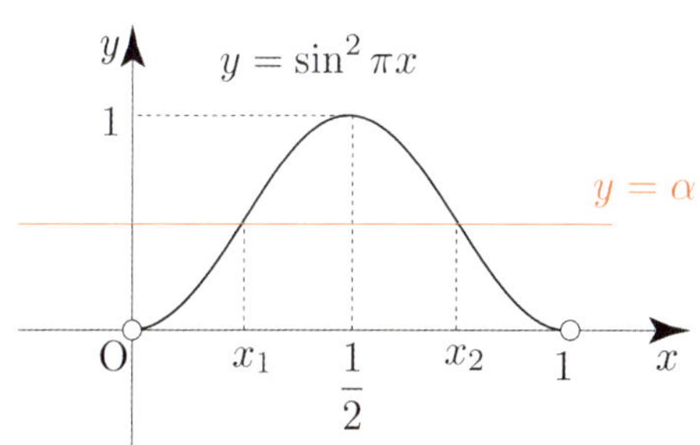

$x \to x_1 - \Rightarrow \sin^2\pi x \to \alpha - \Rightarrow f'(\alpha -) > 0$
$x \to x_1 + \Rightarrow \sin^2\pi x \to \alpha + \Rightarrow f'(\alpha +) < 0$

$x = x_1$ 의 좌우에서 $f'\left(\sin^2\pi x\right)$ 의 부호가 $+\,-$ 로 변하고,
$x = x_1$ 의 좌우에서 $\sin 2\pi x$ 의 부호는 모두 $+$ 이다.

$x = x_1$ 의 좌우에서 $g'(x) = \pi\sin 2\pi x\, f'\left(\sin^2\pi x\right)$ 의 부호가
$+\,-$ 로 변하므로 $g(x)$ 는 $x = x_1$ 에서 극대이다.

$g(x)$ 는 $x = \dfrac{1}{2}$ 에서 대칭이므로 $x = x_1$ 에서 극대이면

$x = x_2$ 에서 극대이다. $\left(\because\ \dfrac{x_1 + x_2}{2} = \dfrac{1}{2}\right)$

$0 < x < 1$ 에서 함수 $g(x)$ 가 극대가 되는 x 의 개수가

3 이므로 $x = \dfrac{1}{2}\ \left(\sin 2\pi x = 0\right)$ 에서 극대를 가져야 한다.

$x = \dfrac{1}{2}$ 의 좌우에서 $g'(x) = \pi\sin 2\pi x\, f'\left(\sin^2\pi x\right)$ 의 부호가

$+\,-$ 로 변해야 하므로

$x \to \dfrac{1}{2} - \ \Rightarrow\ \sin^2\pi x \to 1 - \ \Rightarrow\ f'(1-) > 0$

$x \to \dfrac{1}{2} + \ \Rightarrow\ \sin^2\pi x \to 1 - \ \Rightarrow\ f'(1-) > 0$

$x = \dfrac{1}{2}$ 의 좌우에서 $f'\left(\sin^2\pi x\right)$ 의 부호가 모두 $+$ 이어야 한다.

$f'(1-) > 0$ 이려면 $\beta < 1$ 이어야 한다.

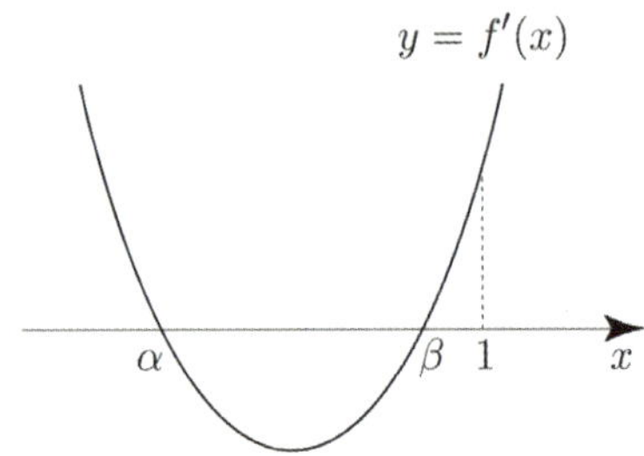

이때, $\sin^2\pi x = \beta$ 를 만족시키는 x 에서는 $g(x)$ 가 극대일 수
없을까? 아니면 극소일까? 한 번 확인해보자.

방정식 $\sin^2\pi x = \beta\ (0 < x < 1)$ 의 두 실근을
$x_3,\ x_4\ \left(x_3 < \dfrac{1}{2} < x_4\right)$ 라 하자.

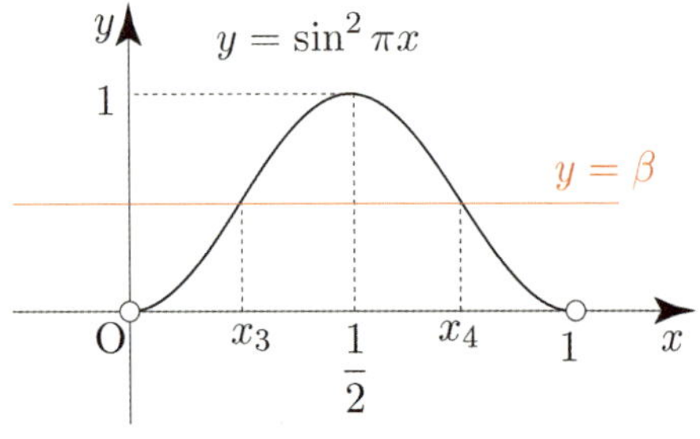

$x \to x_3 - \ \Rightarrow\ \sin^2\pi x \to \beta - \ \Rightarrow\ f'(\beta -) < 0$
$x \to x_3 + \ \Rightarrow\ \sin^2\pi x \to \beta + \ \Rightarrow\ f'(\beta +) > 0$

$x = x_3$ 의 좌우에서 $f'\left(\sin^2\pi x\right)$ 의 부호가 $-\,+$ 로 변하고,
$x = x_3$ 의 좌우에서 $\sin 2\pi x$ 의 부호는 모두 $+$ 이다.

$x = x_3$ 의 좌우에서 $g'(x) = \pi\sin 2\pi x\, f'\left(\sin^2\pi x\right)$ 의 부호가
$-\,+$ 로 변하므로 $g(x)$ 는 $x = x_3$ 에서 극소이다.

$g(x)$ 는 $x = \dfrac{1}{2}$ 에서 대칭이므로 $x = x_3$ 에서 극소이면

$x = x_4$ 에서 극소이다. $\left(\because\ \dfrac{x_3 + x_4}{2} = \dfrac{1}{2}\right)$

(가) 조건에 의하여 극댓값이 모두 동일하려면
$g\left(\dfrac{1}{2}\right) = g(x_1) = g(x_2)\ \Rightarrow\ f(1) = f(\alpha)$ 이어야 한다.

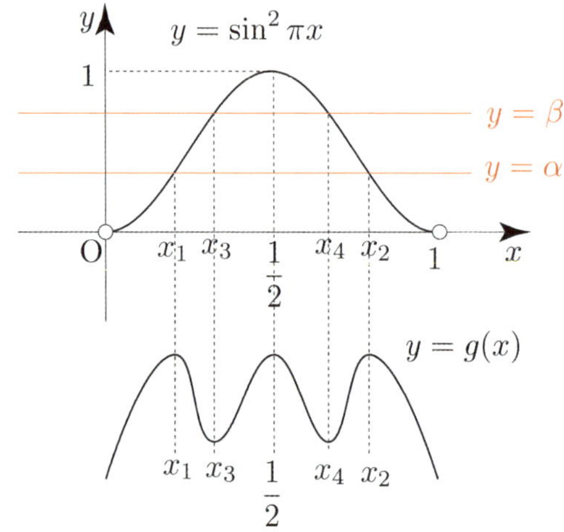

(나) 함수 $g(x)$ 의 최댓값은 $\dfrac{1}{2}$ 이고 최솟값은 0 이다.

$g(x) = f\left(\sin^2\pi x\right)$

$\sin^2\pi x = t$ 라 하면 $0 \le t \le 1$ 에서 $f(t)$ 의 최댓값은 $\dfrac{1}{2}$ 이고

최솟값은 0 이다.

$f(1) = f(\alpha) = \dfrac{1}{2}$

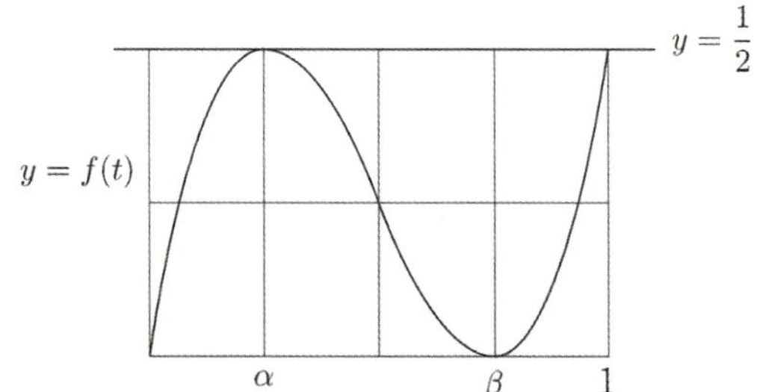

삼차함수의 비례관계에 따라 $\beta = \dfrac{2+\alpha}{3}$ 이고,

식세우기 Technique에 의하여 $f(t) = (t-\alpha)^2(t-1) + \dfrac{1}{2}$

$0 \le t \le 1$ 에서 $f(t)$ 의 최솟값은 $f(\beta) = f\left(\dfrac{2+\alpha}{3}\right)$ 와 $f(0)$ 둘 중 하나이다.

① $f\left(\dfrac{2+\alpha}{3}\right) = 0$ 이고 $f\left(\dfrac{2+\alpha}{3}\right) \le f(0)$ 일 때

$f(t) = (t-\alpha)^2(t-1) + \dfrac{1}{2}$

$f\left(\dfrac{2+\alpha}{3}\right) = 0 \Rightarrow \left(\dfrac{2-2\alpha}{3}\right)^2\left(\dfrac{\alpha-1}{3}\right) + \dfrac{1}{2} = 0$

$\Rightarrow (\alpha-1)^3 = -\dfrac{27}{8} \Rightarrow \alpha - 1 = -\dfrac{3}{2} \Rightarrow \alpha = -\dfrac{1}{2}$

$\alpha > 0$ 이므로 모순이다.

② $f(0) = 0$ 이고 $f(0) \le f\left(\dfrac{2+\alpha}{3}\right)$ 일 때

$f(t) = (t-\alpha)^2(t-1) + \dfrac{1}{2}$

$f(0) = 0 \Rightarrow -\alpha^2 + \dfrac{1}{2} = 0 \Rightarrow \alpha = \dfrac{\sqrt{2}}{2} \quad (\because \alpha > 0)$

이제 $f(0) \le f\left(\dfrac{2+\alpha}{3}\right)$ 인지 확인해보자.

$f\left(\dfrac{2+\alpha}{3}\right) = \dfrac{4}{27}(\alpha-1)^3 + \dfrac{1}{2}$

$\dfrac{4}{27}(\alpha-1)^3 + \dfrac{1}{2}$ 는 증가함수이다.

$\alpha = 0$ 일 때, $f\left(\dfrac{2+0}{3}\right) > 0$ 이므로

$\alpha = \dfrac{\sqrt{2}}{2}$ 일 때, $f\left(\dfrac{2+\frac{\sqrt{2}}{2}}{3}\right) > 0$ 이다.

즉, $f(0) < f\left(\dfrac{2+\alpha}{3}\right)$ 이므로 조건을 만족시킨다.

$f(t) = \left(t - \dfrac{\sqrt{2}}{2}\right)^2(t-1) + \dfrac{1}{2}$ 이므로

$f(2) = \left(2 - \dfrac{\sqrt{2}}{2}\right)^2 + \dfrac{1}{2} = 4 - 2\sqrt{2} + \dfrac{1}{2} + \dfrac{1}{2}$

$\qquad = 5 - 2\sqrt{2} = a + b\sqrt{2}$

따라서 $a = 5,\ b = -2$ 이므로 $a^2 + b^2 = 25 + 4 = 29$ 이다.

답 29

$f(x) = |x^2 - x|\, e^{4-x} = |(x^2-x)e^{4-x}| \quad (\because e^{4-x} > 0)$

$j(x) = (x^2-x)e^{4-x}$ 라 하면 $f(x) = |j(x)|$

$j(0) = j(1) = 0$

$j'(x) = (2x-1)e^{4-x} - (x^2-x)e^{4-x}$

$\qquad = (-x^2 + 3x - 1)e^{4-x}$

Semi 도함수 $j'(x) = -x^2 + 3x - 1$

$j'\left(\dfrac{3-\sqrt{5}}{2}\right) = j'\left(\dfrac{3+\sqrt{5}}{2}\right) = 0$

$\Rightarrow x = \dfrac{3-\sqrt{5}}{2}$ 에서 극소, $x = \dfrac{3+\sqrt{5}}{2}$ 에서 극대

$\lim_{x \to \infty} j(x) = 0$

이를 바탕으로 $f(x) = |j(x)|$ 를 그리면 다음과 같다.

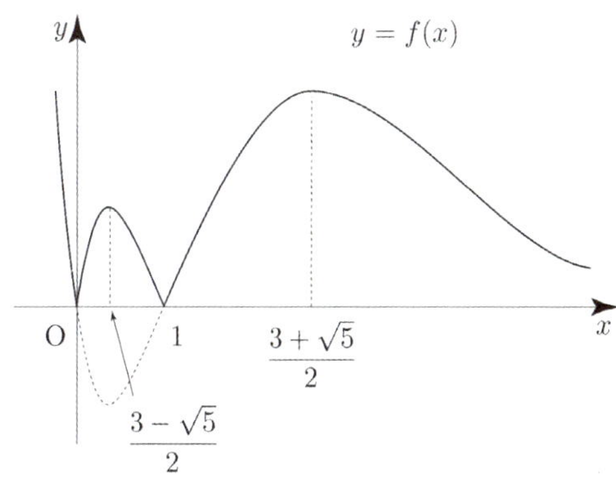

$g(x) = \begin{cases} f(x) & (f(x) \le kx) \\ kx & (f(x) > kx) \end{cases}$

k 는 $(0,\ 0)$ 을 정점으로 하고 빙글빙글 도는 직선의 기울기로 해석할 수 있다. (정점 Technique)

ㄱ. $k = 2$ 일 때, $g(2) = 4$ 이다.

$\quad g(x) = \begin{cases} f(x) & (f(x) \le 2x) \\ 2x & (f(x) > 2x) \end{cases}$

$\quad f(2) = 2e^2 > 4$ 이므로 $g(2) = 4$ 이다.

$\quad$ 따라서 ㄱ은 참이다.

ㄴ. 함수 $h(k)$ 의 최댓값은 4이다.

$\quad$ 직선 $y = kx\ (k > 0)$ 가 곡선 $y = f(x)$ 에 접할 때,

$\quad$ 접점의 x 좌표를 $t\ (t > 1)$ 라 하면

$\quad f(x) = (x^2 - x)e^{4-x} \quad (x > 1)$

$$f'(x) = \left(-x^2 + 3x - 1\right)e^{4-x}$$

$$f(t) = kt \;\Rightarrow\; \left(t^2 - t\right)e^{4-t} = kt$$

$$\Rightarrow\; (t-1)e^{4-t} = k \;\; (\because\; t > 1)$$

$$f'(t) = k \;\Rightarrow\; \left(-t^2 + 3t - 1\right)e^{4-t} = k$$

두 식을 연립하면
$$(t-1)e^{4-t} = \left(-t^2 + 3t - 1\right)e^{4-t} \;\Rightarrow\; t^2 - 2t = 0$$

$$\Rightarrow\; t = 2 \;\; (\because\; t > 1)$$

$t = 2$ 에서 접할 때, $k = e^2$ 이므로
$0 < k < e^2$ 일 때, $g(x)$ 를 그리면 다음과 같다.

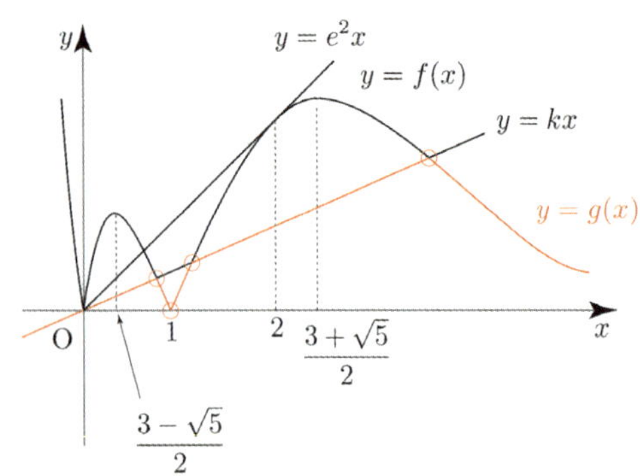

$0 < k < e^2$ 일 때, 함수 $g(x)$ 가 미분가능하지 않은
x 의 개수는 4 이므로 $h(k)$ 의 최댓값은 4 이다.
따라서 ㄴ은 참이다.

ㄷ. $h(k) = 2$ 를 만족시키는 k 의 값의 범위는
$e^2 \leq k < e^4$ 이다.

$0 < x < 1$ 일 때, $f'(x) = \left(x^2 - 3x + 1\right)e^{4-x}$ 이므로
$$\lim_{x \to 0+} f'(x) = e^4$$

$k = e^2$ 일 때, $h(k) = 2$

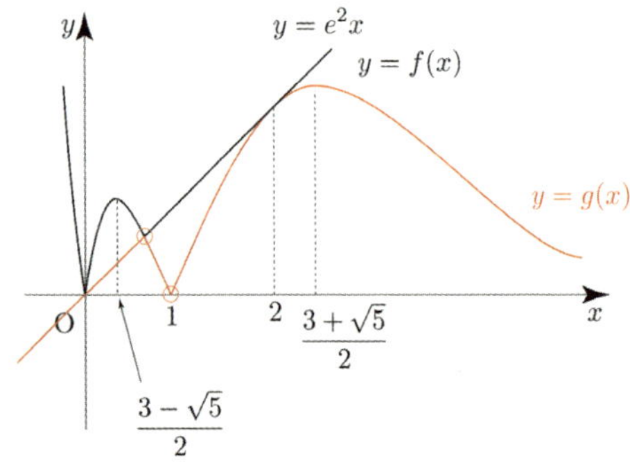

$e^2 < k < e^4$ 일 때, $h(k) = 2$

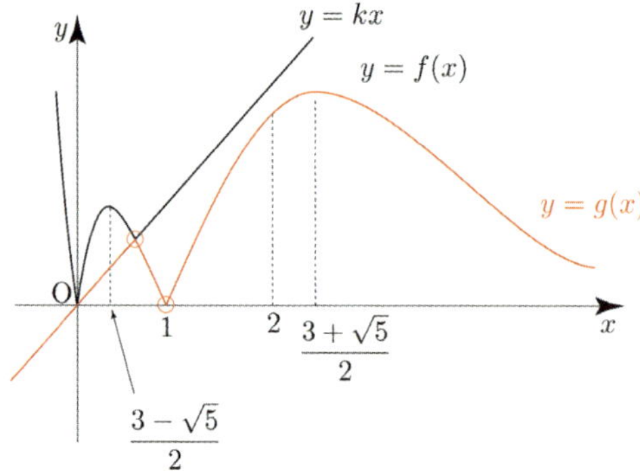

$k = e^4$ 일 때, $h(k) = 1$

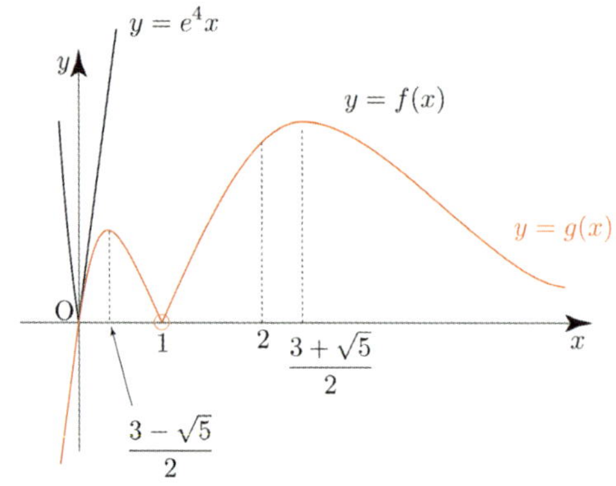

$k > e^4$ 일 때, $h(k) = 2$
(실수하는 포인트!!)

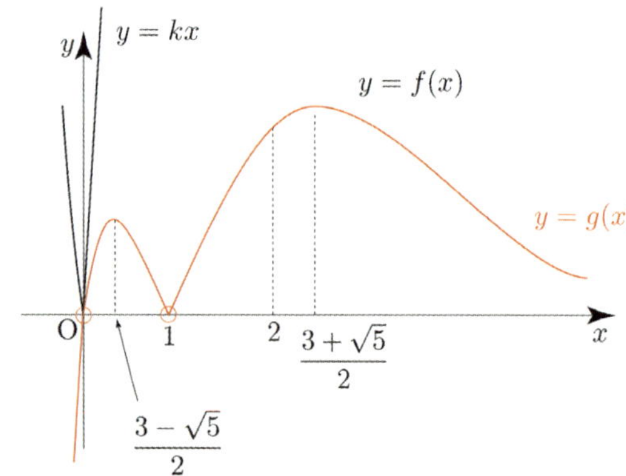

$h(k) = 2$ 를 만족시키는 k 의 값의 범위는
$e^2 \leq k < e^4$ or $k > e^4$ 이다.
따라서 ㄷ은 거짓이다.

답 ②

$a > 0,\ 0 < b < 1$

$$f(x) = \begin{cases} -x^2 + ax & (x \le 0) \\[2mm] \dfrac{\ln(x+b)}{x} & (x > 0) \end{cases}$$

① $x \le 0$ 일 때, $f(x) = -x(x-a)$

② $x > 0$ 일 때, $f(x) = \dfrac{\ln(x+b)}{x}$

$$f'(x) = \dfrac{\dfrac{x}{x+b} - \ln(x+b)}{x^2}$$

Semi 도함수 $f'(x) = \dfrac{x}{x+b} - \ln(x+b)$

두 함수 $y = \dfrac{x}{x+b}$, $y = \ln(x+b)$ 의 그래프를 이용하여

빼기함수 Technique으로 도함수의 부호를 판단해보자.

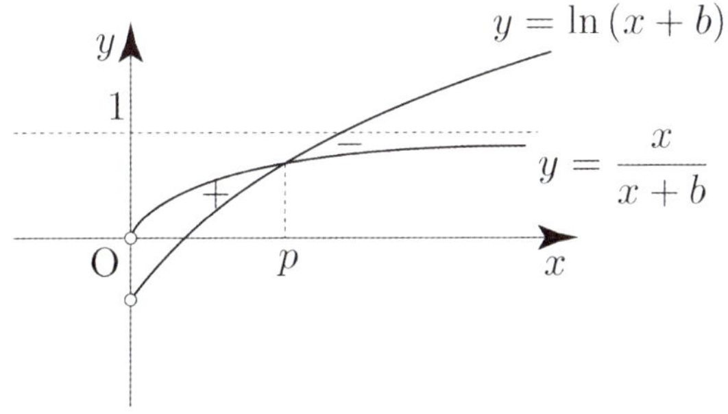

$\displaystyle \lim_{x \to \infty} f(x) = 0,\ \lim_{x \to 0+} f(x) = -\infty$

$(\because\ 0 < b < 1\ \Rightarrow\ \ln b < 0)$

이를 바탕으로 $f(x)$ 를 그리면 다음과 같다.

양수 m 에 대하여 직선 $y = mx$ 와 함수 $y = f(x)$ 의 그래프가 만나는 서로 다른 점의 개수를 $g(m)$

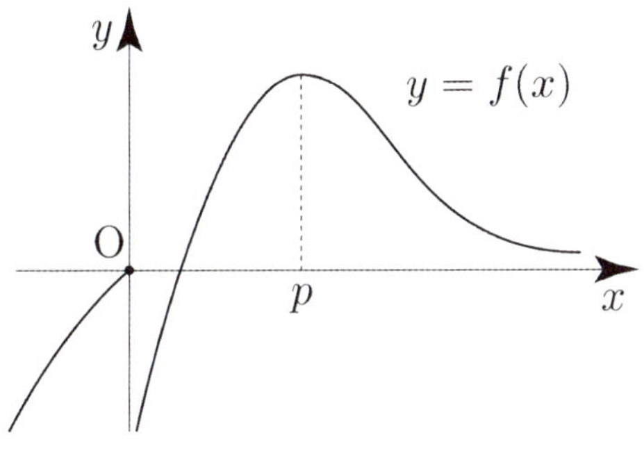

m 은 $(0,\ 0)$ 을 정점으로 하고 빙글빙글 도는 직선의 기울기로 해석할 수 있다. (정점 Technique)

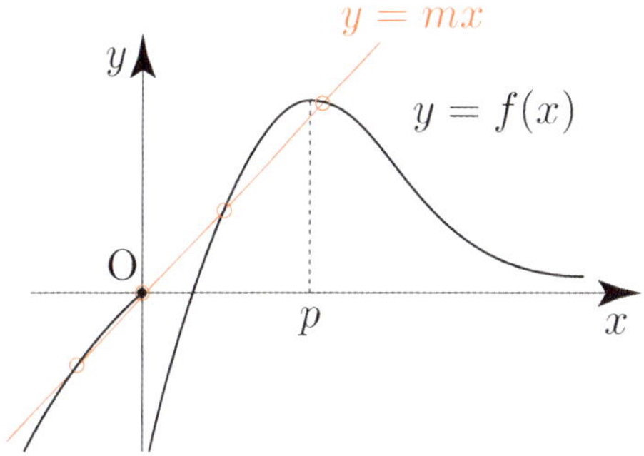

만약 위 그림과 같이 직선 $y = mx$ 와 함수 $y = f(x)$ 의 그래프가 만나는 서로 다른 점의 개수가 4 라면 $g(m) = 4$ 이다.

$\displaystyle \lim_{m \to \alpha-} g(m) - \lim_{m \to \alpha+} g(m) = 1$ 를 만족시키는 양수 α 를 구해야 하는데 무엇부터 따져봐야 할까?

특수한 지점인 접선을 기준으로 판단하는 것이 바람직하다.

가장 특수할 때는 언제일까?

$(0,\ 0)$ 에서 $y = -x^2 + ax$ 에 접하는 직선이

곡선 $y = \dfrac{\ln(x+b)}{x}$ 에 접하는 경우이다.

이때의 접선의 기울기를 m' 라 하자.

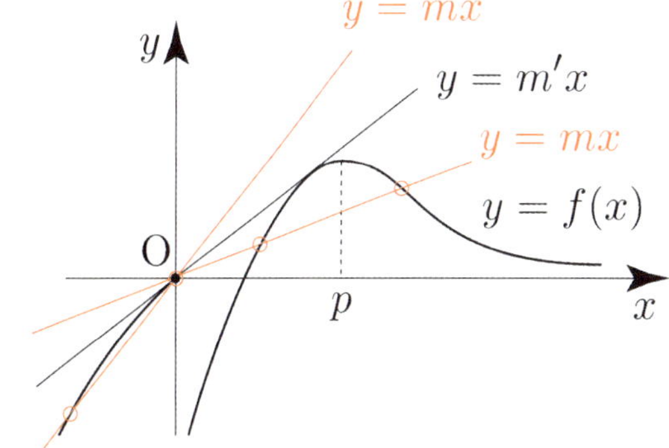

$$g(m) = \begin{cases} 3 & (0 < m < m') \\[2mm] 2 & (m \ge m') \end{cases}$$

$\displaystyle \lim_{m \to m'-} g(m) = 3$ 이고 $\displaystyle \lim_{m \to m'+} g(m) = 2$ 이므로

$\displaystyle \lim_{m \to m'-} g(m) - \lim_{m \to m+} g(m) = 1$

즉, $\displaystyle \lim_{m \to \alpha-} g(m) - \lim_{m \to \alpha+} g(m) = 1$ 을 만족시키는 양수 α 가

오직 하나 존재하므로 $\alpha = m'$ 이다.

$y = -x^2 + ax \Rightarrow y' = -2x + a$ 이므로
$(0,\ 0)$ 에서 곡선 $y = -x^2 + ax\,(x \le 0)$ 의 접선의 기울기가 a
이므로 $\alpha = a$ 이다.

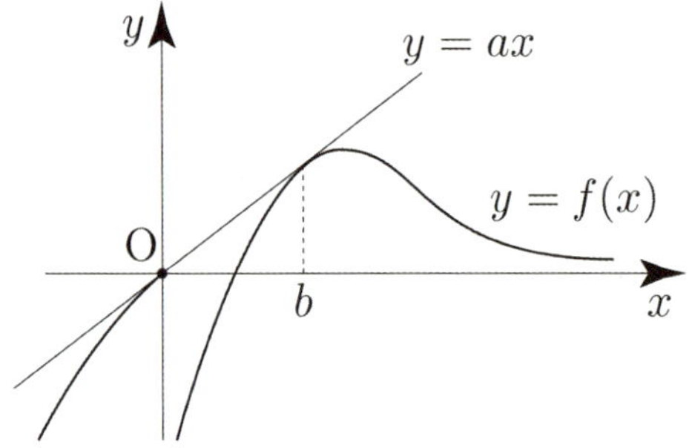

$(b,\ f(b))$ 는 직선 $y = ax$ 와 곡선 $y = f(x)$ 의 교점이자
접점이므로 다음이 성립한다.

(i) 함숫값 같다.

$$ab = f(b) \Rightarrow ab = \frac{\ln 2b}{b}$$

$$\Rightarrow ab^2 = \ln 2b$$

(ii) 기울기 같다.

$$a = f'(b) \Rightarrow a = \frac{\dfrac{1}{2} - \ln 2b}{b^2}$$

$$\Rightarrow ab^2 = \frac{1}{2} - \ln 2b$$

(i), (ii)에 의하여

$$ab^2 = \frac{1}{2} - ab^2 \Rightarrow ab^2 = \frac{1}{4} = \frac{q}{p}$$

따라서 $p + q = 4 + 1 = 5$ 이다.

답 5

131

$f(x) = \ln(e^x + 1) + 2e^x$
이차함수 $g(x)$

함수 $h(x) = |g(x) - f(x - k)|$ 는 $x = k$에서 최솟값 $g(k)$ 를
가지므로
$$h(k) = g(k) \Rightarrow |g(k) - f(0)| = g(k)$$

$$\Rightarrow g(k) - f(0) = g(k) \ \text{ or } \ g(k) - f(0) = -g(k)$$

$$\Rightarrow f(0) = 0 \ \text{ or } \ g(k) = \frac{1}{2} f(0)$$

$f(0) = \ln 2 + 2 > 0$ 이므로
$$g(k) = \frac{1}{2} f(0) = \frac{1}{2} \ln 2 + 1 = \ln \sqrt{2} + 1$$

$$f(x) = \ln(e^x + 1) + 2e^x$$

$$f'(x) = \frac{e^x}{e^x + 1} + 2e^x > 0$$

$$\lim_{x \to -\infty} f(x) = 0$$

$f(x - k)$ 는 $f(x)$ 의 그래프를 x축의 방향으로 k만큼
평행이동시키면 된다.

이를 바탕으로 $f(x - k)$ 를 그리면 다음과 같다.

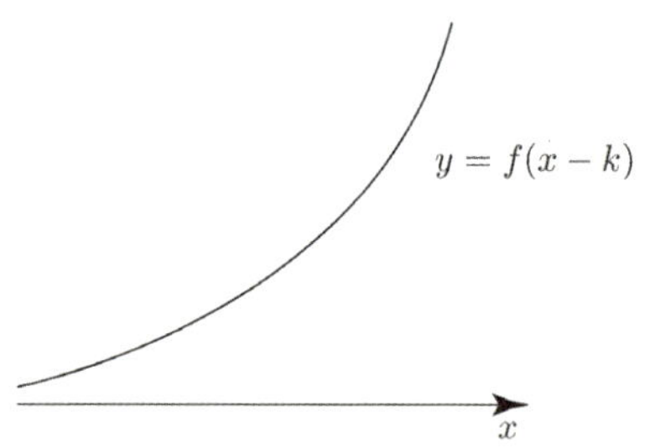

함수 $h(x) = |g(x) - f(x - k)|$ 의 최솟값이 $\ln \sqrt{2} + 1 > 0$
이므로 두 곡선 $y = g(x),\ y = f(x - k)$ 는 서로 만나지
않아야 한다. (만약 만난다면 최솟값은 0 이다.)
즉, $g(x)$ 의 최고차항의 계수가 음수이어야 한다.

대략적인 $g(x)$ 의 개형을 그려보면 다음과 같다.

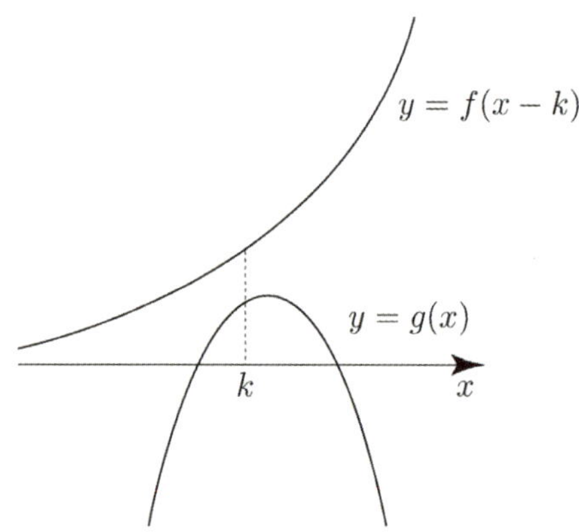

$f(x - k) > g(x)$ 이므로
$$h(x) = |g(x) - f(x - k)| = f(x - k) - g(x)$$

함수 $h(x) = f(x - k) - g(x)$ 는 $x = k$에서 극소이자
최소이므로

$$h'(k) = 0 \Rightarrow f'(0) - g'(k) = 0 \Rightarrow g'(k) = \frac{5}{2}$$

$g(x) = ax^2 + bx + c \ (a < 0)$ 라 하면

$g'(x) = 2ax + b$ 이므로

$g(k) = \ln\sqrt{2} + 1 \ \Rightarrow\ ak^2 + bk + c = \ln\sqrt{2} + 1 \ \cdots \ \text{㉠}$

$g'(k) = \dfrac{5}{2} \ \Rightarrow\ 2ak + b = \dfrac{5}{2} \ \cdots \ \text{㉡}$

함수 $h(x) = f(x-k) - g(x)$ 는 닫힌구간 $[k-1,\ k+1]$ 에서

최댓값 $2e + \ln\left(\dfrac{1+e}{\sqrt{2}}\right)$ 가지므로

$h(k-1)$ 와 $h(k+1)$ 의 대소관계를 비교해보아야 한다.

$h(k+1) = f(1) - g(k+1)$

$\qquad = \ln(e+1) + 2e - a(k+1)^2 - b(k+1) - c$

$h(k-1) = f(-1) - g(k-1)$

$\qquad = \ln\left(\dfrac{e+1}{e}\right) + \dfrac{2}{e} - a(k-1)^2 - b(k-1) - c$

$h(k+1) > h(k-1) \ \Rightarrow\ h(k+1) - h(k-1) > 0$ 라 가정하면

$h(k+1) - h(k-1) = \ln(e+1) + 2e - a(k+1)^2 - b(k+1) - c$

$\qquad\qquad - \ln\left(\dfrac{e+1}{e}\right) - \dfrac{2}{e} + a(k-1)^2 + b(k-1) + c$

$\qquad\qquad = 1 + 2e - \dfrac{2}{e} - 2(2ak + b)$

$\qquad\qquad = 2e - \dfrac{2}{e} - 4 \ (\because\ \text{㉡})$

$\qquad\qquad = \dfrac{2}{e}(e^2 - 2e - 1)$

$j(x) = x^2 - 2x - 1 = (x-1)^2 - 2$ 라 하면

$\dfrac{5}{2} < e < 3$ 이고 $j\left(\dfrac{5}{2}\right) = \dfrac{1}{4} > 0$ 이므로 $j(e) > 0$ 이다.

즉, $h(k+1) - h(k-1) > 0$ 이므로 $x = k+1$ 에서

최댓값 $h(k+1) = 2e + \ln\left(\dfrac{1+e}{\sqrt{2}}\right)$ 을 갖는다.

$h(k+1) = f(1) - g(k+1)$

$\qquad = \ln(e+1) + 2e - a(k+1)^2 - b(k+1) - c$

$\qquad = \ln(e+1) + 2e - (ak^2 + bk + c) - (2ak + b) - a$

$\qquad = \ln(e+1) + 2e - (\ln\sqrt{2} + 1) - \dfrac{5}{2} - a \ (\because\ \text{㉠, ㉡})$

$\qquad = \ln\dfrac{e+1}{\sqrt{2}} + 2e - \dfrac{7}{2} - a$

$\qquad = 2e + \ln\dfrac{1+e}{\sqrt{2}}$

$\Rightarrow\ -\dfrac{7}{2} - a = 0 \ \Rightarrow\ a = -\dfrac{7}{2}$

따라서 $g'\left(k - \dfrac{1}{2}\right) = 2a\left(k - \dfrac{1}{2}\right) + b = (2ak + b) - a$

$\qquad\qquad = \dfrac{5}{2} - \left(-\dfrac{7}{2}\right) \ \left(\because\ \text{㉡},\ a = -\dfrac{7}{2}\right)$

$\qquad\qquad = \dfrac{12}{2} = 6$

이다.

답   6

132

$g(x) = \left| e^x - 2 \right|$ 라 하자.

함수 $y = g(x)$ 의 그래프와 직선 $y = 1$ 의
교점의 좌표는 $(0,\ 1)$, $(\ln 3,\ 1)$ 이다.

감을 잡기 위해서 $0 < t \le \ln 3$ 인 경우를 가정해보자.

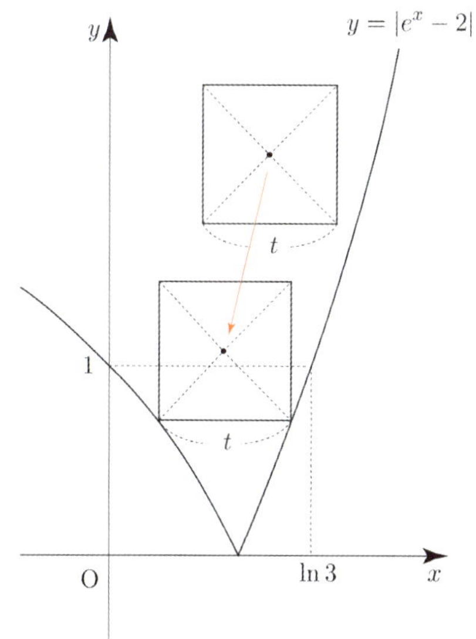

정사각형 A 의 두 대각선의 교점의 y 좌표의 최솟값이 $f(t)$
이므로 $f(t)$ 는 위 그림과 같이 정사각형 A 의 꼭짓점이
함수 $y = g(x)$ 의 그래프와 만날 때 정해진다.

$0 < t \le \ln 3$ 이면 정사각형 A 와 함수 $y = g(x)$ 의 그래프는
두 점에서 만나고 $t > \ln 3$ 이면 한 점에서 만나므로
t 의 범위에 따라 **case**분류하면 다음과 같다.

> **Tip**
>
> $f'(\ln 2) + f'(\ln 5)$ 의 값을 구하는 것에서 $f'(t)$ 가 구간에 따라
> 달라지는 함수가 될 것이라는 힌트를 얻을 수 있었다.

① $0 < t \le \ln 3$ 일 때

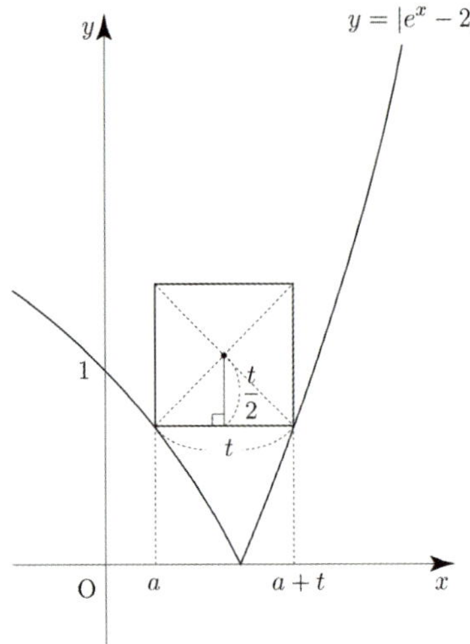

정사각형과 $y = g(x)$ 의 두 교점의 x 좌표를 각각 a 와
$a + t$ 라 하면 두 교점의 좌표는 $\left(a,\, 2 - e^a\right)$, $\left(a+t,\, e^{a+t} - 2\right)$

> **Tip**
>
> 모르면 자연스럽게 미지수를 도입한다.
>
> <참고 문항>
> 2026 규토 라이트 N제 수1 지수함수와 로그함수
> T1 42번, 2026 규토 라이트 N제 수2 정적분의 활용 T2 87번

두 교점의 y 좌표가 같으므로 $e^a = \dfrac{4}{e^t + 1}$ 이고.

$f(t) = 2 - e^a + \dfrac{t}{2}$

$\therefore\ f(t) = 2 - \dfrac{4}{e^t + 1} + \dfrac{t}{2}$

② $t > \ln 3$ 일 때

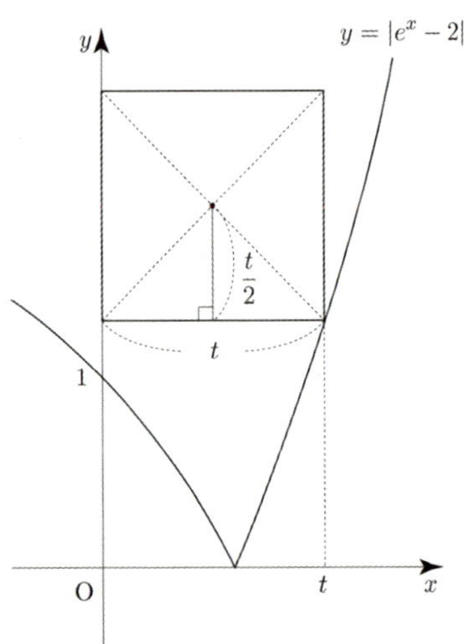

정사각형과 $y = g(x)$ 의 교점의 좌표는 $\left(t,\, e^t - 2\right)$

$\therefore\ f(t) = e^t - 2 + \dfrac{t}{2}$

이를 바탕으로 함수 $f(t)$ 를 구하면 다음과 같다.

$$f(t) = \begin{cases} 2 - \dfrac{4}{e^t + 1} + \dfrac{t}{2} & (0 < t \le \ln 3) \\[3mm] e^t - 2 + \dfrac{t}{2} & (t > \ln 3) \end{cases}$$

$$f'(t) = \begin{cases} \dfrac{4e^t}{\left(e^t + 1\right)^2} + \dfrac{1}{2} & (0 < t < \ln 3) \\[3mm] e^t + \dfrac{1}{2} & (t > \ln 3) \end{cases}$$

$f'(\ln 2) + f'(\ln 5) = \dfrac{25}{18} + \dfrac{11}{2} = \dfrac{62}{9} = \dfrac{q}{p}$

따라서 $p + q = 9 + 62 = 71$ 이다.

답 71

133

$t > 0$

$$f(x) = \begin{cases} \ln x & (1 \le x < e) \\[2mm] -t + \ln x & (x \ge e) \end{cases}$$

1 이상의 모든 실수 x 에 대하여
$(x - e)\{g(x) - f(x)\} \ge 0$

① $1 \le x < e$ 일 때

$x - e < 0$ 이므로 $g(x) - f(x) \le 0 \Rightarrow g(x) \le f(x)$

② $x \ge e$ 일 때

$x - e \ge 0$ 이므로 $g(x) - f(x) \ge 0 \Rightarrow g(x) \ge f(x)$

①, ②에 의하여 직선 $y = g(x)$ 는 곡선 $y = \ln x\,(1 \le x < e)$
와 곡선 $y = -t + \ln x\,(x \ge e)$ 사이에 존재해야 한다.

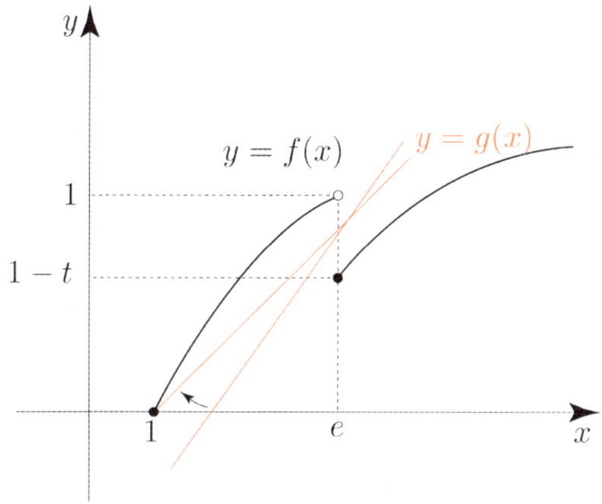

조건을 만족시키는 일차함수 $g(x)$ 중에서 직선 $y=g(x)$ 의
기울기의 최솟값 $h(t)$ 를 구하는 것이므로 최대한 기울기가
작게 되려면 직선 $y=g(x)$ 이 $(1,\ 0)$ 을 지나야 한다는 것을
알 수 있다.

t 의 값이 아주 작을 때를 가정해보자.
아래 그림과 같이 $h(t)$ 는 두 점 $(1,\ 0)$, $(e,\ 1-t)$ 를 지나는
직선의 기울기와 같다.

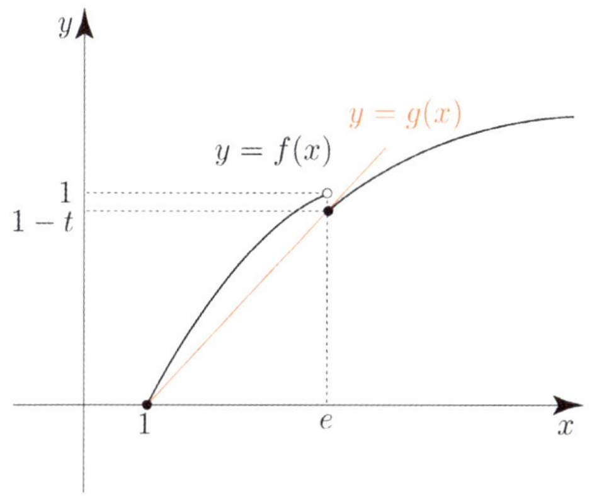

점점 t 의 값을 키우다 보면 아래 그림과 같이
직선 $y=g(x)$ 와 곡선 $y=-t+\ln x\,(x \geq e)$ 가 접하는
경우도 존재한다. 이때, $h(t)$ 는 접선의 기울기와 같다.

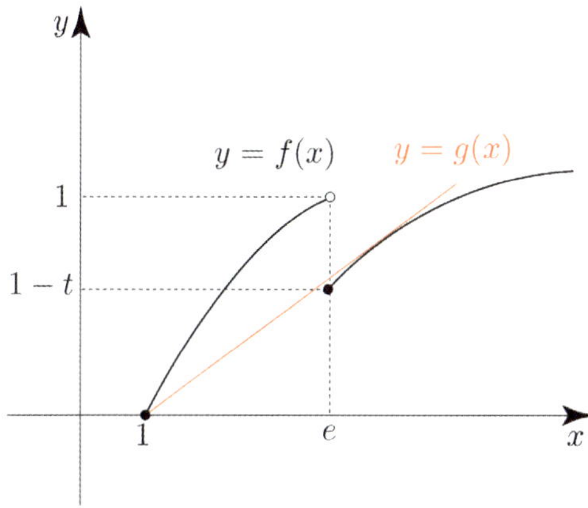

이런 문제를 풀 때는 항상 경계(특수한 지점)를 먼저
조사해봐야 한다. $h(t)$ 가 두 점 $(1,\ 0)$, $(e,\ 1-t)$ 를 지나는
직선의 기울기에서 접선의 기울기로 넘어가는 경계를
조사하기 위하여 $x=e$ 에서 곡선 $y=-t+\ln x$ 에 접하는
직선이 $y=g(x)$ 가 되도록 하는 t 의 값을 구해보자.

두 점 $(1,\ 0)$, $(e,\ 1-t)$ 를 지나는 직선의 기울기는 $\dfrac{1-t}{e-1}$

$$y=-t+\ln x \ \Rightarrow\ y'=\frac{1}{x}$$

$(e,\ 1-t)$ 에서의 접선의 기울기는 $\dfrac{1}{e}$

이므로 $\dfrac{1-t}{e-1}=\dfrac{1}{e}\ \Rightarrow\ e-et=e-1\ \Rightarrow\ t=\dfrac{1}{e}$

$0<t<\dfrac{1}{e}$ 와 $t \geq \dfrac{1}{e}$ 일 때로 case분류하여
$h'(t)$ 를 구해보자.

(i) $0<t<\dfrac{1}{e}$ 일 때

$h(t)$ 는 두 점 $(1,\ 0)$, $(e,\ 1-t)$ 를 지나는 직선의
기울기와 같다.

$$h(t)=\frac{1-t}{e-1}$$

$$\therefore\ \ h'(t)=-\frac{1}{e-1}$$

(ii) $t \geq \dfrac{1}{e}$ 일 때

$h(t)$ 는 $(1,\ 0)$ 에서 곡선 $y=-t+\ln x\,(x \geq e)$ 에 그은
접선의 기울기와 같다.

접점의 x 좌표를 s 라 하면 접선의 기울기는 $\dfrac{1}{s}$ 이므로
접선의 방정식은
$y=\dfrac{1}{s}(x-s)-t+\ln s$ 이고
$(1,\ 0)$ 을 지나므로 이를 대입하면
$0=\dfrac{1}{s}(1-s)-t+\ln s\ \Rightarrow\ t=\dfrac{1}{s}-1+\ln s$

$h(t)=\dfrac{1}{s}$ 이므로

$$t = h(t) - 1 + \ln\frac{1}{h(t)}$$

$$= h(t) - 1 - \ln h(t)$$

위 식의 양변을 t에 대하여 미분하면

$$1 = h'(t) - \frac{h'(t)}{h(t)} \implies 1 = h'(t)\left(\frac{h(t)-1}{h(t)}\right)$$

$$\therefore \ h'(t) = \frac{h(t)}{h(t)-1}$$

(i), (ii)에 의하여 구간에 따라 $h'(t)$ 를 구하면 다음과 같다.

$$h'(t) = \begin{cases} -\dfrac{1}{e-1} & \left(0 < t < \dfrac{1}{e}\right) \\[3mm] \dfrac{h(t)}{h(t)-1} & \left(t \geq \dfrac{1}{e}\right) \end{cases}$$

$\dfrac{1}{2e} < \dfrac{1}{e}$ 이므로 $h'\left(\dfrac{1}{2e}\right) = -\dfrac{1}{e-1}$

$0 < t < \dfrac{1}{e}$ 에서 $h(t) = \dfrac{1-t}{e-1} = \dfrac{1}{e-1}(1-t)$ 이므로

$$h\left(\frac{1}{e}\right) < h(t) < h(0) \implies \frac{1}{e} < h(t) < \frac{1}{e-1}$$

$h(a) = \dfrac{1}{e+2} \implies a \geq \dfrac{1}{e}$ 이므로

$$h'(a) = \frac{h(a)}{h(a)-1} = \frac{\dfrac{1}{e+2}}{\dfrac{1}{e+2}-1} = \frac{1}{1-(e+2)} = -\frac{1}{e+1}$$

따라서 $h'\left(\dfrac{1}{2e}\right) \times h'(a) = \left(-\dfrac{1}{e-1}\right) \times \left(-\dfrac{1}{e+1}\right)$

$$= \frac{1}{(e-1)(e+1)}$$

이다.

답 ④

134

(가) 조건에 의해서

$h(0) = g(f(0)) = e^{\sin\{\pi f(0)\}} - 1 = 0 \implies \sin\{\pi f(0)\} = 0$ 이므로 $f(0) = n$ (n은 정수)이다.

$$g(x) = e^{\sin\pi x} - 1 \implies g'(x) = \pi\cos\pi x\, e^{\sin\pi x}$$

$$h'(x) = 0 \implies f'(x)g'(f(x)) = 0$$

$$h'(0) = 0 \implies f'(0)g'(f(0)) = 0 \implies f'(0)\pi\cos\pi n\, e^{\sin\pi n} = 0$$

$$\implies f'(0) = 0 \ (\because \ \cos\pi n \neq 0)$$

삼차함수 $f(x)$ 는 최고차항의 계수가 양수이고

$f(3) = \dfrac{1}{2}$, $f'(0) = f'(3) = 0$ 이므로 다음 그림과 같다.

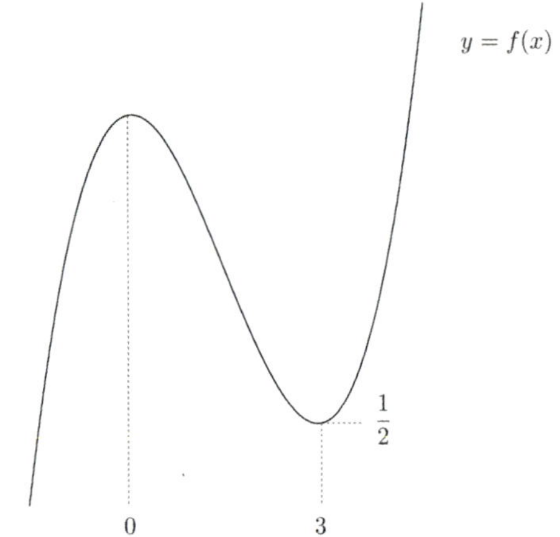

(나) 조건에 의해서

열린구간 $(0,\ 3)$ 에서 방정식 $g(f(x)) = 1$ 의 서로 다른 실근의 개수가 7 이다.

이때 열린구간 $(0,\ 3)$ 이므로 $f(x) = t$ 라 하면

$\dfrac{1}{2} < t < f(0)$ 에서 방정식 $g(t) = 1$ 의 서로 다른 실근의

개수가 7 이어야 한다. (열린구간 $(0,\ 3)$ 에서 $f(x)$ 는 감소함수이므로 $f(x) = t$ 에서 x 와 t 는 일대일 대응이기 때문에 방정식 $g(t) = 1$ 의 서로 다른 실근의 개수 역시 7 이어야 한다.)

$$g(t) = e^{\sin\pi t} - 1 \implies g'(t) = \pi\cos\pi t\, e^{\sin\pi t}$$

$g(t)$ 의 Semi 도함수는 $\cos\pi t$ 이다.

$g(n) = 0$ (n은 정수)

$g(t+2) = g(t)$ 이므로 $g(t)$ 는 주기가 2 이다.

$$g\left(\frac{1}{2}\right) = e - 1, \quad g\left(\frac{3}{2}\right) = e^{-1} - 1$$

이를 바탕으로 $g(t)$ 를 그리면 다음과 같다.

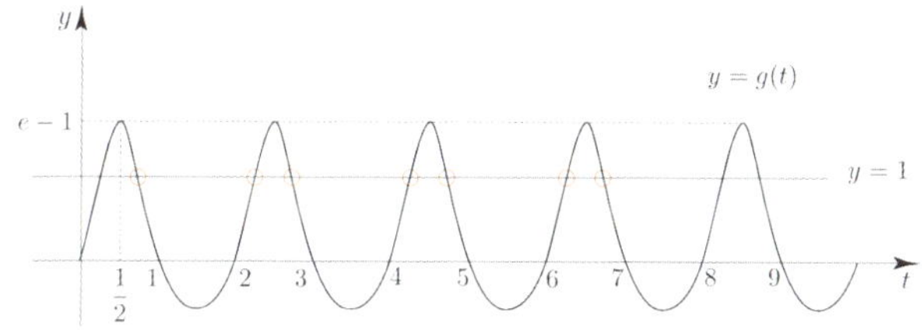

$\dfrac{1}{2} < t < f(0)$ 에서 방정식 $g(t)=1$ 의 서로 다른 실근의

개수가 7 이려면 $f(0)$ 은 정수이므로 $f(0)=7$ or $f(0)=8$

이어야 한다.

① $f(0)=7$ 인 경우

$h'(x)=f'(x)g'(f(x))$

$x=0$ 의 좌우에서 $f'(x)$ 의 부호는 $+\ -$ 이고,

$x \to 0- \ \Rightarrow f(x) \to 7- \ \Rightarrow g'(7-)<0$

$x \to 0+ \ \Rightarrow f(x) \to 7- \ \Rightarrow g'(7-)<0$

이므로 $x=0$ 의 좌우에서 $g'(f(x))$ 의 부호는 $-$ 이다.

즉, $x=0$ 의 좌우에서 $h'(x)$ 의 부호는 $-\ +$ 이므로

$h(x)$ 는 $x=0$ 에서 극솟값을 가지므로 (가) 조건에 모순이다.

② $f(0)=8$ 인 경우

$h'(x)=f'(x)g'(f(x))$

$x=0$ 의 좌우에서 $f'(x)$ 의 부호는 $+\ -$ 이고,

$x \to 0- \ \Rightarrow f(x) \to 8- \ \Rightarrow g'(8-)>0$

$x \to 0+ \ \Rightarrow f(x) \to 8- \ \Rightarrow g'(8-)>0$

이므로 $x=0$ 의 좌우에서 $g'(f(x))$ 의 부호는 $+$ 이다.

즉, $x=0$ 의 좌우에서 $h'(x)$ 의 부호는 $+\ -$ 이므로

$h(x)$ 는 $x=0$ 에서 극댓값을 가진다.

Box를 그리면 다음과 같다.

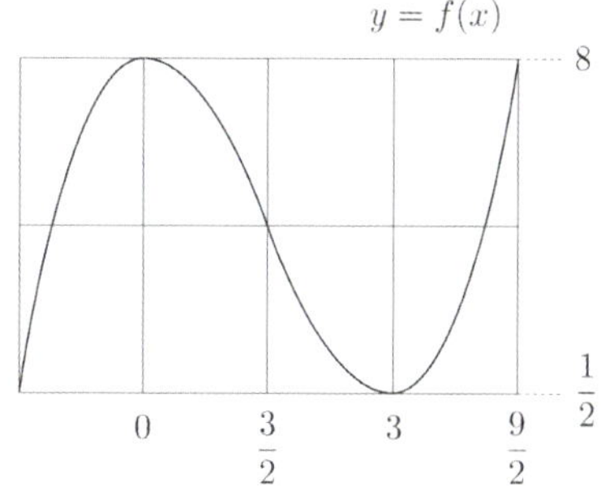

$f(x)$ 의 최고차항의 계수를 a 라 하고,

극값차 공식을 사용하면

$\dfrac{|a|}{2}(3-0)^3 = 8 - \dfrac{1}{2} \ \Rightarrow \ \dfrac{27}{2}a = \dfrac{15}{2} \ \Rightarrow \ a = \dfrac{5}{9}$

식세우기 technique을 사용하면

$f(x) - 8 = \dfrac{5}{9}x^2\left(x - \dfrac{9}{2}\right) \ \Rightarrow \ f(x) = \dfrac{5}{9}x^2\left(x - \dfrac{9}{2}\right)+8$

이므로 $f(2) = \dfrac{5}{9} \times 4 \times \left(-\dfrac{5}{2}\right)+8 = \dfrac{22}{9}$ 이다.

따라서 $p+q = 31$ 이다.

135

최고차항의 계수가 6π 인 삼차함수 $f(x)$

$g(x) = \dfrac{1}{2+\sin(f(x))}$

$g'(x) = \dfrac{-\cos(f(x)) \times f'(x)}{\{2+\sin(f(x))\}^2}$

$g'(x)=0 \ \Rightarrow \ \cos(f(x))=0$ or $f'(x)=0$

① $\cos(f(\alpha))=0$

$f(\alpha)=\pm\dfrac{\pi}{2}$ or $f(\alpha)=\pm\dfrac{3}{2}\pi$ or $f(\alpha)=\pm\dfrac{5}{2}\pi \ \cdots$

② $f'(\alpha)=0$

(가) $\alpha_1 = 0$ 이고 $g(\alpha_1) = \dfrac{2}{5}$ 이다.

$g(0) = \dfrac{2}{5} \ \Rightarrow \ \dfrac{1}{2+\sin(f(0))} = \dfrac{2}{5} \ \Rightarrow \ \sin(f(0)) = \dfrac{1}{2}$

$0 < f(0) < \dfrac{\pi}{2}$ 이므로 $f(0) = \dfrac{\pi}{6}$

$\cos(f(\alpha_1)) = \cos(f(0)) = \cos\dfrac{\pi}{6} \neq 0$ 이므로

$f'(0)=0$ 이어야 한다.

$f(x)$ 는 최고차항의 계수가 6π 인 삼차함수이므로

$f(x) = 6\pi x^3 + ax^2 + bx + c$ 라 하자.

$f(0) = \dfrac{\pi}{6}$ 이므로 $c = \dfrac{\pi}{6}$

$f(x) = 6\pi x^3 + ax^2 + bx + \dfrac{\pi}{6}$

$f'(x) = 18\pi x^2 + 2ax + b$

$f'(0)=0$ 이므로 $b=0$

$\therefore \ f(x) = 6\pi x^3 + ax^2 + \dfrac{\pi}{6}$

(나) $\dfrac{1}{g(\alpha_5)} = \dfrac{1}{g(\alpha_2)} + \dfrac{1}{2}$

$g(x) = \dfrac{1}{2 + \sin(f(x))}$ 이므로

$2 + \sin(f(\alpha_5)) = 2 + \sin(f(\alpha_2)) + \dfrac{1}{2}$

$\Rightarrow \sin(f(\alpha_5)) = \sin(f(\alpha_2)) + \dfrac{1}{2}$

$g'(\alpha_n) = 0 \ (n = 1, 2, 3 \cdots)$ 이므로
만약 $\cos(f(\alpha_n)) = 0$ 를 만족시킨다면

$f(\alpha_n) = \pm \dfrac{\pi}{2}$ or $f(\alpha_n) = \pm \dfrac{3}{2}\pi$ or $f(\alpha_n) = \pm \dfrac{5}{2}\pi \ \cdots$

$\Rightarrow \ \sin(f(\alpha_n)) = 1$ or $\sin(f(\alpha_n)) = -1$

이므로 $\cos(f(\alpha_2)) = 0$ 이고 $\cos(f(\alpha_5)) = 0$ 이면
어떠한 경우라도 $\sin(f(\alpha_5)) = \sin(f(\alpha_2)) + \dfrac{1}{2}$ 를
만족시킬 수 없다.

즉, $f'(x)$ 는 이차함수, $f'(0) = 0$, $0 < \alpha_2 < \alpha_5$ 이므로
$\sin(f(\alpha_5)) = \sin(f(\alpha_2)) + \dfrac{1}{2}$ 를 만족시키려면
$f'(\alpha_2) = 0$, $f'(\alpha_5) \neq 0$ or $f'(\alpha_2) \neq 0$, $f'(\alpha_5) = 0$ 이어야
한다.

(i) $f'(\alpha_2) = 0$, $f'(\alpha_5) \neq 0$ 일 때

$f(x) \ (x \geq 0)$ 의 그래프를 그리면 다음과 같다.

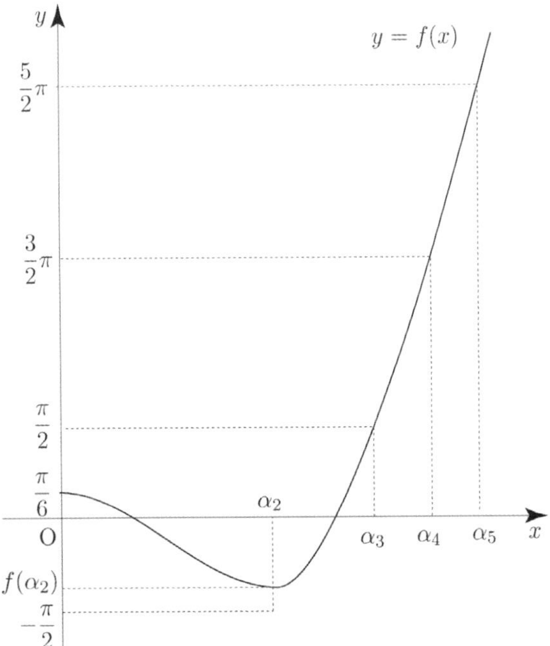

만약 $f(\alpha_2) < -\dfrac{\pi}{2}$ 이면 $f(p) = -\dfrac{\pi}{2}$ 인 p 가 $\alpha_1 < p < \alpha_2$ 에
존재하고 $g(x)$ 가 $x = p$ 에서 극값을 가지므로 모순이다.

$f'(\alpha_1) = f'(\alpha_2) = 0$ 이므로 $n \neq 1$, $n \neq 2$ 인 α_n 에 대하여
$\cos(f(\alpha_n)) = 0$ 를 만족시켜야 하므로
$f(\alpha_3) = \dfrac{\pi}{2}$, $f(\alpha_4) = \dfrac{3}{2}\pi$, $f(\alpha_5) = \dfrac{5}{2}\pi$ 이다.

$f(\alpha_5) = \dfrac{5}{2}\pi$ 이므로

$\sin(f(\alpha_5)) = \sin(f(\alpha_2)) + \dfrac{1}{2}$

$\Rightarrow 1 = \sin(f(\alpha_2)) + \dfrac{1}{2}$

$\Rightarrow \sin(f(\alpha_2)) = \dfrac{1}{2}$

그런데 $-\dfrac{\pi}{2} < f(\alpha_2) < \dfrac{\pi}{6}$ 이므로 모순이다.

(ii) $f'(\alpha_2) \neq 0$, $f'(\alpha_5) = 0$

$f(x) \ (x \geq 0)$ 의 그래프를 그리면 다음과 같다.

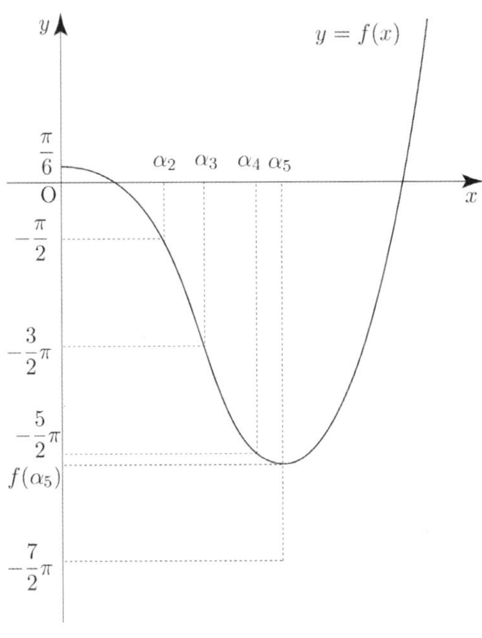

만약 $f(\alpha_5) < -\dfrac{7}{2}\pi$ 이면 $f(p) = -\dfrac{7}{2}\pi$ 인 p 가 $\alpha_4 < p < \alpha_5$ 에
존재하고 $g(x)$ 가 $x = p$ 에서 극값을 가지므로 모순이다.

$f'(\alpha_1) = f'(\alpha_5) = 0$ 이므로 $n \neq 1$, $n \neq 5$ 인 α_n 에 대하여
$\cos(f(\alpha_n)) = 0$ 를 만족시켜야 하므로

$f(\alpha_2)=-\dfrac{\pi}{2},\ f(\alpha_3)=-\dfrac{3}{2}\pi,\ f(\alpha_4)=-\dfrac{5}{2}\pi$ 이다.

$f(\alpha_2)=-\dfrac{\pi}{2}$ 이므로

$\sin\big(f(\alpha_5)\big)=\sin(f(\alpha_2))+\dfrac{1}{2}$

$\Rightarrow\ \sin\big(f(\alpha_5)\big)=-1+\dfrac{1}{2}$

$\Rightarrow\ \sin(f(\alpha_5))=-\dfrac{1}{2}$

그런데 $-\dfrac{7}{2}\pi<f(\alpha_2)<-\dfrac{5}{2}\pi$ 이므로

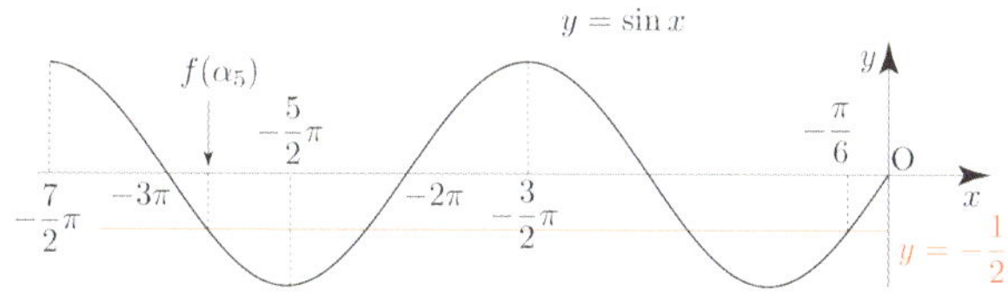

대칭성에 의하여

$f(\alpha_5)+\left(-\dfrac{\pi}{6}\right)=-\dfrac{3}{2}\pi\times2$

$\Rightarrow\ f(\alpha_5)=-3\pi+\dfrac{\pi}{6}=-\dfrac{17}{6}\pi$

$f(x)=6\pi x^3+ax^2+\dfrac{\pi}{6}$

$f'(x)=18\pi x^2+2ax=2x(9\pi x+a)$

$\alpha_5=-\dfrac{a}{9\pi}$ 이므로

$f\left(-\dfrac{a}{9\pi}\right)=6\pi\times\left(-\dfrac{a}{9\pi}\right)^3+a\times\left(-\dfrac{a}{9\pi}\right)^2+\dfrac{\pi}{6}$

$\qquad\qquad=\dfrac{a^3}{3^5\pi^2}+\dfrac{\pi}{6}=-\dfrac{17}{6}\pi$

$\Rightarrow\ \dfrac{a^3}{3^5\pi^2}=-3\pi\ \Rightarrow\ a^3=-3^6\pi^3$

$\Rightarrow\ a=-9\pi$

$\therefore\ f(x)=6\pi x^3-9\pi x^2+\dfrac{\pi}{6},\quad f'(x)=18\pi x^2-18\pi x$

$g'(x)=\dfrac{-\cos(f(x))\times f'(x)}{\{2+\sin(f(x))\}^2}$

$f\left(-\dfrac{1}{2}\right)=-\dfrac{3}{4}\pi-\dfrac{9}{4}\pi+\dfrac{\pi}{6}=-\dfrac{17}{6}\pi$

$\sin\left(f\left(-\dfrac{1}{2}\right)\right)=\sin\left(-\dfrac{17}{6}\pi\right)=\sin\left(4\pi-\dfrac{17}{6}\pi\right)=\sin\left(\dfrac{7}{6}\pi\right)$

$\qquad\qquad=\sin\left(\pi+\dfrac{\pi}{6}\right)=-\sin\dfrac{\pi}{6}=-\dfrac{1}{2}$

$\cos\left(f\left(-\dfrac{1}{2}\right)\right)=\cos\left(-\dfrac{17}{6}\pi\right)=\cos\left(4\pi-\dfrac{17}{6}\pi\right)=\cos\left(\dfrac{7}{6}\pi\right)$

$\qquad\qquad=\cos\left(\pi+\dfrac{\pi}{6}\right)=-\cos\dfrac{\pi}{6}=-\dfrac{\sqrt{3}}{2}$

$f'\left(-\dfrac{1}{2}\right)=\dfrac{9}{2}\pi+9\pi=\dfrac{27}{2}\pi$

이므로

$g'\left(-\dfrac{1}{2}\right)=\dfrac{-\cos\left(f\left(-\dfrac{1}{2}\right)\right)\times f'\left(-\dfrac{1}{2}\right)}{\left\{2+\sin\left(f\left(-\dfrac{1}{2}\right)\right)\right\}^2}$

$\qquad\qquad=\dfrac{-\left(-\dfrac{\sqrt{3}}{2}\right)\times\dfrac{27}{2}\pi}{\left\{2+\left(-\dfrac{1}{2}\right)\right\}^2}$

$\qquad\qquad=3\sqrt{3}\,\pi=a\pi$

$\Rightarrow\ a=3\sqrt{3}$

따라서 $a^2=\left(3\sqrt{3}\right)^2=27$ 이다.

답 27

136

$f(x)=\begin{cases}2\sin^3 x & \left(-\dfrac{\pi}{2}<x<\dfrac{\pi}{4}\right)\\[2mm]\cos x & \left(\dfrac{\pi}{4}\le x<\dfrac{3\pi}{2}\right)\end{cases}$

$f\left(\dfrac{\pi}{4}\right)=\dfrac{\sqrt{2}}{2}$

$-\dfrac{\pi}{2}<x<\dfrac{\pi}{4}$ 에서 $f'(x)=6\sin^2 x\cos x$ 이므로

$f'(0)=0,\quad \lim\limits_{x\to\frac{\pi}{4}^-}f'(x)=\dfrac{3\sqrt{2}}{2}$

이를 바탕으로 열린구간 $\left(-\dfrac{\pi}{2},\ \dfrac{3\pi}{2}\right)$ 에서 $f(x)$ 를 그리면 다음과 같다.

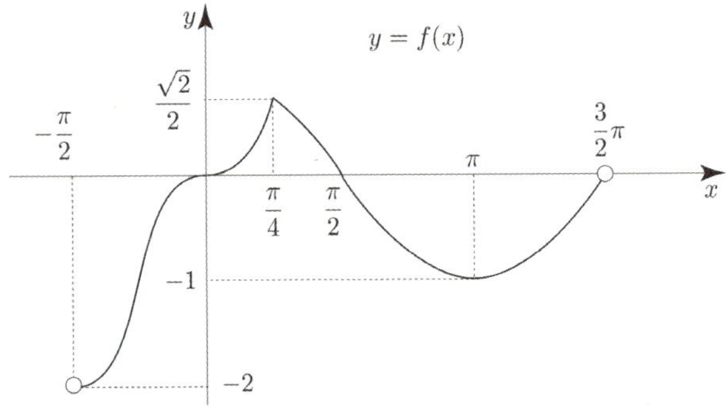

(나) 함수 $\sqrt{|f(x)-t|}$ 는 $x=k$ 에서 미분가능하지 않다.

$j(x)=|f(x)-t|$ 라 하면 $\left\{\sqrt{j(x)}\right\}'=\dfrac{f'(x)}{2\sqrt{j(x)}}$ 이므로

미분가능하지 않는 x 값의 후보로 $f(x)$ 가 미분가능하지 않는 경우와 $j(x)=0$ 인 경우를 조사하면 된다.

t 의 범위에 따라 case분류하면 다음과 같다.

① $t \geq \dfrac{\sqrt{2}}{2}$ 일 때

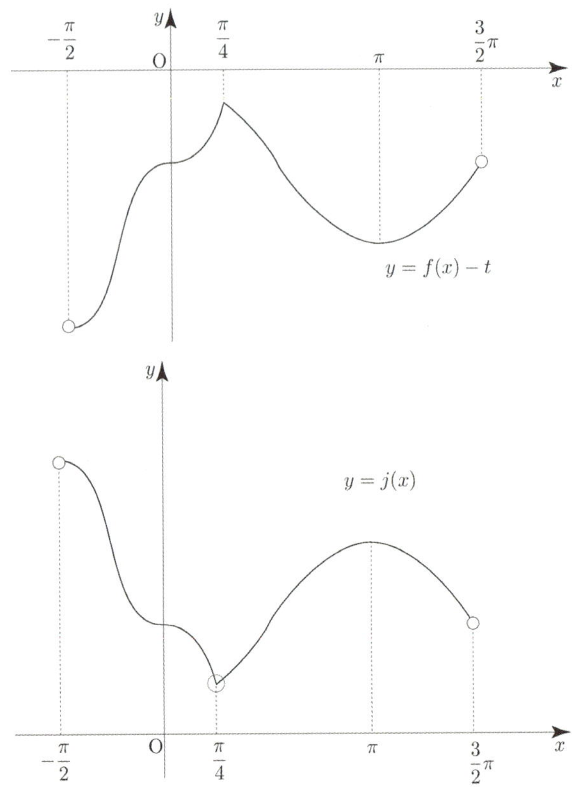

조건을 만족시키는 k 의 개수는 1 이므로 $g(t)=1$

② $0 < t < \dfrac{\sqrt{2}}{2}$ 일 때

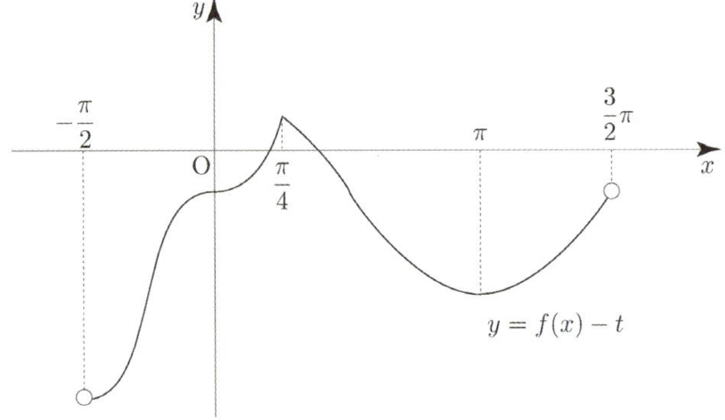

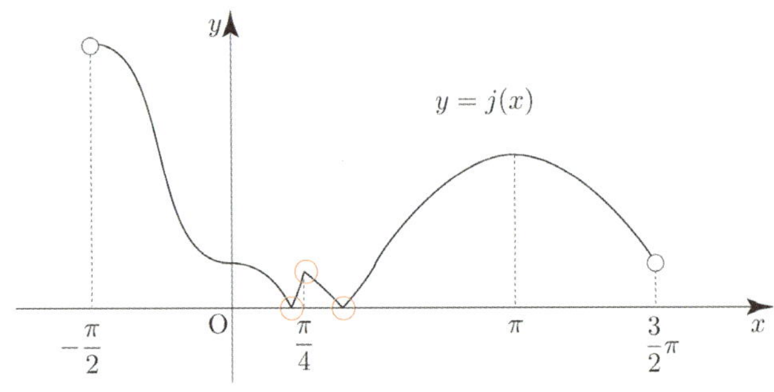

조건을 만족시키는 k 의 개수는 3 이므로 $g(t)=3$

③ $t=0$ 일 때

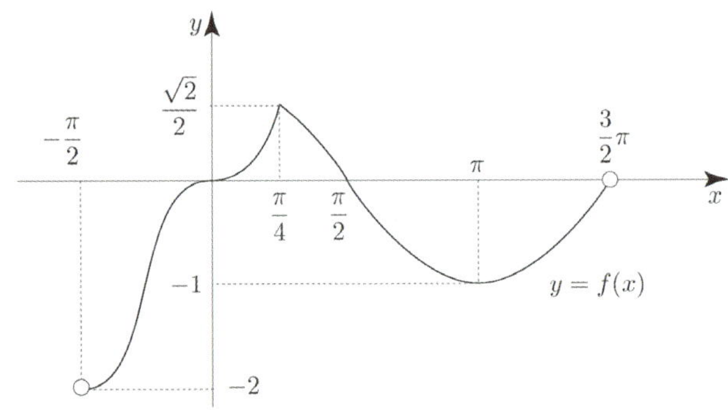

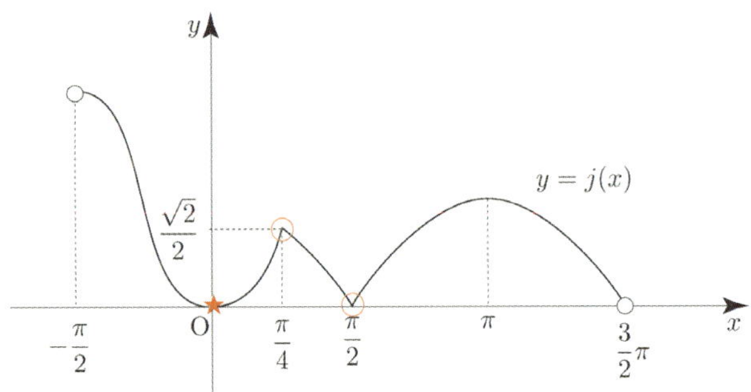

과연 $x=0$ 에서 $\sqrt{j(x)}$ 가 미분가능할까?

얼핏 보면 $x=0$ 에서 smooth 하니까 미분가능인 것처럼 보인다.

$\left\{\sqrt{j(x)}\right\}' = \dfrac{f'(x)}{2\sqrt{j(x)}}$ 에서

$\displaystyle\lim_{x\to 0} j(x)=0$ 이고 $\displaystyle\lim_{x\to 0} f'(x)=0$ 이므로 $\dfrac{0}{0}$ 꼴이다.

즉, 그래프로 판단할 수 없고 직접 식으로 계산하여
미분가능여부를 판단해야 한다.

$k(x) = \sqrt{j(x)} = \sqrt{\left|2\sin^3 x\right|} = \sqrt{2}\,|\sin x|\,\sqrt{|\sin x|}$ 라 하자.
$x=0$ 에서 미분계수의 정의를 이용하면

$$\lim_{x\to 0+}\frac{k(x)-k(0)}{x-0} = \lim_{x\to 0+}\frac{\sqrt{2}\sin x\sqrt{\sin x}}{x} = 0$$

$$\lim_{x\to 0-}\frac{k(x)-k(0)}{x-0} = \lim_{x\to 0-}\frac{-\sqrt{2}\sin x\sqrt{-\sin x}}{x} = 0$$

즉, $\displaystyle\lim_{x\to 0+}\frac{k(x)-k(0)}{x-0} = \lim_{x\to 0-}\frac{k(x)-k(0)}{x-0} = 0$ 이므로
$x=0$ 에서 미분가능하다.

조건을 만족시키는 k 의 개수는 2 이므로 $g(0)=2$

④ $-1 < t < 0$ 일 때

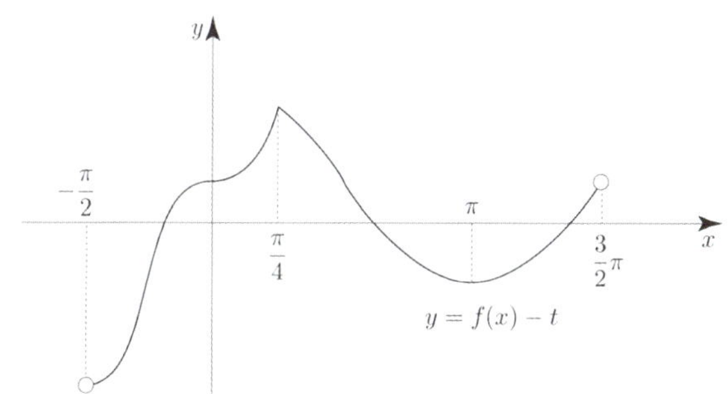

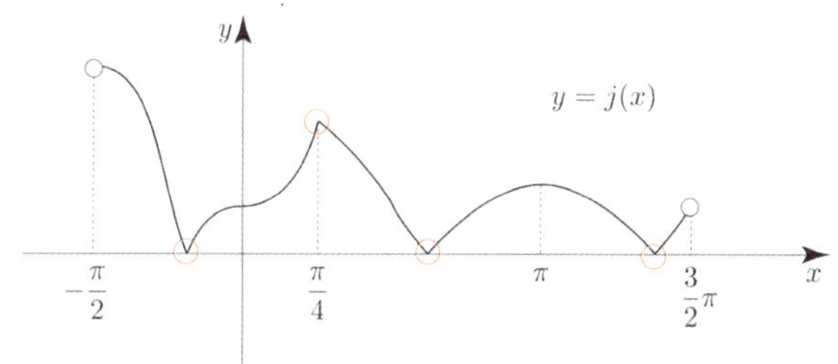

조건을 만족시키는 k 의 개수는 4 이므로 $g(t)=4$

⑤ $t = -1$ 일 때

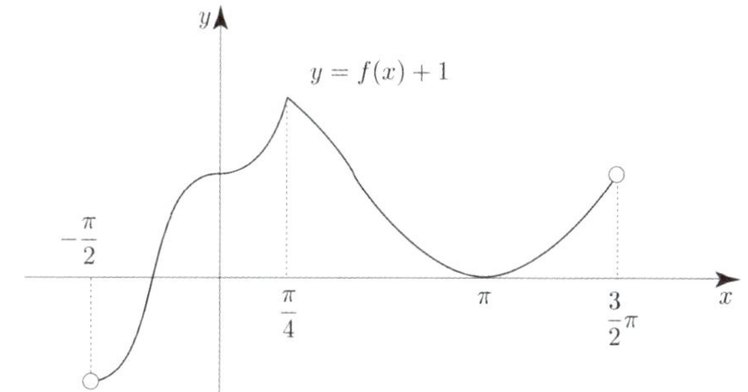

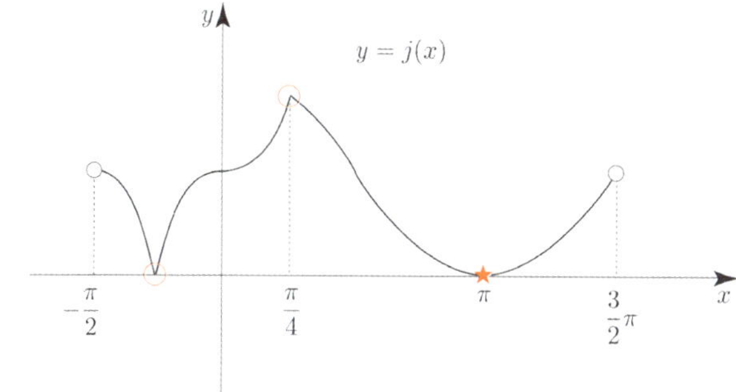

$\left\{\sqrt{j(x)}\right\}' = \dfrac{f'(x)}{2\sqrt{j(x)}}$ 에서

$\displaystyle\lim_{x\to \pi} j(x)=0$ 이고 $\displaystyle\lim_{x\to \pi} f'(x)=0$ 이므로 $\dfrac{0}{0}$ 꼴이다.

즉, 그래프로 판단할 수 없고 직접 식으로 계산하여
미분가능여부를 판단해야 한다.
(③ $t=0$ 일 때에서 다룬 것과 같은 논리이다.)

$l(x) = \sqrt{j(x)} = \sqrt{\left|\cos x+1\right|} = \sqrt{\cos x+1}$ 라 하자.
$x=\pi$ 에서 미분계수의 정의를 이용하면

$$\lim_{x\to \pi+}\frac{l(x)-l(\pi)}{x-\pi} = \lim_{x\to \pi+}\frac{\sqrt{\cos x+1}}{x-\pi}$$

$$\lim_{x\to \pi-}\frac{l(x)-l(\pi)}{x-\pi} = \lim_{x\to \pi-}\frac{\sqrt{\cos x+1}}{x-\pi}$$

$x-\pi=t$ 로 치환하면
$x \to \pi+ \;\Rightarrow\; t \to 0+$
$x \to \pi- \;\Rightarrow\; t \to 0-$
$x = \pi+t$ 이므로

$$\lim_{x\to \pi+}\frac{\sqrt{\cos x+1}}{x-\pi} = \lim_{t\to 0+}\frac{\sqrt{1-\cos t}}{t}$$
$$= \lim_{t\to 0+}\sqrt{\frac{1-\cos t}{t^2}}$$
$$= \frac{\sqrt{2}}{2}$$

$$\lim_{x\to \pi-}\frac{\sqrt{\cos x+1}}{x-\pi} = \lim_{t\to 0-}\frac{\sqrt{1-\cos t}}{t}$$
$$= \lim_{t\to 0-}-\sqrt{\frac{1-\cos t}{t^2}}$$
$$= -\frac{\sqrt{2}}{2}$$

지난 문제들에서 $0-$ 인 경우 루트 안으로 t 가 들어갈 때 앞에
$-$ 를 붙여줘야 한다고 학습하였다.
(잘 모르겠으면 역방향으로 생각해보면 쉽다고
언급한 바 있었다.)

$t < 0$ 일 때 다음이 성립한다.

$$-\sqrt{\frac{1-\cos t}{t^2}} = -\frac{\sqrt{1-\cos t}}{|t|}$$
$$= -\frac{\sqrt{1-\cos t}}{-t}$$
$$= \frac{\sqrt{1-\cos t}}{t}$$

즉, $\displaystyle\lim_{x \to \pi+} \frac{l(x)-l(\pi)}{x-\pi} \neq \lim_{x \to \pi-} \frac{l(x)-l(\pi)}{x-\pi}$ 이므로
$x = \pi$ 에서 미분가능하지 않다.

조건을 만족시키는 k 의 개수는 3 이므로 $g(-1) = 3$

⑥ $-2 < t < -1$ 일 때

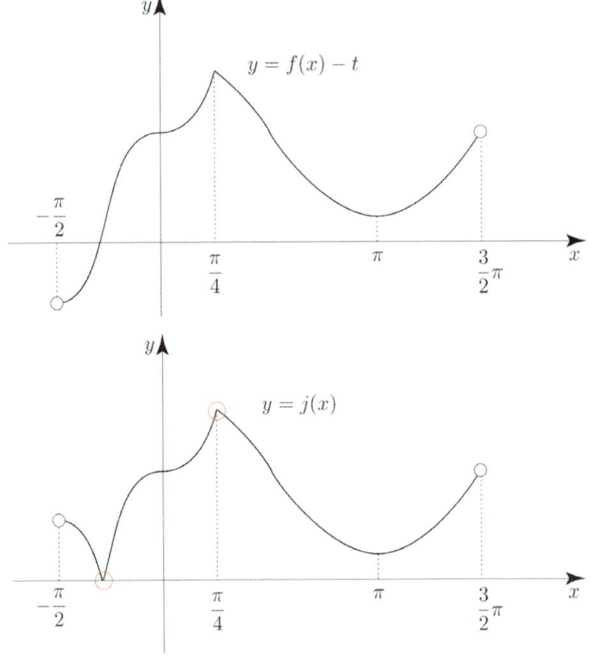

조건을 만족시키는 k 의 개수는 2 이므로 $g(t) = 2$

⑦ $t \leq -2$ 일 때

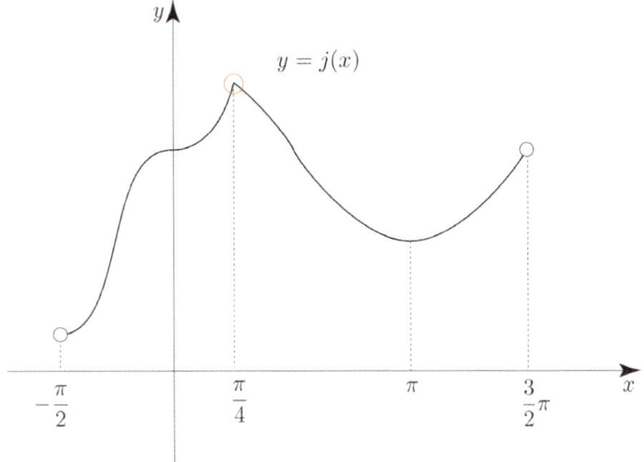

조건을 만족시키는 k 의 개수는 1 이므로 $g(t) = 1$

①, ②, ③, ④, ⑤, ⑥, ⑦에 의하여
함수 $g(t)$ 를 구간에 따라 나타내면 다음과 같다.

$$g(t) = \begin{cases} 1 & (t \leq -2) \\ 2 & (-2 < t < -1) \\ 3 & (t = -1) \\ 4 & (-1 < t < 0) \\ 2 & (t = 0) \\ 3 & \left(0 < t < \dfrac{\sqrt{2}}{2}\right) \\ 1 & \left(t \geq \dfrac{\sqrt{2}}{2}\right) \end{cases}$$

이를 바탕으로 $g(t)$ 를 그리면 다음과 같다.

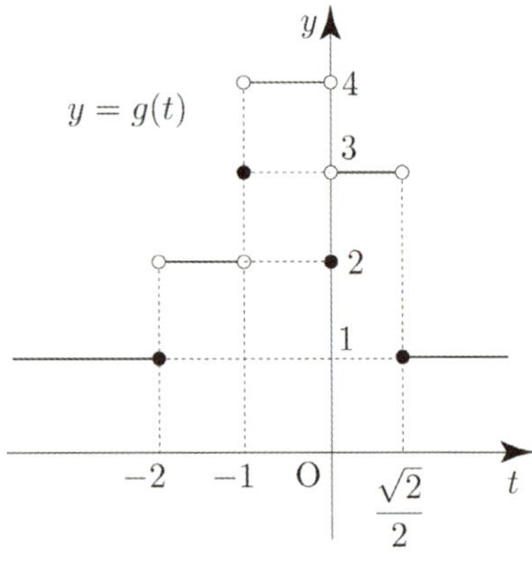

합성함수 $(h \circ g)(t)$ 가 실수 전체의 집합에서 연속이
되도록 하는 최고차항의 계수가 1 인 사차함수 $h(x)$

함수 $(h \circ g)(t) = h(g(t))$ 가 실수 전체의 집합에서

연속이어야 하므로 $t = -2$, $t = -1$, $t = 0$, $t = \dfrac{\sqrt{2}}{2}$ 에서

연속이어야 한다.

(i) $t = -2$ 에서 연속

$$\lim_{t \to -2-} h(g(t)) = \lim_{t \to -2+} h(g(t)) = h(g(-2))$$

$$\Rightarrow h(1) = h(2)$$

(ii) $t = -1$ 에서 연속

$$\lim_{t \to -1-} h(g(t)) = \lim_{t \to -1+} h(g(t)) = h(g(-1))$$

$$\Rightarrow h(2) = h(4) = h(3)$$

(iii) $t = 0$ 에서 연속

$$\lim_{t \to 0-} h(g(t)) = \lim_{t \to 0+} h(g(t)) = h(g(0))$$

$$\Rightarrow h(4) = h(3) = h(2)$$

(iv) $t = \dfrac{\sqrt{2}}{2}$ 에서 연속

$$\lim_{t \to \frac{\sqrt{2}}{2}-} h(g(t)) = \lim_{t \to \frac{\sqrt{2}}{2}+} h(g(t)) = h\left(g\left(\frac{\sqrt{2}}{2}\right)\right)$$

$$\Rightarrow h(3) = h(1)$$

(i), (ii), (iii), (iv)에 의하여

$$h(1) = h(2) = h(3) = h(4)$$

사차함수 $h(x)$ 는 최고차항의 계수가 1 이고

$h(1) = h(2) = h(3) = h(4) = p$ 라 하면

식세우기 Technique에 의하여

$$h(x) = (x-1)(x-2)(x-3)(x-4) + p$$

$$g\left(\frac{\sqrt{2}}{2}\right) = 1 = a, \ g(0) = 2 = b, \ g(-1) = 3 = c \text{이므로}$$

$$a = 1, \ b = 2, \ c = 3$$

따라서 $h(a+5) - h(b+3) + c = h(6) - h(5) + 3$

$$= (120 + p) - (24 + p) + 3$$

$$= 99$$

이다.

답 ④

1 <그땐 그랬지>

2019학년도 고3 6월 평가원 21번에 출제되었던 문항인데 이때
정답률이 23% 였으니 5지선다임을 고려 고려했을 때,
사실상 실전에서는 거의 다 찍었다고 보는게 맞다.

보통 문제와 달리 함수 $|f(x) - t|$ 의
미분가능성을 물어보지 않고 독특하게
$\sqrt{|f(x) - t|}$ 의 미분가능성을 물어보았다.

눈여겨 봐야 할 부분은 아래와 같다.
③ $t = 0$ 일 때 $x = 0$ 에서의 미분가능성
⑤ $t = -1$ 일 때 $x = \pi$ 에서의 미분가능성

눈대중으로 판단하는 것이 아니라 직접 미분계수의 정의를
이용하여 미분가능성을 판단하도록 하여 smooth하니까
(첨점이 아니니까) 당연히 미분가능할 것이라는 관성적인 접근에
익숙한 학생들의 허를 찔렀던 문항이었다.

2 <역함수의 미분가능성>

smooth하더라도 미분가능하지 않는 경우는 역함수의
미분가능성에서도 찾을 수 있다.
함수 $f(x)$ 가 실수 전체의 집합에서 미분가능하면 의 역함수
$g(x)$ 도 실수 전체의 집합에서 미분가능할까?

함수 $f(x) = x^3 + 1$ 의 역함수를 $g(x)$ 라 하면

$$g'(x) = \frac{1}{f'(g(x))} \text{ 이 성립한다.}$$

$f(0) = 1 \Rightarrow g(1) = 0$ 이고, $f'(0) = 0$ 이므로

$$g'(1) = \frac{1}{f'(g(1))} = \frac{1}{f'(0)} = \frac{1}{0}$$

$$\Rightarrow g'(1) \text{ 이 존재} \times$$

따라서 역함수 $g(x)$ 는 $x = 1$ 에서 미분가능하지 않다.

즉, 함수 $f(x)$ 가 실수 전체의 집합에서
미분가능하더라도 $f'(a) = 0$ 이고, $f(a) = b$ 라면
역함수 $g(x)$ 는 $x = b$ 에서 미분가능하지 않다.

$f(x)$ 의 접선의 기울기가 0 인 것을 바탕으로
역함수의 미분가능성을 판단하는 문제는 아직 수능에 출제되지
않았기에 이번 기회를 통해 기억해 두도록 하자.

역함수의 미분가능성을 묻는 고난도 문제는 추후 141번
문제에서 자세히 다루기로 하자.

137

경계를 조사하기 위해서 직선 $y = a(x-1)$ 가
곡선 $y = e^x$ 에 접하도록 하는 a 의 값을 구해 보자.

접점의 x좌표를 s 라 하면
$$e^s = a(s-1),\ e^s = a \Rightarrow a = a(s-1) \Rightarrow s = 2$$
$$\therefore\ a = e^2$$

직선 $y = e^2(x-1)$ 이 접선이 된다.

$e^2 \in A$ 라 했으니 모든 실수 x 에 대하여
$-e^{-x+t}+1 \le e^2(x-1) \le e^x$ 가 성립한다.

아래 그림과 같은 경우를 생각해 볼 수 있다.

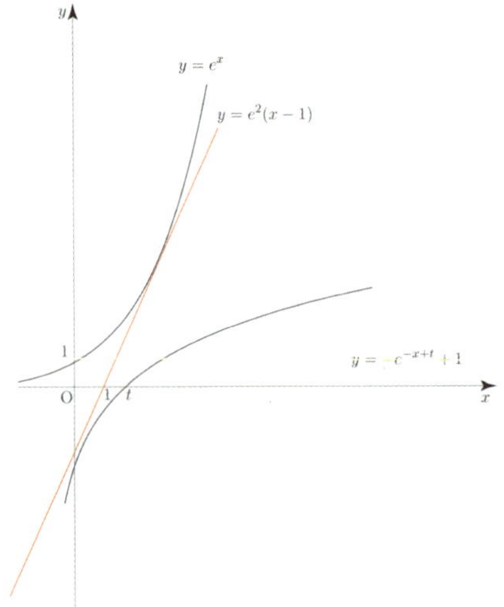

만약 t 값이 곡선 $y = -e^{-x+t}+1$ 이 직선 $y = e^2(x-1)$ 에
접할 때의 t 보다 더 작다면 모든 실수 x 에 대하여
$-e^{-x+t}+1 \le e^2(x-1) \le e^x$ 를 만족시킬 수 없다.

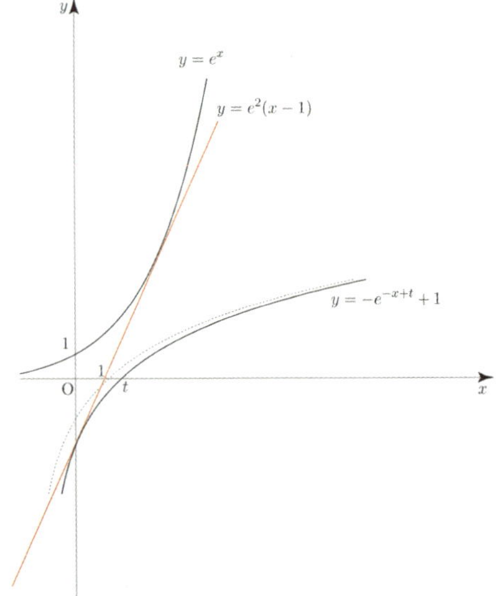

즉, t 의 최솟값은 곡선 $y = -e^{-x+t}+1$ 이 직선 $y = e^2(x-1)$ 에
접할 때이다.

접점의 x좌표를 s 라 하면
$$-e^{-s+t}+1 = a(s-1),\ e^{-s+t} = a$$
$$\Rightarrow\ -a+1 = a(s-1) \Rightarrow s = \frac{1}{a}\ \cdots\ \text{ㄱ}$$

$a = e^2$ 이므로 ㄱ에 의해 $s = \dfrac{1}{e^2}$

$e^{-s+t} = a$ 에 이를 대입하면
$$e^{-\frac{1}{e^2}+t} = e^2 \Rightarrow t = 2 + \frac{1}{e^2}$$

두 직선 $y = e^2(x-1)$, $y = a(x-1)$ 가 이루는 각의 크기를
$\theta\left(0 \le \theta < \dfrac{\pi}{2}\right)$ 라 했으니 $\tan\theta$ 의 최댓값은 θ 가 최대일
때이다.

아래 그림과 같이 t 가 커질수록 θ 의 최댓값이 점점 커지므로
t 의 최댓값은 곡선 $y = -e^{-x+t}+1$ 이 직선 $y = a(x-1)$ 에
접하면서 $\tan\theta = \dfrac{e^4-1}{2e^2} = \dfrac{1}{2}\left(e^2 - \dfrac{1}{e^2}\right)$ 를 만족시킬 때이다.

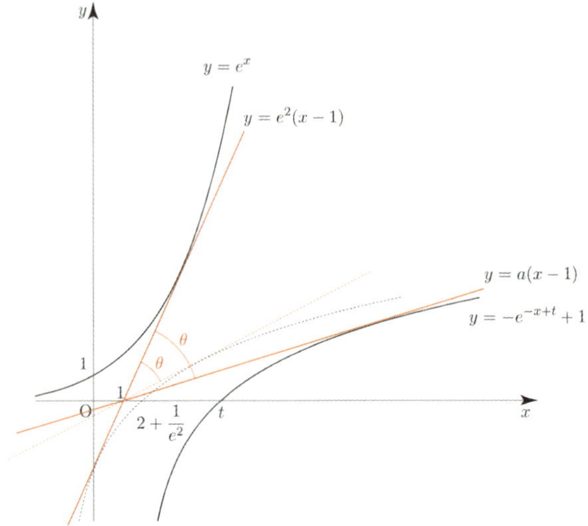

$\tan\theta = \dfrac{1}{2}\left(e^2 - \dfrac{1}{e^2}\right)$ 를 만족시키는 접선의 기울기 a 의 값을
구해보자.
$$\tan\theta = \left|\frac{e^2-a}{1+e^2a}\right| = \frac{e^2-a}{1+e^2a} = \frac{1}{2}\left(e^2 - \frac{1}{e^2}\right) \Rightarrow a = \frac{1}{e^2}$$

$a = \dfrac{1}{e^2}$ 이므로 ㄱ에 의해 $s = e^2$

$e^{-s+t} = a$ 에 이를 대입하면
$$e^{-e^2+t} = e^{-2} \Rightarrow t = e^2 - 2$$

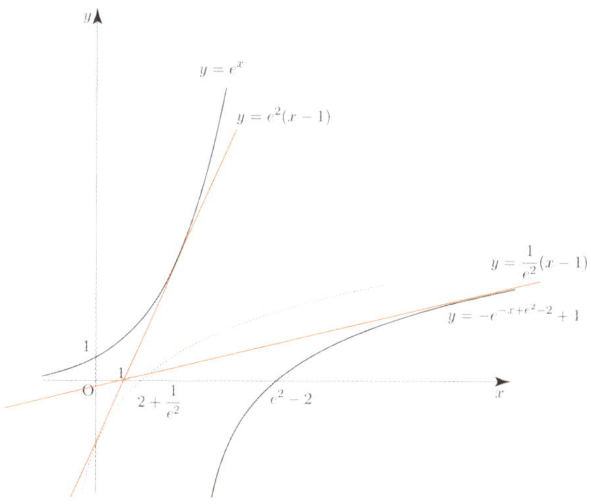

즉, $\tan\theta \leq \dfrac{e^4-1}{2e^2}$ 를 만족시키는

t 의 최솟값은 $m=2+\dfrac{1}{e^2}$, 최댓값은 $M=e^2-2$

$M-m=e^2-2-2-e^{-2}=e^2-e^{-2}-4$ 이므로
$p=2,\ q=-2,\ r=-4$

따라서 $p-2q-3r=2+4+12=18$ 이다.

답 18

Tip

만약 최솟값 $2+\dfrac{1}{e^2}$ 일 때에도 $\tan\theta \leq \dfrac{e^4-1}{2e^2}$ 을
만족시킬 수 있을까?

위 문제에서는 t 가 결정되면 θ 의 범위가 결정되는 구조이다.
만약 $t=2+\dfrac{1}{e^2}$ 라면 곡선 $y=-e^{-x+2+\frac{1}{e^2}}+1$ 이
직선 $y=a(x-1)$ 에 접할 때의 a 에 대하여
$\tan\theta$ 를 구하면 $\dfrac{e^4-1}{2e^2}$ 보다 작으니 범위에 포함된다.

138

x^2 과 $|x|^2$ 와 같다. 따라서 x^2 를 $|x|^2$ 로 바꿔서 생각하면
$$f(x)=(x^2+1)e^{-|x|}-\dfrac{2}{e}=(|x|^2+1)e^{-|x|}-\dfrac{2}{e}$$

함수 $y=f(x)$ 의 그래프는 함수 $y=(x^2+1)e^{-x}-\dfrac{2}{e}$ 의
그래프를 x 가 양수인 부분을 y 축에 대하여 대칭한
그래프이다.

$$f'(x)=2xe^{-x}-(x^2+1)e^{-x}$$
$$=-(x^2-2x+1)e^{-x}=-(x-1)^2e^{-x}\ \ (x>0)$$
$$f''(x)=-2(x-1)e^{-x}+(x-1)^2e^{-x}$$
$$=e^{-x}(x-1)(-2+(x-1))$$
$$=e^{-x}(x-1)(x-3)\ \ (x>0)$$

$$\lim_{x\to\infty}f(x)=-\dfrac{2}{e}$$

주어진 정보로 $f(x)$ 를 그리면

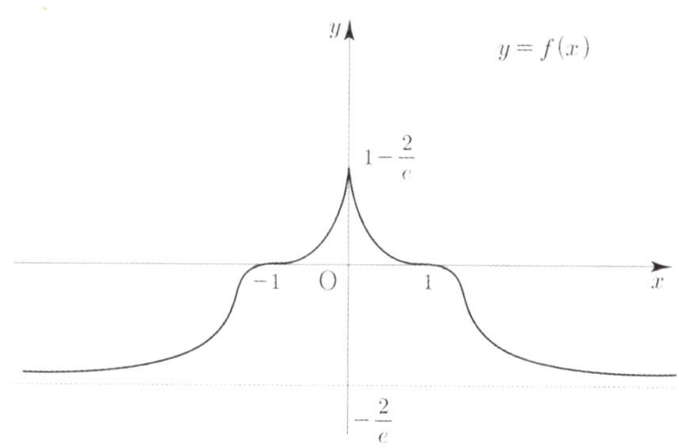

$$g'(x)=\begin{cases} f(x) & (f(x)\geq k) \\[2mm] 2k-f(x) & (f(x)<k) \end{cases}$$

$y=2k-f(x)$ 라는 말은 $y=f(x)$ 를 $y=k$ 에 대하여
대칭한다는 말이므로 $2k-f(x)\ (f(x)<k)$ 가 의미하는 것은
결국 $f(x)<k$ 이면 $y=k$ 에 대칭시켜라! 라는 뜻이다.

(가) (나) 조건은 $g(x)$ 가 $|x|>1$ 에서 감소한다는 것을
의미한다.

$g(x)$ 가 $|x|>1$ 에서 감소하게 되려면 $g'(x)$ 가 0보다
작아야 한다.

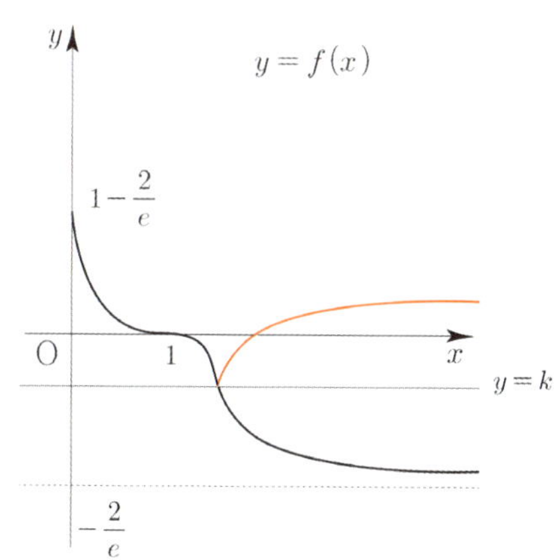

위 그림은 조건을 만족시키지 않는다.

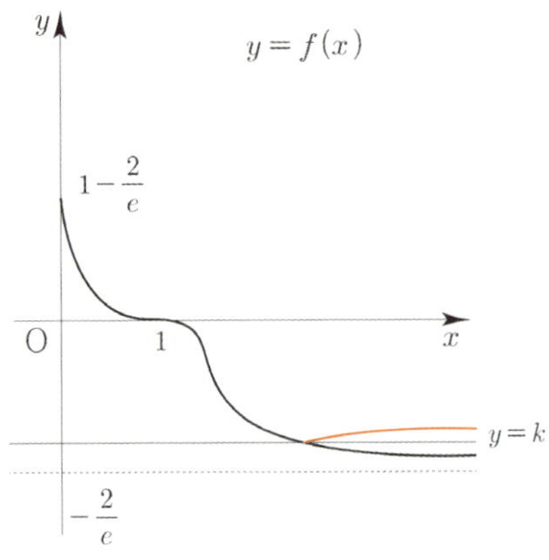

위 그림은 조건을 만족시키지만 k 의 값이 더 커도
가능하다. 그럼 최댓값은 언제일까?

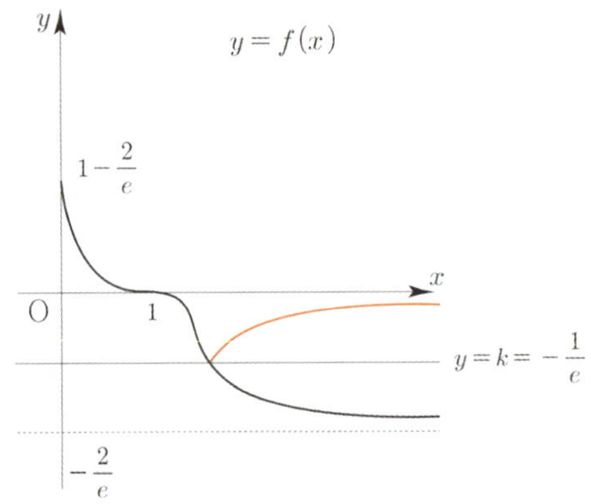

최댓값은 k 가 $-\dfrac{1}{e}$ 이 될 때이다.

점근선 때문에 x 축과 만나지 않는다.

따라서 조건을 만족시키는 실수 k 의 최댓값은 $-\dfrac{1}{e}$ 이다.

답 ④

139

$$f'(x) = \frac{2a\ln x}{x} \quad , \quad f''(x) = a\left(\frac{2 - 2\ln x}{x^2}\right)$$

여기서 $x > 0$ 에서 $f'(x)$ 의 최댓값이 $\dfrac{2}{e}$ 라고 했기 때문에
$f''(x)$ 를 살펴봐야 한다.

그런데 a 를 모르니 당황하지 말고 **case** 분류해보자.

❶ $a > 0$

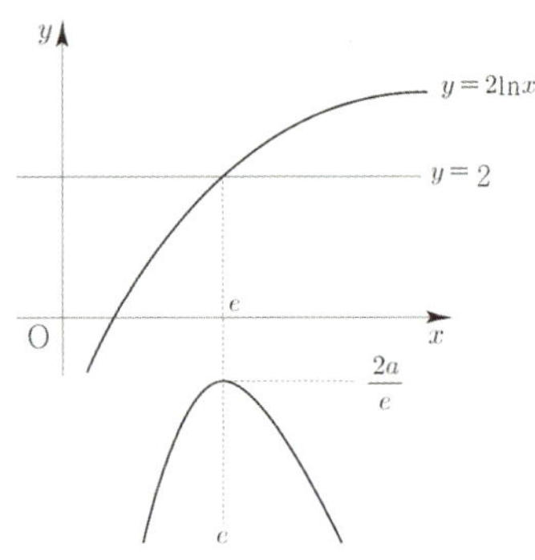

$f'(x)$ 의 최댓값이 $\dfrac{2}{e}$ 이기 때문에

$$\frac{2a}{e} = \frac{2}{e} \implies a = 1$$

❷ $a < 0$
이 경우 부호가 $-$ $+$ 이기 때문에 $f'(x)$ 의 최댓값이
존재할 수 없다.

❸ $a = 0$
이 경우 $f'(x) = 0$ 이므로 (나) 조건을 만족시키지 않는다.

❶, ❷, ❸에 의해서 $a = 1$ 이다.

$$f(x) = (\ln x)^2 + b$$

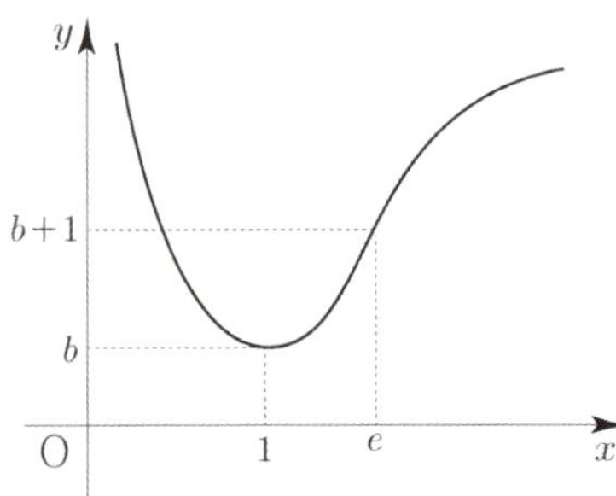

$(\ln x)^2$ 의 그래프를 y축 방향으로 b만큼
평행이동 했다고 생각하면 된다.

b 를 모르지만 b 가 정수라고 줬으니까
정수로 **case** 분류하면

① $b = -1$
$\dfrac{1}{e} < k < e^2$ 를 만족시키지 않는다.

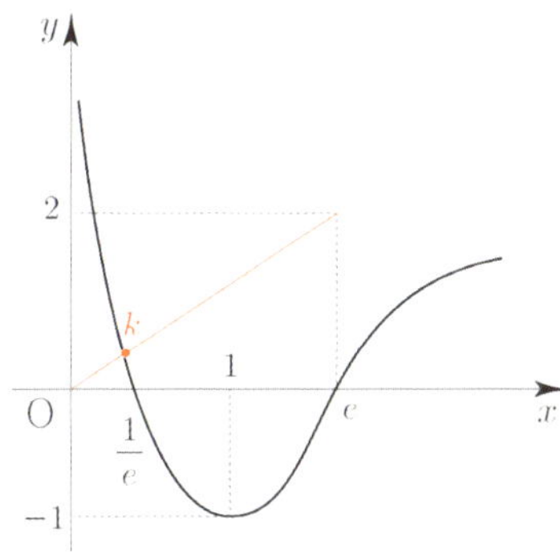

만약 $b < -1$ 면 k 값이 $\dfrac{1}{e}$ 보다 당연히

작으므로 조건을 만족하지 않는다.

② $b = 0$

$\dfrac{1}{e} < k < e^2$ 를 만족한다.

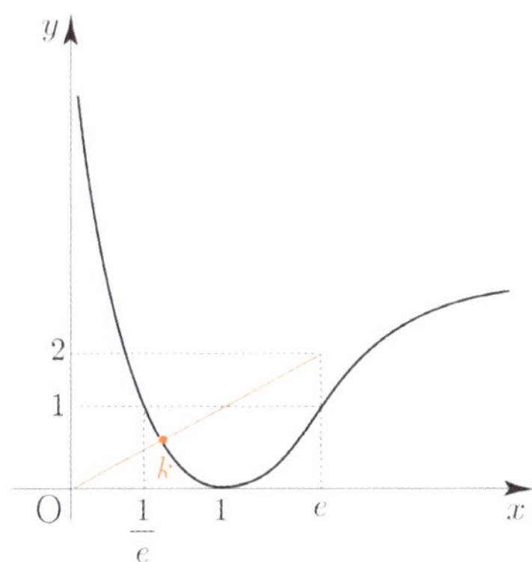

③ $b = 1$

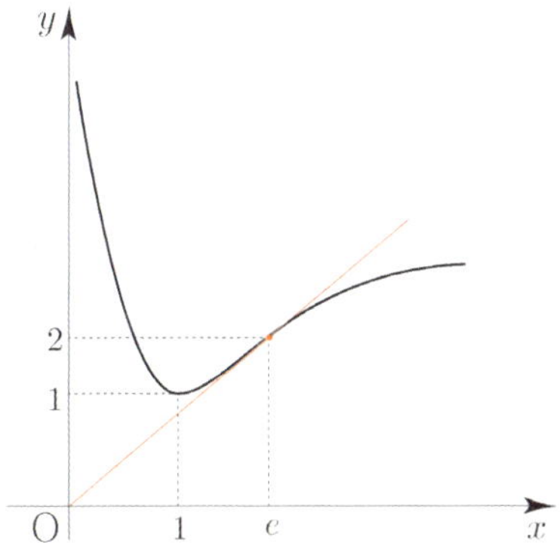

$f'(e) = \dfrac{2}{e}$ 이므로

$x = e$ 에서 접선의 방정식을 구하면

$y = \dfrac{2}{e}(x-e) + b + 1 = \dfrac{2}{e}x + b - 1$

$b = 1$ 이면 $y = \dfrac{2}{e}x$ 이므로 원점으로 지난다.

$\dfrac{1}{e} < k < e^2$ 을 만족시킨다.

④ $b = 2$

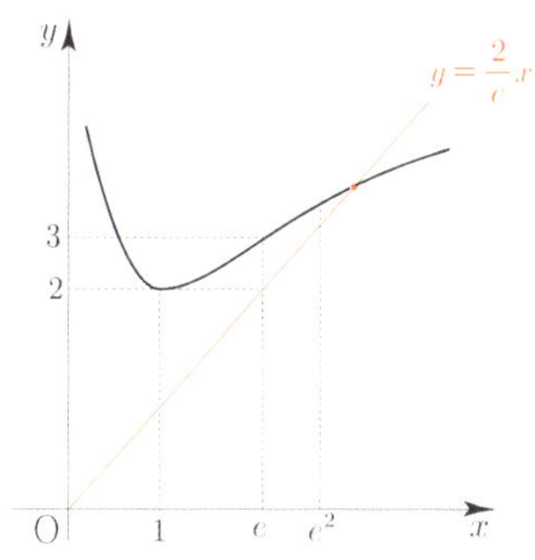

$(\ln e^2)^2 + 2 > \dfrac{2}{e} \times e^2$ 이므로

k 의 값은 조건을 만족하지 않는다.

$b > 2$ 면 k 의 값이 점점 더 커지므로
당연히 만족하지 않는다.

그래프를 위로 더 올려보면 자명하다.

①, ②, ③, ④에 의해 $b = 0$, $b = 1$ 이다.

$\sqrt{k^2 + \{f(k)\}^2}$ 은 원점과 점 $(k, \ f(k))$ 의 거리와 같으므로
$b = 1$ 일 때 최대이다.

따라서 $\sqrt{k^2 + \{f(k)\}^2}$ 의 최댓값은 $\sqrt{e^2 + 4}$ 이다.

답 ①

140

$h(x) = e^{(x-m)^2}$ 라고 하면 $f(x) = h(|x|)$ 라고 생각해도
된다.

($x \to |x|$: x 가 양수인 부분을 y 축에 대칭 시키기)

미분하면 $h'(x) = 2(x-m)e^{(x-m)^2}$

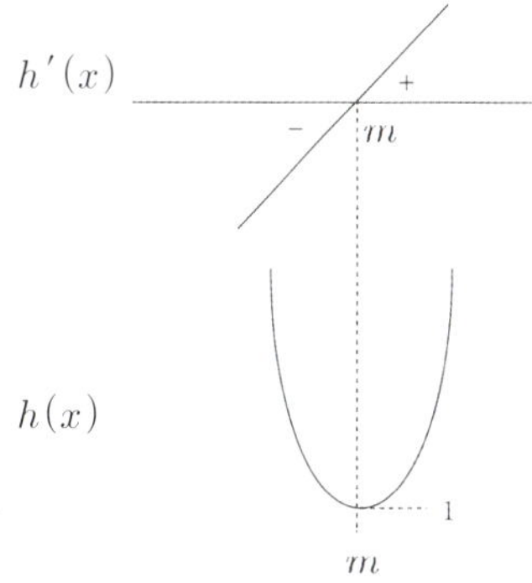

$h(x)$ 가 $x = m$ 에 대칭되어 있을까?

식으로 확인해보자.

$h(x) = h(2m-x)$ 를 만족하는지 확인하면 된다.

$$e^{(x-m)^2} = e^{(2m-x-m)^2}$$
$$e^{(x-m)^2} = e^{(m-x)^2}$$

즉, $h(x)$ 는 $x=m$ 에 대하여 대칭이다.

$h(|x|)$ 를 그리기 위해서는 y축이 어디 있는지
알아야 하는데 m 을 모르니 함부로 그릴 수 없다.
어떻게 해야 할까?
y축의 위치에 따라 크게 3 가지로 분류하여 생각해보자.

① $m < 0$ ② $m = 0$ ③ $m > 0$

① $m < 0$

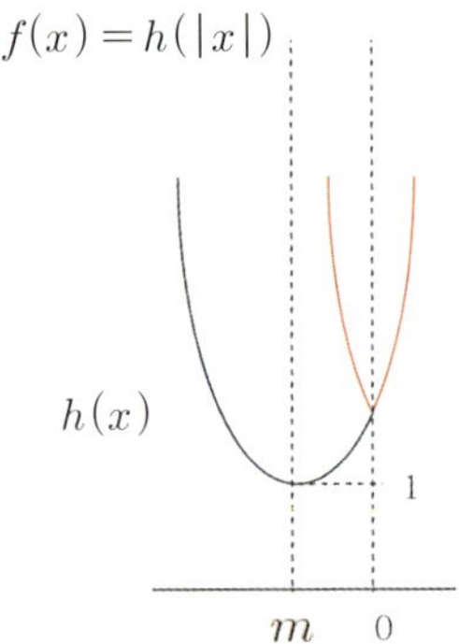

$g'(x) = f(x) - f(2m-x)$ 를 아예 식으로 구해야 할까?
빼기함수 Technique을 적용시켜보자.

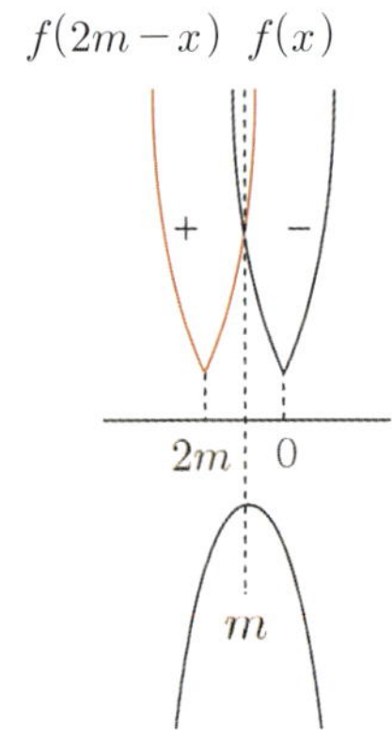

모든 실수 x 에 대하여 $g(x) \geq g(a)$ 이 되도록 하는 a 값이
존재하지 않겠죠? 따라서 case ①은 답이 될 수 없다.

만약 $h(x)$ 가 $x=m$ 에 대칭되어 있는 것을 보지 못했다면

$$f(x) = \begin{cases} e^{(x-m)^2} & (x \geq 0) \\ e^{(-x-m)^2} & (x < 0) \end{cases}$$

$$f(2m-x) = \begin{cases} e^{(x-3m)^2} & (x \geq 2m) \\ e^{(m-x)^2} & (x < 2m) \end{cases}$$

식으로 $x=m$ 에서만 만나는 것을 보일 수도 있다.

② $m = 0$

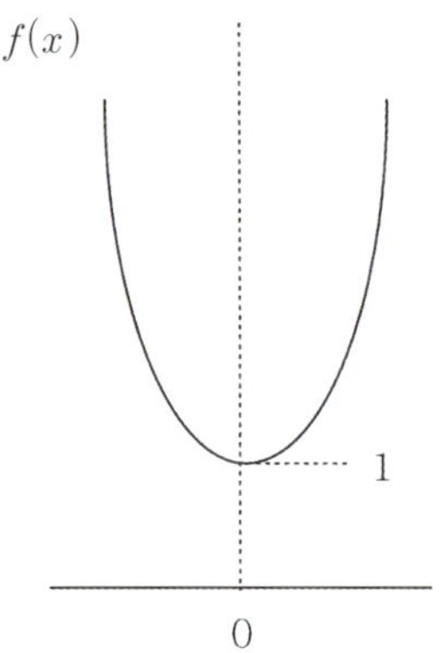

$m=0$ 이면 $f(x) = e^{|x|^2} = e^{x^2}$ 이므로
$g'(x) = f(x) - f(-x) = e^{x^2} - e^{x^2} = 0$
$\therefore g(x) = C$

모든 실수 x 에 대하여 $g(x) \geq g(a)$ 이 되도록 하는
실수 a 는 존재하지만 최댓값은 존재하지 않으므로 모순이다.
아래 그림을 참고하면 자명하다.

③ $m > 0$

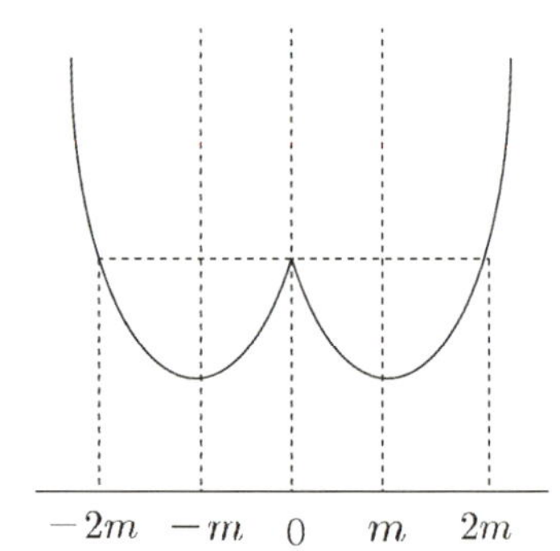

$$f(x) = \begin{cases} e^{(x-m)^2} & (x \geq 0) \\[2mm] e^{(-x-m)^2} & (x < 0) \end{cases}$$

$$f(2m-x) = \begin{cases} e^{(x-3m)^2} & (x \geq 2m) \\[2mm] e^{(m-x)^2} & (x < 2m) \end{cases}$$

이 식을 통해 $g'(x)$ 의 부호변화를 알 수도 있다.
식으로 구할 수도 있지만 $f(x)$ 와 $f(2m-x)$ 를
따로따로 보고 구해 보자.

$$g'(x) = f(x) - f(2m-x)$$

빼기함수 Technique을 적용시켜 보자.

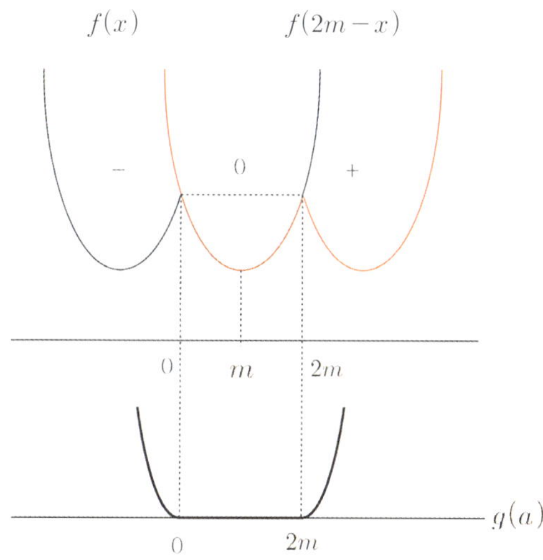

모든 실수 x 에 대하여 $g(x) \geq g(a)$ 가 되도록
하는 실수 a 의 최댓값은 $2m$ 이다.

$2m = 3$ 이므로 $m = \dfrac{3}{2}$

$$\therefore f(x) = e^{\left(|x| - \frac{3}{2}\right)^2}$$

$$f(6) = e^{\frac{81}{4}}, \ f(1) = e^{\frac{1}{4}}$$

따라서 $\ln \dfrac{f(6)}{f(1)} = \ln e^{\frac{80}{4}} = 20$ 이다.

답   20

141

우선 $f''(x)$ 의 그래프를 그려보자.

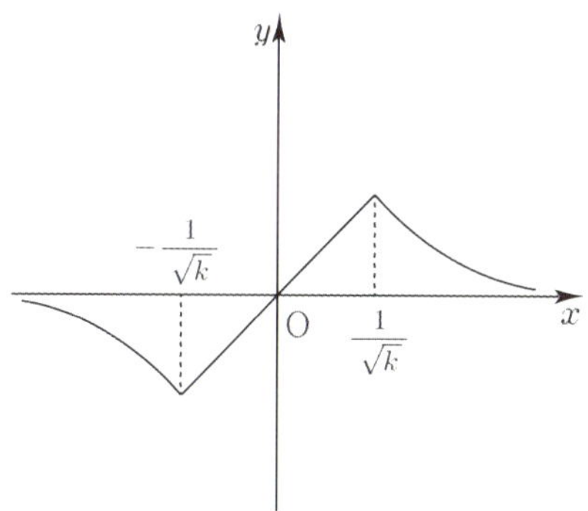

$$f''(x) = \begin{cases} kx & \left(|x| \leq \dfrac{1}{\sqrt{k}}\right) \\[4mm] \dfrac{1}{x} & \left(|x| > \dfrac{1}{\sqrt{k}}\right) \end{cases}$$

$$f'(x) = \begin{cases} \dfrac{k}{2}x^2 + c_1 & \left(|x| \leq \dfrac{1}{\sqrt{k}}\right) \\[4mm] \ln|x| + c_2 & \left(|x| > \dfrac{1}{\sqrt{k}}\right) \end{cases}$$

문제에서 $f(x)$ 의 역함수가 존재하니까
$f(x)$ 는 증가함수나 감소함수 형태가 되어야 한다.
그런데 $\ln x$ 가 증가함수 형태이니까 $f'(x) \leq 0$ 은 될 수
없다.
결국 $f'(x) \geq 0$ 이어야 한다.

그럼 c_1 의 값을 어떻게 정할 수 있을까?
바로 (가) 조건을 통해서 구할 수 있다.

(가) 조건에서 역함수인 $g(x)$ 가 $x = \dfrac{1}{6}$ 에서만
존재하지 않는다고 하였다.

$$f(g(x)) = x \ \Rightarrow \ g'(x) = \dfrac{1}{f'(g(x))}$$

실수 전체에서 $f'(x)$ 의 함숫값이 존재하기 때문에
얼핏 보면 $g'(x)$ 가 존재하는 것처럼 보이지만 미분이
가능하지 않도록 만들 수 있다.
바로 분모가 0이 되면 된다.

근데 여기선 딱 한 점에서만 0 이 되어야 하니까
아래 그래프에서 보이는 것처럼 $x = 0$ 에서 $f'(x)$ 의
함숫값이 0이 되어야 한다. 즉, $c_1 = 0$

$f'(x)$

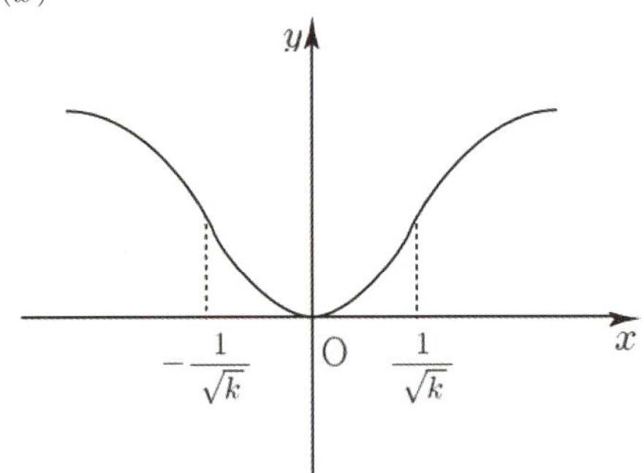

$$g'\left(\frac{1}{6}\right) = \frac{1}{f'\left(g\left(\frac{1}{6}\right)\right)} \;\Rightarrow\; g\left(\frac{1}{6}\right) = 0$$

$$\therefore\; f(0) = \frac{1}{6}$$

$f(0) = \dfrac{1}{6}$ 이고 (나)조건에서

$$g\left(\frac{1}{3}\right) = \frac{1}{\sqrt{k}} \;\Rightarrow\; f\left(\frac{1}{\sqrt{k}}\right) = \frac{1}{3}$$

임을 바탕으로 $f(x)$ 를 그려보자.
여기서 $f'(x)$ 가 $x = 0$ 대칭이므로 $f(x)$ 는 점대칭
되어있는 모양으로 그려진다.

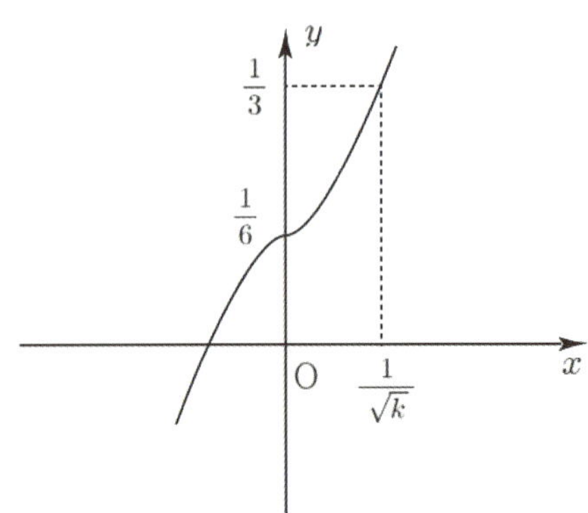

$f(x) = \dfrac{kx^3}{6} + c_3 \;\left(|x| \leq \dfrac{1}{\sqrt{k}}\right)$ 에서 $f(0) = \dfrac{1}{6}$ 이므로

$$c_3 = \frac{1}{6}$$

$$f\left(\frac{1}{\sqrt{k}}\right) = \frac{1}{6\sqrt{k}} + \frac{1}{6} = \frac{1}{3}$$
$$\therefore\; k = 1$$

결국 문제에서 구하고자 하는 $f\left(\dfrac{1}{2}\right)$ 의 값은

$$f\left(\frac{1}{2}\right) = \frac{1}{48} + \frac{1}{6} = \frac{3}{16}$$

이제 $f(-2)$ 를 구하기 위해서 나머지 범위의 $f(x)$ 를
찾아보자.

k 가 결정되었으니 연속조건으로 c_2 도 찾을 수 있다.

$$f'(1) = \frac{1}{2} = \ln|1| + c_2 \;\Rightarrow\; c_2 = \frac{1}{2}$$

$f'(x)$ 을 적분하면

$$f(x) = x\ln x - x + \frac{1}{2}x + c_4 \quad (x > 1)$$

왜 굳이 양수로 범위를 설정했을까?
대칭 조건 ($\dfrac{f(2) + f(-2)}{2} = \dfrac{1}{6}$)을 사용하고
싶었기 때문이다.
물론 음수로 바로 구해도 상관없다.

$$f(1) = \frac{1}{3} \text{ 이니 } -1 + \frac{1}{2} + c_4 = \frac{1}{3} \;\Rightarrow\; c_4 = \frac{5}{6}$$

$$f(x) = x\ln x - x + \frac{1}{2}x + \frac{5}{6} \;(x > 1) \;\Rightarrow\; f(2) = 2\ln 2 - \frac{1}{6}$$

$$\frac{f(2) + f(-2)}{2} = \frac{1}{6} \;\Rightarrow\; f(-2) = \frac{1}{2} - 2\ln 2$$

$$f(-2) + f\left(\frac{1}{2}\right) = \frac{1}{2} + \ln\frac{1}{4} + \frac{3}{16} = \frac{11}{16} + \ln\frac{1}{4} \text{ 이므로}$$

$$a = \frac{11}{16}, \; b = \frac{1}{4} \text{ 이다.}$$

따라서 $16(a + b) = 16\left(\dfrac{11}{16} + \dfrac{1}{4}\right) = 15$ 이다.

답 15

> **Tip**
>
> 역함수의 미분불가능성을 물어보고 싶었다.
> 미분가능할 것 같지만 $f'(a) = 0$ 이 되는 포인트에서 분모가
> 0 이 되어 미분이 불가능하다는 사실을 물어보고 싶었다.
>
> 비슷한 개념으로 $\sqrt{f(x)}$ 의 도함수
> $\left(\sqrt{f(x)}\right)' = \dfrac{f'(x)}{2\sqrt{f(x)}}$ 에서 분모가 0 이 될 때를
> 조심해야 한다.
>
> $f(a) = 0$ 이어도 미분가능할 때가 있다는 것이 포인트였는데
> 이것을 소재로 문제화한 것이 136번이다.

$f\left(\dfrac{\pi}{4}\right)=1$ 이고 $f\left(\dfrac{3}{4}\pi\right)=-1$ 이므로 ㄱ은 당연히 참이다.

ㄱㄴㄷ 문제는 ㄱㄴㄷ이 유기적으로 연결되어 있다고 생각을 해야 한다.
이를 항상 유념하여 조건을 분석해보자.

ㄴ. $f'(a)=0$ 이면 $\tan 2a=\dfrac{1}{a}$

우선 미분부터 해보자.
$f'(x)=4\cos 2x-4x\sin 2x$
$\tan$ 가 나오게 하기 위해서 $4x\cos 2x$ 로 묶으면

$f'(x)=4x\cos 2x\left(\dfrac{1}{x}-\tan 2x\right)$

$f'(x)=4x\cos 2x\left(\dfrac{1}{x}-\tan 2x\right)$ 이 0이 되려면

$4x\cos 2x$ 가 0이 되거나 $\dfrac{1}{x}-\tan 2x$ 가 0이 되어야 한다.

$4x\cos 2x$ 가 0이 되는 x 값들은 0 or $\dfrac{\pi}{4}$ or $\dfrac{3}{4}\pi$ 인데

이 x 값들은 $\dfrac{1}{x}-\tan 2x$ 에서 정의되지 않으므로
$f'(x)=4\cos 2x-4x\sin 2x$ 에 각각 대입해보자.

$f'(0)\neq 0,\ f'\left(\dfrac{\pi}{4}\right)\neq 0,\ f'\left(\dfrac{3}{4}\pi\right)\neq 0$ 이므로

결국 $f'(a)=0$ 이 되려면 $\dfrac{1}{a}-\tan 2a=0$ 이어야 하므로
ㄴ이 참이다.

이제 대망의 ㄷ을 구해보자.
먼저 $f(x)$ 를 그리기 위해서 ㄴ에서 구했던
$f'(x)=4x\cos 2x\left(\dfrac{1}{x}-\tan 2x\right)$ 를 활용해보자.

여기서 조심해야할 부분은 부호를 판단하는 것이
$\left(\dfrac{1}{x}-\tan 2x\right)$ 뿐만 아니라 $\cos 2x$ 도 있다는 것이다.
(여기서 $4x$ 는 $x>0$ 이므로 항상 양수이다.)

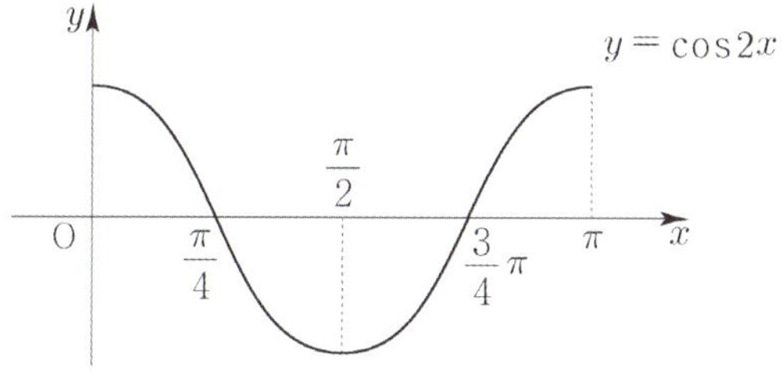

$\dfrac{1}{x}-\tan 2x$ 의 부호를 판단할 때

빼기함수 Technique을 사용하면

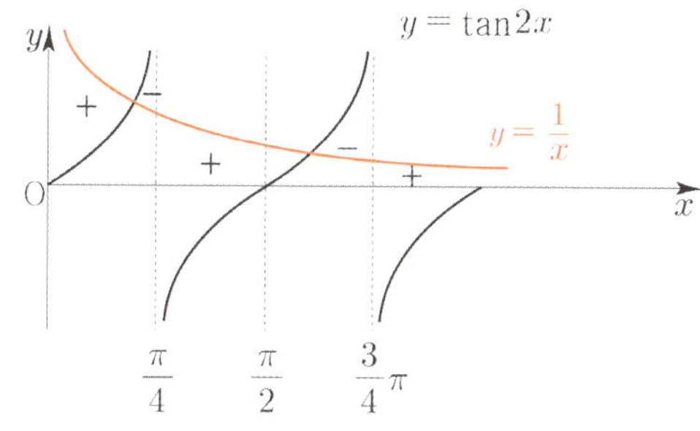

$0<x<\dfrac{\pi}{4}$ 에서는 $\cos 2x>0$ 이므로 전체적인 부호가
똑같이 $+\ -$ 이다.

$\dfrac{\pi}{4}<x<\dfrac{3}{4}\pi$ 에서는 $\cos 2x<0$ 이므로 전체적인 부호가
$-\ +$ 로 변한다.

$\dfrac{3}{4}\pi<x<\pi$ 에서는 $\cos 2x>0$ 이므로 전체적인 부호가
$+$ 이다.

$f(0)=0,\ f\left(\dfrac{\pi}{4}\right)=1,\ f\left(\dfrac{3}{4}\pi\right)=-1,\ f(\pi)=2\pi$
이를 바탕으로 $f(x)$ 를 그려보자.

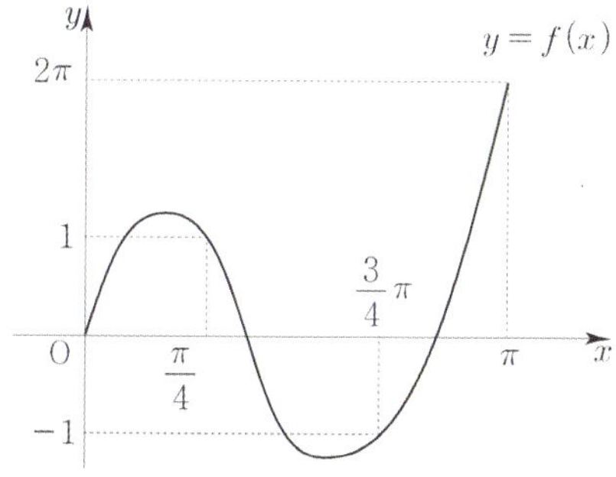

즉, $y=|f(x)|$ 를 그리면 아래와 같다.

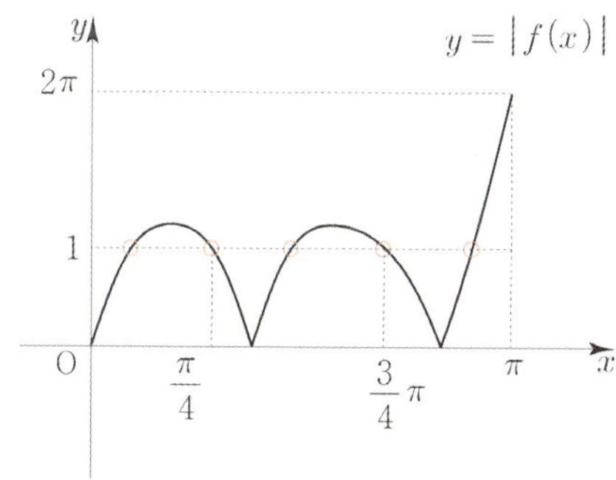

두 함수 $y=|f(x)|$, $y=1$ 의 교점이 다섯 개이므로 ㄷ은
참이다.

답 ⑤

최고차항의 계수가 양수이고, $f(0)=0$, $f(1)>0$ 인
이차함수로부터 $f(x)=px^2+qx$, $p+q>0$, $p>0$ 라고
할 수 있다.

일단 $g(x)$ 의 그래프를 그려보자.
$$g(x)=\frac{px^2+qx}{x-1}=px+p+q+\frac{p+q}{x-1} \ ,$$
$$g'(x)=p+\frac{-(p+q)}{(x-1)^2}$$

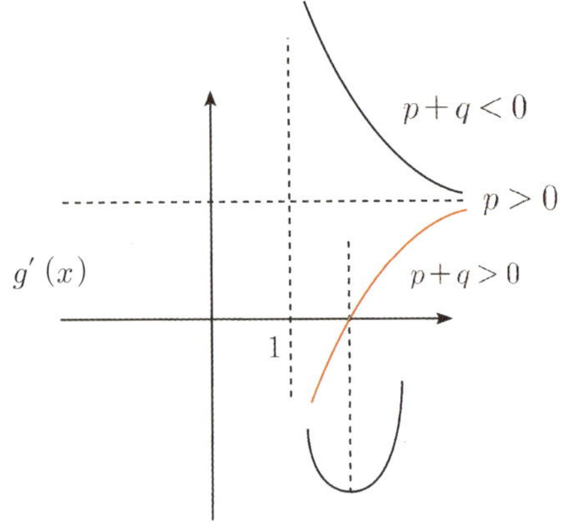

여기서 point는 위에서 구해놓은
$p>0$ 와 $p+q>0$ $(f(1)>0)$ 때문에
색칠한 그래프가 나온다는 것이다.

이제 도함수를 구했으니 $g(x)$ 를 구해보자.

또 하나의 point는 점근선이다.
$\lim\limits_{x\to\infty}g(x) \Rightarrow y=px+p+q$ 가 점근선이 되고
$x=1$ 이 점근선이 된다.
점근선에 유의해서 그래프를 그리면

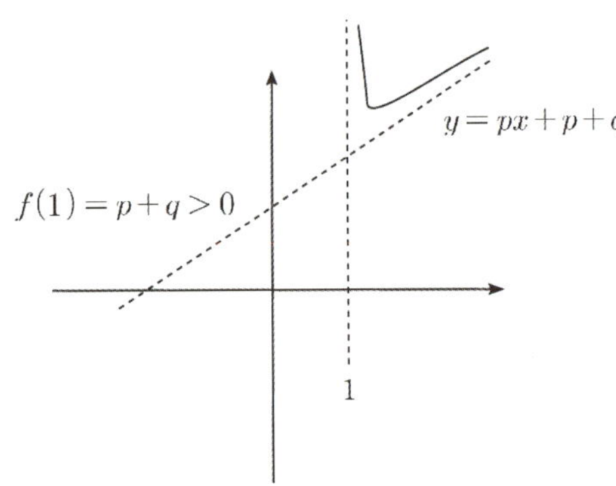

$y=px+p+q$ 에서 y 절편인 $p+q$는 $f(1)>0$ 에 의해서
양수이다.

(가) 조건을 해석해보자.
물론 x 를 양쪽에 곱해서 풀어도 상관없지만
기울기로 해석해보자.

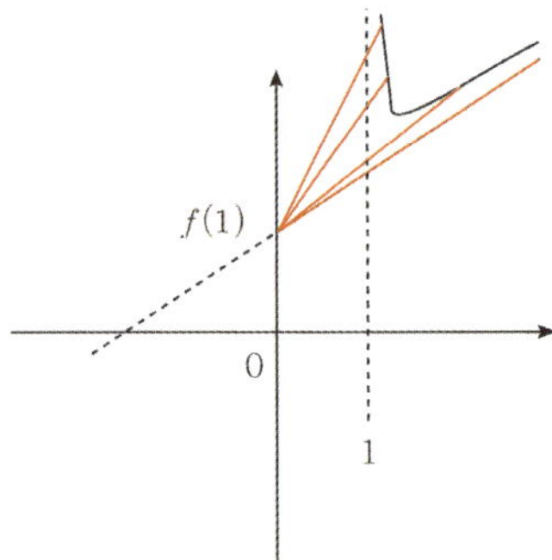

$\dfrac{g(x)-f(1)}{x}$ 는 두 점 $(x,g(x))$, $(0,f(1))$ 의 기울기로
해석할 수 있다. 결국 a 의 최댓값은 점근선이 되는 p 값이 된다.
$$\therefore \ p=2m$$

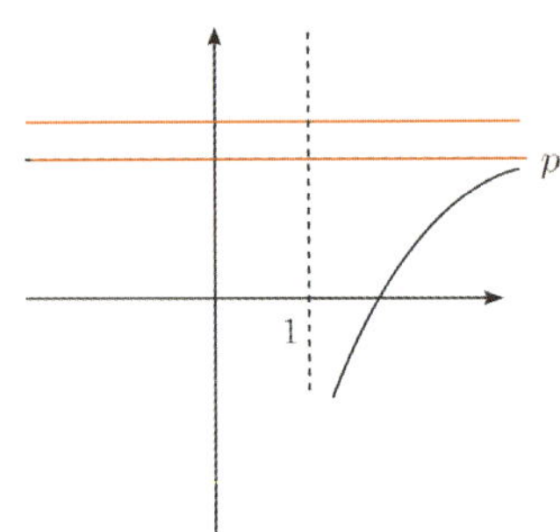

(나) 조건에 의해 $g'(x)<b$
b 의 최솟값 역시 p 가 된다.
$$\therefore \ p=m^2$$

$2m=m^2$ 이므로 $m=0$ or $m=2$

만약 $m=0$ 이 되면 $p=0$ 이므로 모순이다.
$$\therefore \ m=2$$

마지막 (다) 조건을 활용해보자.
$g'(2)=-q$ 가 자연수니까 q 는 음의 정수이다.
$p=4$ 이고 $p+q>0 \Rightarrow 4+q>0 \Rightarrow q=-3,-2,-1$

$g(2)=16+2q$
① $q=-3 \Rightarrow g(2)=10$
② $q=-2 \Rightarrow g(2)=12$
③ $q=-1 \Rightarrow g(2)=14$

따라서 서로 다른 모든 $g(2)$ 의 값의 합은
$10+12+14=36$ 이다.

답 ④

절댓값이 나왔다.

망설이지 말고 절댓값이 0 이 되는 것을 경계로 case분류해보자.

① $k \leq 0$

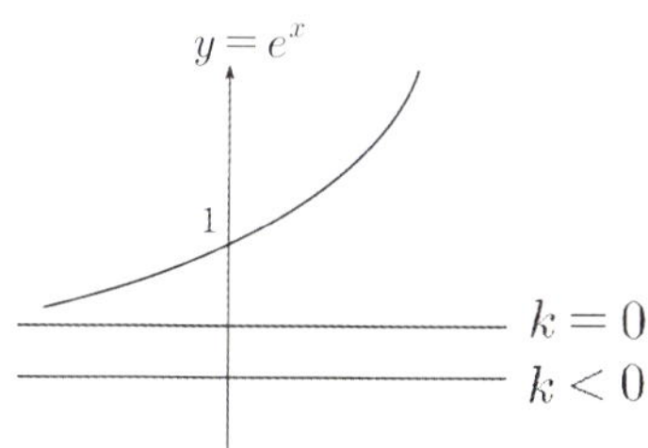

$$f_k(x) = e^{2x} - e^x + k \ , \ f_k'(x) = 2e^{2x} - e^x = e^x(2e^x - 1)$$

$$\lim_{x \to -\infty} f_k(x) = k$$

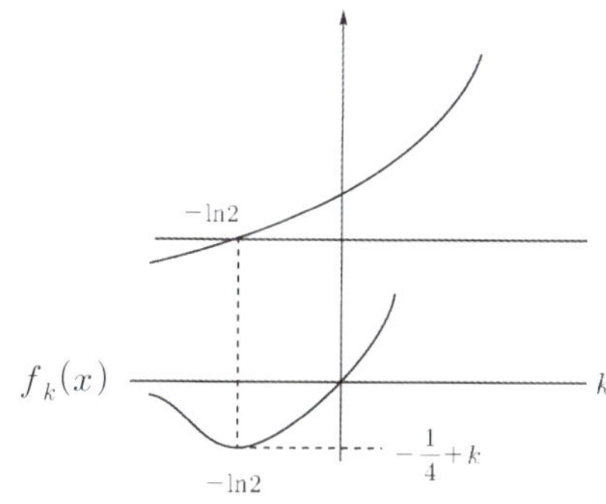

$k \leq 0$ 인 모든 k 에 대해서 $f_k(x) \geq f_k(-\ln 2)$ 가 성립한다.

결국 $-\ln 2$ 값이 핵심이니까 $k = \dfrac{1}{2}$ 일 때를 경계로

case분류를 하면

② $0 < k < \dfrac{1}{2}$

$e^x = k$ 를 만족시키는 x 값을 α 라 하자.

$\alpha < -\ln 2$

$x < \alpha \ \Rightarrow \ e^x - k < 0 \ \Rightarrow \ e^{2x} + e^x - k$

함수 $y = e^{2x} + e^x - k$의 그래프를 그려보면 아래와 같다.

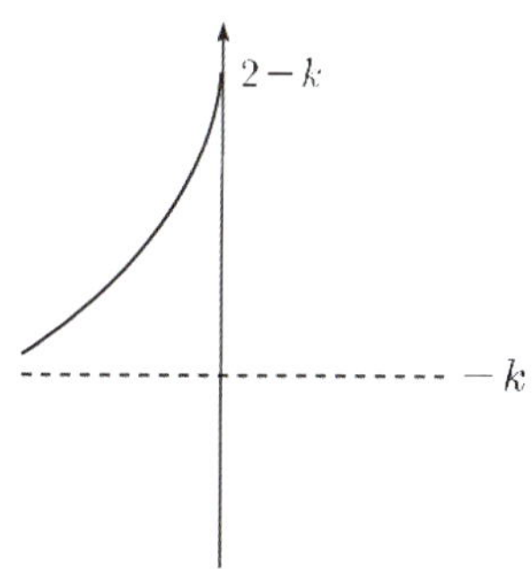

$x > \alpha \ \Rightarrow \ e^x - k > 0 \ \Rightarrow \ e^{2x} - e^x + k$

① case에서 그려봤으니까 그대로

가져와서 두 그래프를 합쳐 다시 그리면 다음과 같다.

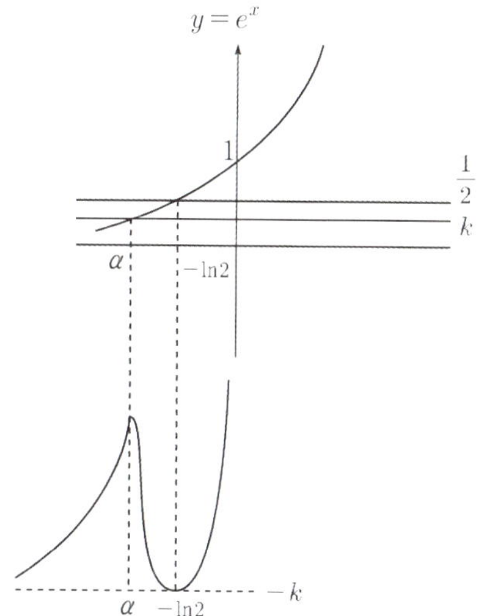

위 그림과 같이 접하기 위해서는 $-\dfrac{1}{4} + k = -k$ 이어야 한다.

즉, $k = \dfrac{1}{8}$ 일 때 접한다.

결국 $f_k(-\ln 2) \leq \lim_{x \to -\infty} f_k(x)$ 이어야 하므로

$-\dfrac{1}{4} + k \leq -k$ 가 되어야 $f_k(x) \geq f_k(-\ln 2)$ 가 성립한다.

$k \leq \dfrac{1}{8}$ 인데 처음에 전제 조건이 $0 < k < \dfrac{1}{2}$ 이므로

공통범위를 구하면 $0 < k \leq \dfrac{1}{8}$ 이다.

여기서 잠깐!!

만약에 $k \geq \dfrac{1}{2}$ 경우는

$x < \alpha \ \Rightarrow \ e^x - k < 0 \ \Rightarrow \ e^{2x} + e^x - k$

함수 $y = e^{2x} + e^x - k$의 그래프와 같으므로

$f_k(x) \geq f_k(-\ln 2)$ 를 만족시킬 수 없다.

$(-\ln 2 \leq \alpha)$

즉, k 의 최댓값 $n = \dfrac{1}{8}$ 이다.

방정식 $f_n(x) = a$ 가 서로 다른 두 실근을 가지려면

아래 그림과 같이 a 를 설정해야 한다.

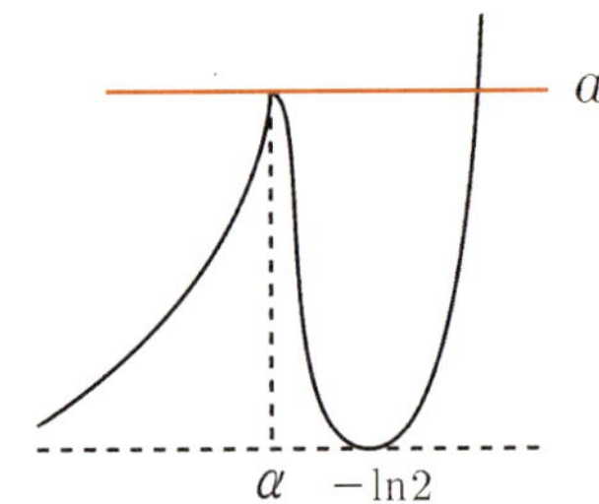

$$e^{\alpha} = k = \frac{1}{8} \Rightarrow \alpha = -\ln 8$$

$$\therefore\ a = e^{-2\ln 8} = \frac{1}{64}$$

따라서 $\dfrac{1}{a} = 64$ 이다.

답 64

145

$$f(x) = \begin{cases} (x-a-2)^2 e^x & (x \geq a) \\ e^{2a}(x-a) + 4e^a & (x < a) \end{cases}$$

$h(x) = (x-a-2)^2 e^x$, $J(x) = e^{2a}(x-a) + 4e^a$ 라 하면
$h'(x) = (x-a)(x-a-2)e^x$, $J'(x) = e^{2a}$

$$f'(x) = \begin{cases} (x-a)(x-a-2)e^x & (x > a) \\ e^{2a} & (x < a) \end{cases}$$

$f(a) = 4e^a$, $f(a+2) = 0$
이를 바탕으로 $f(x)$ 를 그리면 다음과 같다.

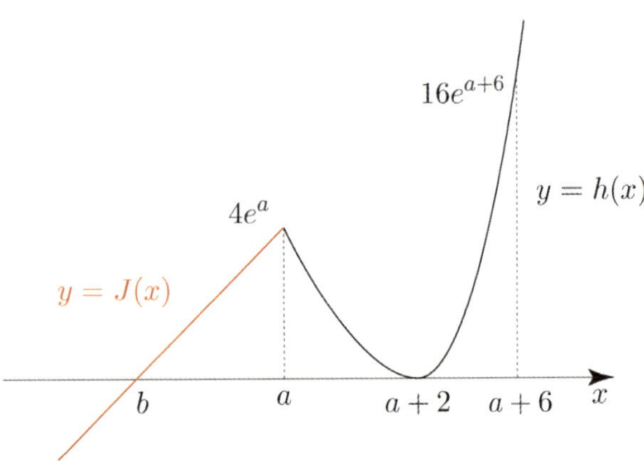

실수 t 에 대하여 $f(x) = t$ 를 만족시키는 x 의 최솟값이
$g(t)$ 이므로

$t \leq 4e^a$ 일 때 $J(g(t)) = t$ 이고,
$t > 4e^a$ 일 때 $h(g(t)) = t$ 이다.

함수 $g(t)$ 는 $t = 4e^a$ 에서 불연속이므로
$4e^a = 12 \Rightarrow e^a = 3$

$g'(f(a+2)) = g'(0)$ 의 값을 구하기 위해서
$J(g(t)) = t$ $(t \leq 4e^a)$ 의 양변을 미분하면
$$g'(t)J'(g(t)) = 1 \Rightarrow g'(t) = \frac{1}{J'(g(t))}$$

함수 $y = J(x)$ 의 그래프가 x 축과 만나는 점의
x 좌표를 b 라 하면 $g(0) = b$ 이므로
$$g'(0) = \frac{1}{J'(g(0))} = \frac{1}{J'(b)} = \frac{1}{e^{2a}}$$

$g'(f(a+6)) = g'(16e^{a+6})$ 의 값을 구하기 위해서
$h(g(t)) = t$ $(t > 4e^a)$ 의 양변을 미분하면
$$g'(t)h'(g(t)) = 1 \Rightarrow g'(t) = \frac{1}{h'(g(t))}$$

$g(16e^{a+6}) = a+6$ 이므로
$$g'(16e^{e+6}) = \frac{1}{h'(g(16e^{e+6}))} = \frac{1}{h'(a+6)} = \frac{1}{24e^{a+6}}$$

$$g'(f(a+2)) = \frac{1}{e^{2a}},\ g'(f(a+6)) = \frac{1}{24e^{a+6}},\ e^a = 3$$

따라서 $\dfrac{g'(f(a+2))}{g'(f(a+6))} = \dfrac{24e^{a+6}}{e^{2a}} = \dfrac{24e^6}{e^a} = 8e^6$ 이다.

답 ④

146

$$f(x) = \begin{cases} (k-x)e^{-x} & (x \geq 0) \\ (k+x)e^{-x} & (x < 0) \end{cases}$$

의 부정적분을 구하면

$$F(x) = \begin{cases} (x-k+1)e^{-x} + C & (x \geq 0) \\ (-x-k-1)e^{-x} + D & (x < 0) \end{cases}$$

함수 $F(x)$ 는 실수 전체의 집합에서 미분가능하므로
$x = 0$ 에서 연속이다.

$(-k+1) + C = (-k-1) + D \Rightarrow D = C+2$
$F(0) = -k+1+C$ 의 최솟값이 $g(k)$ 이므로
$g(k)$ 를 구하려면 C 의 범위를 구해야한다.

보기 조건을 변형하면 $F(x) - f(x) \geq 0$ 이고
$h(x) = F(x) - f(x)$ 라 하면

$$h(x) = \begin{cases} (2x-2k+1)e^{-x} + C & (x \geq 0) \\ (-2x-2k-1)e^{-x} + C+2 & (x < 0) \end{cases}$$

$$h'(x) = \begin{cases} (-2x+2k+1)e^{-x} & (x > 0) \\ (2x+2k-1)e^{-x} & (x < 0) \end{cases}$$

결국 $x>0$ 일 때, $h(x) \geq 0$ 을 만족시키고
$x<0$ 일 때에도 $h(x) \geq 0$ 를 만족시키는 C의 범위를
구하면 된다.

① $x>0$

$(2x-2k+1)e^{-x} + C \geq 0 \Rightarrow C \geq (-2x+2k-1)e^{-x}$

$J(x) = (-2x+2k-1)e^{-x}$ 라 하면

$J'(x) = (-2x+2k+1)e^{-x}$

$J\left(k-\dfrac{1}{2}\right) = 0, \ J'\left(k+\dfrac{1}{2}\right) = 0$

이를 바탕으로 $J(x)$ 를 그리면 다음 그림과 같다.

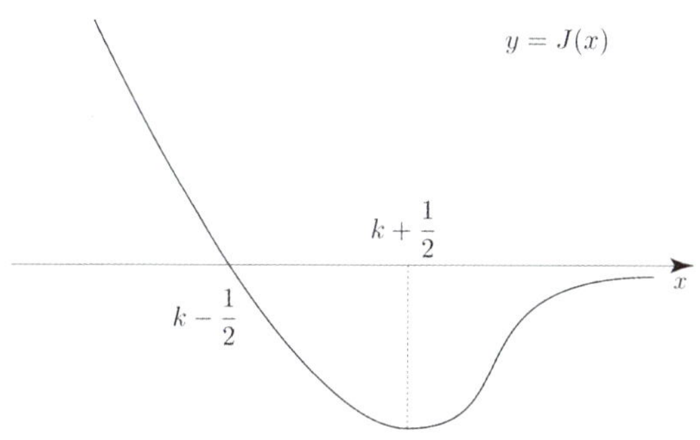

k가 양수이므로 k와 $\dfrac{1}{2}$ 의 대소관계에 따라

case분류하면

i) $k > \dfrac{1}{2}$

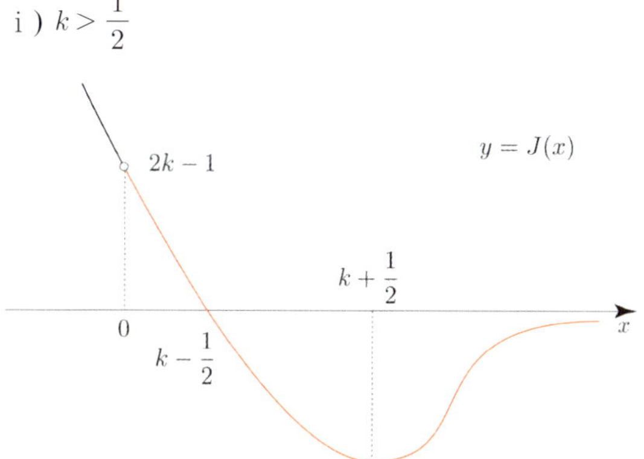

$x>0$에서 $C \geq (-2x+2k-1)e^{-x}$ 를 만족시키는
C의 범위는 $C \geq 2k-1$

ii) $0 < k \leq \dfrac{1}{2}$

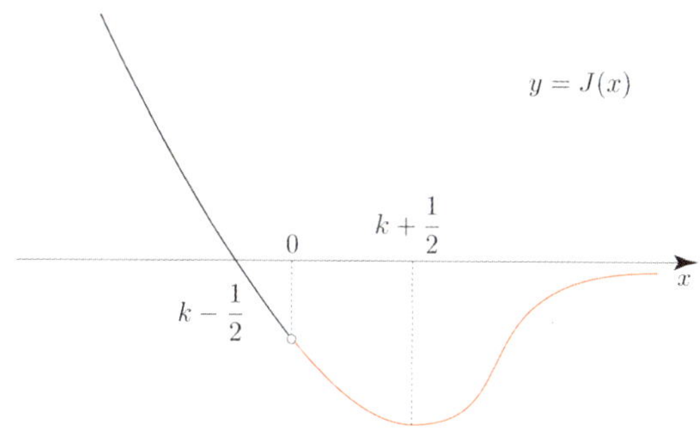

$x>0$에서 $C \geq (-2x+2k-1)e^{-x}$ 를 만족시키는
C의 범위는 $C \geq 0$

② $x<0$

$(-2x-2k-1)e^{-x} + C+2 \geq 0$

$\Rightarrow C+2 \geq (2x+2k+1)e^{-x}$

$I(x) = (2x+2k+1)e^{-x}$ 라 하면

$I'(x) = (-2x-2k+1)e^{-x}$

$I\left(-k-\dfrac{1}{2}\right) = 0, \ I'\left(-k+\dfrac{1}{2}\right) = 0$ '

이를 바탕으로 $I(x)$ 를 그리면 다음 그림과 같다.

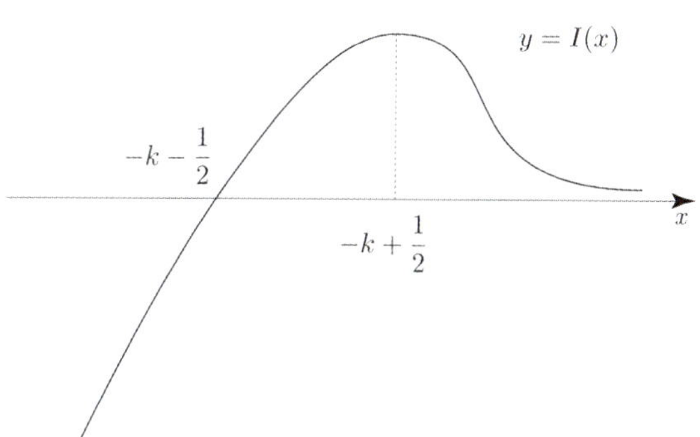

k가 양수이므로 k와 $\dfrac{1}{2}$ 의 대소관계에 따라

case분류하면

i) $k > \dfrac{1}{2}$

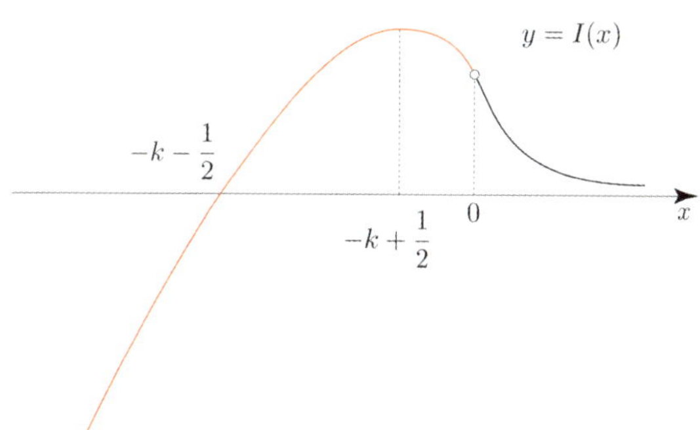

$x<0$에서 $C+2 \geq (2x+2k+1)e^{-x}$ 를 만족시키는

C의 범위는

$$C + 2 \geq I\left(-k + \frac{1}{2}\right) \Rightarrow C \geq 2e^{k - \frac{1}{2}} - 2$$

ii) $0 < k \leq \dfrac{1}{2}$

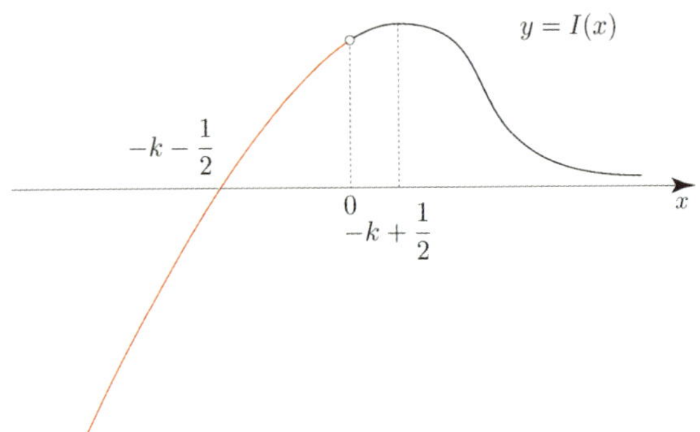

$x < 0$에서 $C + 2 \geq (2x + 2k + 1)e^{-x}$ 를 만족시키는
C의 범위는 $C + 2 \geq I(0) \Rightarrow C \geq 2k - 1$

①, ②에 의해 k의 범위에 따라 C의 공통범위를 구해보자.

$0 < k \leq \dfrac{1}{2}$ 일 때 $C \geq 0$ 이고,

곡선 $y = 2e^{k - \frac{1}{2}} - 2$ 위의 점 $\left(\dfrac{1}{2},\ 0\right)$에서의 접선의
방정식이 직선 $y = 2k - 1$ 과 같으므로
$k > \dfrac{1}{2}$ 일 때 $C \geq 2e^{k - \frac{1}{2}} - 2$ 이다.

$F(0) = -k + 1 + C$의 최솟값이 $g(k)$ 이므로
$0 < k \leq \dfrac{1}{2}$ 일 때 $g(k) = -k + 1$ 이고,

$k > \dfrac{1}{2}$ 일 때 $g(k) = -k + 2e^{k - \frac{1}{2}} - 1$ 이다.

$$g\left(\frac{1}{4}\right) + g\left(\frac{3}{2}\right) = \frac{3}{4} + \left(-\frac{5}{2} + 2e\right) = -\frac{7}{4} + 2e$$

$$\Rightarrow p = 2,\ q = -\frac{7}{4}$$

따라서 $100(p + q) = 100\left(2 - \dfrac{7}{4}\right) = 25$ 이다.

답 25

$$f(x) = \sin(x^2 + ax + b)$$
$$f'(x) = (2x + a)\cos(x^2 + ax + b)$$

함수 $f(x)$는 미분가능한 함수이므로 $x = c$에서 극값을
가지면 $f'(c) = 0$ 이고 $x = c$에서 $f'(x)$의 부호가 변해야 한다.

방정식 $f'(x) = 0$의 실근은 $x = -\dfrac{a}{2}$ 와

방정식 $\cos(x^2 + ax + b) = 0$의 실근의 합집합과 같다.

$\cos(x^2 + ax + b) = 0$ 을 만족시키려면
$x^2 + ax + b = \pm \dfrac{n}{2}\pi$ (n은 홀수) 이어야 한다.

방정식 $x^2 + ax + b = 0$의 두 근이 α, β이므로
근과 계수의 관계에 의해 $\alpha + \beta = -a$, $\alpha\beta = b$
$(\alpha - \beta)^2 = (\alpha + \beta)^2 - 4\alpha\beta = a^2 - 4b = \dfrac{34}{3}\pi$

함수 $y = x^2 + ax + b$는 $x = -\dfrac{a}{2}$ 에서 최솟값은

$$\frac{a^2}{4} - \frac{a^2}{2} + b = -\frac{a^2}{4} + b = -\frac{1}{4}(a^2 - 4b) = -\frac{17}{6}\pi$$

즉, 열린구간 $(\alpha,\ \beta)$에서 $x^2 + ax + b = \pm \dfrac{n}{2}\pi$ (n은 홀수)를
만족시키는 x 가 c의 후보이고, 실근이 존재하려면
가능한 $\pm \dfrac{n}{2}\pi$의 값은 $-\dfrac{\pi}{2}$, $-\dfrac{3}{2}\pi$, $-\dfrac{5}{2}\pi$ 이다.

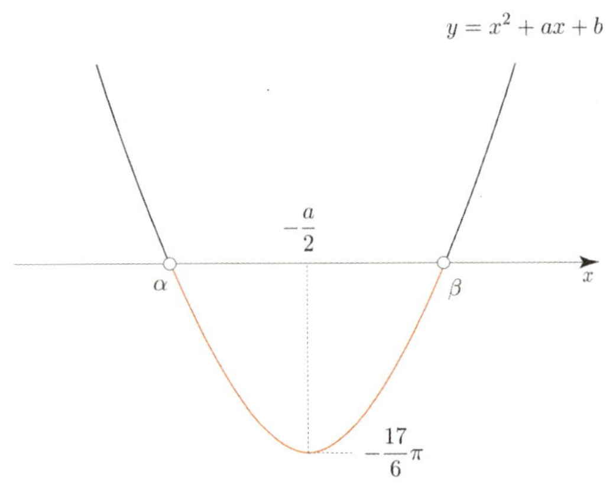

이때 $x^2 + ax + b = -\dfrac{\pi}{2}$ 를 만족시키는 x의 좌우에서 $f'(x)$의
부호가 변하는지 확인해보자.

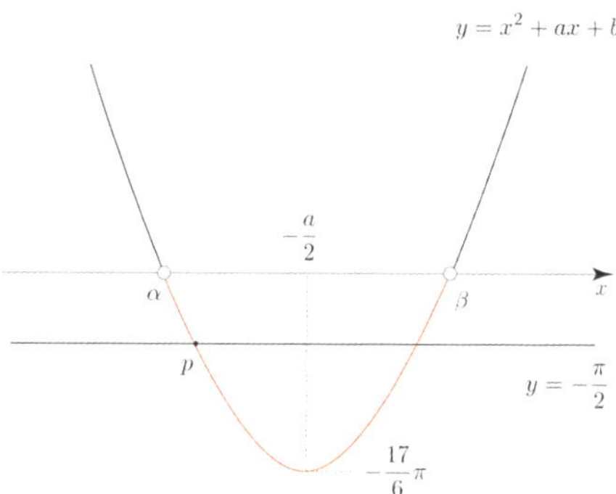

위 그림과 같이 $x^2+ax+b=-\dfrac{\pi}{2}$ 의 두 실근 중

$-\dfrac{a}{2}$ 보다 작은 실근을 p 라 하자.

$$f'(x)=(2x+a)\cos(x^2+ax+b)$$

$x\to p-$ 와 $x\to p+$ 일 때 모두 $2x+a$ 의 부호는 변하지
않고, $\cos(x^2+ax+b)$ 의 부호가 변하므로
함수 $f(x)$ 는 $x=p$ 에서 극값을 가진다.

마찬가지 논리로
$x^2+ax+b=-\dfrac{\pi}{2}$, $x^2+ax+b=-\dfrac{3}{2}\pi$, $x^2+ax+b=-\dfrac{5}{2}\pi$
의 실근에서 $f(x)$ 는 극값을 갖는다.

$x=-\dfrac{a}{2}$ 에서도 극값을 가질 수 있으므로
$f'(x)$ 의 좌우에서의 부호변화를 확인해보자.

$x\to -\dfrac{a}{2}-$ 와 $x\to -\dfrac{a}{2}+$ 일 때 모두 $2x+a$ 의 부호가
변하고, $\cos(x^2+ax+b)$ 의 부호는 변하지 않으므로
함수 $f(x)$ 는 $x=-\dfrac{a}{2}$ 에서 극값을 갖는다.

즉, 모든 c 의 값을 작은 수부터 크기순으로 나열하면
$c_1,\ c_2,\ \cdots,\ c_7$ 이므로 $n=7$ 이고, 그림으로 나타내면
다음과 같다.

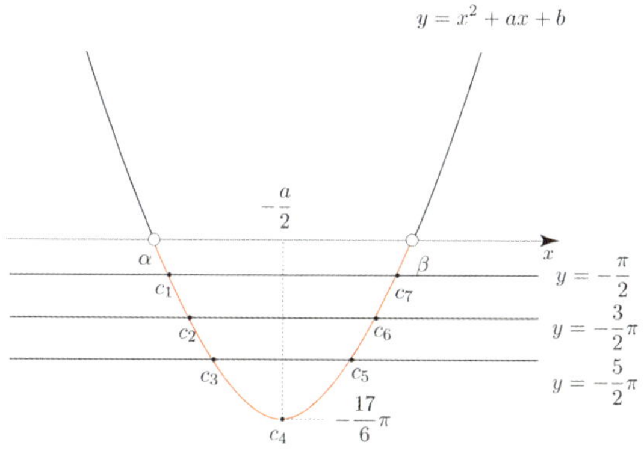

$$f(c_1)+f(c_7)=2\times\sin\left(-\dfrac{\pi}{2}\right)=-2$$

$$f(c_2)+f(c_6)=2\times\sin\left(-\dfrac{3}{2}\pi\right)=2$$

$$f(c_3)+f(c_5)=2\times\sin\left(-\dfrac{5}{2}\pi\right)=-2$$

$$f(c_4)=\sin\left(-\dfrac{17}{6}\pi\right)=\sin\dfrac{7}{6}\pi=-\sin\dfrac{\pi}{6}=-\dfrac{1}{2}$$

$$\sum_{k=1}^{7}f(c_k)=-2+2-2-\dfrac{1}{2}=-\dfrac{5}{2}$$

따라서
$$(1-n)\times\sum_{k=1}^{n}f(c_k)=(-6)\times\sum_{k=1}^{7}f(c_k)=-6\times\left(-\dfrac{5}{2}\right)=15$$
이다.

답 15

148

$$f(x)=\sin(ax+b+\sin x)$$

$f(0)=0 \Rightarrow \sin b=0 \Rightarrow b=m\pi$ (m 은 정수)
$f(2\pi)=2\pi a+b \Rightarrow \sin(2\pi a+b)=2\pi a+b$
방정식 $\sin x=x$ 의 실근은 0 뿐이므로

$2\pi a+b=0 \Rightarrow 2\pi a+m\pi=0 \Rightarrow a=-\dfrac{m}{2}$ (m 은 정수)

$1\le a\le 2$ 이므로 $a=1$ or $a=\dfrac{3}{2}$ or $a=2$

$$f(x)=\sin(ax-2\pi a+\sin x)$$
$$f'(x)=(a+\cos x)\cos(ax-2\pi a+\sin x)$$

$$f'(0)=(a+1)\cos(-2\pi a)=(a+1)\cos 2\pi a$$
$$f'(2\pi)=a+1$$
$$f'(4\pi)=(a+1)\cos 2\pi a$$

(나) 조건에 의해 $f'(0)=f'(t)$ 인 양수 t 의
최솟값이 4π 이어야 한다.
만약 $a=1$ or $a=2$ 이면 $f'(0)=f'(2\pi)$ 가 성립하므로
(나) 조건을 만족시키지 않는다.
즉, $a=\dfrac{3}{2}$, $b=-3\pi$ 이어야 한다.

$$f(x)=\sin\left(\dfrac{3}{2}x-3\pi+\sin x\right)$$

$$f'(x)=\left(\dfrac{3}{2}+\cos x\right)\cos\left(\dfrac{3}{2}x-3\pi+\sin x\right)$$

함수 $f(x)$ 는 미분가능한 함수이므로
$x=\alpha$ 에서 극대이면 $f'(\alpha)=0$ 이고, $x=\alpha$ 의 좌우에서
$f'(x)$ 의 부호가 $+\,-$ 로 변해야 한다.

모든 실수 x 에 대하여 $\dfrac{3}{2}+\cos x>0$ 이므로

$$f'(x)=0 \Rightarrow \cos\left(\dfrac{3}{2}x-3\pi+\sin x\right)=0$$

$g(x)=\dfrac{3}{2}x-3\pi+\sin x$ 라 하면

$g'(x)=\dfrac{3}{2}+\cos x>0$ 이므로 $g(x)$ 는 증가함수이고,

$g(0)=-3\pi$, $g(4\pi)=3\pi$ 이다.

$$\cos\{g(x)\}=0 \Rightarrow g(x)=\pm\dfrac{k}{2}\ \ (k\text{는 홀수})\text{을 만족시키는}$$

x 의 값이 α 의 후보가 된다.

$$g(x)=-\dfrac{5}{2}\pi,\ g(x)=-\dfrac{3}{2}\pi,\ g(x)=-\dfrac{\pi}{2}\pi,$$

$$g(x)=\dfrac{\pi}{2},\ g(x)=\dfrac{3}{2}\pi,\ g(x)=\dfrac{5}{2}\pi$$

를 만족시키는 x 의 값을 각각 $\beta_1,\ \beta_2,\ \beta_3,\ \beta_4,\ \beta_5,\ \beta_6$ 라
하자.

이제 $f'(x)=\left(\dfrac{3}{2}+\cos x\right)\cos\left(\dfrac{3}{2}x-3\pi+\sin x\right)$ 의

부호변화를 살펴보자.

$\dfrac{3}{2}+\cos x$ 는 항상 양수이므로

$\cos\left(\dfrac{3}{2}x-3\pi+\sin x\right)=\cos\{g(x)\}$ 의 부호만 따지면 된다.

$$x\to\beta_1-\ \Rightarrow\ g(\beta_1-)\ \to\ -\dfrac{5}{2}\pi-\ \Rightarrow\ \cos\left(-\dfrac{5}{2}\pi-\right)<0$$

$$x\to\beta_1+\ \Rightarrow\ g(\beta_1+)\ \to\ -\dfrac{5}{2}\pi+\ \Rightarrow\ \cos\left(-\dfrac{5}{2}\pi+\right)>0$$

이므로 함수 $f(x)$ 는 $x=\beta_1$ 에서 극소이다.

$$x\to\beta_2-\ \Rightarrow\ g(\beta_2-)\ \to\ -\dfrac{3}{2}\pi-\ \Rightarrow\ \cos\left(-\dfrac{3}{2}\pi-\right)>0$$

$$x\to\beta_2+\ \Rightarrow\ g(\beta_2+)\ \to\ -\dfrac{3}{2}\pi+\ \Rightarrow\ \cos\left(-\dfrac{3}{2}\pi+\right)>0$$

이므로 함수 $f(x)$ 는 $x=\beta_2$ 에서 극대이다.

마찬가지 방법으로 $f'(x)$ 의 부호변화를 살펴보면
함수 $f(x)$ 는 $x=\beta_1,\ x=\beta_3,\ x=\beta_5$ 에서 극소이고,
$x=\beta_2,\ x=\beta_4,\ x=\beta_6$ 에서 극대이다.

$\therefore\ A=\{\beta_2,\ \beta_4,\ \beta_6\}$

즉, 집합 A 의 원소의 개수는 3이므로 $n=3$ 이다.

집합 A 의 원소 중 가장 작은 값은 β_2 이므로
$\alpha_1=\beta_2$ 이다.

$$g(\beta_2)=-\dfrac{3}{2}\pi \Rightarrow \dfrac{3}{2}\beta_2-3\pi+\sin\beta_2=-\dfrac{3}{2}\pi$$

$$\Rightarrow\ \sin\beta_2=\dfrac{3}{2}\pi-\dfrac{3}{2}\beta_2 \Rightarrow \sin x=-\dfrac{3}{2}(x-\pi)$$

방정식 $\sin x=-\dfrac{3}{2}(x-\pi)$ 의 실근은 π 뿐이므로

$\beta_2=\pi \Rightarrow \alpha_1=\pi$

$n\alpha_1-ab=3\times\pi-\dfrac{3}{2}\times(-3\pi)=\dfrac{15}{2}\pi$ 이므로

$p=2,\ q=15$ 이다.
따라서 $p+q=2+15=17$ 이다.

 **답** 17

(가) 조건을 만족하려면 $f(x)=0$ 이 되는 x 는
오직 k 뿐이어야 한다.
이 조건을 바탕으로 $f(x)$ 의 개형을 추론해보자.

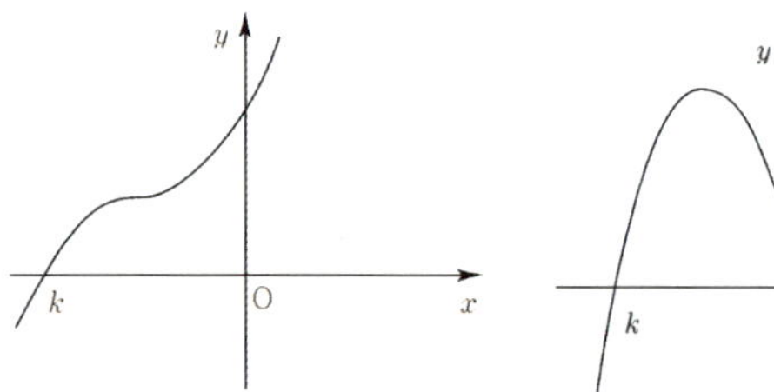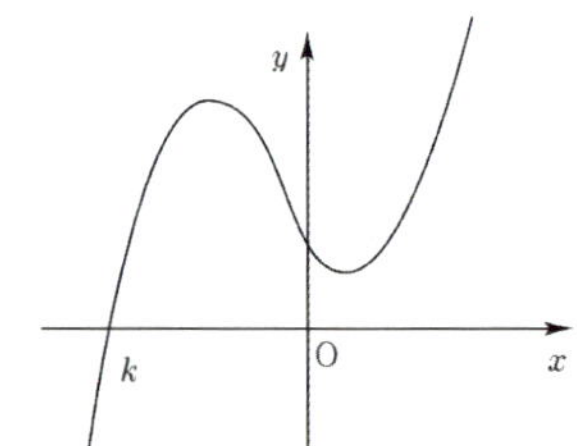

위의 그림과 같은 개형이 나와야 한다.
물론 다른 개형도 가능하다.
아직 잘 모르겠으니 (나) 조건을 살펴보자.

$\ln|f(x)|\ (k<x)$ 의 역함수가 존재한다.
편의상 $h(x)=\ln|f(x)|\ (k<x)$ 라 하자.

$h(x)$ 의 역함수가 존재하려면
$h'(x)\geq 0$ or $h'(x)\leq 0$ 이어야한다.

그런데 $h'(x)=\dfrac{f'(x)}{f(x)}$ 에서 $f(x)>0\ (k<x)$ 이니

$k<x$ 에서 계속 $f'(x)\leq 0$ 가 나오거나 $f'(x)\geq 0$
이어야 한다.

즉, 도중에 극값을 갖는 아래와 같은 case는
나오지 않는다. 최고차항의 계수가 1 이니까 $f'(x) \geq 0$ 인
개형이 나와야 한다.

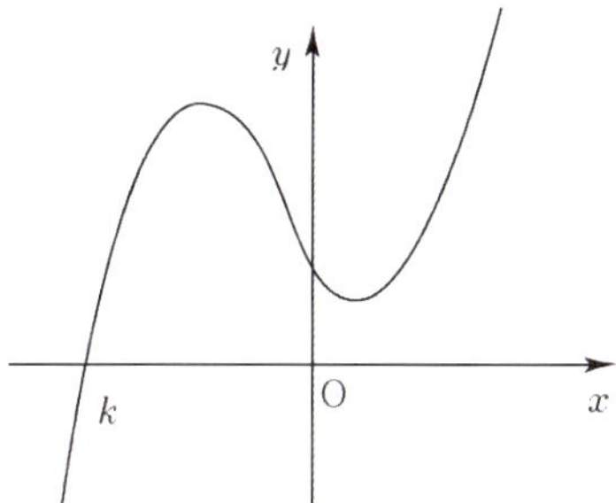

(나) 조건을 마저 살펴보면 $g(x)$ 가 $x=0$ 에서 미분이
가능하지 않다고 했다.

$$h(g(x)) = x \Rightarrow g'(0) = \frac{1}{h'(g(0))}$$

$h'(g(0)) = 0$ 이면 된다.

$$h'(x) = \frac{f'(x)}{f(x)} \Rightarrow h'(g(0)) = \frac{f'(g(0))}{f(g(0))} = 0$$

$$h(g(x)) = x \Rightarrow h(g(0)) = 0$$

$$\Rightarrow \ln\{f(g(0))\} = 0 \Rightarrow f(g(0)) = 1$$

($k < x$ 일 때는 $f(x)$ 가 양수이므로 절댓값이 벗겨진다.)

$f'(g(0)) = 0$ 을 만족시켜야 한다.
$f'(g(0)) = 0$, $f(g(0)) = 1$ 을 만족시키려면
$f(x) = (x - g(0))^3 + 1$ 이어야 한다.

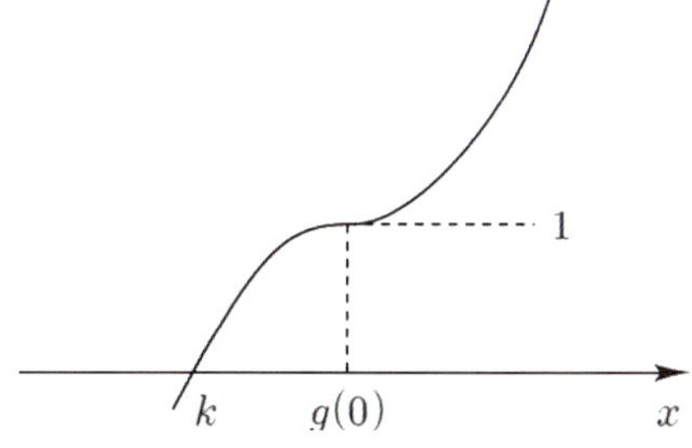

근데 $f(k) = 0$ 이므로 $(k - g(0))^3 + 1 = 0 \Rightarrow g(0) = k + 1$
$f(x) = (x - (k+1))^3 + 1$

문제에서 구하고자 하는 값은 $\dfrac{10}{g'(\ln2)}$ 인데
$g'(\ln2)$ 값을 구하기 위해서
$$h(g(x)) = x \Rightarrow g'(\ln2) = \frac{1}{h'(g(\ln2))}$$
$g(\ln2)$ 의 값만 알면 된다.

$$h(g(x)) = x \Rightarrow h(g(\ln2)) = \ln2 \Rightarrow \ln|f(g(\ln2))| = \ln2$$

$$\Rightarrow \ln\left|(g(\ln2) - (k+1))^3 + 1\right| = \ln2$$

$h(x)$ $(k < x)$ 가 증가함수이니까
그의 역함수인 $g(x)$ 도 증가함수이다. 즉, $g(\ln2) = k+2$

$$f'(x) = 3(x - (k+1))^2$$
$$h(g(x)) = x$$

$$\Rightarrow g'(\ln2) = \frac{1}{h'(g(\ln2))} = \frac{f(g(\ln2))}{f'(g(\ln2))} = \frac{2}{3}$$

따라서 $\dfrac{10}{g'(\ln2)} = 15$ 이다.

답 15

150

$$\lim_{x \to k} \frac{\sin\{f(x)\} - f(k)}{x - k + f(x)} = \frac{k(2-\pi)}{\pi} \quad (k = 0,\ 1)$$ 를 바탕으로
$k = 0$ 일 때 $k = 1$ 일 때를 조사해보자.

① $k = 0$

$$\lim_{x \to 0} \frac{\sin\{f(x)\} - f(0)}{x + f(x)} = 0$$

이제 어떻게 해야 할까?
바로 로피탈을 써야 할까?

바로 이 부분이 point이고 출제의도이기도 하다.

분모가 0이 될 때와 0이 되지 않을 때로 분류하면
$f(0) \neq 0$ 일 때와 $f(0) = 0$ 일 때로 case분류할 수 있다.

1) $f(0) \neq 0$

$$\lim_{x \to 0} \frac{\sin\{f(x)\} - f(0)}{x + f(x)} = \frac{\sin\{f(0)\} - f(0)}{f(0)} = 0$$

결국 $\sin\{f(0)\} = f(0)$ 을 만족해야 한다.
방정식 $\sin x = x$ 의 실근을 구하라는 말과 동치이다.

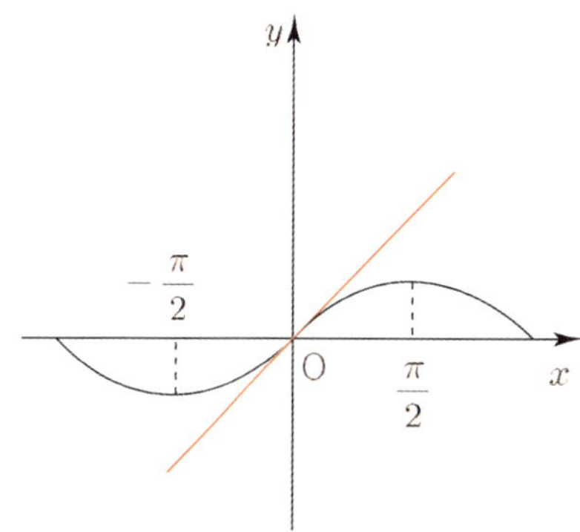

$\sin x$ 는 $x=0$ 에서 기울기가 1 이니까

$\sin x = x$ 의 실근은 오직 $x=0$ 뿐이다.

즉, $f(0)=0$ 이므로 모순이다.

2) $f(0)=0$

$$\lim_{x\to 0}\frac{\sin\{f(x)\}-f(0)}{x+f(x)}=\lim_{x\to 0}\frac{\sin\{f(x)\}}{x+f(x)}$$

$$=\lim_{x\to 0}\frac{\dfrac{\sin\{f(x)\}-\sin\{f(0)\}}{x-0}}{1+\dfrac{f(x)-f(0)}{x-0}}=\frac{f'(0)\cos\{f(0)\}}{1+f'(0)}=0$$

$f(0)=0$ 이므로 $f'(0)=0$

$k=0$ 일 때 $f(0)=f'(0)=0$ 이라는 조건식을
얻을 수 있다.

$f(0)=f'(0)=0$ 을 만족하는 $f(x)$ 의 개형을 그려보자.
인수로 x^2 을 가지고 있어야 한다.

(1)
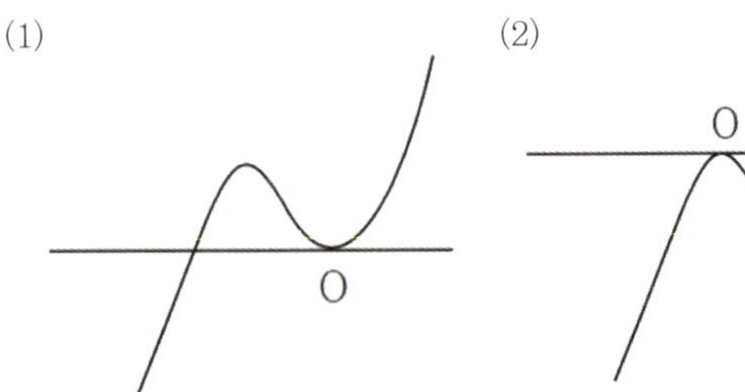

(2)

(3)
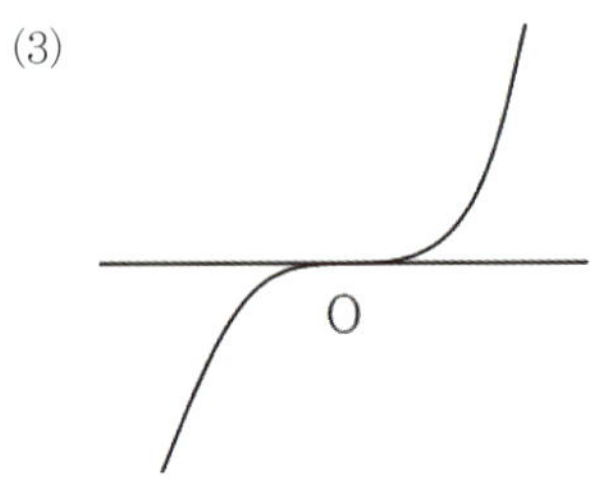

② $k=1$

1) $f(1)\neq 0$

$$\lim_{x\to 1}\frac{\sin\{f(x)\}-f(1)}{x-1+f(x)}=\frac{\sin\{f(1)\}-f(1)}{f(1)}$$

$$=\frac{2-\pi}{\pi}=\frac{2}{\pi}-1$$

결국 $\sin\{f(1)\}=\dfrac{2}{\pi}f(1)$ 을 만족해야 한다.

방정식 $\sin x = \dfrac{2}{\pi}x$ 의 실근을 구하라는 말과 동치이다.

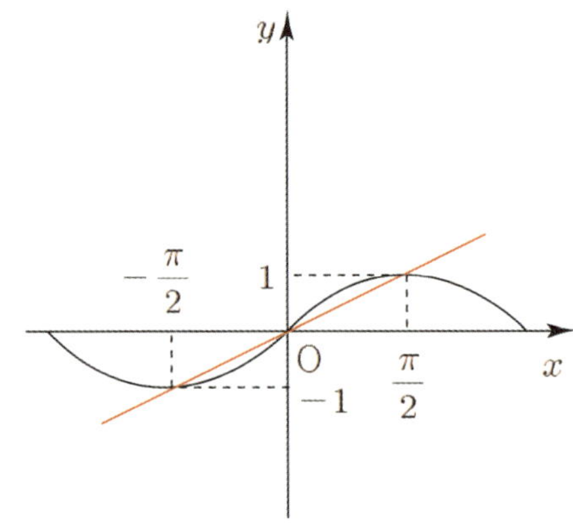

$$x=-\frac{\pi}{2},\ 0,\ \frac{\pi}{2}$$

그런데 (나) 조건에서 방정식 $|f(x)|=f(1)$ 의 실근이
존재해야 하니 $f(1)\geq 0$ 이다. 당연히 전제조건이 $f(1)\neq 0$
이라고 했기 때문에 $f(1)=0$ 은 배제시켜야 한다.

$$\therefore f(1)=\frac{\pi}{2}$$

2) $f(1)=0$

아까 찾았던 x^2 을 인수로 갖는 $f(x)$ 의 $(1)(2)(3)$ 개형을
이용해보자.

(나) 조건을 만족시키려면 $f(1)=0$ 가 될 수 없다.

$f(1)=\dfrac{\pi}{2}$ 로 정해진다.

이제 식을 세워보자.

$f(x)=\dfrac{\pi}{8}x^2(x+a)$ 가 $f(1)=\dfrac{\pi}{2}$ 를 만족해야 하니까

$a=3$ 이므로 $f(x)=\dfrac{\pi}{8}x^2(x+3)$

따라서 $f(2)=\dfrac{5}{2}\pi$ 이다.

답 ④ 

151

S의 모든 원소들의 합을 구하라고 했기 때문에
$=y$를 붙여서 그래프를 그린 후 대칭성으로 처리해주는 것이
유리하겠다.

그렇게 하려면 $f(\cos x)$ 의 그래프를 그려야 하는데
만만치 않아 보인다.

우선 함수의 특성부터 파악해보자.

모든 실수 x 에 대하여
$f(\cos(x+2\pi))=f(\cos x)$ 이기 때문에 주기가 2π 인
주기함수이고 $f(\cos(2\pi-x))=f(\cos x)$ 이기 때문에
$x=\pi$ 에 대하여 대칭된 그래프가 나온다.

$f(\cos x)=4\left|\cos^2 x+\cos x\right|=\left|4\cos^2 x+4\cos x\right|$ 이므로
$h(x)=4\cos^2 x+4\cos x$ 라 하면

$h'(x)=8\cos x(-\sin x)-4\sin x=-8\sin x\left(\cos x+\dfrac{1}{2}\right)$

$(-8\sin x)$ 와 $\left(\cos x+\dfrac{1}{2}\right)$ 의 부호를 모두 고려해야 한다.

$\cos x+\dfrac{1}{2}$ 는 $\cos x-\left(-\dfrac{1}{2}\right)$ 라 보고
빼기함수 Technique으로 처리해 보자.

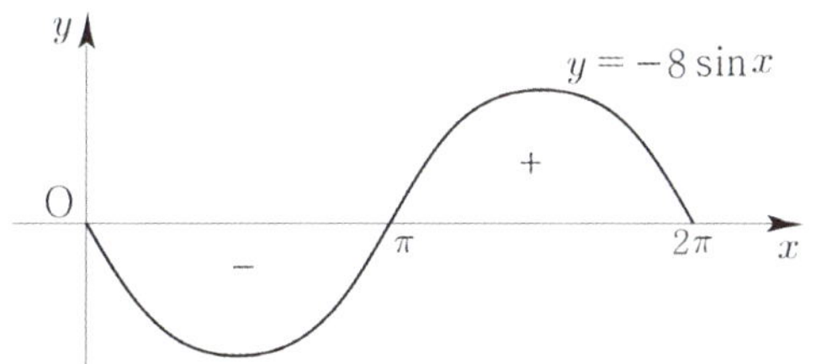

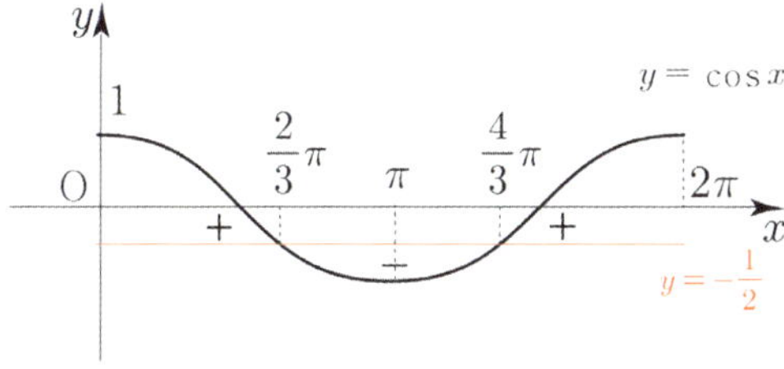

$h'(x)$ 의 부호를 바탕으로 $h(x)$ 를 그리면

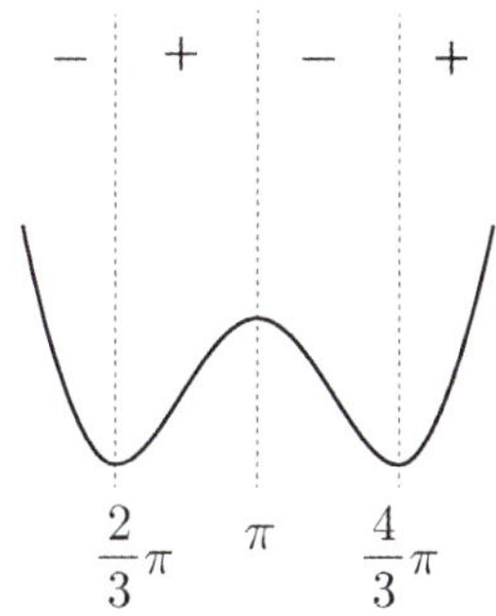

$h(x)$ 는 $x=\pi$ 에 대하여 대칭이고 주기가 2π 인 것을
바탕으로 $h(x)$ 를 그리면

$\left(h(0)=8,\ h\left(\dfrac{\pi}{2}\right)=0,\ h\left(\dfrac{2}{3}\pi\right)=-1\right)$

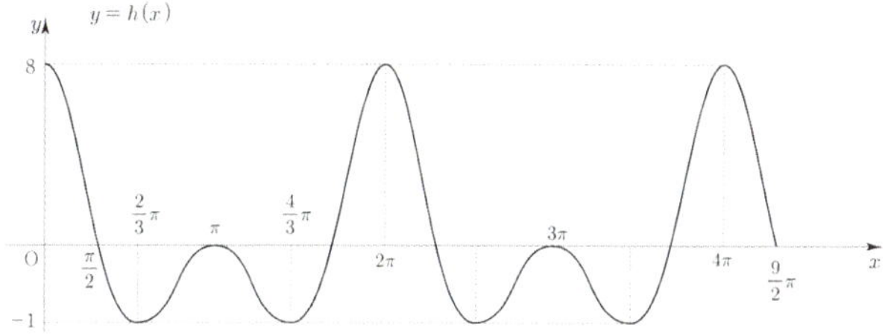

$y=\left|h(x)\right|$ 를 그리면

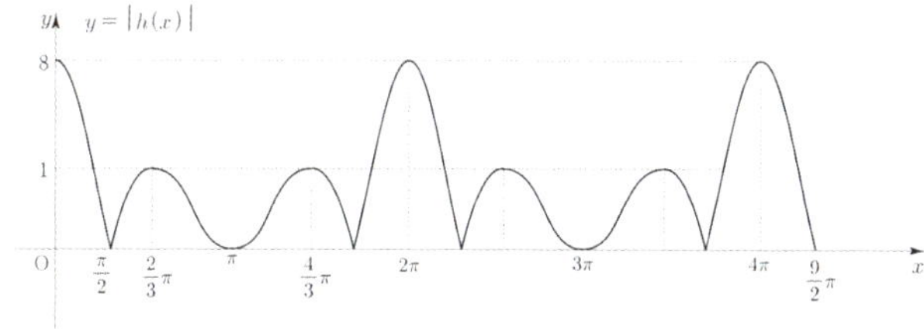

$$g(a)+\lim_{t\to a-}g(t)=b\pi+\lim_{t\to a+}2g(t)$$

만약 $g(t)$ 가 $t=a$ 에서 연속이라면
$\lim\limits_{t\to a+}g(t)=\lim\limits_{t\to a-}g(t)=g(a)$ 이므로
$g(a)+g(a)=b\pi+2g(a)\ \Rightarrow\ b=0$

하지만 문제의 전제조건에서 $b\neq 0$ 인 상수라고 했으니
모순이다.
즉, $g(t)$ 는 $t=a$ 에서 불연속해야 한다.
결국 $a=1$ 일 수밖에 없다.

이제 구간에 따라 case분류하면서 $g(t)$ 를 구해보자.

$F(x)=\left|h(x)\right|$ 라 하면

① $0<t<1$

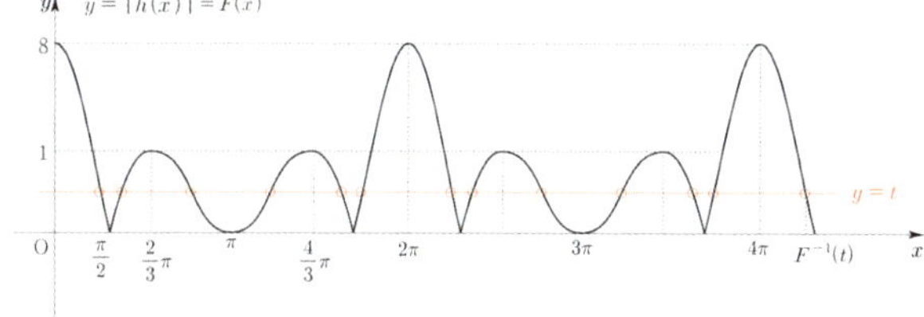

대칭성을 이용하면
$g(t)=2\pi\times 3+6\pi\times 3+F^{-1}(t)=24\pi+F^{-1}(t)$

② $t = 1$

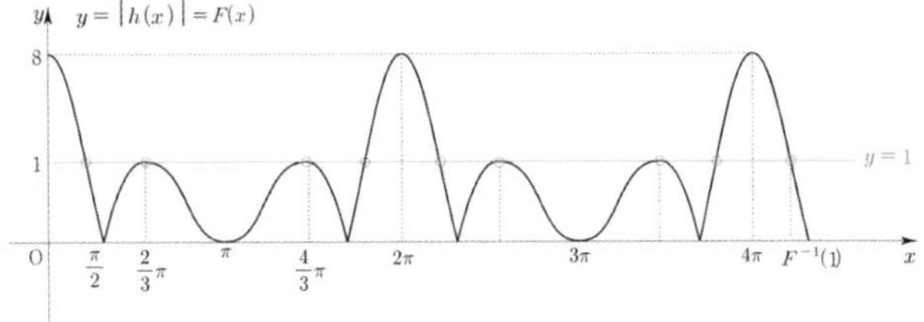

대칭성을 이용하면
$$g(1) = 16\pi + F^{-1}(1)$$

③ $1 < t < 8$

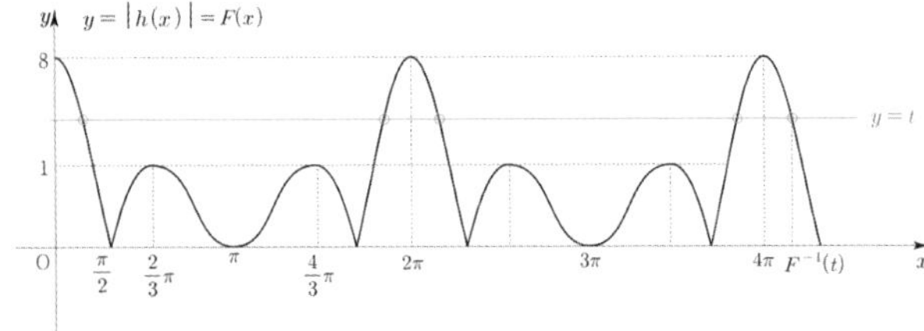

대칭성을 이용하면
$$g(t) = 2\pi + 6\pi + F^{-1}(t) = 8\pi + F^{-1}(t)$$

이제 $g(1) + \lim\limits_{t \to 1-} g(t) = b\pi + \lim\limits_{t \to 1+} 2g(t)$ 를 바탕으로
b를 찾아보자.

$F^{-1}(t)$ 는 연속이므로
$$\lim\limits_{t \to 1+} F^{-1}(t) = \lim\limits_{t \to 1-} F^{-1}(t) = F^{-1}(1)$$

$$g(1) + \lim\limits_{t \to 1-} g(t) = b\pi + \lim\limits_{t \to 1+} 2g(t)$$
$$\Rightarrow 16\pi + F^{-1}(1) + 24\pi + F^{-1}(1) = b\pi + 16\pi + 2F^{-1}(1)$$
$$\Rightarrow b = 24$$

결국 우리가 구하고 싶은 것이
$$\frac{1}{\left\{g'\left(\dfrac{ab}{8}\right)\right\}^2} = \frac{1}{\{g'(3)\}^2}$$ 이므로
$g'(3)$ 을 구해 보자.

$$g(t) = 8\pi + F^{-1}(t) \quad (1 < t < 8)$$
결국 역함수 미분법을 물어보는 문제이다.

우리가 구했던 $F^{-1}(t)$ 은 $4\pi < F^{-1}(t) < \dfrac{9}{2}\pi$ 이었지만

주기성이 보장되는 상황이니까 $0 < F^{-1}(t) < \dfrac{\pi}{2}$ 에서 구해도
된다.

즉, 멀리 가지 않고 0에서 $\dfrac{\pi}{2}$ 까지만 체크해 보자.

$F(x)$ 는 $0 < x < \dfrac{\pi}{2}$ 에서 양수이니
$$F(x) = 4\cos^2 x + 4\cos x$$

$$4\cos^2 x + 4\cos x = 3 \;\Rightarrow\; (2\cos x - 1)(2\cos x + 3) = 0$$

$$\Rightarrow \cos x = \frac{1}{2}$$

즉, $x = \dfrac{\pi}{3}$ $\left(\because 0 < x < \dfrac{\pi}{2}\right)$

$$F'(x) = -8\sin x \left(\cos x + \frac{1}{2}\right) \quad \left(0 < x < \frac{\pi}{2}\right)$$

$$g'(3) = \frac{1}{F'\left(\dfrac{\pi}{3}\right)} = \frac{1}{-8 \times \dfrac{\sqrt{3}}{2}} = \frac{1}{-4\sqrt{3}}$$

따라서 $\dfrac{1}{\{g'(3)\}^2} = 48$ 이다.

답 48

다른 관점으로 접근해보자.

$f(x) = 4\left|x^2 + x\right|$ 에 대하여
$f(\cos \alpha(t)) = t,\ 0 < \alpha(t) < \dfrac{\pi}{2}$ 을 만족시키는 $\alpha(t)$ 를
정의해보자.
실질적으로 방정식 $f(\cos x) = t$ 를 해석하기 위함이니
$f(x)$ 의 정의역을 $-1 \le x \le 1$ 라 해도 된다.
① $1 < t < 8$ 일 때는 $f(x) = t\,(-1 \le x \le 1)$ 가
오직 하나의 실근을 가진다.

그 실근을 $x_1(0 < x_1 < 1)$ 이라 하면 $x_1 = \cos \alpha(t)$ 일 때만
성립한다는 것을 알 수 있다.
이때의 $g(t)$ 는 방정식 $\cos x = \cos \alpha(t)\left(0 < x < \dfrac{9}{2}\pi\right)$ 의
실근의 합이다. (여기서 실근은 x 를 의미)

삼각함수의 대칭성에 의해
$$g(t) = \alpha(t) + 2\pi \times 2 + 4\pi \times 2 = \alpha(t) + 12\pi \quad (1 < t < 8)$$

② $t=1$ 일 때는 $f(x)=t\,(-1\le x\le 1)$ 가 두 개의 실근을 가지므로 $f(\cos x)=1$ 을 만족시키려면 $\cos x=-\dfrac{1}{2}$ 이거나 $\cos x=\cos\alpha(1)$ 이어야 한다.

삼각함수의 대칭성에 의하여
방정식 $\cos x=-\dfrac{1}{2}\ \left(0<x<\dfrac{9}{2}\pi\right)$ 의 실근의 합은
$\pi\times 2+3\pi\times 2=8\pi$ 이고
방정식 $\cos x=\cos\alpha(1)\ \left(0<x<\dfrac{9}{2}\pi\right)$ 의 실근의 합은
$\alpha(1)+2\pi\times 2+4\pi\times 2=\alpha(1)+12\pi$

즉, $g(1)=8\pi+12\pi+\alpha(1)=20\pi+\alpha(1)$

③ $0<t<1$ 일 때는 $f(x)=t\,(-1\le x\le 1)$ 가 세 개의 실근을 가진다.
세 실근을
$x_1(0<x_1<1)$, $x_2(-1<x_2<0)$, $x_3(-1<x_3<0)$ 라 하자.

위와 같은 방식으로 각각의 경우에 대해 실근의 합을 구해보자.
$x_1=\cos\alpha(t)\ \Rightarrow\ \alpha(t)+12\pi\ (1<t<8)$
$x_2=\cos\alpha(t)\ \Rightarrow\ 8\pi$
$x_3=\cos\alpha(t)\ \Rightarrow\ 8\pi$

즉, $g(t)=8\pi+8\pi+12\pi+\alpha(t)=28\pi+\alpha(t)\ (1<t<8)$
임을 알 수 있다.

이후로 a, b 를 구하는 방식은 동일하고 $g'(3)$ 을 구할 때는
역함수의 미분법이 아닌 합성함수의 미분법을 이용해
처리하면 된다.
즉, $f(\cos\alpha(t))=t$,
$f'(\cos\alpha(t))\times(-\sin\alpha(t))\times\alpha'(t)=1$ 을 이용하면 된다.

152

(가) 조건에 의해서 $x=k$ 에서 극댓값이 1 이므로
$g(k)=1+\cos f(0)=1\ \Rightarrow\ \cos f(0)=0$
즉, $f(0)=\dfrac{2n+1}{2}\pi\ \ (n$ 은 정수$)$

극댓값을 가져야 하니까 도함수의 부호가 +에서 - 로
변해야 한다.

이를 따지기 위해서 미분해보자.

$g'(x)=-f'(x-k)\sin f(x-k)$

여기서 $\sin f(0)$ 은 $f(0)=\dfrac{2n+1}{2}\pi$ 이기 때문에
절대 0이 될 수 없다.

① $f(0)=\dots \dfrac{1}{2}\pi,\ \dfrac{5}{2}\pi,\ \dfrac{9}{2}\pi\ \dots$

② $f(0)=\dots \dfrac{-1}{2}\pi,\ \dfrac{3}{2}\pi,\ \dfrac{7}{2}\pi\ \dots$

에 따라서 $\sin f(0)$ 이 양수가 될 수도 있고
음수가 될 수도 있다.

도함수의 부호를 조사하는 과정이니까 음수인지 양수인지에
따라 극댓값을 가질 수도 있고 극솟값을 가질 수도 있으니
당연히 고려해야 할 요소이다.

만약 ① $f(0)=\dots \dfrac{1}{2}\pi,\ \dfrac{5}{2}\pi,\ \dfrac{9}{2}\pi\ \dots$ 이라면
$\displaystyle\lim_{x\to k}\sin f(x-k)=1\ >0$ 이니까

극댓값이 나오려면
$\displaystyle\lim_{x\to k-}-f'(x-k)>0\ \Rightarrow\ \lim_{x\to k-}f'(x-k)<0$
$\Rightarrow\ \displaystyle\lim_{x\to 0-}f'(x)<0$
$\displaystyle\lim_{x\to k+}-f'(x-k)<0\ \Rightarrow\ \lim_{x\to k+}f'(x-k)>0$
$\Rightarrow\ \displaystyle\lim_{x\to 0+}f'(x)>0$
이어야 한다.

$f'(x)$ 는 이차함수니까 만족하는 $f'(x)$ 를 그리면
다음과 같다.

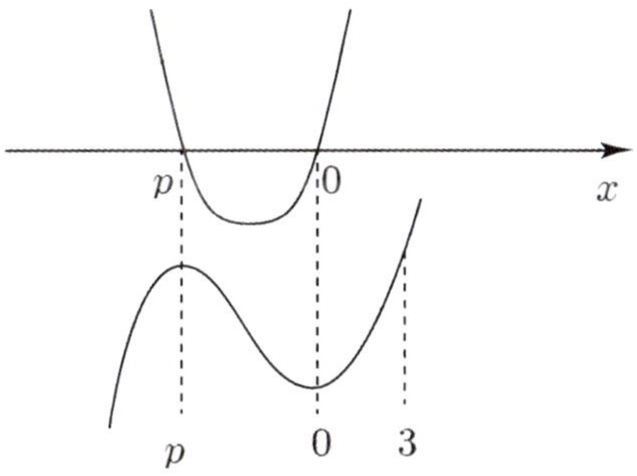

그런데 (나) 조건에서 $f(0)=f(3)$ 라고 했기 때문에
만족하지 않는다.

② $f(0) = ... \dfrac{-1}{2}\pi,\ \dfrac{3}{2}\pi,\ \dfrac{7}{2}\pi\ .....$ 도 따져보자.

이번에는 $\lim\limits_{x\to k}\sin f(x-k) = -1\ < 0$ 이니

case ①의 부호를 반대로 하면 된다.

$$\lim\limits_{x\to k-} f'(x-k) > 0\ \Rightarrow\ \lim\limits_{x\to 0-} f'(x) > 0$$

$$\lim\limits_{x\to k+} f'(x-k) < 0\ \Rightarrow\ \lim\limits_{x\to 0+} f'(x) < 0$$

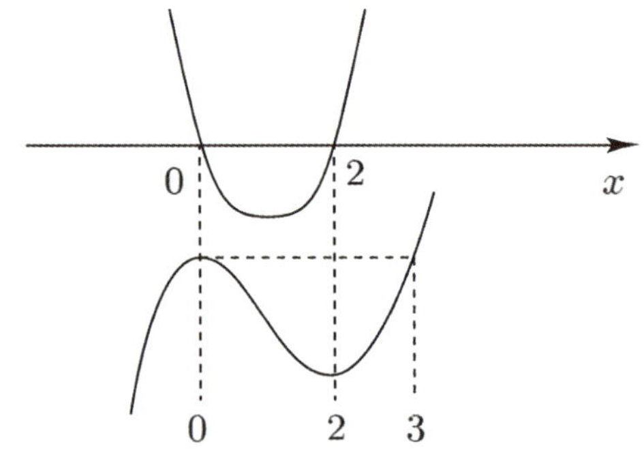

$f(0) = f(3)$ 을 만족해야 하니까 극솟값을 갖는
x 도 2 로 결정된다.
($\because$ 삼차함수의 비율관계)

$f(4)$ 를 구하기 위해서 식을 세워보자.
$f(x) = x^2(x-3) + f(0)$ 이니 $f(4) = 16 + f(0)$

$-20\pi < f(0) < 20\pi$ 라는 조건 때문에
서로 다른 $f(4)$ 의 값의 합을 구하라는 말을 한 것이다.

② $f(0) = ... \dfrac{-1}{2}\pi,\ \dfrac{3}{2}\pi,\ \dfrac{7}{2}\pi\ .....$ 이었으니까
일반항을 세워보자.

$\dfrac{3}{2}\pi$ 를 $n = 1$ 일 때라고 하면 $\dfrac{4n-1}{2}\pi$ 로 둘 수 있다.

$-20\pi < \dfrac{4n-1}{2}\pi$ 를 만족시키는 n 의 최솟값은 -9 이므로
$f(0) = \dfrac{-37}{2}\pi$

$\dfrac{4n-1}{2}\pi < 20\pi$ 를 만족시키는 n 의 최댓값은 10 이므로
$f(0) = \dfrac{39}{2}\pi$

즉, $-9 \le n \le 10$ 을 만족하는 정수 n 의 개수는 20

$f(0)$ 의 합은 등차수열의 합 공식을 쓰면 된다.

$$\sum f(0) =$$

$$\dfrac{\text{총개수 (초항 + 말항)}}{2} = \dfrac{20\left(-\dfrac{37}{2}\pi + \dfrac{39}{2}\pi\right)}{2} = 10\pi$$

$$\sum f(4) = \sum 16 + \sum f(0)$$

$\sum 16 = 16$ 이 20 개 있으니까 320

서로 다른 모든 $f(4)$ 의 값의 합은 $320 + 10\pi$ 이므로
$a = 320,\ b = 10$ 이다.

따라서 $a + b = 320 + 10 = 330$ 이다.

답 330

153

상당히 복잡해 보인다.
$n = 1,\ 2, ..$ 대입해가면서 천천히 파악해보자.

$n = 1\ \ \sin\pi x\ \ \ \ (0 \le x < 2 - 2^0)$
$n = 2\ \ \sin 2\pi x\ \ \ \ (2 - 2^0 \le x < 2 - 2^{-1})$
$n = 3\ \ \sin 4\pi x\ \ \ \ (2 - 2^{-1} \le x < 2 - 2^{-2})$

구간의 길이를 보니까
$$2 - 2^{-n+1} - \left(2 - 2^{-n+2}\right) = 2^{-n+1}$$

이를 바탕으로 $f(x)$ 를 그려보자.

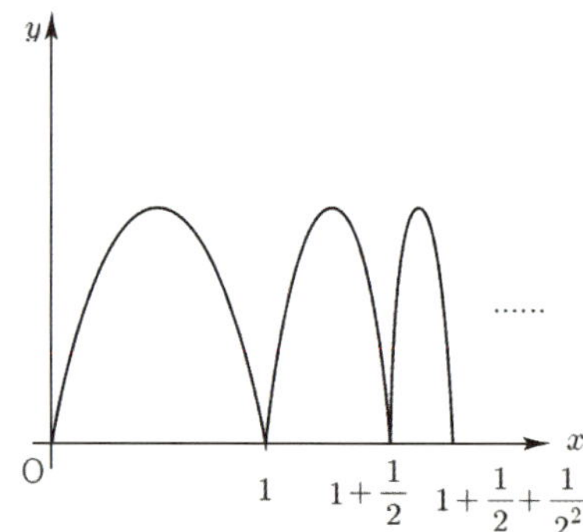

미분 가능조건을 쓰기 위해서
$g(f(x))$ 를 미분해봅시다~ $f'(x)\,g'(f(x))$
이제 미분이 불가능할 것 같은 후보를 정해야한다.
$g'(x)$ 는 미분가능한 함수이니까 결국 고려해야할 대상은
$f'(x)$ 이다.
즉, 그림에서 보이듯이 $f(x) = 0$ 일 때를 조사해야 한다.

$f(x) = 0$ $(0 < x < 2)$ 의 실근을 α 라고 하고 따져보자.
(편의상 양수 p, r 도입)

	$f'(x)$	$g'(f(x))$	$f'(x)\,g'(f(x))$
$\alpha -$	$-p$	$g'(0)$	$-p\,g'(0)$
$\alpha +$	r	$g'(0)$	$r\,g'(0)$

결국 $g'(0) = 0$ 이라는 조건을 얻을 수 있다.

$$g(x) = -\frac{(x-a)^2}{256\,e^x} + \frac{k}{64}$$

$$\Rightarrow\ g'(x) = \frac{1}{256}(x-a)(x-a-2)e^{-x}$$

$g'(0) = 0$ 이기 위해서는 $a = 0$ 또는 $a = -2$ 이어야 하는데
조건에서 $a \neq 0$ 이라 했으니까 결국 $a = -2$ 로 결정된다.

$$\therefore\ g(x) = -\frac{(x+2)^2}{256\,e^x} + \frac{k}{64}$$

나머지 합성함수도 처리해보자.

$f(g(x-2))$ 를 처리하기 전에 $x-2$ 가
거슬리니 $h(x) = g(x-2)$ 로 치환하면

$$\therefore\ h(x) = -\frac{x^2}{256\,e^{x-2}} + \frac{k}{64}$$

$h(x)$ 의 그래프는 $g(x)$ 의 그래프를 그린 다음
x 축 방향으로 2 만큼 평행이동 시켜주면 된다.

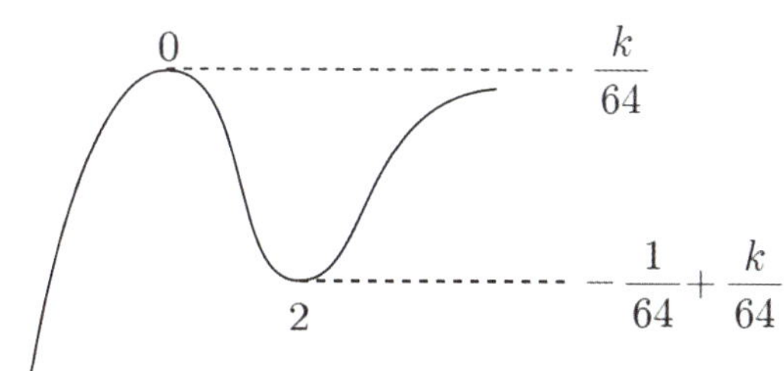

$f(h(x)) \Rightarrow h'(x)f'(h(x))$
$h'(x)$ 는 미분가능한 함수이므로 따져야할
후보는 $f(h(x)) = 0$ 이다.

여기서 조심 또 조심해야 한다.
보통 문제들처럼 실수 전체에서 미분가능하다는
조건이 아니다. 구간 $(0,\ 2)$ 에서 미분가능이다.

즉, $-\dfrac{1}{64} + \dfrac{k}{64} < h(x) = t < \dfrac{k}{64}$ 에서 $f(t) = 0$ 이
되는 곳만 체크하면 된다.

예를 들어 $k = 1$ 이면

$$0 < h(x) = t < \frac{1}{64}$$

$f(t) = 0$ 을 만족시키는 t 가 없으니까 미분가능하다.
$f(t) = 0$ 이 되어야 따질 후보라도 시켜주는데
후보조차 되지 않기 때문이다.

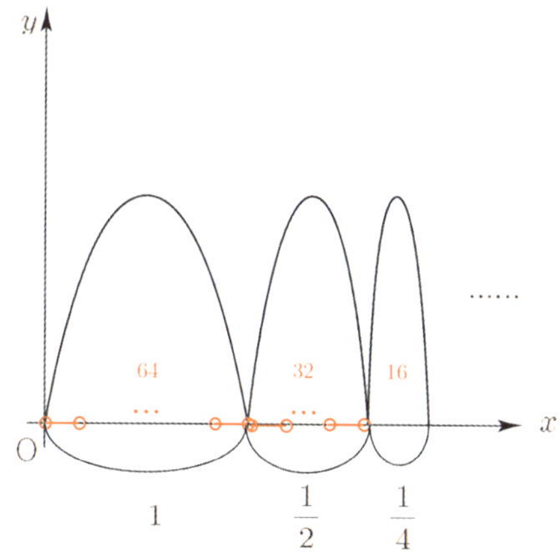

구간 $\left(-\dfrac{1}{64} + \dfrac{k}{64},\ \dfrac{k}{64} \right)$ 의 간격이 $\dfrac{1}{64}$ 이니
$0 < x < 1$ 까지는 64 개가 가능하고
$1 < x < 1 + \dfrac{1}{2}$ 는 32 개가 가능하다.

과연 언제까지 미분가능할까?

바로 $f(x) = 0$ 이 되는 x 사이의 간격이 $\dfrac{1}{64}$ 이 될 때이다.

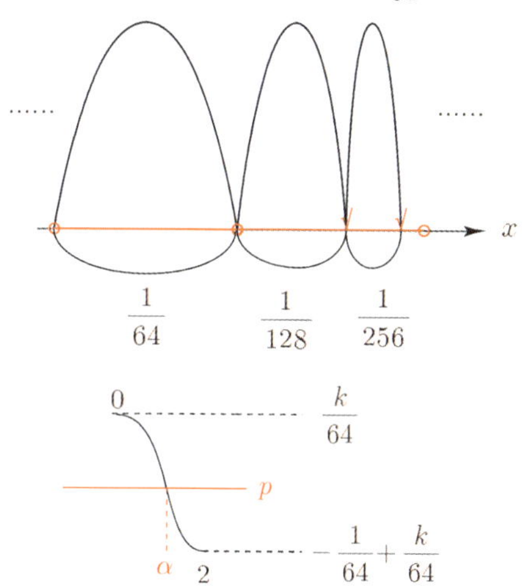

색깔로 체크한 곳처럼 후보들이 등장한다.
$h(\alpha) = p$, $f(p) = 0$ 라 하면 (편의상 양수 q, r 도입)

	$h'(x)$	$f'(h(x))$	$h'(x)f'(h(x))$
$\alpha -$	$h'(\alpha)$	$f'(p+) = q$	$q\,h'(\alpha)$
$\alpha +$	$h'(\alpha)$	$f'(p-) = -r$	$-r\,h'(\alpha)$

$h'(\alpha)$ 는 결코 0 이 될 수 없으니까 미분가능하지 않는다.

따라서 조건을 만족시키는 모든 자연수 k의

개수는 $64+32+16+8+4+2+1 = \dfrac{1\left(2^7-1\right)}{2-1} = 127$ 이다.

답 127

154

우선 $f(x)$ 를 그리기 위해서 $1+\sqrt{2x-x^2}$ 을 그려보자.

$$y = 1+\sqrt{2x-x^2} = 1+\sqrt{1-(x-1)^2}$$

$$\Rightarrow y-1 = \sqrt{1-(x-1)^2}$$

$$\Rightarrow (y-1)^2 = 1-(x-1)^2$$

$$\Rightarrow (y-1)^2+(x-1)^2 = 1$$

원이긴 원인데 $y>1$ 인 반원이다.

($+\sqrt{1-(x-1)^2}$ 이기 때문에)

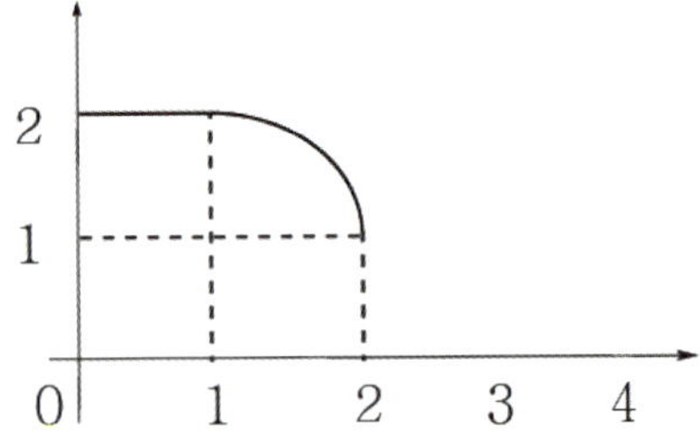

이제 나머지 구간을 그리기 위해서 $g(t)$ 를 해석해보자.

(가) 조건을 통해 구간 $(2, 3)$ 에서 $h(x)-x$ 가 증가함수라는 것을 알 수 있다. 이를 바탕으로 (나) 조건 $g(3)=6$ 임을 통해 $h(3)-3$ 이 0이 됨을 파악할 수 있다.

(증가함수의 특징을 이용해서 $h(3)=3$ 을 추론할 수 있는지 물어보고 싶었다.)

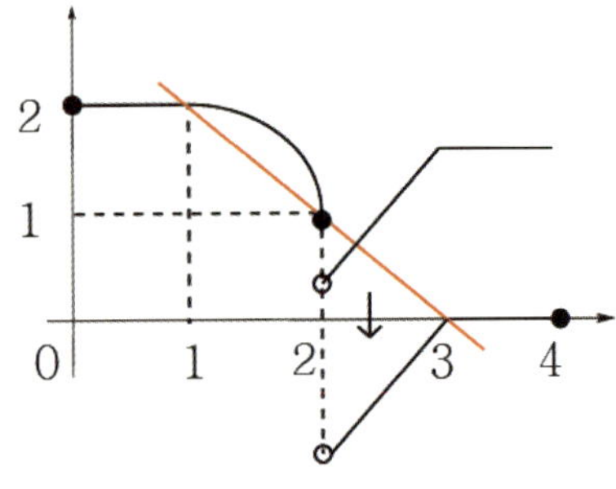

구간 $(2, 3)$ 에서 증가함수라는 것만 알지 자세한 그래프는 그릴 수 없다. 이제 $g(t)$ 찾으러 가보자.

구간을 분할해서 구해 보자.

여기서 잠깐!

"왜 하필 $t=2+\sqrt{2}$ 일까.. 혹시 접할 때인가?" 이런 생각을 하셨다면 합리적 추측이다.

이를 확인해보자.

중심이 $(1, 1)$ 이고 반지름 1 인 원과 $y=t-x$ 가 접할 때를 구해주면 된다. 점과 직선사이 거리공식을 쓰면

$$\frac{|2-t|}{\sqrt{2}} = 1 \;\Rightarrow\; t = 2 \pm \sqrt{2}$$

그림을 통해 $t=2+\sqrt{2}$ 임이 자명하다.

① $2<t<3$

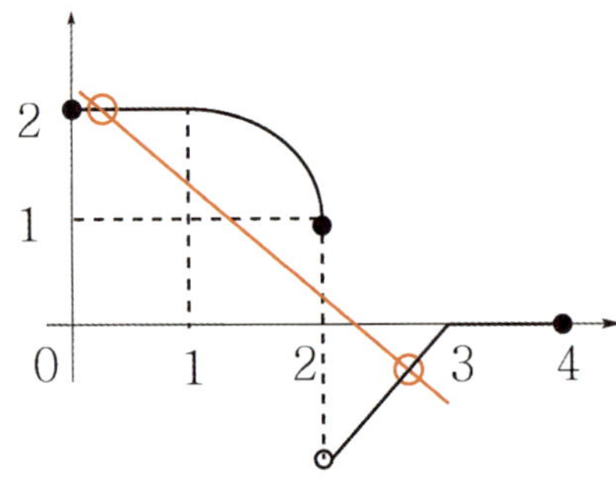

$2 = t-x \Rightarrow x = t-2$,

$h(x)-x = t-x \Rightarrow h(x) = t \Rightarrow x = h^{-1}(t)$

합이라고 했으니까 둘이 더하면

$$\therefore g(t) = t-2+h^{-1}(t) \quad (2<t<3)$$

② $3 \le t < 2+\sqrt{2}$

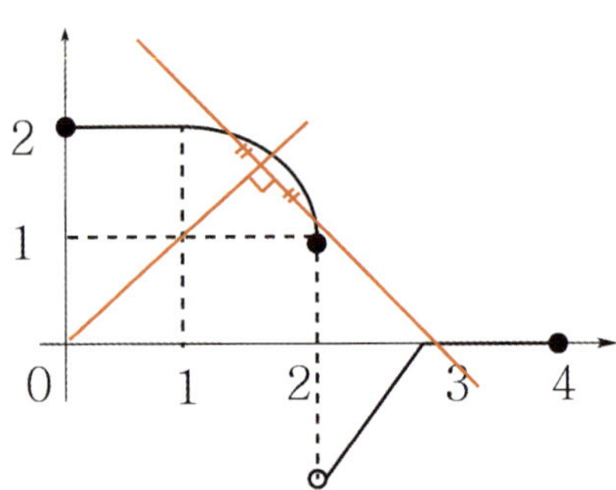

$$x = t-x \Rightarrow x = \frac{t}{2}$$

원의 중심에 대하여 대칭이니까 2 배하면 된다.

$$\therefore x = t$$

$$0 = t-x \Rightarrow x = t$$

합이라고 했으니까 둘이 더하면

$$\therefore g(t) = 2t \quad \left(3 \le t < 2+\sqrt{2}\right)$$

(나) 조건에 있는 $g\left(\dfrac{7}{3}\right) = 3$ 를 이용하기 위해 $t=\dfrac{7}{3}$ 을

$g(t) = t-2+h^{-1}(t) \quad (2<t<3)$ 에 대입해보자.

$$g\left(\frac{7}{3}\right) = \frac{1}{3}+h^{-1}\left(\frac{7}{3}\right) = 3 \;\Rightarrow\; h^{-1}\left(\frac{7}{3}\right) = \frac{8}{3} \;\Rightarrow\; h\left(\frac{8}{3}\right) = \frac{7}{3}$$

(다) 조건을 간단히 하면 $g'\left(\dfrac{7}{3}\right) \times \lim\limits_{t \to 3+} \dfrac{g(t)-6}{t-3} = 3$

$\lim\limits_{t \to 3+} g(t) = g(3) = 6$ 이므로

$\lim\limits_{t \to 3+} \dfrac{g(t)-6}{t-3} = \lim\limits_{t \to 3+} \dfrac{g(t)-g(3)}{t-3}$ 은

$t=3$ 에서 우미분계수를 구하는 식이니까 바로 2 이다.

(물론 $g(t) = 2t$ 를 대입해서 $\lim\limits_{t \to 3+} \dfrac{2t-6}{t-3} = 2$ 로

구해도 된다.)

$\therefore\ g'\left(\dfrac{7}{3}\right) = \dfrac{3}{2}$

조건을 쓰기 위해서 $g(t) = t - 2 + h^{-1}(t)\ \ (2 < t < 3)$
미분해보자.

$g'(t) = 1 + \left\{ h^{-1}(t) \right\}'$

$\Rightarrow\ \ g'\left(\dfrac{7}{3}\right) = 1 + \left\{ h^{-1}\left(\dfrac{7}{3}\right) \right\}'\ = 1 + \dfrac{1}{h'\left(\dfrac{8}{3}\right)} = \dfrac{3}{2}$

$\therefore\ h'\left(\dfrac{8}{3}\right) = 2$

따라서 $h(3) \times h\left(\dfrac{8}{3}\right) \times h'\left(\dfrac{8}{3}\right) = 3 \times \dfrac{7}{3} \times 2 = 14$ 이다.

답   14

155

출제의도가 $f_n(x)$ 의 그래프를 그리는 것인 만큼 그래프를
그리는 것이 쉽지 않아 보인다.

n 이 짝수일 때와 홀수일 때를 구분해서 case분류해 보자.

① n 이 짝수
$f_n{}'(x) = n x^{n-1}(e^{x^n} - e)$
쪼개서 생각해보면
x^{n-1} 은 $n-1$ 이 홀수이기 때문에 $x=0$ 의 좌우에서
부호가 $-\ +$ 로 변한다.
문제는 $(e^{x^n} - e)$ 의 부호인데
우리가 알고 싶은 것은 $(e^{x^n} - e)$ 가 양수인지
음수인지이니까 $x^n = 1$ 일 때를 경계로 case분류해 보자.
(n 은 짝수니까 2차 함수 꼴)

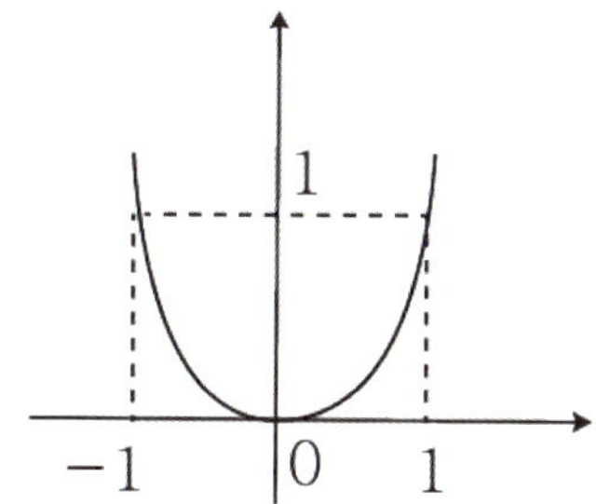

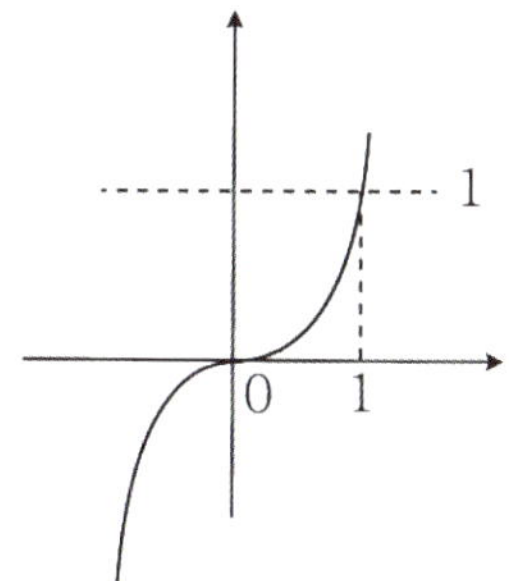

여기서 **point !** 합성함수로 생각해보면

	x^n		$e^{x^n} - e$	
$x < 1$	$\Rightarrow$	$x^n < 1$	$\Rightarrow$	$-$
$x \geq 1$	$\Rightarrow$	$x^n \geq 1$	$\Rightarrow$	$+$

다시 합쳐서 부호를 판단하면

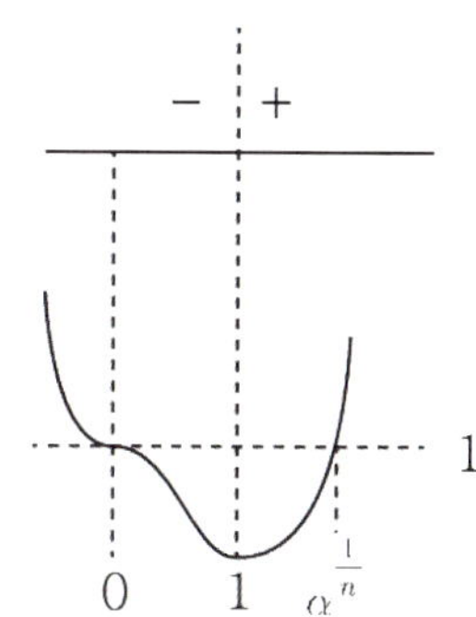

여기서 **point**는 $x=0$ 에서 뾰족점을 갖는 것이다.

$f_n(x) = 1$ 를 만족시키는 0이 아닌 x 값을 $\alpha^{\frac{1}{n}}$ 라 하자.

$\left| f_n(x) - f_n(0) \right| = \left| f_n(x) - 1 \right|$
여기서는 합을 물어봤다.

집합 A 는 미분가능하지 않은 점을 물어보는 것이다.

ⅰ) $n = 1$ $\left| f_1(x) - 1 \right|$ ⅱ) $n = 1$ 보다 큰 홀수 $\left| f_n(x) - 1 \right|$

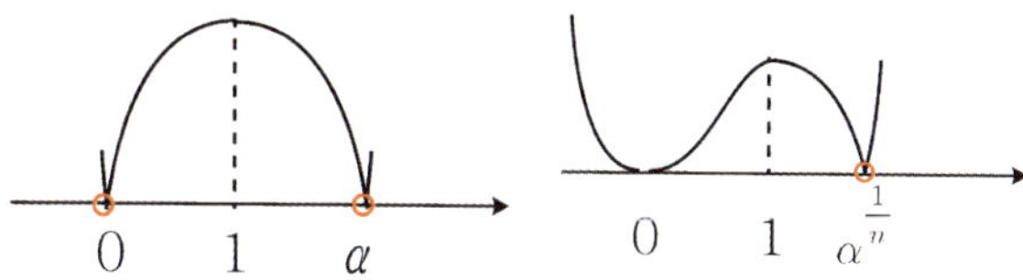

iii) $n=$ 짝수 $\ |f_n(x)-1|$

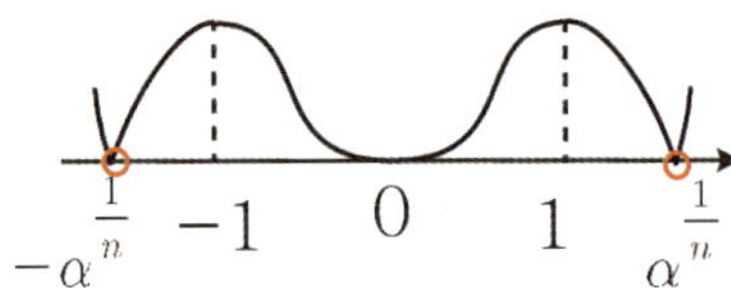

$g(x) = |f_1(x)-1| + |f_2(x)-1| + |f_3(x)-1| +$

$\cdots + |f_{10}(x)-1|$

$$0, \alpha \quad -\alpha^{\frac{1}{2}}, \alpha^{\frac{1}{2}} \quad \alpha^{\frac{1}{3}} \quad -\alpha^{\frac{1}{10}}, \alpha^{\frac{1}{10}}$$

미분 가능X + 미분 가능 = 미분 가능X 이니까
겹치지만 않으면 독립적으로 각 항의 미분가능하지 않은 점이
$g(x)$ 의 미분가능하지 않은 점이 된다.

순서대로 미분가능하지 않은 점의 개수를 세면
$2+2+1+2+1+2+1+2+1+2 = 16$

총 16 개이므로 $m=16$
(겹치는 게 없기 때문)

$$\frac{f_{10}(a_p) - f_{10}(a_q)}{a_p - a_q} = f_{10}{}'(m-17) = f_{10}{}'(-1) = 0$$

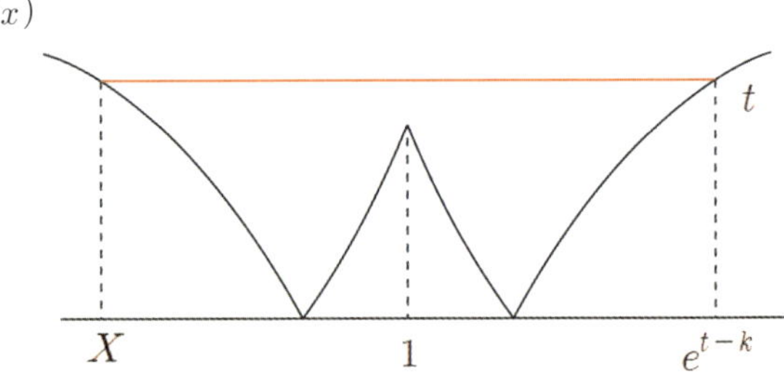

결국 평균변화율이 0
즉, $f_{10}(a_p) - f_{10}(a_q) = 0$ 를 물어보는 것이다.
a_n 을 차례대로 구해보자.

$a_1 = -\alpha^{\frac{1}{2}}, \ a_2 = -\alpha^{\frac{1}{4}}, \ a_3 = -\alpha^{\frac{1}{6}},$

$a_4 = -\alpha^{\frac{1}{8}}, \ a_5 = -\alpha^{\frac{1}{10}}, \ a_6 = 0$

$a_7 = \alpha^{\frac{1}{10}}, \ a_8 = \alpha^{\frac{1}{9}}, \ a_9 = \alpha^{\frac{1}{8}}, \ a_{10} = \alpha^{\frac{1}{7}},$

$a_{11} = \alpha^{\frac{1}{6}}, \ a_{12} = \alpha^{\frac{1}{5}}, \ a_{13} = \alpha^{\frac{1}{4}}$

$a_{14} = \alpha^{\frac{1}{3}}, \ a_{15} = \alpha^{\frac{1}{2}}, \ a_{16} = \alpha$

$f_{10}(x)$ 가 우함수임을 활용해서 함숫값이 같은 점을
찾아보자.

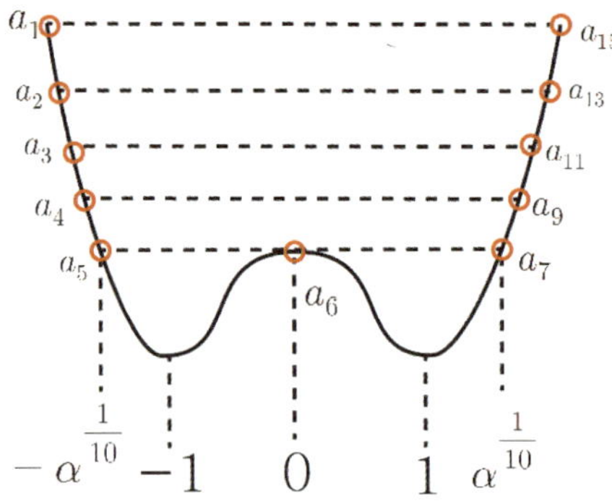

$(a_1, \ a_{15}), \ (a_2, \ a_{13}), \ (a_3, \ a_{11}), \ (a_4, \ a_9),$

$(a_5, \ a_7), \ (a_5, \ a_6), \ (a_6, \ a_7)$

따라서 모든 순서쌍 $(p, \ q)$ 의 개수는
$7 \times 2 \, (p, \ q$ 자리 바꾸기$) = 14$ 이다.

답 ②

156

먼저 $f(x)$ 의 그래프를 그려보자. (k 가 음수라는 것 조심!)

$x > 1$ 인 그래프만 그린 다음 $x=1$ 대칭시켜주면 된다.
($x \to 2a-x$ 는 $f(x)$ 를 $x=a$ 에 대하여 대칭이동시키는
것이고 여기선 $a=1$ 이다.)

X 는 대칭조건으로 구해보자.
$X + e^{t-k} = 2 \ \Rightarrow \ X = 2 - e^{t-k}$

$$\lim_{t \to f(1)+} \frac{g(t)}{t} = 3$$

여기서 t 가 $f(1)$ 보다 큰 쪽에서 오니까 위 그림처럼
색칠한 선이 t 가 되면 된다.

$g(t)$ 를 구해보자.
밑변 $= e^{t-k} - (2 - e^{t-k}) = 2(e^{t-k} - 1)$, 높이$= t$
$g(t) = t(e^{t-k} - 1)$

$$\lim_{t \to f(1)+} \frac{g(t)}{t} = \lim_{t \to f(1)+} \frac{t\left(e^{t-k}-1\right)}{t} = e^{f(1)-k}-1 = 3$$

$f(1) = -k$ 이므로

$$e^{-2k} = 4 \implies k = -\ln 2$$

이제 t 의 범위에 따라서 case분류해 보자.
위의 상황은 $\ln 2 < t$ 인 상황이었다.

① $\ln 2 < t$

$$g(t) = t\left(e^{t-k}-1\right)$$

이 다음이 중요하다. 출제의도이기도 하다.
t 가 $\ln 2$ 보다 작아지면 어떻게 될까?
t 를 조금만 아래로 평행이동 시켜보자.

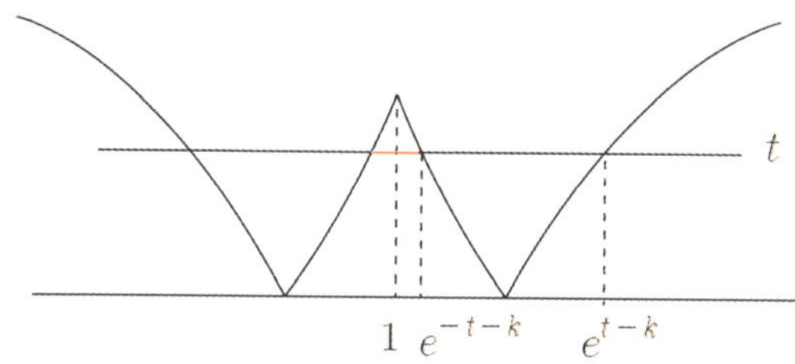

삼각형의 넓이가 최소가 되기 위해서는 밑변의 길이가
제일 짧아야 한다.
위의 그림처럼 빨간색 선분이 밑변이 될 때가 제일 짧다.
($f(x) = t$ 의 서로 다른 실근 중 임의로 2 개를
뽑은 것이 $\alpha,\ \beta$)
대칭성을 이용해서 구해보자.
밑변의 길이 $= 2\left(e^{-t-k}-1\right)$, 높이 $= t$
$\therefore g(t) = t\left(e^{-t-k}-1\right)$

그럼 여기서 의문이 듭니다.
과연 언제까지 $g(t) = t\left(e^{-t-k}-1\right)$ 가 될까?

바로 $2\left(e^{-t-k}-1\right) = e^{t-k}-e^{-t-k}$ 일 때이다.

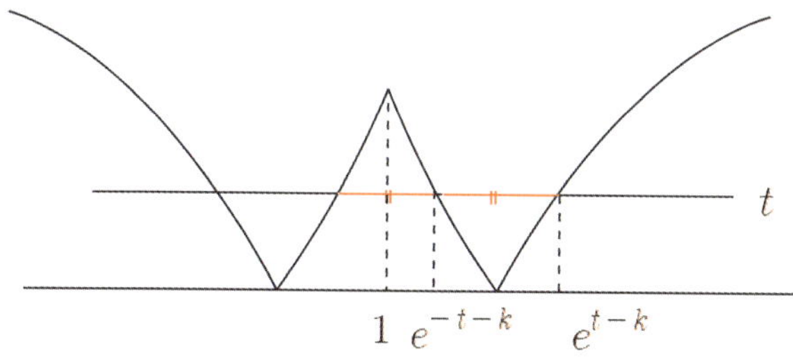

$2\left(e^{-t-k}-1\right) = e^{t-k}-e^{-t-k}$ 될 때 $t = \beta$ 라 하자.

$$3e^{-\beta-k}-2 = e^{\beta-k}$$

$k = -\ln 2$ 을 대입하고 $e^{\beta} = x$ 로 치환하면

$$\frac{6}{x}-2 = 2x \implies x^2+x-3 = 0 \implies x = \frac{-1 \pm \sqrt{13}}{2}$$

$x > 0$ 니까 $e^{\beta} = \dfrac{-1+\sqrt{13}}{2}$

복잡하니까 일단 β 를 사용해보자.

$0 < t \le \ln 2$ 일 때 case분류해 보자.
여기서 조심해야 한다.

$t = \ln 2$ 일 때 $g(t) = t\left(\dfrac{e^{t-k}-1}{2}\right)$ 를 따라가야 한다.

② $t = \ln 2$

$$g(\ln 2) = \ln 2\left(\frac{e^{\ln 2 -k}-1}{2}\right)$$

③ $\beta \le t < \ln 2$

$$g(t) = t\left(e^{-t-k}-1\right)$$

④ $0 < t < \beta$

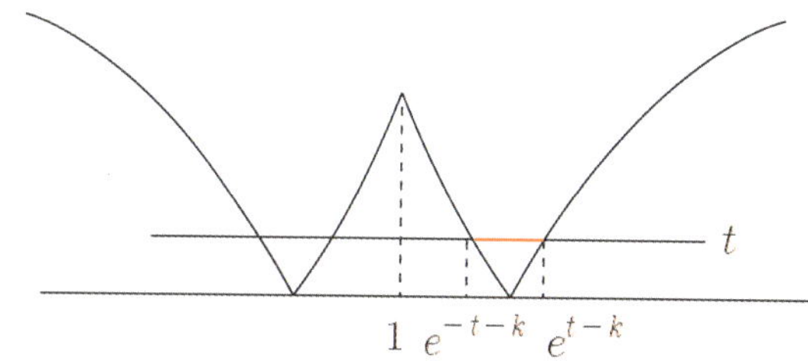

$0 < t < \beta$ 일 때도 마찬가지로 해보면

$$g(t) = t\left(\frac{e^{t-k}-e^{-t-k}}{2}\right)$$

$k = -\ln 2$ 를 대입해서 $g(t)$ 를 구해보면 다음과 같다.

$$g(t) = \begin{cases} t(2e^t-1) & (\ln 2 < t) \\[2mm] \dfrac{3}{2}\ln 2 & (t = \ln 2) \\[2mm] t(2e^{-t}-1) & (\beta \le t < \ln 2) \\[2mm] t(e^t-e^{-t}) & (0 < t < \beta) \end{cases}$$

(나) 조건을 쓰기 위해서 함수 $\dfrac{g(t)}{t}$ 를 구하면

$$\frac{g(t)}{t} = \begin{cases} 2e^t - 1 & (\ln 2 < t) \\[2mm] \dfrac{3}{2} & (t = \ln 2) \\[2mm] 2e^{-t} - 1 & (\beta \le t < \ln 2) \\[2mm] e^t - e^{-t} & (0 < t < \beta) \end{cases}$$

이를 바탕으로 그림을 그려보자.

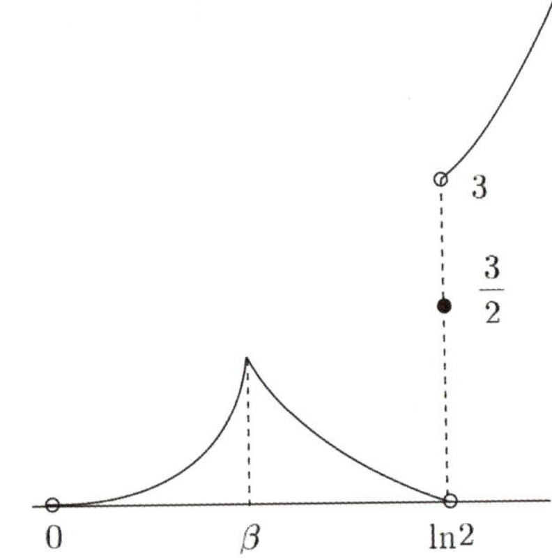

극댓값은 $\dfrac{g(\beta)}{\beta}$ 가 되겠군요~

즉, $p = \dfrac{g(\beta)}{\beta}$

$k = -\ln 2$, $e^{\beta} = \dfrac{-1 + \sqrt{13}}{2}$

$e^{-k} \times p = 2\left(2e^{-\beta} - 1\right) = 2\left(2 \times \dfrac{2}{\sqrt{13}-1} - 1\right)$

$\qquad = \dfrac{2\left(5 - \sqrt{13}\right)}{\sqrt{13}-1} = \dfrac{2}{3}\left(\sqrt{13} - 2\right)$

이므로 $a = 13,\ b = 2$이다.

따라서 $a + b = 15$이다.

 15

적분법

여러 가지 적분법 │ Guide step

1	(1) $\dfrac{5}{7}x^{\frac{7}{5}} + C$ (2) $\dfrac{3}{4}x^{\frac{4}{3}} - \dfrac{1}{2x^4} + C$ (3) $\dfrac{3}{2}x^2 + 5\ln|x| + \dfrac{2}{x} + C$ (4) $x + 4\sqrt{x} + \ln|x| + C$
2	(1) $e^{x-1} - \dfrac{2^{x+1}}{\ln 2} + C$ (2) $\dfrac{4^x}{\ln 4} + \dfrac{2^{x+1}}{\ln 2} + x + C$
3	$f(x) = e^x + 2x^3 + 1$
4	(1) $3\sin x + 5\cos x + C$ (2) $\tan x + \cot x + C$
5	(1) $\tan x + C$ (2) $-\cot x - x + C$
6	$f(x) = \tan x + \sec x - 2$
7	(1) $\dfrac{28}{5} + \dfrac{2}{5}e^5$ (2) 1 (3) $\dfrac{6}{\ln 3}$ (4) $\dfrac{\pi}{3} + \dfrac{\sqrt{3}}{2} - 1$
8	(1) $\dfrac{3}{2}\pi + 4$ (2) $\dfrac{148}{3}$
9	(1) $e + \dfrac{1}{e} - 2$ (2) $2\sqrt{2} - 2$
10	(1) $2\left(x^2 + 1\right)^{\frac{3}{2}} + C$ (2) $e^{x^2} + C$ (3) $\dfrac{1}{3}(\ln x)^3 + C$ (4) $\dfrac{1}{2}\tan^2 x + C$ (5) $\sin x - \dfrac{1}{3}\sin^3 x + C$
11	(1) $\dfrac{1}{3}\ln|3x + 1| + C$ (2) $\dfrac{1}{5}e^{5x-1} + C$
12	(1) $\ln|x^3 + 2| + C$ (2) $\ln|e^x - e^{-x}| + C$ (3) $\ln|\sin x| + C$ (4) $-\ln|x + \cos x| + C$
13	(1) $x + 2\ln|x - 1| + C$ (2) $\ln|x| - \ln|x + 3| + C$ (3) $\dfrac{1}{2}\ln|x - 1| - \dfrac{1}{2}\ln|x + 1| + C$ (4) $\ln|x + 1| + \ln|x + 3| + C$
14	(1) $\dfrac{3}{2}$ (2) $\dfrac{1}{2}$
15	(1) $-\dfrac{1}{2}$ (2) $\dfrac{14}{15}$
16	(1) $-(x + 3)e^{-x} + C$ (2) $\dfrac{x}{4}e^{4x} - \dfrac{1}{16}e^{4x} + C$ (3) $-\dfrac{x\cos 2x}{2} + \dfrac{\sin 2x}{4} + C$ (4) $(3x + 1)\sin x + 3\cos x + C$
17	(1) $\left(x^2 - 2x + 2\right)e^x + C$ (2) $x\left\{(\ln x)^2 - 2\ln x + 2\right\} + C$ (3) $(\ln x)\dfrac{1}{2}x^2 - \dfrac{1}{4}x^2 + C$ (4) $\dfrac{-1 - \ln x}{x} + C$
18	(1) $e + 1$ (2) $\dfrac{3}{16}e^4 + \dfrac{1}{16}$ (3) $\dfrac{\pi}{8} - \dfrac{1}{4}$ (4) $\dfrac{1}{2}\left(e^{\frac{\pi}{2}} + 1\right)$
19	$\dfrac{1}{2}$ (풀이참조)

(1) $\displaystyle\int \sqrt[5]{x^2}\,dx = \int x^{\frac{2}{5}}\,dx = \frac{5}{7}x^{\frac{7}{5}} + C$

(2) $\displaystyle\int \left(\sqrt[3]{x} + \frac{2}{x^5}\right)dx = \int x^{\frac{1}{3}}\,dx + 2\int x^{-5}\,dx$

$\displaystyle\qquad = \frac{3}{4}x^{\frac{4}{3}} - \frac{1}{2}x^{-4} + C$

$\displaystyle\qquad = \frac{3}{4}x^{\frac{4}{3}} - \frac{1}{2x^4} + C$

(3) $\displaystyle\int \frac{3x^3 + 5x - 2}{x^2}\,dx = 3\int x\,dx + 5\int \frac{1}{x}\,dx - 2\int x^{-2}\,dx$

$\displaystyle\qquad = \frac{3}{2}x^2 + 5\ln|x| + \frac{2}{x} + C$

(4) $\displaystyle\int \frac{(\sqrt{x}+1)^2}{x}\,dx = \int \frac{x + 2\sqrt{x} + 1}{x}\,dx$

$\displaystyle\qquad = \int 1\,dx + 2\int \frac{\sqrt{x}}{x}\,dx + \int \frac{1}{x}\,dx$

$\displaystyle\qquad = \int 1\,dx + 2\int x^{-\frac{1}{2}}\,dx + \int \frac{1}{x}\,dx$

$\displaystyle\qquad = x + 4x^{\frac{1}{2}} + \ln|x| + C$

$\displaystyle\qquad = x + 4\sqrt{x} + \ln|x| + C$

> **답**　(1) $\dfrac{5}{7}x^{\frac{7}{5}} + C$　(2) $\dfrac{3}{4}x^{\frac{4}{3}} - \dfrac{1}{2x^4} + C$
>
> (3) $\dfrac{3}{2}x^2 + 5\ln|x| + \dfrac{2}{x} + C$　(4) $x + 4\sqrt{x} + \ln|x| + C$

(1) $\displaystyle\int \left(e^{x-1} - 2^{x+1}\right)dx = \frac{1}{e}\int e^x\,dx - 2\int 2^x\,dx$

$\displaystyle\qquad = e^{x-1} - \frac{2^{x+1}}{\ln 2} + C$

(2) $\displaystyle\int \left(2^x + 1\right)^2\,dx = \int \left(4^x + 2\times 2^x + 1\right)dx$

$\displaystyle\qquad = \frac{4^x}{\ln 4} + \frac{2^{x+1}}{\ln 2} + x + C$

> **답**　(1) $e^{x-1} - \dfrac{2^{x+1}}{\ln 2} + C$　(2) $\dfrac{4^x}{\ln 4} + \dfrac{2^{x+1}}{\ln 2} + x + C$

$f'(x) = e^x + 6x^2$

$f(x) = e^x + 2x^3 + C$

$(0,\ 2)$ 를 지나므로

$2 = 1 + 0 + C \ \Rightarrow\ C = 1$

따라서 $f(x) = e^x + 2x^3 + 1$ 이다.

> **답**　$f(x) = e^x + 2x^3 + 1$

(1) $\displaystyle\int (3\cos x - 5\sin x)\,dx = 3\sin x + 5\cos x + C$

(2) $\displaystyle\int \frac{\sin^2 x - \cos^2 x}{\sin^2 x \cos^2 x}\,dx = \int \left(\frac{1}{\cos^2 x} - \frac{1}{\sin^2 x}\right)dx$

$\displaystyle\qquad = \int (\sec^2 x - \csc^2 x)\,dx$

$\displaystyle\qquad = \tan x + \cot x + C$

> **답**　(1) $3\sin x + 5\cos x + C$
>
> (2) $\tan x + \cot x + C$

(1) $\sin^2 x + \cos^2 x = 1 \ \Rightarrow\ 1 - \sin^2 x = \cos^2 x$ 이므로

$\displaystyle\int \frac{1}{1 - \sin^2 x}\,dx = \int \frac{1}{\cos^2 x}\,dx$

$\displaystyle\qquad = \int \sec^2 x\,dx$

$\displaystyle\qquad = \tan x + C$

(2) $1 + \cot^2 x = \csc^2 x \ \Rightarrow\ \cot^2 x = \csc^2 x - 1$ 이므로

$\displaystyle\int \cot^2 x\,dx = \int (\csc^2 x - 1)\,dx = -\cot x - x + C$

> **답**　(1) $\tan x + C$
>
> (2) $-\cot x - x + C$

$$\sin^2 x + \cos^2 x = 1 \Rightarrow 1 - \sin^2 x = \cos^2 x \text{ 이므로}$$

$$f'(x) = \frac{1}{1-\sin x} = \frac{1+\sin x}{1-\sin^2 x} = \frac{1+\sin x}{\cos^2 x}$$

$$= \frac{1}{\cos^2 x} + \frac{1}{\cos x} \times \frac{\sin x}{\cos x} = \sec^2 x + \sec x \tan x$$

$$f(x) = \tan x + \sec x + C$$

$$f\left(\frac{\pi}{3}\right) = \sqrt{3} \Rightarrow \sqrt{3} + 2 + C = \sqrt{3} \Rightarrow C = -2$$

따라서 $f(x) = \tan x + \sec x - 2$ 이다.

답 $f(x) = \tan x + \sec x - 2$

(1) $\displaystyle\int_1^{e^2} \left(\frac{3}{x} + x\sqrt{x}\right) dx = \int_1^{e^2} \left(\frac{3}{x} + x^{\frac{3}{2}}\right) dx$

$$= \left[3\ln|x| + \frac{2}{5} x^{\frac{5}{2}}\right]_1^{e^2}$$

$$= 6 + \frac{2}{5} e^5 - \left(\frac{2}{5}\right)$$

$$= \frac{28}{5} + \frac{2}{5} e^5$$

(2) $\displaystyle\int_0^{\frac{\pi}{4}} \sec^2 x \, dx = \left[\tan x\right]_0^{\frac{\pi}{4}} = 1 - 0 = 1$

(3) $\displaystyle\int_1^2 3^x \, dx = \left[\frac{3^x}{\ln 3}\right]_1^2 = \frac{9}{\ln 3} - \frac{3}{\ln 3} = \frac{6}{\ln 3}$

(4) $\displaystyle\int_0^{\frac{\pi}{6}} \frac{4 - \sin^2 x}{2 + \sin x} dx = \int_0^{\frac{\pi}{6}} \frac{(2-\sin x)(2+\sin x)}{2+\sin x} dx$

$$= \int_0^{\frac{\pi}{6}} (2 - \sin x) dx$$

$$= \left[2x + \cos x\right]_0^{\frac{\pi}{6}}$$

$$= \frac{\pi}{3} + \frac{\sqrt{3}}{2} - 1$$

답 (1) $\dfrac{28}{5} + \dfrac{2}{5} e^5$ (2) 1

(3) $\dfrac{6}{\ln 3}$ (4) $\dfrac{\pi}{3} + \dfrac{\sqrt{3}}{2} - 1$

(1) $\displaystyle\int_0^{\frac{\pi}{2}} (1 + \cos x)^2 dx + \int_0^{\frac{\pi}{2}} (1 + \sin x)^2 dx$

$$= \int_0^{\frac{\pi}{2}} \{1 + 2\cos x + \cos^2 x + 1 + 2\sin x + \sin^2 x\} dx$$

$$= \int_0^{\frac{\pi}{2}} (3 + 2\cos x + 2\sin x) \, dx$$

$$= \left[3x + 2\sin x - 2\cos x\right]_0^{\frac{\pi}{2}} = \frac{3}{2}\pi + 2 - (-2) = \frac{3}{2}\pi + 4$$

(2) $\displaystyle\int_9^{16} \frac{x-1}{\sqrt{x}+1} dx + \int_9^{16} \frac{x-1}{\sqrt{x}-1} dx$

$$= \int_9^{16} (\sqrt{x} - 1) dx + \int_9^{16} (\sqrt{x} + 1) dx$$

$$= \int_9^{16} 2\sqrt{x} \, dx = \int_9^{16} 2x^{\frac{1}{2}} dx$$

$$= \left[\frac{4}{3} x^{\frac{3}{2}}\right]_9^{16} = \frac{4}{3} \times 64 - \frac{4}{3} \times 27 = \frac{148}{3}$$

답 (1) $\dfrac{3}{2}\pi + 4$ (2) $\dfrac{148}{3}$

(1)
$$y = |e^x - 1|$$
$x < 0$ 일 때, $y = -e^x + 1$
$x \geq 0$ 일 때, $y = e^x - 1$

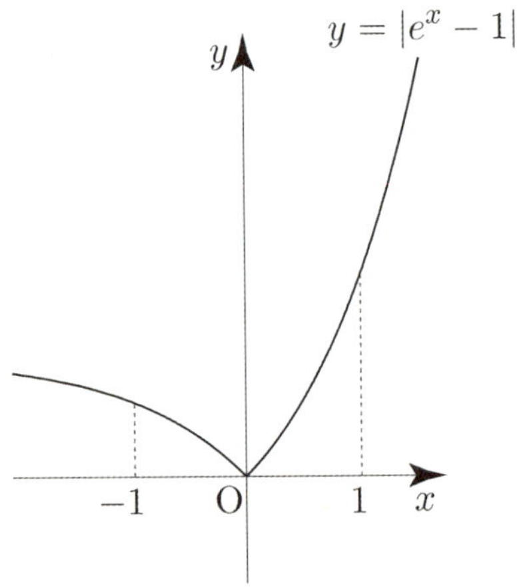

$$\int_{-1}^{1}|e^x-1|\,dx = \int_{-1}^{0}(-e^x+1)\,dx + \int_{0}^{1}(e^x-1)\,dx$$

$$= \left[-e^x+x\right]_{-1}^{0} + \left[e^x-x\right]_{0}^{1}$$

$$= -1-(-e^{-1}-1)+e-1-1$$

$$= e+\frac{1}{e}-2$$

(2)

$0 \le x \le \dfrac{\pi}{4}$ 일 때, $y=|\cos x-\sin x|=\cos x-\sin x$

$\dfrac{\pi}{4} < x \le \dfrac{\pi}{2}$ 일 때, $y=|\cos x-\sin x|=-\cos x+\sin x$

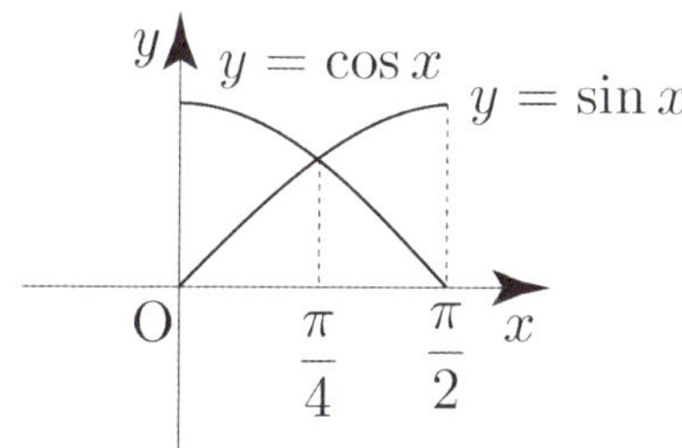

$$\int_{0}^{\frac{\pi}{2}}|\cos x-\sin x|\,dx$$

$$= \int_{0}^{\frac{\pi}{4}}(\cos x-\sin x)\,dx + \int_{\frac{\pi}{4}}^{\frac{\pi}{2}}(-\cos x+\sin x)\,dx$$

$$= \left[\sin x+\cos x\right]_{0}^{\frac{\pi}{4}} + \left[-\sin x-\cos x\right]_{\frac{\pi}{4}}^{\frac{\pi}{2}}$$

$$= \sqrt{2}-1+(-1)-(-\sqrt{2}) = 2\sqrt{2}-2$$

답 (1) $e+\dfrac{1}{e}-2$ (2) $2\sqrt{2}-2$

(1) $x^2+1=t$ 라 하면 $2x=\dfrac{dt}{dx}$ 이므로

$$\int 6x\sqrt{x^2+1}\,dx = \int 3\sqrt{t}\,dt = \int 3t^{\frac{1}{2}}\,dt$$

$$= 2t^{\frac{3}{2}}+C = 2(x^2+1)^{\frac{3}{2}}+C$$

(2) $x^2=t$ 라 하면 $2x=\dfrac{dt}{dx}$ 이므로

$$\int 2x\,e^{x^2}\,dx = \int e^t\,dt = e^t+C = e^{x^2}+C$$

(3) $\ln x=t$ 라 하면 $\dfrac{1}{x}=\dfrac{dt}{dx}$ 이므로

$$\int \frac{(\ln x)^2}{x}\,dx = \int t^2\,dt = \frac{1}{3}t^3+C = \frac{1}{3}(\ln x)^3+C$$

(4) $\tan x=t$ 라 하면 $\sec^2 x=\dfrac{dt}{dx}$ 이므로

$$\int \tan x\sec^2 x\,dx = \int t\,dt = \frac{1}{2}t^2+C = \frac{1}{2}\tan^2 x+C$$

(5) $$\int \cos^3 x\,dx = \int \cos^2 x\times\cos x\,dx$$

$$= \int (1-\sin^2 x)\cos x\,dx$$

$\sin x=t$ 라 하면 $\cos x=\dfrac{dt}{dx}$ 이므로

$$\int (1-\sin^2 x)\cos x\,dx = \int (1-t^2)\,dt = t-\frac{1}{3}t^3+C$$

$$= \sin x-\frac{1}{3}\sin^3 x+C$$

답 (1) $2(x^2+1)^{\frac{3}{2}}+C$ (2) $e^{x^2}+C$

(3) $\dfrac{1}{3}(\ln x)^3+C$

(4) $\dfrac{1}{2}\tan^2 x+C$

(5) $\sin x-\dfrac{1}{3}\sin^3 x+C$

Tip

$\displaystyle\int \sin^2 x\,dx$ 와 $\displaystyle\int \cos^2 x\,dx$ 는 어떻게 구할까?

삼각함수의 덧셈정리를 이용하여 구해보자.
$$\cos 2x = \cos(x+x) = \cos x\cos x-\sin x\sin x$$
$$= 1-2\sin^2 x = 2\cos^2 x-1$$
$$\Rightarrow \sin^2 x = \frac{1-\cos 2x}{2},\ \cos^2 x = \frac{1+\cos 2x}{2}$$
이므로
$$\int \sin^2 x\,dx = \int \frac{1-\cos 2x}{2}\,dx = \frac{1}{2}x-\frac{\sin 2x}{4}+C$$
$$\int \cos^2 x\,dx = \int \frac{1+\cos 2x}{2}\,dx = \frac{1}{2}x+\frac{\sin 2x}{4}+C$$

(1) $3x+1=t$ 라 하면 $3=\dfrac{dt}{dx}$ 이므로

$$\int \frac{1}{3x+1}\,dx = \frac{1}{3}\int \frac{1}{t}\,dt = \frac{1}{3}\ln|t| + C = \frac{1}{3}\ln|3x+1| + C$$

(2) $5x-1=t$ 라 하면 $5=\dfrac{dt}{dx}$ 이므로

$$\int e^{5x-1}\,dx = \int \frac{1}{5}e^{t}\,dt = \frac{1}{5}e^{t} + C = \frac{1}{5}e^{5x-1} + C$$

답 (1) $\dfrac{1}{3}\ln|3x+1| + C$　(2) $\dfrac{1}{5}e^{5x-1} + C$

(1) $x^3+2=t$ 라 하면 $3x^2=\dfrac{dt}{dx}$ 이므로

$$\int \frac{3x^2}{x^3+2}\,dx = \int \frac{1}{t}\,dt = \ln|t| + C = \ln|x^3+2| + C$$

(2) $e^x-e^{-x}=t$ 라 하면 $e^x+e^{-x}=\dfrac{dt}{dx}$ 이므로

$$\int \frac{e^x+e^{-x}}{e^x-e^{-x}}\,dx = \int \frac{1}{t}\,dt = \ln|t| + C = \ln|e^x-e^{-x}| + C$$

(3) $\sin x=t$ 라 하면 $\cos x=\dfrac{dt}{dx}$ 이므로

$$\int \cot x\,dx = \int \frac{\cos x}{\sin x}\,dx = \int \frac{1}{t}\,dt$$
$$= \ln|t| + C = \ln|\sin x| + C$$

(4) $x+\cos x=t$ 라 하면 $1-\sin x=\dfrac{dt}{dx}$

$$\int \frac{-1+\sin x}{x+\cos x}\,dx = \int -\frac{1}{t}\,dt = -\ln|t| + C$$
$$= -\ln|x+\cos x| + C$$

답 (1) $\ln|x^3+2| + C$　(2) $\ln|e^x-e^{-x}| + C$
　　(3) $\ln|\sin x| + C$　(4) $-\ln|x+\cos x| + C$

(1) $\displaystyle\int \frac{x+1}{x-1}\,dx = \int \left(1+\frac{2}{x-1}\right)dx = x+2\ln|x-1| + C$

(2) $\displaystyle\int \frac{3}{x^2+3x}\,dx = \int \frac{3}{x(x+3)}\,dx = \int \left(\frac{1}{x}-\frac{1}{x+3}\right)dx$
$$= \ln|x| - \ln|x+3| + C$$

(3) $\displaystyle\int \frac{1}{x^2-1}\,dx = \int \frac{1}{(x-1)(x+1)}\,dx$
$$= \frac{1}{2}\int \left(\frac{1}{x-1}-\frac{1}{x+1}\right)dx$$
$$= \frac{1}{2}\ln|x-1| - \frac{1}{2}\ln|x+1| + C$$

(4) $\displaystyle\int \frac{2x+4}{x^2+4x+3}\,dx = \int \left(\frac{1}{x+1}+\frac{1}{x+3}\right)dx$
$$= \ln|x+1| + \ln|x+3| + C$$

답 (1) $x+2\ln|x-1| + C$
　　(2) $\ln|x| - \ln|x+3| + C$
　　(3) $\dfrac{1}{2}\ln|x-1| - \dfrac{1}{2}\ln|x+1| + C$
　　(4) $\ln|x+1| + \ln|x+3| + C$

(1) $\ln x=t$ 라 하면 $\dfrac{1}{x}=\dfrac{dt}{dx}$ 이므로

$x=e$ 일 때, $t=1$, $x=e^2$ 일 때, $t=2$

$$\int_{e}^{e^2} \frac{\ln x}{x}\,dx = \int_{1}^{2} t\,dt = \left[\frac{1}{2}t^2\right]_{1}^{2} = \frac{3}{2}$$

(2) $\tan x=t$ 라 하면 $\sec^2 x=\dfrac{dt}{dx}$ 이므로

$x=0$ 일 때, $t=0$, $x=\dfrac{\pi}{4}$ 일 때, $t=1$

$$\int_{0}^{\frac{\pi}{4}} \sec^2 x\tan x\,dx = \int_{0}^{1} t\,dt = \left[\frac{1}{2}t^2\right]_{0}^{1} = \frac{1}{2}$$

답 (1) $\dfrac{3}{2}$　(2) $\dfrac{1}{2}$

(1) $3x-4=t$ 라 하면 $3=\dfrac{dt}{dx}$

$x=0$ 일 때, $t=-4$, $x=1$ 일 때, $t=-1$

$$\int_0^1 -\frac{2}{(3x-4)^2}\,dx = \int_{-4}^{-1}(-2)\times\frac{1}{t^2}\times\frac{1}{3}\,dt = \left[\frac{2}{3t}\right]_{-4}^{-1}$$

$$= \left(-\frac{2}{3}\right)-\left(-\frac{2}{12}\right)=\frac{-6}{12}=-\frac{1}{2}$$

(2) $\sqrt{2-x}=t$ 라 하면 $2-x=t^2$, $-1=2t\times\dfrac{dt}{dx}$

$x=1$ 일 때, $t=1$, $x=2$ 일 때, $t=0$

$$\int_1^2 x\sqrt{2-x}\,dx = \int_1^0 (2-t^2)t\times(-2t)\,dt$$

$$= \int_0^1 (4t^2-2t^4)\,dt = \left[\frac{4}{3}t^3-\frac{2}{5}t^5\right]_0^1$$

$$= \frac{4}{3}-\frac{2}{5}=\frac{14}{15}$$

답 (1) $-\dfrac{1}{2}$ (2) $\dfrac{14}{15}$

(1) [1단계] 왼쪽부터 차례대로 로그, 다항함수, 삼각함수, 지수함수 순으로 배치한다.

$$\int (x+2)e^{-x}\,dx$$

[2단계] 그 적 마 인 미 그 순으로 나열한다.

$$\int (x+2)e^{-x}\,dx = (x+2)(-e^{-x})-\int(-e^{-x})\,dx$$

$$= -(x+2)e^{-x}+\int e^{-x}\,dx$$

$$= -(x+2)e^{-x}-e^{-x}+C$$

$$= -(x+3)e^{-x}+C$$

(2) [1단계] 왼쪽부터 차례대로 로그, 다항함수, 삼각함수, 지수함수 순으로 배치한다.

$$\int x\,e^{4x}\,dx$$

[2단계] 그 적 마 인 미 그 순으로 나열한다.

$$\int x\,e^{4x}\,dx = x\left(\frac{1}{4}e^{4x}\right)-\int\frac{1}{4}e^{4x}\,dx$$

$$= \frac{x}{4}e^{4x}-\frac{1}{16}e^{4x}+C$$

(3) [1단계] 왼쪽부터 차례대로 로그, 다항함수, 삼각함수, 지수함수 순으로 배치한다.

$$\int x\sin 2x\,dx$$

[2단계] 그 적 마 인 미 그 순으로 나열한다.

$$\int x\sin 2x\,dx = x\left(-\frac{\cos 2x}{2}\right)-\int\left(-\frac{\cos 2x}{2}\right)dx$$

$$= -\frac{x\cos 2x}{2}+\frac{\sin 2x}{4}+C$$

(4) [1단계] 왼쪽부터 차례대로 로그, 다항함수, 삼각함수, 지수함수 순으로 배치한다.

$$\int (3x+1)\cos x\,dx$$

[2단계] 그 적 마 인 미 그 순으로 나열한다.

$$\int (3x+1)\cos x\,dx = (3x+1)\sin x - \int 3\sin x\,dx$$

$$= (3x+1)\sin x + 3\cos x + C$$

답 (1) $-(x+3)e^{-x}+C$ (2) $\dfrac{x}{4}e^{4x}-\dfrac{1}{16}e^{4x}+C$

(3) $-\dfrac{x\cos 2x}{2}+\dfrac{\sin 2x}{4}+C$

(4) $(3x+1)\sin x + 3\cos x + C$

(1) $f(x)=x^2$, $g'(x)=e^x$ 라 하면

$f'(x)=2x$, $g(x)=e^x$ 이므로

$$\int x^2 e^x\,dx = x^2 e^x - \int 2x\,e^x\,dx \quad \cdots \ \text{㉠}$$

같은 방법으로 $h(x)=2x$, $k'(x)=e^x$ 라 하면

$h'(x)=2$, $k(x)=e^x$ 이므로

$$\int 2x\,e^x\,dx = 2x\,e^x - \int 2e^x\,dx = 2xe^x - 2e^x + C_1 \quad \cdots \ \text{㉡}$$

㉠에 ㉡을 대입하면

$$\int x^2 e^x\,dx = x^2 e^x - \int 2x\,e^x\,dx$$

$$= x^2 e^x - 2xe^x + 2e^x - C_1$$

$$= (x^2-2x+2)e^x + C$$

(2) $f(x) = (\ln x)^2$, $g'(x) = 1$ 라 하면

$f'(x) = \dfrac{2\ln x}{x}$, $g(x) = x$ 이므로

$$\int (\ln x)^2\, dx = \int (\ln x)^2 \times 1\, dx$$

$$= (\ln x)^2 x - \int \frac{2\ln x}{x} \times x\, dx$$

$$= (\ln x)^2 x - 2\int \ln x\, dx$$

$$= (\ln x)^2 x - 2(x\ln x - x) + C$$

$$= x\{(\ln x)^2 - 2\ln x + 2\} + C$$

(3) $\displaystyle\int x\ln x\, dx$

로다삼지 순으로 다시 배치하면 $\displaystyle\int (\ln x)\times x\, dx$

$f(x) = \ln x$, $g'(x) = x$ 라 하면

$f'(x) = \dfrac{1}{x}$, $g(x) = \dfrac{1}{2}x^2$ 이므로

$$\int (\ln x)\times x\, dx = (\ln x)\frac{1}{2}x^2 - \int \frac{1}{x} \times \frac{1}{2}x^2\, dx$$

$$= (\ln x)\frac{1}{2}x^2 - \int \frac{1}{2}x\, dx$$

$$= (\ln x)\frac{1}{2}x^2 - \frac{1}{4}x^2 + C$$

(4) $f(x) = \ln x$, $g'(x) = \dfrac{1}{x^2}$ 라 하면

$f'(x) = \dfrac{1}{x}$, $g(x) = -\dfrac{1}{x}$ 이므로

$$\int \frac{\ln x}{x^2}\, dx = \int \ln x \times \frac{1}{x^2}\, dx$$

$$= \ln x\left(-\frac{1}{x}\right) - \int \frac{1}{x} \times \left(-\frac{1}{x}\right) dx$$

$$= \ln x\left(-\frac{1}{x}\right) - \int -\frac{1}{x^2}\, dx$$

$$= -\frac{\ln x}{x} - \frac{1}{x} + C$$

$$= \frac{-1-\ln x}{x} + C$$

답

(1) $(x^2 - 2x + 2)e^x + C$

(2) $x\{(\ln x)^2 - 2\ln x + 2\} + C$

(3) $(\ln x)\dfrac{1}{2}x^2 - \dfrac{1}{4}x^2 + C$

(4) $\dfrac{-1-\ln x}{x} + C$

개념 확인문제 18

(1) $f(x) = 2x + 1$, $g'(x) = e^x$ 라 하면

$f'(x) = 2$, $g(x) = e^x$ 이므로

$$\int_0^1 (2x+1)e^x\, dx = \left[(2x+1)e^x\right]_0^1 - \int_0^1 2e^x\, dx$$

$$= 3e - 1 - \left[2e^x\right]_0^1 = 3e - 1 - (2e - 2)$$

$$= e + 1$$

(2) $\displaystyle\int_1^e x^3\ln x\, dx = \int_1^e (\ln x)\times x^3\, dx$

$f(x) = \ln x$, $g'(x) = x^3$ 라 하면

$f'(x) = \dfrac{1}{x}$, $g(x) = \dfrac{1}{4}x^4$ 이므로

$$\int_1^e (\ln x)\times x^3\, dx = \left[(\ln x)\times \frac{1}{4}x^4\right]_1^e - \int_1^e \frac{1}{x} \times \frac{1}{4}x^4\, dx$$

$$= \frac{1}{4}e^4 - \int_1^e \frac{1}{4}x^3\, dx = \frac{1}{4}e^4 - \left[\frac{1}{16}x^4\right]_1^e$$

$$= \frac{1}{4}e^4 - \left(\frac{1}{16}e^4 - \frac{1}{16}\right) = \frac{3}{16}e^4 + \frac{1}{16}$$

(3) $f(x) = x$, $g'(x) = \cos 2x$ 라 하면

$f'(x) = 1$, $g(x) = \dfrac{1}{2}\sin 2x$ 이므로

$$\int_0^{\frac{\pi}{4}} x\cos 2x\,dx = \left[x\left(\frac{\sin 2x}{2} \right) \right]_0^{\frac{\pi}{4}} - \int_0^{\frac{\pi}{4}} \frac{\sin 2x}{2}\,dx$$

$$= \frac{\pi}{8} - \left[-\frac{\cos 2x}{4} \right]_0^{\frac{\pi}{4}} = \frac{\pi}{8} - \frac{1}{4}$$

(4) $\displaystyle\int_0^{\frac{\pi}{2}} e^x \sin x\,dx = \int_0^{\frac{\pi}{2}} (\sin x)\,e^x\,dx$

$f(x) = \sin x,\ g'(x) = e^x$ 라 하면
$f'(x) = \cos x,\ g(x) = e^x$ 이므로

$$\int_0^{\frac{\pi}{2}} (\sin x)e^x\,dx = \left[(\sin x)e^x \right]_0^{\frac{\pi}{2}} - \int_0^{\frac{\pi}{2}} (\cos x)e^x\,dx$$

$$= e^{\frac{\pi}{2}} - \int_0^{\frac{\pi}{2}} (\cos x)\,e^x\,dx \quad \cdots\ \text{㉠}$$

같은 방법으로 $h(x) = \cos x,\ k'(x) = e^x$ 라 하면
$h'(x) = -\sin x,\ k(x) = e^x$ 이므로

$$\int_0^{\frac{\pi}{2}} (\cos x)e^x\,dx = \left[(\cos x)e^x \right]_0^{\frac{\pi}{2}} - \int_0^{\frac{\pi}{2}} (-\sin x)e^x\,dx$$

$$= -1 + \int_0^{\frac{\pi}{2}} (\sin x)e^x\,dx \quad \cdots\ \text{㉡}$$

㉠에 ㉡을 대입하면

$$\int_0^{\frac{\pi}{2}} (\sin x)e^x\,dx = e^{\frac{\pi}{2}} - \int_0^{\frac{\pi}{2}} (\cos x)\,e^x\,dx$$

$$= e^{\frac{\pi}{2}} + 1 - \int_0^{\frac{\pi}{2}} (\sin x)e^x\,dx$$

$$\therefore \int_0^{\frac{\pi}{2}} (\sin x)e^x = \frac{1}{2}\left(e^{\frac{\pi}{2}} + 1 \right)$$

> **Tip**
>
> (4)과 같이 구해야 하는 정적분 값이 다시 등장하여 방정식의 형태로 정적분의 값을 구할 수 있는 경우도 존재함을 기억하자.
>
> $(\sin x)' = \cos x \ \Rightarrow\ (\sin x)'' = -\sin x$
> $(e^x)' = e^x \ \Rightarrow\ (e^x)'' = e^x$

답 (1) $e+1$ (2) $\dfrac{3}{16}e^4 + \dfrac{1}{16}$

(3) $\dfrac{\pi}{8} - \dfrac{1}{4}$ (4) $\dfrac{1}{2}\left(e^{\frac{\pi}{2}} + 1 \right)$

---

(1) 치환적분법

$\sin x = t$ 라 하면 $\dfrac{dt}{dx} = \cos x$ 이고

$x = 0$ 일 때, $t = 0$, $x = \dfrac{\pi}{2}$ 일 때, $t = 1$ 이므로

$$\int_0^{\frac{\pi}{2}} \sin x\cos x\,dx = \int_0^1 t\,dt = \left[\frac{1}{2}t^2 \right]_0^1 = \frac{1}{2}$$

(2) 부분적분법

$f(x) = \sin x,\ g'(x) = \cos x$ 라 하면
$f'(x) = \cos x,\ g(x) = \sin x$ 이므로

$$\int_0^{\frac{\pi}{2}} \sin x\cos x\,dx = \left[\sin x \times \sin x \right]_0^{\frac{\pi}{2}} - \int_0^{\frac{\pi}{2}} \cos x\sin x\,dx$$

$$= 1 - \int_0^{\frac{\pi}{2}} \sin x\cos x\,dx$$

$$\therefore \int_0^{\frac{\pi}{2}} \sin x\cos x\,dx = \frac{1}{2}$$

(3) 삼각함수의 덧셈정리

$\sin 2x = \sin(x+x) = \sin x\cos x + \cos x\sin x = 2\sin x\cos x$
이므로

$$\int_0^{\frac{\pi}{2}} \sin x\cos x\,dx = \int_0^{\frac{\pi}{2}} \frac{1}{2}\sin 2x\,dx = \left[-\frac{1}{4}\cos 2x \right]_0^{\frac{\pi}{2}}$$

$$= \frac{1}{4} - \left(-\frac{1}{4} \right) = \frac{1}{2}$$

> **Tip**
>
> 어떤 정적분 값을 구할 때, 한 가지 방법만 있는 것이 아니라 여러 가지 적분법을 이용하여 정적분 값을 구할 수 있다.

1	8	**24**	60
2	②	**25**	6
3	①	**26**	22
4	③	**27**	①
5	①	**28**	③
6	④	**29**	①
7	③	**30**	20
8	①	**31**	8
9	④	**32**	②
10	⑤	**33**	③
11	③	**34**	⑤
12	4	**35**	16
13	③	**36**	③
14	2	**37**	④
15	⑤	**38**	③
16	②	**39**	9
17	⑤	**40**	145
18	24	**41**	75
19	2	**42**	117
20	①	**43**	④
21	③	**44**	6
22	50	**45**	9
23	⑤		

001

$$\int_1^{25} \frac{1}{\sqrt{x}}\,dx = \int_1^{25} x^{-\frac{1}{2}}\,dx = \left[2x^{\frac{1}{2}}\right]_1^{25}$$

$$= 10 - 2 = 8$$

답 8

002

$$\int_2^{\ln 3e^2} e^{x-2}\,dx = \int_2^{2+\ln 3} e^{x-2}\,dx$$

$$= \left[e^{x-2}\right]_2^{2+\ln 3} = 3 - 1 = 2$$

답 ②

003

$$\int_0^4 (5x+3)\sqrt{x}\,dx = \int_0^4 \left(5x^{\frac{3}{2}} + 3x^{\frac{1}{2}}\right)dx$$

$$= \left[2x^{\frac{5}{2}} + 2x^{\frac{3}{2}}\right]_0^4$$

$$= 64 + 16 = 80$$

답 ①

004

$$\int_0^1 \frac{81^x - 9^x}{9^x - 3^x}\,dx = \int_0^1 \frac{\left(9^x - 3^x\right)\left(9^x + 3^x\right)}{9^x - 3^x}\,dx$$

$$= \int_0^1 \left(9^x + 3^x\right)dx$$

$$= \left[\frac{9^x}{\ln 9} + \frac{3^x}{\ln 3}\right]_0^1$$

$$= \frac{9}{2\ln 3} + \frac{3}{\ln 3} - \left(\frac{1}{2\ln 3} + \frac{1}{\ln 3}\right)$$

$$= \frac{6}{\ln 3}$$

답 ③

$$\sin x = \frac{\sqrt{3}}{2}\ \left(0 < x < \frac{\pi}{2}\right) \Rightarrow x = \frac{\pi}{3}$$

$0 \le x \le \dfrac{\pi}{3}$ 일 때, $\left|\sin x - \dfrac{\sqrt{3}}{2}\right| = -\sin x + \dfrac{\sqrt{3}}{2}$

$\dfrac{\pi}{3} < x \le \dfrac{\pi}{2}$ 일 때, $\left|\sin x - \dfrac{\sqrt{3}}{2}\right| = \sin x - \dfrac{\sqrt{3}}{2}$

$$\int_0^{\frac{\pi}{2}} \left|\sin x - \frac{\sqrt{3}}{2}\right| dx$$

$$= \int_0^{\frac{\pi}{3}} \left(-\sin x + \frac{\sqrt{3}}{2}\right) dx + \int_{\frac{\pi}{3}}^{\frac{\pi}{2}} \left(\sin x - \frac{\sqrt{3}}{2}\right) dx$$

$$= \left[\cos x + \frac{\sqrt{3}}{2}x\right]_0^{\frac{\pi}{3}} + \left[-\cos x - \frac{\sqrt{3}}{2}x\right]_{\frac{\pi}{3}}^{\frac{\pi}{2}}$$

$$= \frac{\sqrt{3}}{3}\pi - \frac{\sqrt{3}}{4}\pi = \frac{\sqrt{3}}{12}\pi$$

답 ①

$x < 2$ 일 때,

$$\frac{x^2 + |x-2| + 1}{x^2} = \frac{x^2 - x + 2 + 1}{x^2} = \frac{x^2 - x + 3}{x^2}$$

$$= 1 - \frac{1}{x} + \frac{3}{x^2}$$

$x \ge 2$ 일 때,

$$\frac{x^2 + |x-2| + 1}{x^2} = \frac{x^2 + x - 2 + 1}{x^2} = \frac{x^2 + x - 1}{x^2}$$

$$= 1 + \frac{1}{x} - \frac{1}{x^2}$$

$$\int_1^3 \frac{x^2 + |x-2| + 1}{x^2} dx$$

$$= \int_1^2 \left(1 - \frac{1}{x} + \frac{3}{x^2}\right) dx + \int_2^3 \left(1 + \frac{1}{x} - \frac{1}{x^2}\right) dx$$

$$= \left[x - \ln|x| - \frac{3}{x}\right]_1^2 + \left[x + \ln|x| + \frac{1}{x}\right]_2^3$$

$$= \frac{10}{3} - 2\ln 2 + \ln 3 = \frac{10}{3} + \ln \frac{3}{4}$$

답 ④

$$f'(x) = \begin{cases} -\dfrac{1}{x^2} & (x > 1) \\ 2e^{x-1} & (x < 1) \end{cases}$$

$$f(x) = \begin{cases} \dfrac{1}{x} + C_1 & (x \ge 1) \\ 2e^{x-1} + C_2 & (x < 1) \end{cases}$$

$f(2) = \dfrac{1}{2}$ 이므로

$$\frac{1}{2} + C_1 = \frac{1}{2} \Rightarrow C_1 = 0$$

$f(x)$ 는 실수 전체의 집합에서 연속이므로
$x = 1$ 에서도 연속이다.

$$\lim_{x \to 1} f(x) = f(1) \Rightarrow 1 = 2 + C_2 \Rightarrow C_2 = -1$$

이므로 $f(x) = \begin{cases} \dfrac{1}{x} & (x \ge 1) \\ 2e^{x-1} - 1 & (x < 1) \end{cases}$

따라서 $\displaystyle\int_0^e f(x)dx = \int_0^1 (2e^{x-1} - 1)dx + \int_1^e \frac{1}{x}dx$

$$= \left[2e^{x-1} - x\right]_0^1 + \left[\ln|x|\right]_1^e$$

$$= 1 - \frac{2}{e} + 1 = 2 - \frac{2}{e}$$

이다.

답 ③

$$f(x) + x f'(x) = 2^x$$

$\{xf(x)\}' = f(x) + xf'(x)$ 이므로
$$\{xf(x)\}' = 2^x$$

$$xf(x) = \frac{2^x}{\ln 2} + C$$

$$f(1) = 0 \Rightarrow C = -\frac{2}{\ln 2}$$

$xf(x) = \dfrac{2^x}{\ln 2} - \dfrac{2}{\ln 2}$ 의 양변에 $x = 2$ 를 대입하면

$$2f(2) = \frac{4}{\ln 2} - \frac{2}{\ln 2} \Rightarrow f(2) = \frac{1}{\ln 2}$$

따라서 $f(2) = \dfrac{1}{\ln 2}$ 이다.

답 ①

009

$$x^3 f'(x) = \cos x - 3x^2 f(x)$$
$$\Rightarrow\ x^3 f'(x) + 3x^2 f(x) = \cos x$$

$\{x^3 f(x)\}' = 3x^2 f(x) + x^3 f'(x)$ 이므로
$$\{x^3 f(x)\}' = \cos x$$
$$x^3 f(x) = \sin x + C$$
$$f(\pi) = 0 \Rightarrow C = 0$$

$x^3 f(x) = \sin x$ 이므로
$$f\left(\frac{\pi}{2}\right) = \frac{8}{\pi^3}$$

$x^3 f'(x) = \cos x - 3x^2 f(x)$ 의 양변에 $x = \dfrac{\pi}{2}$ 를 대입하면

$$\frac{\pi^3}{8} f'\left(\frac{\pi}{2}\right) = -\frac{3}{4}\pi^2 \times \frac{8}{\pi^3} \Rightarrow f'\left(\frac{\pi}{2}\right) = -\frac{48}{\pi^4}$$

따라서 $f'\left(\dfrac{\pi}{2}\right) = -\dfrac{48}{\pi^4}$ 이다.

답 ④

010

$$xf'(x) - f(x) = x^2 \tan^2 x$$
$$\Rightarrow\ \frac{xf'(x) - f(x)}{x^2} = \tan^2 x$$

> **Tip**
>
> $$\frac{3}{\pi} \times f\left(\frac{\pi}{3}\right) = \frac{f\left(\frac{\pi}{3}\right)}{\frac{\pi}{3}}$$ 의 값을 구하는 것으로부터
>
> 몫의 미분법에 대한 힌트를 얻을 수 있다.

$$\left\{\frac{f(x)}{x}\right\}' = \frac{f'(x)x - f(x)}{x^2} \text{ 이므로}$$

$$\left\{\frac{f(x)}{x}\right\}' = \tan^2 x = \sec^2 x - 1$$

이므로

$$\frac{f(x)}{x} = \tan x - x + C$$

$$f\left(\frac{\pi}{4}\right) = \frac{\pi}{4} \Rightarrow C = \frac{\pi}{4}$$

$$\frac{f(x)}{x} = \tan x - x + \frac{\pi}{4}$$

따라서 $\dfrac{3}{\pi} \times f\left(\dfrac{\pi}{3}\right) = \dfrac{f\left(\frac{\pi}{3}\right)}{\frac{\pi}{3}} = \sqrt{3} - \dfrac{\pi}{12}$ 이다.

답 ⑤

011

$\sin x = t$ 라 하면 $\cos x = \dfrac{dt}{dx}$

$x = 0$ 일 때, $t = 0$, $x = \dfrac{\pi}{2}$ 일 때, $t = 1$

$$\int_0^{\frac{\pi}{2}} (\sin^3 x + \sin x) \cos x\, dx = \int_0^1 (t^3 + t)\, dt$$
$$= \left[\frac{1}{4}t^4 + \frac{1}{2}t^2\right]_0^1$$
$$= \frac{1}{4} + \frac{1}{2} = \frac{3}{4}$$

답 ③

012

$$\int_1^a \frac{2}{x^2 + 6x + 8}\, dx = \int_1^a \frac{2}{(x+2)(x+4)}\, dx$$
$$= \int_1^a \left(\frac{1}{x+2} - \frac{1}{x+4}\right) dx$$
$$= \left[\ln|x+2| - \ln|x+4|\right]_1^a$$
$$= \ln \frac{a+2}{a+4} - \ln \frac{3}{5} \quad (\because a > 1)$$
$$= \ln \frac{5a+10}{3a+12} = \ln \frac{5}{4}$$
$$\Rightarrow 20a + 40 = 15a + 60 \Rightarrow 5a = 20$$

따라서 상수 $a=4$ 이다.

답   4

13

$$\frac{1}{1+e^{-2x}}=\frac{e^{2x}}{e^{2x}+1}$$

$e^{2x}+1=t$ 라 하면 $2e^{2x}=\dfrac{dt}{dx}$

$x=0$ 일 때, $t=2$, $x=1$ 일 때, $t=e^2+1$

$$\int_0^1 \frac{1}{1+e^{-2x}}\,dx = \int_0^1 \frac{e^{2x}}{e^{2x}+1}\,dx$$

$$= \int_2^{e^2+1} \frac{1}{2t}\,dt$$

$$= \left[\frac{1}{2}\ln|t|\right]_2^{e^2+1} = \frac{\ln(e^2+1)-\ln 2}{2}$$

$$= \frac{1}{2}\ln\frac{e^2+1}{2}$$

답   ③

14

$\sqrt{\sin x}=t$ 라 하면 $\sin x=t^2$, $\cos x=2t\dfrac{dt}{dx}$

$x=0$ 일 때, $t=0$, $x=\dfrac{\pi}{2}$ 일 때, $t=1$

$$\int_0^{\frac{\pi}{2}} 3\cos x\sqrt{\sin x}\,dx = \int_0^{\frac{\pi}{2}} 3\sqrt{\sin x}\times\cos x\,dx$$

$$= \int_0^1 3\times t\times 2t\,dt = \int_0^1 6t^2\,dt$$

$$= \left[2t^3\right]_0^1 = 2$$

답   2

15

$\sqrt{x+1}=t$ 라 하면 $x+1=t^2$, $\quad 1=2t\dfrac{dt}{dx}$

$x=0$ 일 때, $t=1$, $x=3$ 일 때, $t=2$

$$\int_0^3 \frac{2x-1}{\sqrt{x+1}}\,dx = \int_1^2 \frac{2(t^2-1)-1}{t}\times 2t\,dt$$

$$= \int_1^2 (4t^2-6)\,dt$$

$$= \left[\frac{4}{3}t^3-6t\right]_1^2 = \frac{10}{3}$$

답   ⑤

16

$\dfrac{1}{\sin^2 x}+\dfrac{1}{\cos^2 x}=\dfrac{\cos^2 x+\sin^2 x}{\sin^2 x\cos^2 x}=\dfrac{1}{\sin^2 x\cos^2 x}$ 이므로

$$\int_{\frac{\pi}{4}}^{\frac{\pi}{3}} \frac{1}{\sin^2 x\cos^2 x}\,dx = \int_{\frac{\pi}{4}}^{\frac{\pi}{3}}\left(\frac{1}{\sin^2 x}+\frac{1}{\cos^2 x}\right)dx$$

$$= \int_{\frac{\pi}{4}}^{\frac{\pi}{3}} (\csc^2 x+\sec^2 x)\,dx$$

$$= \left[-\cot x+\tan x\right]_{\frac{\pi}{4}}^{\frac{\pi}{3}} = -\frac{1}{\sqrt{3}}+\sqrt{3}$$

$$= \frac{2\sqrt{3}}{3}$$

답   ②

17

$2-x=t$ 라 하면 $-1=\dfrac{dt}{dx}$

$x=0$ 일 때, $t-2$, $x=2$ 일 때, $t=0$

$$\int_0^2 f(2-x)\,dx = \int_2^0 f(t)\times(-dt) = \int_0^2 f(t)\,dt$$

> **Tip**
>
> $$\int_a^b f(t)\,dt = \int_a^b f(a+b-t)\,dt$$

$$f(x)+f(2-x)=|\cos\pi x|$$

$$\int_0^2 \{f(x)+f(2-x)\}\,dx=\int_0^2 |\cos\pi x|\,dx$$

$$\Rightarrow \int_0^2 f(x)\,dx+\int_0^2 f(2-x)\,dx=\int_0^2 |\cos\pi x|\,dx$$

$$\Rightarrow \int_0^2 f(x)\,dx+\int_0^2 f(x)\,dx=\int_0^2 |\cos\pi x|\,dx$$

$$\therefore \int_0^2 f(x)\,dx=\frac{1}{2}\int_0^2 |\cos\pi x|\,dx=\frac{1}{2}\times 4\int_0^{\frac{1}{2}}\cos\pi x\,dx$$

$$=2\left[\frac{1}{\pi}\sin\pi x\right]_0^{\frac{1}{2}}$$

$$=2\times\frac{1}{\pi}$$

$$=\frac{2}{\pi}$$

답 ⑤

$e^{2x}=t$ 라 하면 $2e^{2x}=\dfrac{dt}{dx}$

$x=0$ 일 때, $t=1$, $x=1$ 일 때, $t=e^2$

$$\int_0^1 f(e^{2x})\,dx=\int_1^{e^2} f(t)\times\frac{1}{2t}\,dt=\frac{1}{2}\int_1^{e^2}\frac{f(t)}{t}\,dt=12$$

따라서 $\displaystyle\int_1^{e^2}\frac{f(x)}{x}\,dx=24$ 이다.

답 24

$\sin x=t$ 라 하면 $\cos x=\dfrac{dt}{dx}$

$x=\dfrac{\pi}{6}$ 일 때, $t=\dfrac{1}{2}$, $x=\dfrac{\pi}{2}$ 일 때, $t=1$

$$\int_{\frac{\pi}{6}}^{\frac{\pi}{2}} 2\cos x\{\ln(\sin x)\}\,dx=2\int_{\frac{1}{2}}^1 \ln t\,dt$$

$$=2\left[t\ln t-t\right]_{\frac{1}{2}}^1$$

$$=2\left\{-1-\left(-\frac{1}{2}\ln 2-\frac{1}{2}\right)\right\}$$

$$=2\left(-\frac{1}{2}+\frac{1}{2}\ln 2\right)$$

$$=-1+\ln 2=k$$

따라서 $e^{k+1}=e^{\ln 2}=2$ 이다.

답 2

$$\{f(x)\}^2 f'(x)=\frac{3x}{x^2+1}$$

$$\{f(x)^3\}'=3\{f(x)\}^2 f'(x) \Rightarrow \frac{1}{3}\{f(x)^3\}'=\{f(x)\}^2 f'(x)$$

이므로

$$\frac{1}{3}\{f(x)^3\}'=\frac{3x}{x^2+1} \Rightarrow \{f(x)^3\}'=\frac{9x}{x^2+1}$$

$$\{f(x)^3\}'=\frac{9x}{x^2+1}=\frac{9}{2}\times\frac{2x}{x^2+1}$$

$$\{f(x)\}^3=\frac{9}{2}\ln|x^2+1|+C=\frac{9}{2}\ln(x^2+1)+C$$

$$f(0)=0 \Rightarrow C=0 \text{이므로} \{f(x)\}^3=\frac{9}{2}\ln(x^2+1)$$

$$\int_0^2 x\{f(x)\}^3\,dx=\frac{9}{2}\int_0^2 x\ln(x^2+1)\,dx$$

$x^2+1=t$ 라 하면 $2x=\dfrac{dt}{dx}$

$x=0$ 일 때, $t=1$, $x=2$ 일 때, $t=5$

$$\frac{9}{2}\int_0^2 x\ln(x^2+1)\,dx=\frac{9}{4}\int_1^5 \ln t\,dt$$

$$=\frac{9}{4}\left[t\ln t-t\right]_1^5$$

$$=\frac{9}{4}(5\ln 5-4)$$

답 ①

021

$\ln x = t$ 라 하면 $x = e^t$, $1 = e^t \dfrac{dt}{dx}$

$x = e$ 일 때, $t = 1$, $x = e^2$ 일 때, $t = 2$

$$\int_e^{e^2} f(\ln x)\,dx = \int_1^2 f(t) \times e^t\,dt = \int_1^2 e^t f(t)\,dt = 1$$

$e^x f(x) = h(x)$ 라 하면

$e^{x+1}f(x+1) - e^x f(x) = \dfrac{1}{x^2}$

$h(x+1) - h(x) = \dfrac{1}{x^2}$ 의 양변을 적분하면

$H(x+1) - H(x) = -\dfrac{1}{x} + C$ 이므로

$$H(2) - H(1) = \int_1^2 h(x)\,dx = \int_1^2 e^x f(x)\,dx = -1 + C$$

$\Rightarrow \ -1 + C = 1 \ \Rightarrow \ C = 2$

$$\int_1^4 e^x f(x)\,dx = \int_1^4 h(x)\,dx = H(4) - H(1)$$ 이므로

$H(4) - H(1)$ 만 구하면 된다.

$$H(x+1) - H(x) = -\dfrac{1}{x} + 2$$

$H(2) - H(1) = -1 + 2 = 1$

$H(3) - H(2) = -\dfrac{1}{2} + 2 = \dfrac{3}{2}$

$H(4) - H(3) = -\dfrac{1}{3} + 2 = \dfrac{5}{3}$

위 식을 모두 더해서 정리하면

$$H(4) - H(1) = 1 + \dfrac{3}{2} + \dfrac{5}{3} = \dfrac{6+9+10}{6} = \dfrac{25}{6}$$

따라서 $\displaystyle\int_1^4 e^x f(x)\,dx = \dfrac{25}{6}$ 이다.

답 ③

022

$f(x)$ 의 역함수는 $g(x)$ 이므로 다음이 성립한다.

$f(g(x)) = x$

양변을 미분하면

$g'(x) f'(g(x)) = 1 \ \Rightarrow \ g'(x) = \dfrac{1}{f'(g(x))}$ 이므로

$$\int_1^2 \dfrac{\sin(g(x))}{f'(g(x))}\,dx = \int_1^2 g'(x)\sin(g(x))\,dx$$

$g(x) = t$ 라 하면 $g'(x) = \dfrac{dt}{dx}$

$f(0) = 1$, $f\left(\dfrac{\pi}{3}\right) = 2 \ \Rightarrow \ g(1) = 0$, $g(2) = \dfrac{\pi}{3}$

$x = 1$ 일 때, $t = 0$, $x = 2$ 일 때, $t = \dfrac{\pi}{3}$

$$\int_1^2 g'(x)\sin(g(x))\,dx = \int_0^{\frac{\pi}{3}} \sin t\,dt$$

$$= \left[-\cos t \right]_0^{\frac{\pi}{3}}$$

$$= -\dfrac{1}{2} - (-1) = \dfrac{1}{2} = k$$

따라서 $100k = 100 \times \dfrac{1}{2} = 50$ 이다.

답 50

023

$$\int_1^e x^2(1 + \ln x)\,dx = \int_1^e x^2\,dx + \int_1^e x^2 \ln x\,dx$$

$$= \left[\dfrac{1}{3}x^3 \right]_1^e + \int_1^e x^2 \ln x\,dx$$

$$= \dfrac{1}{3}e^3 - \dfrac{1}{3} + \int_1^e x^2 \ln x\,dx$$

$$\int_1^e x^2 \ln x\,dx = \int_1^e (\ln x) \times x^2\,dx$$

$f(x) = \ln x$, $g'(x) = x^2$ 라 하면

$f'(x) = \dfrac{1}{x}$, $g(x) = \dfrac{1}{3}x^3$ 이므로

$$\int_1^e (\ln x) \times x^2\,dx = \left[(\ln x) \times \dfrac{1}{3}x^3 \right]_1^e - \int_1^e \dfrac{1}{x} \times \dfrac{1}{3}x^3\,dx$$

$$= \dfrac{1}{3}e^3 - \int_1^e \dfrac{1}{3}x^2\,dx$$

$$= \dfrac{1}{3}e^3 - \left[\dfrac{1}{9}x^3 \right]_1^e$$

$$= \dfrac{1}{3}e^3 - \left(\dfrac{1}{9}e^3 - \dfrac{1}{9} \right)$$

$$= \dfrac{2}{9}e^3 + \dfrac{1}{9}$$

따라서 $\displaystyle\int_{1}^{e} x^2(1+\ln x)\,dx = \frac{1}{3}e^3 - \frac{1}{3} + \frac{2}{9}e^3 + \frac{1}{9}$

$$= \frac{5}{9}e^3 - \frac{2}{9}$$

이다.

답 ⑤

024

$x^2 = t$ 라 하면 $2x = \dfrac{dt}{dx}$

$x = 1$ 일 때, $t = 1$, $x = a$ 일 때, $t = a^2$

$$\int_{1}^{a} x^3 e^{x^2}\,dx = \int_{1}^{a} \frac{1}{2}x^2 e^{x^2} \times 2x\,dx$$

$$= \int_{1}^{a^2} \frac{1}{2}t e^t\,dt$$

$f(t) = \dfrac{1}{2}t$, $g'(t) = e^t$ 라 하면

$f'(t) = \dfrac{1}{2}$, $g(t) = e^t$ 이므로

$$\int_{1}^{a^2} \frac{1}{2}t e^t\,dt = \left[\frac{1}{2}t e^t\right]_{1}^{a^2} - \int_{1}^{a^2} \frac{1}{2}e^t\,dt$$

$$= \frac{1}{2}a^2 e^{a^2} - \frac{1}{2}e - \left[\frac{1}{2}e^t\right]_{1}^{a^2}$$

$$= \frac{1}{2}a^2 e^{a^2} - \frac{1}{2}e - \frac{1}{2}e^{a^2} + \frac{1}{2}e$$

$$= \frac{1}{2}a^2 e^{a^2} - \frac{1}{2}e^{a^2} = \frac{1}{2}e^{a^2}(a^2 - 1)$$

$$= \frac{5}{8}e^{a^2}$$

$\Rightarrow \dfrac{a^2 - 1}{2} = \dfrac{5}{8} \Rightarrow 4a^2 = 9 \Rightarrow a = \dfrac{3}{2}$ $(\because a > 1)$

따라서 $40a = 40 \times \dfrac{3}{2} = 60$ 이다.

답 60

025

$$\int_{0}^{\frac{\pi}{4}} \frac{x}{\cos^2 x}\,dx = \int_{0}^{\frac{\pi}{4}} x \sec^2 x\,dx$$

$f(x) = x$, $g'(x) = \sec^2 x$ 라 하면

$f'(x) = 1$, $g(x) = \tan x$ 이므로

$$\int_{0}^{\frac{\pi}{4}} x \sec^2 x\,dx = \left[x \tan x\right]_{0}^{\frac{\pi}{4}} - \int_{0}^{\frac{\pi}{4}} \tan x\,dx$$

$$= \frac{\pi}{4} + \int_{0}^{\frac{\pi}{4}} \frac{-\sin x}{\cos x}\,dx$$

$$= \frac{\pi}{4} + \left[\ln|\cos x|\right]_{0}^{\frac{\pi}{4}}$$

$$= \frac{\pi}{4} + \ln\frac{1}{\sqrt{2}} = \frac{\pi}{4} - \frac{1}{2}\ln 2 = \frac{\pi}{a} - \frac{1}{b}\ln 2$$

따라서 $a + b = 4 + 2 = 6$ 이다.

답 6

026

$2x - 1 = t$ 라 하면 $x = \dfrac{1}{2}(t+1)$, $1 = \dfrac{1}{2} \times \dfrac{dt}{dx}$ 이고

$x = 1$ 일 때, $t = 1$, $x = 2$ 일 때, $t = 3$

$$\int_{1}^{2} x f'(2x-1)\,dx = \int_{1}^{3} \frac{1}{4}(t+1) f'(t)\,dt$$

$$= \left[\frac{1}{4}(t+1) f(t)\right]_{1}^{3} - \int_{1}^{3} \frac{1}{4}f(t)\,dt$$

$$= f(3) - \frac{1}{2}f(1) - \frac{1}{4}\int_{1}^{3} f(t)\,dt$$

$f(1) + 1 = 2f(3) \Rightarrow 2f(3) - f(1) = 1$ 이므로

$$\int_{1}^{2} x f'(2x-1)\,dx = f(3) - \frac{1}{2}f(1) - \frac{1}{4}\int_{1}^{3} f(t)\,dt$$

$$= \frac{1}{2} - \frac{1}{4}\int_{1}^{3} f(t)\,dt$$

$$= -5$$

$\Rightarrow -\dfrac{1}{4}\displaystyle\int_{1}^{3} f(t)\,dt = -\dfrac{11}{2} \Rightarrow \int_{1}^{3} f(t)\,dt = 22$

따라서 $\displaystyle\int_{1}^{3} f(x)\,dx = 22$ 이다.

답 22

$f'(x)$ 를 적분하여 $f(x)$ 를 구하기도 어렵고,
치환적분법도 아닌 것 같다.

어떻게 **(나)** 조건을 이용할 수 있을까?

$\ln x$ 를 적분하는 방법과 마찬가지로
$f(x) = f(x) \times 1$ 로 변형하여 구해보자.

$g'(x) = 1$ 라 하면 $g(x) = x$

$$\int_0^1 f(x)\,dx = \int_0^1 f(x) \times 1\,dx$$

$$= \left[f(x) \times x \right]_0^1 - \int_0^1 f'(x) \times x\,dx$$

$$= f(1) - \int_0^1 f'(x) \times x\,dx$$

$$= f(1) - \int_0^1 \ln(x^2+1) \times x\,dx$$

$x^2+1 = t$ 라 하면 $2x = \dfrac{dt}{dx}$

$x = 0$ 일 때, $t = 1$, $x = 1$ 일 때, $t = 2$

$$\int_0^1 \ln(x^2+1) \times x\,dx = \frac{1}{2}\int_1^2 \ln t\,dt$$

$$= \frac{1}{2}\left[t\ln t - t \right]_1^2$$

$$= \ln 2 - \frac{1}{2}$$

이므로

$$\int_0^1 f(x)\,dx = f(1) - \int_0^1 \ln(x^2+1) \times x\,dx$$

$$= f(1) - \ln 2 + \frac{1}{2}$$

$$= \frac{1}{2}$$

$\Rightarrow f(1) = \ln 2$

따라서 $f(1) = \ln 2$ 이다.

답 ①

$$\int_0^1 g'(x)\ln(f(x))\,dx$$

$$= \int_0^1 \ln(f(x)) \times g'(x)\,dx$$

$$= \left[\ln(f(x)) \times g(x) \right]_0^1 - \int_0^1 \frac{f'(x)}{f(x)} \times g(x)\,dx$$

$\dfrac{g(x)}{f(x)} = x^2 - x \Rightarrow g(1) = g(0) = 0$ 이므로

$$\left[\ln(f(x)) \times g(x) \right]_0^1 = g(1)\ln(f(1)) - g(0)\ln(f(0))$$

$$= 0$$

$\displaystyle\int_0^1 f(x)\,dx = \frac{4}{3}$ 이므로

$$\int_0^1 \frac{f'(x)}{f(x)} \times g(x)\,dx = \int_0^1 (x^2 - x)f'(x)\,dx$$

$$= \left[(x^2 - x)f(x) \right]_0^1 - \int_0^1 (2x-1)f(x)\,dx$$

$$= -2\int_0^1 xf(x)\,dx + \int_0^1 f(x)\,dx$$

$$= -2\int_0^1 xf(x)\,dx + \frac{4}{3}$$

$$\int_0^1 g'(x)\ln(f(x))\,dx = -\int_0^1 \frac{f'(x)}{f(x)} \times g(x)\,dx$$

$$= 2\int_0^1 xf(x)\,dx - \frac{4}{3} = \frac{1}{6}$$

따라서 $\displaystyle\int_0^1 xf(x)\,dx = \frac{1}{2}\left(\frac{1}{6} + \frac{4}{3} \right) = \frac{3}{4}$ 이다.

답 ③

029

(가) $f(1)=0$, $g(1)=4$

$\Rightarrow g(0)=1$, $f(4)=1$

(나) $\displaystyle\int_0^1 e^{g(x)}dx=\int_1^4 2e^x f(x)dx$

$x=f(t)$ 라 하면 $1=f'(t)\dfrac{dt}{dx}$

$x=0$ 일 때, $t=1$, $x=1$ 일 때, $t=4$

$\displaystyle\int_0^1 e^{g(x)}dx=\int_1^4 e^{g(f(t))}f'(t)dt$

$\displaystyle\qquad\qquad=\int_1^4 e^t f'(t)dt$

$\displaystyle\qquad\qquad=\left[e^t f(t)\right]_1^4-\int_1^4 e^t f(t)dt$

$\displaystyle\qquad\qquad=e^4 f(4)-ef(1)-\int_1^4 e^t f(t)dt$

$\displaystyle\qquad\qquad=e^4-\int_1^4 e^t f(t)dt=2\int_1^4 e^t f(t)dt$

$\Rightarrow e^4=3\displaystyle\int_1^4 e^t f(t)dt$

따라서 $\displaystyle\int_1^4 e^x f(x)dx=\dfrac{e^4}{3}$ 이다.

답 ①

$\displaystyle\lim_{x\to 2}\frac{1}{x-2}\int_4^{x^2}f(t)dt=\lim_{x\to 2}\frac{F(x^2)-F(4)}{x-2}$

$\displaystyle\qquad\qquad=\lim_{x\to 2}\frac{F(x^2)-F(4)}{x^2-4}\times(x+2)$

$\displaystyle\qquad\qquad=F'(4)\times 4=f(4)\times 4$

$\displaystyle\qquad\qquad=(1+4)\times 4=20$

답 20

$\displaystyle\lim_{x\to 0}\frac{\displaystyle\int_{2x}^{4x}f(t)dt}{x}$

$\displaystyle=\lim_{x\to 0}\frac{F(4x)-F(2x)}{x}$

$\displaystyle=\lim_{x\to 0}\frac{F(4x)-F(0)-F(2x)+F(0)}{x}$

$\displaystyle=\lim_{x\to 0}\frac{F(4x)-F(0)}{4x}\times 4-\lim_{x\to 0}\frac{F(2x)-F(0)}{2x}\times 2$

$=4F'(0)-2F'(0)=2F'(0)=2f(0)$

$=2\times 4=8$

답 8

$f(x)=(\ln x)^2-\displaystyle\int_1^e \frac{f(t)}{t}dt$ 의 양변에 $\dfrac{1}{x}$ 을 곱하면

$\dfrac{f(x)}{x}=\dfrac{(\ln x)^2}{x}-\dfrac{1}{x}\displaystyle\int_1^e \frac{f(t)}{t}dt$

이때 $\displaystyle\int_1^e \frac{f(t)}{t}dt=a$ 라 하면

$\displaystyle\int_1^e \frac{f(x)}{x}dx=\int_1^e \frac{(\ln x)^2}{x}dx-a\int_1^e \frac{1}{x}dx$

$\Rightarrow a=\displaystyle\int_1^e \frac{(\ln x)^2}{x}dx-a\left[\ln|x|\right]_1^e$

$\Rightarrow a=\displaystyle\int_1^e \frac{(\ln x)^2}{x}dx-a$

$\Rightarrow a=\dfrac{1}{2}\displaystyle\int_1^e \frac{(\ln x)^2}{x}dx$

$\ln x=s$ 라 하면 $\dfrac{1}{x}=\dfrac{ds}{dx}$

$x=1$ 일 때, $s=0$, $x=e$ 일 때, $s=1$

$\displaystyle\int_1^e \frac{(\ln x)^2}{x}dx=\int_0^1 s^2 ds=\left[\dfrac{1}{3}s^3\right]_0^1=\dfrac{1}{3}$ 이므로

$a=\dfrac{1}{6}$ 이다.

따라서 $\displaystyle\int_1^e \frac{f(t)}{t}dt=\dfrac{1}{6}$ 이다.

답 ②

033

$$\int_0^{3x} f(t)dt = \sin ax + ax^2 + a - 2$$

양변에 $x = 0$ 을 대입하면

$$0 = a - 2 \;\Rightarrow\; a = 2$$

$$\int_0^{3x} f(t)dt = \sin 2x + 2x^2$$

$$F(3x) - F(0) = \sin 2x + 2x^2$$

양변을 x 에 대해 미분하면

$$3f(3x) = 2\cos 2x + 4x$$

양변에 $x = \dfrac{\pi}{4}$ 를 대입하면

$$3f\left(\dfrac{3}{4}\pi\right) = 2\cos\dfrac{\pi}{2} + \pi = \pi$$

따라서 $f\left(\dfrac{3}{4}\pi\right) = \dfrac{\pi}{3}$ 이다.

답 ③

034

$$xf(x) = 2^x - k + \int_0^x t f'(t)dt$$

양변에 $x = 0$ 을 대입하면

$$0 = 1 - k \;\Rightarrow\; k = 1$$

$$xf(x) = 2^x - 1 + \int_0^x t f'(t)dt$$

양변을 x 에 대해 미분하면

$$f(x) + xf'(x) = 2^x \ln 2 + xf'(x)$$

$$\Rightarrow f(x) = 2^x \ln 2$$

따라서
$$\int_0^k x f(x)dx = \ln 2 \int_0^1 x \, 2^x dx$$
$$= \ln 2 \left[x\left(\dfrac{2^x}{\ln 2}\right)\right]_0^1 - \ln 2 \int_0^1 \dfrac{2^x}{\ln 2}dx$$
$$= 2 - \left[\dfrac{2^x}{\ln 2}\right]_0^1 = 2 - \dfrac{1}{\ln 2}$$

이다.

답 ⑤

035

$$\int_1^x (x-t)f(t)dt = e^{2x-2} + ax^2 + bx + 3$$

$$x\int_1^x f(t)dt - \int_1^x t f(t)dt = e^{2x-2} + ax^2 + bx + 3$$

양변에 $x = 1$ 을 대입하면

$$0 = 1 + a + b + 3 \;\Rightarrow\; a + b = -4$$

$$x\int_1^x f(t)dt - \int_1^x t f(t)dt = e^{2x-2} + ax^2 + bx + 3$$

양변을 x 에 대해 미분하면

$$\int_1^x f(t)dt + xf(x) - xf(x) = 2e^{2x-2} + 2ax + b$$

$$\int_1^x f(t)dt = 2e^{2x-2} + 2ax + b$$

양변에 $x = 1$ 을 대입하면

$$0 = 2 + 2a + b \;\Rightarrow\; 2a + b = -2$$

$$a + b = -4,\; 2a + b = -2 \;\Rightarrow\; a = 2,\; b = -6$$

$$\int_1^x f(t)dt = 2e^{2x-2} + 4x - 6$$

양변을 x 에 대해 미분하면

$$f(x) = 4e^{2x-2} + 4$$
$$f(1) = 8$$

따라서 $a - b + f(1) = 2 - (-6) + 8 = 16$ 이다.

답 16

036

$$f(x) + \int_{\frac{\pi}{2}}^x f(t)e^{x-t}dt = \sin 3x$$

$$f(x) + e^x \int_{\frac{\pi}{2}}^x f(t)e^{-t}dt = \sin 3x$$

양변에 $x = \dfrac{\pi}{2}$ 를 대입하면

$$f\left(\dfrac{\pi}{2}\right) = \sin\dfrac{3}{2}\pi = -1$$

정적분으로 정의된 함수 $\displaystyle\int_a^x f(t)dt$ 를 x 에 대해 미분할 때는
$f(t)$ 안의 식에 x 가 포함되어 있는지 주의해야 한다.
만약 문자 x 가 포함된 경우에는 x 를 $\displaystyle\int$ 앞에 위치시키고
곱의 미분법을 이용하여 미분한다.

cf 2026 규토 라이트 N제 수2 부정적분과 정적분
[예제 9] tip 참고)

$$f(x) + e^x \int_{\frac{\pi}{2}}^x f(t)e^{-t}dt = \sin 3x$$

양변을 x 에 대해 미분하면

$$f'(x) + e^x \int_{\frac{\pi}{2}}^x f(t)e^{-t}dt + e^x \times f(x)e^{-x} = 3\cos 3x$$

$$\Rightarrow f'(x) + e^x \int_{\frac{\pi}{2}}^x f(t)e^{-t}dt + f(x) = 3\cos 3x$$

이때, $f(x) + e^x \displaystyle\int_{\frac{\pi}{2}}^x f(t)e^{-t}dt = \sin 3x$ 이므로

$$f'(x) = 3\cos 3x - \sin 3x$$

$$f(x) = \sin 3x + \frac{1}{3}\cos 3x + C$$

$$f\left(\frac{\pi}{2}\right) = -1 \Rightarrow -1 + C = -1 \Rightarrow C = 0$$

$$f(x) = \sin 3x + \frac{1}{3}\cos 3x$$

따라서 $\displaystyle\int_0^{\frac{\pi}{4}} f(x)\,dx = \int_0^{\frac{\pi}{4}} \left(\sin 3x + \frac{1}{3}\cos 3x\right)dx$

$$= \left[-\frac{1}{3}\cos 3x + \frac{1}{9}\sin 3x \right]_0^{\frac{\pi}{4}}$$

$$= \frac{\sqrt{2}}{6} + \frac{\sqrt{2}}{18} - \left(-\frac{1}{3}\right)$$

$$= \frac{2\sqrt{2}}{9} + \frac{1}{3} = \frac{2\sqrt{2}+3}{9}$$

이다.

답 ③

037

$tx + 1 = s$ 라 하면 $x = \dfrac{s-1}{t}$, $t = \dfrac{ds}{dx}$

$x = 0$ 일 때, $s = 1$, $x = 2$ 일 때, $s = 2t+1$

$$\int_0^2 x\,f(tx+1)dx = \int_1^{2t+1} \frac{s-1}{t} f(s) \times \frac{1}{t}ds$$

$$= \frac{1}{t^2}\int_1^{2t+1}(s-1)f(s)ds$$

$$= 4te^t$$

$$\Rightarrow \int_1^{2t+1}(s-1)f(s)ds = 4t^3 e^t$$

$g(s) = (s-1)f(s)$ 라 하면

$$\int_1^{2t+1} g(s)\,ds = 4t^3 e^t$$

$$G(2t+1) - G(1) = 4t^3 e^t$$

양변을 t 에 대하여 미분하면

$$2g(2t+1) = 12t^2 e^t + 4t^3 e^t$$

$$\Rightarrow g(2t+1) = (6t^2 + 2t^3)e^t$$

$$\Rightarrow 2t\,f(2t+1) = (6t^2 + 2t^3)e^t$$

$$\therefore f(2t+1) = (3t + t^2)e^t$$

$$2t+1 = 5 \Rightarrow t = 2$$

$$2t+1 = -3 \Rightarrow t = -2$$

이므로

$$f(5) = (6+4)e^2 = 10e^2$$

$$f(-3) = (-6+4)e^{-2} = -2e^{-2}$$

따라서 $f(5) \times f(-3) = 10e^2 \times (-2e^{-2}) = -20$ 이다.

답 ④

$$f(x) = \int_0^x \frac{2t-3}{t^2-3t+4}\,dt$$

$$f(0)=0,\ f'(x)=\frac{2x-3}{x^2-3x+4}$$

Semi 도함수 $f'(x)=2x-3$

$$f'\!\left(\frac{3}{2}\right)=0 \ \Rightarrow\ x=\frac{3}{2}\ \text{에서 극소이자, 최소이다.}$$

$$f\!\left(\frac{3}{2}\right)=\int_0^{\frac{3}{2}} \frac{2t-3}{t^2-3t+4}\,dt$$

$$=\Big[\ln\big|t^2-3t+4\big|\Big]_0^{\frac{3}{2}}=\ln\!\left(\frac{7}{4}\right)-\ln 4$$

$$=\ln\frac{7}{16}$$

따라서 최솟값은 $\ln\dfrac{7}{16}$ 이다.

답   ③

$$f(x)=\int_0^x \frac{1}{e^{t^2+1}}\,dt$$

$$f(0)=0,\ f'(x)=\frac{1}{e^{x^2+1}}$$

$$f(a)=3$$

$$\int_0^a \frac{\{f(x)\}^2}{e^{x^2+1}}\,dx = \int_0^a f'(x)\,\{f(x)\}^2\,dx$$

$$=\left[\frac{\{f(x)\}^3}{3}\right]_0^a$$

$$=\frac{\{f(a)\}^3}{3}-\frac{\{f(0)\}^3}{3}$$

$$=\frac{27}{3}-0=9$$

답   9

$$f(x)=\int_x^{x+\ln 2}\big|e^t-2\big|\,dt \ \text{라 하자.}$$

(New함수 Technique)

$g(t)=\big|e^t-2\big|$ 라 하면

$$f(x)=\int_x^{x+\ln 2} g(t)\,dt$$

$$=G(x+\ln 2)-G(x)$$

$$f'(x)=g(x+\ln 2)-g(x)$$

$$=\big|e^{x+\ln 2}-2\big|-\big|e^x-2\big|$$

두 함수 $y=\big|e^{x+\ln 2}-2\big|,\ y=\big|e^x-2\big|$ 의 그래프를 이용하여 빼기함수 Technique으로 $f'(x)$ 의 부호를 처리해 보자.

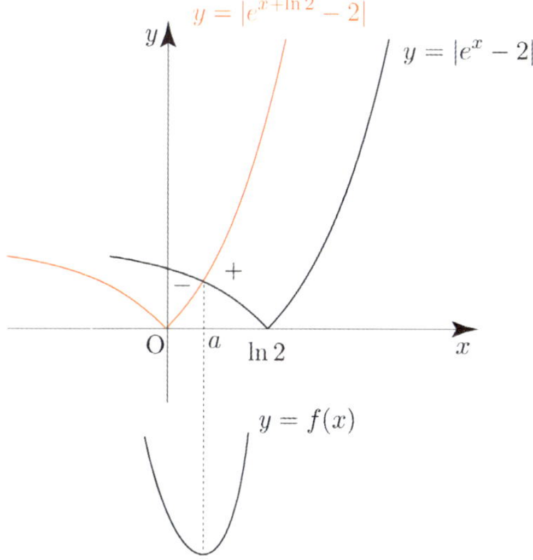

$y=\big|e^{x+\ln 2}-2\big|$ 와 $y=\big|e^x-2\big|$ 의 교점의 x 좌표를 a 라 하면

$$e^{a+\ln 2}-2=-e^a+2 \ \Rightarrow\ 2e^a-2=-e^a+2$$

$$\Rightarrow\ 3e^a=4 \ \Rightarrow\ a=\ln\frac{4}{3}$$

$x=\ln\dfrac{4}{3}$ 에서 최솟값 $f\!\left(\ln\dfrac{4}{3}\right)=\displaystyle\int_{\ln\frac{4}{3}}^{\ln\frac{8}{3}}\big|e^t-2\big|\,dt$ 을 갖는다

$x<\ln 2$ 일 때, $\big|e^t-2\big|=-e^t+2$
$x\geq \ln 2$ 일 때, $\big|e^t-2\big|=e^t-2$

$$\int_{\ln\frac{4}{3}}^{\ln\frac{8}{3}} \left| e^t - 2 \right| dt = \int_{\ln\frac{4}{3}}^{\ln 2} (-e^t + 2)\,dt + \int_{\ln 2}^{\ln\frac{8}{3}} (e^t - 2)\,dt$$

$$= \left[-e^t + 2t \right]_{\ln\frac{4}{3}}^{\ln 2} + \left[e^t - 2t \right]_{\ln 2}^{\ln\frac{8}{3}}$$

$$= 4\ln 2 - 2\ln\frac{4}{3} - 2\ln\frac{8}{3}$$

$$= \ln 16 + \ln\frac{9}{16} + \ln\frac{9}{64}$$

$$= \ln\frac{81}{64}$$

$m = \ln\dfrac{81}{64}$ 이므로 $e^{\ln\frac{81}{64}} = \dfrac{81}{64} = \dfrac{q}{p}$

따라서 $p + q = 64 + 81 = 145$ 이다.

답 145

041

$$f(x) = \begin{cases} \pi\sin 2x & (0 \le x \le \pi) \\ 1 - \cos 2x & (\pi < x \le 2\pi) \end{cases}$$

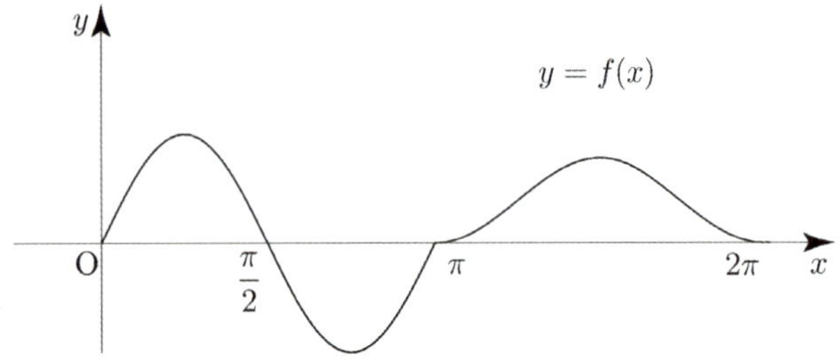

$g(x) = \displaystyle\int_a^x f(t)\,dt$ 라 하자.

(New함수 Technique)

$g(a) = 0, \ g'(x) = f(x)$

방정식 $g(x) = 0$ 이 서로 다른 두 실근을 갖도록 하려면
함수 $y = g(x)$ 의 그래프와 x 축의 교점의 개수가 2 이면 된다.

$$\int_0^{\frac{\pi}{2}} \pi\sin 2x\,dx = \left[-\frac{\pi}{2}\cos 2x \right]_0^{\frac{\pi}{2}} = \frac{\pi}{2} - \left(-\frac{\pi}{2} \right) = \pi$$

$$\int_{\pi}^{2\pi} (1 - \cos 2x)\,dx = \left[x - \frac{1}{2}\sin 2x \right]_{\pi}^{2\pi} = 2\pi - \pi = \pi$$

$$g'(x) = \begin{cases} \pi\sin 2x & (0 \le x \le \pi) \\ 1 - \cos 2x & (\pi < x \le 2\pi) \end{cases}$$

$g'(x)$ 를 바탕으로 $g(x)$ 를 그리면

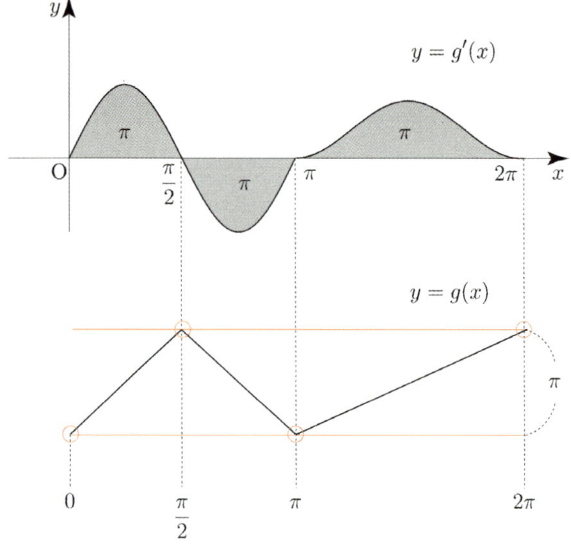

($f'(x)$ 의 넓이는 $f(x)$ 의 함숫값의 차이와 같다.
2026 규토 라이트 수2 정적분의 활용 Guide step 참고)

$g(a) = 0$ 이므로 a 는 x 축을 결정한다.

$m = 4$ 이고, $a_1 = 0, \ a_2 = \dfrac{\pi}{2}, \ a_3 = \pi, \ a_4 = 2\pi$ 이므로

$$m + \sum_{n=1}^{m} a_n = 4 + \frac{7}{2}\pi = p + q\pi$$

따라서 $10(p+q) = 10\left(4 + \dfrac{7}{2} \right) = 40 + 35 = 75$ 이다.

답 75

042

$$f(x) = \begin{cases} \dfrac{ax}{x^2 + 1} & (x \ge 0) \\ (x+2)x & (x < 0) \end{cases}$$

$y = \dfrac{ax}{x^2 + 1}, \ y' = \dfrac{a(1-x)(1+x)}{(x^2 + 1)^2} \ \ (x > 0)$

이므로 $f(x)$ 는 $x = 1$ 에서 극댓값 $f(1) = \dfrac{a}{2}$ 를 갖고,

$x = -1$ 에서 최솟값 $f(-1) = -1$ 을 갖는다.

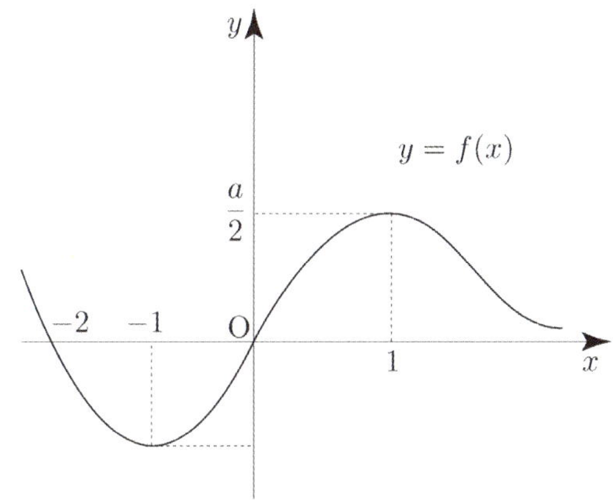

극댓값과 극솟값의 절댓값이 같고 부호가 서로 다르므로

$$\frac{a}{2}=1 \ \Rightarrow \ a=2$$

$$f(x)=\begin{cases} \dfrac{2x}{x^2+1} & (x \geq 0) \\[3mm] (x+2)x & (x < 0) \end{cases}$$

$F(x)=\displaystyle\int_0^x f(s)\,ds$ 라 하자.

(New함수 Technique)

방정식 $F(x)=t$ 를 만족시키는 x 의 최솟값을 $g(t)$ 라 했고, $g(t)$ 의 불연속점을 조사하는 것이므로 대략적인 개형뿐만 아니라 $F(x)$ 의 구체적인 함수를 구해야 할 필요가 있다.

$$F(0)=0, \ F'(x)=f(x)$$

$$F'(x)=\begin{cases} \dfrac{2x}{x^2+1} & (x \geq 0) \\[3mm] (x+2)x & (x < 0) \end{cases}$$

$$F(x)=\begin{cases} \ln(x^2+1)+C_1 & (x \geq 0) \\[3mm] \dfrac{1}{3}x^3+x^2+C_2 & (x < 0) \end{cases}$$

$$F(0)=0 \ \Rightarrow \ C_1=C_2=0$$
($\because$ $F(x)$ 는 $x=0$ 에서 미분가능하므로 $x=0$ 에서 연속)

$$F(x)=\begin{cases} \ln(x^2+1) & (x \geq 0) \\[3mm] \dfrac{1}{3}x^3+x^2 & (x < 0) \end{cases}$$

를 바탕으로 $F(x)$ 를 그리면

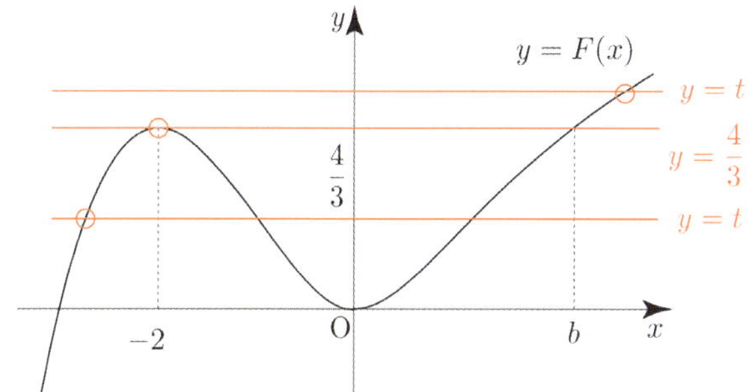

$F(-2)=F(b)=\dfrac{4}{3}$ $(b>0)$ 라 하면

$$\frac{4}{3}=\ln(b^2+1) \ \Rightarrow \ b^2+1=e^{\frac{4}{3}} \ \Rightarrow \ b^2=e^{\frac{4}{3}}-1$$

함수 $g(t)$ 는 $t=\dfrac{4}{3}$ 에서 불연속이므로 $k=\dfrac{4}{3}$ 이다.

$$\left\{\lim_{t \to k+} g(t)\right\}^2 = \left\{\lim_{t \to \frac{4}{3}+} g(t)\right\}^2 = b^2 = e^{\frac{4}{3}}-1$$

$$g(k)=g\left(\frac{4}{3}\right)=-2 \ \text{이므로}$$

$$\left\{\lim_{t \to k+} g(t)\right\}^2 + g(k) = e^{\frac{4}{3}}-3 = e^p+q$$

따라서 $27(p-q)=27\left(\dfrac{4}{3}+3\right)=36+81=117$ 이다.

답 117

043

$$f(x)=\int_a^x \{2+\cos(t^3)\}\,dt$$
$$f(a)=0, \ f'(x)=2+\cos(x^3), \ f''(x)=-3x^2\sin(x^3)$$

$$f''(a)=-\sqrt{3}\,a^2\cos(a^3)$$
$$\Rightarrow \ -3a^2\sin(a^3)=-\sqrt{3}\,a^2\cos(a^3)$$
$$\Rightarrow \ \tan(a^3)=\frac{\sqrt{3}}{3}$$
$$\Rightarrow \ a^3=\frac{\pi}{6} \quad \left(\because \ 0<a<\sqrt[3]{\frac{\pi}{2}}\right)$$

$f^{-1}(x)=g(x)$ 라 하면
$f(g(x))=x$ 가 성립한다.
양변을 x 에 대하여 미분하면
$$g'(x)f'(g(x))=1 \ \Rightarrow \ g'(x)=\frac{1}{f'(g(x))}$$

$$g'(0) = \frac{1}{f'(g(0))} = \frac{1}{f'(a)} = \frac{1}{2+\cos(a^3)}$$

$$= \frac{1}{2+\cos\frac{\pi}{6}} = \frac{1}{2+\frac{\sqrt{3}}{2}} = \frac{2}{4+\sqrt{3}}$$

$$= \frac{2(4-\sqrt{3})}{13} = \frac{8-2\sqrt{3}}{13}$$

따라서 $(f^{-1})'(0) = \dfrac{8-2\sqrt{3}}{13}$ 이다.

답 ④

044

$$g(x) = \int_1^x \frac{f(t^3)}{t}dt$$

$$g(1) = 0, \ g'(x) = \frac{f(x^3)}{x}$$

$$\int_1^2 x^2 g(x)dx = \int_1^2 g(x)x^2dx$$

$$= \left[g(x)\frac{x^3}{3}\right]_1^2 - \int_1^2 g'(x)\frac{x^3}{3}dx$$

$$= \frac{8}{3}g(2) - \int_1^2 \frac{f(x^3)}{x}\times\frac{x^3}{3}dx$$

$$= \frac{8}{3}g(2) - \int_1^2 f(x^3)\times\frac{x^2}{3}dx$$

$x^3 = t$ 라 하면 $3x^2 = \dfrac{dt}{dx}$

$x=1$ 일 때, $t=1$, $x=2$ 일 때, $t=8$

$\displaystyle\int_1^8 f(x)dx = 27$ 이므로

$$\int_1^2 f(x^3)\times\frac{x^2}{3}dx = \frac{1}{9}\int_1^8 f(t)dt = \frac{1}{9}\times 27 = 3$$

$$\int_1^2 x^2 g(x)dx = \frac{8}{3}g(2) - \int_1^2 f(x^3)\times\frac{x^2}{3}dx$$

$$= \frac{8}{3}g(2) - 3$$

$$= 13$$

$$\Rightarrow \frac{8}{3}g(2) - 3 = 13 \ \Rightarrow \ \frac{8}{3}g(2) = 16$$

따라서 $g(2) = 6$ 이다.

답 6

045

$$F(x) = \int_0^x f(t)dt$$

$$F(0) = 0, \ F'(x) = f(x)$$

$\{f(x)\}^2 = f(x)f(x) = F'(x)f(x)$ 이므로

$$\int_0^2 \{f(x)\}^2 dx + \int_0^2 F(x)f'(x)dx = 12$$

$$\Rightarrow \int_0^2 F'(x)f(x)dx + \int_0^2 F(x)f'(x)dx = 12$$

$$\Rightarrow \int_0^2 \{F'(x)f(x) + F(x)f'(x)\}dx = 12$$

$$\Rightarrow \int_0^2 \{F(x)f(x)\}' dx = 12$$

$$\int_0^2 \{F(x)f(x)\}' dx = \Big[F(x)f(x)\Big]_0^2$$

$$= F(2)f(2) - F(0)f(0)$$

$$= F(2)f(2) \ (\because \ F(0)=0)$$

$$= 12$$

$$\therefore \ F(2)f(2) = 12 \ \cdots \ \text{㉠}$$

$$\int_0^2 xf'(x)dx = \Big[xf(x)\Big]_0^2 - \int_0^2 f(x)dx$$

$$= 2f(2) - F(2)$$

$$= 5$$

$$\therefore \ 2f(2) - F(2) = 5 \ \cdots \ \text{㉡}$$

㉠, ㉡에 의하여

$$2f(2) - F(2) = 5 \ \Rightarrow \ \frac{24}{F(2)} - F(2) = 5$$

$$\Rightarrow 24 - \{F(2)\}^2 = 5F(2)$$

$$\Rightarrow \{F(2)\}^2 + 5F(2) - 24 = 0$$

$$\Rightarrow (F(2)+8)(F(2)-3) = 0$$

$$\Rightarrow F(2) = 3 \ (\because \ F(2) > 0)$$

$$\therefore \ F(2) = 3$$

따라서 $\int_0^2 \{F(x)\}^2 f(x)dx = \left[\dfrac{\{F(x)\}^3}{3}\right]_0^2$

$$= \dfrac{\{F(2)\}^3}{3} - \dfrac{\{F(0)\}^3}{3}$$

$$= \dfrac{27}{3} - 0 = 9$$

이다.

답 9

적분은 미분의 역연산임을 이용하면 굳이 치환적분을 하지 않아도 바로 적분가능하다.

$\int f(x)dx$ 를 어떻게 설정해야 미분하여 $f(x)$ 가 될까? 라는 사고가 핵심이다.

아래 식들은 잘 나오니 기억해 두자.

① $\{xf(x)\}' = f(x) + xf'(x)$

$\quad \int \{f(x) + xf'(x)\}dx = xf(x) + C$

② $\{f(x)g(x)\}' = f'(x)g(x) + f(x)g'(x)$

$\quad \int \{f'(x)g(x) + f(x)g'(x)\}dx = f(x)g(x) + C$

③ $\{\ln|f(x)|\}' = \dfrac{f'(x)}{f(x)}$

$\quad \int \dfrac{f'(x)}{f(x)}dx = \ln|f(x)| + C$

④ $\{f(x)^2\}' = 2f(x)f'(x)$

$\quad \int 2f(x)f'(x)dx = \{f(x)\}^2 + C$

⑤ $\{f(x)^3\}' = 3\{f(x)\}^2 f'(x)$

$\quad \int 3\{f(x)\}^2 f'(x)dx = \{f(x)\}^3 + C$

⑥ $\{f(g(x))\}' = f'(g(x))g'(x)$

$\quad \int f'(g(x))g'(x)dx = f(g(x)) + C$

⑦ $\left\{\dfrac{f(x)}{x}\right\}' = \dfrac{xf'(x) - f(x)}{x^2}$

$\quad \int \dfrac{xf'(x) - f(x)}{x^2}dx = \dfrac{f(x)}{x} + C$

46	④	73	325
47	⑤	74	④
48	①	75	②
49	②	76	④
50	②	77	④
51	⑤	78	③
52	2	79	④
53	3	80	①
54	②	81	②
55	④	82	④
56	②	83	④
57	③	84	①
58	④	85	12
59	8	86	⑤
60	②	87	⑤
61	④	88	①
62	④	89	14
63	⑤	90	19
64	①	91	④
65	②	92	①
66	④	93	26
67	12	94	③
68	②	95	①
69	⑤	96	17
70	72	97	⑤
71	④	98	①
72	④	99	③

046

$$\int_0^{10} \dfrac{x+2}{x+1}dx = \int_0^{10}\left(1 + \dfrac{1}{x+1}\right)dx = \left[x + \ln|x+1|\right]_0^{10}$$

$$= 10 + \ln 11$$

답 ④

$\ln x - 1 = t$ 라 하면 $\ln x = t+1 \Rightarrow x = e^{t+1}$, $\dfrac{1}{x} = \dfrac{dt}{dx}$

$x = e$ 일 때, $t = 0$, $x = e^2$ 일 때, $t = 1$

$$\int_e^{e^2} \frac{\ln x - 1}{x^2}\,dx = \int_0^1 \frac{t}{e^{t+1}}\,dt$$

$$= \int_0^1 t e^{-t-1}\,dt$$

$f(t) = t$, $g'(t) = e^{-t-1}$ 라 하면
$f'(t) = 1$, $g(t) = -e^{-t-1}$ 이므로

$$\int_0^1 t e^{-t-1}\,dt = \left[t(-e^{-t-1}) \right]_0^1 - \int_0^1 -e^{-t-1}\,dt$$

$$= -e^{-2} - \left[e^{-t-1} \right]_0^1$$

$$= -e^{-2} - e^{-2} + e^{-1}$$

$$= \frac{e-2}{e^2}$$

따라서 $\displaystyle\int_e^{e^2} \frac{\ln x - 1}{x^2}\,dx = \frac{e-2}{e^2}$ 이다.

답 ⑤

다르게 풀어보자.

$$\int_e^{e^2} \frac{\ln x - 1}{x^2}\,dx = \int_e^{e^2} \frac{\ln x}{x^2}\,dx + \int_e^{e^2} -\frac{1}{x^2}\,dx$$

$$= \int_e^{e^2} \frac{\ln x}{x^2}\,dx + \left[\frac{1}{x} \right]_e^{e^2}$$

$$= \int_e^{e^2} \frac{\ln x}{x^2}\,dx + \frac{1-e}{e^2}$$

$\displaystyle\int_e^{e^2} \frac{\ln x}{x^2}\,dx$ 에서

$f(x) = \ln x$, $g'(x) = \dfrac{1}{x^2}$ 라 하면
$f'(x) = \dfrac{1}{x}$, $g(x) = -\dfrac{1}{x}$ 이므로

$$\int_e^{e^2} \ln x \times \frac{1}{x^2}\,dx = \left[(\ln x)\left(-\frac{1}{x} \right) \right]_e^{e^2} - \int_e^{e^2} \frac{1}{x} \times \left(-\frac{1}{x} \right)dx$$

$$= -\frac{2}{e^2} + \frac{1}{e} - \int_e^{e^2} -\frac{1}{x^2}\,dx$$

$$= -\frac{2}{e^2} + \frac{1}{e} - \left[\frac{1}{x} \right]_e^{e^2}$$

$$= -\frac{3}{e^2} + \frac{2}{e} = \frac{-3+2e}{e^2}$$

따라서 $\displaystyle\int_e^{e^2} \frac{\ln x - 1}{x^2}\,dx = \int_e^{e^2} \frac{\ln x}{x^2}\,dx + \frac{1-e}{e^2}$

$$= \frac{-3+2e}{e^2} + \frac{1-e}{e^2}$$

$$= \frac{e-2}{e^2}$$

이다.

$\ln x = t$ 라 하면 $\dfrac{1}{x} = \dfrac{dt}{dx}$

$x = 1$ 일 때, $t = 0$, $x = e$ 일 때, $t = 1$

$$\int_1^e \frac{3(\ln x)^2}{x}\,dx = \int_0^1 3t^2\,dt = \left[t^3 \right]_0^1 = 1$$

답 ①

$$\int_1^e x^3 \ln x\,dx = \int_1^e (\ln x) x^3\,dx$$

$f(x) = \ln x$, $g'(x) = x^3$ 라 하면
$f'(x) = \dfrac{1}{x}$, $g(x) = \dfrac{x^4}{4}$ 이므로

$$\int_1^e (\ln x) x^3\,dx = \left[(\ln x)\frac{x^4}{4} \right]_1^e - \int_1^e \frac{1}{x} \times \frac{x^4}{4}\,dx$$

$$= \frac{e^4}{4} - \int_1^e \frac{x^3}{4}\,dx$$

$$= \frac{e^4}{4} - \left[\frac{x^4}{16} \right]_1^e$$

$$= \frac{e^4}{4} - \frac{e^4}{16} + \frac{1}{16}$$

$$= \frac{3e^4+1}{16}$$

답 ②

050

$\sqrt{x^2-1}=t$ 라 하면

$x^2-1=t^2$, $2x=2t\dfrac{dt}{dx}$ $\Rightarrow$ $x=t\dfrac{dt}{dx}$

$x=1$ 일 때, $t=0$, $x=\sqrt{2}$ 일 때, $t=1$

$$\int_1^{\sqrt{2}} x^3\sqrt{x^2-1}\,dx = \int_1^{\sqrt{2}} \sqrt{x^2-1}\times x^2\times x\,dx$$

$$= \int_0^1 t\times(t^2+1)\times t\,dt$$

$$= \int_0^1 (t^4+t^2)\,dt$$

$$= \left[\dfrac{t^5}{5}+\dfrac{t^3}{3}\right]_0^1$$

$$= \dfrac{1}{5}+\dfrac{1}{3}=\dfrac{8}{15}$$

답 ②

051

$f'(x)=\dfrac{3x-4}{\sqrt{x-1}}$

$\sqrt{x-1}=t$ 라 하면 $x-1=t^2$, $1=2t\dfrac{dt}{dx}$

$$\int f'(x)\,dx = \int \dfrac{3x-4}{\sqrt{x-1}}\,dx = \int \dfrac{3(t^2+1)-4}{t}\times 2t\,dt$$

$$= \int (6t^2-2)\,dt = 2t^3-2t+C$$

$$= 2(\sqrt{x-1})^3-2\sqrt{x-1}+C$$

$f(x)=2(\sqrt{x-1})^3-2\sqrt{x-1}+C$

따라서 $f(5)-f(2)=16-4+C-(2-2+C)$

$$=12$$

이다.

답 ⑤

052

$$\int_0^{\pi} x\cos(\pi-x)\,dx = \int_0^{\pi} x(-\cos x)\,dx$$

$f(x)=x$, $g'(x)=-\cos x$ 라 하면

$f'(x)=1$, $g(x)=-\sin x$ 이므로

$$\int_0^{\pi} x(-\cos x)\,dx = \left[x(-\sin x)\right]_0^{\pi} - \int_0^{\pi} -\sin x\,dx$$

$$= -\left[\cos x\right]_0^{\pi} = -(-1-1)=2$$

답 2

053

$$\int_0^{\frac{\pi}{2}} (\cos x+3\cos^3 x)\,dx = \int_0^{\frac{\pi}{2}} \cos x\,dx+3\int_0^{\frac{\pi}{2}} \cos^3 x\,dx$$

$$= \left[\sin x\right]_0^{\frac{\pi}{2}}+3\int_0^{\frac{\pi}{2}} \cos^3 x\,dx$$

$$= 1+3\int_0^{\frac{\pi}{2}} \cos^3 x\,dx$$

$$\int_0^{\frac{\pi}{2}} \cos^3 x\,dx = \int_0^{\frac{\pi}{2}} (\cos^2 x)\cos x\,dx$$

$$= \int_0^{\frac{\pi}{2}} (1-\sin^2 x)\cos x\,dx$$

$\sin x=t$ 라 하면 $\cos x=\dfrac{dt}{dx}$

$x=0$ 일 때, $t=0$, $x=\dfrac{\pi}{2}$ 일 때, $t=1$

$$\int_0^{\frac{\pi}{2}} \cos^3 x\,dx = \int_0^{\frac{\pi}{2}} (1-\sin^2 x)\cos x\,dx$$

$$= \int_0^1 (1-t^2)\,dt$$

$$= \left[t-\dfrac{t^3}{3}\right]_0^1 = 1-\dfrac{1}{3}=\dfrac{2}{3}$$

따라서 $\displaystyle\int_0^{\frac{\pi}{2}} (\cos x+3\cos^3 x)\,dx = 1+3\int_0^{\frac{\pi}{2}} \cos^3 x\,dx$

$$=1+2=3$$

이다.

답 3

$$f(x) + xf'(x) = x\cos x$$

$$\{xf(x)\}' = x\cos x$$
$$xf(x) = \int x\cos x\,dx$$
$$= x\sin x - \int \sin x\,dx$$
$$= x\sin x + \cos x + C$$

$$xf(x) = x\sin x + \cos x + C$$

양변에 $x = \dfrac{\pi}{2}$ 를 대입하면 $f\!\left(\dfrac{\pi}{2}\right) = 1$ 이므로

$$\frac{\pi}{2} = \frac{\pi}{2} + C \;\Rightarrow\; C = 0$$

$$\therefore\; xf(x) = x\sin x + \cos x$$

따라서 $f(\pi) = -\dfrac{1}{\pi}$ 이다.

답  ②

055

곡선 $y = f(x)$ 위의 점 $(t,\ f(t))$ 에서의 접선의 기울기가
$\dfrac{1}{t} + 4e^{2t}$ 이므로

$$f'(t) = \frac{1}{t} + 4e^{2t}$$ 이다.

$$f'(t) = \frac{1}{t} + 4e^{2t}$$

$$f(t) = \ln|t| + 2e^{2t} + C$$
$$f(1) = 2e^2 + 1 \;\Rightarrow\; 2e^2 + C = 2e^2 + 1 \;\Rightarrow\; C = 1$$
$$\therefore\; f(t) = \ln|t| + 2e^{2t} + 1$$

따라서 $f(e) = 1 + 2e^{2e} + 1 = 2e^{2e} + 2$ 이다.

답  ④

$$\int_1^x f(t)\,dt = x^2 - a\sqrt{x} \quad (x > 0)$$

양변에 $x = 1$ 을 대입하면
$$0 = 1 - a \;\Rightarrow\; a = 1$$

$$\int_1^x f(t)\,dt = x^2 - \sqrt{x} \quad (x > 0)$$

양변을 x 에 대하여 미분하면

$$f(x) = 2x - \frac{1}{2\sqrt{x}}$$

따라서 $f(1) = 2 - \dfrac{1}{2} = \dfrac{3}{2}$ 이다.

답  ②

$$\int_0^{\ln t} f(x)\,dx = (t\ln t + a)^2 - a$$

양변에 $t = 1$ 을 대입하면
$$0 = a^2 - a \;\Rightarrow\; a = 1 \;(\because\; a \neq 0)$$

$$\int_0^{\ln t} f(x)\,dx = (t\ln t + 1)^2 - 1$$

$$\Rightarrow\; F(\ln t) - F(0) = (t\ln t + 1)^2 - 1$$

양변을 t 에 대하여 미분하면

$$\frac{1}{t}f(\ln t) = 2(t\ln t + 1) \times (\ln t + 1)$$

양변에 $t = e$ 를 대입하면
$$\frac{1}{e}f(1) = 2(e+1) \times 2 \;\Rightarrow\; f(1) = 4(e^2 + e)$$

따라서 $f(1) = 4e^2 + 4e$ 이다.

답  ③

$$f(x) = e^{x^2} + \int_0^1 tf(t)\,dt$$

$$xf(x) = xe^{x^2} + x\int_0^1 tf(t)\,dt$$

$$\int_0^1 tf(t)\,dt = a \text{ 라 하면}$$

$$xf(x) = xe^{x^2} + ax$$

$$\int_0^1 xf(x)dx = \int_0^1 x\,e^{x^2}dx + \int_0^1 ax\,dx$$

$$\Rightarrow a = \left[\frac{1}{2}e^{x^2}\right]_0^1 + \left[\frac{a}{2}x^2\right]_0^1$$

$$\Rightarrow a = \frac{1}{2}e - \frac{1}{2} + \frac{a}{2}$$

$$\Rightarrow a = e - 1$$

따라서 $\displaystyle\int_0^1 xf(x)dx = e - 1$ 이다.

[답] ④

$$\int_0^\pi x^2 f'(x)dx = \left[x^2 f(x)\right]_0^\pi - \int_0^\pi 2xf(x)dx$$

$$= \pi^2 f(\pi) - 2\int_0^\pi xf(x)dx$$

$$= -2\int_0^\pi xf(x)dx = -8\pi \quad (\because\ f(\pi)=0)$$

$$\Rightarrow \int_0^\pi xf(x)dx = 4\pi$$

(가) 조건에 의하여 $f(x)$ 는 기함수이고,
$\cos x$ 는 우함수이므로 $f(x)\cos x$ 는 기함수이다.
또한 x 는 기함수이므로 $xf(x)$ 는 우함수이다.

즉, $\displaystyle\int_{-\pi}^\pi (\cos x)f(x)dx = 0,\quad \int_{-\pi}^\pi xf(x)dx = 2\int_0^\pi xf(x)dx$

$$\int_{-\pi}^\pi (x+\cos x)f(x)dx = \int_{-\pi}^\pi xf(x)dx$$

$$= 2\int_0^\pi xf(x)dx$$

$$= 2\times 4\pi = 8\pi = k\pi$$

따라서 $k = 8$ 이다.

[답] 8

$$f(x) = x + \ln x$$

$f(x) = t$ 라 하면 $f'(x) = 1 + \dfrac{1}{x} = \dfrac{dt}{dx}$

$x = 1$ 일 때, $t = 1$, $x = e$ 일 때, $t = e+1$

$$\int_1^e \left(1 + \frac{1}{x}\right)f(x)dx = \int_1^{e+1} t\,dt$$

$$= \left[\frac{t^2}{2}\right]_1^{e+1} = \frac{(e+1)^2}{2} - \frac{1}{2}$$

$$= \frac{e^2 + 2e}{2} = \frac{e^2}{2} + e$$

따라서 $\displaystyle\int_1^e \left(1 + \frac{1}{x}\right)f(x)dx = \frac{e^2}{2} + e$ 이다.

[답] ②

$$\int_1^2 (x-1)f'\left(\frac{x}{2}\right)dx = 2$$

$\dfrac{x}{2} = t$ 라 하면 $\dfrac{1}{2} = \dfrac{dt}{dx}$

$x = 1$ 일 때, $t = \dfrac{1}{2}$, $x = 2$ 일 때, $t = 1$

$$\int_1^2 (x-1)f'\left(\frac{x}{2}\right)dx = 2\int_{\frac{1}{2}}^1 (2t-1)f'(t)dt$$

$$= 2\left[(2t-1)f(t)\right]_{\frac{1}{2}}^1 - 4\int_{\frac{1}{2}}^1 f(t)dt$$

$$= 2f(1) - 4\int_{\frac{1}{2}}^1 f(t)dt = 2$$

$f(1) = 4$ 이므로

$$8 - 4\int_{\frac{1}{2}}^1 f(t)dt = 2 \ \Rightarrow\ \int_{\frac{1}{2}}^1 f(t)dt = \frac{3}{2}$$

따라서 $\displaystyle\int_{\frac{1}{2}}^1 f(x)dx = \frac{3}{2}$ 이다.

[답] ④

$g(x)$ 와 $f(x)$ 는 서로 역함수 관계이므로
$g(f(x))=x$ 이고, 양변을 x 에 대해 미분하면
$$f'(x)g'(f(x))=1 \Rightarrow f'(x)=\frac{1}{g'(f(x))}$$

$$\int_1^a \frac{1}{g'(f(x))f(x)}dx = \int_1^a \frac{f'(x)}{f(x)}dx$$
$$= \big[\ln|f(x)|\big]_1^a = \ln|f(a)|-\ln|f(1)|$$

이고, $f(1)=8$ 이므로

$$\ln|f(a)|-\ln 8 = 2\ln a + \ln(a+1) - \ln 2$$
$$\Rightarrow \ln|f(a)| = \ln 4a^2(a+1)$$

$f(x)$ 는 양의 실수 전체의 집합에서 미분가능하므로
양의 실수 전체의 집합에서 연속이다.
즉, $a>0$ 일 때, $f(a)=4a^2(a+1)$ or $f(a)=-4a^2(a+1)$
이때, $f(1)=8$ 이므로 $f(a)=4a^2(a+1)$ $(a>0)$ 이다.

따라서 $f(2)=4\times 4\times 3 = 48$ 이다.

 ④

063

미분가능한 함수 $f(x)$ 에 대하여

(가) $x_1 < x_2$ 인 임의의 두 실수 x_1, x_2 에 대하여
$\quad f(x_1) > f(x_2)$ 이다.

(가) 조건에 의해서 $f(x)$ 는 감소함수이다.

(나) 닫힌구간 $[-1,\ 3]$ 에서 함수 $f(x)$ 의 최댓값은
$\quad 1$ 이고 최솟값은 -2 이다.

$f(x)$ 는 감소함수이므로
$$f(-1)=1,\ f(3)=-2 \Rightarrow f^{-1}(1)=-1,\ f^{-1}(-2)=3$$

$f^{-1}(x)=t$ 라 하면
$$f(f^{-1}(x))=x \Rightarrow f(t)=x \Rightarrow f'(t)=\frac{dx}{dt}$$

$x=-2$ 일 때 $t=3$, $x=1$ 일 때 $t=-1$

$f(-1)=1$, $f(3)=-2$, $\int_{-1}^3 f(x)dx = 3$ 이므로

$$\int_{-2}^1 f^{-1}(x)dx = \int_3^{-1} t f'(t)dt = \big[tf(t)\big]_3^{-1} - \int_3^{-1} f(t)dt$$
$$= -f(-1) - 3f(3) + \int_{-1}^3 f(t)dt$$
$$= -1 + 6 + 3 = 8$$

답 ⑤

다르게 풀어보자.

2026 규토 라이트 N제 수2 정적분의 활용 Guide step에서
함수 $y=f(x)$ 의 그래프로 역함수 $y=f^{-1}(x)$ 의 그래프를
해석하는 방법을 학습하였다.

이를 이용하여 풀어보자.

(가) 조건에 의해 $f(x)$ 는 감소함수이고,
(가), (나) 조건에 의해서 $f(-1)=1$, $f(3)=-2$ 이다.

만약 $f(0) \le 0$ 이라면 $\int_{-1}^0 f(x)dx < 1 = \int_{-1}^0 1\,dx$ 이고,

$\int_0^3 f(x)dx < 0$ $(\because\ x>0$ 에서 $f(x)<0)$ 이므로

$\int_{-1}^3 f(x)dx = 3$ 를 만족시킬 수 없다.

즉, $f(0) > 0$ 이어야 한다.

$f(x)$ 의 x 절편을 a 라 하고,
$$\int_{-1}^0 |f(x)|dx = A,\ \int_0^a |f(x)|dx = B,\ \int_a^3 |f(x)|dx = C$$
라 하면 다음 그림과 같다.

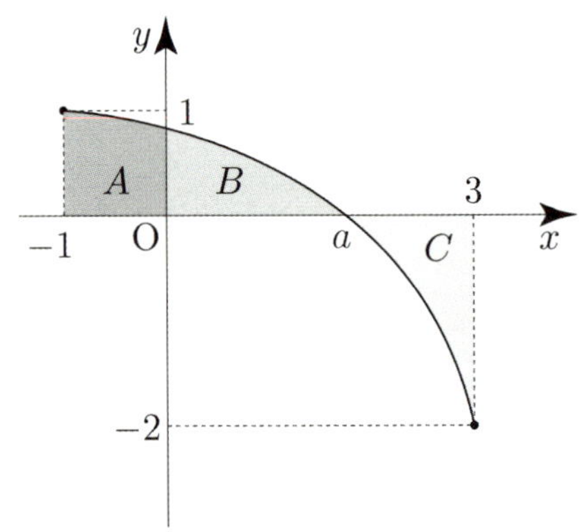

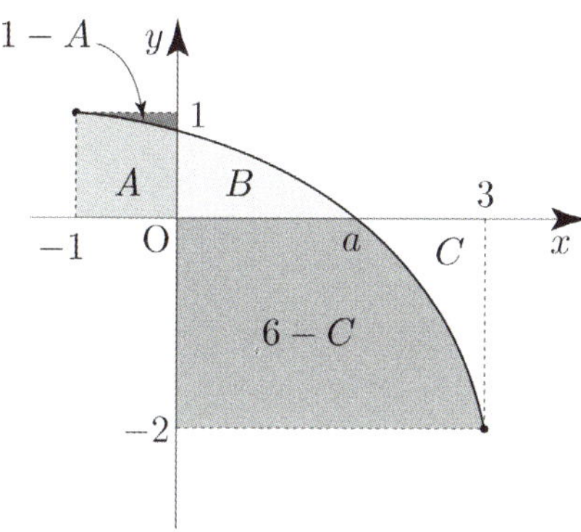

$$\int_{-1}^{3} f(x)dx = 3 \implies A + B - C = 3 \text{이므로}$$

$$\int_{-2}^{1} f^{-1}(x)dx = B + 6 - C - (1 - A)$$

$$= A + B - C + 5$$

$$= 3 + 5 = 8$$

$$f(1) = 3, \ g(1) = 3 \implies f(3) = 1, \ g(3) = 1$$

$g(x)$ 는 $f(x)$ 의 역함수이므로 다음이 성립한다.
$$f(g(x)) = x, \quad g(f(x)) = x$$
각각의 양변을 x 에 대하여 미분하여 정리하면 다음과 같다.
$$g'(x) = \frac{1}{f'(g(x))}, \quad f'(x) = \frac{1}{g'(f(x))} \text{이므로}$$

$$\int_{1}^{3} \left\{ \frac{f(x)}{f'(g(x))} + \frac{g(x)}{g'(f(x))} \right\} dx$$

$$= \int_{1}^{3} \frac{f(x)}{f'(g(x))} dx + \int_{1}^{3} \frac{g(x)}{g'(f(x))} dx$$

$$= \int_{1}^{3} g'(x) f(x) dx + \int_{1}^{3} g(x) f'(x) dx$$

$$= \int_{1}^{3} \{ g'(x) f(x) + g(x) f'(x) \} dx$$

$$= \int_{1}^{3} \{ g(x) f(x) \}' dx = \big[g(x) f(x) \big]_{1}^{3}$$

$$= g(3) f(3) - g(1) f(1) = 1 - 9 = -8$$

답 ①

$$2f(x) + \frac{1}{x^2} f\left(\frac{1}{x} \right) = \frac{1}{x} + \frac{1}{x^2}$$

$$\frac{1}{x} = t \text{ 라 하면 } -\frac{1}{x^2} = \frac{dt}{dx}$$

$$x = \frac{1}{2} \text{ 일 때, } t = 2, \ x = 2 \text{ 일 때, } t = \frac{1}{2}$$

$$\int_{\frac{1}{2}}^{2} \frac{1}{x^2} f\left(\frac{1}{x} \right) dx = \int_{2}^{\frac{1}{2}} -f(t) dt$$

$$= \int_{\frac{1}{2}}^{2} f(t) dt$$

이므로

$$2f(x) + \frac{1}{x^2} f\left(\frac{1}{x} \right) = \frac{1}{x} + \frac{1}{x^2}$$

$$2\int_{\frac{1}{2}}^{2} f(x) dx + \int_{\frac{1}{2}}^{2} \frac{1}{x^2} f\left(\frac{1}{x} \right) dx = \int_{\frac{1}{2}}^{2} \left(\frac{1}{x} + \frac{1}{x^2} \right) dx$$

$$\implies 2\int_{\frac{1}{2}}^{2} f(x) dx + \int_{\frac{1}{2}}^{2} f(x) dx = \left[\ln|x| - \frac{1}{x} \right]_{\frac{1}{2}}^{2}$$

$$\implies 3\int_{\frac{1}{2}}^{2} f(x) dx = \left(\ln 2 - \frac{1}{2} \right) - \left(\ln \frac{1}{2} - 2 \right)$$

$$\implies \int_{\frac{1}{2}}^{2} f(x) dx = \frac{1}{3} \left(\ln 2 - \frac{1}{2} + \ln 2 + 2 \right)$$

$$= \frac{1}{3} \left(2\ln 2 + \frac{3}{2} \right)$$

따라서 $\int_{\frac{1}{2}}^{2} f(x) dx = \dfrac{2\ln 2}{3} + \dfrac{1}{2}$ 이다.

답 ②

다르게 풀어보자.

$2f(x) + \dfrac{1}{x^2} f\left(\dfrac{1}{x} \right) = \dfrac{1}{x} + \dfrac{1}{x^2}$ 의 양변을 적분하면

$$2F(x) - F\left(\frac{1}{x} \right) = \ln|x| - \frac{1}{x} + C$$

양변에 $x = 2$ 를 대입하면

$$2F(2) - F\left(\frac{1}{2} \right) = \ln 2 - \frac{1}{2} + C \ \cdots \ \text{㉠}$$

양변에 $x = \dfrac{1}{2}$ 를 대입하면

$$2F\left(\dfrac{1}{2}\right) - F(2) = -\ln 2 - 2 + C \;\cdots\; ㉡$$

㉠ $-$ ㉡ 를 하여 정리하면

$$3F(2) - 3F\left(\dfrac{1}{2}\right) = \ln 2 - \dfrac{1}{2} + \ln 2 + 2$$

$$\Rightarrow 3\left(F(2) - F\left(\dfrac{1}{2}\right)\right) = 2\ln 2 + \dfrac{3}{2}$$

$$\Rightarrow F(2) - F\left(\dfrac{1}{2}\right) = \dfrac{2}{3}\ln 2 + \dfrac{1}{2}$$

$$\therefore \int_{\frac{1}{2}}^{2} f(x)\,dx = \dfrac{2}{3}\ln 2 + \dfrac{1}{2}$$

066

$$f(x) = \int_{0}^{x} \dfrac{1}{1 + e^{-t}}\,dt = \int_{0}^{x} \dfrac{e^{t}}{e^{t} + 1}\,dt$$

$$= \left[\ln\left|e^{t} + 1\right|\right]_{0}^{x} = \ln(e^{x} + 1) - \ln 2 \;\left(\because\; e^{x} + 1 > 0\right)$$

$$f(f(a)) = \ln 5 \;\Rightarrow\; \ln\left(e^{f(a)} + 1\right) - \ln 2 = \ln 5$$

$$\Rightarrow \ln\left(e^{f(a)} + 1\right) = \ln 10$$

$$\Rightarrow e^{f(a)} + 1 = 10$$

$$\Rightarrow f(a) = \ln 9$$

$$\Rightarrow \ln(e^{a} + 1) - \ln 2 = \ln 9$$

$$\Rightarrow \ln(e^{a} + 1) = \ln 18$$

$$\Rightarrow e^{a} + 1 = 18$$

$$\Rightarrow a = \ln 17$$

따라서 $a = \ln 17$ 이다.

답 ④

067

$$g(2) = 1, \; g(5) = 5 \;\Rightarrow\; f(1) = 2, \; f(5) = 5$$

$g(x)$ 는 $f(x)$ 의 역함수이므로 $g(f(x)) = x$
양변을 x 에 대하여 미분하여 정리하면

$$f'(x) = \dfrac{1}{g'(f(x))}$$

$$\int_{1}^{5} \dfrac{40}{g'(f(x))\{f(x)\}^{2}}\,dx = \int_{1}^{5} \dfrac{40 f'(x)}{\{f(x)\}^{2}}\,dx$$

$f(x) = t$ 라 하면 $f'(x) = \dfrac{dt}{dx}$

$x = 1$ 일 때, $t = 2$, $x = 5$ 일 때, $t = 5$

$$\int_{1}^{5} \dfrac{40 f'(x)}{\{f(x)\}^{2}}\,dx = \int_{2}^{5} \dfrac{40}{t^{2}}\,dt = \left[-\dfrac{40}{t}\right]_{2}^{5}$$

$$= -8 + 20 = 12$$

따라서
$$\int_{1}^{5} \dfrac{40}{g'(f(x))\{f(x)\}^{2}}\,dx = \int_{1}^{5} \dfrac{40 f'(x)}{\{f(x)\}^{2}}\,dx = 12 \text{ 이다.}$$

답 12

068

$$f'(x) = 2 - \dfrac{3}{x^{2}}$$

$$f(x) = 2x + \dfrac{3}{x} + C_{1}$$

$$f(1) = 5 \;\Rightarrow\; 5 + C_{1} = 5 \;\Rightarrow\; C_{1} = 0$$

$$\therefore\; f(x) = 2x + \dfrac{3}{x}$$

$x < 0$ 일 때, $g'(x) = f'(-x) = 2 - \dfrac{3}{x^{2}}$

$$g(x) = 2x + \dfrac{3}{x} + C_{2}$$

$f(2) + g(-2) = 9$ 이므로
$$\left(4 + \dfrac{3}{2}\right) + \left(-4 - \dfrac{3}{2} + C_{2}\right) = 9 \;\Rightarrow\; C_{2} = 9$$

$$\therefore\; g(x) = 2x + \dfrac{3}{x} + 9$$

따라서 $g(-3) = -6 - 1 + 9 = 2$ 이다.

답 ②

069

$$f(x) = a\cos(\pi x^2)$$

$$\lim_{x \to 0}\left\{\frac{x^2+1}{x}\int_1^{x+1}f(t)\,dt\right\}$$

$$=\lim_{x \to 0}\left\{(x^2+1)\times\frac{F(x+1)-F(1)}{x}\right\}$$

$$=\lim_{x \to 0}(x^2+1)\times\lim_{x \to 0}\frac{F(1+x)-F(1)}{x}$$

$$=1\times F'(1)=f(1)=3$$

$$f(1)=a\cos(\pi)=-a=3 \Rightarrow a=-3 \text{ 이므로}$$
$$f(x)=a\cos(\pi x^2)=-3\cos(\pi x^2)$$

따라서 $f(a)=f(-3)=-3\cos(9\pi)=3$ 이다.

 ⑤

070

$$\left\{\frac{f(x)}{x}\right\}'=\frac{f'(x)\times x-f(x)}{x^2} \text{ 이므로}$$

$$\frac{xf'(x)-f(x)}{x^2}=xe^x$$

양변을 적분하면
$$\frac{f(x)}{x}=\int xe^x\,dx=xe^x-\int e^x\,dx=(x-1)e^x+C$$

$$f(1)=0 \Rightarrow C=0$$

$$f(x)=x(x-1)e^x \text{ 이므로}$$
$$f(3)=6e^3,\ f(-3)=12e^{-3}$$

따라서 $f(3)\times f(-3)=6e^3\times12e^{-3}=72$ 이다.

 72

071

$$\int_{-1}^x f(t)\,dt=F(x)$$
$$F(-1)=0,\ F'(x)=f(x)$$

$$\int_0^1 xf(x)\,dx=\int_0^{-1}xf(x)\,dx$$

$$\Rightarrow \int_0^1 xf(x)\,dx-\int_0^{-1}xf(x)\,dx=0$$

$$\Rightarrow \int_0^1 xf(x)\,dx+\int_{-1}^0 xf(x)\,dx=0$$

$$\Rightarrow \int_{-1}^1 xf(x)\,dx=0$$

$$\int_{-1}^1 F(x)\,dx=\int_{-1}^1 F(x)\times1\,dx$$

$$=\Big[F(x)\,x\Big]_{-1}^1-\int_{-1}^1 f(x)\,x\,dx$$

$$=F(1)+F(-1)-0$$

$$=F(1)+0=\int_{-1}^1 f(x)\,dx=12$$

따라서 $\displaystyle\int_{-1}^1 F(x)\,dx=12$ 이다.

답 ④

072

$f(x)$ 의 역함수가 $g(x)$ 이므로 $g(f(x))=x$ 가 성립한다.
양변을 x 에 대하여 미분하여 정리하면
$$g'(f(x))=\frac{1}{f'(x)} \text{ 이므로}$$

$$f(x)g'(f(x))=\frac{1}{x^2+1}$$

$$\Rightarrow \frac{f(x)}{f'(x)}=\frac{1}{x^2+1}$$

$$\Rightarrow \frac{f'(x)}{f(x)}=x^2+1$$

양변을 x 에 대하여 적분하면
$$\ln|f(x)|=\frac{x^3}{3}+x+C$$
$$f(0)=1 \Rightarrow C=0$$

$$\therefore\ \ln|f(x)|=\frac{x^3}{3}+x$$

$$\ln|f(3)|=12 \Rightarrow f(3)=e^{12}$$
따라서 $f(3)=e^{12}$ 이다.

답 ④

$$f(x) = \int_1^x \frac{n - \ln t}{t} dt$$

$$f'(x) = \frac{n - \ln x}{x}$$

Semi 도함수 $f'(x) = n - \ln x$

$f'(e^n) = 0 \Rightarrow x = e^n$ 에서 극대이자 최대

$$f(e^n) = g(n) = \int_1^{e^n} \frac{n - \ln t}{t} dt$$

$\ln t = s$ 라 하면 $\dfrac{1}{t} = \dfrac{ds}{dt}$

$t = 1$ 일 때, $s = 0$, $t = e^n$ 일 때, $s = n$

$$g(n) = \int_1^{e^n} \frac{n - \ln t}{t} dt$$

$$= \int_0^n (n - s) ds = \left[ns - \frac{1}{2} s^2 \right]_0^n = n^2 - \frac{n^2}{2}$$

$$= \frac{n^2}{2}$$

따라서 $\displaystyle\sum_{n=1}^{12} g(n) = \sum_{n=1}^{12} \frac{n^2}{2} = \frac{12 \times 13 \times 25}{12} = 13 \times 25 = 325$

이다.

 325

$f(x)$ 는 최고차항의 계수가 1 인 이차함수

$$g(x) = \int_0^x \frac{t}{f(t)} dt$$

$g(0) = 0$, $g'(x) = \dfrac{x}{f(x)}$

$g'(-x) = -g'(x)$ 이므로

$$g'(-x) = \frac{-x}{f(-x)}$$

$$-g'(x) = -\frac{x}{f(x)}$$

$$\Rightarrow g'(-x) = -g'(x) \Rightarrow \frac{-x}{f(-x)} = -\frac{x}{f(x)}$$

$$\therefore f(-x) = f(x)$$

$f(x)$ 는 우함수이므로 $f(x) = x^2 + a$

점 $(1, g(1))$ 은 곡선 $y = g(x)$ 의 변곡점이므로

$$g''(x) = \frac{f(x) - x f'(x)}{\{f(x)\}^2}$$

$g''(1) = 0 \Rightarrow f(1) - f'(1) = 0$

$\Rightarrow f(1) = f'(1)$

$\Rightarrow 1 + a = 2$

$\Rightarrow a = 1$

$f(x) = x^2 + 1$ 이므로 $g(x) = \displaystyle\int_0^x \frac{t}{t^2 + 1} dt$

따라서 $g(1) = \displaystyle\int_0^1 \frac{t}{t^2 + 1} dt = \int_0^1 \frac{1}{2} \times \frac{2t}{t^2 + 1} dt$

$$= \left[\frac{1}{2} \ln |t^2 + 1| \right]_0^1 = \frac{1}{2} \ln 2$$

이다.

 ④

$f(x)g(x) = x^4 - 1$ 이므로
$f(1)g(1) = f(-1)g(-1) = 0$

$$\int_{-1}^1 \{f(x)\}^2 g'(x) dx$$

$$= \left[\{f(x)\}^2 g(x) \right]_{-1}^1 - \int_{-1}^1 2 f'(x) f(x) g(x) dx$$

$$= \{f(1)\}^2 g(1) - \{f(-1)\}^2 g(-1) - \int_{-1}^1 2 f'(x) f(x) g(x) dx$$

$$= -2 \int_{-1}^1 (x^4 - 1) f'(x) dx$$

$$= 120$$

$$\Rightarrow \int_{-1}^1 (x^4 - 1) f'(x) dx = -60$$

$$\int_{-1}^1 (x^4 - 1) f'(x) dx = \left[(x^4 - 1) f(x) \right]_{-1}^1 - \int_{-1}^1 4 x^3 f(x) dx$$

$$= -4 \int_{-1}^1 x^3 f(x) dx$$

$$= -60$$

따라서 $\displaystyle\int_{-1}^1 x^3 f(x) dx = 15$ 이다.

 ②

076

구간 $(0, \infty)$ 에서 연속인 함수 $f(x)$ 의 한 부정적분을 $F(x)$
$\{xF(x)\}' = F(x) + xF'(x) = F(x) + xf(x)$ 이므로

$F(x) + xf(x) = (2x+2)e^x$

$\Rightarrow \{xF(x)\}' = (2x+2)e^x$

양변을 x 에 대하여 적분하면

$$xF(x) = \int (2x+2)e^x dx$$

$$= (2x+2)e^x - \int 2e^x dx$$

$$= (2x+2)e^x - 2e^x + C$$

$$= 2xe^x + C$$

$F(1) = 2e \Rightarrow 2e = 2e + C \Rightarrow C = 0$

$\therefore \ xF(x) = 2xe^x$

따라서 $F(3) = 2e^3$ 이다.

$$\int_0^1 f(x)g'(x)dx = f(1) - \int_0^1 \frac{x^2}{(1+x^3)^2}dx$$

$$= f(1) - \frac{1}{6} = \frac{1}{6}$$

$$\Rightarrow f(1) = \frac{1}{3}$$

따라서 $f(1) = \dfrac{1}{3}$ 이다.

답 ④

078

$f(t) = 2t\ln(t+1)$

$\displaystyle \int_1^3 f(t)dt = \int_1^3 2t\ln(t+1)dt$

$t+1 = x$ 라 하면 $dt = dx$

$$\int_1^3 2t\ln(t+1)dt = \int_2^4 (\ln x)(2x-2)\,dx$$

$$= \left[(\ln x)(x^2-2x)\right]_2^4 - \int_2^4 (x-2)\,dx$$

$$= 8\ln 4 - \left[\frac{x^2}{2} - 2x\right]_2^4$$

$$= -2 + 16\ln 2$$

따라서 $\displaystyle \int_1^3 f(t)dt = -2 + 16\ln 2$ 이다.

답 ③

답 ④

077

$f'(x) = \dfrac{1}{(1+x^3)^2}$, $g(x) = x^2$

$$\int_0^1 f(x)g'(x)dx = \left[f(x)g(x)\right]_0^1 - \int_0^1 f'(x)g(x)dx$$

$$= f(1)g(1) - f(0)g(0) - \int_0^1 \frac{x^2}{(1+x^3)^2}dx$$

$$= f(1) - \int_0^1 \frac{x^2}{(1+x^3)^2}dx$$

$1+x^3 = t$ 라 하면 $3x^2 = \dfrac{dt}{dx}$

$x = 0$ 일 때, $t = 1$, $x = 1$ 일 때, $t = 2$

$$\int_0^1 \frac{x^2}{(1+x^3)^2}dx = \frac{1}{3}\int_1^2 \frac{1}{t^2}dt$$

$$= \frac{1}{3}\left[-\frac{1}{t}\right]_1^2 = \frac{1}{3}\left(-\frac{1}{2}+1\right)$$

$$= \frac{1}{6}$$

079

모든 실수 x 에 대하여 $f(2x) = 2f(x)f'(x)$

$f(a) = 0$, $\displaystyle \int_{2a}^{4a} \frac{f(x)}{x}dx = k$ $(a > 0,\ 0 < k < 1)$

문제에서 $f(2x) = 2f(x)f'(x)$ 라는 조건을 주었고,
$\{f(x)\}^2$ 를 미분하면 $2f(x)f'(x)$ 이므로

$\displaystyle \int_a^{2a} \frac{\{f(x)\}^2}{x^2}dx$ 에서 $\displaystyle \int_a^{2a} \{f(x)\}^2 \times \frac{1}{x^2}dx$ 로 변형하여

$g(x) = \{f(x)\}^2$, $h'(x) = \dfrac{1}{x^2}$ 라 두고, 부분적분을 시도해보자.

$\left(\displaystyle \int g(x)h'(x)dx = g(x)h(x) - \int g'(x)h(x)\,dx\right)$

$$\int_a^{2a} \frac{\{f(x)\}^2}{x^2}\, dx$$

$$= \int_a^{2a} \{f(x)\}^2 \times \frac{1}{x^2}\, dx$$

$$= \left[\{f(x)\}^2 \left(-\frac{1}{x}\right) \right]_a^{2a} - \int_a^{2a} 2f(x)f'(x) \times \left(-\frac{1}{x}\right) dx$$

$$= \{f(2a)\}^2 \left(-\frac{1}{2a}\right) - \{f(a)\}^2 \left(-\frac{1}{a}\right) - \int_a^{2a} -\frac{f(2x)}{x}\, dx$$

$$= -\frac{\{f(2a)\}^2}{2a} + \int_a^{2a} \frac{f(2x)}{x}\, dx$$

$f(2x) = 2f(x)f'(x)$ 이고 $f(a)=0$ 이므로 $f(2a)=0$ 이다.

$$\int_a^{2a} \frac{\{f(x)\}^2}{x^2}\, dx = -\frac{\{f(2a)\}^2}{2a} + \int_a^{2a} \frac{f(2x)}{x}\, dx$$
$$= \int_a^{2a} \frac{f(2x)}{x}\, dx$$

$2x = t$ 라 하면 $2 = \dfrac{dt}{dx}$ 이고,

$x = a$ 일 때, $t = 2a$, $x = 2a$ 일 때, $t = 4a$ 이므로

$$\int_a^{2a} \frac{\{f(x)\}^2}{x^2}\, dx = \int_a^{2a} \frac{f(2x)}{x}\, dx = \int_a^{2a} \frac{f(2x)}{2x} \times 2\, dx$$
$$= \int_{2a}^{4a} \frac{f(t)}{t}\, dt = k$$

따라서 $\displaystyle\int_a^{2a} \frac{\{f(x)\}^2}{x^2}\, dx = k$ 이다.

$$\boxed{\text{답}} \quad ④$$

$$g(x) = \int_0^x \ln f(t)\, dt$$

$$g(0) = 0, \quad g'(x) = \ln f(x), \quad g''(x) = \frac{f'(x)}{f(x)}$$

함수 $g(x)$ 는 $x=1$ 에서 극값 2 를 가지므로
$$g(1) = 2, \quad g'(1) = 0$$

$$\int_{-1}^{1} \frac{xf'(x)}{f(x)}\, dx$$

$$= \int_{-1}^{1} xg''(x)\, dx$$

$$= \left[xg'(x) \right]_{-1}^{1} - \int_{-1}^{1} g'(x)\, dx$$

$$= g'(1) + g'(-1) - 2\int_0^1 g'(x)\, dx \quad (\because \ (나)\ 조건)$$

$$= g'(1) + g'(-1) - 2\{g(1) - g(0)\}$$

$$= 2g'(1) - 2(2-0) \quad (\because \ (나)\ 조건)$$

$$= 0 - 4 = -4$$

따라서 $\displaystyle\int_{-1}^{1} \frac{xf'(x)}{f(x)}\, dx = -4$ 이다.

$$\boxed{\text{답}} \quad ①$$

$$f(x) = \begin{cases} 0 & (x \leq 0) \\ \{\ln(1+x^4)\}^{10} & (x > 0) \end{cases}$$

$$g(x) = \int_0^x f(t)f(1-t)\, dt$$

$$g(0) = 0, \quad g'(x) = f(x)f(1-x)$$

ㄱ. $x \leq 0$ 인 모든 실수 x 에 대하여 $g(x) = 0$ 이다.

$x \leq 0$ 에서 $f(x) = 0$ 이므로 $g'(x) = 0$ 이고,
$g(0) = 0$ 이므로 $x \leq 0$ 에서 $g(x) = 0$ 이다.
따라서 ㄱ은 참이다.

ㄴ. $g(1) = 2g\left(\dfrac{1}{2}\right)$

$$g(1) = \int_0^1 f(t)f(1-t)\, dt$$

$$g\left(\frac{1}{2}\right) = \int_0^{\frac{1}{2}} f(t)f(1-t)\, dt \ 에서$$

$1 - t = s$ 라 하면 $-1 = \dfrac{ds}{dt}$ 이고,

$t = 0$ 일 때, $s = 1$, $t = \dfrac{1}{2}$ 일 때, $s = \dfrac{1}{2}$ 이므로

$$g\left(\frac{1}{2}\right)=\int_0^{\frac{1}{2}}f(t)f(1-t)dt=\int_1^{\frac{1}{2}}-f(1-s)f(s)\,ds$$

$$=\int_{\frac{1}{2}}^1 f(s)f(1-s)\,ds=\int_{\frac{1}{2}}^1 f(t)f(1-t)dt$$

이므로

$$2g\left(\frac{1}{2}\right)=g\left(\frac{1}{2}\right)+g\left(\frac{1}{2}\right)$$

$$=\int_0^{\frac{1}{2}}f(t)f(1-t)dt+\int_{\frac{1}{2}}^1 f(t)f(1-t)dt$$

$$=\int_0^1 f(t)f(1-t)dt=g(1)$$

따라서 ㄴ은 참이다.

ㄷ. $g(a)\geq 1$인 실수 a가 존재한다.

$$g(a)=\int_0^a f(t)f(1-t)dt$$

부등식의 좌변이 넓이를 나타내는 식이므로 우변도 역시 넓이의 관점에서 생각하는 것이 자연스럽다. (2026 규토 라이트 N제 수2 해설편 정적분의 활용 t2 88번 해설 tip 참고)

이제 $g(x)$의 개형을 조사해보자.

$$f(x)=\begin{cases} 0 & (x\leq 0)\\ \{\ln(1+x^4)\}^{10} & (x>0)\end{cases}$$

$x>0$일 때, $f(x)=\{\ln(1+x^4)\}^{10}$이므로

$$f'(x)=10\{\ln(1+x^4)\}^9\times\frac{4x^3}{1+x^4}>0$$

$x>0$에서 $f(x)$는 증가한다.

$y=f(1-x)$의 그래프는 $y=f(x)$의 그래프를 $x=\frac{1}{2}$에 대하여 대칭하여 그리면 된다.

이를 바탕으로 $f(x)$, $f(1-x)$를 그리면 다음과 같다.

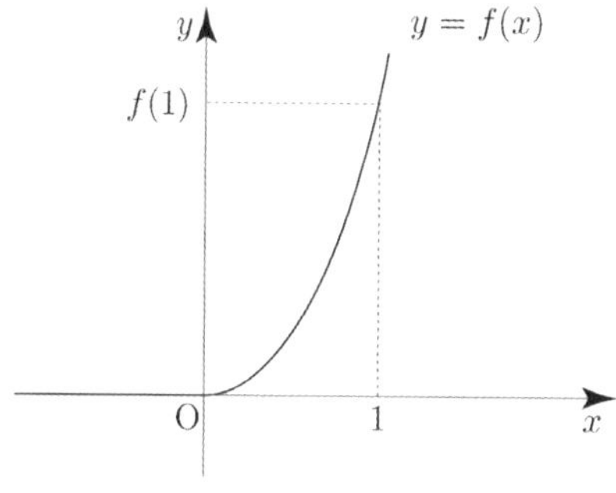

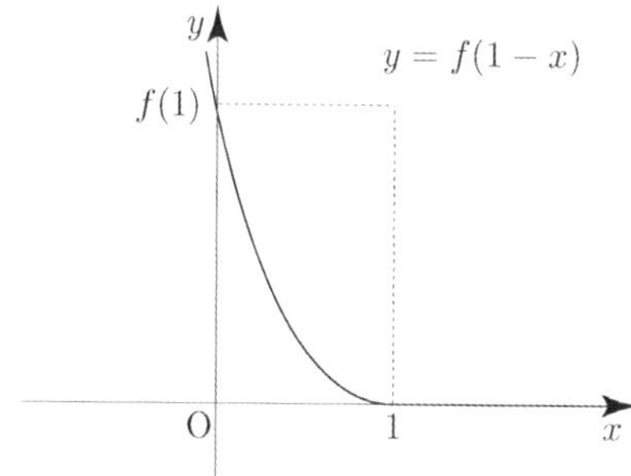

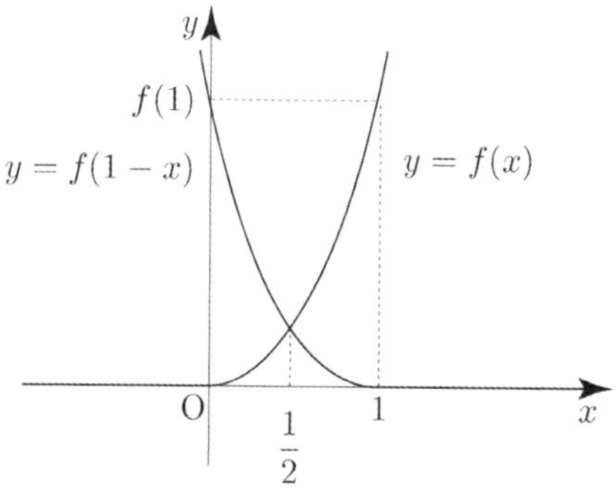

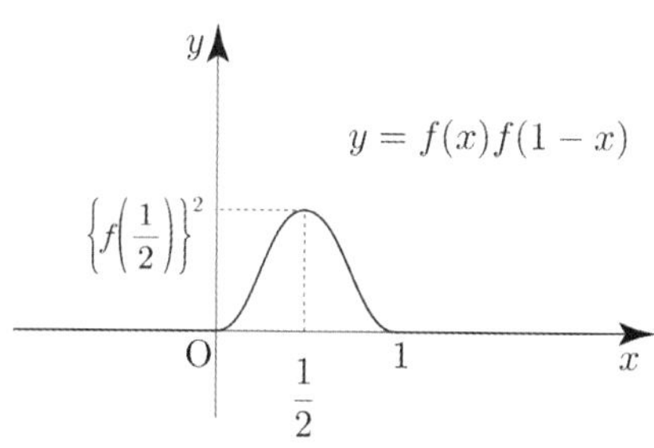

이때, $g'\left(\dfrac{1}{2}\right)=\left\{f\left(\dfrac{1}{2}\right)\right\}^2=\left\{\ln\left(\dfrac{17}{16}\right)\right\}^{20}<1$

$$\left(\because\ 0<\ln\frac{17}{16}<1\right)$$

이고, $\displaystyle\int_0^{\frac{1}{2}}g'(x)dx=S$라 하면

S는 가로가 $\dfrac{1}{2}$이고, 세로가 1인 직사각형의 넓이보다

작으므로 $S<\dfrac{1}{2}$

또한 $g(0)=0$이므로 x축을 설정할 수 있다.

이를 바탕으로 $g(x)$ 를 그리면 다음과 같다.
($g'(x)$ 의 넓이는 $g(x)$ 의 함숫값의 차이와 같다.
2026 규토 라이트 수2 문제편 정적분의 활용
Guide step 참고)

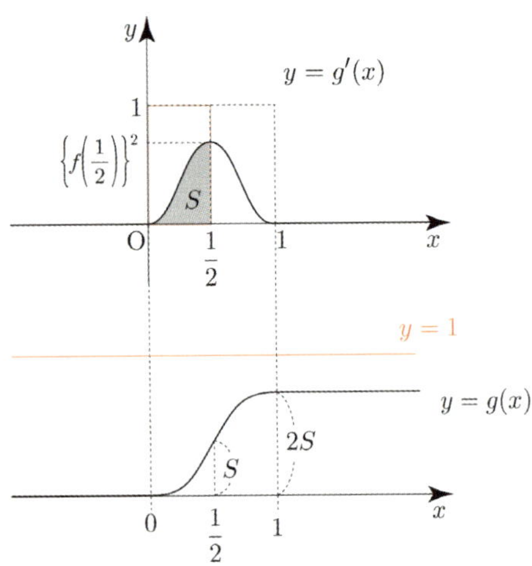

ㄴ에 의하여 $g(1) = 2g\left(\dfrac{1}{2}\right) = 2S$ 이고,

$S < \dfrac{1}{2} \ \Rightarrow \ 2S < 1$ 이므로 $g(a) \geq 1$ 을 만족시키는

실수 a 는 존재하지 않는다.
따라서 ㄷ은 거짓이다.

 ②

> **Tip**
>
> $g'(x) = f(x)f(1-x)$
> $g'(1-x) = f(1-x)f(x)$
> 즉, $g'(x) = g'(1-x)$ 가 성립하므로
> $y = f(x)f(1-x)$ 의 그래프는 $x = \dfrac{1}{2}$ 에 대하여
> 대칭인 것이 자명하다.

082

$0 \leq a \leq 8$

$h(a) = \displaystyle\int_0^a f(x)\,dx + \int_a^8 g(x)\,dx$ 라 하자.

(New 함수 Technique)

$h(a) = F(a) - F(0) + G(8) - G(a)$

$h'(a) = f(a) - g(a)$

두 함수 $y = f(a)$, $y = g(a)$ 의 그래프를 이용하여
빼기함수 Technique으로 $h'(a)$ 의 부호를 처리해 보자.

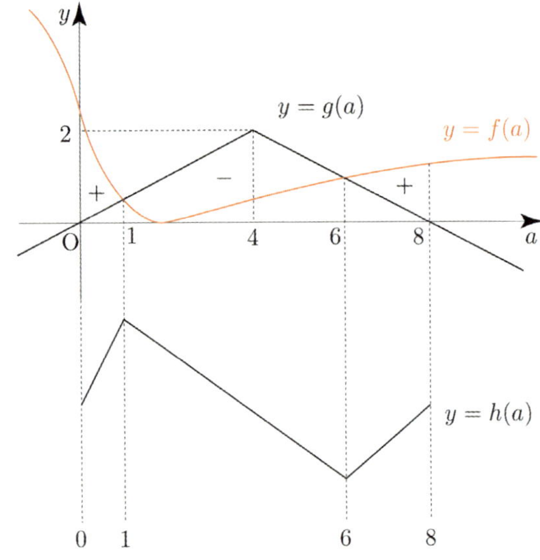

$h(a)$ 는 $x = 6$ 에서 극소를 갖는다.

$h(0) = \displaystyle\int_0^8 g(x)\,dx = 8$

$h(6) = \displaystyle\int_0^6 f(x)\,dx + \int_6^8 g(x)\,dx$

$\quad = \displaystyle\int_0^6 \left(\dfrac{5}{2} - \dfrac{10x}{x^2+4}\right)dx + 1$

$\quad = \left[\dfrac{5}{2}x - 5\ln|x^2+4|\right]_0^6 + 1$

$\quad = 15 - 5\ln 40 + 5\ln 4 + 1$

$\quad = 16 - 5\ln 10$

$10 = 5\ln e^2 < 5\ln 10$ 이므로 $h(6) < h(0)$
따라서 최솟값은 $h(6) = 16 - 5\ln 10$ 이다.

④

이번에는 a 의 범위에 따라 case분류하여 $h(a)$ 를 직접
구해보자.

① $0 \leq a \leq 4$ 일 때

$\displaystyle\int_0^a f(x)\,dx + \int_a^8 g(x)\,dx$

$= \displaystyle\int_0^a \left(\dfrac{5}{2} - \dfrac{10x}{x^2+4}\right)dx + \int_a^4 \dfrac{x}{2}\,dx + \int_4^8 \dfrac{-x+8}{2}\,dx$

$= \left[\dfrac{5}{2}x - 5\ln|x^2+4|\right]_0^a + \left[\dfrac{1}{4}x^2\right]_a^4 + \left[-\dfrac{1}{4}x^2 + 4x\right]_4^8$

$= \dfrac{5}{2}a - 5\ln(a^2+4) + 5\ln 4 + 4 - \dfrac{1}{4}a^2 + 4$

$h(a) = \dfrac{5}{2}a - 5\ln(a^2+4) + 5\ln4 + 4 - \dfrac{1}{4}a^2 + 4$ 라 하면

$h'(a) = \dfrac{5}{2} - \dfrac{10a}{a^2+4} - \dfrac{a}{2} = \dfrac{-(a-1)(a^2-4a+20)}{2(a^2+4)}$

$h(a)$ 는 $a=1$ 에서 극대이고,

$h(0)=8,\ h(1)=\dfrac{41}{4}-5\ln5+5\ln4,\ h(4)=14-5\ln5$

② $4 < a \leq 8$ 일 때

$\displaystyle\int_0^a f(x)dx + \int_a^8 g(x)dx$

$\displaystyle = \int_0^a \left(\dfrac{5}{2} - \dfrac{10x}{x^2+4}\right)dx + \int_a^8 \dfrac{-x+8}{2}dx$

$\displaystyle = \left[\dfrac{5}{2}x - 5\ln|x^2+4|\right]_0^a + \left[-\dfrac{1}{4}x^2 + 4x\right]_a^8$

$= \dfrac{5}{2}a - 5\ln(a^2+4) + 5\ln4 + 16 + \dfrac{1}{4}a^2 - 4a$

$h(a) = \dfrac{5}{2}a - 5\ln(a^2+4) + 5\ln4 + 16 + \dfrac{1}{4}a^2 - 4a$ 라 하면

$h'(a) = \dfrac{5}{2} - \dfrac{10a}{a^2+4} + \dfrac{a}{2} - 4 = \dfrac{(a-6)(a+1)(a+2)}{2(a^2+4)}$

$h(a)$ 는 $a=6$ 에서 극소이고,

$h(6) = 16 - 5\ln10$

따라서 최솟값은 $h(6) = 16 - 5\ln10$ 이다.

083

$\displaystyle\int_0^{\frac{\pi}{2}} f(t)dt = F\left(\dfrac{\pi}{2}\right) - F(0) = 1$

$\displaystyle \cos x \int_0^x f(t)dt = \sin x \int_x^{\frac{\pi}{2}} f(t)dt$ (단, $0 \leq x \leq \dfrac{\pi}{2}$)

$\cos x\{F(x) - F(0)\} = \sin x\left\{F\left(\dfrac{\pi}{2}\right) - F(x)\right\}$

양변을 x 에 대하여 미분하면

$-\sin x\{F(x) - F(0)\} + (\cos x)f(x)$

$= \cos x\left\{F\left(\dfrac{\pi}{2}\right) - F(x)\right\} - (\sin x)f(x)$

양변에 $x = \dfrac{\pi}{4}$ 를 대입하면

$-\dfrac{\sqrt{2}}{2}\left\{F\left(\dfrac{\pi}{4}\right) - F(0)\right\} + \dfrac{\sqrt{2}}{2}f\left(\dfrac{\pi}{4}\right)$

$= \dfrac{\sqrt{2}}{2}\left\{F\left(\dfrac{\pi}{2}\right) - F\left(\dfrac{\pi}{4}\right)\right\} - \dfrac{\sqrt{2}}{2}f\left(\dfrac{\pi}{4}\right)$

$\Rightarrow \sqrt{2}f\left(\dfrac{\pi}{4}\right) = \dfrac{\sqrt{2}}{2}\left\{F\left(\dfrac{\pi}{2}\right) - F(0)\right\}$

$\Rightarrow \sqrt{2}f\left(\dfrac{\pi}{4}\right) = \dfrac{\sqrt{2}}{2}$ $(\because$ (가))

따라서 $f\left(\dfrac{\pi}{4}\right) = \dfrac{1}{2}$ 이다.

답 ④

다르게 풀어보자.

$\displaystyle\int_0^{\frac{\pi}{2}} f(t)dt = 1$

$\displaystyle\Rightarrow \int_0^x f(t)dt + \int_x^{\frac{\pi}{2}} f(t)dt = 1$

$\displaystyle\Rightarrow \int_x^{\frac{\pi}{2}} f(t)dt = 1 - \int_0^x f(t)dt$

이므로 이를 (나) 조건에 대입하면

$\displaystyle \cos x \int_0^x f(t)dt = \sin x\left(1 - \int_0^x f(t)dt\right)$

$\displaystyle\Rightarrow (\cos x + \sin x)\int_0^x f(t)dt = \sin x$

$\displaystyle\Rightarrow \int_0^x f(t)dt = \dfrac{\sin x}{\cos x + \sin x}$

양변을 x 에 대해 미분하면

$f(x) = \dfrac{\cos x(\cos x + \sin x) - \sin x(-\sin x + \cos x)}{(\cos x + \sin x)^2}$

$\quad = \dfrac{1}{(\cos x + \sin x)^2}$

$\therefore f\left(\dfrac{\pi}{4}\right) = \dfrac{1}{(\sqrt{2})^2} = \dfrac{1}{2}$

$$g(x) = \int_1^x \frac{f(t^2+1)}{t}dt$$

$$g(1) = 0, \quad g'(x) = \frac{f(x^2+1)}{x}$$

$$g(2) = 3$$

$$\int_1^2 xg(x)dx = \int_1^2 g(x)\,x\,dx$$

$$= \left[g(x)\frac{x^2}{2} \right]_1^2 - \int_1^2 g'(x)\frac{x^2}{2}dx$$

$$= 2g(2) - \int_1^2 \frac{f(x^2+1)}{x} \times \frac{x^2}{2}dx$$

$$= 6 - \int_1^2 \frac{f(x^2+1)}{4} \times 2x\,dx$$

$x^2 + 1 = t$ 라 하면 $2x = \dfrac{dt}{dx}$ 이고,

$x = 1$ 일 때, $t = 2$, $x = 2$ 일 때, $t = 5$ 이므로

$$\int_1^2 \frac{f(x^2+1)}{4} \times 2x\,dx = \frac{1}{4}\int_2^5 f(t)dt$$

$$= 4 \quad (\because (\text{나}))$$

따라서 $\displaystyle\int_1^2 xg(x)dx = 6 - \int_1^2 \frac{f(x^2+1)}{4} \times 2x\,dx$

$$= 6 - 4 = 2$$

이다.

답   ①

$$f(x) = e^x + x - 1, \quad t > 0$$

$$F(x) = \int_0^x \{t - f(s)\}ds$$

$$F(0) = 0, \quad F'(x) = t - f(x)$$

$F(x)$ 는 실수 전체의 집합에서 미분가능한 함수이고
정의역이 실수 전체이므로 $x = \alpha$ 에서 최댓값을 가지려면
$x = \alpha$ 에서 극대이어야 한다.

즉, $F'(\alpha) = 0 \Rightarrow t - f(\alpha) = 0 \Rightarrow f(\alpha) = t$

$$f(\alpha) = t, \quad f'(\alpha) = \frac{dt}{d\alpha}, \quad \alpha = g(t)$$

$t = f(1)$ 일 때, $\alpha = 1$, $t = f(5)$ 일 때, $\alpha = 5$ 이므로

$$\int_{f(1)}^{f(5)} \frac{g(t)}{1 + e^{g(t)}}dt = \int_1^5 \frac{\alpha}{1 + e^{\alpha}} \times f'(\alpha)\,d\alpha$$

$$= \int_1^5 \frac{\alpha}{1 + e^{\alpha}} \times (e^{\alpha} + 1)\,d\alpha$$

$$= \int_1^5 \alpha\,d\alpha = \left[\frac{\alpha^2}{2} \right]_1^5 = \frac{25}{2} - \frac{1}{2}$$

$$= 12$$

답   12

$$f(1+x) = f(1-x), \quad f(2+x) = f(2-x)$$

실수 전체의 집합에서 $f'(x)$ 가 연속, $\displaystyle\int_2^5 f'(x)dx = 4$

ㄱ. 모든 실수 x 에 대하여 $f(x+2) = f(x)$ 이다.

$$f(2+x) = f(2-x) = f(1+(1-x))$$
$$= f(1-(1-x)) = f(x)$$

이므로 $f(x+2) = f(x)$ 가 성립한다.
따라서 ㄱ은 참이다.

ㄴ. $f(1) - f(0) = 4$

$$\int_2^5 f'(x)dx = [f(x)]_2^5 = f(5) - f(2) = 4$$

ㄱ에 의하여 $f(5) = f(1)$ 이고 $f(2) = f(0)$ 이므로
$f(1) - f(0) = 4$ 이다.
따라서 ㄴ은 참이다.

ㄷ. $\displaystyle\int_0^1 f(f(x))f'(x)dx = 6$ 일 때, $\displaystyle\int_1^{10} f(x)dx = \frac{27}{2}$ 이다.

$f(x) = t$ 라 하면 $f'(x) = \dfrac{dt}{dx}$ 이고,

$x = 0$ 일 때, $t = f(0)$, $x = 1$ 일 때, $t = f(1)$

$$\int_0^1 f(f(x))f'(x)dx = \int_{f(0)}^{f(1)} f(t)dt = 6$$

ㄴ에 의하여 $f(0) = k$ 라 하면 $f(1) = k+4$ 이므로

$$\int_{f(0)}^{f(1)} f(t)dt = \int_k^{k+4} f(t)dt = 6$$

ㄱ에 의하여 ($f(x)$는 주기가 2인 주기함수이므로)

$$\int_{k}^{k+4} f(t)dt = 2\int_{k}^{k+2} f(t)dt = 6 \text{이므로}$$

$$\int_{0}^{2} f(t)dt = 3, \quad \int_{2}^{4} f(t)dt = 3, \quad \int_{4}^{6} f(t)dt = 3,$$

$$\int_{6}^{8} f(t)dt = 3, \quad \int_{8}^{10} f(t)dt = 3$$

$$\Rightarrow \int_{0}^{10} f(t)dt = 3 \times 5 = 15$$

$f(1+x) = f(1-x)$ 이므로

$$\int_{0}^{1} f(x)dx = \int_{1}^{2} f(x)dx = \frac{3}{2}$$

$$\int_{1}^{10} f(x)dx = \int_{0}^{10} f(x)dx - \int_{0}^{1} f(x)dx$$

$$= 15 - \frac{3}{2} = \frac{27}{2}$$

따라서 ㄷ은 참이다.

답 ⑤

087

실수 전체의 집합에서 미분가능한 함수 $f(x)$
(가) $f(x) > 0$

(나) $\ln f(x) + 2\int_{0}^{x}(x-t)f(t)dt = 0$

ㄱ. $x > 0$ 에서 함수 $f(x)$ 는 감소한다.

$$\ln f(x) + 2\int_{0}^{x}(x-t)f(t)dt = 0$$

$$\Rightarrow \ln f(x) + 2x\int_{0}^{x} f(t)dt - 2\int_{0}^{x} tf(t)dt = 0$$

양변을 x 에 대하여 미분하면

$$\frac{f'(x)}{f(x)} + 2\int_{0}^{x} f(t)dt + 2xf(x) - 2xf(x) = 0$$

$$\Rightarrow \frac{f'(x)}{f(x)} + 2\int_{0}^{x} f(t)dt = 0$$

$$\Rightarrow f'(x) = -2f(x)\int_{0}^{x} f(t)dt$$

(가) 조건에 의하여 $x > 0$ 에서 $\int_{0}^{x} f(t)dt > 0$ 이다.

즉, $x > 0$ 에서 $f'(x) < 0$ 이므로 $x > 0$ 에서 함수 $f(x)$ 는 감소한다.

따라서 ㄱ은 참이다.

ㄴ. 함수 $f(x)$ 의 최댓값은 1 이다.

ㄱ에 의하여 $x > 0$ 에서 함수 $f(x)$ 가 감소한다는 것을 알 수 있었다. 이번에는 $x < 0$ 에서 증감을 조사해보자.

$$f'(x) = -2f(x)\int_{0}^{x} f(t)dt$$

$$= 2f(x)\int_{x}^{0} f(t)dt$$

(가) 조건에 의하여 $x < 0$ 에서 $\int_{x}^{0} f(t)dt > 0$ 이다.

즉, $x < 0$ 에서 $f'(x) > 0$ 이므로 $x < 0$ 에서 함수 $f(x)$ 는 증가한다.

함수 $f(x)$ 는 $x < 0$ 에서 증가하고 $x > 0$ 에서 감소하므로 $x = 0$ 에서 극댓값이면서 최댓값을 갖는다.

$$\ln f(x) + 2x\int_{0}^{x} f(t)dt - 2\int_{0}^{x} tf(t)dt = 0$$

양변에 $x = 0$ 을 대입하면
$\ln f(0) = 0 \Rightarrow f(0) = 1$ 이므로 함수 $f(x)$ 의 최댓값은 1 이다.
따라서 ㄴ은 참이다.

ㄷ. 함수 $F(x)$ 를 $F(x) = \int_{0}^{x} f(t)dt$ 라 할 때,

$f(1) + \{F(1)\}^2 = 1$ 이다.

$$F(x) = \int_{0}^{x} f(t)dt$$

$F(0) = 0, \ F'(x) = f(x)$ 이므로

$$f'(x) = -2f(x)\int_{0}^{x} f(t)dt$$

$$\Rightarrow f'(x) = -2F'(x)F(x) = -\{F(x)^2\}'$$

양변을 x 에 대하여 적분하면
$$f(x) = -\{F(x)\}^2 + C$$

ㄴ에 의하여 $f(0) = 1$ 이므로
$$F(0) = 0 \Rightarrow f(0) = C \Rightarrow C = 1$$

$$\therefore f(x) = -\{F(x)\}^2 + 1$$

양변에 $x=1$ 을 대입하면
$$f(1) = -\{F(1)\}^2 + 1 \Rightarrow f(1) + \{F(1)\}^2 = 1$$
따라서 ㄷ은 참이다.

답 ⑤

088

원 C 와 y 축의 교점을 D 라 하면
원에서 한 호에 대한 원주각의 크기는 모두 같으므로
$\angle \text{PAB} = \angle \text{PDB} = \theta$ 이다.

$\angle \text{PDB} = \angle \text{RQB} = \theta$ (by 동위각)

구하고자 하는 값이 $\displaystyle\int_{\frac{\pi}{6}}^{\frac{\pi}{3}} f(\theta)d\theta$ 이므로

θ 의 범위는 $\dfrac{\pi}{6} \le \theta \le \dfrac{\pi}{3}$ 라 할 수 있다.

$\dfrac{\pi}{6} \le \theta \le \dfrac{\pi}{3}$ 에서 $2\cos\theta > 0$ 이므로 $\overline{\text{QB}} = 2\cos\theta + 2$ 이다.

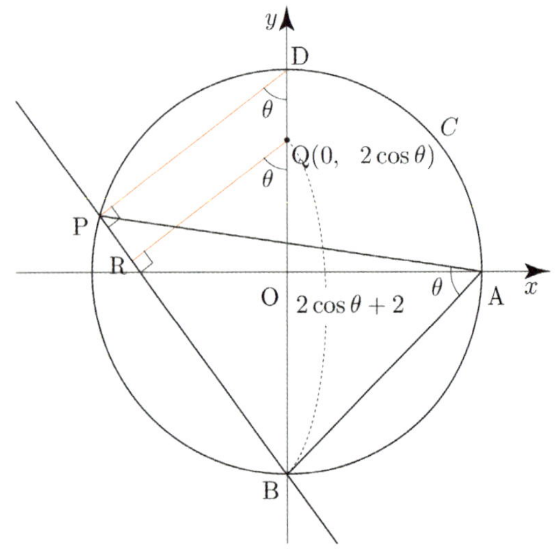

삼각형 PDB 에서
$$\overline{\text{PB}} = \overline{\text{DB}} \times \sin\theta = 4\sin\theta$$

삼각형 RQB 에서
$$\overline{\text{RB}} = \overline{\text{QB}} \times \sin\theta = (2\cos\theta + 2)\sin\theta = 2\cos\theta\sin\theta + 2\sin\theta$$

이므로

$$f(\theta) = \overline{\text{PR}} = \overline{\text{PB}} - \overline{\text{RB}}$$
$$= 4\sin\theta - (2\cos\theta\sin\theta + 2\sin\theta)$$
$$= 2\sin\theta - 2\cos\theta\sin\theta$$

이다.

따라서 $\displaystyle\int_{\frac{\pi}{6}}^{\frac{\pi}{3}} f(\theta)d\theta = \int_{\frac{\pi}{6}}^{\frac{\pi}{3}} (2\sin\theta - 2\cos\theta\sin\theta)d\theta$

$$= \left[-2\cos\theta - \sin^2\theta \right]_{\frac{\pi}{6}}^{\frac{\pi}{3}}$$

$$= \left(-1 - \frac{3}{4} \right) - \left(-\sqrt{3} - \frac{1}{4} \right)$$

$$= -\frac{3}{2} + \sqrt{3} = \frac{2\sqrt{3} - 3}{2}$$

이다.

답 ①

089

$f(x) = \sin(ax)\ (a \ne 0)$ 에 대하여

(가) $\displaystyle\int_0^{\frac{\pi}{a}} f(x)dx \ge \dfrac{1}{2}$

$$\int_0^{\frac{\pi}{a}} f(x)dx = \int_0^{\frac{\pi}{a}} \sin(ax)dx$$

$$= \left[-\frac{1}{a}\cos(ax) \right]_0^{\frac{\pi}{a}} = \frac{1}{a} - \left(-\frac{1}{a} \right) = \frac{2}{a}$$

(가) 조건에 의해서
$$\frac{2}{a} \ge \frac{1}{2} \Rightarrow 2a \ge \frac{1}{2}a^2 \Rightarrow a^2 - 4a \le 0 \Rightarrow 0 \le a \le 4$$

$$\Rightarrow 0 < a \le 4\ (\because\ a \ne 0)\ \cdots\ \bigcirc$$

(나) $0 < t < 1$ 인 모든 실수 t 에 대하여
$$\int_0^{3\pi} |f(x) + t|dx = \int_0^{3\pi} |f(x) - t|dx$$ 이다.

$$\int_0^{3\pi} |f(x) + t|dx = \int_0^{3\pi} |f(x) - t|dx$$

$$\Rightarrow \int_0^{3\pi} |f(x) + t|dx - \int_0^{3\pi} |f(x) - t|dx = 0$$

$$\Rightarrow \int_0^{3\pi} \{|f(x) + t| - |f(x) - t|\}dx = 0$$

$$g(x) = |f(x)+t| - |f(x)-t|$$
$$= |\sin(ax)+t| - |\sin(ax)-t|$$
라 하자.

$-1 \leq \sin(ax) < -t$ 일 때,
$$g(x) = -\sin(ax)-t+\sin(ax)-t = -2t$$

$-t \leq \sin(ax) < t$ 일 때,
$$g(x) = \sin(ax)+t+\sin(ax)-t = 2\sin(ax)$$

$t \leq \sin(ax) \leq 1$ 일 때,
$$g(x) = \sin(ax)+t-\sin(ax)+t = 2t$$

이므로

$$g(x) = \begin{cases} -2t & (-1 \leq \sin(ax) < -t) \\ 2\sin(ax) & (-t \leq \sin(ax) < t) \\ 2t & (t \leq \sin(ax) \leq 1) \end{cases}$$

이를 바탕으로 $g(x)$ 를 그리면 다음과 같다.

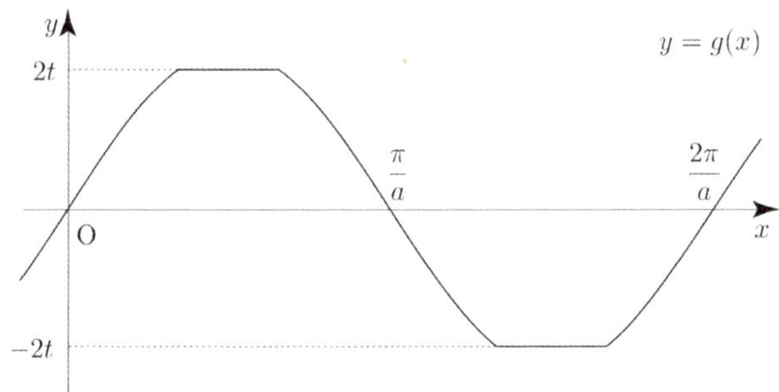

$0 < b < \dfrac{2\pi}{a}$ 인 모든 실수 b 에 대하여 $\displaystyle\int_0^b g(x)dx > 0$ 이고,

대칭성에 의해서 $\displaystyle\int_0^{\frac{2\pi}{a}} g(x)dx = 0$ 이다.

이때 함수 $g(x)$ 는 주기가 $\dfrac{2\pi}{a}$ 이고,

$\displaystyle\int_0^{3\pi} g(x)dx = 0$ 이므로

자연수 n 에 대하여 $3\pi = \dfrac{2\pi}{a} \times n \Rightarrow a = \dfrac{2}{3}n$

㉠에 의해서 $0 < a \leq 4 \Rightarrow 0 < \dfrac{2}{3}n \leq 4 \Rightarrow 0 < n \leq 6$

따라서 모든 실수 a 의 값의 합은
$$\dfrac{2}{3} + \dfrac{4}{3} + 2 + \dfrac{8}{3} + \dfrac{10}{3} + 4 = 14$$
이다.

답 14

090

실수 전체의 집합에서 연속인 함수 $f(x)$ 에 대하여

(가) $-1 \leq x \leq 1$ 에서 $f(x) < 0$ 이다.

(나) $\displaystyle\int_{-1}^0 |f(x)\sin x|\,dx = 2$, $\displaystyle\int_0^1 |f(x)\sin x|\,dx = 3$

$g(x) = \displaystyle\int_{-1}^x |f(t)\sin t|\,dt$ 의 양변에 $x = -1$ 을 대입하면
$g(-1) = 0$ 이다.

$\displaystyle\int_{-1}^0 |f(x)\sin x|\,dx = 2 \Rightarrow g(0) = 2$

$\displaystyle\int_{-1}^0 |f(x)\sin x|\,dx = 2$, $\displaystyle\int_0^1 |f(x)\sin x|\,dx = 3$ 이므로

$g(1) = \displaystyle\int_{-1}^1 |f(t)\sin t|\,dt$

$\qquad = \displaystyle\int_{-1}^0 |f(t)\sin t|\,dt + \int_0^1 |f(t)\sin t|\,dt$

$\qquad = 2+3 = 5$

$-x = t$ 라 하면 $-1 = \dfrac{dt}{dx}$

$x = -1$ 일 때, $t = 1$, $x = 1$ 일 때, $t = -1$

$\displaystyle\int_{-1}^1 f(-x)g(-x)\sin x\,dx = \int_1^{-1} f(t)g(t)\sin(-t)(-dt)$

$\qquad\qquad = -\displaystyle\int_{-1}^1 f(t)g(t)\sin t\,dt$

$g(x) = \displaystyle\int_{-1}^x |f(t)\sin t|\,dt$ 의 양변을 x 에 대해 미분하면
$g'(x) = |f(x)\sin x|$ 이다.

이때 (가) 조건에 의해서 $-1 \leq x \leq 1$ 에서 $f(x) < 0$ 이므로

$$g'(x) = \begin{cases} f(x)\sin x & (-1 \leq x < 0) \\ -f(x)\sin x & (0 \leq x \leq 1) \end{cases}$$

$g(-1) = 0$, $g(0) = 2$, $g(1) = 5$ 이므로

$$\int_{-1}^{1} f(-x)g(-x)\sin x\,dx$$

$$= -\int_{-1}^{1} f(x)g(x)\sin x\,dx$$

$$= -\int_{-1}^{0} g'(x)g(x)\,dx - \int_{0}^{1}\{-g'(x)g(x)\}\,dx$$

$$= -\left[\frac{1}{2}\{g(x)\}^2\right]_{-1}^{0} + \left[\frac{1}{2}\{g(x)\}^2\right]_{0}^{1}$$

$$= -\frac{4}{2}+0+\frac{25}{2}-\frac{4}{2}=\frac{17}{2}$$

따라서 $p+q=19$ 이다.

답   19

091

(가) 모든 실수 x 에 대하여
$$2\{f(x)\}^2 f'(x) = \{f(2x+1)\}^2 f'(2x+1) \text{ 이다.}$$

$$\{f(x)^3\}' = 3\{f(x)\}^2 f'(x)$$
$$\{f(2x+1)^3\}' = 6\{f(2x+1)\}^2 f'(2x+1)$$

이므로 $2\{f(x)\}^2 f'(x) = \{f(2x+1)\}^2 f'(2x+1)$ 의
양변을 x 에 대하여 적분하면

$$\frac{2}{3}\{f(x)\}^3 = \frac{1}{6}\{f(2x+1)\}^3 + C_1$$

$$\Rightarrow 4\{f(x)\}^3 = \{f(2x+1)\}^3 + C$$

$$\Rightarrow 4\{f(x)\}^3 - \{f(2x+1)\}^3 = C$$

양변에 $x=-1$ 을 대입하면
$$4\{f(-1)\}^3 - \{f(-1)\}^3 = 3\{f(-1)\}^3 = C$$
$$\Rightarrow f(-1) = \sqrt[3]{\frac{C}{3}}$$

이므로 C 만 구하면 $f(-1)$ 을 구할 수 있다.

(나) $f\!\left(-\frac{1}{8}\right)=1,\ f(6)=2$

(나) 조건을 이용하여 C 를 구해보자.

$$4\{f(x)\}^3 - \{f(2x+1)\}^3 = C \quad \cdots \ \boxdot$$

$\boxdot$의 양변에 $x=-\dfrac{1}{8}$ 을 대입하면

$$4\left\{f\!\left(-\frac{1}{8}\right)\right\}^3 - \left\{f\!\left(\frac{3}{4}\right)\right\}^3 = C$$

$$f\!\left(-\frac{1}{8}\right)=1 \Rightarrow \left\{f\!\left(\frac{3}{4}\right)\right\}^3 = 4-C$$

$\boxdot$의 양변에 $x=\dfrac{3}{4}$ 을 대입하면

$$4\left\{f\!\left(\frac{3}{4}\right)\right\}^3 - \left\{f\!\left(\frac{5}{2}\right)\right\}^3 = C$$

$$\left\{f\!\left(\frac{3}{4}\right)\right\}^3 = 4-C \Rightarrow \left\{f\!\left(\frac{5}{2}\right)\right\}^3 = 16-5C$$

$\boxdot$의 양변에 $x=\dfrac{5}{2}$ 를 대입하면

$$4\left\{f\!\left(\frac{5}{2}\right)\right\}^3 - \{f(6)\}^3 = C$$

$$\left\{f\!\left(\frac{5}{2}\right)\right\}^3 = 16-5C \Rightarrow \{f(6)\}^3 = 64-21C$$

$f(6)=2$ 이므로 $8=64-21C \Rightarrow C=\dfrac{8}{3}$

따라서 $f(-1)=\sqrt[3]{\dfrac{C}{3}} = \sqrt[3]{\dfrac{8}{9}} = \dfrac{2}{\sqrt[3]{3^2}}$

$$= \frac{2\times\sqrt[3]{3}}{\sqrt[3]{3^2}\times\sqrt[3]{3}} = \frac{2\sqrt[3]{3}}{\sqrt[3]{3^3}} = \frac{2\sqrt[3]{3}}{3}$$

이다.

답   ④

092

$$\int_{-1}^{5} f(x)(x+\cos 2\pi x)\,dx$$

$$= \int_{-1}^{5} xf(x)\,dx + \int_{-1}^{5} f(x)\cos 2\pi x\,dx$$

(가), (나) 조건에 의해서
$f(x)$ 는 우함수이고, 주기가 2 인 주기함수이다.

$$\int_{-1}^{5} xf(x)\,dx$$

$$= \int_{-1}^{1} xf(x)\,dx + \int_{1}^{3} xf(x)\,dx + \int_{3}^{5} xf(x)\,dx$$

$$= \int_{1}^{3} xf(x)\,dx + \int_{3}^{5} xf(x)\,dx$$

$$= \int_{-1}^{1} (x+2)f(x+2)\,dx + \int_{-1}^{1} (x+4)f(x+4)\,dx$$

$$= \int_{-1}^{1}(x+2)f(x)dx + \int_{-1}^{1}(x+4)f(x)dx$$

$$= 2\int_{-1}^{1}f(x)dx + 4\int_{-1}^{1}f(x)dx = 6\int_{-1}^{1}f(x)dx$$

$$= 12\int_{0}^{1}f(x)dx = 24$$

(가), (나) 조건에 의해서
$$f(-x)\cos2\pi(-x)=f(x)\cos2\pi x$$
$$f(x+2)\cos2\pi(x+2)=f(x)\cos2\pi x$$
이므로 $f(x)\cos2\pi x$ 는 우함수이고, 주기가 2 인 주기함수이다.

$$\int_{-1}^{5}f(x)\cos2\pi x dx$$

$$= \int_{-1}^{1}f(x)\cos2\pi x\,dx + \int_{1}^{3}f(x)\cos2\pi x\,dx$$

$$\quad + \int_{3}^{5}f(x)\cos2\pi x\,dx$$

$$= \int_{-1}^{1}f(x)\cos2\pi x\,dx + \int_{-1}^{1}f(x+2)\cos2\pi(x+2)dx$$

$$\quad + \int_{-1}^{1}f(x+4)\cos2\pi(x+4)dx$$

$$= \int_{-1}^{1}f(x)\cos2\pi x\,dx + \int_{-1}^{1}f(x)\cos2\pi x dx$$

$$\quad + \int_{-1}^{1}f(x)\cos2\pi x dx$$

$$= 3\int_{-1}^{1}f(x)\cos2\pi x\,dx = 6\int_{0}^{1}f(x)\cos2\pi x dx$$

$$\int_{-1}^{5}xf(x)dx = 24, \quad \int_{-1}^{5}f(x)\cos2\pi x dx = 6\int_{0}^{1}f(x)\cos2\pi x dx$$
이므로

$$\int_{-1}^{5}f(x)(x+\cos2\pi x)dx = \frac{47}{2}$$

$$\Rightarrow \int_{-1}^{5}xf(x)dx + \int_{-1}^{5}f(x)\cos2\pi x dx = \frac{47}{2}$$

$$\Rightarrow 24 + 6\int_{0}^{1}f(x)\cos2\pi x\,dx = \frac{47}{2}$$

$$\Rightarrow \int_{0}^{1}f(x)\cos2\pi x\,dx = -\frac{1}{12}$$

따라서

$$\int_{0}^{1}f'(x)\sin2\pi x\,dx = \int_{0}^{1}\sin2\pi x f'(x)\,dx$$

$$= \Big[\sin2\pi xf(x)\Big]_{0}^{1} - 2\pi\int_{0}^{1}\cos2\pi x f(x)\,dx$$

$$= -2\pi\int_{0}^{1}f(x)\cos2\pi x\,dx = -2\pi\times\left(-\frac{1}{12}\right) = \frac{\pi}{6}$$

이다.

답 ①

093

$-x = t$ 라 하면 (가) 조건에 의해서

$$\lim_{x\to-\infty}\frac{f(x)+6}{e^x} = 1 \Rightarrow \lim_{t\to\infty}\frac{ae^{-2t}+be^{-t}+c+6}{e^{-t}} = 1$$

$$\Rightarrow \lim_{t\to\infty}\frac{ae^{-t}+b+(c+6)e^{t}}{1} = 1$$

$$\Rightarrow b=1,\ c=-6$$

$f(x) = ae^{2x}+e^x-6$ 이므로 (나) 조건에 의해서
$$f(\ln2)=0 \Rightarrow ae^{2\ln2}+e^{\ln2}-6=0 \Rightarrow 4a+2-6=0$$
$$\Rightarrow a=1$$

$$f(x) = e^{2x}+e^x-6$$
$$f'(x) = 2e^{2x}+e^x > 0$$
이므로 $f(x)$ 는 증가함수이다.

$x = f(s)$ 라 하면 $f(\ln2)=0,\ f(\ln4)=14$ 이고,

$1 = f'(s)\dfrac{ds}{dx}$ 이므로

$$\int_{0}^{14}g(x)dx = \int_{\ln2}^{\ln4}g(f(s))f'(s)ds$$

$$= \int_{\ln2}^{\ln4}s f'(s)\,ds$$

$$= \Big[s f(s)\Big]_{\ln2}^{\ln4} - \int_{\ln2}^{\ln4}f(s)ds$$

$$= 14\ln4 - \int_{\ln2}^{\ln4}(e^{2s}+e^s-6)ds$$

$$= 28\ln2 - \left[\frac{1}{2}e^{2s}+e^s-6s\right]_{\ln2}^{\ln4}$$

$$= 28\ln2-(8-6\ln2) = -8+34\ln2$$

따라서 $p+q = -8+34 = 26$ 이다.

답 26

다르게 풀어보자.

$f(x)$ 는 증가함수이므로 다음과 같다.

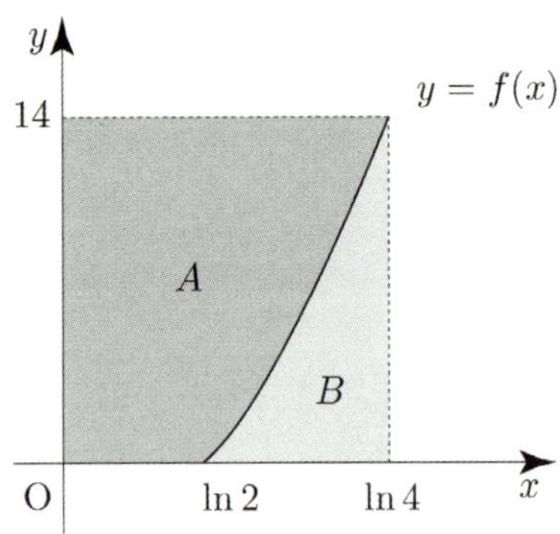

2026 규토 라이트 수2 정적분의 활용 Guide step
개념파악하기 - (5) 두 곡선 $y=f(x)$, $y=f^{-1}(x)$ 사이의
넓이는 어떻게 구할까? 에서 배운 technique을 사용하면

$$\int_0^{14} g(x)dx = A, \quad \int_{\ln 2}^{\ln 4} f(x)dx = B$$

$A+B = 14\ln 4$ (직사각형의 넓이)

이므로 $A = 14\ln 4 - \displaystyle\int_{\ln 2}^{\ln 4} f(x)dx = -8 + 34\ln 2$ 이다.

094

(가) $\left(\dfrac{f(x)}{x}\right)' = x^2 e^{-x^2}$

(나) $g(x) = \dfrac{4}{e^4}\displaystyle\int_1^x e^{t^2} f(t)dt$

(가) 조건의 양변을 x 에 대하여 적분하려고 보니
$x^2 e^{-x^2}$ 를 적분하기 까다롭다.

치환적분을 시도하려고 해도 길이 보이지 않는다.
어떻게 해야 할까?

이번에는 부분적분을 시도해보자.

(나) 조건에서 $\left(\dfrac{f(x)}{x}\right)'$ 를 사용하기 위해서 식을 변형해보자.
(그적마인미그를 떠올리며 식을 변형한다.)

$$\int_1^x e^{t^2} f(t)dt = \int_1^x f(t)e^{t^2}dt = \int_1^x \left(\frac{f(t)}{t}\right)te^{t^2}dt$$

$$= \left[\left(\frac{f(t)}{t}\right)\frac{e^{t^2}}{2}\right]_1^x - \int_1^x \left(\frac{f(t)}{t}\right)'\frac{e^{t^2}}{2}dt$$

$$= \frac{f(x)e^{x^2}}{2x} - \frac{f(1)e}{2} - \int_1^x t^2 e^{-t^2} \times \frac{e^{t^2}}{2}dt$$

$$= \frac{f(x)e^{x^2}}{2x} - \frac{1}{2} - \int_1^x \frac{t^2}{2}dt \quad \left(\because \ f(1)=\frac{1}{e}\right)$$

$$= \frac{f(x)e^{x^2}}{2x} - \frac{1}{2} - \left[\frac{t^3}{6}\right]_1^x$$

$$= \frac{f(x)e^{x^2}}{2x} - \frac{1}{3} - \frac{x^3}{6}$$

이쯤 오면 식이 딱딱 떨어지는 것으로 보아 출제자가
의도한 풀이과정임을 알 수 있다.

$$g(x) = \frac{4}{e^4}\int_1^x e^{t^2} f(t)dt = \frac{4}{e^4}\left(\frac{f(x)e^{x^2}}{2x} - \frac{1}{3} - \frac{x^3}{6}\right)$$

양변에 $x=2$ 를 대입하면

$$g(2) = \frac{4}{e^4}\left(\frac{f(2)e^4}{4} - \frac{5}{3}\right) \Rightarrow g(2) = f(2) - \frac{20}{3e^4}$$

따라서 $f(2) - g(2) = \dfrac{20}{3e^4}$ 이다.

답 ③

095

$$f(x) = \begin{cases} |\sin x| - \sin x & \left(-\dfrac{7}{2}\pi \le x < 0\right) \\[2mm] \sin x - |\sin x| & \left(0 \le x \le \dfrac{7}{2}\pi\right) \end{cases}$$

$-\dfrac{7}{2}\pi \le x < 0$ 에서

$\sin x \ge 0$ 일 때, $|\sin x| - \sin x = 0$
$\sin x < 0$ 일 때, $|\sin x| - \sin x = -2\sin x$

$0 \le x \le \dfrac{7}{2}\pi$ 에서

$\sin x \ge 0$ 일 때, $\sin x - |\sin x| = 0$
$\sin x < 0$ 일 때, $\sin x - |\sin x| = 2\sin x$

이를 바탕으로 $f(x)$ 를 그리면 다음과 같다.

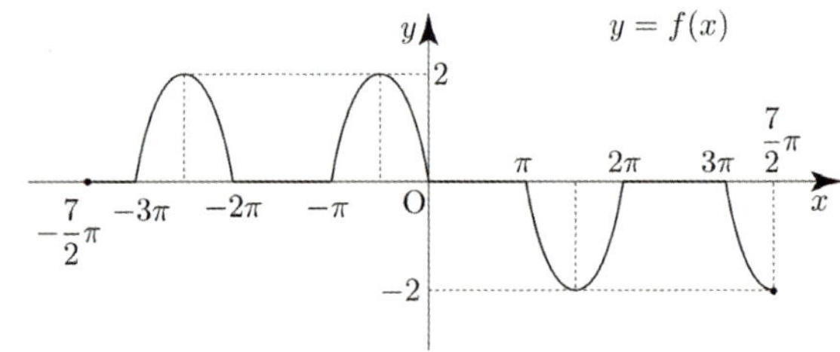

$g(x) = \displaystyle\int_a^x f(t)dt$ 라 하자.

(New 함수 Technique)

$g'(x) = f(x),\ g(a) = 0\ (x\,축\ 설정)$

$f(x)$ 를 바탕으로 $g(x)$ 를 그리면 다음과 같다.

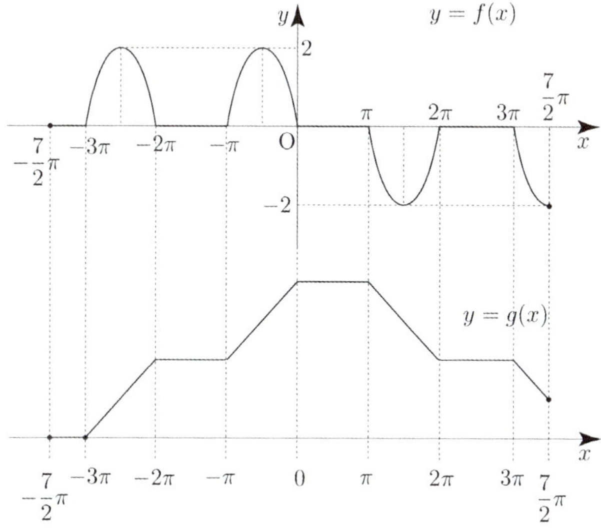

모든 실수 x 에 대하여 $g(x) \geq 0$ 이 되도록 하는 실수 a 의

범위는 $-\dfrac{7}{2}\pi \leq a \leq -3\pi$ 이므로 최솟값은 $\alpha = -\dfrac{7}{2}\pi$ 이고,

최댓값은 $\beta = -3\pi$ 이다.

따라서 $\beta - \alpha = -3\pi + \dfrac{7}{2}\pi = \dfrac{\pi}{2}$ 이다.

답 ①

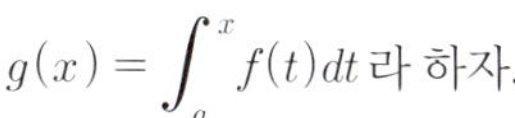

$g(e^x) = \begin{cases} f(x) & (0 \leq x < 1) \\ g(e^{x-1}) + 5 & (1 \leq x \leq 2) \end{cases}$

$e^x = t$ 라 하면 $x = \ln t$

$g(t) = \begin{cases} f(\ln t) & (0 \leq \ln t < 1) \\ g\left(\dfrac{t}{e}\right) + 5 & (1 \leq \ln t \leq 2) \end{cases}$

$\Rightarrow g(t) = \begin{cases} f(\ln t) & (1 \leq t < e) \\ g\left(\dfrac{t}{e}\right) + 5 & (e \leq t \leq e^2) \end{cases}$

이므로

$\displaystyle\int_1^{e^2} g(x)dx = \int_1^e f(\ln x)dx + \int_e^{e^2}\left\{g\left(\dfrac{x}{e}\right)+5\right\}dx$

$\dfrac{x}{e} = s$ 라 하면 $\dfrac{1}{e} = \dfrac{ds}{dx}$ 이고,

$x = e$ 일 때, $s = 1$, $x = e^2$ 일 때, $s = e$

$\displaystyle\int_e^{e^2}\left\{g\left(\dfrac{x}{e}\right)+5\right\}dx = \int_1^e \{g(s)+5\}e\,ds$

$\qquad = e\displaystyle\int_1^e g(s)ds + e\int_1^e 5\,ds$

$\qquad = e\displaystyle\int_1^e f(\ln s)ds + e\left[5s\right]_1^e$

$\qquad = e\displaystyle\int_1^e f(\ln s)ds + 5e(e-1)$

이므로

$\displaystyle\int_1^{e^2} g(x)dx = \int_1^e f(\ln x)dx + \int_e^{e^2}\left\{g\left(\dfrac{x}{e}\right)+5\right\}dx$

$\qquad = \displaystyle\int_1^e f(\ln x)dx + e\int_1^e f(\ln s)ds + 5e(e-1)$

$\qquad = (e+1)\displaystyle\int_1^e f(\ln x)dx + 5e^2 - 5e$

$\qquad = 6e^2 + 4$

$\Rightarrow \displaystyle\int_1^e f(\ln x)dx = \dfrac{e^2+5e+4}{e+1} = \dfrac{(e+1)(e+4)}{e+1}$

$\qquad = e + 4 = ae + b$

따라서 $a^2 + b^2 = 1 + 16 = 17$ 이다.

답 17

(가) $-1 \leq x < 1$ 일 때, $f(x) = \dfrac{(x^2-1)^2}{x^4+1}$ 이다.

(나) 모든 실수 x 에 대하여 $f(x+2) = f(x)$ 이다.

$f(x) = \dfrac{(x^2-1)^2}{x^4+1}\quad (-1 \leq x < 1)$

$f'(x) = \dfrac{2(x^2-1)\times 2x \times (x^4+1) - (x^2-1)^2 \times 4x^3}{(x^4+1)^2}$

$\qquad = \dfrac{4x(x-1)(x+1)(x^2+1)}{(x^4+1)^2}$

Semi 도함수 $f'(x) = 4x(x-1)(x+1)$

$f'(-1) = f'(1) = f'(0) = 0$, $f(1) = f(-1) = 0$, $f(0) = 1$

$\Rightarrow x = -1$ 에서 극소, $x = 1$ 에서 극소, $x = 0$ 에서 극대

$f(x) = f(-x)$ 이므로 y 축에 대하여 대칭

$f(x+2) = f(x)$ 이므로 주기가 2 인 주기함수

이를 바탕으로 $f(x)$ 를 그리면 다음과 같다.

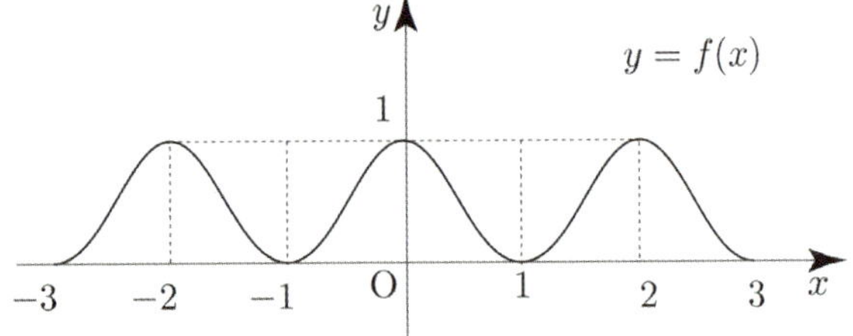

ㄱ. $\displaystyle\int_{-2}^{2} f(x)dx = 4\int_{0}^{1} f(x)dx$

$f(x) = f(-x)$, $f(x+2) = f(x)$ 에 의하여

$\displaystyle\int_{-2}^{2} f(x)dx = 2\int_{0}^{2} f(x)dx = 4\int_{0}^{1} f(x)dx$

따라서 ㄱ은 참이다.

ㄴ. $1 < x < 2$ 일 때, $f'(x) > 0$ 이다.

$f(x)$ 는 주기가 2 인 주기함수이고

$-1 < x < 0$ 에서 $f'(x) > 0$ 이므로

$1 < x < 2$ 에서 $f'(x) > 0$ 이다.

따라서 ㄴ은 참이다.

ㄷ. $\displaystyle\int_{1}^{3} x\,|f'(x)|\,dx = 4$

$f(x)$ 는 주기가 2 인 주기함수이고

$0 < x < 1$ 에서 $f'(x) < 0$ 이므로

$2 < x < 3$ 에서 $f'(x) < 0$ 이다.

$\displaystyle\int_{1}^{3} x\,|f'(x)|\,dx$

$\displaystyle = \int_{1}^{2} x f'(x)dx + \int_{2}^{3} x\{-f'(x)\}dx$

$\displaystyle = \Big[xf(x) \Big]_{1}^{2} - \int_{1}^{2} f(x)dx + \Big[x\{-f(x)\} \Big]_{2}^{3} - \int_{2}^{3} -f(x)dx$

$\displaystyle = 2f(2) - f(1) - \int_{1}^{2} f(x)dx - 3f(3) + 2f(2) + \int_{2}^{3} f(x)dx$

$\displaystyle = 4f(2) - f(1) - 3f(3) - \int_{1}^{2} f(x)dx + \int_{2}^{3} f(x)dx$

$f(2) = 1$, $f(1) = f(3) = 0$ 이고 $\displaystyle\int_{1}^{2} f(x)dx = \int_{2}^{3} f(x)dx$

이므로

$\displaystyle\int_{1}^{3} x\,|f'(x)|\,dx$

$\displaystyle = 4f(2) - f(1) - 3f(3) - \int_{1}^{2} f(x)dx + \int_{2}^{3} f(x)dx$

$= 4$

따라서 ㄷ은 참이다.

답 ⑤

098

$y = f(x)$ 는 원점에 대하여 대칭이므로

$f(-x) = -f(x)$

$\displaystyle f(x) = \frac{\pi}{2}\int_{1}^{x+1} f(t)dt = \frac{\pi}{2}\{F(x+1) - F(1)\}$

양변을 x 에 대하여 미분하면

$\displaystyle f'(x) = \frac{\pi}{2} f(x+1) \ \Rightarrow\ f(x+1) = \frac{2}{\pi} f'(x)$

$\displaystyle \pi^2 \int_{0}^{1} x f(x+1)dx = \pi^2 \int_{0}^{1} x \times \frac{2}{\pi} f'(x)dx$

$\displaystyle \qquad = 2\pi \int_{0}^{1} x f'(x)dx$

$\displaystyle \qquad = 2\pi \Big[xf(x) \Big]_{0}^{1} - 2\pi \int_{0}^{1} f(x)dx$

$\displaystyle \qquad = 2\pi f(1) - 2\pi \int_{0}^{1} f(x)dx$

$\displaystyle \qquad = 2\pi - 2\pi \int_{0}^{1} f(x)dx \ \ (\because\ f(1) = 1)$

$\displaystyle\int_{0}^{1} f(x)dx$ 를 구하려면 어떻게 해야할까?

아직 사용하지 않은 원점 대칭 조건을 사용해보자.

$\displaystyle f(x) = \frac{\pi}{2}\int_{1}^{x+1} f(t)dt$ 의 양변에 $x = -1$ 을 대입하면

$\displaystyle f(-1) = \frac{\pi}{2}\int_{1}^{0} f(t)dt = -\frac{\pi}{2}\int_{0}^{1} f(t)dt$

$$f(-x) = -f(x) \Rightarrow f(-1) = -f(1) = -1 \text{ 이므로}$$

$$f(-1) = -\frac{\pi}{2}\int_0^1 f(t)dt = -1$$

$$\therefore \int_0^1 f(t)dt = \frac{2}{\pi}$$

따라서 $\pi^2 \displaystyle\int_0^1 xf(x+1)dx = 2\pi - 2\pi\int_0^1 f(x)dx$

$$= 2\pi - 4 = 2(\pi - 2)$$

이다.

 ①

099

$$g(x) = f'(2x)\sin\pi x + x$$

$g^{-1}(x) = h(x)$ 라 하면 $g(h(x)) = x$ 이고,
$g(0) = 0,\ g(1) = 1$

$x = g(t)$ 라 하면 $dx = g'(t)dt$

$$\int_0^1 g^{-1}(x)dx = \int_0^1 h(x)dx$$

$$= \int_0^1 h(g(t))g'(t)dt$$

$$= \int_0^1 t\,g'(t)dt$$

$$= \Big[t\,g(t)\ \Big]_0^1 - \int_0^1 g(t)\,dt$$

$$= 1 - \int_0^1 g(t)dt = 1 - \int_0^1 g(x)dx$$

이므로

$$\int_0^1 g^{-1}(x)dx = 2\int_0^1 f'(2x)\sin\pi x\,dx + \frac{1}{4}$$

$$\Rightarrow 1 - \int_0^1 \{f'(2x)\sin\pi x + x\}dx = 2\int_0^1 f'(2x)\sin\pi x\,dx + \frac{1}{4}$$

$$\Rightarrow \int_0^1 f'(2x)\sin\pi x\,dx = \frac{1}{12}$$

$$\int_0^1 f'(2x)\sin\pi x\,dx = \frac{1}{12}$$

$2x = s$ 라 하면 $dx = \frac{1}{2}ds$

$$\int_0^1 f'(2x)\sin\pi x\,dx = \frac{1}{2}\int_0^2 f'(s)\sin\frac{\pi}{2}s\,ds = \frac{1}{12}$$

$$\Rightarrow \int_0^2 f'(s)\sin\frac{\pi}{2}s\,ds = \frac{1}{6}$$

$$\Rightarrow \int_0^2 \left(\sin\frac{\pi}{2}s\right)f'(s)\,ds = \frac{1}{6}$$

$$\Rightarrow \left[\left(\sin\frac{\pi}{2}s\right)\times f(s)\right]_0^2 - \int_0^2 \left\{\left(\frac{\pi}{2}\cos\frac{\pi}{2}s\right)\times f(s)\right\}ds = \frac{1}{6}$$

$$\Rightarrow \int_0^2 f(s)\cos\frac{\pi}{2}s\,ds = -\frac{1}{6}\times\frac{2}{\pi} = -\frac{1}{3\pi}$$

따라서 $\displaystyle\int_0^2 f(x)\cos\frac{\pi}{2}x\,dx = -\frac{1}{3\pi}$ 이다.

 ③

100	8	**121**	49
101	93	**122**	125
102	④	**123**	②
103	①	**124**	283
104	⑤	**125**	18
105	40	**126**	12
106	30	**127**	②
107	16	**128**	①
108	36	**129**	77
109	143	**130**	39
110	35	**131**	25
111	⑤	**132**	90
112	25	**133**	③
113	12	**134**	20
114	16	**135**	52
115	127	**136**	132
116	②	**137**	6
117	②	**138**	63
118	125	**139**	28
119	115	**140**	23
120	83		

100

$f(ab) = f(a) + f(b)$ 를 이용해서

$\int_0^{\frac{\pi}{4}} f(1+\tan x)\, dx$ 를 구해야 할 것 같다.

간단한 문제 같은데 막상 구하려니 막막하다.

정확한 $f(x)$ 를 구할 수도 없고 $\log x$ 라고 생각하더라도 적분을 하기 쉽지 않다.

부분적분도 아닌 것 같고 그럼 어떻게 해야 할까?

여기서 아이디어! 치환적분을 사용해보자.

$x = \dfrac{\pi}{4} - t$ 라 하면

$$\int_a^b f(t)\, dt = \int_a^b f(a+b-t)\, dt$$

$\int_0^{\frac{\pi}{4}} f(1+\tan x)\, dx = k$ 라 했을 때,

$$\int_0^{\frac{\pi}{4}} f\left(1+\tan\left(\frac{\pi}{4}-t\right)\right) dt = k$$

$\tan(a-b) = \dfrac{\tan a - \tan b}{1 + \tan a \tan b}$ 를 이용하면

$$\int_0^{\frac{\pi}{4}} f\left(1+\frac{1-\tan t}{1+\tan t}\right) dt = \int_0^{\frac{\pi}{4}} f\left(\frac{2}{1+\tan t}\right) dt = k$$

$f(ab) = f(a) + f(b)$ 를 이용해보자.

$$\int_0^{\frac{\pi}{4}} f(1+\tan x)\, dx + \int_0^{\frac{\pi}{4}} f\left(\frac{2}{1+\tan x}\right) dx$$

$$= \int_0^{\frac{\pi}{4}} f(2)\, dx = 2k$$

$\dfrac{1}{2}\displaystyle\int_0^{\frac{\pi}{4}} f(2)\, dx = k$ 이므로 결국 $f(2)$ 값만 구하면 된다.

$f\left(\dfrac{1}{4}\right) = -\dfrac{128}{\pi}$ 와 $f(ab) = f(a)+f(b)$ 를 통해 구해 보자.

$f\left(\dfrac{1}{4}\right) = f\left(\dfrac{1}{2}\right) + f\left(\dfrac{1}{2}\right) = 2f\left(\dfrac{1}{2}\right) = -\dfrac{128}{\pi}$ 이므로

$f\left(\dfrac{1}{2}\right) = -\dfrac{64}{\pi}$

$f(1) = f(1) + f(1)$ 이므로 $f(1) = 0$

$f\left(2 \times \dfrac{1}{2}\right) = f(1) = f(2) + f\left(\dfrac{1}{2}\right) = 0$

$\therefore\ f(2) = \dfrac{64}{\pi}$

따라서 $\displaystyle\int_0^{\frac{\pi}{4}} f(1+\tan x)dx = \dfrac{1}{2}\int_0^{\frac{\pi}{4}} f(2)dx$

$$= \dfrac{1}{2}\int_0^{\frac{\pi}{4}} \frac{64}{\pi}\, dx = 8$$

이다.

답 8

101

$f'(x^2+x+1)=\pi f(1)\sin\pi x+f(3)x+5x^2$

양변에 $2x+1$ 를 곱하면

$(2x+1)f'(x^2+x+1)$

$=\pi f(1)(2x+1)\sin\pi x+f(3)(2x+1)x+5x^2(2x+1)$

$(2x+1)f'(x^2+x+1)$

$=\pi f(1)(2x+1)\sin\pi x+10x^3+(2f(3)+5)x^2+f(3)x$

양변을 x 에 대하여 적분하면

$$f(x^2+x+1)=\pi f(1)\left\{(2x+1)\left(-\frac{\cos\pi x}{\pi}\right)+\int\frac{2\cos\pi x}{\pi}\right\}$$

$$+\frac{5}{2}x^4+(2f(3)+5)\frac{x^3}{3}+f(3)\frac{x^2}{2}+C$$

$$f(x^2+x+1)=f(1)\left\{-(2x+1)\cos\pi x+\frac{2}{\pi}\sin\pi x\right\}$$

$$+\frac{5}{2}x^4+(2f(3)+5)\frac{x^3}{3}+f(3)\frac{x^2}{2}+C \quad\cdots\ \bigcirc$$

(i) $\bigcirc$의 양변에 $x=0$ 를 대입하면
$f(1)=-f(1)+C \Rightarrow C=2f(1)$

(ii) $\bigcirc$의 양변에 $x=1$ 을 대입하면
$f(3)=3f(1)+\frac{5}{2}+\frac{2f(3)+5}{3}+\frac{f(3)}{2}+C$

$\Rightarrow f(3)=5f(1)+\frac{5}{2}+\frac{2f(3)+5}{3}+\frac{f(3)}{2} \quad\cdots\ \bigcirc\!\bigcirc$

(iii) $\bigcirc$의 양변에 $x=-1$ 을 대입하면
$f(1)=-f(1)+\frac{5}{2}-\frac{2f(3)+5}{3}+\frac{f(3)}{2}+2f(1)$

$\Rightarrow 0=\frac{15-4f(3)-10+3f(3)}{6}$

$\Rightarrow 0=\frac{5-f(3)}{6}$

$\therefore f(3)=5$

$\bigcirc\!\bigcirc$에 $f(3)=5$ 을 대입하면
$5=5f(1)+\frac{5}{2}+5+\frac{5}{2} \Rightarrow f(1)=-1$

(iv) $\bigcirc$의 양변에 $x=2$ 를 대입하면

$f(7)=f(1)(-5)+40+\frac{2f(3)+5}{3}\times 8+2f(3)+2f(1)$

$\quad =5+40+40+10-2=95-2=93$

따라서 $f(7)=93$ 이다.

답 93

102

닫힌구간 $[0,\ 1]$ 에서 증가하는 연속함수 $f(x)$
$$\int_0^1 f(x)dx=2,\ \int_0^1 |f(x)|dx=2\sqrt{2}$$

$f(x)$ 가 닫힌구간 $[0,\ 1]$ 에서 증가하는 연속함수이고
$\int_0^1 f(x)dx \neq \int_0^1 |f(x)|dx$ 이므로 닫힌구간 $[0,\ 1]$ 에서
$f(x)<0$ 인 구간과 $f(x)>0$ 인 구간이 모두 존재해야 한다.

$f(x)=0\ (0<x<1)$ 를 만족시키는 $x=a$ 라 하고
$f(x)$ 를 그리면 다음과 같다.

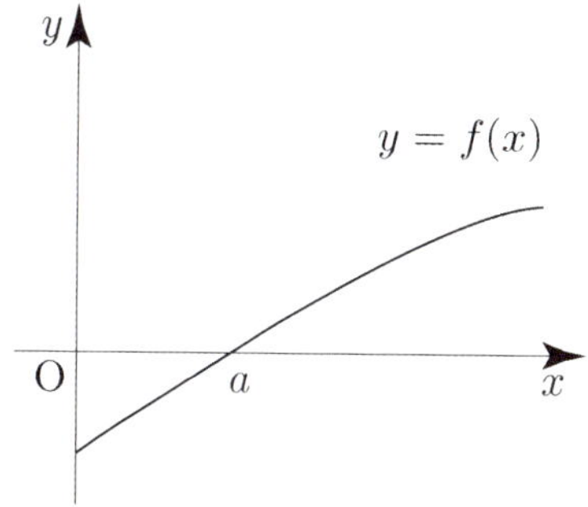

$$|f(x)|=\begin{cases}-f(x) & (0\le x<a)\\ f(x) & (a\le x\le 1)\end{cases}$$

$\int_0^a |f(x)|dx=A,\ \int_a^1 |f(x)|dx=B$ 라 하면

$\int_0^1 f(x)dx=-A+B=2,\ \int_0^1 |f(x)|dx=A+B=2\sqrt{2}$

이므로 $A=\sqrt{2}-1,\ B=1+\sqrt{2} \quad\cdots\ \bigcirc$

$F(x)=\int_0^x |f(t)|dt\ (0\le x\le 1)$

$F(0)=0,\ F(1)=\int_0^1 |f(t)|dt=2\sqrt{2}$

$F(x) = \int_0^x |f(t)|\,dt \ (0 \le x \le 1)$ 를

구간에 따라 나타내면 다음과 같다.

$$F(x) = \begin{cases} \displaystyle\int_0^x -f(t)\,dt & (0 \le x < a) \\[2mm] \displaystyle\int_0^a -f(t)\,dt + \int_a^x f(t)\,dt & (a \le x \le 1) \end{cases}$$

$$\int_0^1 f(x)F(x)\,dx = \int_0^a f(x)F(x)\,dx + \int_a^1 f(x)F(x)\,dx$$

① $0 \le x < a$ 일 때

$$F(x) = -\int_0^x f(t)\,dt$$

$F'(x) = -f(x)$ 이므로

$$\int_0^a f(x)F(x)\,dx = -\int_0^a -f(x)F(x)\,dx$$

$$= -\int_0^a F'(x)F(x)\,dx$$

$$= -\left[\frac{\{F(x)\}^2}{2}\right]_0^a$$

$$= -\frac{\{F(a)\}^2}{2} + \frac{\{F(0)\}^2}{2}$$

$$F(a) = \int_0^a |f(t)|\,dt = A = \sqrt{2} - 1 \ (\because \ \text{㉠})$$

$$F(0) = \int_0^0 |f(t)|\,dt = 0$$

이므로

$$\int_0^a f(x)F(x)\,dx = -\frac{\{F(a)\}^2}{2} + \frac{\{F(0)\}^2}{2}$$

$$= -\frac{(\sqrt{2}-1)^2}{2} = -\frac{3 - 2\sqrt{2}}{2}$$

$$= \frac{-3 + 2\sqrt{2}}{2}$$

② $a \le x \le 1$ 일 때

$$F(x) = \int_0^a -f(t)\,dt + \int_a^x f(t)\,dt$$

$F'(x) = f(x)$ 이므로

$$\int_a^1 f(x)F(x)\,dx = \int_a^1 F'(x)F(x)\,dx$$

$$= \left[\frac{\{F(x)\}^2}{2}\right]_a^1$$

$$= \frac{\{F(1)\}^2}{2} - \frac{\{F(a)\}^2}{2}$$

$$F(1) = \int_0^1 |f(t)|\,dt = 2\sqrt{2}$$

$$F(a) = \sqrt{2} - 1$$

이므로

$$\int_a^1 f(x)F(x)\,dx = \frac{\{F(1)\}^2}{2} - \frac{\{F(a)\}^2}{2}$$

$$= \frac{(2\sqrt{2})^2}{2} - \frac{(\sqrt{2}-1)^2}{2}$$

$$= 4 - \frac{3 - 2\sqrt{2}}{2} = \frac{8 - 3 + 2\sqrt{2}}{2}$$

$$= \frac{5 + 2\sqrt{2}}{2}$$

따라서

$$\int_0^1 f(x)F(x)\,dx = \int_0^a f(x)F(x)\,dx + \int_a^1 f(x)F(x)\,dx$$

$$= \frac{-3 + 2\sqrt{2}}{2} + \frac{5 + 2\sqrt{2}}{2}$$

$$= \frac{2 + 4\sqrt{2}}{2} = 1 + 2\sqrt{2}$$

이다.

 ④

103

$$f(x) = \sin(\pi\sqrt{x})$$

$$g(x) = \int_0^x t\,f(x-t)\,dt \ (x \ge 0)$$

$x - t = s$ 라 하면 $t = x - s, \quad -1 = \dfrac{ds}{dt}$

$t = 0$ 일 때, $s = x$, $t = x$ 일 때, $s = 0$

$$g(x) = \int_0^x t\,f(x-t)\,dt = \int_x^0 (x-s)\,f(s)\,(-ds)$$

$$= \int_0^x (x-s)\,f(s)\,ds = x\int_0^x f(s)\,ds - \int_0^x s\,f(s)\,ds$$

$$g(x) = x\int_0^x f(s)\,ds - \int_0^x s f(s)\,ds$$

양변을 x 에 대해 미분하면

$$g'(x) = \int_0^x f(s)\,ds + x f(x) - x f(x) = \int_0^x f(s)\,ds$$

$$g''(x) = f(x)$$

$f(x) = \sin(\pi\sqrt{x})$ 를 바탕으로 $g'(x)$ 를 그리면 다음과 같다.

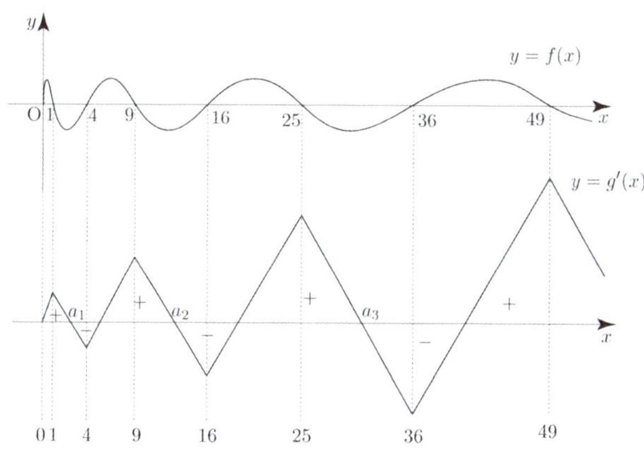

함수 $g(x)$ 가 $x = a$ 에서 극대를 가지려면
$x = a$ 의 좌우에서 $g'(x)$ 의 부호가 $+\,-$ 로 바뀌어야 한다.

위 조건을 만족하는 a 를 작은 수부터 크기순으로 나타내면
a_n 의 값의 범위는 다음과 같다.

$1^2 < a_1 < 2^2,\ 3^2 < a_2 < 4^2,\ 5^2 < a_3 < 6^2,\ 7^2 < a_4 < 8^2$

$9^2 < a_5 < 10^2,\ 11^2 < a_6 < 12^2,\ \cdots$

따라서 $k^2 < a_6 < (k+1)^2$ 인 자연수 $k = 11$ 이다.

답 ①

104

$f(x) = \pi\sin 2\pi x$
함수 $g(x)$ 는 정의역이 실수 전체의 집합이고
치역이 집합 $\{0,\ 1\}$

$-1 \leq x \leq 1$ 에서 $f(nx) = \pi\sin 2\pi nx = 0$ 를 만족시키는
$x = \dfrac{k}{2n}$ (단, k 는 $-2n \leq k \leq 2n$ 인 정수)이다.

만약 아래 그림과 같이 반주기인 $0 < x < \dfrac{1}{2n}$ 에서
$g(x)$ 가 $x = a\left(0 < a < \dfrac{1}{2n}\right)$ 에서 불연속이라면

$h(x)$ 는 실수 전체의 집합에서 연속일 수 없다.

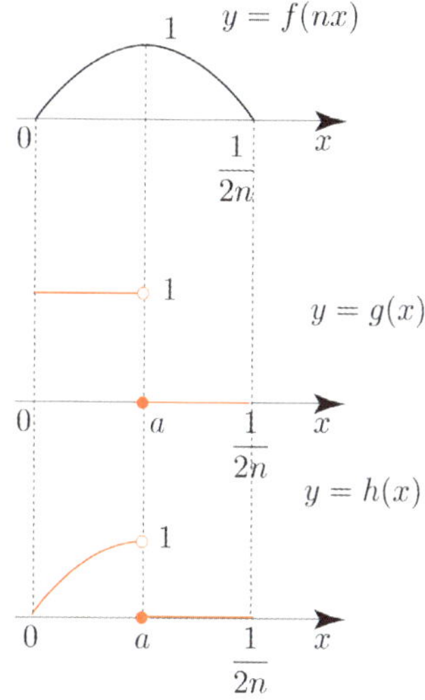

즉, 함수 $h(x) = f(nx)g(x)$ 가 실수 전체의 집합에서
연속이려면

$\dfrac{k}{2n} < x < \dfrac{k+1}{2n}$ 에서 $g(x) = 0$ 이거나

$\dfrac{k}{2n} < x < \dfrac{k+1}{2n}$ 에서 $g(x) = 1$ 이어야 한다.

결국 $h(x) = f(nx)g(x)$ 는

$\dfrac{k}{2n} < x < \dfrac{k+1}{2n}$ 에서 $f(nx)$ 이거나

$\dfrac{k}{2n} < x < \dfrac{k+1}{2n}$ 에서 0 이어야 한다.

반주기에서 $f(nx)$ 과 x 축이 둘러싸인 부분의 넓이를
구하면 다음과 같다.

$$\int_0^{\frac{1}{2n}} f(nx)\,dx = \int_0^{\frac{1}{2n}} \pi\sin 2n\pi x\,dx$$
$$= \left[-\frac{\cos 2n\pi x}{2n} \right]_0^{\frac{1}{2n}}$$
$$= \frac{1}{2n} - \left(-\frac{1}{2n} \right)$$
$$= \frac{1}{n}$$

이때, $-1 \leq x \leq 1$ 에서 $f(nx) > 0$ 인 구간의

함수 $f(nx)$ 의 정적분의 값을 구하면 $\dfrac{1}{n} \times 2n = 2$ 이므로

$$\int_{-1}^1 h(x)\,dx = 2$$ 이려면 함수 $g(x)$ 는

$$g(x) = \begin{cases} 1 & (f(nx) > 0) \\ 0 & (f(nx) \leq 0) \end{cases}$$

이어야 한다. 이를 바탕으로 $h(x)$ 를 그리면 다음과 같다.

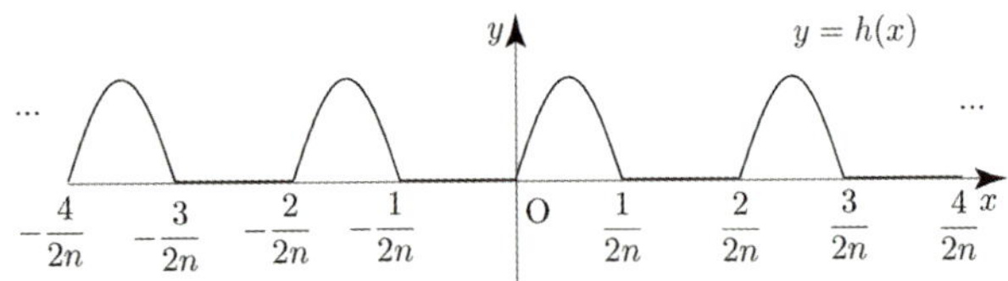

$$-xf(-nx) = -x\pi\sin(2\pi n(-x)) = x\pi\sin 2\pi nx = xf(nx)$$

이므로 $xf(nx)$ 는 우함수이다.

즉, 함수 $y = xf(nx)$ 의 그래프는 y 축에 대하여 대칭이므로 다음이 성립한다.

$$\int_{-\frac{2}{2n}}^{-\frac{1}{2n}} xf(nx)\,dx = \int_{\frac{1}{2n}}^{\frac{2}{2n}} xf(nx)\,dx$$

$$\int_{-\frac{4}{2n}}^{-\frac{3}{2n}} xf(nx)\,dx = \int_{\frac{3}{2n}}^{\frac{4}{2n}} xf(nx)\,dx$$

$$\vdots$$

$$\int_{-\frac{2n}{2n}}^{-\frac{2n-1}{2n}} xf(nx)\,dx = \int_{\frac{2n-1}{2n}}^{\frac{2n}{2n}} xf(nx)\,dx$$

이므로

$$\int_{-1}^{1} xh(x)\,dx = \int_{-\frac{2n}{2n}}^{-\frac{2n-1}{2n}} xf(nx)\,dx + \int_{-\frac{2n-2}{2n}}^{-\frac{2n-3}{2n}} xf(nx)\,dx$$

$$\cdots + \int_{0}^{\frac{1}{2n}} xf(nx)\,dx + \int_{\frac{2}{2n}}^{\frac{3}{2n}} xf(nx)\,dx$$

$$\cdots + \int_{\frac{2n-4}{2n}}^{\frac{2n-3}{2n}} xf(nx)\,dx + \int_{\frac{2n-2}{2n}}^{\frac{2n-1}{2n}} xf(nx)\,dx$$

$$= \int_{0}^{1} xf(nx)\,dx$$

$$= \int_{0}^{1} x\pi\sin 2n\pi x\,dx$$

$$= \left[x\left(-\frac{\cos 2n\pi x}{2n}\right)\right]_{0}^{1} - \int_{0}^{1} -\frac{\cos 2n\pi x}{2n}\,dx$$

$$= -\frac{1}{2n} - \left[-\frac{\sin 2n\pi x}{4n^2\pi}\right]_{0}^{1}$$

$$= -\frac{1}{2n} = -\frac{1}{32}$$

$$\Rightarrow n = 16$$

따라서 자연수 $n = 16$ 이다.

답 ⑤

천천히 풀어보자.

먼저 $F(x)$ 의 개형을 조사하기 위해서 $F'(x)$ 을 구해보자.

$$F'(x) = f(x) - tx$$

두 함수 $y = f(x)$, $y = tx$ 의 그래프를 이용하여 빼기함수 Technique으로 도함수의 부호를 처리해 보자.

$$f(x) = \frac{x}{x^2+1}, \quad f'(x) = \frac{(1-x)(1+x)}{(x^2+1)^2}, \quad f'(0) = 1$$

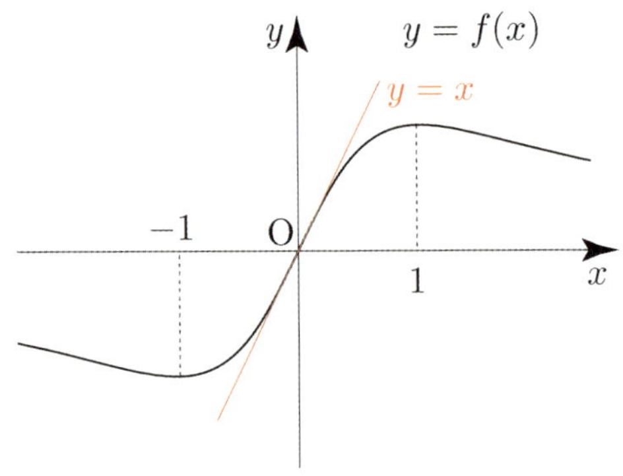

이때 $f'(0) = 1$ 과 t 의 대소관계에 따라 두 그래프의 교점의 개수가 달라지므로 자연스럽게 case분류해보자.

① $0 < t < 1$ 일 때,

$$\frac{x}{x^2+1} = tx \;\Rightarrow\; \frac{1}{t} = x^2+1 \;\Rightarrow\; x = \pm\sqrt{\frac{1}{t}-1}$$

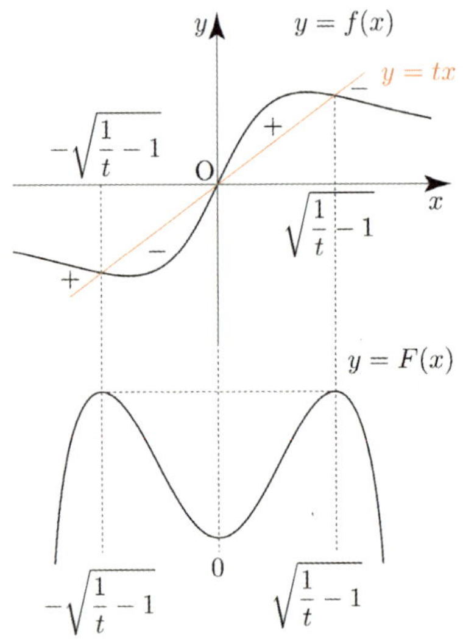

$y = f(x)$ 와 $y = tx$ 가 원점 대칭이니 $y = F(x)$ 는 $x = 0$ 에 대칭되어 있는 그래프가 나온다.

($F(x) = \frac{1}{2}\ln(x^2+1) - \frac{t}{2}x^2$ 이므로 우함수임이 자명하다.)

모든 실수 x 에 대하여 $F(x) \leq F(\alpha)$ 를 만족시키는 음이
아닌 실수 α 의 값을 $g(t)$ 라 했으니

$$g(t) = \sqrt{\frac{1}{t} - 1} \quad (0 < t < 1)$$

② $t \geq 1$

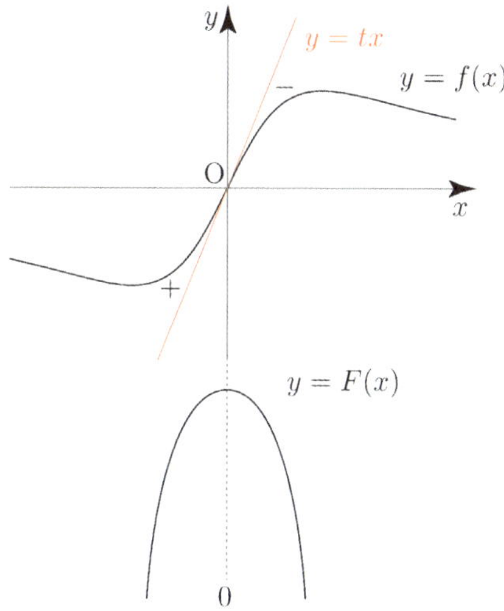

$$g(t) = 0 \quad (t \geq 1)$$

①, ② 에 의하여 $g(t) = \begin{cases} \sqrt{\dfrac{1}{t} - 1} & (0 < t < 1) \\ \\ 0 & (t \geq 1) \end{cases}$

$$\int_{\frac{1}{2}}^{2} \frac{g(t)}{t^2} \, dt = \int_{\frac{1}{2}}^{1} \frac{\sqrt{\frac{1}{t} - 1}}{t^2} \, dt$$

$\sqrt{\dfrac{1}{t} - 1} = x$ 라 하면 $\dfrac{1}{t} - 1 = x^2 \Rightarrow -\dfrac{1}{t^2} = 2x \dfrac{dx}{dt}$

$t = 1$ 일 때, $x = 0$ 이고 $t = \dfrac{1}{2}$ 일 때, $x = 1$ 이므로

치환적분을 이용하면

$$\int_{\frac{1}{2}}^{2} \frac{g(t)}{t^2} \, dt = \int_{\frac{1}{2}}^{1} \frac{\sqrt{\frac{1}{t} - 1}}{t^2} \, dt$$

$$= \int_{1}^{0} -2x \times x \, dx = \int_{0}^{1} 2x^2 \, dx$$

$$= \left[\frac{2}{3} x^3 \right]_{0}^{1} = \frac{2}{3} = k$$

따라서 $60k = 60 \times \dfrac{2}{3} = 40$ 이다.

답 40

먼저 $f(x) = \sin \dfrac{\pi}{2} x$ 의 그래프를 그려봅시다~

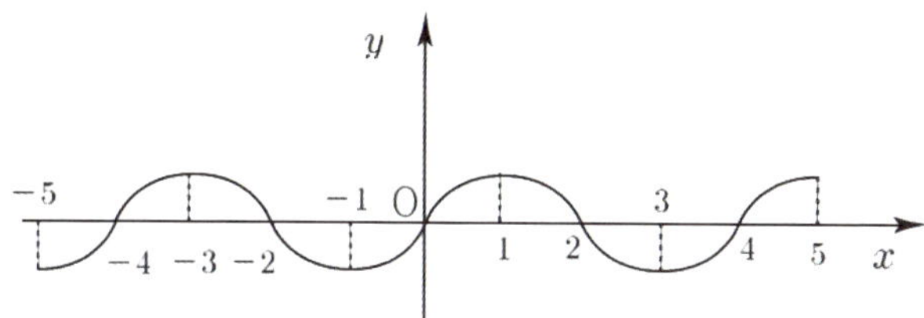

$\displaystyle\int_{0}^{x} |f'(t)| \, dt$ 를 파악하기 위해서 New함수 Technique을
사용해보자.

$F(x) = \displaystyle\int_{0}^{x} |f'(t)| \, dt$ 라 하고 양변을 미분하면

$F'(x) = |f'(x)|$ 가 된다.

$f'(x)$ 의 부호에 따라 달라지니까 case분류하면
$$f'(x) > 0 \Rightarrow F'(x) = f'(x) \Rightarrow F(x) = f(x) + c_1$$
$$f'(x) < 0 \Rightarrow F'(x) = -f'(x) \Rightarrow F(x) = -f(x) + c_2$$

$F(0) = 0$ 에서 출발하여, $F(x)$ 가 연속함수가 되도록
$f(x)$ 가 증가하는 범위에서는 $f(x)$ 를 적당히 y 축 방향으로
평행이동한 것을, $f(x)$ 가 감소하는 범위에서는
$-f(x)$ ($f(x)$ 를 x 축 대칭 시킨 것)을 적당히 y 축 방향으로
평행이동한 것을 이어붙이면 된다.

이제 $F(0) = 0$ 인 것을 감안하여
$F(x) = \displaystyle\int_{0}^{x} |f'(t)| \, dt$ 를 그려보자.

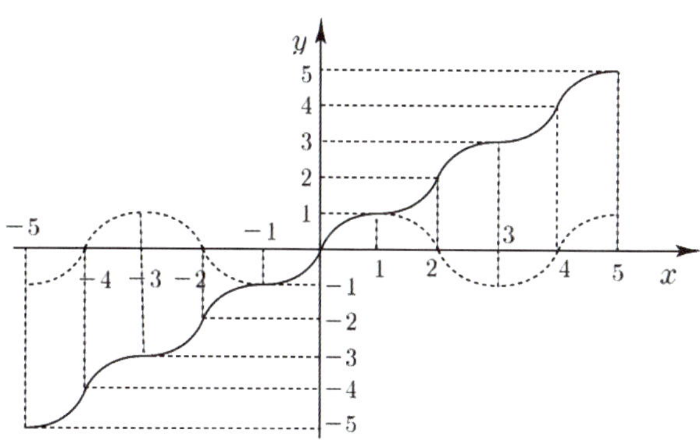

$F(x)$ 의 역함수 $g(x)$ 는 $y = x$ 대칭만 시켜주면 된다.

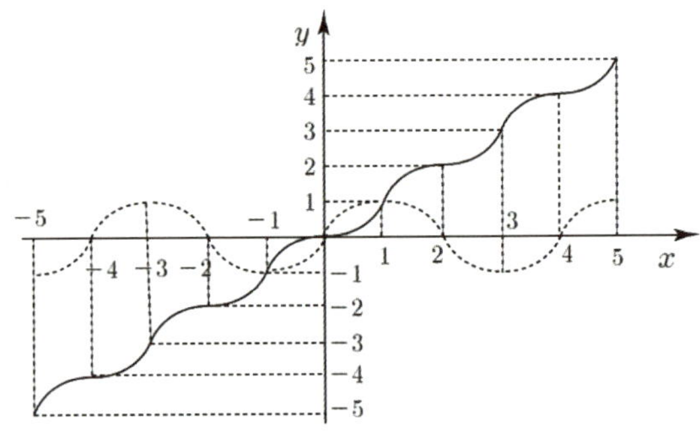

$\displaystyle\int_{-5}^{5}|f(x)-g(x)|\,dx$ 는 $f(x)$ 와 $g(x)$ 사이의 넓이를 나타내는 식이니까 구하는 부분의 넓이는 색칠한 부분이다.

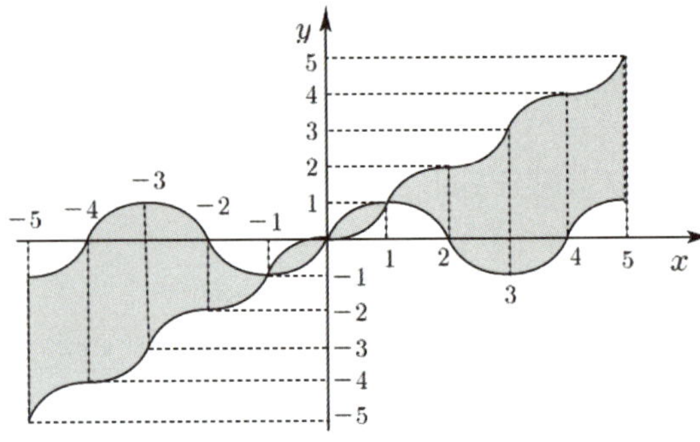

대칭되어 있으니까 양수인 부분만 구해서 $\times 2$ 를 해주면 된다. $\sin$ 함수 그래프도 대칭성을 가지므로 2에서 4사이의 넓이를 양쪽으로 붙여주고 $F(x)$ 와 $g(x)$ 가 $y=x$ 대칭임을 이용해서 넓이를 간단히 해보자.

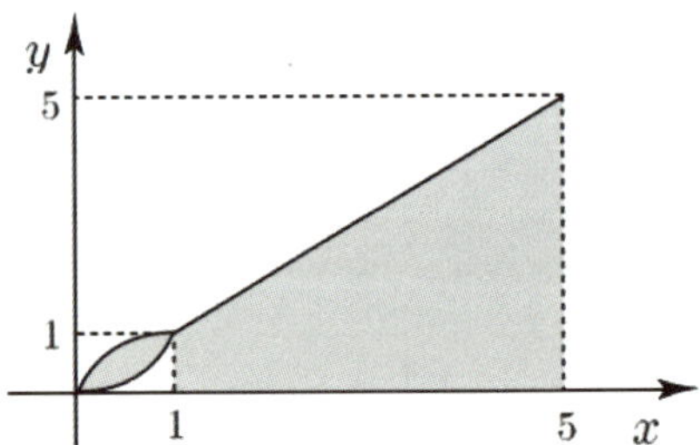

즉, 양수에서의 넓이는

$$2\int_{0}^{1}\left(\sin\frac{\pi}{2}x - x\right)dx + 12 \ (\text{사다리꼴 넓이})$$

$2\displaystyle\int_{0}^{1}\left(\sin\frac{\pi}{2}x - x\right)dx = \frac{4}{\pi}-1$ 이므로 $\dfrac{4}{\pi}+11$

음수에서의 넓이는 양수에서의 넓이랑 같으니까 곱하기 2하면 된다.

$\displaystyle\int_{-5}^{5}|f(x)-g(x)|\,dx = \frac{8}{\pi}+22$ 이므로 $a=8,\ b=22$ 이다.

따라서 $a+b=8+22=30$ 이다.

답 30

$y=f(x)$ 위의 점 $(t,\ f(t))$ 에서의 접선의 y 절편을 $g(t)$

$y=f'(t)(x-t)+f(t)$

$\Rightarrow g(t) = -tf'(t)+f(t)$

$\Rightarrow f(t) = g(t)+tf'(t)$

$(1+t^2)\{g(t+1)-g(t)\}=2t$

$\Rightarrow g(t+1)-g(t)=\dfrac{2t}{1+t^2}$

양변을 x 에 대하여 적분하면

$$G(t+1)-G(t) = \ln(t^2+1)+C \ \cdots \ \text{㉠}$$

$f(t)=g(t)+tf'(t)$ 이므로

$$\int_{0}^{1}f(t)dt = \int_{0}^{1}g(t)dt + \int_{0}^{1}tf'(t)dt$$

$$= \int_{0}^{1}g(t)dt + \Big[tf(t)\Big]_{0}^{1} - \int_{0}^{1}f(t)dt$$

$$= G(1)-G(0)+f(1)-\int_{0}^{1}f(t)dt$$

$\Rightarrow 2\displaystyle\int_{0}^{1}f(t)dt = f(1)+G(1)-G(0)$

$\Rightarrow G(1)-G(0) = -4 - \dfrac{\ln17}{8} - \dfrac{\ln10}{2}$

㉠의 양변에 $t=0$ 을 대입하면
$G(1)-G(0)=C$ 이므로
$C = -4 - \dfrac{\ln17}{8} - \dfrac{\ln10}{2}$

$f(t)=g(t)+tf'(t)$ 이므로

$$\int_{-4}^{4}f(t)dt = \int_{-4}^{4}g(t)dt + \int_{-4}^{4}tf'(t)dt$$

$$= G(4)-G(-4)+\Big[tf(t)\Big]_{-4}^{4} - \int_{-4}^{4}f(t)dt$$

$$= G(4)-G(-4)+4\{f(4)+f(-4)\} - \int_{-4}^{4}f(t)dt$$

$\Rightarrow \displaystyle\int_{-4}^{4}f(t)dt = \frac{1}{2}\{G(4)-G(-4)\}+2\{f(4)+f(-4)\}$

이므로

$$2\{f(4)+f(-4)\} - \int_{-4}^{4}f(x)dx = -\frac{1}{2}\{G(4)-G(-4)\}$$

$\bigcirc$의 양변에 $t=3,\ 2,\ 1,\ 0,\ -1,\ -2,\ -3,\ -4$를 각각 대입하면

$$G(4)-G(3)=\ln 10+C$$

$$G(3)-G(2)=\ln 5+C$$

$$G(2)-G(1)=\ln 2+C$$

$$G(1)-G(0)=C$$

$$G(0)-G(-1)=\ln 2+C$$

$$G(-1)-G(-2)=\ln 5+C$$

$$G(-2)-G(-3)=\ln 10+C$$

$$G(-3)-G(-4)=\ln 17+C$$

위 식에서 좌변은 좌변끼리 우변은 우변끼리 각각 더하여 정리하면 다음과 같다.

$$G(4)-G(-4)=4\ln 10+\ln 17+8C$$

$$=4\ln 10+\ln 17+8\left(-4-\frac{\ln 17}{8}-\frac{\ln 10}{2}\right)$$

$$=-32$$

따라서 $2\{f(4)+f(-4)\}-\displaystyle\int_{-4}^{4}f(x)dx$

$$=-\frac{1}{2}\{G(4)-G(-4)\}=-\frac{1}{2}\times(-32)=16$$

이다.

답 16

108

$$f(x)=\begin{cases} e^{x} & (0\le x<1) \\ e^{2-x} & (1\le x\le 2) \end{cases}$$

$y=e^{2-x}$와 $y=e^{x}$는 $x=1$에 대하여 대칭이므로 $f(x)$를 그리면 다음과 같다.

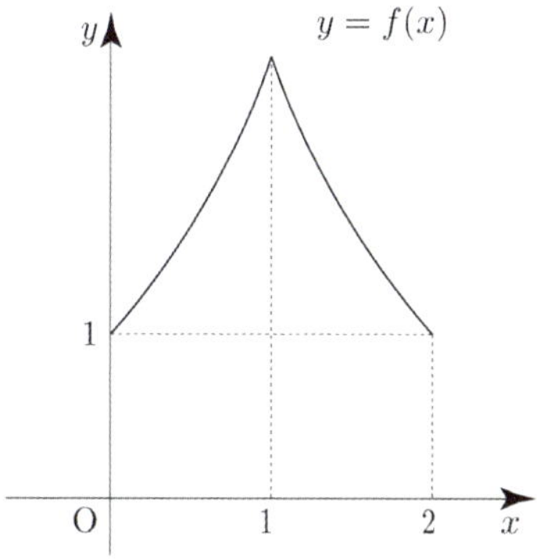

$$g(x)=\int_{0}^{x}|f(x)-f(t)|\,dt$$

x의 범위에 따라 case분류 하면 다음과 같다.

① $0<x\le 1$일 때

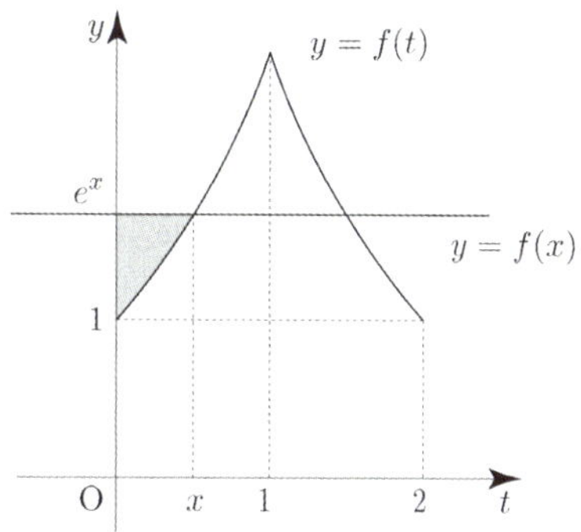

$0<t\le x$일 때, $f(x)\ge f(t)$이므로

$$g(x)=\int_{0}^{x}|f(x)-f(t)|\,dt$$

$$=\int_{0}^{x}\{f(x)-f(t)\}dt$$

$$=\int_{0}^{x}(e^{x}-e^{t})dt$$

$$=\Big[\,te^{x}-e^{t}\,\Big]_{0}^{x}$$

$$=xe^{x}-e^{x}+1$$

$$=(x-1)e^{x}+1$$

② $1<x<2$일 때

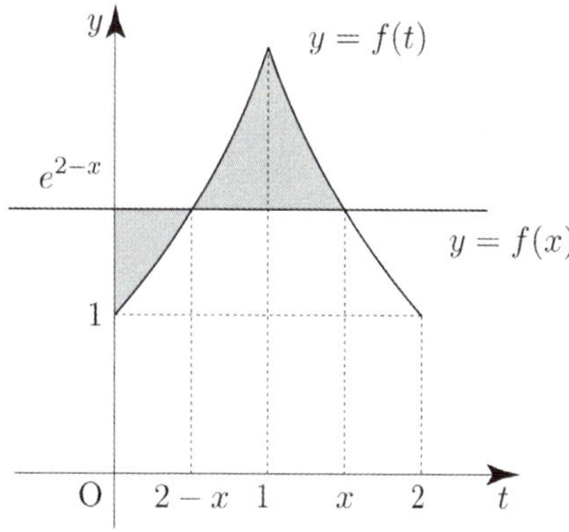

$0<t<2-x$일 때, $f(x)\ge f(t)$

$2-x\le t<x$일 때, $f(x)\le f(t)$이므로

$$g(x)=\int_{0}^{x}|f(x)-f(t)|\,dt$$

$$=\int_{0}^{2-x}\{f(x)-f(t)\}dt+\int_{2-x}^{x}\{f(t)-f(x)\}dt$$

①에 의하여

$$\int_0^{2-x}\{f(x)-f(t)\}dt=(2-x-1)e^{2-x}+1$$
$$=(1-x)e^{2-x}+1$$

함수 $y=e^{2-x}$ 의 그래프는 함수 $y=e^x$ 의 그래프와
직선 $x=1$ 에 대하여 대칭이므로

$$\int_{2-x}^x\{f(t)-f(x)\}dt=2\int_1^x\{f(t)-f(x)\}dt$$
$$=2\int_1^x(e^{2-t}-e^{2-x})dt$$
$$=2\left[-e^{2-t}-te^{2-x}\right]_1^x$$
$$=2\{(-e^{2-x}-xe^{2-x})-(-e-e^{2-x})\}$$
$$=2e-2xe^{2-x}$$

$$\therefore\ g(x)=(1-x)e^{2-x}+1+2e-2xe^{2-x}$$
$$=(1-3x)e^{2-x}+2e+1$$

①, ②에 의하여

$$g(x)=\begin{cases}(x-1)e^x+1 & (0<x\le1)\\(1-3x)e^{2-x}+2e+1 & (1<x<2)\end{cases}$$

$$g'(x)=\begin{cases}xe^x & (0<x<1)\\(3x-4)e^{2-x} & (1<x<2)\end{cases}$$

함수 $g(x)$ 는 $x=1$ 에서 극댓값 $g(1)=1$ 을 갖고,

$x=\dfrac{4}{3}$ 에서 극솟값 $g\left(\dfrac{4}{3}\right)=2e-3e^{\frac{2}{3}}+1$ 을 갖는다.

함수 $g(x)$ 의 극댓값과 극솟값의 차는
$$1-\left(2e-3e^{\frac{2}{3}}+1\right)$$
$$=-2e+3e^{\frac{2}{3}}$$
$$=-2e+3\sqrt[3]{e^2}=ae+b\sqrt[3]{e^2}$$

따라서 $(ab)^2=a^2b^2=(-2)^2\times3^2=36$

$\boxed{답}$ 36

실수 전체의 집합에서 증가하고
미분가능한 함수 $f(x)$ 에 대하여

(가) $f(1)=1,\ \displaystyle\int_1^2 f(x)dx=\dfrac{5}{4}$

(나) 함수 $f(x)$ 의 역함수를 $g(x)$ 라 할 때,
　　$x\ge1$ 인 모든 실수 x 에 대하여 $g(2x)=2f(x)$ 이다.

$f(g(x))=x$

$f(1)=1$ 이므로 (나) 조건에 의해서
$g(2)=2f(1)=2\ \Rightarrow\ f(2)=2$
$g(4)=2f(2)=4\ \Rightarrow\ f(4)=4$
$g(8)=2f(4)=8\ \Rightarrow\ f(8)=8$

이를 바탕으로 $f(x)$ 를 그리면 다음과 같다.

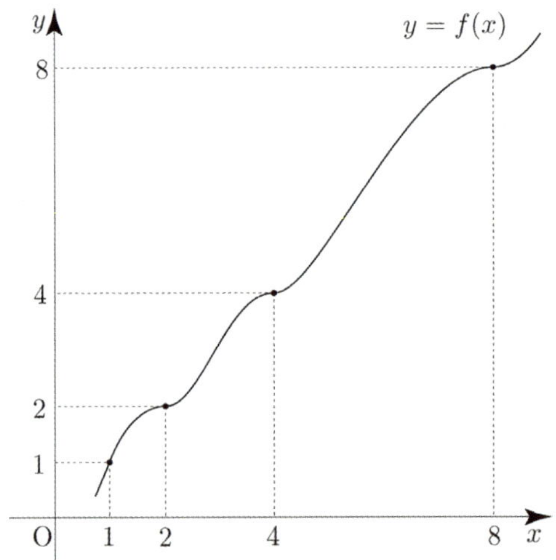

$$\int_1^8 xf'(x)dx=\left[xf(x)\right]_1^8-\int_1^8 f(x)dx$$
$$=8f(8)-f(1)-\int_1^8 f(x)dx$$
$$=63-\int_1^8 f(x)dx\ \cdots\ \bigcirc$$

이므로 $\displaystyle\int_1^8 f(x)dx$ 의 값만 구하면 된다.

$\displaystyle\int_1^2 f(x)dx=\dfrac{5}{4}$ 와 $g(2x)=2f(x)\ (x\ge1)$ 를 바탕으로
$\displaystyle\int_1^8 f(x)dx$ 의 값을 구해보자.

$$\int_1^2 g(2x)dx=2\int_1^2 f(x)dx=\dfrac{5}{2}$$

$2x = t$ 라 하면 $2 = \dfrac{dt}{dx}$

$x = 1$ 일 때, $t = 2$, $x = 2$ 일 때, $t = 4$

$$\int_1^2 g(2x)dx = \frac{1}{2}\int_2^4 g(t)dt = \frac{5}{2} \;\Rightarrow\; \int_2^4 g(x)dx = 5$$

2026 규토 라이트 N제 수2 정적분의 활용 Guide step에서 함수 $y = f(x)$ 의 그래프로 역함수 $y = f^{-1}(x)$ 의 그래프를 해석하는 방법을 학습하였다.

이를 이용하여 $\displaystyle\int_2^4 f(x)dx$ 의 값을 구해보자.

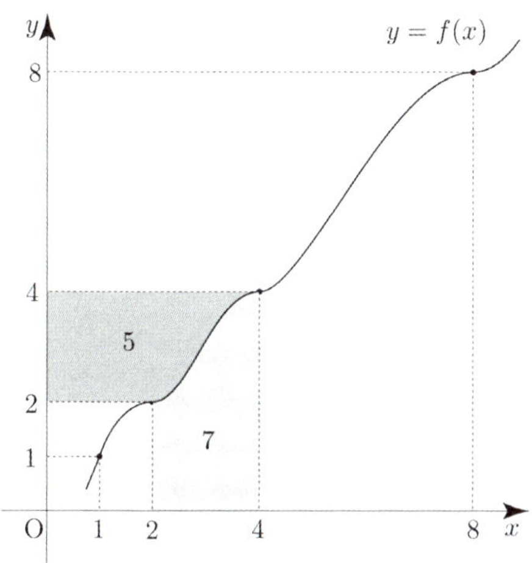

$$\int_2^4 f(x)dx = 16 - \left(4 + \int_2^4 g(x)dx\right) = 16 - 9 = 7$$

$$\int_2^4 g(2x)dx = 2\int_2^4 f(x)dx = 14$$

$2x = t$ 라 하면 $2 = \dfrac{dt}{dx}$

$x = 2$ 일 때, $t = 4$, $x = 4$ 일 때, $t = 8$

$$\int_2^4 g(2x)dx = \frac{1}{2}\int_4^8 g(t)dt = 14 \;\Rightarrow\; \int_4^8 g(x)dx = 28$$

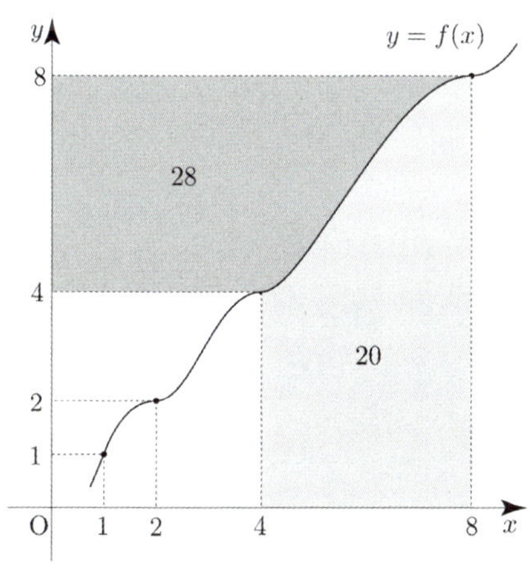

$$\int_4^8 f(x)dx = 64 - \left(16 + \int_4^8 g(x)dx\right) = 64 - 44 = 20$$

$$\therefore \int_1^8 f(x)dx = \int_1^2 f(x)dx + \int_2^4 f(x)dx + \int_4^8 f(x)dx$$

$$= \frac{5}{4} + 7 + 20 = \frac{113}{4}$$

㉠에 의해서

$$\int_1^8 xf'(x)dx = 63 - \int_1^8 f(x)dx = 63 - \frac{113}{4} = \frac{139}{4} \text{ 이다.}$$

따라서 $p + q = 143$ 이다.

답 143

110

모든 실수 x 에 대하여 $f(x) = \displaystyle\int_0^x \sqrt{4 - 2f(t)}\, dt$

$f(0) = 0,\ f'(x) = \sqrt{4 - 2f(x)}$

$f'(x) \geq 0$ 이므로 $f(x)$ 는 감소하지 않는다.

$\sqrt{4 - 2f(x)}$ 에서 $4 - 2f(x) \geq 0 \Rightarrow f(x) \leq 2$

$x \leq b$ 일 때, $f(x) = a(x-b)^2 + c$

$f'(x) = 2a(x-b)$ 이므로 이를

$f'(x) = \sqrt{4 - 2f(x)}$ 에 대입하여 정리하면

$$2a(x-b) = \sqrt{4 - 2a(x-b)^2 - 2c}$$

$$\Rightarrow 4a^2(x-b)^2 = -2a(x-b)^2 + 4 - 2c$$

$$4a^2 = -2a \Rightarrow a = -\frac{1}{2}$$

$$4 - 2c = 0 \Rightarrow c = 2$$

(만약 $a = 0$ 이면 $f(x) = 2$ 이므로 (나) 조건을 만족하지 않는다.)

$$\therefore \ x \leq b \text{ 일 때}, \ f(x) = -\frac{1}{2}(x-b)^2 + 2$$

b 의 범위에 따라 case분류하면 다음과 같다.

① $b < 0$ 일 때,

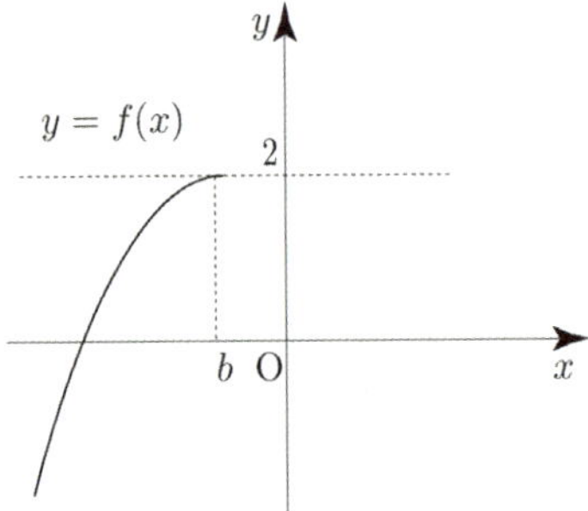

$f(0) = 0$ 이어야 하므로 $x > b$에서 감소해야 한다.
이는 $f'(x) \geq 0$ 라는 조건에 모순이다.

② $b = 0$ 일 때

$$f(x) = -\frac{1}{2}x^2 + 2 \Rightarrow f(0) = 2$$

이는 $f(0) = 0$ 라는 조건에 모순이다.

③ $b > 0$ 일 때

$x \leq b$ 일 때, $f(x) = -\frac{1}{2}(x-b)^2 + 2$

$f(0) = 0 \Rightarrow 0 = -\frac{1}{2}b^2 + 2 \Rightarrow b = 2 \ (\because b > 0)$

$x \leq 2$ 일 때, $f(x) = -\frac{1}{2}(x-2)^2 + 2$

$f'(x) \geq 0$ 이고 $f(x) \leq 2$ 이므로
$x > b$ 일 때, $f(x) = 2$ 이어야 한다.

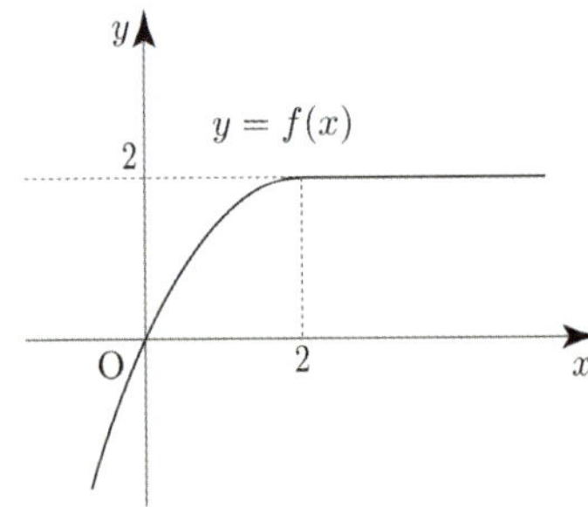

$$\int_0^6 f(x)\,dx = \int_0^2 f(x)\,dx + \int_2^6 f(x)\,dx$$
$$= \int_0^2 \left\{ -\frac{1}{2}(x-2)^2 + 2 \right\} dx + \int_2^6 2\,dx$$
$$= \left[-\frac{1}{6}(x-2)^3 + 2x \right]_0^2 + \left[2x \right]_2^6$$
$$= 4 - \frac{8}{6} + 12 - 4 = 12 - \frac{4}{3}$$
$$= \frac{32}{3} = \frac{q}{p}$$

따라서 $p + q = 3 + 32 = 35$ 이다.

답 **35**

곡선 $y = e^x$ 위의 점 $(t,\ e^t)$ 에서의 접선의 방정식은
$$y = e^t(x-t) + e^t = e^t x - (t-1)e^t$$
$$\therefore \ f(x) = e^t x - (t-1)e^t$$

$h(x) = f(x) + k - \ln x \ (x > 0)$ 라 하면
$$h'(x) = f'(x) - \frac{1}{x} = e^t - \frac{1}{x}$$

두 함수 $y = e^t$, $y = \dfrac{1}{x}$ 의 그래프를 이용하여

빼기함수 Technique으로 $h'(x)$ 의 부호를 처리해 보자.

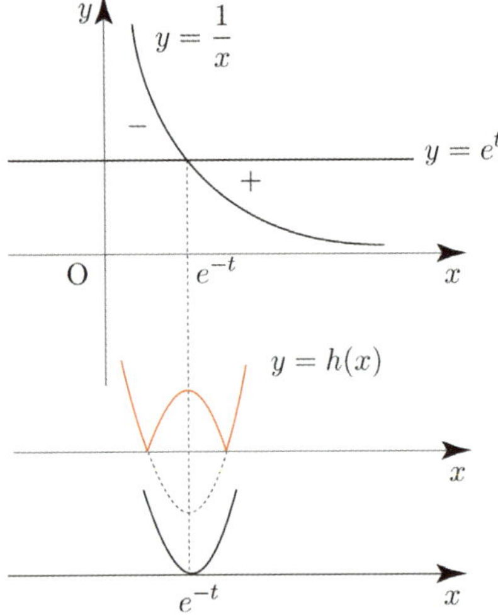

$h(x)$ 는 $x = e^{-t}$ 에서 최솟값을 가지므로
$y = |h(x)|$ 가 양의 실수 전체의 집합에서 미분가능하려면
$h(e^{-t}) \geq 0$ 이어야 한다.

$$h(x) = e^t x - (t-1)e^t + k - \ln x$$
$$h(e^{-t}) \geq 0 \Rightarrow 1 - (t-1)e^t + k + t \geq 0$$
$$\Rightarrow k \geq (t-1)e^t - (t+1)$$
이므로 실수 k의 최솟값은 $(t-1)e^t - (t+1)$ 이다.

$$\therefore \ g(t) = (t-1)e^t - (t+1)$$

$$g'(t) = e^t + (t-1)e^t - 1 = te^t - 1$$

$$g''(t) = e^t + te^t = (t+1)e^t$$

$g'(t)$ 는 $t = -1$ 에서 극소
$$\lim_{t \to -\infty} g'(t) = -1$$

이를 바탕으로 $g'(t)$ 를 그리면 다음과 같다.

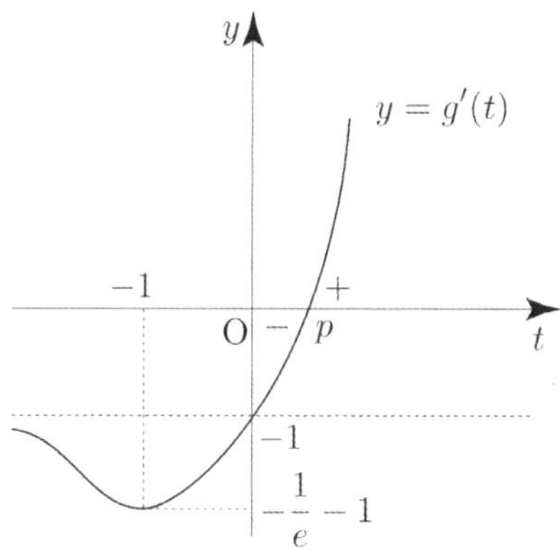

$g'(t)=0$ 을 만족시키는 t 의 값을 $p\,(p>0)$ 라 하면
$t=p$ 의 좌우에서 $g'(t)$ 의 부호가 $-\;+$ 로 바뀌므로
$g(t)$ 는 $t=p$ 에서 극소이고,
극솟값 $g(p)=(p-1)e^p-(p+1)$

$$=pe^p-e^p-p-1$$

$$=-e^p-p \quad (\because\ g'(p)=pe^p-1=0)$$

를 갖는다.

$e^p>0,\quad p>0\ \Rightarrow\ -e^p-p<0$
$\displaystyle\lim_{t\to\infty}g(t)=\infty,\quad \lim_{t\to-\infty}g(t)=\infty$

이를 바탕으로 $g(t)$ 를 그리면 다음과 같다.

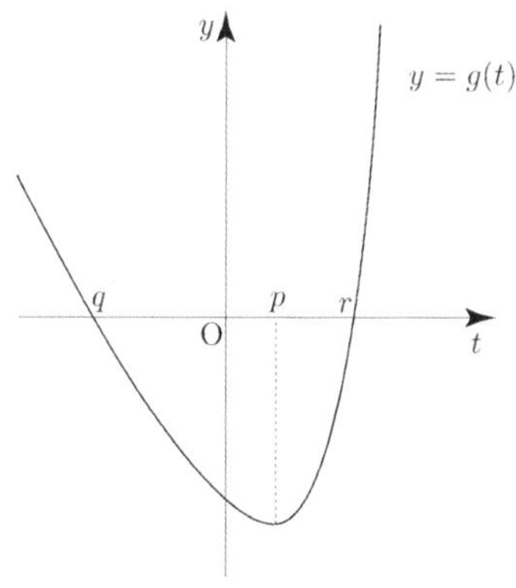

방정식 $g(t)=0$ 의 서로 다른 두 실근을 각각 $q,\ r\ (q<r)$
이라 하자.

ㄱ. $m<0$ 이 되도록 하는 두 실수 $a,\ b\ (a<b)$ 가
   존재한다.

$\quad q<a<b<r$ 인 $a,\ b$ 에 대하여 $m=\displaystyle\int_a^b g(t)dt<0$

$\quad$ 따라서 ㄱ은 참이다.

ㄴ. 실수 c 에 대하여 $g(c)=0$ 이면 $g(-c)=0$ 이다.

$\quad g(t)=(t-1)e^t-(t+1)$

$\quad g(c)=0\ \Rightarrow\ (c-1)e^c-(c+1)=0$

$$\Rightarrow\ e^c=\frac{c+1}{c-1}$$

$$(\because\ g(1)=-2\ \Rightarrow\ c\neq 1)$$

$\quad g(-c)=(-c-1)e^{-c}-(-c+1)$

$$=-(c+1)\times\frac{c-1}{c+1}+c-1$$

$$=-c+1+c-1=0$$

$\quad$ 따라서 ㄴ은 참이다.

ㄷ. $a=\alpha,\ b=\beta\ (\alpha<\beta)$ 일 때 m 의 값이 최소이면
$\dfrac{1+g'(\beta)}{1+g'(\alpha)}<-e^2$ 이다.

$\quad q<t<r$ 에서 $g(t)<0$ 이므로

$\quad \alpha=q,\ \beta=r$ 일 때, $m=\displaystyle\int_\alpha^\beta g(t)dt$ 의 값이 최소이다.

$\quad g(\alpha)=g(\beta)=0$ 이므로 ㄴ에 의하여 $\alpha=-\beta$ 이다.

$\quad g'(t)=te^t-1$ 에서
$\quad g'(\alpha)=\alpha e^\alpha-1=-\beta e^{-\beta}-1$
$\quad g'(\beta)=\beta e^\beta-1$
$\quad$ 이므로 $\dfrac{1+g'(\beta)}{1+g'(\alpha)}=\dfrac{\beta e^\beta}{-\beta e^{-\beta}}=-e^{2\beta}$

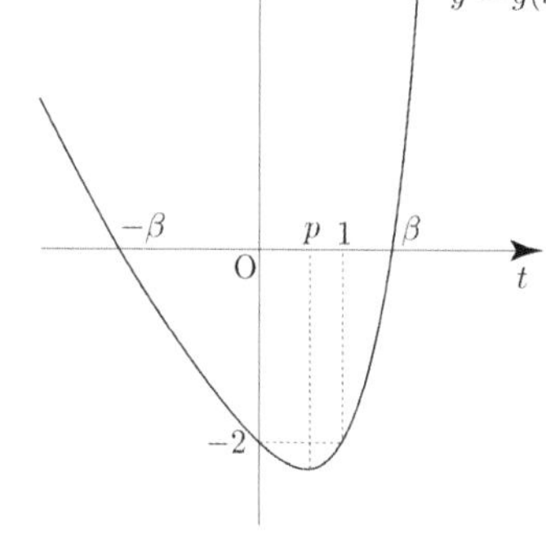

$\quad g(1)=-2$ 이고, $g(\beta)=0$ 이므로 $\beta>1$ 이다.
$\quad e^1<e^\beta\ \Rightarrow\ e^2<e^{2\beta}\ \Rightarrow\ \ -e^{2\beta}<-e^2$
$\quad$ 즉, $\dfrac{1+g'(\beta)}{1+g'(\alpha)}<-e^2$ 가 성립한다.
$\quad$ 따라서 ㄷ은 참이다.

답 ⑤

$y = \sqrt{2-x^2}$ 의 양변을 제곱하면

$y^2 = 2 - x^2 \Rightarrow x^2 + y^2 = 2$ 이므로

곡선 $y = \sqrt{2-x^2}\,(-1 \le x \le 1)$ 는 x 축 위쪽에 있는
반원의 일부이고

곡선 $y = \sqrt{2-x^2}\,(-1 \le x \le 1)$ 위의 양 끝점
$(-1,\ 1),\ (1,\ 1)$ 을 각각 P, Q 라 하고,
직선 l 의 y 절편이 직선 m 의 y 절편보다 크다고 하자.

$y' = \dfrac{-2x}{2\sqrt{2-x^2}}$ 이므로 곡선 $y = \sqrt{2-x^2}$ 위의

점 P $(-1,\ 1)$ 에서의 접선의 기울기는 1 이다.

즉, x 축과 양의 방향으로 이루는 각의 크기는 $\dfrac{\pi}{4}$ 이다.

(경계가 되는 접선부터 조사하는 것이 자연스럽다.)

θ 의 범위에 따라 case분류하면 다음과 같다.

① $0 \le \theta < \dfrac{\pi}{4}$ 일 때

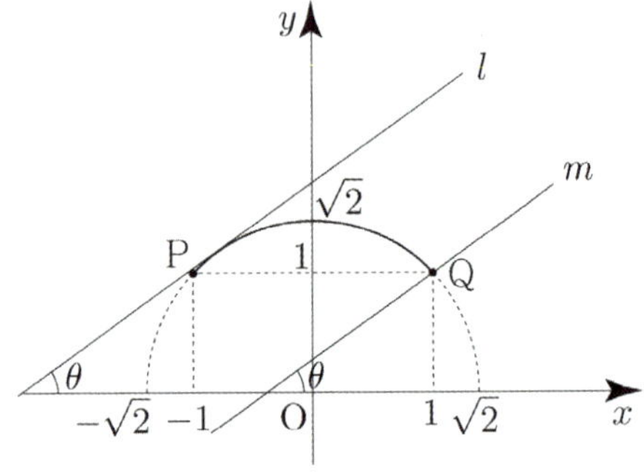

$f(\theta)$ 는 직선 l 이 곡선과 접하고, 직선 m 이 점 Q 를 지날 때
점 Q 와 직선 l 사이의 거리이다.

곡선은 중심이 $(0,\ 0)$ 이고 반지름의 길이가 $\sqrt{2}$ 인 원의
일부이고, 직선 l 은 곡선에 접하므로 수직 보조선을
그으면 다음과 같다.

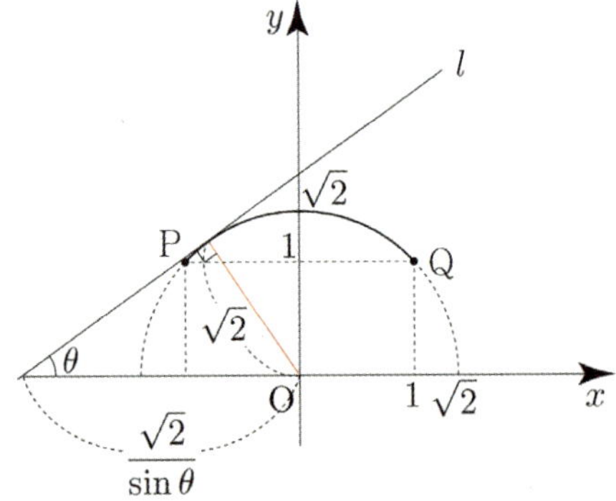

직선 l 은 기울기가 $\tan\theta$ 이고, 점 $\left(-\dfrac{\sqrt{2}}{\sin\theta},\ 0\right)$ 을 지나므로

$y = \tan\theta\left(x + \dfrac{\sqrt{2}}{\sin\theta}\right) = \tan\theta\, x + \dfrac{\sqrt{2}}{\cos\theta} = \tan\theta\, x + \sqrt{2}\sec\theta$

이다.

$f(\theta)$ 는 직선 $\tan\theta\, x - y + \sqrt{2}\sec\theta = 0$ 과 점 Q $(1,\ 1)$ 사이의
거리이므로

$f(\theta) = \dfrac{|\tan\theta - 1 + \sqrt{2}\sec\theta|}{\sqrt{\tan^2\theta + 1}} = \dfrac{\left|\dfrac{\sin\theta - \cos\theta + \sqrt{2}}{\cos\theta}\right|}{\left|\dfrac{1}{\cos\theta}\right|}$

$\qquad = |\sin\theta - \cos\theta + \sqrt{2}| = \sin\theta - \cos\theta + \sqrt{2}$

$\qquad \left(\because\ 0 \le \theta < \dfrac{\pi}{4} \text{ 에서 } \sin\theta - \cos\theta \ge -1\right)$

$\therefore\ f(\theta) = \sin\theta - \cos\theta + \sqrt{2}\ \left(0 \le x < \dfrac{\pi}{4}\right)$

② $\dfrac{\pi}{4} \le \theta \le \dfrac{\pi}{2}$ 일 때

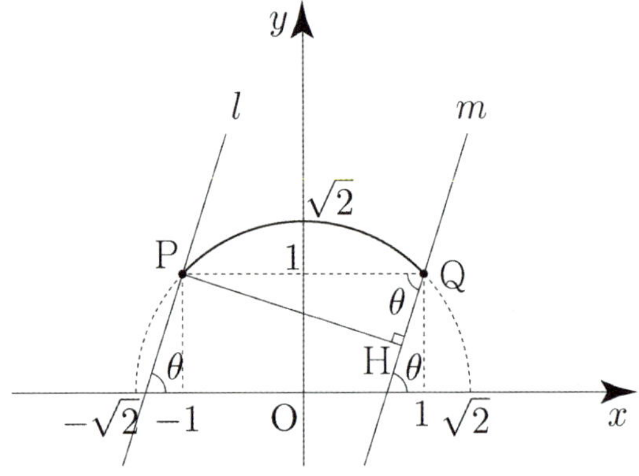

$f(\theta)$ 는 직선 l 이 점 P 를 지나고 직선 m 이 점 Q 를
지날 때 점 P 와 직선 m 사이의 거리와 같다.
즉, 점 P 에서 직선 m 에 내린 수선의 발을 H 라 하면
$f(\theta)$ 는 선분 PH 의 길이와 같다.

$\angle \mathrm{PQH} = \theta$ 이므로 $f(\theta) = 2\sin\theta$

$\therefore\ f(\theta) = 2\sin\theta\ \left(\dfrac{\pi}{4} \le \theta \le \dfrac{\pi}{2}\right)$

①, ②에 의하여 구간에 따라 $f(\theta)$ 를 나타내면 다음과 같다.

$f(\theta) = \begin{cases} \sin\theta - \cos\theta + \sqrt{2} & \left(0 \le \theta < \dfrac{\pi}{4}\right) \\[2mm] 2\sin\theta & \left(\dfrac{\pi}{4} \le \theta \le \dfrac{\pi}{2}\right) \end{cases}$

$$\int_0^{\frac{\pi}{2}} f(\theta)\,d\theta$$

$$= \int_0^{\frac{\pi}{4}} \left(\sin\theta - \cos\theta + \sqrt{2}\,\right) d\theta + \int_{\frac{\pi}{4}}^{\frac{\pi}{2}} 2\sin\theta\,d\theta$$

$$= \left[-\cos\theta - \sin\theta + \sqrt{2}\,\theta\right]_0^{\frac{\pi}{4}} + \left[-2\cos\theta\right]_{\frac{\pi}{4}}^{\frac{\pi}{2}}$$

$$= 1 + \frac{\sqrt{2}}{4}\pi = a + b\sqrt{2}\,\pi$$

따라서 $20(a+b) = 20\left(1 + \dfrac{1}{4}\right) = 20 + 5 = 25$ 이다.

답 25

> **Tip**
>
> 잘린 곡선에서의 접선은 2018학년도 수능 가형 21번에 다시 출제되었다.
>
> (미적분 도함수의 활용 Master step 133번 참고)

113

$x \geq 0$ 에서 $f(x^2+1) = ae^{2x} + bx$ 이므로
양변을 x 에 대해 미분하면
$$2xf'(x^2+1) = 2ae^{2x} + b \quad (x > 0)$$

$$\Rightarrow f'(x^2+1) = \frac{2ae^{2x} + b}{2x} \quad (x > 0)$$

$$\lim_{x \to 1+} f'(x) = \lim_{x \to 0+} f'(x^2+1) = \lim_{x \to 0+} \frac{2ae^{2x} + b}{2x}$$

$f'(x) = -2x + 4 \ (x < 1)$ 이므로
$$\lim_{x \to 1-} f'(x) = \lim_{x \to 1-} (-2x+4) = 2$$

함수 $f'(x)$ 는 $x=1$ 에서 연속이므로
$$\lim_{x \to 1+} f'(x) = \lim_{x \to 1-} f'(x) = f'(1)$$
$$\lim_{x \to 0+} \frac{2ae^{2x} + b}{2x} = 2 \quad \cdots \ \textcircled{\footnotesize ㄱ}$$
$$\lim_{x \to 0+} 2x = 0 \text{ 이고,}$$
$$\lim_{x \to 0+} \frac{2ae^{2x} + b}{2x} \text{ 의 극한값이 존재하므로}$$
$$\lim_{x \to 0+} (2ae^{2x} + b) = 0 \ \Rightarrow \ 2a + b = 0 \ \Rightarrow \ b = -2a$$

$\textcircled{\footnotesize ㄱ}$ 에서
$$\lim_{x \to 0+} \frac{2ae^{2x} - 2a}{2x} = \lim_{x \to 0+} \frac{a(e^{2x}-1)}{x}$$
$$= \lim_{x \to 0+} \frac{2a(e^{2x}-1)}{2x}$$
$$= 2a = 2 \ \Rightarrow \ a = 1, \ b = -2$$

$f(x^2+1) = e^{2x} - 2x \ (x \geq 0)$ 이므로
양변에 $x=0$ 을 대입하면 $f(1) = 1$

$x < 1$ 일 때, $f'(x) = -2x + 4$ 이고,
함수 $f(x)$ 는 $x=1$ 에서 연속이므로
$x < 1$ 일 때, $f(x) = -x^2 + 4x - 2$

$x \geq 0$ 일 때, $f(x^2+1) = e^{2x} - 2x$

$$\int_0^5 f(x)\,dx = \int_0^1 f(x)\,dx + \int_1^5 f(x)\,dx$$
$$\int_0^1 f(x)\,dx = \int_0^1 (-x^2 + 4x - 2)\,dx = -\frac{1}{3}$$
$$\int_1^5 f(x)\,dx \text{ 에서}$$

$x = t^2 + 1 \ (t \geq 0)$ 이라 하면 $\dfrac{dx}{dt} = 2t$
$x = 1$ 일 때, $t = 0$, $x = 5$ 일 때, $t = 2$ 이므로

$$\int_1^5 f(x)\,dx = \int_0^2 f(t^2+1)\,2t\,dt$$
$$= \int_0^2 2t(e^{2t} - 2t)\,dt = \int_0^2 (2te^{2t} - 4t^2)\,dt$$
$$= \left[2t\left(\frac{e^{2t}}{2}\right)\right]_0^2 - \int_0^2 e^{2t}\,dt - \int_0^2 4t^2\,dt$$
$$= \left[te^{2t} - \frac{1}{2}e^{2t} - \frac{4}{3}t^3\right]_0^2 = \frac{3}{2}e^4 - \frac{61}{6}$$

$$\int_0^5 f(x)\,dx = -\frac{1}{3} + \left(\frac{3}{2}e^4 - \frac{61}{6}\right) = \frac{3}{2}e^4 - \frac{21}{2}$$

따라서 $p + q = \dfrac{3}{2} + \dfrac{21}{2} = 12$ 이다.

답 12

$$g(x) = \int_a^x f(t)dt$$

$$g(a) = 0, \ g'(x) = f(x)$$

(가) 조건에 의하여 $g'(1) = 0$이므로 $f(1) = 0$

$$f(x) = \ln(x^4 + 1) - c \ \ (c > 0)$$

$$f(1) = 0 \implies 0 = \ln 2 - c \implies c = \ln 2$$

$$\therefore \ f(x) = \ln(x^4 + 1) - \ln 2$$

$$f(1) = f(-1) = 0$$

모든 실수 x에 대하여 $f(-x) = f(x)$이므로

$y = f(x)$의 그래프는 y축에 대하여 대칭이다.

$$f'(x) = \frac{4x^3}{x^4 + 1}$$

Semi 도함수 $f'(x) = x^3$

$$f'(0) = 0 \implies x = 0 \text{에서 극소}$$

이를 바탕으로 $f(x)$를 그리면 다음과 같다.

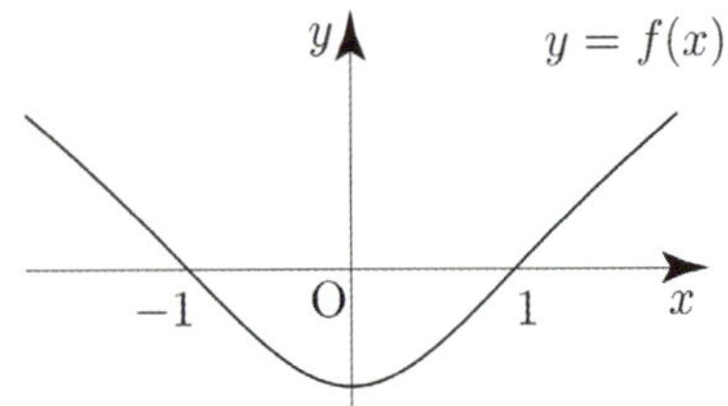

$g'(x) = f(x)$를 바탕으로 $g(x)$를 그리면 다음과 같다.

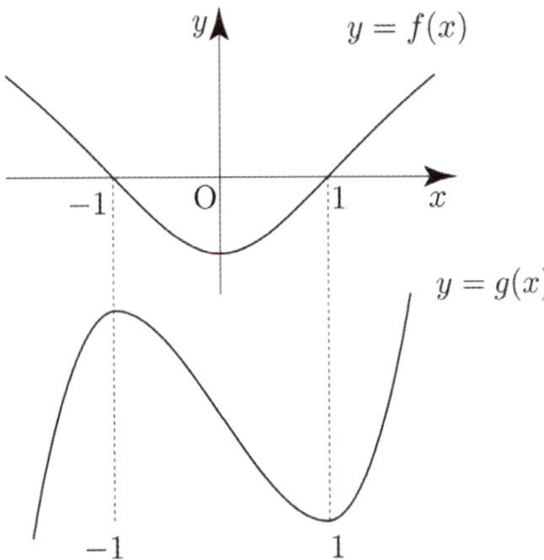

함수 $y = g(x)$의 그래프가 x축과 만나는 서로 다른 점의 개수가 2가 되려면 다음과 같이 2가지 경우가 가능하다.

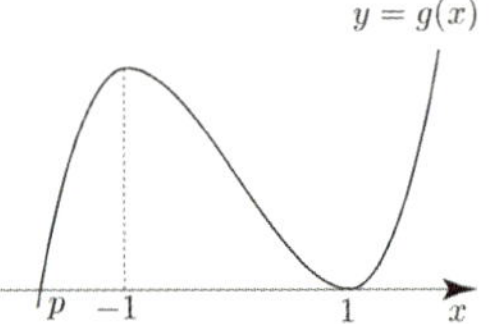

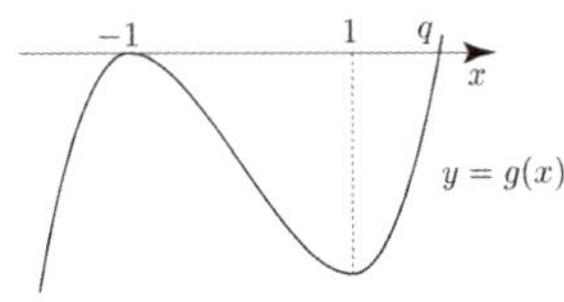

$g(a) = 0$이므로 위 그림에 의하여 모든 a의 값을 작은 수부터 크기순으로 나열하면 다음과 같다.

$$\alpha_1 = p, \ \alpha_2 = -1, \ \alpha_3 = 1, \ \alpha_4 = q$$

즉, $m = 4$

$a = \alpha_1 = p$일 때, $g(x)$는

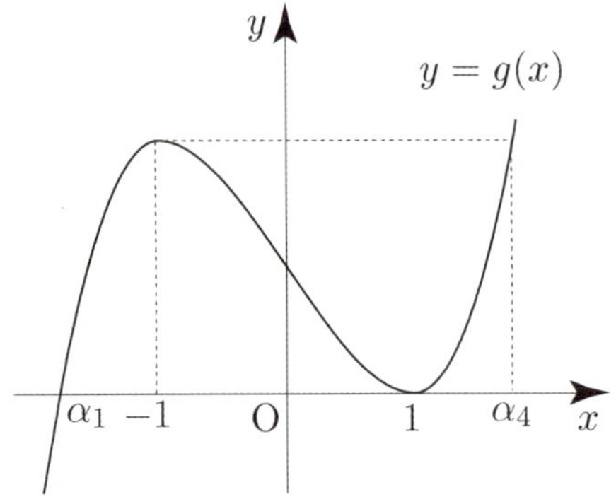

(나) $\displaystyle \int_{\alpha_1}^{\alpha_m} g(x)dx = k\alpha_m \int_0^1 |f(x)|dx$

$m = 4$이므로 $\displaystyle \int_{\alpha_1}^{\alpha_4} g(x)dx = k\alpha_4 \int_0^1 |f(x)|dx$

$\displaystyle \int_0^1 |f(x)|dx = S$라 하면

($f'(x)$의 넓이는 $f(x)$의 함숫값의 차이와 같다.)

$$g(0) = S \implies g(\alpha_4) = 2S$$

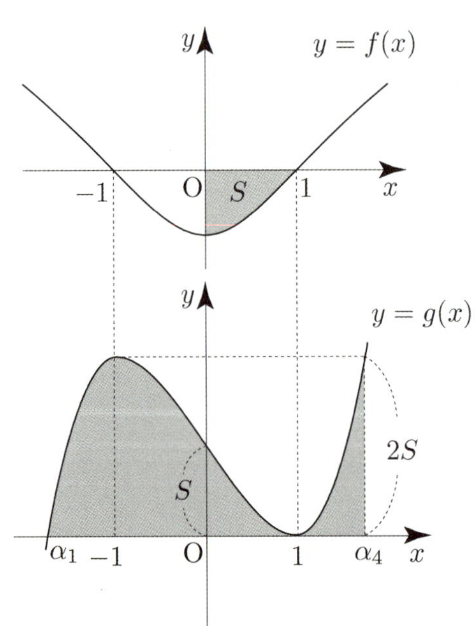

$y=f(x)$ 의 그래프는 y 축에 대하여 대칭이므로
$y=g(x)$ 의 그래프는 점 $(0,\ g(0))$ 에 대하여 대칭이다.

즉, $\displaystyle\int_{\alpha_1}^{\alpha_4} g(x)dx$ 는 대칭성에 의하여 아래와 같이 삼각형의
넓이와 같다.

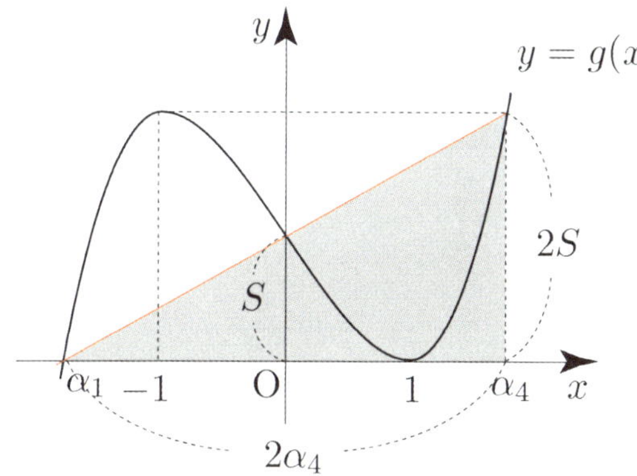

$$\therefore \int_{\alpha_1}^{\alpha_4} g(x)dx = \frac{1}{2}\times 2\alpha_4 \times 2S = 2\alpha_4 S$$

$$\int_{\alpha_1}^{\alpha_4} g(x)dx = k\alpha_4 \int_0^1 |f(x)|dx$$

$$\Rightarrow 2\alpha_4 S = k\alpha_4 S$$

$$\Rightarrow k=2$$

따라서 $mk\times e^c = 4\times 2\times e^{\ln 2} = 8\times 2 = 16$ 이다.

답 16

115

$f(x)$ 는 양의 실수 전체의 집합에서 감소하고 연속이고,
모든 양의 실수 x 에 대하여 $f(x)>0$ 이다.

O$(0,\ 0)$, A$(t,\ f(t))$, B$(t+1,\ f(t+1))$ 라 하고,
두 점 A, B에서 x 축에 내린 수선의 발을 각각 C, D 라
하자.

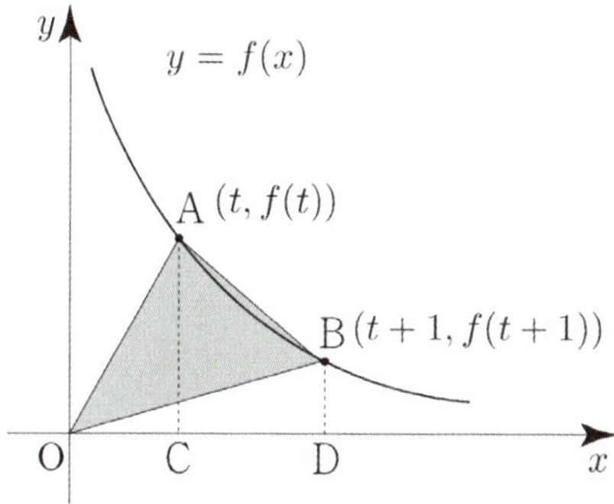

삼각형 AOB 의 넓이는 사각형 OABD 의 넓이에서
삼각형 OBD 의 넓이를 빼서 구하면 된다.

사각형 OABD 의 넓이는 삼각형 AOC 의 넓이와
사다리꼴 ACDB 의 넓이의 합이므로
$$\frac{1}{2}tf(t)+\frac{1}{2}(f(t)+f(t+1))$$

삼각형 OBD 의 넓이는 $\dfrac{1}{2}(t+1)f(t+1)$

(나) 조건에 의하여 삼각형 AOB 의 넓이는 다음과 같다.
$$\frac{1}{2}tf(t)+\frac{1}{2}(f(t)+f(t+1))-\frac{1}{2}(t+1)f(t+1)=\frac{t+1}{t}$$

$$\Rightarrow \frac{1}{2}\{(t+1)f(t)-tf(t+1)\}=\frac{t+1}{t}$$

(다) 조건에 의하여 $\dfrac{f(x)}{x}$ 꼴이 나오도록

양변에 $\dfrac{2}{t(t+1)}$ 을 곱해보자.

$$\frac{1}{2}\{(t+1)f(t)-tf(t+1)\}=\frac{t+1}{t}$$

$$\Rightarrow \frac{f(t)}{t}-\frac{f(t+1)}{t+1}=\frac{2}{t^2}$$

$$\Rightarrow \frac{f(t+1)}{t+1}-\frac{f(t)}{t}=-\frac{2}{t^2}$$

$g(t)=\dfrac{f(t)}{t}$ 라 하면

$$g(t+1)-g(t)=-\frac{2}{t^2}$$

양변을 t 에 대하여 적분하면
$$G(t+1)-G(t)=\frac{2}{t}+C$$

$\displaystyle\int_1^2 \frac{f(x)}{x}dx = \int_1^2 g(x)dx = G(2)-G(1)=2$ 이므로

$G(t+1)-G(t)=\dfrac{2}{t}+C$ 의 양변에 $t=1$ 을 대입하면

$2=2+C \Rightarrow C=0$

$$\therefore G(t+1)-G(t)=\frac{2}{t} \quad \cdots \quad \bigcirc$$

$\displaystyle\int_{\frac{7}{2}}^{\frac{11}{2}} \frac{f(x)}{x}dx = G\left(\frac{11}{2}\right)-G\left(\frac{7}{2}\right)$ 이므로

⊙의 양변에 $t = \dfrac{9}{2}$, $t = \dfrac{7}{2}$ 을 각각 대입하면

$$G\left(\dfrac{11}{2}\right) - G\left(\dfrac{9}{2}\right) = \dfrac{4}{9}$$

$$G\left(\dfrac{9}{2}\right) - G\left(\dfrac{7}{2}\right) = \dfrac{4}{7}$$

두 식을 각 변끼리 더하여 정리하면 다음과 같다.

$$G\left(\dfrac{11}{2}\right) - G\left(\dfrac{9}{2}\right) + G\left(\dfrac{9}{2}\right) - G\left(\dfrac{7}{2}\right) = \dfrac{4}{9} + \dfrac{4}{7}$$

$$\Rightarrow G\left(\dfrac{11}{2}\right) - G\left(\dfrac{7}{2}\right) = \dfrac{64}{63}$$

$$\int_{\frac{7}{2}}^{\frac{11}{2}} \dfrac{f(x)}{x}\,dx = G\left(\dfrac{11}{2}\right) - G\left(\dfrac{7}{2}\right) = \dfrac{64}{63} = \dfrac{q}{p}$$

따라서 $p + q = 63 + 64 = 127$ 이다.

답 127

116

$$f(x) = \begin{cases} 2\,|\sin 4x| & (x < 0) \\ -\sin ax & (x \geq 0) \end{cases}$$

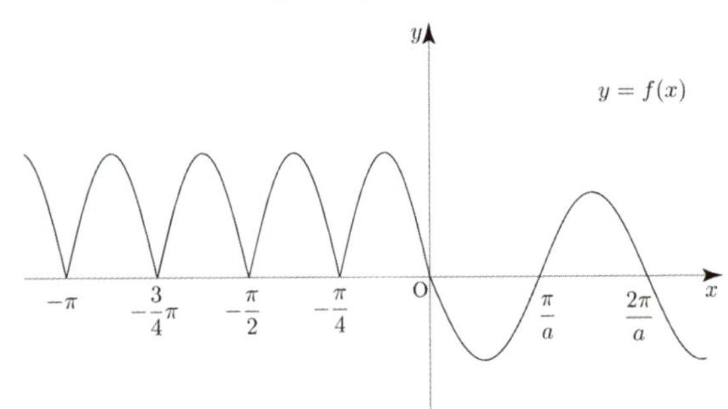

$h(x) = \displaystyle\int_{-a\pi}^{x} f(t)\,dt$ 라 하면 $h'(x) = f(x)$, $h(-a\pi) = 0$

$$g(x) = \left| \int_{-a\pi}^{x} f(t)\,dt \right| = |h(x)|$$

대략적인 판단을 위해 $f(x)$ 를 바탕으로 $h(x)$ 을 그려보자.
대략적인 $h(x)$ 를 그리기 위해서는 $f(x)$ 와 x 축으로 둘러싸인
부분의 넓이를 알아야 한다. (얼마만큼 증가하나? 넓이만큼
증가한다. t2 95번과 맥이 같은 문제이다.)

$$\int_{-\frac{\pi}{4}}^{0} f(x)\,dx = \int_{-\frac{\pi}{4}}^{0} -2\sin 4x\,dx$$

$$= \left[\dfrac{\cos 4x}{2} \right]_{-\frac{\pi}{4}}^{0} = 1$$

$$\int_{0}^{\frac{\pi}{a}} -f(x)\,dx = \int_{0}^{\frac{\pi}{a}} \sin ax\,dx$$

$$= \left[-\dfrac{\cos ax}{a} \right]_{0}^{\frac{\pi}{a}} = \dfrac{2}{a}$$

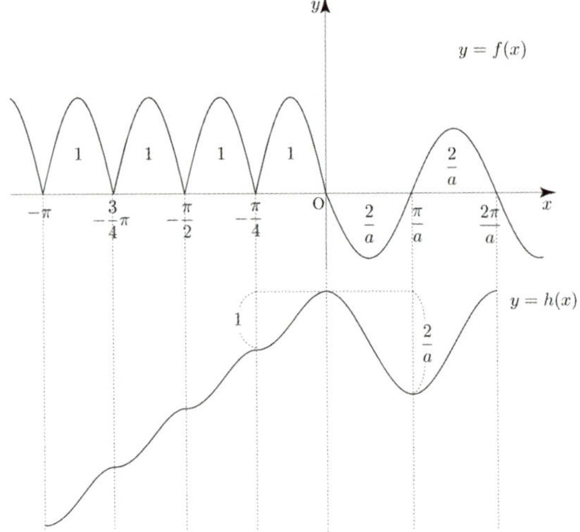

$|h(x)|$ 의 그래프를 그리려면 x 축이 중요한데
$|h(x)|$ 가 실수 전체의 집합에서 미분가능하려면
$h(k) = 0$ 을 만족시키는 $x = k$ 에서 $h'(k) = 0$ 이어야 한다.

이때, $h(-a\pi) = 0 \ (0 < a < 2)$ 이므로 우선적으로
$h'(-a\pi) = 0 \ (0 < a < 2)$ 을 만족시켜야 한다.

즉, $a = \dfrac{1}{4}$, $\dfrac{1}{2}$, $\dfrac{3}{4}$, 1, $\cdots$

문제에서 a 의 최솟값을 구하라고 했으므로 가능한 a 의
후보 중에서 작은 수부터 차례대로 case분류해보자.

① $a = \dfrac{1}{4}$ 인 경우

$h\left(-\dfrac{\pi}{4}\right) = 0$ 이고, $\dfrac{2}{a} = 8$ 이므로 정의역이 양수인 부분에서
첨점이 발생하여 함수 $|h(x)|$ 는 실수 전체의 집합에서
미분가능하지 않아 조건을 만족시키지 않는다.

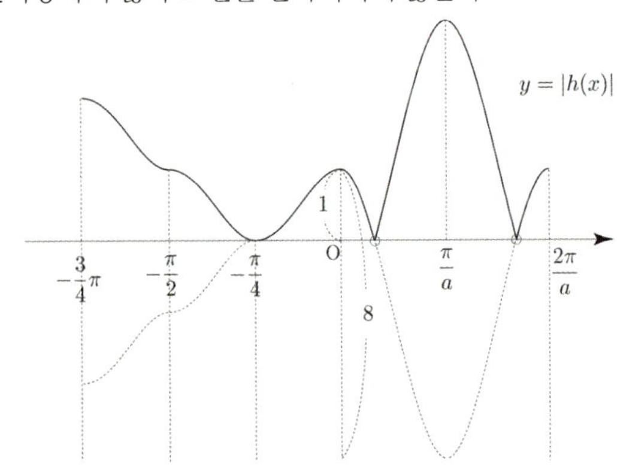

② $a = \dfrac{1}{2}$ 인 경우

$h\left(-\dfrac{\pi}{2}\right) = 0$ 이고, $\dfrac{2}{a} = 4$ 이므로 정의역이 양수인 부분에서
첨점이 발생하여 함수 $|h(x)|$ 는 실수 전체의 집합에서
미분가능하지 않아 조건을 만족시키지 않는다.

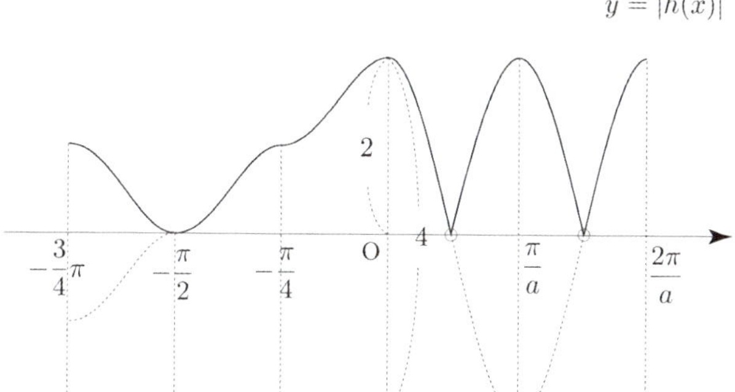

③ $a = \dfrac{3}{4}$

$h\left(-\dfrac{3}{4}\pi\right) = 0$ 이고, $\dfrac{2}{a} = \dfrac{8}{3} < 3$ 이므로 $x > 0$ 에서 $h(x) > 0$
이므로 함수 $|h(x)|$ 는 실수 전체의 집합에서 미분가능하다.

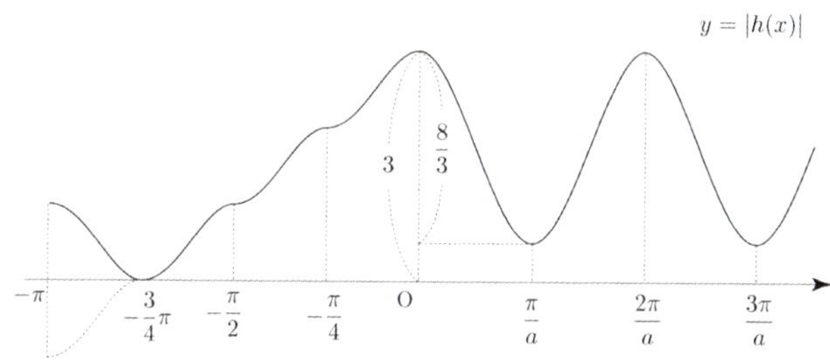

따라서 a 의 최솟값은 $\dfrac{3}{4}$ 이다.

답 ②

117

$x < 0$ 일 때, $f(x) = -4xe^{4x^2}$
$x < 0$ 일 때, $f'(x) = -\left(4e^{4x^2} + 32x^2 e^{4x^2}\right) < 0$
이므로 $x < 0$ 에서 $f(x)$ 는 감소한다.

x 에 대한 방정식 $f(x) = t \ (t > 0)$ 의 서로 다른 실근의
개수가 2이므로 대략적인 $f(x)$ 의 그래프를 그리면 다음과
같다.

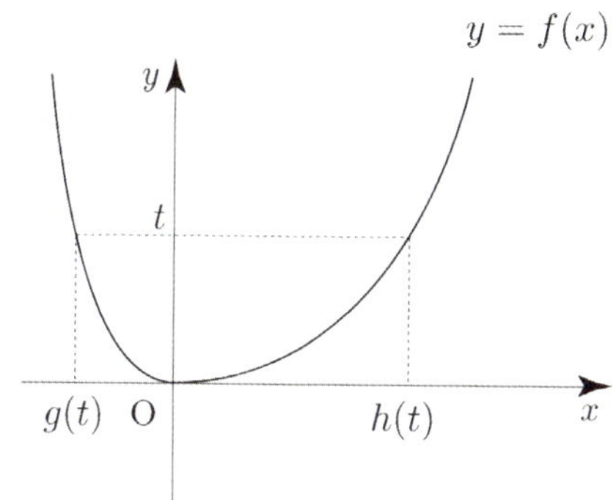

$2g(t)$ 는 $g(t)$ 의 두 배이므로 $2g(t)$ 를 좌표평면에 나타내면
다음과 같다.

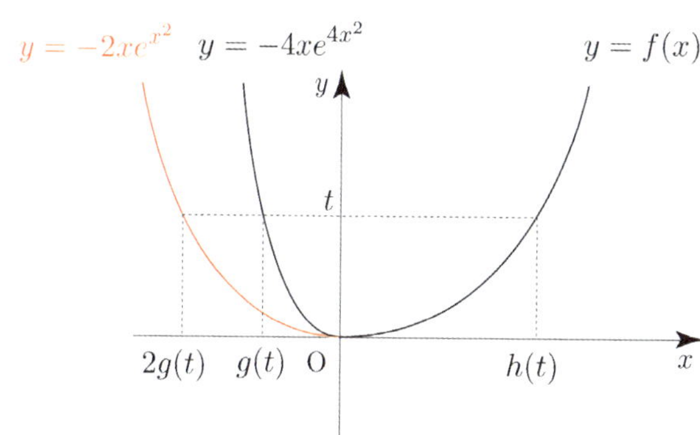

위 그림에서 색칠한 그림의 자취는 $y = f\left(\dfrac{x}{2}\right) \ (x < 0)$ 와

같으므로 $y = -2xe^{x^2}$ 이다.

($f(x)$ 에 $x = -1$ 를 대입했을 때와 $f\left(\dfrac{x}{2}\right)$ 에 $x = -2$ 을
대입했을 때 함숫값은 모두 $f(-1)$ 로 동일한 것을
알 수 있다.)

$2g(t) + h(t) = k$ 에서 만약 k 가 0 이라고 가정하면
$2g(t) + h(t) = 0$ 이므로 $h(t) = -2g(t)$ 이므로
x 축에 대하여 대칭인 그림이 그려진다.

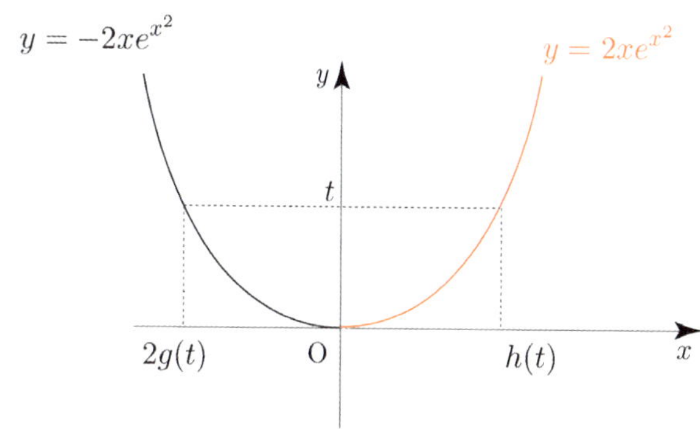

위 그림에서 색칠한 그림의 자취는 $y = 2xe^{x^2}$ 이다.

실제 $h(t)$ 는 $h(t) = k - 2g(t)$ 이므로
x 축의 방향으로 k 만큼 평행이동해줘야 한다.

$h(t) = k - 2g(t)$ 에서

$$\lim_{t \to 0+} g(t) = 0 \;\Rightarrow\; \lim_{t \to 0+} h(t) = k \text{이므로 } f(k) = 0$$

(만약 k 가 음수이면 $f(k) > 0$ 이므로 모순이다.)
또한 $f(x) \geq 0$ 이고, 방정식 $f(x) = t$ $(t > 0)$ 의 서로 다른
실근의 개수가 2이므로 $0 \leq x \leq k$ 에서 $f(x) = 0$ 이어야 한다.

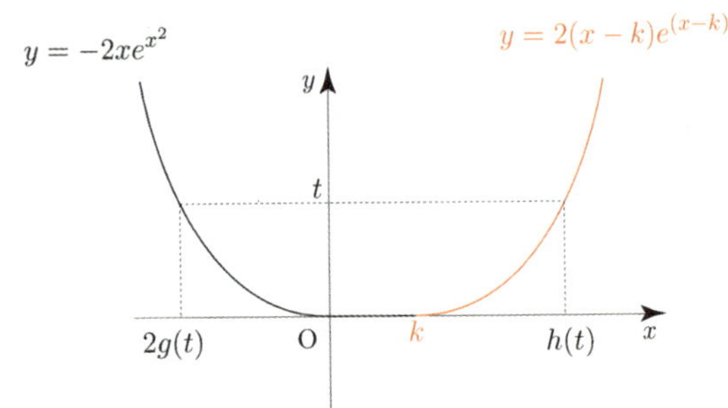

$$\int_0^7 f(x)dx = \int_k^7 f(x)dx = \int_k^7 2(x-k)e^{(x-k)^2}dx$$

$$= \left[e^{(x-k)^2} \right]_k^7 = e^{(7-k)^2} - 1 = e^4 - 1$$

$7 - k = 2 \;\Rightarrow\; k = 5 \;(\because\; k > 0)$

$f(x) = 0 \;(0 \leq x \leq 5), \; f(x) = 2(x-5)e^{(x-5)^2} \;(x > 5)$

따라서 $\dfrac{f(9)}{f(8)} = \dfrac{2 \times 4 \times e^{16}}{2 \times 3 \times e^9} = \dfrac{4}{3}e^7$ 이다.

 답 ②

다르게 풀어보자.

$x < 0$ 일 때, $f(x) = -4xe^{4x^2}$

$x < 0$ 일 때, $f'(x) = -\left(4e^{4x^2} + 32x^2 e^{4x^2} \right) < 0$
이므로 $x < 0$ 에서 $f(x)$ 는 감소한다.

t 의 값이 증가할수록 $g(t)$ 의 값은 감소하고,
모든 양수 t 에 대하여 $2g(t) + h(t) = k \;\Rightarrow\; h(t) = k - 2g(t)$
이므로 t 의 값이 증가할수록 $h(t)$ 의 값은 증가한다.
이때, $\lim_{t \to 0+} g(t) = 0 \;\Rightarrow\; \lim_{t \to 0+} h(t) = k$ 이므로 $f(k) = 0$ 이고,
모든 실수 x 에 대하여 $f(x) \geq 0$ 이므로
$0 \leq x \leq k$ 일 때, 함수 $f(x) = 0$ 이고,
$x > k$ 에서 함수 $f(x)$ 는 증가해야 한다.

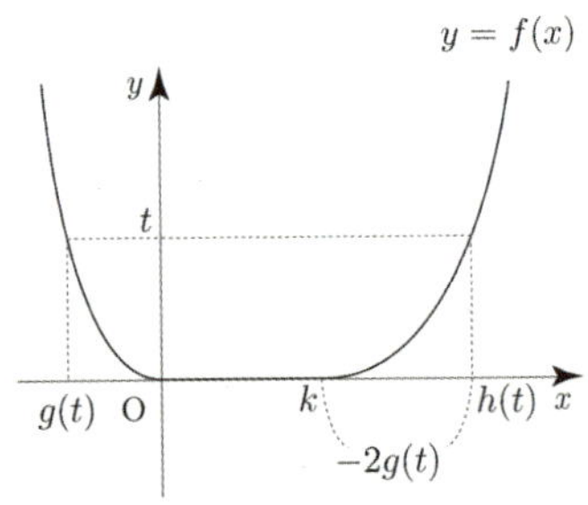

$$\int_0^7 f(x)dx = e^4 - 1$$

$$\Rightarrow \int_k^7 f(x)dx = e^4 - 1$$

$h(a) = 7$ 이라 하고, $y = a$, y축, 곡선 $y = f(x)$ $(x < 0)$ 로
둘러싸인 부분의 넓이를 A 라 하면 $A = \displaystyle\int_0^a -g(t)dt$ 이다.

$y = a$, $x = k$, 곡선 $y = f(x)$ 로 둘러싸인 부분의 넓이는
$$\int_0^a \{h(t) - k\}dt = \int_0^a -2g(t)dt = 2A \text{ 이다.}$$

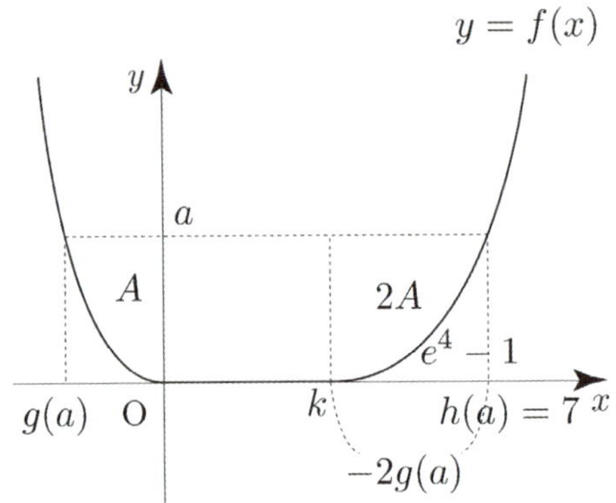

이때, $x = k$, $x = 7$, $y = 0$, $y = a$ 로 둘러싸인 부분의
넓이는 $-2g(a) \times a = 2A + \left(e^4 - 1 \right)$ 이고,
$x = g(a)$, $x = 0$, $y = 0$, $y = a$ 로 둘러싸인 부분의
넓이는 $-g(a) \times a = A + \displaystyle\int_{g(a)}^0 f(x)dx$ 이므로

$$\int_{g(a)}^0 f(x)dx = \frac{1}{2}(e^4 - 1) = -\frac{1}{2} + \frac{1}{2}e^4 \text{ 이다.}$$

$$\int_{g(a)}^0 \left(-4xe^{4x^2} \right)dx = \left[-\frac{1}{2}e^{4x^2} \right]_{g(a)}^0$$

$$= -\frac{1}{2} + \frac{1}{2}e^{4\{g(a)\}^2}$$

$$= -\frac{1}{2} + \frac{1}{2}e^4$$

이므로 $g(a) = -1$ 이다.

$2g(a) + h(a) = k$

$\Rightarrow\; -2 + 7 = k \;\Rightarrow\; k = 5$

$\therefore\; 2g(t) + h(t) = 5$

$h(b)=8$ 이라 하면

$2g(b)+8=5 \;\Rightarrow\; g(b)=-\dfrac{3}{2}$ 이므로

$f(8)=f\left(-\dfrac{3}{2}\right)$

$h(c)=9$ 라 하면
$2g(c)+9=5 \;\Rightarrow\; g(c)=-2$ 이므로
$f(9)=f(-2)$

따라서 $\dfrac{f(9)}{f(8)}=\dfrac{f(-2)}{f\left(-\dfrac{3}{2}\right)}$

$$=\frac{-4\times(-2)e^{4(-2)^2}}{-4\times\left(-\dfrac{3}{2}\right)e^{4\left(-\dfrac{3}{2}\right)^2}}$$

$$=\frac{4}{3}e^7$$

이다.

118

$f'(x)=|\sin x|\cos x$

$f'(x)=\begin{cases}\sin x\cos x & (\sin x\geq 0)\\ -\sin x\cos x & (\sin x<0)\end{cases}$

$\sin 2x=\sin(x+x)=\sin x\cos x+\cos x\sin x=2\sin x\cos x$
이므로

$f'(x)=\begin{cases}\dfrac{1}{2}\sin 2x & (\sin x\geq 0)\\[2mm] -\dfrac{1}{2}\sin 2x & (\sin x<0)\end{cases}$

$g(x)=f'(a)(x-a)+f(a)$ 이므로

$h(x)=\displaystyle\int_0^x \{f(t)-g(t)\}\,dt$

$h'(x)=f(x)-g(x)$, $h(0)=0$
빼기함수 technique을 사용하여 해석해보자.

$h'(x)$ 의 부호가 변하려면 $(a,\ f(a))$ 는 변곡점이
되어야 한다. 즉, $g(x)$ 는 변곡접선(뚫접)이 되어야 한다.

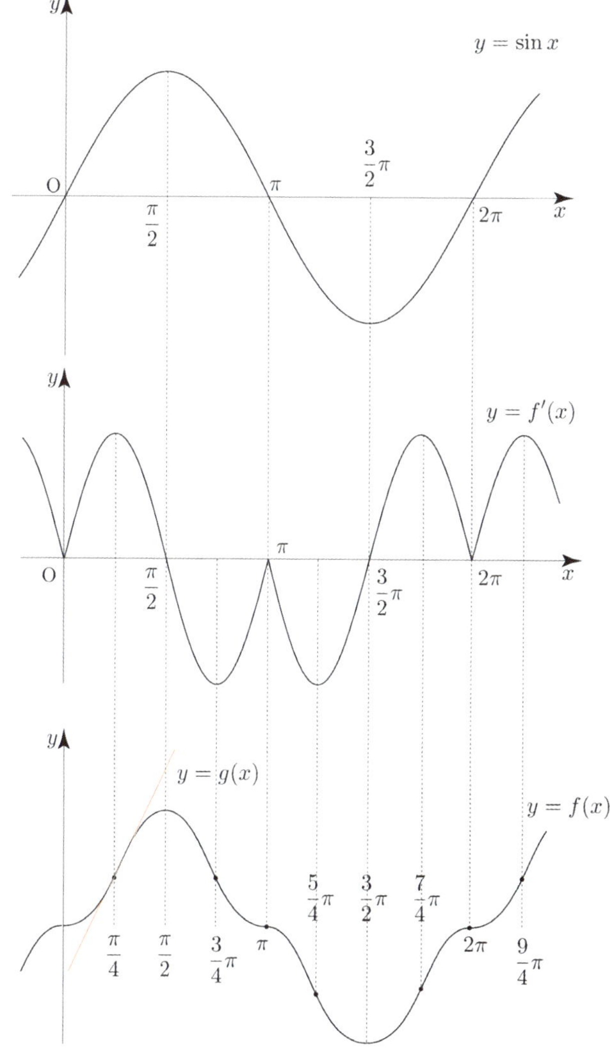

$f(x)$ 의 변곡점은 $f''(x)$ 의 부호가 변하는 점이고,
이는 $f'(x)$ 의 극점과 같으므로
양수 a의 값을 작은 수부터 차례대로 구하면

$\dfrac{\pi}{4},\ \dfrac{3}{4}\pi,\ \pi,\ \dfrac{5}{4}\pi,\ \dfrac{7}{4}\pi,\ 2\pi,\ \cdots$

$a_6=2\pi,\ \ a_2=\dfrac{3}{4}\pi$

따라서 $\dfrac{100}{\pi}\times(a_6-a_2)=\dfrac{100}{\pi}\times\left(2\pi-\dfrac{3}{4}\pi\right)=125$ 이다.

답 125

최고차항의 계수가 9인 삼차함수 $f(x)$에 대하여

(가) $\displaystyle\lim_{x \to 0} \frac{\sin(\pi \times f(x))}{x} = 0$

$\displaystyle\lim_{x \to 0} x = 0 \ \Rightarrow \ \lim_{x \to 0}\sin(\pi \times f(x)) = 0 \ \Rightarrow \ \sin(\pi \times f(0)) = 0$

$\Rightarrow \ f(0)$은 정수

만약 $f(0) = 0$이면

$\displaystyle\lim_{x \to 0}\left\{ \frac{\sin(\pi f(x))}{\pi f(x)} \times \frac{f(x) - f(0)}{x - 0} \times \pi \right\} = 1 \times f'(0) \times \pi = 0$

$\Rightarrow \ f'(0) = 0$

(나) $f(x)$의 극댓값과 극솟값의 곱은 5이다.

$f(0) = f'(0) = 0 \ \Rightarrow \ f(x) = 9x^2(x - p)$
$p = 0$이면 극값이 존재하지 않고, $p \neq 0$이어도
극댓값과 극솟값의 곱이 0이므로 (나) 조건을 만족시키지
않는다.

즉, $f(0)$은 0이 아닌 정수이어야 한다.

$\displaystyle\lim_{x \to 0}\frac{\sin(\pi \times f(x))}{x} = \pi f'(0)\cos(\pi f(0)) = 0$

$\Rightarrow \ f'(0) = 0 \ (\because \ \cos(\pi f(0)) \neq 0)$

$f(0) = k$ (k는 0이 아닌 정수), $f'(0) = 0$이므로
$f(a) = k$를 만족시키는 a에 따라 case분류하면
다음과 같다.

① $a > 0$일 때

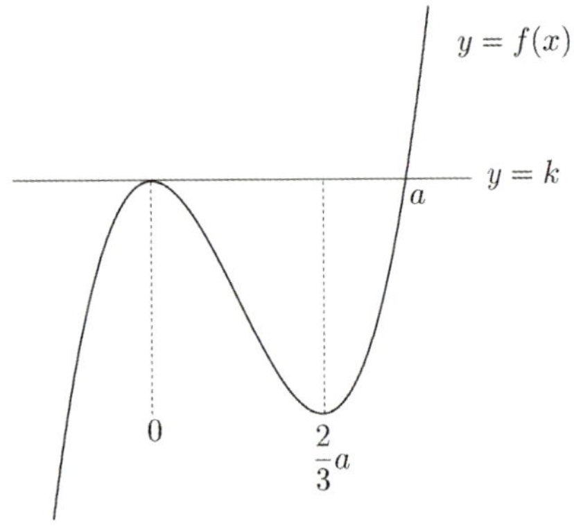

② $a < 0$일 때

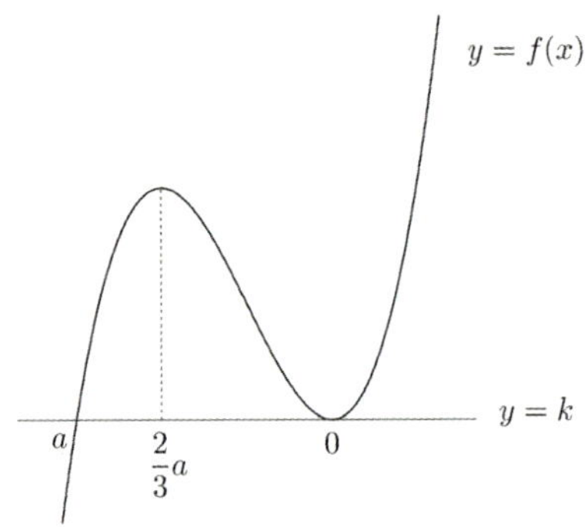

$f(x) = 9x^2(x - a) + k$

$f\left(\dfrac{2}{3}a\right) = 9 \times \dfrac{4}{9}a^2 \times \left(-\dfrac{a}{3}\right) + k = -\dfrac{4}{3}a^3 + k$

$f(0) = k$

(나) 조건에 의해 $f\left(\dfrac{2}{3}a\right) \times f(0) = \left(-\dfrac{4}{3}a^3 + k\right)k = 5$

함수 $g(x)$는 $0 \le x < 1$일 때 $g(x) = f(x)$이고
모든 실수 x에 대하여 $g(x+1) = g(x)$이다.
$\Rightarrow \ g(x)$는 주기가 1인 함수

$g(x)$가 실수 전체의 집합에서 연속이므로
$f(0) = f(1)$이어야 한다.

② $a < 0$일 때는 $f(0) = f(1)$일 수 없으므로 모순이다.
즉, ① $a > 0$이어야 하고, $f(0) = f(1)$이므로 $a = 1$이다.

$\left(-\dfrac{4}{3}a^3 + k\right)k = 5 \ \Rightarrow \ \left(-\dfrac{4}{3} + k\right)k = 5 \ \Rightarrow \ k^2 - \dfrac{4}{3}k = 5$

$\Rightarrow \ 3k^2 - 4k - 15 = 0 \ \Rightarrow \ (3k+5)(k-3) = 0$

$\Rightarrow \ k = 3 \ (\because \ k$는 0이 아닌 정수$)$

$\therefore \ f(x) = 9x^2(x - 1) + 3$

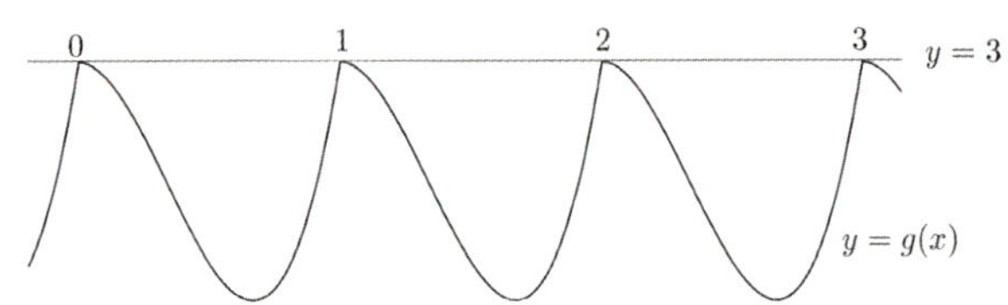

범위에 따라 $g(x)$를 구하면 다음과 같다.
$0 \le x < 1$일 때 $f(x) = 9x^2(x - 1) + 3$
$1 \le x < 2$일 때 $f(x-1) = 9(x-1)^2(x-2) + 3$
$2 \le x < 3$일 때 $f(x-2) = 9(x-2)^2(x-3) + 3$
$\quad \vdots \qquad\qquad \vdots$

$$\int_0^5 xg(x)dx$$

$$= \int_0^1 xf(x)dx + \int_1^2 xf(x-1)dx + \int_2^3 xf(x-2)dx$$

$$\quad + \int_3^4 xf(x-3)dx + \int_4^5 xf(x-4)dx$$

$$= \int_0^1 xf(x)dx + \int_0^1 (x+1)f(x)dx + \int_0^1 (x+2)f(x)dx$$

$$\quad + \int_0^1 (x+3)f(x)dx + \int_0^1 (x+4)f(x)dx$$

$$= 5\int_0^1 xf(x)dx + 10\int_0^1 f(x)dx$$

$$= 5\int_0^1 (9x^4 - 9x^3 + 3x)dx + 10\int_0^1 (9x^3 - 9x^2 + 3)dx$$

$$= 5\left[\frac{9x^5}{5} - \frac{9x^4}{4} + \frac{3x^2}{2}\right]_0^1 + 10\left[\frac{9x^4}{4} - 3x^3 + 3x\right]_0^1$$

$$= 5\left(\frac{9}{5} - \frac{9}{4} + \frac{3}{2}\right) + 10\left(\frac{9}{4} - 3 + 3\right)$$

$$= \frac{21}{4} + \frac{90}{4} = \frac{111}{4}$$

따라서 $p+q=115$ 이다.

답　115

120

실수 전체의 집합에서 미분가능한 함수 $f(x)$

(가) $f(x) = f(-x)$

(나) $\displaystyle\int_x^{x+a} f(t)dt = \sin\left(x + \frac{\pi}{3}\right)$ $\cdots$ ㉠

$$\Rightarrow F(x+a) - F(x) = \sin\left(x + \frac{\pi}{3}\right)$$

양변을 x 에 대하여 미분하면

$$f(x+a) - f(x) = \cos\left(x + \frac{\pi}{3}\right) \cdots ㉡$$

(가) 조건을 이용하기 위해서 $x+a = -x$ 를 만족시키는

$x = -\dfrac{a}{2}$ 를 ㉡의 양변에 대입해보자.

$$f\left(\frac{a}{2}\right) - f\left(-\frac{a}{2}\right) = \cos\left(-\frac{a}{2} + \frac{\pi}{3}\right)$$

$$\Rightarrow 0 = \cos\left(-\frac{a}{2} + \frac{\pi}{3}\right)$$

$0 < a < 2\pi$ 에서

$$-\pi < -\frac{a}{2} < 0 \Rightarrow -\frac{2}{3}\pi < -\frac{a}{2} + \frac{\pi}{3} < \frac{\pi}{3} \text{ 이므로}$$

$$-\frac{a}{2} + \frac{\pi}{3} = -\frac{\pi}{2} \Rightarrow a = \frac{5}{3}\pi$$

㉠의 양변에 $x = -\dfrac{a}{2}$ 를 대입하면

$$\int_{-\frac{a}{2}}^{\frac{a}{2}} f(t)dt = \sin\left(-\frac{a}{2} + \frac{\pi}{3}\right)$$

(가) 조건에서 $y = f(x)$ 의 그래프는 y축에 대하여 대칭이므로

$$2\int_0^{\frac{a}{2}} f(t)dt = \sin\left(-\frac{a}{2} + \frac{\pi}{3}\right)$$

닫힌구간 $\left[0, \dfrac{a}{2}\right]$ 에서 $f(x) = b\cos(3x) + c\cos(5x)$ 이므로

$$2\int_0^{\frac{a}{2}} f(t)dt = 2\int_0^{\frac{a}{2}} (b\cos 3t + c\cos 5t)dt$$

$$= 2\left[\frac{b\sin 3t}{3} + \frac{c\sin 5t}{5}\right]_0^{\frac{a}{2}}$$

$$= \frac{2b}{3}\sin\frac{3}{2}a + \frac{2c}{5}\sin\frac{5}{2}a$$

$$= \sin\left(-\frac{a}{2} + \frac{\pi}{3}\right)$$

$$\frac{2b}{3}\sin\frac{3}{2}a + \frac{2c}{5}\sin\frac{5}{2}a = \sin\left(-\frac{a}{2} + \frac{\pi}{3}\right)$$

양변에 $a = \dfrac{5}{3}\pi$ 를 대입하면

$$\frac{2b}{3}\sin\frac{5}{2}\pi + \frac{2c}{5}\sin\frac{25}{6}\pi = \sin\left(-\frac{5}{6}\pi + \frac{\pi}{3}\right)$$

$$\Rightarrow \frac{2b}{3} + \frac{c}{5} = -1$$

$$\Rightarrow 10b + 3c = -15 \cdots ㉢$$

b, c 를 구하려면 하나의 식이 더 필요한데 어떻게 해야할까?

아직 사용하지 않은 실수 전체의 집합에서 미분가능하다는
조건을 이용해보자.

ⓛ의 양변을 x에 대하여 미분하면

$$f'(x+a)-f'(x)=-\sin\left(x+\frac{\pi}{3}\right)$$

양변에 $x=-\dfrac{a}{2}$를 대입하면

$$f'\left(\frac{a}{2}\right)-f'\left(-\frac{a}{2}\right)=-\sin\left(-\frac{a}{2}+\frac{\pi}{3}\right)$$

(가) 조건의 양변을 x에 대하여 미분하면
$f'(x)=-f'(-x)$이므로

$$f'\left(\frac{a}{2}\right)-f'\left(-\frac{a}{2}\right)=-\sin\left(-\frac{a}{2}+\frac{\pi}{3}\right)$$

$$\Rightarrow\ 2f'\left(\frac{a}{2}\right)=-\sin\left(-\frac{a}{2}+\frac{\pi}{3}\right)\ \cdots\ ㉣$$

닫힌구간 $\left[0,\ \dfrac{a}{2}\right]$에서 $f(x)=b\cos(3x)+c\cos(5x)$이므로
$f'(x)=-3b\sin 3x-5c\sin 5x$

양변에 $x=\dfrac{a}{2}$를 대입하면

$$f'\left(\frac{a}{2}\right)=-3b\sin\frac{3}{2}a-5c\sin\frac{5}{2}a\ \text{이므로}$$

이를 ㉣에 대입하면

$$-6b\sin\frac{3}{2}a-10c\sin\frac{5}{2}a=-\sin\left(-\frac{a}{2}+\frac{\pi}{3}\right)$$

양변에 $a=\dfrac{5}{3}\pi$를 대입하면

$$-6b\sin\frac{5}{2}\pi-10c\sin\frac{25}{6}\pi=-\sin\left(-\frac{5}{6}\pi+\frac{\pi}{3}\right)$$

$$\Rightarrow\ -6b-5c=1\ \cdots\ ㉤$$

ⓒ, ㉤에 의하여 $b=-\dfrac{9}{4}$, $c=\dfrac{5}{2}$

$$abc=\frac{5}{3}\pi\times\left(-\frac{9}{4}\right)\times\frac{5}{2}=-\frac{75}{8}\pi=-\frac{q}{p}\pi$$

따라서 $p+q=8+75=83$이다.

$$\boxed{\text{답}}\ \ 83$$

함수 $f(x)=e^x\left(ax^3+bx^2\right)$의 양의 실수 t에 대하여
닫힌구간 $[-t,\ t]$에서 함수 $f(x)$의 최댓값을 $M(t)$,
최솟값을 $m(t)$

$$f(x)=e^x\left(ax^3+bx^2\right)=x^2e^x(ax+b)$$
$$f'(x)=xe^x\left\{ax^2+(3a+b)x+2b\right\}$$

$f(0)=f'(0)=0$이므로 $y=f(x)$의 그래프는
x축에서 접한다.

(가) 모든 양의 실수 t에 대하여 $M(t)=f(t)$이다.

(가) 조건에 의하여 함수 $f(x)$는 $x>0$에서 증가해야 하므로
$a>0$이어야 한다.
(만약 $a<0$이면 $x>0$에서 $f'(x)<0$일 수 있어 모순이다.)

또한 함수 $f(x)$의 그래프가 $x>0$에서 x축과 만나지 않고
$f\left(-\dfrac{b}{a}\right)=0$이므로 $-\dfrac{b}{a}<0$
이때, $a>0$이므로 $b>0$

$f'(x)=xe^x\left\{ax^2+(3a+b)x+2b\right\}$에서
이차방정식 $ax^2+(3a+b)x+2b=0$의 판별식을 D라 하면
$D=(3a+b)^2-8ab=(a-b)^2+8a^2>0$이므로
이차방정식은 서로 다른 두 실근을 갖는다.
이때, 두 실근을 α, $\beta\,(\alpha<\beta)$라 하면 근과 계수의 관계에
의하여 $\alpha+\beta=-\dfrac{3a+b}{a}<0$, $\alpha\beta=\dfrac{2b}{a}>0$이므로
$\alpha<\beta<0$이다.

$f'(x)=a(x-\alpha)(x-\beta)xe^x$이므로
$x=\alpha$에서 극소, $x=\beta$에서 극대, $x=0$에서 극소
$\displaystyle\lim_{x\to-\infty}f(x)=0$

이를 바탕으로 $f(x)$를 그리면 다음과 같다.

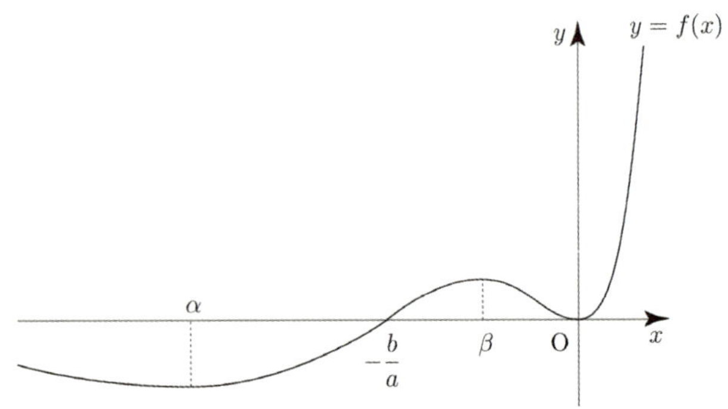

$y=f(x)$ 의 그래프를 바탕으로 $m(t)$ 를 구하면 다음과 같다.

$$m(t)=\begin{cases} 0 & \left(0<t<\dfrac{b}{a}\right) \\[2mm] f(-t) & \left(\dfrac{b}{a}\le t\le -\alpha\right) \\[2mm] f(\alpha) & (t>-\alpha) \end{cases}$$

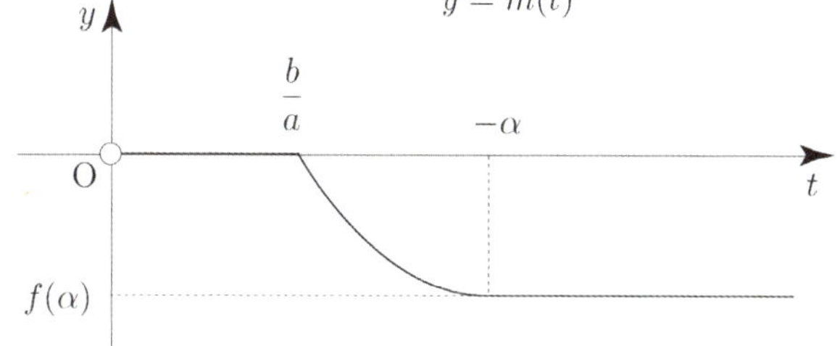

(나) 양수 k 에 대하여 닫힌구간 $[k,\ k+2]$ 에 있는
　　임의의 실수 t 에 대해서만 $m(t)=f(-t)$ 가 성립한다.

(나) 조건에 의하여 $\dfrac{b}{a}=k,\ -\alpha=k+2$

$-\alpha=k+2\ \Rightarrow\ \alpha=-k-2$

$f'(x)=xe^x\{ax^2+(3a+b)x+2b\}$ 에서
$f'(\alpha)=f'(-k-2)=0$ 이므로

$\dfrac{-k-2}{e^{k+2}}\{a(-k-2)^2+(3a+ak)(-k-2)+2ak\}=0$

$\alpha\ne 0\ \Rightarrow\ -k-2\ne 0$ 이므로
$a(-k-2)^2+(3a+ak)(-k-2)+2ak=0$

$\Rightarrow\ a(k-2)=0\ \Rightarrow\ k=2\ (\because\ a>0)$

$\therefore\ k=2,\ \alpha=-4$

즉, $f(x)=ae^x(x^3+2x^2)$ 이고,

$$m(t)=\begin{cases} 0 & (0<t<2) \\[2mm] ae^{-t}(-t^3+2t^2) & (2\le t\le 4) \\[2mm] -\dfrac{32a}{e^4} & (t>4) \end{cases}$$

(다) $\displaystyle\int_1^5\{e^t\times m(t)\}dt=\dfrac{7}{3}-8e$

$\displaystyle\int_1^5\{e^t\times m(t)\}dt=\int_2^4(-at^3+2at^2)dt+\int_4^5\left(-\dfrac{32a}{e^4}e^t\right)dt$

$\qquad =\left[-\dfrac{a}{4}t^4+\dfrac{2a}{3}t^3\right]_2^4+\left[-\dfrac{32a}{e^4}e^t\right]_4^5$

$=\dfrac{28a}{3}-32ae=\dfrac{7}{3}-8e$

$\Rightarrow\ a=\dfrac{1}{4}$

이므로 $f(k+1)=f(3)=\dfrac{1}{4}e^3(27+18)=\dfrac{45}{4}e^3=\dfrac{q}{p}e^3$

따라서 $p+q=4+45=49$ 이다.

 **답** 49

122

$ab<0$

$f(x)=(ax+b)e^{-\frac{x}{2}}$

함수 $f(x)$ 의 그래프의 개형은 a 의 값의 부호에 따라
다음과 같이 case분류할 수 있다.

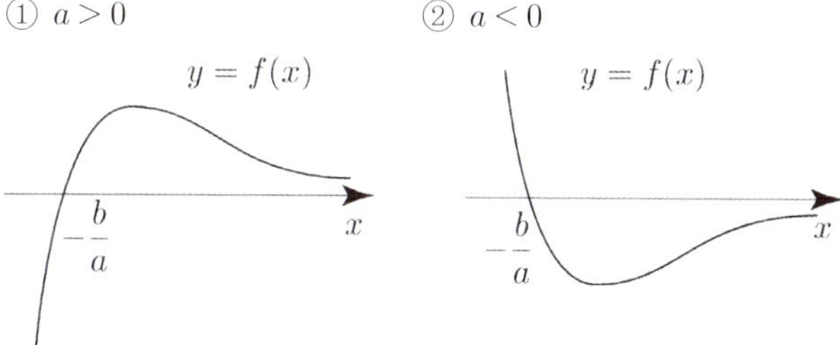

$g(x)=\displaystyle\int_0^x f(t)dt$

$g(0)=0,\ g'(x)=f(x)$

(가) 함수 $g(x)$ 는 극댓값 α 를 갖고 $h(\alpha)=2$ 이다.

함수 $g(x)$ 는 $x=-\dfrac{b}{a}$ 에서 극댓값 α 를 가지므로
$a<0$ 이고 $b>0$ 이다. ($\because\ ab<0$)

$g(x)-k\ge xf(x)\ \Rightarrow\ g(x)-xf(x)\ge k$
$s(x)=g(x)-xf(x)$ 라 하자.
(New 함수 Technique!)

$s'(x)=g'(x)-f(x)-xf'(x)=f(x)-f(x)-xf'(x)$
$\qquad =-xf'(x)$

$f'(x)=-\dfrac{1}{2}a\left(x-2+\dfrac{b}{a}\right)e^{-\frac{x}{2}}$ 이므로

$s'(x)=\dfrac{1}{2}ax\left(x-2+\dfrac{b}{a}\right)e^{-\frac{x}{2}}$

Semi 도함수 $s'(x) = ax\left(x - 2 + \dfrac{b}{a}\right)$

함수 $s(x)$ 는 $x = 0$ 에서 극소,

$x = 2 - \dfrac{b}{a}\left(2 - \dfrac{b}{a} > 0\right)$ 에서 극대

$s(0) = 0$

함수 $g(x)$ 는 극댓값 α 을 가지므로

$g\left(-\dfrac{b}{a}\right) = \alpha$, $f\left(-\dfrac{b}{a}\right) = 0$

$\Rightarrow s\left(-\dfrac{b}{a}\right) = g\left(-\dfrac{b}{a}\right) - \left(-\dfrac{b}{a}\right)f\left(-\dfrac{b}{a}\right) = \alpha$

$h(k)$ 는 $s(x) \geq k$ 를 만족시키는 양의 실수 x 중 최솟값이다.
$h(\alpha) = 2$ 이므로 $s(x) \geq \alpha$ 를 만족시키는 양의 실수 x 중

최솟값은 2 이다. 즉, $-\dfrac{b}{a} = 2 \Rightarrow s(2) = \alpha$

(나) $h(k)$ 의 값이 존재하는 k 의 최댓값은 $8e^{-2}$ 이다.

(나) 조건에 의하여 $s(x)$ 의 극댓값은 $8e^{-2}$ 이므로

$s\left(2 - \dfrac{b}{a}\right) = s(4) = 8e^{-2}$

이를 바탕으로 $s(x)$ 를 그리면 다음과 같다.

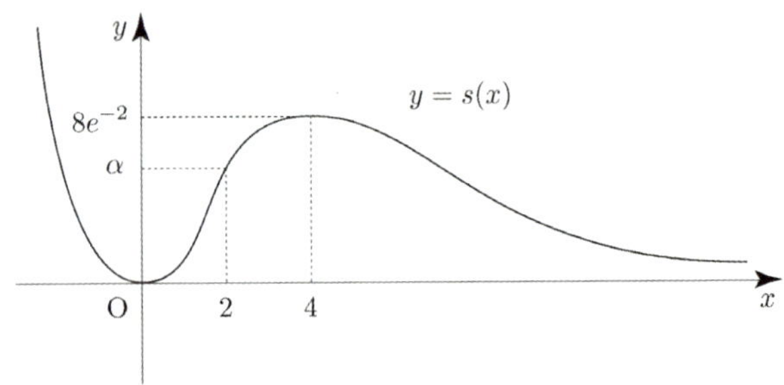

$g(4) = \displaystyle\int_0^4 a(t-2)e^{-\frac{t}{2}}dt$

$= \left[a(t-2)\left(-2e^{-\frac{t}{2}}\right)\right]_0^4 - \displaystyle\int_0^4 \left(-2ae^{-\frac{t}{2}}\right)dt$

$= -4ae^{-2} - 4a - \left[4ae^{-\frac{t}{2}}\right]_0^4$

$= -4ae^{-2} - 4a - 4ae^{-2} + 4a$

$= -8ae^{-2}$

이므로

$s(4) = g(4) - 4f(4) = -8ae^{-2} - 4 \times 2ae^{-2}$

$\qquad = -16ae^{-2} = 8e^{-2}$

$\Rightarrow a = -\dfrac{1}{2}$, $b = 1$ $\left(\because -\dfrac{b}{a} = 2\right)$

따라서 $100(a^2 + b^2) = 100\left(\dfrac{1}{4} + 1\right) = 25 + 100 = 125$ 이다.

답 **125**

123

$a_1 = -1$, $a_n = 2 - \dfrac{1}{2^{n-2}}$ $(n \geq 2)$

$a_1 = -1$, $a_2 = 1$, $a_3 = 2 - \dfrac{1}{2}$, $a_4 = 2 - \dfrac{1}{2^2}$

$a_5 = 2 - \dfrac{1}{2^3}$, $a_6 = 2 - \dfrac{1}{2^4}$, $\cdots$

$f(x) = \sin(2^n \pi x)$ $(a_n \leq x \leq a_{n+1})$

$f(x)$ 의 주기는 $\dfrac{2\pi}{2^n \pi} = \dfrac{1}{2^{n-1}}$ 이고,

$-1 \leq x \leq 1$ 일 때, $f(x) = \sin 2\pi x$

$1 \leq x \leq 2 - \dfrac{1}{2}$ 일 때, $f(x) = \sin 2^2 \pi x$

$2 - \dfrac{1}{2} \leq x \leq 2 - \dfrac{1}{2^2}$ 일 때, $f(x) = \sin 2^3 \pi x$

$2 - \dfrac{1}{2^2} \leq x \leq 2 - \dfrac{1}{2^3}$ 일 때, $f(x) = \sin 2^4 \pi x$

$\qquad \vdots \qquad\qquad \vdots$

이를 바탕으로 $f(x)$ 를 그리면 다음과 같다.

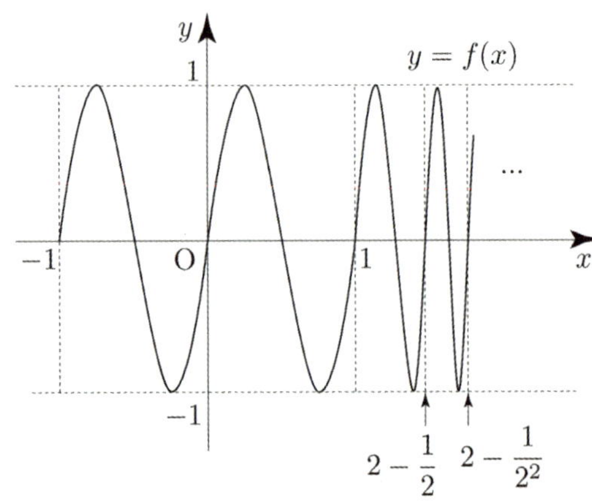

$$\int_{\alpha}^{t} f(x)dx = 0 \;\Rightarrow\; \int_{\alpha}^{0} f(x)dx + \int_{0}^{t} f(x)dx = 0$$

$$\Rightarrow\; \int_{0}^{t} f(x)dx = -\int_{\alpha}^{0} f(x)dx$$

$$\Rightarrow\; \int_{0}^{t} f(x)dx = \int_{0}^{\alpha} f(x)dx$$

방정식 $\displaystyle\int_{0}^{t} f(x)dx = \int_{0}^{\alpha} f(x)dx$ 의 서로 다른 실근의

개수는 함수 $y = \displaystyle\int_{0}^{t} f(x)dx$ 의 그래프와

직선 $y = \displaystyle\int_{0}^{\alpha} f(x)dx$ 의 교점의 개수와 같다.

$g(t) = \displaystyle\int_{0}^{t} f(x)dx$ 라 하자.

(New 함수 Technique)

$g(0)=0, \quad g'(t) = f(t)$

이를 바탕으로 $g(t)$ 를 그리면 다음과 같다.

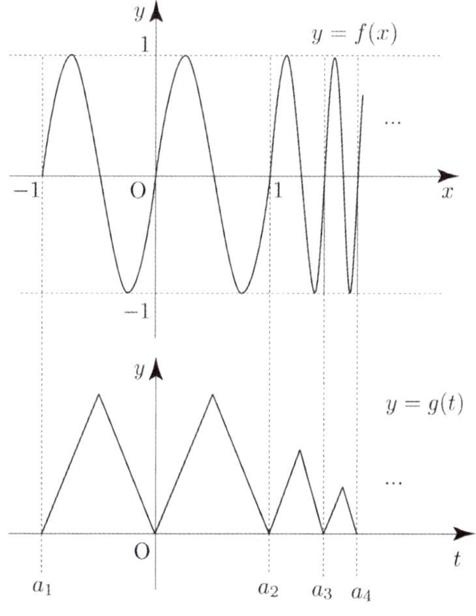

함수 $y = g(t)$ $(0 < t < 2)$ 의 그래프와 직선 $y = g(\alpha)$ 의 교점의
개수가 103이어야 하므로 곡선 $y = g(t)$ 와 직선 $y = g(\alpha)$ 가
구간 $(a_{52},\ a_{53})$ 에서 접해야 한다.

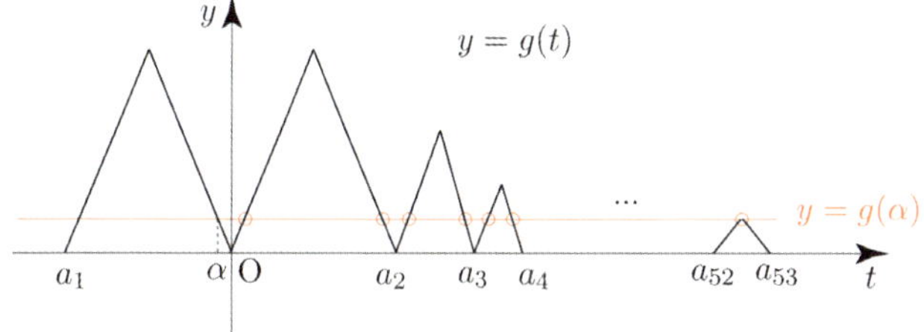

$f(x) = \sin(2^n \pi x)$ 의 주기는 $\dfrac{2\pi}{2^n \pi} = \dfrac{1}{2^{n-1}}$ 이므로

반주기는 $\dfrac{1}{2^n}$

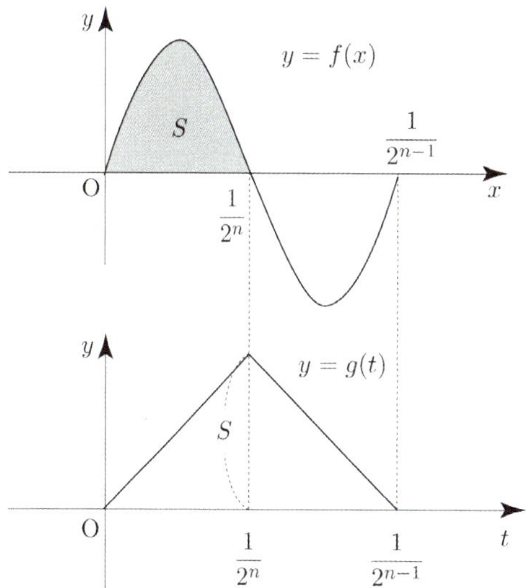

$$S = \int_{0}^{\frac{1}{2^n}} \sin(2^n \pi x)\, dx = \left[-\frac{\cos 2^n \pi x}{2^n \pi} \right]_{0}^{\frac{1}{2^n}}$$

$$= \frac{1}{2^n \pi} + \frac{1}{2^n \pi} = \frac{1}{2^{n-1}\pi}$$

이므로 $0 < t < 2$ 에서 함수 $g(t)$ 의 n 번째 극댓값은

$\dfrac{1}{2^{n-1}\pi}$ 이다.

($\because$ $f'(x)$ 의 넓이는 $f(x)$ 의 함숫값의 차이와 같다.)

곡선 $y = g(t)$ 와 직선 $y = g(\alpha)$ 가 구간 $(a_{52},\ a_{53})$ 에서
접하려면 $g(\alpha)$ 의 값이 52 번째 극댓값과 같아야 하므로

$g(\alpha) = \dfrac{1}{2^{51}\pi}$

$$g(\alpha) = \int_{0}^{\alpha} f(x)dx = \int_{0}^{\alpha} \sin(2\pi x)dx$$

$$= \left[-\frac{\cos 2\pi x}{2\pi} \right]_{0}^{\alpha} = \frac{1}{2\pi}(1 - \cos 2\pi\alpha)$$

$$= \frac{1}{2^{51}\pi}$$

$$\Rightarrow\; 1 - \cos 2\pi\alpha = \frac{1}{2^{50}} = 2^{-50}$$

따라서 $\log_2(1 - \cos(2\pi\alpha)) = \log_2 2^{-50} = -50$ 이다.

답 ②

(가) 조건에 의해서 함수 $f(x)$ 는 구간 $(-\infty,\ -3]$ 에서 $x = -3$ 에서 최솟값 $f(-3)$ 을 가진다.

구간 $(0,\ \infty)$ 에서 $g(x) \geq 0$ 이므로
구간 $(-3,\ \infty)$ 에서 $g(x+3) \geq 0$ 이다.
즉, (나) 조건에 의해서 구간 $(-3,\ \infty)$ 에서 $f'(x) \geq 0$ 이다.

$g(x+3)\{f(x)-f(0)\}^2 = f'(x)$ 의 양변에 $x=0$ 을 대입하면 $f'(0) = 0$ 이다.

$f(x)$ 는 최고차항의 계수가 1 인 사차함수이므로 $f(x)$ 의 그래프를 그리면 다음과 같다.

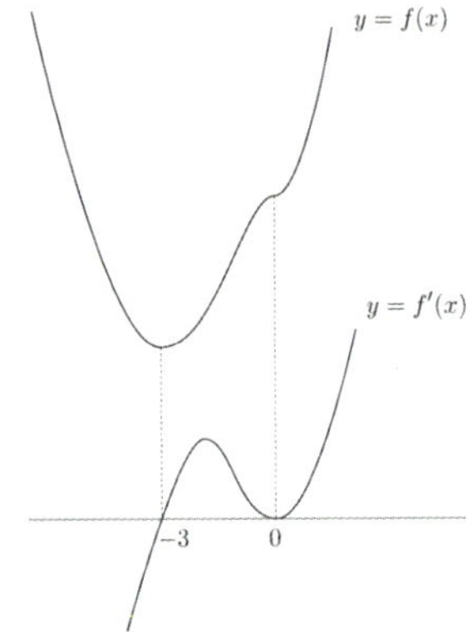

$f'(x) = 4x^2(x+3) = 4x^3 + 12x^2$
$f(x) = x^4 + 4x^3 + C,\ f(0) = C$

$g(x+3)\{f(x)-f(0)\}^2 = f'(x)$

$\Rightarrow g(x+3)\left(x^4+4x^3\right)^2 = 4x^3 + 12x^2$

$\Rightarrow g(x+3) = \dfrac{4x^3+12x^2}{\left(x^4+4x^3\right)^2}$

$x^4 + 4x^3 = t$ 라 하면 $4x^3 + 12x^2 = \dfrac{dt}{dx}$ 이므로

$\displaystyle \int_4^5 g(x)dx = \int_1^2 g(x+3)dx$

$\displaystyle \qquad = \int_1^2 \frac{4x^3+12x^2}{\left(x^4+4x^3\right)^2}dx$

$\displaystyle \qquad = \int_5^{48} \frac{1}{t^2}dt = \left[-\frac{1}{t}\right]_5^{48}$

$\displaystyle \qquad = -\frac{1}{48} + \frac{1}{5} = \frac{43}{240}$

따라서 $p+q = 283$ 이다.

답 283

$f(x) = \dfrac{x}{e^x} = xe^{-x}$

$f'(x) = e^{-x} - xe^{-x} = -(x-1)e^{-x}$

$f'(1) = 0,\ f(1) = \dfrac{1}{e} \Rightarrow x=1$ 에서 극대

$\displaystyle \lim_{x \to \infty} f(x) = 0$

이를 바탕으로 $f(x)$ 를 그리면 다음과 같다.

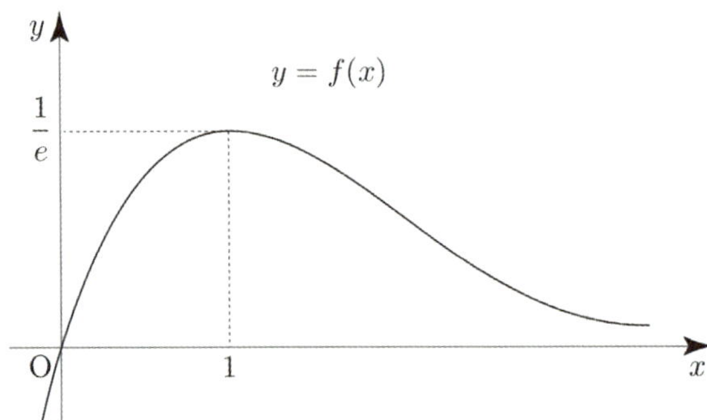

구간 $\left[\dfrac{12}{e^{12}},\ \infty\right)$ 에 정의된 함수 $g(t) = \displaystyle\int_0^{12} |f(x)-t|\,dx$ 는 $0 < x < 12$ 에서 곡선 $y = f(x)$ 와 직선 $y = t$ 사이의 넓이와 같다.

t 의 범위에 따라 case분류하면 다음과 같다.

① $t \geq \dfrac{1}{e}$ 일 때

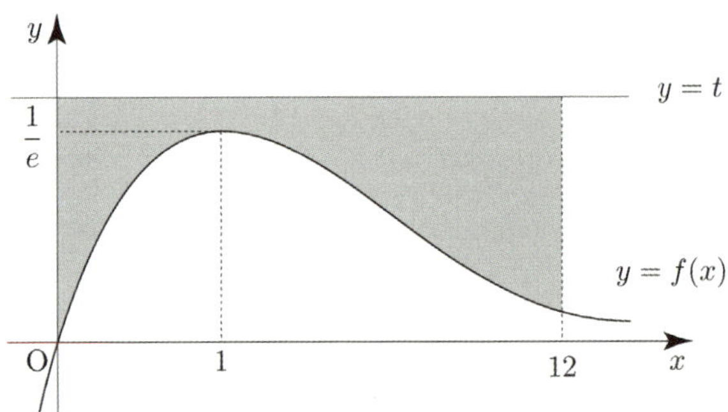

$g(t) = \displaystyle\int_0^{12} \{t - f(x)\}dx = 12t - F(12) + F(0)$

$\therefore\ g'(1) = 12$

② $\dfrac{12}{e^{12}} \leq t < \dfrac{1}{e}$ 일 때

방정식 $f(x)=t$의 서로 다른 두 실근을 α, $\beta\,(\alpha < \beta)$라 하자.

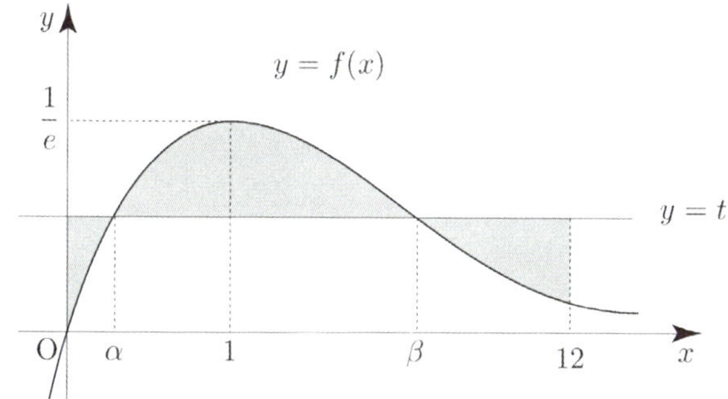

$$g(t) = \int_0^\alpha \{t-f(x)\}dx + \int_\alpha^\beta \{f(x)-t\}dx + \int_\beta^{12} \{t-f(x)\}dx$$

$$= t\alpha - F(\alpha) + F(0) + F(\beta) - F(\alpha) - t\beta + t\alpha$$

$$\quad + 12t - t\beta - F(12) + F(\beta)$$

$$= -2F(\alpha) + 2F(\beta) + (2\alpha - 2\beta + 12)t - F(12) + F(0)$$

양변을 t에 대하여 미분하면

$$g'(t) = -2f(\alpha)\dfrac{d\alpha}{dt} + 2f(\beta)\dfrac{d\beta}{dt} + \left(2\dfrac{d\alpha}{dt} - 2\dfrac{d\beta}{dt}\right)t$$

$$\quad + (2\alpha - 2\beta + 12)$$

$$= \dfrac{d\alpha}{dt}2\{t-f(\alpha)\} + \dfrac{d\beta}{dt}2\{f(\beta)-t\} + 2\{6-(\beta-\alpha)\}$$

$$= 2\{6-(\beta-\alpha)\} \quad (\because\ f(\alpha)=f(\beta)=t)$$

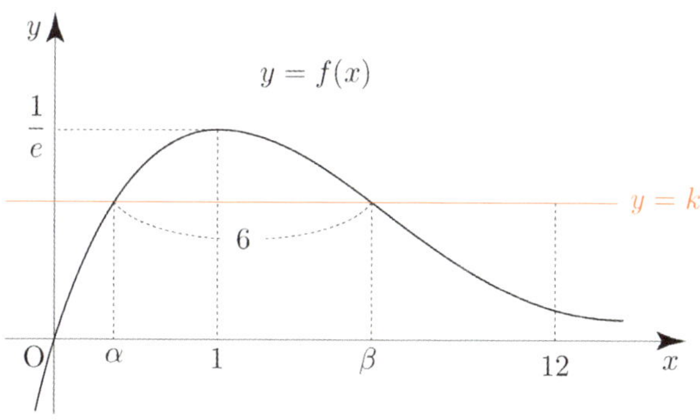

$\beta - \alpha = 6$이 되도록 하는 t의 값을 k라 하면

$\dfrac{12}{e^{12}} \leq t < k \Rightarrow \beta - \alpha > 6$일 때, $g'(t) < 0$이고

$k < t < \dfrac{1}{e} \Rightarrow \beta - \alpha < 6$일 때, $g'(t) > 0$이다.

$t = k$의 좌우에서 $g'(t)$의 부호가 $-$ $+$로 변하므로 함수 $g(t)$는 $t=k$에서 극솟값을 갖는다.

$\beta - \alpha = 6 \Rightarrow \beta = \alpha + 6$

$f(\alpha) = k \Rightarrow \dfrac{\alpha}{e^\alpha} = k$, $f(\alpha+6) = k \Rightarrow \dfrac{\alpha+6}{e^{\alpha+6}} = k$이므로

$$\dfrac{\alpha}{e^\alpha} = \dfrac{\alpha+6}{e^{\alpha+6}} \Rightarrow \alpha = \dfrac{\alpha+6}{e^6} \Rightarrow \alpha = \dfrac{6}{e^6-1}$$

방정식 $f(x)=k$의 실근의 최솟값이 a이므로 $\alpha = a$이다.

$$\therefore\ \ln\left(\dfrac{6}{a}+1\right) = \ln(e^6 - 1 + 1) = \ln e^6 = 6$$

따라서 $g'(1) + \ln\left(\dfrac{6}{a}+1\right) = 12 + 6 = 18$이다.

답　18

126

$f(x) = a\sin^3 x + b\sin x$

$f\left(\dfrac{\pi}{4}\right) = 3\sqrt{2} \Rightarrow \dfrac{\sqrt{2}}{4}a + \dfrac{\sqrt{2}}{2}b = 3\sqrt{2}$

$\qquad\qquad \Rightarrow a + 2b = 12 \ \cdots\ \text{㉠}$

$f\left(\dfrac{\pi}{3}\right) = 5\sqrt{3} \Rightarrow \dfrac{3\sqrt{3}}{8}a + \dfrac{\sqrt{3}}{2}b = 5\sqrt{3}$

$\qquad\qquad \Rightarrow 3a + 4b = 40 \ \cdots\ \text{㉡}$

㉠, ㉡에 의하여 $a = 16$, $b = -2$이다.

$$\therefore\ f(x) = 16\sin^3 x - 2\sin x$$

$h(x) = 16x^3 - 2x$라 하면
$f(x) = h(\sin x)$와 같다.

$f(x+2\pi) = h(\sin(x+2\pi)) = h(\sin x) = f(x)$
이므로 $f(x)$는 주기가 2π인 주기함수이다.

$f(\pi - x) = h(\sin(\pi - x)) = h(\sin x) = h(x)$
이므로 $f(x)$는 $x = \dfrac{\pi}{2}$에 대하여 대칭이다.

$f(2\pi - x) = h(\sin(2\pi - x)) = h(\sin(-x))$

$\qquad\qquad = h(-\sin x) = -h(\sin x) = -f(x)$

$\Rightarrow f(x)+f(2\pi-x)=0$ 이므로 $f(x)$는 점 $(\pi,\ 0)$ 에 대하여 대칭이다.

$f(x)=h(\sin x)$
양변을 x에 대하여 미분하면
$f'(x)=\cos x\, h'(\sin x)$

$\cos x=0\ (0<x<\pi)\ \Rightarrow\ x=\dfrac{\pi}{2}$

$h'(x)=0\ \Rightarrow\ 48x^2-2=0\ \Rightarrow\ x=\pm\dfrac{1}{2\sqrt{6}}$ 이므로

$\sin x=\pm\dfrac{1}{2\sqrt{6}}$ 을 만족시키는 x에서 $h'(\sin x)=0$ 이다.

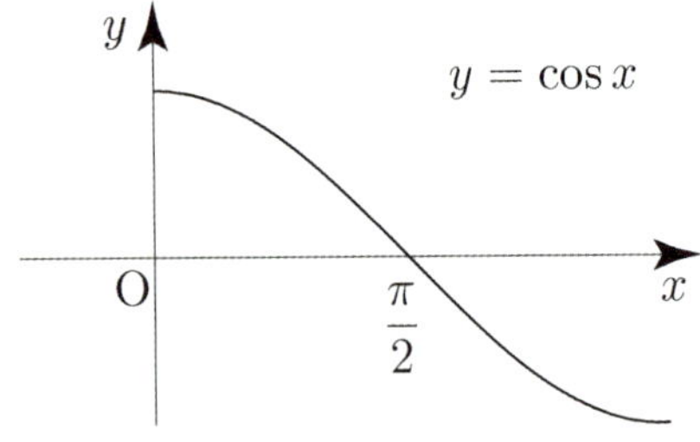

방정식 $\sin x=\dfrac{1}{2\sqrt{6}}\ (0<x<\pi)$ 의 서로 다른 실근을
$\alpha_1,\ \alpha_2\ (\alpha_1<\alpha_2)$ 라 하자.

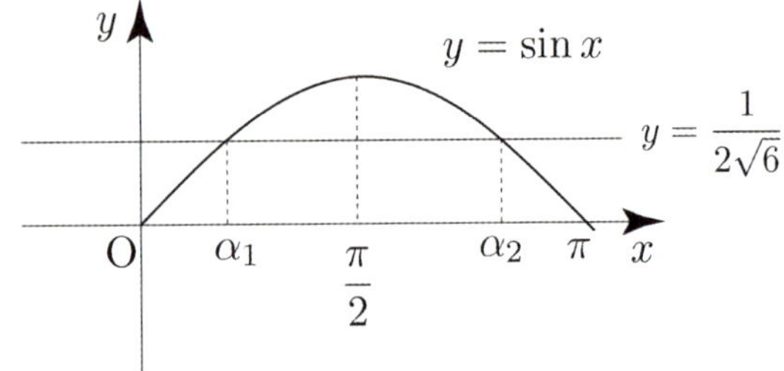

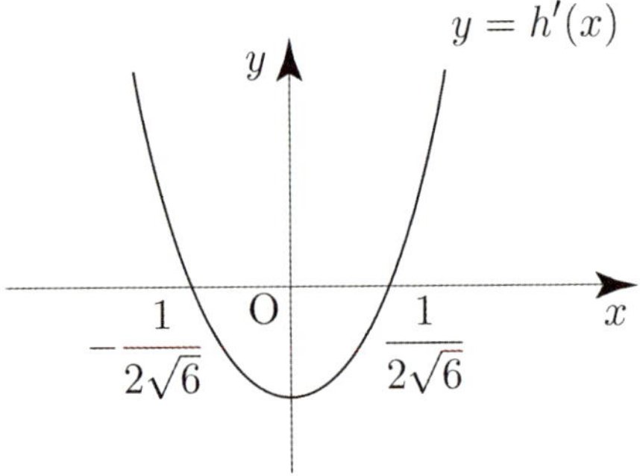

$x\to\alpha_1-\ \Rightarrow\ \sin x\to\dfrac{1}{2\sqrt{6}}-\ \Rightarrow\ h'(\sin x)<0$

$x\to\alpha_1+\ \Rightarrow\ \sin x\to\dfrac{1}{2\sqrt{6}}+\ \Rightarrow\ h'(\sin x)>0$

이고,
$x=\alpha_1$ 의 좌우에서 $\cos x$ 의 부호는 모두 $+$ 이다.

즉, $x=\alpha_1$ 에서 $f'(x)=\cos x\, h'(\sin x)$ 의 부호가
$-\ +$로 변하므로 함수 $f(x)$는 $x=\alpha_1$ 에서 극소이다.

$x=\dfrac{\pi}{2}$ 의 좌우에서 $\cos x$ 의 부호가 $+\ -$로 변하고,

$x=\dfrac{\pi}{2}$ 의 좌우에서 $h'(\sin x)$ 의 부호는 모두 $+$ 이므로

함수 $f(x)$는 $x=\dfrac{\pi}{2}$ 에서 극대이다.

대칭성과 주기성에 의하여 $f(x)$는 다음과 같다.

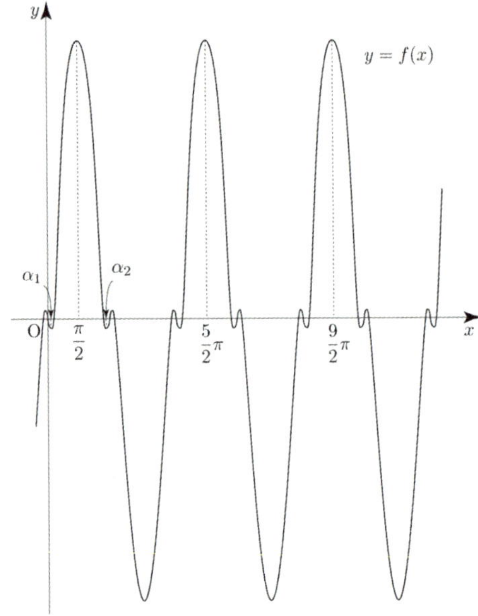

실수 $t(1<t<14)$ 에 대하여 함수 $y=f(x)$ 의 그래프와
직선 $y=t$ 가 만나는 점의 x좌표 중 양수인 것을 작은 수부터
크기순으로 모두 나열할 때, n 번째 수를 x_n
$\Rightarrow f(x_n)=t$

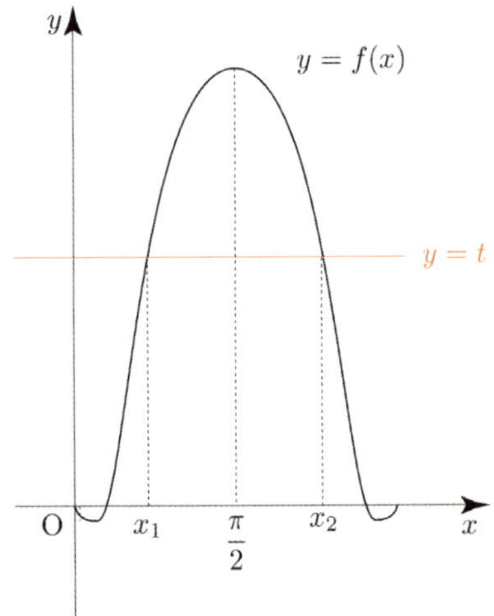

$y=f(x)$ 의 그래프는 $x=\dfrac{\pi}{2}$ 에 대하여 대칭이므로
$f'(x_2)=-f'(x_1)$ 가 성립한다.

$$C_1 = \int_{3\sqrt{2}}^{5\sqrt{3}} \frac{t}{f'(x_1)} dt$$

$$C_2 = \int_{3\sqrt{2}}^{5\sqrt{3}} \frac{t}{-f'(x_1)} dt = -\int_{3\sqrt{2}}^{5\sqrt{3}} \frac{t}{f'(x_1)} dt$$

이므로

$C_1 + C_2 = 0$ 이다.

주기성에 의하여

$$\sum_{n=1}^{100} C_n = (C_1 + C_2) + (C_3 + C_4) + \cdots + (C_{99} + C_{100}) = 0 \text{ 이고,}$$

$C_{101} = C_1$ 이므로

$$\sum_{n=1}^{101} C_n = C_{101} + \sum_{n=1}^{100} C_n = C_{101} = C_1 = \int_{3\sqrt{2}}^{5\sqrt{3}} \frac{t}{f'(x_1)} dt$$

$C_n = \displaystyle\int_{3\sqrt{2}}^{5\sqrt{3}} \frac{t}{f'(x_n)} dt$ 을 구할 때, $f'(x_n)$ 는 겉보기에 t 로

표현되어있지 않아 t 와는 별개의 문자라고 생각하여 상수로
판단하기 쉬운데 이는 잘못된 판단이다.

함수 $y = f(x)$ 의 그래프와 직선 $y = t$ 가 만나는 점의 x 좌표 중
양수인 것을 작은 수부터 크기순으로 모두 나열할 때,
n 번째 수를 x_n 으로 정의하였으므로 x_n 은 상수가 아니라
t 의 값에 따라 달라지는 변수이다.

$f(x_1) = t$ 이므로 양변을 t 에 대하여 미분하면

$1 = f'(x_1) \dfrac{dx_1}{dt}$ 이고,

$t = 3\sqrt{2}$ 일 때, $x_1 = \dfrac{\pi}{4}$, $t = 5\sqrt{3}$ 일 때, $x_1 = \dfrac{\pi}{3}$ 이므로

$\left(\because f\left(\dfrac{\pi}{4}\right) = 3\sqrt{2}, \ f\left(\dfrac{\pi}{3}\right) = 5\sqrt{3} \right)$

$$C_{101} = C_1 = \int_{3\sqrt{2}}^{5\sqrt{3}} \frac{t}{f'(x_1)} dt = \int_{\frac{\pi}{4}}^{\frac{\pi}{3}} f(x_1) dx_1 = \int_{\frac{\pi}{4}}^{\frac{\pi}{3}} f(x) dx$$

$$= \int_{\frac{\pi}{4}}^{\frac{\pi}{3}} (16\sin^3 x - 2\sin x) dx$$

$$= 16 \int_{\frac{\pi}{4}}^{\frac{\pi}{3}} \sin^3 x \, dx - \int_{\frac{\pi}{4}}^{\frac{\pi}{3}} 2\sin x \, dx$$

$$= 16 \int_{\frac{\pi}{4}}^{\frac{\pi}{3}} \sin^3 x \, dx - \left[-2\cos x \right]_{\frac{\pi}{4}}^{\frac{\pi}{3}}$$

$$= 16 \int_{\frac{\pi}{4}}^{\frac{\pi}{3}} \sin^3 x \, dx + 1 - \sqrt{2}$$

$\cos x = t$ 라 하면 $-\sin x = \dfrac{dt}{dx}$ 이고

$x = \dfrac{\pi}{4}$ 일 때, $t = \dfrac{\sqrt{2}}{2}$, $x = \dfrac{\pi}{3}$ 일 때 $t = \dfrac{1}{2}$ 이므로

$$\int_{\frac{\pi}{4}}^{\frac{\pi}{3}} \sin^2 x \times \sin x \, dx = \int_{\frac{\pi}{4}}^{\frac{\pi}{3}} (1 - \cos^2 x) \sin x \, dx$$

$$= \int_{\frac{\sqrt{2}}{2}}^{\frac{1}{2}} -(1 - t^2) dt$$

$$= \int_{\frac{1}{2}}^{\frac{\sqrt{2}}{2}} (1 - t^2) dt$$

$$= \left[t - \frac{t^3}{3} \right]_{\frac{1}{2}}^{\frac{\sqrt{2}}{2}}$$

$$= \frac{5\sqrt{2}}{12} - \frac{11}{24}$$

이므로

$$C_{101} = C_1 = 16 \int_{\frac{\pi}{4}}^{\frac{\pi}{3}} \sin^3 x \, dx + 1 - \sqrt{2}$$

$$= \frac{20\sqrt{2}}{3} - \frac{22}{3} + 1 - \sqrt{2}$$

$$= -\frac{19}{3} + \frac{17}{3}\sqrt{2} = p + q\sqrt{2}$$

따라서 $q - p = \dfrac{17}{3} - \left(-\dfrac{19}{3} \right) = \dfrac{36}{3} = 12$ 이다.

답 12

다르게 풀어보자.

$$C_n = \int_{3\sqrt{2}}^{5\sqrt{3}} \frac{t}{f'(x_n)} dt$$

구간에 따라 일대일 대응이 되도록 $f(x)$ 를 설정하면
$f(x)$ 의 역함수가 존재한다.
$f(x)$ 의 역함수를 $g(x)$ 라 하면 $g(f(x)) = x$ 이 성립한다.
양변을 x 에 대하여 미분하여 정리하면

$\dfrac{1}{f'(x)} = g'(f(x))$ 이므로

$\dfrac{1}{f'(x_n)} = g'(f(x_n)) = g'(t) \ (\because f(x_n) = t)$

$$C_n = \int_{3\sqrt{2}}^{5\sqrt{3}} t \, g'(t) dt$$

$$= \left[t g(t) \right]_{3\sqrt{2}}^{5\sqrt{3}} - \int_{3\sqrt{2}}^{5\sqrt{3}} g(t) dt$$

$$= 5\sqrt{3} \, g(5\sqrt{3}) - 3\sqrt{2} \, g(3\sqrt{2}) - \int_{3\sqrt{2}}^{5\sqrt{3}} g(t) dt$$

n 에 따라 $g(x)$ 가 달라지는 것이 핵심이다.

$n=1$ 일 때를 가정해보자.

$5\sqrt{3}\,g(5\sqrt{3})$ 와 $3\sqrt{2}\,g(3\sqrt{2})$ 는 각각 직사각형의 넓이와 같으므로 $5\sqrt{3}\,g(5\sqrt{3})-3\sqrt{2}\,g(3\sqrt{2})$ 은 아래 색칠한 부분의 넓이와 같다.

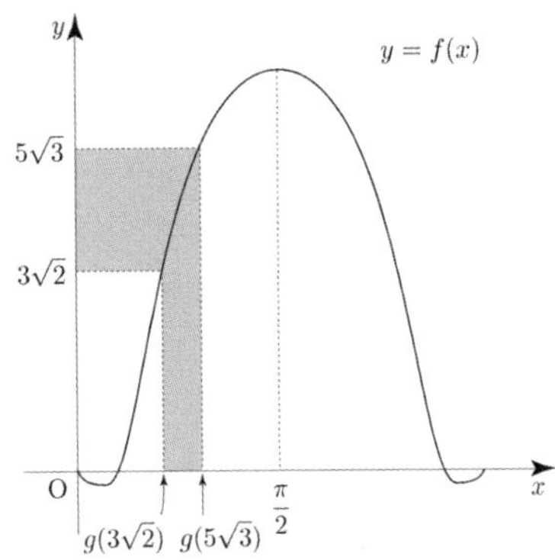

$\displaystyle\int_{3\sqrt{2}}^{5\sqrt{3}} g(t)\,dt$ 는 아래 색칠한 부분의 넓이와 같다.

(2026 규토 라이트 수2 정적분의 활용 Guide step 참고)

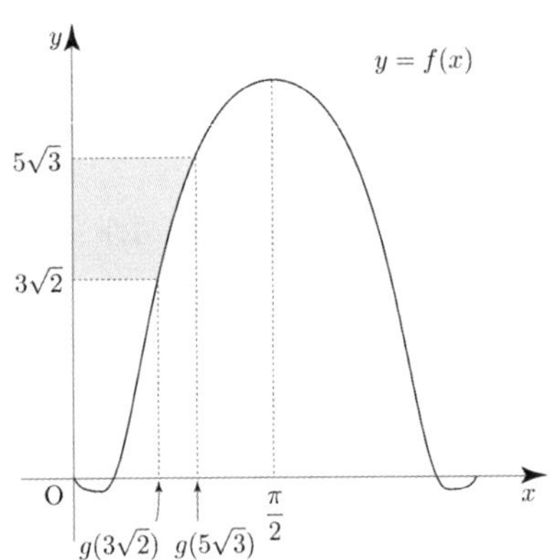

즉, $C_1 = 5\sqrt{3}\,g(5\sqrt{3})-3\sqrt{2}\,g(3\sqrt{2})-\displaystyle\int_{3\sqrt{2}}^{5\sqrt{3}} g(t)\,dt$ 는

아래 색칠한 부분의 넓이와 같다.

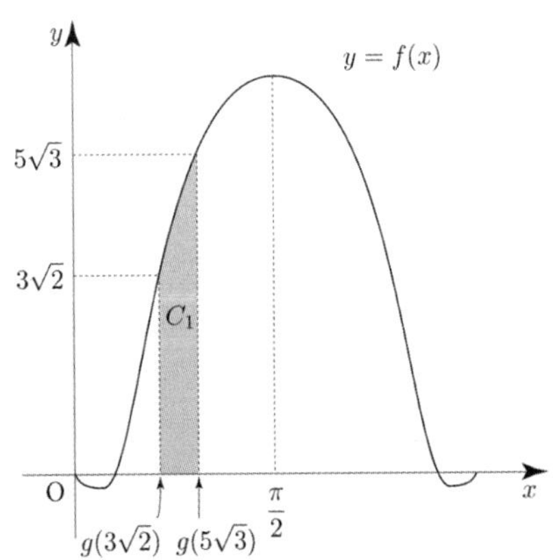

$n=2$ 일 때를 가정해보자.

$5\sqrt{3}\,g(5\sqrt{3})$ 와 $3\sqrt{2}\,g(3\sqrt{2})$ 는 각각 직사각형의 넓이와 같으므로 아래 그림에서 색칠한 두 부분의 넓이를 각각 S_1, S_2 라 하면 $5\sqrt{3}\,g(5\sqrt{3})-3\sqrt{2}\,g(3\sqrt{2})=S_1-S_2$

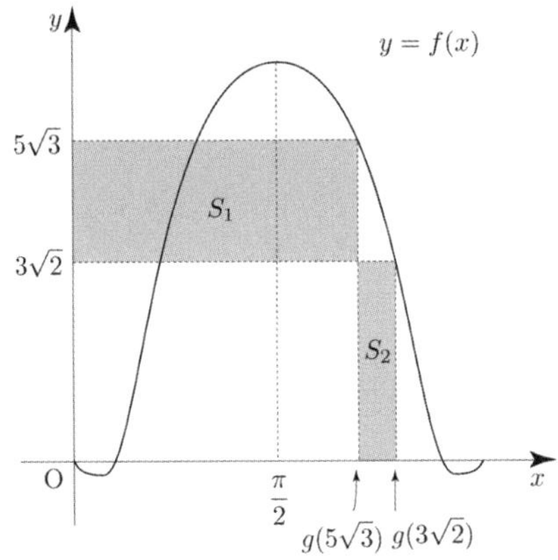

$\displaystyle\int_{3\sqrt{2}}^{5\sqrt{3}} g(t)\,dt$ 는 아래 색칠한 부분의 넓이와 같다.

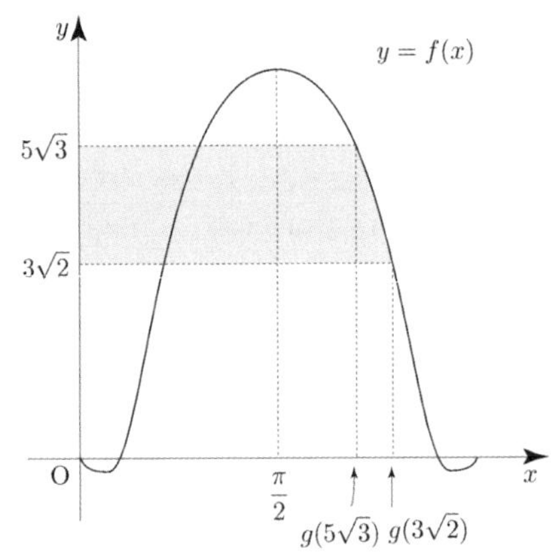

아래 그림에서 색칠한 부분의 넓이는 대칭성에 의하여 C_1 과 같으므로

$$C_2 = 5\sqrt{3}\,g(5\sqrt{3})-3\sqrt{2}\,g(3\sqrt{2})-\int_{3\sqrt{2}}^{5\sqrt{3}} g(t)\,dt$$

$$= -C_1$$

$$C_1 + C_2 = C_1 + (-C_1) = 0$$

즉, $n=1$, $n=2$, $n=3$, $\cdots$ 일 때 각각
따로 보는 것이 아니라 두 묶음씩 세트로 보면
주기성에 의하여

$$\sum_{n=1}^{100} C_n = (C_1 + C_2) + (C_3 + C_4) + \cdots + (C_{99} + C_{100}) = 0$$

이므로

$$\sum_{n=1}^{101} C_n = C_{101} + \sum_{n=1}^{100} C_n = C_{101}$$

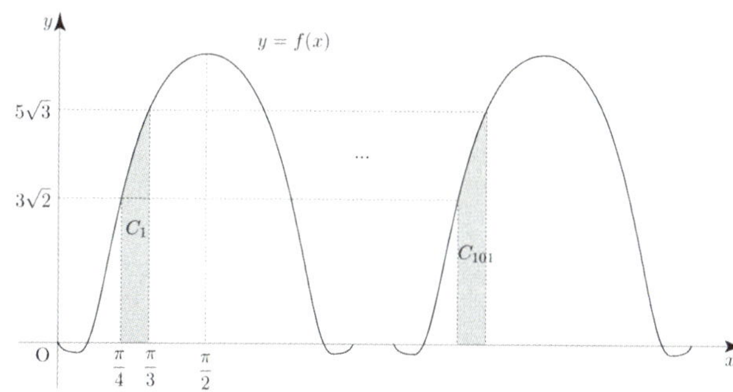

주기성에 의하여 $C_{101} = C_1$ 이고, $f\left(\dfrac{\pi}{4}\right) = 3\sqrt{2}$, $f\left(\dfrac{\pi}{3}\right) = 5\sqrt{3}$

$$\therefore\ C_{101} = C_1 = \int_{\frac{\pi}{4}}^{\frac{\pi}{3}} f(x)\,dx = \int_{\frac{\pi}{4}}^{\frac{\pi}{3}} (16\sin^3 x - 2\sin x)\,dx$$

$$= -\frac{19}{3} + \frac{17}{3}\sqrt{2}$$

127

함수 $F(x)$ 를 함수 $f(x)$ 의 한 부정적분이라고 했으니
$$F'(x) = f(x)$$

(가) 식을 변형해보자.

$$\int \{f(x)\}^2\,dx = \frac{2x}{x^2 + e} - \int f'(x)F(x)\,dx$$

$$\int \{f(x)\}^2\,dx + \int f'(x)F(x)\,dx = \frac{2x}{x^2 + e}$$

$$\int f(x)F'(x)\,dx + \int f'(x)F(x)\,dx = \frac{2x}{x^2 + e}$$

$$\int \{f(x)F'(x) + f'(x)F(x)\}\,dx = \frac{2x}{x^2 + e}$$

$$f(x)F'(x) + f'(x)F(x) = \{f(x)F(x)\}'$$
이를 이용해서 적분하면

$$\int \{f(x)F(x)\}'\,dx = \frac{2x}{x^2 + e}$$

$$\Rightarrow f(x)F(x) = \frac{2x}{x^2 + e} + c$$

(나) $F(0) = 0$ 조건에 의해서 $c = 0$

$$f(x)F(x) = \frac{2x}{x^2 + e}$$

좌변을 변형하면

$$F'(x)F(x) = \frac{2x}{x^2 + e}$$

$$\int F'(x)F(x)\,dx = \int \frac{2x}{x^2 + e}\,dx$$

$$\Rightarrow \frac{\{F(x)\}^2}{2} = \ln(x^2 + e) + d$$

다시 (나) $F(0) = 0$ 조건에 의해서 $d = -1$
즉, $\{F(x)\}^2 = 2\ln(x^2 + e) - 2$

$$\int_0^{\sqrt{e}} x\{F(x)\}^2\,dx$$

$$= \int_0^{\sqrt{e}} 2x\ln(x^2 + e)\,dx - \int_0^{\sqrt{e}} 2x\,dx$$

$$= \int_0^{\sqrt{e}} 2x\ln(x^2 + e)\,dx - \left[x^2\right]_0^{\sqrt{e}}$$

$$= \int_0^{\sqrt{e}} 2x\ln(x^2 + e)\,dx - e$$

$x^2 + e = t$ 라 치환하면 $2x\,dx = dt$

$$\int_0^{\sqrt{e}} 2x\ln(x^2 + e)\,dx - e$$

$$= \int_e^{2e} \ln t\,dt - e = \left[t\ln t - t\right]_e^{2e} - e$$

$$= (2e\ln 2e - 2e) - e = 2e(\ln 2 + 1) - 3e = 2e\ln 2 - e$$

따라서 $\displaystyle\int_0^{\sqrt{e}} x\{F(x)\}^2\,dx = 2e\ln 2 - e$ 이다.

답 ②

128

(가) 조건에서 $f(0) = 0$

(나) 조건을 풀어서 쓰면 $f(x) - f(0) = f(0) - f(-x)$

$f(0) = 0$ 이므로 $f(x) = -f(-x)$

즉, 기함수라는 것을 알려주는 식이다.

(다) 조건을 변형하면 $\dfrac{f(x_2) - f(x_1)}{x_2 - x_1} = a$

(a 가 상수이므로 일정한 값이다.)

즉, 기울기(a)가 일정하다는 것을 알려주는 식이다.

$f(x) = xe^{-x}$ 를 그리면 (조건상 $0 \le x \le 2$ 에서만)

$f'(x) = (1-x)e^{-x}, \; f''(x) = (x-2)e^{-x}$

기함수 조건을 이용하면 $-2 \le x \le 0$

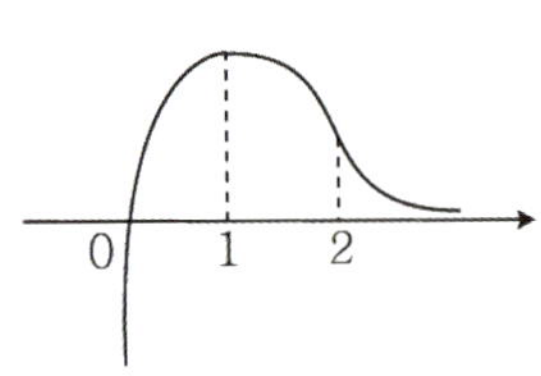 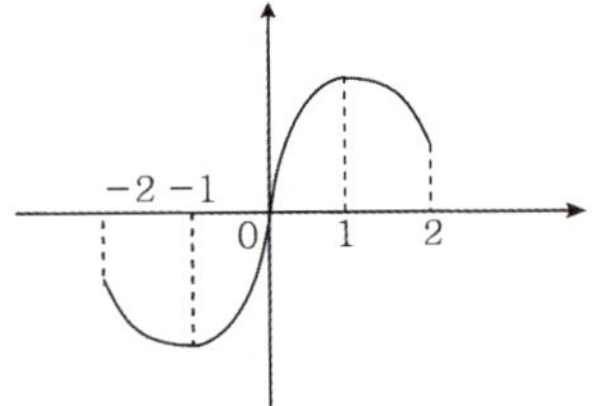

(다) 조건을 통해 $2 \le x$ 에서 기울기(a)가 일정하다.

문제에서 미분가능이라고 했기 때문에 $x = 2$ 에서의 접선의 방정식이다.

$f'(2) = -\dfrac{1}{e^2}, \; f(2) = \dfrac{2}{e^2}$

$y = -\dfrac{1}{e^2}(x-2) + \dfrac{2}{e^2} = -\dfrac{1}{e^2}x + \dfrac{4}{e^2}$

$\therefore a = -\dfrac{1}{e^2}$

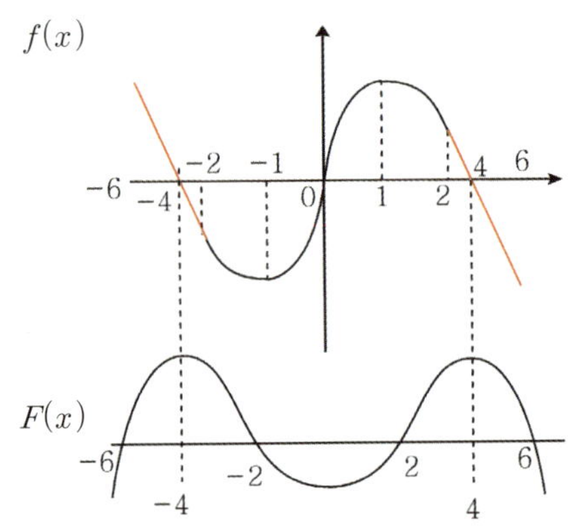

집합 S를 살펴보자.

$\displaystyle \int_{-1}^{2} f(x)\,dx = \int_{1}^{t} f(x)\,dx$

$F(2) - F(-1) = F(t) - F(1)$ 여기서 $f(x)$ 가 기함수이므로

부정적분 $F(x)$ 는 우함수이다.

$F(-1) = F(1)$ 이므로 결국 $F(2) = F(t)$ 를 만족하는 t 의 값을 구하는 것이다.

S 집합의 원소를 구하면

$(2, \; f(2)), \; (6, \; f(6)), \; (-2, \; f(-2)), \; (-6, \; f(-6))$

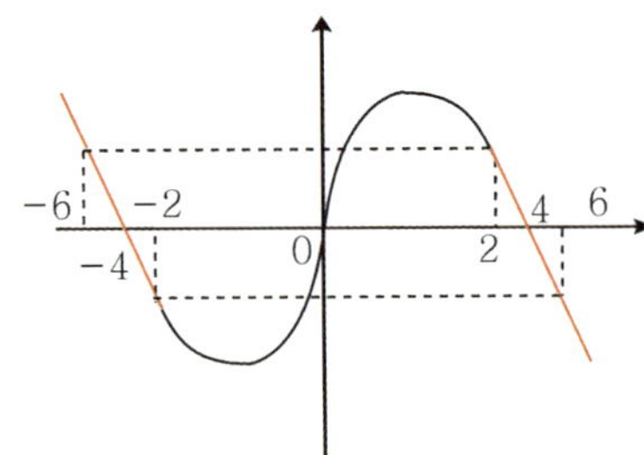

평행사변형이 보인다.

$f(2) = \dfrac{2}{e^2}$

$\therefore b = \dfrac{4}{e^2} \times 8 = \dfrac{32}{e^2}$

따라서 $-\dfrac{b}{a} = -\dfrac{32}{e^2} \times (-e^2) = 32$ 이다.

답 ①

$f(x) = \displaystyle \int_{-2}^{x} \pi |\sin|\pi t| - \sin \pi t|\,dt$

$f'(x) = \pi |\sin|\pi x| - \sin \pi x|, \; f(-2) = 0$

$f'(x)$ 의 그래프를 그리면

$x < 0 \Rightarrow y = \pi |-2\sin \pi x| = 2\pi |\sin \pi x|$

$x \ge 0 \Rightarrow y = 0$

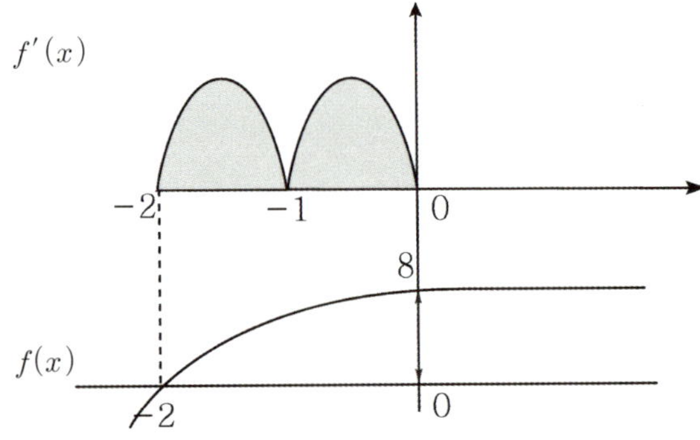

도함수의 넓이는 원함수의 함숫값 차와 같다.

$$2\int_{-1}^{0} -2\pi\sin\pi x\,dx = \Big[4\cos\pi x\Big]_{-1}^{0} = 8$$

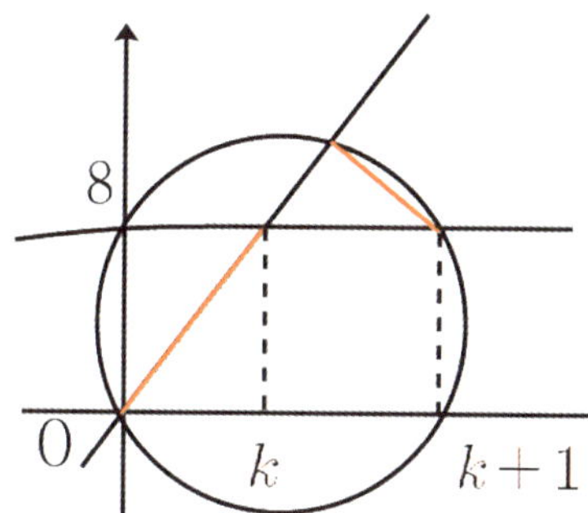

$g(k)h(k)$ 가 의미하는게 무엇일까?

아직 제일 중요한 보조선을 그리지 않았다.

원 나오면 지름 보조선!

자동으로 직각삼각형이 생각나야 한다.

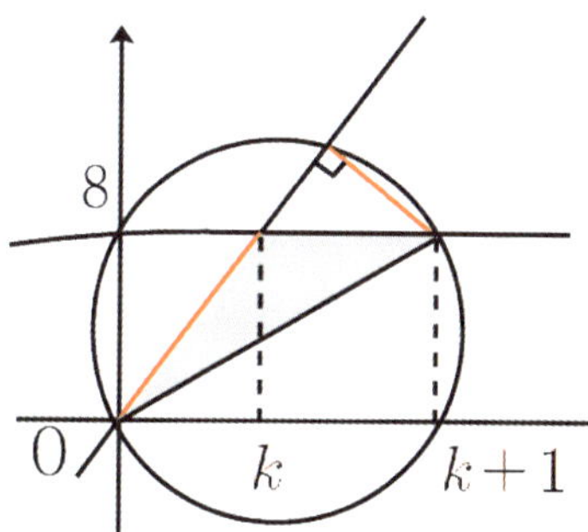

이제 보인다.

"삼각형의 넓이 같다"를 이용해보자.

$$\frac{1}{2}\times h(k)\times g(k) = \frac{1}{2}\times 1\times 8$$

결국 k와 관계없이 항상 $h(k)g(k)=8$

$$10 \le \sum_{k=1}^{n} g(k)h(k) \le 100 \Rightarrow 10 \le 8n \le 100$$

$$\therefore n = 2,\ 3,\ \cdots,\ 12$$

따라서 모든 n의 값의 합은 $\dfrac{11(2+12)}{2} = 77$ 이다.

답 77

$x = f(t)$ 라 하면

$dx = f'(t)\,dt$, $g(0) = f(0) = 0$ 이므로

$$\int_{0}^{f(10)} e^{g(x)}\,dx = \int_{0}^{10} e^{t} f'(t)\,dt$$

$$\int_{0}^{10} e^{t} f'(t)\,dt = \Big[e^{t} f(t)\Big]_{0}^{10} - \int_{0}^{10} e^{t} f(t)\,dt$$

(가) 조건에서 $\ln t = x$ 로 치환적분하면

$$\int_{1}^{e} f(\ln t)\,dt = \int_{0}^{1} e^{x} f(x)\,dx$$

계속 $e^{x} f(x)$ 가 반복된다.

이걸 힌트로 (나) 조건을 해석해보자.

(나) 조건에 $ef(x+1) = f(x) + (e^2-1)e^x$ 의 양변에 e^x 를 곱해주면

$$e^{x+1} f(x+1) = e^{x} f(x) + (e^2-1)e^{2x}$$

$e^x f(x) = h(x)$ 로 치환하면

$$h(x+1) - h(x) = (e^2-1)e^{2x}$$

$$\int_{0}^{1} e^{x} f(x)\,dx = \int_{0}^{1} h(x)\,dx = H(1) - H(0) = \frac{e^2-3}{2}$$

구하고자 하는 값은

$$\int_{0}^{10} e^{t} f'(t)\,dt = \Big[e^{t} f(t)\Big]_{0}^{10} - \int_{0}^{10} e^{t} f(t)\,dt$$

$$= h(10) - h(0) - (H(10) - H(0))$$

$h(10) - h(0)$ 먼저 구해보자.

$h(x+1) - h(x) = (e^2-1)e^{2x}$ 을 이용하면

$$h(1) - h(0) = (e^2-1)$$

$$h(2) - h(1) = (e^2-1)e^2$$

$\cdots$

$$h(10) - h(9) = (e^2-1)e^{18}$$

다 더하면

$$h(10) - h(0) = (e^2-1)(1+e^2+\dots+e^{18})$$

$$= (e^2-1)\left(\frac{e^{20}-1}{e^2-1}\right) = e^{20}-1$$

$h(x+1) - h(x) = (e^2-1)e^{2x}$ 양변을 적분하면

$$H(x+1) - H(x) = (e^2 - 1)\frac{e^{2x}}{2} + c$$

$$H(1) - H(0) = \frac{e^2 - 3}{2} \ \text{이니까} \ c = -1$$

$$H(x+1) - H(x) = (e^2 - 1)\frac{e^{2x}}{2} - 1$$

$$H(1) - H(0) = (e^2 - 1)\frac{1}{2} - 1$$

$$H(2) - H(1) = (e^2 - 1)\frac{e^2}{2} - 1$$

..

$$H(10) - H(9) = (e^2 - 1)\frac{e^{18}}{2} - 1$$

다 더하면

$$H(10) - H(0) = \frac{e^2 - 1}{2}\left(1 + e^2 + \ldots + e^{18}\right) - 10$$

$$= \frac{e^{20} - 1}{2} - 10$$

$$h(10) - h(0) - (H(10) - H(0)) = \frac{e^{20} + 19}{2}$$

$$\int_0^{f(10)} e^{g(x)}\,dx = \frac{e^{20} + 19}{2} \ \text{이므로} \ a = 20, \ b = 19 \ \text{이다.}$$

따라서 $a + b = 20 + 19 = 39$ 이다.

답 39

131

$$f(x) = k|\sin x| + k\sin|x| = k(|\sin x| + \sin|x|)$$

$|\sin x|$ 와 $\sin|x|$ 그래프를 그리면

$|\sin x|$

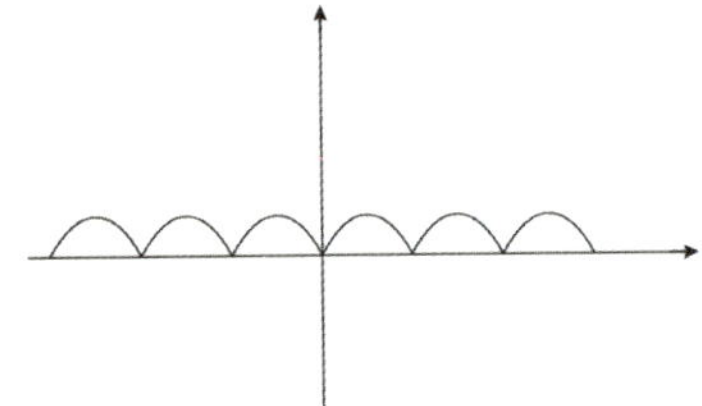

$\sin|x|$

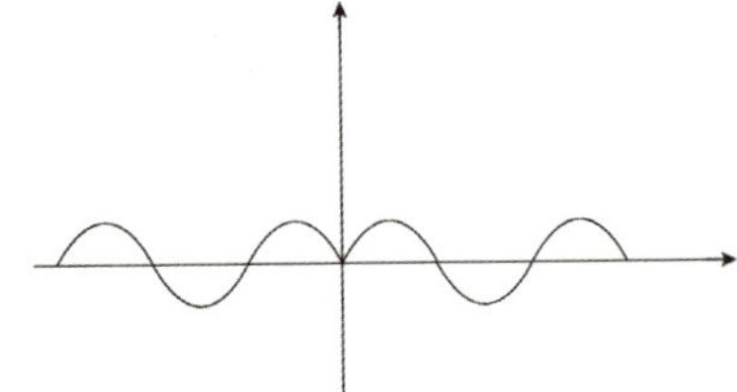

여기서 중요한 것은 k에 따라 그래프가 달라진다는 것이다.

$|\sin x|$ 와 $\sin|x|$ 를 더하면 음수인 부분과 양수인 부분이 상쇄돼서 0이 나오고 양수인 부분과 양수인 부분을 더하면 $2k\sin x$ 형태가 나온다. 이 부분을 유념해서 k의 범위에 따라 case분류 후 $f(x)$ 를 그려보자.

① $k > 0$

(가) 조건을 $\displaystyle\int_a^{\frac{7\pi}{2}} f(x)\,dx = -\int_a^{-3\pi} f(x)\,dx$ 있는 그대로 적분으로 문제를 접근하면 굉장히 어려울 수 있다.

New 함수 Technique을 적용시켜보자.

$$h(x) = \int_a^x f(t)\,dt \ \text{라고 보면}$$

$$h'(x) = f(x), \ h(a) = 0$$

(가) $h\left(\dfrac{7}{2}\pi\right) = -h(-3\pi)$

$h'(x) = f(x)$ 를 근거로 $h(x)$ 의 그래프를 그려보면

$f(x) = h'(x)$

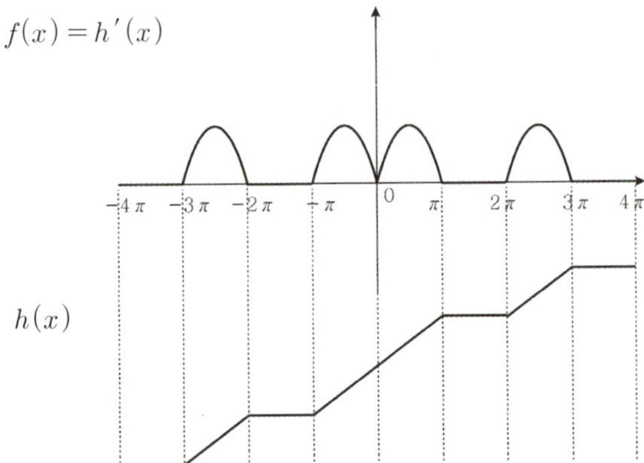

$h(x)$

$$h\left(\frac{7}{2}\pi\right) = h(3\pi)$$

다시 (가) 조건을 바꿔보면
$h(3\pi) = -h(-3\pi)$ 라고 할 수 있다.
즉, $(3, \ h(3\pi))$ 와 $(-3, \ h(-3\pi))$ 의 중점은 $(0, \ 0)$ 라고 할 수 있다.

$h(a) = 0$ 이므로 $a = 0$

이제 (나) 조건을 살펴보면 $g'(x) = \displaystyle\int_0^{|x|} f(t)\,dt + 10$

$$g'(x) = h(|x|) + 10$$

이렇게 보고 나면 $h(x)$ 가 $x > 0$ 인 부분을 y 축에 대하여 대칭시키고 y 축 방향으로 10만큼 평행이동시킨 그래프이다.

$g(x)$ 는 오직 열린구간 $(-\pi,\ \pi)$ 에서만 증가한다고 했으니까 열린구간 $(-\pi,\ \pi)$ 에서만 $g'(x) = h(|x|) + 10$ 가 양수가 될 수 있는지 보면 된다.

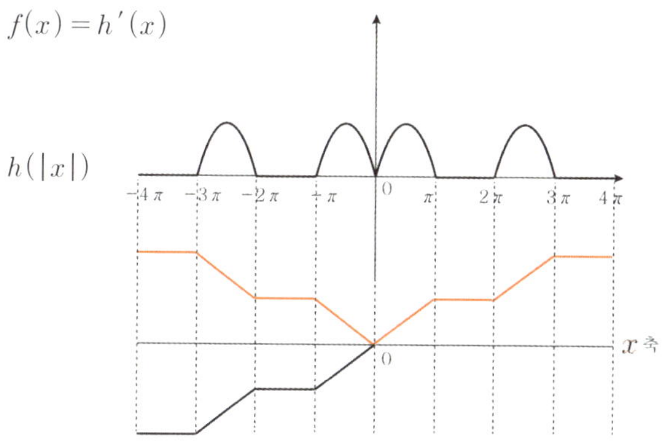

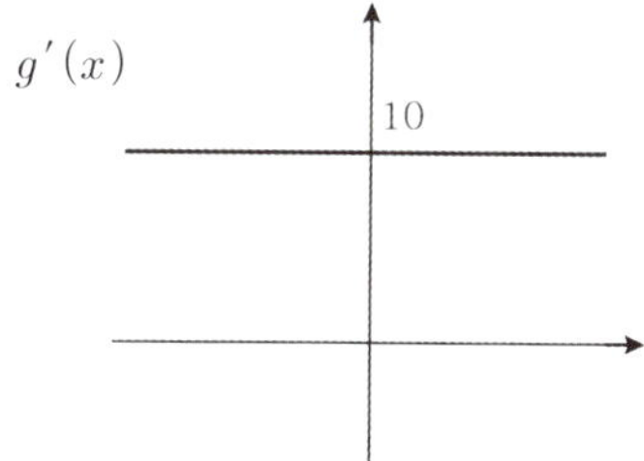

$h(|x|)$ 를 y 축 방향으로 아무리 평행이동시켜 봐도 열린구간 $(-\pi,\ \pi)$ 에서만 $h(|x|) + 10$ 가 양수가 될 수 없다. 즉, k 는 양수가 될 수 없다.

② $k = 0$

$k = 0$ 가 되면 $f(x) = 0$ 이 되고 $g'(x) = 10$ 이 되니까 (나) 조건을 만족하지 않는다.

③ $k < 0$

마찬가지로 $f(x)$ 를 그리고 $h(|x|)$ 를 그려보자.

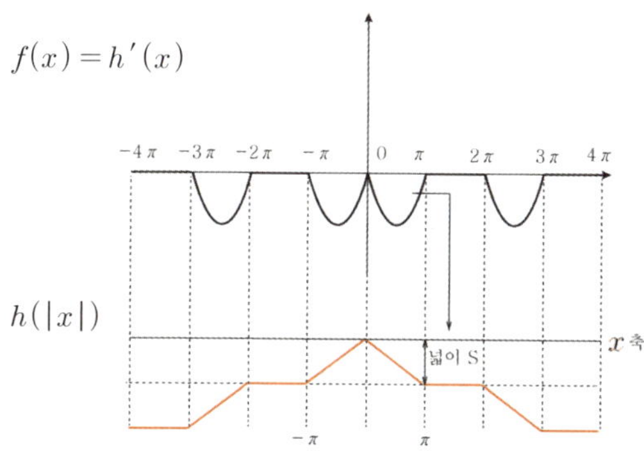

오직 열린구간 $(-\pi,\ \pi)$ 에서만 $g'(x) = h(|x|) + 10$ 가 양수가 되려면 $h(|x|)$ 가 넓이 $S\ \left(\int_0^\pi |f(x)|\,dx \right)$ 만큼 y 축 방향으로 평행이동해야 된다.

$0 < x < \pi$ 일 때 $f(x) = 2k\sin x$ 이니까

$$\int_0^\pi -2k\sin x\,dx = \left[2k\cos x \right]_0^\pi = -2k - 2k = -4k \quad (k < 0)$$

$$-4k = 10 \ \Rightarrow\ k = -\frac{5}{2}$$

따라서 $\left\{ f\left(\dfrac{\pi}{2} \right) \right\}^2 = 25$ 이다.

답 25

132

$f(x) = -\dfrac{1}{4}x^2 + \sqrt{f(a)}\,x$, $f'(x) = -\dfrac{1}{2}x + \sqrt{f(a)}$,

$f(2\sqrt{f(a)}) = f(a)$

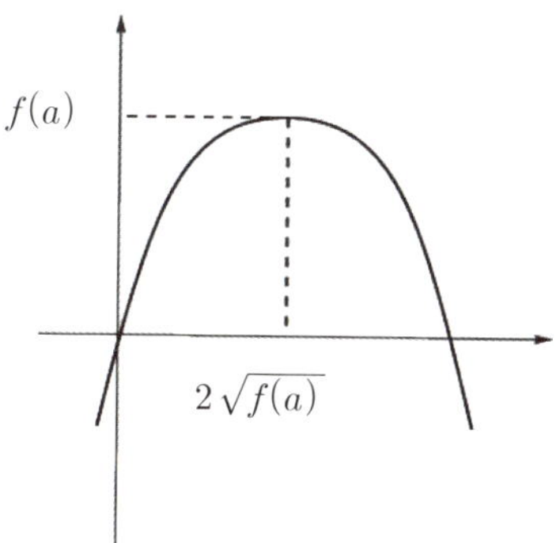

$f(a)$ 를 만족시키는 x 값은 $2\sqrt{f(a)}$ 밖에 없으니까 $a = 2\sqrt{f(a)}$ 라는 등식이 성립한다.

$$a^2 = 4f(a) \ \Rightarrow\ f(a) = \frac{a^2}{4}$$

$$\therefore f(x) = -\frac{1}{4}x^2 + \frac{a}{2}x$$

(가) 식에 넣어 정리하면

$$g(x) = \int_0^x \sqrt{f(a) - f(t)}\,dt = \int_0^x \sqrt{\frac{a^2}{4} + \frac{1}{4}t^2 - \frac{a}{2}t}\,dt$$

$$= \int_0^x \sqrt{\frac{1}{4}(t-a)^2}\,dt = \int_0^x \frac{1}{2}|t-a|\,dt$$

$$g'(x) = \frac{1}{2}|x-a|\ ,\ g(0) = 0$$

여기서 $2\sqrt{f(a)}=a$ 를 통해 a 가 0 보다 크다고
할 수 있다.

a 가 0 일 때는 (나) 조건을 만족시키지 않는다.
a 의 기준으로 case분류해 보자.

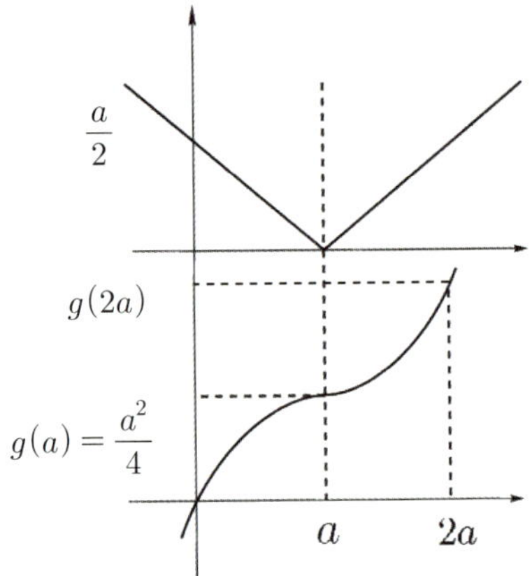

① $x < a$

$$g'(x) = \frac{-1}{2}(x-a)$$

$$g(x) = -\frac{1}{4}(x-a)^2 + c, \ g(0) = 0$$

$$g(x) = -\frac{1}{4}(x-a)^2 + \frac{a^2}{4}$$

② $x \geq a$

$$g'(x) = \frac{1}{2}(x-a)$$

$$g(x) = \frac{1}{4}(x-a)^2 + c, \ g(a) = \frac{a^2}{4}$$

$$g(x) = \frac{1}{4}(x-a)^2 + \frac{a^2}{4}$$

(나) $\int_0^a t g'(t)\,dt = ag(a) - \int_0^a g(t)\,dt = 18$

$$ag(a) = \frac{a^3}{4} \qquad \int_0^a g(t)\,dt = \frac{a^3}{6} \qquad \frac{a^3}{12} = 18$$

 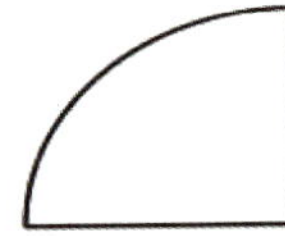 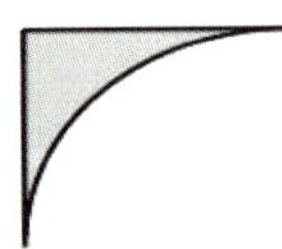

$$\therefore \ a = 6$$

결국 (나)조건은 a 를 알려주는 식이었다.

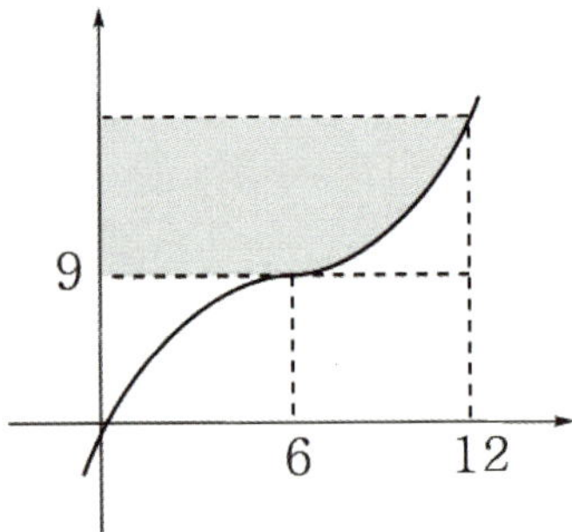

$$\int_a^{2a} t g'(t)\,dt = \int_6^{12} t g'(t)\,dt$$

위 그림의 색칠된 부분을 구하라는 말과 같다.

$g'(x)$ 가 $x = a$ 선대칭이니까 $g(x)$ 는 점대칭이고
위에서 구한 넓이를 이용하면
직사각형 넓이 $-$ (나) 조건 넓이 $= 9 \times 12 - 18 = 90$

따라서 $\int_a^{2a} t g'(t)\,dt = 90$ 이다.

답 90

133

(가) 조건을 변형하면 $f(x) = xf'(x) + 1 + \dfrac{2}{x}$

$$xf'(x) - f(x) = -1 - \frac{2}{x}$$

$$\frac{xf'(x) - f(x)}{x^2} = -\frac{1}{x^2} - \frac{2}{x^3}$$

$\dfrac{xf'(x) - f(x)}{x^2}$ 은 $\dfrac{f(x)}{x}$ 의 도함수와 같다.

$$\frac{xf'(x) - f(x)}{x^2} = \left(\frac{f(x)}{x}\right)'$$

$$\int \left(\frac{f(x)}{x}\right)' dx = \frac{1}{x} + \frac{1}{x^2} + c$$

$$\frac{f(x)}{x} = \frac{1}{x} + \frac{1}{x^2} + c \ \Rightarrow \ f(x) = cx + 1 + \frac{1}{x}$$

(나) 조건을 통해서 $f(1) = c + 2 > 2 \ \Rightarrow \ c > 0$ (기울기 양수)

$$f'(x) = c - \frac{1}{x^2} = \frac{cx^2 - 1}{x^2}$$

점근선을 고려해서 그래프를 그려보자.
문제에서 $f(1)$ 의 최댓값을 구하는 거니까
$x > 0$ 인 영역만 구하면 된다.

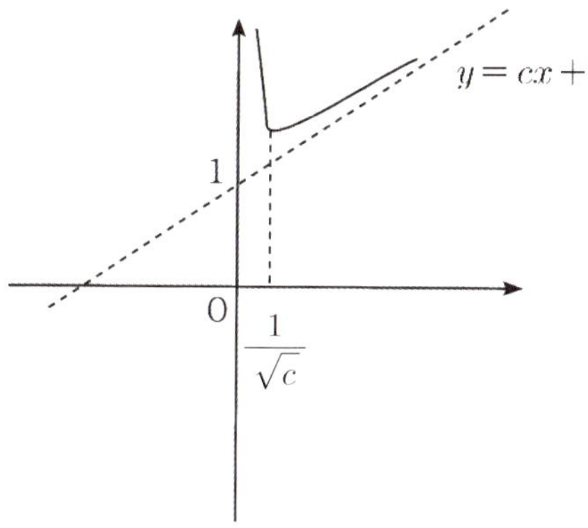

(다) 식에서 $\ln x = t$ 로 치환하면 $\dfrac{1}{x}\,dx = dt$

$$\int_{x_1}^{x_2} f'(t)\,dt < f\left(\dfrac{1}{2}\right)(x_2 - x_1)$$

$$f(x_2) - f(x_1) < \left(\dfrac{c}{2} + 3\right)(x_2 - x_1)$$

$0 < x_1 < x_2$ 일 때

$$f(x_2) - \left(\dfrac{c}{2} + 3\right)x_2 < f(x_1) - \left(\dfrac{c}{2} + 3\right)x_1 \ \text{이므로}$$

함수 $g(x) = f(x) - \left(\dfrac{c}{2} + 3\right)x$ 는 감소함수이다.

$$g'(x) = f'(x) - \left(\dfrac{c}{2} + 3\right) \le 0$$

$$f'(x) \le \dfrac{c}{2} + 3$$

$$c - \dfrac{1}{x^2} \le \dfrac{c}{2} + 3 \ \Rightarrow \ c \le 6 + \dfrac{2}{x^2}$$

$$y = 6 + \dfrac{2}{x^2}$$

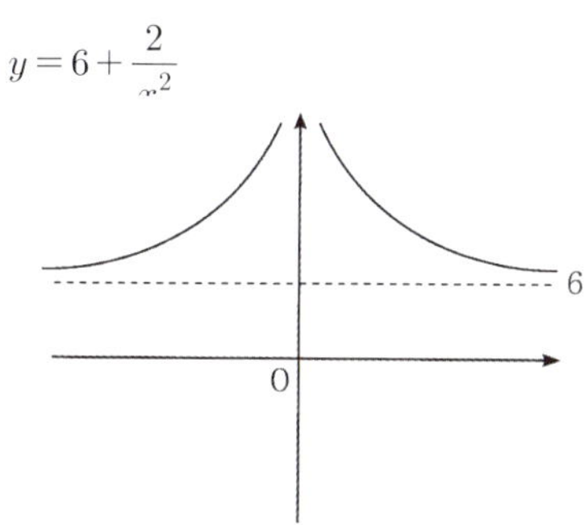

c 가 6 일 때 최대라는 것이 명백하다.
$$\therefore f(1) = c + 2 \ \le \ 8 \ \ (0 < c \le 6)$$

따라서 $f(1)$ 의 최댓값은 8 이다.

답 ③

$f(x)$ 도 많이 봤던 함수고 $g'(x)$ 도 많이 봤던 함수이다.
빠르게 그려보자.

$g'(x)$ 를 그릴 때는 $f(x)$ 가 감소하는 부분만 대칭시켜서
그려주면 된다.

$f(x)$

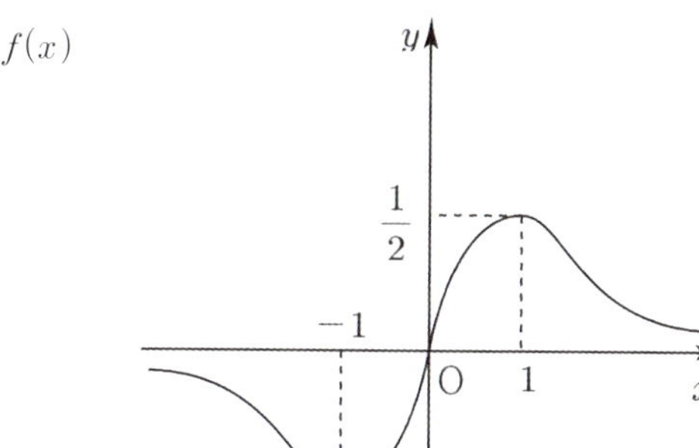

$g'(x)$

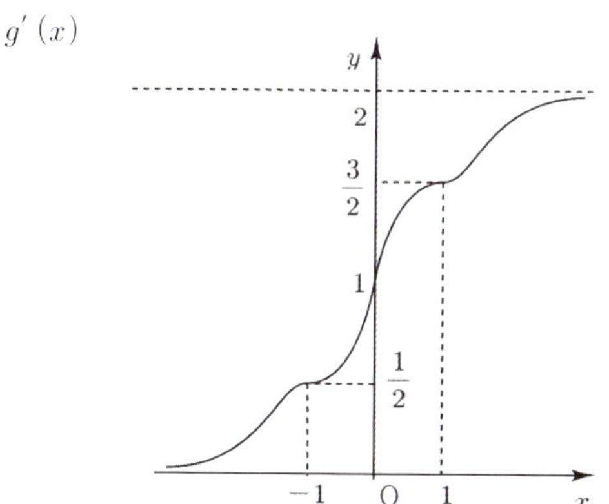

문제에서 $g'(g(0)) = 1$ 이라고 했기 때문에
$g(0) = 0$ 이 될 수밖에 없다.

$$\int_{-k}^{0} |f'(t+k)|\,dt + 1 = (g' \circ h)(x)$$

일단 왼쪽항을 치환적분해 봅시다.

$t + k = s$ 로 치환하면

$$\int_{0}^{k} |f'(s)|\,ds + 1 = g'(k)$$

방정식 $\displaystyle\int_{-k}^{0} |f'(t+k)|\,dt + 1 = (g' \circ h)(x)$ 는
결국 방정식 $g'(k) = g'(h(x))$ 와 같다.

여기서 문제의 포인트! $g'(k)$ 는 일대일 함수이니까
일대일 함수의 정의에 의해서

$$g'(x_1) = g'(x_2) \implies x_1 = x_2$$

즉, $k = h(x)$ 의 방정식과 같다.

$h(x)$ 는 $g(x)$ 의 역함수이니까 먼저 $g(x)$ 를 구해 보자.
$f'(x) > 0$ 일 때와 $f'(x) < 0$ 일 때로 case분류하면

$f'(x) > 0$ 로 접근해보자.

$$g'(x) = \int_0^x |f'(t)|\,dt + 1 = \int_0^x f'(t)\,dt + 1$$

$$= f(x) + 1 = \frac{x}{x^2+1} + 1$$

$g(x) = \dfrac{1}{2}\ln(x^2+1) + x + c$ 인데 $g(0) = 0$ 이라고 했으니까

$$g(x) = \frac{1}{2}\ln(x^2+1) + x$$

$g''(x) > 0$, $g'(x) > 0$ 이니 $f'(x) > 0$ 인 구간인
$-1 < x < 1$ 에서 $g(x) = \dfrac{1}{2}\ln(x^2+1) + x$ 를 그려보자.

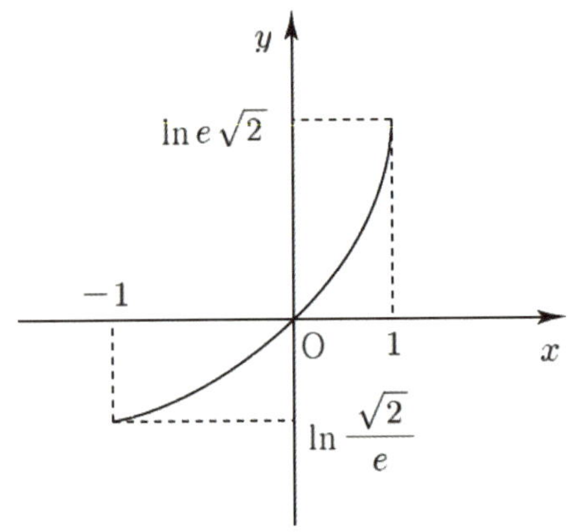

방정식 $h(x) = k$ 의 실근이 존재하려면
$-1 \le k \le 1$ 사이에 존재해야 한다.
$\therefore \ M = 1, \ m = -1$

따라서 $10(M-m) = 10 \times 2 = 20$ 이다.

답 20

$f'(e^x) \ge g'(x)e^{-x}$ 의 양변에 e^x 를 곱하면
$e^x f'(e^x) \ge g'(x) \implies e^x f'(e^x) - g'(x) \ge 0$
$e^x f'(e^x) - g'(x)$ 의 원함수가 증가함수라고 할 수 있다.
(**ex** $h'(x) \ge 0 \implies h(x)$ 증가함수)

$e^x f'(e^x) - g'(x)$ 를 적분하면 $f(e^x) - g(x)$
결국 $x \ge 0$ 에서 함수 $f(e^x) - g(x)$ 가 증가한다는 의미이다.

$x \ge 0$ 에서 증가하면 $x = 0$ 일 때 최소이다.
$x = 0$ 을 대입하면
$f(1) - g(0) \le f(e^x) - g(x)$
(나), (다) 조건을 통해서 $f(1) = 0, g(0) = 0$

$0 \le f(e^x) - g(x) \implies g(x) \le f(e^x)$

$\implies \displaystyle\int_1^2 g(x)\,dx \le \int_1^2 f(e^x)\,dx$

$e^x = t$ 로 치환하면 $\displaystyle\int_e^{e^2} \frac{f(t)}{t}\,dt = 2$

$\displaystyle\int_1^2 g(x)\,dx \le 2$

(다) 조건으로부터 $g(x) = x^2(x-a)$

$\displaystyle\int_1^2 x^2(x-a)\,dx$

$= \left[\dfrac{x^4}{4} - \dfrac{ax^3}{3}\right]_1^2 = \dfrac{15}{4} - \dfrac{7}{3}a \le 2 \implies \dfrac{3}{4} \le a$

$g(4) = 16(4-a)$
따라서 $g(4)$ 의 최댓값은 $16\left(4 - \dfrac{3}{4}\right) = 64 - 12 = 52$ 이다.

답 52

$f(x) = x^3 - 3x^2 + 4x$, $f'(x) = 3x^2 - 6x + 4 > 0$ $(\because D < 0)$
$f''(x) = 6x - 6$ $(x = 1$ 에서 변곡점$)$
$f(1) = 2, f(3) = 12$
$f(x)$ 를 그리면

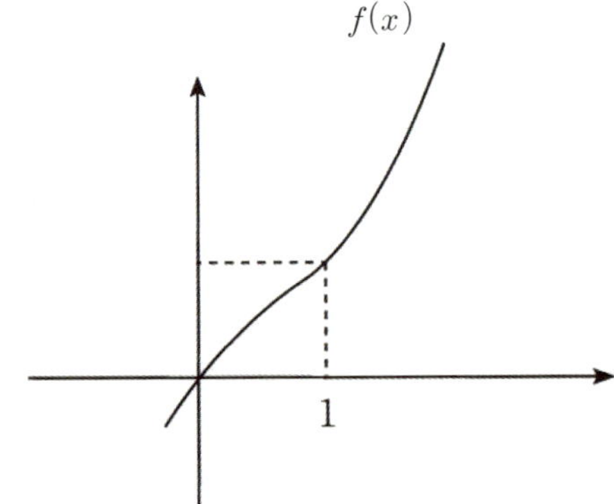

$y = f^{-1}(x)$ 의 그래프는 $f(x)$ 를 $y = x$ 대칭시켜 구할 수 있다.

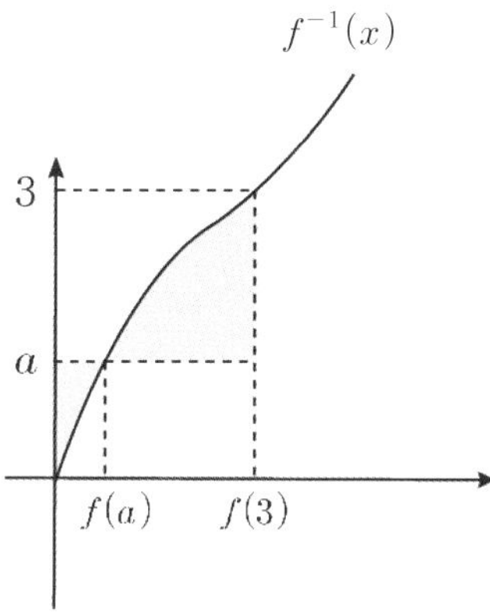

$$g(a) = \int_0^{f(3)} \left| f^{-1}(x) - a \right| dx \ \text{는}$$

$f^{-1}(x)$ 와 $y = a$ 사이 넓이를 의미한다.

$0 < a < 3$ 일 때 $g(a)$ 에 대한 식을 세우면

$$g(a)$$

$$= f(a)a - \int_0^{f(a)} f^{-1}(x)\, dx$$

$$\quad + \int_{f(a)}^{f(3)} f^{-1}(x)\, dx - (f(3) - f(a))a$$

합성함수의 미분법을 활용해서 미분해봅시다~

$$g'(a)$$
$$= f'(a)a + f(a) - f'(a)a - f'(a)a + f'(a)a + f(a) - f(3)$$
$$= 2f(a) - f(3)$$

$$g'(a) = 2f(a) - 12 = 2(f(a) - 6)$$

$y = f(a)$, $y = 6$ 으로 놓고 부호만 따지면 된다.

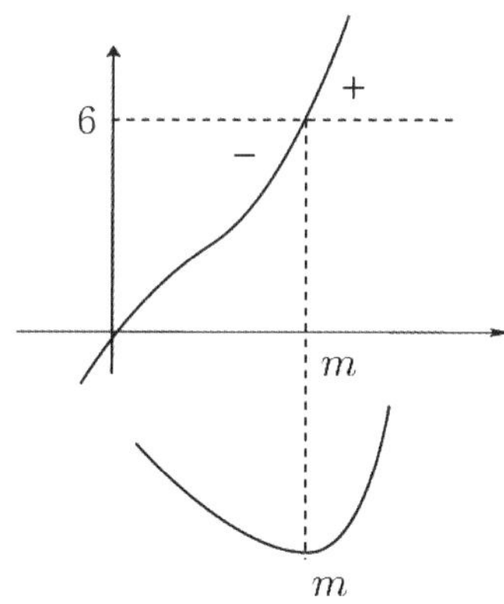

$0 < a < 3$ 인 모든 실수 a 에 대하여
$g(a) \geq g(m)$ 을 만족하려면 $x = m$ 에서
최솟값을 가져야 한다.
($f(0) = 0 < f(m) = 6 < f(3) = 12$ 를 만족하니까
$0 < m < 3$ 인 조건도 만족한다.)
$$\therefore f(m) = 6$$
따라서 $f(f(m)) = f(6) = 216 - 108 + 24 = 132$ 이다.

 132

다르게 풀어보자.

$f(x)$ 를 가지고 $f^{-1}(x)$ 를 구해 보자.
(지난 문제들에서 많이 다루었다.)

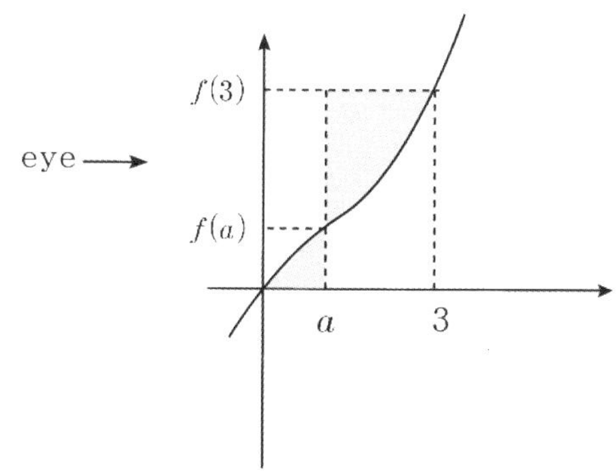

$$g(a) = \int_0^{f(3)} \left| f^{-1}(x) - a \right| dx$$

$$= \int_0^a f(x)\, dx + \int_a^3 f(3)\, dx - \int_a^3 f(x)\, dx$$

$$g'(a) = f(a) - f(3) + f(a) = 2(f(a) - 6)$$
이후 풀이는 같다.

이번에는 치환적분으로 풀어보자.

$$g(a) = \int_0^{f(3)} \left| f^{-1}(x) - a \right| dx$$

$x = f(t)$ 로 치환하면 $dx = f'(t)\, dt$
$$g(a) = \int_0^3 |t - a| f'(t)\, dt$$

$0 < a < 3$ 의 범위를 고려해서 절댓값을 풀어주면
$$g(a) = -\int_0^a (t - a) f'(t)\, dt + \int_a^3 (t - a) f'(t)\, dt$$

양변을 a 에 대하여 미분하면
$$g'(a) = 2f(a) - f(0) - f(3)$$

$f(0) = 0,\ f(3) = 12$

$\Rightarrow g'(a) = 2f(a) - 12 = 2(f(a) - 6)$

$g''(a) = 2f'(a) > 0\ (g'(x)$ 가 증가함수)이니까
$g'(a) = 0$ 임을 만족하는 a 값이 한 개 존재할 것이고
그 점에서 $g(a)$ 가 극소이자 최소임이 자명하다.
(열린구간이니까 양쪽 함숫값은 따질 필요없다.)

결국 $f(a) = 6$ 일 때 최소이다.
이때의 a 값이 m 이니까 $f(m) = 6$ 이므로
$f(f(m)) = f(6) = 132$

137

우선 $f(x)$ 의 개형부터 파악해보자.

$f(x) = e^{x^2} + x,\ f'(x) = 2xe^{x^2} + 1,$

$f''(x) = 2e^{x^2} + 4x^2 e^{x^2} > 0$

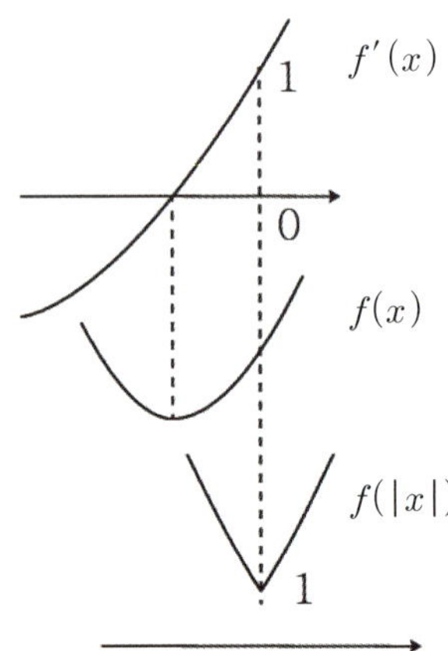

$F(x) = \displaystyle\int_a^x f(|t|)\,dt$

$F(a) = 0,\ F'(x) = f(|x|)$

$\displaystyle\int_a^{-1} F(x)\,dx$ 를 어떻게 구할 수 있을까?

직접 적분이 가능하지 않다.
그래프의 특징으로 적분할 수 있을까?
그것도 아닌 것 같다.
여기서 **idea!** 부분적분하면 혹시 사라지지 않을까?

$\ln x$ 를 적분하는 것처럼 앞에 1 이 있다고 생각하고
부분적분 해보자.

$\left(\displaystyle\int \ln x\,dx = \int 1 \cdot \ln x\,dx \right)$

$\displaystyle\int_a^{-1} F(x)\,dx = \left[F(x)\,x \right]_a^{-1} - \int_a^{-1} f(|x|)\,x\,dx$

$\displaystyle = -F(-1) - \int_a^{-1} f(|x|)\,x\,dx$

$F(-1) = \displaystyle\int_a^{-1} f(|t|)\,dt$

대칭성에 의해서

$F(-1) = \displaystyle\int_a^{-1} f(|t|)\,dt = \int_1^{-a} f(x)\,dx$

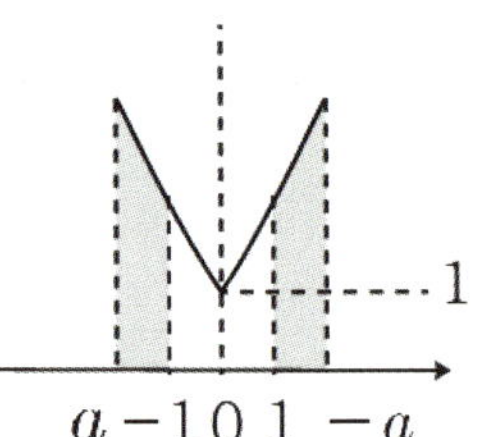

$F(-1)$ 에 대입해서 식을 전개하면

$-\displaystyle\int_1^{-a} f(x)\,dx - \int_a^{-1} f(|x|)\,x\,dx$

$+ \displaystyle\int_1^{-a} f(x)\,dx + \frac{3e+2}{6} = \frac{f(-a)}{2}$

$-\displaystyle\int_a^{-1} f(|x|)\,x\,dx = -\int_a^{-1} \left(e^{x^2} x + |x|x \right) dx$

$= -\displaystyle\int_a^{-1} x\,e^{x^2}\,dx - \int_a^{-1} |x|\,x\,dx$

$-\displaystyle\int_a^{-1} x\,e^{x^2}\,dx = -\left[\frac{e^{x^2}}{2} \right]_a^{-1} = -\frac{e}{2} + \frac{e^{a^2}}{2}$

$-\displaystyle\int_a^{-1} |x|\,x\,dx = -\int_a^{-1} -x^2\,dx\ (\because a < -1)$

$= \left[\dfrac{x^3}{3} \right]_a^{-1} = -\frac{1}{3} - \frac{a^3}{3}$

$\therefore -\displaystyle\int_a^{-1} f(|x|)\,x\,dx = -\frac{e}{2} + \frac{e^{a^2}}{2} - \frac{1}{3} - \frac{a^3}{3}$

이제 식을 대입해서 방정식을 풀어봅시다~

$-\dfrac{e}{2} + \dfrac{e^{a^2}}{2} - \dfrac{1}{3} - \dfrac{a^3}{3} + \dfrac{3e+2}{6} = \dfrac{e^{a^2}}{2} - \dfrac{a}{2}$

$\Rightarrow \dfrac{a^3}{3} = \dfrac{a}{2} \Rightarrow 2a\left(a^2 - \dfrac{3}{2} \right) = 0$

$$\therefore a = -\sqrt{\dfrac{3}{2}} \ (\because a < -1)$$

$$F'(x) = f(|x|)$$

이제 a 도 구했으니 $F(x)$ 의 그래프를 그려보자.
도함수의 넓이는 원함수의 함숫값의 차이므로

$$\int_a^{-a} F(x)\,dx = -2a \times F(0) = \text{직사각형 넓이}$$

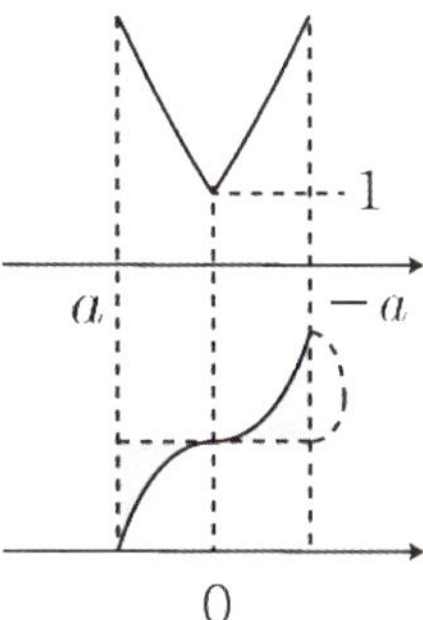

$$\int_0^{-a} f(x)\,dx = F(0)$$

$$\therefore \left(\dfrac{-2a \times F(0)}{F(0)}\right)^2 = 4a^2 = 4 \times \dfrac{3}{2} = 6$$

따라서 $\left(\dfrac{\displaystyle\int_a^{-a} F(x)\,dx}{\displaystyle\int_0^{-a} f(x)\,dx}\right)^2 = 6$ 이다.

답 6

138

$f(x)$ 의 그래프를 그려보자.

$0 < x < 2$ 일 때는 $\dfrac{\pi}{8}\sin(\pi x)$ 이고

$-2 < x < 0$ 일 때는 $\dfrac{\pi}{8}\sin(-\pi x)$

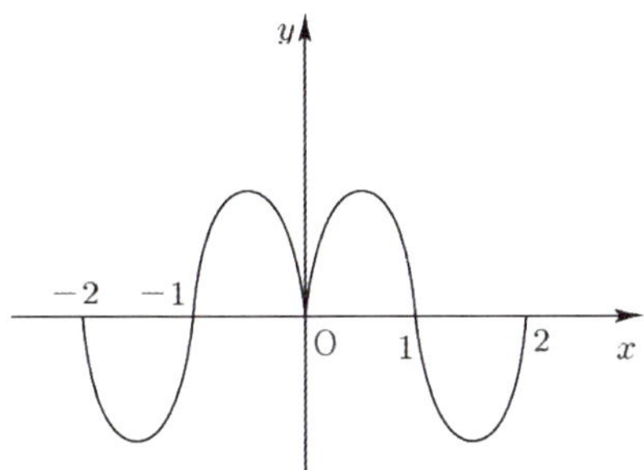

$g(x)$ 의 그래프도 그려보자.

$$\left\{\ln(x^2 + k)\right\}' = \dfrac{2x}{x^2 + k}$$

분모 $x^2 + k \ (0 < k < 1)$ 는 양수이니 $2x$ 만 고려하면 된다.

$$\ln(0^2 + k) = \ln k < 0 \ (\because 0 < k < 1)$$

$$x^2 + k = 1 \ \Rightarrow\ x = \pm\sqrt{1-k} \ \text{에서 } x \text{ 절편을 갖는다.}$$

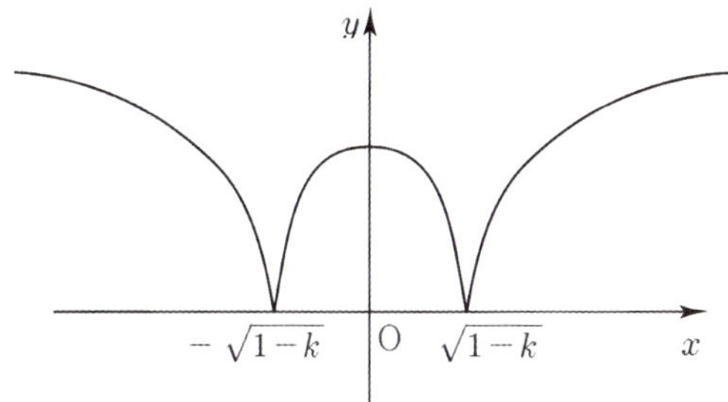

$$g\left(\left|\int_0^x f(t)\,dt - \int_{-\frac{1}{2}}^0 f(t)\,dt\right|\right)$$

우선 $f(t)$ 는 우함수이니까

$$\int_{-\frac{1}{2}}^0 f(t)\,dt = \int_0^{\frac{1}{2}} f(t)\,dt$$

함수가 복잡하니 치환해보자.

$h(x) = \displaystyle\int_0^x f(t)\,dt - \int_0^{\frac{1}{2}} f(t)\,dt$ 라 하면

$$h'(x) = f(x),\ h\left(\dfrac{1}{2}\right) = 0$$

$f(x)$ 의 그래프를 가지고 $h(x)$ 의 그래프를 그려보자.

$$\int_0^{\frac{1}{2}} f(x)\,dx = \int_0^{\frac{1}{2}} \dfrac{\pi}{8}\sin(\pi x)\,dx = \left[-\dfrac{1}{8}\cos\pi x\right]_0^{\frac{1}{2}} = \dfrac{1}{8}$$

$f(x)$

$h(x)$

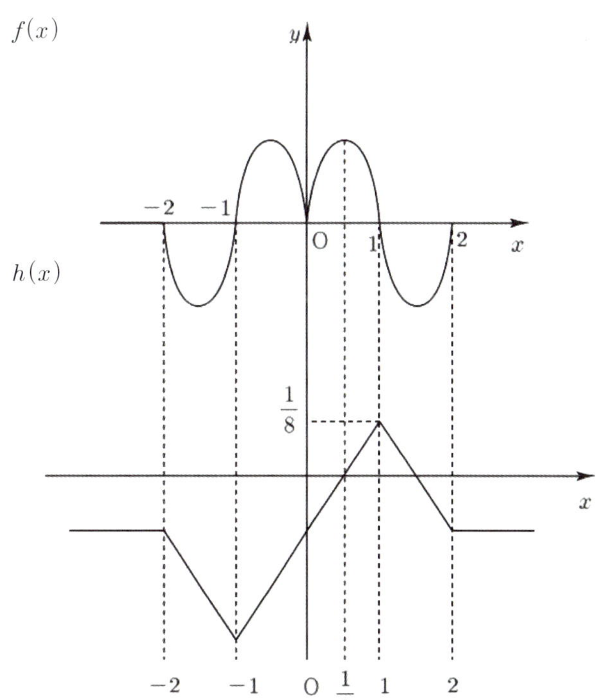

$g\left(\left|\displaystyle\int_0^x f(t)\,dt - \int_{-\frac{1}{2}}^0 f(t)\,dt\right|\right) = g(|h(x)|)$ 를 파악해야 하니

$|h(x)| = i(x)$ 라 치환해서 그래프를 그려보면

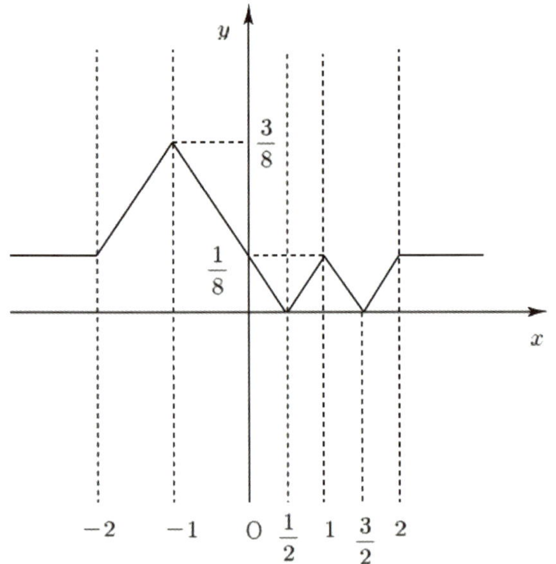

(위 그래프는 대략적인 개형을 나타낸 그래프고 사실은
$x = 1$ 에서 미분가능하다.)

$h'(-2) = h'(-1) = h'(0) = h'(1) = h'(2) = 0$
(특히 $x = 0$ 에서 뚫는 접선 조심!)

$g\left(\left|\displaystyle\int_0^x f(t)\,dt - \int_{-\frac{1}{2}}^0 f(t)\,dt\right|\right) = g(|h(x)|) = g(i(x))$

$\{g(i(x))\}' = i'(x)\,g'(i(x))$

우선 $i'(x)$ 가 존재하지 않는 $x = \dfrac{1}{2}$, $\dfrac{3}{2}$ 부터

조사해 보자.

	$i'(x)$	$g'(i(x))$	$i'(x)\,g'(i(x))$
$\dfrac{1}{2}-$	$-f\!\left(\dfrac{1}{2}\right)$	$g'(0+) = 0$	0
$\dfrac{1}{2}+$	$f\!\left(\dfrac{1}{2}\right)$	$g'(0+) = 0$	0
$\dfrac{3}{2}-$	$f\!\left(\dfrac{3}{2}\right)$	$g'(0+) = 0$	0
$\dfrac{3}{2}+$	$-f\!\left(\dfrac{3}{2}\right)$	$g'(0+) = 0$	0

여기선 미분가능하지 않은 점이 생기지 않는다.

결국 $g'(i(x))$ 이 k 값의 범위를 주는 요인이다.

$g(x)$ 가 미분가능하지 않은 점은 그래프에서 보이듯이
$x = \pm\sqrt{1-k}$

그런데 $i(x)$ 는 음수가 될 수 없으니까
$i(x) = \sqrt{1-k}$ 를 만족시키는 x 값만 따져주면 된다.
$0 < k < 1$ 범위에서 $0 < \sqrt{1-k} < 1$ 이니까
0 과 1 사이의 함숫값을 가지는 x 만 조사하면 된다.

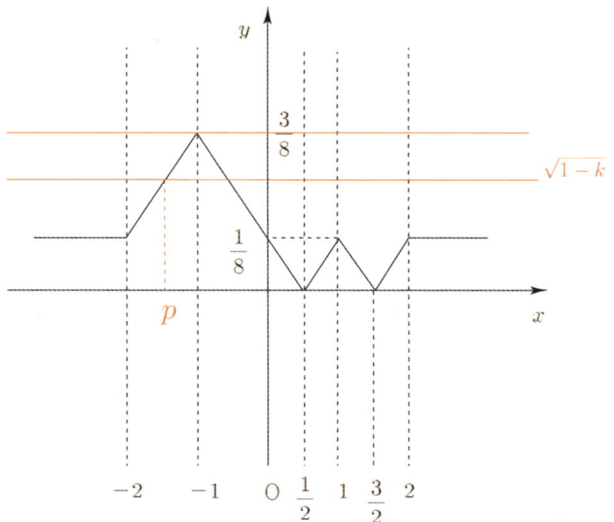

만약 $\dfrac{1}{8} < \sqrt{1-k} < \dfrac{3}{8}$ 를 만족하는 $\sqrt{1-k} = i(x)$

의 실근 중 하나를 p 라 하자.

	$i'(x)$	$g'(i(x))$	$i'(x)\,g'(i(x))$
$p-$	$i'(p) \neq 0$	$g'(\sqrt{1-k}\,-) = -q$	$-q\,i'(p)$
$p+$	$i'(p) \neq 0$	$g'(\sqrt{1-k}\,+) = q$	$q\,i'(p)$

미분가능하지 않다.

즉, p 와 같이 $g'(\sqrt{1-k}\,-)$ 과 $g'(\sqrt{1-k}\,+)$ 둘 다
나오면 안 된다.

$i'(p\pm)$ 의 부호가 변한다거나 0 인 경우가 없으니까
$g(i(x))$ 는 미분가능하지 않다.

$\sqrt{1-k} = \dfrac{1}{8}$ 일 경우 $i(x) = \dfrac{1}{8}$ 을 만족시키는 x 값을

p 라 하면 모두 $i'(p) = 0$ 이니 $g'(\sqrt{1-k}\,\pm)$ 에 상관없이
미분가능하다.
$i'(-2) = i'(-1) = i'(0) = i'(1) = i'(2) = 0$ 이기 때문이다.

$0 < \sqrt{1-k} < \dfrac{1}{8}$ 인 경우는 $\dfrac{1}{8} < \sqrt{1-k} < \dfrac{3}{8}$ 경우와
마찬가지로 가능하지 않다.

$\sqrt{1-k} = \dfrac{3}{8}$ 인 경우에는 $i'(-1) = 0$ 이니 미분가능하다.

$1 > \sqrt{1-k} > \dfrac{3}{8}$ 에서는 $i(x)$ 의 최댓값인 $\dfrac{3}{8}$ 을

넘어가니까 $g(i(x))$ 에서 $i(x) = \sqrt{1-k}$ 인 경우를 고려할

필요 없이 미분가능하다.

$$\dfrac{3}{8} \leq \sqrt{1-k} < 1 \ \Rightarrow \ 0 < k \leq \dfrac{55}{64}$$

$$\sqrt{1-k} = \dfrac{1}{8} \ \Rightarrow \ k = \dfrac{63}{64}$$

$$\therefore \ a = \dfrac{63}{64}$$

따라서 $64a = 63$ 이다.

답 63

139

$\displaystyle\int_0^x |f'(t)|\, dt \ = h(x)$ 라 두고 그래프를 그려보자.

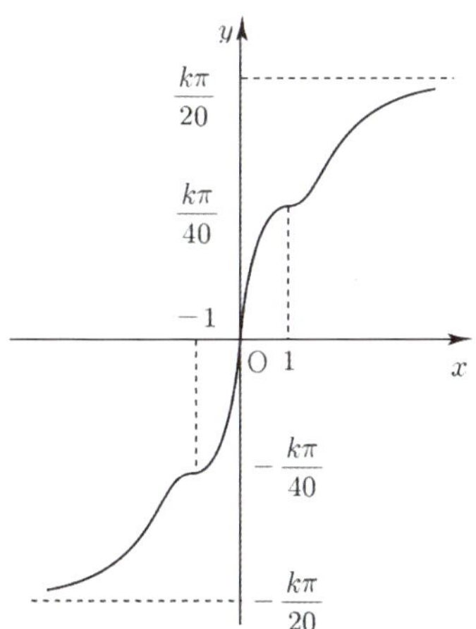

$h(x)$ 는 점근선이 $y = \pm \dfrac{k\pi}{20}$ 이고 기함수이다.

즉, $h(-x) = -h(x)$

모든 실수 x 에 대하여 $-2 \leq g(x) + g(-x) < 0$ 라고
했으니 $g(x)$ 와 $g(-x)$ 를 구해서 더해보자.

$$g(x) = \sin\{h(x)\} - \cos\{h(x)\}$$
$$g(-x) = \sin\{h(-x)\} - \cos\{h(-x)\}$$
$$= -\sin\{h(x)\} - \cos\{h(x)\}$$

$g(x) + g(-x) = -2\cos\{h(x)\}$ 이므로
모든 실수 x 에 대하여 $0 < \cos\{h(x)\} \leq 1$

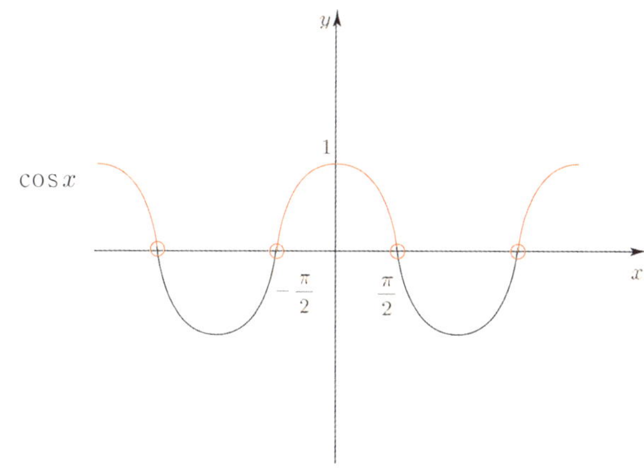

$h(x)$ 의 치역은 $-\dfrac{k\pi}{20} < h(x) < \dfrac{k\pi}{20}$ 이므로

모든 실수 x 에 대하여 $0 < \cos\{h(x)\} \leq 1$ 를 만족하기

위해서는 $\dfrac{k\pi}{20} \leq \dfrac{\pi}{2} \ \Rightarrow \ k \leq 10$

$$g(x) = \sin\{h(x)\} - \cos\{h(x)\}$$
$$g'(x) = h'(x)\cos\{h(x)\} + h'(x)\sin\{h(x)\}$$

$$g(x)g'(x)$$
$$= h'(x)(\sin\{h(x)\} - \cos\{h(x)\})(\sin\{h(x)\} + \cos\{h(x)\})$$
$$= 0$$

$h'(x) = 0$, $h(x) = \pm \dfrac{\pi}{4}$ 인지만 따지면 된다.

$\dfrac{\pi}{4}$ 의 포함여부에 따라 case분류해 보자.

$$\left(-\dfrac{k\pi}{20} < h(x) < \dfrac{k\pi}{20} \right)$$

① $1 \leq k \leq 5$ 일 때
$h'(x) = 0$ 을 만족시키는 $x = \pm 1$ 총 2개밖에 없다.

② $6 \leq k \leq 10$ 일 때

$h'(x) = 0$ 을 만족시키는 $x = \pm 1$ 과 $h(x) = \pm \dfrac{\pi}{4}$ 을

만족시키는 x 값이 각각 1개씩 있으니까 총 4개일까?

한 걸음 더 나아가 보자.

문제에서 서로 다른 실근의 개수라고 했다.

만약 $h(x) = \pm \dfrac{\pi}{4}$ 를 만족시키는 x 값이 ± 1 이라면?

이야기가 달라진다.

$k = 10$ 일 때는 $h(1) = \dfrac{\pi}{4}$, $h(-1) = -\dfrac{\pi}{4}$ 가 되기 때문에 총 2 개다.

따라서 $\displaystyle\sum_{k=1}^{10} a_k = (2 \times 5) + (4 \times 4) + 2 = 28$ 이다.

답   28

140

$$h(x) = \int_0^x \sin(t + f(t))\, dt + \int_{f(x)}^0 \{g'(t)\cos(g(t))\sin t\}\, dt$$

일단 극대, 극소 조건이니 미분해보자.

$$h'(x) = \sin(x + f(x)) - f'(x)g'(f(x))\cos g(f(x))\sin f(x)$$
$g(f(x)) = x$, $f'(x)g'(f(x)) = 1$ 에 의해
$$h'(x) = \sin(x + f(x)) - \cos x \sin f(x)$$

삼각함수 덧셈 공식 ! sc+cs 하면 사라진다.
$$h'(x) = \sin x \cos f(x) + \cos x \sin f(x) - \cos x \sin f(x)$$
$$= \sin x \cos f(x)$$

$h(0) = 0$ 이고 x 가 0 보다 큰 아주 작은 양수일 때 $h'(x) > 0$ 가 되니 $x = 0$ 주변에서 대략 아래와 같은 개형이 나온다.

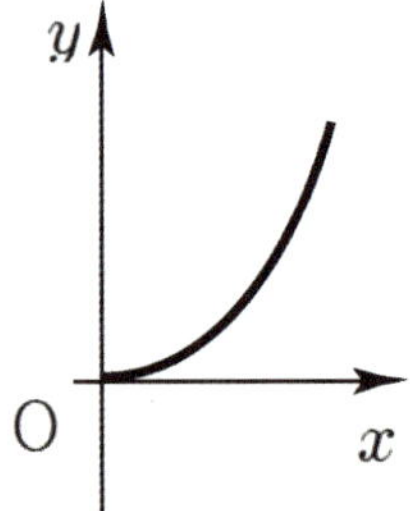

$x < 0$ 일 때 $h(-x)$ 라고 했으니까 결국 $h(x)$ 는 우함수이다.

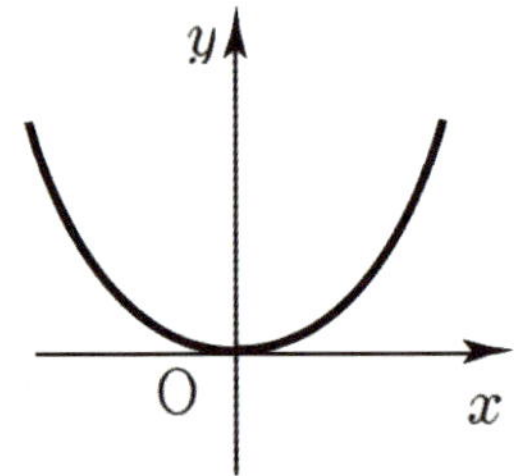

결국 $x = 0$ 에서 극값을 갖는다.

문제에서 열린구간 $(-2,\ 2)$ 에서 극대 또는 극소가 되는 x 의 개수가 5 라고 했다.

대칭 조건을 활용해서 구해 보자.
$x = 0$ 에서 극값을 가지니까 $(0,\ 2)$ 에서 극대 또는 극소가 되는 x 의 개수가 2 이면 된다.

$$h'(x) = \sin x \cos f(x) = 0 \quad (0 < x < 2)$$
$\sin x$ 는 $0 < x < 2$ 구간에서는 0 이 될 수 없다.
($\because \pi = 3.14\ldots$)

$\cos f(x) = 0 \quad (0 < x < 2)$ 의 실근이 2 개가 존재하려면 $f(2)$ 의 범위를 어떻게 설정해야 할까?
(특히 경계를 조심해야 한다.)

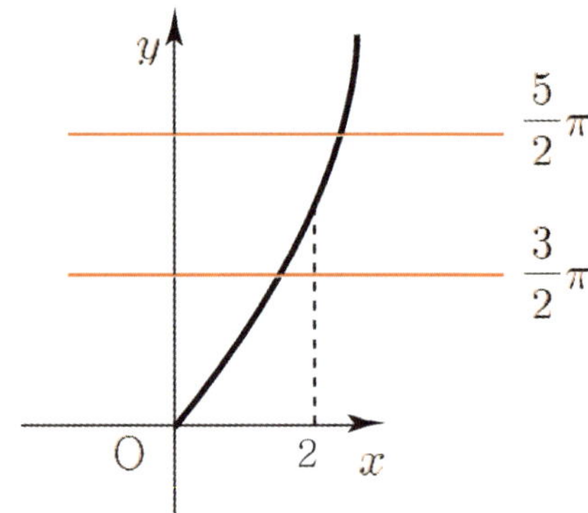

$\dfrac{3\pi}{2} < f(2)$ 인 것은 쉬운데

$f(2) < \dfrac{5}{2}\pi$ 일까? $f(2) \le \dfrac{5}{2}\pi$ 일까?

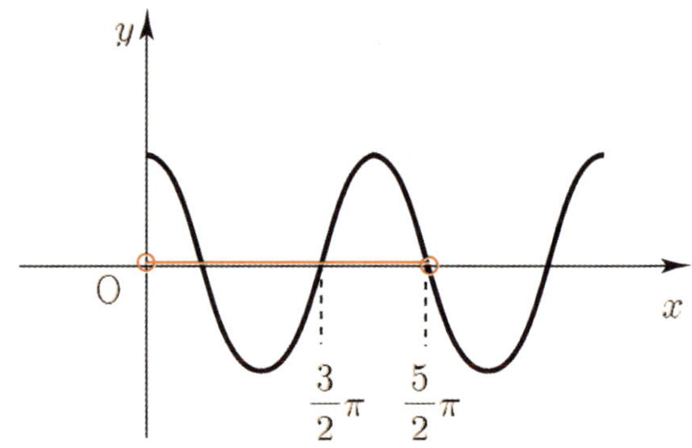

$0 < x < 2 \Rightarrow 0 < f(x) < f(2)$ 이니 $f(2) = \dfrac{5}{2}\pi$ 이어도 가능하다.

$$\therefore \frac{3}{2}\pi < f(2) \le \frac{5}{2}\pi \Rightarrow \frac{3}{2}\pi < \frac{\pi}{8}(4 + 2a + b) \le \frac{5}{2}\pi$$

간단히 하면 $12 < 4+2a+b \leq 20$

문제에서 $f(x)$ 의 역함수가 존재한다고 했으니까 $f'(x) \geq 0$ 가 나와야 한다.

$3x^2+2ax+b \geq 0 \ \Rightarrow \ a^2 \leq 3b$ (판별식 $D \leq 0$)

해당 범위를 만족하는 자연수 a, b 를 찾아보자.

① $a=1$, $7 \leq b \leq 14$

② $a=2$, $5 \leq b \leq 12$

③ $a=3$, $3 \leq b \leq 10$

④ $a=4$, $6 \leq b \leq 8$

$f(1) = \dfrac{\pi}{16}(1+a+b)$ 이니 결국 $a+b$ 의 최대와 최소를 찾으면 된다.

$a+b$ 의 최대는 15 이고, 최소는 6 이다.

$$\frac{\pi}{16}(16+7) \ = k\pi \ \Rightarrow \ k = \frac{23}{16}$$

따라서 $16k=23$ 이다.

 23

1	(1) $\dfrac{211}{5}$ (2) 0 (3) $4\sqrt{e}-4$ (4) $\ln 2$
2	(1) 2 (2) e^2-2e+1
3	(1) $\ln 4$ (2) 2
4	(1) $2\left(e+\dfrac{1}{e}-2\right)$ (2) $\dfrac{14}{3}-\ln 4$
5	$\dfrac{17}{6}$
6	(1) $\dfrac{9}{2}$ (2) $\sqrt{2}(e-1)$
7	(1) $\dfrac{1}{2}\left(e-\dfrac{1}{e}\right)$ (2) 4

개념 확인문제 1

(1)

$$\lim_{n\to\infty}\frac{1}{n}\left\{\left(2+\frac{1}{n}\right)^4+\left(2+\frac{2}{n}\right)^4+\left(2+\frac{3}{n}\right)^4+\cdots+\left(2+\frac{n}{n}\right)^4\right\}$$

$$=\lim_{n\to\infty}\sum_{k=1}^{n}\left(2+\frac{k}{n}\right)^4\frac{1}{n}$$

$$\Delta x = \frac{1}{n} \ , \ x_k = 2+\frac{k}{n} \ \left(x_k=2+\frac{(3-2)k}{n} \ \Rightarrow \ a=2, \ b=3\right)$$

라 하면 $f(x)=x^4$ 이므로

$$\lim_{n\to\infty}\sum_{k=1}^{n}\left(2+\frac{k}{n}\right)^4\frac{1}{n} = \int_2^3 x^4 dx = \left[\frac{x^5}{5}\right]_2^3 = \frac{211}{5}$$

(2) $\displaystyle\lim_{n\to\infty}\frac{1}{n}\left\{\cos\frac{\pi}{n}+\cos\frac{2\pi}{n}+\cos\frac{3\pi}{n}+\cdots+\cos\frac{n\pi}{n}\right\}$

$$=\lim_{n\to\infty}\sum_{k=1}^{n}\left(\cos\frac{k\pi}{n}\right)\times\frac{1}{n}$$

$$\Delta x = \frac{1}{n} \ , \ x_k = \frac{k}{n} \ \left(x_k=0+\frac{(1-0)k}{n} \ \Rightarrow \ a=0, \ b=1\right) 라$$

하면

$f(x)=\cos\pi x$ 이므로

$$\lim_{n\to\infty}\sum_{k=1}^{n}\left(\cos\frac{k\pi}{n}\right)\times\frac{1}{n} = \int_0^1 \cos\pi x \, dx$$

$$=\left[\frac{\sin\pi x}{\pi}\right]_0^1$$

$$=0$$

(3) $\displaystyle\lim_{n \to \infty} \frac{2}{n} \sum_{k=1}^{n} \sqrt[2n]{e^k} = \lim_{n \to \infty} \sum_{k=1}^{n} e^{\frac{k}{2n}} \times \frac{2}{n}$

$\triangle x = \dfrac{1}{n}$,

$x_k = \dfrac{k}{n}$ $\left(x_k = 0 + \dfrac{(1-0)k}{n} \;\Rightarrow\; a=0,\; b=1 \right)$ 라 하면

$f(x) = e^{\frac{x}{2}}$ 이므로

$\displaystyle\lim_{n \to \infty} \sum_{k=1}^{n} e^{\frac{k}{2n}} \times \frac{2}{n} = 2\int_0^1 e^{\frac{x}{2}} dx$

$\qquad\qquad = 2 \left[2e^{\frac{x}{2}} \right]_0^1$

$\qquad\qquad = 4\sqrt{e} - 4$

(4) $\displaystyle\lim_{n \to \infty} \left(\frac{1}{n+1} + \frac{1}{n+2} + \frac{1}{n+3} + \cdots + \frac{1}{n+n} \right)$

$\qquad = \displaystyle\lim_{n \to \infty} \sum_{k=1}^{n} \frac{1}{n+k} = \lim_{n \to \infty} \sum_{k=1}^{n} \frac{\frac{1}{n}}{1 + \frac{k}{n}}$

$\qquad = \displaystyle\lim_{n \to \infty} \sum_{k=1}^{n} \frac{1}{1 + \frac{k}{n}} \times \frac{1}{n}$

$\triangle x = \dfrac{1}{n}$, $x_k = 1 + \dfrac{k}{n}$ $\left(x_k = 1 + \dfrac{(2-1)k}{n} \;\Rightarrow\; a=1,\; b=2 \right)$

라 하면 $f(x) = \dfrac{1}{x}$ 이므로

$\displaystyle\lim_{n \to \infty} \sum_{k=1}^{n} \frac{1}{1 + \frac{k}{n}} \times \frac{1}{n} = \int_1^2 \frac{1}{x} dx$

$\qquad\qquad = \left[\ln|x| \right]_1^2$

$\qquad\qquad = \ln 2$

$\boxed{\text{답}}$ (1) $\dfrac{211}{5}$ (2) 0 (3) $4\sqrt{e} - 4$ (4) $\ln 2$

(1) 구하는 도형의 넓이 S 는

$S = \displaystyle\int_{\frac{\pi}{2}}^{\pi} \sin x\, dx + \int_{\pi}^{\frac{3}{2}\pi} (-\sin x)\, dx$

$\quad = \left[-\cos x \right]_{\frac{\pi}{2}}^{\pi} + \left[\cos x \right]_{\pi}^{\frac{3}{2}\pi}$

$\quad = 1 - (-1) = 2$

(2) 구하는 도형의 넓이 S 는

$S = \displaystyle\int_0^1 (-e^x + e)\, dx + \int_1^2 (e^x - e)\, dx$

$\quad = \left[-e^x + ex \right]_0^1 + \left[e^x - ex \right]_1^2$

$\quad = 1 + e^2 - 2e = e^2 - 2e + 1$

$\boxed{\text{답}}$ (1) 2 (2) $e^2 - 2e + 1$

(1) $y = \dfrac{1}{x} \;\Rightarrow\; x = \dfrac{1}{y}$ 이므로
구하는 도형의 넓이 S 는

$S = \displaystyle\int_1^4 \frac{1}{y} dy = \left[\ln|y| \right]_1^4 = \ln 4$

(2) $y = \sqrt{x+1} \;\Rightarrow\; x = y^2 - 1$ 이므로
구하는 도형의 넓이 S 는

$S = \displaystyle\int_0^1 (-y^2 + 1)\, dy + \int_1^2 (y^2 - 1)\, dy$

$\quad = \left[-\dfrac{y^3}{3} + y \right]_0^1 + \left[\dfrac{y^3}{3} - y \right]_1^2 = \dfrac{2}{3} + \dfrac{2}{3} - \left(-\dfrac{2}{3} \right) = 2$

$\boxed{\text{답}}$ (1) $\ln 4$ (2) 2

(1)

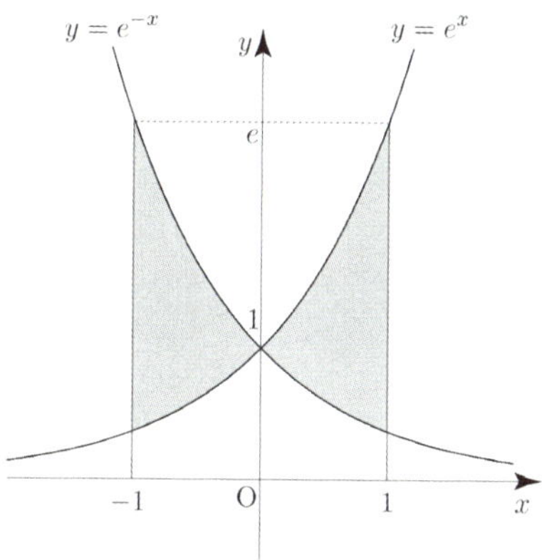

구하는 도형의 넓이 S는

$$S = \int_{-1}^{0}(e^{-x}-e^{x})dx + \int_{0}^{1}(e^{x}-e^{-x})dx$$

$$= \left[-e^{-x}-e^{x}\right]_{-1}^{0} + \left[e^{x}+e^{-x}\right]_{0}^{1}$$

$$= 2\left(e+\frac{1}{e}-2\right)$$

(2) $\dfrac{1}{x} = \sqrt{x} \implies x = 1$

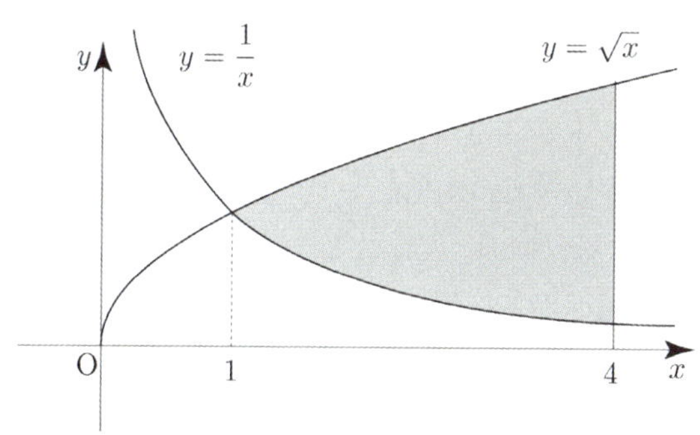

구하는 도형의 넓이 S는

$$\int_{1}^{4}\left(\sqrt{x}-\frac{1}{x}\right)dx = \left[\frac{2}{3}x^{\frac{3}{2}}-\ln|x|\right]_{1}^{4}$$

$$= \frac{14}{3}-\ln 4$$

답　(1) $2\left(e+\dfrac{1}{e}-2\right)$　(2) $\dfrac{14}{3}-\ln 4$

단면의 넓이를 $S(x)$라 하면
$$S(x) = \left(\sqrt{x}+1\right)^{2} = x+2\sqrt{x}+1$$

따라서 구하는 입체도형의 부피 V는

$$V = \int_{0}^{1}S(x)dx = \int_{0}^{1}(x+2\sqrt{x}+1)dx$$

$$= \left[\frac{1}{2}x^{2}+\frac{4}{3}x^{\frac{3}{2}}+x\right]_{0}^{1} = \frac{1}{2}+\frac{4}{3}+1 = \frac{17}{6}$$

답　$\dfrac{17}{6}$

(1) $\dfrac{dx}{dt} = 4\sqrt{t}$, $\dfrac{dy}{dt} = t-4$이므로

점 P가 움직인 거리 s는
$$s = \int_{0}^{1}\sqrt{(4\sqrt{t})^{2}+(t-4)^{2}}\,dt$$

$$= \int_{0}^{1}\sqrt{(t+4)^{2}}\,dt = \int_{0}^{1}|t+4|\,dt$$

$$= \int_{0}^{1}(t+4)dt = \left[\frac{t^{2}}{2}+4t\right]_{0}^{1} = \frac{9}{2}$$

(2) $\dfrac{dx}{dt} = e^{t}\cos t - e^{t}\sin t$, $\dfrac{dy}{dt} = e^{t}\sin t + e^{t}\cos t$ 이므로

점 P가 움직인 거리 s는
$$s = \int_{0}^{1}\sqrt{(e^{t}\cos t-e^{t}\sin t)^{2}+(e^{t}\sin t+e^{t}\cos t)^{2}}\,dt$$

$$= \int_{0}^{1}\sqrt{2e^{2t}}\,dt = \sqrt{2}\int_{0}^{1}e^{t}dt = \sqrt{2}\left[e^{t}\right]_{0}^{1}$$

$$= \sqrt{2}(e-1)$$

답　(1) $\dfrac{9}{2}$　(2) $\sqrt{2}(e-1)$

(1) $f(x) = \dfrac{e^x + e^{-x}}{2}$ 라 하면 $f'(x) = \dfrac{e^x - e^{-x}}{2}$ 이므로

점 P가 움직인 거리 s 는

$$s = \int_0^1 \sqrt{1 + \left(\dfrac{e^x - e^{-x}}{2}\right)^2}\, dx$$

$$= \int_0^1 \sqrt{\left(\dfrac{e^x + e^{-x}}{2}\right)^2}\, dx = \int_0^1 \dfrac{e^x + e^{-x}}{2}\, dx$$

$$= \left[\dfrac{e^x - e^{-x}}{2}\right]_0^1 = \dfrac{1}{2}\left(e - \dfrac{1}{e}\right)$$

(2) $\dfrac{dx}{dt} = 3t^2 - 3, \quad \dfrac{dy}{dt} = 6t$ 이므로

점 P가 움직인 거리 s 는

$$s = \int_0^1 \sqrt{(3t^2 - 3)^2 + (6t)^2}\, dt$$

$$= \int_0^1 \sqrt{9t^4 + 18t^2 + 9}\, dt = \int_0^1 \sqrt{(3t^2 + 3)^2}\, dt$$

$$= \int_0^1 (3t^2 + 3)\, dt = \left[t^3 + 3t\right]_0^1 = 4$$

답 (1) $\dfrac{1}{2}\left(e - \dfrac{1}{e}\right)$ (2) 4

1	6	18	396
2	75	19	③
3	①	20	30
4	3	21	④
5	②	22	⑤
6	①	23	2
7	④	24	107
8	⑤	25	①
9	40	26	160
10	③	27	③
11	④	28	②
12	①	29	17
13	②	30	25
14	4	31	①
15	①	32	⑤
16	25	33	15
17	15		

001

$$\Delta x = \dfrac{2}{n}\ ,\ x_k = \dfrac{2k}{n}\ \left(x_k = 0 + \dfrac{(2-0)k}{n} \Rightarrow a = 0,\ b = 2\right)$$

라 하면 $g(x) = xf(x)$ 이므로

$$\lim_{n \to \infty} \sum_{k=1}^{n} \dfrac{k}{n^2} f\left(\dfrac{2k}{n}\right) = \dfrac{1}{4} \lim_{n \to \infty} \sum_{k=1}^{n} \dfrac{2k}{n} f\left(\dfrac{2k}{n}\right) \times \dfrac{2}{n}$$

$$= \dfrac{1}{4} \int_0^2 g(x)\, dx = \dfrac{1}{4} \int_0^2 x f(x)\, dx$$

$$= \dfrac{1}{4} \int_0^2 (4x^3 + 3x^2)\, dx$$

$$= \dfrac{1}{4} \left[x^4 + x^3\right]_0^2 = 6$$

답 6

$$\Delta x = \frac{3}{n},$$

$$x_k = -1 + \frac{3k}{n} \left(x_k = -1 + \frac{(2-(-1))k}{n} \Rightarrow a = -1,\ b = 2 \right)$$

라 하면 $f(x) = x^3$ 이므로

$$\lim_{n \to \infty} \sum_{k=1}^{n} \frac{1}{n} \left(-1 + \frac{3k}{n} \right)^3 = \frac{1}{3} \lim_{n \to \infty} \sum_{k=1}^{n} \frac{3}{n} \left(-1 + \frac{3k}{n} \right)^3$$

$$= \frac{1}{3} \int_{-1}^{2} x^3 \, dx$$

$$= \frac{1}{3} \left[\frac{x^4}{4} \right]_{-1}^{2} = \frac{5}{4} = a$$

따라서 $60a = 60 \times \frac{5}{4} = 75$ 이다.

답 75

$$\lim_{n \to \infty} \sum_{k=1}^{n} \frac{\ln \sqrt{n+k} - \ln \sqrt{n}}{n} = \lim_{n \to \infty} \sum_{k=1}^{n} \frac{\ln(n+k) - \ln n}{2n}$$

$$= \lim_{n \to \infty} \sum_{k=1}^{n} \frac{\ln\left(1 + \frac{k}{n}\right)}{2n}$$

$$\Delta x = \frac{1}{n},\ x_k = 1 + \frac{k}{n} \left(x_k = 1 + \frac{(2-1)k}{n} \Rightarrow a = 1,\ b = 2 \right)$$

라 하면 $f(x) = \ln x$ 이므로

$$\lim_{n \to \infty} \sum_{k=1}^{n} \frac{\ln\left(1 + \frac{k}{n}\right)}{2n} = \frac{1}{2} \int_{1}^{2} \ln x \, dx$$

$$= \frac{1}{2} \left[x \ln x - x \right]_{1}^{2}$$

$$= \frac{1}{2}(2\ln 2 - 1) = \ln 2 - \frac{1}{2}$$

답 ①

$$\lim_{n \to \infty} \sum_{k=1}^{n} \left(\frac{n+2k}{n^2 + kn + k^2} \right) = \lim_{n \to \infty} \sum_{k=1}^{n} \left(\frac{1 + \frac{2k}{n}}{1 + \frac{k}{n} + \left(\frac{k}{n}\right)^2} \right) \times \frac{1}{n}$$

$$\Delta x = \frac{1}{n},\ x_k = \frac{k}{n} \left(x_k = 0 + \frac{(1-0)k}{n} \Rightarrow a = 0,\ b = 1 \right)$$

라 하면 $f(x) = \frac{1+2x}{1+x+x^2} = \frac{2x+1}{x^2+x+1}$ 이므로

$$\lim_{n \to \infty} \sum_{k=1}^{n} \left(\frac{1 + \frac{2k}{n}}{1 + \frac{k}{n} + \left(\frac{k}{n}\right)^2} \right) \times \frac{1}{n} = \int_{0}^{1} \frac{2x+1}{x^2+x+1} \, dx$$

$$= \left[\ln\left| x^2 + x + 1 \right| \right]_{0}^{1}$$

$$= \ln 3 = a$$

따라서 $e^a = e^{\ln 3} = 3$ 이다.

답 3

$$\lim_{n \to \infty} \sum_{k=1}^{n} \frac{k\, e^{2 + \frac{k}{n}}}{n^2} = \lim_{n \to \infty} \sum_{k=1}^{n} \left(\frac{k}{n} \right) e^{2 + \frac{k}{n}} \times \frac{1}{n}$$

$$\Delta x = \frac{1}{n},\ x_k = \frac{k}{n} \left(x_k = 0 + \frac{(1-0)k}{n} \Rightarrow a = 0,\ b = 1 \right)$$

라 하면 $f(x) = xe^{2+x}$ 이므로

$$\lim_{n \to \infty} \sum_{k=1}^{n} \left(\frac{k}{n} \right) e^{2 + \frac{k}{n}} \times \frac{1}{n} = \int_{0}^{1} xe^{x+2} \, dx$$

$$= \left[xe^{x+2} \right]_{0}^{1} - \int_{0}^{1} e^{x+2} \, dx = e^3 - \left[e^{x+2} \right]_{0}^{1}$$

$$= e^3 - (e^3 - e^2) = e^2$$

답 ②

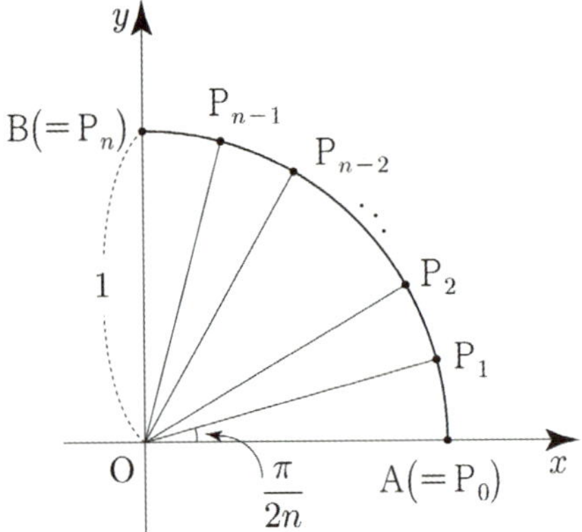

$\angle \mathrm{AOP}_k = \dfrac{\pi k}{2n}$ 이므로

$$l_k = 1 \times \dfrac{\pi k}{2n} = \dfrac{\pi k}{2n}$$

$$S_k = \dfrac{1}{2} \times 1^2 \times \sin\dfrac{\pi k}{2n} = \dfrac{1}{2}\sin\dfrac{\pi k}{2n}$$

$$\lim_{n\to\infty}\dfrac{1}{n}\sum_{k=1}^{n}(l_k \times S_k) = \lim_{n\to\infty}\sum_{k=1}^{n}\dfrac{1}{n}\times\dfrac{\pi k}{2n}\sin\dfrac{\pi k}{2n}\times\dfrac{1}{2}$$

$$\Delta x = \dfrac{\pi}{2n},$$

$$x_k = \dfrac{\pi k}{2n}\ \left(x_k = 0 + \dfrac{\left(\dfrac{\pi}{2}-0\right)k}{n} \Rightarrow a=0,\ b=\dfrac{\pi}{2}\right)$$

라 하면 $f(x) = x\sin x$ 이므로

$$\lim_{n\to\infty}\sum_{k=1}^{n}\dfrac{1}{n}\times\dfrac{\pi k}{2n}\sin\dfrac{\pi k}{2n}\times\dfrac{1}{2}$$

$$= \lim_{n\to\infty}\sum_{k=1}^{n}\dfrac{1}{\pi}\times\dfrac{\pi}{2n}\times\dfrac{\pi k}{2n}\sin\dfrac{\pi k}{2n}$$

$$= \dfrac{1}{\pi}\int_{0}^{\frac{\pi}{2}}x\sin x\,dx$$

$$= \dfrac{1}{\pi}\left[x(-\cos x)\right]_{0}^{\frac{\pi}{2}} - \dfrac{1}{\pi}\int_{0}^{\frac{\pi}{2}}-\cos x\,dx$$

$$= \dfrac{1}{\pi}\int_{0}^{\frac{\pi}{2}}\cos x\,dx = \dfrac{1}{\pi}\left[\sin x\right]_{0}^{\frac{\pi}{2}} = \dfrac{1}{\pi}$$

따라서 $\lim\limits_{n\to\infty}\dfrac{1}{n}\sum\limits_{k=1}^{n}(l_k \times S_k) = \dfrac{1}{\pi}$ 이다.

답 ①

$\overline{\mathrm{A}_k\mathrm{B}_k} = \ln x_k = \ln\left(1 + \dfrac{(e-1)k}{n}\right)$ 이므로

$$S_k = \pi\left\{\dfrac{\ln\left(1+\dfrac{(e-1)k}{n}\right)}{2}\right\}^2 = \dfrac{\pi}{4}\left\{\ln\left(1+\dfrac{(e-1)k}{n}\right)\right\}^2$$

$$\lim_{n\to\infty}\dfrac{1}{n}\sum_{k=1}^{n}S_k = \lim_{n\to\infty}\sum_{k=1}^{n}\dfrac{\pi}{4}\left\{\ln\left(1+\dfrac{(e-1)k}{n}\right)\right\}^2\dfrac{1}{n}$$

$$\Delta x = \dfrac{e-1}{n}\ ,\ x_k = 1 + \dfrac{(e-1)k}{n}\ \ (a=1,\ b=e)$$

라 하면 $f(x) = (\ln x)^2$ 이므로

$$\lim_{n\to\infty}\sum_{k=1}^{n}\dfrac{\pi}{4}\left\{\ln\left(1+\dfrac{(e-1)k}{n}\right)\right\}^2\dfrac{e-1}{n}\times\dfrac{1}{e-1}$$

$$= \dfrac{\pi}{4(e-1)}\int_{1}^{e}(\ln x)^2\,dx$$

$$= \dfrac{\pi}{4(e-1)}\left[(\ln x)^2 x\right]_{1}^{e} - \dfrac{\pi}{4(e-1)}\int_{1}^{e}2\ln x\,dx$$

$$= \dfrac{\pi e}{4(e-1)} - \dfrac{\pi}{2(e-1)}\left[x\ln x - x\right]_{1}^{e}$$

$$= \dfrac{\pi e}{4(e-1)} - \dfrac{\pi}{2(e-1)} = \dfrac{\pi(e-2)}{4(e-1)}$$

따라서 $\lim\limits_{n\to\infty}\dfrac{1}{n}\sum\limits_{k=1}^{n}S_k = \dfrac{\pi(e-2)}{4(e-1)}$ 이다.

답 ④

구하고자 하는 넓이 S는

$$S = \int_{\ln\frac{1}{3}}^{\ln 2}e^{-x}\,dx = \left[-e^{-x}\right]_{\ln\frac{1}{3}}^{\ln 2}$$

$$= -e^{-\ln 2} + e^{-\ln\frac{1}{3}} = -\dfrac{1}{2} + 3 = \dfrac{5}{2}$$

답 ⑤

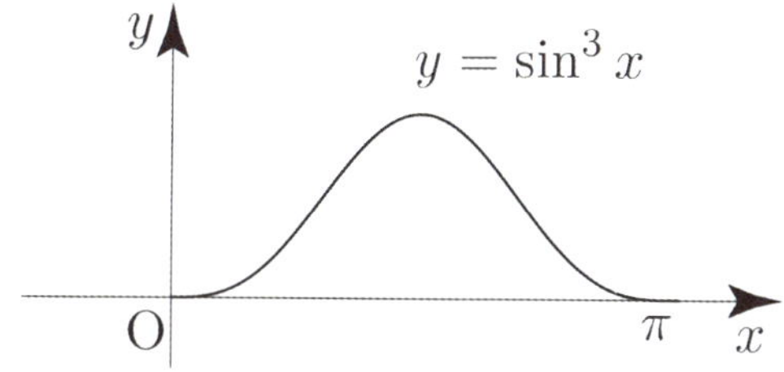

구하고자 하는 넓이 a는

$$\int_0^{\pi} \sin^3 x\,dx = \int_0^{\pi} \sin^2 x \times \sin x\,dx$$

$$= \int_0^{\pi} (1 - \cos^2 x)\sin x\,dx$$

$\cos x = t$ 라 하면 $-\sin x = \dfrac{dt}{dx}$ 이고,

$x = 0$ 일 때, $t = 1$, $x = \pi$ 일 때, $t = -1$ 이므로

$$\int_0^{\pi} (1 - \cos^2 x)\sin x\,dx = \int_1^{-1} -(1 - t^2)\,dt = \int_{-1}^{1} (1 - t^2)\,dt$$

$$= \left[t - \frac{t^3}{3} \right]_{-1}^{1} = \frac{4}{3} = a$$

따라서 $30a = 30 \times \dfrac{4}{3} = 40$ 이다.

답 40

010

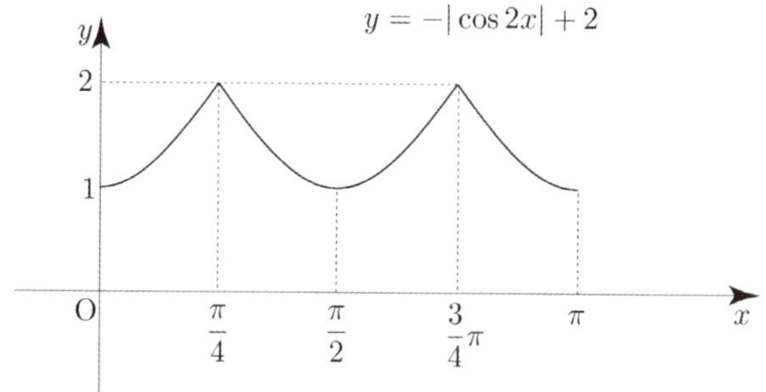

둘러싸인 부분의 넓이 S는

$$S = \int_0^{\pi} (-|\cos 2x| + 2)\,dx = 4\int_0^{\frac{\pi}{4}} (-|\cos 2x| + 2)\,dx$$

$$= 4\int_0^{\frac{\pi}{4}} (-\cos 2x + 2)\,dx$$

$$= 4\left[-\frac{\sin 2x}{2} + 2x \right]_0^{\frac{\pi}{4}}$$

$$= 4\left(-\frac{1}{2} + \frac{\pi}{2} \right) = 2\pi - 2$$

답 ③

011

구하고자 하는 넓이 S는

$$S = \int_0^4 (\sqrt{5-x} - 1)\,dx = \int_0^4 \sqrt{5-x}\,dx - 4$$

$\sqrt{5-x} = t$ 라 하면 $5 - x = t^2$, $-1 = 2t\dfrac{dt}{dx}$ 이고.

$x = 0$ 일 때, $t = \sqrt{5}$, $x = 4$ 일 때, $t = 1$ 이므로

$$\int_0^4 \sqrt{5-x}\,dx = \int_{\sqrt{5}}^1 t \times -2t\,dt$$

$$= \int_1^{\sqrt{5}} 2t^2\,dt = \left[\frac{2t^3}{3} \right]_1^{\sqrt{5}}$$

$$= \frac{10\sqrt{5}}{3} - \frac{2}{3}$$

따라서 $S = \int_0^4 \sqrt{5-x}\,dx - 4 = \dfrac{10\sqrt{5}}{3} - \dfrac{2}{3} - 4$

$$= \frac{10\sqrt{5}}{3} - \frac{14}{3}$$

이다.

답 ④

012

$0 \le x \le 1$ 에서 $xe^{x^2+1} \ge 0$ 이고, 함수 $y = xe^{x^2+1}$ 는
기함수이므로 구하고자 하는 넓이 S는

$$S = 2\int_0^1 xe^{x^2+1}\,dx = 2\left[\frac{1}{2}e^{x^2+1} \right]_0^1 = e^2 - e = e(e-1)$$

답 ①

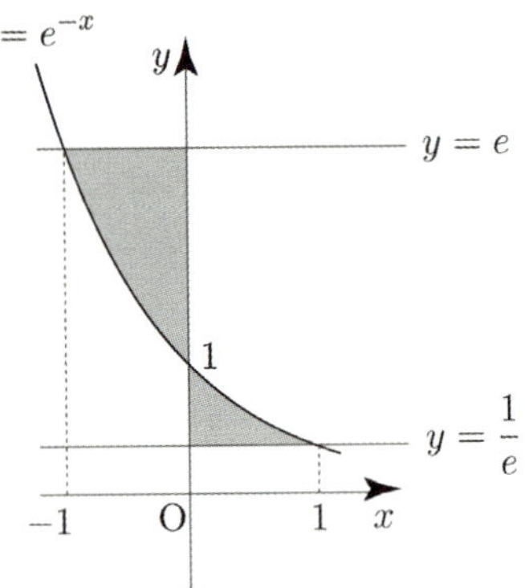

$e^{-x} = y \Rightarrow x = -\ln y$

구하고자 하는 넓이 S는

$$S = \int_{\frac{1}{e}}^{1} -\ln y \, dy + \int_{1}^{e} \ln y \, dy$$

$$= -\Big[\, y\ln y - y \,\Big]_{\frac{1}{e}}^{1} + \Big[\, y\ln y - y \,\Big]_{1}^{e} = 2 - \frac{2}{e}$$

답 ②

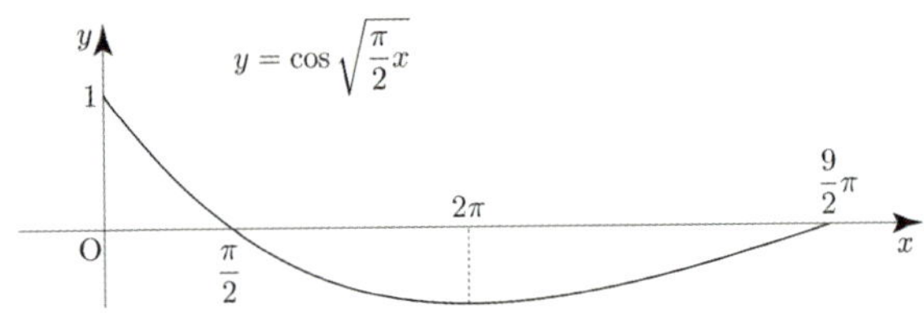

014

구하고자 하는 넓이 S는

$$\int_{0}^{2\pi} \left| \cos\sqrt{\frac{\pi}{2}x} \,\right| dx$$

$$= \int_{0}^{\frac{\pi}{2}} \cos\sqrt{\frac{\pi}{2}x}\, dx - \int_{\frac{\pi}{2}}^{2\pi} \cos\sqrt{\frac{\pi}{2}x}\, dx$$

$\sqrt{\dfrac{\pi}{2}x} = t$ 라 하면 $\dfrac{\pi}{2}x = t^2$, $\dfrac{\pi}{2} = 2t\dfrac{dt}{dx}$

$x = 0$ 일 때, $t = 0$, $x = \dfrac{\pi}{2}$ 일 때 $t = \dfrac{\pi}{2}$ 이므로

$$\int_{0}^{\frac{\pi}{2}} \cos\sqrt{\frac{\pi}{2}x}\, dx = \frac{4}{\pi}\int_{0}^{\frac{\pi}{2}} t\cos t \, dt$$

$$= \frac{4}{\pi}\Big[\, t\sin t \,\Big]_{0}^{\frac{\pi}{2}} - \frac{4}{\pi}\int_{0}^{\frac{\pi}{2}} \sin t \, dt$$

$$= 2 - \frac{4}{\pi}$$

$\sqrt{\dfrac{\pi}{2}x} = t$ 라 하면 $\dfrac{\pi}{2}x = t^2$, $\dfrac{\pi}{2} = 2t\dfrac{dt}{dx}$

$x = \dfrac{\pi}{2}$ 일 때, $t = \dfrac{\pi}{2}$, $x = 2\pi$ 일 때 $t = \pi$ 이므로

$$\int_{\frac{\pi}{2}}^{2\pi} \cos\sqrt{\frac{\pi}{2}x}\, dx = \frac{4}{\pi}\int_{\frac{\pi}{2}}^{\pi} t\cos t \, dt$$

$$= \frac{4}{\pi}\Big[\, t\sin t \,\Big]_{\frac{\pi}{2}}^{\pi} - \frac{4}{\pi}\int_{\frac{\pi}{2}}^{\pi} \sin t \, dt$$

$$= -2 - \frac{4}{\pi}$$

따라서 $S = \displaystyle\int_{0}^{\frac{\pi}{2}} \cos\sqrt{\frac{\pi}{2}x}\, dx - \int_{\frac{\pi}{2}}^{2\pi} \cos\sqrt{\frac{\pi}{2}x}\, dx$

$$= 2 - \frac{4}{\pi} - \left(-2 - \frac{4}{\pi} \right) = 4$$

이다.

답 4

015

접점의 x 좌표를 t 라 하면 접선의 방정식은

$$y = \frac{1}{t}(x - t) + \ln t$$

원점을 대입하면

$$0 = -1 + \ln t \Rightarrow t = e$$

이므로 직선 l 은 $y = \dfrac{1}{e}x$ 이다.

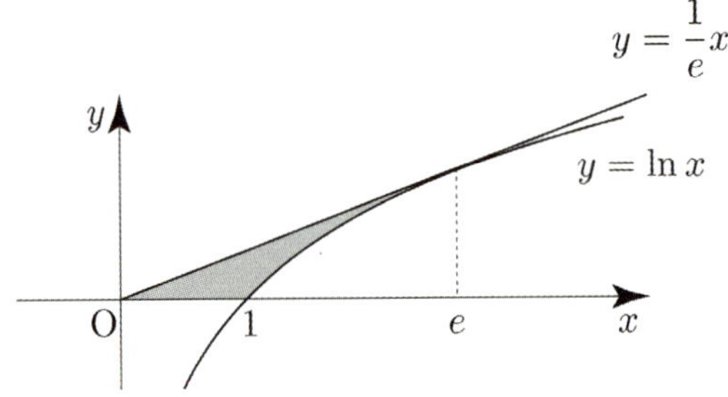

구하고자 하는 넓이 S는

(삼각형 넓이에서 $\displaystyle\int_{1}^{e} \ln x \, dx$ 를 빼면)

$$S = \int_{0}^{e} \frac{1}{e}x \, dx - \int_{1}^{e} \ln x \, dx = \frac{e}{2} - \Big[\, x\ln x - x \,\Big]_{1}^{e}$$

$$= \frac{e}{2} - 1$$

답 ①

016

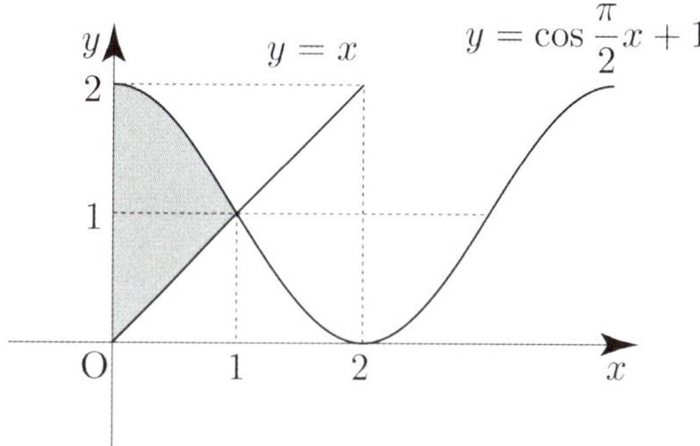

구하고자 하는 넓이 S는

$$S = \int_0^1 \left(\cos\frac{\pi}{2}x + 1 - x \right) dx$$

$$= \left[\frac{2}{\pi}\sin\frac{\pi}{2}x + x - \frac{x^2}{2} \right]_0^1 = \frac{2}{\pi} + \frac{1}{2} \ \Rightarrow\ a = 2,\ b = \frac{1}{2}$$

따라서 $10(a+b) = 10\left(2 + \frac{1}{2}\right) = 20 + 5 = 25$

답 25

017

$$f(x) = \begin{cases} \dfrac{\ln x}{x} & (x \geq 1) \\[2mm] (x-1)e^{-x-1} & (x < 1) \end{cases}$$

$$f(x) = \frac{\ln x}{x} \ (x \geq 1) \ \Rightarrow\ f'(x) = \frac{1 - \ln x}{x^2}$$

$$f(x) = (x-1)e^{-x-1}(x < 1) \ \Rightarrow\ f'(x) = (-x+2)e^{-x-1}$$

$$f(0) = -\frac{1}{e},\ f(1) = 0,\ f(e) = \frac{1}{e},\ \lim_{x \to \infty} f(x) = 0$$

이를 바탕으로 $y = |f(x)|$ 를 그리면 다음과 같다.

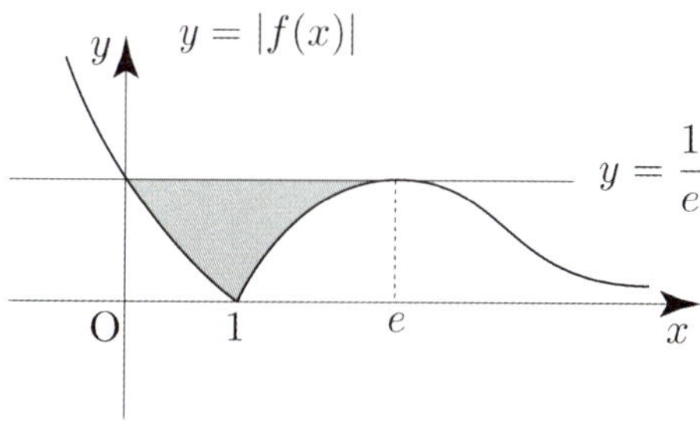

구하고자 하는 넓이 S는

$$S = 1 - \int_0^e |f(x)|\,dx$$

$$= 1 - \int_0^1 -(x-1)e^{-x-1}dx - \int_1^e \frac{\ln x}{x}dx$$

$$\int_0^1 -(x-1)e^{-x-1}dx = \int_0^1 (-x+1)e^{-x-1}dx$$

$$= \left[(-x+1)(-e^{-x-1}) \right]_0^1 - \int_0^1 e^{-x-1}dx$$

$$= \frac{1}{e} - \left[-e^{-x-1} \right]_0^1 = \frac{1}{e^2}$$

$\ln x = t$ 라 하면 $\dfrac{1}{x} = \dfrac{dt}{dx}$ 이고,

$x = 1$ 일 때, $t = 0$, $x = e$ 일 때, $t = 1$

$$\int_1^e \frac{\ln x}{x}dx = \int_0^1 t\,dt = \left[\frac{t^2}{2} \right]_0^1 = \frac{1}{2}$$

$$S = 1 - \int_0^1 -(x-1)e^{-x-1}dx - \int_1^e \frac{\ln x}{x}dx$$

$$= 1 - \frac{1}{e^2} - \frac{1}{2} = \frac{1}{2} - e^{-2} \ \Rightarrow\ a = -2,\ b = \frac{1}{2}$$

따라서 $6(b-a) = 6\left(\frac{1}{2} + 2\right) = 3 + 12 = 15$ 이다.

답 15

018

$$f(x) = \frac{x}{x^2+1}$$

$(f(-x) = -f(x)$ 이므로 기함수$)$

$$f'(x) = -\frac{(x+1)(x-1)}{(x^2+1)^2}$$

$(x = 1$ 에서 극대, $x = -1$ 에서 극소$)$

$$f''(x) = \frac{2x(x+\sqrt{3})(x-\sqrt{3})}{(x^2+1)^3}$$

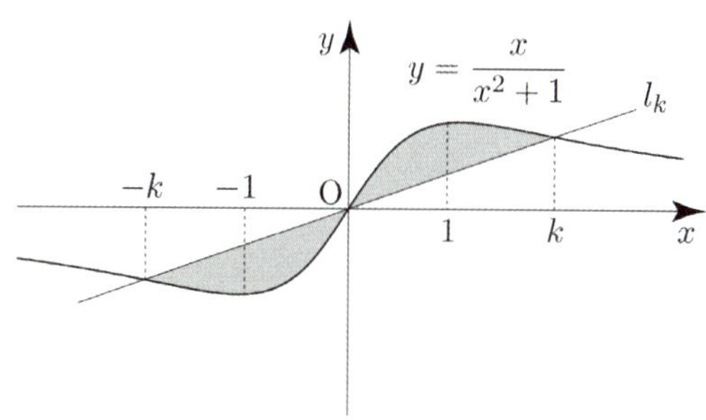

직선 l_k 는 $y = \dfrac{\frac{k}{k^2+1}-0}{k-0}x = \dfrac{1}{k^2+1}x$ 이다.

곡선 $y=f(x)$ 는 원점에 대하여 대칭이므로

$$g(k)=2\int_0^k\left(\frac{x}{x^2+1}-\frac{1}{k^2+1}x\right)dx$$

$$=\int_0^k\left(\frac{2x}{x^2+1}-\frac{2}{k^2+1}x\right)dx$$

$$=\left[\ln(x^2+1)-\frac{1}{k^2+1}x^2\right]_0^k$$

$$=\ln(k^2+1)-\frac{k^2}{k^2+1}$$

$$\therefore\ e^{g(k)-\frac{1}{k^2+1}}=e^{\ln(k^2+1)-1}=\frac{1}{e}(k^2+1)$$

따라서

$$\sum_{k=1}^{10}e^{g(k)-\frac{1}{k^2+1}}=\sum_{k=1}^{10}\frac{1}{e}(k^2+1)=\frac{1}{e}\sum_{k=1}^{10}k^2+\frac{10}{e}$$

$$=\frac{10\times11\times21}{6e}+\frac{10}{e}=\frac{395}{e}$$

$$\Rightarrow a=395,\ b=1$$

따라서 $a+b=396$ 이다.

답 396

019

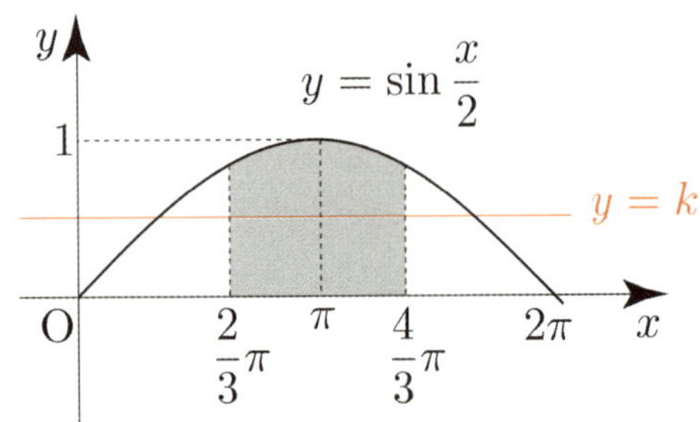

둘러싸인 부분의 넓이 S 는

$$S=\int_{\frac{2}{3}\pi}^{\frac{4}{3}\pi}\sin\frac{x}{2}dx=2\int_{\frac{2}{3}\pi}^{\pi}\sin\frac{x}{2}dx$$

$$=2\left[-2\cos\frac{x}{2}\right]_{\frac{2}{3}\pi}^{\pi}=2$$

$$\sin\frac{\pi}{3}=\frac{\sqrt{3}}{2}$$

아래 그림에서 색칠된 직사각형의

넓이는 $\dfrac{2}{3}\pi\times\dfrac{\sqrt{3}}{2}=\dfrac{\sqrt{3}}{3}\pi > 1$ 이므로

$0<k<\dfrac{\sqrt{3}}{2}$ 이어야 한다.

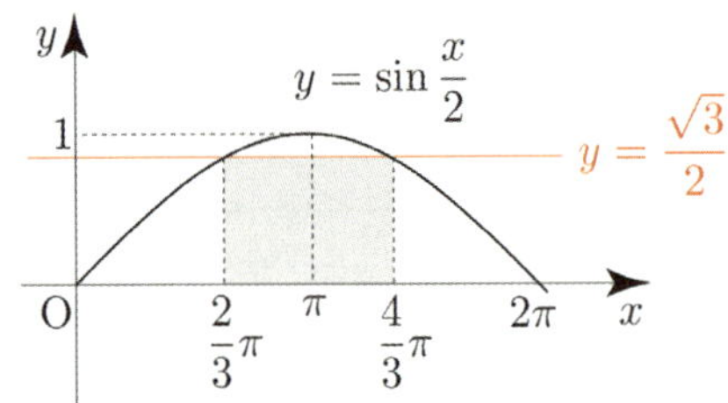

넓이 S 가 직선 $y=k$ 에 의하여 이등분되어야 하므로
아래 그림에서 색칠된 직사각형의 넓이가 1 이어야 한다.

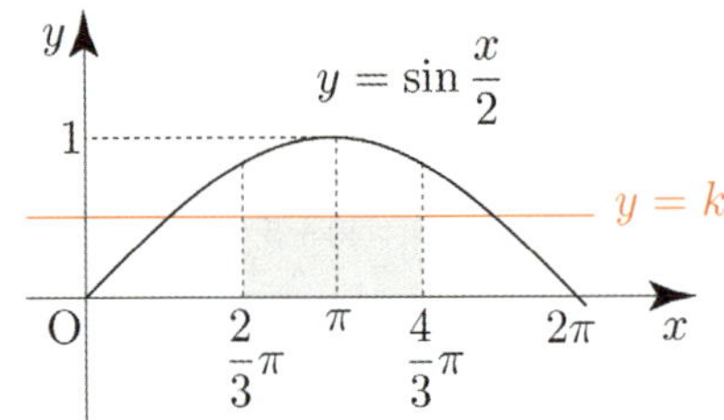

$$\frac{2}{3}\pi\times k=1\ \Rightarrow\ k=\frac{3}{2\pi}$$

따라서 상수 $k=\dfrac{3}{2\pi}$ 이다.

답 ③

020

$y=\sin x\left(0\le x\le\dfrac{\pi}{2}\right)$ 와 x 축 및 $x=\dfrac{\pi}{2}$ 로 둘러싸인

넓이 S 는 $S=\displaystyle\int_0^{\frac{\pi}{2}}\sin x\,dx=1$

넓이 S 가 곡선 $y=k\cos x$ 에 의하여 이등분되어야 하므로
아래 그림에서 색칠된 부분의 넓이가 $\dfrac{1}{2}$ 이어야 한다.

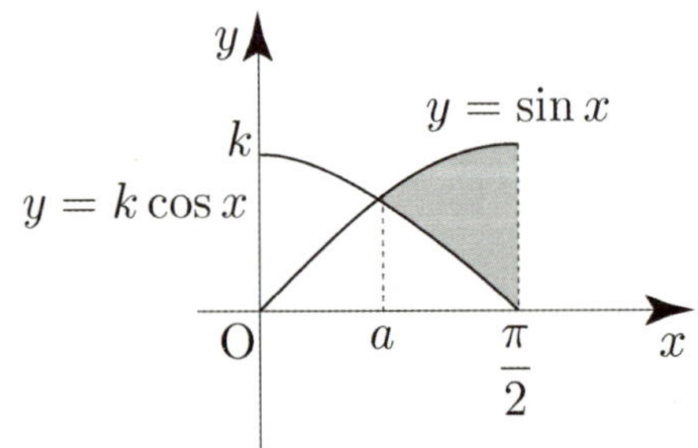

방정식 $k\cos x = \sin x$ $\left(0 < x < \dfrac{\pi}{2}\right)$ 의 실근을 a 라 하면

$$k\cos a = \sin a \ \Rightarrow \ \tan a = k$$

$$\tan a = k, \ \cos a = \frac{1}{\sqrt{k^2+1}}, \ \sin a = \frac{k}{\sqrt{k^2+1}}$$

$$\begin{aligned}
\int_a^{\frac{\pi}{2}} (\sin x - k\cos x)\,dx &= \left[-\cos x - k\sin x \right]_a^{\frac{\pi}{2}} \\
&= -k - (-\cos a - k\sin a) \\
&= -k + \cos a + k\sin a \\
&= -k + \frac{1}{\sqrt{k^2+1}} + \frac{k^2}{\sqrt{k^2+1}} \\
&= -k + \frac{k^2+1}{\sqrt{k^2+1}} \\
&= -k + \sqrt{k^2+1} \\
&= \frac{1}{2}
\end{aligned}$$

$$-k + \sqrt{k^2+1} = \frac{1}{2} \ \Rightarrow \ \sqrt{k^2+1} = k + \frac{1}{2}$$

$$\Rightarrow \ k^2 + 1 = k^2 + k + \frac{1}{4} \ \Rightarrow \ k = \frac{3}{4}$$

따라서 $40k = 40 \times \dfrac{3}{4} = 30$ 이다.

답   30

021

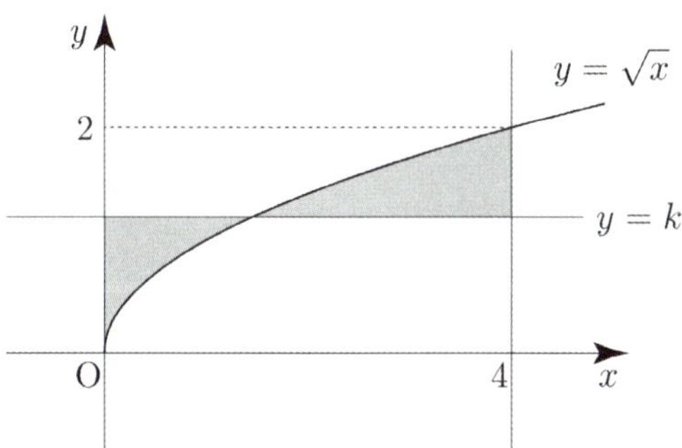

둘러싸인 두 부분의 넓이가 같으므로

$$\int_0^4 (\sqrt{x} - k)\,dx = \left[\frac{2}{3} x^{\frac{3}{2}} - kx \right]_0^4 = \frac{16}{3} - 4k = 0$$

따라서 $k = \dfrac{4}{3}$ 이다.

답   ④

022

$S_2 = 2S_1$ 이고, 대칭성에 의하여 아래 그림과 같이 색칠된 두 영역의 넓이는 S_1 으로 서로 같다.

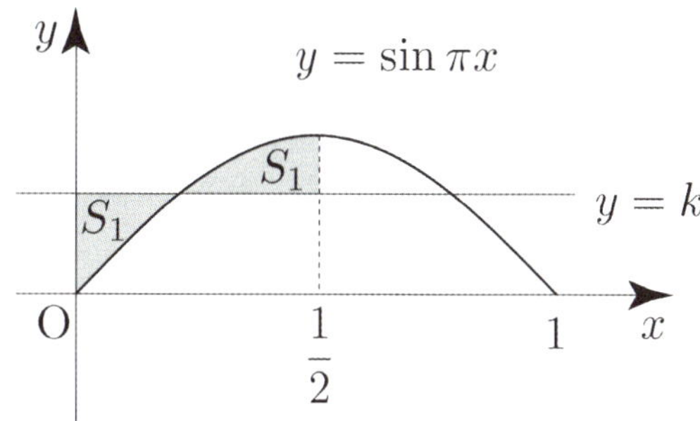

둘러싸인 두 부분의 넓이가 같으므로

$$\int_0^{\frac{1}{2}} (\sin \pi x - k)\,dx = \left[-\frac{1}{\pi} \cos \pi x - kx \right]_0^{\frac{1}{2}}$$

$$= -\frac{k}{2} + \frac{1}{\pi} = 0$$

따라서 상수 $k = \dfrac{2}{\pi}$ 이다.

답   ⑤

023

$$xe^x = e^x \ \Rightarrow \ x = 1$$

$$S_1 = \int_0^1 (e^x - xe^x)\,dx = \int_0^1 (1-x)e^x\,dx$$

$$= \left[(1-x)e^x \right]_0^1 + \int_0^1 e^x\,dx = e - 2$$

$$S_2 = \int_1^a (xe^x - e^x)\,dx = \int_1^a (x-1)e^x\,dx$$

$$= \left[(x-1)e^x \right]_1^a - \int_1^a e^x\,dx = (a-2)e^a + e$$

이므로

$$S_2 - S_1 = 2 \ \Rightarrow \ (a-2)e^a + 2 = 2 \ \Rightarrow \ a = 2$$

따라서 상수 $a = 2$ 이다.

답   2

다르게 풀어보자.

제 3 의 넓이 S_3 을 도입하여 풀어보자.

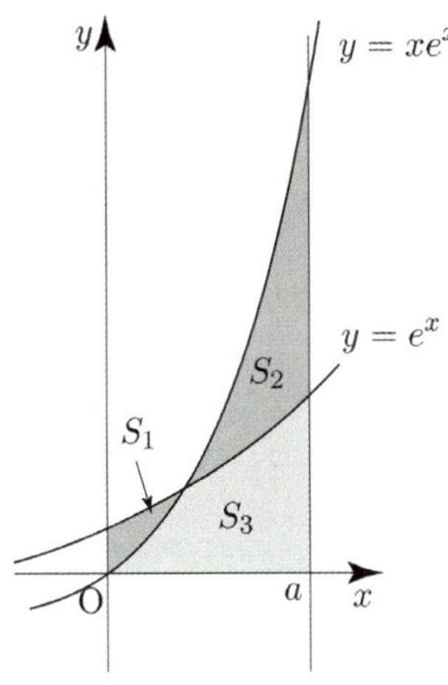

$$S_1 + S_3 = \int_0^a e^x dx \ , \quad S_2 + S_3 = \int_0^a x e^x dx$$

$$S_2 + S_3 - (S_1 + S_3) = S_2 - S_1 \text{ 이므로}$$

$$S_2 - S_1 = \int_0^a x e^x dx - \int_0^a e^x dx = \int_0^a (x-1)e^x\,dx$$

$$= \left[(x-1)e^x\right]_0^a - \int_0^a e^x dx$$

$$= (a-2)e^a + 2 = 2$$

$$\Rightarrow a = 2$$

단면의 넓이를 $S(x)$ 라 하면

$$S(x) = \frac{\sqrt{3}}{4}\left(2x + \frac{1}{x}\right)^2 = \frac{\sqrt{3}}{4}\left(4x^2 + 4 + \frac{1}{x^2}\right)$$

구하는 입체도형의 부피 V는

$$V = \int_1^2 S(x)\,dx = \frac{\sqrt{3}}{4}\int_1^2 \left(4x^2 + 4 + \frac{1}{x^2}\right)dx$$

$$= \frac{\sqrt{3}}{4}\left[\frac{4}{3}x^3 + 4x - \frac{1}{x}\right]_1^2 = \frac{83\sqrt{3}}{24}$$

$$\Rightarrow p = 24, \ q = 83$$

따라서 $p + q = 107$ 이다.

답   107

단면의 넓이를 $S(x)$ 라 하면

$$S(x) = \left(2 - e^{-x+1}\right)^2 = 4 - 4e^{-x+1} + e^{-2x+2}$$

따라서 구하는 입체도형의 부피 V는

$$V = \int_1^2 S(x)\,dx = \int_1^2 \left(4 - 4e^{-x+1} + e^{-2x+2}\right)dx$$

$$= \left[4x + 4e^{-x+1} - \frac{1}{2}e^{-2x+2}\right]_1^2 = \frac{4}{e} - \frac{1}{2e^2} + \frac{1}{2}$$

$$= \frac{e^2 + 8e - 1}{2e^2}$$

답   ①

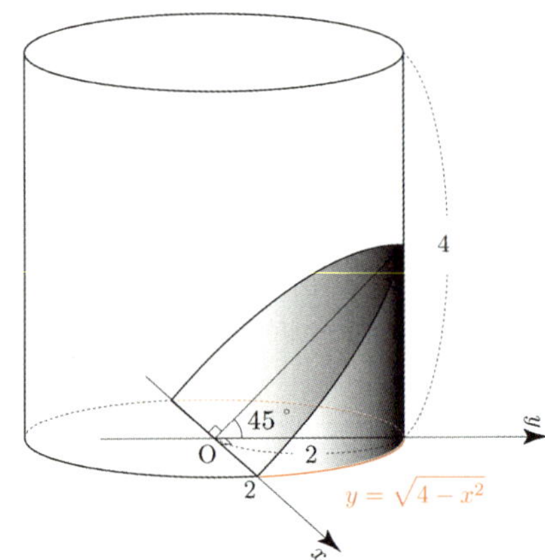

단면의 넓이를 $S(x)$ 라 하면

$$S(x) = \frac{1}{2} \times \sqrt{4 - x^2} \times \sqrt{4 - x^2} = \frac{1}{2}(4 - x^2)$$

구하는 입체도형의 부피 V는

$$V = \int_{-2}^2 S(x)\,dx = \int_{-2}^2 \frac{1}{2}(4 - x^2)\,dx = \int_0^2 (4 - x^2)\,dx$$

$$= \left[4x - \frac{x^3}{3}\right]_0^2 = 8 - \frac{8}{3} = \frac{16}{3}$$

따라서 $30V = 30 \times \frac{16}{3} = 160$ 이다.

답   160

027

단면의 넓이를 $S(x)$ 라 하면

$$S(x)=\frac{\sqrt{3}}{4}\left(\frac{e}{x}-\sqrt{\ln x}\right)^2=\frac{\sqrt{3}}{4}\left(\frac{e^2}{x^2}-2e\frac{\sqrt{\ln x}}{x}+\ln x\right)$$

구하는 입체도형의 부피 V는

$$V=\frac{\sqrt{3}}{4}\int_1^e\left(\frac{e^2}{x^2}-2e\frac{\sqrt{\ln x}}{x}+\ln x\right)dx$$

$$=\frac{\sqrt{3}}{4}\int_1^e\left(\frac{e^2}{x^2}+\ln x\right)dx-\frac{e\sqrt{3}}{2}\int_1^e\frac{\sqrt{\ln x}}{x}dx$$

$$\int_1^e\left(\frac{e^2}{x^2}+\ln x\right)dx=\left[-\frac{e^2}{x}+x\ln x-x\right]_1^e$$

$$=-e-(-e^2-1)=e^2-e+1$$

$\ln x=t$ 라 하면 $\dfrac{1}{x}=\dfrac{dt}{dx}$ 이고

$x=1$ 일 때, $t=0$, $x=e$ 일 때, $t=1$ 이므로

$$\int_1^e\frac{\sqrt{\ln x}}{x}dx=\int_0^1\sqrt{t}\,dt=\left[\frac{2}{3}t^{\frac{3}{2}}\right]_0^1=\frac{2}{3}$$

따라서 구하는 입체도형의 부피 V는

$$V=\frac{\sqrt{3}}{4}\int_1^e\left(\frac{e}{x^2}+\ln x\right)dx-\frac{e\sqrt{3}}{2}\int_1^e\frac{\sqrt{\ln x}}{x}dx$$

$$=\frac{\sqrt{3}}{4}(e^2-e+1)-\frac{\sqrt{3}}{3}e$$

$$=\frac{\sqrt{3}}{4}e^2-\frac{7\sqrt{3}}{12}e+\frac{\sqrt{3}}{4}$$

$$=\frac{\sqrt{3}}{12}(3e^2-7e+3)$$

이다.

답 ③

$$\begin{cases} x=2\cos t-2\sin t \\ y=\sin^2 t \end{cases}$$

$\dfrac{dx}{dt}=-2\sin t-2\cos t,\quad \dfrac{dy}{dt}=2\sin t\cos t$ 이므로

점 P 가 $t=0$ 에서 $t=\dfrac{\pi}{2}$ 까지 움직인 거리는

$$\int_0^{\frac{\pi}{2}}\sqrt{(-2\sin t-2\cos t)^2+(2\sin t\cos t)^2}\,dt$$

$$=\int_0^{\frac{\pi}{2}}\sqrt{4+8\sin t\cos t+4\sin^2 t\cos^2 t}\,dt$$

$$=\int_0^{\frac{\pi}{2}}\sqrt{4(\sin t\cos t+1)^2}\,dt=\int_0^{\frac{\pi}{2}}2\,|\sin t\cos t+1|\,dt$$

$$=\int_0^{\frac{\pi}{2}}(2\sin t\cos t+2)\,dt=\left[\sin^2 t+2t\right]_0^{\frac{\pi}{2}}=1+\pi$$

답 ②

$$\begin{cases} x=\cos^3 t \\ y=\sin^3 t \end{cases}$$

$$\frac{dx}{dt}=-3\cos^2 t\sin t,\quad \frac{dy}{dt}=3\sin^2 t\cos t$$

점 P 가 $t=0$ 에서 $t=\dfrac{\pi}{3}$ 까지 움직인 거리는

$$\int_0^{\frac{\pi}{3}}\sqrt{(-3\cos^2 t\sin t)^2+(3\sin^2 t\cos t)^2}\,dt$$

$$=\int_0^{\frac{\pi}{3}}\sqrt{9\cos^4 t\sin^2 t+9\sin^4 t\cos^2 t}\,dt$$

$$=\int_0^{\frac{\pi}{3}}\sqrt{9\cos^2 t\sin^2 t(\cos^2 t+\sin^2 t)}\,dt$$

$$=\int_0^{\frac{\pi}{3}}3\,|\cos t\sin t|\,dt=\int_0^{\frac{\pi}{3}}3\sin t\cos t\,dt$$

$$=\left[\frac{3}{2}\sin^2 t\right]_0^{\frac{\pi}{3}}=\frac{3}{2}\times\frac{3}{4}=\frac{9}{8}\ \Rightarrow\ p=8,\ q=9$$

따라서 $p+q=17$ 이다.

답 17

$$\begin{cases} x=8\sqrt{a}\,e^{-\frac{t}{4}} \\ y=2e^{-\frac{t}{2}}+at \end{cases}$$

$$\frac{dx}{dt} = -2\sqrt{a}\,e^{-\frac{t}{4}}, \quad \frac{dy}{dt} = -e^{-\frac{t}{2}} + a$$

점 P 가 $t=0$ 에서 $t=\ln 4$ 까지 움직인 거리는

$$\int_0^{\ln 4} \sqrt{\left(-2\sqrt{a}\,e^{-\frac{t}{4}}\right)^2 + \left(-e^{-\frac{t}{2}}+a\right)^2}\,dt$$

$$= \int_0^{\ln 4} \sqrt{4ae^{-\frac{t}{2}} + e^{-t} - 2ae^{-\frac{t}{2}} + a^2}\,dt$$

$$= \int_0^{\ln 4} \sqrt{\left(e^{-\frac{t}{2}}+a\right)^2}\,dt = \int_0^{\ln 4} \left| e^{-\frac{t}{2}}+a \right|\,dt$$

$$= \int_0^{\ln 4} \left(e^{-\frac{t}{2}}+a\right)dt = \left[-2e^{-\frac{t}{2}} + at \right]_0^{\ln 4}$$

$$= -1 + a\ln 4 + 2 = 1 + 2a\ln 2 = 1 + \ln 32$$

$$\Rightarrow 2a\ln 2 = 5\ln 2 \Rightarrow a = \frac{5}{2}$$

따라서 $10a = 10 \times \dfrac{5}{2} = 25$ 이다.

답 25

$$f(x) = \frac{1}{4}x^2 - \ln\sqrt{x} = \frac{1}{4}x^2 - \frac{1}{2}\ln x$$

$$f'(x) = \frac{x}{2} - \frac{1}{2x} \text{ 이므로}$$

$x=1$ 에서 $x=e$ 까지 곡선 $y = \dfrac{1}{4}x^2 - \ln\sqrt{x}$ 의 길이는

$$\int_1^e \sqrt{1 + \{f'(x)\}^2}\,dx = \int_1^e \sqrt{1 + \left(\frac{x}{2} - \frac{1}{2x}\right)^2}\,dx$$

$$= \int_1^e \sqrt{\frac{1}{4}x^2 + \frac{1}{2} + \frac{1}{4x^2}}\,dx$$

$$= \int_1^e \sqrt{\left(\frac{x}{2} + \frac{1}{2x}\right)^2}\,dx$$

$$= \int_1^e \left| \frac{x}{2} + \frac{1}{2x} \right|\,dx = \int_1^e \left(\frac{x}{2} + \frac{1}{2x} \right)dx$$

$$= \left[\frac{1}{4}x^2 + \frac{1}{2}\ln|x| \right]_1^e$$

$$= \frac{1}{4}e^2 + \frac{1}{4}$$

답 ⑤

$$f(x) = \frac{1}{3}(x+1)\sqrt{x+1} = \frac{1}{3}(x+1)^{\frac{3}{2}}$$

$$f'(x) = \frac{1}{2}(x+1)^{\frac{1}{2}} \text{ 이므로}$$

$x=4$ 에서 $x=11$ 까지 곡선 $y = \dfrac{1}{3}(x+1)\sqrt{x+1}$ 의 길이는

$$\int_4^{11} \sqrt{1 + \{f'(x)\}^2}\,dx = \int_4^{11} \sqrt{1 + \frac{1}{4}(x+1)}\,dx$$

$$= \int_4^{11} \sqrt{\frac{1}{4}(x+5)}\,dx$$

$$= \int_4^{11} \frac{1}{2}(x+5)^{\frac{1}{2}}\,dx$$

$$= \left[\frac{1}{3}(x+5)^{\frac{3}{2}} \right]_4^{11}$$

$$= \frac{64}{3} - \frac{27}{3} = \frac{37}{3}$$

답 ①

실수 전체의 집합에서 미분가능한 함수 $f(x)$

$$f(x) = \begin{cases} e^{ax} & (x < 0) \\ g(x) & (0 \le x \le 1) \\ 4 - e^{b(1-x)} & (x > 1) \end{cases}$$

실수 전체의 집합에서 미분가능하므로 $x=0$, $x=1$ 에서 연속이어야 한다.

$$\therefore \quad f(0) = 1, \ f(1) = 3$$

$\displaystyle\int_0^1 \sqrt{1 + \{f'(x)\}^2}\,dx$ 은 $x=0$ 에서 $x=1$ 까지 곡선 $y = f(x)$ 의 길이이므로 $\displaystyle\int_0^1 \sqrt{1 + \{f'(x)\}^2}\,dx$ 의 최솟값은 두 점 $(0,\,1)$, $(1,\,3)$ 을 이은 선분의 길이와 같다.

즉, $\displaystyle\int_0^1 \sqrt{1 + \{f'(x)\}^2}\,dx$ 가 최솟값을 가질 때, $0 \le x \le 1$ 에서 함수 $y = g(x)$ 의 그래프는 두 점

$(0,\ 1),\ (1,\ 3)$ 을 지나는 직선과 같다.
$g(x)$ 는 다항함수이므로 $g(x)=2x+1$ 이다.

$$f(x)=\begin{cases} e^{ax} & (x<0) \\ 2x+1 & (0\le x\le 1) \\ 4-e^{b(1-x)} & (x>1) \end{cases}$$

$$f'(x)=\begin{cases} ae^{ax} & (x<0) \\ 2 & (0\le x\le 1) \\ be^{b(1-x)} & (x>1) \end{cases}$$

이제 미분가능조건을 통해 두 상수 $a,\ b$를 찾아보자.

① $x=0$ 에서 미분가능
$ae^0=2 \Rightarrow a=2$

② $x=1$ 에서 미분가능
$2=be^0 \Rightarrow b=2$

$\therefore\ g(a+b)=2(a+b)+1=2\times 4+1=9$

$$f(x)=\begin{cases} e^{2x} & (x<0) \\ 2x+1 & (0\le x\le 1) \\ 4-e^{2(1-x)} & (x>1) \end{cases}$$

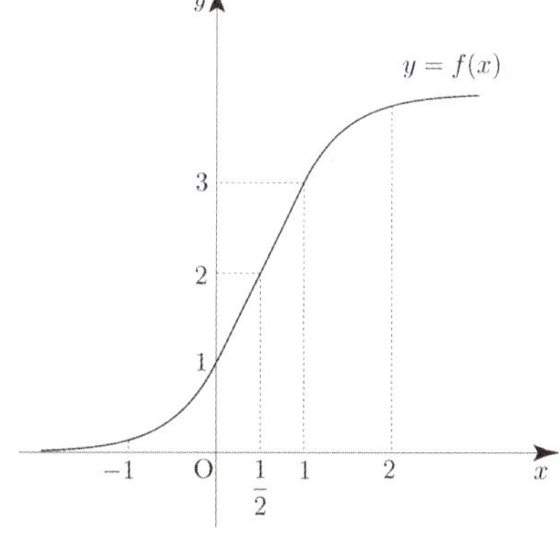

물론 $\displaystyle\int_{-1}^{2}f(x)dx$ 의 값을 구할 때,

$$\int_{-1}^{2}f(x)dx=\int_{-1}^{0}e^{2x}dx+\int_{0}^{1}(2x+1)dx+\int_{1}^{2}\{4-e^{2(1-x)}\}dx$$

$$=\left[\frac{1}{2}e^{2x}\right]_{-1}^{0}+\left[x^2+x\right]_{0}^{1}+\left[4x+\frac{1}{2}e^{2(1-x)}\right]_{1}^{2}$$

$$=\frac{1}{2}-\frac{1}{2}e^{-2}+2+8+\frac{1}{2}e^{-2}-4-\frac{1}{2}$$

$$=6$$

와 같이 범위를 나누어 직접 계산하여 구해도 되지만
대칭성을 이용하여 구해보자.

$y=e^{2x}$ 의 그래프를 점 $\left(\dfrac{1}{2},\ 2\right)$ 에 대칭시키면

$y=4-e^{2(1-x)}$ 의 그래프이고, $y=2x+1$ 의 그래프는

점 $\left(\dfrac{1}{2},\ 2\right)$ 에 대칭이므로 $y=f(x)$ 의 그래프는

점 $\left(\dfrac{1}{2},\ 2\right)$ 에 대하여 대칭이다.

> **Tip**
>
> $y=f(x)$ 의 그래프를 점 $(a,\ b)$ 에 대하여
> 대칭시키면 $2b-y=f(2a-x)$ 이다.
> (2026 규토 라이트 N제 지수로그함수 Guide step 참고)

$y=f(x)$ 의 그래프는 점 $\left(\dfrac{1}{2},\ 2\right)$ 에 대하여 대칭이므로

$\displaystyle\int_{-1}^{2}f(x)dx$ 는 아래 그림에서 색칠한 직사각형 넓이와 같다.

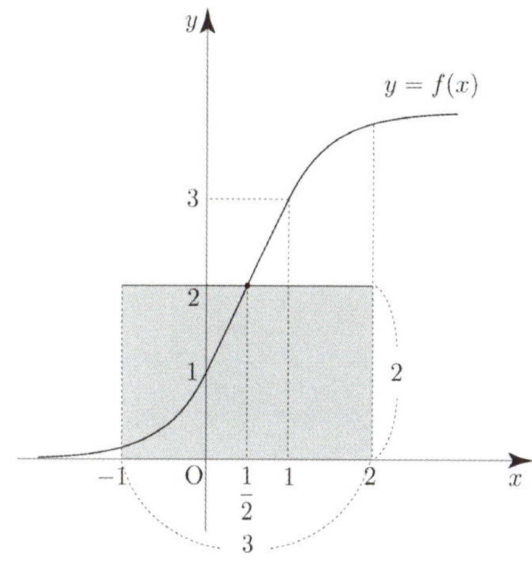

$$\therefore\ \int_{-1}^{2}f(x)dx=3\times 2=6$$

따라서 $g(a+b)+\displaystyle\int_{-1}^{2}f(x)dx=9+6=15$ 이다.

답 15

34	②	58	③
35	③	59	②
36	②	60	96
37	②	61	7
38	③	62	②
39	19	63	③
40	①	64	①
41	①	65	③
42	⑤	66	⑤
43	①	67	③
44	⑤	68	③
45	②	69	①
46	①	70	①
47	④	71	③
48	②	72	7
49	①	73	④
50	②	74	②
51	③	75	②
52	④	76	②
53	78	77	⑤
54	③	78	①
55	①	79	⑤
56	④	80	②
57	④		

034

구하고자 하는 넓이 S는

$$S = \int_{\ln\frac{1}{2}}^{\ln 2} e^{2x} dx = \left[\frac{1}{2} e^{2x} \right]_{\ln\frac{1}{2}}^{\ln 2} = \frac{1}{2} e^{\ln 4} - \frac{1}{2} e^{-\ln 4}$$

$$= 2 - \frac{1}{8} = \frac{15}{8}$$

이다.

답 ②

035

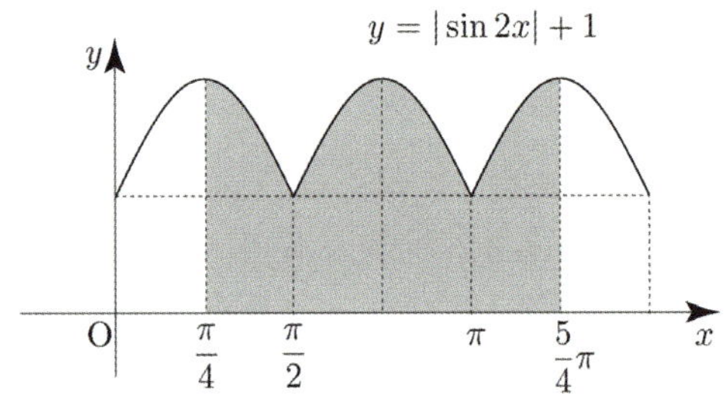

대칭성과 주기성에 의하여 구하고자 하는 넓이 S는

$$S = \int_{\frac{\pi}{4}}^{\frac{5}{4}\pi} (|\sin 2x| + 1) dx = 4 \int_0^{\frac{\pi}{4}} (|\sin 2x| + 1) dx$$

$$= 4 \int_0^{\frac{\pi}{4}} (\sin 2x + 1) dx = 4 \left[-\frac{1}{2}\cos 2x + x \right]_0^{\frac{\pi}{4}}$$

$$= 4 \left(\frac{\pi}{4} + \frac{1}{2} \right) = \pi + 2$$

답 ③ 

036

$$\triangle x = \frac{2}{n},$$

$$x_k = 1 + \frac{2k}{n} \left(x_k = 1 + \frac{(3-1)k}{n} \Rightarrow a = 1, \ b = 3 \right) 라$$

하면 $f(x) = \frac{1}{x}$ 이므로

$$\lim_{n \to \infty} \sum_{k=1}^{n} f\left(1 + \frac{2k}{n}\right) \frac{2}{n} = \int_1^3 f(x) dx = \int_1^3 \frac{1}{x} dx$$

$$= \left[\ln|x| \right]_1^3 = \ln 3$$

답 ②

037

구하고자 하는 넓이 S는

$2x + 1 = t$ 라 하면 $2 = \dfrac{dt}{dx}$ 이고,

$x = 1$ 일 때, $t = 3$, $x = 2$ 일 때, $t = 5$ 이므로

$$S = \int_1^2 f(2x+1) dx = \frac{1}{2} \int_3^5 f(t) dt = \frac{1}{2} \times 36 = 18$$

답 ② 

038

곡선 $y = e^{\frac{x}{3}}$ 위의 점 $(3,\ e)$ 에서의 접선의 방정식은

$$y = \frac{1}{3}e\,(x-3) + e = \frac{e}{3}x$$

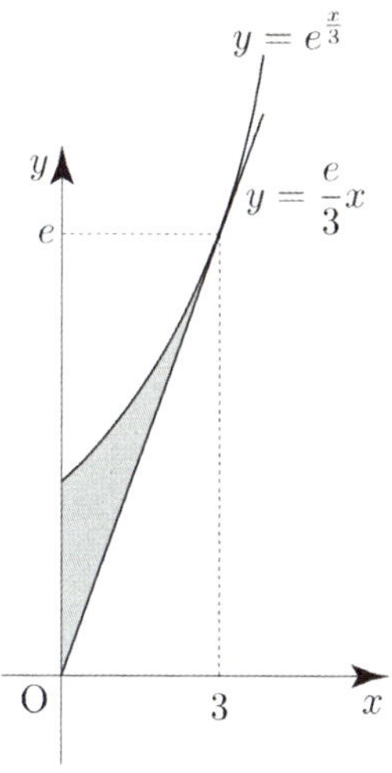

구하고자 하는 넓이 S 는

$$S = \int_0^3 \left(e^{\frac{x}{3}} - \frac{e}{3}x \right)dx = \left[3e^{\frac{x}{3}} - \frac{e}{6}x^2 \right]_0^3 = 3e - \frac{3}{2}e - 3$$

$$= \frac{3}{2}e - 3$$

답 ③

039

$$\lim_{n \to \infty} \sum_{k=1}^{n} \frac{k}{n^2} f\left(\frac{k}{n} \right) = \lim_{n \to \infty} \sum_{k=1}^{n} \frac{k}{n} f\left(\frac{k}{n} \right) \times \frac{1}{n}$$

$\varDelta x = \frac{1}{n}$, $x_k = \frac{k}{n}$ $\left(x_k = 0 + \frac{(1-0)k}{n} \Rightarrow a=0,\ b=1 \right)$ 라

하면 $g(x) = xf(x)$ 이므로

$$\lim_{n \to \infty} \sum_{k=1}^{n} \frac{k}{n^2} f\left(\frac{k}{n} \right) = \lim_{n \to \infty} \sum_{k=1}^{n} \frac{k}{n} f\left(\frac{k}{n} \right) \times \frac{1}{n}$$

$$= \int_0^1 g(x)dx$$

$$= \int_0^1 xf(x)dx$$

$$= \int_0^1 (4x^3 + 6x^2 + 32x)dx$$

$$= \left[x^4 + 2x^3 + 16x^2 \right]_0^1 = 19$$

답 19

040

$$\lim_{n \to \infty} \frac{1}{n} \sum_{k=1}^{n} \sqrt{\frac{3n}{3n+k}} = \lim_{n \to \infty} \sum_{k=1}^{n} \sqrt{\frac{3}{3+\frac{k}{n}}} \times \frac{1}{n}$$

$\varDelta x = \frac{1}{n}$,

$x_k = 3 + \frac{k}{n}$ $\left(x_k = 3 + \frac{(4-3)k}{n} \Rightarrow a=3,\ b=4 \right)$ 라 하면

$f(x) = \sqrt{\frac{3}{x}} = \sqrt{3}\,x^{-\frac{1}{2}}$ 이므로

$$\lim_{n \to \infty} \frac{1}{n} \sum_{k=1}^{n} \sqrt{\frac{3n}{3n+k}} = \lim_{n \to \infty} \sum_{k=1}^{n} \sqrt{\frac{3}{3+\frac{k}{n}}} \times \frac{1}{n}$$

$$= \int_3^4 f(x)dx = \sqrt{3} \int_3^4 x^{-\frac{1}{2}} dx$$

$$= \sqrt{3} \left[2x^{\frac{1}{2}} \right]_3^4 = 4\sqrt{3} - 6$$

답 ①

041

$\varDelta x = \frac{\pi}{n}$, $x_k = \frac{\pi k}{n}$ $\left(x_k = 0 + \frac{(\pi - 0)k}{n} \Rightarrow a=0,\ b=\pi \right)$ 라

하면 $f(x) = \sin 3x$ 이므로

$$\lim_{n \to \infty} \sum_{k=1}^{n} \frac{\pi}{n} f\left(\frac{k\pi}{n} \right) = \int_0^\pi f(x)dx = \int_0^\pi \sin 3x\,dx$$

$$= \left[-\frac{1}{3}\cos 3x \right]_0^\pi = \frac{1}{3} + \frac{1}{3} = \frac{2}{3}$$

답 ①

042

구하고자 하는 넓이 S 는

$$\int_0^1 (e - xe^x)\,dx = \int_0^1 e\,dx - \int_0^1 xe^x dx$$

$$= e - \int_0^1 xe^x dx$$

$$= e - \left[xe^x \right]_0^1 + \int_0^1 e^x dx$$

$$= e - e + e - 1 = e - 1$$

답 ⑤

$f(x) = x\ln(x^2+1)$ 라 하면

$f(0) = 0$ 이고, $x > 0$ 에서 $f(x) > 0$ 이다.

$x^2 + 1 = t$ 라 하면 $2x = \dfrac{dt}{dx}$ 이고,

$x = 0$ 일 때, $t = 1$, $x = 1$ 일 때, $t = 2$ 이므로

구하고자 하는 넓이 S는

$$S = \int_0^1 x\ln(x^2+1)dx = \frac{1}{2}\int_1^2 \ln t \, dt$$

$$= \frac{1}{2}\Big[t\ln t - t \Big]_1^2 = \frac{1}{2}(2\ln 2 - 2 + 1)$$

$$= \frac{1}{2}(2\ln 2 - 1) = \ln 2 - \frac{1}{2}$$

 답 ①

$f(x) = \dfrac{1}{8}e^{2x} + \dfrac{1}{2}e^{-2x}$ 라 하면

$f'(x) = \dfrac{1}{4}e^{2x} - e^{-2x}$

구하고자 하는 곡선의 길이 l 은

$$l = \int_0^{\ln 2} \sqrt{1 + \{f'(x)\}^2}\,dx = \int_0^{\ln 2} \sqrt{1 + \left(\frac{1}{4}e^{2x} - e^{-2x}\right)^2}\,dx$$

$$= \int_0^{\ln 2} \sqrt{\left(\frac{1}{4}e^{2x} + e^{-2x}\right)^2}\,dx = \int_0^{\ln 2} \left|\frac{1}{4}e^{2x} + e^{-2x}\right|\,dx$$

$$= \int_0^{\ln 2}\left(\frac{1}{4}e^{2x} + e^{-2x}\right)dx = \left[\frac{1}{8}e^{2x} - \frac{1}{2}e^{-2x}\right]_0^{\ln 2}$$

$$= \frac{1}{2} - \frac{1}{8} - \left(\frac{1}{8} - \frac{1}{2}\right) = \frac{3}{4}$$

 답 ⑤

045

둘러싸인 부분의 넓이 S는

$$S = \int_0^1 \left\{\sin\frac{\pi}{2}x - (2^x - 1)\right\}dx$$

$$= \int_0^1 \left(\sin\frac{\pi}{2}x - 2^x + 1\right)dx$$

$$= \left[-\frac{2}{\pi}\cos\frac{\pi}{2}x - \frac{2^x}{\ln 2} + x\right]_0^1$$

$$= -\frac{2}{\ln 2} + 1 - \left(-\frac{2}{\pi} - \frac{1}{\ln 2}\right)$$

$$= \frac{2}{\pi} - \frac{1}{\ln 2} + 1$$

 답 ②

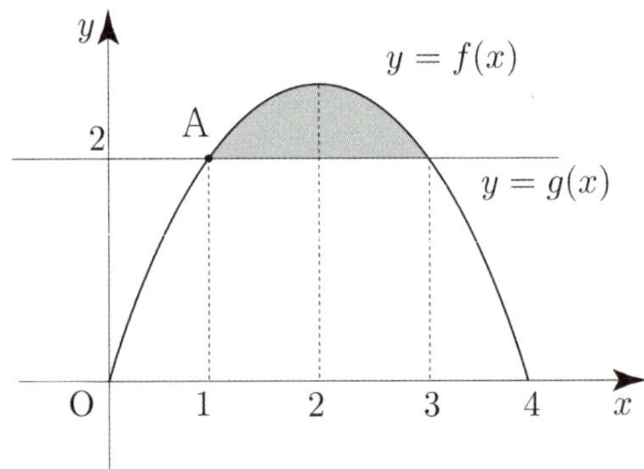

대칭성에 의하여 구하고자 하는 넓이 S는

$$S = \int_1^3 \left\{2\sqrt{2}\sin\frac{\pi}{4}x - 2\right\}dx$$

$$= 2\int_1^2 \left\{2\sqrt{2}\sin\frac{\pi}{4}x - 2\right\}dx$$

$$= 2\left[-\frac{8\sqrt{2}}{\pi}\cos\frac{\pi}{4}x - 2x\right]_1^2$$

$$= 2\left(\frac{8}{\pi} - 2\right) = \frac{16}{\pi} - 4$$

 답 ①

단면의 넓이를 $S(x)$ 라 하면

$$S(x) = \left(\sqrt{x}\, e^x\right)^2 = xe^{2x}$$

따라서 구하는 입체도형의 부피 V는

$$V = \int_1^2 S(x)dx = \int_1^2 xe^{2x}dx$$

$$= \left[x\left(\frac{e^{2x}}{2}\right)\right]_1^2 - \int_1^2 \frac{e^{2x}}{2}dx$$

$$= e^4 - \frac{e^2}{2} - \left[\frac{e^{2x}}{4}\right]_1^2 = e^4 - \frac{e^2}{2} - \left(\frac{e^4}{4} - \frac{e^2}{4}\right)$$

$$= \frac{3}{4}e^4 - \frac{1}{4}e^2 = \frac{3e^4 - e^2}{4}$$

답 ④

048

단면의 넓이를 $S(x)$ 라 하면

$$S(x) = \left(\sqrt{\frac{e^x}{e^x+1}}\right)^2 = \frac{e^x}{e^x+1}$$

구하는 입체도형의 부피 V는

$$V = \int_0^k S(x)dx = \int_0^k \frac{e^x}{e^x+1}dx$$

$$= \left[\ln|e^x+1|\right]_0^k = \ln|e^k+1| - \ln|2|$$

$$= \ln(e^k+1) - \ln 2 = \ln 7$$

$$\Rightarrow \ln(e^k+1) = \ln 14$$

$$\Rightarrow e^k = 13$$

따라서 $k = \ln 13$ 이다.

답 ②

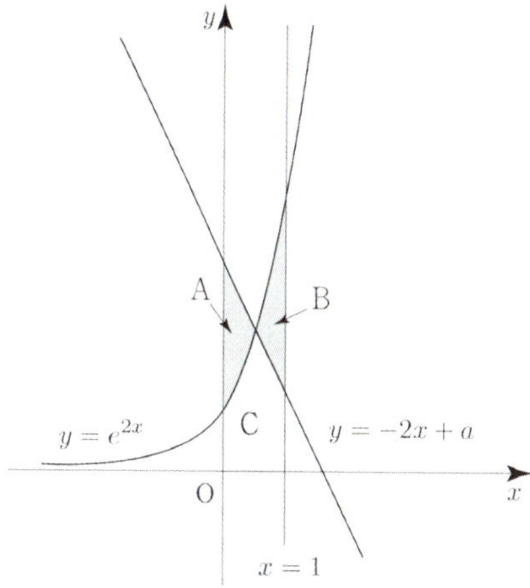

049

제 3의 넓이 C 를 도입하면

$$\int_0^1 (-2x+a)dx = A + C$$

$$\int_0^1 e^{2x}dx = B + C$$

이고 $A = B$ 이므로

$$A + C - (B + C) = A - B = 0 \text{ 이다.}$$

$$A - B = \int_0^1 \{(-2x+a) - e^{2x}\}dx = \left[-x^2 + ax - \frac{1}{2}e^{2x}\right]_0^1$$

$$= -1 + a - \frac{1}{2}e^2 + \frac{1}{2}$$

따라서 $a = \dfrac{e^2+1}{2}$ 이다.

답 ①

단면의 넓이를 $S(x)$ 라 하면

$$S(x) = \left(\sqrt{\frac{3x+1}{x^2}}\right)^2 = \frac{3x+1}{x^2}$$

구하는 입체도형의 부피 V는

$$V = \int_1^2 S(x)dx = \int_1^2 \frac{3x+1}{x^2}dx = \int_1^2 \left(\frac{3}{x} + \frac{1}{x^2}\right)dx$$

$$= \left[3\ln|x| - \frac{1}{x}\right]_1^2 = 3\ln 2 - \frac{1}{2} - (0-1)$$

$$= \frac{1}{2} + 3\ln 2$$

답 ②

$$\lim_{n\to\infty}\sum_{k=1}^{n}\frac{k^2+2kn}{k^3+3k^2n+n^3}$$

$$=\lim_{n\to\infty}\sum_{k=1}^{n}\frac{\left(\frac{k}{n}\right)^2+2\left(\frac{k}{n}\right)}{\left(\frac{k}{n}\right)^3+3\left(\frac{k}{n}\right)^2+1}\times\frac{1}{n}$$

$$\varDelta x=\frac{1}{n},$$

$$x_k=\frac{k}{n}\ \left(x_k=0+\frac{(1-0)k}{n}\ \Rightarrow\ a=0,\ b=1\right)\text{라 하면}$$

$$f(x)=\frac{x^2+2x}{x^3+3x^2+1}\ \text{이므로}$$

$$\lim_{n\to\infty}\sum_{k=1}^{n}\frac{k^2+2kn}{k^3+3k^2n+n^3}=\lim_{n\to\infty}\sum_{k=1}^{n}\frac{\left(\frac{k}{n}\right)^2+2\left(\frac{k}{n}\right)}{\left(\frac{k}{n}\right)^3+3\left(\frac{k}{n}\right)^2+1}\times\frac{1}{n}$$

$$=\int_{0}^{1}\frac{x^2+2x}{x^3+3x^2+1}\,dx$$

$$=\frac{1}{3}\int_{0}^{1}\frac{3x^2+6x}{x^3+3x^2+1}\,dx$$

$$=\frac{1}{3}\left[\ln\left|x^3+3x^2+1\right|\right]_{0}^{1}$$

$$=\frac{1}{3}\ln5$$

답 ③

052

단면의 넓이를 $S(x)$ 라 하면
$$S(x)=\left(\sqrt{\sec^2x+\tan x}\right)^2=\sec^2x+\tan x$$

구하는 입체도형의 부피 V는
$$V=\int_{0}^{\frac{\pi}{3}}S(x)\,dx=\int_{0}^{\frac{\pi}{3}}\left(\sec^2x+\tan x\right)dx$$

$$=\left[\tan x-\ln|\cos x|\right]_{0}^{\frac{\pi}{3}}=\sqrt{3}-\ln\frac{1}{2}=\sqrt{3}+\ln2$$

답 ④

$$f(x)=\frac{1}{3}\left(x^2+2\right)^{\frac{3}{2}}\text{ 라 하면}$$

$$f'(x)=\frac{1}{2}\left(x^2+2\right)^{\frac{1}{2}}\times2x=x\sqrt{x^2+2}$$

구하고자 하는 곡선의 길이 l은
$$l=\int_{0}^{6}\sqrt{1+\{f'(x)\}^2}\,dx=\int_{0}^{6}\sqrt{1+x^2(x^2+2)}\,dx$$

$$=\int_{0}^{6}\sqrt{(x^2+1)^2}\,dx=\int_{0}^{6}\left|x^2+1\right|dx=\int_{0}^{6}(x^2+1)\,dx$$

$$=\left[\frac{x^3}{3}+x\right]_{0}^{6}=72+6=78$$

답 78

054

단면의 넓이를 $S(x)$ 라 하면
$$S(x)=\left(\sqrt{(1-2x)\cos x}\right)^2=(1-2x)\cos x$$

구하는 입체도형의 부피 V는
$$V=\int_{\frac{3}{4}\pi}^{\frac{5}{4}\pi}S(x)\,dx=\int_{\frac{3}{4}\pi}^{\frac{5}{4}\pi}(1-2x)\cos x\,dx$$

$$=\left[(1-2x)\sin x\right]_{\frac{3}{4}\pi}^{\frac{5}{4}\pi}+2\int_{\frac{3}{4}\pi}^{\frac{5}{4}\pi}\sin x\,dx$$

$$=\left[(1-2x)\sin x-2\cos x\right]_{\frac{3}{4}\pi}^{\frac{5}{4}\pi}$$

$$=\left(\frac{\sqrt{2}}{2}+\frac{5\sqrt{2}}{4}\pi\right)-\left(\frac{3\sqrt{2}}{2}-\frac{3\sqrt{2}}{4}\pi\right)$$

$$=2\sqrt{2}\pi-\sqrt{2}$$

답 ③

$f(x) = \dfrac{1}{2}\left(\,|\,e^x - 1\,| - e^{|x|} + 1\,\right)$ 라 하면

$$f(x) = \begin{cases} 0 & (x \geq 0) \\[2mm] \dfrac{1}{2}(-e^x - e^{-x} + 2) & (x < 0) \end{cases}$$

$$f'(x) = \begin{cases} 0 & (x \geq 0) \\[2mm] \dfrac{1}{2}(-e^x + e^{-x}) & (x < 0) \end{cases}$$

구하고자 하는 곡선의 길이 l 은

$$l = \int_{-\ln 4}^{1} \sqrt{1 + \{f'(x)\}^2}\, dx$$

$$= \int_{-\ln 4}^{0} \sqrt{1 + \{f'(x)\}^2}\, dx + \int_{0}^{1} \sqrt{1 + \{f'(x)\}^2}\, dx$$

$$= \int_{-\ln 4}^{0} \sqrt{1 + \frac{1}{4}(-e^x + e^{-x})^2}\, dx + \int_{0}^{1} 1\, dx$$

$$= \int_{-\ln 4}^{0} \frac{1}{2}(e^x + e^{-x})\, dx + 1$$

$$= \left[\frac{1}{2}(e^x - e^{-x})\right]_{-\ln 4}^{0} + 1 = -\frac{1}{2}\left(\frac{1}{4} - 4\right) + 1 = \frac{23}{8}$$

답 ①

$$\mathrm{A} = \int_{0}^{1} -\frac{2x-2}{x^2 - 2x + 2}\, dx = \left[-\ln\left|x^2 - 2x + 2\right|\right]_{0}^{1}$$

$$= \ln 2$$

$$\mathrm{B} = \int_{1}^{3} \frac{2x-2}{x^2 - 2x + 2}\, dx = \left[\ln\left|x^2 - 2x + 2\right|\right]_{1}^{3}$$

$$= \ln 5$$

따라서 $\mathrm{A} + \mathrm{B} = \ln 2 + \ln 5 = \ln 10$ 이다.

답 ④

$$\lim_{n \to \infty} \sum_{k=1}^{n} \frac{1}{n+k}\, f\left(1 + \frac{k}{n}\right) = \lim_{n \to \infty} \sum_{k=1}^{n} \frac{1}{1 + \dfrac{k}{n}}\, f\left(1 + \frac{k}{n}\right) \times \frac{1}{n}$$

$\varDelta x = \dfrac{1}{n}$,

$x_k = 1 + \dfrac{k}{n}\ \left(x_k = 1 + \dfrac{(2-1)k}{n} \ \Rightarrow\ a = 1,\ b = 2\right)$ 라

하면 $g(x) = \dfrac{1}{x}\, f(x)$ 이므로

$$\lim_{n \to \infty} \sum_{k=1}^{n} \frac{1}{n+k}\, f\left(1 + \frac{k}{n}\right) = \lim_{n \to \infty} \sum_{k=1}^{n} \frac{1}{1 + \dfrac{k}{n}}\, f\left(1 + \frac{k}{n}\right) \times \frac{1}{n}$$

$$= \int_{1}^{2} g(x)\, dx = \int_{1}^{2} \frac{f(x)}{x}\, dx$$

$$= \int_{1}^{2} \frac{\ln x}{x}\, dx$$

$\ln x = t$ 라 하면 $\dfrac{1}{x} = \dfrac{dt}{dx}$ 이고,

$x = 1$ 일 때, $t = 0$, $x = 2$ 일 때, $t = \ln 2$ 이므로

$$\lim_{n \to \infty} \sum_{k=1}^{n} \frac{1}{n+k}\, f\left(1 + \frac{k}{n}\right) = \int_{1}^{2} \frac{\ln x}{x}\, dx = \int_{0}^{\ln 2} t\, dt$$

$$= \left[\frac{t^2}{2}\right]_{0}^{\ln 2} = \frac{(\ln 2)^2}{2}$$

답 ④

$y = \cos 2x$ 의 그래프와 x 축, y 축 및 직선 $x = \dfrac{\pi}{12}$ 로

둘러싸인 부분의 넓이 S 는

$$S = \int_{0}^{\frac{\pi}{12}} \cos 2x\, dx = \left[\frac{1}{2}\sin 2x\right]_{0}^{\frac{\pi}{12}} = \frac{1}{4}$$

$$\cos\left(2 \times \frac{\pi}{12}\right) = \cos\frac{\pi}{6} = \frac{\sqrt{3}}{2}$$

아래 그림에서 색칠된 직사각형의

넓이는 $\dfrac{\pi}{12} \times \dfrac{\sqrt{3}}{2} = \dfrac{\pi\sqrt{3}}{24} > \dfrac{1}{8}$ 이므로

$0 < a < \dfrac{\sqrt{3}}{2}$ 이어야 한다.

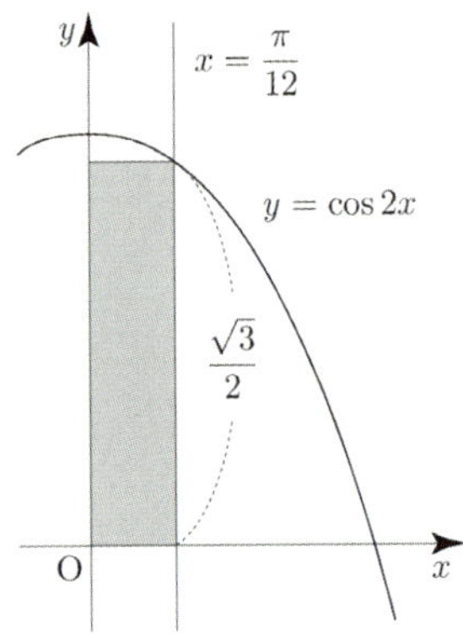

이 S가 직선 $y=a$에 의하여 이등분되어야 하므로

아래 그림에서 색칠된 직사각형의 넓이가 $\dfrac{1}{8}$이어야 한다.

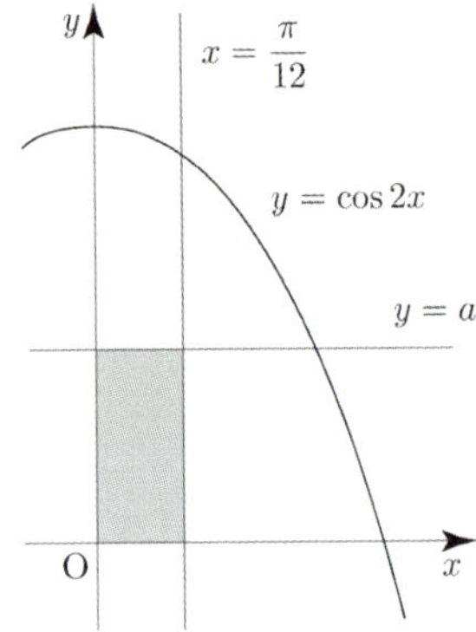

$$\dfrac{\pi}{12}\times a=\dfrac{1}{8}\ \Rightarrow\ a=\dfrac{3}{2\pi}$$

따라서 상수 $a=\dfrac{3}{2\pi}$ 이다.

답 ③

대칭성에 의하여 구하고자 하는 넓이 S는

$$S=2^n\times 2^n-2\int_1^{2^n}\log_2 x\,dx=2^{2n}-\dfrac{2}{\ln 2}\int_1^{2^n}\ln x\,dx$$

$$=2^{2n}-\dfrac{2}{\ln 2}\Big[x\ln x-x\Big]_1^{2^n}$$

$$=2^{2n}-\dfrac{2}{\ln 2}\big(2^n n\ln 2-2^n+1\big)$$

따라서 $n=3$일 때 색칠된 부분의 넓이 S는

$$S=64-\dfrac{2}{\ln 2}(24\ln 2-7)=64-48+\dfrac{14}{\ln 2}$$

$$=16+\dfrac{14}{\ln 2}$$

이다.

답 ②

$$f(x)=\int_0^x (a-t)e^t\,dt$$

$$f'(x)=(a-x)e^x$$

semi 도함수 $f'(x)=a-x$

$$f'(a)=0\ \Rightarrow\ x=a \text{에서 극대이자 최대}$$

$$f(a)=\int_0^a (a-t)e^t\,dt=\Big[(a-t)e^t\Big]_0^a-\int_0^a -e^t\,dt$$

$$=-a+e^a-1=32\ \Rightarrow\ e^a-a=33$$

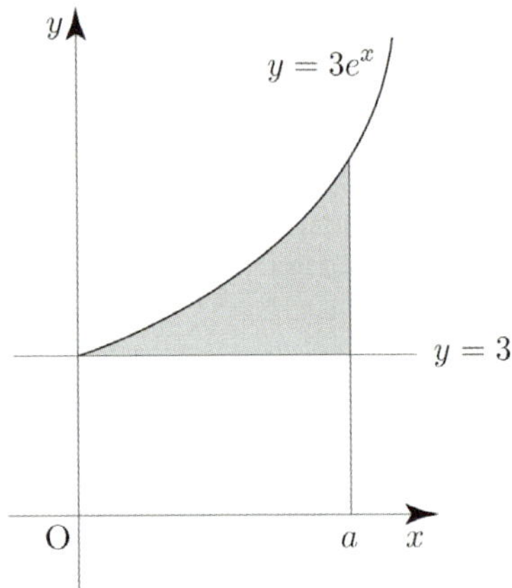

따라서 둘러싸인 부분의 넓이 S는

$$S=\int_0^a (3e^x-3)\,dx=\Big[3e^x-3x\Big]_0^a$$

$$=3e^a-3a-3=3(e^a-a)-3$$

$$=3\times 33-3=99-3=96$$

이다.

답 96

단면의 넓이를 $S(x)$라 하면

$$S(x)=\left(\sqrt{x+\dfrac{\pi}{4}\sin\left(\dfrac{\pi}{2}x\right)}\right)^2=x+\dfrac{\pi}{4}\sin\left(\dfrac{\pi}{2}x\right)$$

구하는 입체도형의 부피 V는

$$V=\int_1^4 S(x)\,dx=\int_1^4\left\{x+\dfrac{\pi}{4}\sin\left(\dfrac{\pi}{2}x\right)\right\}dx$$

$$=\left[\dfrac{x^2}{2}-\dfrac{1}{2}\cos\left(\dfrac{\pi}{2}x\right)\right]_1^4=8-1=7$$

답 7

062

둘러싸인 부분의 넓이 S 는

$$S = \int_1^2 \frac{1}{x} dx = \left[\ln|x| \right]_1^2 = \ln 2$$

$$\Rightarrow 2S = 2\ln 2 = \ln 4$$

① $0 < a < 1$

$$\int_a^1 \frac{1}{x} dx = \left[\ln|x| \right]_a^1 = -\ln a = \ln 4$$

$$\therefore \ a = \frac{1}{4}$$

② $a > 1$

$$\int_1^a \frac{1}{x} dx = \left[\ln|x| \right]_1^a = \ln a = \ln 4$$

$$\therefore \ a = 4$$

따라서 모든 양수 a 의 합은 $\dfrac{1}{4} + 4 = \dfrac{17}{4}$ 이다.

답 ②

063

단면의 넓이를 $S(x)$ 라 하면

$$S(x) = \frac{\sqrt{3}}{4} \left(2\sqrt{x}\, e^{kx^2} \right)^2 = \frac{\sqrt{3}}{4} \left(4x\, e^{2kx^2} \right) = \sqrt{3}\, x\, e^{2kx^2}$$

입체도형의 부피 V 는

$$V = \int_{\frac{1}{\sqrt{2k}}}^{\frac{1}{\sqrt{k}}} S(x)\, dx = \int_{\frac{1}{\sqrt{2k}}}^{\frac{1}{\sqrt{k}}} \sqrt{3}\, x\, e^{2kx^2}\, dx$$

$$= \left[\frac{\sqrt{3}}{4k} e^{2kx^2} \right]_{\frac{1}{\sqrt{2k}}}^{\frac{1}{\sqrt{k}}} = \frac{\sqrt{3}}{4k} e^2 - \frac{\sqrt{3}}{4k} e$$

$$= \frac{\sqrt{3}}{4k} \left(e^2 - e \right) = \sqrt{3} \left(e^2 - e \right)$$

따라서 $k = \dfrac{1}{4}$ 이다.

답 ③

곡선 $y = x^2$ 과 직선 $y = t^2 x - \dfrac{\ln t}{8}$ 이 만나는 두 점의 x 좌표를 각각 α, β 라 하자.

방정식 $x^2 = t^2 x - \dfrac{\ln t}{8} \Rightarrow x^2 - t^2 x + \dfrac{\ln t}{8} = 0$ 의 두 실근은 α, β 이므로 근과 계수의 관계에 의해 $\alpha + \beta = t^2$ 이다.

곡선 $y = x^2$ 과 직선 $y = t^2 x - \dfrac{\ln t}{8}$ 이 만나는 두 점의 중점은 직선 $y = t^2 x - \dfrac{\ln t}{8}$ 위의 점이므로 중점의 좌표는

$$\left(\frac{\alpha + \beta}{2}, \ t^2 \left(\frac{\alpha + \beta}{2} \right) - \frac{\ln t}{8} \right) \Rightarrow \left(\frac{t^2}{2}, \ \frac{t^4}{2} - \frac{\ln t}{8} \right)$$ 이다.

따라서 점 P 의 시각 t 에서의 위치는 다음과 같다.

$$x = \frac{t^2}{2}, \ y = \frac{t^4}{2} - \frac{\ln t}{8}$$

이때 $\dfrac{dx}{dt} = t$, $\dfrac{dy}{dt} = 2t^3 - \dfrac{1}{8t}$ 이므로

$$\sqrt{\left(\frac{dx}{dt} \right)^2 + \left(\frac{dy}{dt} \right)^2} = \sqrt{t^2 + \left(2t^3 - \frac{1}{8t} \right)^2}$$

$$= \sqrt{t^2 + 4t^6 - \frac{1}{2} t^2 + \frac{1}{64t^2}}$$

$$= \sqrt{4t^6 + \frac{1}{2} t^2 + \frac{1}{64t^2}}$$

$$= \sqrt{\left(2t^3 + \frac{1}{8t} \right)^2}$$

$$= \left| 2t^3 + \frac{1}{8t} \right|$$

$$= 2t^3 + \frac{1}{8t} \ (\because \ t > 0)$$

따라서 시각 $t = 1$ 에서 $t = e$ 까지 점 P 가 움직인 거리는

$$\int_1^e \sqrt{\left(\frac{dx}{dt} \right)^2 + \left(\frac{dy}{dt} \right)^2}\, dt = \int_1^e \left(2t^3 + \frac{1}{8t} \right) dt$$

$$= \left[\frac{1}{2} t^4 + \frac{1}{8} \ln|t| \right]_1^e$$

$$= \frac{1}{2} e^4 + \frac{1}{8} - \left(\frac{1}{2} + 0 \right)$$

$$= \frac{e^4}{2} - \frac{3}{8}$$

이다.

답 ①

065

단면의 넓이를 $S(x)$ 라 하면

$$S(x) = \left(\sqrt{\dfrac{x+1}{x(x+\ln x)}} \right)^2 = \dfrac{x+1}{x(x+\ln x)}$$

입체도형의 부피 V는

$$V = \int_1^e S(x)\,dx = \int_1^e \dfrac{x+1}{x(x+\ln x)}\,dx$$

$$= \int_1^e \left(1+\dfrac{1}{x}\right)\dfrac{1}{x+\ln x}\,dx$$

$x+\ln x = t$ 라 하면 $\left(1+\dfrac{1}{x}\right)dx = dt$

따라서 입체도형의 부피 V는

$$V = \int_1^e \left(1+\dfrac{1}{x}\right)\dfrac{1}{x+\ln x}\,dx$$

$$= \int_1^{e+1} \dfrac{1}{t}\,dt = \Big[\ln|t|\Big]_1^{e+1} = \ln(e+1)$$

이다.

답 ③

066

$\Delta x = \dfrac{1}{n}$,

$$x_k = m + \dfrac{k}{n} \left(x_k = m + \dfrac{(m+1-m)k}{n} \ \Rightarrow\ a = m,\ b = m+1 \right)$$

이므로

$$\lim_{n\to\infty} \dfrac{1}{n}\sum_{k=1}^n f\left(m+\dfrac{k}{n}\right) = \int_m^{m+1} f(x)\,dx < 0$$

위를 만족시키는 정수 m은 다음과 같다.

$m = -3,\ -2,\ -1,\ 2,\ 3,\ 4,\ 5$

따라서 정수 m의 개수는 7 이다.

답 ⑤

단면의 넓이를 $S(x)$ 라 하면

$$S(x) = \dfrac{\pi}{2}\left(x\sqrt{x\sin x^2} \right)^2 = \dfrac{\pi}{2}x^2 \times x\sin x^2$$

입체도형의 부피 V는

$$V = \int_{\sqrt{\frac{\pi}{6}}}^{\sqrt{\frac{\pi}{2}}} S(x)\,dx = \dfrac{\pi}{2}\int_{\sqrt{\frac{\pi}{6}}}^{\sqrt{\frac{\pi}{2}}} (x^2 \times x\sin x^2)\,dx$$

$$= \dfrac{\pi}{4}\int_{\sqrt{\frac{\pi}{6}}}^{\sqrt{\frac{\pi}{2}}} (x^2 \times 2x\sin x^2)\,dx$$

$x^2 = t$ 라 하면 $2x\,dx = dt$

따라서 입체도형의 부피 V는

$$V = \dfrac{\pi}{4}\int_{\sqrt{\frac{\pi}{6}}}^{\sqrt{\frac{\pi}{2}}} (x^2 \times 2x\sin x^2)\,dx = \dfrac{\pi}{4}\int_{\frac{\pi}{6}}^{\frac{\pi}{2}} t\sin t\,dt$$

$$= \dfrac{\pi}{4}\Big[t(-\cos t)\Big]_{\frac{\pi}{6}}^{\frac{\pi}{2}} - \dfrac{\pi}{4}\int_{\frac{\pi}{6}}^{\frac{\pi}{2}} (-\cos t)\,dt$$

$$= \dfrac{\sqrt{3}}{48}\pi^2 + \dfrac{\pi}{4}\int_{\frac{\pi}{6}}^{\frac{\pi}{2}} \cos t\,dt = \dfrac{\sqrt{3}}{48}\pi^2 + \dfrac{\pi}{4}\Big[\sin x\Big]_{\frac{\pi}{6}}^{\frac{\pi}{2}}$$

$$= \dfrac{\sqrt{3}}{48}\pi^2 + \dfrac{\pi}{8} = \dfrac{\sqrt{3}\,\pi^2 + 6\pi}{48}$$

이다.

답 ③

$$f(x) = \dfrac{\cos x}{\sin x + 2}\ (0 \le x \le \pi)$$

$$f(x) = 0 \ \Rightarrow\ \cos x = 0 \ \Rightarrow\ x = \dfrac{\pi}{2}$$

$$f(0) = \dfrac{1}{2},\ f\left(\dfrac{\pi}{2}\right) = 0,\ f(\pi) = -\dfrac{1}{2}$$

$0 \le x \le \pi$ 에서

$$f'(x) = \dfrac{-\sin x(\sin x + 2) - \cos^2 x}{(\sin x + 2)^2} = \dfrac{-1 - 2\sin x}{(\sin x + 2)^2} < 0$$

이므로 $f(x)$ 는 감소한다.

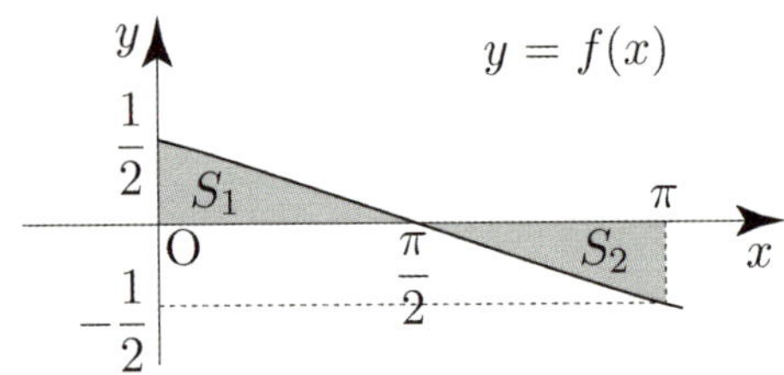

$$S_1 = \int_0^{\frac{\pi}{2}} \dfrac{\cos x}{\sin x + 2}\,dx = \Big[\ln|\sin x + 2|\Big]_0^{\frac{\pi}{2}}$$

$$= \ln 3 - \ln 2 = \ln\dfrac{3}{2}$$

$$S_2 = \int_{\frac{\pi}{2}}^{\pi} -\frac{\cos x}{\sin x + 2}\,dx = \Big[-\ln|\sin x + 2|\Big]_{\frac{\pi}{2}}^{\pi}$$

$$= -\ln 2 + \ln 3 = \ln\frac{3}{2}$$

따라서 $S_1 + S_2 = \ln\dfrac{3}{2} + \ln\dfrac{3}{2} = 2\ln\dfrac{3}{2}$ 이다.

답 ③

069

단면의 넓이를 $S(x)$ 라 하면

$$S(x) = \left(2\sqrt{x\sin(x^2)}\right)^2 = 4x\sin(x^2)$$

따라서 입체도형의 부피 V는

$$V = \int_{\frac{\sqrt{\pi}}{2}}^{\frac{\sqrt{3\pi}}{2}} S(x)\,dx = \int_{\frac{\sqrt{\pi}}{2}}^{\frac{\sqrt{3\pi}}{2}} 4x\sin(x^2)\,dx$$

$$= \Big[-2\cos(x^2)\Big]_{\frac{\sqrt{\pi}}{2}}^{\frac{\sqrt{3\pi}}{2}} = -2\cos\frac{3}{4}\pi + 2\cos\frac{\pi}{4}$$

$$= \sqrt{2} + \sqrt{2} = 2\sqrt{2}$$

이다.

답 ①

070

$$\angle P_k O P_{k-1} = \frac{\pi}{2} \times \frac{1}{2n} = \frac{\pi}{4n} \quad (k = 1,\ 2,\ 3,\ \cdots,\ 2n)$$

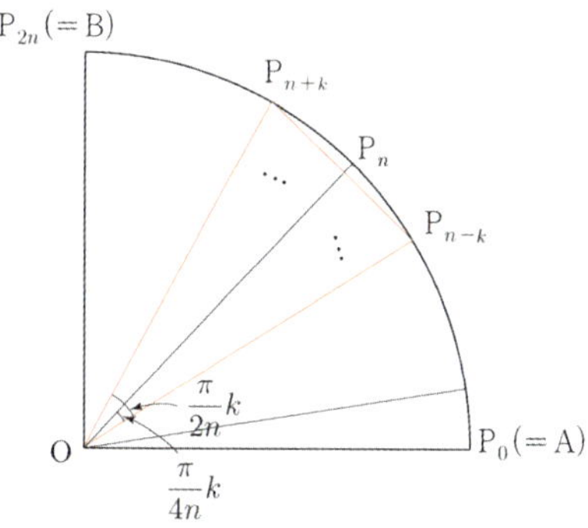

$$\angle P_n O P_{n-k} = \angle P_n O P_{n+k} = \frac{\pi}{4n}k$$

$$\Rightarrow \angle P_{n+k} O P_{n-k} = \frac{\pi}{2n}k$$

$$\therefore S_k = \frac{1}{2} \times 1^2 \times \sin\frac{\pi k}{2n}$$

$$\varDelta x = \frac{\pi}{2n},$$

$$x_k = \frac{\pi k}{2n} \quad \left(x_k = 0 + \frac{\left(\frac{\pi}{2} - 0\right)k}{n} \ \Rightarrow\ a = 0,\ b = \frac{\pi}{2}\right)$$

이고 $f(x) = \dfrac{1}{\pi}\sin x$ 이므로

$$\lim_{n \to \infty} \frac{1}{n}\sum_{k=1}^{n} S_k = \lim_{n \to \infty} \sum_{k=1}^{n} \frac{1}{\pi}\sin\left(\frac{\pi k}{2n}\right) \times \frac{\pi}{2n}$$

$$= \int_0^{\frac{\pi}{2}} \frac{1}{\pi}\sin x\,dx = \frac{1}{\pi}$$

답 ①

071

$x_k = 1 + \dfrac{k}{n}$ 이므로

$$A_k = \frac{1}{2}\left(1 + \frac{k}{n}\right)e^{1+\frac{k}{n}}$$

$$\varDelta x = \frac{1}{n},\ x_k = 1 + \frac{k}{n} \quad \left(x_k = 1 + \frac{(2-1)k}{n} \ \Rightarrow\ a = 1,\ b = 2\right)$$

이고 $f(x) = \dfrac{1}{2}xe^x$ 이므로

$$\lim_{n \to \infty} \frac{1}{n}\sum_{k=1}^{n} A_k = \lim_{n \to \infty} \sum_{k=1}^{n} \frac{1}{2}\left(1 + \frac{k}{n}\right)e^{1+\frac{k}{n}} \times \frac{1}{n}$$

$$= \int_1^2 \frac{1}{2}xe^x\,dx = \left[\frac{1}{2}xe^x\right]_1^2 - \int_1^2 \frac{1}{2}e^x\,dx$$

$$= e^2 - \frac{1}{2}e - \frac{1}{2}e^2 + \frac{1}{2}e = \frac{1}{2}e^2$$

답 ③

072

$A = B$ 이므로 $\displaystyle\int_0^2 f(x)\,dx = 0$

$$f(0) = 0,\ f(2) = 1$$

따라서

$$\int_0^2 (2x+3)f'(x)\,dx = \Big[(2x+3)f(x)\Big]_0^2 - \int_0^2 2f(x)\,dx$$

$$= 7f(2) - 3f(0) - 2\int_0^2 f(x)\,dx$$

$$= 7$$

이다.

답 7

073

단면의 넓이를 $S(x)$ 라 하면

$$S(x) = \left(\frac{\sqrt{\ln(x+1)}}{x}\right)^2 = \frac{\ln(x+1)}{x^2}$$

따라서 입체도형의 부피 V는

$$V = \int_1^3 \frac{\ln(x+1)}{x^2}\,dx$$

$$= \left[\ln(x+1)\left(-\frac{1}{x}\right)\right]_1^3 + \int_1^3 \frac{1}{x(x+1)}\,dx$$

$$= \frac{1}{3}\ln 2 + \int_1^3 \left(\frac{1}{x} - \frac{1}{x+1}\right)dx$$

$$= \frac{1}{3}\ln 2 + \left[\ln|x| - \ln|x+1|\right]_1^3$$

$$= \frac{1}{3}\ln 2 + \ln 3 - \ln 2 = \ln 3 - \frac{2}{3}\ln 2$$

$$= \frac{1}{3}\ln 27 - \frac{1}{3}\ln 4 = \frac{1}{3}\ln \frac{27}{4}$$

이다.

답 ④

곡선 $y = f(x)$ 와 x 축 및 직선 l 로 둘러싸인 부분의 넓이를 S_1 라 하고, 곡선 $y = f(x)$ 와 x 축 및 직선 $x = a$로 둘러싸인 부분의 넓이를 S_2 라 하자.

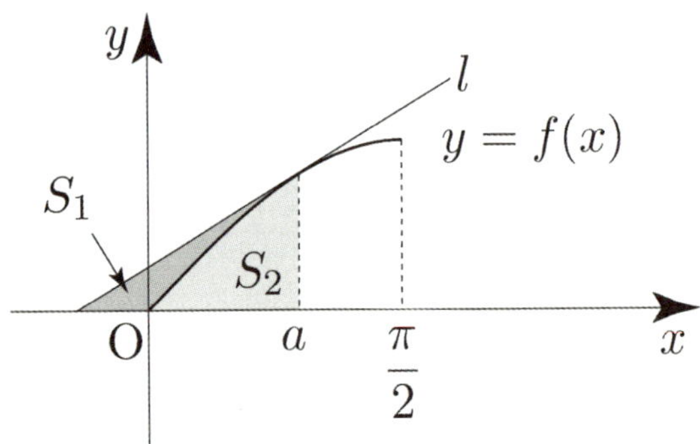

$f(x) = \sin x$

$f'(x) = \cos x$

점 $\mathrm{P}(a,\ \sin a)\left(0 < a < \frac{\pi}{2}\right)$ 에서의 접선 l 의 방정식은

$$y = \cos a(x-a) + \sin a = (\cos a)x - a\cos a + \sin a$$

$$0 = (\cos a)x - a\cos a + \sin a$$

$$\Rightarrow x = \frac{a\cos a - \sin a}{\cos a} = a - \tan a$$

$$S_1 + S_2 = 2S_2 = \frac{1}{2} \times (a - a + \tan a)\sin a$$

$$\Rightarrow S_2 = \frac{\sin a}{4} \times \tan a = \frac{\sin^2 a}{4\cos a} = \frac{1 - \cos^2 a}{4\cos a}$$

$$S_2 = \int_0^a \sin x\,dx = \left[-\cos x\right]_0^a = -\cos a + 1$$

$$\frac{1 - \cos^2 a}{4\cos a} = -\cos a + 1$$

$$\Rightarrow 1 - \cos^2 a = -4\cos^2 a + 4\cos a$$

$$\Rightarrow 3\cos^2 a - 4\cos a + 1 = 0$$

$$\Rightarrow (3\cos a - 1)(\cos a - 1) = 0$$

$$\Rightarrow \cos a = \frac{1}{3}\ \left(\because\ 0 < a < \frac{\pi}{2}\right)$$

따라서 $\cos a = \frac{1}{3}$ 이다.

답 ②

$$f(x) = ax^2,\ g(x) = \ln x$$

$$f'(x) = 2ax,\ g'(x) = \frac{1}{x}$$

점 P 의 x 좌표를 t 라 하면

함숫값 같다 : $at^2 = \ln t\ \cdots\ ㉠$

기울기 같다 : $2at = \frac{1}{t}\ \cdots\ ㉡$

$㉠$, $㉡$에 의하여

$$\ln t = \frac{1}{2} \Rightarrow t = \sqrt{e},\ a = \frac{1}{2e}$$

$f(x) = \frac{x^2}{2e}$ 이고 점 P 의 좌표는 $\left(\sqrt{e},\ \frac{1}{2}\right)$ 이므로 $f(x),\ g(x)$ 를 그리면 다음과 같다.

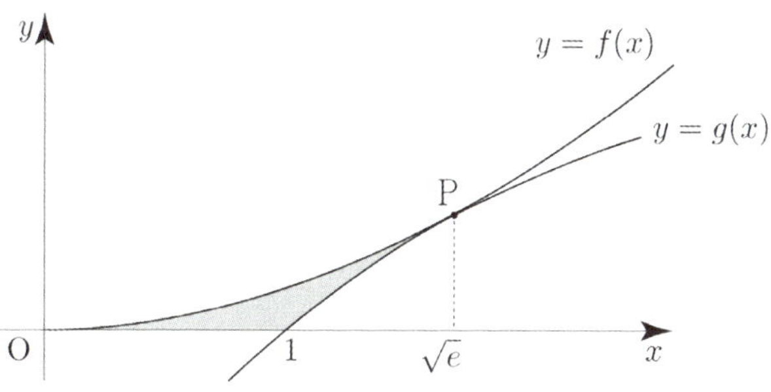

따라서 구하는 넓이 S는

$$S = \int_0^{\sqrt{e}} \frac{x^2}{2e}\,dx - \int_1^{\sqrt{e}} \ln x\,dx$$

$$= \left[\frac{x^3}{6e}\right]_0^{\sqrt{e}} - \left[x\ln x - x\right]_1^{\sqrt{e}}$$

$$= \left(\frac{\sqrt{e}}{6} - 0\right) - \left(\frac{\sqrt{e}}{2} - \sqrt{e}\right) - 1$$

$$= \frac{2\sqrt{e} - 3}{3}$$

답 ②

076

점 P의 시각 t에서의 속도가 $(2t,\ 2\pi\sin 2\pi t)$ 이므로
점 P의 위치는 $\left(t^2 + C_1,\ -\cos 2\pi t + C_2\right)$ 이다.

점 P는 시각 $t = 0$일 때, $(0,\ -1)$ 이므로
$C_1 = 0,\ C_2 = 0$ 이다.

$\therefore$ 점 P의 시각 t에서의 위치는 $\left(t^2,\ -\cos 2\pi t\right)$

점 $\text{P}\left(t^2,\ -\cos 2\pi t\right)$와 점 $\text{Q}\left(4\sin 2\pi t,\ |\cos 2\pi t|\right)$ 가
만나려면 다음 두 조건을 만족시켜야 한다.

$t^2 = 4\sin 2\pi t\ (t > 0),\quad -\cos 2\pi t = |\cos 2\pi t|\ (t > 0)$

① $t^2 = 4\sin 2\pi t\ (t > 0)$

방정식 $t^2 = 4\sin 2\pi t$ 의 실근은 두 함수 $y = t^2,\ y = 4\sin 2\pi t$ 의
그래프의 교점의 t 좌표와 같다.

두 함수 $y = t^2,\ y = 4\sin 2\pi t$ 의 그래프를 그리면 다음과 같다.

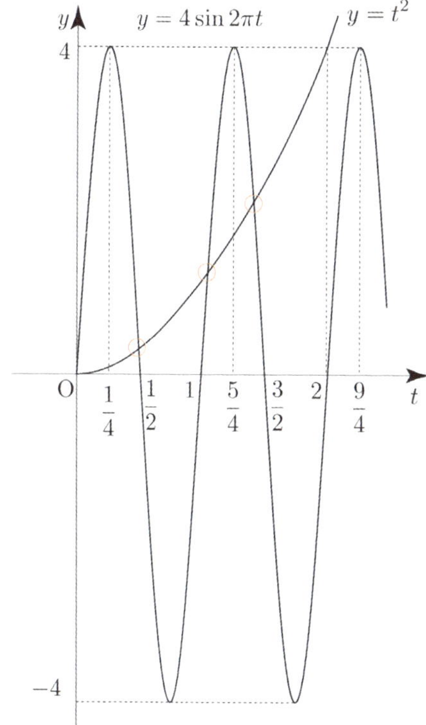

두 함수 $y = t^2,\ y = 4\sin 2\pi t$ 의 그래프는 $t > 0$ 에서
서로 다른 세 점에서 만난다.

② $-\cos 2\pi t = |\cos 2\pi t|\ (t > 0)$

$-\cos 2\pi t = |\cos 2\pi t| \Rightarrow \cos 2\pi t \leq 0$

함수 $y = \cos 2\pi t$ 의 그래프를 그리면 다음과 같다.

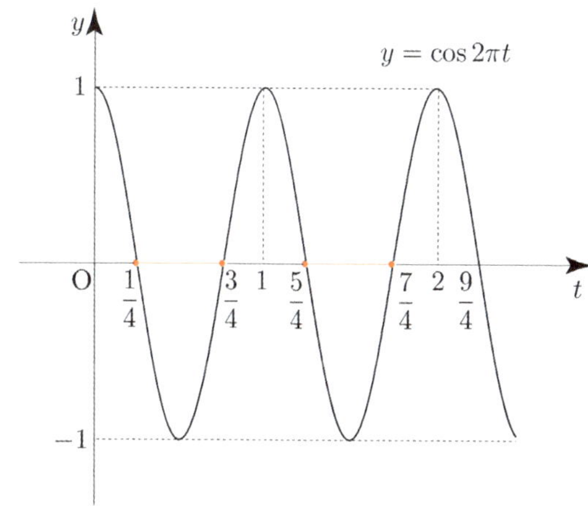

$\cos 2\pi t \leq 0 \Rightarrow \dfrac{1}{4} \leq t \leq \dfrac{3}{4}\ \text{ or }\ \dfrac{5}{4} \leq t \leq \dfrac{7}{4}\ \text{ or }\ \cdots$

①, ②에 의하여 $t > 0$ 에서 두 점 P, Q의 좌표가 같아지는
개수는 2이다.

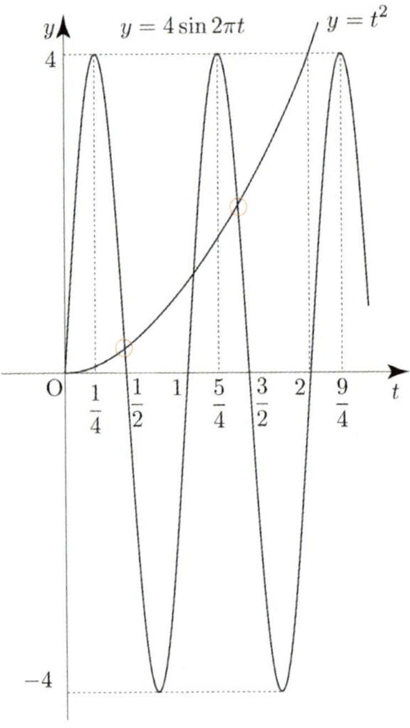

따라서 출발한 후 두 점 P, Q 가 만나는 횟수는 2 이다.

답 ②

077

$x = t + 2\cos t, \quad y = \sqrt{3}\,\sin t$

$$\frac{dx}{dt} = 1 - 2\sin t, \quad \frac{dy}{dt} = \sqrt{3}\,\cos t$$

ㄱ. $t = \dfrac{\pi}{2}$ 일 때, 점 P 의 속도는 $(-1,\ 0)$ 이다.

$\dfrac{dx}{dt} = 1 - 2\sin t, \quad \dfrac{dy}{dt} = \sqrt{3}\,\cos t$ 이므로

$t = \dfrac{\pi}{2}$ 일 때, 점 P 의 속도는 $(-1,\ 0)$ 이다.

따라서 ㄱ은 참이다.

ㄴ. 점 P 의 속도의 크기의 최솟값은 1 이다.

속도의 크기는

$$\sqrt{\left(\frac{dx}{dt}\right)^2 + \left(\frac{dy}{dt}\right)^2} = \sqrt{(1-2\sin t)^2 + \left(\sqrt{3}\,\cos t\right)^2}$$

$$= \sqrt{1 - 4\sin t + 4\sin^2 t + 3\cos^2 t}$$

$$= \sqrt{4 - 4\sin t + \sin^2 t}$$

$$= \sqrt{(\sin t - 2)^2} = |\sin t - 2|$$

$$= 2 - \sin t \quad (\because\ \sin t - 2 < 0)$$

$t\,(0 \le t \le 2\pi)$ 에서 $-1 \le \sin t \le 1 \Rightarrow 1 \le 2 - \sin t \le 3$
이므로 속도의 크기 $2 - \sin t$ 의 최솟값은 1 이다.
따라서 ㄴ은 참이다.

ㄷ. 점 P 가 $t = \pi$ 에서 $t = 2\pi$ 까지 움직인 거리는
$2\pi + 2$ 이다.

$$\int_{\pi}^{2\pi} \sqrt{\left(\frac{dx}{dt}\right)^2 + \left(\frac{dy}{dt}\right)^2}\, dt$$

$$= \int_{\pi}^{2\pi} (2 - \sin t)\, dt \quad (\because\ ㄴ)$$

$$= \Big[\, 2t + \cos t \,\Big]_{\pi}^{2\pi} = 4\pi + 1 - 2\pi + 1$$

$$= 2\pi + 2$$

따라서 ㄷ은 참이다.

답 ⑤

078

실수 전체의 집합에서 미분가능한 함수 $f(x)$
$f(0) = 0$ 이고, 모든 실수 x 에 대하여 $f'(x) > 0$ (증가함수)

점 $A(t,\ f(t))\,(t > 0)$ 에서 x 축에 내린 수선의 발이
B 이므로 점 B 의 좌표는 $B(t,\ 0)$

점 A 를 지나고 점 A 에서의 접선과 수직인 직선의 방정식은

$$y = -\frac{1}{f'(t)}(x - t) + f(t)$$

$$0 = -\frac{1}{f'(t)}(x - t) + f(t) \Rightarrow x = t + f(t)f'(t)$$ 이므로

점 C 의 좌표는 $C(t + f(t)f'(t),\ 0)$

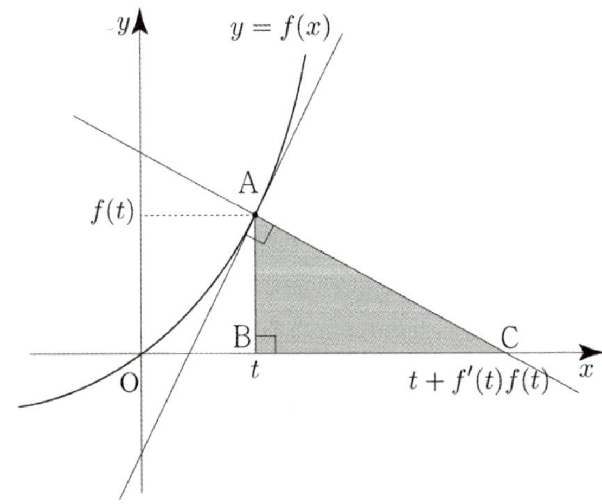

삼각형 ABC 의 넓이는

$$\frac{1}{2}\times\overline{AB}\times\overline{BC}=\frac{1}{2}\times f(t)\times f'(t)f(t)=\frac{1}{2}\{f(t)\}^2 f'(t)$$

$$=\frac{1}{2}\left(e^{3t}-2e^{2t}+e^t\right)$$

$$\{f(t)\}^2 f'(t)=\left(e^{3t}-2e^{2t}+e^t\right)$$

양변을 t 에 대하여 적분하면

$$\frac{1}{3}\{f(t)\}^3=\frac{1}{3}e^{3t}-e^{2t}+e^t+C$$

$$f(0)=0\ \Rightarrow\ 0=\frac{1}{3}-1+1+C\ \Rightarrow\ C=-\frac{1}{3}$$

$$\frac{1}{3}\{f(t)\}^3=\frac{1}{3}e^{3t}-e^{2t}+e^t-\frac{1}{3}$$

$$\Rightarrow\ \{f(t)\}^3=e^{3t}-3e^{2t}+3e^t-1$$

$$=e^{3t}-1-3e^t\left(e^t-1\right)$$

$$=\left(e^t-1\right)\left(e^{2t}+e^t+1\right)-3e^t\left(e^t-1\right)$$

$$=\left(e^t-1\right)\left(e^{2t}-2e^t+1\right)$$

$$=\left(e^t-1\right)^3$$

$$\therefore\ f(t)=e^t-1$$

따라서 $t>0$ 에서 $f(t)>0$ 이므로 곡선 $y=f(x)$ 와 x 축 및 직선 $x=1$ 로 둘러싸인 부분의 넓이는

$$\int_0^1\left(e^x-1\right)dx=\left[e^x-x\right]_0^1=e-1-1=e-2$$

이다.

답 ①

079

$$\int_0^x(x-t)f(t)dt=e^{2x}-2x+a$$

의 양변에 $x=0$ 을 대입하면

$$0=1+a\ \Rightarrow\ a=-1$$

$$x\int_0^x f(t)dt-\int_0^x tf(t)dt=e^{2x}-2x-1$$

의 양변을 x 에 대해 미분하면

$$\int_0^x f(t)dt+xf(x)-xf(x)=2e^{2x}-2$$

$$\int_0^x f(t)dt=2e^{2x}-2$$

의 양변을 x 에 대해 미분하면

$$f(x)=4e^{2x},\ f'(x)=8e^{2x}$$

곡선 $y=f(x)$ 위의 점 $(-1,\ f(-1))$ 에서의 접선 l 은

$$y=8e^{-2}(x+1)+4e^{-2}\ \Rightarrow\ y=8e^{-2}x+12e^{-2}$$

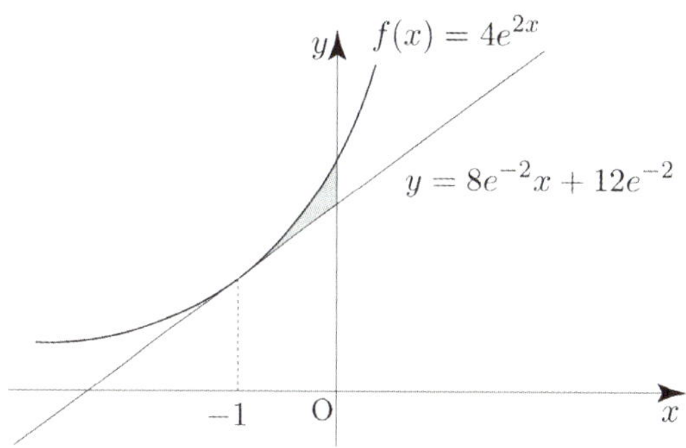

곡선 $y=f(x)$ 와 직선 l 및 y 축으로 둘러싸인 부분의 넓이를 S 라 하자.

따라서 $S=\displaystyle\int_{-1}^0\{4e^{2x}-(8e^{-2}x+12e^{-2})\}dx$

$$=\left[2e^{2x}-4e^{-2}x^2-12e^{-2}x\ \right]_{-1}^0$$

$$=2-\left(2e^{-2}-4e^{-2}+12e^{-2}\right)=2-10e^{-2}$$

이다.

답 ⑤

080

$$f'(x)=-x+e^{1-x^2}$$

$x>0$ 에서 $f''(x)=-1-2xe^{1-x^2}<0$ 이므로
곡선 $y=f(x)$ 는 $x>0$ 에서 위로 볼록이다.
즉, 양수 t 에 대하여 점 $(t,\ f(t))$ 에서의 접선과
곡선 $y=f(x)\ (x>0)$ 의 교점은 점 $(t,\ f(t))$ 뿐이고
접선은 곡선보다 위에 위치한다.

$$f'(x)(x-t)+f(t)>f(x)\ (x>0)$$

$$g(t)=\int_0^t\{f'(t)(x-t)+f(t)-f(x)\}dx$$

$$=\int_0^t\{f'(t)x-tf'(t)+f(t)-f(x)\}dx$$

$$=\left[\frac{f'(t)}{2}x^2+\{-tf'(t)+f(t)\}x\right]_0^t-\int_0^t f(x)dx$$

$$= -\frac{t^2}{2}f'(t) + tf(t) - \int_0^t f(x)\,dx$$

$f'(x) = -x + e^{1-x^2}$ 의 양변에 x 를 곱하면
$$xf'(x) = -x^2 + xe^{1-x^2}$$

$$\int_0^t xf'(x)\,dx = \int_0^t \left(-x^2 + xe^{1-x^2}\right)dx$$

$$\Rightarrow \left[xf(x)\right]_0^t - \int_0^t f(x)\,dx = \left[-\frac{x^3}{3} - \frac{1}{2}e^{1-x^2}\right]_0^t$$

$$\Rightarrow tf(t) - \int_0^t f(x)\,dx = -\frac{t^3}{3} - \frac{1}{2}e^{1-t^2} + \frac{1}{2}e$$

이므로

$$g(t) = -\frac{t^2}{2}f'(t) + tf(t) - \int_0^t f(x)\,dx$$

$$= -\frac{t^2}{2}f'(t) + tf(t) - \int_0^t f(x)\,dx$$

$$= -\frac{t^2}{2}\left(-t + e^{1-t^2}\right) - \frac{t^3}{3} - \frac{1}{2}e^{1-t^2} + \frac{1}{2}e$$

$$= \frac{t^3}{6} - \frac{1}{2}\left(t^2 + 1\right)e^{1-t^2} + \frac{1}{2}e$$

$$g'(t) = \frac{1}{2}t^2 + t^3 e^{1-t^2}$$

따라서 $g(1) + g'(1) = \left(-\frac{5}{6} + \frac{1}{2}e\right) + \frac{3}{2} = \frac{1}{2}e + \frac{2}{3}$ 이다.

답 ②

81	③	**85**	15
82	14	**86**	②
83	10	**87**	9
84	109		

081

$$\Delta x = \frac{2}{n},$$

$$x_k = 3 + \frac{2k}{n} \quad \left(x_k = 3 + \frac{(5-3)k}{n} \Rightarrow a = 3,\ b = 5\right)$$

이므로

$$\lim_{n \to \infty} \frac{1}{n}\sum_{k=1}^{n} g\left(3 + \frac{2k}{n}\right) = \lim_{n \to \infty}\sum_{k=1}^{n} g\left(3 + \frac{2k}{n}\right) \times \frac{2}{n} \times \frac{1}{2}$$

$$= \frac{1}{2}\int_3^5 g(x)\,dx$$

$$f(x) = \frac{10x + 10}{x^2 + 2x + 2} = \frac{10(x+1)}{(x+1)^2 + 1} \quad (x \ge 0)$$

함수 $y = f(x)$ 의 그래프는 함수 $y = \dfrac{10x}{x^2 + 1}$ 의 그래프를
x 축 방향으로 -1 만큼 평행이동하여 그릴 수 있다.

$$f(0) = 5,\ f(2) = 3$$

이를 바탕으로 $f(x)$ 를 그리면 다음과 같다.

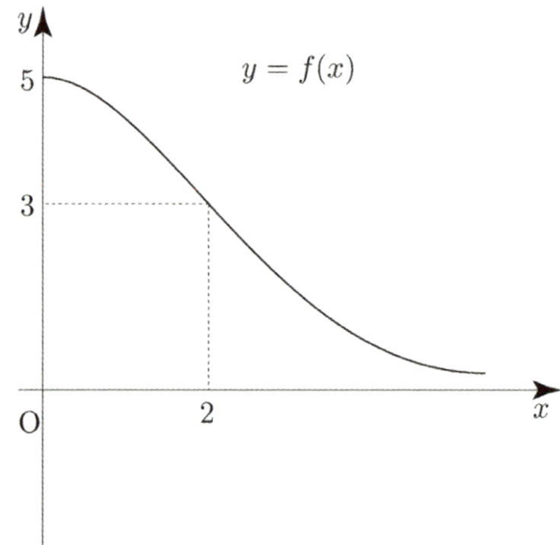

$\displaystyle\int_3^5 g(x)dx$ 의 값은 아래 색칠한 부분의 넓이와 같다.

(2026 규토 라이트 N제 수2 문제편 정적분의 활용
개념파악하기 - (5) 참고)

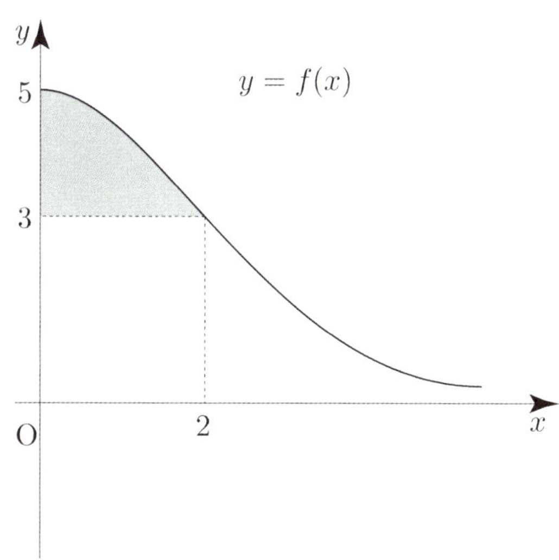

$$\int_3^5 g(x)dx = \int_0^2 f(x)dx - 2\times 3\,(\text{직사각형의 넓이})$$

$$= \int_0^2 \frac{10x+10}{x^2+2x+2}dx - 6$$

$$= \left[\, 5\ln\left|x^2+2x+2\right| \,\right]_0^2 - 6$$

$$= 5\ln 10 - 5\ln 2 - 6$$

$$= 5\ln 5 - 6$$

따라서 $\displaystyle\lim_{n\to\infty}\frac{1}{n}\sum_{k=1}^{n} g\!\left(3+\frac{2k}{n}\right) = \lim_{n\to\infty}\sum_{k=1}^{n} g\!\left(3+\frac{2k}{n}\right)\times\frac{2}{n}\times\frac{1}{2}$

$$= \frac{1}{2}\int_3^5 g(x)dx$$

$$= \frac{5}{2}\ln 5 - 3$$

이다.

답 ③

$x_k = \dfrac{k}{n}$ 이므로 $\mathrm{A}_k = \dfrac{1}{n}\times f\!\left(\dfrac{k}{n}\right)$

$$\mathrm{A}_1 = \frac{1}{n}f\!\left(\frac{1}{n}\right) = \frac{1}{n}\left(\frac{1}{n^2}+\frac{a}{n}+b\right),$$

$$\mathrm{A}_n = \frac{1}{n}f(1) = \frac{1}{n}(1+a+b)$$

이므로

$$\mathrm{A}_1 + \mathrm{A}_n = \frac{7n^2+1}{n^3}$$

$$\Rightarrow \frac{1}{n}\left(\frac{1}{n^2}+\frac{a}{n}+b\right)+\frac{1}{n}(1+a+b)=\frac{7n^2+1}{n^3}$$

$$\Rightarrow 1+an+(1+a+2b)n^2 = 7n^2+1$$

$$\Rightarrow a=0,\ 1+a+2b=7 \quad \Rightarrow a=0,\ b=3$$

$$\therefore\ f(x)=x^2+3$$

$$\lim_{n\to\infty}\sum_{k=1}^{n}\frac{8k}{n}\mathrm{A}_k = \lim_{n\to\infty}\sum_{k=1}^{n}\frac{8k}{n}f\!\left(\frac{k}{n}\right)\frac{1}{n}$$

$$\varDelta x = \frac{1}{n}\,,\ x_k=\frac{k}{n}\ \left(x_k=0+\frac{(1-0)k}{n}\ \Rightarrow\ a=0,\ b=1\right)$$

이므로 $g(x)=8xf(x)$

따라서 $\displaystyle\lim_{n\to\infty}\sum_{k=1}^{n}\frac{8k}{n}\mathrm{A}_k = \lim_{n\to\infty}\sum_{k=1}^{n}\frac{8k}{n}f\!\left(\frac{k}{n}\right)\frac{1}{n}$

$$= \int_0^1 g(x)dx = \int_0^1 8xf(x)dx$$

$$= \int_0^1 (8x^3+24x)dx$$

$$= \left[\, 2x^4+12x^2 \,\right]_0^1 = 14$$

이다.

답 14

083

길이가 1 인 선분을 n 등분했으므로

$$y_k - y_{k-1} = \frac{1}{n}$$

밑변이 $f^{-1}(y_k)$ 라고 했으니까 $f^{-1}(x)$ 를 구한 다음

$y_k = \dfrac{k}{n}$ 를 대입해서 구하면 된다.

$$y = ax^2 \ (x \geq 0) \Rightarrow x = ay^2 \Rightarrow y = \sqrt{\frac{x}{a}} \ (y \geq 0)$$

($f(x)$ 의 정의역이 $x \geq 0$ 이니 $f^{-1}(x)$ 의 치역이 $y \geq 0$ 이므로

$y = \pm \sqrt{\dfrac{x}{a}}$ 중에서 $y = \sqrt{\dfrac{x}{a}}$ 가 선택된다.)

$$f^{-1}(y_k) = f^{-1}\left(\frac{k}{n}\right) = \sqrt{\frac{k}{an}}$$

$$\therefore A_k = \sqrt{\frac{k}{an}} \times \frac{1}{n}$$

$$\sum_{k=1}^{n} A_k^2 = \sum_{k=1}^{n} \frac{k}{an^3} = \frac{1}{an^3} \sum_{k=1}^{n} k = \frac{n(n+1)}{2an^3} = \frac{n+1}{2an^2}$$

$$= \frac{n+1}{2n^2}$$

$$\Rightarrow a = 1$$
$$\therefore f(x) = x^2$$

$$\varDelta x = \frac{1}{n} , \ x_k = \frac{k}{n} \left(x_k = 0 + \frac{(1-0)k}{n} \Rightarrow a = 0, \ b = 1 \right)$$

이므로 $g(x) = f^{-1}(x) - x$

$$\lim_{n \to \infty} \sum_{k=1}^{n} 60\left(A_k - \frac{k}{n^2}\right) = 60 \times \lim_{n \to \infty} \sum_{k=1}^{n} \left(f^{-1}\left(\frac{k}{n}\right) - \frac{k}{n}\right)\frac{1}{n}$$

$$= 60 \int_0^1 g(x)\,dx$$

$$= 60 \int_0^1 \left(f^{-1}(x) - x\right)dx$$

$\displaystyle\int_0^1 \left(f^{-1}(x) - x\right)dx$ 의 값은 아래 색칠된 부분의 넓이와 같다.

(2026 규토 라이트 수2 정적분의 활용 Guide step 참고)

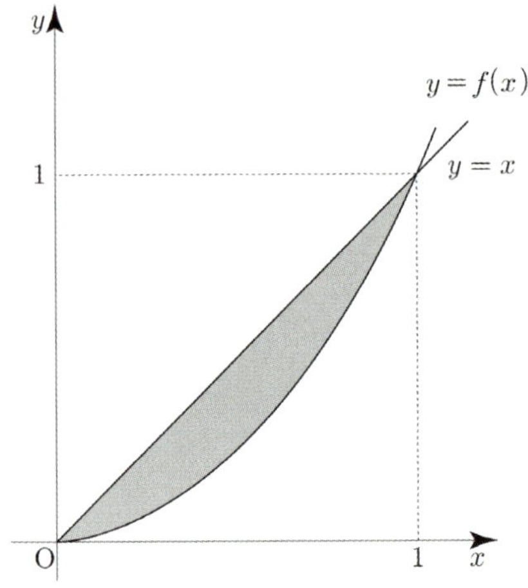

따라서

$$\lim_{n \to \infty} \sum_{k=1}^{n} 60\left(A_k - \frac{k}{n^2}\right) = 60 \int_0^1 \{x - f(x)\}dx$$

$$= 60 \int_0^1 (x - x^2)\,dx$$

$$= 60 \left[\frac{x^2}{2} - \frac{x^3}{3} \right]_0^1$$

$$= 60 \left(\frac{1}{2} - \frac{1}{3} \right) = 10$$

이다.

답 10

두 점 $A(s, \ s^2 + s)$, $B(t, \ t^2 + t)$ 에서 x 축에 내린 수선의 발을 각각 C, D 라 하자.

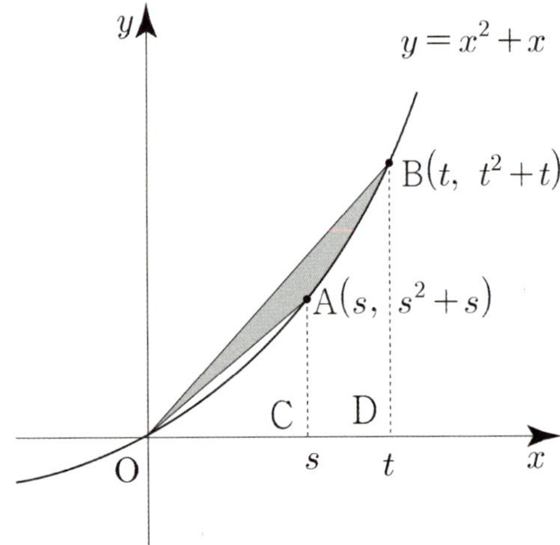

두 직선 OA, OB와 곡선 $y = x^2 + x$ 로 둘러싸인 넓이 S 는

$$S = \triangle \text{OBD} - \left\{ \triangle \text{OAC} + \int_s^t (x^2 + x)\,dx \right\}$$

$$= \frac{1}{2} \times \overline{\text{OD}} \times \overline{\text{BD}} - \left\{ \frac{1}{2} \times \overline{\text{OC}} \times \overline{\text{AC}} + \left[\frac{x^3}{3} + \frac{x^2}{2} \right]_s^t \right\}$$

$$= \frac{1}{2}(t^3 + t^2) - \frac{1}{2}(s^3 + s^2) - \left(\frac{t^3}{3} + \frac{t^2}{2} - \frac{s^3}{3} - \frac{s^2}{2} \right)$$

$$= \frac{1}{6}t^3 - \frac{1}{6}s^3 = k$$

$t^3 - s^3 = 6k$ 이므로 점 $(s,\ t)$ 가 나타내는 곡선 C 는
$y^3 - x^3 = 6k$ 이다.

곡선 C 위의 점 중에서 점 $(1,\ 0)$ 과의 거리가 최소인 점을
P 라 하면 점 P 의 좌표는 $\text{P}\left(\frac{2}{3},\ a \right)$ 이고, 점 $(1,\ 0)$ 을 Q 라
하자.

2026 규토 라이트 N제 수2 도함수의 활용 084번
해설에서 원은 거리를 나타내는 틀이라고 학습한 바 있다.

한 점에서 거리가 같은 점들의 집합은 원이므로
점 $\text{Q}(1,\ 0)$ 을 중심으로 하는 원의 반지름의 길이를 점점
키웠을 때, 곡선 $y^3 - x^3 = 6k$ 에 접하는 순간 곡선 C 위의
점 중에서 점 $(1,\ 0)$ 과의 거리가 최소가 된다.

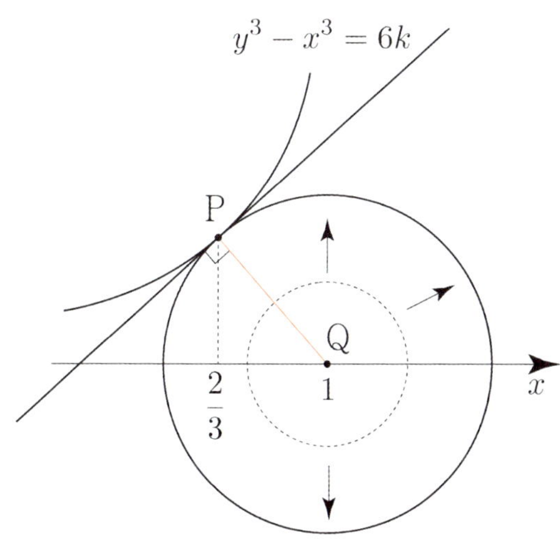

$y^3 - x^3 = 6k$

$$3y^2 \frac{dy}{dx} - 3x^2 = 0 \ \Rightarrow\ \frac{dy}{dx} = \frac{x^2}{y^2}$$

$\text{P}\left(\frac{2}{3},\ a \right),\ \text{Q}(1,\ 0)$

직선 PQ 의 기울기는 점 P 에서 접선의 기울기와 수직이므로

$$\frac{-a}{1 - \frac{2}{3}} \times \frac{\frac{4}{9}}{a^2} = -1 \ \Rightarrow\ -\frac{4}{3a} = -1 \ \Rightarrow\ a = \frac{4}{3}$$

점 $\text{P}\left(\frac{2}{3},\ \frac{4}{3} \right)$ 은 곡선 C 위의 점이므로

$y^3 - x^3 = 6k$ 에 대입하면 $\dfrac{64}{27} - \dfrac{8}{27} = 6k$

$$\therefore\ k = \frac{28}{81} \ \Rightarrow\ p = 81,\ q = 28$$

따라서 $p + q = 81 + 28 = 109$ 이다.

답   109

다르게 풀어보자.

$$y^3 - x^3 = 6k \ \Rightarrow\ y = \left(x^3 + 6k \right)^{\frac{1}{3}}$$

곡선 C 위의 점 $(x,\ y)$ 와 점 $(1,\ 0)$ 사이의 거리를 d 라
하면

$$d = \sqrt{(x-1)^2 + y^2} = \sqrt{(x-1)^2 + \left(x^3 + 6k \right)^{\frac{2}{3}}}$$

$f(x) = (x-1)^2 + \left(x^3 + 6k \right)^{\frac{2}{3}}$ 라 하면
$f(x)$ 가 최소일 때, d 도 최소이다.

$x = \dfrac{2}{3}$ 일 때, $f(x)$ 가 최소이므로 $f'\left(\dfrac{2}{3} \right) = 0$
($\because\ f(x)$ 는 정의역이 $x > 0$ 이고, $x > 0$ 에서 미분가능)

$$f'(x) = 2(x-1) + \frac{2}{3}\left(x^3 + 6k \right)^{-\frac{1}{3}} \times 3x^2$$

$$f'\left(\frac{2}{3} \right) = 0 \ \Rightarrow\ -\frac{2}{3} + \frac{2}{3}\left(\frac{8}{27} + 6k \right)^{-\frac{1}{3}} \times \frac{4}{3} = 0$$

$$\Rightarrow\ \left(\frac{8}{27} + 6k \right)^{-\frac{1}{3}} = \frac{3}{4}$$

$$\Rightarrow\ \frac{8}{27} + 6k = \frac{64}{27}$$

$$\Rightarrow\ 6k = \frac{56}{27}$$

$$\therefore\ k = \frac{28}{81}$$

$$\begin{cases} x = 2\ln t \\ y = f(t) \end{cases}$$

$$\frac{dx}{dt} = \frac{2}{t}, \quad \frac{dy}{dt} = f'(t)$$

점 $(0,\ f(1))$ 일 때, $t = 1$ 이므로
점 P 가 $T=1$ 에서 $T=t$ 까지 움직인 거리 s 는

$$s = \int_1^t \sqrt{\left(\frac{2}{T}\right)^2 + \{f'(T)\}^2}\, dT$$

$$t = \frac{s + \sqrt{s^2 + 4}}{2}$$

$$\Rightarrow 2t = s + \sqrt{s^2 + 4}$$

$$\Rightarrow 2t - s = \sqrt{s^2 + 4}$$

$$\Rightarrow 4t^2 - 4ts + s^2 = s^2 + 4$$

$$\Rightarrow ts = t^2 - 1$$

$$\Rightarrow s = t - \frac{1}{t}$$

이므로 $s = \int_1^t \sqrt{\left(\frac{2}{T}\right)^2 + \{f'(T)\}^2}\, dT$ 에 대입하면
다음과 같다.

$$t - \frac{1}{t} = \int_1^t \sqrt{\left(\frac{2}{T}\right)^2 + \{f'(T)\}^2}\, dT$$

양변을 t 에 대하여 미분하면

$$1 + \frac{1}{t^2} = \sqrt{\frac{4}{t^2} + \{f'(t)\}^2}$$

$$\Rightarrow 1 + \frac{2}{t^2} + \frac{1}{t^4} = \frac{4}{t^2} + \{f'(t)\}^2$$

$$\therefore \{f'(t)\}^2 = \frac{1}{t^4} - \frac{2}{t^2} + 1$$

점 P 의 시각 t 에서의 속도는 $\left(\frac{2}{t},\ f'(t)\right)$

$t = 2$ 일 때, 점 P 의 속도는 $\left(1,\ \frac{3}{4}\right)$ 이므로

$$f'(2) = \frac{3}{4}$$

점 P 의 시각 t 에서의 가속도는 $\left(-\frac{2}{t^2},\ f''(t)\right)$

$t = 2$ 일 때, 점 P 의 가속도는 $\left(-\frac{1}{2},\ f''(2)\right)$

즉, $f''(2) = a$ 이다.

$$\{f'(t)\}^2 = \frac{1}{t^4} - \frac{2}{t^2} + 1 = t^{-4} - 2t^{-2} + 1$$

양변을 t 에 대하여 미분하면

$$2f'(t)f''(t) = -4t^{-5} + 4t^{-3}$$

양변에 $t = 2$ 를 대입하면

$$2f'(2)f''(2) = -\frac{1}{8} + \frac{1}{2}$$

$$\Rightarrow \frac{3}{2}f''(2) = \frac{3}{8}$$

$$\therefore f''(2) = \frac{1}{4} = a$$

따라서 $60a = 60 \times \frac{1}{4} = 15$ 이다.

답 15

다르게 풀어보자.

$$\{f'(t)\}^2 = \frac{1}{t^4} - \frac{2}{t^2} + 1 = \left(1 - \frac{1}{t^2}\right)^2$$

$$\Rightarrow \{f'(t)\}^2 - \left(1 - \frac{1}{t^2}\right)^2 = 0$$

$$\Rightarrow \left\{f'(t) - \left(1 - \frac{1}{t^2}\right)\right\}\left\{f'(t) + \left(1 - \frac{1}{t^2}\right)\right\} = 0$$

$t = 1$ 에서 $1 - \frac{1}{t^2}$ 와 $-1 + \frac{1}{t^2}$ 가 서로 교차될 수도 있지만

정의역이 $t \geq 1$ 이고, $f'(2) = \frac{3}{4}$ 이므로

$$f'(t) = 1 - \frac{1}{t^2}\ (t \geq 1)\ \text{으로 확정된다.}$$

$$f''(t) = 2t^{-3} \Rightarrow f''(2) = \frac{1}{4}$$

그렇다면 만약 정의역 $t > 0$ 라면 아래와 같이 $t = 1$ 에서
교차될 수 있을까?

$$f'(t) = \left|1 - \frac{1}{t^2}\right|\ (t > 0)\ \text{or}\ f'(t) = -\left|1 - \frac{1}{t^2}\right|\ (t > 0)$$

(2026 규토 라이트 N제 수2 부정적분과 정적분 문제편
107번, 부정적분과 정적분 해설편 123번 tip 참고)

문제에서 양의 실수 전체의 집합에서 이계도함수를 갖는다고
했으므로 양의 실수 전체의 집합에서 $f''(t)$ 의 함숫값이
존재한다. 즉, $f'(t)$ 는 양의 실수 전체의 집합에서 미분가능하다.
만약

$$f'(t) = \left| 1 - \frac{1}{t^2} \right| (t > 0) \ \text{ or } \ f'(t) = -\left| 1 - \frac{1}{t^2} \right| (t > 0) \ \text{와}$$

같이 $t = 1$ 에서 교차 된다면 $t = 1$ 에서 미분가능하지 않으므로
모순이다.

<그땐 그랬지>

그 당시 현장에서 학생들이 이 문항을 어려워했던 가장 큰 이유는
의외로 s 를 t 로 바꿀 생각을 하지 못했다는 것이다.

이는 복잡해 보이는 꼴도 한 몫을 했는데 만약
$$t = \frac{s + \sqrt{s^2 + 4}}{2} \ \text{꼴을 보고 근의 공식이}$$
떠올랐다면 good이다.
(방정식 $t^2 - st - 1 = 0$ 의 해와 같다.)

086

a_m 은 두 곡선 $y = \dfrac{2\pi}{x}$ 와 $y = \cos x$ 의 교점의 x 좌표이므로

$$\frac{2\pi}{a_m} = \cos\left(a_m\right)$$

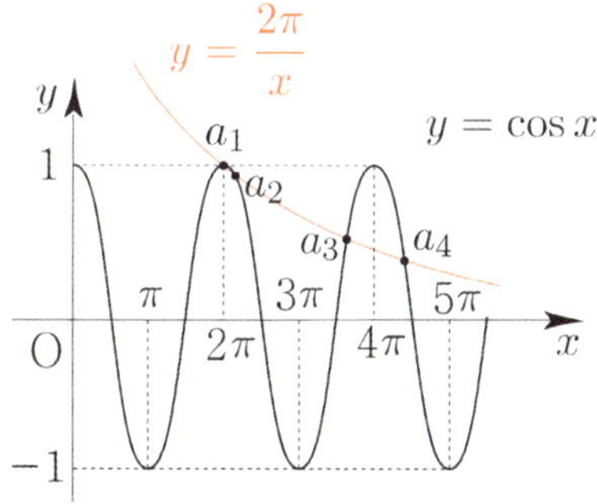

$$n \times \cos^2\left(a_{n+k}\right) = n \times \frac{4\pi^2}{\left(a_{n+k}\right)^2}$$

a_{n+k} 의 값을 정확히 구하기 어렵다. 어떻게 해야 할까?

수열의 극한의 대소 관계의 성질을 이용해보자.
(참고문항 수열의 극한 99번)
$a_1 = 2\pi$
$m\pi < a_m < (m+1)\pi \ (m > 1)$ 이므로

$$(n+k)\pi < a_{n+k} < (n+k+1)\pi$$

$$\Rightarrow \ \frac{4n}{(n+k+1)^2} < n \times \frac{4\pi^2}{\left(a_{n+k}\right)^2} < \frac{4n}{(n+k)^2}$$

$$\Rightarrow \ \frac{4n}{(n+k+1)^2} < n \times \cos^2(a_{n+k}) < \frac{4n}{(n+k)^2}$$

$$\lim_{n \to \infty} \sum_{k=1}^{n} \frac{4n}{(n+k)^2} = \lim_{n \to \infty} \sum_{k=1}^{n} \frac{4}{\left(1 + \dfrac{k}{n}\right)^2} \times \frac{1}{n}$$

$$= \int_1^2 \frac{4}{x^2} dx = \left[-\frac{4}{x} \right]_1^2$$

$$= -2 + 4 = 2$$

$$\lim_{n \to \infty} \sum_{k=1}^{n} \left\{ \frac{4n}{(n+k+1)^2} - \frac{4n}{(n+k)^2} \right\}$$

$$= \lim_{n \to \infty} \left\{ \frac{4n}{(2n+1)^2} - \frac{4n}{(n+1)^2} \right\} = 0$$

이므로 $\displaystyle\lim_{n \to \infty} \sum_{k=1}^{n} \frac{4n}{(n+k+1)^2} = 2$

따라서 수열의 극한의 대소 관계의 성질에 의해
$$\lim_{n \to \infty} \sum_{k=1}^{\infty} \left\{ n \times \cos^2(a_{n+k}) \right\} = 2 \ \text{이다.}$$

답 ②

087

$$f(x) = \begin{cases} -x\,e^{x+1} & (x \leq 0) \\[2mm] x^3 + \dfrac{3}{2}x^2 + x & (x > 0) \end{cases}$$

$$f'(x) = \begin{cases} -(x+1)e^{x+1} & (x < 0) \\[2mm] 3x^2 + 3x + 1 & (x > 0) \end{cases}$$

이를 바탕으로 $f(x)$ 를 그려보자.

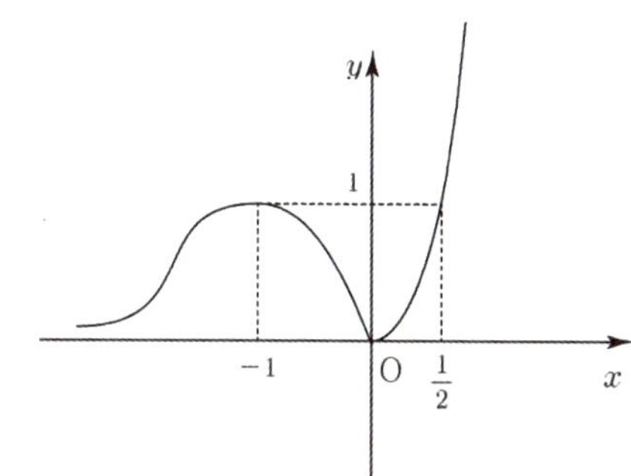

실전이라면 $k=-\dfrac{2}{3}$, $k=\dfrac{1}{3}$ 을 포함하는 영역만

구하면 되겠지만 연습하는 과정이니 모든 case를 구해 보자.

① $k<-1$ ② $-1\le k<-\dfrac{1}{2}$ ③ $-\dfrac{1}{2}\le k<0$

④ $0\le k<\dfrac{1}{2}$ ⑤ $\dfrac{1}{2}\le k$

이제 각각의 case에 대하여 $g(k)$ 를 구해 보자.

① $k<-1$

정사각형의 두 대각선의 교점의 x 좌표가 $k+\dfrac{1}{2}$ 이고,

한 변의 길이가 1 이니 적분 범위는 k 에서 $k+1$ 이다.

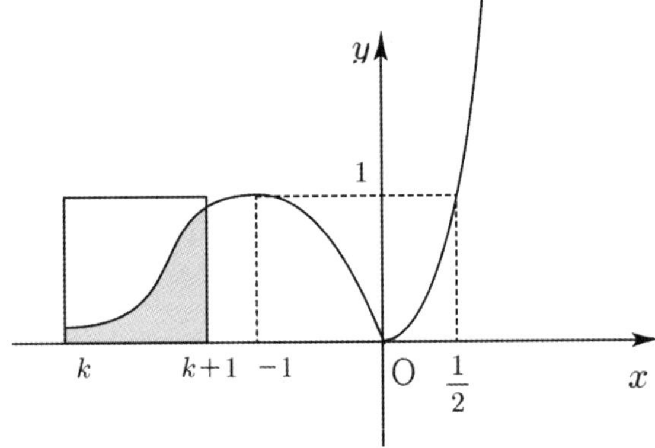

$$g(k)=\int_{k}^{k+1}-xe^{x+1}dx \quad (k<-1)$$

② $-1\le k<-\dfrac{1}{2}$

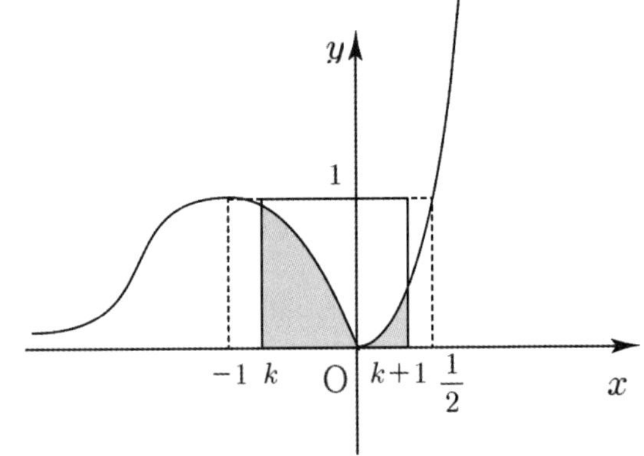

$$g(k)=\int_{k}^{0}-xe^{x+1}dx+\int_{0}^{k+1}\left(x^3+\dfrac{3}{2}x^2+x\right)dx$$

$$\left(-1\le k<-\dfrac{1}{2}\right)$$

③ $-\dfrac{1}{2}\le k<0$

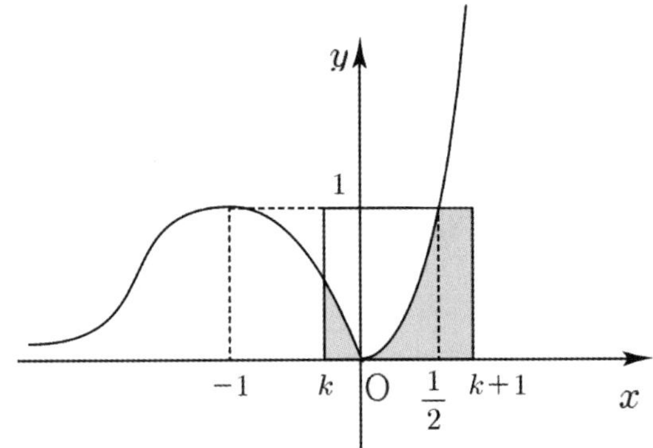

여기서 잠깐! 실수하는 포인트!

$\dfrac{1}{2}\sim k+1$ 에서는 직사각형이 나온다.

$$g(k)=\int_{k}^{0}-xe^{x+1}dx+\int_{0}^{\frac{1}{2}}\left(x^3+\dfrac{3}{2}x^2+x\right)dx+k+\dfrac{1}{2}$$

$$\left(-\dfrac{1}{2}\le k<0\right)$$

④ $0\le k<\dfrac{1}{2}$

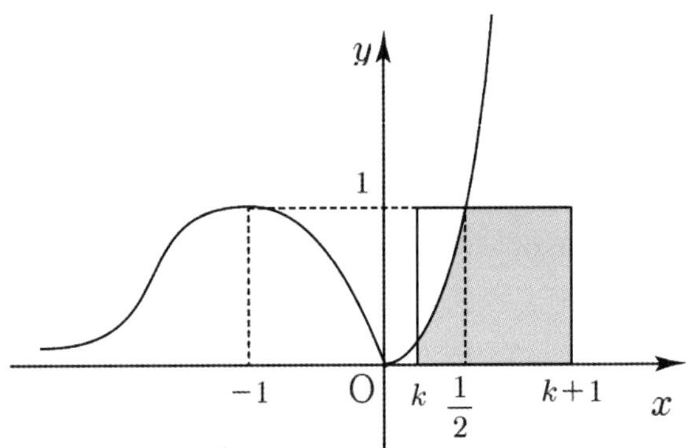

$$g(k)=\int_{k}^{\frac{1}{2}}\left(x^3+\dfrac{3}{2}x^2+x\right)dx+k+\dfrac{1}{2}\ \left(0\le k<\dfrac{1}{2}\right)$$

⑤ $\dfrac{1}{2}\le k$

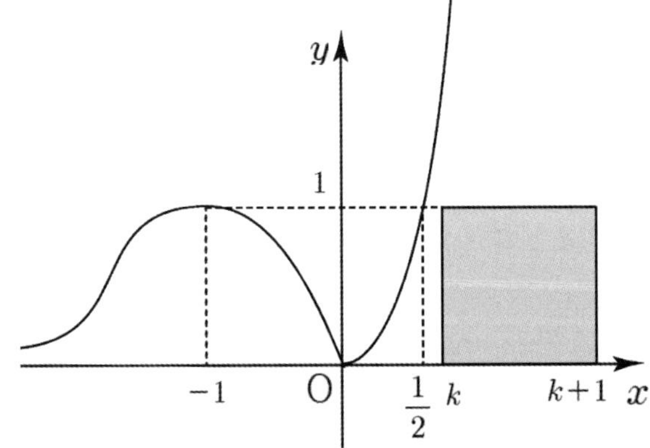

$$g(k) = 1 \quad \left(\frac{1}{2} \le k\right)$$

$$g(k) = \int_{k}^{0} -xe^{x+1}\,dx + \int_{0}^{k+1}\left(x^3 + \frac{3}{2}x^2 + x\right)dx$$

$$\left(-1 \le k < -\frac{1}{2}\right)$$

$$g'(k) = ke^{k+1} + (k+1)^3 + \frac{3}{2}(k+1)^2 + (k+1)$$

$$g'\left(-\frac{2}{3}\right) = -\frac{2}{3}e^{\frac{1}{3}} + \frac{1}{27} + \frac{1}{6} + \frac{1}{3}$$

$$g(k) = \int_{k}^{\frac{1}{2}}\left(x^3 + \frac{3}{2}x^2 + x\right)dx + k + \frac{1}{2} \quad \left(0 \le k < \frac{1}{2}\right)$$

$$g'(k) = -k^3 - \frac{3}{2}k^2 - k + 1$$

$$g'\left(\frac{1}{3}\right) = -\frac{1}{27} - \frac{1}{6} - \frac{1}{3} + 1$$

$$g'\left(-\frac{2}{3}\right) + g'\left(\frac{1}{3}\right) = -\frac{2}{3}e^{\frac{1}{3}} + 1 \text{이므로}$$

$$a = -\frac{2}{3}, \ b = 1 \text{이다.}$$

따라서 $27(a+b) = 27\left(-\frac{2}{3} + 1\right) = 9$이다.

답 9